高等学校系列教材

智能建造基础算法教程
（第二版）

刘界鹏　周绪红　程国忠　李东声
许成然　崔　娜　李　帅　马晓晓　编著

中国建筑工业出版社

图书在版编目（CIP）数据

智能建造基础算法教程 / 刘界鹏等编著．— 2版
．— 北京 ：中国建筑工业出版社，2023.8
高等学校系列教材
ISBN 978-7-112-28750-5

Ⅰ．①智… Ⅱ．①刘… Ⅲ．①建筑工程-人工智能-算法-高等学校-教材 Ⅳ．①TU

中国国家版本馆 CIP 数据核字（2023）第 088577 号

本教材根据智能建造专业的本科教学要求和智能建造技术的研发人才培养需求编写，可划分为六部分，第一部分为数学基础方面的内容，包括矩阵分析基础、概率统计与信息论基础、数值优化与规划方法；第二部分为智能优化算法，其中详细介绍了遗传算法、粒子群优化算法、模拟退火算法、多目标优化算法等；第三部分为无监督学习算法，主要介绍了各种聚类算法；第四部分为监督学习算法，详细介绍了神经元感知器、支持向量机和贝叶斯分类器等经典分类算法，并深入剖析了前馈神经网络和卷积神经网络这两种深度学习算法的工作流程和训练过程，详细说明和推导了深度学习算法的数学过程；第五部分为强化学习算法，其中介绍了马尔可夫过程、时序差分学习算法、Q 学习算法、深度强化学习算法等，并介绍了强化学习与深度学习相结合而形成的深度强化学习算法；第六部分为点云处理算法，包括点云数据预处理算法、检测算法、分割算法和配准算法等。

本教材适用于智能建造专业本科生，土木工程、建筑技术、水利工程、海洋工程、工程管理、交通工程等专业的研究生，从事学科交叉研究的工科专业研究生，从事智能建造研发的建筑业技术人员等。

责任编辑：李天虹
责任校对：姜小莲
校对整理：李辰馨

高等学校系列教材
智能建造基础算法教程
（第二版）
刘界鹏 周绪红 程国忠 李东声 许成然 崔 娜 李 帅 马晓晓 编著
*
中国建筑工业出版社出版、发行（北京海淀三里河路 9 号）
各地新华书店、建筑书店经销
北京鸿文瀚海文化传媒有限公司制版
北京中科印刷有限公司印刷
*
开本：787 毫米×1092 毫米 1/16 印张：33½ 字数：833 千字
2023 年 8 月第二版 2023 年 8 月第一次印刷
定价：**158.00** 元（赠教师课件）
ISBN 978-7-112-28750-5
（41184）

第二版前言

数字化和智能化是我国建筑业向高效率、高质量和低人力方向发展的必然趋势，也是我国当前对建筑业转型升级的主要要求。针对我国建筑业的发展需求，目前我国已经有近百所高等院校设置了智能建造本科专业，很多具有土木建筑类专业的高职院校也开始设置智能建造专业。但目前适用于智能建造本科专业的人工智能算法相关教材很少，因为智能建造技术开发和应用涉及矩阵分析、信息论、启发式算法、数值优化方法、规划方法和机器学习算法等，而目前很少有教材涉及如此多的内容，更很少有教材能够将算法与工程建造场景相结合。

根据智能建造专业的本科教学要求和智能建造技术的研发人才培养需求，结合近两年我们的教学经验和读者反馈，我们对本书进行了修改，增加了较多关键内容，对上一版中阐述不够清晰的部分知识点进行了细化，并将本书修改为彩色版以增强可读性。本书增加的主要内容包括矩阵求导理论、贝叶斯方法、动态规划基础、多目标优化算法、循环神经网络理论、深度强化学习和点云处理算法等。当然，本书并不能将人工智能算法这一广博的领域完全涵盖，但经过本书的学习，读者再对人工智能算法的相关领域进行更广泛的学习时，能够迅速切入。

本书的重要特点是对算法思想和数学推导过程的论述非常细致，已经学过工科数学的本科生比较容易入门；有工科数学基础的工程建造类教师担任这门课程的主讲者时，备课也会比较容易。本书也非常适合从事智能建造技术研发的工程师自学。

受美国欧林工学院项目制教学模式的启发，结合重庆大学与香港科技大学李泽湘教授合作创建的重庆大学明月科创实验班（本科）办学基础，我们在本书课程的教学过程中也采用项目制教学模式。主讲教师在课堂上对算法思想和数学过程的讲解，大部分都是与工程建造等实际应用场景相结合；且在课后的学生作业中，也一般为结合实际应用场景的编程作业。学生在课后进一步巩固算法思想和数学过程后，还需要采用 Python 语言进行编程以完成作业；学生课后作业所采用的数据，很大一部分都是我们智能建造研发团队实际采用的工程建造数据或相关参数。根据学生的编程基础差异，我们在教学中将编程基础好和基础一般的学生混合分组学习，由编程基础好的学生担任组长并帮助基础一般的学生共同进步；同时，每期编程作业提交后，我们会挑选出每组中完成最好的范例作为优秀作业，提供给大家共同学习和改进。在课程进行到一半左右时，部分编程基础一般的同学也能够提供优秀作业，可见他们的进步显著。

我们的教学经验表明，经过本书项目制课程的学习和编程训练，学生再学习“计算机视觉”等相关课程时进步很快，而且学生在加入科研团队后立即就能开展较为独立的研究工作。因此我们建议设置智能建造算法相关课程的高等院校，也采用项目制教学模式。我们将课程 PPT、教学视频、项目组作业及其数据、优秀作业也一并提供，供各位读者下载参考。

本书的工作得到了国家自然科学基金重点项目（52130801）、重庆市技术创新与应用发展专项重点项目（CSTB2022TIAD-KPX0136）的资助。感谢本书第一版作者冯亮教授、伍洲教授和曹亮副教授对本书的重要贡献，感谢我们的博士后和研究生夏毅、曾焱、傅丽华、滕文正、胡骁、薛逸冰等承担的部分工作。

本书的内容和课程体系还需要进一步丰富，而我们的知识范围和能力有限；真诚希望业内专家、老师和同学们多提宝贵意见，并跟我们一起提升智能建造算法相关课程的水平。

周绪红　刘界鹏

2023 年 2 月 13 日

目　录

常用符号

矩阵分析符号

标量用不加粗斜体小写字母表示，向量用加粗斜体小写字母表示，矩阵、集合、向量组、线性空间用加粗斜体大写字母表示。

$\boldsymbol{R}$	实数域，表示所有实数的集合，而 R 则可表示某个具体实数
$\boldsymbol{K}$	数域，表示实数域或复数域，而 k 则可表示某个具体常数
$\boldsymbol{C}$	复数域，表示所有复数的集合
$\dim\boldsymbol{W}$	线性空间 $\boldsymbol{W}$ 的维数
$\mathrm{rank}\{\cdot\}$	向量组 $\{\cdot\}$ 的秩
$R(\boldsymbol{A})$	矩阵 $\boldsymbol{A}$ 的秩
$\det\boldsymbol{A}$	矩阵 $\boldsymbol{A}$ 的行列式，也用 $\lvert\boldsymbol{A}\rvert$ 表示
$\overset{\mathrm{def}}{=\!=}$	在一个公式中，等号左边被定义（define）为等号右边
$\prod$	连乘求积运算符号
$\mathrm{diag}(\cdot)$	对角矩阵，其中括号内为对角矩阵的对角线元素
$\mathrm{tr}(\boldsymbol{A})$	矩阵 $\boldsymbol{A}$ 的迹，为矩阵（方阵）对角线元素之和
$\boldsymbol{A}^{\mathrm{T}}$	矩阵 $\boldsymbol{A}$ 的转置，也可记为 $\boldsymbol{A}'$
$\boldsymbol{A}^{-1}$	矩阵 $\boldsymbol{A}$ 的逆矩阵
$\boldsymbol{A}^{\mathrm{H}}$	矩阵 $\boldsymbol{A}$ 的共轭转置矩阵
$\boldsymbol{A}^{-}$	矩阵 $\boldsymbol{A}$ 的广义逆矩阵，简称为 $\boldsymbol{A}$ 的广义逆
$\boldsymbol{\Lambda}$	对角矩阵
$\widetilde{\boldsymbol{A}}$、$\widetilde{\boldsymbol{a}}$	矩阵 $\boldsymbol{A}$、向量 $\boldsymbol{a}$ 的增广矩阵、向量
$\boldsymbol{I}$	单位矩阵，即除主对角线元素为 1 其余元素为 0 的矩阵
λ	矩阵的特征值
$\sim$	矩阵相似符号
$\cong$	二次型等价符号
$\simeq$	矩阵相合（合同）符号

概率与统计符号

随机事件一般采用不加粗斜体大写字母 A，B，$C\cdots$ 表示（字母表中前几个字母），随机变量一般采用不加粗斜体大写字母 X，Y，Z（字母表中最后几个字母）表示，随机变量的具体取值则一般采用不加粗斜体小写字母 x，y，z 表示，随机向量（分量为随机变量）一般采用加粗斜体大写字母 $\boldsymbol{X}$，$\boldsymbol{Y}$，$\boldsymbol{Z}$ 表示。

ω	样本点
$\boldsymbol{\Omega}$	样本空间，即所有可能样本点的集合，$\boldsymbol{\Omega}=\{\omega\}$

$\mathcal{F}$	事件域，由 $\boldsymbol{\Omega}$ 的某些子集组成
$\{\cdot\}$	表示一个事件，$\{x_1=1, x_2=3\}$ 表示事件 $x_1=1, x_2=3$
$P(A)$	事件 A 的概率，单独用 P 表示一个概率
$(\boldsymbol{\Omega}, \mathcal{F}, P)$	概率空间
$F(x)$	随机变量的分布函数，表示某随机变量 $X<x$ 的概率，x 为任意实数
$\sim$	$X\sim F(x)$ 表示随机变量 X 的分布函数为 $F(x)$，简称 X 服从 $F(x)$
p_i	离散随机变量的分布列，$p_i=p(x_i)=P(X=x_i)$ 可记作 $X\sim\{p_i\}$
(X, Y)	二维随机变量，表达形式可拓展到多维随机变量
p_{ij}	二维离散随机变量的联合分布列，$p_{ij}=P(X=x_i, Y=y_j)$
$f(x)$	随机变量的概率密度函数，简称密度函数或密度，其积分为一个概率
$P(A \mid B)$	条件概率：在 B 发生的条件下，A 发生的概率
Φ	空集
$\perp$	独立，随机变量 X 与 Y 相互独立记为 $X\perp Y$
$E(X)$	随机变量 X 的数学期望，简称期望或均值
$Var(X)$	随机变量 X 的方差
$\sigma(X)$	随机变量 X 的标准差，也记为 σ_X，$\sigma(X)=\sqrt{Var(X)}$
$Cov(X, Y)$	随机变量 X 与 Y 的协方差，$Cov(X, Y)=E[(X-E(X))(Y-E(Y))]$
$Corr(X, Y)$	随机变量 X 与 Y 的（线性）相关系数，$Corr(X, Y)=\dfrac{Cov(X, Y)}{\sqrt{Var(X)}\sqrt{Var(Y)}}$
$Cov(\boldsymbol{X})$	随机向量 $\boldsymbol{X}$ 的方差-协方差矩阵，简称协方差阵
$I(x)$	信源 X 出现 x 取值时的自信息
$I(x_i; y_j)$	事件 y_j 发生所给出事件 x_i 的信息，称为互信息
$H(X)$	信源 X 所有可能取值的平均自信息量，也称为信息熵
$H(XY)$	二元随机变量 XY 的联合熵
$H(Y \mid X)$	给定信源 X 时，信源 Y 的条件熵
$h(X, Y)$	连续随机变量 X 和 Y 的联合微分熵
$D[p \parallel q]$	概率密度函数 $p(x)$ 与 $q(x)$ 的相对微分熵
$\propto$	正比于
$\leftarrow$	赋值
$\mapsto$	映射

监督学习符号

$sign(\cdot)$	激活函数
η	学习率，一般可取值为 0.01～0.1
w	一般为权重，加粗时为权重向量
b	一般为偏置，加粗时为偏置向量
$\sigma(\cdot)$	激活运算
$\boldsymbol{a}$	激活值，加粗时为激活向量
$\boldsymbol{a}^{(l)}$	上角标加括号，一般指神经网络的层序数，此处指第 l 层的激活向量
C	一般指代价函数

∇	微分算子，监督学习中一般用于求梯度
$*$	卷积计算符号
$\otimes$	互相关计算符号
RGB	红（R）、绿（G）、蓝（B）三种颜色
δ_i	卷积或循环神经网络中的误差项
D	判别模型的映射函数
G	生成模型的映射函数
$\boldsymbol{\theta}_{\mathrm{d}}$	判别模型的参数
$\boldsymbol{\theta}_{\mathrm{g}}$	生成模型的参数

强化学习符号

S	状态 State，智能体当前所处环境及其自身情况的描述
s	一般为某个具体的状态值或某个具体时刻的状态
A	动作 Action，智能体做出的动作
a	一般为某个具体的动作或某个具体时刻的动作
R	奖励 Reward，环境对于智能体动作执行后的反馈
r	一般为某个具体的奖励值或某个具体时刻的奖励
t	时刻，智能体所处的时间步
π	策略 Policy，是智能体根据当前情况选择动作的依据
V	状态价值函数 Value
v	一般为某个具体的状态价值函数值或某个具体时刻的状态价值函数
Q	动作价值函数 Q-value
q	一般为某个具体的动作价值函数值或某个具体时刻的动作价值函数值
γ	折扣率，$0 \leqslant \gamma \leqslant 1$

第 1 章　绪论

1.1　全球建筑业现状

1.1.1　建筑业概况

建筑业是指国民经济中从事工程建设行业的勘察、设计、生产、施工、维修等的活动，其具体的建造对象包括房屋、桥梁、隧道、公路、铁路、塔架、市政设施等。建筑业是全球及我国的支柱产业，对国民经济发展和人民生活水平的提高具有重要的推动作用，对城市化和城市群的发展也起到了重要的支撑作用。

2019 年全球建筑业的总产值达到 11.4 万亿美元[1]；而 2019 年中国的建筑业总产值达到 24.8 万亿人民币，同比增长 5.7%[2]，有力地支撑了我国国民经济的发展。虽然我国的建筑业在拉动经济增长、促进社会就业、提升居住品质等方面发挥了重要作用，但总体上还处于技术上较为落后的状态。目前，我国的建筑业仍属于现场劳动密集型产业，机械化程度低，工程施工以农民工现场手工操作为主（图 1.1-1），劳动强度大，人力投入多，工作环境恶劣，施工质量难以保证（图 1.1-2）。由于我国的建筑工程中混凝土材料的应用比率过高，导致砂石材料消耗过大，砂石开采也对河流和山体造成了严重的环境破坏和污染；制备混凝土材料所需的大量水泥生产，排放了大量的废气，对空气的污染严重；现场施工中，混凝土浇筑和砖石砌筑耗水严重。我国建筑业的这些较为落后的建造方法，导致了较为严重的噪声、扬尘和废水污染，并排放出大量的建筑垃圾（图 1.1-3）。截至 2019 年，我国建筑垃圾年增加量已达 4 亿吨左右，约占全社会垃圾总量的 40%[3]；且我国建筑垃圾的利用率不足 5%，远低于发达国家和地区（图 1.1-4）。

图 1.1-1　现场浇筑混凝土和绑扎钢筋

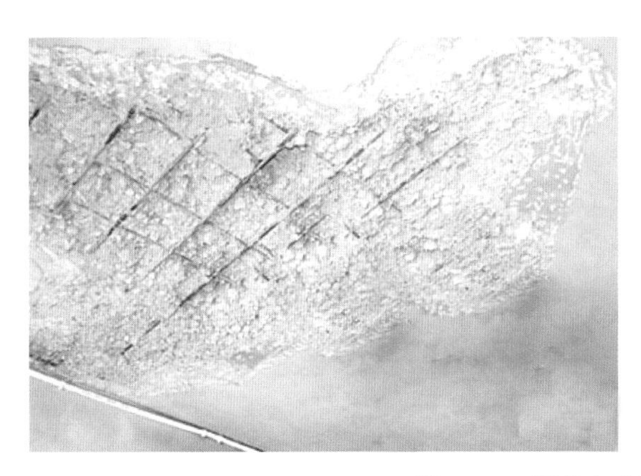

图 1.1-2　混凝土现场浇筑质量问题

图 1.1-3　建筑垃圾堆在河边

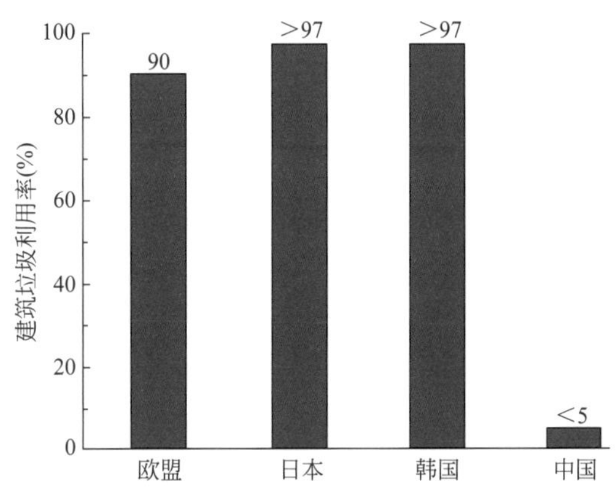

图 1.1-4　建筑垃圾利用率对比

由于设计不合理或施工质量差，我国的房屋与桥梁等基础设施的使用年限普遍较短，建筑的性能品质也落后于发达国家（表 1.1-1）。

我国建筑的性能指标与欧美的对比　　表 1.1-1

建筑性能	内容
保温隔热	传热系数:外墙为欧美国家的 3.5～4 倍,外窗为 2～3 倍,屋面为 3～6 倍 空气渗透:为欧美国家的 4～6 倍
隔声降噪	欧美:内墙隔噪 40dB,分户墙 52dB 国内:30dB 左右
空气置换	欧美:墙体可调节室内空气含氧量 国内:墙体效果达不到空气置换效果

综上所述，我国建筑业虽然发展迅速，推动了国民经济的快速发展，但目前跟发达国家和地区相比已经处于发展质量明显落后的状况，亟须向绿色化、工业化、智能化方向发展，并有效提高房屋和基础设施等的功能品质。

1.1.2 建筑工业化发展

建筑工业化的设想是法国建筑大师勒·柯布西耶于1923年在他的著作《走向新建筑》中首次提出，其理念是在房屋建造中，像生产汽车底盘一样工业化地成批生产房子。1974年，联合国在《政府逐渐实现建筑工业化的政策和措施》中对建筑工业化进行了较为全面的定义：建筑工业化就是按照大工业生产方式改造建筑业，使之逐步从手工业生产转向社会化大生产的过程，其基本途径是设计标准化、构配件生产工厂化、施工机械化、管理科学化。

我国1995年发布的《建筑工业化发展纲要》对“建筑工业化”作出了较为全面的定义，所谓“建筑工业化”是指建筑业从传统的以手工操作为主的小生产方式逐步向社会化大生产方式的过渡，即以技术为先导，采用先进、适用的技术和装备，在建筑标准化的基础上，发展建筑构配件、制品和设备的生产，培育技术服务体系和市场的中介机构，使建筑业生产、经营活动逐步走向专业化、社会化道路。

目前，不同国家由于生产力状况、经济水平、劳动力素质等条件不同，对建筑工业化概念的理解也有所差异，但基本都是从生产方式角度出发，把建筑工业化局限于建筑的设计标准化、生产工厂化、施工机械化和管理科学化等方面[3]。实际上，当人们的住房需求得到一定程度的满足，人们的环保意识不断提高时，建筑工业化不仅仅只是建筑企业乃至行业的工业化生产方面需要考虑的问题，更涉及环境、社会效益方面的可持续发展。因此，建筑工业化是指通过现代化的制造、运输、安装和科学管理的工业化生产、装配式施工的生产方式，来代替传统建筑业中分散的、低水平的、低效率的手工业生产和施工方式。它是一种实现建筑产品节能、环保、全生命周期价值最大化的可持续发展的新型建造方式[4]，其主要标志是建筑设计标准化、构配件生产工厂化、施工机械化和组织管理科学化。

建筑工业化开始兴起是在第二次世界大战结束后的时期，即20世纪50～70年代。二战后，欧洲和日本由于战争的严重破坏，房屋和基础设施严重破坏和短缺，且劳动力短缺，急需发展能够快速建造并节省人力的工程建造技术。二战期间，美国虽然本土没有遭遇战争破坏，但二战后近千万美国士兵退役，且迎来了移民高峰，导致美国人口剧增，房屋和基础设施严重缺乏，需快速建造。欧洲、日本和美国在二战后的迫切需求，结合这些国家良好的工业基础，建筑工业化在这些国家地区得到了快速发展，工业化技术在房屋、桥梁、铁路和隧道等的快速建设中发挥了重大作用。而从20世纪70年代以来，美日欧的城市化日渐成熟，新建房屋需求量日渐降低，但建筑工业化水平日渐提高，并进一步向建筑的高品质和绿色化方向发展。

我国的建筑工业化也是从20世纪50年代开始发展，其中50～60年代是起步阶段，混凝土预制构件体系逐步建立，70～80年代是迅速发展阶段，并形成了以全装配大板建筑体系为代表的建筑工业化技术。进入20世纪90年代以来，我国的装配式建筑行业发展迟缓，建筑业进入了以现场人工砌筑和浇筑混凝土为主要建造手段的时代，除桥梁和铁路建设中采用了较多建筑工业化技术，房屋建筑中极少采用。从2005年开始，我国的建筑工业化才又重新开始发展，尤其是在近10年来得到了快速发展；截至2019年，我国每年采用建筑工业化技术建造的新开工房屋面积已超过3亿平方米。

建筑工业化的首要实施方式是装配式建筑。装配式建筑是指在工厂加工制作建筑的构件（梁、板、柱、承重墙等）和部件（隔墙、楼梯、阳台等），然后运输到建筑施工现场进行装配安装，完成建筑的施工。装配式建筑主要包括装配式混凝土结构建筑、装配式钢结构建筑和装配式木结构建筑（图1.1-5）；由于森林资源匮乏，木材稀缺，因此我国的装配式建筑以混凝土和钢结构建筑为主。采用工业化技术及装配式建造方式可有效解决我国当前建筑业的问题。装配式建筑的构配件以工厂机械化生产为主，现场施工中也以机械化安装为主，现场人工需求少，劳动强度低；将绝大部分现场作业移至工厂内完成，避免了工人工作环境恶劣的问题。装配式建筑的构部件在工厂内生产，生产工艺远比现场手工操作工艺精细，可显著减少材料浪费，节省天然砂石资源和水泥材料，有利于资源和能源节约，同时也可有效降低现场的建筑垃圾排放。与现场手工浇筑或砌筑的构配件相比，工厂生产的构配件产品质量更好，使用寿命更长。装配式建筑现场施工中，由于以机械化安装为主，湿作业很少，现场的砂石和水泥等原材料使用少，因此污水、噪声和扬尘等污染少，解决了建筑施工过程中的环境污染问题。美日欧等国家的实践经验也表明，采用装配式建造工艺，房屋的保温隔热、防水、隔声等方面的功能品质也更容易保证。

(a) 装配式混凝土结构建筑施工

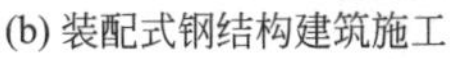

(b) 装配式钢结构建筑施工

(c) 装配式木结构建筑施工

图1.1-5　装配式建筑施工

目前，随着人工智能、物联网和5G等新一代信息技术的发展，全球的建筑业也正在向信息化和智能化方向发展。将建筑工业化与新一代信息技术相结合，形成标准化设计、工厂化生产、机械化施工、信息化管理、智能化应用于一体的新型建筑工业化技术，是建筑工业化发展的必然趋势。

1.2　建筑业信息化

建筑业信息化是指运用计算机、互联网、物联网、云计算、通信、自动化、系统集成和信息安全等现代信息技术，改造和提升建造方式，提高建筑业的技术、设计、生产、管理和服务水平。建筑业信息化贯穿设计、生产、施工管理、运营维护、政府服务和监督等建筑业全产业链，其目标是信息在行业中各环节之间高效流通和共享，提高效率和质量。

1.2.1　设计信息化

建筑业的设计信息化，是指采用现代信息技术进行建筑设计工作中的计算和绘图工作，尤其是利用计算机软件进行计算和绘图。

建筑信息化设计的初期是 20 世纪 80 年代，工程师们利用二维设计软件进行建筑设计，其代表性软件是 AutoCAD（Autodesk Computer Aided Design）；这个软件是 Autodesk 公司首次于 1982 年开发的自动计算机辅助设计软件，其主要功能是进行二维平面绘图，并具备简单的三维绘图功能。AutoCAD 是一个通用的计算机绘图软件（图 1.2-1），广泛用于建筑、机械、水利、汽车和航天等领域的绘图设计。以 AutoCAD 为基础，我国的建筑设计软件公司进行了二次开发，形成了针对建筑业的专用设计软件，包括进行建筑和规划类专业绘图的天正软件（图 1.2-2）、进行建筑结构类专业绘图的探索者软件（图 1.2-3）等。在建筑和桥梁等的工程设计中，不但需要绘制图纸，还需对结构的承载力、抗震、抗风等安全性进行计算，因此需要专门的结构计算软件；结构计算软件 SAP 就是最早且在全球应用最广泛的一项，这个软件是由美国著名的结构力学专家 Edwards Wilson 教授创建，并在 1996 年正式形成了 SAP2000 商业软件（图 1.2-4）；这项软件能够进行建筑结构、桥梁结构、舱筒结构、大坝等的力学分析。我国的中国建筑科学研究院从 20 世纪 90 年代开始，也逐渐形成了具有自主知识产权的建筑结构计算软件 PKPM（图 1.2-5），这项软件在我国的房屋建筑结构设计中得到广泛应用；近年来，我国市场上又出现了 Midas、盈建科、佳构、理正等结构计算软件。

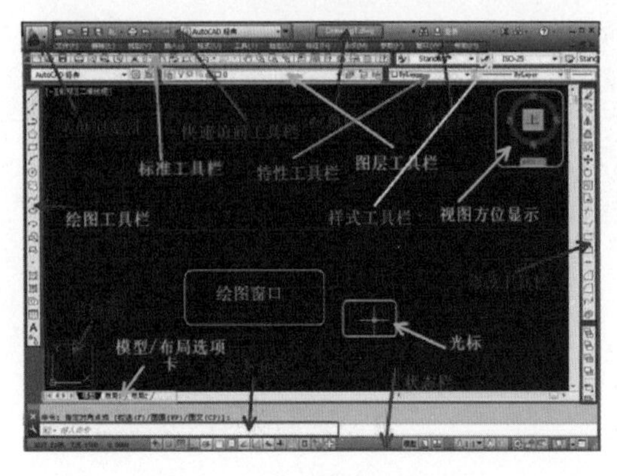

图 1.2-1　AutoCAD 软件界面

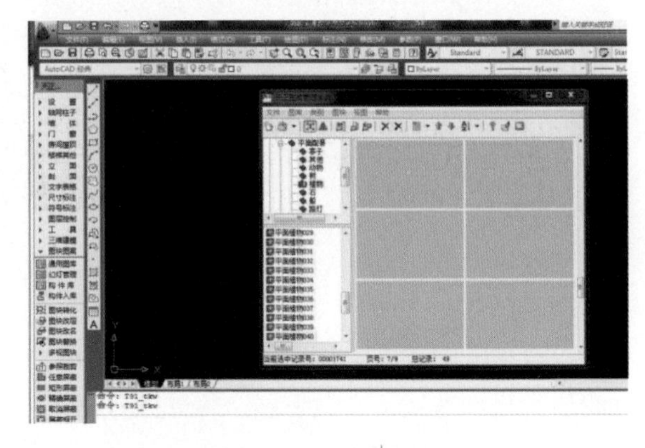

图 1.2-2　天正软件界面

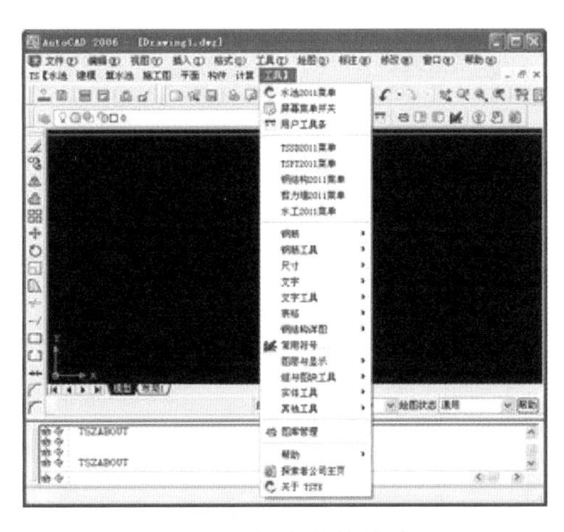

图 1.2-3 探索者软件界面

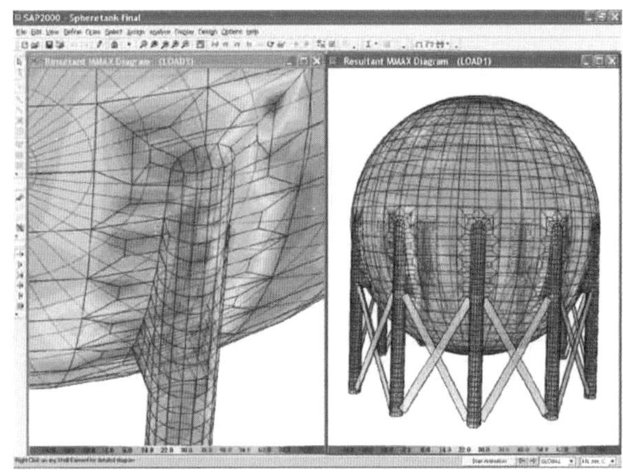

图 1.2-4 SAP2000 软件界面

随着建筑设计技术的发展和市场需求的推动，建筑设计软件的功能逐渐向三维设计和效果渲染方向发展，AutoCAD 等以二维绘图为主要功能的软件已不能满足行业需求。因此，AutoCAD 等二维设计为主的软件也逐渐向三维设计功能发展，且市场上进一步出现了 3ds Max 等以三维设计和效果图渲染为主要功能的设计软件（图 1.2-6）。

图 1.2-5 PKPM 软件界面

图 1.2-6 3ds Max 软件界面

传统的建筑绘图或计算软件，设计成果中包含的信息并不全面，通常仅包括建筑的几何或物理属性中的某一方面，或仅包括建筑、结构、设备等某一专业的信息，不能较为全面地涵盖建筑信息，对建筑信息的高效准确流通造成了巨大困难，工程的全过程管理实施难度很大，效率很低。针对这种行业现状，美国的 Autodesk 公司在 2002 年提出了建筑信息模型的概念，即 BIM（Building Information Modeling）概念。自 BIM 概念被提出以来，BIM 技术逐渐得到普遍应用，相关设计软件也开始在建筑工程中得到广泛应用。BIM 技术是一种应用于工程设计、建造、管理的数据化工具，通过对建筑的数字化和信息化模型整合，在项目策划、运行和维护的全生命周期过程中进行共享和传递，使工程技术人员对各种建筑信息作出正确理解和高效应对，为设计、生产、施工、管理和运营维护在内的各方提供统一的建筑信息数据。目前，国内外市场上的 BIM 软件较多，其中常用软件包括民用建筑工程领域的 Revit 软件（图 1.2-7）以及工厂桥梁等领域的 Bentley 软件（图 1.2-8）。

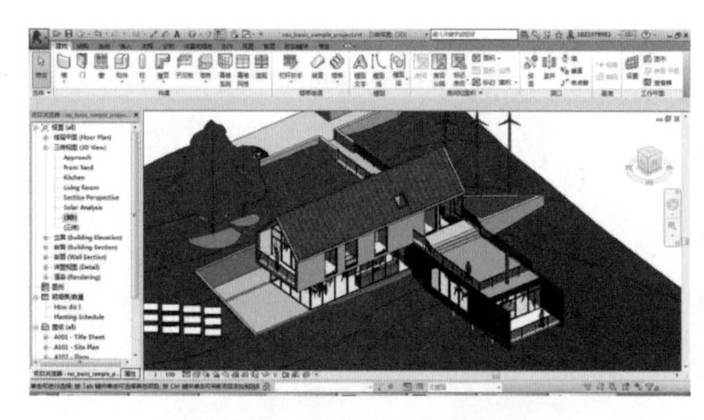

图 1.2-7　Revit 软件界面

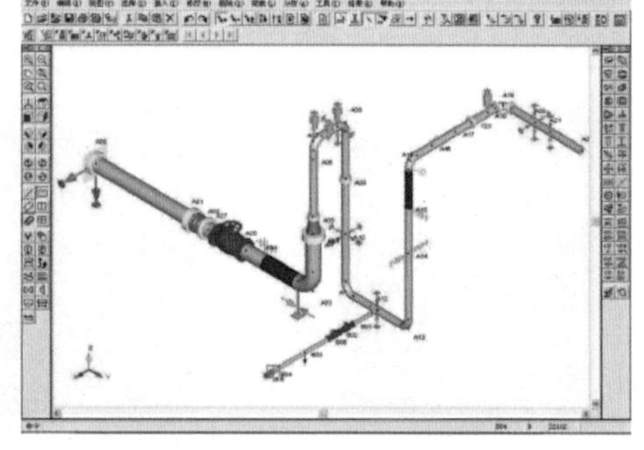

图 1.2-8　Bentley 软件界面

与 AutoCAD 等传统的设计软件相比，BIM 软件在信息全面性、全专业性、三维设计功能、全链条通用性、过程模拟功能等方面具有巨大的优势。在信息的全面性方面，BIM 软件建立的模型，几何、物理/材料、功能信息更加全面，且模型的三维空间尺寸信息更加精准，属于精准的 3D 模型；且模型中可以附加构配件或设备的生产安装时间信息，相当于在 3D 模型中增加了一个时间的维度，形成 4D 模型；而在 4D 模型中再附加构配件或设备的成本信息，则形成集三维尺寸＋时间＋成本的 5D 模型，最大程度地增加建筑模型的信息全面性。在全专业性方面，BIM 软件也显著优于传统软件；采用传统设计软件生成的设计成果，一般仅包括建筑、结构、给水排水、暖通空调、电气等其中一个专业的信息，而采用 BIM 软件生成的设计成果，可同时包括建筑工程中所有专业的信息，专业信息全面，专业之间的协同效率和准确率显著提高。在三维设计功能方面，BIM 软件的功能也更强大；传统的 AutoCAD 等二维设计软件，虽然有一定的三维设计功能，但三维建模效率低，复杂三维模型的几何精准性不足，复杂构配件和设备的表达难度大；而 BIM 软件的起点就是三维设计，软件内置的模型数据库完备，三维精准化建模效率高，从小型零部件到大型构部件及大型设备都可精准表达。在行业全链条通用性方面，由于 BIM 模型可以包含全面的几何、物理/材料、时间、成本等信息，甚至可以包含构配件和设备等的生产厂家等信息，因此 BIM 模型可以在工程项目的设计、生产、施工、管理、监督、运营维护等阶段被采用，解决了建筑产业链中各阶段信息割裂的问题，行业的全链条通用性很强。在过程模拟功能方面，传统的 AutoCAD 等设计软件很难进行模拟工作，而采用 BIM 软件则可以较为准确地进行节能、疏散、日照、施工工艺等方面的模拟；这些模拟工作对于建筑工程的策划、设计、施工、运营管理等具有重要的优化作用。

1.2.2　生产信息化

建筑业的生产信息化，是指建筑构配件或材料工厂采用计算机、互联网、物联网、自动化、机器人等技术进行加工或管理。建筑业的生产信息化，是随着整个社会制造业信息化水平的提升而不断进步，但我国建筑业的生产信息化水平整体落后于制造业的平均水平。

在生产加工的信息化方面，主要包括建筑构配件的加工下料深化设计和生产设备自动化加工。加工下料深化设计的信息化，早期主要体现在采用 AutoCAD 进行钢结构构件的深化设计，然后工人根据 AutoCAD 深化图纸进行手工下料和焊接等工作；随着自动化加工设备的发展，深化设计数据文件逐渐可被导入设备中，由设备进行自动化的下料、组装和焊接等加工工作（图 1.2-9、图 1.2-10）。随着三维设计技术的发展，BIM 软件也被逐渐推广至工厂的深化设计和生产中，且被应用到混凝土预制构配件的生产中（图 1.2-11、图 1.2-12）。

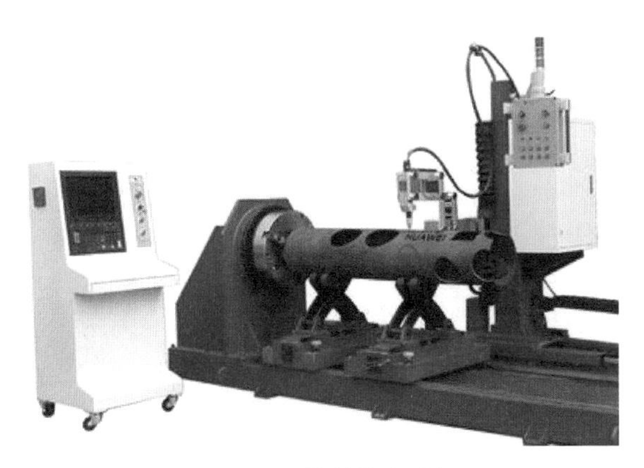

图 1.2-9　钢管结构自动加工

图 1.2-10　钢梁自动焊接

图 1.2-11　钢筋笼自动加工设备

图 1.2-12　混凝土墙板生产设备

在生产管理的信息化方面，主要包括生产任务的承接、分配、原料采购、产品入库和出库等。早期的生产信息化管理，主要是指应用互联网、Office 办公软件等进行信息传递和文件储存等，信息化管理手段不丰富，管理效率较低。近几年来，随着二维码技术和射频识别（RFID，Radio Frequency Identification）等物联网技术的快速发展，建筑工厂生产管理的信息化程度日渐加快。以我国较早开始建筑构配件生产管理信息化的某建筑科技公司为例，在工厂的任务承接阶段，生产深化工程师接收到建筑设计公司的图纸或 BIM 模型后，即开展加工图设计，然后根据加工图设计生成的数据进行原材料准备或采购等工作。针对自己的生产流程，企业建立了信息化生产管理平台（图 1.2-13），包括生产原料、生产进度、生产质量、产品出入库等方面的信息化管理。传统的构配件工厂生产中，以纸质文件和手工笔录为主要管理手段，生产计划执行过程不清晰，生产过程的质量难以控制，原材料需求不精准，原材料存放位置不清晰导致库存周转效率低，工厂内的不同工艺部门之间沟通效率低。采用信息化管理平台后，生产各环节的信息都集成在系统中，可显著提高生产效率。原材料按类型编码和位置编码存放在仓库中，加工部门可在系统中快速查找到所需原材料，提高了原材料查找效率和库存周转效率；构件生产过程中，采用二维码或射频识别技术进行精准识别（图 1.2-14），实时跟踪构件的生产进度状态和位置；构件入库储存和出库运往工地环节，也采用二维码或射频识别技术进行识别和跟踪；生产的全流程中，信息在不同工艺部门之间高效流通，部门之间的沟通效率高。可见，采用信息化管理平台，可有效促进生产的全过程管理，提高效率，降低成本。

图 1.2-13　信息化生产管理平台

图 1.2-14　二维码扫描识别构件

1.2.3　施工管理信息化

在施工管理的信息化方面，主要包括建筑构配件生产与运输进度跟踪、构配件安装或施工进度管理、施工安全管理、施工人员管理等。早期的施工信息化管理，也主要是指应用互联网和办公软件进行简单的信息传递和文件存储等，施工管理效率低，过程信息落后，多数信息还是以人工笔录和纸质文件统计为主，施工工艺各环节严重割裂，进度信息统计严重落后，工程项目施工的管理效率较低。针对工程项目施工，采用信息化管理平台，可有效提高管理效率。在工程项目的施工策划阶段，就可以在信息化平台中较为精确地计算项目施工周期，并准确地安排项目施工进度。构配件在工厂出库后，就通过二维码或射频识别扫描设备将信息输入信息化平台（图 1.2-15），且运输货车的实时定位信息可显示在信息化平台中，供工程管理人员了解物流状态。在构配件安装进度管理方面，采用信息化管理平台后，不再需要施工管理人员手工绘制形象进度图，而是根据实际安装情况在系统中实时激活 BIM 模型中的已完成安装部分即可；当输入构配件的激活日期晚于系统已设置好的日期时，信息化平台还将自动化预警，提醒施工延迟情况；可见，信息化平台的进度统计效率和准确率都很高。在施工安全管理和人员管理方面，可以通过现场安装摄像头、电子打卡等信息化方式以加强管理。对于建筑施工或总承包企业，可以利用施工管理信息化平台，建立针对企业在全国或全球所有项目进展的信息化窗口，以供管理人员进行全面的企业项目管理（图 1.2-16）。通过建筑施工信息化管理平台的应用，可针对所有工程项目进行精准的建设全过程复盘，为后续工程项目的优化实施提供全面准确的数字化信息。

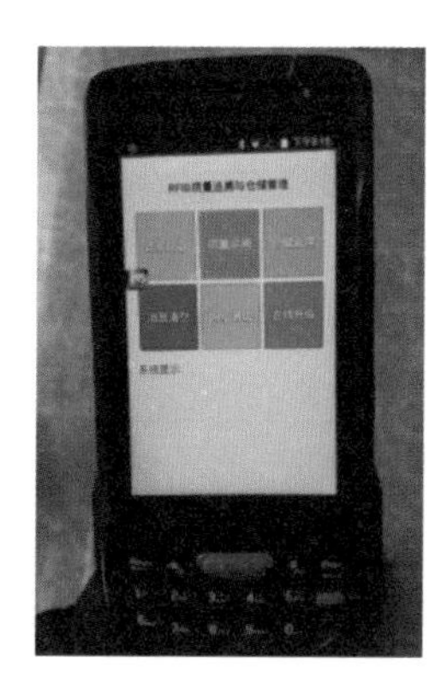

图 1.2-15 射频识别扫描设备及采用的构件

图 1.2-16 建筑企业的项目管理信息化窗口

1.3 人工智能技术发展

1.3.1 人工智能概述

人工智能（Artificial Intelligence）是在 1956 年的美国达特茅斯会议上被正式提出的概念。这个会议是由达特茅斯学院的助理教授约翰 · 麦卡锡（John McCarthy）等人发起；会议持续了一个暑假，讨论了一个当时看来完全不食人间烟火的主题：用机器来模仿人类的智能行为。达特茅斯会议召开后，“人工智能”这个词才开始在科学界广泛流传，而 1956 年也被公认为人工智能的元年。

由于涉及计算机、数学、神经科学、认知科学、生物学等多学科交叉，涉及的内容也过于广泛，因此人工智能目前尚无较为统一的定义。达特茅斯会议发起者约翰 · 麦卡锡，对人工智能的初始定义是“制造智能机器的科学与工程”，其中包括科学研究及科学知识部分，还包括实现人工智能功能的工程实现部分。对于行业应用，可将人工智能理解为一种技术应用目标：让机器实现人的智能行为，包括主动的学习、思考、决策、行动等。但到底一台计算机或设备达到什么样的水平，才算是拥有了“智能”？计算机科学的开创者之一阿兰·图灵（Alan Mathison Turing）在1950年建议了一个判断标准，被称为“图灵测试”。图灵测试认为，如果一台机器能够与人类展开对话（包括文字对话）而不能被辨别出其机器身份，那么可以认定这台机器具有智能。直到今天，图灵测试仍然被认为是人工智能的重要检验标准。2014年，一个被命名为尤金·古斯特曼的聊天机器人（电脑程序，见图1.3-1），成功地让人类相信它是一个13岁的男孩，从而成为有史以来首次通过图灵测试的程序；这被认为是人工智能发展史上的里程碑事件。

图1.3-1　聊天机器人尤金·古斯特曼与人的文字对话窗口

人工智能常被区分为强人工智能和弱人工智能两个范围。强人工智能一般指通用人工智能，即拥有人工智能的机器不但能够实现类似人的智能行为，也具有知觉和自我意识，甚至具有跟人完全不一样的知觉和意识，使用跟人完全不一样的推理方式。跟强人工智能相对，弱人工智能不具有自我意识和完备的感知能力，只能完成某种特定的工作。以2017年围棋世界冠军柯洁与围棋智能机器人AlphaGo的围棋比赛为例，柯洁在输掉比赛后落泪，跟记者说：“他的技术太完美，我看不到赢的希望”；而AlphaGo机器人在赛后不会有任何高兴或难过，也不会主动思考赢了世界冠军后要干什么，是否可以用下围棋的算法或技术去做别的事情；因此AlphaGo机器人呈现的是弱人工智能，它只能从事围棋这种特定的工作。目前，强人工智能还处于设想和研究阶段，距离技术上的实施还很遥远，而弱人工智能目前已经开始较为广泛地应用于传媒、通信、金融、驾驶和日常服务等方面。

在生产和管理等活动中，人工智能与以往的自动化有显著的差别。自动化是指机器设备或信息系统在无人或较少人参与的情况下，按照严格的工艺或管理流程进行操作，实现工作目标。而人工智能不但能在无人或少人参与的条件下进行操作，还能针对流程中没有明确规定的情况进行判断、决策和处理。可见，自动化过程中一切条件和工况都是预设好的，不允许存在不明确的工况，否则工作无法继续进行；而人工智能则允许在任务执行过程中出现未预设好的工况，然后根据智能设备中的已有知识或经验进行工况的处理，并最终完成任务。以钢结构建筑的构件生产为例（图1.3-2），构件自动化焊接生产线上安装了焊接机器人手臂，可自动化焊接H型钢构件，那么一般情况下这条生产线只针对H型钢构件进行焊接，而不能针对矩形或其他截面形式的构件进行焊接。这是因为在机器人手臂焊接工艺的预设中，工程师已经将焊接的对象预设为H型钢，机器人手臂是按照工程师已经设定好的固定伸缩路径和动作进行作业；如果要焊接矩形钢构件，则需要工程师重新编程或设定详细的参数，因为机器不能智能化地识别出焊接的对象已经由H型钢构件变为矩形钢构件。而对于人工智能生产线，焊接机器人能够智能化地识别出焊接对象的类别，不需要人为编程或设定参数，机器人能够自行根据情况判断需要焊接的位置，自主计算出手臂的伸缩路径和焊枪的角度等；可见，与自动化生产线不同之处在于，人工智能生产线能够自行进行识别、判断、决策和行动，高度自主化地完成任务。可以说，跟自动化相比，人工智能是一种更加高度的自动化。

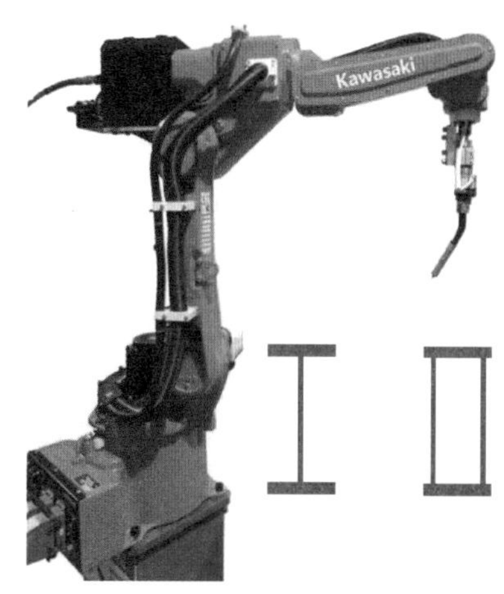

图1.3-2 钢构件自动化生产线

人工智能在发展的早期，研究人员常希望通过在计算机中存储明确的规则或知识，然后通过这些知识的组合和大量的计算机运算，实现智能目标；这种思路常属于将知识点无限组合，即通过“穷举法”实现判断和决策，但这种思路会遇到“组合爆炸”的计算难题，计算量远超出计算机的计算能力，难以实现目标。以AlphaGo与柯洁的围棋对弈为例：如果柯洁每落一子，AlphaGo都对当前的棋局进行排列组合计算，然后判断哪一种排列组合能够战胜柯洁再决定如何落子，则在当前的计算机能力条件下，AlphaGo可能永远都落不下第一个棋子；因为围棋棋谱的排列组合个数，比宇宙中所有原子的数量都要多。因此，人工智能早期的“穷举法”等技术思路走不通。况且，在生

图1.3-3 猫和狗图片

产和生活中，很多事物并没有围棋那样非常明确的规则，以图像识别为例：你能通过明确的规则识别出图 1.3-3 中猫和狗吗？如果能，能否把规则列出来并通用化？我们觉得可能的规则包括：（1）猫的耳朵是尖的？但有的狗耳朵也是尖的；（2）猫的体型比狗小？但有的狗也很小，而有些品种的猫体型也比较大；（3）猫的脸更圆，而狗的脸更偏狭长？但其实有的类型狗的脸也是偏圆的；（4）猫身上有花纹？但其实狗身上有花纹的品种也很多，而猫身上无花纹的品种也不少；（5）猫的嘴和狗的嘴形状不一样？那到底哪个明确的区域范围内算是嘴的范围？……可见，这样的问题根本不可能通过穷举规则来实现判断的目标。实际上，我们人在进行猫和狗的识别时，也不是根据明确的规则来进行判断，而是根据我们以往见过的大量的猫和狗的实物或照片，根据经验作出的判断。AlphaGo 在跟柯洁对弈前，已经自己跟自己下了很多局的棋，通过大量的自我对弈计算，积累了远远多于柯洁的棋局套路；在对弈过程中，AlphaGo 通过自己的对弈训练经验，可实时计算出自己如何落子才能保证赢的概率高于输的概率；也就是说，AlphaGo 在每一步落子时并不保证这样一定能赢，但能够通过计算保证自己赢的概率大于柯洁赢的概率，因此积累到一盘棋结束，AlphaGo 赢棋的概率就远远大于柯洁。可见，人工智能发展到今天，已经进入了大量经验数据＋概率/统计计算＋设备计算能力的时代。但由此也可以看到，人工智能得出的结果，往往给出的是相关性，而不能解释明确的因果性；这也是当代人工智能的一个局限性之一。

由人工智能下围棋和图像识别可见，目前人工智能的主要技术路线是数据＋算法＋算力。其中数据（Data）是一种广义的概念，其具体内容可以是数值、图片、视频、网页浏览记录、采购记录、通话记录、出行路径等；而目前流行的大数据（Big data）则是指无法在较短时间内采用个人计算机或手机等小型设备进行管理和处理的海量信息数据。算法（Algorithm）指在数学和计算机科学之中，为得到某个计算结果而定义的具体计算公式和步骤；而在人工智能领域，算法一般指各种机器学习算法和智能优化算法，包括聚类、优化、神经网络、遗传算法、粒子群算法等基本算法及其组成的集成算法。算力（Computing power）一般是指计算机的计算能力，但在人工智能领域可以是一种广义的概念，即设备或系统实现智能化目标的能力，包括计算能力、信息传输能力、动作执行能力等，这些设备和系统包括计算机、物联网设备、5G 基站、服务器、制造设备、汽车、机器人等。要实现人工智能目标，数据、算法、算力必须有机结合，缺一不可，其中数据是原材料，算法是核心，算力是基础设施。数据、算法、算力三者之间的关系，可以用石油炼制来类比。石油炼制过程中，首先需要原油作为原材料，这是石油生产的基础；但有了原油，还需要一套精密的炼油工艺流程，包括预处理、蒸馏、催化、分离等，才能将原油最终炼制成汽油、柴油、沥青等产品；有了明确的工艺流程，还需要炼制设备、安全设备、厂房等生产基础设施才能完成炼制工作。类比石油生产，人工智能技术中，数据相当于石油生产中的原油，是原材料；算法相当于石油的炼制工艺，是生产的核心环节；而算力相当于生产基础设施，是生产工艺能够得以实施的物质保障（图 1.3-4）。

随着人工智能技术的广泛应用，其对人类是否会产生威胁，是当前人工智能被关注的主要方面之一。以著名物理学家史蒂芬·霍金（Stephen Hawking）和电动汽车巨头特斯拉创始人埃隆·马斯克（Elon Musk）为代表的悲观派认为，人工智能的发展可能进一步加速，甚至会发展出自我改造创新的能力，从而导致其进步速度远超人类，甚至会产生灭

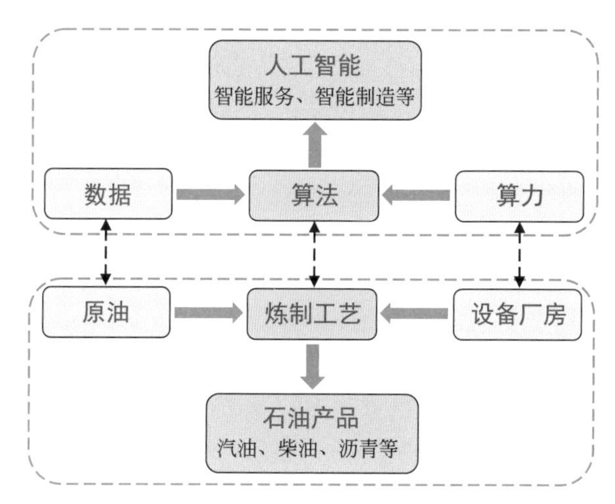

图 1.3-4　人工智能技术与石油炼制的类比

绝人类的危险；而以吴恩达、李飞飞等人工智能科学家及谷歌技术专家等为代表的乐观派认为，目前担心人工智能取代人类还为时尚早，因为任何科技都会有瓶颈，人工智能技术也不会无限成长，机器目前也看不到有产生自我意识的趋势。根据目前的科技进展，强人工智能在未来几十年内都难以实现，而弱人工智能已经开始在产业界和日常生活中逐渐开始得到应用，尤其是在一些重复性的体力和脑力工作方面开始逐渐代替人的工作。对于大学生和研究生等知识层次较高的群体，面对人工智能时代的到来，可采取以下应对措施：（1）不要长期从事重复性高的日常行政服务管理和简单技术性工作；（2）主动学习人工智能的相关知识和发展动态，让人工智能成为自己的助手；（3）加强学习能力，终身学习，不停提升自己的技能底线，增加自己知识的深度或广度；（4）掌握2个甚至多个行业的工作技能，成为行业交叉能力强的工作者；（5）提高自己的交流、协调、谈判、共情等能力，成为人与人或者人与技术之间的"链接者"；（6）形成自己的领导力，能够带领核心团队进行技术开发或市场开拓等。

人工智能在发展中也将面临较为严重的道德伦理问题，因为人工智能虽然能够代替人进行一些智能化的工作，但由于不具备人的主动意识和心灵等，人工智能的行为可能引起巨大争议。以自动驾驶为例，当人工智能自动驾驶汽车在公路上快速前行时，如果前方突然出现了一个人，而由于距离过近导致紧急刹车不能保证不撞到人时，人工智能是选择刹车前行撞上人，还是选择紧急转向而撞上路边的大树或房屋等障碍物？选择紧急刹车其结果将是让车继续前行导致撞伤行人，选择紧急转向其结果是车撞障碍物而导致车内人有很大受伤风险。如果不是自动驾驶，司机来不及完全刹车而导致撞到人，一般不会引起过大的道德争议，毕竟人们现在已经对"紧急避险"而导致的无意伤害或损坏有了相当的共识；而如果是人工智能选择撞人而非自撞，必将导致巨大的道德伦理指责，甚至车内人或汽车生产商都将被严重刑事处罚。如果自动驾驶汽车生产商为避免这项风险而选择转向撞障碍物，那消费者根本不会购买这样的汽车。不解决这一类问题，人工智能驾驶很难真正地广泛推广。随着人工智能的技术进步和广泛应用，其在商业、战争、救灾、日常生活中的应用中也面临诸多类似的问题。

1.3.2 人工智能算法

当前，人工智能算法主要包括机器学习算法、各种智能优化和规划算法等。计算机或机器人等设备或系统通过人工智能算法对数据进行分析和处理，然后进行判断和决策，最终把指令发送给设备或系统进行执行，从而实现人工智能的目标。人工智能中采用最多的是机器学习算法。机器学习算法是一类从数据中自动获得规律，并可利用规律对未知数据进行预测的算法。机器学习算法不是某一种具体的算法，而是对能够实现自动获得规律并用于预测的所有算法的统称。每一种机器学习算法的提出过程，都可能包含计算机、数学、神经科学、认知科学、信息论、控制论等多学科交叉的过程；而机器学习算法一般都是主要解决分类和回归这两类问题。机器学习领域的专家一般认为，心理学专家唐纳德·赫布（Donald OldingHebb）开启了机器学习领域，他在1949年提出基于神经心理学的学习机制，此后被称为Hebb学习规则。而“机器学习”（Machine learning）这个词是由亚瑟·塞缪尔（Arthur Samuel）在1949年提出；他当时编制了一个下跳棋的计算机程序，这个程序能够通过当前的棋局分析并结合隐含的数学模型进行下棋决策，而且随着下棋经验的增加，该程序的下棋水平也将自动地提高。通过这个程序，塞缪尔证明了机器可以在某些方面通过自主学习而提高水平，甚至超过人类的水平。

根据机器学习算法的功能属性，在人工智能和机器学习的概念提出以前，很多经典的数学算法也算是机器学习算法，如经典的线性回归方法和贝叶斯方法等。以线性回归方法为例，给定一个含有 n 个平面内数据点的数据集 D：

$$D=(x_1,\ y_1),\ (x_i,\ y_i),\ \cdots,\ (x_n,\ y_n),\ 1\leqslant i\leqslant n \tag{1.3-1}$$

拟求一个线性方程：

$$y=ax+b \tag{1.3-2}$$

其中 a 和 b 都是常数，x 和 y 分别为自变量和因变量，用于估计未来可能出现的 x_j（$j>n$）所对应的 y_j（$j>n$）的近似值 y_j'，见图1.3-5。其中常数 a 和 b 可采用最小二乘法（Adrien Marie Legendre于1806年提出）进行求解：

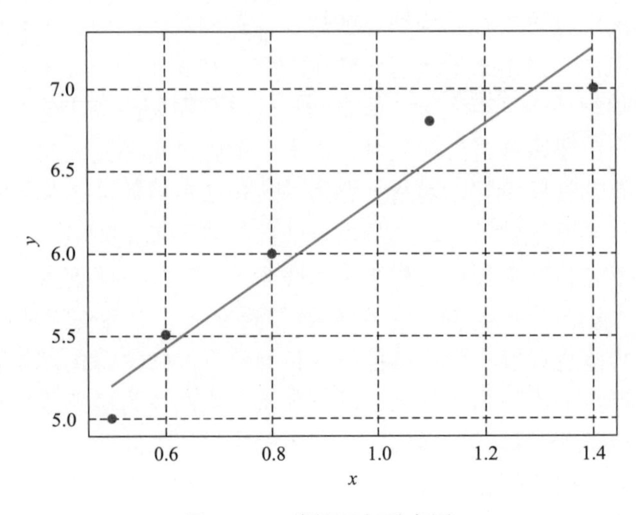

图1.3-5 线性回归示意图

$$a=\frac{\sum xy-\frac{1}{N}\sum x\sum y}{\sum x^2-\frac{1}{N}(\sum x)^2} \tag{1.3-3}$$

$$b=\overline{y}-a\overline{x} \tag{1.3-4}$$

由线性回归可见，根据已有的数据，采用最小二乘法可以得到一个线性方程，且采用这个方程可以估计新增自变量对应因变量的近似值；即不需要人根据已有数据估计因变量，而由机器根据已有数据自动获得自变量和因变量的关系规律，并根据规律预测因变量。因此，很多经典的回归方法以及贝叶斯方法等，现在也被机器学习专家们列为机器学习算法；而马尔可夫随机过程和蒙特卡洛等经典的统计学方法，也被广泛应用于机器学习算法的开发和改进。可见，“机器学习”这个名词虽然有具体的提出时间，但机器学习的方法和思想在科学发展中的历史已经比较悠久。

目前，机器学习主要分为无监督学习、监督学习和强化学习等主要类别。无监督学习和监督学习算法的本质区别在于，是否需要对已有的训练样本进行人为的标记；无监督学习算法不需要对训练样本进行标记，如最小二乘法和各种聚类算法等；而监督学习算法需要对训练样本进行标记，典型的代表就是神经网络算法。而强化学习是在无监督学习和监督学习之外的另一类机器学习算法，它是用于描述和解决智能体在与环境的交互过程中通过学习策略以达成回报最大化的算法。

1.3.3 人工智能应用发展

目前，人工智能已经在数据挖掘、图像识别、语音识别、自动控制、机器人等方面取得了显著的技术突破，广泛应用于自动驾驶、传媒、商业、金融、安全、服务、教育、医学、电子游戏、智慧城市等行业。

汽车自动驾驶（Autopilot）是人工智能技术目前最广为人知的应用之一，其典型代表是电动汽车巨头特斯拉（Tesla）和互联网巨头谷歌（Google）开发的技术。目前，包括这两家企业在内的很多汽车生产企业、科技公司和初创企业都在从事自动驾驶汽车的研发，且一些汽车产品已经部分实现了自动驾驶功能。根据国际自动机工程师学会（SAE International）的标准，自动驾驶汽车一共分为5个级别：（1）一级是指车的自动驾驶系统可以给人提供一些辅助性帮助，包括自动刹车、车位停靠等；（2）二级，是指在路况比较简单的情况下汽车可以自己开，但人必须实时盯着驾驶系统，如在路况比较简单的高速公路上驾驶等；（3）三级，是指人可以不实时盯着驾驶系统，但是如果车遇到不能处理的复杂情况时，会向人发出信号，此时人必须接管驾驶工作；（4）四级，是指在某些环境和条件下，实现完全自动驾驶，人不需要盯着驾驶系统，可以在车内睡觉或专心工作等；（5）五级，是指在任何环境和条件下，汽车都能完全自动驾驶，人不需要对驾驶系统进行任何关注或操控。目前，特斯拉等企业的自动驾驶汽车产品已经能够实现一级和二级的功能；且特斯拉和谷歌等正在进行研发和测试的自动驾驶汽车已经能够实现三级甚至四级的功能，并有望在未来几年将产品推向市场。为了积累数据，研发企业长期在公路上进行自动驾驶汽车的实地驾驶测试（图1.3-6），有的企业总计积累自动驾驶里程已经达几百万公里；谷歌甚至利用废弃的美军空军基地等作为自动驾驶试验和测试基地，不但进行一般的驾驶试验，还进行突发情况试验（图 1.3-7）。

图 1.3-6　谷歌自动驾驶汽车

图 1.3-7　谷歌自动驾驶系统进行场景检测

虽然人工智能在某些方面的工作效率已超过人类，但在实际应用中，相比人类，人工智能一旦出错，其造成后果的严重性也将远超人类。以医疗领域为例，目前最知名的人工智能应用是 IBM 公司的 Watson 医生机器人，这款机器人可以针对癌症病人的情况，10 秒钟就给出治疗方案。目前 Watson 医生机器人已经在全球几百家医院中得到采用。但 2018 年，根据 IBM 公司内部的文件，Watson 医生有时会给出不好的建议，比如它建议给患有严重出血的癌症患者服用可能导致出血加剧的药物。虽然人类医生有时候也犯错误，但一般为个案，不同医院的医生不可能针对同一情况犯相同的错误；但人工智能医生，一旦犯错误，就是采用此人工智能医生系统的所有医院都犯相同的错误，因为系统采用的是同一个算法模型，针对相同的病例必然给出相同治疗方案，不管病例是在哪个医院治疗。好在目前类似 Watson 医生这样的智能医疗机器人给出的建议，医生一般不会完全采纳，而是根据自己的专业知识和病人具体情况给出相应的治疗方案。由此可见，在一些专业领域，人工智能在一定时期内并不能完全代替人，人也不愿意把自己生命攸关的重大事项交由冷冰冰的机器处理，但人工智能可以成为人类很有用的辅助工具和工作伙伴。

除了自动驾驶和医疗机器人，人工智能技术目前的应用也很广泛，如机场安检人脸识别采用了图像识别技术，智能音箱和手机语音呼叫等采用了语音识别技术，各种网页新闻和广告的智能推送等采用了多种机器学习算法，电子导航采用了智能路径规划算法等。人工智能技术在我们的生活和工作中已经无处不在。

1.4　建筑业的智能建造趋势

建筑业的智能建造，是指在建筑工业化和信息化的基础上，通过引入机器学习算法、智能优化算法、图像与视频识别技术、语音识别技术、BIM 技术、机器人技术等手段，提高建筑业的效率和质量，并降低人力资源投入，降低人员劳动强度，尤其是重复性较高的体力或脑力劳动[5]。建筑业信息化与智能化的区别在于，信息化只是解决建筑业的数字化和信息流通问题，而不能解决人脑进行的设计、判断、预警、决策等问题，也不能主动执行，更不能根据新的问题进行主动迭代，修正自己已有的经验和认知模式，实现认知升级。以建筑设计中常见的设备管道与梁柱构件的碰撞为例（图 1.4-1），现在的设计软件，只能数字化地显示管道与梁柱是否碰撞，并将碰撞信息反馈给工程师，但是不能主动地进行碰撞避让，并决定如何避让，更不能进行优化以降低碰撞的影响甚至避免碰撞，也就是不具备智能化功能。建筑业由工业化和信息化阶段向智能化阶段发展，是建筑业科技进步和转型升级的必然趋势。根据智能建造的特点和功能，可给出智能建造的一个定义：以人工智能算法为核心，以数据和现代信息技术为支撑，在建设工程的设计、生产、施工和运维中，以智能技术代替需要人类智能才能完成的复杂工作，实现建筑业的高度自动化和数字化。

图 1.4-1　三维设计中的梁柱与管道

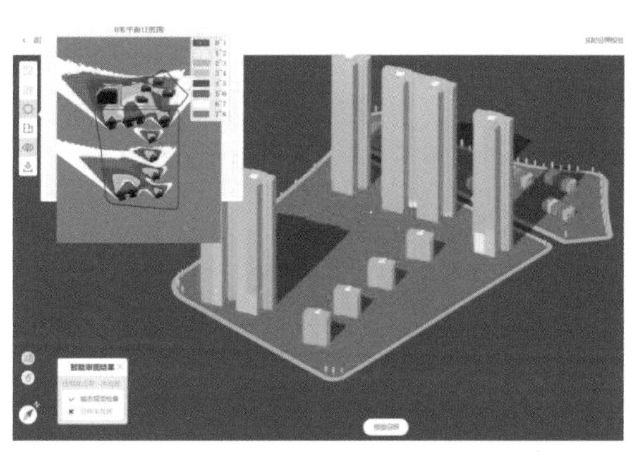

图 1.4-2　人工智能进行小区住宅楼规划

1.4.1　智能设计

建筑的设计一般包括规划设计、建筑方案设计、建筑施工图设计、室内装修设计、构配件加工深化设计等。在未来的建筑设计中，人工智能技术可能在建筑设计的各个环节发挥作用。在规划设计环节，人工智能可根据建设区域的总用地面积、建筑物类型、容积率（建筑面积与用地面积的比值）、土地形状和交通条件等进行总体规划，高效率地给出规划设计图，并可与规划工程师进行合作，得到优化的规划设计成果；图 1.4-2 为我国的软件利用智能算法进行的小区楼栋规划设计。通过人工智能技术，规划工程师可节省大量的计算和绘图时间，只需对规划成果的合理性进行判断，或提出更优化的想法，然后再由人工智能完成规划设计即可。

在其他建筑设计环节，人工智能技术也将有效地提高效率，降低工程师的工作量。以构配件深化设计为例，在结构工程师做完设计后，建筑中的梁、板、柱、墙、阳台、楼梯等要在混凝土预制构件厂生产，还需要深化设计工程师进行详细的深化设计。深化设计一般需要采用 BIM 软件进行三维建模，包括钢筋的细部尺寸避让、预埋件、混凝土细部构造等，工作量很大，耗费了工程师的大量时间，且大部分工作都属于重复度比较高的低端脑力劳动，劳动强度也很大。如果采用人工智能技术进行智能深化设计，而工程师只需要对设计成果进行审核和修改反馈，则可显著提高效率，降低工程师的劳动强度，并节省工程设计时间。

在未来的建筑设计中，专家系统、语音识别、智能算法等很可能将与物联网、云计算、虚拟/增强现实等相结合，发展出高效的人机互动建筑智能设计技术，其中设计师提供建筑功能要求和设计思路，而计算机进行计算、建模和绘图，从而形成设计师创意＋人工智能工作的建筑设计模式。

1.4.2 智能化生产

建筑业的智能化生产，主要是指混凝土预制构配件、钢结构构件、门窗、卫浴产品、墙体板材及相关原材料等的生产，包括制造过程和产品质量检测过程。目前的构配件制造过程中，虽然很多生产线上也配备了机器人（图 1.4-3），但这些机器人不具备识别和自主判断执行能力，只能按照提前设定好的动作路径进行固定操作，导致生产线的功能单一，生产不同类型构件时工艺调整工作量大，时间和人力成本投入大。在未来的生产中，通过将图像识别、专家系统、物联网等技术集成到机器人中，形成智能化生产机器人，不但能进行简单的标准化操作，还能根据构件情况自动调整作业动作，生产效率可显著提高，生产成本也将有效降低。

图 1.4-3　钢构件生产线焊接机器人

图 1.4-4　工人手工持尺测量预制构件

图 1.4-5　激光三维扫描仪

图 1.4-6　扫描仪可同时扫描多个构件

建筑构配件生产完成后，还需要进行产品质量检测，一般包括尺寸精度检测和表观质量检测等。目前的大型构部件尺寸精度检测，还是工人持尺测量尺寸（图 1.4-4），且由于工作量过大，常仅进行抽检，导致测量误差偏大，尺寸不合格漏检的情况也时有发生。在表观质量检测方面，也主要是依靠检测人员目测是否合格，检测标准难以统一，检测结果无法量化表达。在未来的建筑生产中，可采用激光三维扫描技术（图 1.4-5、图 1.4-6）进行尺寸和表观质量检测；基于激光三维扫描得到的构部件表面密集的点云数据，采用人工智能算法进行尺寸精度检测；激光扫描仪在扫描过程中还进行全场景的照片拍摄，基于照片，通过图像识别和色差评估算法进行构部件的表观质量检测。这种智能化的检测方法，检测效率和精准度都很高，也不需再进行抽检，可保证构部件在出厂时质量合格率远高于传统检测方法。

1.4.3　智能化施工

建筑工程的智能化施工，包括施工现场的构配件安装、施工安全监控、工程进度统计、施工效率统计、施工现场人员管理等方面的智能化。目前在施工现场的构配件安装过程中，是以机械和工人共同完成为主，工人的劳动强度仍然比较高，人力需求大；未来的施工现场可能会大量采用智能化的安装机器人，如日本的研究机构正在研发的墙板安装智能机器人（图 1.4-7），而技术工人主要从事强度很低的劳动并指挥机器人操作。在施工安全监控方面，目前主要是安全技术人员进行安全巡视，监控安全帽佩戴、安全带使用、危险作业、安全设施漏洞等方面的问题；未来的施工现场将安装大量的智能摄像头，采用图像/视频识别技术，对施工现场进行全面的安全监控（图 1.4-8），并针对可能的施工危险实时预警。在工程进度统计方面，即使采用 BIM 模型，也需要人根据现场施工进度情况手工输入工程项目管理系统，因此存在进度统计滞后的问题，且不能反映工程现场真实的施工精度情况；如果将无人机＋激光三维扫描＋智能逆向 BIM 建模＋物联网等技术集成应用，可定时扫描施工进度并实时传输到工程管理系统中，且模型能够真实地反映施工现场的安装精度情况，有利于竣工验收，并为后期的运营维护提供真实的数字化模型。在施工效率统计方面，通过现场安装的摄像头，并将动作识别和场景识别相结合，可对施工现场的工人工作效率进行精准统计，推动施工进程的精细化管理。通过人脸识别技术，可对施工场地内的人员出入实现准确统计，有利于施工现场人员的有序管理。

图 1.4-7　墙板安装智能机器人

图 1.4-8　智能摄像头监控安全帽佩戴

1.5　本书的主要内容

人工智能算法是智能建造技术的核心，但目前国内外介绍人工智能算法的教材均针对计算机、软件和自动化等信息学科，而针对土木工程、建筑工程、水利工程、海洋工程、交通工程等传统工程建设学科的专用教材还未出版。本书作者将结合自己在智能建造领域的研究和教学工作，对智能建造技术中可能采用的一些基础算法进行较为深入的介绍，书中的主要内容构成见图 1.5-1。

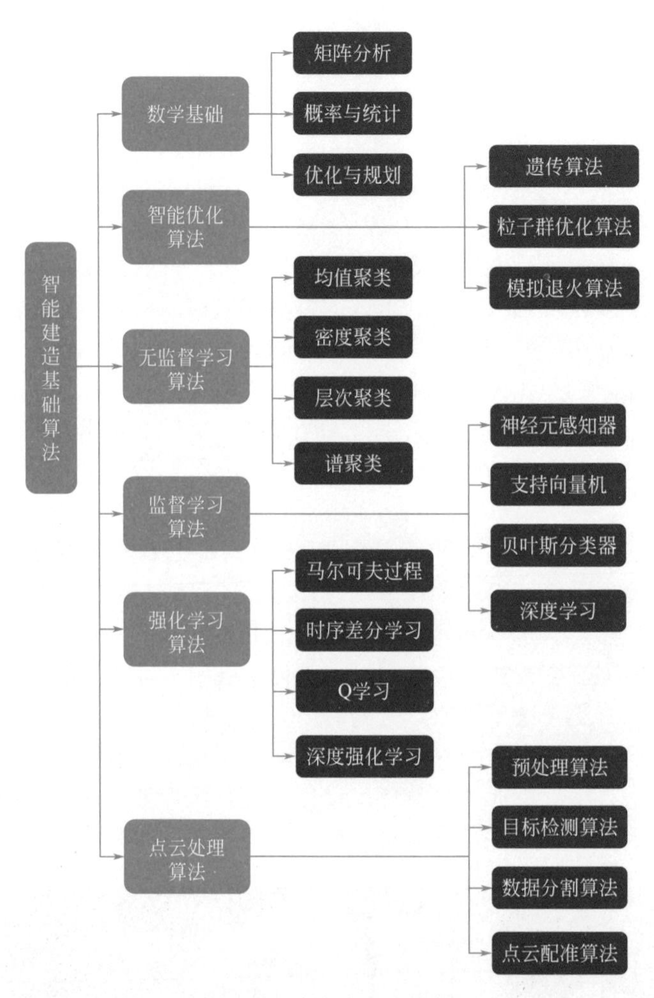

图 1.5-1　本书主要内容框图

本书可划分为六部分，其中第一部分为数学基础方面的内容，包括矩阵分析基础、概率与统计基础、数值优化与规划基本方法；第二部分为智能优化算法，其中详细介绍了遗传算法、粒子群优化算法、模拟退火算法、多目标智能优化算法等；第三部分为无监督学习算法，主要介绍了各种聚类算法；第四部分为监督学习算法，详细介绍了神经元感知器、支持向量机和贝叶斯分类器等经典分类算法，并深入剖析了前馈神经网络和卷积神经网络这两种深度学习算法的工作流程和训练过程，详细说明和推导了深度学习算法的数学过程；第五部分为强化学习算法，其中介绍了马尔可夫过程、时序差分算法、Q 学习算法、深度强化学习算法等，并介绍了强化学习与深度学习相结合而形成的深度强化学习算法；第六部分为点云处理算法，包括点云数据的预处理算法、目标检测算法、数据分割算法和配准算法等。将这些基础算法进行综合应用，并与大数据、云计算、边缘计算、物联网、虚拟/增强现实、机器人、BIM 等信息技术相结合，解决工程建造中的设计、生产、施工、检测等技术问题，就形成了智能建造技术。

参考文献

[1] STATISTA. Construction industry spending worldwide from 2014 to 2019, with forecasts from 2020 to 2035 [EB/OL]. (2020-06) [2023-04-23] https://www.statista.com/statistics/788128/construction-spending-worldwide/.

[2] 国家统计局固定资产投资统计司. 中国建筑业统计年鉴 2019 [M]. 北京：中国统计出版社，2019.

[3] 第一财经. 中国建筑垃圾危与机：年产逼近 30 亿吨，再利用能力仅 1 亿吨 [EB/OL]. (2019-07-22) [2023-04-23]. https://www.yicai.com/news/100268951.html.

[4] 纪颖波. 建筑工业化发展研究 [M]. 北京：中国建筑工业出版社，2011.

[5] 周绪红，刘界鹏，冯亮，伍洲，齐宏拓，李东声. 建筑智能建造技术初探及其应用 [M]. 北京：中国建筑工业出版社，2021.

第 2 章　矩阵分析基础

数学是人工智能算法的基础，各种算法常需大量使用微积分、线性代数、矩阵分析、概率与统计、最优化方法等基础数学理论，特别是线性代数和矩阵分析的基础理论。矩阵分析在数学、物理和技术学科中均有重要应用，矩阵分析所体现的几何概念与代数方法之间的联系，从具体概念抽象出的公理化方法以及严谨的逻辑推证、巧妙的归纳综合等，可有效提升科技工作者的基础科研能力。矩阵分析是理解和应用人工智能算法的基础数学理论，但也往往是科技人员理解人工智能算法原理和具体工作流程的最大障碍。本章结合人工智能算法的矩阵分析知识需求，对算法中常用的线性代数和矩阵分析理论进行了介绍，并通俗易懂地对向量、矩阵和线性空间进行了综合讲解。

2.1　向量和矩阵

线性代数和矩阵分析中大量涉及标量、向量、矩阵等数学概念，这是线性代数中的基本元素，就像自然数、整数、实数、复数等是初等代数中的基本元素一样。

2.1.1　标量和向量

- 标量（scalar）：一个只有大小但没有方向的量。一个标量即一个单独的数，是计算的最小单元，通常用小写的不加粗斜体字母表示，如 a。标量的运算遵循一般的代数法则，如质量 m 、密度 ρ 、温度 t 、功 w 等物理量。
- 向量（vector）：常指一个既有长度又有方向的量，通常用加粗的斜体小写字母或小写字母顶部加箭头表示。向量在实际应用中常用一个数组来表示，数组中的每个元素称为它的分量，分量的数量称为向量的维数。例如，一个 n 元向量 $\boldsymbol{\alpha}$ 可表示为：

$$\boldsymbol{\alpha}=(\alpha_1,\ \alpha_2,\ \cdots,\ \alpha_n)$$

一般可以将向量理解为空间里带方向、长度、出发端点和结束端点的量；建立一个坐标系，以出发端点为原点，则向量数组中的每个元素就是该向量在各坐标轴上的坐标，从原点出发到结束端点的方向就是此向量的方向，而从原点到结束端点的距离就是向量的长度。注意，即使换了坐标系进行表达，向量的实际长度和方向不会发生变化，只是度量方式可能有所变化。在固定坐标系下，向量也可以表示一个点，通过该向量在各坐标轴上的坐标确定该点的位置。

向量满足如下运算：

1. 向量与向量的加法（平行四边形法则）

设 $\boldsymbol{\alpha}$，$\boldsymbol{\beta}$ 为两个向量，在空间任取一点 O，作 $\overrightarrow{OA}=\boldsymbol{\alpha}$，$\overrightarrow{AB}=\boldsymbol{\beta}$。称以 O 为起点，B 为终点的向量 $\overrightarrow{OB}$ 为 $\boldsymbol{\alpha}$ 与 $\boldsymbol{\beta}$ 的和，记为 $\boldsymbol{\alpha}+\boldsymbol{\beta}$，即 $\overrightarrow{OB}=\boldsymbol{\alpha}+\boldsymbol{\beta}$。称此运算为向量的加法，如图 2.1-1 所示。

易证明，$\boldsymbol{\alpha}+\boldsymbol{\beta}$ 与向量起点的选取无关。图 2.1-1 是一个加法运算的示意图，因为移动并不改变向量的方向和长度，所以可以通过向量移动的方式来进行向量加法运算，因此图中点向量 $\boldsymbol{\alpha}$ 与 $\boldsymbol{\beta}$ 的起点可任意选取，这种方式在物理计算中经常采用。

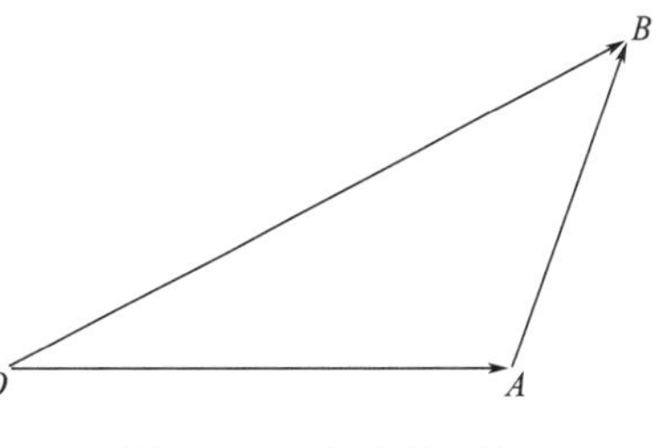

图 2.1-1　向量的加法

2. 向量的数乘

设 $\boldsymbol{\alpha}$ 为向量，$k \in \boldsymbol{R}$（$\boldsymbol{R}$ 为实数域），则 k 与 $\boldsymbol{\alpha}$ 的积是满足下面两个条件的向量：

（1）$|k\boldsymbol{\alpha}|=|k|\cdot|\boldsymbol{\alpha}|$，$|\boldsymbol{\alpha}|$ 为向量 $\boldsymbol{\alpha}$ 的模，即向量的长度；

（2）若 $k>0$，则 $k\boldsymbol{\alpha}$ 与 $\boldsymbol{\alpha}$ 同向；若 $k<0$，则 $k\boldsymbol{\alpha}$ 与 $\boldsymbol{\alpha}$ 反向。

3. 向量的点乘

定义 2.1.1　设有两个 n 元向量，$\boldsymbol{a}=(a_1, a_2, \cdots, a_n)$ 与 $\boldsymbol{b}=(b_1, b_2, \cdots, b_n)$，则 $\boldsymbol{a}$ 与 $\boldsymbol{b}$ 的点乘为：

$$\boldsymbol{a}\cdot\boldsymbol{b}=a_1b_1+a_2b_2+\cdots+a_nb_n \tag{2.1-1}$$

向量的点乘，也称为点积、内积或标量积。对两个向量进行点乘运算，所得结果是一个标量。

在解析几何中，可以利用向量的点乘确定向量的长度和向量间的夹角。

定义 2.1.2　两个向量 $\boldsymbol{a}$ 与 $\boldsymbol{b}$ 的点乘 $\boldsymbol{a}\cdot\boldsymbol{b}$ 可以表示为：

$$\boldsymbol{a}\cdot\boldsymbol{b}=|\boldsymbol{a}||\boldsymbol{b}|\cos<\boldsymbol{a}, \boldsymbol{b}> \tag{2.1-2}$$

其中 $|\boldsymbol{a}|$，$|\boldsymbol{b}|$ 分别表示向量 $\boldsymbol{a}$ 与向量 $\boldsymbol{b}$ 的长度，$<\boldsymbol{a}, \boldsymbol{b}>$ 表示向量 $\boldsymbol{a}$ 与向量 $\boldsymbol{b}$ 之间的夹角。

例 2.1.1[1]　力学中的力与位移都是既有大小又有方向的量，所以均可用向量表示。如果一个物体在力 $\boldsymbol{f}$ 的作用下产生了一个位移 $\boldsymbol{s}$（图 2.1-2），则力 $\boldsymbol{f}$ 对物体所作功等于这个力在位移方向上的分力 $\boldsymbol{f}_1$ 的大小与位移大小数量的乘积，用公式表示就是：

$$w=|\boldsymbol{f}||\boldsymbol{s}|\cos\theta$$

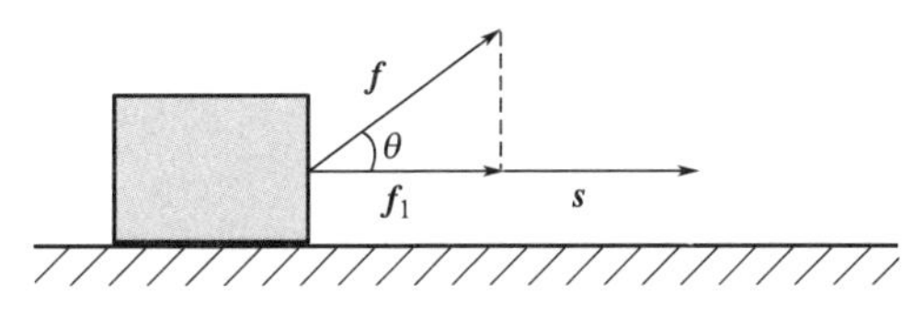

图 2.1-2　物体受力做功示意图

根据向量点积的定义可得：

（1）向量的长度：$|\boldsymbol{a}|=\sqrt{\boldsymbol{a}\cdot\boldsymbol{a}}$；

（2）向量间夹角的余弦：$\cos<\boldsymbol{a}, \boldsymbol{b}>=\dfrac{\boldsymbol{a}\cdot\boldsymbol{b}}{|\boldsymbol{a}||\boldsymbol{b}|}$，$(\boldsymbol{a}\neq 0, \boldsymbol{b}\neq 0)$。

命题 2.1.1　向量 $\boldsymbol{a}$ 与向量 $\boldsymbol{b}$ 垂直的充分必要条件是 $\boldsymbol{a}\cdot\boldsymbol{b}=0$。

一般默认零向量垂直于任何向量。

4. 向量的叉乘

定义 2.1.3　两个向量 $\boldsymbol{a}$ 与 $\boldsymbol{b}$ 的叉乘 $\boldsymbol{a}\times\boldsymbol{b}$ 仍是一个向量，它的长度定义规定为：

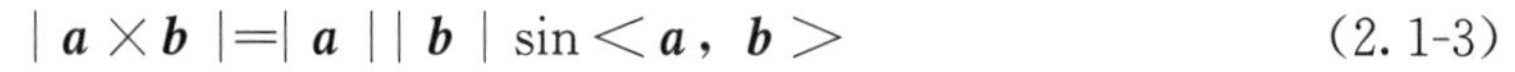

$$|\boldsymbol{a}\times\boldsymbol{b}|=|\boldsymbol{a}||\boldsymbol{b}|\sin<\boldsymbol{a},\boldsymbol{b}> \quad (2.1\text{-}3)$$

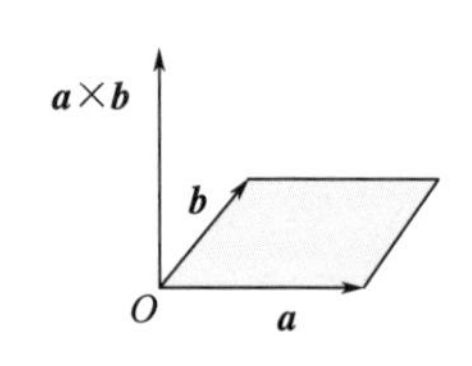

图 2.1-3　向量的叉乘

它的方向规定为与 $\boldsymbol{a}$，$\boldsymbol{b}$ 均垂直且使（$\boldsymbol{a}$，$\boldsymbol{b}$，$\boldsymbol{a}\times\boldsymbol{b}$）构成一个右手坐标系（即当右手四根手指从 $\boldsymbol{a}$ 弯向 $\boldsymbol{b}$（转角小于 π）时，拇指的指向就是 $\boldsymbol{a}\times\boldsymbol{b}$ 的方向），如图 2.1-3 所示。向量的叉乘也称为叉积、外积或向量积。

从叉乘的定义可以看出，在二维空间中，当 $\boldsymbol{a}$ 与 $\boldsymbol{b}$ 不共线时，长度 $|\boldsymbol{a}\times\boldsymbol{b}|$ 表示以 $\boldsymbol{a}$，$\boldsymbol{b}$ 为邻边的平行四边形的面积；在三维空间中，当 $\boldsymbol{a}$ 与 $\boldsymbol{b}$ 不共线时，$\boldsymbol{a}\times\boldsymbol{b}$ 是 $\boldsymbol{a}$，$\boldsymbol{b}$ 所在平面的一个法向量。

命题 2.1.2　向量 $\boldsymbol{a}$ 与向量 $\boldsymbol{b}$ 共线的充分必要条件是 $\boldsymbol{a}\times\boldsymbol{b}=0$，特别地，$\boldsymbol{a}\times\boldsymbol{a}=0$。

需要注意的是，人工智能算法中用到的向量，有时候并不严格遵循线性代数和矩阵分析中对向量的所有要求。以分类算法中用到的一个向量 $\boldsymbol{a}=(1,0,3)$ 为例，分类后需要将此向量进行增广，得到 $\tilde{\boldsymbol{a}}=(1,0,3,-1)$，其中 $\tilde{\boldsymbol{a}}$ 中的最后一个分量 -1 为分类标签（二分类标签的数值一般取 -1 或 $+1$）；不能对这个分类标签进行加减运算，因为分类标签的加减运算没有意义。

2.1.2　线性空间

定义 2.1.4　设 $\mathbf{K}$ 是一个数域（实数域或复数域），$\mathbf{V}$ 是一个非空向量集合；对 $\mathbf{V}$ 中任何两个元素 $\boldsymbol{\alpha}$，$\boldsymbol{\beta}$ 有唯一的 $\mathbf{V}$ 中元素与它们对应，称为 $\boldsymbol{\alpha}$，$\boldsymbol{\beta}$ 的和，记为 $\boldsymbol{\alpha}+\boldsymbol{\beta}$，即在 $\mathbf{V}$ 中定义了加法；又对 $\mathbf{K}$ 中任意数 k 与 $\mathbf{V}$ 中 $\boldsymbol{\alpha}$ 有唯一的 $\mathbf{V}$ 中元素与它们对应，叫做 k 与 $\boldsymbol{\alpha}$ 的积，记为 $k\boldsymbol{\alpha}$，即定义了 $\mathbf{V}$ 的元素与数的标量乘法；当这两种运算满足下面八个条件：

（1）加法交换律 $\boldsymbol{\alpha}+\boldsymbol{\beta}=\boldsymbol{\beta}+\boldsymbol{\alpha}$，$\forall\boldsymbol{\alpha},\boldsymbol{\beta}\in\mathbf{V}$；

（2）加法结合律 $(\boldsymbol{\alpha}+\boldsymbol{\beta})+\boldsymbol{\gamma}=\boldsymbol{\alpha}+(\boldsymbol{\beta}+\boldsymbol{\gamma})$，$\forall\boldsymbol{\alpha},\boldsymbol{\beta},\boldsymbol{\gamma}\in\mathbf{V}$；

（3）存在元素 $\mathbf{0}\in\mathbf{V}$，使得 $\mathbf{0}+\boldsymbol{\alpha}=\boldsymbol{\alpha}$，$\forall\boldsymbol{\alpha}\in\mathbf{V}$；

（4）对任一 $\boldsymbol{\alpha}\in\mathbf{V}$，存在 $-\boldsymbol{\alpha}\in\mathbf{V}$，使得 $\boldsymbol{\alpha}+(-\boldsymbol{\alpha})=\mathbf{0}$；

（5）$1\cdot\boldsymbol{\alpha}=\boldsymbol{\alpha}$，$\forall\boldsymbol{\alpha}\in\mathbf{V}$；

（6）$k(l\boldsymbol{\alpha})=(kl)\boldsymbol{\alpha}$，$\forall k,l\in\mathbf{K}$，$\boldsymbol{\alpha}\in\mathbf{V}$；

（7）$(k+l)\boldsymbol{\alpha}=k\boldsymbol{\alpha}+l\boldsymbol{\alpha}$，$\forall k,l\in\mathbf{K}$，$\boldsymbol{\alpha}\in\mathbf{V}$；

（8）$k(\boldsymbol{\alpha}+\boldsymbol{\beta})=k\boldsymbol{\alpha}+k\boldsymbol{\beta}$，$\forall k\in\mathbf{K}$，$\boldsymbol{\alpha},\boldsymbol{\beta}\in\mathbf{V}$。

则称 $\mathbf{V}$ 是数域 $\mathbf{K}$ 上的线性空间或向量空间，$\mathbf{V}$ 中元素称为向量。

线性空间中，任意向量经过加减和数乘运算后所得向量仍属于此空间，这个特性称为线性空间的封闭性。线性空间里的元素也可以是矩阵，由矩阵组成的线性空间，其性质与向量组成的线性空间一致。

1. 线性子空间

线性空间中的一个子集如果关于向量的加法与标量乘法也能构成一个线性空间，就称其为线性子空间。

定义 2.1.5　设 $\mathbf{W}$ 是数域 $\mathbf{K}$ 上向量空间 $\mathbf{V}$ 的一个非空子集，如果它具有下述性质：

（1）由 $\boldsymbol{\alpha},\boldsymbol{\beta}\in\mathbf{W}$，一定有 $\boldsymbol{\alpha}+\boldsymbol{\beta}\in\mathbf{W}$；

（2）对 $k\in\mathbf{K}$，$\boldsymbol{\alpha}\in\mathbf{W}$，一定有 $k\boldsymbol{\alpha}\in\mathbf{W}$。

则称 $\mathbf{W}$ 是 $\mathbf{V}$ 的一个线性子空间，简称子空间。

例 2.1.2 $\{0\}$ 是线性空间 $\boldsymbol{V}$ 的一个线性子空间。这是因为 $0+0=0\in\{0\}$，$k0=0\in\{0\}$。$\{0\}$ 称为 $\boldsymbol{V}$ 的零子空间，也记为 $\mathbf{0}$。

例 2.1.3 $\boldsymbol{V}$ 本身也是 $\boldsymbol{V}$ 的一个线性子空间。

$\{0\}$ 和 $\boldsymbol{V}$ 都是 $\boldsymbol{V}$ 的子空间，它们叫做 $\boldsymbol{V}$ 的平凡子空间；所谓平凡子空间，就是不需要其他任何信息就可以判定的子空间。

定义 2.1.6 对于向量空间 $\boldsymbol{V}$ 中的 m 个向量 $\boldsymbol{\alpha}_1$，$\boldsymbol{\alpha}_2$，…，$\boldsymbol{\alpha}_m$，定义线性子空间

$$\boldsymbol{W}=\{k_1\boldsymbol{\alpha}_1+k_2\boldsymbol{\alpha}_2+\cdots+k_m\boldsymbol{\alpha}_m \mid k_i\in\boldsymbol{K},\ i=1,\ 2,\ \cdots,\ m\}$$

为向量 $\boldsymbol{\alpha}_1$，$\boldsymbol{\alpha}_2$，…，$\boldsymbol{\alpha}_m$ 张成或生成的线性子空间，记为 $\boldsymbol{L}(\boldsymbol{\alpha}_1,\ \boldsymbol{\alpha}_2,\ \cdots,\ \boldsymbol{\alpha}_m)$，即该线性子空间里的任一向量都可以用 $\boldsymbol{\alpha}_1$，$\boldsymbol{\alpha}_2$，…，$\boldsymbol{\alpha}_m$ 线性表示。

2. 线性相关与线性无关

若 $\boldsymbol{\alpha}$，$\boldsymbol{\beta}$ 为两个共线向量（方向相同或相反的向量），则必有不全为零的实数 k_1，k_2 使得 $k_1\boldsymbol{\alpha}+k_2\boldsymbol{\beta}=0$；若 $\boldsymbol{\alpha}$，$\boldsymbol{\beta}$，$\boldsymbol{\gamma}$ 为三个共面向量，则必有不全为零的实数 k_1，k_2，k_3 使得 $k_1\boldsymbol{\alpha}+k_2\boldsymbol{\beta}+k_3\boldsymbol{\gamma}=0$。

反之，当 $\boldsymbol{\alpha}$，$\boldsymbol{\beta}$ 不共线时，若有 k_1，$k_2\in\boldsymbol{R}$，使得 $k_1\boldsymbol{\alpha}+k_2\boldsymbol{\beta}=0$，则必有 $k_1=k_2=0$；当 $\boldsymbol{\alpha}$，$\boldsymbol{\beta}$，$\boldsymbol{\gamma}$ 不共面，若有 k_1，k_2，$k_3\in\boldsymbol{R}$ 使得 $k_1\boldsymbol{\alpha}+k_2\boldsymbol{\beta}+k_3\boldsymbol{\gamma}=0$，则必有 $k_1=k_2=k_3=0$。

这里的共线、共面在线性代数和矩阵分析中被称为线性相关；不共线、不共面则被称为线性无关。线性相关和线性无关的确切定义如下：

定义 2.1.7 设 $\boldsymbol{V}$ 是数域 $\boldsymbol{K}$ 上的线性空间，若有不全为零的一组数 k_1，k_2，…，$k_s\in\boldsymbol{K}$ 使得 $\boldsymbol{V}$ 中向量组 $\boldsymbol{\alpha}_1$，$\boldsymbol{\alpha}_2$，…，$\boldsymbol{\alpha}_s$ 满足

$$k_1\boldsymbol{\alpha}_1+k_2\boldsymbol{\alpha}_2+\cdots+k_s\boldsymbol{\alpha}_s=0$$

则称 $\boldsymbol{\alpha}_1$，$\boldsymbol{\alpha}_2$，…，$\boldsymbol{\alpha}_s$ 线性相关；

当

$$k_1\boldsymbol{\alpha}_1+k_2\boldsymbol{\alpha}_2+\cdots+k_s\boldsymbol{\alpha}_s=0$$

此时必有

$$k_1=k_2=\cdots=k_s=0$$

则称 $\boldsymbol{\alpha}_1$，$\boldsymbol{\alpha}_2$，…，$\boldsymbol{\alpha}_s$ 线性无关。

下面介绍线性相关与线性无关的简单性质，总假定讨论中的元素（向量）是 $\boldsymbol{K}$ 上线性空间 $\boldsymbol{V}$ 的元素：

（1）仅含一个元素 $\boldsymbol{\alpha}$ 的向量组，当 $\boldsymbol{\alpha}\neq 0$ 时为线性无关，当且仅当 $\boldsymbol{\alpha}=0$ 时线性相关。

（2）当且仅当 $\boldsymbol{\alpha}_1$，$\boldsymbol{\alpha}_2$，…，$\boldsymbol{\alpha}_s(s\geqslant 2)$ 中至少有一个 $\boldsymbol{\alpha}_i$ 可被其他向量线性表示（通过线性组合进行表示，即 $\boldsymbol{\alpha}_i=k_1\boldsymbol{\alpha}_1+\cdots+k_{i-1}\boldsymbol{\alpha}_{i-1}+k_{i+1}\boldsymbol{\alpha}_{i+1}+\cdots+k_s\boldsymbol{\alpha}_s$，等式右边项中不包含 $\boldsymbol{\alpha}_i$ 且系数 k_j 不全为 0），则称 $\boldsymbol{\alpha}_1$，$\boldsymbol{\alpha}_2$，…，$\boldsymbol{\alpha}_s(s\geqslant 2)$ 线性相关。

（3）向量组 $\boldsymbol{\alpha}_1$，$\boldsymbol{\alpha}_2$，…，$\boldsymbol{\alpha}_s$ 线性无关，当且仅当此组的任何部分组 $\boldsymbol{\alpha}_{i_1}$，$\boldsymbol{\alpha}_{i_2}$，…，$\boldsymbol{\alpha}_{i_t}(t\leqslant s)$ 也是线性无关的。

（4）设 $\boldsymbol{\alpha}_1$，$\boldsymbol{\alpha}_2$，…，$\boldsymbol{\alpha}_s(s\geqslant 2)$ 线性无关，而 $\boldsymbol{\alpha}_1$，$\boldsymbol{\alpha}_2$，…，$\boldsymbol{\alpha}_s$，$\boldsymbol{\alpha}$ 线性相关，则 $\boldsymbol{\alpha}$ 可被 $\boldsymbol{\alpha}_1$，$\boldsymbol{\alpha}_2$，…，$\boldsymbol{\alpha}_s$ 线性表示，且表示方式唯一。

（5）若向量 $\boldsymbol{\alpha}$ 可被 $\boldsymbol{\alpha}_1$，$\boldsymbol{\alpha}_2$，…，$\boldsymbol{\alpha}_s$ 线性表示，且表示方式唯一，则 $\boldsymbol{\alpha}_1$，$\boldsymbol{\alpha}_2$，…，$\boldsymbol{\alpha}_s$ 线性无关。

3. 线性空间的基与维数

定义 2.1.8　设 $\boldsymbol{W}$ 是 $\boldsymbol{V}$ 的一个线性子空间，如果 $\boldsymbol{W}$ 中存在一个向量组 $\boldsymbol{\alpha}_1$，$\boldsymbol{\alpha}_2$，…，$\boldsymbol{\alpha}_r$，使得 $\boldsymbol{W}$ 中的每一个向量都可以由这个向量组唯一线性表示，则称向量组 $\boldsymbol{\alpha}_1$，$\boldsymbol{\alpha}_2$，…，$\boldsymbol{\alpha}_r$ 为 $\boldsymbol{W}$ 的一个基。

即对于任意的 $\boldsymbol{\beta} \in \boldsymbol{W}$，存在唯一确定的一组数 k_1，k_2，…，$k_r \in \boldsymbol{K}$，使得

$$\boldsymbol{\beta}=k_1\boldsymbol{\alpha}_1+k_2\boldsymbol{\alpha}_2+\cdots+k_r\boldsymbol{\alpha}_r$$

则 $\boldsymbol{\alpha}_1$，$\boldsymbol{\alpha}_2$，…，$\boldsymbol{\alpha}_r$ 为 $\boldsymbol{W}$ 的一个基。
上式中，r 元有序数组（k_1，k_2，…，k_r）称为 $\boldsymbol{\beta}$ 在基 $\boldsymbol{\alpha}_1$，$\boldsymbol{\alpha}_2$，…，$\boldsymbol{\alpha}_r$ 下的坐标。

由定义可见，如果找到线性子空间 $\boldsymbol{W}$ 的一个基，就可以知道 $\boldsymbol{W}$ 的结构，所以基的概念非常重要，一个基就是一个坐标系，利用这个坐标系就可以表示出线性子空间中的任何向量（或任何点），且表示方式唯一。以下命题对于判断向量组是不是一个基非常有用。

命题 2.1.3　设 $\boldsymbol{W}$ 是 $\boldsymbol{V}$ 的一个线性子空间，$\boldsymbol{W}$ 中的一个向量组 $\boldsymbol{\alpha}_1$，$\boldsymbol{\alpha}_2$，…，$\boldsymbol{\alpha}_r$ 是 $\boldsymbol{W}$ 的一个基，当且仅当 $\boldsymbol{\alpha}_1$，$\boldsymbol{\alpha}_2$，…，$\boldsymbol{\alpha}_r$ 线性无关，并且 $\boldsymbol{W}$ 中每一个向量都可以由 $\boldsymbol{\alpha}_1$，$\boldsymbol{\alpha}_2$，…，$\boldsymbol{\alpha}_r$ 唯一地线性表示。

例 2.1.4　$\boldsymbol{K}^n$ 中的向量组

$$\boldsymbol{\varepsilon}_1=(1,\ 0,\ 0,\ \cdots,\ 0)$$
$$\boldsymbol{\varepsilon}_2=(0,\ 1,\ 0,\ \cdots,\ 0)$$
$$\cdots$$
$$\boldsymbol{\varepsilon}_n=(0,\ 0,\ 0,\ \cdots,\ 1)$$

是线性无关组，并且 $\boldsymbol{K}^n$ 中任意的向量组 $\boldsymbol{\alpha}=(a_1,\ a_2,\ \cdots,\ a_n)$ 能表示成

$$\boldsymbol{\alpha}=a_1\boldsymbol{\varepsilon}_1+a_2\boldsymbol{\varepsilon}_2+\cdots+a_n\boldsymbol{\varepsilon}_n$$

因此 $\boldsymbol{\varepsilon}_1$，$\boldsymbol{\varepsilon}_2$，…，$\boldsymbol{\varepsilon}_n$ 是 $\boldsymbol{K}^n$ 的一个基，称为 $\boldsymbol{K}^n$ 的自然基。$\boldsymbol{\alpha}$ 在自然基下的坐标正是 $(a_1,\ a_2,\ \cdots,\ a_n)$。

注意，切勿混淆标准基与自然基的概念。标准基是模为 1 的基，而自然基是基向量里面只有一个分量为 1 其他为 0 的基。标准基包括自然基，自然基是标准基的一种特殊形式。

引理 2.1.1　在向量空间 $\boldsymbol{V}$ 中，设向量组 $\boldsymbol{\beta}_1$，$\boldsymbol{\beta}_2$，…，$\boldsymbol{\beta}_s$ 中每个向量可以由向量组 $\boldsymbol{\alpha}_1$，$\boldsymbol{\alpha}_2$，…，$\boldsymbol{\alpha}_r$ 线性表示，如果 $s>r$，那么向量组 $\boldsymbol{\beta}_1$，$\boldsymbol{\beta}_2$，…，$\boldsymbol{\beta}_s$ 线性相关。

定理 2.1.1　数域 $\boldsymbol{K}$ 上 n 维向量空间 $\boldsymbol{V}$ 的每一个非零线性子空间 $\boldsymbol{W}$ 都有基。

推论 2.1.1　设 $\boldsymbol{W}$ 是向量空间 $\boldsymbol{V}$ 的一个非零线性子空间，则 $\boldsymbol{W}$ 的所有基含有向量的数目都相同。

这条推论可在我们生活的三维空间中得到验证，这个空间中要找到一个基，则基所含的向量必须是 3 个线性无关的向量，任意少于 3 个线性无关向量组成的向量组都不可能表示出空间内的所有向量，如包括 2 个线性无关向量的向量组只能表示出这 2 个向量所生成的平面内任意向量，不能表示出任何这个平面外的向量；而三维空间中不可能找到 4 个线性无关向量，因为只要找到 3 个线性无关向量，任意空间内向量都可被这 3 个线性无关向量线性表示出来。

定义 2.1.9　设 $\boldsymbol{W}$ 是向量空间 $\boldsymbol{V}$ 的一个非零线性子空间，$\boldsymbol{W}$ 的一个基所含的向量数目称为 $\boldsymbol{W}$ 的维数，记作 $\dim\boldsymbol{W}$。零线性子空间的维数规定为 0。

推论 2.1.2　n 维线性向量空间 $\boldsymbol{K}^n$ 中线性无关的向量组所含向量的个数不超过 n。

命题 2.1.4　设 $\boldsymbol{W}$ 是向量空间 $\boldsymbol{V}$ 的一个非零线性子空间，如果 $\dim\boldsymbol{W}=r$，则 $\boldsymbol{W}$ 中的任意 r 个线性无关向量是 $\boldsymbol{W}$ 的一个基。

证　设 $\boldsymbol{\alpha}_1$，$\boldsymbol{\alpha}_2$，…，$\boldsymbol{\alpha}_r$ 是 $\boldsymbol{W}$ 中线性无关的向量组，并设 $\boldsymbol{\gamma}_1$，…，$\boldsymbol{\gamma}_r$ 是 $\boldsymbol{W}$ 的一个基。任取 $\boldsymbol{\beta}\in\boldsymbol{W}$，由于 $\boldsymbol{\alpha}_1$，$\boldsymbol{\alpha}_2$，…，$\boldsymbol{\alpha}_r$，$\boldsymbol{\beta}$ 中的每个向量都可以由 $\boldsymbol{\gamma}_1$，…，$\boldsymbol{\gamma}_r$ 线性表示，所以根据引理 2.1.1，向量组 $\boldsymbol{\alpha}_1$，$\boldsymbol{\alpha}_2$，…，$\boldsymbol{\alpha}_r$，$\boldsymbol{\beta}$ 中的向量数量多于向量组 $\boldsymbol{\gamma}_1$，…，$\boldsymbol{\gamma}_r$ 中的向量数量，则向量组 $\boldsymbol{\alpha}_1$，$\boldsymbol{\alpha}_2$，…，$\boldsymbol{\alpha}_r$，$\boldsymbol{\beta}$ 线性相关。根据线性相关与线性无关的简单性质（4），由于 $\boldsymbol{\alpha}_1$，$\boldsymbol{\alpha}_2$，…，$\boldsymbol{\alpha}_r$ 线性无关，而 $\boldsymbol{\alpha}_1$，$\boldsymbol{\alpha}_2$，…，$\boldsymbol{\alpha}_r$，$\boldsymbol{\beta}$ 线性相关，则 $\boldsymbol{\beta}$ 可以由 $\boldsymbol{\alpha}_1$，$\boldsymbol{\alpha}_2$，…，$\boldsymbol{\alpha}_r$ 唯一的线性表示。由于 $\boldsymbol{\beta}$ 是从 $\boldsymbol{W}$ 中任取的向量，则可得到 $\boldsymbol{W}$ 中的任意向量都可由 $\boldsymbol{\alpha}_1$，$\boldsymbol{\alpha}_2$，…，$\boldsymbol{\alpha}_r$ 唯一的线性表示，则由定义 2.1.8 可判断出，线性无关向量组 $\boldsymbol{\alpha}_1$，$\boldsymbol{\alpha}_2$，…，$\boldsymbol{\alpha}_r$ 是 $\boldsymbol{W}$ 的一个基。

将一个向量组 $\boldsymbol{M}$ 中的一部分向量单独组成一个部分组 $\boldsymbol{N}$，如果这个部分组 $\boldsymbol{N}$ 线性无关，但从这个向量组 $\boldsymbol{M}$ 的其余向量（如果部分组 $\boldsymbol{N}$ 外还有向量）中任取一个加入到部分组 $\boldsymbol{N}$ 中，得到的新的部分向量组都线性相关，则这个线性无关的部分组 $\boldsymbol{N}$ 称为向量组 $\boldsymbol{M}$ 的最大线性无关组，也叫极大线性无关组。如果向量组 $\boldsymbol{M}$ 是一个线性子空间，则其中的任意一个极大线性无关组都是这个线性子空间的基。一个线性子空间的基一般并不唯一。

如果一个向量组 $\boldsymbol{M}$ 中的每一个向量都可以由另外一个向量组 $\boldsymbol{N}$ 线性表示，则称向量组 $\boldsymbol{M}$ 可由向量组 $\boldsymbol{N}$ 线性表示；如果向量组 $\boldsymbol{M}$ 与向量组 $\boldsymbol{N}$ 可互相线性表示，则称向量组 $\boldsymbol{M}$ 与向量组 $\boldsymbol{N}$ 等价。如果向量组 $\boldsymbol{M}$ 是一个线性子空间，则空间内的任何基之间都存在等价关系。

定义 2.1.10　设 $\boldsymbol{\alpha}_1$，$\boldsymbol{\alpha}_2$，…，$\boldsymbol{\alpha}_s$ 是向量空间 $\boldsymbol{V}$ 的一个向量组，则定义由这个向量组张成的线性子空间维数 $\dim\boldsymbol{L}(\boldsymbol{\alpha}_1, \boldsymbol{\alpha}_2, \cdots, \boldsymbol{\alpha}_s)$，为此向量组的秩，记为 $\mathrm{rank}\{\boldsymbol{\alpha}_1, \boldsymbol{\alpha}_2, \cdots, \boldsymbol{\alpha}_s\}$。

这个定义实际上是指出，任意一个非零向量组 $\boldsymbol{W}$ 中，都能找出至少一个最大线性无关组 $\boldsymbol{U}_i$，$\boldsymbol{U}_i$ 中所含向量的数量，是 $\boldsymbol{W}$ 中能够找出的线性无关组中向量数量最大的值，$\boldsymbol{U}_i$ 所含向量的数量就是 $\boldsymbol{W}$ 的秩，也就是以 $\boldsymbol{U}_i$ 为基的线性空间的维数，即 $\boldsymbol{W}$ 张成的线性子空间的维数，代表了含有 $\boldsymbol{W}$ 的最小线性空间的大小。

特别需要注意的是，向量组的维数与向量的维数并非一个概念。一个向量组的维数等于此向量组中的极大无关组所包含的向量数量，而向量的维数等于向量中所含分量的个数。以向量组（1，1，0），（0，1，0），（2，2，0）为例，这个向量组的一个极大线性无关组为（1，1，0），（0，1，0），包含的向量个数是 2，则这个向量组的维数为 2；但这个向量组中的每个向量包含 3 个分量，即向量的维数为 3。

2.1.3　矩阵

定义 2.1.11　在数域 $\boldsymbol{K}$ 中取 $m\times n$ 个数，将它们排成 m 行（row）、n 列（column）的长方阵（将第 i 行第 j 列的元素（entry），记为 $A_{i,j}$），再加上括号即有

$$\begin{pmatrix} A_{1,1} & A_{1,2} & \cdots & A_{1,n} \\ A_{2,1} & A_{2,2} & \cdots & A_{2,n} \\ \vdots & \vdots & & \vdots \\ A_{m,1} & A_{m,2} & \cdots & A_{m,n} \end{pmatrix}$$

称上式为 $\boldsymbol{K}$ 上的一个 $m \times n$ 矩阵（matrix），矩阵通常用一个加粗的斜体大写英文字母表示，如 $\boldsymbol{A}$。数域 $\boldsymbol{K}$ 既可以是实数域，也可以是复数域。

一个矩阵由多个向量组成。一个 $m \times n$ 矩阵，可视为由 m 个行向量组成，每个行向量为 n 维，也可视为由 n 个列向量组成，每个列向量为 m 维。向量也是一种特殊的矩阵，一个 n 维行向量就是一个 $1 \times n$ 矩阵，一个 m 维列向量就是一个 $m \times 1$ 矩阵。当一个向量为 1 维，即一个向量中只含有一个分量时，就是一个标量，也可视为一个 1×1 矩阵。

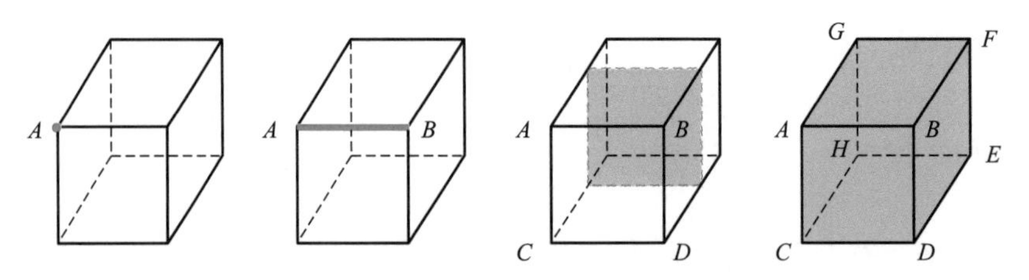

图 2.1-4　标量、向量、矩阵、张量的图形类比

由标量、向量、矩阵的定义可进行类比，见图 2.1-4：一个标量可理解为一个数，一个向量可理解为一条线上的一维数组，一个矩阵可理解为一个平面上的二维平面数组。本书后面介绍的深度学习中的一个张量，可理解为一个空间体上的多个平面数组的组合，可见深度学习中的张量概念与力学中张量的概念不同；深度学习中的一个张量，就是指一个空间数组。

只有一行（列）的矩阵称为行矩阵（列矩阵）。

一个 $n \times n$ 的矩阵叫做 n 阶方阵，其中

$$\boldsymbol{I}_n = \begin{pmatrix} 1 & 0 & \cdots & 0 \\ 0 & 1 & \cdots & 0 \\ \vdots & \vdots & & \vdots \\ 0 & 0 & \cdots & 1 \end{pmatrix}$$

称为 n 阶单位矩阵。

转置是矩阵的重要操作之一。矩阵的转置是以对角线为轴的镜像，这条从左上角到右下角的对角线称为主对角线。

设 $\boldsymbol{A}$ 是一个 $m \times n$ 的矩阵

$$\boldsymbol{A} = \begin{pmatrix} A_{1,1} & A_{1,2} & \cdots & A_{1,n} \\ A_{2,1} & A_{2,2} & \cdots & A_{2,n} \\ \vdots & \vdots & & \vdots \\ A_{m,1} & A_{m,2} & \cdots & A_{m,n} \end{pmatrix}$$

将 $\boldsymbol{A}$ 的第 1 行，第 2 行，……，第 m 行顺次竖排成第 1 列，第 2 列，……，第 m 列，得到另一个 $n \times m$ 的矩阵：

$$\begin{pmatrix} A_{1,1} & A_{2,1} & \cdots & A_{m,1} \\ A_{1,2} & A_{2,2} & \cdots & A_{m,2} \\ \vdots & \vdots & & \vdots \\ A_{1,n} & A_{2,n} & \cdots & A_{m,n} \end{pmatrix}$$

称为 $\boldsymbol{A}$ 的转置，记为 $\boldsymbol{A}^{\mathrm{T}}$ 或 $\boldsymbol{A}'$。

接下来继续介绍基本的矩阵运算，用 $\boldsymbol{K}^{m\times n}$ 表示矩阵元素在数域 $\boldsymbol{K}$ 的 $m\times n$ 矩阵集合；用 $\boldsymbol{K}_r^{m\times n}$ 表示矩阵元素在数域 $\boldsymbol{K}$，且秩为 r 的 $m\times n$ 矩阵集合。

定义 2.1.12　矩阵的加法

设 $\boldsymbol{A}=(A_{i,j})_{m\times n}$，$\boldsymbol{B}=(B_{i,j})_{m\times n}\in\boldsymbol{K}^{m\times n}$，则 $\boldsymbol{A}$ 与 $\boldsymbol{B}$ 的和 $\boldsymbol{A}+\boldsymbol{B}$ 定义为：

$$\boldsymbol{A}+\boldsymbol{B}=(A_{i,j}+B_{i,j})_{m\times n},\ i\in 1,2,\cdots,m;\ j\in 1,2,\cdots,n$$

定义 2.1.13　矩阵与数的乘法

设 $\boldsymbol{A}=(A_{i,j})_{m\times n}\in\boldsymbol{K}^{m\times n}$，$k\in\boldsymbol{K}$；定义 k 与 $\boldsymbol{A}$ 的积为

$$k\boldsymbol{A}=(kA_{i,j})_{m\times n},\ i\in 1,2,\cdots,m;\ j\in 1,2,\cdots,n$$

性质 2.1.1　矩阵加法，矩阵与数的乘法既满足定义 2.1.4 所提到的八个条件之外，还满足下述性质：

(1) 若 $\boldsymbol{A}+\boldsymbol{B}=\boldsymbol{A}+\boldsymbol{C}$，则 $\boldsymbol{B}=\boldsymbol{C}$，$\forall\boldsymbol{A},\boldsymbol{B},\boldsymbol{C}\in\boldsymbol{K}^{m\times n}$

(2) 以 $\boldsymbol{A}^{\mathrm{T}}$，$\boldsymbol{B}^{\mathrm{T}}$ 表示矩阵 $\boldsymbol{A}$，$\boldsymbol{B}$ 的转置，则

$$(\boldsymbol{A}+\boldsymbol{B})^{\mathrm{T}}=\boldsymbol{A}^{\mathrm{T}}+\boldsymbol{B}^{\mathrm{T}},\ (k\boldsymbol{A})^{\mathrm{T}}=k\boldsymbol{A}^{\mathrm{T}},\ \forall k\in\boldsymbol{K},\ \boldsymbol{A},\boldsymbol{B}\in\boldsymbol{K}^{m\times n}$$

定义 2.1.14　矩阵乘法

先定义向量与矩阵的乘法。

设有 p 元列向量 $\boldsymbol{x}=(x_1,x_2,\cdots,x_p)^{\mathrm{T}}$ 与矩阵

$$\boldsymbol{A}_{m\times p}=\begin{pmatrix}A_{1,1} & A_{1,2} & \cdots & A_{1,p}\\ A_{2,1} & A_{2,2} & \cdots & A_{2,p}\\ \vdots & \vdots & & \vdots\\ A_{m,1} & A_{m,2} & \cdots & A_{m,p}\end{pmatrix}$$

则

$$\begin{aligned}\boldsymbol{A}\boldsymbol{x}&=\begin{pmatrix}A_{1,1} & A_{1,2} & \cdots & A_{1,p}\\ A_{2,1} & A_{2,2} & \cdots & A_{2,p}\\ \vdots & \vdots & & \vdots\\ A_{m,1} & A_{m,2} & \cdots & A_{m,p}\end{pmatrix}\begin{pmatrix}x_1\\ x_2\\ \vdots\\ x_p\end{pmatrix}\\ &=x_1\begin{pmatrix}A_{1,1}\\ A_{2,1}\\ \vdots\\ A_{m,1}\end{pmatrix}+x_2\begin{pmatrix}A_{1,2}\\ A_{2,2}\\ \vdots\\ A_{m,2}\end{pmatrix}+\cdots+x_p\begin{pmatrix}A_{1,p}\\ A_{2,p}\\ \vdots\\ A_{m,p}\end{pmatrix}\end{aligned}\tag{2.1-4}$$

一个 $m\times p$ 矩阵 $\boldsymbol{A}$ 可以视为由 p 个 m 元列向量组成，则上式的矩阵 $\boldsymbol{A}$ 可写为 $\boldsymbol{A}=(\boldsymbol{\alpha}_1,\boldsymbol{\alpha}_2,\cdots,\boldsymbol{\alpha}_p)$，其中 $\boldsymbol{\alpha}_i$ 为 m 维列向量。由上式中的矩阵与向量元素颜色匹配可看出，矩阵左乘向量运算，可从两个角度理解：

(1) 将矩阵中的所有列向量 $\boldsymbol{\alpha}_i$ 进行线性组合，得到一个新的结果向量，而右乘矩阵的列向量 $\boldsymbol{x}$ 中各分量就是线性组合的各系数，即

$$\boldsymbol{A}\boldsymbol{x}=(\boldsymbol{\alpha}_1,\boldsymbol{\alpha}_2,\cdots,\boldsymbol{\alpha}_p)\begin{pmatrix}x_1\\ x_2\\ \vdots\\ x_p\end{pmatrix}=x_1\boldsymbol{\alpha}_1+x_2\boldsymbol{\alpha}_2+\cdots+x_p\boldsymbol{\alpha}_p$$

（2）矩阵 $\boldsymbol{A}$ 左乘向量 $\boldsymbol{x}$，相当于对向量 $\boldsymbol{x}$ 进行了一次变换，得到一个新的结果向量，而这个新的结果向量是用矩阵 $\boldsymbol{A}$ 的所有列向量来线性表示，而这个线性表示的组合系数就是向量 $\boldsymbol{x}$ 的各分量。

同样地，p 元行向量 $\boldsymbol{x}=(x_1, x_2, \cdots, x_p)$ 左乘矩阵 $\boldsymbol{B}_{p\times n}$ 为：

$$\begin{aligned}\boldsymbol{xB} &= (x_1 \quad x_2 \quad \cdots \quad x_p)\begin{pmatrix} B_{1,1} & B_{1,2} & \cdots & B_{1,n} \\ B_{2,1} & B_{2,2} & \cdots & B_{2,n} \\ \vdots & \vdots & & \vdots \\ B_{p,1} & B_{p,2} & \cdots & B_{p,n} \end{pmatrix} \\ &= x_1(B_{1,1} \quad B_{1,2} \quad \cdots \quad B_{1,n}) + x_2(B_{2,1} \quad B_{2,2} \quad \cdots \quad B_{2,n}) \\ &\quad + \cdots + x_p(B_{p,1} \quad B_{p,2} \quad \cdots \quad B_{p,n})\end{aligned}$$

一个 $p\times n$ 矩阵 $\boldsymbol{B}$ 可以视为由 p 个 n 元行向量组成，则上式的矩阵 $\boldsymbol{B}$ 可写为 $\boldsymbol{B}=\begin{pmatrix}\boldsymbol{\beta}_1\\ \boldsymbol{\beta}_2\\ \vdots\\ \boldsymbol{\beta}_p\end{pmatrix}$，其中 $\boldsymbol{\beta}_i$ 为 n 元行向量。由上式中的矩阵与向量元素颜色匹配可看出，矩阵右乘向量相乘运算，就是将矩阵中的所有行向量 $\boldsymbol{\beta}_i$ 进行线性组合，得到一个新的结果向量，而右乘矩阵的列向量 $\boldsymbol{x}$ 中各分量就是线性组合的各系数，即

$$\boldsymbol{xB} = (x_1 \quad x_2 \quad \cdots \quad x_p)\begin{pmatrix}\boldsymbol{\beta}_1\\ \boldsymbol{\beta}_2\\ \vdots\\ \boldsymbol{\beta}_p\end{pmatrix} = x_1\boldsymbol{\beta}_1 + x_2\boldsymbol{\beta}_2 + \cdots + x_p\boldsymbol{\beta}_p$$

再定义矩阵与矩阵的乘法。

设有两个矩阵 $\boldsymbol{A}$ 和 $\boldsymbol{B}$，

$$\boldsymbol{A}=\begin{pmatrix} A_{1,1} & A_{1,2} & \cdots & A_{1,p} \\ A_{2,1} & A_{2,2} & \cdots & A_{2,p} \\ \vdots & \vdots & & \vdots \\ A_{m,1} & A_{m,2} & \cdots & A_{m,p} \end{pmatrix} \boldsymbol{B}=\begin{pmatrix} B_{1,1} & B_{1,2} & \cdots & B_{1,n} \\ B_{2,1} & B_{2,2} & \cdots & B_{2,n} \\ \vdots & \vdots & & \vdots \\ B_{p,1} & B_{p,2} & \cdots & B_{p,n} \end{pmatrix}$$

定义 $\boldsymbol{A}$ 与 $\boldsymbol{B}$ 的积 $\boldsymbol{AB}$ 为一个 $m\times n$ 矩阵，且第 i 行、第 j 列处的元素为

$$\sum_{k=1}^{p} A_{i,k}B_{k,j} = A_{i,1}B_{1,j} + A_{i,2}B_{2,j} + \cdots + A_{i,p}B_{p,j}$$

即

$$\boldsymbol{AB}=\begin{pmatrix} C_{1,1} & C_{1,2} & \cdots & C_{1,n} \\ C_{2,1} & C_{2,2} & \cdots & C_{2,n} \\ \vdots & \vdots & & \vdots \\ C_{m,1} & C_{m,2} & \cdots & C_{m,n} \end{pmatrix}$$

其中 $C_{i,j}=\sum\limits_{k=1}^{p} A_{i,k}B_{k,j}$，$1\leqslant i\leqslant m$，$1\leqslant j\leqslant n$。

注意，不是任何矩阵都可以相乘，$\boldsymbol{A}$ 与 $\boldsymbol{B}$ 进行乘法运算，必须满足 $\boldsymbol{A}$ 的列数与 $\boldsymbol{B}$ 的行数相等。因此，$\boldsymbol{AB}$ 有意义，$\boldsymbol{BA}$ 不一定有意义；即使 $\boldsymbol{AB}$ 与 $\boldsymbol{BA}$ 均有意义，二者也未必是行与列数量均相同的矩阵。由此可知，矩阵乘法不满足交换律。

上面提到，$m \times p$ 矩阵 $\boldsymbol{A}$ 可以视为由 p 个 m 元列向量组成，则

$$\begin{aligned}\boldsymbol{AB} &= (\boldsymbol{\alpha}_1, \boldsymbol{\alpha}_2, \cdots, \boldsymbol{\alpha}_p)\begin{pmatrix} B_{1,1} & B_{1,2} & \cdots & B_{1,n} \\ B_{2,1} & B_{2,2} & \cdots & B_{2,n} \\ \vdots & \vdots & & \vdots \\ B_{p,1} & B_{p,2} & \cdots & B_{p,n} \end{pmatrix} \\ &= (B_{1,1}\boldsymbol{\alpha}_1 + B_{2,1}\boldsymbol{\alpha}_2 + \cdots + B_{p,1}\boldsymbol{\alpha}_p, \cdots, B_{1,n}\boldsymbol{\alpha}_1 + B_{2,n}\boldsymbol{\alpha}_2 + \cdots + B_{p,n}\boldsymbol{\alpha}_p) \\ &= (\boldsymbol{C}_1, \cdots, \boldsymbol{C}_n) = \begin{pmatrix} C_{1,1} & C_{1,2} & \cdots & C_{1,n} \\ C_{2,1} & C_{2,2} & \cdots & C_{2,n} \\ \vdots & \vdots & & \vdots \\ C_{m,1} & C_{m,2} & \cdots & C_{m,n} \end{pmatrix} \end{aligned} \tag{2.1-5}$$

即 $\boldsymbol{A}$ 左乘 $\boldsymbol{B}$ 时，可以把 $\boldsymbol{A}$ 视为一个行向量（$\boldsymbol{\alpha}_1$，$\boldsymbol{\alpha}_2$，…，$\boldsymbol{\alpha}_p$），其中每个分量都是一个列向量，则 $\boldsymbol{A}$ 乘 $\boldsymbol{B}$ 是得到一个新的行向量（$\boldsymbol{C}_1$，…，$\boldsymbol{C}_n$），而（$\boldsymbol{C}_1$，…，$\boldsymbol{C}_n$）的每个分量都是由行向量（$\boldsymbol{\alpha}_1$，$\boldsymbol{\alpha}_2$，…，$\boldsymbol{\alpha}_p$）中的各分量线性组合而成，线性组合的系数则是 $\boldsymbol{B}$ 中各列的分量，其一一对应关系见上式的分量颜色对应；这可以视为矩阵乘法的第二种论述方式。

同时，$p \times n$ 矩阵 $\boldsymbol{B}$ 可以视为由 p 个 n 元行向量组成，则

$$\begin{aligned}\boldsymbol{AB} &= \begin{pmatrix} A_{1,1} & A_{1,2} & \cdots & A_{1,p} \\ A_{2,1} & A_{2,2} & \cdots & A_{2,p} \\ \vdots & \vdots & & \vdots \\ A_{m,1} & A_{m,2} & \cdots & A_{m,p} \end{pmatrix}\begin{pmatrix} \beta_1 \\ \beta_2 \\ \vdots \\ \beta_p \end{pmatrix} \\ &= \begin{pmatrix} A_{1,1}\beta_1 + A_{1,2}\beta_2 + \cdots + A_{1,p}\beta_p \\ A_{2,1}\beta_1 + A_{2,2}\beta_2 + \cdots + A_{2,p}\beta_p \\ \vdots \quad \vdots \quad \vdots \\ A_{m,1}\beta_1 + A_{m,2}\beta_2 + \cdots + A_{m,p}\beta_p \end{pmatrix} \\ &= \begin{pmatrix} C_1 \\ C_2 \\ \vdots \\ C_m \end{pmatrix} = \begin{pmatrix} C_{1,1} & C_{1,2} & \cdots & C_{1,n} \\ C_{2,1} & C_{2,2} & \cdots & C_{2,n} \\ \vdots & \vdots & & \vdots \\ C_{m,1} & C_{m,2} & \cdots & C_{m,n} \end{pmatrix} \end{aligned} \tag{2.1-6}$$

即 $\boldsymbol{A}$ 乘 $\boldsymbol{B}$ 时，可以把 $\boldsymbol{B}$ 视为一个列向量 $(\boldsymbol{\beta}_1, \boldsymbol{\beta}_2, \cdots, \boldsymbol{\beta}_p)^{\mathrm{T}}$，其中每个分量都是一个行向量，则 $\boldsymbol{A}$ 乘 $\boldsymbol{B}$ 是得到一个新的列向量 $(\boldsymbol{C}_1, \cdots, \boldsymbol{C}_m)^{\mathrm{T}}$，而 $(\boldsymbol{C}_1, \cdots, \boldsymbol{C}_m)^{\mathrm{T}}$ 的每个分量都是由列向量 $(\boldsymbol{\beta}_1, \boldsymbol{\beta}_2, \cdots, \boldsymbol{\beta}_p)^{\mathrm{T}}$ 中的各分量线性组合而成，线性组合的系数则是 $\boldsymbol{A}$ 中各行的分量，其一一对应关系见上式的分量颜色对应；这可以视为矩阵乘法的第三种论述方式。

性质 2.1.2　矩阵乘法满足以下性质：

（1）$\boldsymbol{A} \in \boldsymbol{K}^{m \times n}$，则 $\boldsymbol{I}_m\boldsymbol{A} = \boldsymbol{A}\boldsymbol{I}_n = \boldsymbol{A}$

（2）若 $\boldsymbol{A} \in \boldsymbol{K}^{m \times p}$，$\boldsymbol{B} \in \boldsymbol{K}^{p \times q}$，$\boldsymbol{C} \in \boldsymbol{K}^{q \times n}$，则

$$(\boldsymbol{AB})\boldsymbol{C}=\boldsymbol{A}(\boldsymbol{BC})$$

（3）设 $\boldsymbol{A}$，$\boldsymbol{B}\in\boldsymbol{K}^{m\times p}$，$\boldsymbol{C}$，$\boldsymbol{D}\in\boldsymbol{K}^{p\times n}$，则

$$(\boldsymbol{A}+\boldsymbol{B})\boldsymbol{C}=\boldsymbol{AC}+\boldsymbol{BC}$$

$$\boldsymbol{A}(\boldsymbol{C}+\boldsymbol{D})=\boldsymbol{AC}+\boldsymbol{AD}$$

（4）$\boldsymbol{A}\in\boldsymbol{K}^{m\times p}$，$\boldsymbol{B}\in\boldsymbol{K}^{p\times n}$，则

$$(\boldsymbol{AB})^{\mathrm{T}}=\boldsymbol{B}^{\mathrm{T}}\boldsymbol{A}^{\mathrm{T}}$$

2.1.4 行列式

若 $\boldsymbol{A}$ 为 1 阶方阵，$\boldsymbol{A}=(a)$，则将 a 称为 A 的行列式，即 $\det\boldsymbol{A}=|\boldsymbol{A}|=a$。

2 阶行列式为：

$$\det\begin{pmatrix}a & b\\ c & d\end{pmatrix}=\begin{vmatrix}a & b\\ c & d\end{vmatrix}=ad-bc$$

3 阶行列式为：

$$\begin{aligned}\det\begin{pmatrix}a_1 & b_1 & c_1\\ a_2 & b_2 & c_2\\ a_3 & b_3 & c_3\end{pmatrix}&=\begin{vmatrix}a_1 & b_1 & c_1\\ a_2 & b_2 & c_2\\ a_3 & b_3 & c_3\end{vmatrix}\\ &=a_1b_2c_3+b_1c_2a_3+c_1a_2b_3-c_1b_2a_3-b_1a_2c_3-a_1c_2b_3\\ &=a_1b_2c_3-a_1c_2b_3+b_1c_2a_3-b_1a_2c_3+c_1a_2b_3-c_1b_2a_3\\ &=a_1\begin{vmatrix}b_2 & c_2\\ b_3 & c_3\end{vmatrix}-b_1\begin{vmatrix}a_2 & c_2\\ a_3 & c_3\end{vmatrix}+c_1\begin{vmatrix}a_2 & b_2\\ a_3 & b_3\end{vmatrix}\end{aligned}$$

依次可以定义 4 阶，5 阶，…方阵的行列式，下面将给出 n 阶行列式的定义。

定义 2.1.15 对于一个 $m\times n$ 矩阵

$$\boldsymbol{A}=\begin{pmatrix}a_{11} & a_{12} & \cdots & a_{1n}\\ a_{21} & a_{22} & \cdots & a_{2n}\\ \vdots & \vdots & & \vdots\\ a_{m1} & a_{m2} & \cdots & a_{mn}\end{pmatrix}$$

从 $\boldsymbol{A}$ 中选取位于第 i_1，i_2，…，i_k 行（$i_1<i_2<\cdots<i_k$）与第 j_1，j_2，…，j_l 列（$j_1<j_2<\cdots<j_l$）交点处的元，构成一个 $k\times l$ 矩阵，记为 $A(i_1,\ i_2,\ \cdots,\ i_k;\ j_1,\ j_2,\ \cdots,\ j_l)$，称为矩阵 $\boldsymbol{A}$ 的子矩阵：

$$\boldsymbol{A}(i_1,\ i_2,\ \cdots,\ i_k;\ j_1,\ j_2,\ \cdots,\ j_l)=\begin{pmatrix}a_{i_1j_1} & \cdots & a_{i_1j_l}\\ \vdots & & \vdots\\ a_{i_kj_1} & \cdots & a_{i_kj_l}\end{pmatrix}$$

当 $k=l$ 时，k 阶子矩阵 $\boldsymbol{A}(i_1,\ i_2,\ \cdots,\ i_k;\ j_1,\ j_2,\ \cdots,\ j_k)$ 的行列式

$$|A(i_1,\ i_2,\ \cdots,\ i_k;\ j_1,\ j_2,\ \cdots,\ j_k)|=\begin{vmatrix}a_{i_1j_1} & \cdots & a_{i_1j_l}\\ \vdots & & \vdots\\ a_{i_kj_1} & \cdots & a_{i_kj_l}\end{vmatrix}$$

称为 $\boldsymbol{A}$ 的一个 k 阶子式。当 $k=l$，$i_1=j_1$，$i_2=j_2$，…，$i_k=j_k$，即选取相同的行和列时，

子矩阵 $\boldsymbol{A}(i_1, i_2, \cdots, i_k; j_1, j_2, \cdots, j_k)$ 称为主子矩阵，相应的行列式 $|\boldsymbol{A}(i_1, i_2, \cdots, i_k; j_1, j_2, \cdots, j_k)|$ 称为主子式。

定义 2.1.16　对于一个 n 阶方阵

$$\boldsymbol{A}=\begin{pmatrix} a_{11} & \cdots & a_{1j} & \cdots & a_{1n} \\ \vdots & & \vdots & & \vdots \\ a_{i1} & \cdots & a_{ij} & \cdots & a_{in} \\ \vdots & & \vdots & & \vdots \\ a_{n1} & \cdots & a_{nj} & \cdots & a_{nn} \end{pmatrix}$$

划去 $\boldsymbol{A}$ 的 (i, j) 元所在的行（第 i 行）与所在列（第 j 列）后得到一个 $n-1$ 阶方阵：

$$\begin{pmatrix} a_{11} & \cdots & a_{1,j-1} & a_{1,j+1} & \cdots & a_{1n} \\ \vdots & & \vdots & \vdots & & \vdots \\ a_{i-1,1} & \cdots & a_{i-1,j-1} & a_{i-1,j+1} & \cdots & a_{i-1,n} \\ a_{i+1,1} & \cdots & a_{i+1,j-1} & a_{i+1,j+1} & \cdots & a_{i+1,n} \\ \vdots & & \vdots & \vdots & & \vdots \\ a_{n1} & \cdots & a_{n,j-1} & a_{n,j+1} & \cdots & a_{nn} \end{pmatrix}$$

它的行列式 $\boldsymbol{M}_{ij}$ 叫做 $\boldsymbol{A}$ 的 (i, j) 元的余子式。余子式 $\boldsymbol{M}_{ij}$ 乘上 $(-1)^{i+j}$ 称为 $\boldsymbol{A}$ 的 (i, j) 元的代数余子式，记为 $\boldsymbol{A}_{ij}$，即

$$\boldsymbol{A}_{ij} \overset{\text{def}}{=\!=} (-1)^{i+j}\boldsymbol{M}_{ij}$$

上式中，$\overset{\text{def}}{=\!=}$表示定义（define）。

用余子式的语言，前面的 2，3 阶行列式可以写成：

$$\begin{vmatrix} a & b \\ c & d \end{vmatrix} = a\boldsymbol{M}_{11} - b\boldsymbol{M}_{12} = a\boldsymbol{A}_{11} + b\boldsymbol{A}_{12}$$

$$\begin{vmatrix} a_1 & b_1 & c_1 \\ a_2 & b_2 & c_2 \\ a_3 & b_3 & c_3 \end{vmatrix} = a_1\boldsymbol{M}_{11} - b_1\boldsymbol{M}_{12} + c_1\boldsymbol{M}_{13}$$

$$= a_1\boldsymbol{A}_{11} + b_1\boldsymbol{A}_{12} + c_1\boldsymbol{A}_{13}$$

由此可用归纳方法定义 n 阶方阵的行列式。

定义 2.1.17　如果 $n-1$ 阶方阵的行列式已经定义，则 n 阶方阵 $\boldsymbol{A}$ 的行列式定义为：

$$\det\boldsymbol{A} = |\boldsymbol{A}| = \sum_{j=1}^{n}(-1)^{i+j}a_{ij}\boldsymbol{M}_{ij} = \sum_{j=1}^{n}a_{ij}\boldsymbol{A}_{ij} \tag{2.1-7}$$

例 2.1.5　设 $\boldsymbol{A}$ 是 n 阶下三角矩阵

$$\boldsymbol{A}=\begin{pmatrix} a_{11} & 0 & \cdots & 0 \\ a_{21} & a_{22} & \cdots & 0 \\ \vdots & \vdots & & \vdots \\ a_{n1} & a_{n2} & \cdots & a_{nn} \end{pmatrix}$$

即 $i<j$ 时，$a_{ij}=0$，则 $\det\boldsymbol{A}=a_{11}a_{22}\cdots a_{nn}$。

证　$n=1$ 时，结论成立。设 $n-1$ 时结论成立，于是

$$\boldsymbol{M}_{11}=\begin{vmatrix} a_{22} & 0 & \cdots & 0 \\ a_{32} & a_{33} & \cdots & 0 \\ \vdots & \vdots & & \vdots \\ a_{n2} & a_{n3} & \cdots & a_{nn} \end{vmatrix}=a_{22}a_{33}\cdots a_{nn}$$

由行列式的定义知

$$\det\boldsymbol{A}=|\ \boldsymbol{A}\ |=\sum_{j=1}^{n}(-1)^{i+j}a_{ij}\boldsymbol{M}_{ij}$$
$$=a_{11}\boldsymbol{M}_{11}=a_{11}\boldsymbol{A}_{11}=a_{11}a_{22}\cdots a_{nn}$$

因此结论成立。

例 2.1.6 设 $\boldsymbol{A}$ 是一个 n 阶上三角矩阵，当 $i>j$ 时，$a_{ij}=0$，则 $\det\boldsymbol{A}=\prod_{i=1}^{n}a_{ii}$。上式中，$\prod$ 表示求积运算（连乘积）。

n 阶方阵

$$\boldsymbol{A}=\begin{pmatrix} a_{11} & a_{12} & \cdots & a_{1n} \\ a_{21} & a_{22} & \cdots & a_{2n} \\ \vdots & \vdots & & \vdots \\ a_{n1} & a_{n2} & \cdots & a_{nn} \end{pmatrix}$$

从左上角到右下角称为主对角线或简称对角线，其上元素 a_{11}，a_{22}，…，a_{nn} 称为对角线上元素或对角元素。

如果 $\boldsymbol{A}$ 满足 $i\neq j$ 时 $a_{ij}=0$，即

$$\boldsymbol{A}=\begin{pmatrix} a_{11} & 0 & \cdots & 0 \\ 0 & a_{22} & \cdots & 0 \\ \vdots & \vdots & & \vdots \\ 0 & 0 & \cdots & a_{nn} \end{pmatrix}$$

则称 $\boldsymbol{A}$ 为对角矩阵，且记为

$$\boldsymbol{A}=\operatorname{diag}(a_{11},\ a_{22},\ \cdots,\ a_{nn})$$

此时，$\det\boldsymbol{A}=a_{11}a_{22}\cdots a_{nn}$。

按行列式的定义来计算行列式往往很复杂，一般可以利用下面行列式的性质来简化计算。

性质 2.1.3 行列式的性质

（1）若 $\boldsymbol{A}^{\mathrm{T}}$ 为方阵 $\boldsymbol{A}$ 的转置，则 $\det\boldsymbol{A}=\det\boldsymbol{A}^{\mathrm{T}}$。

（2）行列式中两行（列）互换，行列式变号。

（3）行列式某行乘 k，则行列式乘 k（k 为任意数）。

（4）行列式关于它的一个行或一个列是可加的（注意，一次只能拆分一个行或列）。

设有 n 阶方阵 $\boldsymbol{A}$ 为

$$\boldsymbol{A}=\begin{pmatrix} a_{11} & \cdots & a_{1j} & \cdots & a_{1n} \\ \vdots & & \vdots & & \vdots \\ a_{i1}+b_{i1} & \cdots & a_{ij}+b_{ij} & \cdots & a_{in}+b_{in} \\ \vdots & & \vdots & & \vdots \\ a_{n1} & \cdots & a_{nj} & \cdots & a_{nn} \end{pmatrix}$$

令

$$\boldsymbol{A}_1=\begin{pmatrix} a_{11} & \cdots & a_{1j} & \cdots & a_{1n} \\ \vdots & & \vdots & & \vdots \\ a_{i1} & \cdots & a_{ij} & \cdots & a_{in} \\ \vdots & & \vdots & & \vdots \\ a_{n1} & \cdots & a_{nj} & \cdots & a_{nn} \end{pmatrix}$$

$$\boldsymbol{A}_2=\begin{pmatrix} a_{11} & \cdots & a_{1j} & \cdots & a_{1n} \\ \vdots & & \vdots & & \vdots \\ b_{i1} & \cdots & b_{ij} & \cdots & b_{in} \\ \vdots & & \vdots & & \vdots \\ a_{n1} & \cdots & a_{nj} & \cdots & a_{nn} \end{pmatrix}$$

则

$$\det\boldsymbol{A}=\begin{vmatrix} a_{11} & \cdots & a_{1j} & \cdots & a_{1n} \\ \vdots & & \vdots & & \vdots \\ a_{i1}+b_{i1} & \cdots & a_{ij}+b_{ij} & \cdots & a_{in}+b_{in} \\ \vdots & & \vdots & & \vdots \\ a_{n1} & \cdots & a_{nj} & \cdots & a_{nn} \end{vmatrix}$$

$$=\begin{vmatrix} a_{11} & \cdots & a_{1j} & \cdots & a_{1n} \\ \vdots & & \vdots & & \vdots \\ a_{i1} & \cdots & a_{ij} & \cdots & a_{in} \\ \vdots & & \vdots & & \vdots \\ a_{n1} & \cdots & a_{nj} & \cdots & a_{nn} \end{vmatrix}+\begin{vmatrix} a_{11} & \cdots & a_{1j} & \cdots & a_{1n} \\ \vdots & & \vdots & & \vdots \\ b_{i1} & \cdots & b_{ij} & \cdots & b_{in} \\ \vdots & & \vdots & & \vdots \\ a_{n1} & \cdots & a_{nj} & \cdots & a_{nn} \end{vmatrix}$$

即

$$\det\boldsymbol{A}=\det\boldsymbol{A}_1+\det\boldsymbol{A}_2$$

(5) 方阵 $\boldsymbol{A}$ 的第 i 行加第 j 行的 k 倍，行列式的值不变。

(6) 设 $\boldsymbol{A}$，$\boldsymbol{B}\in\boldsymbol{K}^{n\times n}$，则 $\det(\boldsymbol{AB})=\det\boldsymbol{A}\cdot\det\boldsymbol{B}$。

如果一个方阵的行列式等于 0，就称为奇异的，也称为退化的，即该矩阵不是满秩矩阵，此时矩阵列（行）向量组线性相关；否则称为非奇异的或非退化的，此时矩阵列（行）向量组线性无关。

2.1.5　矩阵的初等变换

定义 2.1.18　对于一个矩阵 $\boldsymbol{A}\in\boldsymbol{K}^{m\times n}$，下列运算称为矩阵 $\boldsymbol{A}$ 的初等行（列）运算或初等行（列）变换：

（1）交换矩阵的任意两行（列），称为第一类初等行（列）变换，形式如下：

$$\boldsymbol{A}=\begin{pmatrix} a_{11} & a_{12} & \cdots & a_{1n} \\ \vdots & \vdots & & \vdots \\ a_{i1} & a_{i2} & \cdots & a_{in} \\ \vdots & \vdots & & \vdots \\ a_{j1} & a_{j2} & \cdots & a_{jn} \\ \vdots & \vdots & & \vdots \\ a_{m1} & a_{m2} & \cdots & a_{mn} \end{pmatrix} \xrightarrow{\text{交换第 } i \text{ 行与第 } j \text{ 行}} \begin{pmatrix} a_{11} & a_{12} & \cdots & a_{1n} \\ \vdots & \vdots & & \vdots \\ a_{j1} & a_{j2} & \cdots & a_{jn} \\ \vdots & \vdots & & \vdots \\ a_{i1} & a_{i2} & \cdots & a_{in} \\ \vdots & \vdots & & \vdots \\ a_{m1} & a_{m2} & \cdots & a_{mn} \end{pmatrix}$$

（2）用一个非零数乘以矩阵的某一行（列），称为第二类初等行（列）变换，形式如下：

$$\boldsymbol{A}=\begin{pmatrix} a_{11} & a_{12} & \cdots & a_{1n} \\ \vdots & \vdots & & \vdots \\ a_{i1} & a_{i2} & \cdots & a_{in} \\ \vdots & \vdots & & \vdots \\ a_{j1} & a_{j2} & \cdots & a_{jn} \\ \vdots & \vdots & & \vdots \\ a_{m1} & a_{m2} & \cdots & a_{mn} \end{pmatrix} \xrightarrow{\text{第 } i \text{ 行同时乘以 } k\text{，且 } k \neq 0} \begin{pmatrix} a_{11} & a_{12} & \cdots & a_{1n} \\ \vdots & \vdots & & \vdots \\ ka_{i1} & ka_{i2} & \cdots & ka_{in} \\ \vdots & \vdots & & \vdots \\ a_{j1} & a_{j2} & \cdots & a_{jn} \\ \vdots & \vdots & & \vdots \\ a_{m1} & a_{m2} & \cdots & a_{mn} \end{pmatrix}$$

（3）将矩阵的某一行（列）元素同时乘以一个数后加到另一行（列）上，称为第三类初等行（列）变换，形式如下：

$$\boldsymbol{A}=\begin{pmatrix} a_{11} & a_{12} & \cdots & a_{1n} \\ \vdots & \vdots & & \vdots \\ a_{i1} & a_{i2} & \cdots & a_{in} \\ \vdots & \vdots & & \vdots \\ a_{j1} & a_{j2} & \cdots & a_{jn} \\ \vdots & \vdots & & \vdots \\ a_{m1} & a_{m2} & \cdots & a_{mn} \end{pmatrix}$$

$$\xrightarrow{\text{第 } i \text{ 行同时乘以 } k \text{ 后加到第 } j \text{ 行}} \begin{pmatrix} a_{11} & a_{12} & \cdots & a_{1n} \\ \vdots & \vdots & & \vdots \\ a_{i1} & a_{i2} & & a_{in} \\ \vdots & \vdots & & \vdots \\ a_{j1}+ka_{i1} & a_{j2}+ka_{i2} & \cdots & a_{jn}+ka_{in} \\ \vdots & \vdots & & \vdots \\ a_{m1} & a_{m2} & \cdots & a_{mn} \end{pmatrix}$$

矩阵的初等行变换与初等列变换统称为矩阵的初等变换。

若矩阵 $\boldsymbol{A}_{m\times n}$ 经过一系列初等变换变成矩阵 $\boldsymbol{B}_{m\times n}$，则称矩阵 $\boldsymbol{A}$ 和 $\boldsymbol{B}$ 为等价矩阵，也就是矩阵 $\boldsymbol{A}$ 和 $\boldsymbol{B}$ 中包含的行（列）向量组等价，即 $\boldsymbol{A}$ 和 $\boldsymbol{B}$ 中包含的行（列）向量组可互相线性表示。

接下来介绍初等行变换在矩阵方程求解中的应用。

定义 2.1.19　一个 $m\times n$ 矩阵 $\boldsymbol{A}$ 称为行阶梯矩阵，如果：

(1) $\boldsymbol{A}$ 的零行（即元素全为 0 的行）均位于矩阵的底部；

(2) 矩阵 $\boldsymbol{A}$ 每一个非零行的首项非零元素总是出现在上一个非零行的首项非零元素的右边；

(3) 每一个非零行的首个非零元素下面的同列元素均为零。

矩阵 $\boldsymbol{A}$ 的每个非零行的第一个不为零的元素称为 $\boldsymbol{A}$ 的主元。若矩阵 $\boldsymbol{A}$ 的主元都是 1，并且每个主元都是所在列的唯一非零元素，则称矩阵 $\boldsymbol{A}$ 是一个简化行阶梯形矩阵。

例 2.1.7　几个行阶梯形矩阵的例子：

$$\boldsymbol{A}=\begin{pmatrix}1 & * \\ 0 & 2\end{pmatrix},\ \boldsymbol{B}=\begin{pmatrix}0 & 1 & 0 \\ 0 & 0 & 1 \\ 0 & 0 & 0\end{pmatrix},\ \boldsymbol{C}=\begin{pmatrix}2 & * & * & * \\ 0 & 3 & * & * \\ 0 & 0 & 0 & *\end{pmatrix},\ \boldsymbol{D}=\begin{pmatrix}3 & * & * & * \\ 0 & 2 & * & * \\ 0 & 0 & 1 & * \\ 0 & 0 & 0 & 4 \\ 0 & 0 & 0 & 0\end{pmatrix}$$

上述矩阵中，* 表示该元素可以为任意值。注意，矩阵 $\boldsymbol{B}$ 是一个简化行阶梯形矩阵。

定理 2.1.2　任何一个矩阵 $\boldsymbol{A}_{m\times n}$ 都仅与一个简化行阶梯形矩阵等价。

算法 2.1.1　给定一个 $m\times n$ 矩阵 $\boldsymbol{A}$，可通过初等行变换将 $\boldsymbol{A}$ 化成一个简化行阶梯形矩阵：

(1) 将含有一个非零元素的列设定为最左边的第一列；

(2) 必要时，可将第 1 行与其他行互换，使得第 1 个非零列在第 1 行有一个非零元素；

(3) 若第 1 行的主元为 a，则将该行的所有元素乘以 $1/a$，以使该行的主元等于 1；

(4) 利用初等变换，将其他行位于第 1 行主元下面的元素都变为 0；

(5) 对第 $i=2,3,\cdots,m$ 行依次重复上述步骤，确使每一行的主元出现在上一行主元的右边，并使与第 i 行主元同列的其他各行元素都变为 0。

下面给出矩阵初等行变换在方程求解中的应用。

n 元线性方程组的一般形式是

$$\begin{cases}a_{11}x_1+a_{12}x_2+\cdots+a_{1n}x_n=b_1\\ a_{21}x_1+a_{22}x_2+\cdots+a_{2n}x_n=b_2\\ \qquad\cdots\\ a_{m1}x_1+a_{m2}x_2+\cdots+a_{mn}x_n=b_m\end{cases}$$

其中 x_1，x_2，$\cdots x_n$ 是 n 个未知量，a_{ij} 是 m 个一次方程的系数，b_i 称为方程组的常数项。

由线性方程组的系数构成的矩阵：

$$\boldsymbol{A}=\begin{pmatrix}a_{11} & a_{12} & \cdots & a_{1n}\\ a_{21} & a_{22} & \cdots & a_{2n}\\ \vdots & \vdots & & \vdots\\ a_{m1} & a_{m2} & \cdots & a_{mn}\end{pmatrix}$$

称为此线性方程组的系数矩阵。如果再把常数项也添加进去，成为矩阵 A 的最后一列：

$$\widetilde{\boldsymbol{A}}=\begin{pmatrix} a_{11} & a_{12} & \cdots & a_{1n} & b_1 \\ a_{21} & a_{22} & \cdots & a_{2n} & b_2 \\ \vdots & \vdots & & \vdots & \vdots \\ a_{m1} & a_{m2} & \cdots & a_{mn} & b_m \end{pmatrix}$$

则称该矩阵为线性方程组的增广矩阵，矩阵 $\boldsymbol{A}$ 的增广矩阵一般用 $\widetilde{\boldsymbol{A}}$ 表示。

将

$$\boldsymbol{x}=\begin{pmatrix} x_1 \\ x_2 \\ \vdots \\ x_n \end{pmatrix} \boldsymbol{b}=\begin{pmatrix} b_1 \\ b_2 \\ \vdots \\ b_m \end{pmatrix}$$

分别称为未知数向量和常数向量。

则可将上述线性方程组写为矩阵方程形式 $\boldsymbol{Ax}=\boldsymbol{b}$。

当 $m=n$ 时，对于 $n\times n$ 矩阵方程 $\boldsymbol{Ax}=\boldsymbol{b}$ 的求解，若矩阵 $\boldsymbol{A}$ 存在逆矩阵 $\boldsymbol{A}^{-1}$，则可以通过系数矩阵 $\boldsymbol{A}$ 求逆，直接得到方程的解 $\boldsymbol{x}=\boldsymbol{A}^{-1}\boldsymbol{b}$。

由于矩阵方程的解 $\boldsymbol{x}=\boldsymbol{A}^{-1}\boldsymbol{b}$ 可以写成矩阵方程的形式 $\boldsymbol{Ix}=\boldsymbol{A}^{-1}\boldsymbol{b}$，其对应的增广矩阵为 $(\boldsymbol{I}, \boldsymbol{A}^{-1}\boldsymbol{b})$。于是，我们可以将矩阵方程的这一求解过程与它们对应的增广矩阵形式分别书写为

$$\text{方程求解 } \boldsymbol{Ax}=\boldsymbol{b} \xrightarrow{\text{初等行变换}} \boldsymbol{Ix}=\boldsymbol{A}^{-1}\boldsymbol{b}$$

$$\text{增广矩阵}(\boldsymbol{A}, \boldsymbol{b}) \xrightarrow{\text{初等行变换}} (\boldsymbol{I}, \boldsymbol{A}^{-1}\boldsymbol{b})$$

这表明，若对增广矩阵 $(\boldsymbol{A}, \boldsymbol{b})$ 使用初等行变换，使得左边变成一个 $n\times n$ 单位矩阵，则变换后的增广矩阵的第 $n+1$ 列给出原矩阵方程的解 $\boldsymbol{x}=\boldsymbol{A}^{-1}\boldsymbol{b}$。这样一种求解矩阵方程的初等行变换方法称为高斯消去法或 Gauss-Jordan 消去法。

初等行变换方法也适用于系数矩阵为非方阵方程 $\boldsymbol{Ax}=\boldsymbol{b}$ 的求解。

算法 2.1.2 求解 $m\times n$ 矩阵方程 $\boldsymbol{Ax}=\boldsymbol{b}$：

（1）将系数矩阵 $\boldsymbol{A}$ 和常数向量 $\boldsymbol{b}$ 组合成一个 $m\times(n+1)$ 的新矩阵 $\boldsymbol{B}=(\boldsymbol{A}, \boldsymbol{b})$，称 $\boldsymbol{B}$ 为 $\boldsymbol{A}$ 的增广矩阵；

（2）使用算法 2.1.1 将增广矩阵 $\boldsymbol{B}$ 化为简化行阶梯形矩阵 $\boldsymbol{C}$，$\boldsymbol{C}$ 与 $\boldsymbol{B}$ 等价；

（3）从简化行阶梯形矩阵得到对应的线性方程组，该方程组与原线性方程组等价；

（4）解出新线性方程组的解，即为原线性方程组的解。

上面提及的增广矩阵除了能够辅助方程求解外，还能通过系数矩阵和增广矩阵的秩对方程组的解情况进行判断。

（1）当 $R(\boldsymbol{A})<R(\boldsymbol{A}, \boldsymbol{b})$ 时，方程组无解；因为此时在增广矩阵中出现了一个特殊的行，此行除了最右侧的元素非零而其他元素为零的情况，即相当于出现了 $\boldsymbol{0}=\boldsymbol{b}$（$\boldsymbol{b}\neq\boldsymbol{0}$）情况。

（2）当 $R(\boldsymbol{A})=R(\boldsymbol{A}, \boldsymbol{b})=n$ 时，方程组有唯一解。

（3）当 $R(\boldsymbol{A})=R(\boldsymbol{A}, \boldsymbol{b})<n$ 时，方程组有无穷个解。

注意，由于系数矩阵的秩不会超过增广矩阵的秩，所以 $R(\boldsymbol{A})>R(\boldsymbol{A}, \boldsymbol{b})$ 的情况不存在。

例 2.1.8　用高斯消去法求解线性方程组[4]

$$\begin{cases} x_1 + x_2 + 2x_3 = 6 \\ 3x_1 + 4x_2 - x_3 = 5 \\ -x_1 + x_2 + x_3 = 2 \end{cases}$$

将线性方程组化为矩阵方程形式

$$\boldsymbol{Ax} = \begin{pmatrix} 1 & 1 & 2 \\ 3 & 4 & -1 \\ -1 & 1 & 1 \end{pmatrix}\begin{pmatrix} x_1 \\ x_2 \\ x_3 \end{pmatrix} = \begin{pmatrix} 6 \\ 5 \\ 2 \end{pmatrix} = \boldsymbol{b}$$

对其增广矩阵进行初等行变换

$$(\boldsymbol{A}, \boldsymbol{b}) = \begin{pmatrix} 1 & 1 & 2 & 6 \\ 3 & 4 & -1 & 5 \\ -1 & 1 & 1 & 2 \end{pmatrix} \xrightarrow{\text{第 2 行减去第 1 行的 3 倍}} \begin{pmatrix} 1 & 1 & 2 & 6 \\ 0 & 1 & -7 & -13 \\ -1 & 1 & 1 & 2 \end{pmatrix}$$

$$\xrightarrow{\text{第 1 行加到第 3 行}} \begin{pmatrix} 1 & 1 & 2 & 6 \\ 0 & 1 & -7 & -13 \\ 0 & 2 & 3 & 8 \end{pmatrix} \xrightarrow{\text{第 1 行减去第 2 行}} \begin{pmatrix} 1 & 0 & 9 & 19 \\ 0 & 1 & -7 & -13 \\ 0 & 2 & 3 & 8 \end{pmatrix}$$

$$\xrightarrow{\text{第 3 行减去第 2 行的 2 倍}} \begin{pmatrix} 1 & 0 & 9 & 19 \\ 0 & 1 & -7 & -13 \\ 0 & 0 & 17 & 34 \end{pmatrix} \xrightarrow{\text{第 3 行乘以 1/17}} \begin{pmatrix} 1 & 0 & 9 & 19 \\ 0 & 1 & -7 & -13 \\ 0 & 0 & 1 & 2 \end{pmatrix}$$

$$\xrightarrow{\text{第 1 行减去第 3 行的 9 倍}} \begin{pmatrix} 1 & 0 & 0 & 1 \\ 0 & 1 & -7 & -13 \\ 0 & 0 & 1 & 2 \end{pmatrix} \xrightarrow{\text{第 3 行乘以 7，加到第 2 行}} \begin{pmatrix} 1 & 0 & 0 & 1 \\ 0 & 1 & 0 & 1 \\ 0 & 0 & 1 & 2 \end{pmatrix}$$

即通过高斯消去法得到方程组的解为 $x_1 = 1$，$x_2 = 1$ 和 $x_3 = 2$。

2.1.6　特殊矩阵

定义 2.1.20　可逆矩阵

一个 n 阶方阵 $\boldsymbol{A}$，如果存在 n 阶方阵 $\boldsymbol{B}$ 使得

$$\boldsymbol{AB} = \boldsymbol{I}_n$$

则称 $\boldsymbol{A}$ 是可逆矩阵，称 $\boldsymbol{B}$ 为 $\boldsymbol{A}$ 的逆矩阵，记作 $\boldsymbol{A}^{-1}$。

只有方阵才有求逆矩阵的概念。讨论一个方阵是否可逆，需要用伴随矩阵的概念。

定义 2.1.21　伴随矩阵

设 $\boldsymbol{A} = (a_{i,j})_{n\times n} \in \boldsymbol{K}^{n\times n}$，$\boldsymbol{A}_{ij}$ 为 $a_{i,j}$ 的代数余子式，则称矩阵

$$\boldsymbol{A}^* = \begin{pmatrix} A_{11} & A_{21} & \cdots & A_{n1} \\ A_{12} & A_{22} & \cdots & A_{n2} \\ \vdots & \vdots & & \vdots \\ A_{1n} & A_{2n} & \cdots & A_{nn} \end{pmatrix}$$

为 $\boldsymbol{A}$ 的伴随矩阵。

引理 2.1.2　若 $\boldsymbol{A}^*$ 为 $\boldsymbol{A} = (a_{i,j})_{n\times n} \in \boldsymbol{K}^{n\times n}$ 的伴随矩阵，则有

$$\boldsymbol{A}^*\boldsymbol{A} = \boldsymbol{AA}^* = \det\boldsymbol{A} \cdot \boldsymbol{I}_n$$

定理 2.1.3 设 $\boldsymbol{A}=(a_{i,j})_{n\times n}\in\boldsymbol{K}^{n\times n}$，则 $\boldsymbol{A}$ 可逆当且仅当

$$\det\boldsymbol{A}\neq 0$$

证 设 $\boldsymbol{A}$ 可逆，$\boldsymbol{B}$ 为 $\boldsymbol{A}$ 的逆矩阵，于是

$$\det\boldsymbol{A}\cdot\det\boldsymbol{B}=\det(\boldsymbol{AB})=\det\boldsymbol{I}_n=1$$

因而 $\det\boldsymbol{A}\neq 0$。

反之，设 $\det\boldsymbol{A}\neq 0$，于是

$$\boldsymbol{A}\left(\frac{1}{\det\boldsymbol{A}}\boldsymbol{A}^*\right)=\frac{1}{\det\boldsymbol{A}}\boldsymbol{AA}^*=\frac{1}{\det\boldsymbol{A}}\det\boldsymbol{A}\cdot\boldsymbol{I}_n=\boldsymbol{I}_n$$

因而 $\boldsymbol{A}$ 可逆，且 $\frac{1}{\det\boldsymbol{A}}\boldsymbol{A}^*$ 为其逆矩阵。

性质 2.1.4 从定理 2.1.3 可以得到可逆矩阵的若干常用性质：

(1) 可逆矩阵 $\boldsymbol{A}$ 的逆矩阵是唯一的，且有

$$\boldsymbol{A}^{-1}=\frac{1}{\det\boldsymbol{A}}\boldsymbol{A}^*$$

(2) $\boldsymbol{A}$ 可逆，则 $\boldsymbol{A}^{-1}$ 也可逆，且

$$(\boldsymbol{A}^{-1})^{-1}=\boldsymbol{A}$$

$$(\boldsymbol{A}^{\mathrm{T}})^{-1}=(\boldsymbol{A}^{-1})^{\mathrm{T}}$$

(3) 设 $\boldsymbol{A}$，$\boldsymbol{B}$ 是 n 阶可逆方阵，则 $\boldsymbol{AB}$ 也是可逆的，且

$$(\boldsymbol{AB})^{-1}=\boldsymbol{B}^{-1}\boldsymbol{A}^{-1}$$

定义 2.1.22 正交矩阵

满足 $\boldsymbol{A}^{\mathrm{T}}\boldsymbol{A}=\boldsymbol{I}\in\boldsymbol{R}^{n\times n}$ 的方阵 $\boldsymbol{A}$，称为正交矩阵。

推论 2.1.3 如果 $\boldsymbol{A}$ 是正交矩阵，那么 $\boldsymbol{A}^{-1}=\boldsymbol{A}^{\mathrm{T}}$ 也是正交矩阵。

证 由 $(\boldsymbol{A}^{\mathrm{T}})^{\mathrm{T}}\boldsymbol{A}^{\mathrm{T}}=\boldsymbol{AA}^{T}=\boldsymbol{AA}^{-1}=\boldsymbol{I}$ 即可得出。

推论 2.1.4 正交矩阵的行列式等于±1。

证 从 $1=|\boldsymbol{I}|=|\boldsymbol{A}^{\mathrm{T}}\boldsymbol{A}|=|\boldsymbol{A}^{\mathrm{T}}||\boldsymbol{A}|=|\boldsymbol{A}|^2$ 即可得到。

定义 2.1.23 酉矩阵

定义在复数域上的方阵 $\boldsymbol{U}\in\boldsymbol{C}^{n\times n}$，满足 $\boldsymbol{U}^{\mathrm{H}}\boldsymbol{U}=\boldsymbol{UU}^{\mathrm{H}}=\boldsymbol{I}$ 时，称为酉矩阵。

上面的 $\boldsymbol{U}^{\mathrm{H}}$ 为 $\boldsymbol{U}$ 的共轭转置矩阵。

定理 2.1.4 若 $\boldsymbol{U}\in\boldsymbol{C}^{n\times n}$，则下列叙述等价：

(1) $\boldsymbol{U}$ 是酉矩阵；

(2) $\boldsymbol{U}$ 是非奇异的，并且 $\boldsymbol{U}^{\mathrm{H}}=\boldsymbol{U}^{-1}$；

(3) $\boldsymbol{U}^{\mathrm{H}}\boldsymbol{U}=\boldsymbol{UU}^{\mathrm{H}}=\boldsymbol{I}$；

(4) $\boldsymbol{U}$ 的共轭转置 $\boldsymbol{U}^{\mathrm{H}}$ 是酉矩阵；

性质 2.1.5 酉矩阵的性质：

(1) $\boldsymbol{A}_{m\times m}$ 为酉矩阵⇔ $\boldsymbol{A}$ 的列向量标准正交 ⇔$\boldsymbol{A}$ 的行向量标准正交。

(2) 酉矩阵 $\boldsymbol{A}_{m\times m}$ 是实矩阵 ⇔$\boldsymbol{A}$ 是正交矩阵。

(3) $\boldsymbol{A}_{m\times m}$ 为酉矩阵 ⇔$\boldsymbol{AA}^{\mathrm{H}}=\boldsymbol{A}^{\mathrm{H}}\boldsymbol{A}=\boldsymbol{I}_m$

⇔$\boldsymbol{A}^{\mathrm{T}}$ 是酉矩阵

⇔$\boldsymbol{A}^{\mathrm{H}}$ 是酉矩阵

$\Leftrightarrow \boldsymbol{A}^*$ 是酉矩阵

$\Leftrightarrow \boldsymbol{A}^{-1}$ 是酉矩阵

$\Leftrightarrow \boldsymbol{A}^n$ 是酉矩阵，$n=1,\ 2,\ \cdots$

（4）$\boldsymbol{A}_{m\times m}$，$\boldsymbol{B}_{m\times m}$ 为酉矩阵 $\Leftrightarrow \boldsymbol{AB}$ 为酉矩阵。

（5）若 $\boldsymbol{A}_{m\times m}$ 为酉矩阵，则

① $|\det\boldsymbol{A}|=1$

② $\operatorname{rank}(\boldsymbol{A})=m$

③ λ 是 $\boldsymbol{A}$ 的特征值，则 $|\lambda|=1$

定义 2.1.24　Hermitian 矩阵

若一复值方阵 $\boldsymbol{A}=(a_{ij})_{n\times n}\in\boldsymbol{C}^{n\times n}$，满足 $\boldsymbol{A}=\boldsymbol{A}^{\mathrm{H}}$，即 $a_{ij}=\overline{a_{ji}}$，则称 $\boldsymbol{A}$ 为 Hermitian 矩阵。Hermitian 矩阵是一种复共轭对称矩阵。

实对称矩阵是一种特殊的 Hermitian 矩阵。

性质 2.1.6　Hermitian 矩阵的性质：

（1）$\boldsymbol{A}$ 是 Hermitian 矩阵，当且仅当对于所有复值向量 $\boldsymbol{x}$，$\boldsymbol{x}^{\mathrm{H}}\boldsymbol{Ax}$ 均是实数。

（2）对所有 $\boldsymbol{A}\in\boldsymbol{C}^{n\times n}$，矩阵 $\boldsymbol{A}+\boldsymbol{A}^{\mathrm{H}}$，$\boldsymbol{AA}^{\mathrm{H}}$ 和 $\boldsymbol{A}^{\mathrm{H}}\boldsymbol{A}$ 均是 Hermitian 矩阵。

（3）若 $\boldsymbol{A}$ 是 Hermitian 矩阵，则 $\boldsymbol{A}^k$，$k=1,\ 2,\ \cdots$ 都是 Hermitian 矩阵。若 $\boldsymbol{A}$ 还是非奇异的，则 $\boldsymbol{A}^{-1}$ 是 Hermitian 矩阵。

（4）若 $\boldsymbol{A}$ 和 $\boldsymbol{B}$ 是 Hermitian 矩阵，则 $k\boldsymbol{A}+l\boldsymbol{B}$，$\forall k,\ l\in\boldsymbol{R}$，都是 Hermitian 矩阵。

2.1.7　矩阵的秩

设有实数域 $\boldsymbol{R}$ 上的 $m\times n$ 矩阵：

$$\boldsymbol{A}=\begin{pmatrix} a_{11} & a_{12} & \cdots & a_{1n} \\ a_{21} & a_{22} & \cdots & a_{2n} \\ \vdots & \vdots & & \vdots \\ a_{m1} & a_{m2} & \cdots & a_{mn} \end{pmatrix}$$

将 $\boldsymbol{A}$ 的行向量记为

$$\boldsymbol{\alpha}_i=(a_{i1},\ a_{i2},\ \cdots,\ a_{in})\in\boldsymbol{K}^n,\ i=1,\ 2,\ \cdots,\ m$$

把 $\boldsymbol{A}$ 的列向量记为

$$\boldsymbol{\beta}_j=\begin{pmatrix} a_{1j} \\ a_{2j} \\ \vdots \\ a_{mj} \end{pmatrix}\in\boldsymbol{K}^m,\ j=1,\ 2,\ \cdots,\ n$$

定义 2.1.25　数域 $\boldsymbol{K}$ 上矩阵 $\boldsymbol{A}$ 的行向量组的秩称为 $\boldsymbol{A}$ 的行秩，$\boldsymbol{A}$ 的列向量组的秩称为 $\boldsymbol{A}$ 的列秩。

例 2.1.9　$\boldsymbol{A}=\boldsymbol{I}_{11}+\boldsymbol{I}_{22}+\cdots+\boldsymbol{I}_{rr}=\begin{pmatrix}\boldsymbol{I}_r & 0 \\ 0 & 0\end{pmatrix}$ 的行秩和列秩都是 r [2]。

例 2.1.10　$\boldsymbol{A}\in\boldsymbol{K}^{n\times m}$，$\boldsymbol{A}^{\mathrm{T}}\in\boldsymbol{K}^{m\times n}$，$\boldsymbol{A}$ 的行秩等于 $\boldsymbol{A}^{\mathrm{T}}$ 的列秩，$\boldsymbol{A}$ 的列秩等于 $\boldsymbol{A}^{\mathrm{T}}$ 的行秩[2]。

例 2.1.11 $\boldsymbol{A} \in \boldsymbol{K}^{n\times n}$，则 $\det\boldsymbol{A} \neq 0$ 当且仅当 $\boldsymbol{A}$ 的列秩为 n，当且仅当 $\boldsymbol{A}$ 的行秩为 n[2]。

例 2.1.12 $\boldsymbol{A}=(a_{ij})_{m\times n} \in \boldsymbol{K}^{m\times n}$ 满足下面条件[2]：存在 r 个数 $1\leqslant j_1<j_2<\cdots<j_r\leqslant n$ 使得：

(1) $a_{1j_1}a_{2j_2}\cdots a_{rj_r}\neq 0$；

(2) $i>r$ 时，$a_{ij}=0$，即 $\mathrm{row}_i\boldsymbol{A}=0$；

(3) $j<j_k$ 时，$a_{kj}=0$，$1\leqslant k\leqslant r$，

即

$$\boldsymbol{A}=\begin{pmatrix} 0 & \cdots & a_{1j_1} & \cdots & \cdots & \cdots & \cdots \\ 0 & \cdots & \cdots & \cdots & a_{2j_2} & \cdots & \cdots \\ \vdots & & \vdots & & \vdots & & \vdots \\ 0 & \cdots & \cdots & \cdots & \cdots & a_{rj_r} & \cdots \\ 0 & \cdots & \cdots & \cdots & \cdots & \cdots & 0 \\ \vdots & & \vdots & & \vdots & & \vdots \\ 0 & \cdots & \cdots & \cdots & \cdots & \cdots & 0 \end{pmatrix}$$

此时称 $\boldsymbol{A}$ 为阶梯矩阵，则 $\boldsymbol{A}$ 的行秩为 r。

事实上，由 $i>r$ 时，$\boldsymbol{\alpha}_i(a_1, a_2, \cdots, a_n)=\boldsymbol{0}$ 知 $\boldsymbol{A}$ 的行秩小于等于 r；另一方面，由 $\sum_{i=1}^{r}k_i\boldsymbol{\alpha}_i=0$，依次可得 $k_1=0$，$k_2=0$，…，$k_r=0$。于是 $\boldsymbol{\alpha}_1$，$\boldsymbol{\alpha}_2$，…，$\boldsymbol{\alpha}_r$ 是线性无关的，故 $\boldsymbol{A}$ 的行秩为 r。

定理 2.1.5 阶梯形矩阵 $\boldsymbol{J}$ 的行秩与列秩相等，它们都等于 $\boldsymbol{J}$ 的非零行的个数；并且 $\boldsymbol{J}$ 的主元所在的列构成列向量组的一个极大线性无关组。

定理 2.1.6 矩阵的初等行变换不改变矩阵的行秩。

定理 2.1.7 矩阵的初等行变换不改变矩阵的列向量组的线性无关性，从而不改变矩阵的列秩，即：

(1) 设矩阵 $\boldsymbol{A}$ 经过初等行变换变成矩阵 $\boldsymbol{B}$，则 $\boldsymbol{A}$ 的列向量组线性相关当且仅当 $\boldsymbol{B}$ 的列向量组线性相关；

(2) 设矩阵 $\boldsymbol{A}$ 经过初等行变换变成矩阵 $\boldsymbol{B}$，并且设 $\boldsymbol{B}$ 的第 j_1，j_2，…，j_r 列构成 $\boldsymbol{B}$ 的列向量组的一个极大线性无关组，则 $\boldsymbol{A}$ 的第 j_1，j_2，…，j_r 列构成 $\boldsymbol{A}$ 的列向量组的一个极大线性无关组；从而 $\boldsymbol{A}$ 的列秩等于 $\boldsymbol{B}$ 的列秩。

定理 2.1.8 任一矩阵 $\boldsymbol{A}$ 的行秩等于它的列秩。

定义 2.1.26 矩阵 $\boldsymbol{A}$ 的行秩与列秩统称为 $\boldsymbol{A}$ 的秩，记为 $\mathrm{rank}(\boldsymbol{A})$ 或 $R(\boldsymbol{A})$。

定理 2.1.9 设 $\boldsymbol{A} \in \boldsymbol{K}^{m\times n}$，则 $R(\boldsymbol{A})=r$ 的充分必要条件是 $\boldsymbol{A}$ 中有一 r 阶子式不为零，而所有的 $r+1$ 阶子式全为零。

定理 2.1.10 设 $\boldsymbol{A} \in \boldsymbol{K}^{m\times p}$，$\boldsymbol{B} \in \boldsymbol{K}^{p\times n}$ 则

$$R(\boldsymbol{AB})\leqslant \min\{R(\boldsymbol{A}), R(\boldsymbol{B})\} \tag{2.1-8}$$

2.1.8 特征值与特征向量

定义 2.1.27 设 $\boldsymbol{A} \in \boldsymbol{K}^{n\times n}$，若有非零列向量 $\boldsymbol{\alpha} \in \boldsymbol{K}^n$，使得

$$\boldsymbol{A\alpha}=\lambda_0\boldsymbol{\alpha},\ 且\ \lambda_0\in\boldsymbol{K}$$

则称 λ_0 是矩阵 $\boldsymbol{A}$ 的一个特征值，$\boldsymbol{\alpha}$ 是矩阵 $\boldsymbol{A}$ 属于 λ_0 的一个特征向量。只有方阵才有特征值和特征向量的概念。

如果 $\boldsymbol{\alpha}$ 是矩阵 $\boldsymbol{A}$ 属于 λ_0 的一个特征向量，那么对于任意 $k\in\boldsymbol{K}$，有

$$\boldsymbol{A}(k\boldsymbol{\alpha})=k(\boldsymbol{A\alpha})=k(\lambda_0\boldsymbol{\alpha})=\lambda_0(k\boldsymbol{\alpha})$$

因此，当 $k\neq 0$ 时，$k\boldsymbol{\alpha}$ 也是属于 λ_0 的特征向量，即一个特征值可对应于无数个特征向量；但一个特征向量不会对应于无数个特征值。需要注意的是，零向量不是 $\boldsymbol{A}$ 的特征向量。

可以利用以下等价条件来判断矩阵 $\boldsymbol{A}$ 是否存在特征值和特征向量；然后可求出矩阵 $\boldsymbol{A}$ 的全部特征值和特征向量。

λ_0 是 $\boldsymbol{A}$ 的一个特征值，$\boldsymbol{\alpha}$ 是 $\boldsymbol{A}$ 的属于 λ_0 的一个特征向量

$$\Leftrightarrow \boldsymbol{A\alpha}=\lambda_0\boldsymbol{\alpha},\ \boldsymbol{\alpha}\neq 0,\ \lambda_0\in\boldsymbol{K}$$

$\Leftrightarrow(\lambda_0\boldsymbol{I}-\boldsymbol{A})\boldsymbol{\alpha}=0$，$\boldsymbol{\alpha}\in\boldsymbol{K}^n$ 且 $\boldsymbol{\alpha}\neq 0$，$\lambda_0\in\boldsymbol{K}$

$\Leftrightarrow\boldsymbol{\alpha}$ 是齐次线性方程组 $(\lambda_0\boldsymbol{I}-\boldsymbol{A})\boldsymbol{x}=0$ 的一个非零解，则 $|\lambda_0\boldsymbol{I}-\boldsymbol{A}|=0$，$\lambda_0\in\boldsymbol{K}$

$\Leftrightarrow\lambda_0$ 是 $|\lambda_0\boldsymbol{I}-\boldsymbol{A}|=0$ 在 $\boldsymbol{K}$ 中的一个根，$\boldsymbol{\alpha}$ 是 $(\lambda_0\boldsymbol{I}-\boldsymbol{A})\boldsymbol{x}=0$ 的一个非零解。

将 $|\lambda\boldsymbol{I}-\boldsymbol{A}|$ 称为 $\boldsymbol{A}$ 的特征多项式：

$$|\lambda\boldsymbol{I}-\boldsymbol{A}|=\begin{vmatrix}\lambda-a_{11} & -a_{12} & \cdots & -a_{1n}\\ -a_{21} & \lambda-a_{22} & \cdots & -a_{2n}\\ \vdots & \vdots & & \vdots\\ -a_{n1} & -a_{n2} & \cdots & \lambda-a_{nn}\end{vmatrix}\tag{2.1-9}$$

求一个方阵的特征值与特征向量，就是要充分利用齐次线性方程组 $(\lambda_0\boldsymbol{I}-\boldsymbol{A})\boldsymbol{x}=0$ 有非零解时，$|\lambda_0\boldsymbol{I}-\boldsymbol{A}|=0$ 的性质；因为当 $|\lambda_0\boldsymbol{I}-\boldsymbol{A}|\neq 0$ 时，$(\lambda_0\boldsymbol{I}-\boldsymbol{A})\boldsymbol{x}=0$ 只有唯一解，即 $\boldsymbol{x}=\boldsymbol{0}$，而零向量不能作为特征向量。特征值可能是实数或复数。

定理 2.1.11 设 $\boldsymbol{A}\in\boldsymbol{K}^{n\times n}$，则：

(1) λ_0 是 $\boldsymbol{A}$ 的一个特征值，当且仅当 λ_0 是 $|\lambda_0\boldsymbol{I}-\boldsymbol{A}|=0$ 在 $\boldsymbol{K}$ 中的一个根；

(2) $\boldsymbol{\alpha}$ 是 $\boldsymbol{A}$ 的属于 λ_0 的一个特征向量，当且仅当 $\boldsymbol{\alpha}$ 是齐次线性方程组 $(\lambda_0\boldsymbol{I}-\boldsymbol{A})\boldsymbol{x}=0$ 的一个非零解。

于是可先判断 $\boldsymbol{A}\in\boldsymbol{K}^{n\times n}$ 是否有特征值和特征向量，若有则求解方法如下：

(1) 求解 $|\lambda\boldsymbol{I}-\boldsymbol{A}|=0$ 中 λ 的根。

(2) 如果 $|\lambda\boldsymbol{I}-\boldsymbol{A}|=0$ 在 $\boldsymbol{K}$ 中有 λ 的根，则 λ 在 $\boldsymbol{K}$ 中的全部根就是 $\boldsymbol{A}$ 的全部特征值。

(3) 对于 $\boldsymbol{A}$ 的每一个特征值 λ_i，求齐次线性方程组 $(\lambda_i\boldsymbol{I}-\boldsymbol{A})\boldsymbol{x}=0$ 的一个基础解系 $\boldsymbol{\eta}_1$，$\boldsymbol{\eta}_2$，…，$\boldsymbol{\eta}_t$，其中 $\boldsymbol{\eta}_j$ 为一个特征向量；这个基础解系是一个线性无关向量组。于是 $\boldsymbol{A}$ 的属于 λ_i 的全部特征向量组成的集合是

$$\{k_1\boldsymbol{\eta}_1+k_2\boldsymbol{\eta}_2+\cdots+k_t\boldsymbol{\eta}_t\mid k_1,\ k_2,\ \cdots,\ k_t\in\boldsymbol{K}，且它们不全为\ 0\}$$

设 λ_i 是 $\boldsymbol{A}$ 的一个特征值，把齐次线性方程组 $(\lambda_i\boldsymbol{I}-\boldsymbol{A})\boldsymbol{x}=0$ 的解空间称为 $\boldsymbol{A}$ 的属于 λ_i 的特征子空间，其中的全部非零向量就是 $\boldsymbol{A}$ 的属于 λ_i 的全部特征向量。将该特征子空间的维数叫做特征值 λ_i 的几何重数，而把 λ_i 作为 $\boldsymbol{A}$ 的特征多项式的根的重数叫做 λ_i 的代数重数；λ_i 的几何重数不超过它的代数重数。

例 2.1.13 设矩阵 $\boldsymbol{A}=\begin{pmatrix}3 & 1 & 0\\ -4 & -1 & 0\\ 4 & -8 & -2\end{pmatrix}$，求 $\boldsymbol{A}$ 的特征值与特征向量[2]。

解 $|\lambda\boldsymbol{I}-\boldsymbol{A}|=\begin{vmatrix}\lambda-3 & -1 & 0\\ 4 & \lambda+1 & 0\\ -4 & 8 & \lambda+2\end{vmatrix}=(\lambda+2)(\lambda-1)^2=0$

所以 $\boldsymbol{A}$ 的特征值为 $\lambda_1=1$，$\lambda_2=1$，$\lambda_3=-2$，其中包含一个重根 $\lambda_1=\lambda_2=1$。

求 $\lambda=1$ 的特征向量，将 $\lambda=1$ 代入 $|\lambda\boldsymbol{I}-\boldsymbol{A}|=0$ 可得

$$(1\boldsymbol{I}-\boldsymbol{A})\boldsymbol{x}=0$$

即

$$\begin{cases}-2x_1-x_2=0\\ 4x_1+2x_2=0\\ -4x_1+8x_2+3x_3=0\end{cases}$$

上面的方程组的一般解是

$$\begin{cases}x_1=-\dfrac{1}{2}x_2\\ x_3=\dfrac{20}{3}x_1\end{cases}$$

解得基础解系

$$\boldsymbol{\eta}_1=\begin{pmatrix}3\\ -6\\ 20\end{pmatrix}$$

矩阵 A 对应于特征值 1 的特征向量为 $k\boldsymbol{\eta}_1=k\begin{pmatrix}3\\ -6\\ 20\end{pmatrix}$，其中 k 为任意非零数。

求 $\lambda=-2$ 的特征向量

$$(-2\boldsymbol{I}-\boldsymbol{A})\boldsymbol{x}=0$$

即

$$\begin{cases}-5x_1-x_2=0\\ 4x_1-x_2=0\\ -4x_1+8x_2=0\end{cases}$$

解得基础解系

$$\boldsymbol{\eta}_2=\begin{pmatrix}0\\ 0\\ 1\end{pmatrix}$$

矩阵 A 对应于特征值 2 的特征向量为 $k\boldsymbol{\eta}_2=k\begin{pmatrix}0\\ 0\\ 1\end{pmatrix}$，其中 k 为任意非零数。

矩阵的特征值和特征向量还可用于将矩阵对角化。如果一个数域 $\boldsymbol{K}$ 上的 n 级矩阵 $\boldsymbol{A}$ 有 n 个线性无关的特征向量 $\boldsymbol{\alpha}_1$，$\boldsymbol{\alpha}_2$，…，$\boldsymbol{\alpha}_n$，则将这 n 个向量按列向量排列组成一个矩阵 $\boldsymbol{P}=(\boldsymbol{\alpha}_1,\ \boldsymbol{\alpha}_2,\ \cdots,\ \boldsymbol{\alpha}_n)$，则有 $\boldsymbol{P}^{-1}\boldsymbol{AP}=\mathrm{diag}(\lambda_1,\ \lambda_2,\ \cdots,\ \lambda_n)$，其中 λ_i 为 $\boldsymbol{\alpha}_i$ 所属的特征值；λ_i 可能在对角矩阵中出现多次，因为其可能为重根。$\mathrm{diag}(\lambda_1,\ \lambda_2,\ \cdots,\ \lambda_n)$ 称为 $\boldsymbol{A}$

的相似标准型；除主对角线上的排列次序外，$\boldsymbol{A}$ 的相似标准型唯一[9]。

2.1.9　相似矩阵

定义 2.1.28　设矩阵 $\boldsymbol{A}$，$\boldsymbol{B}\in\boldsymbol{K}^{m\times n}$，若存在一非奇异矩阵 $\boldsymbol{T}\in\boldsymbol{K}^{m\times n}$ 使得 $\boldsymbol{B}=\boldsymbol{T}^{-1}\boldsymbol{A}\boldsymbol{T}$，则称矩阵 $\boldsymbol{A}$ 与 $\boldsymbol{B}$ 相似。矩阵 $\boldsymbol{B}$ 相似于矩阵 $\boldsymbol{A}$ 常简写作 $\boldsymbol{B}\sim\boldsymbol{A}$。

性质 2.1.7　相似矩阵的基本性质：

（1）自反性：$\boldsymbol{A}\sim\boldsymbol{A}$，即任意矩阵与本身相似。

（2）对称性：若 $\boldsymbol{A}\sim\boldsymbol{B}$，则 $\boldsymbol{B}\sim\boldsymbol{A}$。

（3）传递性：若 $\boldsymbol{A}\sim\boldsymbol{B}$ 且 $\boldsymbol{B}\sim\boldsymbol{C}$，则 $\boldsymbol{A}\sim\boldsymbol{C}$。

性质 2.1.8　相似矩阵的重要性质：

（1）相似矩阵 $\boldsymbol{B}\sim\boldsymbol{A}$ 具有相同的行列式，即 $|\boldsymbol{B}|=|\boldsymbol{A}|$。

（2）若矩阵 $\boldsymbol{S}^{-1}\boldsymbol{A}\boldsymbol{S}=\boldsymbol{T}$（上三角矩阵），则 $\boldsymbol{T}$ 的对角元素给出矩阵 $\boldsymbol{A}$ 的特征值 λ_i。

（3）两个相似矩阵具有完全相同的特征值。

（4）若 $\boldsymbol{A}$ 的特征值各不相同，则一定可以找到一个相似的对角矩阵 $\boldsymbol{D}$，即 $\boldsymbol{S}^{-1}\boldsymbol{A}\boldsymbol{S}=\boldsymbol{D}$，其对角元素即是矩阵 $\boldsymbol{A}$ 的特征值。

（5）$n\times n$ 矩阵 $\boldsymbol{A}$ 与对角矩阵相似的充分必要条件是：矩阵 $\boldsymbol{A}$ 的 n 个特征向量线性无关。

（6）相似矩阵的幂性质：相似矩阵 $\boldsymbol{B}=\boldsymbol{S}^{-1}\boldsymbol{A}\boldsymbol{S}$ 意味着 $\boldsymbol{B}^2=\boldsymbol{S}^{-1}\boldsymbol{A}\boldsymbol{S}\boldsymbol{S}^{-1}\boldsymbol{A}\boldsymbol{S}=\boldsymbol{S}^{-1}\boldsymbol{A}^2\boldsymbol{S}$，从而有 $\boldsymbol{B}^k=\boldsymbol{S}^{-1}\boldsymbol{A}^k\boldsymbol{S}$，即：若 $\boldsymbol{B}\sim\boldsymbol{A}$，则 $\boldsymbol{B}^k\sim\boldsymbol{A}^k$。

（7）若矩阵 $\boldsymbol{B}=\boldsymbol{S}^{-1}\boldsymbol{A}\boldsymbol{S}$ 和 $\boldsymbol{A}$ 均可逆，则 $\boldsymbol{B}^{-1}=\boldsymbol{S}^{-1}\boldsymbol{A}^{-1}\boldsymbol{S}$，即当两个矩阵相似时，它们的逆矩阵也相似。

定理 2.1.12　令 $\boldsymbol{A}$，$\boldsymbol{B}\in\boldsymbol{K}^{n\times n}$，若 $\boldsymbol{B}$ 与 $\boldsymbol{A}$ 相似，则 $\boldsymbol{A}$ 与 $\boldsymbol{B}$ 的行列式相等，且有相同的迹，即 $\det\boldsymbol{B}=\det\boldsymbol{A}$，$\mathrm{tr}(\boldsymbol{B})=\mathrm{tr}(\boldsymbol{A})$。

注意，一个方阵 $\boldsymbol{A}$ 的主对角线元素之和，称为矩阵的迹，记作 $\mathrm{tr}(\boldsymbol{A})=\sum_{i=1}^{n}a_{ii}$；矩阵迹的性质将在后面详细介绍。

定义 2.1.29　设矩阵 $\boldsymbol{A}$，$\boldsymbol{B}\in\boldsymbol{K}^{m\times n}$，如果 $\boldsymbol{A}$ 经过一系列初等行变换和初等列变换能变成矩阵 $\boldsymbol{B}$，那么称矩阵 $\boldsymbol{A}$ 与 $\boldsymbol{B}$ 相抵，即 $\boldsymbol{A}$ 相抵于 $\boldsymbol{B}$。

上面的定义实际上表达的是，存在很多初等矩阵 $\boldsymbol{P}_1$，$\boldsymbol{P}_2$，…，$\boldsymbol{P}_s$ 及 $\boldsymbol{Q}_1$，$\boldsymbol{Q}_2$，…，$\boldsymbol{Q}_t$ 使得 $\boldsymbol{P}_1\boldsymbol{P}_2\cdots\boldsymbol{P}_s\boldsymbol{A}\boldsymbol{Q}_1\boldsymbol{Q}_2\cdots\boldsymbol{Q}_t=\boldsymbol{B}$；由于 $\boldsymbol{P}_1$，$\boldsymbol{P}_2$，…$\boldsymbol{P}_s$ 相乘可得到一个可逆矩阵 $\boldsymbol{P}$，而 $\boldsymbol{Q}_1$，$\boldsymbol{Q}_2$，…，$\boldsymbol{Q}_t$ 相乘可得到一个可逆矩阵 $\boldsymbol{Q}$，从而有 $\boldsymbol{P}\boldsymbol{A}\boldsymbol{Q}=\boldsymbol{B}$。可见，如果一个矩阵 $\boldsymbol{A}$ 分别左乘和右乘一个可逆矩阵（左乘与右乘矩阵可不同或相同）后得到矩阵 $\boldsymbol{B}$，则 $\boldsymbol{A}$ 与 $\boldsymbol{B}$ 相抵。

定理 2.1.13　设矩阵 $\boldsymbol{A}\in\boldsymbol{K}^{m\times n}$ 的秩为 r（$r>0$），那么 $\boldsymbol{A}$ 相抵于矩阵 $\begin{pmatrix}\boldsymbol{I}_r & \boldsymbol{0}\\ \boldsymbol{0} & \boldsymbol{0}\end{pmatrix}$；称 $\begin{pmatrix}\boldsymbol{I}_r & \boldsymbol{0}\\ \boldsymbol{0} & \boldsymbol{0}\end{pmatrix}$ 为 $\boldsymbol{A}$ 的相抵标准型。

当 $r=0$ 时，$\boldsymbol{A}$ 相抵于零矩阵。

上面的定理实际上表达的是：任何一个矩阵经过初等变换都可以变成其相抵标准型。

定理 2.1.14　矩阵 $\boldsymbol{A}$，$\boldsymbol{B}\in\boldsymbol{K}^{m\times n}$，则 $\boldsymbol{A}$ 与 $\boldsymbol{B}$ 相抵当且仅当它们的秩相等。

由上面的矩阵相抵定义及相抵的两个定理，可得到一个如下推论：

推论 2.1.5 矩阵 $\boldsymbol{A}\in\boldsymbol{K}^{m\times n}$ 的秩为 r（$r>0$），则存在可逆矩阵 $\boldsymbol{P}$，$\boldsymbol{Q}$，使得

$$\boldsymbol{A}=\boldsymbol{P}\begin{pmatrix}\boldsymbol{I}_r & \boldsymbol{0}\\ \boldsymbol{0} & \boldsymbol{0}\end{pmatrix}\boldsymbol{Q} \tag{2.1-10}$$

2.1.10 矩阵的迹

在机器学习中也经常需要对矩阵的迹进行运算。

定义 2.1.30 设矩阵 $\boldsymbol{A}\in\boldsymbol{K}^{n\times n}$，将 $\boldsymbol{A}$ 的主对角线上各个元素 $a_{ii}(i=1,2,\cdots,n)$ 的和称为矩阵的 $\boldsymbol{A}$ 迹，记为 $\mathrm{tr}(\boldsymbol{A})$，$\mathrm{tr}(\boldsymbol{A})=\sum\limits_{i=1}^{n}a_{ii}$。

性质 2.1.9 迹的性质：

(1) $\mathrm{tr}(\boldsymbol{A})=\mathrm{tr}(\boldsymbol{A}^{\mathrm{T}})$。

(2) $\mathrm{tr}(\boldsymbol{A}+\boldsymbol{B})=\mathrm{tr}(\boldsymbol{A})+\mathrm{tr}(\boldsymbol{B})$。

(3) $\mathrm{tr}(k\boldsymbol{A})=k\cdot\mathrm{tr}(\boldsymbol{A})$。

(4) $\mathrm{tr}(a)=a$，a 为标量。

(5) $\mathrm{tr}(\boldsymbol{p}\boldsymbol{q}^{\mathrm{T}})=\boldsymbol{p}^{\mathrm{T}}\boldsymbol{q}$，$\boldsymbol{p}$ 和 $\boldsymbol{q}$ 均为列向量。

(6) $\mathrm{tr}(\boldsymbol{A}_{m\times n}\boldsymbol{B}_{n\times m})=\mathrm{tr}(\boldsymbol{B}_{n\times m}\boldsymbol{A}_{m\times n})$。

矩阵的上述 6 个性质中，(1)、(2) 和 (4) 是显然的，(3) 也可由 (2) 简单推导出；下面将对性质 (5) 和 (6) 进行证明。

以下为性质 (5) 的证明：

证 设有两个列向量 $\boldsymbol{p}=(p_1,p_2,\cdots,p_n)^{\mathrm{T}}$ 和 $\boldsymbol{q}=(q_1,q_2,\cdots,q_n)^{\mathrm{T}}$，则

$$\mathrm{tr}(\boldsymbol{p}\boldsymbol{q}^{\mathrm{T}})=\mathrm{tr}\left(\begin{pmatrix}p_1\\ \vdots\\ p_n\end{pmatrix}(q_1\ \cdots\ q_n)\right)=\mathrm{tr}\left(\begin{pmatrix}p_1q_1 & \cdots & p_1q_n\\ \vdots & & \vdots\\ p_nq_1 & \cdots & p_nq_n\end{pmatrix}\right)=\sum_{i=1}^{n}p_iq_i$$

而 $\boldsymbol{p}^{\mathrm{T}}\boldsymbol{q}=(p_1\ \cdots\ p_n)\begin{pmatrix}q_1\\ \vdots\\ q_n\end{pmatrix}=\sum\limits_{i=1}^{n}p_iq_i$

从而可得：$\mathrm{tr}(\boldsymbol{p}\boldsymbol{q}^{\mathrm{T}})=\boldsymbol{p}^{\mathrm{T}}\boldsymbol{q}$，证毕。

以下为性质 (6) 的证明：

证 设有矩阵 $\boldsymbol{A}_{m\times n}$ 和 $\boldsymbol{B}_{n\times m}$，令 $\boldsymbol{C}_{m\times m}=\boldsymbol{A}_{m\times n}\boldsymbol{B}_{n\times m}$ 及 $\boldsymbol{D}_{n\times n}=\boldsymbol{B}_{n\times m}\boldsymbol{A}_{m\times n}$，则

$$\boldsymbol{C}_{m\times m}=\boldsymbol{A}_{m\times n}\boldsymbol{B}_{n\times m}=\begin{pmatrix}a_{11} & \cdots & a_{1n}\\ \vdots & & \vdots\\ a_{m1} & \cdots & a_{mn}\end{pmatrix}\begin{pmatrix}b_{11} & \cdots & b_{1m}\\ \vdots & & \vdots\\ b_{n1} & \cdots & b_{nm}\end{pmatrix}=\begin{pmatrix}\sum\limits_{j=1}^{n}a_{1j}b_{j1} & \cdots & \sum\limits_{j=1}^{n}a_{1j}b_{jm}\\ \vdots & & \vdots\\ \sum\limits_{j=1}^{n}a_{mj}b_{j1} & \cdots & \sum\limits_{j=1}^{n}a_{mj}b_{jm}\end{pmatrix}$$

$$\boldsymbol{D}_{m\times m}=\boldsymbol{B}_{n\times m}\boldsymbol{A}_{m\times n}=\begin{pmatrix}b_{11} & \cdots & b_{1m}\\ \vdots & & \vdots\\ b_{n1} & \cdots & b_{nm}\end{pmatrix}\begin{pmatrix}a_{11} & \cdots & a_{1n}\\ \vdots & & \vdots\\ a_{m1} & \cdots & a_{mn}\end{pmatrix}=\begin{pmatrix}\sum\limits_{i=1}^{m}b_{1i}a_{i1} & \cdots & \sum\limits_{i=1}^{m}b_{1i}a_{in}\\ \vdots & & \vdots\\ \sum\limits_{i=1}^{m}b_{ni}a_{i1} & \cdots & \sum\limits_{i=1}^{m}b_{ni}a_{in}\end{pmatrix}$$

即有

$$\mathrm{tr}(\boldsymbol{AB})=\mathrm{tr}(\boldsymbol{C})=\sum_{i=1}^{m}c_{ii}=\sum_{i=1}^{m}\sum_{j=1}^{n}a_{ij}b_{ji}$$

$$\mathrm{tr}(\boldsymbol{BA})=\mathrm{tr}(\boldsymbol{D})=\sum_{i=1}^{n}d_{ii}=\sum_{j=1}^{n}\sum_{i=1}^{m}b_{ji}a_{ij}$$

由于累加符号 $\sum_{j=1}^{n}$ 与 $\sum_{i=1}^{m}$ 可互换位置，可得

$$\mathrm{tr}(\boldsymbol{AB})=\sum_{i=1}^{m}\sum_{j=1}^{n}a_{ij}b_{ji}=\sum_{i=1}^{m}\sum_{j=1}^{n}b_{ji}a_{ij}=\sum_{j=1}^{n}\sum_{i=1}^{m}b_{ji}a_{ij}=\mathrm{tr}(\boldsymbol{BA})$$

证毕。

推论 2.1.6　$(\boldsymbol{e}^{\mathrm{T}}\boldsymbol{x})^2=\boldsymbol{e}^{\mathrm{T}}\boldsymbol{x}\boldsymbol{x}^{\mathrm{T}}\boldsymbol{e}$， $\boldsymbol{e}$ 为单位列向量，$\boldsymbol{x}$ 为列向量。

证　设有列向量 $\boldsymbol{e}=(e_1, e_2, \cdots, e_n)^{\mathrm{T}}$，$\boldsymbol{x}=(x_1, x_2, \cdots, x_n)^{\mathrm{T}}$

则 $\boldsymbol{e}^{\mathrm{T}}\boldsymbol{x}$ 为一个标量，$(\boldsymbol{e}^{\mathrm{T}}\boldsymbol{x})^2$ 也是标量。

而 $\boldsymbol{x}^{\mathrm{T}}\boldsymbol{e}$ 也是一个标量，且 $\boldsymbol{x}^{\mathrm{T}}\boldsymbol{e}=(\boldsymbol{e}^{\mathrm{T}}\boldsymbol{x})^{\mathrm{T}}$，$\boldsymbol{x}^{\mathrm{T}}\boldsymbol{e}=\boldsymbol{e}^{\mathrm{T}}\boldsymbol{x}$

可得 $(\boldsymbol{e}^{\mathrm{T}}\boldsymbol{x})^{\mathrm{T}}=\boldsymbol{e}^{\mathrm{T}}\boldsymbol{x}$， 从而可得

$$(\boldsymbol{e}^{\mathrm{T}}\boldsymbol{x})^2=\mathrm{tr}((\boldsymbol{e}^{\mathrm{T}}\boldsymbol{x})^2)=\mathrm{tr}((\boldsymbol{e}^{\mathrm{T}}\boldsymbol{x})^{\mathrm{T}}(\boldsymbol{e}^{\mathrm{T}}\boldsymbol{x}))=(\boldsymbol{e}^{\mathrm{T}}\boldsymbol{x})(\boldsymbol{e}^{\mathrm{T}}\boldsymbol{x})^{\mathrm{T}}=\boldsymbol{e}^{\mathrm{T}}\boldsymbol{x}\boldsymbol{x}^{\mathrm{T}}\boldsymbol{e}$$

2.1.11　向量与矩阵的综合理解

本节前面已经介绍了向量和矩阵及其运算规则，但涉及的概念很多，需要通过大量的学习和应用才能较好地整体理解。为加强读者的理解，此处进行一些通俗化的解释，并将解释跟解析几何联系起来，以争取为读者建立一个整体概念。

向量之间的运算、向量与矩阵之间的运算、矩阵之间的运算，都是在某个特定的空间内进行，或者是在不同的特定空间内变换。其实在一个运算中，很多时候不用指出来是在哪个空间内进行，因为一旦问题能够进行运算，那基本上这个运算是在哪些空间内进行的就确定了，进行运算的人也会清楚是在哪个空间内进行运算；即使不清楚，有时候也能进行正确运算，因为运算的人实际上就是按照某个具体空间的默认规则执行计算。

1. 向量、线性空间、基的关系

线性空间就是一个对象集合，里面的对象都可表达为向量，每个向量也可称为一个空间内的元素；每个向量其实就是一个数组，如 $(1, 3, 5, 0)^{\mathrm{T}}$， 数组里面的每个元素就是一个数，可以是实数或者复数，数组中的元素数量就是向量的维数。一个线性空间中一般包括很多个极大线性无关向量组，每个极大线性无关向量组中包含的向量个数相同，每个极大线性无关向量组都是线性空间的一个基，基中包含的向量个数就是这个线性空间的维数。一个线性空间，一定可以找出来至少一个基，也就是一组向量，这组向量是一个空间的子集合；空间内的任意向量都可以被任意一个基所含的向量唯一线性表示出来，也就是基所含的向量可唯一线性组合出空间内的任意向量。可见，基的功能非常强大，可以代表整个空间进行很多运算。既然基这么强大，一定是这组向量有什么特殊功能或能力。

可以把一支军队类比为一个线性空间，军队里面的每个士兵就是一个向量；军队里面的班、排、连、营等建制团队就是一些不同类型的子集合。但军队里面有一种特殊的子集合，这些子集合内可能人数很少，但是功能性无可替代，如特种兵小组或侦察班等。特种

兵小组的特点与其他一般的班或排等团队有明显的不同。一般的班或排中，很多士兵在战斗中的作用相同，如有几个人或很多人都作为步枪手，步枪手之间可以没有明显的特长区别。而特种兵小组里面的成员，就没有重复功能，而且都要有明显的特长区别，如在战斗功能上可分为指挥官、机枪手、步枪手、爆破手、通信员、卫生员等，同时又要求小组成员有不同的特长，如枪械和设备修理、良好的协调沟通能力、写作能力、全面思考能力、冒险精神等；这就使得每个小组成员在功能、特长甚至性格上差异很大，每个成员都无可替代；我们在影视作品中看到的特种部队小组一般都是这种特点。这种小组，按功能进行人员扩充，基本都可以扩编为一个排或连等人员更多的建制单位。

可以把线性空间的一个基类比为军队里面的一个特种兵小组，基中的每一个向量互相之间都完全不同，都不可替代，也就是对于基内的任一向量，其他基内向量怎样组合都不能表示这一向量，也就是线性无关；这是基的第一个重要特点。另外，将基内的向量进行线性组合，可以表示出空间内的任意向量，也就是相当于将特种兵的成员复制很多并重新组合后可以组成一支完整军队，这就是基的另外一个特点，所以基经常可以代表整个空间进行运算。一个 n 维线性空间中，空间的某个基所含向量的个数为 n 个；这就相当于一个部队中士兵有很多，但士兵的类型只有 n 种，那么挑出来 n 个优秀士兵就能够组成一个成员类型全面的特种兵小组。一个线性空间中可能包括不止一个基，相当于一个军队里面可以组织出不止一个特种兵小组。

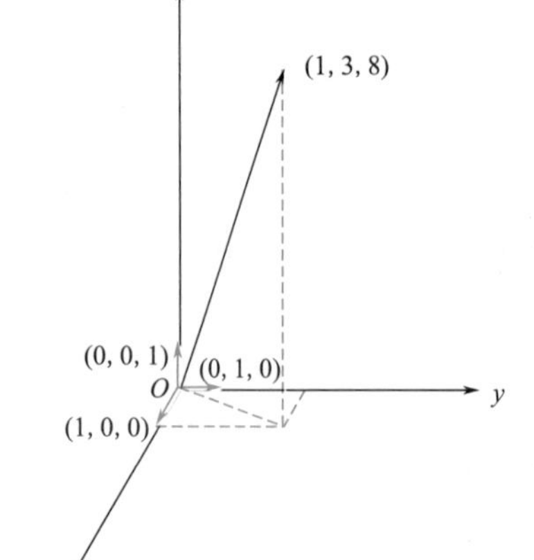

图 2.1-5　三维向量在不同基底下的表示（1）

对于一个线性空间，里面的向量可以采用不同的坐标系来表示，而每个基实际上就是一个坐标系，基里面的每个向量代表一个坐标系的一根坐标轴，其中向量的方向就是坐标轴的方向，而向量的长度（模）就是坐标轴的度量刻度。以我们生活的三维空间为例，采用（1，0，0）、（0，1，0）、（0，0，1）这三个向量组成的基，可以组成一个三维坐标系（x，y，z），三个向量分别代表 x、y、z 三个坐标轴，坐标轴的刻度为 1，简称这个基为 $\boldsymbol{e}$；用 $\boldsymbol{e}$ 可表示出任意一个向量，如（1，3，8），见图 2.1-5，其表示公式为：

$$(1,3,8)=1\times(1,0,0)+3\times(0,1,0)+8\times(0,0,1) \tag{a}$$

上式中的等号右侧三个括号左边分别乘系数，构成一个三元有序数组（1，3，8），这个数组就是向量（1，3，8）在这个基下的坐标。三维空间中还存在别的基，如（1，0，0）、（0，3，0）、（0，0，4），这个基所代表坐标系的坐标轴方向跟上面的基相同，但 y 轴的刻度由 1 变成了 3，且 z 轴的刻度由 1 变成了 4，简称这个基为 $\boldsymbol{l}$。用 $\boldsymbol{l}$ 也可表示向量（1，3，8），见图 2.1-6，其表示公式为：

$$(1,3,8)=1\times(1,0,0)+1\times(0,3,0)+2\times(0,0,4) \tag{b}$$

则上式中的三元有序数组（1，1，2），就是向量（1，3，8）在新的坐标系下的坐标；只不过 $\boldsymbol{e}$ 是一个自然基，每个坐标轴的刻度都是 1，则 3 个坐标值就恰好等于被表示向量的 3 个元素数值，这是一个特例。这里举例的两个基，其所代表坐标系中的三个坐标轴互相垂直，这也是一种特例；实际空间中，每个基中的向量（基向量）不一定互相垂直，也不一定基向量中只有一个元素数值为非零；由三维空间拓展到 n 维空间中也如此。

向量的维度，是向量中元素的数量；空间的维度，是空间的基中向量的数量，也就是基所代表坐标系的坐标轴根数。向量的维度与空间的维度不一定相等；但我们面临的问题中，很多都是向量的维度与空间的维度相同，如我们日常生活的三维空间。

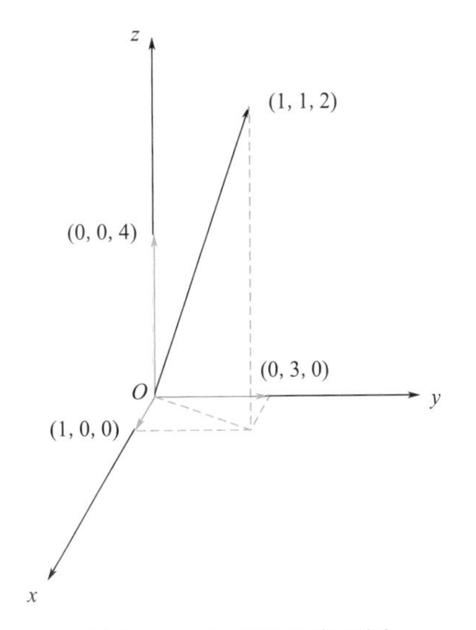

图 2.1-6　三维向量在不同基底下的表示（2）

2. 矩阵与向量的乘法

矩阵与向量相乘，可表达如下：

$$\boldsymbol{A}\boldsymbol{x}=\boldsymbol{y} \tag{c}$$

上式实际上反映了一种线性变换，是将向量 $\boldsymbol{x}$ 右乘矩阵 $\boldsymbol{A}$ 后，向量 $\boldsymbol{x}$ 瞬时就变成了向量 $\boldsymbol{y}$，也就是一个向量在经过与矩阵的相乘后，无任何时间间隔，就立即变成了另外一个向量；当然如果相乘的是单位阵，向量变成的是它自己。线性变换的定义很简洁：设有一种变换 $\boldsymbol{T}$，使得对于线性空间 $\boldsymbol{V}$ 中任何两个对象 $\boldsymbol{x}$ 和 $\boldsymbol{y}$，以及任意实数 a 和 b，都有 $\boldsymbol{T}(a\boldsymbol{x}+b\boldsymbol{y})=a\boldsymbol{T}(\boldsymbol{x})+b\boldsymbol{T}(\boldsymbol{y})$，那么就称 $\boldsymbol{T}$ 为线性变换。

在将一个向量进行线性变换的运算中，最常用的变换方式是右乘一个方阵，则先以右乘方阵工况进行解释。

某线性变换的计算过程如下：

$$\begin{pmatrix}0.5 & 0 & 0.1\\0 & 3 & 0\\0 & 0 & -1\end{pmatrix}\begin{pmatrix}2\\6\\3\end{pmatrix}=\begin{pmatrix}1.3\\18\\-3\end{pmatrix} \tag{d}$$

上式中，相当于把向量 $(2,\ 6,\ 3)^{\mathrm{T}}$ 变换为向量 $(1.3,\ 18,\ -3)^{\mathrm{T}}$，里面每个元素都进行了缩放，即有可能把向量里面的每个元素变大、变小或变正负号，则整个向量的模可能会变大或变小，向量的方向也可能发生变化；也就是经过线性变换后，向量的大小可能会发生变化，向量也可能会发生旋转。

矩阵与向量相乘，也可以用于求解 $\boldsymbol{A}\boldsymbol{x}=\boldsymbol{b}$ 的线性方程组，其中 $\boldsymbol{A}$ 就是方程组的未知数系数矩阵，$\boldsymbol{x}$ 就是需要求解的未知数向量，$\boldsymbol{b}$ 就是方程组的右侧常数向量。一般情况下，求解线性方程组最想得到的就是唯一解，这样就对矩阵 $\boldsymbol{A}$ 提出了三个要求：

（1）方程的数量（$\boldsymbol{A}$ 的行数）不能少于未知数个数（$\boldsymbol{x}$ 的维度），否则就是条件不足，即使得到解，也不是唯一解，而是通解，也就是有无数多种解；这种情况就是已知条件数量不够，条件对解的约束不够强，导致有很多种解。

（2）方程的数量不能多于未知数的个数，否则就很可能得不到任何解；这种情况就是已知条件太多，条件对解的约束太强，导致没有能够同时符合所有条件的解。当然这种情况也有例外，就是未知数系数矩阵的秩恰好等于未知数的数量，且未知数系数矩阵的秩等于其增广矩阵（将等式右边的常数向量增广到系数矩阵中）的秩，则方程有唯一解。

(3) 即使方程的数量恰好等于未知数的个数，即矩阵 $\boldsymbol{A}$ 为方阵，其行数和列数均与未知数向量的维度（未知数个数）相同，也必须要求 $\boldsymbol{A}$ 存在逆矩阵 $\boldsymbol{A}^{-1}$，即相当于要求下面的等价条件：① $\boldsymbol{A}$ 的行列式非 0，② $\boldsymbol{A}$ 为非奇异矩阵，③ $\boldsymbol{A}$ 的列（行）向量线性无关，④ $\boldsymbol{A}$ 的所有列（行）向量组成一个线性空间的基（空间维度等于未知数的数量）。如果 $\boldsymbol{A}$ 不可逆，则由初等行变换之后，矩阵存在零行（元素都为 0 的行），此时有效的方程数少于未知数的个数，从而有无穷多解，举例如下[4]：

考查线性方程组及其增广矩阵

$$\begin{cases}2x_1+2x_2-x_3=1\\-2x_1-2x_2+4x_3=1\\2x_1+2x_2+5x_3=5\\-2x_1-2x_2-2x_3=-3\end{cases}$$

和

$$\boldsymbol{B}=\begin{pmatrix}2&2&-1&1\\-2&-2&4&1\\2&2&5&5\\-2&-2&-2&-3\end{pmatrix}$$

第 1 行元素乘以 1/2，使第 1 个元素为 1

$$\begin{pmatrix}2&2&-1&1\\-2&-2&4&1\\2&2&5&5\\-2&-2&-2&-3\end{pmatrix}\to\begin{pmatrix}1&1&-1/2&1/2\\-2&-2&4&1\\2&2&5&5\\-2&-2&-2&-3\end{pmatrix}$$

利用初等行变换，使第 2～4 行的第 1 个元素都变为 0

$$\begin{pmatrix}1&1&-1/2&1/2\\-2&-2&4&1\\2&2&5&5\\-2&-2&-2&-3\end{pmatrix}\to\begin{pmatrix}1&1&-1/2&1/2\\0&0&1&2/3\\0&0&6&4\\0&0&-3&-2\end{pmatrix}$$

利用初等行变换，使第 2 行首项元素 1 的上边和下边的元素都变为 0，得到

$$\begin{pmatrix}1&1&-1/2&1/2\\0&0&1&2/3\\0&0&6&4\\0&0&-3&-2\end{pmatrix}\to\begin{pmatrix}1&1&-1/2&1/2\\0&0&1&2/3\\0&0&0&0\\0&0&0&0\end{pmatrix}$$

对应的线性方程组为 $x_1+x_2=\dfrac{5}{6}$ 和 $x_3=\dfrac{2}{3}$。该方程组有无穷多组解，其通解为 $x_1=\dfrac{5}{6}-x_2$，$x_3=\dfrac{2}{3}$。若 $x_2=1$，则得一特解为 $x_1=-\dfrac{1}{6}$，$x_2=1$ 和 $x_3=\dfrac{2}{3}$。

此例说明，在不能得到唯一解的情况下，可以得到通解，也就是无穷多解。

在实际生活中，求解方程组的唯一解，可类比一个公司招聘人员。公司仅招聘一个人员时，如果设置的条件太少，就会有很多应聘者符合条件，很难筛选出唯一的人员；如果设置的条件太多，即使很多人应聘，也可能连一个符合条件的人员都筛选不出来；只有设

置的条件数量比较恰当时，才能够挑选出相对较适合的员工，这样的员工数量不会多，但也不会一个都找不到。

由上面的论述可见，将向量右乘一个矩阵 $\boldsymbol{A}$，实际上是将一个向量 $\boldsymbol{x}$ 进行了一次线性变换 $\boldsymbol{T}$ 得到了向量 $\boldsymbol{y}$，这个矩阵 $\boldsymbol{A}$ 实际上是代表了线性变换 $\boldsymbol{T}$ 的一条路径。在数学上，一个线性变换的路径并不一定唯一，有可能有别的路径，即：

$$\boldsymbol{QBQ}^{-1}\boldsymbol{x}=\boldsymbol{y} \tag{e}$$

上式中的 $\boldsymbol{x}$、$\boldsymbol{y}$ 与本节式（c）中相同，也就是这个线性变换得到的结果相同，但式（c）的变换路径为 $\boldsymbol{A}$，而式（e）的变换路径为 $\boldsymbol{QBQ}^{-1}$，其中 $\boldsymbol{B}=\boldsymbol{Q}^{-1}\boldsymbol{AQ}$。可见，同一个线性变换 $\boldsymbol{T}$，可能有不同的路径，而代表不同路径的变换矩阵之间从直觉上可能有某种联系，这种联系就是矩阵相似，即 $\boldsymbol{B}=\boldsymbol{Q}^{-1}\boldsymbol{AQ}$，其中 $\boldsymbol{Q}$ 为可逆矩阵。这相当于将 $\boldsymbol{Ax}=\boldsymbol{y}$ 这一运算变成了 $\boldsymbol{BQ}^{-1}\boldsymbol{x}=\boldsymbol{Q}^{-1}\boldsymbol{y}$，即用 $\boldsymbol{Q}^{-1}\boldsymbol{x}$ 和 $\boldsymbol{Q}^{-1}\boldsymbol{y}$ 分别代替了 $\boldsymbol{x}$ 和 $\boldsymbol{y}$。可见，所谓矩阵相似，其实就是同一个线性变换的不同路径实现，也可以表达为通过不同的矩阵对同一个线性变换的不同描述。这也是为什么很多运算中要求采用相似矩阵进行变换，因为只有采用相似矩阵进行变换，才能保证变换后的结果一致性。而采用某一个矩阵进行线性变换时，可能常存在计算量大或者计算不方便等问题，如果采用这个矩阵的某个相似矩阵进行线性变换，则可能计算量更小或计算更方便，而变换的结果不变，此时就可考虑采用相似矩阵进行变换。

将一个向量右乘一个非方阵矩阵，相当于对一个向量进行了降维或者升维变换，如变换

$$\begin{pmatrix}1 & 2 & 1\\3 & 1 & 2\end{pmatrix}\begin{pmatrix}3\\1\\4\end{pmatrix}=\begin{pmatrix}9\\18\end{pmatrix} \tag{f}$$

就是把一个三维向量变换成了二维向量；而变换

$$\begin{pmatrix}1 & 1\\2 & 3\\1 & 2\end{pmatrix}\begin{pmatrix}2\\3\end{pmatrix}=\begin{pmatrix}5\\13\\5\end{pmatrix} \tag{g}$$

就是把一个二维向量变换成了三维向量。可见，通过右乘一个矩阵的线性变换操作，不但可以在向量所在空间内进行变换，而且可以在不同的空间内进行变换。当被乘矩阵的行数小于向量的维数时，向量被降维；当被乘矩阵的行数大于向量的维数时，向量被升维；而当被乘矩阵为方阵时，变换后向量维度不变。当然，所有的变换都要满足矩阵与向量相乘的可运算要求，即被乘矩阵的列数要等于向量的维度。改变数据的维度，是数据处理中常用的方法。

3. 矩阵、基、坐标系的关系

一个矩阵是由一个或多个行（列）向量组成的，如一个 m 行 n 列的矩阵，可以视为由 m 个行向量或 n 个列向量组成的矩阵。此处先讨论非奇异方阵情况，因为实际应用中采用非奇异方阵进行计算的情况经常是最有效的计算，而且采用非奇异方阵进行讨论也有利于加强理解。

一个 n 阶非奇异方阵，可以看作是由 n 个线性无关的 n 维向量组成的向量组，那么这个向量组其实就是 n 维空间里面的一个基，当基内的向量互相垂直时为正交基，当正交基

内向量的模均为 1 时为标准正交基，而当标准正交基内向量所含元素只有一个为 1 而其他为 0 时为自然基。一个基就代表一个坐标系，采用这个坐标系就可唯一线性表示出基所在线性空间的所有向量；而基内的每个向量都代表一根坐标轴，坐标轴的方向就是这个向量的方向，而坐标轴的刻度大小就是这个向量的模（长度）。一个 n 维线性空间里面可以含有很多个基，也就是可以用很多种不同的坐标系来表示线性空间里面的任意向量。可见，一个 n 阶非奇异方阵，其实可看成是一个 n 维线性空间中的坐标系。

一个向量右乘一个 n 阶非奇异方阵进行线性变换后，不会改变向量的维度，也就是在同一个线性空间里面的线性变换。这种线性变换，可以从两个视角进行理解：

（1）通过移动进行线性变换，即把一个向量移动到共原点的另一个向量（缩放和旋转，缩放包括拉伸和压缩，而向量反向缩放实际上是旋转至反向后再缩放），且移动后向量的方向和模都可能发生变化，也就是向量同时进行了缩放和旋转；

（2）通过改变坐标系进行线性变换，向量是客观存在的，不会被改变，但是用来表示向量的坐标系发生改变了，则向量的表现形式发生了改变。

可见，通过移动进行线性变换实际上等同于通过坐标系改变进行线性变换，只是理解的角度不同。

需要特别注意的是，线性变换过程中，坐标原点永远不变，这是由线性变换的基本数学规则所决定；因为坐标原点是一个为 $\mathbf{0}$ 的向量，而 $\boldsymbol{A}\mathbf{0}=\mathbf{0}$，也就是采用任何矩阵对坐标原点进行线性变换，坐标原点都不发生变化。可见在矩阵分析中，向量不能平移，也就是向量的出发点都是原点，出发点不可改变。

矩阵与向量的相乘，实际上可理解为向量是在哪个坐标系下表示的问题，如式（c）

$$\boldsymbol{A}\boldsymbol{x}=\boldsymbol{y}$$

因为单位阵 $\boldsymbol{I}$ 乘任何矩阵或向量后都不会造成矩阵或向量的改变，所以上式也等同于

$$\boldsymbol{A}\boldsymbol{x}=\boldsymbol{I}\boldsymbol{y} \tag{h}$$

从改变坐标系的角度理解，上式就相当于这样一种描述：有一个客观存在的向量，在方阵 $\boldsymbol{A}$ 所代表的坐标系中表现形式为 $\boldsymbol{x}$，而在单位方阵 $\boldsymbol{I}$ 所代表的自然基坐标系中表现为形式 $\boldsymbol{y}$。也可以认为，向量用矩阵 $\boldsymbol{A}$ 去度量，表现形式就是 $\boldsymbol{x}$，而用矩阵 $\boldsymbol{I}$ 去度量，表现形式就是 $\boldsymbol{y}$。因为 $\boldsymbol{A}$ 非奇异，则式（h）也可变化如下：

$$\boldsymbol{I}\boldsymbol{x}=\boldsymbol{A}^{-1}\boldsymbol{y} \tag{i}$$

上式的运算，相当于对度量的坐标系进行了变换，在等号两端同时在左侧乘上 $\boldsymbol{A}$ 的逆阵，就把左端的度量矩阵由 $\boldsymbol{A}$ 变换成了 $\boldsymbol{I}$，而右端的度量矩阵由 $\boldsymbol{I}$ 变成了 $\boldsymbol{A}^{-1}$。

由式（h）和式（i）可见，如果矩阵 $\boldsymbol{A}$ 非奇异，则这种变换可进行一一对应的逆运算，即通过变换后的结果 $\boldsymbol{y}$ 还能反向计算出 $\boldsymbol{x}$。如果 $\boldsymbol{A}$ 为奇异矩阵（非方阵），则这种变换不可能进行一一对应的逆运算，也就是在式（h）中，可以通过将向量 $\boldsymbol{x}$ 右乘矩阵 $\boldsymbol{A}$ 求得唯一的向量 $\boldsymbol{y}$，但不能由向量 $\boldsymbol{y}$ 反向求得一个唯一的向量 $\boldsymbol{x}$。这个原因可以理解为：如果矩阵 A 奇异，则这个描述变换的矩阵的所有列向量不能组成当前维度空间一个基，也就是这个矩阵的秩不等于向量的秩，相当于这个矩阵所包含的信息不完备，矩阵所代表的坐标系在某些维度上的信息缺失；用这个信息缺失的矩阵对一个向量进行线性变换，相当于把这个向量在某些维度上的信息丢失了；则根据变换后的结果向量，不可能通过逆向得到原向量的唯一解，而只能得到包含原向量的通解，而这个通解的数量是无穷多个。

上述矩阵与向量相乘的这种理解角度，也可以进一步推广到矩阵与矩阵的相乘，如矩阵相乘运算

$$\boldsymbol{M} \times \boldsymbol{N} = \boldsymbol{I} \times \boldsymbol{P} \tag{j}$$

也可从两个角度进行理解：

（1）从移动的角度看，矩阵 $\boldsymbol{N}$ 经过 $\boldsymbol{M}$ 的变换后，变成了矩阵 $\boldsymbol{P}$，其中矩阵 $\boldsymbol{N}$ 中的每一个列向量都被施加了 $\boldsymbol{M}$ 变换，从而被进行了缩放和旋转变换；

（2）从坐标系变化的角度看，就是矩阵 $\boldsymbol{N}$ 包含的这组向量，用 $\boldsymbol{M}$ 矩阵坐标系去度量，表现形式为 $\boldsymbol{N}$，而用 $\boldsymbol{I}$ 矩阵坐标系去度量，表现形式则为 $\boldsymbol{P}$。

可见，矩阵的乘法运算，就是一种线性变换，这种变换可以是在某一个线性空间内进行，也可以在不同的线性空间内进行。当变换在同一个线性空间内进行时，这种线性变换既可从对被变换向量或矩阵的移动这一角度进行理解，也可从被变换向量或矩阵在不同坐标系下的不同表现形式这一角度进行理解。

4. 特征值与特征向量的几何解释

由定义 2.1.27，特征值与特征向量在下式中表达：

$$\boldsymbol{A}\boldsymbol{x} = \lambda \boldsymbol{x} \tag{k}$$

我们在前面提到，矩阵与向量相乘，是对向量的一种线性变换，在几何上就是对向量进行缩放和旋转。但由运算（k）可见，有一类变换比较特殊，经过这类变换后，向量由 $\boldsymbol{x}$ 变成了 $\lambda\boldsymbol{x}$，也就是向量仅被缩放，没有被旋转。例如变换

$$\begin{pmatrix} 3 & 1 \\ 0 & 2 \end{pmatrix}\begin{pmatrix} -1 \\ 1 \end{pmatrix} = -1 \times \begin{pmatrix} 3 \\ 0 \end{pmatrix} + 1 \times \begin{pmatrix} 1 \\ 2 \end{pmatrix} = 2 \times \begin{pmatrix} -1 \\ 1 \end{pmatrix} \tag{l}$$

就是一个没有发生旋转的变换，向量被拉伸至原来的 2 倍，但方向没有发生变化（图 2.1-7），则这个矩阵的一个特征值就是 2，而这个向量就是矩阵的一个特征向量。一个矩阵的特征值和特征向量不一定唯一，也不一定在某个数域内存在，如有的矩阵就没有实数特征值，也就是在实数域内没有特征值。

而变换

$$\begin{pmatrix} 3 & 1 \\ 0 & 2 \end{pmatrix}\begin{pmatrix} 1 \\ 2 \end{pmatrix} = 1 \times \begin{pmatrix} 3 \\ 0 \end{pmatrix} + 2 \times \begin{pmatrix} 1 \\ 2 \end{pmatrix} = \begin{pmatrix} 5 \\ 4 \end{pmatrix} \tag{m}$$

就是既发生了缩放，也发生了旋转，向量不但被拉长了，而且还被旋转了角度，见图 2.1-7。

当特征值为负时，向量相当于被完全反向缩放（图 2.1-8），如

$$\begin{pmatrix} 0.5 & -1 \\ -1 & 0.5 \end{pmatrix}\begin{pmatrix} 1 \\ 1 \end{pmatrix} = 1 \times \begin{pmatrix} 0.5 \\ -1 \end{pmatrix} + 1 \times \begin{pmatrix} -1 \\ 0.5 \end{pmatrix} = -0.5 \times \begin{pmatrix} 1 \\ 1 \end{pmatrix} \tag{n}$$

就是把向量完全反向缩放，但是变换后得到的向量，仍然与原向量共线，也就是变换后得到的向量，仍然在原向量张成的一维线性空间内。

上面的运算（l）、（m）、（n），都是在二维平面内，这种理解也可以进一步推广到三维空间乃至 n 维空间中；线性变换在特征向量的方向上仅发生缩放，对应缩放的倍数就是特征值；特征向量的方向，就相当于一个对称轴，线性变换针对特征向量这个方向的向量进行变换时不发生任何旋转，而针对其他方向的向量进行变换时就发生旋转。

由特征值的定义 $\boldsymbol{A}\boldsymbol{x} = \lambda\boldsymbol{x}$ 可得

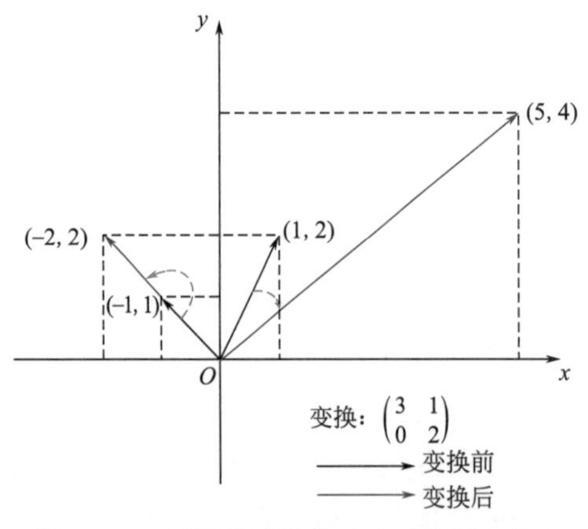

图 2.1-7　矩阵特征值为正时对特征向量与非特征向量的变换

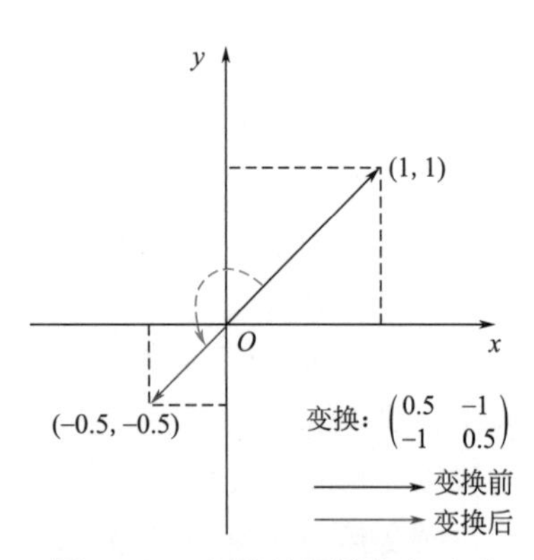

图 2.1-8　矩阵特征值为负时对特征向量的变换

$$(\boldsymbol{A}-\lambda \boldsymbol{I})\boldsymbol{x}=0 \tag{o}$$

上式的等号右端为 0 向量，则向量 $\boldsymbol{x}=0$ 是其中最显而易见的解，但是求特征向量实际上是要得到非零向量作为解，就是要求上式除了有 $\boldsymbol{x}=0$ 这个解还有别的解，即要求上式不能有唯一解，所以要求行列式为 0（即 $|\boldsymbol{A}-\lambda \boldsymbol{I}|=\boldsymbol{0}$）；这就是特征多项式的由来。

特征值和特征向量在工程计算中经常有很好的作用。在工程计算中，经常要计算一个 n 阶方阵 $\boldsymbol{A}$ 的 m 次方，也就是方幂 $\boldsymbol{A}^m$，但直接根据矩阵相乘的定义进行计算则计算量或计算难度过大。对角矩阵的方幂计算非常方便，如对角矩阵 $\boldsymbol{\Lambda}=\mathrm{diag}(d_1, d_2, \cdots, d_n)$ 的 m 次幂为 $\boldsymbol{\Lambda}^m=\mathrm{diag}(d_1^m, d_2^m, \cdots, d_n^m)$，其实就是将对角矩阵对角线元素取 m 次幂即可。可见，计算中如果能够将一般矩阵的方幂转化成对角矩阵的运算，则运算量和运算难度会显著降低。如果能够找到一个可逆矩阵 $\boldsymbol{P}$，使得 $\boldsymbol{A}=\boldsymbol{P\Lambda P}^{-1}$，则 $\boldsymbol{A}$ 的 m 次方幂计算为

$$\boldsymbol{A}^m=(\boldsymbol{P\Lambda P}^{-1})(\boldsymbol{P\Lambda P}^{-1})\cdots(\boldsymbol{P\Lambda P}^{-1})=\boldsymbol{P\Lambda\Lambda}\cdots\boldsymbol{\Lambda P}^{-1}=\boldsymbol{P\Lambda}^m\boldsymbol{P}^{-1} \tag{p}$$

则计算非常方便。式（p）的运算，实际上要求矩阵 $\boldsymbol{A}$ 相似于对角矩阵 $\boldsymbol{\Lambda}$，也就是矩阵 $\boldsymbol{A}$ 能够对角化。而 n 阶矩阵 $\boldsymbol{A}$ 能够对角化的充分必要条件是 $\boldsymbol{A}$ 有 n 个线性无关的特征向量 $\boldsymbol{x}_i(i=1, 2, \cdots, n)$，这些向量作为列向量就可组成运算（p）中的可逆矩阵 $\boldsymbol{P}$，即 $\boldsymbol{P}=(\boldsymbol{x}_1, \boldsymbol{x}_2, \cdots, \boldsymbol{x}_n)$ 且 $\boldsymbol{A}=\boldsymbol{P\Lambda P}^{-1}$ 中对角阵 $\boldsymbol{\Lambda}=\mathrm{diag}(\lambda_1, \lambda_2, \cdots, \lambda_n)$ 的 n 个元素 λ_i 分别是 $\boldsymbol{x}_i$ 对应的特征值；当然有的特征值是相同的，这是因为特征多项式求出来的特征值有可能为重根。

需要注意的是，一个 n 阶矩阵的同一个特征值存在线性无关的特征向量（数量等于其几何重数），从而张成了一个特征子空间；所有特征值对应的所有特征向量也线性无关。这些 n 阶矩阵的特征向量之所以被冠以“特征”的名称，就是因为它们之间线性无关，可以形成一个基并在很多方面能够代表这个 n 阶矩阵进行运算。

5. 相似矩阵的作用

前面曾介绍，如果一个矩阵 $\boldsymbol{A}$ 有相似矩阵 $\boldsymbol{B}$，那么在描述一个线性变换时，既可以采用矩阵 $\boldsymbol{A}$ 也可以采用矩阵 $\boldsymbol{B}$，哪个计算方便就采用哪个。之所以相似矩阵之间经常可以相互替代，因为它们之间的相同点，也就是相似不变量太多了，包括：

（1）相似的矩阵其行列式的值相同；

（2）相似的矩阵是否可逆这一特点相同，当它们可逆时其逆矩阵也相似；

（3）相似矩阵的秩相同；

（4）相似矩阵的迹相同；

（5）相似矩阵的特征多项式相同；

（6）相似矩阵的特征值相同，求解特征多项式时的特征根重数也相同。

既然相似矩阵之间有如此多的相同点，那么在进行线性变换、矩阵求逆、矩阵求秩和迹、矩阵求特征值和特征向量等方面可以互相替代，可见相似这个概念在矩阵运算中的功能非常强大。如果运算（p）中的可逆矩阵 $\boldsymbol{P}$ 同时还是一个正交矩阵，则称 $\boldsymbol{A}$ 正交相似于 $\boldsymbol{\Lambda}$；这种情况在 $\boldsymbol{A}$ 为实对称矩阵中可能会出现，则运算就更加方便。

下面将矩阵相似、特征值与特征向量、线性变换的几何意义等综合起来举一个运算例子，以加强理解。

根据本节前面的论述，如果矩阵 $\boldsymbol{A}$ 可对角化，则 $\boldsymbol{A}=\boldsymbol{P\Lambda P}^{-1}$；其中 $\boldsymbol{P}$ 为特征列向量组成的矩阵，则可以将 $\boldsymbol{P}$ 中所有的列向量单位化，使其模为 1，则对角矩阵 $\boldsymbol{\Lambda}$ 可相应变化，但 $\boldsymbol{P\Lambda P}^{-1}$ 的运算结果不变；以下式为例：

$$\boldsymbol{A}=\begin{pmatrix}2 & -1\\ -1 & 2\end{pmatrix}=\begin{pmatrix}\frac{\sqrt{2}}{2} & -\frac{\sqrt{2}}{2}\\ \frac{\sqrt{2}}{2} & \frac{\sqrt{2}}{2}\end{pmatrix}\begin{pmatrix}1 & 0\\ 0 & 3\end{pmatrix}\begin{pmatrix}\frac{\sqrt{2}}{2} & \frac{\sqrt{2}}{2}\\ -\frac{\sqrt{2}}{2} & \frac{\sqrt{2}}{2}\end{pmatrix} \tag{q}$$

上式中，$\boldsymbol{P}=\begin{pmatrix}\frac{\sqrt{2}}{2} & -\frac{\sqrt{2}}{2}\\ \frac{\sqrt{2}}{2} & \frac{\sqrt{2}}{2}\end{pmatrix}$ 为列向量单位化的正交矩阵，对角矩阵 $\boldsymbol{\Lambda}=\begin{pmatrix}1 & 0\\ 0 & 3\end{pmatrix}$ 的两个元素分别为 $\boldsymbol{A}$ 的两个特征值。如前所述，将一个矩阵与任何向量或矩阵相乘，都是对向量或矩阵的线性变换；那么根据式（q），将 $\boldsymbol{A}$ 对角化后，相当于将 $\boldsymbol{A}$ 所描述的一次线性变换拆分成了三次变换，$\boldsymbol{P}$、$\boldsymbol{\Lambda}$、$\boldsymbol{P}^{-1}$ 分别代表一次线性变换。可以分别对这些变换运算一下，了解其性质。由于 $\boldsymbol{A}$ 为方阵，其所描述的线性变换只有缩放和旋转两种功能，没有对向量或矩阵的维度升降功能。

首先看一下 $\boldsymbol{P}$ 的变换功能，以矩阵 $\begin{pmatrix}1 & 0\\ 0 & 1\end{pmatrix}$ 为例，这个矩阵实际是二维空间的一个自然基，代表了一个坐标系，其运算如下：

$$\boldsymbol{Px}=\begin{pmatrix}\frac{\sqrt{2}}{2} & -\frac{\sqrt{2}}{2}\\ \frac{\sqrt{2}}{2} & \frac{\sqrt{2}}{2}\end{pmatrix}\begin{pmatrix}1 & 0\\ 0 & 1\end{pmatrix}=\begin{pmatrix}\frac{\sqrt{2}}{2} & -\frac{\sqrt{2}}{2}\\ \frac{\sqrt{2}}{2} & \frac{\sqrt{2}}{2}\end{pmatrix} \tag{r}$$

可见，在运算（r）中，一个基 $\begin{pmatrix}1 & 0\\ 0 & 1\end{pmatrix}$ 被变换成了另外一个基 $\begin{pmatrix}\frac{\sqrt{2}}{2} & -\frac{\sqrt{2}}{2}\\ \frac{\sqrt{2}}{2} & \frac{\sqrt{2}}{2}\end{pmatrix}$，基中每个向量的长度没有变化，只是发生了旋转，见图 2.1-9。

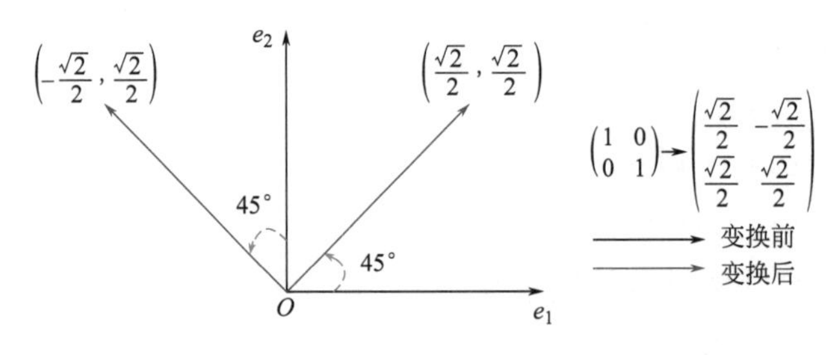

图 2.1-9　矩阵变换（1）

再看一下 $\boldsymbol{\Lambda}$ 的变换功能：

$$\boldsymbol{\Lambda x}=\begin{pmatrix}1&0\\0&3\end{pmatrix}\begin{pmatrix}1&0\\0&1\end{pmatrix}=\begin{pmatrix}1&0\\0&3\end{pmatrix} \tag{s}$$

可见，在运算（s）中，一个基 $\begin{pmatrix}1&0\\0&1\end{pmatrix}$ 被变换成了另外一个基 $\begin{pmatrix}1&0\\0&3\end{pmatrix}$，基中的刻度大小被缩放了，第一个基向量（坐标轴）的刻度大小由 1 缩放成 3，而第二个基向量的刻度大小由 1 缩放成 1；但两个基向量（坐标轴）的方向没有发生变化，也就是基向量没有发生旋转，见图 2.1-10。

可以观察到，在（r）～（s）的运算例子中，$\boldsymbol{P}$ 代表旋转变换，而 $\boldsymbol{\Lambda}$ 代表拉伸变换。因为 $\boldsymbol{P}$ 是由单位化的特征向量组成，而 $\boldsymbol{\Lambda}$ 是特征值组成的对角阵，则在这个例子中，特征向量仅代表变换中的旋转，而特征值仅代表变换中的缩放。当然这是一个特例，要求 $\boldsymbol{P}$ 为正交矩阵，但在实对称矩阵中，经常存在这种情况。一个矩阵的特征值大小，经常代表用这个矩阵进行对目标矩阵或向量进行变换后，目标矩阵或向量的缩放程度；这也跟矩阵的行列式紧密相关，因为矩阵的所有特征值乘积就是矩阵行列式的值，而一个矩阵行列式的值就代表采用这个矩阵进行变换后，被变换矩阵或向量的缩放程度，详见本小节内容 4 中的介绍。

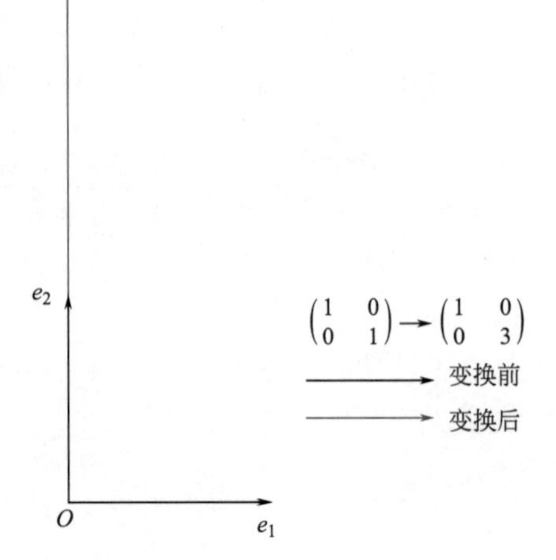

图 2.1-10　矩阵变换（2）

6. 行列式的几何解释

行列式的值，可代表一个线性变换的缩放程度，行列式值的绝对值越大，则表示线性变换对被变换向量或矩阵的缩放程度越大。以旋转矩阵

$$\boldsymbol{T}_{\text{rot}}=\begin{pmatrix}\cos\theta&-\sin\theta\\\sin\theta&\cos\theta\end{pmatrix} \tag{t}$$

为例，其行列式值为 1，则用这个矩阵变换一个向量的计算结果为

$$\begin{pmatrix}\cos\theta&-\sin\theta\\\sin\theta&\cos\theta\end{pmatrix}\begin{pmatrix}1\\1\end{pmatrix}=\begin{pmatrix}\cos\theta-\sin\theta\\\sin\theta+\cos\theta\end{pmatrix} \tag{u}$$

上面的（u）运算中，被变换向量 $(1，1)^{\mathrm{T}}$ 的长度为$\sqrt{2}$，变换后得到的结果向量的长

度也为$\sqrt{2}$，其中θ还是一个变量；可见，在行列式值为 1 的情况下，一个线性变换相当于只改变被变换向量的方向，而不改变其长度。如果被变换的是矩阵，那么这个线性变换相当于将被变换矩阵的每个列向量进行了旋转但不缩放。

当矩阵的行列式值为负时，则是行列式值的绝对值代表了这个变换的缩放程度；这种情况下，如果被变换的是矩阵，则代表被变换矩阵的某些基向量发生了方向改变，即被变换矩阵代表的坐标系的坐标轴发生了方向改变，举例如下：

$$\begin{pmatrix}-1 & 0\\ 0 & 1\end{pmatrix}\begin{pmatrix}1 & 0\\ 0 & 1\end{pmatrix}=\begin{pmatrix}-1 & 0\\ 0 & 1\end{pmatrix} \tag{v}$$

上面的变换运算（v）中，左乘矩阵的行列式值为－1，被变换矩阵的两个基向量由$(1, 0)^T$、$(0, 1)^T$变换成了$(-1, 0)^T$、$(0, 1)^T$，见图 2.1-11，也就是水平坐标的正方向由向右变成了向左，而竖向坐标轴不变，相当于平面坐标系的表达方式由“右手法则”变成了“左手法则”。

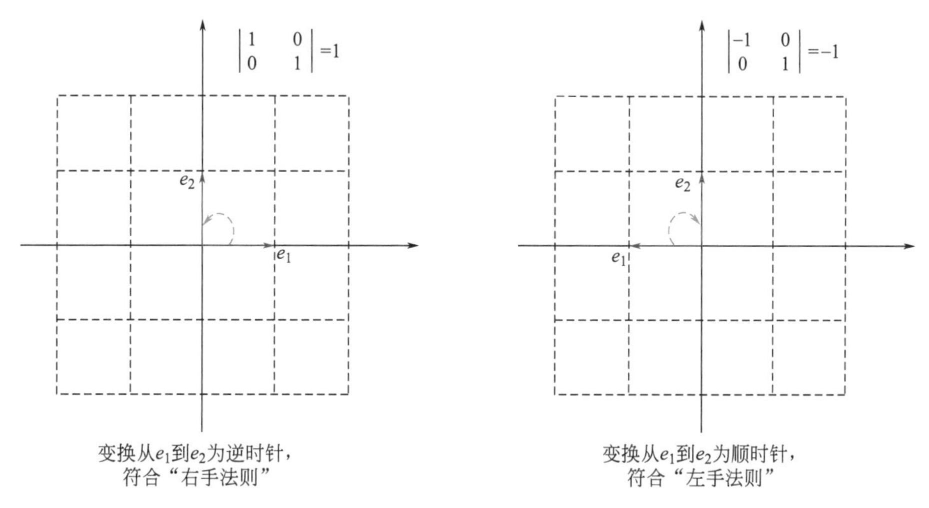

图 2.1-11　矩阵变换（3）

上面的例子都是行列式值的绝对值为 1 的情况，当行列式值的绝对值不为 1（也不为 0）时，相当于将被变换向量既旋转又缩放，或者相当于将被变换矩阵的基向量既旋转又缩放，例如：

$$\begin{pmatrix}2 & 1\\ 1 & 3\end{pmatrix}\begin{pmatrix}1 & 0\\ 0 & 1\end{pmatrix}=\begin{pmatrix}2 & 1\\ 1 & 3\end{pmatrix} \tag{w}$$

上面的变换运算（w）中，左乘矩阵的行列式值为 5，被变换矩阵的两个基向量由$(1, 0)^T$、$(0, 1)^T$变换成了$(2, 1)^T$、$(1, 3)^T$，而被变换矩阵两个基向量所形成的平行四边形面积也由 1 变成了 5，被放大到原来的 5 倍，见图 2.1-12。同理，当左乘矩阵的行列式值小于 1 时，相当于被变换矩阵两个基向量所形成的平行四边形面积将被缩小。

还有一种情况就是左乘矩阵的行列式值为 0，也就是左乘矩阵为奇异矩阵，例如

$$\begin{pmatrix}2 & 1\\ 1 & 0.5\end{pmatrix}\begin{pmatrix}1 & 0\\ 0 & 1\end{pmatrix}=\begin{pmatrix}2 & 1\\ 1 & 0.5\end{pmatrix} \tag{x}$$

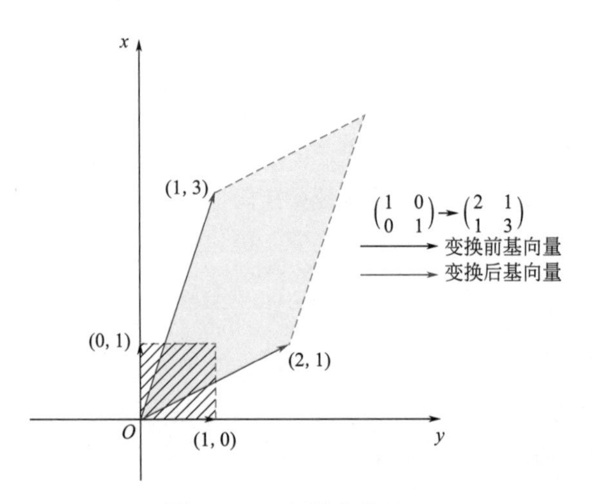

图 2.1-12　矩阵变换（4）

上面的变换运算（x）中，被变换矩阵的两个基向量由 $(1, 0)^T$、$(0, 1)^T$ 变换成了两个线性相关的向量 $(2, 1)^T$、$(1, 0.5)^T$，见图 2.1-13；而两个基向量被变换后变成了两个共线向量，则其形成的平行四边形面积也变为 0。可见，用奇异矩阵对一个二阶满秩矩阵进行变换，相当于将此二阶满秩矩阵的两个非共线基向量变成了两个共线向量，就相当于把此二阶满秩矩阵所代表的坐标系由 2 根坐标轴变成了 1 根坐标轴，坐标系由 2 维平面坐标系变成了 1 维直线坐标系，即坐标系被降维，也就是矩阵被降维和降秩。同时，变换运算（x）是不可逆的，因为得到变换后的结果后，想要把这个结果矩阵变换回原来的矩阵，则需要原左乘矩阵的逆矩阵，但原左乘矩阵不可逆。从几何的角度看，二阶满秩矩阵被奇异矩阵变换后，其坐标系的坐标轴由非共线的 2 根变成了 1 根；如果要把变换结果逆向回原矩阵，首先就要确定原来的二维平面坐标系在哪个平面内，但目前根据 1 根坐标轴无法确定原来的二维平面坐标系在哪个平面内，因为 1 根坐标轴不能唯一地确定一个平面，从而就根本不可能确定变换到底是在哪个二维平面内进行；而被非奇异变换的二阶满秩矩阵，被变换后仍有两根非共线的坐标轴，能够唯一地确定坐标系是在哪个平面内进行变换。可见，采用奇异矩阵对一个矩阵进行变换，相当于对被变换矩阵进行了降维，导致某些维度的信息丢失，所以变换无法逆向进行；将这个结论推广到三维和多维空间中仍然适用。

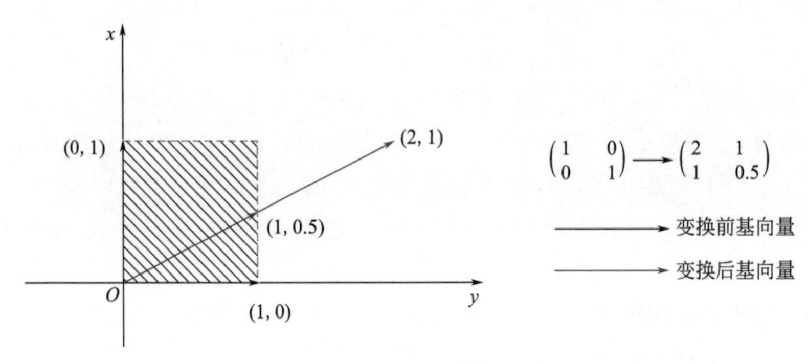

图 2.1-13　矩阵变换（5）

对于二阶矩阵，其行列式值的绝对值为矩阵中 2 个列向量所形成的平行四边形面积（图 2.1-14），当 2 个列向量线性相关（共线）时，则面积为 0；三阶矩阵行列式值的绝对值，为矩阵中 3 个列向量所形成的平行六面体的体积，当 3 个列向量线性相关（共面）时，则体积为 0；推广到更高阶的矩阵也是如此。结合图 2.1-14，可证明二阶矩阵的行列式值绝对值等于矩阵两个列向量所形成平行四边形的面积，证明过程如下：

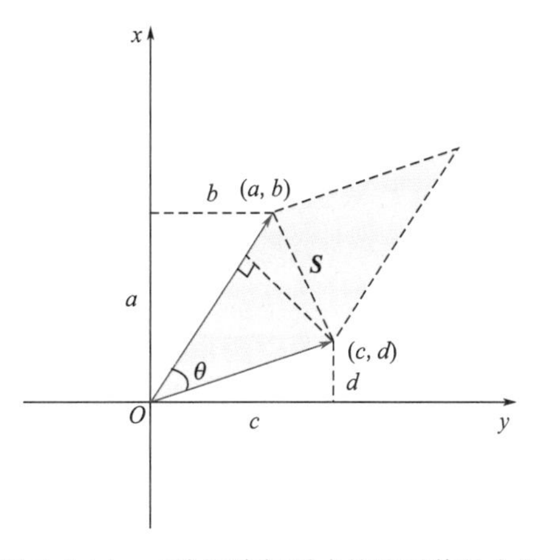

图 2.1-14　二阶矩阵行列式的绝对值的含义

对于矩阵 $\begin{pmatrix} a & c \\ b & d \end{pmatrix}$，有行列式：

$$\begin{vmatrix} a & c \\ b & d \end{vmatrix} = ad - bc$$

观察图 2.1-14，容易得到以向量 $(a,\ b)^{\mathrm{T}}$，$(c,\ d)^{\mathrm{T}}$ 为边张成的平行四边形的面积的一半为：

$$\frac{1}{2}S = \frac{\sqrt{a^2+b^2} \times \sqrt{c^2+d^2} \times \sin\theta}{2}$$

则此平行四边形的面积为：

$$S = \sqrt{a^2+b^2} \times \sqrt{c^2+d^2} \times \sin\theta$$

再利用两向量内积与两向量夹角余弦的关系（注意，$0 \leqslant \theta \leqslant \pi$），可以求得向量 $(a,\ b)^{\mathrm{T}}$，$(c,\ d)^{\mathrm{T}}$ 间夹角 θ 的余弦：

$$(a,\ b) \cdot \begin{pmatrix} c \\ d \end{pmatrix} = ac + bd$$

$$\cos\theta = \frac{ac+bd}{\sqrt{a^2+b^2} \times \sqrt{c^2+d^2}}$$

从而得到夹角 θ 的正弦：

$$\sin\theta = \sqrt{1 - \frac{(ac+bd)^2}{(a^2+b^2) \times (c^2+d^2)}}$$

则有

$$\begin{aligned} S &= \sqrt{a^2+b^2} \times \sqrt{c^2+d^2} \times \sqrt{1 - \frac{(ac+bd)^2}{(a^2+b^2) \times (c^2+d^2)}} \\ &= \sqrt{(a^2+b^2)(c^2+d^2) - (ac+bd)^2} \\ &= \sqrt{a^2c^2 + a^2d^2 + b^2c^2 + b^2d^2 - (a^2c^2 + 2abcd + b^2d^2)} \\ &= \sqrt{a^2d^2 + b^2c^2 - 2abcd} \\ &= \sqrt{(ad-bc)^2} \\ &= | ad - bc | \end{aligned}$$

证得，二阶矩阵的行列式值绝对值等于矩阵两个列向量所形成平行四边形的面积。

7. 基变换

前面曾介绍，线性空间是由基张成的，不同的基张成的空间代表了不同的坐标系。仍以二维线性空间为例，见图 2.1-15；图中的向量有一种用坐标表示的标准方法，即 $(3, 2)^T$，也就是从原点 O 右移 3 个单位并上移 2 个单位；且图中的 $\vec{i}$ 为水平指向右且长度为 1 的向量，而 $\vec{j}$ 为竖直指向上且长度为 1 的向量。用线性代数的规则描述坐标，就可表述为：将坐标 $(3, 2)^T$ 中的数看做缩放向量的标量，其中 3 是缩放向量 $\vec{i}$ 的标量，2 是缩放向量 $\vec{j}$ 的标量。图中两个特殊的向量 $\vec{i}$ 和 $\vec{j}$，可被看作我们这个常用二维空间中的一种隐含前提；空间中其他任何向量的大小和方向度量，都是在这个隐含前提的基础上进行，而两个坐标则分别表示对两个特殊向量的缩放程度。这种发生在一组数 $(3, 2)^T$ 和一对向量 $(\vec{i}, \vec{j})^T$ 之间的转化关系，就被称为一个坐标系，而这个坐标系中的两个特殊向量 $\vec{i}$ 和 $\vec{j}$ 就被称为我们这个标准坐标系的基向量。

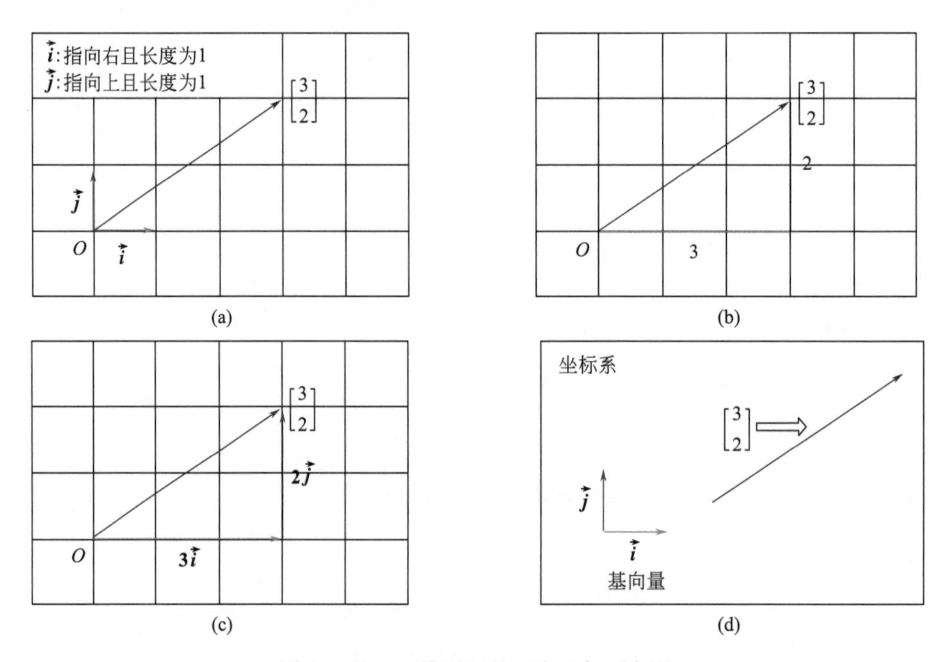

图 2.1-15　二维平面的正交坐标系与基

图 2.1-15 中是我们常用的坐标系，即采用 $\vec{i}$ 和 $\vec{j}$ 作为我们坐标系的基向量，但别人（例如：小红）可以采用其他不同的基向量来构建别人的坐标系，如图 2.1-16 所示。由图中可见，小红采用了与我们完全不同的基向量 $\vec{b}_1$ 和 $\vec{b}_2$，大小和方向均不同；我们眼中的某向量是 $(3, 2)^T$，但在小红眼中这个向量是 $(5/3, 1/3)^T$，相当于我们和小红是用不同的语言来描述同一个向量，因此得到这个向量的不同表现形式；这个不同的语言，就是不同的坐标系。而且，我们和小红眼中表现形式相同的向量（坐标相同），也并不是同一个向量；以我们和小红眼中的坐标均为 $(-1, 2)^T$ 的向量为例，见图 2.1-17。由图中可见，我们在我们的坐标系中描述坐标为 $(-1, 2)^T$ 的向量，是将第一个坐标 -1 乘以 $\vec{i}$ 并将第二个坐标 2 乘以 $\vec{j}$，然后相加得到向量 $-1\vec{i}+2\vec{j}$；而小红在她的坐标系中描述坐标为 $(-1, 2)^T$ 的向量，是将第一个坐标 -1 乘以 $\vec{b}_1$ 并将第二个坐标 2 乘以 $\vec{b}_2$，然后相加得到向量 $-1\vec{b}_1+2\vec{b}_2$。可见，在不同坐标系中，坐标相等的向量也完全不同。

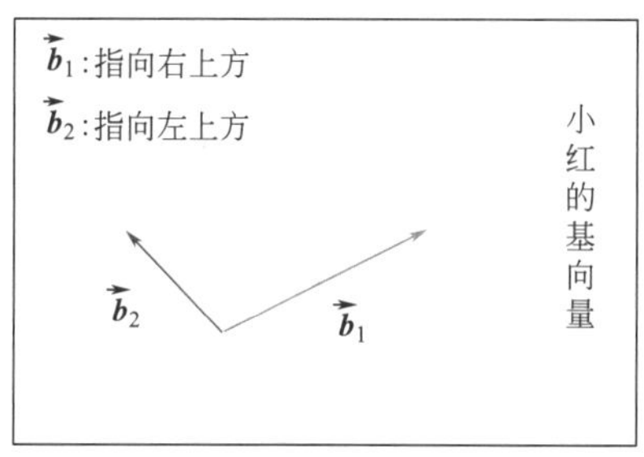

(a) 小红采用的基向量

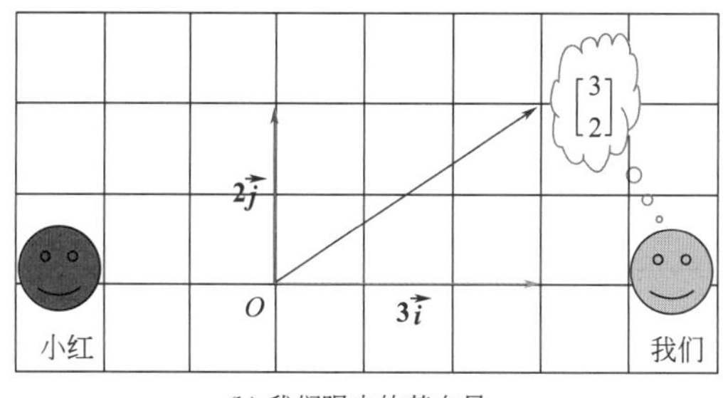

(b) 我们眼中的某向量

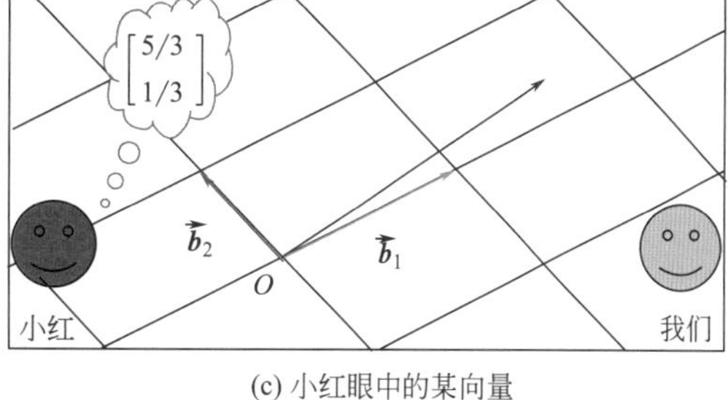

(c) 小红眼中的某向量

图 2.1-16　不同基向量的表现形式

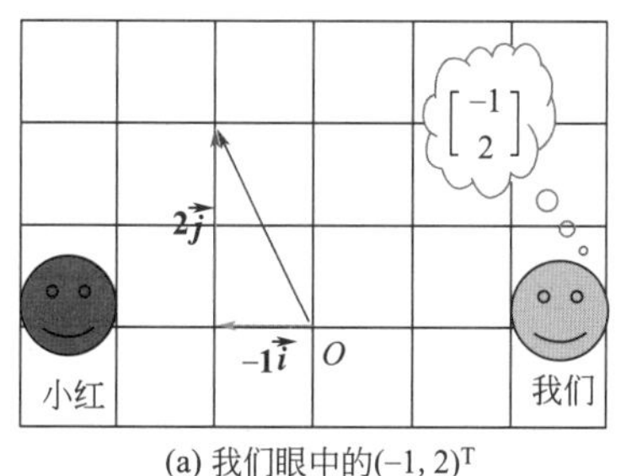

(a) 我们眼中的$(-1, 2)^T$

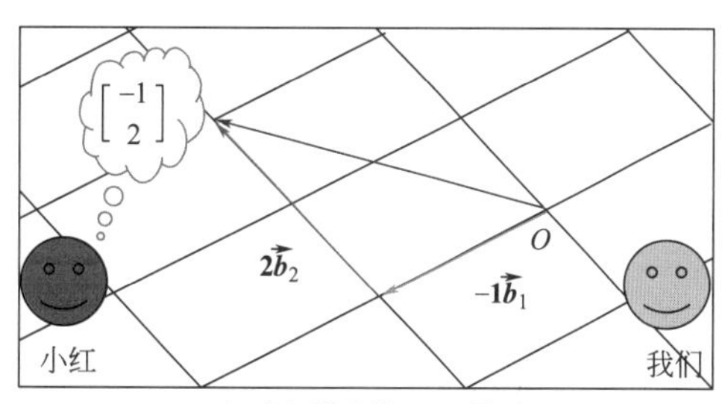

(b) 小红眼中的$(-1, 2)^T$

图 2.1-17　坐标相同的向量在不同坐标系中

将小红的坐标系中两个基向量 $\vec{b}_1$ 和 $\vec{b}_2$ 放到我们的坐标系中，则其表现形式就分别变成了 $(2, 1)^T$ 和 $(-1, 1)^T$，见图 2.1-18。在我们的坐标系中，我们把小红的两个基向量分别描述为 $(2, 1)^T$ 和 $(-1, 1)^T$，但是在小红的坐标系中，小红就将她自己的两个基向量描述为 $(1, 0)^T$ 和 $(0, 1)^T$。我们根据我们的基向量将坐标系划分成正方形网格，以方便我们的理解和度量，而小红则根据她的基向量将坐标系划分成平行四边形网格，以方便她的理解和度量；但是，我们的坐标原点 O 和她的坐标原点 O 相同，如果要进行坐标系之间的转换，就需要在这个原点相同的基础上进行。

把小红语言中表达的一个向量，转换成用我们的语言表达，就是一个坐标系的变换过程。以图 2.1-19 为例，向量$\overrightarrow{OA}$ 在小红的语言中表达为 $(-1, 2)^T$，即向量$\overrightarrow{OA}$ 为$-1\times\vec{b}_1+2\times\vec{b}_2$，则如何用我们的语言表达向量$\overrightarrow{OA}$？我们其实可以直接计算，因为$\vec{b}_1$ 和$\vec{b}_2$ 在我们的语言中分别表达为 $(2, 1)^T$ 和 $(-1, 1)^T$，则 $-1\times\vec{b}_1+2\times\vec{b}_2=-1\times(2, 1)^T+2\times(-1, 1)^T=(-4, 1)^T$，从而计算出向量$\overrightarrow{OA}$ 在我们的语言中表达为$(-4, 1)^T$。这

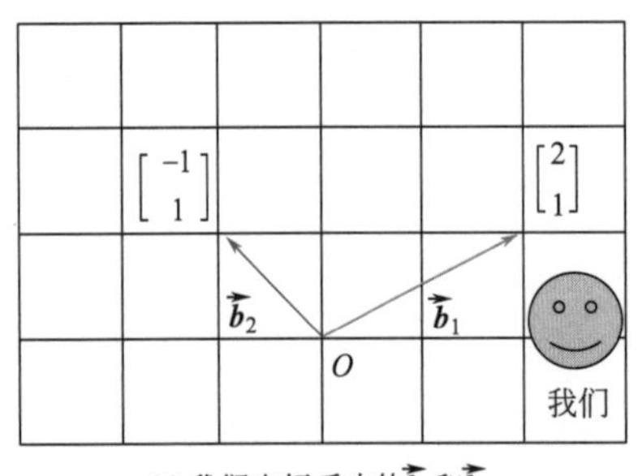

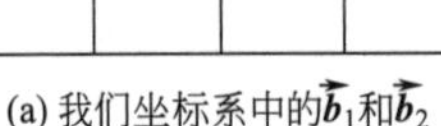
(a) 我们坐标系中的$\vec{b}_1$和$\vec{b}_2$

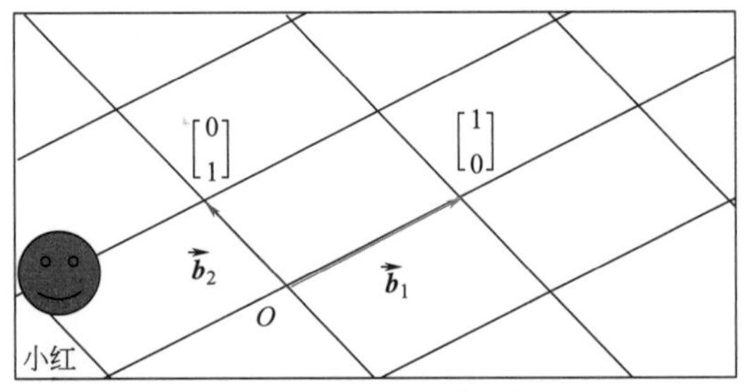

(b) 小红坐标系中的$\vec{b}_1$和$\vec{b}_2$

图 2.1-18　坐标相同的向量在不同坐标系中

个变换过程，就是用向量$\overrightarrow{OA}$在小红坐标系下的特定坐标与小红坐标系基向量数乘，然后再将结果相加，这其实是一个矩阵与向量的乘法，其中矩阵的列分别为小红坐标系的两个基向量；但是因为要将向量$\overrightarrow{OA}$用我们坐标系表达，则首先要保证小红的两个基向量用我们坐标系表达，因此这个线性变换过程就是$\begin{bmatrix}2 & -1\\1 & 1\end{bmatrix}\begin{bmatrix}-1\\2\end{bmatrix}=\begin{bmatrix}-4\\1\end{bmatrix}$；$\begin{bmatrix}2 & -1\\1 & 1\end{bmatrix}$就称为从小红坐标系到我们坐标系的过渡矩阵，也称为基变换矩阵，这个矩阵中的两个列向量分别就是小红的两个基向量在我们坐标系中的表达形式。

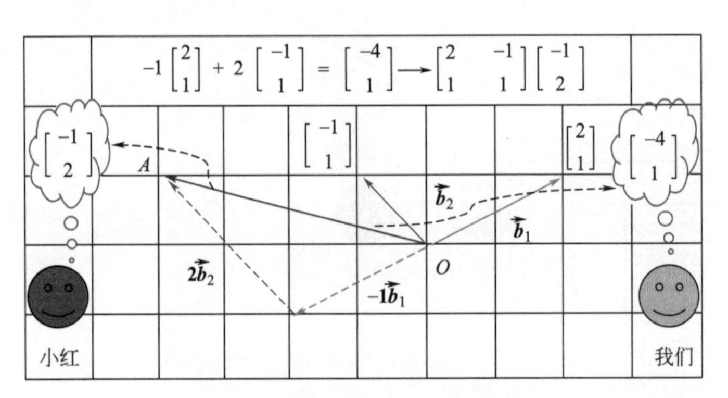

图 2.1-19　坐标系变换示意图

前面介绍过，一个矩阵就代表一个线性变换，也代表一个坐标系。上述线性变换的过程也可写成$\begin{bmatrix}2 & -1\\1 & 1\end{bmatrix}\begin{bmatrix}-1\\2\end{bmatrix}=\begin{bmatrix}1 & 0\\0 & 1\end{bmatrix}\begin{bmatrix}-4\\1\end{bmatrix}$，这就相当于在小红的坐标系中向量$\overrightarrow{OA}$被度量为$\begin{bmatrix}-1\\2\end{bmatrix}$，而在我们的坐标系中向量$\overrightarrow{OA}$被度量为$\begin{bmatrix}-4\\1\end{bmatrix}$。我们的坐标系是用矩阵$\begin{bmatrix}1 & 0\\0 & 1\end{bmatrix}$代表，而小红的坐标系是用矩阵$\begin{bmatrix}2 & -1\\1 & 1\end{bmatrix}$代表；矩阵$\begin{bmatrix}2 & -1\\1 & 1\end{bmatrix}$的两个列向量分别就是小红的两个基向量在我们坐标系中的表达形式。在数值上，矩阵$\begin{bmatrix}2 & -1\\1 & 1\end{bmatrix}$的作用是将小红语言表达的某向量翻译成我们语言表达的向量，得到的结果是在我们坐标系中如何描述某向量，因此这个矩阵可视为“翻译矩阵”；而在几何上，这个矩阵反映了小红是用某种平行四边形网格去度量向量，这与我们用方格（边长为 1）去度量向量的做法完全不同。

图 2.1-19 描述的情况是，已知某个向量$\overrightarrow{OA}$在小红坐标系中的坐标，并已知小红坐标系的基向量在我们坐标系中的表达形式（也就是知道了基变换矩阵），求向量$\overrightarrow{OA}$在我们坐标系中的表达形式。与之对应的情况是，已知某个向量$\overrightarrow{OB}$在我们坐标系中的坐标，并也已知小红坐标系的基向量在我们坐标系中的表达形式，如何求向量$\overrightarrow{OB}$在小红坐标系中的表达形式？以图 2.1-20 为例，向量$\overrightarrow{OB}$在我们的坐标系中表达为 $(3, 2)^{\mathrm{T}}$，那在小红的坐标系中表达为什么向量，可通过求逆矩阵得到；设向量$\overrightarrow{OB}$在小红坐标系中的表达方式为向量 $\boldsymbol{x}$，则求解过程如下：

已知基变换矩阵为 $\begin{bmatrix} 2 & -1 \\ 1 & 1 \end{bmatrix}$，且已知向量$\overrightarrow{OB}$在我们坐标系中的表达方式为 $\begin{bmatrix} 3 \\ 2 \end{bmatrix}$，则可得到

$$\begin{bmatrix} 2 & -1 \\ 1 & 1 \end{bmatrix} \boldsymbol{x} = \begin{bmatrix} 3 \\ 2 \end{bmatrix}$$

上式两侧均右乘基变换矩阵的逆矩阵，可得

$$\boldsymbol{x} = \begin{bmatrix} 2 & -1 \\ 1 & 1 \end{bmatrix}^{-1} \begin{bmatrix} 3 \\ 2 \end{bmatrix} = \begin{bmatrix} 1/3 & 1/3 \\ -1/3 & 2/3 \end{bmatrix} \begin{bmatrix} 3 \\ 2 \end{bmatrix} = \begin{bmatrix} 5/3 \\ 1/3 \end{bmatrix}$$

这就是将某向量在我们坐标系中表达方式转化为小红坐标系中表达方式的方法，其核心是右乘过渡矩阵的逆阵。

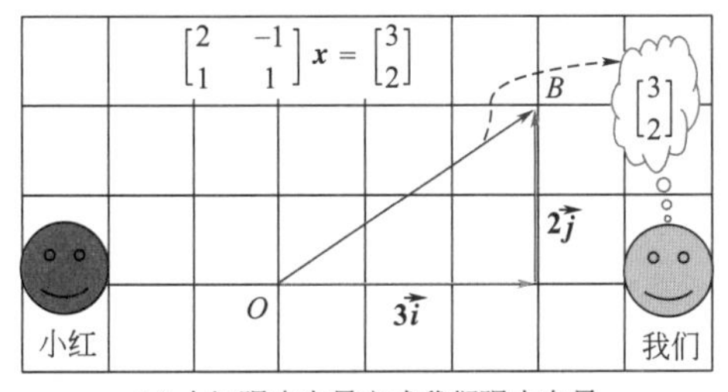

(a) 小红眼中向量变成我们眼中向量

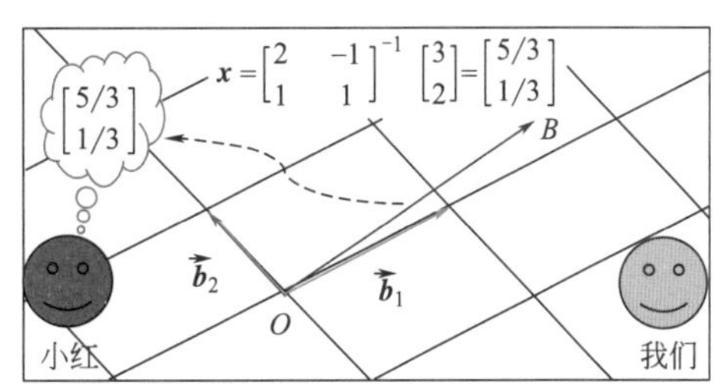

(b) 我们眼中向量变成小红眼中向量

图 2.1-20　两个坐标系中的向量变换

以上介绍的内容都是某个向量在两种坐标系间的转换过程，那么某个线性变换在两种坐标系中如何进行转换？图 2.1-21 是我们眼中的某个线性变换，其形式为 $\begin{bmatrix} 0 & -1 \\ 1 & 0 \end{bmatrix}$，这相当于我们坐标系的两个基由 $\begin{bmatrix} 1 \\ 0 \end{bmatrix}$ 和 $\begin{bmatrix} 0 \\ 1 \end{bmatrix}$ 变成了 $\begin{bmatrix} 0 \\ 1 \end{bmatrix}$ 和 $\begin{bmatrix} -1 \\ 0 \end{bmatrix}$。那么这个线性变换 $\begin{bmatrix} 0 & -1 \\ 1 & 0 \end{bmatrix}$，在小红眼中的形式是什么？求这个小红眼中的形式，仍需从基变换矩阵入手。例如，某个向量 $\boldsymbol{y}$ 在小红眼中的形式为 $\begin{bmatrix} -1 \\ 2 \end{bmatrix}$，那么要求得 $\boldsymbol{y}$ 在我们眼中的形式，就要将此向量右乘一个基变换矩阵，即得

两个基向量分别旋转了90°

$\begin{bmatrix} 0 & -1 \\ 1 & 0 \end{bmatrix}$

O

图 2.1-21　我们坐标系的变换

$$\begin{bmatrix}2 & -1\\1 & 1\end{bmatrix}\begin{bmatrix}-1\\2\end{bmatrix}$$

将上式右乘我们眼中的线性变换 $\begin{bmatrix}0 & -1\\1 & 0\end{bmatrix}$，就得到了我们眼中的变换后向量形式

$$\begin{bmatrix}0 & -1\\1 & 0\end{bmatrix}\begin{bmatrix}2 & -1\\1 & 1\end{bmatrix}\begin{bmatrix}-1\\2\end{bmatrix}$$

现在如果要再将上式计算得到的向量变换成小红眼中的表达形式，就需要再右乘一个基变换矩阵的逆矩阵，从而得到

$$\begin{bmatrix}2 & -1\\1 & 1\end{bmatrix}^{-1}\begin{bmatrix}0 & -1\\1 & 0\end{bmatrix}\begin{bmatrix}2 & -1\\1 & 1\end{bmatrix}\begin{bmatrix}-1\\2\end{bmatrix}$$

由图 2.1-22 可见，在我们眼中的某个线性变换 $\boldsymbol{M}$，如果要变成小红眼中的形式，就要在左边乘基变换矩阵并在右边乘基变换矩阵的逆矩阵，从而形成 $\boldsymbol{C}^{-1}\boldsymbol{MC}$ 这样一种三个线性变换相乘的形式。

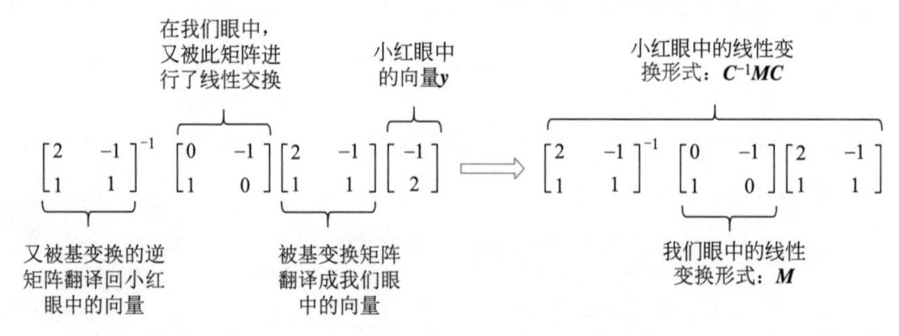

图 2.1-22　线性变换在不同坐标系中的表达形式

2.2　二次型

2.2.1　基本二次型

定义 2.2.1　系数在数域 $\boldsymbol{K}$ 中的 n 个变量 x_1，…，x_n 的二元齐次多项式

$$\begin{aligned}f(x_1,\ \cdots,\ x_n)=&a_{11}x_1^2+2a_{12}x_1x_2+2a_{13}x_1x_3+\cdots+2a_{1n}x_1x_n\\&+a_{22}x_2^2+2a_{23}x_2x_3+\cdots+2a_{2n}x_2x_n\\&+\cdots\quad\cdots\quad\cdots+a_{nn}x_n^2\end{aligned}\tag{2.2-1}$$

称为数域 $\boldsymbol{K}$ 上的一个 n 元二次型，简称二次型。

式（2.2-1）也可以写成

$$f(x_1,\ x_2,\ \cdots,\ x_n)=\sum_{i=1}^{n}\sum_{j=1}^{n}a_{ij}x_ix_j\tag{2.2-2}$$

其中 $a_{ij}=a_{ji}$，$1\leqslant i,\ j\leqslant n$。

式（2.2-2）二次型 f 的系数按顺序排列，可以确定一个 n 阶对称矩阵 $\boldsymbol{A}$。

$$A=\begin{pmatrix} a_{11} & a_{12} & \cdots & a_{1n} \\ a_{21} & a_{22} & \cdots & a_{2n} \\ \vdots & \vdots & & \vdots \\ a_{n1} & a_{n2} & \cdots & a_{nn} \end{pmatrix},\ a_{ij}=a_{ji},\ 1\leqslant i,\ j\leqslant n \tag{2.2-3}$$

则称矩阵 $\boldsymbol{A}$ 为二次型 $f(x_1,\ x_2,\ \cdots,\ x_n)$ 的矩阵。注意，由于矩阵 $\boldsymbol{A}$ 的主对角元依次是 x_1^2，x_2^2，…，x_n^2 的系数，它的（i，j）元是 $x_ix_j(i\neq j)$ 的系数的一半，所以二次型 $f(x_1,\ x_2,\ \cdots,\ x_n)$ 的矩阵是唯一的。

令

$$\boldsymbol{x}=\begin{pmatrix} x_1 \\ x_2 \\ \vdots \\ x_n \end{pmatrix} \tag{2.2-4}$$

则二次型（2.2-1）可以写成

$$f(x_1,\ x_2,\ \cdots,\ x_n)=\boldsymbol{x}^{\mathrm{T}}\boldsymbol{A}\boldsymbol{x} \tag{2.2-5}$$

其中 $\boldsymbol{A}$ 是二次型 $f(x_1,\ x_2,\ \cdots,\ x_n)$ 的矩阵。

令 $\boldsymbol{y}=(y_1,\ y_2,\ \cdots,\ y_n)^{\mathrm{T}}$，设 $\boldsymbol{C}$ 是数域 $\boldsymbol{K}$ 上的 n 阶可逆矩阵，有关系式

$$\boldsymbol{x}=\boldsymbol{C}\boldsymbol{y} \tag{2.2-6}$$

称为变量 x_1，x_2，…，x_n 到变量 y_1，y_2，…，y_n 的一个非退化线性变换。

n 元二次型 $\boldsymbol{x}^{\mathrm{T}}\boldsymbol{A}\boldsymbol{x}$ 经过非退化线性变换 $\boldsymbol{x}=\boldsymbol{C}\boldsymbol{y}$ 变成

$$(\boldsymbol{C}\boldsymbol{y})^{\mathrm{T}}\boldsymbol{A}(\boldsymbol{C}\boldsymbol{y})=\boldsymbol{y}^{\mathrm{T}}(\boldsymbol{C}^{\mathrm{T}}\boldsymbol{A}\boldsymbol{C})\boldsymbol{y} \tag{2.2-7}$$

记 $\boldsymbol{B}=\boldsymbol{C}^{\mathrm{T}}\boldsymbol{A}\boldsymbol{C}$，则式（2.2-7）可以写成 $\boldsymbol{y}^{\mathrm{T}}\boldsymbol{B}\boldsymbol{y}$，即变量 y_1，y_2，…，y_n 的一个二次型。又因为

$$\boldsymbol{B}^{\mathrm{T}}=(\boldsymbol{C}^{\mathrm{T}}\boldsymbol{A}\boldsymbol{C})^{\mathrm{T}}=\boldsymbol{C}^{\mathrm{T}}\boldsymbol{A}^{\mathrm{T}}(\boldsymbol{C}^{\mathrm{T}})^{\mathrm{T}}=\boldsymbol{C}^{\mathrm{T}}\boldsymbol{A}\boldsymbol{C} \tag{2.2-8}$$

所以 $\boldsymbol{B}$ 是对称矩阵，从而 $\boldsymbol{B}$ 就是二次型 $\boldsymbol{y}^{\mathrm{T}}\boldsymbol{B}\boldsymbol{y}$ 的矩阵。

定义 2.2.2　数域 $\boldsymbol{K}$ 上两个 n 元二次型 $\boldsymbol{x}^{\mathrm{T}}\boldsymbol{A}\boldsymbol{x}$ 和 $\boldsymbol{y}^{\mathrm{T}}\boldsymbol{B}\boldsymbol{y}$，如果存在一个非退化线性变换 $\boldsymbol{x}=\boldsymbol{C}\boldsymbol{y}$，把 $\boldsymbol{x}^{\mathrm{T}}\boldsymbol{A}\boldsymbol{x}$ 变成 $\boldsymbol{y}^{\mathrm{T}}\boldsymbol{B}\boldsymbol{y}$，则称二次型 $\boldsymbol{x}^{\mathrm{T}}\boldsymbol{A}\boldsymbol{x}$ 和 $\boldsymbol{y}^{\mathrm{T}}\boldsymbol{B}\boldsymbol{y}$ 等价，记作 $\boldsymbol{x}^{\mathrm{T}}\boldsymbol{A}\boldsymbol{x}\cong\boldsymbol{y}^{\mathrm{T}}\boldsymbol{B}\boldsymbol{y}$。

定义 2.2.3　数域 $\boldsymbol{K}$ 上两个 n 阶矩阵 $\boldsymbol{A}$ 和 $\boldsymbol{B}$，如果存在 $\boldsymbol{K}$ 上一个 n 阶可逆矩阵 $\boldsymbol{C}$，使得

$$\boldsymbol{C}^{\mathrm{T}}\boldsymbol{A}\boldsymbol{C}=\boldsymbol{B} \tag{2.2-9}$$

则称矩阵 $\boldsymbol{A}$ 和 $\boldsymbol{B}$ 相合，记作 $\boldsymbol{A}\simeq\boldsymbol{B}$。

矩阵相合也称为矩阵合同，具有以下特性：

（1）自反性：$\boldsymbol{A}$ 相合于 $\boldsymbol{A}$，即任意矩阵与本身相合。

（2）对称性：若 $\boldsymbol{A}$ 相合于 $\boldsymbol{B}$，则 $\boldsymbol{B}$ 也相合于 $\boldsymbol{A}$。

（3）传递性：若 $\boldsymbol{A}$ 相合于 $\boldsymbol{B}$，而 $\boldsymbol{B}$ 相合于 $\boldsymbol{C}$，则 $\boldsymbol{A}$ 相合于 $\boldsymbol{C}$。

命题 2.2.1　数域 $\boldsymbol{K}$ 上两个 n 元二次型 $\boldsymbol{x}^{\mathrm{T}}\boldsymbol{A}\boldsymbol{x}$ 和 $\boldsymbol{y}^{\mathrm{T}}\boldsymbol{B}\boldsymbol{y}$ 等价当且仅当 n 阶对称矩阵 $\boldsymbol{A}$ 与 $\boldsymbol{B}$ 相合。

如果二次型 $\boldsymbol{x}^{\mathrm{T}}\boldsymbol{A}\boldsymbol{x}$ 等价于一个只含平方项的二次型，则此只含平方项的二次型称为

$\boldsymbol{x}^{\mathrm{T}}\boldsymbol{A}\boldsymbol{x}$ 的一个标准形，这个只含平方项的二次型的矩阵为一个对角矩阵，矩阵 $\boldsymbol{A}$ 与此对角矩阵相合。对称矩阵 $\boldsymbol{A}$ 相合于一个对角矩阵时，则该对角矩阵称为 $\boldsymbol{A}$ 的一个相合标准形。

命题 2.2.2 实数域上的 n 元二次型 $\boldsymbol{x}^{\mathrm{T}}\boldsymbol{A}\boldsymbol{x}$ 有一个标准形为

$$\lambda_1 y_1^2+\lambda_2 y_2^2+\cdots+\lambda_n y_n^2 \tag{2.2-10}$$

其中 λ_1，λ_2，…，λ_n 是 $\boldsymbol{A}$ 的全部特征值。

定理 2.2.1 数域 $\boldsymbol{K}$ 上任一对称矩阵都相合于一个对角矩阵。

定理 2.2.2 数域 $\boldsymbol{K}$ 上任一 n 元二次型都等价于一个只含平方项的二次型。

命题 2.2.3 数域 $\boldsymbol{K}$ 上 n 元二次型 $\boldsymbol{x}^{\mathrm{T}}\boldsymbol{A}\boldsymbol{x}$ 的任一标准形中，系数不为 0 的平方项个数等于它的矩阵 $\boldsymbol{A}$ 的秩。二次型 $\boldsymbol{x}^{\mathrm{T}}\boldsymbol{A}\boldsymbol{x}$ 的矩阵的秩就是二次型 $\boldsymbol{x}^{\mathrm{T}}\boldsymbol{A}\boldsymbol{x}$ 的秩。

实数域上的二次型简称为实二次型。

n 元实二次型 $\boldsymbol{x}^{\mathrm{T}}\boldsymbol{A}\boldsymbol{x}$ 经过一个适当的非退化线性变换 $\boldsymbol{x}=\boldsymbol{C}\boldsymbol{y}$ 可以化成如下形式的标准形：

$$d_1 y_1^2+\cdots+d_p y_p^2-d_{p+1} y_{p+1}^2-\cdots-d_r y_r^2 \tag{2.2-11}$$

其中 $d_i>0$，$i=1$，2，…，r。根据命题 2.2.3 可知，r 是此二次型的秩。再对此二次型做一次非退化线性变换：

$$y_i=\frac{1}{\sqrt{d_i}}z_i,\ i=1,\ 2,\ \cdots,\ r$$

则二次型（2.2-11）变成

$$z_1^2+\cdots+z_p^2-z_{p+1}^2-\cdots-z_r^2 \tag{2.2-12}$$

称形如（2.2-12）的标准形为二次型 $\boldsymbol{x}^{\mathrm{T}}\boldsymbol{A}\boldsymbol{x}$ 的规范形。

定理 2.2.3（惯性定理） n 元实二次型变成

$$z_1^2+\cdots+z_p^2-z_{p+1}^2-\cdots-z_r^2 \tag{2.2-12a}$$

称形如式（2.2-12a）的标准形为二次型 $\boldsymbol{x}^{\mathrm{T}}\boldsymbol{A}\boldsymbol{x}$ 的**规范形**，其特点是：只含有平方项，且平方项的系数为 1，−1 或 0；系数为 1 的平方项都在前面。实二次型 $\boldsymbol{x}^{\mathrm{T}}\boldsymbol{A}\boldsymbol{x}$ 的规范形被两个自然数 p 和 r 决定。

二次型 $\boldsymbol{x}^{\mathrm{T}}\boldsymbol{A}\boldsymbol{x}$ 的规范形是唯一的。

定义 2.2.4 在实二次型 $\boldsymbol{x}^{\mathrm{T}}\boldsymbol{A}\boldsymbol{x}$ 的规范形中，系数为 1 的平方项个数 p 称为 $\boldsymbol{x}^{\mathrm{T}}\boldsymbol{A}\boldsymbol{x}$ 的正惯性指数，系数为 −1 的平方项个数 $r-p$ 称为 $\boldsymbol{x}^{\mathrm{T}}\boldsymbol{A}\boldsymbol{x}$ 的负惯性指数；正惯性指数减去负惯性指数所得的差 $2p-r$ 称为 $\boldsymbol{x}^{\mathrm{T}}\boldsymbol{A}\boldsymbol{x}$ 的符号差。

由惯性定理及二次型等价可得出以下结论：两个 n 元实二次型等价 $\Leftrightarrow$ 它们的规范形相同 $\Leftrightarrow$ 它们的秩相同，并且正负惯性指数也相等。

推论 2.2.1 任一 n 元实对称矩阵 $\boldsymbol{A}$ 相合于对角矩阵：

$$\operatorname{diag}(\underbrace{1,\ \cdots,\ 1}_{p},\ \underbrace{-1,\ \cdots,\ -1}_{r-p},\ 0,\ \cdots,\ 0)$$

并将此对角矩阵称为 $\boldsymbol{A}$ 的相合规范形。

推论 2.2.2 两个 n 元实对称矩阵相合的充分必要条件为它们的秩相等，并且正负惯性指数也相等。

复数域上的二次型简称为复二次型。

一个 n 元复二次型 $\boldsymbol{x}^{\mathrm{T}}\boldsymbol{A}\boldsymbol{x}$ 的规范形为：

$$z_1^2+z_2^2+\cdots+z_r^2 \tag{2.2-13}$$

其特点为：只含平方项，且平方项的系数为 1 或 0。显然，复二次型 $\boldsymbol{x}^{\mathrm{T}}\boldsymbol{A}\boldsymbol{x}$ 的规范形完全由它的秩决定，且规范形是唯一的。

与实二次型相同，复二次型也有以下推论。

推论 2.2.3　两个 n 元复二次型等价

$\Leftrightarrow$ 它们的规范形相同

$\Leftrightarrow$ 它们的秩相同。

推论 2.2.4　n 元复对称矩阵相合 $\Leftrightarrow$ 它们的秩相等。

2.2.2　正定二次型和正定矩阵

定义 2.2.5　设 n 元实二次型 $\boldsymbol{x}^{\mathrm{T}}\boldsymbol{A}\boldsymbol{x}$，对于 $\boldsymbol{R}^n$ 中任意非零列向量 $\boldsymbol{\alpha}$，都有 $\boldsymbol{\alpha}^{\mathrm{T}}\boldsymbol{A}\boldsymbol{\alpha}>0$，则称该实二次型 $\boldsymbol{x}^{\mathrm{T}}\boldsymbol{A}\boldsymbol{x}$ 是正定的。

定理 2.2.4　n 元实二次型 $\boldsymbol{x}^{\mathrm{T}}\boldsymbol{A}\boldsymbol{x}$ 是正定的，当且仅当它的正惯性指数等于 n。

由定理 2.2.4 马上可以得到：

推论 2.2.5　n 元实二次型 $\boldsymbol{x}^{\mathrm{T}}\boldsymbol{A}\boldsymbol{x}$ 是正定的

$\Leftrightarrow$ 它的规范形为 $y_1^2+y_2^2+\cdots+y_n^2$

$\Leftrightarrow$ 它的标准形中 n 个系数均大于 0。

定义 2.2.6　若实二次型 $\boldsymbol{x}^{\mathrm{T}}\boldsymbol{A}\boldsymbol{x}$ 是正定的，即对 $\boldsymbol{R}^n$ 中任意非零列向量 $\boldsymbol{\alpha}$，都有 $\boldsymbol{\alpha}^{\mathrm{T}}\boldsymbol{A}\boldsymbol{\alpha}>0$，则称实对称矩阵 $\boldsymbol{A}$ 是正定的。

正定的实对称矩阵称为正定矩阵。

定理 2.2.5　n 元实对称矩阵 $\boldsymbol{A}$ 是正定的

$\Leftrightarrow\boldsymbol{A}$ 的正惯性指数等于 n

$\Leftrightarrow\boldsymbol{A}$ 相合于单位矩阵 $\boldsymbol{I}$，即 $\boldsymbol{A}\simeq\boldsymbol{I}$

$\Leftrightarrow\boldsymbol{A}$ 的相合标准形中主对角元均为正数

$\Leftrightarrow\boldsymbol{A}$ 的特征值均大于 0。

推论 2.2.6　相合于正定矩阵的实对称矩阵也是正定矩阵。

推论 2.2.7　与正定二次型等价的实二次型也是正定的，即非退化线性变换不改变实二次型的正定性。

推论 2.2.8　正定矩阵的行列式大于 0。

定理 2.2.6　实对称矩阵 $\boldsymbol{A}$ 正定的充分必要条件是：$\boldsymbol{A}$ 的顺序主子式全大于 0。

推论 2.2.9　实二次型 $\boldsymbol{x}^{\mathrm{T}}\boldsymbol{A}\boldsymbol{x}$ 正定的充分必要条件为 $\boldsymbol{A}$ 的顺序主子式全大于 0。

定义 2.2.7　设 n 元实二次型 $\boldsymbol{x}^{\mathrm{T}}\boldsymbol{A}\boldsymbol{x}$，对于 $\boldsymbol{R}^n$ 中任意非零列向量 $\boldsymbol{\alpha}$，都有 $\boldsymbol{\alpha}^{\mathrm{T}}\boldsymbol{A}\boldsymbol{\alpha}\geqslant\boldsymbol{0}$($\boldsymbol{\alpha}^{\mathrm{T}}\boldsymbol{A}\boldsymbol{\alpha}<0$，$\boldsymbol{\alpha}^{\mathrm{T}}\boldsymbol{A}\boldsymbol{\alpha}\leqslant\boldsymbol{0}$)，则称该实二次型 $\boldsymbol{x}^{\mathrm{T}}\boldsymbol{A}\boldsymbol{x}$ 是半正定（负定、半负定）的。

若 $\boldsymbol{x}^{\mathrm{T}}\boldsymbol{A}\boldsymbol{x}$ 既不是半正定的，又不是半负定的，则称它为不定的。

定义 2.2.8　若实二次型 $\boldsymbol{x}^{\mathrm{T}}\boldsymbol{A}\boldsymbol{x}$ 是半正定（负定、半负定、不定）的，则实对称矩阵 $\boldsymbol{A}$ 是半正定（负定、半负定、不定）的。

定理 2.2.7　n 元实二次型 $\boldsymbol{x}^{\mathrm{T}}\boldsymbol{A}\boldsymbol{x}$ 是半正定的

$\Leftrightarrow$ 它的正惯形指数等于它的秩

$\Leftrightarrow$ 它的规范形为 $y_1^2+\cdots+y_r^2(0\leqslant r\leqslant n)$

$\Leftrightarrow$ 它的标准形中 n 个系数全非负。

推论 2.2.10 n 阶实对称矩阵 $\boldsymbol{A}$ 是半正定的

$\Leftrightarrow \boldsymbol{A}$ 的正惯性指数等于它的秩

$\Leftrightarrow \boldsymbol{A} \simeq \begin{pmatrix} \boldsymbol{I}_r & \boldsymbol{0} \\ \boldsymbol{0} & \boldsymbol{0} \end{pmatrix}$，其中 $r = \text{rank}(\boldsymbol{A})$

$\Leftrightarrow \boldsymbol{A}$ 的相合规范形中 n 个主对角元全非负

$\Leftrightarrow \boldsymbol{A}$ 的特征值全非负。

定理 2.2.8 实对称矩阵 $\boldsymbol{A}$ 是半正定的当且仅当 $\boldsymbol{A}$ 的所有主子式全非负。

定理 2.2.9 实对称矩阵 $\boldsymbol{A}$ 是负定的充分必要条件是：它的奇数阶顺序主子式全小于 0，偶数阶顺序主子式全大于 0。

2.3 向量与矩阵的求导

向量与矩阵的求导是理解机器学习和深度学习相关算法理论推导的关键步骤，掌握相关知识有助于更好地理解算法的数学原理。而向量与矩阵求导的本质是函数求导，本节从函数值为实值（标量）的函数（单变量函数和多变量函数）出发，推广到函数值为实向量及实矩阵的函数情况，通过各类函数求导的理论介绍向量与矩阵求导的相关知识。除非特别说明，本节所提及的标量、向量，矩阵和函数都是实数域上的，默认向量为列向量。

2.3.1 函数的理解

1. 实值函数

单变量实值函数（通称为单变量函数）的定义为[3]：

若对某个范围 X 内的每一个实数 x，可按映射规则 f 在 Y 内找到唯一实数 y 与 x 对应，则称 f 是 X 上的函数。f 在 x 的数值（称为函数值）是 y，记为 $f(x)$，即 $y = f(x)$，用数学记号将此过程表达为：

$$f: X \to Y$$
$$x \mapsto f(x)$$

上述表达有两层含义：（1）$f: X \to Y$ 表示，函数 f 将区域 X 映射到区域 Y 中；（2）$x \mapsto f(x)$ 表示，函数 f 将区域 X 内的任意一个实数 x 变换为 Y 内唯一一个与之对应的实数 y，记作 $f(x)$。其中，x 是自变量（变元），y 是因变量；X 是函数 f 的定义域，即对 X 内的任意实数 x，$f(x)$ 有意义且 $f(x)$ 是 Y 内一个确定且唯一的实数；当 x 取遍 X 内所有实数时，相应的函数值 $f(x)$ 全体构成了函数 f 的值域。

可将单变量函数推广至多变量实值函数（也称为多元实值函数）：设 E 是一个 n 维空间中的点集，$\boldsymbol{R}$ 是实数集，f 是一个映射规则，如果对 E 中的每一个点 $(x_1, x_2, \cdots, x_n)$，通过映射规则 f，都能变换为 $\boldsymbol{R}$ 中的一个与之唯一对应的实数 y，则称 f 为定义在 E 上的一个 n 元函数，$y = f(x_1, x_2, \cdots, x_n)$ 表示 f 在 $(x_1, x_2, \cdots, x_n)$ 的函数值，用数学符号记为：

$$f: E \to \boldsymbol{R}$$
$$(x_1, x_2, \cdots, x_n) \mapsto y = f(x_1, x_2, \cdots, x_n)$$

并称 E 为 f 的定义域。

观察上述两个函数的定义可见，函数的自变量可由一维 f：$\boldsymbol{R}$(或 $\boldsymbol{R}$ 的子集 $\boldsymbol{D}$) $\to \boldsymbol{R}$ 推广至多维 f：$\boldsymbol{R}^n$(或 $\boldsymbol{R}^n$ 的子集 $\boldsymbol{D}^n$) $\to \boldsymbol{R}$，就是函数自变量由一个标量变为一个向量，其函数值都是一个实数（一个标量），均称为实值函数。同理，可以将实值函数推广至自变量是矩阵的情况，即 f：$\boldsymbol{R}^{m\times n}$(或 $\boldsymbol{R}^{m\times n}$ 的子集 $\boldsymbol{D}^{m\times n}$) $\to \boldsymbol{R}$。由此可见，对于一个函数，其自变量的类型可以为标量、向量和矩阵。

2. 向量值函数

为了方便理解向量值函数，先考察下面两个例子：

例 2.3.1 螺旋线的方程[3]：

$$l: \begin{cases} x = a\cos t \\ y = a\sin t \\ z = ct \end{cases}$$

它把直线 $\boldsymbol{R}$ 上的任意一个实数 t 变为空间 $\boldsymbol{R}^3$ 中的一点 (x, y, z)，即

$$l: \boldsymbol{R} \to \boldsymbol{R}^3$$
$$t \mapsto (x, y, z)$$

其中，$x = a\cos t$，$y = a\sin t$，$z = ct$。

例 2.3.2 平面上的极坐标变换 $\boldsymbol{T}$[3]：

$$\boldsymbol{T}: \begin{cases} x = r\cos\theta \\ y = r\sin\theta \end{cases}$$

它把平面 $\boldsymbol{R}^2$ 上的点 (r, θ) 变成平面 $\boldsymbol{R}^2$ 上的点 (x, y)，例如它把 $r=1$，$\theta = \frac{\pi}{6}$ 的点变为 $x = \frac{\sqrt{3}}{2}$，$y = \frac{1}{2}$ 的点，这一变换，即

$$\boldsymbol{T}: \boldsymbol{R}^2 \to \boldsymbol{R}^2$$
$$(r, \theta) \mapsto (x, y)$$

其中，$x = r\cos\theta$，$y = r\sin\theta$。

从上面这两个例子可看到向量值函数的特点。

将形如：

$$\boldsymbol{f}: \boldsymbol{R}(\text{或 } \boldsymbol{R} \text{ 的子集 } \boldsymbol{D}) \to \boldsymbol{R}^n$$
$$x \mapsto \boldsymbol{y} = (y_1, y_2, \cdots, y_n)$$

或

$$f: \boldsymbol{R}^n(\text{或 } \boldsymbol{R}^n \text{ 的子集 } \boldsymbol{D}^n) \to \boldsymbol{R}^m$$
$$\boldsymbol{x} = (x_1, x_2, \cdots, x_n) \mapsto \boldsymbol{y} = (y_1, y_2, \cdots, y_m)$$

的函数，称为向量值函数。由实值函数的讨论，函数自变量仍可推广至矩阵的情况，即 $\boldsymbol{f}$：$\boldsymbol{R}^{m\times n}$(或 $\boldsymbol{R}^{m\times n}$ 的子集 $\boldsymbol{D}^{m\times n}$) $\to \boldsymbol{R}^n$ 也是向量值函数。

观察实值函数与向量值函数的定义，无论函数自变量的类型如何，经过函数变换后的函数值（因变量）类型决定了函数类型。例如，实值函数是指自变量经过函数 f 变换为一个实数（标量），向量值函数是指自变量经过函数 $\boldsymbol{f}$ 变换为一个向量。同理，可以将因变量类型推广至矩阵的情形，得到矩阵函数，即：

$$\boldsymbol{F}：定义域\rightarrow\boldsymbol{R}^{m\times n}$$
$$自变量\mapsto\boldsymbol{A}_{m\times n}$$

其中，自变量可以是标量、向量和矩阵。

3. 函数的分类

回顾已学的函数知识，可以总结出函数的 5 个关键要素：自变量、全体自变量集合（定义域）、映射规则 f、因变量、全体因变量集合（值域）。依据自变量的类型及因变量的类型，可以给出实数域上函数的分类，如表 2.3-1 所示。

实数域上函数的分类　　表 2.3-1

函数类型	标量变元 $x\in\boldsymbol{R}$	向量变元 $\boldsymbol{x}\in\boldsymbol{R}^n$	矩阵变元 $\boldsymbol{X}\in\boldsymbol{R}^{m\times n}$
实值函数 $f(\cdot)\in\boldsymbol{R}$	$y=f(x)$ $f:\boldsymbol{R}\rightarrow\boldsymbol{R}$ $x\mapsto y$	$y=f(\boldsymbol{x})$ $f:\boldsymbol{R}^n\rightarrow\boldsymbol{R}$ $\boldsymbol{x}\mapsto y$	$y=f(\boldsymbol{X})$ $f:\boldsymbol{R}^{m\times n}\rightarrow\boldsymbol{R}$ $\boldsymbol{X}\mapsto y$
向量函数 $\boldsymbol{f}(\cdot)\in\boldsymbol{R}^n$	$\boldsymbol{y}=\boldsymbol{f}(x)$ $\boldsymbol{f}:\boldsymbol{R}\rightarrow\boldsymbol{R}^n$ $x\mapsto\boldsymbol{y}$	$\boldsymbol{y}=\boldsymbol{f}(\boldsymbol{x})$ $\boldsymbol{f}:\boldsymbol{R}^n\rightarrow\boldsymbol{R}^n$ $\boldsymbol{x}\mapsto\boldsymbol{y}$	$\boldsymbol{y}=\boldsymbol{f}(\boldsymbol{X})$ $\boldsymbol{f}:\boldsymbol{R}^{m\times n}\rightarrow\boldsymbol{R}^n$ $\boldsymbol{X}\mapsto\boldsymbol{y}$
矩阵函数 $\boldsymbol{F}(\cdot)\in\boldsymbol{R}^{m\times n}$	$\boldsymbol{Y}=\boldsymbol{F}(x)$ $\boldsymbol{F}:\boldsymbol{R}\rightarrow\boldsymbol{R}^{m\times n}$ $x\mapsto\boldsymbol{Y}$	$\boldsymbol{Y}=\boldsymbol{F}(\boldsymbol{x})$ $\boldsymbol{F}:\boldsymbol{R}^n\rightarrow\boldsymbol{R}^{m\times n}$ $\boldsymbol{x}\mapsto\boldsymbol{Y}$	$\boldsymbol{Y}=\boldsymbol{F}(\boldsymbol{X})$ $\boldsymbol{F}:\boldsymbol{R}^{m\times n}\rightarrow\boldsymbol{R}^{m\times n}$ $\boldsymbol{X}\mapsto\boldsymbol{Y}$

2.3.2 向量与矩阵求导的本质和布局

对 2.3.1 节中所提及的各类函数求导，就是向量与矩阵求导，依据自变量与因变量的不同类型，获得表 2.3-2 中九种不同的求导形式。其中，标量对标量的求导，就是单变量实值函数的求导。

函数求导的分类　　表 2.3-2

自变量 \ 因变量	标量 y	向量 $\boldsymbol{y}$	矩阵 $\boldsymbol{Y}$
标量 x	$\frac{\partial y}{\partial x}$	$\frac{\partial \boldsymbol{y}}{\partial x}$	$\frac{\partial \boldsymbol{Y}}{\partial x}$
向量 $\boldsymbol{x}$	$\frac{\partial y}{\partial \boldsymbol{x}}$	$\frac{\partial \boldsymbol{y}}{\partial \boldsymbol{x}}$	$\frac{\partial \boldsymbol{Y}}{\partial \boldsymbol{x}}$
矩阵 $\boldsymbol{X}$	$\frac{\partial y}{\partial \boldsymbol{X}}$	$\frac{\partial \boldsymbol{y}}{\partial \boldsymbol{X}}$	$\frac{\partial \boldsymbol{Y}}{\partial \boldsymbol{X}}$

我们已学过多元函数求导，例如有一个多元函数：

$$f(x_1, x_2, x_3)=3x_1^2-x_2^2+2x_3^2+4x_2x_3$$

可求出 f 对 x_1，x_2，x_3 的偏导：

$$\begin{cases}\dfrac{\partial f}{\partial x_1}=6x_1\\ \dfrac{\partial f}{\partial x_2}=-2x_2+4x_3\\ \dfrac{\partial f}{\partial x_3}=4x_2+4x_3\end{cases}$$

向量与矩阵的求导，就是多元函数求导的一种推广；其本质就是向量值函数与矩阵函数的每个函数值分量对自变量中的每个元素逐个求偏导，且求偏导的结果用向量或矩阵表示。

上例中的多元函数，也是一个自变量为向量的实值函数，记 $\boldsymbol{x}=(x_1, x_2, x_3)^{\mathrm{T}}$，若将三个偏导结果写成列向量形式：

$$\frac{\partial f}{\partial \boldsymbol{x}}=\begin{pmatrix}\dfrac{\partial f}{\partial x_1}\\ \dfrac{\partial f}{\partial x_2}\\ \dfrac{\partial f}{\partial x_3}\end{pmatrix}=\begin{pmatrix}6x_1\\ -2x_2+4x_3\\ 4x_2+4x_3\end{pmatrix}$$

便是一个标量对向量求导，并按列向量形式展开的结果。同理，也可以将三个偏导结果写成行向量形式：

$$\frac{\partial f}{\partial \boldsymbol{x}}=\left(\frac{\partial f}{\partial x_1}, \frac{\partial f}{\partial x_2}, \frac{\partial f}{\partial x_3}\right)=(6x_1, -2x_2+4x_3, 4x_2+4x_3)\equiv\frac{\partial f}{\partial \boldsymbol{x}^{\mathrm{T}}}$$

$\equiv$ 符号表示为“等价于”，即将三个偏导结果写成行向量的形式等价于将一个标量对行向量求偏导。上述两种形式都是标量对向量求导的表达形式；在标量对向量求导时，先将标量函数分别对向量中的三个分量求偏导，再将这三个偏导结果按列向量或行向量的方式排布，可以理解为一个标量分别对列向量和行向量求导。

设有一个 m 维向量 $\boldsymbol{y}=(y_1, \cdots, y_m)^{\mathrm{T}}$ 对一个 n 维向量 $\boldsymbol{x}=(x_1, \cdots, x_n)^{\mathrm{T}}$ 求偏导，按照向量与矩阵求导的本质，首先依次将 $\boldsymbol{y}$ 中的每一个分量 $y_i(i=1, \cdots, m)$ 分别对自变量 $\boldsymbol{x}$ 中的每一个分量 $x_j(j=1, \cdots, n)$ 求偏导，得到 $m\times n$ 个偏导结果：

$$\frac{\partial y_1}{\partial x_1}, \cdots, \frac{\partial y_1}{\partial x_n}, \cdots, \frac{\partial y_m}{\partial x_1}, \cdots, \frac{\partial y_m}{\partial x_n}$$

应按照何种规则将这 $m\times n$ 个偏导结果进行排布呢?

为解决这个问题，引入了向量与矩阵求导的两种布局方式-分子布局和分母布局；这里的分子和分母分别代表因变量和自变量。

分子布局，就是按照分子的排列方式，将偏导结果排列起来。上例中，用分子布局将 $m\times n$ 个偏导结果排列起来，形式如下：

$$\frac{\partial \boldsymbol{y}}{\partial \boldsymbol{x}}=\begin{pmatrix}\dfrac{\partial y_1}{\partial x_1} & \dfrac{\partial y_1}{\partial x_2} & \cdots & \dfrac{\partial y_1}{\partial x_n}\\ \dfrac{\partial y_2}{\partial x_1} & \dfrac{\partial y_2}{\partial x_2} & \cdots & \dfrac{\partial y_2}{\partial x_n}\\ \vdots & \vdots & & \vdots\\ \dfrac{\partial y_m}{\partial x_1} & \dfrac{\partial y_m}{\partial x_2} & \cdots & \dfrac{\partial y_m}{\partial x_n}\end{pmatrix}\equiv\frac{\partial \boldsymbol{y}}{\partial \boldsymbol{x}^{\mathrm{T}}} \tag{2.3-1}$$

式（2.3-1）中，将分子的 $\boldsymbol{y}$ 每个元素按照下标 1，…，m 排布成列，而每列中元素的分母不变，从而得到一个求导结果 $\frac{\partial \boldsymbol{y}}{\partial \boldsymbol{x}} \in \boldsymbol{R}^{m\times n}$，这种形式称为雅可比矩阵（Jocabian Matrix）。同理，前例中一个标量对一个向量求导，将偏导结果按照行向量形式排列 $\frac{\partial f}{\partial \boldsymbol{x}} = \left(\frac{\partial f}{\partial x_1}, \frac{\partial f}{\partial x_2}, \frac{\partial f}{\partial x_3}\right) = (6x_1, -2x_2+4x_3, 4x_2+4x_3) \equiv \frac{\partial f}{\partial \boldsymbol{x}^{\mathrm{T}}}$，也是一种分子布局。

分母布局，就是按照分母的排列方式，将偏导结果排列起来。将上例中得到的 $m\times n$ 个偏导结果按照分母布局排列起来，形式如下：

$$\frac{\partial \boldsymbol{y}}{\partial \boldsymbol{x}} = \begin{pmatrix} \frac{\partial y_1}{\partial x_1} & \frac{\partial y_2}{\partial x_1} & \cdots & \frac{\partial y_m}{\partial x_1} \\ \frac{\partial y_1}{\partial x_2} & \frac{\partial y_2}{\partial x_2} & \cdots & \frac{\partial y_m}{\partial x_2} \\ \vdots & \vdots & & \vdots \\ \frac{\partial y_1}{\partial x_n} & \frac{\partial y_2}{\partial x_n} & \cdots & \frac{\partial y_m}{\partial x_n} \end{pmatrix} \tag{2.3-2}$$

式（2.3-2）中，是将分母的 $\boldsymbol{x}$ 每个元素按照下标 1，…，n 排布成列，而每列中元素的分子不变，从而得到一个求导结果 $\frac{\partial \boldsymbol{y}}{\partial \boldsymbol{x}} \in \boldsymbol{R}^{n\times m}$。同理，前例中一个标量对一个向量求导，将偏导结果按照列向量形式排列，是一种分母布局。

至此，矩阵与向量求导的本质及布局方式均已明晰，但仍需辨明以下问题：矩阵与向量的求导中，向量无论作为自变量还是因变量，书中均未明确是列向量还是行向量。

先考虑前文中标量对向量求导中的例子，其函数值 $f(x_1, x_2, x_3) = 3x_1^2 - x_2^2 + 2x_3^2 + 4x_2x_3$ 是一个标量，自变量 $\boldsymbol{x} = (x_1, x_2, x_3)^{\mathrm{T}}$ 是一个列向量，三个偏导结果分别为 $6x_1$，$-2x_2+4x_3$，$4x_2+4x_3$。本例实际是一个标量对一个列向量求导的问题，采用分母布局时，按照分母的列向量形式将 3 个偏导结果排布起来，求导结果 $(6x_1, -2x_2+4x_3, 4x_2+4x_3)^{\mathrm{T}}$ 是一个 3 维列向量；采用分子布局时，求导结果 $(6x_1, -2x_2+4x_3, 4x_2+4x_3)$ 是一个 3 维行向量，此时等于该函数值对行向量 $\boldsymbol{x}^{\mathrm{T}} = (x_1, x_2, x_3)$ 求导按分母布局排布的结果。

首先，$\frac{\partial f}{\partial \boldsymbol{x}}$(分子布局) $\equiv \frac{\partial f}{\partial \boldsymbol{x}^{\mathrm{T}}}$(分母布局) 说明了函数对列向量求导与函数对行向量求导可以互相转换（采用不同的布局），自变量是行向量或是列向量并不产生显著影响，同理因变量情形也无需申明向量的具体类型；其次，两种布局方式的结果互为转置，即 $\frac{\partial f}{\partial \boldsymbol{x}}$(分子布局) $=\left(\frac{\partial f}{\partial \boldsymbol{x}}(\text{分母布局})\right)^{\mathrm{T}}$；最后，若同时采用同一种布局时，函数对一个向量转置求导，等于对该向量求导的转置，即 $\frac{\partial f}{\partial \boldsymbol{x}^{\mathrm{T}}} = \left(\frac{\partial f}{\partial \boldsymbol{x}}\right)^{\mathrm{T}}$。

实际操作中，通常不会特意声明采用了何种布局方式，并且也会将两种布局混合使用，若无特别的声明，一般会采用约定俗成的布局习惯。例如，标量对向量求导时，常采用分母布局；向量对向量求导时，常采用分子布局等。表 2.3-3 给出按照不同布局排布的向量与矩阵求导结果。

向量与矩阵的求导按不同布局排布结果　　表 2.3-3

分子 \ 分母	标量 $y \in \boldsymbol{R}$	向量 $\boldsymbol{y} \in \boldsymbol{R}^m$	矩阵 $\boldsymbol{Y} \in \boldsymbol{R}^{m\times n}$
标量 $x \in \boldsymbol{R}$	—	$\frac{\partial \boldsymbol{y}}{\partial x}$ 分子布局：m 维列向量（默认布局） 分母布局：m 维行向量	$\frac{\partial \boldsymbol{Y}}{\partial x}$ 分子布局：$m\times n$ 矩阵（默认布局） 分母布局：$n\times m$ 矩阵
向量 $\boldsymbol{x} \in \boldsymbol{R}^n$	$\frac{\partial y}{\partial \boldsymbol{x}}$ 分子布局：n 维行向量 分母布局：n 维列向量（默认布局）	$\frac{\partial \boldsymbol{y}}{\partial \boldsymbol{x}}$ 分子布局：$m\times n$ 矩阵（雅可比矩阵，默认布局） 分母布局：$n\times m$ 矩阵	—
矩阵 $\boldsymbol{X} \in \boldsymbol{R}^{m\times n}$	$\frac{\partial y}{\partial \boldsymbol{X}}$ 分子布局：$n\times m$ 矩阵 分母布局：$m\times n$ 矩阵（默认布局）	—	—

例 2.3.3　若函数 $\boldsymbol{f}$：$\boldsymbol{R}^3 \rightarrow \boldsymbol{R}^2$ 为[1]：

$$\boldsymbol{f}(x,\ y,\ z)=\begin{pmatrix} 3x+\mathrm{e}^y z \\ x^3+y^2\sin z \end{pmatrix}$$

在任一点 $(x,\ y,\ z)$ 的雅可比矩阵，即导数为：

$$\frac{\partial \boldsymbol{f}}{\partial(x,\ y,\ z)}=\begin{pmatrix} \frac{\partial f_1}{\partial x} & \frac{\partial f_1}{\partial y} & \frac{\partial f_1}{\partial z} \\ \frac{\partial f_2}{\partial x} & \frac{\partial f_2}{\partial y} & \frac{\partial f_2}{\partial z} \end{pmatrix}=\begin{pmatrix} 3 & z\mathrm{e}^y & \mathrm{e}^y \\ 3x^2 & 2y\sin z & y^2\cos z \end{pmatrix}$$

2.3.3　向量与矩阵求导的典型例子

1. 标量对向量和矩阵的求导

上文中已经提到标量 $y \in \boldsymbol{R}$ 对向量 $\boldsymbol{x}=(x_1,\ \cdots,\ x_n)^{\mathrm{T}} \in \boldsymbol{R}^n$ 的求导，常采用分母布局：

$$\frac{\partial y}{\partial \boldsymbol{x}}=\begin{pmatrix} \frac{\partial y}{\partial x_1} \\ \frac{\partial y}{\partial x_2} \\ \frac{\partial y}{\partial x_3} \end{pmatrix}$$

标量对矩阵的求导，常采用分母布局。设矩阵 $\boldsymbol{A}=(\boldsymbol{a}_1,\ \cdots,\ \boldsymbol{a}_n) \in \boldsymbol{R}^{m\times n}$，其中 $\boldsymbol{a}_i$ 为 m 维列向量，即 $\boldsymbol{a}_i=(a_{1i},\ a_{2i},\ \cdots,\ a_{mi})^{\mathrm{T}}$；再设有实值函数 f 使得 $y=f(\boldsymbol{A})$ 是一个标量，则 $y=f(\boldsymbol{A})=f(\boldsymbol{a}_1,\ \cdots,\ \boldsymbol{a}_n)$。标量 y 对矩阵 $\boldsymbol{A}$ 求导，首先将标量 y 对 $\boldsymbol{A}$ 中的每一

个分量$a_{ij}(i=1, 2, \cdots, m; j=1, 2, \cdots, n)$求偏导，得到$mn$个偏导值：

$$\frac{\partial y}{\partial a_{ij}}(i=1, 2, \cdots, m; j=1, 2, \cdots, n)$$

将这mn个偏导值按照分母布局方式，组成$m \times n$维矩阵：

$$\frac{\partial y}{\partial \mathbf{A}}=\frac{\partial f}{\partial \mathbf{A}}=\begin{pmatrix} \frac{\partial f}{\partial a_{11}} & \cdots & \frac{\partial f}{\partial a_{1n}} \\ \vdots & & \vdots \\ \frac{\partial f}{\partial a_{m1}} & \cdots & \frac{\partial f}{\partial a_{mn}} \end{pmatrix}$$

该过程也可以理解为：相当于标量y先分别对$\mathbf{A}$中的每一个列向量逐一求导并得到n个m维列向量：

$$\frac{\partial y}{\partial \boldsymbol{a}_i}=\frac{\partial f}{\partial \boldsymbol{a}_i}=\begin{pmatrix} \frac{\partial f}{\partial a_{1i}} \\ \vdots \\ \frac{\partial f}{\partial a_{mi}} \end{pmatrix}$$

将y对n个向量$\boldsymbol{a}_i$的n个求导结果，也就是n个m维列向量依次排列成一个矩阵，就得到了上面标量y对矩阵$\mathbf{A}$的求导结果。

由上面的标量对向量及矩阵的求导过程可见，这个过程完全类似多元函数的求导过程，只是在求导中将自变量变成了向量或矩阵，而结果也是用向量或矩阵来表示。梯度实际上也是一个标量对向量的求导结果。

在机器学习中，经常会碰到一些特殊的标量对向量的求导问题，此处将以例题形式进行介绍。

例 2.3.4 设$\boldsymbol{x}=(x_1, x_2, \cdots, x_n)^{\mathrm{T}}$和$\boldsymbol{a}=(a_1, a_2, \cdots, a_n)^{\mathrm{T}}$，$\boldsymbol{x}$和$\boldsymbol{a}$均为列向量，并令$y=\boldsymbol{a}^{\mathrm{T}}\boldsymbol{x}=\sum_{i=1}^{n} a_i x_i$，求$\frac{\partial y}{\partial \boldsymbol{x}}$。

首先对$\boldsymbol{x}$的第一个分量求导：

$$\frac{\partial \boldsymbol{a}^{\mathrm{T}}\boldsymbol{x}}{\partial x_1}=\frac{\partial\left(\sum_{i=1}^{n} a_i x_i\right)}{\partial x_1}=a_1$$

可见y对$\boldsymbol{x}$的每个分量x_i的求导结果都是$\boldsymbol{a}$的第i个分量a_i；再将n个偏导按照分母布局排列，即

$$\frac{\partial y}{\partial \boldsymbol{x}}=\left(\frac{\partial y}{\partial x_1}, \frac{\partial y}{\partial x_2}, \frac{\partial y}{\partial x_3}, \cdots, \frac{\partial y}{\partial x_n}\right)^{\mathrm{T}}=(a_1, \cdots, a_n)^{\mathrm{T}}=\boldsymbol{a}$$

从而可得：

$$\frac{\partial \boldsymbol{a}^{\mathrm{T}}\boldsymbol{x}}{\partial \boldsymbol{x}}=\boldsymbol{a}$$

而当$\boldsymbol{a}=\boldsymbol{x}$时，即有$y=\boldsymbol{x}^{\mathrm{T}}\boldsymbol{x}=\sum_{i=1}^{n} x_i^2$，则

$$\frac{\partial \boldsymbol{x}^{\mathrm{T}}\boldsymbol{x}}{\partial x_i}=\frac{\partial\left(\sum_{i=1}^{n}x_i^2\right)}{\partial x_i}=2x_i$$

也就是此时对 $\boldsymbol{x}$ 的每一个分量 x_i 求导结果都是 $2x_i$，即

$$\frac{\partial \boldsymbol{x}^{\mathrm{T}}\boldsymbol{x}}{\partial \boldsymbol{x}}=\left(\frac{\partial \boldsymbol{x}^{\mathrm{T}}\boldsymbol{x}}{\partial x_1},\ \frac{\partial \boldsymbol{x}^{\mathrm{T}}\boldsymbol{x}}{\partial x_2},\ \frac{\partial \boldsymbol{x}^{\mathrm{T}}\boldsymbol{x}}{\partial x_3},\ \cdots,\ \frac{\partial \boldsymbol{x}^{\mathrm{T}}\boldsymbol{x}}{\partial x_n}\right)^{\mathrm{T}}=(2x_1,\ \cdots,\ 2x_n)^{\mathrm{T}}=2\boldsymbol{x}$$

例 2.3.5　设 $\boldsymbol{X}_{m\times n}=(x_{ij})_{m\times n}$，$\boldsymbol{a}=(a_1,\ a_2,\ \cdots,\ a_m)^{\mathrm{T}}$ 且 $\boldsymbol{b}=(b_1,\ b_2,\ \cdots,\ b_n)^{\mathrm{T}}$，$\boldsymbol{a}$ 和 $\boldsymbol{b}$ 均为列向量，求 $\frac{\partial \boldsymbol{a}^{\mathrm{T}}\boldsymbol{X}\boldsymbol{b}}{\partial \boldsymbol{X}}$。

首先计算 $\boldsymbol{a}^{\mathrm{T}}\boldsymbol{X}\boldsymbol{b}$：

$$\boldsymbol{a}^{\mathrm{T}}\boldsymbol{X}\boldsymbol{b}=(a_1,\ a_2,\ \cdots,\ a_m)\begin{pmatrix}x_{11} & x_{12} & \cdots & x_{1n}\\ x_{21} & x_{22} & \cdots & x_{2n}\\ \vdots & \vdots & & \vdots\\ x_{m1} & x_{m2} & \cdots & x_{mn}\end{pmatrix}\begin{pmatrix}b_1\\ b_2\\ \vdots\\ b_n\end{pmatrix}$$

$$=\left(\sum_{i=1}^{m}a_ix_{i1},\ \sum_{i=1}^{m}a_ix_{i2},\ \cdots,\ \sum_{i=1}^{m}a_ix_{in}\right)\begin{pmatrix}b_1\\ b_2\\ \vdots\\ b_n\end{pmatrix}=\sum_{i=1}^{m}\sum_{j=1}^{n}a_ix_{ij}b_j$$

$\boldsymbol{a}^{\mathrm{T}}\boldsymbol{X}\boldsymbol{b}$ 对矩阵每个元素分别进行求导：

$$\frac{\partial \boldsymbol{a}^{\mathrm{T}}\boldsymbol{X}\boldsymbol{b}}{\partial \boldsymbol{X}}=\begin{pmatrix}\frac{\partial \boldsymbol{a}^{\mathrm{T}}\boldsymbol{X}\boldsymbol{b}}{\partial x_{11}} & \frac{\partial \boldsymbol{a}^{\mathrm{T}}\boldsymbol{X}\boldsymbol{b}}{\partial x_{12}} & \cdots & \frac{\partial \boldsymbol{a}^{\mathrm{T}}\boldsymbol{X}\boldsymbol{b}}{\partial x_{1n}}\\ \frac{\partial \boldsymbol{a}^{\mathrm{T}}\boldsymbol{X}\boldsymbol{b}}{\partial x_{21}} & \frac{\partial \boldsymbol{a}^{\mathrm{T}}\boldsymbol{X}\boldsymbol{b}}{\partial x_{22}} & \cdots & \frac{\partial \boldsymbol{a}^{\mathrm{T}}\boldsymbol{X}\boldsymbol{b}}{\partial x_{2n}}\\ \vdots & \vdots & & \vdots\\ \frac{\partial \boldsymbol{a}^{\mathrm{T}}\boldsymbol{X}\boldsymbol{b}}{\partial x_{m1}} & \frac{\partial \boldsymbol{a}^{\mathrm{T}}\boldsymbol{X}\boldsymbol{b}}{\partial x_{m2}} & \cdots & \frac{\partial \boldsymbol{a}^{\mathrm{T}}\boldsymbol{X}\boldsymbol{b}}{\partial x_{mn}}\end{pmatrix}$$

$$=\begin{pmatrix}\frac{\partial\sum_{i=1}^{m}\sum_{j=1}^{n}a_ix_{ij}b_j}{\partial x_{11}} & \frac{\partial\sum_{i=1}^{m}\sum_{j=1}^{n}a_ix_{ij}b_j}{\partial x_{12}} & \cdots & \frac{\partial\sum_{i=1}^{m}\sum_{j=1}^{n}a_ix_{ij}b_j}{\partial x_{1n}}\\ \frac{\partial\sum_{i=1}^{m}\sum_{j=1}^{n}a_ix_{ij}b_j}{\partial x_{21}} & \frac{\partial\sum_{i=1}^{m}\sum_{j=1}^{n}a_ix_{ij}b_j}{\partial x_{22}} & \cdots & \frac{\partial\sum_{i=1}^{m}\sum_{j=1}^{n}a_ix_{ij}b_j}{\partial x_{2n}}\\ \vdots & \vdots & & \vdots\\ \frac{\partial\sum_{i=1}^{m}\sum_{j=1}^{n}a_ix_{ij}b_j}{\partial x_{m1}} & \frac{\partial\sum_{i=1}^{m}\sum_{j=1}^{n}a_ix_{ij}b_j}{\partial x_{m2}} & \cdots & \frac{\partial\sum_{i=1}^{m}\sum_{j=1}^{n}a_ix_{ij}b_j}{\partial x_{mn}}\end{pmatrix}$$

$$=\begin{pmatrix} a_1b_1 & a_1b_2 & \cdots & a_1b_n \\ a_2b_1 & a_2b_2 & \cdots & a_2b_n \\ \vdots & \vdots & & \vdots \\ a_mb_1 & a_mb_2 & \cdots & a_mb_n \end{pmatrix}=\begin{pmatrix} a_1 \\ a_2 \\ \vdots \\ a_m \end{pmatrix}(b_1 \quad b_2 \quad \cdots \quad b_n)=\boldsymbol{ab}^{\mathrm{T}}$$

例 2.3.6 设 $\boldsymbol{X}_{m\times n}=(x_{ij})_{m\times n}$，$\boldsymbol{a}=(a_1, a_2, \cdots, a_n)^{\mathrm{T}}$ 且 $\boldsymbol{b}=(b_1, b_2, \cdots, b_m)^{\mathrm{T}}$，$\boldsymbol{a}$ 和 $\boldsymbol{b}$ 均为列向量，求 $\dfrac{\partial \boldsymbol{a}^{\mathrm{T}}\boldsymbol{X}^{\mathrm{T}}\boldsymbol{b}}{\partial \boldsymbol{X}}$。

首先计算 $\boldsymbol{a}^{\mathrm{T}}\boldsymbol{X}^{\mathrm{T}}\boldsymbol{b}$：

$$\boldsymbol{a}^{\mathrm{T}}\boldsymbol{X}^{\mathrm{T}}\boldsymbol{b}=(a_1, a_2, .., a_n)\begin{pmatrix} x_{11} & x_{21} & \cdots & x_{m1} \\ x_{12} & x_{22} & \cdots & x_{m2} \\ \vdots & \vdots & & \vdots \\ x_{1n} & x_{2n} & \cdots & x_{mn} \end{pmatrix}\begin{pmatrix} b_1 \\ b_2 \\ \vdots \\ b_m \end{pmatrix}$$

$$=\left(\sum_{i=1}^{n}a_ix_{1i}, \sum_{i=1}^{n}a_ix_{2i}, \cdots, \sum_{i=1}^{n}a_ix_{mi}\right)\begin{pmatrix} b_1 \\ b_2 \\ \vdots \\ b_m \end{pmatrix}=\sum_{i=1}^{n}\sum_{j=1}^{m}a_ix_{ji}b_j$$

$\boldsymbol{a}^{\mathrm{T}}\boldsymbol{Xb}$ 对矩阵每个元素分别进行求导：

$$\frac{\partial \boldsymbol{a}^{\mathrm{T}}\boldsymbol{X}^{\mathrm{T}}\boldsymbol{b}}{\partial \boldsymbol{X}}=\begin{pmatrix} \dfrac{\partial \boldsymbol{a}^{\mathrm{T}}\boldsymbol{X}^{\mathrm{T}}\boldsymbol{b}}{\partial x_{11}} & \dfrac{\partial \boldsymbol{a}^{\mathrm{T}}\boldsymbol{X}^{\mathrm{T}}\boldsymbol{b}}{\partial x_{12}} & \cdots & \dfrac{\partial \boldsymbol{a}^{\mathrm{T}}\boldsymbol{X}^{\mathrm{T}}\boldsymbol{b}}{\partial x_{1n}} \\ \dfrac{\partial \boldsymbol{a}^{\mathrm{T}}\boldsymbol{X}^{\mathrm{T}}\boldsymbol{b}}{\partial x_{21}} & \dfrac{\partial \boldsymbol{a}^{\mathrm{T}}\boldsymbol{X}^{\mathrm{T}}\boldsymbol{b}}{\partial x_{22}} & \cdots & \dfrac{\partial \boldsymbol{a}^{\mathrm{T}}\boldsymbol{X}^{\mathrm{T}}\boldsymbol{b}}{\partial x_{2n}} \\ \vdots & \vdots & & \vdots \\ \dfrac{\partial \boldsymbol{a}^{\mathrm{T}}\boldsymbol{X}^{\mathrm{T}}\boldsymbol{b}}{\partial x_{m1}} & \dfrac{\partial \boldsymbol{a}^{\mathrm{T}}\boldsymbol{X}^{\mathrm{T}}\boldsymbol{b}}{\partial x_{m2}} & \cdots & \dfrac{\partial \boldsymbol{a}^{\mathrm{T}}\boldsymbol{X}^{\mathrm{T}}\boldsymbol{b}}{\partial x_{mn}} \end{pmatrix}$$

$$=\begin{pmatrix} \dfrac{\partial \sum\limits_{i=1}^{n}\sum\limits_{j=1}^{m}a_ix_{ji}b_j}{\partial x_{11}} & \dfrac{\partial \sum\limits_{i=1}^{n}\sum\limits_{j=1}^{m}a_ix_{ji}b_j}{\partial x_{12}} & \cdots & \dfrac{\partial \sum\limits_{i=1}^{n}\sum\limits_{j=1}^{m}a_ix_{ji}b_j}{\partial x_{1n}} \\ \dfrac{\partial \sum\limits_{i=1}^{n}\sum\limits_{j=1}^{m}a_ix_{ji}b_j}{\partial x_{21}} & \dfrac{\partial \sum\limits_{i=1}^{n}\sum\limits_{j=1}^{m}a_ix_{ji}b_j}{\partial x_{22}} & \cdots & \dfrac{\partial \sum\limits_{i=1}^{n}\sum\limits_{j=1}^{m}a_ix_{ji}b_j}{\partial x_{2n}} \\ \vdots & \vdots & & \vdots \\ \dfrac{\partial \sum\limits_{i=1}^{n}\sum\limits_{j=1}^{m}a_ix_{ji}b_j}{\partial x_{m1}} & \dfrac{\partial \sum\limits_{i=1}^{n}\sum\limits_{j=1}^{m}a_ix_{ji}b_j}{\partial x_{m2}} & \cdots & \dfrac{\partial \sum\limits_{i=1}^{n}\sum\limits_{j=1}^{m}a_ix_{ji}b_j}{\partial x_{mn}} \end{pmatrix}$$

$$=\begin{pmatrix} b_1a_1 & b_1a_2 & \cdots & b_1a_n \\ b_2a_1 & b_2a_2 & \cdots & b_2a_n \\ \vdots & \vdots & & \vdots \\ b_ma_1 & b_ma_2 & \cdots & b_ma_n \end{pmatrix}=\begin{pmatrix} b_1 \\ b_2 \\ \vdots \\ b_m \end{pmatrix}(a_1 \quad a_2 \quad \cdots \quad a_n)=\boldsymbol{ba}^{\mathrm{T}}$$

例 2.3.7 设 $\boldsymbol{X}_{m\times n}=(x_{ij})_{m\times n}$，$\boldsymbol{a}=(a_1, a_2, \cdots, a_m)^{\mathrm{T}}$ 且 $\boldsymbol{b}=(b_1, b_2, \cdots, b_m)^{\mathrm{T}}$，$\boldsymbol{a}$ 和 $\boldsymbol{b}$ 均为列向量，求 $\dfrac{\partial \boldsymbol{a}^{\mathrm{T}}\boldsymbol{X}\boldsymbol{X}^{\mathrm{T}}\boldsymbol{b}}{\partial \boldsymbol{X}}$。

首先计算 $\boldsymbol{a}^{\mathrm{T}}\boldsymbol{X}\boldsymbol{X}^{\mathrm{T}}\boldsymbol{b}$：

$$\boldsymbol{a}^{\mathrm{T}}\boldsymbol{X}\boldsymbol{X}^{\mathrm{T}}\boldsymbol{b}=(a_1, a_2, \cdots, a_m)\begin{pmatrix} x_{11} & x_{12} & \cdots & x_{1n} \\ x_{21} & x_{22} & \cdots & x_{2n} \\ \vdots & \vdots & & \vdots \\ x_{m1} & x_{m2} & \cdots & x_{mn} \end{pmatrix}\begin{pmatrix} x_{11} & x_{21} & \cdots & x_{m1} \\ x_{12} & x_{22} & \cdots & x_{m2} \\ \vdots & \vdots & & \vdots \\ x_{1n} & x_{2n} & \cdots & x_{mn} \end{pmatrix}\begin{pmatrix} b_1 \\ b_2 \\ \vdots \\ b_m \end{pmatrix}$$

$$=\left(\sum_{i=1}^{m}a_i x_{i1}, \sum_{i=1}^{m}a_i x_{i2}, \cdots, \sum_{i=1}^{m}a_i x_{in}\right)\begin{pmatrix} \sum\limits_{j=1}^{m}b_j x_{j1} \\ \sum\limits_{j=1}^{m}b_j x_{j2} \\ \vdots \\ \sum\limits_{j=1}^{m}b_j x_{jn} \end{pmatrix}$$

$$=\sum_{k=1}^{n}\left[\left(\sum_{i=1}^{m}a_i x_{ik}\right)\left(\sum_{j=1}^{m}b_j x_{jk}\right)\right]$$

$\boldsymbol{a}^{\mathrm{T}}\boldsymbol{X}\boldsymbol{X}^{\mathrm{T}}\boldsymbol{b}$ 对矩阵第一行第一个元素 x_{11} 求导：

$$\frac{\partial \boldsymbol{a}^{\mathrm{T}}\boldsymbol{X}\boldsymbol{X}^{\mathrm{T}}\boldsymbol{b}}{\partial x_{11}}=\frac{\partial\left[\left(\sum\limits_{i=1}^{m}a_i x_{i1}\right)\left(\sum\limits_{j=1}^{m}b_j x_{j1}\right)+\cdots\right]}{\partial x_{11}}$$

$$=\frac{\partial\left(\left(a_1\sum\limits_{j=1}^{m}b_j x_{j1}\right)x_{11}+\left(b_1\sum\limits_{i=1}^{m}a_i x_{i1}\right)x_{11}+\cdots\right)}{\partial x_{11}}$$

$$=a_1\sum_{j=1}^{m}b_j x_{j1}+b_1\sum_{i=1}^{m}a_i x_{i1}$$

$\boldsymbol{a}^{\mathrm{T}}\boldsymbol{X}\boldsymbol{X}^{\mathrm{T}}\boldsymbol{b}$ 对矩阵第一行第二个元素 x_{12} 求导：

$$\frac{\partial \boldsymbol{a}^{\mathrm{T}}\boldsymbol{X}\boldsymbol{X}^{\mathrm{T}}\boldsymbol{b}}{\partial x_{12}}=\frac{\partial\left[\left(\sum\limits_{i=1}^{m}a_i x_{i2}\right)\left(\sum\limits_{j=1}^{m}b_j x_{j2}\right)+\cdots\right]}{\partial x_{12}}$$

$$=\frac{\partial\left(\left(a_1\sum\limits_{j=1}^{m}b_j x_{j2}\right)x_{12}+\left(b_1\sum\limits_{i=1}^{m}a_i x_{i2}\right)x_{12}+\cdots\right)}{\partial x_{12}}$$

$$=a_1\sum_{j=1}^{m}b_j x_{j2}+b_1\sum_{i=1}^{m}a_i x_{i2}$$

$\boldsymbol{a}^{\mathrm{T}}\boldsymbol{X}\boldsymbol{X}^{\mathrm{T}}\boldsymbol{b}$ 对矩阵第二行第一个元素 x_{21} 求导：

$$\frac{\partial \boldsymbol{a}^{\mathrm{T}}\boldsymbol{X}\boldsymbol{X}^{\mathrm{T}}\boldsymbol{b}}{\partial x_{21}}=\frac{\partial\left[\left(\sum\limits_{i=1}^{m}a_i x_{i1}\right)\left(\sum\limits_{j=1}^{m}b_j x_{j1}\right)+\cdots\right]}{\partial x_{21}}$$

$$=\frac{\partial\left(\left(a_2\sum_{j=1}^{m}b_jx_{j1}\right)x_{21}+\left(b_2\sum_{i=1}^{m}a_ix_{i1}\right)x_{21}+\cdots\right)}{\partial x_{21}}$$

$$=a_2\sum_{j=1}^{m}b_jx_{j1}+b_2\sum_{i=1}^{m}a_ix_{i1}$$

可见，$\boldsymbol{a}^{\mathrm{T}}\boldsymbol{X}\boldsymbol{X}^{\mathrm{T}}\boldsymbol{b}$ 对矩阵的任一元素 x_{st} 求导，形式如下：

$$\frac{\partial\boldsymbol{a}^{\mathrm{T}}\boldsymbol{X}\boldsymbol{X}^{\mathrm{T}}\boldsymbol{b}}{\partial x_{st}}=\frac{\partial\left[\left(\sum_{i=1}^{m}a_ix_{it}\right)\left(\sum_{j=1}^{m}b_jx_{jt}\right)+\cdots\right]}{\partial x_{st}}$$

$$=\frac{\partial\left(\left(a_s\sum_{j=1}^{m}b_jx_{jt}\right)x_{st}+\left(b_s\sum_{i=1}^{m}a_ix_{it}\right)x_{st}+\cdots\right)}{\partial x_{st}}$$

$$=a_s\sum_{j=1}^{m}b_jx_{jt}+b_s\sum_{i=1}^{m}a_ix_{it}$$

$\boldsymbol{a}^{\mathrm{T}}\boldsymbol{X}\boldsymbol{X}^{\mathrm{T}}\boldsymbol{b}$ 对矩阵每个元素分别进行求导：

$$\frac{\partial\boldsymbol{a}^{\mathrm{T}}\boldsymbol{X}\boldsymbol{X}^{\mathrm{T}}\boldsymbol{b}}{\partial\boldsymbol{X}}=\begin{pmatrix}\frac{\partial\boldsymbol{a}^{\mathrm{T}}\boldsymbol{X}\boldsymbol{X}^{\mathrm{T}}\boldsymbol{b}}{\partial x_{11}} & \frac{\partial\boldsymbol{a}^{\mathrm{T}}\boldsymbol{X}\boldsymbol{X}^{\mathrm{T}}\boldsymbol{b}}{\partial x_{12}} & \cdots & \frac{\partial\boldsymbol{a}^{\mathrm{T}}\boldsymbol{X}\boldsymbol{X}^{\mathrm{T}}\boldsymbol{b}}{\partial x_{1n}}\\ \frac{\partial\boldsymbol{a}^{\mathrm{T}}\boldsymbol{X}\boldsymbol{X}^{\mathrm{T}}\boldsymbol{b}}{\partial x_{21}} & \frac{\partial\boldsymbol{a}^{\mathrm{T}}\boldsymbol{X}\boldsymbol{X}^{\mathrm{T}}\boldsymbol{b}}{\partial x_{22}} & \cdots & \frac{\partial\boldsymbol{a}^{\mathrm{T}}\boldsymbol{X}\boldsymbol{X}^{\mathrm{T}}\boldsymbol{b}}{\partial x_{2n}}\\ \vdots & \vdots & & \vdots\\ \frac{\partial\boldsymbol{a}^{\mathrm{T}}\boldsymbol{X}\boldsymbol{X}^{\mathrm{T}}\boldsymbol{b}}{\partial x_{m1}} & \frac{\partial\boldsymbol{a}^{\mathrm{T}}\boldsymbol{X}\boldsymbol{X}^{\mathrm{T}}\boldsymbol{b}}{\partial x_{m2}} & \cdots & \frac{\partial\boldsymbol{a}^{\mathrm{T}}\boldsymbol{X}\boldsymbol{X}^{\mathrm{T}}\boldsymbol{b}}{\partial x_{mn}}\end{pmatrix}$$

$$=\begin{pmatrix}a_1\sum_{j=1}^{m}b_jx_{j1}+b_1\sum_{i=1}^{m}a_ix_{i1} & a_1\sum_{j=1}^{m}b_jx_{j2}+b_1\sum_{i=1}^{m}a_ix_{i2} & \cdots & a_1\sum_{j=1}^{m}b_jx_{jn}+b_1\sum_{i=1}^{m}a_ix_{in}\\ a_2\sum_{j=1}^{m}b_jx_{j1}+b_2\sum_{i=1}^{m}a_ix_{i1} & a_2\sum_{j=1}^{m}b_jx_{j2}+b_2\sum_{i=1}^{m}a_ix_{i2} & \cdots & a_2\sum_{j=1}^{m}b_jx_{jn}+b_2\sum_{i=1}^{m}a_ix_{in}\\ \vdots & \vdots & & \vdots\\ a_m\sum_{j=1}^{m}b_jx_{j1}+b_m\sum_{i=1}^{m}a_ix_{i1} & a_m\sum_{j=1}^{m}b_jx_{j2}+b_m\sum_{i=1}^{m}a_ix_{i2} & \cdots & a_m\sum_{j=1}^{m}b_jx_{jn}+b_m\sum_{i=1}^{m}a_ix_{in}\end{pmatrix}$$

$$=\begin{pmatrix}a_1\sum_{j=1}^{m}b_jx_{j1} & a_1\sum_{j=1}^{m}b_jx_{j2} & \cdots & a_1\sum_{j=1}^{m}b_jx_{jn}\\ a_2\sum_{j=1}^{m}b_jx_{j1} & a_2\sum_{j=1}^{m}b_jx_{j2} & \cdots & a_2\sum_{j=1}^{m}b_jx_{jn}\\ \vdots & \vdots & & \vdots\\ a_m\sum_{j=1}^{m}b_jx_{j1} & a_m\sum_{j=1}^{m}b_jx_{j2} & \cdots & a_m\sum_{j=1}^{m}b_jx_{jn}\end{pmatrix}+\begin{pmatrix}b_1\sum_{i=1}^{m}a_ix_{i1} & b_1\sum_{i=1}^{m}a_ix_{i2} & \cdots & b_1\sum_{i=1}^{m}a_ix_{in}\\ b_2\sum_{i=1}^{m}a_ix_{i1} & b_2\sum_{i=1}^{m}a_ix_{i2} & \cdots & b_2\sum_{i=1}^{m}a_ix_{in}\\ \vdots & \vdots & & \vdots\\ b_m\sum_{i=1}^{m}a_ix_{i1} & b_m\sum_{i=1}^{m}a_ix_{i2} & \cdots & b_m\sum_{i=1}^{m}a_ix_{in}\end{pmatrix}$$

$$
=\begin{pmatrix} a_1 \\ a_2 \\ \vdots \\ a_m \end{pmatrix}(b_1 \quad b_2 \quad \cdots \quad b_m)\begin{pmatrix} x_{11} & x_{12} & \cdots & x_{1n} \\ x_{21} & x_{22} & \cdots & x_{2n} \\ \vdots & \vdots & & \vdots \\ x_{m1} & x_{m2} & \cdots & x_{mn} \end{pmatrix}
$$

$$
+\begin{pmatrix} b_1 \\ b_2 \\ \vdots \\ b_m \end{pmatrix}(a_1 \quad a_2 \quad \cdots \quad a_m)\begin{pmatrix} x_{11} & x_{12} & \cdots & x_{1n} \\ x_{21} & x_{22} & \cdots & x_{2n} \\ \vdots & \vdots & & \vdots \\ x_{m1} & x_{m2} & \cdots & x_{mn} \end{pmatrix}
$$

$$
=\boldsymbol{ab}^{\mathrm{T}}\boldsymbol{X}+\boldsymbol{ba}^{\mathrm{T}}\boldsymbol{X}
$$

例 2.3.8　设 $\boldsymbol{X}_{m\times n}=(x_{ij})_{m\times n}$，$\boldsymbol{a}=(a_1, a_2, \cdots, a_n)^{\mathrm{T}}$ 且 $\boldsymbol{b}=(b_1, b_2, \cdots, b_n)^{\mathrm{T}}$，$\boldsymbol{a}$ 和 $\boldsymbol{b}$ 均为列向量，求 $\dfrac{\partial \boldsymbol{a}^{\mathrm{T}}\boldsymbol{X}^{\mathrm{T}}\boldsymbol{X}\boldsymbol{b}}{\partial \boldsymbol{X}}$。

将 $\dfrac{\partial \boldsymbol{a}^{\mathrm{T}}\boldsymbol{X}^{\mathrm{T}}\boldsymbol{X}\boldsymbol{b}}{\partial \boldsymbol{X}}$ 改写成如下形式：

$$
\frac{\partial \boldsymbol{a}^{\mathrm{T}}\boldsymbol{X}^{\mathrm{T}}\boldsymbol{X}\boldsymbol{b}}{\partial \boldsymbol{X}}=\frac{\partial \boldsymbol{a}^{\mathrm{T}}(\boldsymbol{X}^{\mathrm{T}})(\boldsymbol{X}^{\mathrm{T}})^{\mathrm{T}}\boldsymbol{b}}{\partial \boldsymbol{X}}
$$

由对矩阵求导的定义可知，对矩阵转置的求导，就等于对矩阵求导的转置，并利用例 2.3.8 即可得到：

$$
\begin{aligned}
\frac{\partial \boldsymbol{a}^{\mathrm{T}}\boldsymbol{X}^{\mathrm{T}}\boldsymbol{X}\boldsymbol{b}}{\partial \boldsymbol{X}} &=\frac{\partial \boldsymbol{a}^{\mathrm{T}}(\boldsymbol{X}^{\mathrm{T}})(\boldsymbol{X}^{\mathrm{T}})^{\mathrm{T}}\boldsymbol{b}}{\partial \boldsymbol{X}} \\
&=\left(\frac{\partial \boldsymbol{a}^{\mathrm{T}}(\boldsymbol{X}^{\mathrm{T}})(\boldsymbol{X}^{\mathrm{T}})^{\mathrm{T}}\boldsymbol{b}}{\partial \boldsymbol{X}^{\mathrm{T}}}\right)^{\mathrm{T}} \\
&=(\boldsymbol{ab}^{\mathrm{T}}\boldsymbol{X}^{\mathrm{T}}+\boldsymbol{ba}^{\mathrm{T}}\boldsymbol{X}^{\mathrm{T}})^{\mathrm{T}} \\
&=\boldsymbol{Xba}^{\mathrm{T}}+\boldsymbol{Xab}^{\mathrm{T}}
\end{aligned}
$$

2. 典型向量对向量的求导

本小节我们采用混合布局来进行向量对向量和矩阵的求导。

设 $\boldsymbol{A}=\begin{pmatrix} a_{11} & \cdots & a_{1n} \\ \vdots & & \vdots \\ a_{m1} & \cdots & a_{mn} \end{pmatrix}\in \boldsymbol{R}^{m\times n}$，$\boldsymbol{x}=(x_1, x_2, \cdots, x_m)^{\mathrm{T}}$，$\boldsymbol{x}$ 为列向量。

(1) 求 $\dfrac{\partial \boldsymbol{x}^{\mathrm{T}}}{\partial \boldsymbol{x}}$

$\boldsymbol{x}=(x_1, x_2, \cdots, x_m)^{\mathrm{T}}$，则 $\dfrac{\partial \boldsymbol{x}^{\mathrm{T}}}{\partial \boldsymbol{x}}$ 就是一个行向量对一个列向量的求导，采用分子布局，求得雅可比矩阵：

$$
\frac{\partial \boldsymbol{x}^{\mathrm{T}}}{\partial \boldsymbol{x}}=\begin{pmatrix} \dfrac{\partial x_1}{\partial x_1} & \cdots & \dfrac{\partial x_m}{\partial x_1} \\ \vdots & & \vdots \\ \dfrac{\partial x_1}{\partial x_m} & \cdots & \dfrac{\partial x_m}{\partial x_m} \end{pmatrix}=\begin{pmatrix} 1 & \cdots & 0 \\ \vdots & & \vdots \\ 0 & \cdots & 1 \end{pmatrix}=\boldsymbol{I}_{m\times m}
$$

（2）求 $\frac{\partial \boldsymbol{x}^{\mathrm{T}}\boldsymbol{A}}{\partial \boldsymbol{x}}$

$\boldsymbol{x}^{\mathrm{T}}\boldsymbol{A}$ 为一个行向量，$\boldsymbol{x}^{\mathrm{T}}\boldsymbol{A}=\left(\sum_{i=1}^{m}x_i a_{i1},\ \cdots,\ \sum_{i=1}^{m}x_i a_{in}\right)$，则根据上面（1）的过程，有

$$\frac{\partial \boldsymbol{x}^{\mathrm{T}}\boldsymbol{A}}{\partial \boldsymbol{x}}=\begin{bmatrix}\frac{\partial\left(\sum_{i=1}^{m}x_i a_{i1}\right)}{\partial x_1} & \cdots & \frac{\partial\left(\sum_{i=1}^{m}x_i a_{in}\right)}{\partial x_1}\\ \vdots & & \vdots\\ \frac{\partial\left(\sum_{i=1}^{m}x_i a_{i1}\right)}{\partial x_m} & \cdots & \frac{\partial\left(\sum_{i=1}^{m}x_i a_{in}\right)}{\partial x_m}\end{bmatrix}=\begin{pmatrix}a_{11} & \cdots & a_{1n}\\ \vdots & & \vdots\\ a_{m1} & \cdots & a_{mn}\end{pmatrix}=\boldsymbol{A}$$

（3）求 $\frac{\partial \boldsymbol{x}^{\mathrm{T}}\boldsymbol{A}}{\partial \boldsymbol{x}^{\mathrm{T}}}$

$$\frac{\partial \boldsymbol{x}^{\mathrm{T}}\boldsymbol{A}}{\partial \boldsymbol{x}^{\mathrm{T}}}=\left(\frac{\partial \boldsymbol{x}^{\mathrm{T}}\boldsymbol{A}}{\partial \boldsymbol{x}}\right)^{\mathrm{T}}=\begin{pmatrix}a_{11} & \cdots & a_{m1}\\ \vdots & & \vdots\\ a_{1n} & \cdots & a_{mn}\end{pmatrix}=\boldsymbol{A}^{\mathrm{T}}$$

（4）求 $\frac{\partial \boldsymbol{A}^{\mathrm{T}}\boldsymbol{x}}{\partial \boldsymbol{x}^{\mathrm{T}}}$

$\boldsymbol{A}^{\mathrm{T}}\boldsymbol{x}=\begin{pmatrix}a_{11} & \cdots & a_{m1}\\ \vdots & & \vdots\\ a_{1n} & \cdots & a_{mn}\end{pmatrix}\begin{pmatrix}x_1\\ \vdots\\ x_m\end{pmatrix}=\begin{bmatrix}\sum_{i=1}^{m}a_{i1}x_i\\ \vdots\\ \sum_{i=1}^{m}a_{in}x_i\end{bmatrix}$，可见 $\boldsymbol{A}^{\mathrm{T}}\boldsymbol{x}$ 为列向量，则 $\frac{\partial \boldsymbol{A}^{\mathrm{T}}\boldsymbol{x}}{\partial \boldsymbol{x}^{\mathrm{T}}}$ 是一个列向量对行向量求导，可得

$$\frac{\partial \boldsymbol{A}^{\mathrm{T}}\boldsymbol{x}}{\partial \boldsymbol{x}^{\mathrm{T}}}=\begin{bmatrix}\frac{\partial\left(\sum_{i=1}^{m}a_{i1}x_i\right)}{\partial x_1} & \cdots & \frac{\partial\left(\sum_{i=1}^{m}a_{i1}x_i\right)}{\partial x_m}\\ \vdots & & \vdots\\ \frac{\partial\left(\sum_{i=1}^{m}a_{in}x_i\right)}{\partial x_1} & \cdots & \frac{\partial\left(\sum_{i=1}^{m}a_{in}x_i\right)}{\partial x_m}\end{bmatrix}=\begin{pmatrix}a_{11} & \cdots & a_{m1}\\ \vdots & & \vdots\\ a_{1n} & \cdots & a_{mn}\end{pmatrix}=\boldsymbol{A}^{\mathrm{T}}$$

（5）求 $\frac{\partial \boldsymbol{A}^{\mathrm{T}}\boldsymbol{x}}{\partial \boldsymbol{x}}$

$$\frac{\partial \boldsymbol{A}^{\mathrm{T}}\boldsymbol{x}}{\partial \boldsymbol{x}}=\left(\frac{\partial \boldsymbol{A}^{\mathrm{T}}\boldsymbol{x}}{\partial \boldsymbol{x}^{\mathrm{T}}}\right)^{\mathrm{T}}=\begin{pmatrix}a_{11} & \cdots & a_{1n}\\ \vdots & & \vdots\\ a_{m1} & \cdots & a_{mn}\end{pmatrix}=\boldsymbol{A}$$

（6）求 $\frac{\partial \boldsymbol{x}^{\mathrm{T}}\boldsymbol{S}\boldsymbol{x}}{\partial \boldsymbol{x}}$

设 $\boldsymbol{S}=\begin{pmatrix} s_{11} & \cdots & s_{1m} \\ \vdots & & \vdots \\ s_{m1} & \cdots & s_{mm} \end{pmatrix} \in \boldsymbol{R}^{m\times m}$，则 $\boldsymbol{x}^{\mathrm{T}}\boldsymbol{S}\boldsymbol{x}$ 为标量：

$$\boldsymbol{x}^{\mathrm{T}}\boldsymbol{S}\boldsymbol{x}=(x_1, x_2, \cdots, x_m)\boldsymbol{S}\begin{pmatrix} x_1 \\ \cdots \\ x_m \end{pmatrix}=(x_1, x_2, \cdots, x_m)\begin{pmatrix} s_{11} & \cdots & s_{1m} \\ \vdots & & \vdots \\ s_{m1} & \cdots & s_{mm} \end{pmatrix}\begin{pmatrix} x_1 \\ \vdots \\ x_m \end{pmatrix}$$

$$=\left(\sum_{i=1}^{m} x_i s_{i1}, \sum_{i=1}^{m} x_i s_{i2}, \cdots, \sum_{i=1}^{m} x_i s_{im}\right)\begin{pmatrix} x_1 \\ \vdots \\ x_m \end{pmatrix}=x_1\sum_{i=1}^{m} x_i s_{i1}+\cdots+x_m\sum_{i=1}^{m} x_i s_{im}$$

$$=\sum_{i=1}^{m}\sum_{j=1}^{m} s_{ij}x_i x_j$$

根据标量对向量的求导，有

$$\frac{\partial \boldsymbol{x}^{\mathrm{T}}\boldsymbol{S}\boldsymbol{x}}{\partial \boldsymbol{x}}=\frac{\partial\left(\sum_{i=1}^{m}\sum_{j=1}^{m} s_{ij}x_i x_j\right)}{\partial \boldsymbol{x}}=\begin{bmatrix} \dfrac{\partial\left(\sum_{i=1}^{m}\sum_{j=1}^{m} s_{ij}x_i x_j\right)}{\partial x_1} \\ \vdots \\ \dfrac{\partial\left(\sum_{i=1}^{m}\sum_{j=1}^{m} s_{ij}x_i x_j\right)}{\partial x_m} \end{bmatrix}=\begin{bmatrix} 2s_{11}x_1+\sum_{j\neq 1} s_{1j}x_j+\sum_{i\neq 1} s_{i1}x_i \\ \vdots \\ 2s_{mm}x_m+\sum_{j\neq m} s_{mj}x_j+\sum_{i\neq m} s_{im}x_i \end{bmatrix}$$

$$=\begin{bmatrix} \left(s_{11}x_1+\sum_{j\neq 1} s_{1j}x_j\right)+\left(s_{11}x_1+\sum_{i\neq 1} s_{i1}x_i\right) \\ \vdots \\ \left(s_{mm}x_m+\sum_{j\neq m} s_{mj}x_j\right)+\left(s_{mm}x_m+\sum_{i\neq m} s_{im}x_i\right) \end{bmatrix}=\begin{bmatrix} \sum_{j} s_{1j}x_j+\sum_{i} s_{i1}x_i \\ \vdots \\ \sum_{j} s_{mj}x_j+\sum_{i} s_{im}x_i \end{bmatrix}$$

$$=\begin{bmatrix} \sum_{j} s_{1j}x_j \\ \vdots \\ \sum_{j} s_{mj}x_j \end{bmatrix}+\begin{bmatrix} \sum_{i} s_{i1}x_i \\ \vdots \\ \sum_{i} s_{im}x_i \end{bmatrix}$$

而

$$\boldsymbol{S}\boldsymbol{x}=\begin{pmatrix} s_{11} & \cdots & s_{1m} \\ \vdots & & \vdots \\ s_{m1} & \cdots & s_{mm} \end{pmatrix}\begin{pmatrix} x_1 \\ \vdots \\ x_m \end{pmatrix}=\begin{bmatrix} \sum_{j} s_{1j}x_j \\ \vdots \\ \sum_{j} s_{mj}x_j \end{bmatrix}$$

$$\boldsymbol{S}^{\mathrm{T}}\boldsymbol{x}=\begin{pmatrix} s_{11} & \cdots & s_{m1} \\ \vdots & & \vdots \\ s_{1m} & \cdots & s_{mm} \end{pmatrix}\begin{pmatrix} x_1 \\ \vdots \\ x_m \end{pmatrix}=\begin{bmatrix} \sum_i s_{i1}x_i \\ \vdots \\ \sum_i s_{im}x_i \end{bmatrix}$$

则有 $\begin{bmatrix} \sum_j s_{1j}x_j \\ \vdots \\ \sum_j s_{mj}x_j \end{bmatrix}+\begin{bmatrix} \sum_i s_{i1}x_i \\ \vdots \\ \sum_i s_{im}x_i \end{bmatrix}=\boldsymbol{Sx}+\boldsymbol{S}^{\mathrm{T}}\boldsymbol{x}=(\boldsymbol{S}+\boldsymbol{S}^{\mathrm{T}})\boldsymbol{x}$

因此可得到：

$$\frac{\partial \boldsymbol{x}^{\mathrm{T}}\boldsymbol{Sx}}{\partial \boldsymbol{x}}=(\boldsymbol{S}+\boldsymbol{S}^{\mathrm{T}})\boldsymbol{x}$$

3. 特殊的矩阵迹对矩阵的求导

设 $\boldsymbol{S}=\begin{pmatrix} s_{11} & \cdots & s_{1n} \\ \vdots & \cdots & \vdots \\ s_{n1} & \cdots & s_{nn} \end{pmatrix}\in \boldsymbol{R}^{n\times n}$，$\boldsymbol{W}=\begin{pmatrix} w_{11} & \cdots & w_{1n} \\ \vdots & \cdots & \vdots \\ w_{m1} & \cdots & w_{mn} \end{pmatrix}\in \boldsymbol{R}^{m\times n}$，求 $\frac{\partial \mathrm{tr}(\boldsymbol{WSW}^{\mathrm{T}})}{\partial \boldsymbol{W}}$。

以下用 $\boldsymbol{w}_i$ 表示矩阵 $\boldsymbol{W}$ 的第 i 列，则有下式：

$$\begin{aligned}
\boldsymbol{WSW}^{\mathrm{T}}&=(\boldsymbol{w}_1,\ \boldsymbol{w}_2,\ \cdots,\ \boldsymbol{w}_n)\begin{pmatrix} s_{11} & \cdots & s_{1n} \\ \vdots & \cdots & \vdots \\ s_{n1} & \cdots & s_{nn} \end{pmatrix}\begin{pmatrix} \boldsymbol{w}_1^{\mathrm{T}} \\ \vdots \\ \boldsymbol{w}_n^{\mathrm{T}} \end{pmatrix} \\
&=\left(\sum_{i=1}^{n}\boldsymbol{w}_i s_{i1},\ \sum_{i=1}^{n}\boldsymbol{w}_{\mathbf{i}} s_{i2},\ \cdots,\ \sum_{i=1}^{n}\boldsymbol{w}_i s_{in}\right)\begin{pmatrix} \boldsymbol{w}_1^{\mathrm{T}} \\ \vdots \\ \boldsymbol{w}_n^{\mathrm{T}} \end{pmatrix} \\
&=\left(\sum_{i=1}^{n}\boldsymbol{w}_i s_{i1}\right)\boldsymbol{w}_1^{\mathrm{T}}+\cdots+\left(\sum_{i=1}^{n}\boldsymbol{w}_i s_{in}\right)\boldsymbol{w}_n^{\mathrm{T}} \\
&=\sum_{i=1}^{n}s_{i1}\boldsymbol{w}_i\boldsymbol{w}_1^{\mathrm{T}}+\cdots+\sum_{i=1}^{n}s_{in}\boldsymbol{w}_i\boldsymbol{w}_n^{\mathrm{T}}=\sum_{i=1}^{n}\sum_{j=1}^{n}s_{ij}\boldsymbol{w}_i\boldsymbol{w}_j^{\mathrm{T}}
\end{aligned}$$

则

$$\mathrm{tr}(\boldsymbol{WSW}^{\mathrm{T}})=\mathrm{tr}\left(\sum_{i=1}^{n}\sum_{j=1}^{n}s_{ij}\boldsymbol{w}_i\boldsymbol{w}_j^{\mathrm{T}}\right)=\sum_{i=1}^{n}\sum_{j=1}^{n}(s_{ij}\cdot \mathrm{tr}(\boldsymbol{w}_i\boldsymbol{w}_j^{\mathrm{T}}))$$

根据矩阵迹的性质 $\mathrm{tr}(\boldsymbol{pq}^{\mathrm{T}})=\boldsymbol{p}^{\mathrm{T}}\boldsymbol{q}$，上式可变化为：

$$\mathrm{tr}(\boldsymbol{WSW}^{\mathrm{T}})=\sum_{i=1}^{n}\sum_{j=1}^{n}s_{ij}\cdot \mathrm{tr}(\boldsymbol{w}_i\boldsymbol{w}_j^{\mathrm{T}})=\sum_{i=1}^{n}\sum_{j=1}^{n}s_{ij}\boldsymbol{w}_i^{\mathrm{T}}\boldsymbol{w}_j$$

则 $\frac{\partial \mathrm{tr}(\boldsymbol{WSW}^{\mathrm{T}})}{\partial \boldsymbol{W}}$ 求解过程如下所述。

首先对 $\boldsymbol{W}$ 的第 1 列向量 $\boldsymbol{w}_1$ 求导，根据 $\frac{\partial \boldsymbol{x}^{\mathrm{T}}\boldsymbol{A}}{\partial \boldsymbol{x}}=\boldsymbol{A}$，$\frac{\partial \boldsymbol{A}^{\mathrm{T}}\boldsymbol{x}}{\partial \boldsymbol{x}}=\boldsymbol{A}$，则

$$\frac{\partial \operatorname{tr}(\boldsymbol{WSW}^{\mathrm{T}})}{\partial \boldsymbol{w}_1}=\frac{\partial\left(\sum_{i=1}^{n}\sum_{j=1}^{n}s_{ij}\boldsymbol{w}_i^{\mathrm{T}}\boldsymbol{w}_j\right)}{\partial \boldsymbol{w}_1}$$

$$=\frac{\partial\left(s_{11}\boldsymbol{w}_1^{\mathrm{T}}\boldsymbol{w}_1+\sum_{j\neq 1}s_{1j}\boldsymbol{w}_1^{\mathrm{T}}\boldsymbol{w}_j+\sum_{i\neq 1}s_{i1}\boldsymbol{w}_i^{\mathrm{T}}\boldsymbol{w}_1+\sum_{i\neq 1}^{n}\sum_{j\neq 1}^{n}s_{ij}\boldsymbol{w}_i^{\mathrm{T}}\boldsymbol{w}_j\right)}{\partial \boldsymbol{w}_1}$$

$$=2s_{11}\boldsymbol{w}_1+\sum_{j\neq 1}s_{1j}\boldsymbol{w}_j+\sum_{i\neq 1}s_{i1}\boldsymbol{w}_i=\left(s_{11}\boldsymbol{w}_1+\sum_{j\neq 1}s_{1j}\boldsymbol{w}_j\right)+\left(s_{11}\boldsymbol{w}_1+\sum_{i\neq 1}s_{i1}\boldsymbol{w}_i\right)$$

$$=\sum_{j=1}^{n}s_{1j}\boldsymbol{w}_j+\sum_{i=1}^{n}s_{i1}\boldsymbol{w}_i$$

其次再对 $\boldsymbol{W}$ 的所有列向量 $\boldsymbol{w}_i$ 求导，因为 $\boldsymbol{w}_i=(w_{1i},\ w_{2i},\ \cdots,\ w_{mi})^{\mathrm{T}}$，则有：

$$\frac{\partial \operatorname{tr}(\boldsymbol{WSW}^{\mathrm{T}})}{\partial \boldsymbol{W}}=\left(\left(\sum_{i=1}^{n}s_{i1}\boldsymbol{w}_i+\sum_{j=1}^{n}s_{1j}\boldsymbol{w}_j\right),\ \cdots,\ \left(\sum_{i=1}^{n}s_{in}\boldsymbol{w}_i+\sum_{j=1}^{n}s_{nj}\boldsymbol{w}_j\right)\right)$$

$$=\begin{bmatrix}\sum_i s_{i1}w_{1i}+\sum_j s_{1j}w_{1j} & \cdots & \sum_i s_{in}w_{1i}+\sum_j s_{nj}w_{1j}\\ \vdots & & \vdots\\ \sum_i s_{i1}w_{mi}+\sum_j s_{1j}w_{mj} & \cdots & \sum_i s_{in}w_{mi}+\sum_j s_{nj}w_{mj}\end{bmatrix}$$

$$=\begin{bmatrix}\sum_i s_{i1}w_{1i} & \cdots & \sum_i s_{in}w_{1i}\\ \vdots & & \vdots\\ \sum_i s_{i1}w_{mi} & \cdots & \sum_i s_{in}w_{mi}\end{bmatrix}+\begin{bmatrix}\sum_j s_{1j}w_{1j} & \cdots & \sum_j s_{nj}w_{1j}\\ \vdots & & \vdots\\ \sum_j s_{1j}w_{mj} & \cdots & \sum_j s_{nj}w_{mj}\end{bmatrix}$$

$$=\boldsymbol{WS}+\boldsymbol{WS}^{\mathrm{T}}$$

从而得到：$\dfrac{\partial \operatorname{tr}(\boldsymbol{WSW}^{\mathrm{T}})}{\partial \boldsymbol{W}}=\boldsymbol{WS}+\boldsymbol{WS}^{\mathrm{T}}$

特别地，当 $\boldsymbol{S}=\boldsymbol{I}$ 时，则有

$$\frac{\partial \operatorname{tr}(\boldsymbol{WSW}^{\mathrm{T}})}{\partial \boldsymbol{W}}=\frac{\partial \operatorname{tr}(\boldsymbol{WIW}^{\mathrm{T}})}{\partial \boldsymbol{W}}=\boldsymbol{WI}+\boldsymbol{WI}^{\mathrm{T}}=2\boldsymbol{W}$$

从而可得 $\dfrac{\partial \operatorname{tr}(\boldsymbol{WW}^{\mathrm{T}})}{\partial \boldsymbol{W}}=2\boldsymbol{W}$。

并且由 $\operatorname{tr}(\boldsymbol{WW}^{\mathrm{T}})=\operatorname{tr}(\boldsymbol{W}^{\mathrm{T}}\boldsymbol{W})$，还可以得到 $\dfrac{\partial \operatorname{tr}(\boldsymbol{W}^{\mathrm{T}}\boldsymbol{W})}{\partial \boldsymbol{W}}=\dfrac{\partial \operatorname{tr}(\boldsymbol{WW}^{\mathrm{T}})}{\partial \boldsymbol{W}}=2\boldsymbol{W}$。

2.4　海森矩阵

学习海森（Hessian）矩阵前，需先了解以下凸函数的概念。

定义 2.4.1　一个集合 $D\in\boldsymbol{K}^n$ 称为凸集（合），若对任意两个点 x，$y\in D$，连接两点的线段也在集合 D 内，即

$$\theta x+(1-\theta)y\in D,\ x,\ y\in D,\ \theta\in[0,\ 1] \tag{2.4-1}$$

图 2.4-1 画出了凸集和非凸集的示意图。

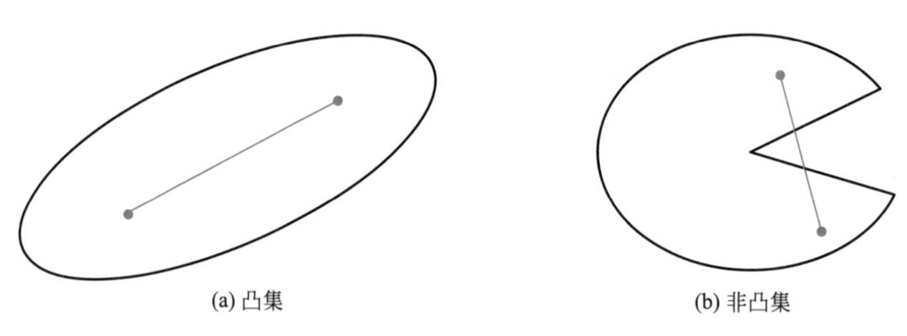

图 2.4-1　凸集与非凸集示意图

定义 2.4.2　$D \subset \boldsymbol{R}^n$ 是非空凸集，$\alpha \in (0, 1)$，若

$$f(\alpha x_1+(1-\alpha)x_2) \leqslant \alpha f(x_1)+(1-\alpha)f(x_2),\ \forall x_1,\ x_2 \in D \tag{2.4-2}$$

则称 $f(x)$ 为 D 上的凸函数（convex function）；若

$$f(\alpha x_1+(1-\alpha)x_2) < \alpha f(x_1)+(1-\alpha)f(x_2),\ \forall x_1,\ x_2 \in D \tag{2.4-3}$$

则称 $f(x)$ 为 D 上的严格凸函数；若 $-f(x)$ 是 D 上的凸（严格凸）函数，则称 $f(x)$ 为 D 上的凹（严格凹）函数，如图 2.4-2 所示。

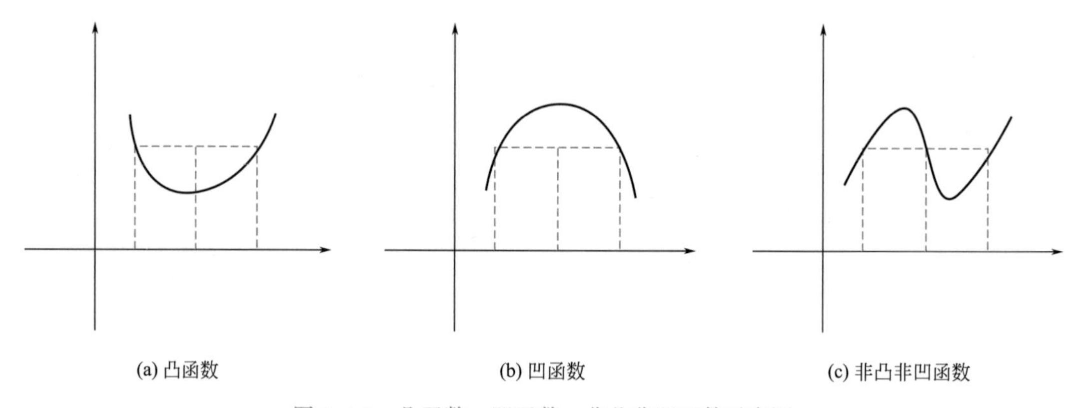

图 2.4-2　凸函数、凹函数、非凸非凹函数示意图

定理 2.4.1　(1) 设 $f(x)$ 是定义在凸集 D 上的凸函数，实数 $\alpha \geqslant 0$，则 $\alpha f(x)$ 也是定义在 D 上的凸函数；

(2) 设 $f_1(x)$，$f_2(x)$ 是定义在凸集 D 上的凸函数，则 $f_1(x)+f_2(x)$ 也是定义在 D 上的凸函数；

(3) 设 $f_1(x)$，$f_2(x)$，…，$f_m(x)$ 是定义在 D 上的凸函数，实数 α_1，α_2，…，$\alpha_m \geqslant 0$，则 $\sum_{i=1}^{m}\alpha_i f_i(x)$ 也是定义在 D 上的凸函数。

定义 2.4.3　设多元函数 $f(x)$ 存在一阶偏导数，称向量

$$\nabla f(x)=\left(\frac{\partial f(x)}{\partial x_1},\ \frac{\partial f(x)}{\partial x_2},\ \cdots,\ \frac{\partial f(x)}{\partial x_n}\right)^{\mathrm{T}},\ x \in \boldsymbol{R}^n \tag{2.4-4}$$

为 $f(x)$ 在点 x 处的梯度。若 $f(x)$ 存在二阶偏导数，则称矩阵

$$\nabla^2 f(x)=\begin{bmatrix}\dfrac{\partial^2 f(x)}{\partial x_1^2} & \dfrac{\partial^2 f(x)}{\partial x_1 \partial x_2} & \cdots & \dfrac{\partial^2 f(x)}{\partial x_1 \partial x_n} \\ \dfrac{\partial^2 f(x)}{\partial x_2 \partial x_1} & \dfrac{\partial^2 f(x)}{\partial x_2^2} & \cdots & \dfrac{\partial^2 f(x)}{\partial x_2 \partial x_n} \\ \vdots & \vdots & & \vdots \\ \dfrac{\partial^2 f(x)}{\partial x_n \partial x_1} & \dfrac{\partial^2 f(x)}{\partial x_n \partial x_2} & \cdots & \dfrac{\partial^2 f(x)}{\partial x_n^2}\end{bmatrix} \tag{2.4-5}$$

为 $f(x)$ 在点 x 处的 **Hessian 矩阵**。当 $f(x)$ 在点 x 处具有连续的二阶偏导数时，此时二阶偏导数与求导次序无关，即

$$\frac{\partial^2 f(x)}{\partial x_i \partial x_j}=\frac{\partial^2 f(x)}{\partial x_j \partial x_i} \tag{2.4-6}$$

可见 Hessian 矩阵是一个 n 阶对称矩阵。

特别地，对二次函数 $\boldsymbol{f}(\boldsymbol{x})=\frac{1}{2}\boldsymbol{x}^{\mathrm{T}}\boldsymbol{A}\boldsymbol{x}+b^{\mathrm{T}}\boldsymbol{x}+c$，$\nabla f(\boldsymbol{x})=\boldsymbol{A}\boldsymbol{x}+\boldsymbol{b}$，$\nabla^2 f(\boldsymbol{x})=\boldsymbol{A}$。

Hessian 矩阵可以看作二阶导数对多元函数的推广，被应用于牛顿法解决的大规模优化问题。

根据多元函数极值判别法，假设多元函数在点 M 的梯度为 0，即 M 是函数的驻点，则有如下结论：

（1）若 Hessian 矩阵正定，函数在该点有极小值；

（2）若 Hessian 矩阵负定，函数在该点有极大值；

（3）若 Hessian 矩阵不定，则该点不是极值点；

（4）若 Hessian 矩阵半正定或半负定，该点是“可疑”极值点，尚需要利用其他方法来判定。

2.5 范数

范数在研究数值方法的收敛性和稳定性时非常重要，且在误差分析等问题中应用也非常广泛。本节将介绍 n 维向量空间 $\boldsymbol{K}^n$ 中的向量范数与矩阵空间 $\boldsymbol{K}^{m\times n}$ 中的矩阵范数。

2.5.1 向量范数

把一个向量（或线性空间的元素）与一个非负实数联系起来，且在多数情形中，把这个实数作为向量大小的一种度量，这样的实数就是范数。

定义 2.5.1 设 $\boldsymbol{V}$ 是数域 $\boldsymbol{K}$ 上的线性空间，对任意的 $\boldsymbol{x}\in\boldsymbol{V}$，定义一个实值函数 $\|\boldsymbol{x}\|$，它满足以下三个条件[7]：

（1）非负性：当 $\boldsymbol{x}\neq 0$ 时，$\|\boldsymbol{x}\|>0$；当 $\boldsymbol{x}=0$ 时，$\|\boldsymbol{x}\|=0$；

（2）齐次性：$\|a\boldsymbol{x}\|=|a|\cdot\|\boldsymbol{x}\|$，$(a\in\boldsymbol{K},\ \boldsymbol{x}\in\boldsymbol{V})$；

（3）三角不等式：$\|\boldsymbol{x}+\boldsymbol{y}\|\leqslant\|\boldsymbol{x}\|+\|\boldsymbol{y}\|$，$(\boldsymbol{x},\ \boldsymbol{y}\in\boldsymbol{V})$。

则称 $\|\boldsymbol{x}\|$ 为 $\boldsymbol{V}$ 上向量 $\boldsymbol{x}$ 的范数，简称向量范数。

例 2.5.1 在 n 维实空间 $\boldsymbol{R}^n$ 上，向量 $\boldsymbol{x}=(x_1,\ x_2,\ \cdots,\ x_n)$ 的长度[8]

$$\|\boldsymbol{x}\|=\sqrt{|x_1|^2+|x_2|^2+\cdots+|x_n|^2} \tag{2.5-1}$$

就是一种范数。

证　为了证明 $\|\boldsymbol{x}\|$ 是范数，只需验证它满足范数的三个条件即可。

（1）根据式（2.5-1），当 $\boldsymbol{x}\neq 0$ 时，显然 $\|\boldsymbol{x}\|>0$；当 $\boldsymbol{x}=0$ 时，有 $\|\boldsymbol{x}\|=0$

（2）对任意实数 k，有

$$k\boldsymbol{x}=(kx_1, kx_2, \cdots, kx_n)$$

所以

$$\begin{aligned}\|k\boldsymbol{x}\|&=\sqrt{|kx_1|^2+|kx_2|^2+\cdots+|kx_n|^2}\\&=|k|\cdot\sqrt{|x_1|^2+|x_2|^2+\cdots+|x_n|^2}\\&=|k|\cdot\|\boldsymbol{x}\|\end{aligned}$$

（3）对于任意两个向量 $\boldsymbol{x}=(x_1, x_2, \cdots, x_n)$，$\boldsymbol{y}=(y_1, y_2, \cdots, y_n)$ 有

$$\boldsymbol{x}+\boldsymbol{y}=(x_1+y_1, x_2+y_2, \cdots, x_n+y_n)$$

得到

$$\|\boldsymbol{x}+\boldsymbol{y}\|=\sqrt{|x_1+y_1|^2+|x_2+y_2|^2+\cdots+|x_n+y_n|^2}$$

$$\|\boldsymbol{x}\|=\sqrt{|x_1|^2+|x_2|^2+\cdots+|x_n|^2}$$

$$\|\boldsymbol{y}\|=\sqrt{|y_1|^2+|y_2|^2+\cdots+|y_n|^2}$$

即有

$$\|\boldsymbol{x}+\boldsymbol{y}\|\leqslant\|\boldsymbol{x}\|+\|\boldsymbol{y}\|$$

因此，式（2.5-1）是 $\boldsymbol{R}^n$ 上的一种范数，通常称这种范数为向量的 2-范数，记作 $\|\boldsymbol{x}\|_2$，应用中有时直接简记为 $\|\boldsymbol{x}\|$。

例 2.5.2　在 n 维实空间 $\boldsymbol{R}^n$ 上，有向量 $\boldsymbol{x}=(x_1, x_2, \cdots, x_n)$，则 $\|\boldsymbol{x}\|=\max\limits_i|x_i|$ 是 $\boldsymbol{R}^n$ 上的范数，称为 ∞-范数，记为 $\|\boldsymbol{x}\|_\infty$，即[6]

$$\|\boldsymbol{x}\|_\infty=\max_i|x_i| \tag{2.5-2}$$

∞-范数，又称最大范数，是机器学习中经常出现的范数，用于表示向量中具有最大幅值的元素的绝对值。

例 2.5.3　在 n 维实空间 $\boldsymbol{R}^n$ 上，有向量 $\boldsymbol{x}=(x_1, x_2, \cdots, x_n)$，则 $\|\boldsymbol{x}\|=\sum\limits_{i=1}^n|x_i|$ 也是 $\boldsymbol{R}^n$ 上的范数，称为 1-范数，记作 $\|\boldsymbol{x}\|_1$，即[8]

$$\|\boldsymbol{x}\|_1=\sum_{i=1}^n|x_i| \tag{2.5-3}$$

由例 2.5.1～例 2.5.3 可以看出，在一个线性空间中，可以定义多种向量范数，实际上可以定义无限多种范数。例如，对于不小于 1 的任意实数 p 及 $\boldsymbol{x}=(x_1, x_2, \cdots, x_n)\in\boldsymbol{R}^n$，可以证明实值函数

$$\left(\sum_{i=1}^n|x_i|^p\right)^{1/p}(1\leqslant p<+\infty)$$

满足定义 2.5.1 的三个条件。

事实上，该函数具有非负性与齐次性，为了证明它满足三角不等式，只需证明

$$\left(\sum_{i=1}^{n}|x_i+y_i|^p\right)^{1/p}\leqslant\left(\sum_{i=1}^{n}|x_i|^p\right)^{1/p}+\left(\sum_{i=1}^{n}|y_i|^p\right)^{1/p}$$

成立即可，其中 $y=(y_1, y_2, \cdots, y_n)\in\boldsymbol{R}^n$。

当 $\boldsymbol{x}+\boldsymbol{y}=0$ 时，上述不等式成立；当 $\boldsymbol{x}+\boldsymbol{y}\neq 0$ 时，因为

$$\begin{aligned}\sum_{i=1}^{n}|x_i+y_i|^p &\leqslant \sum_{i=1}^{n}|x_i+y_i|^{p-1}(|x_i|+|y_i|)\\ &=\sum_{i=1}^{n}|x_i+y_i|^{p-1}|x_i|+\sum_{i=1}^{n}|x_i+y_i|^{p-1}|y_i|\end{aligned}$$

再由不等式

$$\sum_{i=1}^{n}|x_i||y_i|\leqslant\left(\sum_{i=1}^{n}|x_i|^p\right)^{1/p}\left(\sum_{i=1}^{n}|y_i|^q\right)^{1/q}$$

其中 $\frac{1}{p}+\frac{1}{q}=1$，$p>1$，$q>1$， 于是便有

$$\begin{aligned}\sum_{i=1}^{n}|x_i+y_i|^p \leqslant&\left(\sum_{i=1}^{n}|x_i|^p\right)^{1/p}\left(\sum_{i=1}^{n}|x_i+y_i|^{(p-1)\cdot\frac{p}{p-1}}\right)^{1-\frac{1}{p}}\\ &+\left(\sum_{i=1}^{n}|y_i|^p\right)^{1/p}\left(\sum_{i=1}^{n}|x_i+y_i|^{(p-1)\cdot\frac{p}{p-1}}\right)^{1-\frac{1}{p}}\\ &=\left[\left(\sum_{i=1}^{n}|x_i|^p\right)^{1/p}+\left(\sum_{i=1}^{n}|y_i|^p\right)^{1/p}\right]\times\left(\sum_{i=1}^{n}|x_i+y_i|^p\right)^{1-\frac{1}{p}}\end{aligned}$$

两端同时除以 $\left(\sum_{i=1}^{n}|x_i+y_i|^p\right)^{1-\frac{1}{p}}$， 便得到所要的不等式。

称 $\left(\sum_{i=1}^{n}|x_i|^p\right)^{1/p}$ 为向量 x 的 p -范数或 L_p 范数，记为 $\|x\|_p$， 即

$$\|x\|_p=\left(\sum_{i=1}^{n}|x_i|^p\right)^{1/p} \tag{2.5-4}$$

在式（2.5-4）中，令 $p=1$， 便得到 $\|\boldsymbol{x}\|_1$； 令 $p=2$， 便是 $\|\boldsymbol{x}\|_2$； 并且，还有

$$\|\boldsymbol{x}\|_\infty=\lim_{p\to\infty}\|\boldsymbol{x}\|_p$$

在聚类分析、判别分析等算法中，通常会采用距离的概念来辅助求解，而向量范数常用于衡量两点之间的距离。

最常见的两点或多点之间的距离表示方法——欧氏距离，便采用了 L_2 范数。设 n 维空间中两点 $\boldsymbol{x}=(x_1, x_2, \cdots, x_n)$ 与 $\boldsymbol{y}=(y_1, y_2, \cdots, y_n)$ 之间的欧氏距离，表示为：$d=\sqrt{\sum_{i=1}^{n}(x_i-y_i)^2}$， 也可以记为向量运算的形式：$d=\sqrt{(\boldsymbol{x}-\boldsymbol{y})(\boldsymbol{x}-\boldsymbol{y})^{\mathrm{T}}}$。

曼哈顿距离则采用了 L_1 范数，即在欧氏空间的固定直接坐标系上两点所形成线段对轴产生的投影的距离和。例如，在平面上，坐标为 (x_1, y_1) 的点 P 与坐标为 (x_2, y_2) 的点 Q 的曼哈顿距离为：$d=|x_1-x_2|+|y_1-y_2|$。

而 L_∞ 范数应用于切比雪夫距离中。设 n 维空间中两点 $x=(x_1, x_2, \cdots, x_n)$ 与 $y=(y_1, y_2, \cdots, y_n)$ 之间的切比雪夫距离为：$d=\max(|x_i-y_i|)$，$i=1, 2, \cdots, n$。

另外 L_p 范数也应用于闵氏距离。设 n 维空间中两点 $x=(x_1, x_2, \cdots, x_n)$ 与 $y=(y_1, y_2, \cdots, y_n)$ 之间的闵氏距离为：$d=\sqrt[p]{\sum_{i=1}^{n}(x_i-y_i)^p}$，$i=1, 2, \cdots, n$， 其中 p

是一个参数。当 $p=1$ 时，就是曼哈顿距离；当 $p=2$ 时，就是欧氏距离；当 $p\to\infty$ 时，则为切比雪夫距离。

2.5.2 矩阵范数

矩阵空间 $\boldsymbol{k}^{m\times n}$ 是一个线性空间，将 $m\times n$ 矩阵 $\boldsymbol{A}$ 看作线性空间 $\boldsymbol{k}^{m\times n}$ 中的“向量”，可按照之前的方法定义 $\boldsymbol{A}$ 的范数，同时对矩阵乘法运算也提出了要求。

定义 2.5.2　设 $\boldsymbol{A}\in\boldsymbol{K}^{m\times n}$，定义一个实值函数 $\|\boldsymbol{A}\|$，它满足以下三个条件：

（1）非负性：当 $\boldsymbol{A}\neq 0$ 时，$\|\boldsymbol{A}\|>0$；当 $\boldsymbol{A}=0$ 时，$\|\boldsymbol{A}\|=0$；

（2）齐次性：$\|\alpha\boldsymbol{A}\|=|\alpha|\cdot\|\boldsymbol{A}\|$，$(\alpha\in\boldsymbol{K})$；

（3）三角不等式：$\|\boldsymbol{A}+\boldsymbol{B}\|\leqslant\|\boldsymbol{A}\|+\|\boldsymbol{B}\|(\boldsymbol{B}\in\boldsymbol{K}^{m\times n})$。

则称 $\|\boldsymbol{A}\|$ 为 $\boldsymbol{A}$ 的广义矩阵范数。若对 $\boldsymbol{K}^{m\times n}$，$\boldsymbol{K}^{n\times l}$，$\boldsymbol{K}^{m\times l}$ 上的同类广义矩阵范数 $\|\cdot\|$，还满足下面一个条件：

（4）相容性：

$$\|\boldsymbol{AB}\|\leqslant\|\boldsymbol{A}\|\cdot\|\boldsymbol{B}\|(\boldsymbol{B}\in\boldsymbol{K}^{n\times l})\tag{2.5-5}$$

则称 $\|\boldsymbol{A}\|$ 为 $\boldsymbol{A}$ 的矩阵范数。

定理 2.5.1　设 $\boldsymbol{A}=(\boldsymbol{a}_{ij})_{m\times n}\in\boldsymbol{K}^{m\times n}$，$\boldsymbol{x}=(x_1, x_2, \cdots, x_n)\in\boldsymbol{K}^n$，则从属于向量 $\boldsymbol{x}$ 的三种范数 $\|\boldsymbol{x}\|_1$，$\|\boldsymbol{x}\|_2$，$\|\boldsymbol{x}\|_\infty$ 的矩阵范数计算公式依次为：

（1）$\|\boldsymbol{A}\|_1=\max_j\sum_{i=1}^{m}|a_{ij}|$

（2）$\|\boldsymbol{A}\|_2=\sqrt{\lambda_1}$，$\lambda_1$ 是 $\boldsymbol{A}^{\mathrm{H}}\boldsymbol{A}$（$\boldsymbol{A}^{\mathrm{H}}$ 表示对矩阵 $\boldsymbol{A}$ 进行共轭转置）的最大特征值

（3）$\|\boldsymbol{A}\|_\infty=\max_i\sum_{j=1}^{n}|a_{ij}|$

通常称 $\|\boldsymbol{A}\|_1$，$\|\boldsymbol{A}\|_2$，$\|\boldsymbol{A}\|_\infty$ 依次为最大列和范数、谱范数、最大行和范数。

在深度学习中，最常使用的是 Frobenius 范数（Frobenius norm）：

$$\|\boldsymbol{A}\|_{\mathrm{F}}=\sqrt{\sum_i\sum_j a_{ij}^2}=\sqrt{\mathrm{tr}(\boldsymbol{A}^{\mathrm{H}}\boldsymbol{A})}$$

矩阵的 Frobenius 范数由矩阵每个元素的平方和开根号得到；$\boldsymbol{A}$ 若为实矩阵，则有 $\|\boldsymbol{A}\|_{\mathrm{F}}=\sqrt{\mathrm{tr}(\boldsymbol{A}^{\mathrm{T}}\boldsymbol{A})}$。

2.6 矩阵分解

矩阵分解是将矩阵拆解为数个矩阵的乘积，最常用的是三角分解、QR 分解、满秩分解、奇异值分解等。

2.6.1 矩阵的三角分解

定义 2.6.1　如果方阵 $\boldsymbol{A}$ 可分解成一个下三角矩阵 $\boldsymbol{L}$ 和一个上三角矩阵 $\boldsymbol{U}$ 的乘积，则称 $\boldsymbol{A}$ 可作三角分解或 $\boldsymbol{LU}$ 分解。

$\boldsymbol{LU}$ 分解的英文简写名称中，$\boldsymbol{L}$ 和 $\boldsymbol{U}$ 分别指的是下（Low）三角和上（Up）三角矩阵。

若一个矩阵可以进行三角分解，则可采用 Gauss 消元法进行分解[8]。

设$\boldsymbol{A}^{(0)}=\boldsymbol{A}$，其元素$a_{ij}^{(0)}=a_{ij}(i, j=1, 2, \cdots, n)$。记$\boldsymbol{A}$的$k$阶顺序主子式为$\Delta_k(k=1, 2, \cdots, n)$。如果$\Delta_1=a_{11}^{(0)}\neq 0$，可利用第一行与其余行进行第三类初等行变换（即将第一行的$-\dfrac{a_{i1}^{(0)}}{a_{11}^{(0)}}$倍加到第$i$行），将第一列元素除$a_{11}^{(0)}$外均变为0；这个过程可通过构造一个初等行变换矩阵$\boldsymbol{L}_i$而一次完成，过程如下所述。

记$c_{i1}=\dfrac{a_{i1}^{(0)}}{a_{11}^{(0)}}(i=2, 3, \cdots, n)$，构造初等行变换矩阵$\boldsymbol{L}_1$：

$$\boldsymbol{L}_1=\begin{bmatrix} 1 & 0 & \cdots & 0 \\ c_{21} & 1 & \cdots & 0 \\ \vdots & \vdots & & \vdots \\ c_{n1} & 0 & \cdots & 1 \end{bmatrix}, \quad \boldsymbol{L}_1^{-1}=\begin{bmatrix} 1 & 0 & \cdots & 0 \\ -c_{21} & 1 & \cdots & 0 \\ \vdots & \vdots & & \vdots \\ -c_{n1} & 0 & \cdots & 1 \end{bmatrix}$$

利用$\boldsymbol{L}_1^{-1}$左乘矩阵$\boldsymbol{A}^{(0)}$，计算得到：

$$\boldsymbol{L}_1^{-1}\boldsymbol{A}^{(0)}=\begin{bmatrix} a_{11}^{(0)} & a_{12}^{(0)} & \cdots & a_{1n}^{(0)} \\ 0 & a_{22}^{(1)} & \cdots & a_{2n}^{(1)} \\ \vdots & \vdots & & \vdots \\ 0 & a_{n2}^{(1)} & \cdots & a_{nn}^{(1)} \end{bmatrix}=\boldsymbol{A}^{(1)} \tag{2.6-1}$$

由此可见，通过$\boldsymbol{L}_1^{-1}$的变换，$\boldsymbol{A}=\boldsymbol{A}^{(0)}$的第一列除主元$a_{11}^{(0)}$外，其余元素全被化为零。式(2.6-1)还可写为：

$$\boldsymbol{A}^{(0)}=\boldsymbol{L}_1\boldsymbol{A}^{(1)} \tag{2.6-2}$$

因为第三类初等行变换不改变矩阵的行列式及其顺序主子式的值，所以由$\boldsymbol{A}^{(1)}$也可以得到$\boldsymbol{A}$的二阶顺序主子式为：

$$\Delta_2=a_{11}^{(0)}a_{22}^{(1)} \tag{2.6-3}$$

如果$\Delta_2\neq 0$，则$a_{22}^{(1)}\neq 0$。令$c_{i2}=\dfrac{a_{i2}^{(1)}}{a_{22}^{(1)}}(i=3, 4, \cdots, n)$，并构造矩阵：

$$\boldsymbol{L}_2=\begin{bmatrix} 1 & 0 & 0 & \cdots & 0 \\ 0 & 1 & 0 & \cdots & 0 \\ 0 & c_{32} & 1 & \cdots & 0 \\ \vdots & \vdots & \vdots & & \vdots \\ 0 & c_{n2} & 0 & \cdots & 1 \end{bmatrix}, \quad \boldsymbol{L}_2^{-1}=\begin{bmatrix} 1 & 0 & 0 & \cdots & 0 \\ 0 & 1 & 0 & \cdots & 0 \\ 0 & -c_{32} & 1 & \cdots & 0 \\ \vdots & \vdots & \vdots & & \vdots \\ 0 & -c_{n2} & 0 & \cdots & 1 \end{bmatrix}$$

利用$\boldsymbol{L}_2^{-1}$左乘$\boldsymbol{A}^{(1)}$，计算得到：

$$\boldsymbol{L}_2^{-1}\boldsymbol{A}^{(1)}=\begin{bmatrix} a_{11}^{(0)} & a_{12}^{(0)} & a_{13}^{(0)} & \cdots & a_{1n}^{(0)} \\ 0 & a_{22}^{(1)} & a_{23}^{(1)} & \cdots & a_{2n}^{(1)} \\ 0 & 0 & a_{33}^{(2)} & \cdots & a_{3n}^{(2)} \\ \vdots & \vdots & \vdots & & \vdots \\ 0 & 0 & a_{3n}^{(2)} & \cdots & a_{nn}^{(2)} \end{bmatrix}=\boldsymbol{A}^{(2)} \tag{2.6-4}$$

由此可见，$\boldsymbol{A}^{(2)}$的前两列中主元以下的元素全为零。式(2.6-4)还可以写为：

$$\boldsymbol{A}^{(1)}=\boldsymbol{L}_2\boldsymbol{A}^{(2)} \tag{2.6-5}$$

与之前一样，再由 $\boldsymbol{A}^{(2)}$ 可得 $\boldsymbol{A}$ 的三阶顺序主子式为

$$\Delta_3 = a_{11}^{(0)} a_{22}^{(1)} a_{33}^{(2)} \tag{2.6-6}$$

如此继续，直到第 $r-1$ 步（$r \leqslant n-1$），得到

$$\boldsymbol{L}_r = \begin{bmatrix} 1 & & & & \\ & \ddots & & & \\ & & 1 & & \\ & & c_{r+1,r} & 1 & \\ & & \vdots & & \ddots & \\ & & c_{n,r} & & & 1 \end{bmatrix}, \quad \boldsymbol{L}_r^{-1} = \begin{bmatrix} 1 & & & & \\ & \ddots & & & \\ & & 1 & & \\ & & -c_{r+1,r} & 1 & \\ & & \vdots & & \ddots & \\ & & -c_{nr} & & & 1 \end{bmatrix}$$

利用 $\boldsymbol{L}_r^{-1}$ 左乘 $\boldsymbol{A}^{(r-1)}$，计算得到：

$$\boldsymbol{L}_r^{-1}\boldsymbol{A}^{(r-1)} = \begin{bmatrix} a_{11}^{(0)} & \cdots & a_{1r}^{(0)} & a_{1,r+1}^{(0)} & \cdots & a_{1n}^{(0)} \\ & & \vdots & \vdots & & \vdots \\ & & a_{rr}^{(r-1)} & a_{r,r+1}^{(r-1)} & \cdots & a_{rn}^{(r-1)} \\ & & & a_{r+1,r+1}^{r-1} & \cdots & a_{r+1,n}^{(r)} \\ & & & \vdots & & \vdots \\ & & & a_{n,r+1}^{(r)} & \cdots & a_{nn}^{(r)} \end{bmatrix} = \boldsymbol{A}^{(r)} \tag{2.6-7}$$

$\boldsymbol{A}^{(r)}$ 的前 r 列中主元以下的元素全为零。式（2.6-7）还可写为：

$$\boldsymbol{A}^{(r-1)} = \boldsymbol{L}_r \boldsymbol{A}^{(r)} \tag{2.6-8}$$

且由 $\boldsymbol{A}^{(r)}$ 可得 $\boldsymbol{A}$ 的 $r+1$ 阶顺序主子式为：

$$\Delta_{r+1} = a_{11}^{(0)} a_{22}^{(1)} \cdots a_{rr}^{(r-1)} a_{r+1,r+1}^{(r)} \tag{2.6-9}$$

如果可以一直进行下去，则在第 $n-1$ 步之后便有：

$$\boldsymbol{A}^{(n-1)} = \begin{bmatrix} a_{11}^{(0)} & a_{12}^{(0)} & \cdots & a_{(1,n-1)}^{(0)} & a_{1n}^{(0)} \\ & a_{22}^{(1)} & \cdots & a_{2,n-1}^{(1)} & a_{2n}^{(1)} \\ & & & \vdots & \vdots \\ & & & a_{n-1,n-1}^{(n-2)} & a_{n-1,n}^{(n-2)} \\ & & & & a_{nn}^{(n-1)} \end{bmatrix} \tag{2.6-10}$$

当 $\Delta_r \neq 0(r=1, 2, \cdots, n-1)$ 时，由式（2.6-8）有

$$\boldsymbol{A} = \boldsymbol{A}^{(0)} = \boldsymbol{L}_1\boldsymbol{A}^{(1)} = \boldsymbol{L}_1\boldsymbol{L}_2\boldsymbol{A}^{(2)} = \cdots = \boldsymbol{L}_1\boldsymbol{L}_2\cdots\boldsymbol{L}_{n-1}\boldsymbol{A}^{(n-1)}$$

容易求出

$$\boldsymbol{L} = \boldsymbol{L}_1\boldsymbol{L}_2\cdots\boldsymbol{L}_{n-1} = \begin{bmatrix} 1 & & & & \\ c_{21} & 1 & & & \\ \vdots & \vdots & & & \\ c_{n-1,1} & c_{n-1,2} & \cdots & 1 & \\ c_{n1} & c_{n2} & \cdots & c_{n,n-1} & 1 \end{bmatrix} \tag{2.6-11}$$

这是一个对角元素都是 1 的下三角形，称为单位下三角矩阵。若令 $\boldsymbol{A}^{(n-1)} = \boldsymbol{U}$，则得

$$\boldsymbol{A}=\boldsymbol{LU} \tag{2.6-12}$$

这样 $\boldsymbol{A}$ 就分解成一个单位下三角矩阵与一个上三角矩阵的乘积。

1. 方阵三角分解的存在性与唯一性问题

一个方阵的三角分解不是唯一的。假设 $\boldsymbol{A}=\boldsymbol{LU}$ 为方阵 $\boldsymbol{A}$ 的一个三角分解。令 $\boldsymbol{D}$ 是对角元素均不为0的对角矩阵，则 $\boldsymbol{A}=\boldsymbol{LU}=\boldsymbol{LDD}^{-1}\boldsymbol{U}=\hat{\boldsymbol{L}}\hat{\boldsymbol{U}}$。由于上（下）三角矩阵的乘积仍是上（下）三角矩阵，因此 $\hat{\boldsymbol{L}}=\boldsymbol{LD}$，$\hat{\boldsymbol{U}}=\boldsymbol{D}^{-1}\boldsymbol{U}$ 也分别是下、上三角矩阵。从而 $\boldsymbol{A}=\hat{\boldsymbol{L}}\hat{\boldsymbol{U}}$ 也是 $\boldsymbol{A}$ 的一个三角分解，因此一般方阵的三角分解不是唯一的。

定理 2.6.1　设 $\boldsymbol{A}=(a_{ij})_{n\times n}$ 是 n 阶方阵，则当且仅当 $\boldsymbol{A}$ 的顺序主子式 $\Delta_k\neq 0$，$(k=1, 2, \cdots, n-1)$ 时，$\boldsymbol{A}$ 可唯一地分解为

$$\boldsymbol{A}=\boldsymbol{LDU}$$

其中 $\boldsymbol{L}$ 是单位下三角矩阵，$\boldsymbol{U}$ 是单位上三角矩阵，$\boldsymbol{D}$ 是对角矩阵

$$\boldsymbol{D}=\mathrm{diag}(d_1, d_2, \cdots, d_n)$$

其中 $d_k=\dfrac{\Delta_k}{\Delta_{k-1}}(k=1, 2, \cdots, n;\ \Delta_0=1)$。该分解称为矩阵 $\boldsymbol{A}$ 的 $\boldsymbol{LDU}$ 分解。

此处给出计算矩阵 $\boldsymbol{LU}$ 与 $\boldsymbol{LDU}$ 分解的一种常用求解方法。类似于利用单位矩阵记录矩阵求逆的过程，进行 $\boldsymbol{LU}$ 分解时，可将矩阵写为 $(\boldsymbol{A}\vdots\boldsymbol{I})$ 的形式：

$$(\boldsymbol{A}\vdots\boldsymbol{I})\xrightarrow{\text{矩阵第三类初等行变换}}(\boldsymbol{U}\vdots\boldsymbol{L}^{-1})$$

其中，$\boldsymbol{U}$ 是上三角矩阵，$\boldsymbol{L}^{-1}$ 是下三角矩阵（下三角矩阵的逆仍旧是下三角矩阵）；于是得到 $\boldsymbol{A}=\boldsymbol{LU}$。同时由于缺乏对下三角矩阵 $\boldsymbol{L}$ 与上三角矩阵 $\boldsymbol{U}$ 的约束，所以一个方阵的三角分解不是唯一的。

进行 $\boldsymbol{LDU}$ 分解时，先将矩阵写为 $(\boldsymbol{A}\vdots\boldsymbol{I})$ 的形式：

$$(\boldsymbol{A}\vdots\boldsymbol{I})\xrightarrow{\text{矩阵第三类初等行变换}}(\boldsymbol{A}_1\vdots\boldsymbol{L}^{-1})$$

注意，此时要求 $\boldsymbol{L}^{-1}$ 是一个单位下三角矩阵（单位下三角矩阵的逆仍为单位下三角矩阵）。然后将矩阵 $\boldsymbol{A}_1$ 写成 $\begin{pmatrix}\boldsymbol{A}_1\\ \cdots\\ \boldsymbol{I}\end{pmatrix}$ 的形式：

$$\begin{pmatrix}\boldsymbol{A}_1\\ \cdots\\ \boldsymbol{I}\end{pmatrix}\xrightarrow{\text{矩阵第三类初等列变换}}\begin{pmatrix}\boldsymbol{D}\\ \cdots\\ \boldsymbol{U}^{-1}\end{pmatrix}$$

其中，$\boldsymbol{D}$ 是对角矩阵 $\boldsymbol{D}=\mathrm{diag}(d_1, d_2, \cdots, d_n)$，$\boldsymbol{U}^{-1}$ 是单位上三角矩阵（单位上三角矩阵的逆仍为单位上三角矩阵）；于是，得到分解 $\boldsymbol{A}=\boldsymbol{LDU}$。由于要求 $\boldsymbol{L}$ 是单位下三角矩阵，$\boldsymbol{U}$ 是单位上三角矩阵，$\boldsymbol{D}$ 是对角矩阵，因此矩阵的 $\boldsymbol{LDU}$ 分解是唯一的。

对矩阵进行一次初等行变换其效果等价于在矩阵左边乘以一个初等矩阵，对矩阵进行一次初等列变换的效果等价于在矩阵右边乘以一个初等矩阵。那么对于 $\boldsymbol{LU}$ 分解的过程，即等价于 $\boldsymbol{L}^{-1}(\boldsymbol{A}\vdots\boldsymbol{I})=\boldsymbol{L}^{-1}(\boldsymbol{LU}\vdots\boldsymbol{I})=(\boldsymbol{U}\vdots\boldsymbol{L}^{-1})$；而对于 $\boldsymbol{LDU}$ 分解的过程，等价于先运算

$$\boldsymbol{L}^{-1}(\boldsymbol{A}\vdots\boldsymbol{I})=\boldsymbol{L}^{-1}(\boldsymbol{LDU}\vdots\boldsymbol{I})=(\boldsymbol{DU}\vdots\boldsymbol{L}^{-1})=(\boldsymbol{A}_1\vdots\boldsymbol{L}^{-1})$$

再运算下式：

$$\begin{pmatrix}\boldsymbol{A}_1\\ \cdots\\ \boldsymbol{I}\end{pmatrix}\boldsymbol{U}^{-1}=\begin{pmatrix}\boldsymbol{DU}\\ \cdots\\ \boldsymbol{I}\end{pmatrix}\boldsymbol{U}^{-1}=\begin{pmatrix}\boldsymbol{D}\\ \cdots\\ \boldsymbol{U}^{-1}\end{pmatrix}$$

例 2.6.1 求矩阵 $\boldsymbol{A}=\begin{pmatrix}2 & -1 & 3\\1 & 2 & 1\\2 & 4 & 2\end{pmatrix}$ 的 $\boldsymbol{LDU}$ 分解。

解 因为 $\Delta_1=2$，$\Delta_2=5$，所以 $\boldsymbol{A}$ 有唯一的 $\boldsymbol{LDU}$ 分解。
首先考虑

$$(\boldsymbol{A}\vdots\boldsymbol{I})=\left(\begin{array}{ccc:ccc}2 & -1 & 3 & 1 & 0 & 0\\1 & 2 & 1 & 0 & 1 & 0\\2 & 4 & 2 & 0 & 0 & 1\end{array}\right)\rightarrow\left(\begin{array}{ccc:ccc}2 & -1 & 3 & 1 & 0 & 0\\0 & \frac{5}{2} & -\frac{1}{2} & -\frac{1}{2} & 1 & 0\\0 & 5 & -1 & -1 & 0 & 1\end{array}\right)$$

$$\rightarrow\left(\begin{array}{ccc:ccc}2 & -1 & 3 & 1 & 0 & 0\\0 & \frac{5}{2} & -\frac{1}{2} & -\frac{1}{2} & 1 & 0\\0 & 0 & 0 & 0 & -2 & 1\end{array}\right)$$

得到 $\boldsymbol{A}_1=\begin{pmatrix}2 & -1 & 3\\0 & \frac{5}{2} & -\frac{1}{2}\\0 & 0 & 0\end{pmatrix}$，$\boldsymbol{L}^{-1}=\begin{pmatrix}1 & 0 & 0\\-\frac{1}{2} & 1 & 0\\0 & -2 & 1\end{pmatrix}$。

再考虑

$$\begin{pmatrix}\boldsymbol{A}_1\\\cdots\\\boldsymbol{I}\end{pmatrix}=\begin{pmatrix}2 & -1 & 3\\0 & \frac{5}{2} & -\frac{1}{2}\\0 & 0 & 0\\\cdots & \cdots & \cdots\\1 & 0 & 0\\0 & 1 & 0\\0 & 0 & 1\end{pmatrix}\rightarrow\begin{pmatrix}2 & 0 & 0\\0 & \frac{5}{2} & -\frac{1}{2}\\0 & 0 & 0\\\cdots & \cdots & \cdots\\1 & \frac{1}{2} & -\frac{3}{2}\\0 & 1 & 0\\0 & 0 & 1\end{pmatrix}\rightarrow\begin{pmatrix}2 & 0 & 0\\0 & \frac{5}{2} & 0\\0 & 0 & 0\\\cdots & \cdots & \cdots\\1 & \frac{1}{2} & -\frac{7}{5}\\0 & 1 & \frac{1}{5}\\0 & 0 & 1\end{pmatrix}$$

得到 $\boldsymbol{D}=\begin{pmatrix}2 & 0 & 0\\0 & \frac{5}{2} & 0\\0 & 0 & 0\end{pmatrix}$，$\boldsymbol{U}^{-1}=\begin{pmatrix}1 & \frac{1}{2} & -\frac{7}{5}\\0 & 1 & \frac{1}{5}\\0 & 0 & 1\end{pmatrix}$。

于是得到 $\boldsymbol{A}$ 的 $\boldsymbol{LDU}$ 分解为

$$\begin{aligned}\boldsymbol{A}&=\boldsymbol{LDU}\\&=\begin{pmatrix}1 & 0 & 0\\-\frac{1}{2} & 1 & 0\\0 & -2 & 1\end{pmatrix}^{-1}\begin{pmatrix}2 & 0 & 0\\0 & \frac{5}{2} & 0\\0 & 0 & 0\end{pmatrix}\begin{pmatrix}1 & \frac{1}{2} & -\frac{7}{5}\\0 & 1 & \frac{1}{5}\\0 & 0 & 1\end{pmatrix}^{-1}\end{aligned}$$

$$=\begin{pmatrix}1 & 0 & 0\\ \frac{1}{2} & 1 & 0\\ 1 & 2 & 1\end{pmatrix}\begin{pmatrix}2 & 0 & 0\\ 0 & \frac{5}{2} & 0\\ 0 & 0 & 0\end{pmatrix}\begin{pmatrix}1 & -\frac{1}{2} & \frac{3}{2}\\ 0 & 1 & -\frac{1}{5}\\ 0 & 0 & 1\end{pmatrix}$$

2. 方阵三角分解的其他方法

设矩阵 $\boldsymbol{A}$ 有唯一的 $\boldsymbol{LDU}$ 分解。若把 $\boldsymbol{A}=\boldsymbol{LDU}$ 中的 $\boldsymbol{D}$ 与 $\boldsymbol{U}$ 结合起来，并且用 $\hat{\boldsymbol{U}}$ 来表示，就得到唯一的分解为

$$\boldsymbol{A}=\boldsymbol{L}(\boldsymbol{DU})=\boldsymbol{L}\hat{\boldsymbol{U}} \tag{2.6-13}$$

称为 $\boldsymbol{A}$ 的 Doolittle 分解；若把 $\boldsymbol{A}=\boldsymbol{LDU}$ 中的 $\boldsymbol{L}$ 和 $\boldsymbol{D}$ 结合起来，并用 $\hat{\boldsymbol{L}}$ 来表示，就得到唯一的分解为

$$\boldsymbol{A}=(\boldsymbol{LD})\boldsymbol{U}=\hat{\boldsymbol{L}}\boldsymbol{U} \tag{2.6-14}$$

称为 $\boldsymbol{A}$ 的 Crout 分解。

若 $\boldsymbol{A}$ 为实对称正定矩阵时，$\Delta_k>0(k=1, 2, \cdots, n)$，于是 $\boldsymbol{A}$ 有唯一的 $\boldsymbol{LDU}$ 分解，即 $\boldsymbol{A}=\boldsymbol{LDU}$，其中 $\boldsymbol{D}=\mathrm{diag}(d_1, d_2, \cdots, d_n)$，且 $d_i>0(i=1, 2, \cdots, n)$. 令

$$\widetilde{\boldsymbol{D}}=\mathrm{diag}(\sqrt{d_1}, \sqrt{d_2}, \cdots, \sqrt{d_n})$$

则有 $\boldsymbol{A}=\boldsymbol{L}\widetilde{\boldsymbol{D}}^2\boldsymbol{U}$. 由 $\boldsymbol{A}^{\mathrm{T}}=\boldsymbol{A}$ 得到 $\boldsymbol{L}\widetilde{\boldsymbol{D}}^2\boldsymbol{U}=\boldsymbol{U}^{\mathrm{T}}\widetilde{\boldsymbol{D}}^2\boldsymbol{L}^{\mathrm{T}}$，由分解的唯一性可知 $\boldsymbol{L}=\boldsymbol{U}^{\mathrm{T}}$，因而有

$$\boldsymbol{A}=\boldsymbol{L}\widetilde{\boldsymbol{D}}^2\boldsymbol{U}=(\boldsymbol{L}\widetilde{\boldsymbol{D}})(\boldsymbol{L}\widetilde{\boldsymbol{D}})^{\mathrm{T}}=\boldsymbol{G}\boldsymbol{G}^{\mathrm{T}} \tag{2.6-15}$$

这里 $\boldsymbol{G}=\boldsymbol{L}\widetilde{\boldsymbol{D}}$ 是下三角矩阵，称为是实对称正定矩阵的 Cholesky 分解。

2.6.2　矩阵的满秩分解

定义 2.6.2　设 $\boldsymbol{A}\in\boldsymbol{K}^{m\times n}$，且 $\boldsymbol{A}$ 的秩为 $r(r>0)$，如果存在矩阵 $\boldsymbol{F}\in\boldsymbol{K}^{m\times r}$ 和 $\boldsymbol{G}\in\boldsymbol{K}^{r\times n}$，$\mathrm{rank}(\boldsymbol{F})=\mathrm{rank}(\boldsymbol{G})=r(r>0)$，使得

$$\boldsymbol{A}=\boldsymbol{FG} \tag{2.6-16}$$

则称式（2.6-16）为矩阵 $\boldsymbol{A}$ 的满秩分解。

上面的定义中，隐含的条件是 $r\leqslant m$ 且 $r\leqslant n$，因为一个矩阵的秩一定不大于矩阵的行数或列数。

当 $\boldsymbol{A}$ 是满秩（列满秩或行满秩）矩阵时，$\boldsymbol{A}$ 可分解为一个因子是单位矩阵，另一个因子是 $\boldsymbol{A}$ 本身，称此满秩分解为平凡分解。

定理 2.6.2　设 $\boldsymbol{A}\in\boldsymbol{K}^{m\times n}$，$\mathrm{rank}(\boldsymbol{A})=r(r>0)$，则 $\boldsymbol{A}$ 有满秩分解式（2.6-16）。

证　$\mathrm{rank}(\boldsymbol{A})=r$ 时，对 $\boldsymbol{A}$ 进行初等变换，化为阶梯形矩阵 $\boldsymbol{B}$，即

$$\boldsymbol{A}\xrightarrow{\text{行变换}}\boldsymbol{B}=\begin{pmatrix}\boldsymbol{G}\\ \boldsymbol{0}\end{pmatrix},\ \boldsymbol{G}\in\boldsymbol{K}_r^{r\times n} \tag{2.6-17}$$

于是存在有限个 m 阶初等矩阵的乘积，记作 $\boldsymbol{P}$，使得 $\boldsymbol{PA}=\boldsymbol{B}$，或者 $\boldsymbol{A}=\boldsymbol{P}^{-1}\boldsymbol{B}$，将 $\boldsymbol{P}^{-1}$ 分块为

$$\boldsymbol{P}^{-1}=(\boldsymbol{F}\ \vdots\ \boldsymbol{S})\ (\boldsymbol{F}\in\boldsymbol{k}_r^{m\times r},\ \boldsymbol{S}\in\boldsymbol{k}_{m-r}^{m\times(m-r)})$$

则有

$$\boldsymbol{A}=\boldsymbol{P}^{-1}\boldsymbol{B}=(\boldsymbol{F}\ \vdots\ \boldsymbol{S})\begin{pmatrix}\boldsymbol{G}\\ \boldsymbol{0}\end{pmatrix}=\boldsymbol{FG} \tag{2.6-18}$$

其中 $\boldsymbol{F}$ 是列满秩矩阵，$\boldsymbol{G}$ 是行满秩矩阵。

注意，矩阵 $\boldsymbol{A}$ 的满秩分解不是唯一的。因为任取一个 r 阶可逆矩阵 $\boldsymbol{D}$，式（2.6-18）可改写为

$$\boldsymbol{A}=(\boldsymbol{F}\boldsymbol{D})(\boldsymbol{D}^{-1}\boldsymbol{G})=\widetilde{\boldsymbol{F}}\widetilde{\boldsymbol{G}} \tag{2.6-19}$$

就变成 $\boldsymbol{A}$ 的另一个满秩分解了。

例 2.6.2 求矩阵 $\boldsymbol{A}$ 的满秩分解，其中[8]

$$\boldsymbol{A}=\begin{pmatrix}-1 & 0 & 1 & 2\\ 1 & 2 & -1 & 1\\ 2 & 2 & -2 & -1\end{pmatrix}$$

解 首先通过行变换把 $\boldsymbol{A}$ 化为阶梯形

$$(\boldsymbol{A}\vdots\boldsymbol{I})=\begin{pmatrix}-1 & 0 & 1 & 2 & \vdots & 1 & 0 & 0\\ 1 & 2 & -1 & 1 & \vdots & 0 & 1 & 0\\ 2 & 2 & -2 & -1 & \vdots & 0 & 0 & 1\end{pmatrix}$$

$$\to\begin{pmatrix}-1 & 0 & 1 & 2 & \vdots & 1 & 0 & 0\\ 0 & 2 & 0 & 3 & \vdots & 1 & 1 & 0\\ 0 & 0 & 0 & 0 & \vdots & 1 & -1 & 1\end{pmatrix}$$

则有

$$\boldsymbol{B}=\begin{pmatrix}-1 & 0 & 1 & 2\\ 0 & 2 & 0 & 3\\ 0 & 0 & 0 & 0\end{pmatrix},\ \boldsymbol{P}=\begin{pmatrix}1 & 0 & 0\\ 1 & 1 & 0\\ 1 & -1 & 1\end{pmatrix}$$

即 $\boldsymbol{PA}=\boldsymbol{B}$，$\boldsymbol{A}=\boldsymbol{P}^{-1}\boldsymbol{B}$

可求得

$$\boldsymbol{P}^{-1}=\begin{pmatrix}1 & 0 & 0\\ -1 & 1 & 0\\ -2 & 1 & 1\end{pmatrix}$$

于是有

$$\boldsymbol{A}=\begin{pmatrix}1 & 0\\ -1 & 1\\ -2 & 1\end{pmatrix}\begin{pmatrix}-1 & 0 & 1 & 2\\ 0 & 2 & 0 & 3\end{pmatrix}$$

注意，例题中通过行变换将 $\boldsymbol{A}$ 化为阶梯形时，技巧性地采用（$\boldsymbol{A}\vdots\boldsymbol{I}$）进行变换，其中的 $\boldsymbol{I}$ 充当一个记录器，记录器的作用是对 $\boldsymbol{A}$ 每一次初等变换进行记录，最终得到变换 $\boldsymbol{P}$，即（$\boldsymbol{A}\vdots\boldsymbol{I}$）→（$\boldsymbol{PA}\vdots\boldsymbol{P}$）。

2.6.3 矩阵的 QR 分解

利用正交（酉）矩阵，可以导出矩阵的 QR 分解。矩阵的 QR 分解常用于求解线性最小二乘法问题，也是特定特征值算法的基础。

定义 2.6.3 设 $\boldsymbol{A}\in\boldsymbol{K}^{m\times n}$，$\mathrm{rank}(\boldsymbol{A})=r$，则 $\boldsymbol{A}$ 可分解为

$$\boldsymbol{A}=\boldsymbol{QR} \tag{2.6-20}$$

其中 $\boldsymbol{Q}\in\boldsymbol{K}^{m\times r}$，且 $\boldsymbol{Q}^{\mathrm{H}}\boldsymbol{Q}=\boldsymbol{I}_r$，$\mathrm{rank}(\boldsymbol{R})=r$。

称式（2.6-20）为矩阵 $\boldsymbol{A}$ 的 $\boldsymbol{QR}$ 分解。

证　设 $\boldsymbol{A}=\boldsymbol{CD}$ 是 $\boldsymbol{A}$ 的满秩分解，

$$\boldsymbol{C}=(\boldsymbol{v}_1,\ \boldsymbol{v}_2,\ \cdots,\ \boldsymbol{v}_r)$$

对 $\boldsymbol{C}$ 的 r 个线性无关列向量用 Gram-Schmidt 标准正交化方法[9]：

$$(\boldsymbol{v}_1,\ \boldsymbol{v}_2,\ \cdots,\ \boldsymbol{v}_r)=(\boldsymbol{\alpha}_1^0,\ \boldsymbol{\alpha}_2^0,\ \cdots,\ \boldsymbol{\alpha}_r^0)\begin{pmatrix} k_{11} & k_{12} & \cdots & k_{1r} \\ 0 & k_{22} & \cdots & k_{2r} \\ \vdots & \vdots & & \vdots \\ 0 & 0 & \cdots & k_{rr} \end{pmatrix}$$

其中 $\boldsymbol{\alpha}_1^0,\ \boldsymbol{\alpha}_2^0,\ \cdots,\ \boldsymbol{\alpha}_r^0$ 是两两正交的单位向量。

$$令\ \boldsymbol{Q}=(\boldsymbol{\alpha}_1^0,\ \boldsymbol{\alpha}_2^0,\ \cdots,\ \boldsymbol{\alpha}_r^0),\ \boldsymbol{K}=\begin{pmatrix} k_{11} & k_{12} & \cdots & k_{1r} \\ 0 & k_{22} & \cdots & k_{2r} \\ \vdots & \vdots & & \vdots \\ 0 & 0 & \cdots & k_{rr} \end{pmatrix},\ 则\ \boldsymbol{C}=\boldsymbol{QK},\ \boldsymbol{A}=\boldsymbol{QKD}$$

令 $\boldsymbol{KD}=\boldsymbol{R}$，有

$$\boldsymbol{A}=\boldsymbol{QR}$$

而 $\boldsymbol{Q}=(\boldsymbol{\alpha}_1^0,\ \boldsymbol{\alpha}_2^0,\ \cdots,\ \boldsymbol{\alpha}_r^0)$，$\boldsymbol{Q}^{\mathrm{H}}\boldsymbol{Q}=\boldsymbol{I}_r$。

通过上面的证明可见，一个矩阵 $\boldsymbol{A}$ 一定可以进行 $\boldsymbol{QR}$ 分解。

由上述证明可知，$\boldsymbol{A}$ 的 $\boldsymbol{QR}$ 分解是一种特殊的满秩分解。

推论 2.6.1　若 $\boldsymbol{A}\in\boldsymbol{K}^{m\times r}$，$\mathrm{rank}(\boldsymbol{A})=r$，则 $\boldsymbol{A}$ 可以唯一地分解为

$$\boldsymbol{A}=\boldsymbol{QR}$$

其中 $\boldsymbol{Q}\in\boldsymbol{K}^{m\times r}$，且 $\boldsymbol{Q}^{\mathrm{H}}\boldsymbol{Q}=\boldsymbol{I}_r$，$\boldsymbol{R}\in\boldsymbol{K}^{r\times r}$ 为对角元素全为正数的上三角形矩阵。

推论 2.6.2　若 $\boldsymbol{A}\in\boldsymbol{K}^{r\times n}$，$\mathrm{rank}(\boldsymbol{A})=r$，则 $\boldsymbol{A}$ 可以唯一地分解为

$$\boldsymbol{A}=\boldsymbol{LQ}$$

其中 $\boldsymbol{Q}\in\boldsymbol{K}^{r\times n}$，且 $\boldsymbol{Q}^{\mathrm{H}}\boldsymbol{Q}=\boldsymbol{I}_n$，$\boldsymbol{L}\in\boldsymbol{K}^{r\times r}$ 为对角元素全为正数的下三角形矩阵。

例 2.6.3　用 $\boldsymbol{QR}$ 方法解线性方程组[8]

$$\boldsymbol{Ax}=\boldsymbol{\beta}$$

其中

$$\boldsymbol{x}=\begin{pmatrix} x_1 \\ x_2 \\ x_3 \end{pmatrix},\ \boldsymbol{A}=\begin{pmatrix} 1 & 1 & 2 \\ 1 & 2 & 1 \\ 1 & 1 & 3 \\ 2 & 3 & 3 \end{pmatrix},\ \boldsymbol{\beta}=\begin{pmatrix} 1 \\ 0 \\ 2 \\ 1 \end{pmatrix}$$

解　设 $\boldsymbol{A}=(\boldsymbol{\alpha}_1,\ \boldsymbol{\alpha}_2,\ \boldsymbol{\alpha}_3)$

$$\boldsymbol{\alpha}_1=(1,\ 1,\ 1,\ 2)^{\mathrm{T}},\ \boldsymbol{\alpha}_2=(1,\ 2,\ 1,\ 3)^{\mathrm{T}},\ \boldsymbol{\alpha}_3=(2,\ 1,\ 3,\ 3)^{\mathrm{T}}$$

将 $\boldsymbol{\alpha}_1,\ \boldsymbol{\alpha}_2,\ \boldsymbol{\alpha}_3$ 标准正交化

$$\boldsymbol{\beta}_1=\left(\frac{1}{\sqrt{7}},\ \frac{1}{\sqrt{7}},\ \frac{1}{\sqrt{7}},\ \frac{2}{\sqrt{7}}\right)^{\mathrm{T}}$$

$$\boldsymbol{\beta}_2=\left(-\frac{3}{\sqrt{35}},\ \frac{4}{\sqrt{35}},\ -\frac{3}{\sqrt{35}},\ \frac{1}{\sqrt{35}}\right)^{\mathrm{T}}$$

$$\boldsymbol{\beta}_3=\left(-\frac{2}{\sqrt{15}},\ \frac{1}{\sqrt{15}},\ \frac{3}{\sqrt{15}},\ -\frac{1}{\sqrt{15}}\right)^{\mathrm{T}}$$

于是令

$$\boldsymbol{Q}=\begin{pmatrix}\frac{1}{\sqrt{7}} & -\frac{3}{\sqrt{35}} & -\frac{2}{\sqrt{15}}\\ \frac{1}{\sqrt{7}} & \frac{4}{\sqrt{35}} & \frac{1}{\sqrt{15}}\\ \frac{1}{\sqrt{7}} & -\frac{3}{\sqrt{35}} & \frac{3}{\sqrt{15}}\\ \frac{2}{\sqrt{7}} & \frac{1}{\sqrt{35}} & -\frac{1}{\sqrt{15}}\end{pmatrix}$$

得

$$\boldsymbol{R}=\boldsymbol{Q}^{\mathrm{H}}\boldsymbol{A}=\begin{pmatrix}\sqrt{7} & \frac{10}{\sqrt{7}} & \frac{12}{\sqrt{7}}\\ 0 & \frac{5}{\sqrt{35}} & -\frac{8}{\sqrt{35}}\\ 0 & 0 & \frac{3}{\sqrt{15}}\end{pmatrix}$$

$$\boldsymbol{R}^{-1}=\begin{pmatrix}\frac{1}{\sqrt{7}} & -\frac{2\sqrt{35}}{7} & -\frac{4\sqrt{15}}{3}\\ 0 & \frac{\sqrt{35}}{5} & \frac{8}{\sqrt{15}}\\ 0 & 0 & \frac{\sqrt{15}}{3}\end{pmatrix}$$

所以 $\boldsymbol{Ax}=\boldsymbol{\beta}$ 即 $\boldsymbol{QRx}=\boldsymbol{\beta}$，那么

$$\boldsymbol{x}=\boldsymbol{R}^{-1}\boldsymbol{Q}^{\mathrm{H}}\boldsymbol{\beta}=(-1,\ 0,\ 1)^{\mathrm{T}}$$

2.6.4 矩阵的奇异值分解

奇异值分解，简称 SVD（Singular Value Decomposition），是在机器学习领域广泛应用的算法，它不仅可用于降维算法中的特征分解，还可以用于推荐系统，以及自然语言处理等领域，是许多机器学习算法的基础。

在学习奇异值分解之前，先学习矩阵的正交对角分解，对矩阵分解中特征值与特征向量的作用进行更深入的了解。

定理 2.6.3 若 $\boldsymbol{A}$ 是 n 阶实对称矩阵，则存在正交矩阵 $\boldsymbol{Q}$ 使得

$$\boldsymbol{Q}^{\mathrm{T}}\boldsymbol{AQ}=\mathrm{diag}(\lambda_1,\ \lambda_2,\ \cdots,\ \lambda_n) \tag{2.6-21}$$

其中 $\lambda_i(i=1,2\cdots,n)$ 为矩阵 $\boldsymbol{A}$ 的特征值，而 $\boldsymbol{Q}$ 的 n 个列向量组成 $\boldsymbol{A}$ 的一个完备的标准正交特征向量系，即 $\boldsymbol{A}$ 正交相似于一个对角矩阵；$\boldsymbol{Q}$ 的每个列向量都是 $\boldsymbol{A}$ 的一个单位特征向量，且这些单位特征向量的排列次序与上式右侧的特征值排列次序相对应。

上面的定理表明，一个实对称矩阵所代表的线性变换，可拆分成三个线性变换的相

乘，第一个是旋转（$\boldsymbol{Q}$ 为正交矩阵），第二个是拉伸，第三个又是旋转。

上面的定理要成立，首先要求矩阵为方阵，其次要求矩阵为对称，这种情况在实际计算中很少出现。实际计算中常出现非对称方阵或者非方阵的情况，统称为非对称矩阵。对于实的非对称矩阵 $\boldsymbol{A}$，不再有式（2.6-21）这样的分解，但存在两个正交矩阵 $\boldsymbol{P}$ 和 $\boldsymbol{Q}$，使 $\boldsymbol{P}^{\mathrm{T}}\boldsymbol{AQ}$ 为对角矩阵，即有下面的正交对角分解定理。

定理 2.6.4　设 $\boldsymbol{A} \in \boldsymbol{R}^{n\times n}$ 可逆，则存在正交矩阵 $\boldsymbol{P}$ 和 $\boldsymbol{Q}$，使得

$$\boldsymbol{P}^{\mathrm{T}}\boldsymbol{AQ} = \mathrm{diag}(\sigma_1, \sigma_2, \cdots, \sigma_n) \tag{2.6-22}$$

其中 $\sigma_i > 0(i=1, 2, \cdots, n)$。

改写式（2.6-22）为

$$\boldsymbol{A} = \boldsymbol{P} \cdot \mathrm{diag}(\sigma_1, \sigma_2, \cdots, \sigma_n) \cdot \boldsymbol{Q}^{\mathrm{T}} \tag{2.6-23}$$

称式（2.6-23）为矩阵 $\boldsymbol{A}$ 的正交对角分解。

理解矩阵的奇异值与奇异值分解之前，首先需要下面的结论[4]：

（1）设 $\boldsymbol{A} \in \boldsymbol{K}_r^{m\times n}$（$r$ 为秩，$r>0$），则 $\boldsymbol{A}^{\mathrm{H}}\boldsymbol{A}$ 是 Hermitian 矩阵，且 $\boldsymbol{A}^{\mathrm{H}}\boldsymbol{A}$ 为半正定矩阵，则 $\boldsymbol{A}^{\mathrm{H}}\boldsymbol{A}$ 的特征值均为非负实数；

（2）$\mathrm{rank}(\boldsymbol{A}^{\mathrm{H}}\boldsymbol{A}) = \mathrm{rank}(\boldsymbol{A})$；

（3）设 $\boldsymbol{A} \in \boldsymbol{K}_r^{m\times n}$，则 $\boldsymbol{A}=0$ 的充分必要条件是 $\boldsymbol{A}^{\mathrm{H}}\boldsymbol{A}=0$。

上述 3 条结论的证明过程，可参考如下实数域内的证明过程。

对于结论（1），要证 $\boldsymbol{A}^{\mathrm{T}}\boldsymbol{A}$ 的特征值均为非负实数，只要证明 $\boldsymbol{A}^{\mathrm{T}}\boldsymbol{A}$ 是半正定矩阵即可。由于 $(\boldsymbol{A}^{\mathrm{T}}\boldsymbol{A})^{\mathrm{T}} = \boldsymbol{A}^{\mathrm{T}}\boldsymbol{A}$，所以 $\boldsymbol{A}^{\mathrm{T}}\boldsymbol{A}$ 是对称矩阵。因此，对于任意的向量 $\boldsymbol{x} \in \boldsymbol{R}^n$，有 $\boldsymbol{x}^{\mathrm{T}}(\boldsymbol{A}^{\mathrm{T}}\boldsymbol{A})\boldsymbol{x} = (\boldsymbol{Ax})^{\mathrm{T}}\boldsymbol{Ax} \geqslant \boldsymbol{0}$，所以 $\boldsymbol{A}^{\mathrm{T}}\boldsymbol{A}$ 是半正定矩阵，此 $\boldsymbol{A}^{\mathrm{T}}\boldsymbol{A}$ 的特征值均为非负实数；可见结论成立。

对于结论（2），由于 $\boldsymbol{A}^{\mathrm{T}}\boldsymbol{Ax}=\boldsymbol{0}$ 与 $\boldsymbol{Ax}=\boldsymbol{0}$ 的解空间的秩分别为 $n-\mathrm{rank}(\boldsymbol{A}^{\mathrm{T}}\boldsymbol{A})$ 和 $n-\mathrm{rank}(\boldsymbol{A})$，则要证明 $\mathrm{rank}(\boldsymbol{A}^{\mathrm{T}}\boldsymbol{A})=\mathrm{rank}(\boldsymbol{A})$，只需证明 $\boldsymbol{A}^{\mathrm{T}}\boldsymbol{Ax}=\boldsymbol{0}$ 与 $\boldsymbol{Ax}=\boldsymbol{0}$ 有相同的解。一方面，若 $\boldsymbol{Ax}=\boldsymbol{0}$，则 $\boldsymbol{A}^{\mathrm{T}}(\boldsymbol{Ax})=\boldsymbol{0}$，因此 $\boldsymbol{Ax}=\boldsymbol{0}$ 的解也是 $\boldsymbol{A}^{\mathrm{T}}\boldsymbol{Ax}=\boldsymbol{0}$ 的解。另一方面，若 $\boldsymbol{A}^{\mathrm{T}}\boldsymbol{Ax}=\boldsymbol{0}$，有 $\boldsymbol{x}^{\mathrm{T}}(\boldsymbol{A}^{\mathrm{T}}\boldsymbol{A})\boldsymbol{x}=(\boldsymbol{Ax})^{\mathrm{T}}\boldsymbol{Ax}=\boldsymbol{0}$，即 $\|\boldsymbol{Ax}\|=0$，可得 $\boldsymbol{Ax}=\boldsymbol{0}$（没有长度的向量一定是 0 向量）；因此 $\boldsymbol{A}^{\mathrm{T}}\boldsymbol{Ax}=\boldsymbol{0}$ 的解也是 $\boldsymbol{Ax}=\boldsymbol{0}$ 的解。可见，$\boldsymbol{A}^{\mathrm{T}}\boldsymbol{Ax}=\boldsymbol{0}$ 与 $\boldsymbol{Ax}=\boldsymbol{0}$ 解空间完全相同，则 $\mathrm{rank}(\boldsymbol{A}^{\mathrm{T}}\boldsymbol{A})=\mathrm{rank}(\boldsymbol{A})$ 得证。

结论（3）是显然的。当 $\boldsymbol{A}=0$ 时，自然有 $\boldsymbol{A}^{\mathrm{T}}\boldsymbol{A}=0$。当 $\boldsymbol{A}^{\mathrm{T}}\boldsymbol{A}=0$ 时，对于任意的非零向量 $\boldsymbol{x} \in \boldsymbol{R}^n$，有 $\boldsymbol{x}^{\mathrm{T}}(\boldsymbol{A}^{\mathrm{T}}\boldsymbol{A})\boldsymbol{x}=(\boldsymbol{Ax})^{\mathrm{T}}\boldsymbol{Ax}=0$，此时 $\boldsymbol{Ax}$ 是一个 $n\times 1$ 维的列向量，因此 $\boldsymbol{Ax}=0$，由于 $\boldsymbol{x}$ 为非零向量，因此 $\boldsymbol{A}=0$。

定义 2.6.4　设 $\boldsymbol{A} \in \boldsymbol{K}_r^{m\times n}(r>0)$，$\boldsymbol{A}^{\mathrm{H}}\boldsymbol{A}$ 的特征值为

$$\lambda_1 \geqslant \lambda_2 \geqslant \cdots \geqslant \lambda_r > \lambda_{r+1} = \cdots = \lambda_n = 0$$

则称 $\sigma_i = \sqrt{\lambda_i}(i=1, 2, \cdots, n)$ 为 $\boldsymbol{A}$ 的**奇异值**；当 $\boldsymbol{A}$ 为零矩阵时，它的奇异值都是 0。

易知，矩阵 $\boldsymbol{A}$ 的奇异值的个数等于 $\boldsymbol{A}$ 的列数，$\boldsymbol{A}$ 的非零奇异值的个数等于矩阵 $\boldsymbol{A}$ 的秩。

定理 2.6.5　设 $\boldsymbol{A} \in \boldsymbol{K}_r^{m\times n}(r>0)$，则存在 m 阶酉矩阵 $\boldsymbol{U}$ 和 n 阶酉矩阵 $\boldsymbol{V}$，使得

$$\boldsymbol{U}^{\mathrm{H}}\boldsymbol{AV} = \begin{bmatrix} \boldsymbol{\Sigma} & 0 \\ 0 & 0 \end{bmatrix} \tag{2.6-24}$$

其中 $\boldsymbol{\Sigma} = \mathrm{diag}(\sigma_1, \sigma_2, \cdots, \sigma_r)$，而 $\sigma_i(i=1, 2, \cdots, r)$ 为矩阵 $\boldsymbol{A}$ 的全部非零奇异值。

证　记 Hermitian 矩阵 $\boldsymbol{A}^{\mathrm{H}}\boldsymbol{A}$ 的特征值为[8]

$$\lambda_1 \geqslant \lambda_2 \geqslant \cdots \geqslant \lambda_r > \lambda_{r+1} = \cdots = \lambda_n = 0$$

则存在 n 阶酉矩阵 $\boldsymbol{V}$[10]（可借鉴定理 2.6.3 理解），使得

$$\boldsymbol{V}^{\mathrm{H}}(\boldsymbol{A}^{\mathrm{H}}\boldsymbol{A})\boldsymbol{V} = \begin{bmatrix} \lambda_1 & & \\ & \ddots & \\ & & \lambda_n \end{bmatrix} = \begin{bmatrix} \boldsymbol{\Sigma}^2 & 0 \\ 0 & 0 \end{bmatrix} \tag{2.6-25}$$

将式（2.6-25）改写成

$$\boldsymbol{A}^{\mathrm{H}}\boldsymbol{A}\boldsymbol{V} = \boldsymbol{V}\begin{bmatrix} \boldsymbol{\Sigma}^2 & 0 \\ 0 & 0 \end{bmatrix}$$

并将 $\boldsymbol{V}$ 分块成

$$\boldsymbol{V} = [\boldsymbol{V}_1 \vdots \boldsymbol{V}_2],\ \boldsymbol{V}_1 \in \boldsymbol{K}_r^{n\times r},\ \boldsymbol{V}_2 \in \boldsymbol{K}_{n-r}^{n\times(n-r)}$$

然后将分块后的 $\boldsymbol{V}$ 代入上式

$$\boldsymbol{A}^{\mathrm{H}}\boldsymbol{A}[\boldsymbol{V}_1 \vdots \boldsymbol{V}_2] = [\boldsymbol{V}_1 \vdots \boldsymbol{V}_2]\begin{bmatrix} \boldsymbol{\Sigma}^2 & \boldsymbol{0} \\ \cdots & \cdots \\ \boldsymbol{0} & \boldsymbol{0} \end{bmatrix}$$

上式进行运算可得

$$[\boldsymbol{A}^{\mathrm{H}}\boldsymbol{A}\boldsymbol{V}_1 \vdots \boldsymbol{A}^{\mathrm{H}}\boldsymbol{A}\boldsymbol{V}_2] = [\boldsymbol{V}_1\boldsymbol{\Sigma}^2 \vdots \boldsymbol{0}]$$

则根据矩阵相等定义，有

$$\boldsymbol{A}^{\mathrm{H}}\boldsymbol{A}\boldsymbol{V}_1 = \boldsymbol{V}_1\boldsymbol{\Sigma}^2,\ \boldsymbol{A}^{\mathrm{H}}\boldsymbol{A}\boldsymbol{V}_2 = \boldsymbol{0} \tag{2.6-26}$$

由式（2.6-26）的第一式可得 $\boldsymbol{V}_1^{\mathrm{H}}\boldsymbol{A}^{\mathrm{H}}\boldsymbol{A}\boldsymbol{V}_1 = \boldsymbol{\Sigma}^2$，并进一步可得

$$(\boldsymbol{A}\boldsymbol{V}_1\boldsymbol{\Sigma}^{-1})^{\mathrm{H}}(\boldsymbol{A}\boldsymbol{V}_1\boldsymbol{\Sigma}^{-1}) = \boldsymbol{I}_r$$

将式（2.6-26）的第二式等号两侧左乘 $\boldsymbol{V}_2^{\mathrm{H}}$，可得 $\boldsymbol{V}_2^{\mathrm{H}}\boldsymbol{A}^{\mathrm{H}}\boldsymbol{A}\boldsymbol{V}_2 = (\boldsymbol{A}\boldsymbol{V}_2)^{\mathrm{H}}(\boldsymbol{A}\boldsymbol{V}_2) = 0$，则 $\boldsymbol{A}\boldsymbol{V}_2 = 0$（据结论（3））。

令 $\boldsymbol{U}_1 = \boldsymbol{A}\boldsymbol{V}_1\boldsymbol{\Sigma}^{-1}$，则 $\boldsymbol{U}_1^{\mathrm{H}}\boldsymbol{U}_1 = \boldsymbol{I}_r$，即 $\boldsymbol{U}_1$ 的 r 个列是两两正交的单位向量，记作 $\boldsymbol{U}_1 = (\boldsymbol{u}_1,\ \boldsymbol{u}_2,\ \cdots,\ \boldsymbol{u}_r)$。可将 $\boldsymbol{u}_1,\ \boldsymbol{u}_2,\ \cdots,\ \boldsymbol{u}_r$ 扩充成 $\boldsymbol{K}^m$ 的标准正交基，记增添的向量为 $\boldsymbol{u}_{r+1},\ \cdots,\ \boldsymbol{u}_m$，并构造矩阵 $\boldsymbol{U}_2 = (\boldsymbol{u}_{r+1},\ \cdots,\ \boldsymbol{u}_m)$，则

$$\boldsymbol{U} = [\boldsymbol{U}_1 \vdots \boldsymbol{U}_2] = (\boldsymbol{u}_1,\ \boldsymbol{u}_2,\ \cdots,\ \boldsymbol{u}_r,\ \boldsymbol{u}_{r+1},\ \cdots,\ \boldsymbol{u}_m)$$

是 m 阶酉矩阵，则有

$$\boldsymbol{U}_1^{\mathrm{H}}\boldsymbol{U}_1 = \boldsymbol{I}_r,\ \boldsymbol{U}_2^{\mathrm{H}}\boldsymbol{U}_1 = \boldsymbol{0}$$

上式中，$\boldsymbol{U}_2^{\mathrm{H}}\boldsymbol{U}_1 = \boldsymbol{0}$ 的原因是 $(\boldsymbol{u}_1,\ \boldsymbol{u}_2,\ \cdots,\ \boldsymbol{u}_r,\ \boldsymbol{u}_{r+1},\ \cdots,\ \boldsymbol{u}_m)$ 为一组标准正交基，基向量之间互相垂直，点积为 0。

于是式（2.6-24）可表示为

$$\boldsymbol{U}^{\mathrm{H}}\boldsymbol{A}\boldsymbol{V} = \boldsymbol{U}^{\mathrm{H}}[\boldsymbol{A}\boldsymbol{V}_1 \vdots \boldsymbol{A}\boldsymbol{V}_2]$$

由 $\boldsymbol{U}_1 = \boldsymbol{A}\boldsymbol{V}_1\boldsymbol{\Sigma}^{-1}$，可得 $\boldsymbol{U}_1\boldsymbol{\Sigma} = \boldsymbol{A}\boldsymbol{V}_1$，则上式可改写为

$$\boldsymbol{U}^{\mathrm{H}}\boldsymbol{A}\boldsymbol{V} = \begin{bmatrix} \boldsymbol{U}_1^{\mathrm{H}} \\ \boldsymbol{U}_2^{\mathrm{H}} \end{bmatrix}[\boldsymbol{U}_1\boldsymbol{\Sigma} \vdots \boldsymbol{0}] = \begin{bmatrix} \boldsymbol{U}_1^{\mathrm{H}}\boldsymbol{U}_1\boldsymbol{\Sigma} & \boldsymbol{0} \\ \boldsymbol{U}_2^{\mathrm{H}}\boldsymbol{U}_1\boldsymbol{\Sigma} & \boldsymbol{0} \end{bmatrix} = \begin{bmatrix} \boldsymbol{\Sigma} & \boldsymbol{0} \\ \boldsymbol{0} & \boldsymbol{0} \end{bmatrix}$$

证毕。

改写式（2.6-24）为

$$\boldsymbol{A}=\boldsymbol{U}\begin{bmatrix}\boldsymbol{\Sigma} & \boldsymbol{0}\\ \boldsymbol{0} & \boldsymbol{0}\end{bmatrix}\boldsymbol{V}^{\mathrm{H}} \tag{2.6-27}$$

称式（2.6-27）为矩阵 $\boldsymbol{A}$ 的奇异值分解。由上式可见，奇异值分解的结果是将一个矩阵代表的线性变换分解成为三个线性变换的乘积，其中第一个和第三个线性变换都是正交矩阵，这意味着第一个和第三个线性变换只是代表一种旋转而不进行任何缩放（酉矩阵或正交矩阵的行列式值为 1）；第二个线性变换是一个对角矩阵，这意味着此线性变换只是代表一种缩放而不进行任何旋转。一个矩阵代表的线性变换一般既包括旋转作用，也包括缩放作用；而奇异值分析的作用，实际上就是将一个矩阵代表的线性变换分解成旋转、拉伸、旋转这三个比较简单的步骤，这样在很多应用中将非常方便。式（2.6-27）中，中间拉伸矩阵中的 0 部分可被舍弃而不影响实际的计算效果，则 $\boldsymbol{U}$ 和 $\boldsymbol{V}^{\mathrm{H}}$ 中相应部分也舍弃，这就降低了数据的维度；实际数据分析中，右下角部分元素往往并非 0 元素，而是绝对值接近于 0 的数值，则这些部分对计算结果影响很小，可舍弃，从而起到数据降维作用。

例 2.6.4　求矩阵 $\boldsymbol{A}=\begin{bmatrix}1 & 1 & 0\\ 0 & 1 & 1\end{bmatrix}$ 的奇异值分解[7]。

解　计算

$$\boldsymbol{B}=\boldsymbol{A}^{\mathrm{T}}\boldsymbol{A}=\begin{bmatrix}1 & 0\\ 1 & 1\\ 0 & 1\end{bmatrix}\begin{bmatrix}1 & 1 & 0\\ 0 & 1 & 1\end{bmatrix}=\begin{bmatrix}1 & 1 & 0\\ 1 & 2 & 1\\ 0 & 1 & 1\end{bmatrix}$$

求得 $\boldsymbol{B}$ 的特征值为 $\lambda_1=3$，$\lambda_2=1$，$\lambda_3=0$，然后可进一步求得各特征值对应的特征向量，将特征向量分别单位化可得对应的单位特征向量，依次为

$$\boldsymbol{\xi}_1=\begin{bmatrix}\frac{1}{\sqrt{6}}\\ \frac{2}{\sqrt{6}}\\ \frac{1}{\sqrt{6}}\end{bmatrix},\ \boldsymbol{\xi}_2=\begin{bmatrix}\frac{1}{\sqrt{2}}\\ 0\\ -\frac{1}{\sqrt{2}}\end{bmatrix},\ \boldsymbol{\xi}_3=\begin{bmatrix}\frac{1}{\sqrt{3}}\\ -\frac{1}{\sqrt{3}}\\ \frac{1}{\sqrt{3}}\end{bmatrix}$$

由于 $\boldsymbol{A}^{\mathrm{T}}\boldsymbol{A}$ 是实对称矩阵，令

$$\boldsymbol{V}=(\boldsymbol{\xi}_1,\ \boldsymbol{\xi}_2,\ \boldsymbol{\xi}_3)=\begin{bmatrix}\frac{1}{\sqrt{6}} & \frac{1}{\sqrt{2}} & \frac{1}{\sqrt{3}}\\ \frac{2}{\sqrt{6}} & 0 & -\frac{1}{\sqrt{3}}\\ \frac{1}{\sqrt{6}} & -\frac{1}{\sqrt{2}} & \frac{1}{\sqrt{3}}\end{bmatrix}$$

则依据定理 2.6.3 与式（2.6-25），有

$$\boldsymbol{V}^{\mathrm{T}}\boldsymbol{B}\boldsymbol{V}=\begin{bmatrix}3 & 0 & 0\\ 0 & 1 & 0\\ 0 & 0 & 0\end{bmatrix}=\begin{bmatrix}\boldsymbol{\Sigma}^2 & 0\\ 0 & 0\end{bmatrix}$$

其中，$\boldsymbol{\Sigma}=\begin{bmatrix}\sqrt{3} & 0\\ 0 & 1\end{bmatrix}$。

对 $\boldsymbol{V}$ 进行分块

$$\boldsymbol{V}=[\boldsymbol{V}_1 \vdots \boldsymbol{V}_2]=\begin{bmatrix}\frac{1}{\sqrt{6}} & \frac{1}{\sqrt{2}} & \vdots & \frac{1}{\sqrt{3}}\\ \frac{2}{\sqrt{6}} & 0 & \vdots & -\frac{1}{\sqrt{3}}\\ \frac{1}{\sqrt{6}} & -\frac{1}{\sqrt{2}} & \vdots & \frac{1}{\sqrt{3}}\end{bmatrix}$$

计算

$$\boldsymbol{U}_1=\boldsymbol{A}\boldsymbol{V}_1\boldsymbol{\Sigma}^{-1}=\begin{bmatrix}\frac{1}{\sqrt{2}} & \frac{1}{\sqrt{2}}\\ \frac{1}{\sqrt{2}} & -\frac{1}{\sqrt{2}}\end{bmatrix}$$

选取由于此时矩阵 $\boldsymbol{A}$ 的行数等于 $\boldsymbol{A}$ 的秩，即 $m=r$，此时 $\boldsymbol{U}_1$ 的两个单位正交列向量 $\boldsymbol{u}_1$，$\boldsymbol{u}_2$ 已经是 $\boldsymbol{K}^m$ 的标准正交基，此时选取 $\boldsymbol{U}_2=\boldsymbol{u}_3$ 使得 $\boldsymbol{U}_2^{\mathrm{H}}\boldsymbol{U}_1=\boldsymbol{0}$， 即：

$$\boldsymbol{U}_2=\begin{bmatrix}0\\ 0\end{bmatrix}$$

则

$$\boldsymbol{U}=[\boldsymbol{U}_1 \vdots \boldsymbol{U}_2]=\begin{bmatrix}\frac{1}{\sqrt{2}} & \frac{1}{\sqrt{2}} & \vdots & 0\\ \frac{1}{\sqrt{2}} & -\frac{1}{\sqrt{2}} & \vdots & 0\end{bmatrix}$$

则 $\boldsymbol{V}$ 与 $\boldsymbol{U}$ 均已求得。

从而得 $\boldsymbol{A}$ 的奇异值分解为

$$\boldsymbol{A}=\boldsymbol{U}\begin{bmatrix}\sqrt{3} & 0 & 0\\ 0 & 1 & 0\\ 0 & 0 & 0\end{bmatrix}\boldsymbol{V}^{\mathrm{T}}$$

2.7 广义逆矩阵

当 n 阶方阵 $\boldsymbol{A}$ 可逆时，线性方程组

$$\boldsymbol{A}\boldsymbol{x}=\boldsymbol{\beta} \tag{2.7-1}$$

的解存在，且唯一，即 $\boldsymbol{x}=\boldsymbol{A}^{-1}\boldsymbol{\beta}$。 这一事实是否可以推广到一般的线性方程组

$$\boldsymbol{A}_{m\times n}\boldsymbol{x}=\boldsymbol{\beta} \tag{2.7-2}$$

中，使得其解有类似于 $\boldsymbol{x}=\boldsymbol{G}_{n\times m}\boldsymbol{\beta}$ 的简洁公式表达？其中 $\boldsymbol{G}_{n\times m}$ 与逆矩阵的作用类似。这里首先需要分析 $\boldsymbol{A}^{-1}$ 的性质。

如果 $\boldsymbol{A}$ 可逆，则有 $\boldsymbol{A}\boldsymbol{A}^{-1}=\boldsymbol{I}$。 左右两边同时在右侧乘上矩阵 $\boldsymbol{A}$， 有

$$AA^{-1}A=A \tag{2.7-3}$$

从式（2.7-3）中可知，若 A 是可逆矩阵，则 A^{-1} 是矩阵方程 $AXA=A$ 的一个解。类比于此，当 A 不可逆时，想要得到 A^{-1} 的替代矩阵，可以试着去求矩阵方程 $AXA=A$ 的解[9]。

2.7.1 基本广义逆矩阵

定理 2.7.1　设 $A\in K^{s\times n}$，则矩阵方程

$$AXA=A \tag{2.7-4}$$

一定有解。若 $\text{rank}(A)=r$，并且

$$A=P\begin{pmatrix} I_r & 0 \\ 0 & 0 \end{pmatrix}Q$$

其中 P，Q 分别是数域 K 上 s 阶、n 阶可逆矩阵（见式（2.1-10）），则方程（2.7-4）的通解为

$$X=Q^{-1}\begin{pmatrix} I_r & B \\ C & D \end{pmatrix}P^{-1}$$

其中 B，C，D 分别是数域 K 上任意的 $r\times(s-r)$，$(n-r)\times r$，$(n-r)\times(s-r)$ 矩阵。

上述定理的具体证明过程见文献［9］。

定义 2.7.1　设 $A\in K^{s\times n}$，矩阵方程 $AXA=A$ 的每一个解都称为 A 的一个广义逆矩阵，简称为 A 的广义逆，记作 A^{-}。

由定理 2.7.1 知，对任意的 $m\times n$ 阶矩阵 A，它的广义逆 A^{-} 总是存在的，并可以表示为

$$A^{-}=Q^{-1}\begin{pmatrix} I_r & B \\ C & D \end{pmatrix}P^{-1} \tag{2.7-5}$$

由定义 2.7.1 可知，任意一个 $n\times s$ 矩阵都是 $0_{s\times n}$ 的广义逆。

性质 2.7.1　A 的广义逆矩阵 A^{-} 有以下性质：

（1）对任意的 $m\times n$ 阶矩阵 A，$\text{rank}(A^{-})\geqslant\text{rank}(A)$；

（2）$(A^{-})^{H}=(A^{H})^{-}$，$(A^{-})^{T}=(A^{T})^{-}$；

（3）若 $m=n=r$，则 A^{-} 就是 A^{-1}；

（4）AA^{-}，$A^{-}A$ 均为幂等矩阵，并且

$$\text{rank}(A)=\text{rank}(AA^{-})=\text{rank}(A^{-}A)$$

（5）若 A 为列满秩矩阵，即 $\text{rank}(A)=n$ 的充分必要条件是 $A^{-}A=I_n$，此时 $A^{-}=(A^{H}A)^{-1}A^{H}$ 称 A 的一个左逆，记为 A_L^{-1}；

（6）若 A 为行满秩矩阵，即 $\text{rank}(A)=m$ 的充分必要条件是 $A^{-}A=I_m$，此时 $A^{-}=A^{H}(AA^{H})^{-1}$ 称 A 的一个右逆，记为 A_R^{-1}；

（7）对任意非零复数 λ，$B=\lambda A$，则 $B^{-}=\dfrac{1}{\lambda}A^{-}$。

2.7.2 Moore-Penrose 广义逆

一个矩阵方程 $AXA=A$ 的解通常不唯一，因此 A 的广义逆通常不唯一。但我们实际

应用中希望在一特定情况下 $\boldsymbol{A}$ 的广义逆唯一，这就引出了下面的定义和定理。

定义 2.7.2　设 $\boldsymbol{A}$ 是复数域上 $m\times n$ 阶矩阵，$\boldsymbol{A}$ 的 Penrose 方程组为：

$$\begin{cases}\boldsymbol{AXA}=\boldsymbol{A}\\ \boldsymbol{XAX}=\boldsymbol{X}\\ (\boldsymbol{AX})^{\mathrm{H}}=\boldsymbol{AX}\\ (\boldsymbol{XA})^{\mathrm{H}}=\boldsymbol{XA}\end{cases}\tag{2.7-6}$$

方程组（2.7-6）的通解称为 $\boldsymbol{A}$ 的 Moore-Penrose 广义逆，记作 $\boldsymbol{A}^{+}$。

定理 2.7.2　若 $\boldsymbol{A}$ 是复数域上 $m\times n$ 非零矩阵，$\boldsymbol{A}$ 的 Penrose 方程组总是有解，且解是唯一的。设 $\boldsymbol{A}=\boldsymbol{BC}$，其中 $\boldsymbol{B}$，$\boldsymbol{C}$ 分别是列满秩与行满秩矩阵，则 Penrose 方程组的唯一解是

$$\boldsymbol{X}=\boldsymbol{C}^{\mathrm{H}}(\boldsymbol{CC}^{\mathrm{H}})^{-1}(\boldsymbol{B}^{\mathrm{H}}\boldsymbol{B})^{-1}\boldsymbol{B}^{\mathrm{H}}\tag{2.7-7}$$

设 $\boldsymbol{X}_0$ 是零矩阵的 Moore-Penrose 广义逆，则

$$\boldsymbol{X}_0=\boldsymbol{X}_0\boldsymbol{0}\boldsymbol{X}_0=\boldsymbol{0}$$

所以 $\boldsymbol{0}$ 是零矩阵的 Penrose 方程组的解。因此零矩阵的 Moore-Penrose 广义逆是零矩阵自身。

由上面的定义可见，Moore-Penrose 广义逆的思想实际上是在一般广义逆的基础上增加了很多特定约束条件；对于一个求解目标，约束条件越多，能够得到的解越少，将约束条件数量逐渐增加就能够得到比较少的解甚至唯一解。

性质 2.7.2　对任意的 $m\times n$ 阶矩阵 $\boldsymbol{A}$，

(1) $\boldsymbol{A}^{+}$ 存在且唯一

(2) $(\boldsymbol{A}^{+})^{+}=\boldsymbol{A}$

(3) $(\boldsymbol{A}^{\mathrm{H}})^{+}=(\boldsymbol{A}^{+})^{\mathrm{H}}$

(4) $(\boldsymbol{A}^{\mathrm{T}})^{+}=(\boldsymbol{A}^{+})^{\mathrm{T}}$

(5) $\boldsymbol{A}^{+}=(\boldsymbol{A}^{\mathrm{H}}\boldsymbol{A})^{+}\boldsymbol{A}^{\mathrm{H}}=\boldsymbol{A}^{\mathrm{H}}(\boldsymbol{AA}^{\mathrm{H}})^{+}$

(6) $(\boldsymbol{A}^{\mathrm{H}}\boldsymbol{A})^{+}=\boldsymbol{A}^{+}(\boldsymbol{A}^{\mathrm{H}})^{+}$，$(\boldsymbol{AA}^{\mathrm{H}})^{+}=(\boldsymbol{A}^{\mathrm{H}})^{+}\boldsymbol{A}^{+}$

(7) $(\boldsymbol{A}^{\mathrm{H}}\boldsymbol{A})^{+}=\boldsymbol{A}^{+}(\boldsymbol{AA}^{\mathrm{H}})^{+}\boldsymbol{A}=\boldsymbol{A}^{\mathrm{H}}(\boldsymbol{AA}^{\mathrm{H}})^{+}(\boldsymbol{A}^{\mathrm{H}})^{+}$

(8) 若 $\boldsymbol{A}^{\mathrm{H}}=\boldsymbol{A}$，则有

$$(\boldsymbol{A}^2)^{+}=(\boldsymbol{A}^{+})^2$$
$$\boldsymbol{A}^2(\boldsymbol{A}^2)^{+}=(\boldsymbol{A}^2)^{+}\boldsymbol{A}^2=\boldsymbol{AA}^{+}$$
$$\boldsymbol{A}^{+}\boldsymbol{A}^2=\boldsymbol{A}^2\boldsymbol{A}^{+}$$
$$\boldsymbol{AA}^{+}=\boldsymbol{A}^{+}\boldsymbol{A}$$

(9) $\boldsymbol{AA}^{+}=(\boldsymbol{AA}^{\mathrm{H}})(\boldsymbol{AA}^{\mathrm{H}})^{+}=(\boldsymbol{AA}^{\mathrm{H}})^{+}(\boldsymbol{AA}^{\mathrm{H}})$

(10) $\boldsymbol{A}^{+}\boldsymbol{A}=(\boldsymbol{A}^{\mathrm{H}}\boldsymbol{A})(\boldsymbol{A}^{\mathrm{H}}\boldsymbol{A})^{+}=(\boldsymbol{A}^{\mathrm{H}}\boldsymbol{A})^{+}(\boldsymbol{A}^{\mathrm{H}}\boldsymbol{A})$

2.7.3　广义逆矩阵的应用

定理 2.7.3（非齐次线性方程组的相容性定理）[9]　非齐次线性方程组 $\boldsymbol{Ax}=\boldsymbol{\beta}$ 有解的充分必要条件是

$$\boldsymbol{\beta}=\boldsymbol{AA}^{-}\boldsymbol{\beta}\tag{2.7-8}$$

定理 2.7.4（非齐次线性方程组的解的结构定理）[9]　非齐次线性方程组 $\boldsymbol{Ax}=\boldsymbol{\beta}$ 有解

时，它的通解为

$$x = A^{-}\beta \tag{2.7-9}$$

定理 2.7.5（齐次线性方程组的解的结构定理）[9] 数域 K 上 n 元齐次线性方程组 $Ax=0$ 的通解为

$$x = (I_n - A^{-}A)Z \tag{2.7-10}$$

其中 A^{-} 是 A 的任意给定的一个广义逆，Z 取遍 K^n 中任意列向量。

定理 2.7.6[9] 设数域 K 上 n 元非齐次线性方程组 $Ax=\beta$ 有解，则它的通解为

$$x = A^{-}\beta + (I_n - A^{-}A)Z \tag{2.7-11}$$

此外，广义逆矩阵应用于求相容方程组的最小范数解，并用于不相容线性方程组的最小二乘解、极小二乘解的通解中。

2.8 典型应用-主成分分析

矩阵分析在机器学习算法中的应用非常广泛，其中典型的一种利用矩阵分析来进行数据处理的算法就是主成分分析（Principal Component Analysis，PCA），这是一种充分利用矩阵分析来进行数据降维的经典线性降维算法。很多数据处理的实际问题中都会出现向量维数过高的问题，处理高维向量时，若直接将向量输入到机器学习算法中处理，会影响算法的精度或效率。多维数据提供的整体信息常发生重叠，各个变量的分量之间存在相关性，通过机器学习不易从数据中得到简明的规律，而且计算量也过大。针对这一复杂问题，降低向量的维数并剔除各个分量之间的相关性，同时能保留数据的大部分信息，是一种在数据分析中提高效率的有效手段。

2.8.1 算法的基本思想

主成分分析的核心思想就是要将向量数据的维数降低，同时尽量减少数据信息的丢失。先来看一个特殊的例子[24]，见图 2.8-1（a），图中为一个二维平面坐标系；6 个数据点都位于一条直线上，则计算机需要处理（存储或计算）一组二维数据 $\begin{bmatrix} x_{1,1}, & x_{1,2}, & \cdots, & x_{1,6} \\ x_{2,1} & x_{2,2} & & x_{2,6} \end{bmatrix}$，括号中数据的两个下角标分别代表坐标轴编号和数据点坐标编号，如 $x_{1,1}$ 代表坐标轴 x_1 上的第 1 个数据点坐标值，而 $\begin{bmatrix} x_{1,1} \\ x_{2,1} \end{bmatrix}$ 则代表第 1 个数据点。如果我们要将这一组数据降维，即将数据由二维降到一维，则需每个数据点仅用一个坐标值来表示，也就是一组二维数据 $\begin{bmatrix} x_{1,1}, & x_{1,2}, & \cdots, & x_{1,6} \\ x_{2,1} & x_{2,2} & & x_{2,6} \end{bmatrix}$ 变成了形如 $[a_1, a_2, \cdots, a_6]$ 这样一组一维数据；但直接用 $[x_{1,1}, x_{1,2}, \cdots, x_{1,6}]$ 代替 $\begin{bmatrix} x_{1,1}, & x_{1,2}, & \cdots, & x_{1,6} \\ x_{2,1} & x_{2,2} & & x_{2,6} \end{bmatrix}$ 来进行数据降维，则信息丢失得太多。此时就需要找到一个新的坐标系，使得这组数据点在这个新的坐标系中只用一根坐标轴来表示就可以，也就是可以用一组一维数据来代替这组二维数据，见图 2.8-1（b）。新坐标系的原点落在所有数据的中心，新坐标系的第 1 根坐标轴

y_1 与 6 个数据点所在直线重合，第 2 根坐标轴 y_2 则垂直于第 1 根坐标轴；新坐标系中，第 1 根坐标轴的方向就是第 1 主成分，而第 2 根坐标轴的方向就是第 2 主成分。在新坐标系中，这组二维数据变成 $\begin{bmatrix} y_{1,1} \\ 0 \end{bmatrix}, \begin{bmatrix} y_{1,2} \\ 0 \end{bmatrix}, \cdots, \begin{bmatrix} y_{1,6} \\ 0 \end{bmatrix}$，则此时直接将数据的第二个维度舍弃就不会造成任何信息丢失，因为数据第二个维度的分量均相等且为 0；如果将第一个维度舍弃，保留第二个维度，则相当于所有点数据为 0，也就是所有点的信息都一样，实际上就是数据的所有信息都丢失了。将这一组二维数据 $\begin{bmatrix} x_{1,1} \\ x_{2,1} \end{bmatrix}, \begin{bmatrix} x_{1,2} \\ x_{2,2} \end{bmatrix}, \cdots, \begin{bmatrix} x_{1,6} \\ x_{2,6} \end{bmatrix}$ 用一组一维数据 $[y_{1,1}, y_{1,2}, \cdots, y_{1,6}]$ 来代替，就完成了一次数据降维，计算机就只需要处理一维数据，处理工作量显著降低。

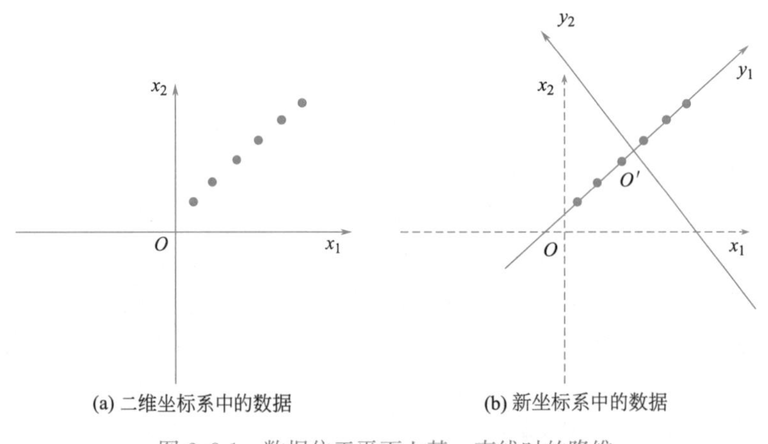

图 2.8-1　数据位于平面上某一直线时的降维

可见，主成分分析是找到一个新的坐标系，使得新坐标系的原点位于所有数据的中心，新坐标系的坐标轴方向分别为主成分的方向；对于原坐标系，相当于将坐标系的原点移动到所有数据中心，然后再将坐标系进行旋转以使某根坐标轴方向与第 1 主成分方向相同，而对坐标系的旋转就是对坐标系进行了一次正交变换。

图 2.8-1 中数据是一种特殊情况，实际应用中更多是图 2.8-2 中的情况。图中样本数据点是在二维实数空间 $\boldsymbol{R}^2$ 中，空间的坐标系由 x_1 和 x_2 两根坐标轴构成；图中的每个点表示一个样本，这些样本点分布在以原点为中心的左下至右上的椭圆之内。主成分分析中要对数据进行正交变换，即对原坐标系进行旋转变换，并将数据在新坐标系（由坐标轴 y_1 和 y_2 构成）中表示，如图 2.8-2（b）所示。主成分分析选择方差最大的方向（第一主成分）作为新坐标系的第 1 坐标轴，即 y_1 轴；之后选择与第 1 坐标轴正交，且方差次之的方向（第二主成分）作为新坐标系的第二坐标轴，即 y_2 轴。如果主成分分析只取第一主成分，即新坐标系的 y_1 轴，就等价于将数据投影在椭圆长轴上，用这个主轴表示数据，也就是用一根坐标轴表示数据，这样就是将用两根坐标轴（坐标轴不平行）表示的数据变为采用一根坐标轴表示，也就是将二维空间的数据压缩到了一维空间中。由图 2.8-2（b）可见，对于图中的数据点，当要投影到旋转后坐标系的某根坐标轴上时，投影到 y_1 轴上比投影到 y_2 轴上能够保留更多的信息，因为投影到 y_1 轴上后数据更分散，数据点之间的

差异更大（更不容易重合），则数据点各自的信息就保留得更多。投影到 y_2 轴上时，数据将更密地聚集在一起，数据点之间的差异变小，数据点各自的信息就保留得少很多，甚至有的不同数据点在投影到 y_2 轴上后重合了，那么这些重合的数据点就丢失了很多各自的不同信息，这是我们在进行数据降维时不想得到的结果。

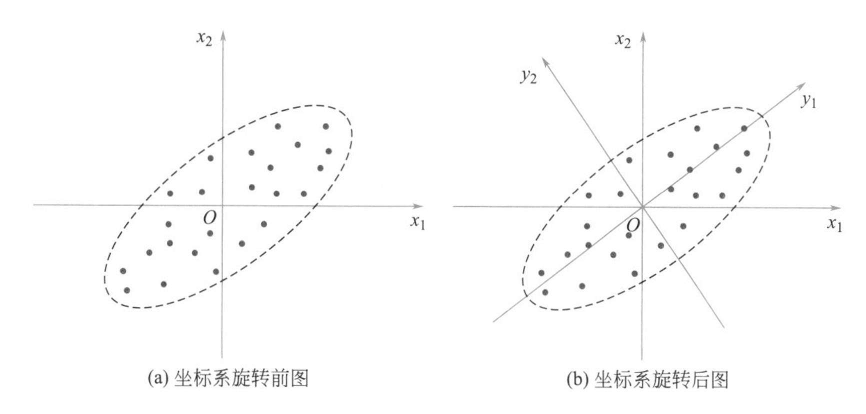

图 2.8-2　坐标系旋转变换示意图

二维数据的主成分分析算法实施过程中，就是要找到一个坐标系，使得所有数据在只保留一个维度的时候，信息损失最小，也就是所有数据在投影到第一主成分的坐标轴上（图 2.8-2 中的 y_1 轴）时最为分散，即方差最大。以图 2.8-3 为例，图中的原坐标系是由 x_1 和 x_2 两根坐标轴构成，坐标系中有三个样本点 A、B、C。对原坐标系进行旋转变换，得到由坐标轴 y_1 和 y_2 构成的新坐标系，其中 y_1 坐标轴为第 1 主成分。样本点 A、B、C 在 y_1 轴上投影，得到 y_1 轴上的坐标值 A'、B'、C'。坐标值的平方和 $OA'^2+OB'^2+OC'^2$ 表示样本在坐标轴 y_1 上的方差和。主成分分析旨在选取正交变换中方差最大的方向，作为第 1 主成分，也就是旋转变换中坐标值平方和最大的轴。注意到旋转变换中样本点到原点距离的平方和 $OA^2+OB^2+OC^2$ 保持不变，根据勾股定理，$OA^2=OA'^2+AA'^2$，$OB^2=OB'^2+BB'^2$，$OC^2=OC'^2+CC'^2$，则坐标值的平方和 $OA'^2+OB'^2+OC'^2$ 最大等价于样本点到 y_1 轴的距离的平方和 $AA'^2+BB'^2+CC'^2$ 最小。所以，等价地，主成分分析是要寻找一根新的坐标轴，使得所有样本点到这根坐标轴的距离平方和最小，这根坐标轴就是第 1 主成分的方向，而第 2 主成分方向与第一主成分方向垂直。对于更高维数据，其他主成分方向，是在保证这些主成分方向与已经确定的主成分方向垂直的前提下寻找。可见，寻找第 1 主成分的过程，其实就是求所有样本点到哪根坐标轴距离平方和最小的过程。

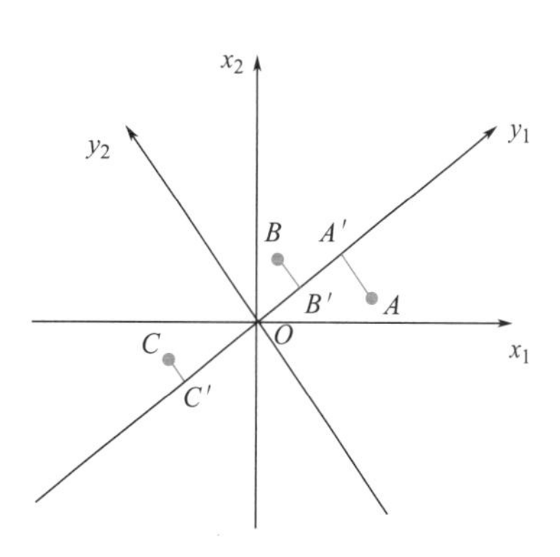

图 2.8-3　主成分分析图

主成分分析过程中，一般要先对给定数据进行规范化处理，使得所有数据向量的均值为 0（中心化处理），方差为 1（标准化处理）；这样规范化处理后，所有数据均分布在原点附近，便于处理。实际操作中，可对数据仅进行中心化处理而不进行规范化处理。数据的中心化处理是为了寻找主成分更加方便，仍以二维数据为例，见图 2.8-4：进行中心化处理后，数据的原点由 O 点变成了 O'点；图中通过 O 点的两条虚线代表绕 O 点旋转的直线，而通过 O'点的两条实线代表绕 O'点旋转的直线，则直观上可见，从绕 O'点旋转的所有直线中找到一条作为数据的主成分，比从绕 O 点旋转的所有虚线中找到一条作为数据的主成分更容易。

数据规范化处理后，就需要寻找一个坐标系，并寻找数据方差最大的主成分方向。在高维数据中，一般需要找到多个主成分，然后按照方差由大到小确定第 1、2、…、n 主成分。

采用主成分分析时，离群点的影响较大。图 2.8-5 是在图 2.8-4 的数据点中增加了一个数据点 C，由图中可见，C 距离原数据点均较远，属于一个“离群点”。加入离群点 C 后，数据的中心由 O'点变成了 O''点，且主成分也由直线 $O'A$ 变成了直线 $O''B$，也就是中心点和主成分方向都发生了很大变化。所以在实际应用中如果有离群点（噪点），需先采用聚类等方法进行降噪，消除离群点的影响。

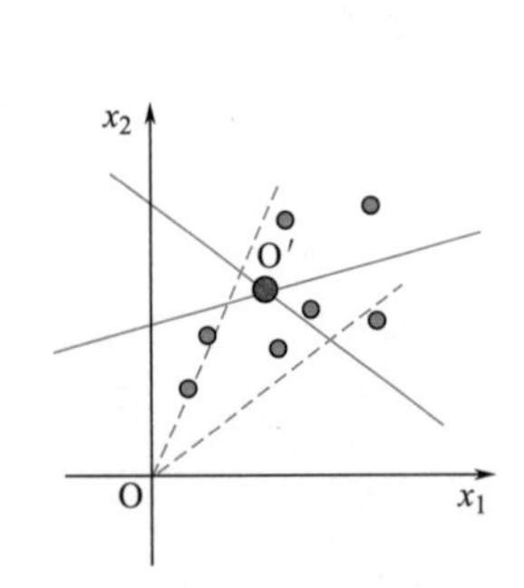

图 2.8-4　数据中心化的作用示意图

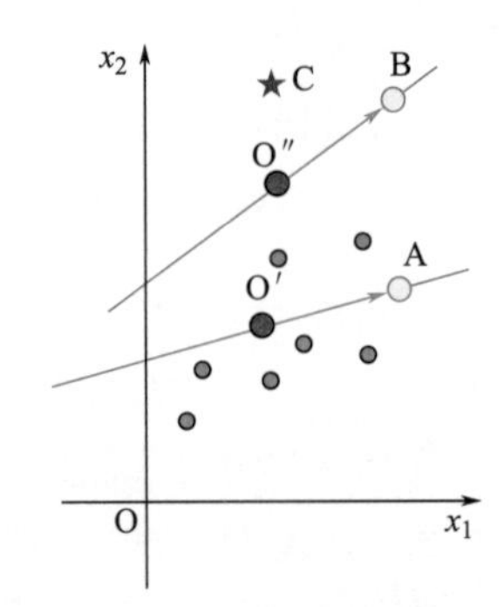

图 2.8-5　离群点的影响

2.8.2　数据降维问题

主成分分析过程中，需要确定一个线性变换，将向量投影到低维空间（坐标系）。给定 d 维空间中的样本 $\boldsymbol{X}=(\boldsymbol{x}_1,\ \boldsymbol{x}_2,\ \cdots,\ \boldsymbol{x}_m)\in\boldsymbol{R}^{d\times m}$，$\boldsymbol{x}_1,\ \boldsymbol{x}_2,\ \cdots,\ \boldsymbol{x}_m$ 为 d 维样本数据点（d 维列向量），变换之后得到 $d'(d'<d)$ 维空间中的样本

$$\boldsymbol{Y}=\boldsymbol{W}\boldsymbol{X} \tag{2.8-1}$$

其中 $\boldsymbol{W}\in\boldsymbol{R}^{d'\times d}$ 是投影矩阵，$\boldsymbol{Y}\in\boldsymbol{R}^{d'\times m}$ 就是样本 $\boldsymbol{X}$ 在新空间（坐标系）中的表达。规定投影矩阵 $\boldsymbol{W}$ 为正交变换，即这个变换的基为标准正交基，基向量的模为 1，且基向量之间互相垂直，也就是新空间的坐标系中坐标轴互相垂直。这样规定的原因是：①用正交基可线性表示出空间中的任何向量，其作用与任何非正交基的作用完全相同；②在主成分分析的解析解推导过程中用到了标准正交基这一条件。$\boldsymbol{W}$ 为正交变换，因此其为满秩矩阵，矩阵中有 d' 个线性无关的向量，也就是有 d' 个标准正交基向量；由于 $\boldsymbol{W}\in\boldsymbol{R}^{d'\times d}$，可见 $\boldsymbol{W}$ 的每个行向量都是一个基向量，每个基向量中有 d 个分量。设 $\boldsymbol{W}$ 所代表线性空间的某个标准正交基为 $\{\boldsymbol{e}_1,\ \boldsymbol{e}_2,\ \cdots,\ \boldsymbol{e}_{d'}\}$，$\boldsymbol{e}_i$ 为列向量（含 d 个分量），则可令这个标准正交基与 $\boldsymbol{W}$ 的 d' 个标准正交基相同，从而得 $\boldsymbol{W}=(\boldsymbol{e}_1,\ \boldsymbol{e}_2,\ \cdots,\ \boldsymbol{e}_{d'})^{\mathrm{T}}$。根据标准正交基性质，$\|\boldsymbol{e}_i\|^2=1$，$\boldsymbol{e}_i^{\mathrm{T}}\boldsymbol{e}_j=0(i\neq j)$。需要注意的是，一个正交变换的矩阵不一定是正交矩阵，因

为这个变换不一定是方阵。另外，如果 $\boldsymbol{X}$ 是用一个两两垂直的单位坐标系（标准正交基）线性表示的，那么用 $\boldsymbol{W}$ 进行正交变换时，相当于将坐标系进行了绕原点的旋转，且旋转中同时舍弃了部分坐标轴。

由上式的线性变换过程可见，数据降维可分为几个步骤进行：①将样本集中的 m 个 d 维样本数据列向量化为 $\boldsymbol{x}_i$；②将所有的列向量 $\boldsymbol{x}_i$ 组成一个数据矩阵 $\boldsymbol{X}_{d\times m}$，$d$ 和 m 分别为矩阵的行数和列数；③采用一个投影矩阵 $\boldsymbol{W}_{d'\times d}$ 左乘数据矩阵 $\boldsymbol{X}_{d\times m}$，得到新的结果矩阵 $\boldsymbol{Y}_{d'\times m}$，也就是变换前后矩阵的行数由 d 变成了 d'，每个样本数据的维数也由 d 降成了 d'。可见，数据降维的过程，实际上是要计算出一个投影矩阵 $\boldsymbol{W}$，通过对数据向量左侧乘上矩阵 $\boldsymbol{W}$ 而将数据降维到更低维的空间中，也就是相当于通过线性变换将原数据投影到一个比当前空间维数更低的超平面上。数据降维时要找到一个新的超平面，也就是一个新的坐标系；这个超平面如果能被找到，其应该具有如下性质：

（1）最近重构性，即样本点到这个超平面的距离都足够近。假定样本进行了中心化即 $\sum\limits_i \boldsymbol{x}_i=0$，则根据前面的论述，将中心化的样本进行投影变换后得到的新向量是在一个 d' 维的新坐标系中，新坐标系就是前述的标准正交基 $\{\boldsymbol{e}_1, \boldsymbol{e}_2, \cdots, \boldsymbol{e}_{d'}\}$。$\boldsymbol{x}_i$ 在 d' 维空间中的对应向量是 $\boldsymbol{y}_i=(\boldsymbol{y}_{i1}, \boldsymbol{y}_{i2}, \cdots, \boldsymbol{y}_{id'})$；则可利用 $\boldsymbol{y}_i$ 和正交变换（非正交矩阵）$\boldsymbol{W}$ 来重构 $\boldsymbol{x}_i$，得到 $\hat{\boldsymbol{x}}_i=\sum\limits_{j=1}^{d'}\boldsymbol{w}_j^{\mathrm{T}}\boldsymbol{y}_{ij}=\boldsymbol{W}^{\mathrm{T}}\boldsymbol{y}_i$，也就是相当于将式（2.8-1）的两侧右乘 $\boldsymbol{W}^{\mathrm{T}}(\boldsymbol{W}^{\mathrm{T}}\boldsymbol{W}=\boldsymbol{I})$。由于 $d'<d$，因此投影后会有一定的信息损失，损失值为 $\sum\limits_{i=1}^{m}\|\hat{\boldsymbol{x}}_i-\boldsymbol{x}_i\|_2^2$。要使信息损失度最小，则需要让所有样本到超平面的距离最小化。需要注意的是，$\boldsymbol{y}_i$ 是已经降维了的数据点，因此用 $\boldsymbol{y}_i$ 重构 $\boldsymbol{x}_i$ 时会产生信息损失。

（2）最大可分性，即样本点到这个超平面上的投影都尽可能可区分。要让信息损失度最小，则从样本特征描述的角度，需要让投影之后的点在超平面上尽可能地分散开，如果重叠就会使得部分样本点消失，因为多个样本点在投影后重叠，相当于多个样本点变成了一个样本点；这就需要投影之后的样本集方差 $\sum\|\boldsymbol{y}_i\|_2^2$ 最大化，此处 $\boldsymbol{y}_i$ 仍为已经降维了的数据点。

2.8.3　投影矩阵计算

主成分分析的关键是求解投影矩阵 $\boldsymbol{W}$，基于最近重构性和最大可分性这两种性质可以得到投影矩阵 $\boldsymbol{W}$ 的两种求解方法；需要通过两种性质确定目标而得到目标函数。

1. 基于最近重构性求解

基于最近重构性，可以得到主成分分析的最优目标函数。投影矩阵需根据投影空间的维数计算。首先考虑最简单的情况，即将多维向量投影到一维空间中，然后再推广至投影到多维空间中的情况。

设有 n 个 d 维向量 $\boldsymbol{x}_i$（列向量）组成向量组 $\boldsymbol{X}=(\boldsymbol{x}_1, \boldsymbol{x}_2, \cdots, \boldsymbol{x}_n)$，若需要用一个向量 $\boldsymbol{x}_0$ 近似代替这个向量组，则可通过最小化均方误差而得到 $\boldsymbol{x}_0$，均方误差函数如下：

$$\begin{aligned}\boldsymbol{L}(\boldsymbol{x}_0)&=\sum_{i=1}^{n}\|\boldsymbol{x}_i-\boldsymbol{x}_0\|^2=\sum_{i=1}^{n}(\boldsymbol{x}_i-\boldsymbol{x}_0)^{\mathrm{T}}(\boldsymbol{x}_i-\boldsymbol{x}_0)\\&=\sum_{i=1}^{n}(\boldsymbol{x}_i^{\mathrm{T}}\boldsymbol{x}_i-\boldsymbol{x}_i^{\mathrm{T}}\boldsymbol{x}_0-\boldsymbol{x}_0^{\mathrm{T}}\boldsymbol{x}_i+\boldsymbol{x}_0^{\mathrm{T}}\boldsymbol{x}_0)\\&=\sum_{i=1}^{n}(\boldsymbol{x}_i^{\mathrm{T}}\boldsymbol{x}_i-2\boldsymbol{x}_i^{\mathrm{T}}\boldsymbol{x}_0+\boldsymbol{x}_0^{\mathrm{T}}\boldsymbol{x}_0)\end{aligned} \tag{2.8-2}$$

上式中 $\boldsymbol{x}_i^{\mathrm{T}}\boldsymbol{x}_0$ 与 $\boldsymbol{x}_0^{\mathrm{T}}\boldsymbol{x}_i$ 相等，因为这相当于两个向量点积，结果相等。

以 $\boldsymbol{x}_0$ 为自变量，对均方误差函数 $\boldsymbol{L}$ 求导：

$$\frac{\partial\boldsymbol{L}(\boldsymbol{x}_0)}{\partial\boldsymbol{x}_0}=\sum_{i=1}^{n}(2\boldsymbol{x}_0-2\boldsymbol{x}_i)=2\sum_{i=1}^{n}(\boldsymbol{x}_0-\boldsymbol{x}_i) \tag{2.8-3}$$

上式为函数对向量求导，因为向量 $\boldsymbol{x}_0$ 为 d 维，则上式相当于 d 个求导公式，令这些求导公式为 0 就可求得极值；经求解可得 $\boldsymbol{x}_0$ 的最优解 $\boldsymbol{x}_0^*$ 等于向量组 $\boldsymbol{X}=$（$\boldsymbol{x}_1$，$\boldsymbol{x}_2$，…，$\boldsymbol{x}_n$）的均值向量：

$$\boldsymbol{x}_0^*=\overline{\boldsymbol{x}}=\frac{1}{n}\sum_{i=1}^{n}\boldsymbol{x}_i \tag{2.8-4}$$

但若只用 $\boldsymbol{x}_0^*=\overline{\boldsymbol{x}}$ 代替整个样本，则方法过于简单，误差太大（数据直接被降为 0 维了）；若要减小误差，则将每个向量近似表示成均值向量和另外一个向量的和。

$$\boldsymbol{x}_i\cong\overline{\boldsymbol{x}}+a_i\boldsymbol{e} \tag{2.8-5}$$

上式中 a_i 是标量，$\boldsymbol{e}$ 是单位向量。

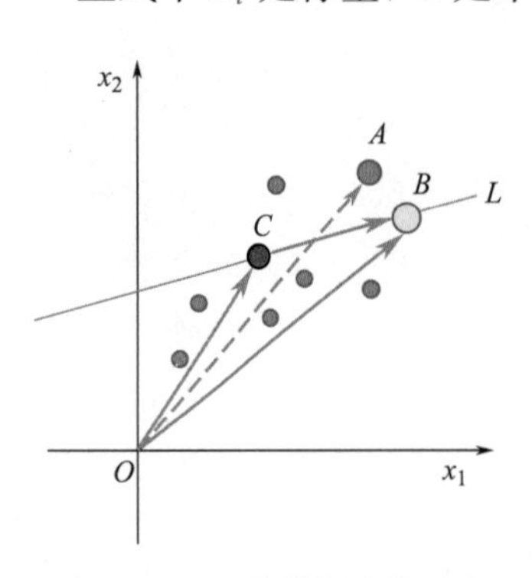

图 2.8-6　二维数据降维示意

上式的思想可用二维数据为例说明，见图 2.8-6。图中 C 为数据中心（样本集均值），如果直接用向量 $\overrightarrow{OC}$ 近似代替某向量 $\overrightarrow{OA}$（任选一个），则误差太大；但如果找到一根直线 L，L 上的某个向量为 $\overrightarrow{CB}$，则用向量 $\overrightarrow{OC}$ 与 $\overrightarrow{CB}$ 的和 $\overrightarrow{OB}$ 来近似代替向量 $\overrightarrow{OA}$，其误差将比直接用向量 $\overrightarrow{OC}$ 近似代替小得多；这其实是用一根坐标轴 L 和中心点 C 来近似表示所有的二维数据，而向量 $\overrightarrow{CB}$ 就代表式（2.8-5）中的 $a_i\boldsymbol{e}$。可见，式（2.8-5）是在中心点 $\overline{\boldsymbol{x}}$ 确定的前提下，用一根坐标轴的信息来近似表示所有的多维数据，式中单位向量 $\boldsymbol{e}$ 的方向就是这根坐标轴的方向；这实际是用一个 1 维空间表示所有的 d 维数据 $\boldsymbol{x}_i$，即数据被从 d 维降成了 1 维，所有数据都被投影到了一个 1 维空间中。

数据的中心化过程，就是坐标系原点移动的过程，新的坐标系中心为数据均值 $\overline{\boldsymbol{x}}$ 点，则数据点由 $\boldsymbol{x}_i$ 变成了 $\boldsymbol{x}_i'$，$\boldsymbol{x}_i'=\boldsymbol{x}_i-\overline{\boldsymbol{x}}$。式（2.8-5）就是想要将中心化后的样本集 $\boldsymbol{X}'=$（$\boldsymbol{x}_1'$，$\boldsymbol{x}_2'$，…，$\boldsymbol{x}_n'$）使用一个基向量近似表示（投影到 1 维空间中），即有 $\boldsymbol{x}_i'\cong a_i\boldsymbol{e}$，$\boldsymbol{x}_i'$ 在由一个基向量 $\boldsymbol{e}$ 张成的 1 维空间下的坐标就是 a_i，这个过程就是将均值化后的样本投影到 1 维空间的过程。

根据最近重构性要求，为了使得样本点到一维空间超平面（直线）的距离都足够近，即式（2.8-5）的近似表达误差最小，用 a 代表 a_i（$i=1$，…，n），我们可以构造如下误差函数：

$$\boldsymbol{L}(a, \boldsymbol{e})=\sum_{i=1}^{n}\|a_i\boldsymbol{e}+\overline{\boldsymbol{x}}-\boldsymbol{x}_i\|^2=\sum_{i=1}^{n}(a_i\boldsymbol{e}+\overline{\boldsymbol{x}}-\boldsymbol{x}_i)^{\mathrm{T}}(a_i\boldsymbol{e}+\overline{\boldsymbol{x}}-\boldsymbol{x}_i) \tag{2.8-6}$$

求解上式中 $\boldsymbol{L}$（a，$\boldsymbol{e}$）的最小值，可通过对 a_i 求偏导并令导数为 0，从而得

$$2\boldsymbol{e}^{\mathrm{T}}(a_i\boldsymbol{e}+\overline{\boldsymbol{x}}-\boldsymbol{x}_i)=0$$

变形后得

$$a_i\boldsymbol{e}^{\mathrm{T}}\boldsymbol{e}=a_i=\boldsymbol{e}^{\mathrm{T}}(\boldsymbol{x}_i-\overline{\boldsymbol{x}}) \tag{2.8-7}$$

将式（2.8-7）代入式（2.8-6），可消去变量 a 得到只有变量 $\boldsymbol{e}$ 的目标函数：

$$\begin{aligned}
L(\boldsymbol{e})&=\sum_{i=1}^{n}\|a_i\boldsymbol{e}+\overline{\boldsymbol{x}}-\boldsymbol{x}_i\|^2\\
&=\sum_{i=1}^{n}\|a_i\boldsymbol{e}-(\boldsymbol{x}_i-\overline{\boldsymbol{x}})\|^2\\
&=\sum_{i=1}^{n}(a_i\boldsymbol{e}-(\boldsymbol{x}_i-\overline{\boldsymbol{x}}))^{\mathrm{T}}(a_i\boldsymbol{e}-(\boldsymbol{x}_i-\overline{\boldsymbol{x}}))\\
&=\sum_{i=1}^{n}[a_i^2-a_i\boldsymbol{e}^{\mathrm{T}}(\boldsymbol{x}_i-\overline{\boldsymbol{x}})-a_i(\boldsymbol{x}_i-\overline{\boldsymbol{x}})^{\mathrm{T}}\boldsymbol{e}+(\boldsymbol{x}_i-\overline{\boldsymbol{x}})^{\mathrm{T}}(\boldsymbol{x}_i-\overline{\boldsymbol{x}})]\\
&=\sum_{i=1}^{n}[a_i^2-2a_i\boldsymbol{e}^{\mathrm{T}}(\boldsymbol{x}_i-\overline{\boldsymbol{x}})+(\boldsymbol{x}_i-\overline{\boldsymbol{x}})^{\mathrm{T}}(\boldsymbol{x}_i-\overline{\boldsymbol{x}})]\\
&=\sum_{i=1}^{n}[a_i^2-2a_i(\boldsymbol{e}^{\mathrm{T}}(\boldsymbol{x}_i-\overline{\boldsymbol{x}}))+(\boldsymbol{x}_i-\overline{\boldsymbol{x}})^{\mathrm{T}}(\boldsymbol{x}_i-\overline{\boldsymbol{x}})]
\end{aligned}$$

由式（2.8-7），$a_i=\boldsymbol{e}^{\mathrm{T}}(\boldsymbol{x}_i-\overline{\boldsymbol{x}})$，则上式

$$\begin{aligned}
&=\sum_{i=1}^{n}[a_i^2-2a_i^2+(\boldsymbol{x}_i-\overline{\boldsymbol{x}})^{\mathrm{T}}(\boldsymbol{x}_i-\overline{\boldsymbol{x}})]\\
&=\sum_{i=1}^{n}[-a_i^2+(\boldsymbol{x}_i-\overline{\boldsymbol{x}})^{\mathrm{T}}(\boldsymbol{x}_i-\overline{\boldsymbol{x}})]
\end{aligned}$$

由矩阵迹的性质的推论（推论 2.1.6），结合已知 $a_i=\boldsymbol{e}^{\mathrm{T}}(\boldsymbol{x}_i-\overline{\boldsymbol{x}})$ 可得

$a_i^2=(\boldsymbol{e}^{\mathrm{T}}(\boldsymbol{x}_i-\overline{\boldsymbol{x}}))^2=\boldsymbol{e}^{\mathrm{T}}(\boldsymbol{x}_i-\overline{\boldsymbol{x}})(\boldsymbol{x}_i-\overline{\boldsymbol{x}})^{\mathrm{T}}\boldsymbol{e}$，则上式

$$\begin{aligned}
&=\sum_{i=1}^{n}[-(\boldsymbol{e}^{\mathrm{T}}(\boldsymbol{x}_i-\overline{\boldsymbol{x}}))^2+(\boldsymbol{x}_i-\overline{\boldsymbol{x}})^{\mathrm{T}}(\boldsymbol{x}_i-\overline{\boldsymbol{x}})]\\
&=\sum_{i=1}^{n}[-\boldsymbol{e}^{\mathrm{T}}(\boldsymbol{x}_i-\overline{\boldsymbol{x}})(\boldsymbol{x}_i-\overline{\boldsymbol{x}})^{\mathrm{T}}\boldsymbol{e}+(\boldsymbol{x}_i-\overline{\boldsymbol{x}})^{\mathrm{T}}(\boldsymbol{x}_i-\overline{\boldsymbol{x}})]
\end{aligned} \tag{2.8-8}$$

由于向量组 $\boldsymbol{X}$ 的协方差矩阵为 $\boldsymbol{S}=\dfrac{1}{n}\sum_{i=1}^{n}(\boldsymbol{x}_i-\overline{\boldsymbol{x}})(\boldsymbol{x}_i-\overline{\boldsymbol{x}})^{\mathrm{T}}$，则上式

$$=-n\boldsymbol{e}^{\mathrm{T}}\boldsymbol{S}\boldsymbol{e}+\sum_{i=1}^{n}(\boldsymbol{x}_i-\overline{\boldsymbol{x}})^{\mathrm{T}}(\boldsymbol{x}_i-\overline{\boldsymbol{x}})$$

上式的最后结果为 $L(\boldsymbol{e})=-n\boldsymbol{e}^{\mathrm{T}}\boldsymbol{S}\boldsymbol{e}+\sum_{i=1}^{n}(\boldsymbol{x}_i-\overline{\boldsymbol{x}})^{\mathrm{T}}(\boldsymbol{x}_i-\overline{\boldsymbol{x}})$，则目标函数中仅存在唯一的变量 $\boldsymbol{e}$；由于 $\boldsymbol{e}$ 为单位向量，则相当于函数有约束条件 $\boldsymbol{e}^{\mathrm{T}}\boldsymbol{e}=1$，因此求目标函数的极值，就可构造拉格朗日函数如下：

$$L(\boldsymbol{e}, \lambda)=-n\boldsymbol{e}^{\mathrm{T}}\boldsymbol{S}\boldsymbol{e}+\sum_{i=1}^{n}(\boldsymbol{x}_i-\overline{\boldsymbol{x}})^{\mathrm{T}}(\boldsymbol{x}_i-\overline{\boldsymbol{x}})+\lambda(\boldsymbol{e}^{\mathrm{T}}\boldsymbol{e}-1) \tag{2.8-9}$$

上式中，协方差矩阵 $\boldsymbol{S}$ 为实对称矩阵；由于 $\frac{\mathrm{d}\boldsymbol{e}^{\mathrm{T}}\boldsymbol{S}\boldsymbol{e}}{\mathrm{d}\boldsymbol{e}}=(\boldsymbol{S}+\boldsymbol{S}^{\mathrm{T}})\boldsymbol{e}=2\boldsymbol{S}\boldsymbol{e}$ 且 $\frac{\mathrm{d}\boldsymbol{e}^{\mathrm{T}}\boldsymbol{e}}{\mathrm{d}\boldsymbol{e}}=2\boldsymbol{e}$，则上式对 $\boldsymbol{e}$ 求导并令导数为 0，即有 $-2n\boldsymbol{S}\boldsymbol{e}+2\lambda\boldsymbol{e}=0$，从而得到 $n\boldsymbol{S}\boldsymbol{e}=\lambda\boldsymbol{e}$。可见，$\lambda$ 是矩阵 $n\boldsymbol{S}$ 的特征值，$\boldsymbol{e}$ 是 λ 对应的特征向量。

对于任意向量 $\boldsymbol{p}$，有

$$\boldsymbol{p}^{\mathrm{T}}\boldsymbol{S}\boldsymbol{p}=\frac{1}{n}\sum_{i=1}^{n}\boldsymbol{p}^{\mathrm{T}}(\boldsymbol{x}_i-\overline{\boldsymbol{x}})(\boldsymbol{x}_i-\overline{\boldsymbol{x}})^{\mathrm{T}}\boldsymbol{p}=\frac{1}{n}\sum_{i=1}^{n}(\boldsymbol{p}^{\mathrm{T}}(\boldsymbol{x}_i-\overline{\boldsymbol{x}}))(\boldsymbol{p}^{\mathrm{T}}(\boldsymbol{x}_i-\overline{\boldsymbol{x}}))^{\mathrm{T}}\geqslant 0 \tag{2.8-10}$$

可见协方差矩阵 $\boldsymbol{S}=\frac{1}{n}\sum_{i=1}^{n}(\boldsymbol{x}_i-\overline{\boldsymbol{x}})(\boldsymbol{x}_i-\overline{\boldsymbol{x}})^{\mathrm{T}}$ 是实对称半正定的矩阵，因此 $\boldsymbol{S}$ 可以对角化且所有特征值非负。

求式（2.8-9）的最小值，等价于求 $n\boldsymbol{e}^{\mathrm{T}}\boldsymbol{S}\boldsymbol{e}$ 的最大值，而

$$n\boldsymbol{e}^{\mathrm{T}}\boldsymbol{S}\boldsymbol{e}=\boldsymbol{e}^{\mathrm{T}}(n\boldsymbol{S}\boldsymbol{e})=\boldsymbol{e}^{\mathrm{T}}\lambda\boldsymbol{e}=\lambda\boldsymbol{e}^{\mathrm{T}}\boldsymbol{e}=\lambda \tag{2.8-11}$$

因此，求解矩阵 $n\boldsymbol{S}$ 的最大特征值 λ 就可以得到目标函数 L 的最小值，而与 λ 对应的特征向量 $\boldsymbol{e}$ 也就随之确定；也就是确定了要投影到哪个一维超平面上。

由最大特征值可求出相应的特征向量，将特征向量单位化为 $\boldsymbol{e}$，然后再根据式（2.8-7）求得 a_i，就可根据式（2.8-5）最终求得 $\boldsymbol{x}_i$ 的近似值，这个近似值就是 $\boldsymbol{x}_i$ 投影到第一主成分坐标轴上的值。

下面将投影至一维空间的情况推广到投影至多维空间的情况。假设投影变换后向量的维数降低到了 $d'(d'<d)$，规定新的 d' 维坐标系中的标准正交基向量为 $\{\boldsymbol{e}_1,\ \boldsymbol{e}_2,\ \cdots,\ \boldsymbol{e}_{d'}\}$；若想使用新坐标系中的标准正交基向量 $\{\boldsymbol{e}_1,\ \boldsymbol{e}_2,\ \cdots,\ \boldsymbol{e}_{d'}\}$ 近似表达向量 $\boldsymbol{x}_i$，那么有：

$$\boldsymbol{x}_i\cong\overline{\boldsymbol{x}}+\sum_{j=1}^{d'}a_{ij}\boldsymbol{e}_j \tag{2.8-12}$$

近似表达可以理解为：设有 n 个 d 维向量 $\boldsymbol{x}_i$，假定样本数据已经进行了中心化，即有中心化后的数据为 $\boldsymbol{x}_i'=\boldsymbol{x}_i-\overline{\boldsymbol{x}}$，其中 $\overline{\boldsymbol{x}}=\frac{1}{n}\sum_{i=1}^{n}\boldsymbol{x}_i$；中心化后的样本集 $\boldsymbol{X}'=(\boldsymbol{x}_1',\ \boldsymbol{x}_2',\ \cdots,\ \boldsymbol{x}_n')$ 在由基向量 $\{\boldsymbol{e}_1,\ \boldsymbol{e}_2,\ \cdots,\ \boldsymbol{e}_{d'}\}$ 构成的 d' 维空间中的坐标是 $(a_{i1},\ a_{i2},\ \cdots,\ a_{id'})$，$i=1,\ 2,\ \cdots,\ n$。使用向量 $\boldsymbol{a}_i$ 表示 $(a_{i1},\ a_{i2},\ \cdots,\ a_{id'})$，$\boldsymbol{a}_i$ 是 $\boldsymbol{x}_i'$ 降维到 d' 维空间中的投影点坐标。这个过程就是将均值化后的样本投影到 d' 维空间的过程。

为了使得样本点到 d' 维空间超平面的距离都足够近，即式（2.8-12）的近似表达误差最小，使用变量 $\boldsymbol{a}$ 代替 $\boldsymbol{a}_i$（$i=1,\ \cdots,\ n$），变量 $\boldsymbol{e}$ 代替 $\boldsymbol{e}_j$（$j=1,\ \cdots,\ d'$），我们可以针对原样本点集与其投影后对应点集之间的距离，构造误差函数为：

$$\begin{aligned}L(\boldsymbol{a},\ \boldsymbol{e})&=\sum_{i=1}^{n}\left\|\sum_{j=1}^{d'}a_{ij}\boldsymbol{e}_j+\overline{\boldsymbol{x}}-\boldsymbol{x}_i\right\|^2\\&=\sum_{i=1}^{n}\left\|\sum_{j=1}^{d'}a_{ij}\boldsymbol{e}_j-(\boldsymbol{x}_i-\overline{\boldsymbol{x}})\right\|^2\\&=\sum_{i=1}^{n}\left(\sum_{j=1}^{d'}a_{ij}\boldsymbol{e}_j-(\boldsymbol{x}_i-\overline{\boldsymbol{x}})\right)^{\mathrm{T}}\left(\sum_{j=1}^{d'}a_{ij}\boldsymbol{e}_j-(\boldsymbol{x}_i-\overline{\boldsymbol{x}})\right)\end{aligned}$$

$$=\sum_{i=1}^{n}(\sum_{j=1}^{d'}a_{ij}^2-\sum_{j=1}^{d'}a_{ij}\boldsymbol{e}_j^{\mathrm{T}}(\boldsymbol{x}_i-\overline{\boldsymbol{x}})-\sum_{j=1}^{d'}a_{ij}(\boldsymbol{x}_i-\overline{\boldsymbol{x}})^{\mathrm{T}}\boldsymbol{e}_j+(\boldsymbol{x}_i-\overline{\boldsymbol{x}})^{\mathrm{T}}(\boldsymbol{x}_i-\overline{\boldsymbol{x}}))$$

$$=\sum_{i=1}^{n}((\sum_{j=1}^{d'}a_{ij}\boldsymbol{e}_j^{\mathrm{T}})(\sum_{j=1}^{d'}a_{ij}\boldsymbol{e}_j)-2\sum_{j=1}^{d'}a_{ij}\boldsymbol{e}_j^{\mathrm{T}}(\boldsymbol{x}_i-\overline{\boldsymbol{x}})+(\boldsymbol{x}_i-\overline{\boldsymbol{x}})^{\mathrm{T}}(\boldsymbol{x}_i-\overline{\boldsymbol{x}}))$$

$$=\sum_{i=1}^{n}((\sum_{j=1}^{d'}a_{ij}\boldsymbol{e}_j^{\mathrm{T}})(\sum_{j=1}^{d'}a_{ij}\boldsymbol{e}_j))-2\sum_{i=1}^{n}\sum_{j=1}^{d'}a_{ij}\boldsymbol{e}_j^{\mathrm{T}}(\boldsymbol{x}_i-\overline{\boldsymbol{x}})+\sum_{i=1}^{n}(\boldsymbol{x}_i-\overline{\boldsymbol{x}})^{\mathrm{T}}(\boldsymbol{x}_i-\overline{\boldsymbol{x}})$$

因投影矩阵 $\boldsymbol{W}=(\boldsymbol{e}_1,\ \boldsymbol{e}_2,\ \cdots,\ \boldsymbol{e}_{d'})^{\mathrm{T}}$，且 $\boldsymbol{a}_i^{\mathrm{T}}=(a_{i1},\ a_{i2},\ \cdots,\ a_{id'})$，则可得 $\boldsymbol{a}_i^{\mathrm{T}}\boldsymbol{W}=\sum_{j=1}^{d'}a_{ij}\boldsymbol{e}_j^{\mathrm{T}}$，代入上式最后一行，最终可得：

$$L(\boldsymbol{a},\ \boldsymbol{e})=\sum_{i=1}^{n}\boldsymbol{a}_i^{\mathrm{T}}\boldsymbol{a}_i-2\sum_{i=1}^{n}\boldsymbol{a}_i^{\mathrm{T}}\boldsymbol{W}(\boldsymbol{x}_i-\overline{\boldsymbol{x}})+\sum_{i=1}^{n}(\boldsymbol{x}_i-\overline{\boldsymbol{x}})^{\mathrm{T}}(\boldsymbol{x}_i-\overline{\boldsymbol{x}})\tag{2.8-13}$$

上式对 $\boldsymbol{a}_i$ 求导并令导数为0，则有

$$2\boldsymbol{a}_i-2\boldsymbol{W}(\boldsymbol{x}_i-\overline{\boldsymbol{x}})=0\tag{2.8-14}$$

根据上式有 $\sum_{i=1}^{n}\boldsymbol{a}_i=\sum_{i=1}^{n}\boldsymbol{W}(\boldsymbol{x}_i-\overline{\boldsymbol{x}})$，代入式（2.8-13）最后一行：

$$\begin{aligned}L(\boldsymbol{a},\ \boldsymbol{e})&=\sum_{i=1}^{n}a_i^{\mathrm{T}}a_i-2\sum_{i=1}^{n}a_i{}^{\mathrm{T}}\boldsymbol{W}(\boldsymbol{x}_i-\overline{\boldsymbol{x}})+\sum_{i=1}^{n}(\boldsymbol{x}_i-\overline{\boldsymbol{x}})^{\mathrm{T}}(\boldsymbol{x}_i-\overline{\boldsymbol{x}})\\&=\sum_{i=1}^{n}(\boldsymbol{W}(\boldsymbol{x}_i-\overline{\boldsymbol{x}}))^{\mathrm{T}}(\boldsymbol{W}(\boldsymbol{x}_i-\overline{\boldsymbol{x}}))-2\sum_{i=1}^{n}(\boldsymbol{W}(\boldsymbol{x}_i-\overline{\boldsymbol{x}}))^{\mathrm{T}}(\boldsymbol{W}(\boldsymbol{x}_i-\overline{\boldsymbol{x}}))\\&\quad+\sum_{i=1}^{n}(\boldsymbol{x}_i-\overline{\boldsymbol{x}})^{\mathrm{T}}(\boldsymbol{x}_i-\overline{\boldsymbol{x}})\\&=-\sum_{i=1}^{n}(\boldsymbol{W}(\boldsymbol{x}_i-\overline{\boldsymbol{x}}))^{\mathrm{T}}(\boldsymbol{W}(\boldsymbol{x}_i-\overline{\boldsymbol{x}}))+\sum_{i=1}^{n}(\boldsymbol{x}_i-\overline{\boldsymbol{x}})^{\mathrm{T}}(\boldsymbol{x}_i-\overline{\boldsymbol{x}})\end{aligned}\tag{2.8-15}$$

参考矩阵的迹的相关性质 $\mathrm{tr}(\boldsymbol{pq}^{\mathrm{T}})=\boldsymbol{p}^{\mathrm{T}}\boldsymbol{q}$（$\boldsymbol{p}$，$\boldsymbol{q}$ 均为列向量），即有：

$$\begin{aligned}L(\boldsymbol{a},\ \boldsymbol{e})&=-\sum_{i=1}^{n}(\boldsymbol{W}(\boldsymbol{x}_i-\overline{\boldsymbol{x}}))^{\mathrm{T}}(\boldsymbol{W}(\boldsymbol{x}_i-\overline{\boldsymbol{x}}))+\sum_{i=1}^{n}(\boldsymbol{x}_i-\overline{\boldsymbol{x}})^{\mathrm{T}}(\boldsymbol{x}_i-\overline{\boldsymbol{x}})\\&=-\mathrm{tr}\Big(\sum_{i=1}^{n}(\boldsymbol{W}(\boldsymbol{x}_i-\overline{\boldsymbol{x}}))(\boldsymbol{W}(\boldsymbol{x}_i-\overline{\boldsymbol{x}}))^{\mathrm{T}}\Big)+\sum_{i=1}^{n}(\boldsymbol{x}_i-\overline{\boldsymbol{x}})^{\mathrm{T}}(\boldsymbol{x}_i-\overline{\boldsymbol{x}})\\&=-\mathrm{tr}\Big(\boldsymbol{W}\sum_{i=1}^{n}(\boldsymbol{x}_i-\overline{\boldsymbol{x}})(\boldsymbol{x}_i-\overline{\boldsymbol{x}})^{\mathrm{T}}\boldsymbol{W}^{\mathrm{T}}\Big)+\sum_{i=1}^{n}(\boldsymbol{x}_i-\overline{\boldsymbol{x}})^{\mathrm{T}}(\boldsymbol{x}_i-\overline{\boldsymbol{x}})\end{aligned}\tag{2.8-16}$$

由于 $\sum_{i=1}^{n}(\boldsymbol{x}_i-\overline{\boldsymbol{x}})^{\mathrm{T}}(\boldsymbol{x}_i-\overline{\boldsymbol{x}})$ 为已知常数，则求目标函数 $L(\boldsymbol{a},\ \boldsymbol{e})$ 的最小值，相当于求 $-\mathrm{tr}\Big(\boldsymbol{W}\sum_{i=1}^{n}(\boldsymbol{x}_i-\overline{\boldsymbol{x}})(\boldsymbol{x}_i-\overline{\boldsymbol{x}})^{\mathrm{T}}\boldsymbol{W}^{\mathrm{T}}\Big)$ 的最小值；又因为 $\mathrm{tr}\Big(\boldsymbol{W}\sum_{i=1}^{n}(\boldsymbol{x}_i-\overline{\boldsymbol{x}})(\boldsymbol{x}_i-\overline{\boldsymbol{x}})^{\mathrm{T}}\boldsymbol{W}^{\mathrm{T}}\Big)=\mathrm{tr}(n\boldsymbol{WSW}^{\mathrm{T}})$，且 $\boldsymbol{W}=(\boldsymbol{e}_1,\ \boldsymbol{e}_2,\ \cdots,\ \boldsymbol{e}_{d'})^{\mathrm{T}}$ 为正交变换矩阵（$\boldsymbol{e}_i$ 为单位向量且两两正交），从而可得到主成分分析的优化目标为：

$$\min_{\boldsymbol{W}}-\mathrm{tr}(\boldsymbol{WSW})^{\mathrm{T}}\tag{2.8-17}$$

$$\text{s. t.}\ \boldsymbol{W}\boldsymbol{W}^{\mathrm{T}}=\boldsymbol{I} \tag{2.8-18}$$

上式中 $\boldsymbol{I}$ 是单位矩阵。式（2.8-18）等价于 $\mathrm{tr}(\boldsymbol{W}\boldsymbol{W}^{\mathrm{T}}-\boldsymbol{I})=0$，对式（2.8-17）和式（2.8-18）求解时可构造拉格朗日函数：

$$L(\boldsymbol{W},\lambda)=-\mathrm{tr}(\boldsymbol{W}\boldsymbol{S}\boldsymbol{W}^{\mathrm{T}})+\lambda(\mathrm{tr}(\boldsymbol{W}\boldsymbol{W}^{\mathrm{T}}-\boldsymbol{I})) \tag{2.8-19}$$

对 $\boldsymbol{W}$ 求导并令导数为 0，有 $\frac{\partial L}{\partial \boldsymbol{W}}=-(\boldsymbol{W}\boldsymbol{S}+\boldsymbol{W}\boldsymbol{S}^{\mathrm{T}})+2\lambda\boldsymbol{W}=0$；又由于 $\boldsymbol{S}$ 是对称矩阵，$\boldsymbol{S}^{\mathrm{T}}=\boldsymbol{S}$，可得 $\frac{\partial L}{\partial \boldsymbol{W}}=-2\boldsymbol{W}\boldsymbol{S}^{\mathrm{T}}+2\lambda\boldsymbol{W}=\boldsymbol{0}$，即 $\lambda\boldsymbol{W}=\boldsymbol{W}\boldsymbol{S}^{\mathrm{T}}$，对两边同时取转置可得：

$$\boldsymbol{S}\boldsymbol{W}^{\mathrm{T}}=\lambda\boldsymbol{W}^{\mathrm{T}} \tag{2.8-20}$$

上式中，矩阵 $\boldsymbol{W}^{\mathrm{T}}$ 的列 $\boldsymbol{e}_i$ 是待求解的基向量。上面已经证明 $\boldsymbol{S}$ 是实对称半正定矩阵，因此所有特征值非负，且属于不同特征值的特征向量相互正交，这些特征向量构成一组基向量 $\{\boldsymbol{e}_1,\ \boldsymbol{e}_2,\ \cdots,\ \boldsymbol{e}_{d'}\}$。

求解投影矩阵时对协方差矩阵 $\boldsymbol{S}$ 进行特征值分解，再对求得的特征值进行排序，使得 $\lambda_1\geqslant\lambda_2\geqslant\cdots\geqslant\lambda_d$，取前 d' 个特征值对应的特征向量构成投影矩阵 $\boldsymbol{W}=(\boldsymbol{e}_1,\ \boldsymbol{e}_2,\ \cdots,\ \boldsymbol{e}_{d'})^{\mathrm{T}}$，这个矩阵就是主成分投影矩阵的解。

2. 基于最大可分性求解

从最大可分性的性质出发，可以得到另一种求解主成分分析优化目标的方法。样本点在超平面上（新空间）的投影为 $\boldsymbol{W}(\boldsymbol{x}_i-\overline{\boldsymbol{x}})$，若让样本点在这个超平面上的投影都尽可能地分散开，则需要使得投影后样本点的方差最大化。

投影后的样本点方差是 $L=\sum_{i=1}^{n}\|\boldsymbol{W}(\boldsymbol{x}_i-\overline{\boldsymbol{x}})\|^2=\sum_{i=1}^{n}(\boldsymbol{x}_i-\overline{\boldsymbol{x}})^{\mathrm{T}}\boldsymbol{W}^{\mathrm{T}}\boldsymbol{W}(\boldsymbol{x}_i-\overline{\boldsymbol{x}})$，即有 $L=\mathrm{tr}\left(\boldsymbol{W}\left(\sum_{i=1}^{n}(\boldsymbol{x}_i-\overline{\boldsymbol{x}})(\boldsymbol{x}_i-\overline{\boldsymbol{x}})^{\mathrm{T}}\right)\boldsymbol{W}^{\mathrm{T}}\right)=\mathrm{tr}(n\boldsymbol{W}\boldsymbol{S}\boldsymbol{W}^{\mathrm{T}})$，于是主成分分析的优化目标可表达为：

$$\max_{\boldsymbol{W}}\ \mathrm{tr}(\boldsymbol{W}\boldsymbol{S}\boldsymbol{W})^{\mathrm{T}} \tag{2.8-21}$$

$$\text{s. t.}\ \boldsymbol{W}\boldsymbol{W}^{\mathrm{T}}=\boldsymbol{I} \tag{2.8-22}$$

式（2.8-21）与式（2.8-17）等价，因此同样可以构造拉格朗日函数进行求解，并得到式（2.8-20）的结果。

PCA 算法描述见算法 2.8-1。

PCA 算法流程 **算法 2.8-1**

输入：	向量集合 $\boldsymbol{\Omega}=\{\boldsymbol{x}_1,\boldsymbol{x}_2,\cdots,\boldsymbol{x}_m\}$（向量 $\boldsymbol{x}_i$ 维数为 d） 降维维数 d'
输出：	投影矩阵 $\boldsymbol{W}=(\boldsymbol{e}_1,\boldsymbol{e}_2,\cdots,\boldsymbol{e}_{d'})^{\mathrm{T}}$ 降维后的向量矩阵 Y
1：	将原始数据按列排列成 d 行 m 列矩阵 $\boldsymbol{X}$
2：	对向量矩阵每一行进行零均值化有 $\boldsymbol{x}_i\leftarrow\boldsymbol{x}_i-\frac{1}{m}\sum_{i=1}^{m}\boldsymbol{x}_i,(i=1,2,\cdots,m)$

续表

3：	计算向量矩阵的协方差矩阵 $\boldsymbol{S}=\frac{1}{m}\boldsymbol{X}\boldsymbol{X}^{\mathrm{T}}$
4：	对协方差矩阵进行特征值分解，得到特征值 $\lambda_1 \geqslant \lambda_2 \geqslant \cdots \geqslant \lambda_d$
5：	取前 d' 个特征值对应的特征向量构成投影矩阵 $\boldsymbol{W}=(\boldsymbol{e}_1,\boldsymbol{e}_2,\cdots,\boldsymbol{e}_{d'})^{\mathrm{T}}$
6：	计算降维后的向量矩阵 $\boldsymbol{Y}=\boldsymbol{W}\boldsymbol{X}$

2.8.4 向量重构

原始样本数据 $\boldsymbol{X}$ 被降维后得到 $\boldsymbol{Y}$；计算完成后，又可以根据 $\boldsymbol{Y}$ 重构原始向量；重构后得到的数据只是原始数据的近似值（或称为估计值）。$\boldsymbol{X}$ 和 $\boldsymbol{Y}$ 都可视为由数据向量构成的矩阵；重构的过程如下：

（1）将输入矩阵 $\boldsymbol{Y}$ 中的某一列向量 $\boldsymbol{y}_i$，左乘投影矩阵的转置矩阵：$\boldsymbol{x}_i'=\boldsymbol{W}^{\mathrm{T}}\boldsymbol{y}_i$，$\boldsymbol{W}$ 为已求得的投影矩阵；

（2）将步骤（1）中得到的向量 $\boldsymbol{x}_i'$ 加上均值向量 $\overline{\boldsymbol{x}}=\frac{1}{m}\sum_{i=1}^{m}\boldsymbol{x}_i (i=1，\cdots，m)$，得到重构后的向量：$\boldsymbol{x}_i=\boldsymbol{x}_i'+\overline{\boldsymbol{x}}$。

需要注意的是，重构的向量与原始的向量存在差异。

2.8.5 算法的土木工程点云数据应用

基于H型钢点云数据（图2.8-7），采用PCA算法对其进行降维，将三维点云数据降维到二维空间中。

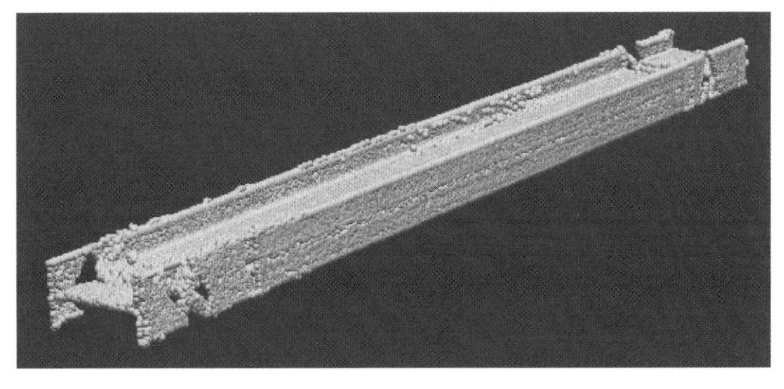

图2.8-7 H型钢钢构件的三维点云图像

对点云三维向量进行中心化，得到 $3\times N$ 的中心化点云向量矩阵 $\boldsymbol{X}$。计算样本协方差矩阵 $\boldsymbol{X}\boldsymbol{X}^{\mathrm{T}}$，进行主成分分析，计算特征值 λ_1，λ_2，λ_3。基于特征值求得特征向量，得到投影矩阵 $\boldsymbol{W}=(\boldsymbol{W}_1，\boldsymbol{W}_2)^{\mathrm{T}}$。最终得到点云数据在以第一主成分和第二主成分方向上的特征向量作为基向量的矩阵（二维空间）。按照不同的主成分方向进行降维，可以得到H型钢不同截面上的二维数据。图2.8-8为降维后的H型钢点云数据在二维空间中的图像。根据PCA算法降维后得到的H型钢二维向量数据，可以计算出H型钢的高度、宽度、腹板厚

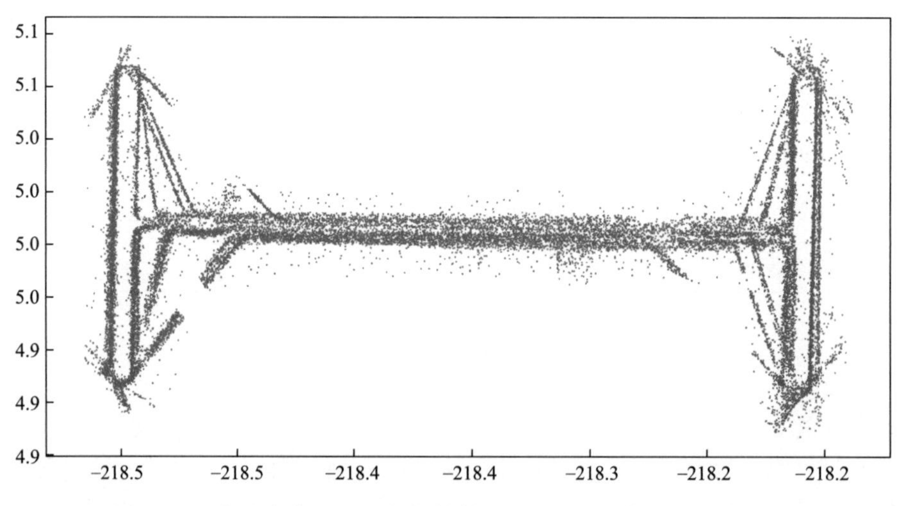

图 2.8-8　向量降维后 H 型钢钢构件的二维点云图像（正视截面图）

度、翼板厚度等；这可用于钢构件的尺寸智能化检测。此外，经过 PCA 算法降维得到的钢构件二维图像，也可应用于基于神经网络的钢构件识别。

向量重构的过程具体描述如下，对二维空间中的点云数据矩阵左乘向量投影矩阵的转置矩阵，加上均值向量矩阵后得到重构后的三维点云向量矩阵：$\boldsymbol{X}'=\boldsymbol{W}^{\mathrm{T}}\boldsymbol{Y}+\overline{\boldsymbol{X}}$。图 2.8-9 为二维向量重构后得到的三维空间中的 H 型钢钢构件的正视截面的点云图像。通过比对图 2.8-8 与图 2.8-9 可发现，降维后 H 型钢钢构件的点云数据向量保留了大部分的特征信息。

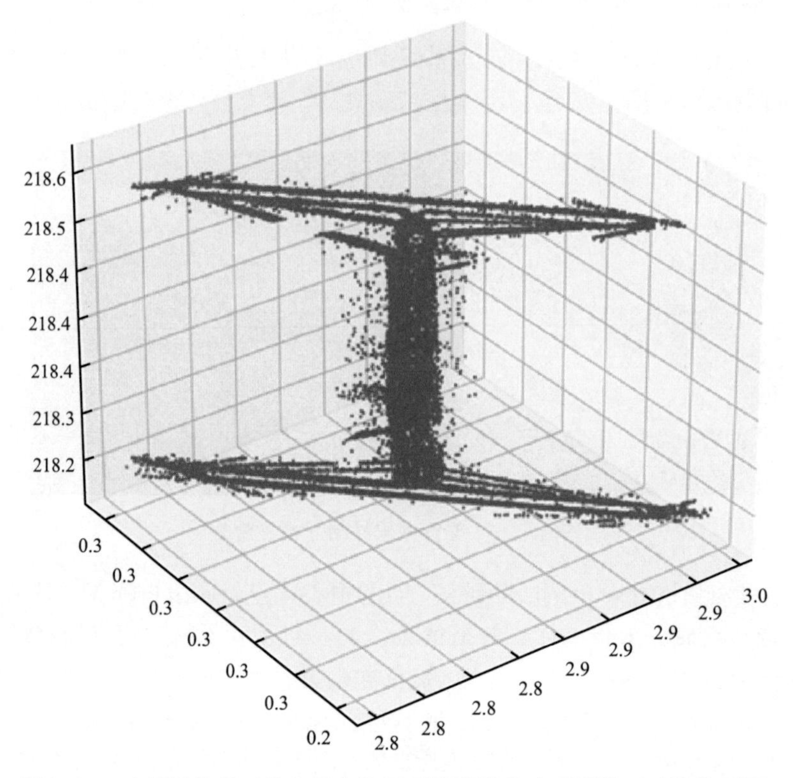

图 2.8-9　向量重构后三维空间中的 H 型钢钢构件点云图像（正视截面图）

课后习题

1. 计算下列矩阵的行列式：

（1）$\boldsymbol{A}=\begin{pmatrix}1 & 2 & 3\\4 & 5 & -4\\-3 & -2 & -1\end{pmatrix}$　　（2）$\boldsymbol{B}=\begin{pmatrix}0 & 0 & 0 & 1\\0 & 0 & 1 & 2\\0 & 1 & 2 & 3\\1 & 2 & 4 & 4\end{pmatrix}$

（3）$\boldsymbol{C}=\begin{pmatrix}1 & 1 & \cdots & 1\\x_1+1 & x_2+1 & \cdots & x_n+1\\x_1^2+x_1 & x_2^2+x_2 & \cdots & x_n^2+x_n\\\vdots & \vdots & & \vdots\\x_1^{n-1}+x_1^{n-2} & x_2^{n-1}+x_2^{n-2} & \cdots & x_n^{n-1}+x_n^{n-2}\end{pmatrix}$

2. 用初等变换法求下列矩阵的逆矩阵：

（1）$\begin{pmatrix}1 & 1 & 2\\-2 & 0 & 1\\1 & -3 & 0\end{pmatrix}$　　（2）$\begin{pmatrix}1 & 1 & -1\\2 & 1 & 0\\-1 & 2 & -1\end{pmatrix}$

（3）$\begin{pmatrix}-1 & -1 & 1 & 1\\1 & -1 & 1 & -1\\1 & 1 & -1 & 1\\1 & 1 & 1 & -1\end{pmatrix}$　　（4）$\begin{pmatrix}1 & 2 & 3 & 4\\0 & 1 & 2 & 3\\0 & 0 & 1 & 2\\0 & 0 & 0 & 1\end{pmatrix}$

3. 设 $\boldsymbol{\alpha}_1$ 是矩阵 $\boldsymbol{A}$ 属于特征值 λ 的特征值，向量组 $\boldsymbol{\alpha}_1$，$\boldsymbol{\alpha}_2$，…，$\boldsymbol{\alpha}_s$（$s>1$）满足 $(\boldsymbol{A}-\lambda\boldsymbol{I})\boldsymbol{\alpha}_{i+1}=\boldsymbol{\alpha}_i(i=1, 2, \cdots, s-1)$，证明：$\boldsymbol{\alpha}_1$，$\boldsymbol{\alpha}_2$，…，$\boldsymbol{\alpha}_s$ 线性无关。[23]

4. 求下列矩阵 $\boldsymbol{A}$ 的全部特征值和特征向量：

（1）$\boldsymbol{A}=\begin{pmatrix}0 & -2 & -1\\-2 & 3 & 2\\-1 & 2 & 0\end{pmatrix}$　　（2）$\boldsymbol{A}=\begin{pmatrix}2 & -1 & -1 & 1\\-1 & 2 & 1 & -1\\-1 & 1 & 2 & -1\\1 & -1 & -1 & 2\end{pmatrix}$

5. 求下列矩阵的 Moore-Penrose 广义逆：

（1）$\boldsymbol{A}=\begin{pmatrix}1 & 4\\2 & 5\\3 & 6\end{pmatrix}$　　（2）$\boldsymbol{A}=\begin{pmatrix}-1 & 0 & 1 & 2\\1 & 2 & -1 & 1\\2 & 2 & -2 & -1\end{pmatrix}$

6. 用正交变换将齐次二次型 $3x_2^2-4x_1x_2-2x_1x_3+4x_2x_3$ 化为标准形。

7. 设 $\boldsymbol{A}$，$\boldsymbol{B}$ 都是 n 阶正定矩阵，证明：$|\boldsymbol{A}+\boldsymbol{B}|>|\boldsymbol{A}|+|\boldsymbol{B}|$。[23]

8. 求矩阵 $\boldsymbol{A}=\begin{pmatrix}4 & 2 & 1\\2 & 5 & -2\\1 & -2 & 1\end{pmatrix}$ 三角分解。

9. 求矩阵 $\boldsymbol{A}=\begin{pmatrix}1 & 2\\1 & 2\\0 & 0\end{pmatrix}$ 的奇异值分解。

10. 针对图 2.8-7 中的 H 型钢的点云数据，完成以下两个任务：

（1）得到如图 2.8-8 所示的正视截面图；

（2）得到如图 2.8-9 所示的 H 型钢的重构点云图像。

扫码下载
本章习题答案

参考文献

[1] 陈志杰．高等代数与解析几何［M］．北京：高等教育出版社，2008.

[2] 孟道骥．高等代数与解析几何［M］．北京：科学出版社，2014.

[3] 欧阳光中．数学分析［M］．北京：高等教育出版社，2007.

[4] 张贤达．矩阵分析与应用［M］．北京：清华大学出版社，2013.

[5] 王开荣．最优化方法［M］．北京：科学出版社，2012.

[6] 王开荣，杨大地．应用数值分析［M］．北京：高等教育出版社，2010.

[7] 张凯院．矩阵论［M］．西安：西北工业大学出版社，2017.

[8] 李新．矩阵理论及其应用［M］．重庆：重庆大学出版社，2005.

[9] 丘维声．高等代数［M］．北京：清华大学出版社，2019.

[10] GOODFELLOW，BENGIO，COURVILLE. 深度学习［M］．赵申剑，黎彧君，符天凡，等，译．北京：人民邮电出版社，2017.

[11] 李航．统计学习方法［M］．北京：清华大学出版社，2019.

[12] 知乎．如何理解矩阵特征［EB/OL］．［2023-04-24］．https：//www. zhihu. com/question/21874816/answer/181864044.

[13] 知乎．行列式的本质是什么［EB/OL］．［2023-04-24］．https：//www. zhihu. com/question/36966326/answer/162550802.

[14] CCS. 范数在深度学习中的应用［EB/OL］．（2020-01-12）［2023-04-24］．https：//zhuanlan. zhihu. com/p/102375908.

[15] 雷明．机器学习原理、算法与应用［M］．北京：清华大学出版，2019.

[16] 周志华．机器学习［M］．北京：清华大学出版社，2016.

[17] 赵志勇．Python 机器学习算法［M］．北京：电子工业出版社，2017.

[18] MICROSTRONG0305. 主成分分析（PCA）原理详解［EB/OL］．（2018-06-09）［2023-04-24］．https：//blog. csdn. net/program _ developer/article/details/80632779.

[19] MA L. PCA（主成分分析）降维原理及其在 optdigits 以及点云数据集上的 python 实现［EB/OL］．（2019-04-23）．https：//blog. csdn. net/wolfcsharp/article/details/89447309.

[20] WONG K. 三维点云学习（1）上-PCA 主成分分析 法向量估计［EB/OL］．（2020-07-04）［2023-04-24］．https：//blog. csdn. net/weixin _ 41281151/article/details/107119326.

[21] STUDYING _ SWZ. python 利用 open3d 以及 mayavi 可视化 pcd 点云（二进制）［EB/OL］．（2020-07-07）．https：//blog. csdn. net/qq _ 37534947/article/details/

107183646.
[22] CAITZH. 机器学习笔记之——降维（二）主成分分析（PCA）[EB/OL].（2019-03-22）[2023-04-24]. https：//blog. csdn. net/caitzh/article/details/88753028.
[23] 赵礼峰 . 高等代数解题法 [M]. 合肥：安徽大学出版社，2004.
[24] 交通数据小旭学长 . 用最直观的方式告诉你：什么是主成分分析 PCA [EB/OL].（2021-02-13）[2023-04-24]. https：//www. bilibili. com/video/BV1E5411E71z?spm _ id _ from=333. 999. 0. 0.

第 3 章　概率统计与信息论基础

概率论研究的对象是随机现象和不确定性，主要是随机现象的概率分布模型及其性质；数理统计研究随机现象的数据收集、处理及统计推断方法。很多经典机器学习和当前最热门的深度学习算法，处理的问题经常都具有随机性和不确定性的特点，而概率和统计理论则提供了一系列处理随机性和不确定性的数学方法。机器学习算法中还经常用到信息论，因为信息论提供了能够度量概率分布中不确定性的测度。可见概率论、数理统计和信息论是机器学习算法的重要基础。本章简单介绍基本的概率论、数理统计和信息论知识，为机器学习算法打下基础。

3.1　随机变量与概率

3.1.1　随机变量与样本空间

随机现象是指在一定条件下，并不总是出现相同结果的现象。对在相同条件下可以重复的随机现象的观察、记录、实验称为随机试验。随机试验中每个可能的结果称为样本点。随机现象的某些样本点组成的集合称为随机事件，简称事件，常用大写字母 A，B，C…表示。一个随机试验（或随机事件）所有可能结果的集合组成了样本空间，记为 $\boldsymbol{\Omega}=\{\omega\}$，其中 ω 为样本点[1]。

随机变量是用来表示随机现象结果的变量，本质上是一个实值函数，常用大写字母 X，Y，Z 表示。很多事情都可以用随机变量表示，并应写明随机变量的含义。需要注意的是，随机变量与样本点在定义上完全不同：随机变量是一个函数，这个函数的定义域（函数的所有可能输入值集合）是样本空间，即样本点是随机变量这一函数的可能输入值，随机变量是定义在样本空间上的函数。定义在样本空间 $\boldsymbol{\Omega}$ 上的函数，可简称为：$\boldsymbol{\Omega}$ 上的函数。但在实际应用时，样本点这一输入值可能与随机变量在数值上相等，相当于函数 $f(x)=x$。

例 3.1.1[1]　掷一颗骰子，可能出现点数 1，2，3，4，5，6，则相应的样本空间为 $\boldsymbol{\Omega}=\{1, 2, 3, 4, 5, 6\}$。若设置随机变量 $X=$“掷一颗骰子出现的点数”，则 1，2，3，4，5，6 就是 X 的可能取值。若 $A=$“出现 3 点”是一个事件，即 $A=\{3\}$，该事件也可用“$X=3$”表示。若事件 B 表示“出现点数超过 3 点”，即 $B=\{4, 5, 6\}$，则可以表示为“$X>3$”。

由例子可见，随机变量是人们根据研究和需要设置出来的，若把它们用等号或不等号与某些实数联结起来就可以表示很多事件。而根据随机变量的取值范围不同，可以把随机变量区分为离散随机变量和连续随机变量。若随机变量的所有可能取值是有限个或无限个但可逐个列出（可列个），这种随机变量称为离散随机变量。若随机变量的可能取值不可逐个列出，而是取某一区间内的任一值，这种随机变量称为连续随机变量；例如狗的寿命取值区间是0岁到15岁，那么狗的寿命就是一个连续随机变量，可能是在0岁到15岁之间取任一值，但这些可能取值不能够逐个列出。

随机事件之间有相容或不相容、独立或不独立等关系。两个事件互不相容又称为互斥，就是两个事件不能同时发生；对于两个事件 A 和 B，发生了 A 就不能发生 B，发生了 B 就不能发生 A，则 A 与 B 互不相容，否则就是相容。而相互独立的两个事件是指，一个事件是否发生与另外一个事件没有关系；对于两个事件 A 和 B，A 发生和 B 发生没有关系，A 发生后，B 可能发生也可能不发生，两个事件互不影响，则 A 与 B 互相独立。可见，相容和独立是两个不同的概念，没有必然联系。

3.1.2 概率与分布函数

概率是随机事件发生可能性的值，介于0到1之间。1993年数学家柯尔莫戈洛夫（Kolmogorov，1903—1987）首次提出了概率的公理化定义[1]。

定义3.1.1 设 $\boldsymbol{\Omega}$ 为一个样本空间，$\mathcal{F}$为 $\boldsymbol{\Omega}$ 的某些子集组成的一个事件域。如果对任一事件 $A \in \mathcal{F}$，定义在$\mathcal{F}$上的一个实值函数 $P(A)$ 满足：

- **非负性** 若 $A \in \mathcal{F}$，则 $P(A) \geqslant 0$；
- **正则性** $P(\boldsymbol{\Omega})=1$；
- **可列可加性** 若 A_1，A_2，…，A_n，…互不相容，则

$$P\left(\bigcup_{i=1}^{\infty} A_i\right)=\sum_{i=1}^{\infty} P(A_i) \tag{3.1-1}$$

则称 $P(A)$ 为事件 A 的概率，组成三元素（$\boldsymbol{\Omega}$，$\mathcal{F}$，P）为概率空间。

概率的本质是集合（事件）的函数，若在事件域$\mathcal{F}$上给出一个函数，当这个函数能满足上述三条公理，就被称为概率；当这个函数不满足上述三条公理中任一条，就被认为不是概率。

概率分布用以描述任意随机变量在任意一个取值上的可能性大小，通常我们需要得到随机变量落在某一区间的概率，由此引入分布函数。

定义3.1.2 设 X 是一个随机变量，对任意实数 x，称

$$F(x)=P(X<x) \tag{3.1-2}$$

为随机变量 X 的分布函数。且称 X 服从 $F(x)$，记为 $X \sim F(x)$。

我们可以根据分布函数算出与随机变量 X 有关事件的概率。下面列出分布函数的三个基本性质。

定理3.1.1 任一分布函数 $F(x)$ 具有以下三条性质：

（1）**单调性** $F(x)$ 是实数域上的单调非减函数，即对任意 $x_1<x_2$，有 $F(x_1) \leqslant F(x_2)$

（2）**有界性** 对任意 x，有 $0 \leqslant F(x) \leqslant 1$，且

$$F(-\infty)=\lim_{x \to -\infty} F(x)=0$$

$$F(+\infty)=\lim_{x \to +\infty} F(x)=1$$

（3）**右连续性** $F(x)$ 是 x 的右连续函数，即对任意的 x_0，有

$$\lim_{x \to x_0+0} F(x) = F(x_0)$$

即 $F(x_0+0)=F(x_0)$

3.1.3 离散随机变量分布和概率分布列

离散随机变量采用分布列来表示概率分布。

定义 3.1.3 设 X 是离散随机变量，X 的所有可能取值为 x_1，x_2，…，x_n，则事件 $\{X=x_i\}$ 的概率为

$$p_i = p(x_i) = P(X = x_i),\ i=1,\ 2,\ \cdots,\ n \tag{3.1-3}$$

为 X 的概率分布列，简称分布列，记作 $X \sim \{p_i\}$，其中 p_i 满足以下两个基本性质。

性质 3.1.1 分布列的基本性质

（1）非负性 $p(x_i) \geqslant 0$，$i=1$，2，…

（2）正则性 $\sum\limits_{i=1}^{\infty} p(x_i)=1$

分布列也可以列表来表示，见表 3.1-1

分布列表格示意 表 3.1-1

X	x_1	x_2	…	x_n	…
P	$p(x_1)$	$p(x_2)$	…	$p(x_n)$	…

也可以表示为

$$\begin{pmatrix} x_1 & x_2 & \cdots & x_n & \cdots \\ p(x_1) & p(x_2) & \cdots & p(x_n) & \cdots \end{pmatrix}$$

由概率的可列可加性可得随机变量 X 的分布函数为：

$$F(x) = P(X < x) = \sum_{x_i \leqslant x} P(X = x_i) \tag{3.1-4}$$

对于多维随机变量，设有 n 个随机试验，它们的样本空间分别为 $S_1=\{\omega_1\}$，$S_2=\{\omega_2\}$，…，$S_n=\{\omega_n\}$，设 $X_1(\omega_1)$，$X_2(\omega_2)$，…，$X_n(\omega_n)$ 分别是 S_1，S_2，…，S_n 上的随机变量，由它们构成一个向量（X_1，X_2，…，X_n）称为 n 维随机变量。

为方便讨论，后面讨论多维随机变量时，除非特别说明否则都是以二维随机变量为例，记为（X，Y），讨论的结论适用于多维随机变量。

定义 3.1.4 设二维离散随机变量（X，Y）的所有可能取值为（x_i，y_j）（i，$j=1$，2，…），把

$$P\ (X=x_i,\ Y=y_j)\ = p_{ij},\ i,\ j=1,\ 2\cdots \tag{3.1-5}$$

称为随机变量 X 和 Y 的联合分布列，其中 p_{ij} 满足下列条件：

（1）$0 \leqslant p_{ij} \leqslant 1$，$i$，$j=1$，2，…

（2）$\sum\limits_{i=1}^{\infty}\sum\limits_{j=1}^{\infty} p_{ij}=1$

常可用表格表示二维离散随机变量（X，Y）的联合分布列，如表 3.1-2 所示。

3.1.4 连续随机变量的概率密度函数

与离散随机变量不同，连续随机变量采用概率密度函数来描述变量的概率分布。随机

二维随机变量分布列　　表 3.1-2

x \ y	x_1	x_2	…	x_i	…
y_1	p_{11}	p_{21}	…	p_{i1}	…
y_2	p_{12}	p_{22}	…	p_{i2}	…
⋮	⋮	⋮		⋮	
y_j	p_{1j}	p_{2j}	…	p_{ij}	…
⋮	⋮	⋮		⋮	

变量 X 在（a，b）上取值的概率，即

$$\int_a^b f(x)\mathrm{d}x = P(a < X < b)$$

特别地，在（$-\infty$，x］上 $f(x)$ 上的积分就是分布函数 $F(x)$，即

$$\int_{-\infty}^x f(t)\mathrm{d}t = P(X \leqslant x) = F(x)$$

这一关系式是连续随机变量 X 的概率密度函数最本质的属性。

定义 3.1.5　设随机变量 X 的分布函数为 $F(x)$，如果存在实数域上的一个非负可积函数 $f(x)$，使得对任意实数 x 有

$$F(x) = \int_{-\infty}^x f(t)\mathrm{d}t \tag{3.1-6}$$

则称 $f(x)$ 为 X 的**概率密度函数**，简称为**密度函数**或**密度**。同时称 X 为**连续随机变量**，称 $F(x)$ 为连续分布函数。

性质 3.1.2　密度函数的基本性质

（1）**非负性**　$f(x) \geqslant 0$，不要求 $f(x) \leqslant 1$

（2）**正则性**　$\int_{-\infty}^{+\infty} f(x)\mathrm{d}x = 1$

由分布函数的定义可见：连续随机变量在任意一点处的概率为 0，即 $P(X = x) = 0$；讨论区间的概率定义时，对开区间和闭区间不加以区分，即 $P(a \leqslant X \leqslant b) = P(a < X \leqslant b) = P(a \leqslant X < b) = P(a < X < b)$。

结论可推广到多维连续随机变量。

定义 3.1.6　对于二维连续随机变量（X，Y）的分布函数 $F(x, y)$，存在非负函数 $f(x, y)$，使得对任意 x，y 有

$$F(x, y) = \int_{-\infty}^y \int_{-\infty}^x f(u, v)\mathrm{d}u\mathrm{d}v \tag{3.1-7}$$

则称 $f(x, y)$ 为二维随机变量（X，Y）的联合密度函数，同样满足以下性质：

（1）$f(x, y) \geqslant 0$

（2）$\int_{-\infty}^{\infty}\int_{-\infty}^{\infty} f(x, y)\mathrm{d}x\mathrm{d}y = 1$

（3）设 D 是 OXY 平面的任意一个区域，点（x，y）落在该区域的概率为

$$P((x, y) \in D) = \iint_D f(x, y)\mathrm{d}x\mathrm{d}y \tag{3.1-8}$$

3.1.5 边缘分布

以二维为例介绍多维随机变量的边缘分布。

在二维离散随机变量（X，Y）的联合分布列$\{P(X=x_i, Y=y_j)\}$中，对j求和所得分布列

$$\sum_{j=1}^{\infty} P(X=x_i, Y=y_j)=P(X=x_i), \ i=1, 2, \cdots \tag{3.1-9}$$

被称为X的边缘分布列。类似地有Y的边缘分布列为

$$\sum_{i=1}^{\infty} P(X=x_i, Y=y_j)=P(Y=y_j), \ j=1, 2, \cdots \tag{3.1-10}$$

对于二维连续随机变量（X，Y）的联合密度函数为$f(x, y)$，则它的边缘密度函数分别为

$$f_X(x)=\int_{-\infty}^{\infty} f(x, y)\mathrm{d}y \tag{3.1-11}$$

$$f_Y(y)=\int_{-\infty}^{\infty} f(x, y)\mathrm{d}x \tag{3.1-12}$$

同理，由分布函数的定义，可以得到二维随机变量的边缘分布函数。

设二维随机变量（X，Y）是离散的，则有

$$F_X(x)=F(x, \infty)=\sum_{x_i \leqslant x} \sum_{j=1}^{\infty} p_{ij} \tag{3.1-13}$$

$$F_Y(y)=F(\infty, y)=\sum_{y_j \leqslant y} \sum_{i=1}^{\infty} p_{ij} \tag{3.1-14}$$

设二维随机变量（X，Y）是连续的，则有

$$F_X(x)=F(x, \infty)=\int_{-\infty}^{x}\left[\int_{-\infty}^{\infty} f(x, y)\mathrm{d}y\right]\mathrm{d}x \tag{3.1-15}$$

$$F_Y(y)=F(\infty, y)=\int_{-\infty}^{y}\left[\int_{-\infty}^{\infty} f(x, y)\mathrm{d}x\right]\mathrm{d}y \tag{3.1-16}$$

3.1.6 条件概率

在一些情况下，我们会关注在一事件B发生的情况下，另一件事件A发生的概率$P(A|B)$，这就是条件概率。

定义 3.1.7 设A与B是样本空间$\boldsymbol{\Omega}$中的两事件，若$P(B)>0$，则称

$$P(A|B)=\frac{P(AB)}{P(B)} \tag{3.1-17}$$

为“在B发生的条件下，A发生的概率”，简称条件概率。

将上式变形，就得到了乘法公式：$P(AB)=P(B)P(A|B)$。

性质 3.1.3 条件概率是概率，即若设$P(A|B)\geqslant 0$，则

(1) $P(A|B)\geqslant 0$，$A\in\mathcal{F}$

(2) $P(\boldsymbol{\Omega}|\mathrm{B})=1$

(3) 若$\mathcal{F}$中的A_1，A_2，…，A_n，…互不相容，则

$$P(\sum_{n=1}^{\infty}A_n|B)=\sum_{n=1}^{\infty}P(A_n|B)$$

证　用条件概率的定义很容易证明（1）和（2），下面证明（3）。因为A_1，A_2，…，A_n，…互不相容，所以A_1B，A_2B，…，A_nB，…也互不相容，故

$$P(\bigcup_{n=1}^{\infty}A_n|B)=\frac{P((\bigcup_{n=1}^{\infty}A_n)B)}{P(B)}=\frac{P(\bigcup_{n=1}^{\infty}(A_nB))}{P(B)}$$

$$=\sum_{n=1}^{\infty}\frac{P(A_nB)}{P(B)}=\sum_{n=1}^{\infty}P(A_n|B)$$

式（3.1-17）可用图3.1-1进行解释，图中阴影部分是事件A与事件B的交集事件AB。交集AB这一事件的发生可理解为：首先发生了B，其概率为P（B），然后在已经发生了B的条件下又发生了A（A中任意一个样本点出现，都是事件A发生），其概率为$P(A|B)$，则交集AB发生的概率$P(AB)$就应该为$P(B)$与$P(A|B)$的乘积，即$P(AB)=P(B)P(A|B)$；则当$P(B)>0$时，就有$P(A|B)=P(AB)/P(B)$。

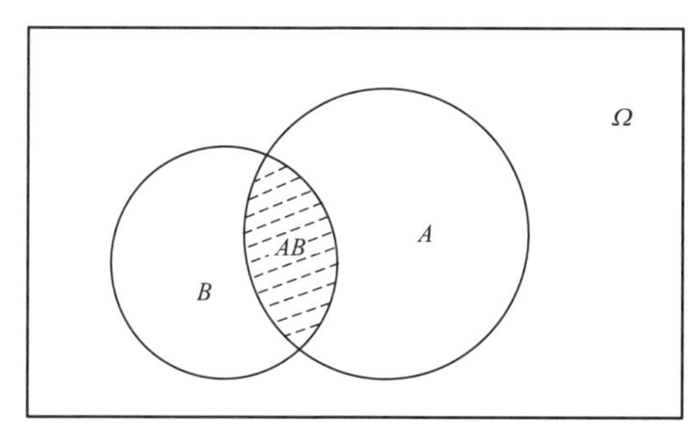

图3.1-1　条件概率的图解

用条件概率可更简洁地表达互不相容和互相独立。设有两个事件A和B，如果这两个事件互不相容，则

$$A\cap B=\Phi，P(AB)=0，P(A|B)=P(B|A)=0$$

如果A和B互相独立，则

$$P(AB)=P(A)P(B)，P(A|B)=P(A)，P(B|A)=P(B)$$

以下给出条件概率特有的两个实用公式，它们也是贝叶斯规则的重要基础。

性质3.1.4　乘法公式（链式法则）

（1）若$P(B)>0$，则

$$P(AB)=P(B)P(A|B) \tag{3.1-18}$$

（2）若$P(A_1A_2\cdots A_n)>0$，则

$$P(A_1A_2\cdots A_n)=P(A_1)P(A_2|A_1)P(A_3|A_1A_2)\cdots P(A_n|A_1A_2\cdots A_{n-1}) \tag{3.1-19}$$

式（3.1-18）表达的意思是：若A和B都要发生，则相当于首先要发生B，且在B已经发生的条件下，A也要发生。式（3.1-19）表达的意思是：若A_1，A_2，…，A_n都要发生，则相当于首先要发生A_1，且在A_1已经发生的条件下A_2也要发生，且在A_1和A_2已经发生的条件下A_3也要发生；依次类推直至最后，且在A_1～A_{n-1}已经发生的条件下

A_n 也要发生。这样的解释，基本符合我们的直觉。

性质 3.1.5　全概率公式

设 B_1，B_2，…，B_n 为样本空间 $\boldsymbol{\Omega}$ 的一个分割，即 B_1，B_2，…，B_n 互不相容，且 $\bigcup_{i=1}^{n} B_i=\boldsymbol{\Omega}$，如果 $P(B_i)>0$，$i=1$，2，…，n，则对任意一事件 A 有

$$P(A)=\sum_{i=1}^{n} P(B_i)P(A|B_i) \tag{3.1-20}$$

全概率公式表达的意思是，如果某个样本空间 $\boldsymbol{\Omega}$ 是由很多个互不相容的事件 B_i 组成，而事件 A 也是 $\boldsymbol{\Omega}$ 的一个子集，那么 A 发生的概率可这样计算：让所有的 B_i 依次都发生，然后再求出每个 B_i 发生条件下 A 发生的概率 $P(A|B_i)$，最后将所有的 $P(B_i)P(A|B_i)$ 求和，就能得到 $P(A)$。结合图 3.1-2，我们可对全概率公式表达的思想进行解释：如果一个样本空间 $\boldsymbol{\Omega}$ 中所有的事件都发生了，那么 $\boldsymbol{\Omega}$ 的一个子集 A 一定会发生；如果 B_1，B_2，…，B_n 是 $\boldsymbol{\Omega}$ 的一个分割，则 A 必然与部分 B_i 有交集，因此 A 发生就相当于 A 与所有 B_i 的交集都要发生，根据前面的条件概率公式，每个交集发生的概率就是 $P(B_i)P(A|B_i)$，将所有这些交集发生的概率加起来就是 A 发生的概率。如图 3.1-2，若要 A 与 B_8 的交集这一事件发生，则首先 B_8 要发生，其概率为 $P(B_8)$，而在 B_8 发生的条件下 A 也要发生，其概率为 $P(A|B_8)$，则交集发生的概率就是 $P(B_8)P(A|B_8)$；图中与 A 有交集的是 $B_8 \sim B_{11}$，所有这些交集发生的概率加起来就是 A 发生的总概率，即 $P(A)=\sum_{i=8}^{11} P(B_i)P(A|B_i)$。由于 A 与 $B_1 \sim B_7$ 没有任何交集，也就是 $B_1 \sim B_7$ 各自发生的条件下 A 发生的概率均为 0，即 $P(B_i)P(A|B_i)=0$，$i=1$，2，…，7，所以将这部分加到算式 $P(A)=\sum_{i=8}^{11} P(B_i)P(A|B_i)$ 中没有任何影响，从而得到 $P(A)=\sum_{i=1}^{11} P(B_i)P(A|B_i)$，这就是全概率公式在这种情况下的表达式。

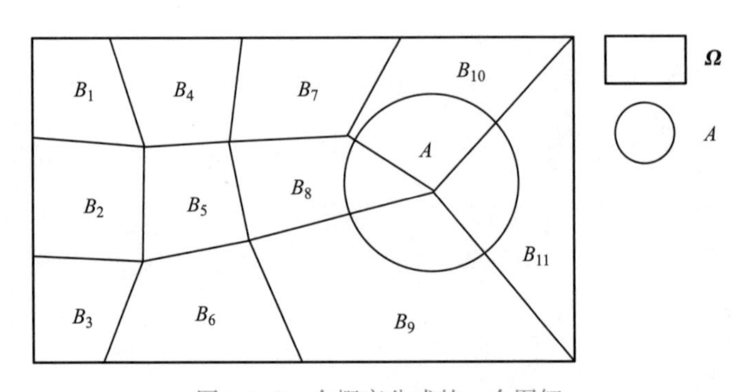

图 3.1-2　全概率公式的一个图解

3.2　随机变量间的独立性

为解决机器学习问题中遇到的时间复杂度很高且难以训练的情况，既可以对算法进行改进，也可以通过一些假设来简化计算。独立性假设是很多机器学习模型能够高效训练的

基础。独立性是概率论中的一个重要概念，利用独立性可以简化概率的计算。前面已经对事件的独立性及其与相容性的区别进行了通俗化解释，此处给出随机变量独立性的定义。

3.2.1 边缘独立

在多维随机变量中，各分量的取值可能会互相影响，但也可能会毫无影响。当两个随机变量的取值互不影响时，就称它们相互独立。

定义 3.2.1 设 n 维随机变量（X_1，X_2，…，X_n）的联合分布为 $F(x_1, x_2, \cdots, x_n)$，X_i 的边缘分布函数分别为 $F_i(x_i)$。如果对任意 n 个实数 x_1，x_2，…，x_n，有

$$F(x_1, x_2, \cdots, x_n)=\prod_{i=1}^{n} F_i(x_i) \tag{3.2-1}$$

则称 X_1，X_2，…，X_n 相互独立，记作 $X_1 \perp X_2 \perp \cdots \perp X_n$。

对于离散随机变量工况，如果对任意 n 个取值 x_1，x_2，…，x_n，有

$$P(X_1=x_1, X_2=x_2, \cdots, X_n=x_n)=\prod_{i=1}^{n} P(X_i=x_i) \tag{3.2-2}$$

则称 X_1，X_2，…，X_n 相互独立。

对于连续随机变量工况，如果对任意 n 个实数 x_1，x_2，…，x_n，有

$$f(x_1, x_2, \cdots, x_n)=\prod_{i=1}^{n} f_i(x_i) \tag{3.2-3}$$

则称 X_1，X_2，…，X_n 相互独立。

例如对于二维随机变量（X，Y），它的联合分布函数为 $F(x, y)$，$F_X(x)$ 与 $F_Y(y)$ 分别是随机变量 X 与随机变量 Y 的边缘分布函数，对于所有的 x，y 满足

$$F(x, y)=F_X(x)\times F_Y(y) \tag{3.2-4}$$

则称随机变量 X 与 Y 相互独立，记作 $X \perp Y$。

3.2.2 条件独立

条件独立性对于简化计算非常有帮助。为简化讨论，此处仅讨论三维随机变量情形。

定义 3.2.2 设有三维随机变量（X，Y，Z），给定 $Z=z$ 的情况，X 的条件分布函数为 $F_{X|Z}(x|z)$，Y 的条件分布函数为 $F_{Y|Z}(y|z)$；此时 Y，X 的联合分布函数表示为 $F_{X\times Y|Z}(x\times y|z)$，若对于任意实数 x，y，z 有

$$F_{X\times Y|Z}(x\times y|z)=F_{X|Z}(x|z)\times F_{Y|Z}(y|z) \tag{3.2-5}$$

则称在给定条件 Z 下，随机变量 X 和随机变量 Y 相互独立，记作（$X \perp Y|Z$）。

对于离散随机变量情况，对三维随机变量（X，Y，Z）的所有可能取值（x，y，z）有

$$P(X=x, Y=y|Z=z)=P(X=x|Z=z)\times P(Y=y|Z=z) \tag{3.2-6}$$

则称在给定条件 Z 下，随机变量 X 和随机变量 Y 相互独立。

对于连续随机变量情况，对三维随机变量（X，Y，Z）的所有可能取值（x，y，z）有

$$f_{X\times Y|Z}(x\times y|z)=f_{X|Z}(x|z)\times f_{Y|Z}(y|z) \tag{3.2-7}$$

则称在给定条件 Z 下，随机变量 X 和随机变量 Y 相互独立。

3.3 随机变量的特征数

每个随机变量都有一个分布（分布列、密度函数或分布函数），不同的随机变量可能拥有不同的分布，也可能拥有相同的分布。分布全面地描述了随机变量取值的统计规律性，根据分布可以算出有关随机事件的概率。除此以外，由分布还可以算得相应随机变量的均值、方差、分位数等特征数。这些特征数各从一个侧面描述了分布的特性。

3.3.1 数学期望

定义 3.3.1 设离散随机变量 X 的分布列为

$$p(x_i)=P(X=x_i),\ i=1,\ 2,\ \cdots$$

如果

$$\sum_{i=1}^{\infty}|x_i|p(x_i)<\infty$$

则称

$$E(X)=\sum_{i=1}^{\infty}x_i p(x_i) \tag{3.3-1}$$

为随机变量 X 的**数学期望**，简称**期望**或**均值**。若级数 $\sum_{i=1}^{\infty}|x_i|p(x_i)$ 不收敛，则称 X 的数学期望不存在。

连续随机变量数学期望的定义和含义完全类似于离散随机变量，只要将求和改为求积分即可。

定义 3.3.2 设连续随机变量 X 的密度函数为 $p(x)$，如果

$$\int_{-\infty}^{\infty}|x|p(x)\mathrm{d}x<\infty$$

则称

$$E(X)=\int_{-\infty}^{\infty}xp(x)\mathrm{d}x \tag{3.3-2}$$

为 X 的**数学期望**，或称为该分布 $p(x)$ 的数学期望，简称**期望**或**均值**。若 $\int_{-\infty}^{\infty}|x|p(x)\mathrm{d}x$ 不收敛，则称 X 的数学期望不存在。

随机变量 X 的数学期望由其分布唯一确定，一般有如下定理。

定理 3.3.1 若随机变量 X 的分布用分布列 $p(x_i)$ 或用密度函数 $f(x)$ 表示，则关于随机变量 X 的随机变量函数 $g(X)$ 的数学期望为

$$E[g(X)]=\begin{cases}\sum_{i}g(x_i)p(x_i) & \text{离散工况}\\ \int_{-\infty}^{\infty}g(x)f(x)\mathrm{d}x & \text{连续工况}\end{cases} \tag{3.3-3}$$

随机变量函数是将随机变量作为自变量的函数。例如：若 X 为连续随机变量，则 $g(x)=3x^2$ 就是一个随机变量函数；若 X 的密度函数为 $f(x)$，则随机变量函数 $g(x)$ 的期望就是 $\int_{-\infty}^{\infty}g(x)f(x)\mathrm{d}x$；而当 $g(x)=x$ 时，就得到了 $\int_{-\infty}^{\infty}xf(x)\mathrm{d}x$。

基于上面的随机变量函数的数学期望定理，可证明得到数学期望的几个常用性质。

性质 3.3.1　若 c 是常数，则 $E(c)=c$。

证明　如果将常数 c 看作仅取一个值的随机变量 X，则有 $P(X=c)=1$，从而其数学期望 $E(c)=E(X)=c\times 1=c$。

性质 3.3.2　对任意常数 a，有

$$E(aX)=aE(X) \tag{3.3-4}$$

证明　在上式中令 $g(x)=ax$，然后把 a 从求和号或积分号中提出来即得。

性质 3.3.3　对任意两个随机变量函数 $g_1(X)$ 和 $g_2(X)$，有

$$E[g_1(X)\pm g_2(X)]=E[g_1(X)]\pm E[g_2(X)] \tag{3.3-5}$$

证明　在上式中令 $g(x)=g_1(x)\pm g_2(x)$，然后把和式分解成两个和式，或把积分分解成两个积分即得。

3.3.2　方差与标准差

随机变量 X 的数学期望 $E(X)$ 是分布的一种位置特征数，刻画了 X 的取值总在 $E(X)$ 周围波动，但无法反映出随机变量取值的“波动大小”；方差与标准差这两种特征数才能够度量这种波动的大小。

定义 3.3.3　若随机变量 X^2 的数学期望 $E(X^2)$ 存在，则称偏差平方 $(X-E(X))^2$ 的数学期望 $E(X-E(X))^2$ 为随机变量 X（或相应分布）的方差，记为

$$Var(X)=E(X-E(X))^2=\begin{cases}\sum_i (x_i-E(X))^2 P(x_i) & \text{离散工况}\\ \int_{-\infty}^{\infty}(x-E(X))^2 p(x)\mathrm{d}x & \text{连续工况}\end{cases} \tag{3.3-6}$$

称方差的正平方根 $\sqrt{Var(X)}$ 为随机变量 X（或相应分布）的标准差，记为 $\sigma(X)$，或 σ_X。

方差与标准差都是用来描述随机变量取值集中与分散程度（即散布大小）的特征数，二者的差别主要在量纲上。方差与标准差越小，随机变量的取值越集中。

另外不难证明，如果随机变量 X 的数学期望存在，其方差不一定存在；而当 X 的方差存在时，则 $E(X)$ 必定存在。

以下列出方差的性质。

性质 3.3.4　$Var(X)=E(X^2)-(E(X))^2$

证明　因为

$$Var(X)=E(X-E(X))^2=E(X^2-2X\cdot E(X)+(E(X))^2)$$

由数学期望的性质 3.3.3 可得

$$Var(X)=E(X^2)-2E(X)\cdot E(X)+(E(X))^2=E(X^2)-(E(X))^2$$

在实际计算方差时，这个性质往往比定义 $Var(X)=E(X-E(X))^2$ 更常用。

性质 3.3.5　若 a，b 是常数，则 $Var(aX+b)=a^2Var(X)$。

证明　因 a，b 是常数，则

$$Var(aX+b)=E(aX+b-E(aX+b))^2=E(a(X-E(X)))^2=a^2Var(X)$$

另外从 $Var(X)=E(X^2)-[E(X)]^2\geqslant 0$ 很容易得到：若 $E(X^2)=0$，则 $E(X)=0$，且 $Var(X)=0$。

定理 3.3.2 切比雪夫（Chebyshev，1821—1894）不等式

设随机变量 X 的数学期望和方差都存在，则对任意常数 $\varepsilon>0$，有

$$P(|X-E(X)|\geqslant\varepsilon)\leqslant\frac{Var(X)}{\varepsilon^2} \tag{3.3-7}$$

或

$$P(|X-E(X)|<\varepsilon)\geqslant 1-\frac{Var(X)}{\varepsilon^2} \tag{3.3-8}$$

证明 设 X 是一个连续随机变量，其密度函数为 $p(x)$。记 $E(X)=a$，则有

$$\begin{aligned}P(|X-a|\geqslant\varepsilon)&=\int_{\{x:\ |x-a|\geqslant\varepsilon\}}p(x)\mathrm{d}x\leqslant\int_{\{x:\ |x-a|\geqslant\varepsilon\}}\frac{(x-a)^2}{\varepsilon^2}p(x)\mathrm{d}x\\&\leqslant\int_{-\infty}^{\infty}\frac{(x-a)^2}{\varepsilon^2}p(x)\mathrm{d}x=\frac{1}{\varepsilon^2}\int_{-\infty}^{\infty}(x-a)^2p(x)\mathrm{d}x=\frac{Var(X)}{\varepsilon^2}\end{aligned}$$

上式中 $\int_{\{x:\ |x-a|\geqslant\varepsilon\}}p(x)\mathrm{d}x\leqslant\int_{\{x:\ |x-a|\geqslant\varepsilon\}}\frac{(x-a)^2}{\varepsilon^2}p(x)\mathrm{d}x$ 是因为，$|x-a|\geqslant\varepsilon$，则 $(x-a)^2\geqslant\varepsilon^2$，进而得 $\frac{(x-a)^2}{\varepsilon^2}\geqslant 1$；而 $\int_{\{x:\ |x-a|\geqslant\varepsilon\}}\frac{(x-a)^2}{\varepsilon^2}p(x)\mathrm{d}x\leqslant\int_{-\infty}^{\infty}\frac{(x-a)^2}{\varepsilon^2}p(x)\mathrm{d}x$ 是因为，被积函数 $\frac{(x-a)^2}{\varepsilon^2}p(x)$ 恒为正且积分区间扩大了。

对于离散随机变量可进行类似的证明。

在概率论中，事件 $\{|X-E(X)|\geqslant\varepsilon\}$ 称为**大偏差**，其概率 $P(|X-E(X)|\geqslant\varepsilon)$ 称为**大偏差发生概率**。切比雪夫不等式给出大偏差发生概率的上界，这个上界与方差成正比，方差越大上界也越大。

3.3.3 协方差

协方差是描述多维随机变量间相互关联程度的一个特征数，定义如下：

定义 3.3.4 设（X，Y）是一个二维随机变量，若 $E[(X-E(X))(Y-E(Y))]$ 存在，则称此数学期望为 X 与 Y 的**协方差**，记为

$$Cov(X,\ Y)=E[(X-E(X))(Y-E(Y))] \tag{3.3-9}$$

特别地，$Cov(X,\ X)=Var(X)$。

化简（3.3-9），可得协方差的另一种表示方式

$$Cov(X,\ Y)=E(XY)-E(X)E(Y) \tag{3.3-10}$$

方差衡量变量与期望之间的偏离程度，而协方差则衡量两个变量的线性相关性。协方差可正可负，也可为零。

- 若 $Cov(X,\ Y)>0$，则称 X 与 Y 呈**正相关**，X 与 Y 同时增加或同时减少。
- 若 $Cov(X,\ Y)<0$，则称 X 与 Y 呈**负相关**，此时 X 增大则 Y 减小，或 X 减小则 Y 增大。
- 若 $Cov(X,\ Y)=0$，则称 X 与 Y **不相关**，此时可能 X 与 Y 相互独立或 X 与 Y 之间存在非线性关系。

以下为协方差的性质。

性质 3.3.6 对任意二维随机变量（X，Y），有

$$Var(X \pm Y) = Var(X) + Var(Y) \pm 2Cov(X, Y) \tag{3.3-11}$$

证明　根据方差定义有

$$\begin{aligned} Var(X \pm Y) &= E[(X \pm Y) - E(X \pm Y)]^2 \\ &= E\{[X - E(X)] \pm E[Y - E(Y)]\}^2 \\ &= E\{[X - E(X)]^2 + [Y - E(Y)]^2\} \pm 2[E - E(X)][Y - E(Y)] \\ &= Var(X) + Var(Y) \pm 2Cov(X, Y) \end{aligned}$$

注意，若 X 与 Y 不相关，则有 $Var(X \pm Y) = Var(X) + Var(Y)$。

性质 3.3.7　对任意常数 a，b，有

$$Cov(aX, bY) = abCov(X, Y) \tag{3.3-12}$$

证明　根据协方差定义

$$\begin{aligned} Cov(aX, bY) &= E[(aX - E(aX)(bY - E(bY)] \\ &= abE[(X - E(X))(Y - E(Y)] \\ &= abCov(X, Y) \end{aligned}$$

性质 3.3.8　设 X，Y，Z 是任意三个随机变量，则

$$Cov(X + Y, Z) = Cov(X, Z) + Cov(Y, Z) \tag{3.3-13}$$

证明　根据式（3.3-10）

$$\begin{aligned} Cov(X + Y, Z) &= E[(X + Y)Z] - E(X + Y)E(Z) \\ &= E(XZ) + E(YZ) - E(X)E(Z) - E(Y)E(Z) \\ &= [E(XZ) - E(X)E(Z)] + [E(YZ) - E(Y)E(Z)] \\ &= Cov(X, Z) + Cov(Y, Z) \end{aligned}$$

协方差描述了两个随机变量间的正负线性相关性，是有量纲的量；而对协方差除以相同量纲的量，可得到标准化变量的协方差——相关系数。

定义 3.3.5　设（X，Y）是一个二维随机变量，且 $Var(X) = \sigma_X^2 > 0$，$Var(Y) = \sigma_Y^2 > 0$。称

$$Corr(X, Y) = \frac{Cov(X, Y)}{\sqrt{Var(X)}\sqrt{Var(Y)}} = \frac{Cov(X, Y)}{\sigma_X \sigma_Y} \tag{3.3-14}$$

为 X 与 Y 的（线性）相关系数。

相关系数可以理解为正规化的协方差，故而 $-1 \leqslant Corr(X, Y) \leqslant 1$，它反映了 X 与 Y 之间线性关系的强弱，若 $Corr(X, Y) = 0$，意味着 X 与 Y 不相关，二者之间没有线性关系；若 $Corr(X, Y) = 1$，则 X 与 Y 完全正相关，$Corr(X, Y)$ 取 -1，则 X 与 Y 完全负相关。

3.3.4　协方差矩阵

分量为随机变量的向量称为随机向量。n 维随机向量的数学期望是各分量的数学期望组成的向量，而其方差是各分量的方差与协方差组成的矩阵，其对角线上的元素就是方差，非对角线元素是协方差。以下我们以矩阵的形式给出 n 维随机变量的数学期望与方差。

定义 3.3.6　记 n 维随机向量为 $\boldsymbol{X} = (X_1, X_2, \cdots, X_n)^{\mathrm{T}}$，若其每个分量的数学期望都存在，则称

$$E(\boldsymbol{X})=(E(X_1), E(X_2), \cdots, E(X_n))^{\mathrm{T}}$$

为 n 维随机向量 $\boldsymbol{X}$ 的数学期望向量。称

$$E[(\boldsymbol{X}-E(\boldsymbol{X}))(\boldsymbol{X}-E(\boldsymbol{X}))^{\mathrm{T}}]$$

$$=\begin{pmatrix} Var(X_1) & Cov(X_1, X_2) & \cdots & Cov(X_1, X_n) \\ Cov(X_2, X_1) & Var(X_2) & & Cov(X_2, X_n) \\ \vdots & \vdots & & \vdots \\ Cov(X_n, X_1) & Cov(X_n, X_2) & \cdots & Var(X_n) \end{pmatrix}$$

为该随机向量的方差-协方差矩阵，简称协方差阵，记为 $Cov(\boldsymbol{X})$；协方差矩阵为对称非负定矩阵。

3.4 贝叶斯规则

我们时常会遇到这种情况，已知 $P(A|B)$，而我们需要的是 $P(B|A)$，在知道 $P(B)$ 的情况下，我们可以利用贝叶斯规则来进行求解。

定义 3.4.1 贝叶斯公式

设 B_1，B_2，…，B_n 是样本空间 $\boldsymbol{\Omega}$ 的一个分割，即 B_1，B_2，…，B_n 互不相容，且 $\bigcup_{i=1}^{n} B_i=\boldsymbol{\Omega}$，如果 $P(A)>0$，$P(B_i)>0$，$i=1, 2, \cdots, n$，则：

$$P(B_i|A)=\frac{P(B_i)P(A|B_i)}{\sum_{j=1}^{n}P(B_j)P(A|B_j)}, i=1, 2, \cdots, n \tag{3.4-1}$$

证明 由条件概率的定义：

$$P(B_i|A)=\frac{P(AB_i)}{P(A)}$$

对上式的分子用乘法公式、分母用全概率公式：

$$P(AB_i)=P(B_i)P(A|B_i)$$

$$P(A)=\sum_{j=1}^{n}P(B_j)P(A|B_j)$$

即得：

$$P(B_i|A)=\frac{P(B_i)P(A|B_i)}{\sum_{j=1}^{n}P(B_j)P(A|B_j)}$$

在贝叶斯公式中，如果称 $P(B_i)$ 为 B_i 的先验概率，称 $P(B_i|A)$ 为 B_i 的后验概率，则贝叶斯公式是专门用于计算后验概率的，也就是通过 A 发生这个新信息，对 B_i 的概率做出修正。下面例子可说明这一点。

例 3.4.1[1] 伊索寓言“孩子与狼”讲的是一个小孩每天到山上放羊，山里有狼出没，如果有狼来，小孩需要求救。第一天，小孩在山上喊：“狼来了！狼来了！”山下的村民闻声便去打狼，可到山上，发现狼没有来；第二天仍是如此；第三天，狼真的来了，可无论小孩怎么叫喊，也没有人来救他，因为前两次他说了谎，人们不再相信他了。

现在用贝叶斯公式来分析此寓言中村民对这个小孩信任程度的下降过程。

首先记事件 A 为“小孩说谎”，记事件 B 为“小孩可信”。不妨设村民过去对这个小孩的印象为

$$P(B)=0.8,\ P(\overline{B})=0.2$$

现用贝叶斯公式求 $P(B|A)$，也就是这个小孩说了一次谎后，村民对他信任程度的改变。

在贝叶斯公式中我们要用到概率 $P(A|B)$ 和 $P(A|\overline{B})$，这两个概率的含义是：前者为“可信”（B）的孩子“说谎”（A）的可能性，后者为“不可信”（$\overline{B}$）孩子“说谎”（A）的可能性。不妨设：

$$P(A|B)=0.1,\ P(A|\overline{B})=0.5$$

第一次村民上山打狼，发现狼没有来，即小孩说了谎（A）。村民根据这个信息，对这个小孩的信任程度改变为（用贝叶斯公式）

$$P(B|A)=\frac{P(B)P(A|B)}{P(B)P(A|B)+P(\overline{B})P(A|\overline{B})}=\frac{0.8\times 0.1}{0.8\times 0.1+0.2\times 0.5}=0.444$$

这表明村民上了一次当后，对这个小孩的信任程度由原来的 0.8 调整为 0.444，也就是：

$$P(B)=0.444,\ P(\overline{B})=0.556$$

在此基础上，我们再一次用贝叶斯公式来计算 $P(B|A)$，也就是这个小孩第二次说谎后，村民对他的信任程度改变为

$$P(B|A)=\frac{0.444\times 0.1}{0.444\times 0.1+0.556\times 0.5}=0.138$$

这表明村民们经过两次上当，对这个小孩的信任程度已经从 0.8 下降到了 0.138，如此低的信任度，村民听到第三次呼叫时怎么会再上山打狼呢？

3.5　极大似然估计

极大似然估计（MLE，Maximum Likelihood Estimation）最早是由德国数学家高斯（Gauss）在 1821 年针对正态分布提出的，由费希尔在 1922 年再次提出了这种想法并证明了一些性质而使得极大似然法得到了广泛应用。在机器学习领域，为了能够有效地计算和表达样本出现的概率，通常假设面向同一任务的样本服从相同的概率分布。如果能够求出样本概率分布的所有参数，就可以使用该分布对样本进行分析。

极大似然估计是一种基于概率最大化的概率分布参数估计方法，其基本思想是：将当前已出现的样本看成一个已发生事件；既然该事件已经出现就可假设其出现的概率最大，因此样本概率分布的参数估计值应使得该事件出现的概率最大。

对于离散型样本总体 X，其分布列 $P\{X=x\}=p(x;\theta)$ 的形式已知，θ 为待估参数，$\theta\in\Theta$，Θ 为 θ 可能取值的范围；设 X_1，X_2，…，X_n 是来自 X 的样本，则 X_1，X_2，…，X_n 的联合分布列为一个概率值的多项积 $\prod_{i=1}^{n}p(x_i;\theta)$。

又设 x_1，x_2，…，x_n 是相应于样本 X_1，X_2，…，X_n 的一个样本值，易知样本 X_1，X_2，…，X_n 取到观察值 x_1，x_2，…，x_n 的概率，即事件 $\{X_1=x_1$，$X_2=x_2$，…，

$X_n=x_n\}$ 发生的概率为：

$$L(\theta)=L(x_1, x_2, \cdots, x_n; \theta)=\prod_{i=1}^{n} p(x_i; \theta), \theta \in \Theta \tag{3.5-1}$$

这一概率随 θ 的变化而变化，是 θ 的函数，$L(\theta)$ 称为样本的**似然函数**。（注：x_1，x_2，…，x_n 是已知样本，均为常数。）

关于似然估计，可有直观的想法：(1) 现在已经得到一个样本值了，表明取到这个样本值的概率比较大；(2) 不要考虑那些不能使已得到样本值出现的 $\theta\in\Theta$ 作为 θ 的估计；(3) 如果已知 $\theta=\theta_0\in\Theta$ 使 $L(\theta)$ 取很大的值，而 Θ 中的其他 θ 使 $L(\theta)$ 取很小的值，自然应认为取 θ_0 作为未知参数 θ 的估计值较为合理。

定义 3.5.1 固定样本观察值 x_1，x_2，…，x_n，在 θ 取值的可能范围 Θ 内挑选使似然函数 $L(\theta)$ 达到最大的参数值 $\hat{\theta}$，作为参数 θ 的估计值，即取 $\hat{\theta}$ 使：

$$L(x_1, x_2, \cdots, x_n; \hat{\theta})=\max_{\theta\in\Theta} L(x_1, x_2, \cdots, x_n; \theta) \tag{3.5-2}$$

这样得到的 $\hat{\theta}$ 与样本值 x_1，x_2，…，x_n 有关，记为 $\hat{\theta}(x_1, x_2, \cdots, x_n)$，称为参数 θ 的**极大似然估计值**，而相应的统计量 $\hat{\theta}(X_1, X_2, \cdots, X_n)$ 为**极大似然估计量**。

对于**连续型**样本总体 X，其概率密度 $f(x; \theta)$ 的形式已知，θ 为待估参数，$\theta\in\Theta$，Θ 为 θ 可能取值的范围；设 X_1，X_2，…，X_n 是来自 X 的样本，则 X_1，X_2，…，X_n 的联合概率密度为一个概率密度的多项积 $\prod_{i=1}^{n} f(x_i; \theta)$。

又设 x_1，x_2，…，x_n 是相应于样本 X_1，X_2，…，X_n 的一组样本值，则随机点 $(X_1, X_2, \cdots, X_n)$ 落在点 x_1，x_2，…，x_n 的邻域内的概率近似为 $\prod_{i=1}^{n} f(x_i; \theta)\mathrm{d}x_i$；取 θ 的估计值 $\hat{\theta}$ 使此概率达到最大值，但因子 $\prod_{i=1}^{n} \mathrm{d}x_i$ 不随 θ 而变，因此只需考虑以下函数的最大值：

$$L(\theta)=L(x_1, x_2, \cdots, x_n; \theta)=\prod_{i=1}^{n} f(x_i; \theta), \theta \in \Theta \tag{3.5-3}$$

$L(\theta)$ 称为样本的**似然函数**。若：

$$L(x_1, x_2, \cdots, x_n; \hat{\theta})=\max_{\theta\in\Theta} L(x_1, x_2, \cdots, x_n; \theta) \tag{3.5-4}$$

则称 $\hat{\theta}(x_1, x_2, \cdots, x_n)$ 参数 θ 的**极大似然估计值**，而相应的统计量 $\hat{\theta}(X_1, X_2, \cdots, X_n)$ 为**极大似然估计量**。

有了极大似然函数后，确定极大似然估计量就可以通过求导并解方程得到：

$$\frac{\mathrm{d}}{\mathrm{d}\theta}L(\theta)=0 \tag{3.5-5}$$

又因为 $L(\theta)$ 与 $\ln L(\theta)$ 在同一 θ 处取到极值，因此 θ 的极大似然估计也可通过如下方程解得：

$$\frac{\mathrm{d}}{\mathrm{d}\theta}\ln L(\theta)=0 \tag{3.5-6}$$

采用方程（3.5-6）比方程（3.5-5）往往求解更方便，称方程（3.5-6）为对数似然方程。

另外，极大似然估计有一个简单而有用的性质：如果 $\hat{\theta}$ 是 θ 的极大似然估计，则对任

意函数 $g(\theta)$，$g(\hat{\theta})$ 是其极大似然估计。该性质称为极大似然估计的不变性，从而使一些复杂参数的极大似然估计获得更容易。

以下将以一个例子说明极大似然估计的计算方法。

例 3.5.1[1] 假设某预制混凝土构件加工厂生产的产品的合格率为 p，当检测人员随机抽检 n 个产品时，发现有 m 个产品不合格，试求合格率 p 的极大似然估计值。

解 在进行产品抽查时，抽查样本 X 服从参数为 p 的伯努利分布（或两点分布）。当进行 n 次抽检时，获得样本 X_1，X_2，…，X_n，其观测值为 x_1，x_2，…，x_n，假设样本中有 m 个产品不合格，则表示有 $n-m$ 个样本取值为 1，m 个样本取值为 0。则可按照如下步骤进行 p 的极大似然估计求解。

（1）列出似然函数

$$L(p)=\prod_{i=1}^{n} p^{x_i}(1-p)^{1-x_i}$$

（2）对 $L(p)$ 取对数，得对数似然函数

$$\begin{aligned} l(p) &= \sum_{i=1}^{n}[x_i \ln p+(1-x_i)\ln(1-p)] \\ &= n\ln(1-p)+\sum_{i=1}^{n} x_i[\ln p-\ln(1-p)] \end{aligned}$$

（3）由于 $l(p)$ 导数存在，可将 $l(p)$ 对 p 进行求导，令其为 0，得似然方程为

$$\begin{aligned} \frac{\mathrm{d}l(p)}{\mathrm{d}p} &= -\frac{n}{1-p}+\sum_{i=1}^{n} x_i\left[\frac{1}{p}+\frac{1}{1-p}\right] \\ &= -\frac{n}{1-p}+\frac{1}{p(1-p)}\cdot\sum_{i=1}^{n} x_i=0 \end{aligned}$$

（4）求解可得

$$\hat{p}=\frac{1}{n}\sum_{i=1}^{n} x_i=\bar{x}$$

（5）经验证，$\hat{p}=\bar{x}$ 时，$\mathrm{d}^2 l(p)/\mathrm{d}p^2<0$，这表示此时似然函数达到最大。

（6）代入观察值后，可得 $\hat{p}=\bar{x}=\dfrac{n-m}{n}$，则产品检测合格率可以用 $\hat{p}$ 表示。

3.6 熵和互信息

人们收到消息后，如果有很多新内容会感到获得了很多信息，而如果很多内容已经知道，得到的信息就不多；所以信息可以度量，而且消息的信息量不仅与可能值的个数有关，还与消息本身的不确定性有关。例如，抛掷一枚硬币，如果正面向上的可能性是 90%，那么当我们得知抛掷结果是反面时得到的信息量会比得知抛掷结果是正面时得到的信息量大。一个消息之所以会含有信息，正是因为它具有不确定性。用数学的语言表达，不确定性就是随机性，具有不确定性的事件就是随机事件；事件发生的不确定性与事件发生的概率大小有关，概率越小，不确定性越大，事件发生以后所含有的信息量就越大；随机事件的自信息量 $I(x_i)$ 是该事件发生概率 $p(x_i)$ 的函数[3]。

3.6.1 自信息

定义 3.6.1 随机事件的自信息量定义为该事件发生概率的对数的负值。设事件 x_i 发生的概率为 $p(x_i)$，则它的自信息量定义为：

$$I(x_i)=-\log_r p(x_i)=\log_r \frac{1}{p(x_i)} \tag{3.6-1}$$

$I(x_i)$ 代表两种含义：事件 x_i 发生前，表示事件 x_i 发生的不确定性的大小；事件 x_i 发生后，表示事件 x_i 所含有的信息量。

自信息的单位与所用对数的底 r（$r>1$）有关。通常取对数的底为 2，信息量的单位为比特（bit，binary unit）。比特是信息量的最小单位，二进制数的一位所包含的信息就是一比特，如二进制数 0100 就是 4 比特。若取自然对数（以 e 为底），自信息量的单位为奈特（nat，natural unit），$1\text{nat}=\log_2 e\ \text{bit}=1.443\text{bit}$。工程上用以 10 为底较方便，则自信息量的单位为哈特莱（Hartley），用来纪念哈特莱首先提出用对数来度量信息；$1\text{Hartley}=\log_2 10\text{bit}=3.322\text{bit}$。如果取以 r 为底的对数（$r>1$），则表示为 r 进制单位，$1r$ 进制单位$=\log_2 r$ bit。以下公式中的对数省略底数时，均表示以 2 为底。

例 3.6.1[3] 计算自信息量。

(1) 英文字母中“a”出现的概率为 0.064，“c”出现的概率为 0.022，分别计算它们的自信息量。

(2) 假定前后字母出现是互相独立的，计算“ac”的自信息量。

(3) 假定前后字母出现不是互相独立的，当“a”出现以后，“c”出现的概率为 0.04，计算“a”出现以后，“c”出现的自信息量。

解 (1) $I(x_i)=-\log_2 0.064=3.966\text{bit}$

$I(x_i)=-\log_2 0.022=5.506\text{bit}$

(2) 由于前后字母出现互相独立，则“ac”出现的概率为 0.064×0.022，其自信息量为：

$$\begin{aligned}I(ac)&=-\log_2(0.064\times0.022)=-(\log_2 0.064+\log_2 0.022)\\&=I(a)+I(c)=9.472\text{bit}\end{aligned}$$

即两个相对独立事件的自信息量满足可加性，也就是两个相对独立事件的积事件所提供的信息量应等于他们分别提供的信息量之和。

(3)“a”出现的条件下，“c”出现的概率变大，不确定性变小。

$$I(c|a)=-\log_2 0.04=4.644\text{bit}$$

3.6.2 熵及其性质

因自信息 $I(X)$ 仍然是概率空间 $\{\boldsymbol{\Omega},\ \mathcal{F},\ P_X(x)\}$（$\boldsymbol{\Omega}$ 是样本空间，$\mathcal{F}$ 是事件域，$P_X(x)$ 为样本空间 $\boldsymbol{\Omega}$ 上的概率分布函数）上的随机变量，故还不能作为整个信源 X 的信息度量。我们在对某个随机变量 X 进行分析时，可以采用均值 $E(X)$、方差 $D(X)$ 等来进行分析度量；为消除自信息 $I(X)$ 的随机性，信息论中引入平均自信息的概念来对整个信源 X 的信息进行度量。为度量信源 X 的信息，X 的所有可能取值都需要进行考虑；当

将 X 视为一个随机变量时，它可能的取值等同于样本空间中的所有元素。

假设随机变量 X 有 q 个可能的取值 x_i，$i=1, 2, \cdots, q$，各种取值出现的概率为 $p(x_i)$，$i=1, 2, \cdots, q$，X 的分布列表示为

$$\begin{bmatrix} X \\ P(X) \end{bmatrix} = \begin{bmatrix} X=x_1 & \cdots & X=x_i & \cdots & X=x_q \\ p(x_1) & \cdots & p(x_i) & \cdots & p(x_q) \end{bmatrix}$$

需要注意，$p(x_i)$ 满足分布列的基本特性：非负性（$0 \leqslant p(x_i) \leqslant 1$）和正则性（$\sum_{i=1}^{q} p(x_i)=1$）。在信息论中，通常把随机变量 X 在样本空间的所有可能取值和这些取值对应的概率相结合，以 $\{X, P(x)\}$ 表示；因此，上述随机变量 X 的分布列也可称为信源 X 的概率空间。

定义 3.6.2　在概率空间 $\{X, P(x)\}$ 上，随机变量 X 每一个可能取值的自信息 $I(x_i)$ 的数学期望，定义为信源 X 的**平均自信息量** $H(X)$：

$$H(X)=E[I(x_i)]=\sum_{i=1}^{q} p(x_i) I(x_i)=-\sum_{i=1}^{q} p(x_i) \log p(x_i) \tag{3.6-2}$$

平均自信息量又称为**信息熵**、**信源熵**、**Shannon 熵**，简称为**熵**。且根据 $\log_D p(x_i)=\dfrac{\log_2 p(x_i)}{\log_2 D}=\log_2 p(x_i) \log_D 2$，把

$$\begin{aligned} H_D(X) &= -\sum_{i=1}^{q} p(x_i) \log_D p(x_i)=-\sum_{i=1}^{q} p(x_i) \frac{\log_2 p(x_i)}{\log_2 D} \\ &= -\sum_{i=1}^{q} p(x_i) \log_2 p(x_i) \log_D 2=H(X) \log_D 2 \end{aligned} \tag{3.6-3}$$

称为信源 X 的 D 进熵，当 $D=2$ 时就是 $H(X)$。

熵 $H(X)$ 表明了 X 中事件发生的平均不确定性。还可以用 $H(p)$ 来表示熵，即

$$H(X)=-\sum_{i=1}^{q} p_i \log p_i=H(p_1, p_2, \cdots, p_q)=H(p) \tag{3.6-4}$$

一个随机变量的不确定性可以用熵来表示，现把这一概念推广到多元随机变量的情形，即将条件自信息与联合自信息也进行平均。

定义 3.6.3　设二元随机变量 XY 的概率空间表示为

$$\begin{bmatrix} XY \\ P(XY) \end{bmatrix} = \begin{bmatrix} x_1 y_1 & \cdots & x_i y_j & \cdots & x_n y_m \\ p(x_1 y_1) & \cdots & p(x_i y_j) & \cdots & p(x_n y_m) \end{bmatrix}$$

其中，$p(x_i y_j)$ 满足概率空间的非负性和正则性。

二元随机变量 XY 的**联合熵**定义为联合自信息的数学期望：

$$H(XY)=\sum_{i=1}^{n} \sum_{j=1}^{m} p(x_i y_j) I(x_i y_j)=-\sum_{i=1}^{n} \sum_{j=1}^{m} p(x_i y_j) \log p(x_i y_j) \tag{3.6-5}$$

考虑在给定 $X=x_i$ 的条件下，随机变量 Y 的不确定性为

$$H(Y|x_i)=-\sum_{j} p(y_j|x_i) \log p(y_j|x_i) \tag{3.6-6}$$

由于对不同的 x_i，$H(Y|x_i)$ 是变化的，因此对 $H(Y|x_i)$ 的所有可能性进行统计平均，就得到给定 X 时 Y 的**条件熵** $H(Y|X)$。

定义 3.6.4　**条件熵**定义为：

$$
\begin{aligned}
H(Y|X) &= \sum_i p(x_i)H(Y|x_i) \\
&= -\sum_i \sum_j p(x_i)p(y_j|x_i)\log p(y_j|x_i) \\
&= -\sum_i \sum_j p(x_i y_j)\log p(y_j|x_i)
\end{aligned}
\tag{3.6-7}
$$

其中，$H(Y|X)$ 表示已知 X 时，Y 的平均不确定性。

同理

$$H(X|Y) = -\sum_i \sum_j p(x_i y_j)\log p(x_i|y_j) \tag{3.6-8}$$

下面给出各类熵之间的关系，读者可自行完成证明。

（1）联合熵与信息熵、条件熵的关系：

$$H(XY) = H(X) + H(Y|X) \tag{3.6-9}$$

同理推广到 N 个随机变量的情况得到熵函数的链式法则，即

$$H(X_1X_2\cdots X_N) = H(X_1) + H(X_2 \mid X_1) + \cdots + H(X_N|X_1X_2\cdots X_{N-1}) \tag{3.6-10}$$

（2）条件熵与信息熵的关系：

$$H(X|Y) \leqslant H(X)$$
$$H(Y|X) \leqslant H(Y)$$

（3）联合熵和信息熵的关系：

$$H(XY) \leqslant H(X) + H(Y)$$

上式中，当 X、Y 相互独立时，等号成立。

3.6.3 互信息与相对熵

为了使自信息具有更加广泛的意义，定义事件的互信息的概念。

定义 3.6.5 一个事件 y_j 发生所给出另一个事件 x_i 的信息定义为互信息，用 $I(x_i; y_j)$ 表示：

$$I(x_i; y_j) = I(x_i) - I(x_i \mid y_j) = \log\frac{p(x_i \mid y_j)}{p(x_i)} \tag{3.6-11}$$

互信息 $I(x_i; y_j)$ 是已知事件 y_j 后消除的关于事件 x_i 的不确定性，它等于事件 x_i 本身的不确定性 $I(x_i)$ 减去已知事件 y_j 后对 x_i 仍然存在的不确定性 $I(x_i \mid y_j)$。互信息的引出，使信息的传递得到了定量的表示。

事件的互信息有可能是负的。以下列出事件互信息 $I(x; y)$ 的性质：

性质 3.6.1（对称性） $I(x; y) = I(y; x)$

证明 由互信息的定义有

$$
\begin{aligned}
I(x; y) &= \log\frac{p(x|y)}{p_X(x)} = \log\frac{p(x|y)p_Y(y)}{p_X(x)p_Y(y)} \\
&= \log\frac{p(x, y)}{p_X(x)} \cdot \frac{1}{p_Y(y)} = \log\frac{p(y|x)}{p_Y(y)} \\
&= I(y; x)
\end{aligned}
$$

性质 3.6.2 $I(x; y) \leqslant \min\{I(x), I(y)\}$

事实上，因为 $I(x; y)=\log p(x|y)+I(x)$，而条件概率 $p(x|y)$ 的最大值为 1，故总有 $\log p(x|y)\leqslant 0$，故有 $I(x; y)\leqslant I(x)$。再由性质 3.6.1 知，有 $I(x; y)\leqslant I(y)$，从而得到 $I(x; y)\leqslant \min\{I(x), I(y)\}$。

性质 3.6.3　若 X 与 Y 相互独立，则 $I(x; y)=0$。

实际上，有 $p(x|y)=p_X(x)$，故有 $I(x; y)=0$。

由于事件的互信息仍然是随机变量，为了消除随机性，应求数学期望，故导出平均互信息，简称为互信息。

定义 3.6.6　设有 $\{(X, Y), \mathbb{X}\times\mathbb{Y}, p(x, y)\}$，相应的边缘分布列为 $X\sim p_X(x)$，$x\in\mathbb{X}$ 与 $Y\sim p_Y(y)$，$y\in\mathbb{Y}$，随机变量 $I(x; y)$ 关于 $p(x, y)$ 的数学期望为

$$\begin{aligned}E[I(X; Y)]&=\sum_{x\in\mathbb{X}}\sum_{y\in\mathbb{Y}}p(x, y)\log\frac{p(x|y)}{p_X(x)}\\&=\sum_{x\in\mathbb{X}}\sum_{y\in\mathbb{Y}}p(x, y)\log\frac{p(x, y)}{p_X(x)p_Y(y)}\end{aligned}\tag{3.6-12}$$

称为 X 与 Y 的互信息。

另外，采用相对熵可以度量两个概率分布 $p(x)$ 和 $q(x)$ 的距离。

定义 3.6.7　设有定义在 $\mathbb{X}$ 上的两个概率分布 $p(x)$ 与 $q(x)$，$x\in\mathbb{X}$，它们的相对熵为：

$$D[p(x)\|q(x)]=\sum_{x\in\mathbb{X}}p(x)\log\frac{p(x)}{q(x)}=E_{p(x)}\left[\log\frac{p(X)}{q(X)}\right]\tag{3.6-13}$$

其中 $E_{p(x)}[\cdot]$ 表示以概率分布 $p(x)(x\in\mathbb{X})$ 来平均，并规定：$0\log\frac{0}{q(x)}=0$，$p(x)\log\frac{p(x)}{0}=+\infty$。

相对熵也被称为**信息散度**或 **KL 散度**（Kullback-Leibler），与通常的距离定义不同，它是不对称的，即 $D[p(x)\|q(x)]\neq D[q(x)\|p(x)]$，而且也不满足三角不等式。

在信息理论中，$D[P\|Q]$ 是用来度量使用基于 Q 的编码对来自 P 的样本进行编码时，平均所需的额外比特个数。在优化问题中，若 P 表示随机变量的真实分布，Q 表示理论或拟合分布，$D[P\|Q]$ 被称为前向 KL 散度，$D[Q\|P]$ 被称为后向 KL 散度。

另外互信息 $I(X; Y)$ 就是联合分布列 $p(x, y)$ 与两个概率分布 $p_X(x)$ 和 $p_Y(y)$ 的乘积分布 $p_X(x)p_Y(y)$ 的相对熵，即有

$$\begin{aligned}I(X; Y)&=D[p(x, y)\|p_X(x)p_Y(y)]\\&=\sum_{x\in\mathbb{X}}\sum_{y\in\mathbb{Y}}p(x, y)\log\frac{p(x, y)}{p_X(x)p_Y(y)}\end{aligned}\tag{3.6-14}$$

3.7　微分熵

3.7.1　连续信源的微分熵

前面已了解离散随机变量的熵，现考虑随机变量为连续的情况。从离散随机变量的熵到连续随机变量的熵，一方面涉及数学上的处理问题，一方面涉及不确定性概念本身。

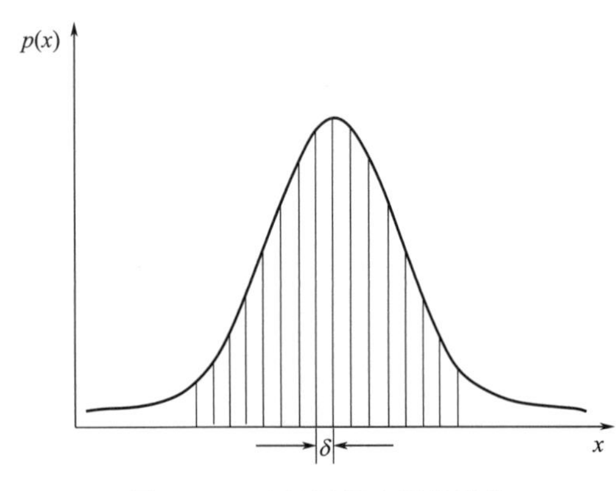

图 3.7-1　连续随机变量的量化

离散随机变量 $X \sim p_X(x)$，$x \in \mathbb{X}$的熵定义为 $H(X)=-\sum_{x\in\mathbb{X}} p_X(x)\log p_X(x)$。由于$\mathbb{X}$是有限的，故熵是存在的。但当$\mathbb{X}$无限时，即求和无穷时，就会遇到级数的收敛性问题，熵就未必存在。尤其当随机变量 X 的取值为连续分布时，按离散随机变量熵的概念导出的熵必定发散，即趋于无穷大。设 X 是实值的连续随机变量，如图 3.7-1 所示，X 的概率密度函数为 $p(x)$，$x \in R$，将 R 离散为多个长度为 δ 的区间（δ 为常量），并假设 $p(x)$ 在离散区间内连续。

由积分第一中值定理可知，在每个离散区间中至少存在一个值 x_k 使得

$$\int_{k\delta}^{(k+1)\delta} p(x)\mathrm{d}x = p(x_k)\delta$$

考虑一个量化后的随机变量 X^δ，其定义为：当 $k\delta < X \leqslant (k+1)\delta$ 时，$X^\delta = x_k$。则 $X^\delta = x_k$ 的概率即表示为

$$p_k = \int_{k\delta}^{(k+1)\delta} p(x)\mathrm{d}x = p(x_k)\delta$$

由于 $\sum_{k=-\infty}^{+\infty} p(x_k)\delta = \int_{-\infty}^{+\infty} p(x)\mathrm{d}x = 1$，此时随机变量 X^δ 的熵根据式（3.6-2）可得

$$\begin{aligned} H(X^\delta) &= -\sum_{k=-\infty}^{+\infty} p_k \log p_k \\ &= -\sum_{k=-\infty}^{+\infty} p(x_k)\delta\log(p(x_k)\delta) = -\sum_{k=-\infty}^{+\infty} p(x_k)\delta(\log p(x_k) + \log\delta) \\ &= -\sum_{k=-\infty}^{+\infty} p(x_k)\delta\log p(x_k) - \sum_{k=-\infty}^{+\infty} p(x_k)\delta\log\delta \end{aligned}$$

由于 δ 在此处为常量，则 $\log\delta$ 也是常量，可从上式第二项中提出，则上式

$$= -\sum_{k=-\infty}^{+\infty} p(x_k)\delta\log p(x_k) - \log\delta\sum_{k=-\infty}^{+\infty} p(x_k)\delta$$

又由于 $\sum_{k=-\infty}^{+\infty} p(x_k)\delta = \int_{-\infty}^{+\infty} p(x)\mathrm{d}x = 1$，则上式

$$\begin{aligned} &= -\sum_{k=-\infty}^{+\infty} p(x_k)\delta\log p(x_k) - \log\delta\int_{-\infty}^{+\infty} p(x)\mathrm{d}x \\ &= -\sum_{k=-\infty}^{+\infty} p(x_k)\delta\log p(x_k) - \log\delta \end{aligned}$$

当 $\delta \to 0$ 时，上式可表示为

$$\begin{aligned} \lim_{\delta\to 0} H(X^\delta) &= \lim_{\delta\to 0}\left\{-\sum_{k=-\infty}^{+\infty} p(x_k)\cdot\delta\log p(x_k) - \log\delta\right\} \\ &= -\int_{-\infty}^{+\infty} p(x)\log p(x)\mathrm{d}x - \lim_{\delta\to 0}\log\delta \end{aligned}$$

因 $-\lim\limits_{\delta\to 0}\log\delta$ 总是无穷大，故若按离散随机变量熵的概念，连续随机变量的熵总是无穷大；但 $-\int_{-\infty}^{+\infty}p(x)\log p(x)\mathrm{d}x$ 这一项存在一定的意义与价值，因此香农（Shannon）给出微分熵的定义。

定义 3.7.1　设连续随机变量 X 具有密度函数 $p(x)$，则 X 的微分熵为

$$h(X)=-\int_R p(x)\log p(x)\mathrm{d}x=-\int_{-\infty}^{+\infty}p(x)\log p(x)\mathrm{d}x \tag{3.7-1}$$

需要注意的是，当 $\delta=\frac{1}{2^n}$ 时，连续随机变量 X 经过了 n 比特量化处理。此时，由前面对 X^δ 的定义，$X^\delta=\frac{k}{2^n}$，当 $\frac{k}{2^n}<X\leqslant\frac{k+1}{2^n}$，$k=0$，$\pm1$，$\pm2$，…时。记概率 $p_{n,k}=P\left\{\frac{k}{2^n}<X\leqslant\frac{k+1}{2^n}\right\}=\int_{\frac{k}{2^n}}^{\frac{k+1}{2^n}}p(x)\mathrm{d}x=p(x)\cdot\frac{1}{2^n}$，且有 $\frac{k}{2^n}\leqslant x_k\leqslant\frac{k+1}{2^n}$；故 X^δ 的熵，在 $n\to+\infty$ 时为

$$\lim_{n\to\infty}H(X_n)=-\int_{-\infty}^{+\infty}p(x)\log p(x)\mathrm{d}x+\lim_{n\to+\infty}n$$

即此时随机变量 X 的熵约为 $h(X)+n$。

例 3.7.1[4]　令 X 是在区间 (α,β) 上为均匀分布的随机变量，求 X 的熵。

解　已知 x 的概率密度为

$$p(x)=\begin{cases}\dfrac{1}{\beta-\alpha}, & x\in(\alpha,\beta)\\ 0, & x\notin(\alpha,\beta)\end{cases}$$

代入式（3.7-1），得

$$h(X)=-\int_\alpha^\beta\frac{1}{\beta-\alpha}\ln\frac{1}{\beta-\alpha}\mathrm{d}x=\ln(\beta-\alpha)(\text{nat})$$

注意，由于连续变量的微分熵略去了一个正的无穷大项，故而不具有非负性；例如，当 $\beta-\alpha<1$ 时，就有 $h(X)<0$。

例 3.7.2[3]　令 X 服从均值为 μ，方差为 σ^2 的正态分布，求它的熵。

解　已知正态分布 X 的密度函数为

$$p(x)=\frac{1}{\sqrt{2\pi\sigma}}\exp\left[-\frac{1}{2\sigma^2}(x-\mu)^2\right]$$

代入式（3.7-1）得

$$h(X)=-\int_{-\infty}^{+\infty}p(x)\left[\ln\frac{1}{\sqrt{2\pi\sigma}}-\frac{1}{2\sigma^2}(x-\mu)^2\right]\mathrm{d}x$$

$$=\ln\sqrt{2\pi\sigma}+\frac{1}{2}=\frac{1}{2}(\ln(2\pi\sigma)+1)(\text{nat})$$

易知正态分布的微分熵视 σ^2 的大小可正、可负，且与数学期望无关。

虽然连续变量的微分熵在形式上与离散信源的熵很相似，且满足可加性，但二者在概念上有着一定的差别；前者的值不仅可取负值，且在变换下的取值可能也会改变。因此微分熵也不能像离散信源的熵那样作为集合中事件出现的不确定性度量，但可作为不确定程度的一种“相对”度量，在连续集的研究中仍能起到重要作用。

将微分熵的概念推广到多元随机变量的情形，则可给出联合微分熵与条件微分熵的定义。

定义 3.7.2 设有连续随机变量 X 和 Y，联合概率密度 $p(x, y)$，边缘概率密度分别为 $p_X(x)$ 与 $p_Y(y)$，条件概率密度分别为 $p(y|x)$ 与 $p(x|y)$，$x \in R$，$y \in R$，则 XY 的联合微分熵为

$$h(X, Y)=-\iint_{R^2} p(x, y)\log p(x, y)\mathrm{d}x\mathrm{d}y \tag{3.7-2}$$

在给定 $Y=y$，$y \in R$ 的条件下，X 的条件微分熵为

$$h(X|Y=y)=-\int_{R} p(x|y)\log p(x|y)\mathrm{d}x \tag{3.7-3}$$

由此可得，给定 Y 时，X 的条件微分熵为

$$h(X|Y)=-\iint_{R^2} p(x|y)\log p(x|y)\mathrm{d}x\mathrm{d}y \tag{3.7-4}$$

同理可得，给定 X 时，Y 的条件微分熵为

$$h(Y|X)=-\iint_{R^2} p(y|x)\log p(y|x)\mathrm{d}x\mathrm{d}y \tag{3.7-5}$$

易于证明

$$h(XY)=h(X)+h(Y|X)=h(Y)+h(X|Y) \tag{3.7-6}$$

类似于离散情况下可以证明

$$h(Y|X) \leqslant h(Y)$$
$$h(X|Y) \leqslant h(X)$$

当且仅当 X 和 Y 统计独立时，上两式中等号成立。

更一般的，还可定义 n 个连续随机变量的联合微分熵和条件熵按微分熵分别为

$$h(X_1, \cdots, X_n)=-\int_{R^n} p(x_1, \cdots, x_n)\log p(x_1, \cdots, x_n)\mathrm{d}x_1\cdots\mathrm{d}x_n \tag{3.7-7}$$

$$h(X|Y_1, \cdots, Y_n)=-\int_{R^{n+1}} p(x|y_1, \cdots, y_n)\log p(x|y_1, \cdots, y_n)\mathrm{d}x\mathrm{d}y_1\cdots\mathrm{d}y_n \tag{3.7-8}$$

3.7.2 连续信源的相对熵与互信息

前面已介绍离散信源的相对熵与互信息，现介绍在连续随机变量工况下的相对熵与互信息。

定义 3.7.3 设有两个概率密度 $p(x)$ 与 $q(x)$，$x \in R$ 之间的相对微分熵，简称微分熵为：

$$D[p(x)\|q(x)]=\int_{R} p(x)\log\frac{p(x)}{q(x)}\mathrm{d}x \tag{3.7-9}$$

并规定 $0\log\frac{0}{0}=0$，只有当 $p(x)$ 的定义域包含于 $q(x)$ 的定义域中时 $D[p(x)\|q(x)]<+\infty$ 才成立。

定义 3.7.4 设 X 与 Y 的联合概率密度为 $p(x, y)$，边缘概率密度分别为 $p_X(x)$ 与 $p_Y(y)$，x，$y \in R$，X 与 Y 的互信息为：

$$I(X;Y)=D[p(x,y)\|p_X(x)p_Y(y)]=\int_{R^2}p(x,y)\log\frac{p(x,y)}{p_X(x)p_Y(y)}\mathrm{d}x\mathrm{d}y \tag{3.7-10}$$

则根据互信息、微分熵与条件熵的定义可以得出如下关系：

$$I(X;Y)=h(X)-h(X|Y)=h(Y)-h(Y|X)=I(Y;X) \tag{3.7-11}$$

可得条件互信息为：

$$I(X;Y|Z)=h(X|Z)-h(X|Y,Z)=h(Y|Z)-h(Y|X,Z)=I(Y;X|Z) \tag{3.7-12}$$

3.8 KL散度与交叉熵

在机器学习和深度学习中交叉熵和KL（Kullback-Leibler）散度非常实用，二者都是衡量概率分布或函数之间相似性的度量方法，能够帮助实现准确地学习到数据间的变量关系，还原样本数据概率分布的目的。

3.8.1 KL散度

KL散度就是前面介绍的相对熵，总结如下：

离散情况下，KL散度公式为：

$$D[p(x)\|q(x)]=\sum_{x\in\mathbb{X}}p(x)\log\frac{p(x)}{q(x)}=E_{p(x)}\left[\log\frac{p(X)}{q(X)}\right] \tag{3.8-1}$$

连续情况下，KL散度公式为：

$$D[p(x)\|q(x)]=\int_{R}p(x)\log\frac{p(x)}{q(x)}\mathrm{d}x \tag{3.8-2}$$

由前面介绍，KL散度具有如下重要性质：

（1）KL散度与传统意义上的“距离”不同，其不具备对称性，即$D[p(x)\|q(x)]\neq D[q(x)\|p(x)]$。

（2）相对熵具有非负性，即$D[p(x)\|q(x)]\geqslant 0$。

（3）若两个分布函数$p(x)$与$q(x)$相等，则$D[p(x)\|q(x)]=0$。

（4）对于分布函数$p(x)$与$q(x)$，二者差异越大，则KL散度越大；反之，二者的差异越小，KL散度越小。

解决实际问题时，可以利用性质（2）及性质（4）来度量两个分布的相似性。

3.8.2 交叉熵

定义3.8.1 设有两个概率分布$p(x)$与$q(x)$，$H(X)$表示随机变量X的熵，则称

$$H[p(x),q(x)]=H(X)+D[p(x)\|q(x)] \tag{3.8-3}$$

为交叉熵（cross-entropy）。注意，此处随机变量X若为离散，则$H(X)$是离散信息熵，若为连续，则$H(X)$为对应的微分熵。

首先针对离散情况，对上式进行化简得到：

$$\begin{aligned} H[p(x),q(x)] &= H(X)+D[p(x)\|q(x)] \\ &= -\sum_{x\in\mathbb{X}} p(x)\log p(x) + \sum_{x\in\mathbb{X}} p(x)\log\frac{p(x)}{q(x)} \\ &= -\sum_{x\in\mathbb{X}} p(x)\log p(x) + \sum_{x\in\mathbb{X}} p(x)[\log p(x)-\log q(x)] \\ &= -\sum_{x\in\mathbb{X}} p(x)\log q(x) \end{aligned}$$

不难推出，连续情况下有：

$$H[p(x),q(x)] = -\int_R p(x)\log q(x)\mathrm{d}x \tag{3.8-4}$$

另外，$H[p(x),q(x)]$ 与 $D[p(x)\|q(x)]$ 成正比，可知 KL 散度的性质同样适用于交叉熵。因此，交叉熵可以作为两个分布相似性的测度。在深度学习领域里，可以把交叉熵代价函数作为目标函数。

课后习题

1[8]. 设一台机器有 5 台不同类型的供电设备，每台设备是否被使用相互独立，调查表明在任一时刻 1 台设备被使用的概率为 0.2，求在同一时刻：

（1）恰有 4 台设备被使用的概率是多少？

（2）至少有 3 台设备被使用的概率是多少？

（3）至多有 3 台设备被使用的概率是多少？

（4）至少有 1 台设备被使用的概率是多少？

2[8]. 设某工业构件半径参数用随机变量 X 表示，且 $X \sim U(0,2)$，当给定 $X=x$ 时，随机变量 Y 的条件概率密度为

$$f_{Y|X}(y|x) = \begin{cases} x, & 0<y<\dfrac{2}{x} \\ 0, & \text{其他} \end{cases}$$

（1）求 X 和 Y 的联合概率密度 $f(x,y)$。

（2）求边缘密度 $f_Y(y)$，并画出它的图形。

（3）求 $P\{X>2Y\}$。

3[8]. 设某像素图片的像素值用随机变量（X，Y）表示，且（X，Y）具有概率密度

$$f(x,y) = \begin{cases} \dfrac{1}{16}(x+y), & 0\leqslant x\leqslant 2,\ 0\leqslant y\leqslant 2 \\ 0, & \text{其他} \end{cases}$$

求 $E(X)$，$E(Y)$，$Cov(X,Y)$，ρ_{XY}，$D(X+Y)$。

4[8]. 通过分析构件数据，我们知道某工厂不完全焊接构件的数量有三种可能：不完全焊接 1%（记为事件 A_1），不完全焊接 10%（记为事件 A_2），不完全焊接 50%（记为事件 A_3），又知道 $P(A_1)=0.75$，$P(A_2)=0.15$，$P(A_3)=0.1$，现在从该工厂随机抽取 3 个构件，发现这 3 个构件完全得到了焊接（记为事件 B），试求 $P(A_1|B)$，$P(A_2|B)$，$P(A_3|B)$（假设工厂构件充分多，取出一个后不影响下一个完全得到焊接的概率）。

5[8]. 设 X_1，X_2，…，X_n 是总体的一个样本，x_1，x_2，…，x_n 是相应的样本值，总体的概率密度函数如下

$$f(x)=\begin{cases}\dfrac{1}{\theta}c^{\theta}x^{-(\theta+2)}, & x>c\\ 0, & \text{其他}\end{cases}$$

求函数中未知参数的极大似然估计值和估计量。

6[9]. 一信源有 4 种输出符号 x_i，$i=0, 1, 2, 3$，且 $p(x_i)=1/4$。设信源向信宿发出 x_3，但由于传输中的干扰，接收者收到后，认为其可信度为 0.8。于是信源再次向信宿发送该符号 x_3，信宿无误收到。问信源在两次发送中发出的信息量各是多少？信宿在两次接收中得到的信息量又是多少？

7[9]. 求有如下概率密度函数的随机变量的熵

$$f(x)=\frac{1}{\lambda}\mathrm{e}^{-\lambda x}, \quad x\geqslant 0$$

8[9]. 有一无记忆信源的符号集为 {0，1}，已知信源的概率空间为 $\begin{bmatrix}X\\P\end{bmatrix}=\begin{bmatrix}0 & 1\\ \dfrac{1}{6} & \dfrac{5}{6}\end{bmatrix}$，求：

（1）信源熵。

（2）由 n 个“0”和（$100-n$）个“1”组成的某一特定序列自信息量的表达式。

（3）由 100 个符号组成的符号序列的熵。

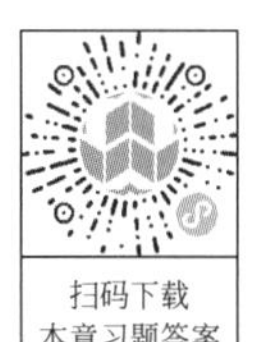

扫码下载
本章习题答案

参考文献

[1] 茆诗松，程依名，濮晓龙．概率论与数理统计教程［M］．北京：高等教育出版社，2019.

[2] 杨虎，徐建文．概率论基础［M］．北京：高等教育出版社，2016.

[3] 李梅，李亦农，王玉皞．信息论基础教程［M］．北京：北京邮电大学出版社，2015.

[4] 杨孝先，杨坚．信息论基础［M］．合肥：中国科学技术大学出版社，2011.

[5] 王育民，李晖．信息论与编码理论［M］．北京：高等教育出版社，2013.

[6] 黄安埠．深入浅出深度学习：原理剖析与 Python 实践［M］．北京：电子工业出版社，2017.

[7] GOODFELLOW I，BENGIO Y，COURVILLE A. Deep learning，adaptive computation and machine learning series［M］．London：MIT Press. 2016. ISBN-13：978-0262-35613.

[8] 周华任．概率论与数理统计习题精解及考研辅导［M］．南京：东南大学出版社，2012.

[9] 李梅，李亦农．信息论基础教程习题解答与实验指导［M］．北京：北京邮电大学出版社，2005.

第4章　数值优化与规划方法

人工智能算法乃至工程智能建造技术中需经常采用一些经典的数值优化和规划方法。优化方法研究的问题是：在众多可能的方案中，哪一种方案最优。优化方法的具体数学思路是首先针对某个优化目标确定一个目标函数，然后求解或搜索这个目标函数的极值，而且求解或搜索过程中还可能受到一些约束条件的限制。以工程结构的设计优化为例，优化的目标是在满足结构安全和使用功能的条件下，结构建造成本最低，则建造成本就是目标函数；优化过程中要不停搜索成本目标函数的极小值，但优化过程还受结构安全和使用功能参数的限制。同时智能建造技术中还需要采用很多路径规划方法，如建造机器人的路径规划和避障算法，建筑中的设备管道与梁柱的避障算法等。本章对一些经典的优化与规划方法进行了介绍，为读者深入学习和研究人工智能算法及其在工程建造中的应用奠定基础。

4.1　拉格朗日乘数法

拉格朗日乘数法是拉格朗日（Lagrange）在1755年提出的方法，是求解条件极值的一种广泛应用的方法，是一种寻找变量受一个或多个条件限制的多元函数极值的方法[1]。此方法将一个有 n 个变量与 k 个约束条件的最优化问题转换为求解 $n+k$ 个变量的方程组的极值问题，方程组中的变量不受任何条件约束。

拉格朗日乘数法解决的问题是：求函数 $f(\boldsymbol{x})=f(x_1, x_2, \cdots, x_n)$ 在多个约束条件 $\varphi_i(\boldsymbol{x})=\varphi(x_1, x_2, \cdots, x_n)=0$ 下的极值问题。求极小值时可简单表达如下：

$$\min f(\boldsymbol{x})$$
$$\text{s. t. } \varphi_i(\boldsymbol{x})=0,\ i=1, 2, \cdots, k \tag{4.1-1}$$

上式中，$\boldsymbol{x}=\{x_1, x_2, \cdots, x_n\}$ 为函数自变量，n 是 $f(\boldsymbol{x})$ 中自变量的个数；s. t. 是subject to的简写，φ_i 代表第 i 个约束方程，其形式一定要为 $\varphi_i(\boldsymbol{x})=0$，不是这种右侧为0的等式时，需通过移项操作以得到 $\varphi_i(\boldsymbol{x})=0$ 的形式；k 代表有 k 个约束条件，也就是有 k 个约束方程。拉格朗日乘数法构造如下的目标函数，称为拉格朗日函数：

$$L(\boldsymbol{x}, \boldsymbol{\lambda})=f(\boldsymbol{x})+\sum_{i=1}^{k}\lambda_i\varphi_i(\boldsymbol{x}) \tag{4.1-2}$$

上式中，$\boldsymbol{\lambda}=\{\lambda_1, \cdots, \lambda_i, \cdots, \lambda_k\}$ 为新引入的自变量，称为拉格朗日乘子。根据上式，由于 $\varphi_i(\boldsymbol{x})=0$，则 $\sum_{i=1}^{k}\lambda_i\varphi_i(\boldsymbol{x})=0$ 也成立，所以上式相当于 $L(\boldsymbol{x}, \boldsymbol{\lambda})=f(\boldsymbol{x})+0$；可见在数值上，求 $L(\boldsymbol{x}, \boldsymbol{\lambda})$ 的极值，就等价于求 $f(\boldsymbol{x})$ 的极值，而要求 $\varphi_i(\boldsymbol{x})=0$ 就能保证这种等价关系成立。把求 $f(\boldsymbol{x})$ 的极值问题转化为求拉格朗日函数 $L(\boldsymbol{x}, \boldsymbol{\lambda})$ 的极值问题后，就去掉了所有的约束，但新的目标函数 $L(\boldsymbol{x}, \boldsymbol{\lambda})$ 中多了 k 个自变量 λ_i。对 $L(\boldsymbol{x}, \boldsymbol{\lambda})$ 的所有自变量求偏导并令偏导数为0，得到如下方程：

$$\begin{cases}\dfrac{\partial f}{\partial x_1}+\sum_{i=1}^{k}\lambda_i\dfrac{\partial \varphi_i}{\partial x_1}=0\\ \cdots \\ \dfrac{\partial f}{\partial x_n}+\sum_{i=1}^{k}\lambda_i\dfrac{\partial \varphi_i}{\partial x_n}=0\\ \varphi_1(\boldsymbol{x})=0\\ \cdots \\ \varphi_k(\boldsymbol{x})=0\end{cases} \tag{4.1-3}$$

上式一共为 $n+k$ 个方程组成的方程组，也可简略写为：

$$\begin{cases}\nabla_x f+\sum_{i=1}^{k}\lambda_i\nabla_x\varphi_i=0\\ \varphi_i(\boldsymbol{x})=0\end{cases} \tag{4.1-4}$$

上式中，∇_x 为函数对自变量 x 求偏导的微分算子。由上式可得，拉格朗日乘数法的几何解释是，在极值点处目标函数的梯度是约束函数梯度的线性组合[2]，即 $\nabla_x f=-\sum_{i=1}^{k}\lambda_i\nabla_x\varphi_i$。

根据方程组（4.1-3）分别求得 $\boldsymbol{x}=\{x_1, x_2, \cdots, x_n\}$ 的值，然后代入 $f(\boldsymbol{x})$ 中即可求得极值。需要注意的是，采用拉格朗日乘数法求极值时，需要保证 $f(\boldsymbol{x})$ 和 $\varphi_i(\boldsymbol{x})$ 均一阶可导。另外，采用拉格朗日乘数法求出的极值，其实并不是真正的极值点，而只是一阶导数为 0 的驻点，也就是极值的可疑点，还需要通过别的方法进一步确定其是否为极值点。

以求二元函数在一个约束条件下的极小值为例。目标函数为 $z=f(x, y)$，约束条件为 $\varphi(x, y)=0$；先构建拉格朗日函数：

$$L(x, y, \lambda)=f(x, y)+\lambda\varphi(x, y) \tag{a}$$

先求 $L(x, y, \lambda)$ 的驻点，即通过函数对三个变量 x，y，λ 求偏导得到如下方程组：

$$\begin{cases}L'_x(x, y, \lambda)=f'_x(x, y)+\lambda\varphi'_x(x, y)=0\\ L'_y(x, y, \lambda)=f'_y(x, y)+\lambda\varphi'_y(x, y)=0\\ L'_\lambda(x, y, \lambda)=\varphi(x, y)=0\end{cases} \tag{b}$$

由上面的方程组解出 x 和 y，则（x，y）就是函数 $z=f(x, y)$ 在条件 $\varphi(x, y)=0$ 约束下的驻点，然后可根据实际问题确定（x，y）是否为极值点。

由式（b）的前面两个方程移项可得：

$$\begin{cases}f'_x(x, y)=-\lambda\varphi'_x(x, y)\\ f'_y(x, y)=-\lambda\varphi'_y(x, y)\end{cases} \tag{c}$$

而 $\nabla f=(f'_x, f'_y)$，$\nabla\varphi=(\varphi'_x, \varphi'_y)$，$\nabla f$ 和 $\nabla\varphi$ 分别为两个函数的梯度，则可得：

$$\nabla f=-\lambda\nabla\varphi \tag{4.1-5}$$

上式的意义是，在 f 取得条件极值点处，f 与 φ 的梯度共线。两个函数在某一点梯度共线，在几何上意味着两个函数的曲线在这一点相切，见图 4.1-1。由图中可见，当两个函数在某一点相切时，其梯度向量在同一直线上，但根据函数曲率方向，两个梯度向量的方向可能相同或完全相反（取决于式（4.1-5）中 λ 为正或负）。

在 f 取得条件极值点处，f 与 φ 相切的属性也可以采用直观的几何说明。以求如下二元函数条件极值为例：

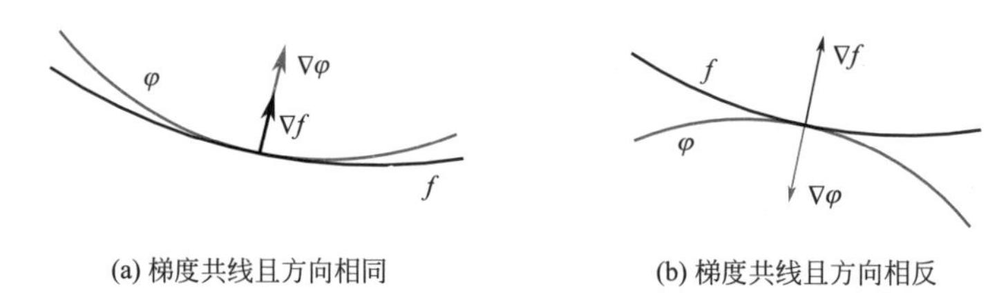

(a) 梯度共线且方向相同　　(b) 梯度共线且方向相反

图 4.1-1　两函数相切点的梯度方向

$$\min z，z=2xy \tag{d}$$

$$\text{s. t. } \frac{x^2}{4}+y^2=1 \tag{e}$$

先将式（e）移项得到 $\varphi(x，y)=\frac{x^2}{4}+y^2-1=0$，且上式中 z 就是 $f(x，y)$。图 4.1-2 为本例求解的几何示意图。由图中可见，z 为一个三维双曲面，$\frac{x^2}{4}+y^2=1$ 是一个椭圆柱面。$\frac{x^2}{4}+y^2=1$ 本来是在一个 x-y 平面内的椭圆线，但将这个椭圆方程放到 x-y-z 三维空间中时，由于曲线方程中没有 z 这一项，也就是方程对 z 没有任何要求，z 可任意取值；当 z 取值为 0 时，方程为 x-y 平面内的椭圆线，而当 z 沿 z 轴的正向和负向连续取值时，就形成了三维空间中沿 z 轴的一个椭圆柱面，这个椭圆柱面与曲面 $z=2xy$ 相交后，形成一个空间曲线。求 $z=2xy$ 在 $\frac{x^2}{4}+y^2=1$ 约束下的极值，就要求这个极值点既要落在双曲面 $z=2xy$ 上，也要落在柱面 $\frac{x^2}{4}+y^2=1$ 上，则这个点只能落在双曲面和柱面的交线上；这就将求双曲面的条件极值问题，转化为求两个空间曲面交线上的极值问题，也就是图 4.1-2（b）中的空间曲线上的极值问题。

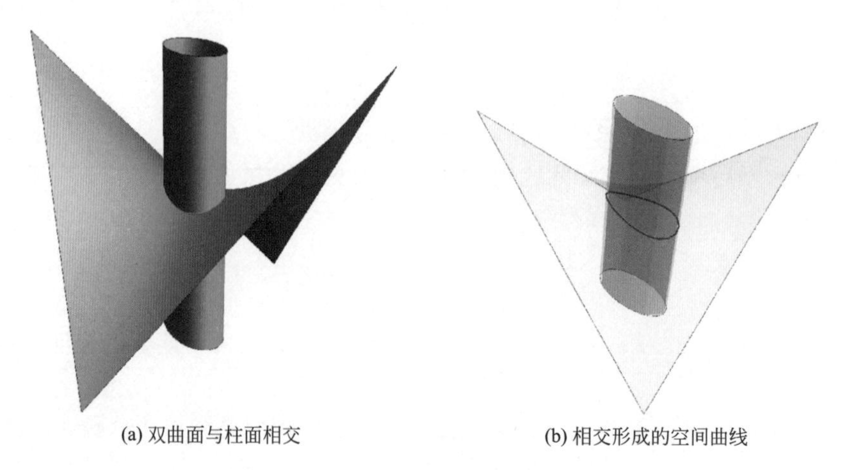

(a) 双曲面与柱面相交　　(b) 相交形成的空间曲线

图 4.1-2　两个空间曲面及其相交曲线

设图 4.1-2 中两个空间曲面相交形成的空间曲线为 P；求两个空间曲面交线 P 上的极值，可采用双曲面在 z 轴方向上的等值线由高到低逐渐逼近 P 来得到。任意空间曲面，均可视为沿高度方向连续分布的无穷多条等值线组成。图 4.1-3 为双曲面沿 z 轴方向上的等

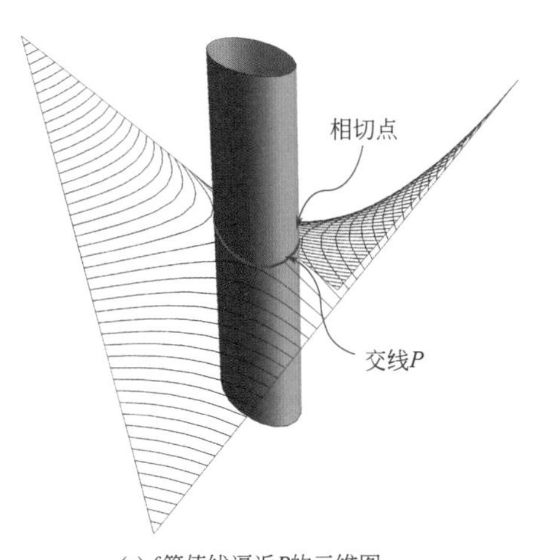

(a) f 等值线逼近P的三维图

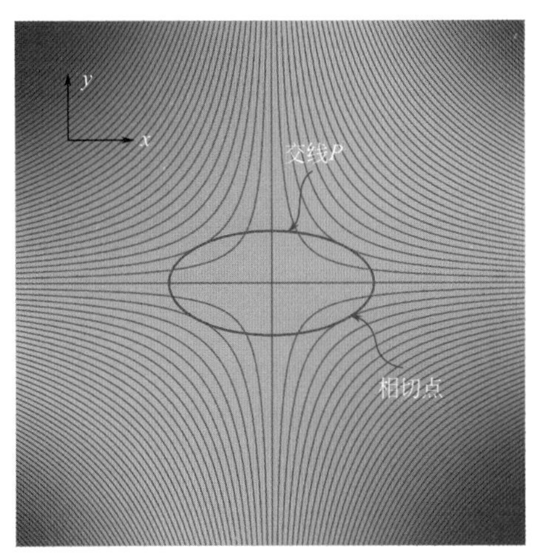

(b) 等值线逼近P的俯视图

图 4.1-3　f 的等值线逼近相交线 P 的过程示意图

值线分布示意图；由图中可见，在双曲面 $f(x, y)$ 的等值线由高到低向下连续逼近 P 时，最终会有几条等值线与 P 相切，这几个相切点也正是 P 上的所有极值点；这也从几何上说明了公式（4.1-5）成立的原因。在相切点，等值线也是一个平面曲线，此时 $f(x, y)$ 在 z 轴上的坐标为一个定值 z_{fixed}，等值线方程为 $2xy-z_{\text{fixed}}=0$；在两个平面方程 $2xy-z_{\text{fixed}}=0$ 和 $\frac{x^2}{4}+y^2-1=0$ 的相切点求法向量，即可发现两个平面方程在切点的法向量共线，这两个法向量即式（4.1-5）中的两个梯度。

求解中的具体过程如下：

首先构建拉格朗日函数：

$$L(x, y, \lambda)=2xy-\lambda\left(\frac{x^2}{4}+y^2-1\right) \tag{f}$$

求 $L(x, y, \lambda)$ 的驻点，即通过函数对三个变量 x，y，λ 求偏导得到如下方程组：

$$\begin{cases} L'_x(x, y, \lambda)=2y-\lambda\dfrac{x}{2}=0 \\ L'_y(x, y, \lambda)=2x-2\lambda y=0 \\ L'_\lambda(x, y, \lambda)=\dfrac{x^2}{4}+y^2-1=0 \end{cases} \tag{g}$$

由上式方程组解得 x、y 和 λ 的值分别为

$$\begin{cases} x=-\sqrt{2},\ y=-\dfrac{\sqrt{2}}{2},\ \lambda=2 \\ x=\sqrt{2},\ y=\dfrac{\sqrt{2}}{2},\ \lambda=2 \\ x=-\sqrt{2},\ y=\dfrac{\sqrt{2}}{2},\ \lambda=-2 \\ x=\sqrt{2},\ y=-\dfrac{\sqrt{2}}{2},\ \lambda=-2 \end{cases} \tag{h}$$

将上式求解结果带入 $z=2xy$ 中，即可知 z 的极大值为 2，极小值为 -2。

4.2 KKT 条件

对于带等式约束的最优化问题可以用拉格朗日乘数法求解，对于既有等式约束又有不等式约束的问题，也有得到最优解的类似求解方法，这就是 KKT 条件。KKT 最优化条件分别由 Karush（1939）、Kuhn 和 Tucker（1951）先后独立发表，因此将这一数学方法以三位提出者的名字首字母命名，简称 KKT 条件。

KKT 条件可以看作是拉格朗日乘数法的扩展。对于如下优化问题：

$$\begin{cases} \min f(\boldsymbol{x}) \\ h_j(\boldsymbol{x})=0,\ j=1,\ 2,\ \cdots,\ p \\ g_k(\boldsymbol{x})\leqslant 0,\ k=1,\ 2,\ \cdots,\ q \end{cases} \tag{4.2-1}$$

和拉格朗日法相似，KKT 条件构成如下乘子函数：

$$L(\boldsymbol{x},\ \boldsymbol{\lambda},\ \boldsymbol{\mu})=f(\boldsymbol{x})+\sum_{j=1}^{p}\boldsymbol{\lambda}_j h_j(\boldsymbol{x})+\sum_{k=1}^{q}\boldsymbol{\mu}_k g_k(\boldsymbol{x}) \tag{4.2-2}$$

$\boldsymbol{\lambda}$ 和 $\boldsymbol{\mu}$ 称为 KKT 乘子。对 $L(\boldsymbol{x},\ \boldsymbol{\lambda},\ \boldsymbol{\mu})$ 的所有自变量求偏导，然后分两种情况讨论。

情况 1：$g_k=0$，则上式相当于一个拉格朗日函数，求偏导后令偏导数为 0，得到

$$\begin{cases} \dfrac{\partial f}{\partial x_1}+\sum\limits_{j=1}^{p}\lambda_j\dfrac{\partial h_j}{\partial x_1}+\sum\limits_{k=1}^{q}\mu_k\dfrac{\partial g_k}{\partial x_1}=0 \\ \cdots \\ \dfrac{\partial f}{\partial x_n}+\sum\limits_{j=1}^{p}\lambda_j\dfrac{\partial h_j}{\partial x_n}+\sum\limits_{k=1}^{q}\mu_k\dfrac{\partial g_k}{\partial x_n}=0 \\ h_1(\boldsymbol{x})=0 \\ \cdots \\ h_p(\boldsymbol{x})=0 \\ g_1(\boldsymbol{x})=0 \\ \cdots \\ g_q(\boldsymbol{x})=0 \end{cases}$$

在此情况下，经求解上式方程组，一定可得 $\mu_k\geqslant 0$，后面将用几何方法解释（图 4.2-1 至图 4.2-4）。

情况 2：$g_k<0$，此时若 $\mu_k g_k(\boldsymbol{x})\neq 0$，求式（4.2-2）中 $L(\boldsymbol{x},\ \boldsymbol{\lambda},\ \boldsymbol{\mu})$ 的极小值就不等价于求 $f(\boldsymbol{x})$ 的极小值，则求 $L(\boldsymbol{x},\ \boldsymbol{\lambda},\ \boldsymbol{\mu})$ 本身的极小值也毫无意义，因此要让求 $L(\boldsymbol{x},\ \boldsymbol{\lambda},\ \boldsymbol{\mu})$ 的极小值等价于求 $f(\boldsymbol{x})$ 的极小值，就必须要求 $\mu_k g_k(\boldsymbol{x})=0$，即必须要求 $\mu_k=0$，式（4.2-2）就又变成了拉格朗日函数的公式，但多了一个 $\mu_k g_k(\boldsymbol{x})=0$ 的条件，则得到如下方程：

$$\begin{cases}\dfrac{\partial f}{\partial x_1}+\sum_{j=1}^{p}\lambda_j\dfrac{\partial h_j}{\partial x_1}+\sum_{k=1}^{q}\mu_k\dfrac{\partial g_k}{\partial x_1}=0\\ \cdots\\ \dfrac{\partial f}{\partial x_n}+\sum_{j=1}^{p}\lambda_j\dfrac{\partial h_j}{\partial x_n}+\sum_{k=1}^{q}\mu_k\dfrac{\partial g_k}{\partial x_n}=0\\ h_1(\boldsymbol{x})=0\\ \cdots\\ h_p(\boldsymbol{x})=0\\ \mu_1 g_1(\boldsymbol{x})=0\\ \cdots\\ \mu_q g_q(\boldsymbol{x})=0\end{cases}$$

将上述情况1和2合并，即可得到最优解 $\boldsymbol{x}^*$ 需满足如下条件：

$$\begin{cases}\nabla_x L(\boldsymbol{x}^*)=0\\ h_j(\boldsymbol{x}^*)=0\\ \mu_k g_k(\boldsymbol{x}^*)=0\\ \mu_k\geqslant 0\\ g_k(\boldsymbol{x}^*)\leqslant 0\end{cases}\tag{4.2-3}$$

求解上式方程组即可得到函数的驻点，显然方程组的解满足所有的约束条件。KKT条件的几何解释是，在极值点处目标函数的梯度是一系列等式约束 h_j 的梯度和不等式约束 g_k 的梯度的线性组合。

在方程组（4.2-3）的求解过程中，先根据 $\nabla_x L(\boldsymbol{x})=0$、$h_j(\boldsymbol{x})=0$、$\mu_k g_k(\boldsymbol{x})=0$ 这三个等式组成的方程组，求出所有可能的（$\boldsymbol{x}$，λ_j，μ_k）的结果组合，然后将这些可能的结果组合再分别代入两个不等式 $\mu_k\geqslant 0$ 和 $g_k\leqslant 0$ 中进行验算；如果一个结果组合同时满足两个不等式，则此结果组合中的 $\boldsymbol{x}$ 就是原问题（4.2-1）的一个解；反之则不是。

仍以上节中的极值问题为例，通过几何方式说明情况1中 $\mu_k\geqslant 0$ 的原因，并说明情况2中 $\mu_k=0$ 的原因。将上节的例子加上一个不等式约束条件，形成如下例题：

$$\min f,\ f(x,\ y)=2xy\tag{a}$$

$$\text{s.t.}\ h(x,\ y)=\frac{x^2}{4}+y^2-1=0\tag{b}$$

$$g(x,\ y)=20\sqrt{2}(x+y)-c\leqslant 0\tag{c}$$

式（c）中的 c 为常数。

为方便解释，将不含不等式约束的原问题（4.2-1）的解称为目标原有的可行解，即原问题中删除 $g_k\leqslant 0$，$k=1$，…，q 的可行解。

上式（a）～（c）的约束极值问题，从几何上可分为以下两种情况：

（1）不等式约束区域内包含目标原有的可行解

图4.2-1为不等式约束区内包含目标原有可行解的情况；由图中可见，对于本例，实际上就是 $f(x,\ y)$ 和 $h(x,\ y)=0$ 相交形成的空间曲线 P 上的极小值在曲面 $g(x,\ y)=0$ 的右侧。这种情况又分为曲面 $g(x,\ y)=0$ 与 P 相交的情况（图4.2-1（a），图中情况 $c=$

50)，以及曲面 $g(x, y)=0$ 与 P 不相交的情况（图 4.2-1（b)，图中情况 $c=100$)。无论 $g(x, y)=0$ 与 P 是否相交，P 上的两个极小值点$\left(-\sqrt{2}, \frac{\sqrt{2}}{2}\right)$和$\left(\sqrt{2}, -\frac{\sqrt{2}}{2}\right)$都在曲面 $g(x, y)=0$的右侧，即天然满足 $g(x, y)\leqslant 0$ 的约束条件，则此情况下 $g(x, y)\leqslant 0$ 的约束条件实际上没有任何约束作用；因此在利用式（4.2-2）求极值时，可直接令 $\mu=0$（相当于舍弃这个无用的条件），从而也可得到式（4.2-3）中 $\mu g(\boldsymbol{x}^*)=0$ 这一等式。此情况下 KKT 条件转化为拉格朗日条件，即利用式（4.2-3）求解本例时，不再需要求得 μ，而仅求解（$\boldsymbol{x}$，λ）的结果组合即可。

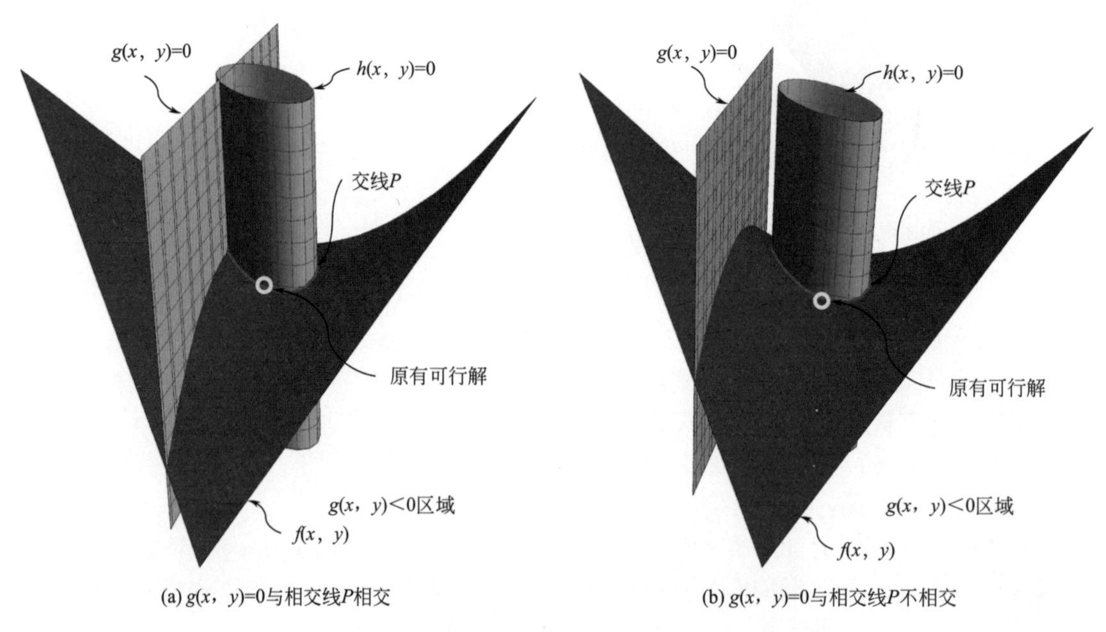

(a) $g(x, y)=0$与相交线P相交　(b) $g(x, y)=0$与相交线P不相交

图 4.2-1　不等式约束包含目标函数原有的可行解

（2）不等式约束区域内不包含目标原有的可行解

图 4.2-2 为不等式约束区内不包含目标原有可行解的情况；由图中可见，对于本例，实际上就是 $f(x, y)$ 和 $h(x, y)=0$ 相交形成的空间曲线 P 上的极小值在曲面 $g(x, y)=0$ 的左侧，即原有可行解在曲面 $g(x, y)=0$ 的左侧。这种情况又分为曲面 $g(x, y)=0$ 与 P 相交的情况（图 4.2-2（a)，图中情况 $c=-50$)，以及曲面 $g(x, y)=0$ 与 P 不相交的情况（图 4.2-2（b)，图中情况 $c=-100$)。无论 $g(x, y)=0$ 与 P 是否相交，P 上的两个极小值点$\left(-\sqrt{2}, \frac{\sqrt{2}}{2}\right)$和$\left(\sqrt{2}, -\frac{\sqrt{2}}{2}\right)$都在曲面 $g(x, y)=0$ 的左侧，也就是极小值点均不满足 $g(x, y)\leqslant 0$ 的约束条件。

则在 $g(x, y)=0$ 与 P 相交的情况下（图 4.2-2a)，除了 $h(x, y)=0$ 这一等式约束，再加上不等式约束条件 $g(x, y)\leqslant 0$，$\min f(x, y)$ 就应该是在曲面 $g(x, y)=0$ 右侧的交线 P 上（包括 $g(x, y)=0$ 与 P 的交点）取到。将位于曲面 $g(x, y)=0$ 右侧的交线 P 部分命名为 P_r；在图 4.2-2（a）中，P_r 上不再含有任何驻点（此处的前提：驻点都在 $g(x, y)=0$ 左侧)，则 P_r 应为严格单调曲线，P_r 与 $g(x, y)=0$ 的两个交点就是 P_r 上

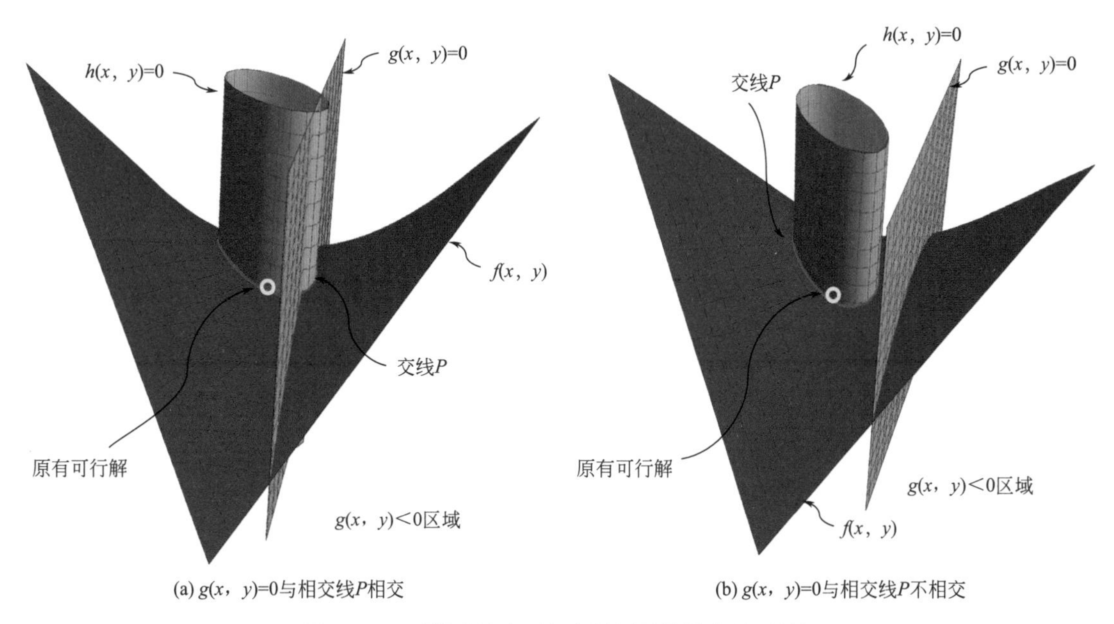

图 4.2-2　不等式约束不包含目标函数原有的可行解

的最大值和最小值点，从而也就是 $f(x, y)$ 在等式和不等式约束条件下的最大值和最小值点，其中的最小值点就是目标解 $\min f(x, y)$。在这种情况下，目标解也落在 $g(x, y)=0$ 这一曲面上，从而也可得到 $\mu g(x, y)=0$ 这一条件。

而在 $g(x, y)=0$ 与 P 不相交的情况下（图 4.2-2b），交线 P 上没有任何部分在曲面 $g(x, y)=0$ 的右侧，也就是交线 P 上没有任何点能够满足 $g(x, y)\leqslant 0$ 这一约束条件，而目标解必须在交线 P 上，因为不在 P 上就不满足 $h(x, y)=0$ 这一等式约束，则此情况下无解。这种情况下，相当于在解方程组（4.2-3）时，根据前面三个等式求得的解，将不满足最下面一个不等式条件，因此解无效。

由上述两种情况（1）和（2）可见，无论哪种情况都会得到 $\mu g(x, y)=0$ 这一条件。

同理，当有多个不等式约束条件时，亦需满足 $\mu_k g_k(\boldsymbol{x})=0$。同时，由上述情况（1）和（2）可见，当且仅当 $g_k(\boldsymbol{x})=0$ 时，才能起到约束作用；因为情况（1）中 $g_k(\boldsymbol{x})\leqslant 0$ 不起任何作用，相当于无约束；而情况（2）中目标解就落在 $g_k(\boldsymbol{x})=0$ 上，$g_k(\boldsymbol{x})<0$ 也不起任何作用；综合这两种情况可见，只有 $g_k(\boldsymbol{x})=0$ 能够有实质性的约束作用。注意，$g_k(\boldsymbol{x})=0$ 这些约束在几何上是一簇约束曲面，而 $g_k(\boldsymbol{x})\leqslant 0$ 是空间区域而非曲面。

另外，还需解释式（4.2-3）中需保证 $\mu_k\geqslant 0$ 的原因，此处仅考虑目标函数 $f(\boldsymbol{x})$ 和两个不等式约束，即：

$$\begin{cases}\min f(\boldsymbol{x}) \\ g_1(\boldsymbol{x})\leqslant 0,\ g_2(\boldsymbol{x})\leqslant 0\end{cases}$$

假设 $f(\boldsymbol{x})$ 在 $\boldsymbol{x}^*$ 处取得极小值，若需同时满足 $g_1(\boldsymbol{x})\leqslant 0$ 和 $g_2(\boldsymbol{x})\leqslant 0$ 的约束条件且两个约束条件需同时起到实质性约束作用，则根据前面的分析，实质上就是要求满足 $g_1(\boldsymbol{x})=0$ 和 $g_2(\boldsymbol{x})=0$ 的这两个约束条件，那么 $\boldsymbol{x}^*$ 一定在 $g_1(\boldsymbol{x})=0$ 和 $g_2(\boldsymbol{x})=0$ 这两个曲面的交线上（图 4.2-3），这就又形成了两个等式约束的拉格朗日条件；根据式（4.1-4），可得

$$-\nabla_x f(\boldsymbol{x}^*)=\sum_{k=1}^{2}\mu_k \nabla_x g_k(\boldsymbol{x}^*)$$

注意，上式是将式（4.1-4）中的 λ_i 换成了 μ_k。上式表达的就是：在极值点处目标函数的梯度是约束函数梯度的线性组合，也就是向量 $-\nabla_x f(\boldsymbol{x}^*)$ 在由向量 $\nabla_x g_1(\boldsymbol{x}^*)$ 和 $\nabla_x g_2(\boldsymbol{x}^*)$ 张成的平面空间中（三向量共面），见图 4.2-3；不同的 $\boldsymbol{x}^*$ 对应不同的平面，但每个 $\boldsymbol{x}^*$ 对应唯一的一个平面。

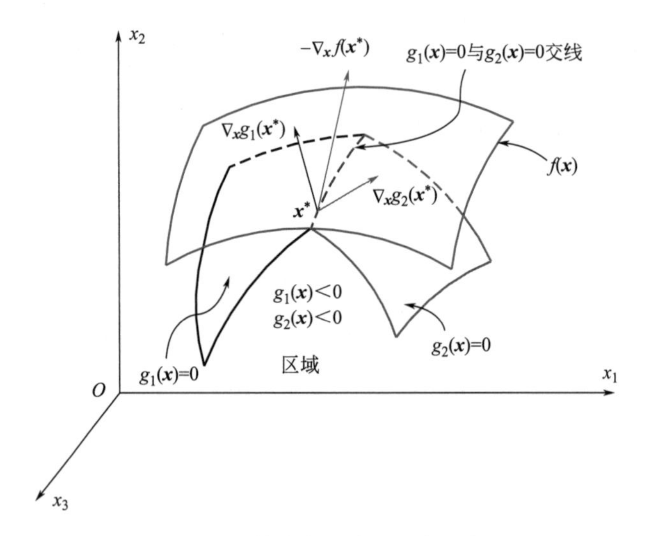

图 4.2-3　梯度向量线性组合示意图

基于图 4.2-3，图 4.2-4 为点 $\boldsymbol{x}^*$ 处的 $\bar{x}_1\bar{O}_1\bar{x}_2$ 平面，其中 $\bar{x}_1\bar{O}_1\bar{x}_2$ 为 $-\nabla_x f(\boldsymbol{x}^*)$、$\nabla_x g_1(\boldsymbol{x}^*)$ 和 $\nabla_x g_2(\boldsymbol{x}^*)$ 组成的平面。过点 $\boldsymbol{x}^*$ 做目标函数的负梯度 $-\nabla_x f(\boldsymbol{x}^*)$，它垂直于目标函数等值线 $f(\boldsymbol{x})=C$（某点梯度的方向就是函数等值线在这点的法线方向），且指向目标函数 $f(\boldsymbol{x})$ 的最快下降方向。在图 4.2-3 的三维坐标系中做曲面 $g_1(\boldsymbol{x})=0$ 和 $g_2(\boldsymbol{x})=0$ 梯度 $\nabla_x g_1(\boldsymbol{x}^*)$ 和 $\nabla_x g_2(\boldsymbol{x}^*)$，它们分别垂直于 $g_1(\boldsymbol{x})=0$ 和 $g_2(\boldsymbol{x})=0$ 两曲面在 $\boldsymbol{x}^*$ 处的切平面，且此两梯度向量形成一个夹角（$<180°$），则可能产生如图 4.2-4（a）、（b）所示的两种情况：

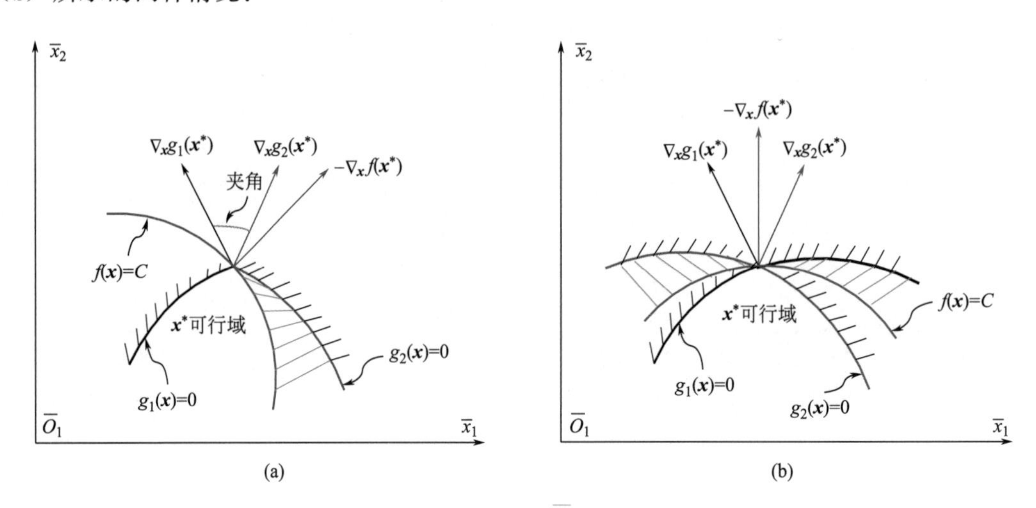

图 4.2-4　点 x^* 处沿 $\bar{x}_1\bar{O}_1\bar{x}_2$ 截面示意图

情况（a）（即图 4.2-4（a）中情况）：$-\nabla_x f(\boldsymbol{x}^*)$ 落在 $\nabla_x g_1(\boldsymbol{x}^*)$ 和 $\nabla_x g_2(\boldsymbol{x}^*)$ 所形成的夹角外，且在 $\nabla_x g_2(\boldsymbol{x}^*)$ 的右侧。图中，$f(x)=C$ 与 $g_2(\boldsymbol{x})=0$ 之间的区域（绿色阴影）都是满足两个不等式约束的可行解区域（下方），即此区域内的任何 $f(\boldsymbol{x})$ 函数值均小于 $f(\boldsymbol{x}^*)$，则 $\boldsymbol{x}^*$ 就不是极小值点，所以这种情况不存在。同理，若 $-\nabla_x f(\boldsymbol{x}^*)$ 落在 $\nabla_x g_1(\boldsymbol{x}^*)$ 的左侧，也可得到相同结论。

情况（b）（即图 4.2-4（b）中情况）：$-\nabla_x f(\boldsymbol{x}^*)$ 落在 $\nabla_x g_1(\boldsymbol{x}^*)$ 和 $\nabla_x g_2(\boldsymbol{x}^*)$ 形成的夹角内。图中，从几何角度，在一个很小区域范围内 $f(x)=C$、$g_1(\boldsymbol{x})=0$、$g_2(\boldsymbol{x})=0$ 均可视为很短的光滑弧线（极小范围内甚至接近直线），则这三条光滑弧线的关系必然是 $f(x)=C$ 在最上方，因为 $f(x)=C$ 的法向量在 $g_2(\boldsymbol{x})=0$ 和 $g_1(\boldsymbol{x})=0$ 的法向量之间。则图中 $f(x)=C$ 与 $g_2(\boldsymbol{x})=0$ 之间的区域（绿色阴影）不再是满足两个不等式约束的可行解区域，尽管这个区域内的 $f(\boldsymbol{x})$ 函数值小于 $f(\boldsymbol{x}^*)$。所以这种情况下，$\boldsymbol{x}^*$ 就是满足所有约束条件的极小值点。由于 $-\nabla_x f(\boldsymbol{x}^*)$ 可由 $\nabla_x g_1(\boldsymbol{x}^*)$ 和 $\nabla_x g_2(\boldsymbol{x}^*)$ 这两个向量线性表示，即 $-\nabla_x f(\boldsymbol{x}^*)=\mu_1\nabla_x g_1(\boldsymbol{x}^*)+\mu_2\nabla_x g_2(\boldsymbol{x}^*)$，而且 $-\nabla_x f(\boldsymbol{x}^*)$ 还在两个向量夹角中间，则表示三个向量同向（两两之间的角度均小于 90°），这就表示 $\mu_1>0$，$\mu_2>0$。

类似地，当 2 个以上不等式同时起约束作用时，则 $-\nabla_x f(\boldsymbol{x}^*)$ 处于 $\nabla_x g_k(\boldsymbol{x}^*)$ 形成的超夹角（对应于超平面）之内。

以上即为 $\mu_k>0$ 的几何解释。

综合前面对 μ_k 的所有解释可见，当不等式约束不起实质性约束作用时，求解中不需要用到不等式的条件，则可忽略不等式项，即令 $\mu_k=0$；当不等式约束能够起到实质性约束作用时，由图 4.2-4（b）的解释，$\mu_k>0$。则将这两个情况合并，就能最终得到 $\mu_k\geqslant 0$ 这一条件。

下面通过一个具体例子详细介绍 KKT 条件的求解步骤。求解下面约束优化问题：

$$\begin{cases}\min f(\boldsymbol{x})=x_1^2+x_2\\ g_1(\boldsymbol{x})=x_1^2+x_2^2-9\leqslant 0\\ g_2(\boldsymbol{x})=x_1+x_2-1\leqslant 0\end{cases}$$

首先构造拉格朗日函数

$$L(\boldsymbol{x},\boldsymbol{\mu})=x_1^2+x_2+\mu_1(x_1^2+x_2^2-9)+\mu_2(x_1+x_2-1)$$

得到 KKT 方程如下：

$$\begin{cases}2x_1+2\mu_1x_1+\mu_2=0\\ 1+2\mu_1x_2+\mu_2=0\\ \mu_1(x_1^2+x_2^2-9)=0\\ \mu_2(x_1+x_2-1)=0\\ \mu_1\geqslant 0\\ \mu_2\geqslant 0\\ x_1^2+x_2^2-9\leqslant 0\\ x_1+x_2-1\leqslant 0\end{cases}$$

最小值点应满足上述等式及不等式。先对上面方程组的前四项等式作为单独方程组计算，得到如下结果：

（1）$\mu_1=\mu_2=0$ 时，无解。

（2）$\mu_1=0$，$\mu_2\neq0$ 时，解得：$x_1=\frac{1}{2}$，$x_2=\frac{1}{2}$，$\mu_2=-1$。

（3）$\mu_1\neq0$，$\mu_2=0$ 时，解得：$\begin{cases}x_1=0,\ x_2=-3,\ \mu_1=\frac{1}{6}\\ x_1=0,\ x_2=3,\ \mu_1=-\frac{1}{6}\\ x_1=\pm\frac{\sqrt{35}}{2},\ x_2=\frac{1}{2},\ \mu_1=-1\end{cases}$。

（4）$\mu_1\neq0$，$\mu_2\neq0$ 时，解得：$\begin{cases}x_1=\frac{1-\sqrt{17}}{2},\ x_2=\frac{1+\sqrt{17}}{2},\ \mu_1=-1/2,\ \mu_2=\frac{\sqrt{17}-1}{2}\\ x_1=\frac{1+\sqrt{17}}{2},\ x_2=\frac{1-\sqrt{17}}{2},\ \mu_1=-\frac{1}{2},\ \mu_1=-\frac{\sqrt{17}+1}{2}\end{cases}$。

将上面结果代入后四项不等式进行验证：

（1）$\mu_1=0$，$\mu_2\neq0$ 时，$x_1=\frac{1}{2}$，$x_2=\frac{1}{2}$，$\mu_2=-1$ 不满足不等式条件。

（2）$\mu_1\neq0$，$\mu_2=0$ 时，$x_1=0$，$x_2=3$，$\mu_1=-1/6$ 不满足不等式条件；$x_1=0$，$x_2=-3$，$\mu_1=1/6$ 满足不等式条件；$x_1=\pm\frac{\sqrt{35}}{2}$，$x_2=\frac{1}{2}$，$\mu_1=-1$ 不满足不等式条件。

（3）$\mu_1\neq0$，$\mu_2\neq0$ 时，解均不满足不等式约束条件。

所以，本算例的解为 $x_1=0$，$x_2=-3$，$\mu_1=1/6$。

4.3 最小二乘法

最小二乘法[3] 是由勒让德在 19 世纪提出的一种数据处理方法，这种方法在误差估计、不确定度、系统辨识及预测、预报等科学领域得到广泛应用。

假设 $\boldsymbol{x}$，y 为一对观测值，其中 $\boldsymbol{x}$ 为向量，y 为实数，$\boldsymbol{x}=(x_1, x_2, \cdots, x_n)^{\mathrm{T}}\in R^n$，$y\in R$，且 $\boldsymbol{x}$ 与 y 存在某种对应关系，满足以下理论函数

$$y=f(\boldsymbol{x}, \omega)$$

其中 $\boldsymbol{\omega}=(\omega_1, \omega_2, \cdots, \omega_n)^{\mathrm{T}}$ 为待求参数向量，$\boldsymbol{x}$ 和 y 已通过观测得到，则求得 $\boldsymbol{\omega}$ 后就得到了 $\boldsymbol{x}$ 与 y 之间的明确函数关系。

寻找上述参数 $\boldsymbol{\omega}$ 的最优估计值，使其对于给定的 m 组（通常 $m>n$）观测数据（$\boldsymbol{x}_i$，y_i）（$i=1, 2, 3, \cdots, m$），目标函数 $H(y, f(\boldsymbol{x}, \boldsymbol{\omega}))$ 取得最小值

$$H(y, f(\boldsymbol{x}, \boldsymbol{\omega}))=\sum_{i=1}^{m}[y_i-f(\boldsymbol{x}_i, \boldsymbol{\omega}_i)]^2 \tag{4.3-1}$$

这类问题称为最小二乘问题，求解该问题的方法称为最小二乘拟合。注意，上式中的 $\boldsymbol{x}_i$ 是指第 i 个 $\boldsymbol{x}$ 向量，而非向量 $\boldsymbol{x}$ 的某个分量。

对于无约束最优化问题，最小二乘法的一般形式为：

$$\min g(x)=\sum_{i=1}^{m}L_i^2(x)=\sum_{i=1}^{m}L_i^2[y_i, f(\boldsymbol{x}_i, \boldsymbol{\omega}_i)]=\sum_{i=1}^{m}[y_i-f(\boldsymbol{x}_i, \boldsymbol{\omega}_i)]^2 \tag{4.3-2}$$

其中 $L_i(\boldsymbol{x})$（$i=1, 2, 3, \cdots, m$）称为残差函数。当 $L_i(\boldsymbol{x})$ 是 $\boldsymbol{x}$ 的线性函数时，称为线性最小二乘法，否则称为非线性最小二乘问题。

最小二乘法的代数解法是对 $\boldsymbol{\omega}_i$ 求偏导，令偏导数为零，再通过求解方程组得到 $\boldsymbol{\omega}_i$。

上面介绍了最小二乘法的基本原理，下面将通过具体实例介绍最小二乘法的计算过程。假设有一组数据（1，6），（3，5），（5，7）和（6，12），要找出与这组数据最为匹配的直线：$y=f(x)=A+Bx$（图 4.3-1）。由于（x，y）为已知参数，因此我们仅需确定参数 A 和 B 即可获得直线表达式，那么如何确定参数 A 和 B 的优劣并保证物理意义明确且计算简便？最简单的评价体系就是分析理论值与样本值的差异，如图 4.3-1 中的 d_1 至 d_4 点，其目标函数为：

$$\min H(A, B)=\min\{[6-(A+B)]^2+[5-(A+3B)]^2+[7-(A+5B)]^2+[12-(A+6B)]^2\}$$

上式的求解，仅需对 A 和 B 求偏导并令偏导数为 0：

$$\frac{\partial H(A,B)}{\partial A}=8A+30B-60=0$$

$$\frac{\partial H(A,B)}{\partial B}=30A+142B-256=0$$

可求得 $A=210/59$，$B=62/59$，从而回归得到相应的直线方程式。

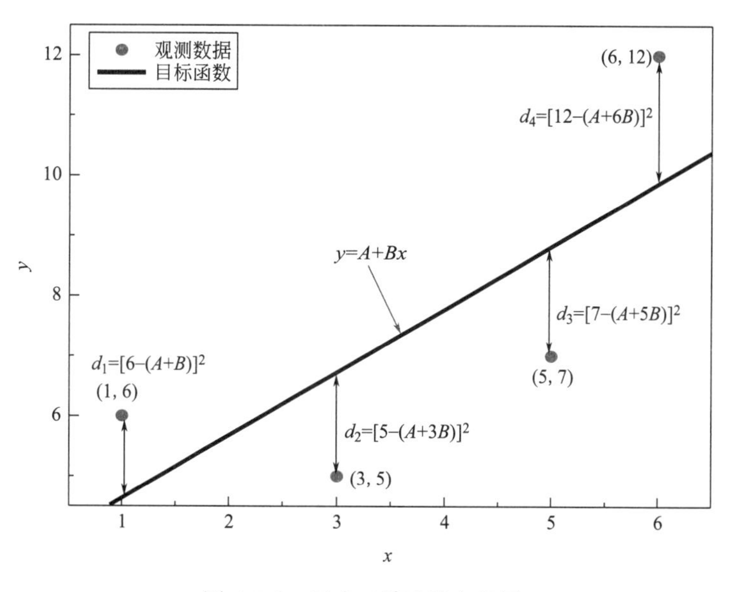

图 4.3-1　最小二乘法拟合实例

4.4　差分法

在数学中，差分法[4] 是一种微分方程求解的数值方法，是通过有限差分逼近导数值，从而得到微分方程的近似解。具体地讲，差分法就是把微分用有限差分代替，把导数用有限差商代替，从而把基本方程和边界条件（一般均为微分方程）近似地改用差分方程（代数方程）来表示，把求微分方程的问题转换为求解代数方程的问题。

下面以函数 u（x，t）为例，简要介绍它的一阶、二阶偏微分的近似差分表示。设变量 x 和 t 的定义域分别为（0，1）和（0，T），将其分别等分为 N 段和 M 段，则 x 的每个节点可用 $x_j=jh$ 表示，$j=1$，2，…，N，步长 $h=1/N$，t 的每个节点可用 $t_n=n\Delta t$ 表示，$n=1$，2，…，M，步长 $\Delta t=T/M$，如图 4.4-1 所示。

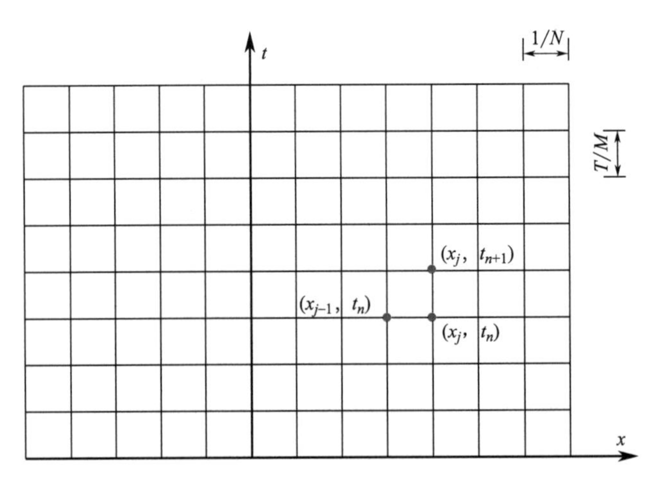

图 4.4-1　差分法示意图

将节点（x_j，t_n）简记为（j，n），方程 $u(x$，$t)$ 在该节点处的取值简记为 u_j^n，则 u 对 t 的一阶偏微分的前向差分和后向差分可分别近似为

$$\frac{\partial u(x,t)}{\partial t}\approx\frac{u_j^{n+1}-u_j^n}{\Delta t}\text{ 前向差分}\tag{4.4-1}$$

$$\frac{\partial u(x,t)}{\partial t}\approx\frac{u_j^{n}-u_j^{n-1}}{\Delta t}\text{ 后向差分}\tag{4.4-2}$$

$u(x$，$t)$ 对 t 的中心差分近似为

$$\frac{\partial u(x,t)}{\partial t}\approx\frac{u_j^{n+1}-u_j^{n-1}}{2\Delta t}\tag{4.4-3}$$

同理，$u(x$，$t)$ 对 x 的一阶偏微分的前向差分可近似为

$$\frac{\partial u(x,t)}{\partial x}\approx\frac{u_{j+1}^{n}-u_j^{n}}{h}\tag{4.4-4}$$

只需将 $u(x$，$t)$ 的一阶差分再进行一阶差分即可得到 x 的二阶偏导

$$\frac{\partial^2 u(x,t)}{\partial x^2}\approx\frac{u_{j+1}^{n}-2u_j^{n}+u_{j-1}^{n}}{h^2}\tag{4.4-5}$$

以一阶偏微分方程为例说明如何用差分法来近似表示。迭代求解以下偏微分方程

$$\frac{\partial u(x,t)}{\partial x}=u\frac{\partial u(x,t)}{\partial t}$$

利用有限差分法来近似偏微分方程中的导数，这样就将偏微分方程离散化为以 u_j^n 为未知数的代数方程。我们将上式的左边采用前向差分，而右边关于变量 x 的偏导数可以采用前向、后向或者中心差分，但使用的都是时刻 n 的数据，即：

$$\frac{u_{j+1}^{n}-u_j^{n}}{h}=u_j^n\frac{u_j^{n+1}-u_j^{n}}{\Delta t}$$

若已知 n 时刻的函数值 u_j^n，可在此基础上计算 $n+1$ 时刻的函数值 u_j^{n+1}，即：

$$u_j^{n+1}=u_j^n+\frac{\Delta t}{u_j^n h}(u_{j+1}^n-u_j^n)$$

4.5　梯度下降法

梯度下降法在机器学习中的应用十分广泛，其主要功能是通过迭代找到目标函数的最小值。

本章将从一个下山的场景开始，先介绍梯度下降法的基本思想，进而从数学上解释梯度下降法的原理。

假设一个人被困在山上，需要从山上下来（找到山的最低点，也就是山谷），但此时山上的浓雾很大，可视度很低，下山的明确路径就无法确定，此时必须利用自己周围的局部信息一步一步地找到下山的路，则此情况下可利用梯度下降算法来帮助自己下山。开始下山时，首先以他当前所处的位置为基准，寻找这个位置最陡峭的下山方向，然后朝着这个下山方向走一步，然后又继续以当前位置为基准，再找最陡峭的方向往下走，直到最后到达最低处；同理上山也是如此，此时就是梯度上升法。

梯度下降法的基本思路与上述的人下山思路类似。梯度下降法是在当前点不停地沿梯度向量的反方向进行迭代，直到寻得函数的极值点。根据多元函数的泰勒展开公式，如果忽略二次及以上的项，则函数 $f(\boldsymbol{x})$ 在 $\boldsymbol{x}$ 点处可以展开为

$$f(\boldsymbol{x}+\Delta\boldsymbol{x})=f(\boldsymbol{x})+(\nabla f(\boldsymbol{x}))^{\mathrm{T}}\Delta\boldsymbol{x}+o(\|\Delta\boldsymbol{x}\|^2)$$

上式中的 $\boldsymbol{x}$ 为向量。将左右两端分别减去函数 $f(\boldsymbol{x})$，则可得到函数的增量与向量增量 $\Delta\boldsymbol{x}$、梯度的关系

$$f(\boldsymbol{x}+\Delta\boldsymbol{x})-f(\boldsymbol{x})=(\nabla f(\boldsymbol{x}))^{\mathrm{T}}\Delta\boldsymbol{x}+o(\|\Delta\boldsymbol{x}\|^2)$$

若

$$(\nabla f(\boldsymbol{x}))^{\mathrm{T}}\Delta\boldsymbol{x}<0$$

恒成立，则有

$$f(\boldsymbol{x}+\Delta\boldsymbol{x})<f(\boldsymbol{x})$$

即函数递减。可以证明，向量增量 $\Delta\boldsymbol{x}$ 的模固定时，在梯度相反的方向函数值下降得最快，因为有

$$(\nabla f(\boldsymbol{x}))^{\mathrm{T}}\Delta\boldsymbol{x}=\|\nabla f(\boldsymbol{x})\|\|\Delta\boldsymbol{x}\|\cos\boldsymbol{\theta}$$

其中，$\|\ \|$表示向量的模，$\boldsymbol{\theta}$ 是向量 $\nabla f(\boldsymbol{x})$ 和 $\Delta\boldsymbol{x}$ 之间的夹角。上式中，当 $\cos\boldsymbol{\theta}=-1$，即 $\boldsymbol{\theta}=\pi$ 时（向量 $\boldsymbol{\theta}$ 的每个分量均取值为 π），等式取得最小值，$f(\boldsymbol{x}+\Delta\boldsymbol{x})$ 与 $f(\boldsymbol{x})$ 的差距最大；此情况下两个向量 $\Delta\boldsymbol{x}$ 与 $\nabla f(\boldsymbol{x})$ 共线但方向相反，即 $\Delta\boldsymbol{x}=-\gamma\nabla f(\boldsymbol{x})$ 时，函数值下降最快。其中，γ 为一个接近于 0 的正数，称为步长，计算中由人工设定，用于保证 $\boldsymbol{x}+\Delta\boldsymbol{x}$ 在 $\boldsymbol{x}$ 的邻域内，从而可以忽略泰勒展开中二次及更高的项。

迭代计算过程中，从已知的初始点 $\boldsymbol{x}_0$ 开始，使用如下迭代公式：

$$\boldsymbol{x}_{k+1}=\boldsymbol{x}_k-\gamma\nabla f(\boldsymbol{x}_k)$$

上式中，γ 为步长参数，一般可设定为一个固定的接近 0 的正数。只要没有达到梯度为 0 的点，函数会沿着序列 $\boldsymbol{x}_k$ 递减，最终会收敛到梯度为 0 的点，这就是梯度下降法。

迭代终止的条件是函数的梯度值为0（实际应用时接近于0），此时认为已经达到极值点。梯度下降法只需要计算函数在某些点处的梯度，实现简单，计算量小。

最速下降法是梯度下降法的改进。最速下降法同样是沿着梯度相反的方向进行迭代，但是要计算最佳步长 γ。计算中，将搜索方向设为

$$\boldsymbol{d}_k = -\nabla f(\boldsymbol{x}_k)$$

在该方向上寻找使得函数值最小的步长 γ：

$$\gamma_k = \underset{\gamma}{\operatorname{argmin}} f(\boldsymbol{x}_k + \gamma \boldsymbol{d}_k)$$

最速下降法的其他步骤和梯度下降法相同。这是一元函数的极值问题，唯一的优化变量是 γ，在实现时一般将 γ 的取值范围离散化，即取一些典型值 γ_1，γ_2，…，γ_k，分别计算取这些值时的目标函数值，然后挑选出最优的值。

来看一个梯度下降法的实例。设有一个目标函数

$$f(x_1,\ x_2) = x_1^2 + x_2^2$$

现在要通过梯度下降法计算这个函数的最小值。我们通过观察就能发现最小值其实就是（0，0）点。但是接下来，我们会用梯度下降法一步步计算得到这个最小值。假设初始的起点和 γ 分别为：

$$(x_1,\ x_2)^0 = (1,\ 3),\ \gamma = 0.1$$

上式中的上角标表示迭代步。函数的梯度为

$$\nabla f(x_1,\ x_2) = (2x_1,\ 2x_2)$$

进行多次迭代

$$(x_1,\ x_2)^0 = (1,\ 3)$$
$$(x_1,\ x_2)^1 = (1,\ 3) - 0.1 \times (2,\ 6) = (0.8,\ 2.4)$$
$$(x_1,\ x_2)^2 = (0.8,\ 2.4) - 0.1 \times (1.6,\ 4.8) = (0.64,\ 1.92)$$
$$(x_1,\ x_2)^3 = (0.64,\ 1.92) - 0.1 \times (1.28,\ 3.84) = (0.512,\ 1.536)$$
$$\vdots$$
$$(x_1,\ x_2)^{100} = (1.6296287810675902\mathrm{e}^{-10},\ 4.8888886343202771\mathrm{e}^{-10})$$

可见上述计算过程中，函数的梯度总是根据当前坐标进行计算。

4.6 牛顿法

牛顿法是牛顿在17世纪提出的一种在实数域或者复数域上近似求解极值点的方法。

用牛顿法求解非线性方程，是把非线性函数 $f(\boldsymbol{x})=0$ 线性化的一种近似方法[5]。将多元函数 $f(\boldsymbol{x})$ 在 $\boldsymbol{x}_0$ 的某邻域内进行二阶泰勒展开，则有

$$f(\boldsymbol{x}) = f(\boldsymbol{x}_0) + \nabla f(\boldsymbol{x}_0)^{\mathrm{T}}(\boldsymbol{x} - \boldsymbol{x}_0) + \frac{1}{2}\nabla^2 f(\boldsymbol{x}_0)(\boldsymbol{x} - \boldsymbol{x}_0)^{\mathrm{T}}(\boldsymbol{x} - \boldsymbol{x}_0) + o(\|\boldsymbol{x} - \boldsymbol{x}_0\|^3)$$

将函数近似成二次函数（取泰勒展开的前3项），并对上式两边同时对 $\boldsymbol{x}$ 求梯度，可得函数的梯度为

$$\nabla f(\boldsymbol{x}) = \nabla f(\boldsymbol{x}_0)^{\mathrm{T}} + \nabla^2 f(\boldsymbol{x}_0)(\boldsymbol{x} - \boldsymbol{x}_0) \tag{4.6-1}$$

其中 $\nabla^2 f(\boldsymbol{x}_0)$ 即为 Hessian 矩阵 $\boldsymbol{H}$，$\boldsymbol{H}$ 是一个在 $\boldsymbol{x}_0$ 点的常数矩阵。求函数的极值点，需

要令函数的梯度为 0，则根据式（4.6-1）可得

$$\nabla f(\boldsymbol{x}_0)^{\mathrm{T}}+\nabla^2 f(\boldsymbol{x}_0)(\boldsymbol{x}-\boldsymbol{x}_0)=0$$

上式线性方程组的解为

$$\boldsymbol{x}=\boldsymbol{x}_0-(\nabla^2 f(\boldsymbol{x}_0))^{-1}\nabla f(\boldsymbol{x}_0) \tag{4.6-2}$$

上式中 $(\nabla^2 f(\boldsymbol{x}_0))^{-1}$ 为 Hessian 矩阵的逆矩阵 $\boldsymbol{H}^{-1}$。若将梯度向量 $\nabla f(\boldsymbol{x}_0)$ 简写为 $\boldsymbol{g}$，则式（4.6-2）可简写为

$$\boldsymbol{x}=\boldsymbol{x}_0-\boldsymbol{H}^{-1}\boldsymbol{g} \tag{4.6-3}$$

由于泰勒展开时忽略了高阶项，因此上式的解并不一定是函数的驻点，需进行反复迭代。从初始点 $\boldsymbol{x}_0$ 处开始，计算函数在 $\boldsymbol{x}_k$ 处的 Hessian 矩阵 $\boldsymbol{H}$ 和梯度向量 $\boldsymbol{g}_k$，并按下式进行迭代，直到到达函数的驻点处。

$$\boldsymbol{x}_{k+1}=\boldsymbol{x}_k-\boldsymbol{H}_k^{-1}\boldsymbol{g}_k$$

上式中，$-\boldsymbol{H}_k^{-1}\boldsymbol{g}_k$ 称为牛顿方向。迭代终止的条件是梯度的模接近于 **0**，或者函数值变化幅值小于指定阈值。牛顿法的完整流程如下：

（1）确定初始值 $\boldsymbol{x}_0$，设定精度阈值 ε，令 $k=0$；

（2）计算梯度向量 $\boldsymbol{g}_k$ 和 Hessian 矩阵 $\boldsymbol{H}_k$；

（3）若 $\|\boldsymbol{g}_k\|<\varepsilon$，则迭代停止，否则进行步骤（4）～（6）；

（4）计算搜索方向 $\boldsymbol{d}_k=-\boldsymbol{H}_k^{-1}\boldsymbol{g}_k$；

（5）迭代计算 $\boldsymbol{x}_{k+1}=\boldsymbol{x}_k+\gamma\boldsymbol{d}_k$；

（6）令 $k=k+1$，返回步骤（2）。

其中，γ 是一个接近于 0 的常数，由人工设定，与梯度下降法一样，需要这个参数的原因是保证 $\boldsymbol{x}_{k+1}$ 在 $\boldsymbol{x}_k$ 的邻域内，从而可以忽略泰勒展开的高次项。如果目标函数是二次函数，其二阶导数为常数，即 Hessian 矩阵是一个常数矩阵，则对于任意给定的初始点，牛顿法得出的迭代方向将不再变化。

当采用固定步长迭代时，牛顿法不能保证每一步迭代时函数值都会下降，即不能保证一定能够收敛。为此，提出了一些补救措施，其中常用的是直线搜索，搜索最优步长。具体做法是让 γ 取一些典型的离散值（如：0.0001，0.001，0.01），计算过程中需要比较取哪个值时函数值下降最快，就将此值作为最优步长。

与梯度下降法相比，牛顿法有更快的收敛速度，但每一步迭代的成本更高。在每次迭代时，除了要计算梯度向量之外还要计算 Hessian 矩阵以及 Hessian 矩阵的逆矩阵。实际实现时一般不直接求 Hessian 矩阵的逆矩阵，而是求解如下方程组：

$$\boldsymbol{H}_k\boldsymbol{d}_k=-\boldsymbol{g}_k$$

求解这个方程组一般使用迭代法，如共轭梯度法。

牛顿法面临的另外一个问题是 Hessian 矩阵可能不可逆，从而导致这种方法失效。

下面的例子简要介绍如何用牛顿法求函数 $f(\boldsymbol{x})=x_1^2+x_2^2-x_1x_2-10x_1-4x_2+60$ 的极小值，其初始点 $\boldsymbol{x}^0=\begin{bmatrix}0\\0\end{bmatrix}$。

计算牛顿方向

$$\nabla f(\boldsymbol{x}^0)=\begin{bmatrix}2x_1-x_2-10\\2x_2-x_1-4\end{bmatrix}\Bigg|_{x=\boldsymbol{x}^0}=\begin{bmatrix}-10\\-4\end{bmatrix}$$

Hessian 矩阵 $\boldsymbol{H}$ 及其逆矩阵分别为

$$H(\boldsymbol{x}^0)=\begin{bmatrix}\dfrac{\partial^2 f}{\partial^2 x_1} & \dfrac{\partial^2 f}{\partial x_1 \partial x_2}\\ \dfrac{\partial^2 f}{\partial x_2 \partial x_1} & \dfrac{\partial^2 f}{\partial^2 x_2}\end{bmatrix}=\begin{bmatrix}2 & -1\\ -1 & 2\end{bmatrix}$$

$$H(\boldsymbol{x}^0)^{-1}=\frac{1}{3}\begin{bmatrix}2 & 1\\ 1 & 2\end{bmatrix}$$

取 $\gamma=1$，故

$$\boldsymbol{x}^1=\boldsymbol{x}^0-H(\boldsymbol{x}^0)^{-1}\nabla f(\boldsymbol{x}^0)=\begin{bmatrix}0\\0\end{bmatrix}-\frac{1}{3}\begin{bmatrix}2 & 1\\ 1 & 2\end{bmatrix}\begin{bmatrix}-10\\-4\end{bmatrix}=\begin{bmatrix}8\\6\end{bmatrix}$$

得 $\min f(\boldsymbol{x})=8$。

4.7 蒙特卡洛法

蒙特卡洛法由著名的美国计算机科学家冯·诺伊曼和 S. M. 乌拉姆在 20 世纪 40 年代第二次世界大战中研制原子弹（“曼哈顿计划”）时首先提出。“蒙特卡洛”这一名字来源于摩纳哥的蒙特卡洛（Monte Carlo）。蒙特卡洛法也称为随机模拟法、统计模拟法或统计试验法，这是一类基于概率的通过随机试验逼近最优解的方法，也是一种解决问题的思想。蒙特卡洛方法依靠重复随机采样来获得数值结果，其核心理念是使用随机性来解决原则上为确定性的问题；采样越多，结果就越逼近最优解。蒙特卡洛法也是目前信息领域的蒙特卡洛算法、蒙特卡洛模拟、蒙特卡洛过程、蒙特卡洛搜索树等的核心。

蒙特卡洛法的基本思想源于 18 世纪的法国数学家蒲丰提出的投针试验，一般称之为“蒲丰投针试验”[5]。投针试验源于蒲丰提出的一个问题：设我们有一个以平行等距木纹铺成的地板（图 4.7-1），随意投出一根长度比木纹间距小的针，求针和其中一条木纹相交的概率。根据这个概率，蒲丰提出了采用随机投针试验计算圆周率的方法。

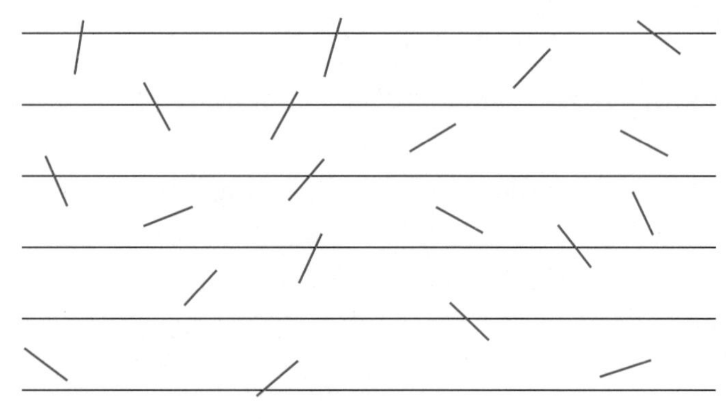

图 4.7-1 随机投针试验

图 4.7-2 为蒲丰投针试验的数学模型，其中的等距平行线代表木纹，α 为平行线的间距，l 为针的长度（$l<\alpha$），φ 为针与水平线的夹角，x 为针的中点与最近一条平行线的距离，则（φ，x）的样本空间为：

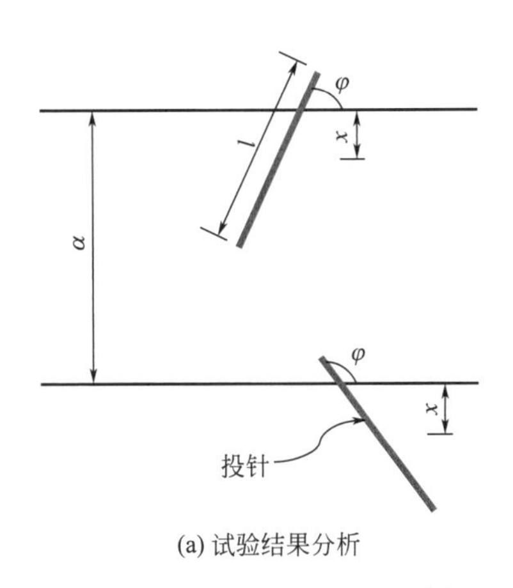

(a) 试验结果分析

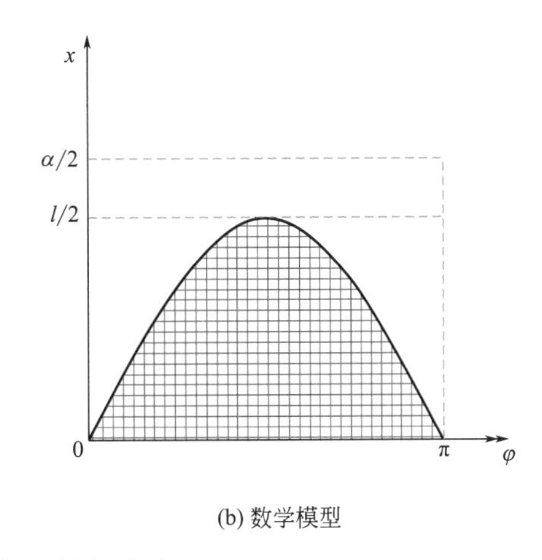

(b) 数学模型

图 4.7-2　随机投针试验

$$\boldsymbol{\Omega}=\left\{(\varphi,\ x):\ x\in\left(0,\ \frac{\alpha}{2}\right),\ \varphi\in(0,\ \pi)\right\} \tag{4.7-1}$$

由几何关系可见，当且仅当 $x<\dfrac{l}{2}\sin\varphi$ 时，细针与平行线相交。图 4.7-2（b）为由投针试验得到的数学模型，其中横坐标和纵坐标分别为 φ 和 x；图中矩形的两个边长分别为 π 和 $\alpha/2$，其面积代表了（φ，x）的整个样本空间，也就是代表了针落在地板上的所有可能情况；图中的曲线为方程 $x=\dfrac{l}{2}\sin\varphi$，当（$\varphi$，$x$）落在曲线下方时，针与平行线相交，因此曲线下的阴影部分的面积代表了针与平行线相交的情况。阴影部分的面积为：

$$S_{阴}=\int_0^{\pi}\frac{l}{2}\sin\varphi\,\mathrm{d}\varphi=l \tag{4.7-2}$$

则细针与平行线相交的概率为：

$$p=\frac{S_{阴}}{S_{矩}}=\frac{2l}{\alpha\pi} \tag{4.7-3}$$

记 N 为投针中的试验次数，n 为细针与平行线相交的概率，则 n/N 为细针与平行线相交的频率。由大数定理，当试验次数足够多时，可将事件发生的频率看作事件发生的概率近似值，即$\dfrac{2l}{\alpha\pi}=\dfrac{n}{N}$，于是得到 $\pi\approx\dfrac{2lN}{\alpha n}$。

蒲丰投针试验揭示了蒙特卡洛方法的基本思想：把概率现象作为研究对象，在大数定理的保证下，按随机抽样调查法得到试验统计值，然后通过这个试验统计值来间接计算相关的未知数。在投针试验中，就是通过大量试验得到细针与平行线相交的频率，根据大数定理，可用这个频率代替相交的概率，而 π 与这个频率相关，确定了频率就可以根据相关关系求得 π。投针试验并不是直接试验出 π 的值来，而是根据试验结果间接计算出 π 的值。可见蒙特卡洛法是通过概率试验所求的概率来估计我们想得到的一个未知量，这种方法特别适用于传统解析法难以解决甚至无法解决的问题。

在蒙特卡洛法的基本框架中，有两个特征量很重要，一是随机变量或随机过程及其概率分布，是随机抽样问题；另一个是统计量，是统计估计问题。统计量是随机变量的函数，也是一个随机变量，是与估计值密切相关的特征量，对实际系统它是系统性能和功能的度量。对于蒲丰投针模拟，随机变量是投针落点的距离和极角，统计量是投针与平行线相交概率。蒙特卡洛法的基本框架归纳为 4 个步骤[5]：

（1）建立概率模型：概率模型是用概率统计的方法对实际问题或系统做出的一种数学描述，可以描述随机性问题和确定性问题。建立概率模型就是构建一个概率空间，确定概率空间元素以及它们之间的关系。

（2）随机抽样产生样本值：用随机抽样方法从随机变量或随机过程的概率分布抽样，产生随机变量或随机过程的样本值。

（3）确定和选取统计量：确定统计量与随机变量或随机过程的函数关系，由随机变量或随机过程的样本值得到统计量的取值。

（4）统计估计：由统计量的算术平均得到统计量的估计值，作为所要求解问题的近似估计值。

可见，蒙特卡洛法并不是一个传统的确定性数学方法，有确定的求解公式，这种方法实际上是一种利用概率试验解决问题的思路，需要巧妙地设计出试验过程，因此这种方法更像是一种解决问题的思想。

蒙特卡洛法在强化学习中也有相应的应用[6]，本书将在第 9 章进行详细介绍。

4.8 人工势场法

人工势场法（Artificial Potential Field，APF）是将智能体的运动环境抽象成一种人为创造的势能场，通过求解合力来控制智能体运动的方法。本节首先介绍人工势场法提出的背景，然后介绍传统人工势场法的基本概念和特点，并进一步介绍人工势场法的局限性和改进的人工势场法，最后介绍人工势场法在土木工程中的具体应用案例。

4.8.1 人工势场法的提出

人工势场法是由 Khatib[8] 提出的一种经典的路径规划方法，起初被用于解决机械臂的运动规划问题，目前被广泛应用于机器人、无人机和智能体的导航、避障工作中。人工势场法的基本思想是仿照物理学中电势和电场力的概念，将智能体在客观环境中的移动视为在人工虚拟势能场中的移动。智能体是指在特定环境下实现其目标的自主实体；在路径规划任务中，智能体的目标是在包含障碍物的复杂环境中，寻找不发生碰撞的路径。人工势场法的原理如图 4.8-1 所示：智能体处于某环境中且需要向目标点移动，则在目标点处建立引力势场，在障碍物处建立斥力势场，引力场和斥力场共同形成总体的人工势能场。人工势能场的总势能是引力势能和

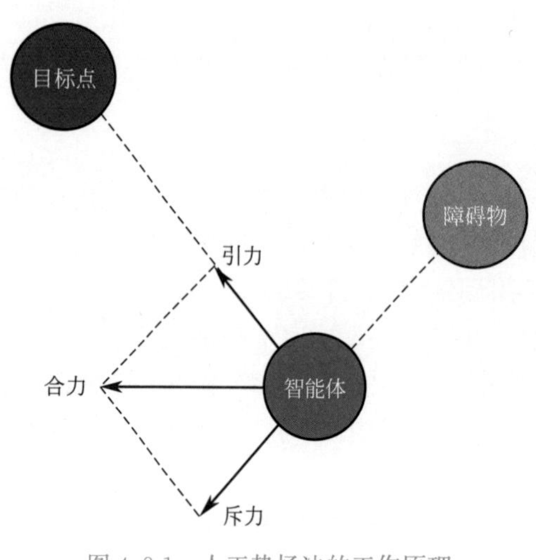

图 4.8-1 人工势场法的工作原理

斥力势能的总和。引力的大小随智能体与目标点的距离减小而减小，引力的方向是由智能体指向目标点。障碍物对智能体的影响只存在于一定范围内，这个范围是以障碍物为中心的圆形区域；智能体在障碍物影响范围以外，不受斥力作用，而在影响范围以内，斥力的大小随智能体与障碍物距离的减小而增大，且斥力的方向总是由障碍物指向智能体。在人工势能场中，智能体受到引力的作用而向目标点移动，同时在斥力的作用下远离障碍物。可见，智能体要在斥力和引力的合力下到达目标点，从而完成一次路径规划。

在人工势能场中，通常将目标点处的总势能设为全局最小值，而将障碍物处的总势能设为局部最大值。采用人工势场法进行路径规划的原则是，智能体总是从一个较高的总势能位置移动到一个较低的总势能位置。

4.8.2　传统的人工势场法

传统的人工势场法计算简单，可以在智能体的移动环境中简单地建立人工势能场。计算中，在智能体的移动环境中建立坐标系，用 $\boldsymbol{x}$ 表示智能体的当前位置向量，$\boldsymbol{x}_{\mathrm{g}}$ 表示目标点的位置向量，从而可建立引力势能 $U_a(\boldsymbol{x})$ 公式：

$$U_a(\boldsymbol{x})=\frac{1}{2}k\rho^2(\boldsymbol{x},\ \boldsymbol{x}_{\mathrm{g}}) \tag{4.8-1}$$

上式中，k 为引力系数（按计算需求确定），$\rho(\boldsymbol{x},\ \boldsymbol{x}_{\mathrm{g}})=|\boldsymbol{x}-\boldsymbol{x}_{\mathrm{g}}|$ 为智能体与目标点的距离，$|\cdot|$ 表示向量的模。

将引力势能对 $\boldsymbol{x}$ 求梯度，并规定引力的方向与梯度相反，即可得引力 $F_a(\boldsymbol{x})$ 公式：

$$F_a(\boldsymbol{x})=-\nabla(U_a)=-k(\boldsymbol{x}-\boldsymbol{x}_{\mathrm{g}}) \tag{4.8-2}$$

图 4.8-2 为一个引力势能场，其中智能体在由 x 轴和 y 轴组成的二维平面内移动，z 轴为引力势能值，引力系数取为 $k=1$；目标点在 x-y 平面内的坐标为（0，0），可见目标点处的引力势能为全局最小值。

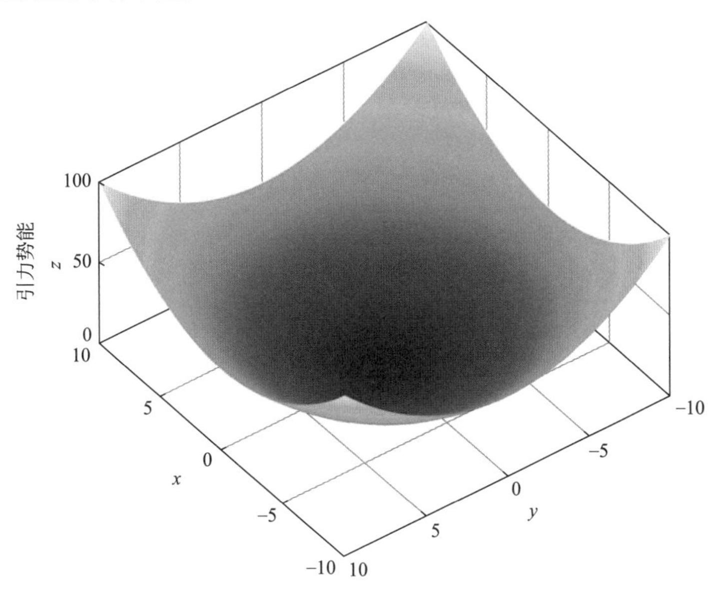

图 4.8-2　引力势能场

障碍物的斥力势能 $U_r(\boldsymbol{x})$ 公式为：

$$U_r(\boldsymbol{x})=\begin{cases}\frac{1}{2}\eta\left(\frac{1}{\rho(\boldsymbol{x},\ \boldsymbol{x}_r)}-\frac{1}{\rho_0}\right)^2, & 0\leqslant\rho(\boldsymbol{x},\ \boldsymbol{x}_r)\leqslant\rho_0\\ 0, & \rho(\boldsymbol{x},\ \boldsymbol{x}_r)>\rho_0\end{cases}\tag{4.8-3}$$

上式中，η 为斥力系数（按计算需求确定），$\boldsymbol{x}_r$ 为障碍物的位置向量，$\rho(\boldsymbol{x},\ \boldsymbol{x}_r)=|\boldsymbol{x}-\boldsymbol{x}_r|$ 为智能体与障碍物的距离。ρ_0 为障碍物影响范围的距离阈值，是障碍物的圆形影响范围的半径（三维空间为球形半径）；智能体位于障碍物影响范围外时，斥力势能和斥力均为零；智能体位于障碍物影响范围内时，斥力势能随智能体与障碍物距离的变小而逐渐增大。若 ρ_0 取值较小，可能导致智能体无法绕开障碍物；而 ρ_0 取值偏大，可保证智能体远离障碍物，但将导致规划出的路径过长，因此 ρ_0 的取值应综合考虑。将斥力与斥力势能规定为呈负梯度关系；斥力 $F_r(\boldsymbol{x})$ 的公式为：

$$F_r(\boldsymbol{x})=-\nabla(U_r)=\begin{cases}\eta\left(\frac{1}{\rho(x,\ x_r)}-\frac{1}{\rho_0}\right)\frac{1}{\rho(x,\ x_r)^2}\frac{\partial\rho(\boldsymbol{x},\ \boldsymbol{x}_r)}{\partial\boldsymbol{x}}, & 0\leqslant\rho(\boldsymbol{x},\ \boldsymbol{x}_r)\leqslant\rho_0\\ 0, & \rho(\boldsymbol{x},\ \boldsymbol{x}_r)>\rho_0\end{cases}\tag{4.8-4}$$

图 4.8-3 为一个斥力势能场，其中智能体在与图 4.8-2 相同的二维平面内移动，z 轴为斥力势能值，斥力系数取为 $\eta=200$；在 x-y 平面内的点（5，5）处放置一个障碍物，影响范围取为 $\rho_0=5$，可见障碍物处的斥力势能为局部最大值。

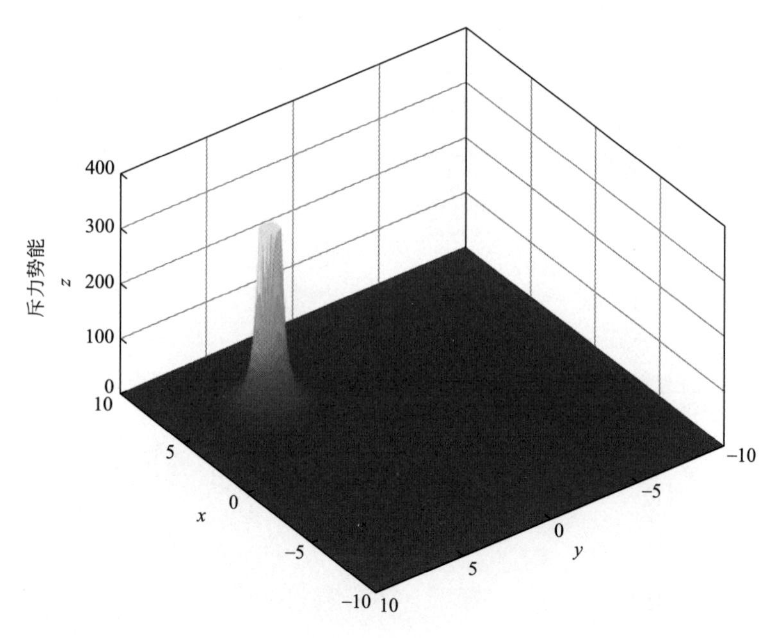

图 4.8-3 斥力势能场

当环境中存在多个障碍物时，智能体处于引力势能场和多个斥力势能场叠加的总势能场中：

$$U(\boldsymbol{x})=U_a(\boldsymbol{x})+\sum_{i=1}^{m}U_r^i(\boldsymbol{x})\tag{4.8-5}$$

其中，$U(\boldsymbol{x})$ 为总势能，m 为障碍物的总数量，i 为障碍物的编号。

将图 4.8-2 和图 4.8-3 中的引力和斥力势能场叠加即可得到总势能场，见图 4.8-4。

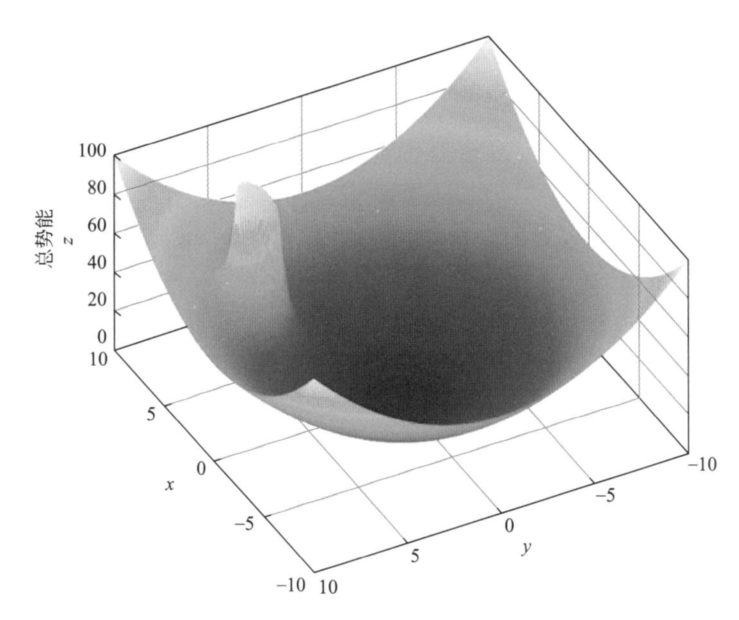

图 4.8-4　人工势能场的总势能场

相比于其他的路径规划算法，人工势场法具有一些显著的特点：

（1）计算简单：目标点、障碍物和智能体的位置信息可以准确地反映在构建的整体势能场中，数学公式表达清晰，易于实现。智能体在前进过程中，路径点由所受到的斥力和引力共同确定，避免了计算量冗杂和计算复杂度高的缺点，计算时间短，内存占用少；

（2）稳定性强：在已知起点、终点和障碍物位置的情况下，人工势场法一般可快速高效地给出一致且可靠的无碰撞路径。

4.8.3　人工势场法的局限性

1. 障碍物附近目标点不可达

传统的人工势场法具有障碍物附近目标点不可达问题[9]。在智能体路径规划过程中，目标点一般设置在远离障碍物的位置，因此智能体在即将到达目标点时，只受引力的影响。而在实际应用中也会存在障碍物与目标点很近的情况，如图 4.8-5 所示；当智能体的目标点预先设置在障碍物的影响范围内，智能体向目标点前进的同时也在向障碍物方向移动；此情况下，智能体向目标点靠近过程中，受到的障碍物斥力也越来越大，但受到的目标点引力却越来越小，最终斥力将远大于引力，而目标点也将不再是总势能场的全局最小值点，从而导致逐渐接近目标点的智能体可能在目标点附近往复震荡，无法最终到达目标点。

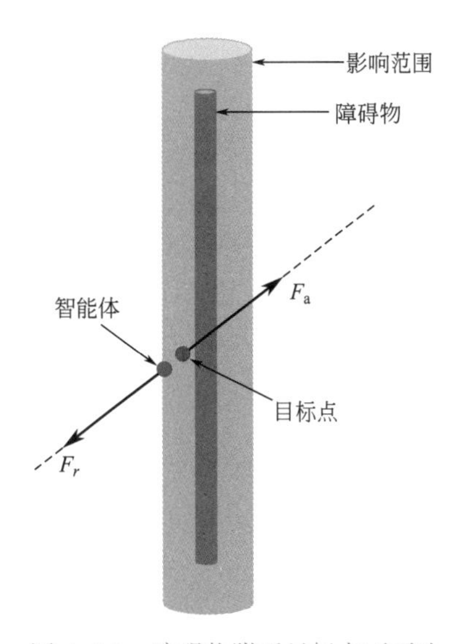

图 4.8-5　障碍物附近目标点不可达

为解决障碍物附近的目标点不可达问题，需对传统人工势场法进行改进，有效的改进措施是在斥力势能函数中增加智能体与目标点距离的平方 $\rho^2(\boldsymbol{x}, \boldsymbol{x}_g)$ 作为乘积项。改进的斥力势能函数 $U'_r(\boldsymbol{x})$ 可保证目标点是总势能场全局最小值点[10]，其表达式为：

$$U'_r(\boldsymbol{x})=\begin{cases}\dfrac{1}{2}\eta\left(\dfrac{1}{\rho(\boldsymbol{x}, \boldsymbol{x}_r)}-\dfrac{1}{\rho_0}\right)^2\rho^2(\boldsymbol{x}, \boldsymbol{x}_g), & 0\leqslant\rho(\boldsymbol{x}, \boldsymbol{x}_r)\leqslant\rho_0\\ 0, & \rho(\boldsymbol{x}, \boldsymbol{x}_r)>\rho_0\end{cases} \tag{4.8-6}$$

根据上式，当目标点在障碍物影响范围内时，斥力势能将随智能体与目标点距离的减小而减小；当智能体到达目标点时，将不再受到总势场合力的作用，不再发生移动。然而采用上式时，当智能体距离目标点较远时，$\rho^2(\boldsymbol{x}, \boldsymbol{x}_g)$ 项使得斥力势能被过度放大，导致总势能场发生扭曲；智能体在绕过障碍物时，避障距离更远，路径更长。为克服这一缺点，依据引入乘积项的取值需求和高斯函数的图形特性，引入一个变形的高斯函数 $G(\boldsymbol{x})$ 作为斥力势能函数的乘积项[11]：

$$G(\boldsymbol{x})=1-\mathrm{e}^{-\frac{\rho^2(\boldsymbol{x}, \boldsymbol{x}_g)}{R^2}} \tag{4.8-7}$$

上式中，R 为智能体半径（一般会将智能体模拟为一个球）。用 $G(\boldsymbol{x})$ 代替式（4.8-6）中的乘积项 $\rho^2(\boldsymbol{x}, \boldsymbol{x}_g)$，可得新的斥力势能函数 $U''_r(\boldsymbol{x})$：

$$U''_r(\boldsymbol{x})=\begin{cases}\dfrac{1}{2}\eta\left(\dfrac{1}{\rho(\boldsymbol{x}, \boldsymbol{x}_r)}-\dfrac{1}{\rho_0}\right)^2\left(1-\mathrm{e}^{-\frac{\rho^2(\boldsymbol{x}, \boldsymbol{x}_g)}{R^2}}\right), & 0\leqslant\rho(\boldsymbol{x}, \boldsymbol{x}_r)\leqslant\rho_0\\ 0, & \rho(\boldsymbol{x}, \boldsymbol{x}_r)>\rho_0\end{cases} \tag{4.8-8}$$

图 4.8-6 为 $G(\boldsymbol{x})$ 的函数图像，图中智能体是在由 x 轴和 y 轴组成的二维平面内移动，x-y 平面内的点（0，0）为智能体的目标点，智能体半径为 $R=1$。由图中可见，当智能体远离目标点时，$G(\boldsymbol{x})$ 的取值趋近于 1，斥力势能也将逐渐与原斥力势能相等，总势能场不会发生扭曲；当智能体位于目标点附近时，$G(\boldsymbol{x})$ 的取值趋近于 0，从而可保证目标点仍为总势能场的全局最小值点。

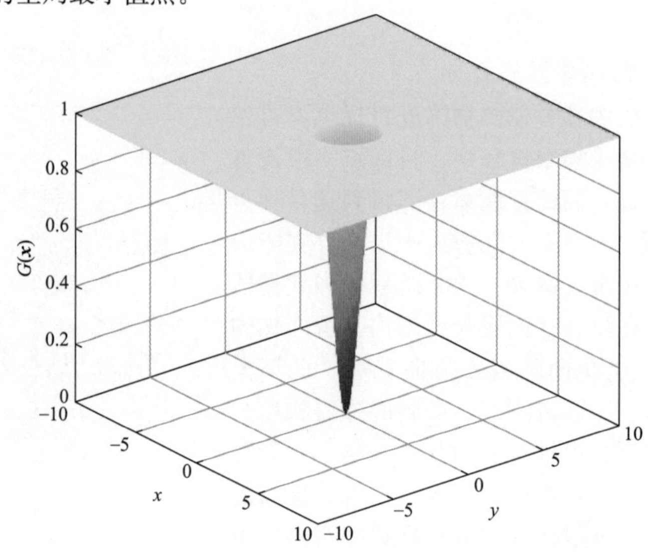

图 4.8-6　高斯函数图像

通过引入 $G(\boldsymbol{x})$，远离目标点处的总势能场扭曲问题能够得到有效改善。然而，在某些特定情况下，总势场会在目标点附近出现局部极小值点，使得智能体在此处静止不动或者反复震荡，不能最终到达目标点。以图 4.8-7 为例，在由 x 轴和 y 轴组成的二维平面内，智能体起点的坐标为（10，0），目标点 $\boldsymbol{x}_g$ 的坐标为（0，0）；环境中有两个半径为 $R=1$ 的圆形障碍物，障碍物 1 的圆心坐标为（−2，0），障碍物 2 的圆心坐标为（−10，0）；其他参数分别为 $k=1$，$\rho_0=5$，$\eta=300$，得到的 $U''_r(\boldsymbol{x})$ 总势场三维图见图 4.8-8（a）。智能体开始向目标点移动时，障碍物位于目标点的后侧（左侧），且目标点、智能体及障碍物在一条直线上，则在总势能场产生的合力引导下，智能体将沿直线 $y=0$ 前进，此时将同时接近目标点和障碍物；前进过程中，$U_a(\boldsymbol{x})$ 值逐渐减小，$U_r(\boldsymbol{x})$ 值逐渐增大，$G(\boldsymbol{x})$ 的值逐渐减小，这将使得 $U''_r(\boldsymbol{x})$ 的值先减小后增大（如图 4.8-8（b）中的总势能场在 $y=0$ 的剖面图所示），从而导致总势能场在智能体到达目标前的位置有一个局部极小值点，智能体会停留在此局部极小值点而不会到达目标点，见图 4.8-8（a）；虽然此时智能体和目标点之间并无任何障碍物，但智能体并不能到达目标点。可见，引入 $G(\boldsymbol{x})$ 仍无法完全解决障碍物附近的目标点不可达问题。

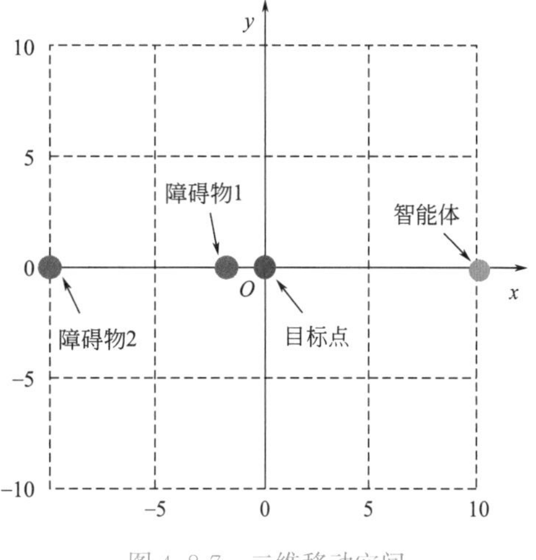

图 4.8-7　二维移动空间

2. 局部极小值陷阱问题

传统人工势场法的另一固有问题是局部极小值陷阱问题[12]。如图 4.8-9 所示，若障碍物被放置在智能体与其目标点之间的连线上，智能体将同时受到共线的引力和斥力。在智能体向目标点前进的过程中，引力逐渐减小，斥力逐渐增大，在某一点引力和斥力之间构成二力平衡状态，此点即是局部极小值点。在局部极小值点，由于引力和斥力大小相等且方向相反，智能体陷入局部极小值，无法继续移动。在实际计算中，受智能体步长和空间离散精度的限制，局部极小值点可能不是路径点；这种情形下，移动环境中将形成一个虚拟的局部极小值点，当智能体前进到此点时斥力将大于引力且方向相反，使得智能体承受与智能体运动方向相反的合力，从而返回到上一步路径规划点；在下一步路径规划计算中，由于引力的作用，智能体再次到达虚拟局部极小值点，从而使得智能体在虚拟局部极小值点附近反复震荡。

为克服传统人工势场法中的局部极小值陷阱问题，采用不同的方法使得智能体逃离势场中的局部极小值点，主要包括："沿墙走"方法[13]、附加斥力法[14] 和虚拟障碍物法[15]。"沿墙走"方法适用于矩形、L 形和凹形的障碍物造成的局部极小值陷阱问题。当智能体陷入局部极小值陷阱点时，智能体的控制模式将从由势场引导控制模式切换到"沿墙走"控制模式。在"沿墙走"控制模式中，智能体随机决定沿障碍物边界移动的方向，并记录当前位置到目标点的距离。在移动过程中，智能体持续监控其位置与目标点的动态距离，当两者间距开始减小时，智能体成功逃离局部极小值点，此时"沿墙走"控制模式结束并返回势场控制模式。

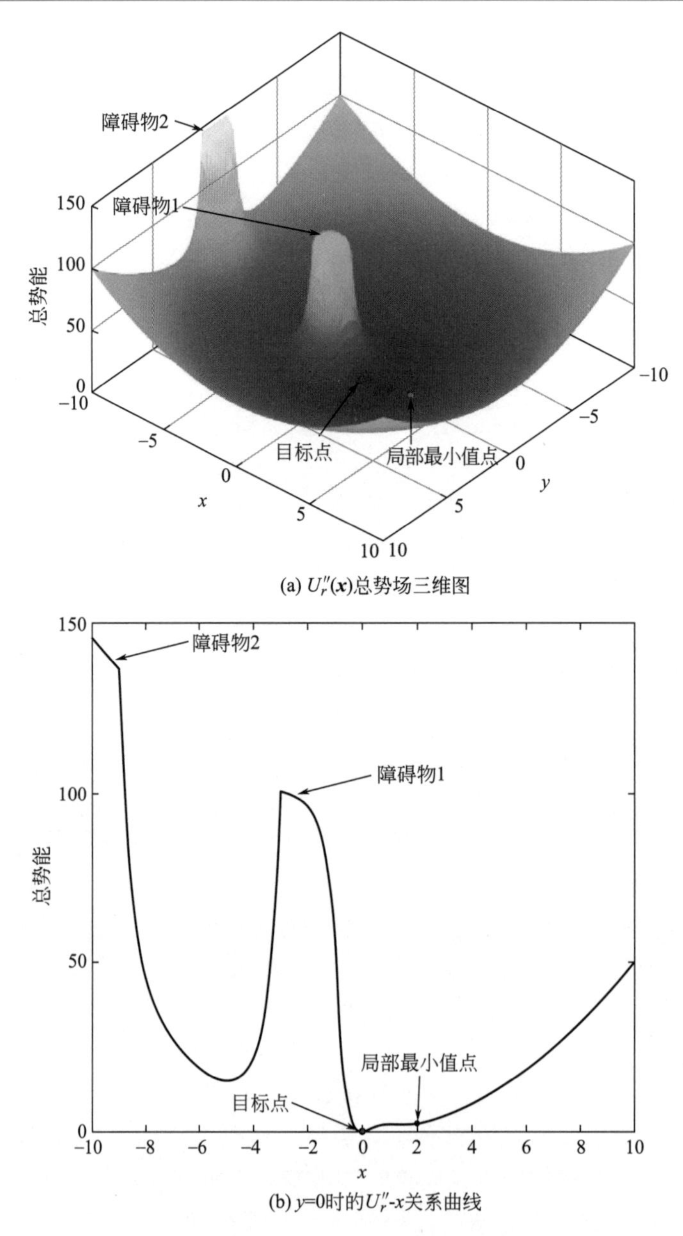

(a) $U_r''(\boldsymbol{x})$总势场三维图

(b) y=0时的U_r''-x关系曲线

图 4.8-8　采用 $U_r''(\boldsymbol{x})$ 时的一个特例

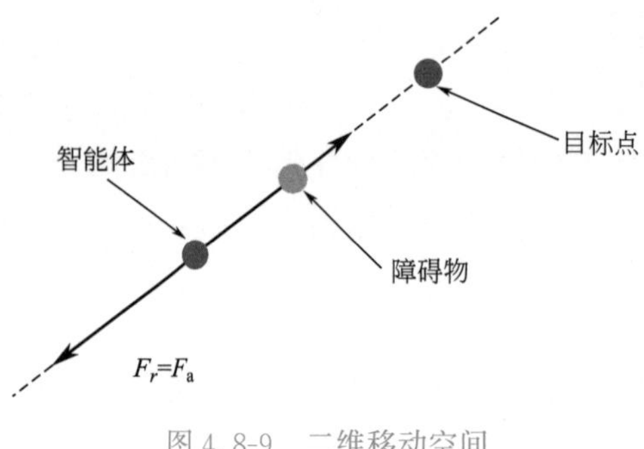

图 4.8-9　二维移动空间

附加斥力法同样可以有效解决局部极小值陷阱问题。当智能体陷入局部极小值陷阱点时，提供一个附加斥力引导智能体绕开障碍物。附加斥力需满足以下要求：大小与引力相等，方向与引力方向的夹角 θ 不为 0，从而确保合力与运动的方向不在一条直线上，迫使智能体改变移动方向。可在局部极小值陷阱点附近构建一个半径为 r 的圆形虚拟区域（三维中为球体虚拟空间），智能体仅在此区域内选择下一路径规划点。可采用智能优化算法对 r 和 θ 进行优化，计算虚拟区域的最优半径和附加斥力的最优大小与方向。

虚拟障碍物法也是一种避开局部极小值陷阱点的有效方法。当判定智能体被局部极小值陷阱点捕获时，可将一个虚拟障碍物放置在此点，即在原势能场的基础上增加虚拟障碍物，这样将产生额外的斥力势能场，从而使得智能体能够绕过局部极小值陷阱点。

4.8.4　改进的人工势场法

目前，针对障碍物附近目标点不可达和局部极小值陷阱这两个人工势场法的固有问题，一些学者进行了深入的研究，提出了相关解决方法，但适用场景受限。对于障碍物附近目标点不可达的问题，可进一步改进斥力势能函数，引导智能体成功到达目标点[16]。对于局部极小值陷阱问题，可采用改变斥力方向的启发式方法，将智能体带离局部极小值点[16]。

在斥力势能函数中引入 $G(\boldsymbol{x})$ 作为乘积项能够一定程度上解决障碍物附近的目标点不可达问题，然而在类似于图 4.8-7 的智能体移动场景中，在目标点附近仍会出现局部极小值点，导致智能体无法到达目标点。为此，可通过改进乘积项 $G(\boldsymbol{x})$，使得智能体在靠近目标点时，$G(\boldsymbol{x})$ 的值进一步减小，而在远离目标点的区域仍保持取值趋近于 1，从而消除由目标点附近障碍物引起的局部极小值点。将参数 β 引入到 $G(\boldsymbol{x})$ 中，从而形成改进的高斯函数 $G_1(\boldsymbol{x})$。

$$G_1(\boldsymbol{x})=1-\mathrm{e}^{-\frac{\rho^2(x,\ x_g)}{\beta R^2}} \tag{4.8-9}$$

设 $\beta=5$，则对应的 $G_1(\boldsymbol{x})$ 二维图像如图 4.8-10 所示。通过与图 4.8-6 的对比可见，$G_1(\boldsymbol{x})$ 图像的开口区域更大，即 $G_1(\boldsymbol{x})$ 的函数值在目标点附近趋于零的速度变慢，从而可能将目标点附近障碍物引起的局部极小值点消除。

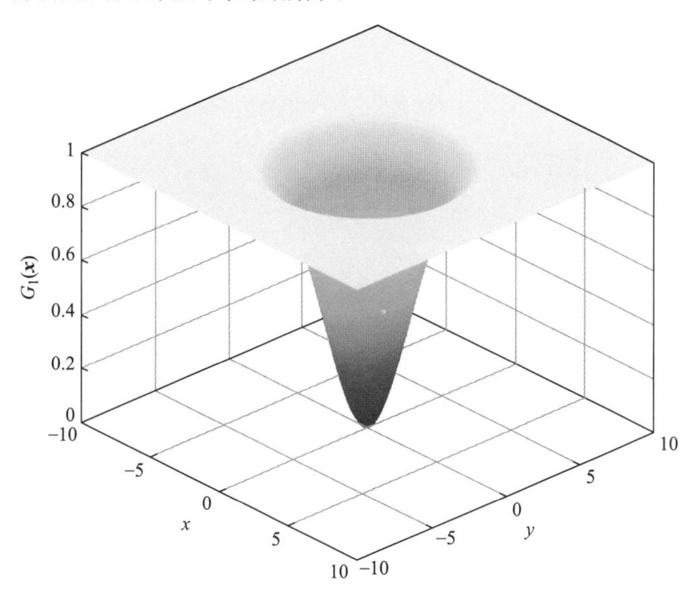

图 4.8-10　$G_1(\boldsymbol{x})$ 的二维图像

改进的斥力势能函数 $U_{r1}(\boldsymbol{x})$ 如下：

$$U_{r1}(\boldsymbol{x})=\begin{cases}\dfrac{1}{2}\eta\left(\dfrac{1}{\rho(\boldsymbol{x},\ \boldsymbol{x}_r)}-\dfrac{1}{\rho_0}\right)^2\left(1-\mathrm{e}^{-\frac{\rho^2(\boldsymbol{x},\ \boldsymbol{x}_g)}{\beta R^2}}\right), & 0\leqslant\rho(\boldsymbol{x},\ \boldsymbol{x}_r)\leqslant\rho_0\\ 0, & \rho(\boldsymbol{x},\ \boldsymbol{x}_r)>\rho_0\end{cases}\tag{4.8-10}$$

对于图 4.8-7 所示的智能体移动环境，采用式（4.8-10）中的改进斥力势能函数建立总势能场，见图 4.8-11（a）。图 4.8-11（b）显示的是 $y=0$ 时总势能场与 x 的关系曲线；通过调整参数 β 可以使得在目标点附近总势能场不存在局部极小值点，从而保证智能体可成功到达目标点。

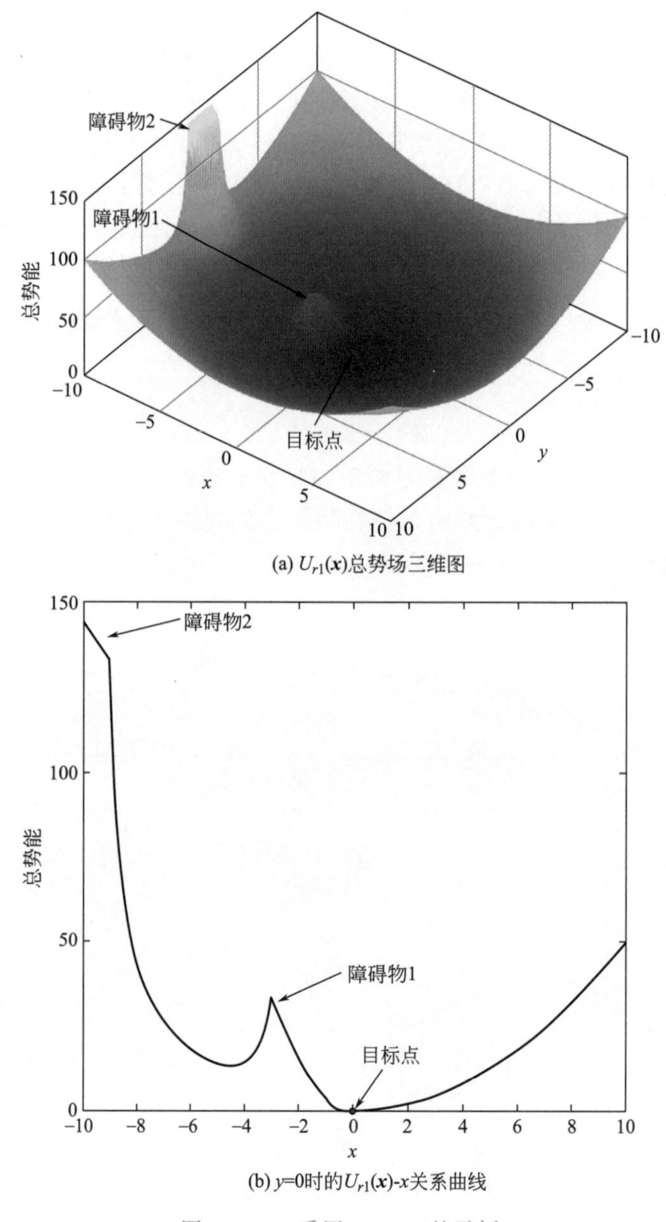

图 4.8-11　采用 $U_{r1}(\boldsymbol{x})$ 的示例

为快速高效地解决传统人工势场法中局部极小值陷阱问题，可采用改变斥力方向的启发式方法打破智能体在局部极小值点的受力平衡，使智能体逃离局部极小值点。如图 4.8-12 所示，若智能体被困在局部极小值陷阱点，则将障碍物的位置暂时移动到临时位置点，形成一个临时障碍物，临时障碍物对智能体的斥力方向与原斥力方向呈 45.0°夹角。在这种情况下，新斥力可被分解为两个斥力分量；斥力分量 1 的方向与原斥力方向相同，这将使得智能体沿原路返回，远离障碍物的影响；斥力分量 2 的方向垂直于原斥力方向，这将使得智能体绕开局部极小值点，躲避障碍物。智能体逃脱局部极小值陷阱后，将临时障碍物移回至原位置。

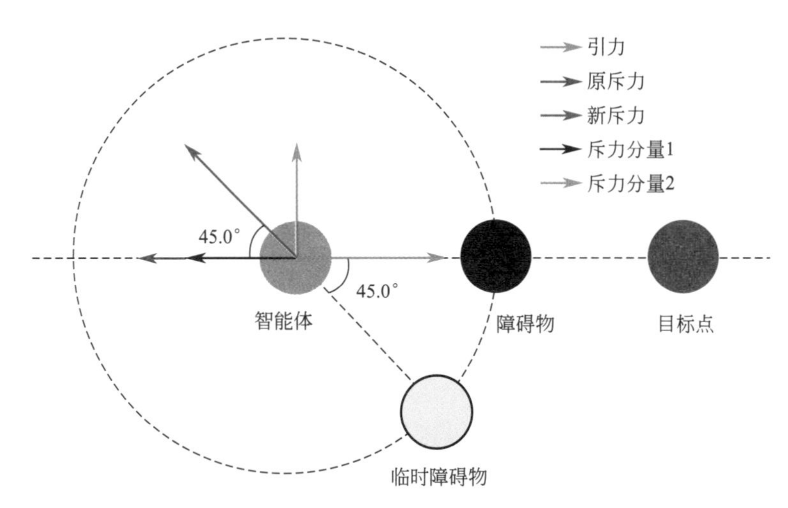

图 4.8-12　改变斥力的方向解决局部极小值问题

4.8.5　人工势场法的土木工程应用

在土木工程中，对于钢筋混凝土结构或预制混凝土构部件，无碰撞的钢筋智能排布问题可以被转化为智能体路径规划问题，建立基于智能体系统的钢筋排布模型。在钢筋排布模型中，将混凝土构件中的每根钢筋视为智能体，智能体的目标是找到与障碍物（其他钢筋或预埋件等）无任何碰撞的路径。智能体的任务是从起始点移动到目标点，并能自动避开障碍物；智能体的路径即为满足施工要求的钢筋排布。此处将以混凝土框架梁柱节点处的钢筋智能排布任务为例，介绍改进的人工势场法的应用。

如图 4.8-13（a）所示，钢筋混凝土梁柱节点是梁与柱的交叉区域，梁柱中的钢筋汇集在节点中，布置复杂，容易发生碰撞。梁柱中的钢筋通常分为两大类：纵向钢筋和横向钢筋（箍筋）。纵向钢筋沿构件轴向布置，横向钢筋采用外围箍筋的形式围绕纵筋，固定纵筋位置，并与纵筋共同形成钢筋骨架。此处在进行钢筋布置时，只考虑纵向钢筋的布置，而将横向钢筋视为智能体移动环境的边界。如图 4.8-13（b）所示，将梁柱节点从柱顶向下投影为二维图，将节点定义为智能体的二维移动空间，并建立坐标系。柱的左下角为坐标系原点，x 和 y 轴的方向分别与柱横截面的高和宽方向平行。为保证钢筋布置的精度，采用边长为 1mm 的正方形对二维移动空间进行网格划分，只在网格结点处获取智能体的路径点，钢筋排布可精确到 1mm，符合实际施工要求。

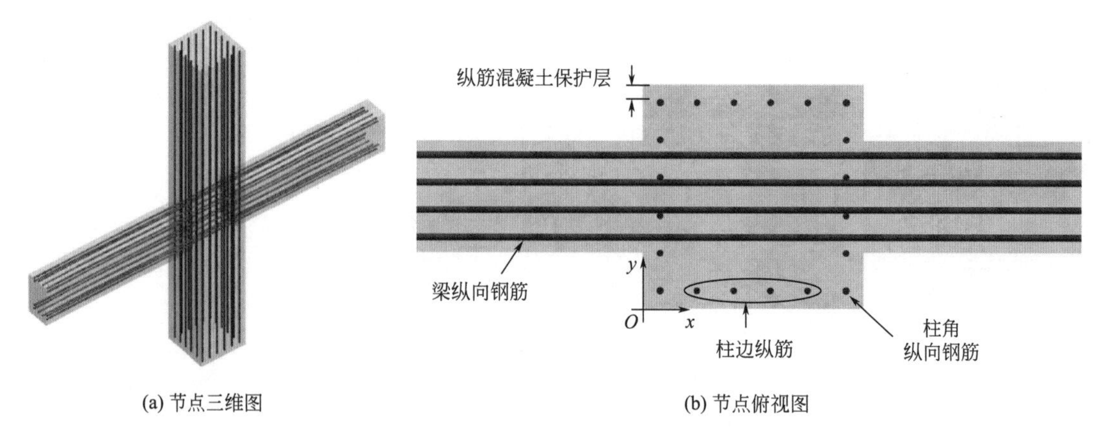

(a) 节点三维图　　(b) 节点俯视图

图 4.8-13　钢筋混凝土梁柱节点

计算中先对柱钢筋进行人工布置并将柱纵筋作为障碍物，再进行梁纵筋的布置。被布置的梁纵向钢筋应尽量均匀分布在梁中，并满足规范规定的钢筋间距和混凝土保护层的要求。因此，先将梁纵向钢筋均匀地布置在梁中，将钢筋的两端作为智能体的起始点和目标点。当某个智能体到达目标点时，则沿智能体的路径布置钢筋，并在下一根钢筋的排布中将已布置好的钢筋定义为障碍物。因此，在路径规划过程中，梁纵向钢筋智能体可能会遇到三种类型的障碍物：边界（混凝土保护层和箍筋）、柱纵向钢筋、已布置好的梁纵向钢筋。为实现快速准确的钢筋碰撞检测，可将梁柱节点区网格化并建立相应的障碍物矩阵，网格结点坐标与矩阵元素排列位置一一对应；进一步规定被边界或钢筋占据的网格结点在障碍物矩阵对应元素的取值为 1，未被占据的网格取值为 0。根据智能体路径的空间位置构建一个临时矩阵，同样规定被路径占据的网格取值为 1，未被占据的网格取值为 0；将临时矩阵与障碍物矩阵相加，若得到的矩阵元素最大值为 2，则判定智能体路径与障碍物在此位置处发生碰撞，若最大值为 1 则未发生碰撞。

在传统的机器人路径规划中，机器人的轨迹在保证避开障碍物到达目标点的同时，又经过平滑处理，使机器人以接近恒定速度移动[16]。与之相反的是在排布钢筋时，钢筋应该尽量保持直线形状。若节点处不存在其他钢筋，智能体可从起点直接到达目标点，移动路径即是钢筋排布方式；若存在其他障碍物，智能体规划出的初始路径可能有弯折，这种弯折一般不符合梁纵向钢筋的要求。如图 4.8-14 所示，当智能体路径的形状不能满足钢筋形状的直线要求时，路径点应自动偏移到距初始路径最远的规划点，直到新路径为直线且无碰撞。

对于图 4.8-13（a）中的梁柱节点，采用人工势场法进行钢筋智能排布。钢筋排布算法在个人计算机上的 MATLAB 2017 中实现。梁柱节点中，矩形柱截面为 600mm×600mm，柱四根角部纵向钢筋为 4 根直径 20mm 的钢筋，柱边纵向钢筋为 16 根直径 18mm 的钢筋；梁为 300mm（宽）×500mm（深）的矩形截面，梁顶部和底部纵筋均为 6 根 18mm 的钢筋；梁和柱的混凝土保护层厚度均设置为 30mm，箍筋直径为 8mm。将 20 根柱纵筋和 24 根梁纵筋作为智能体，完成智能钢筋排布。改进的人工势场法参数设置见表 4.8-1。

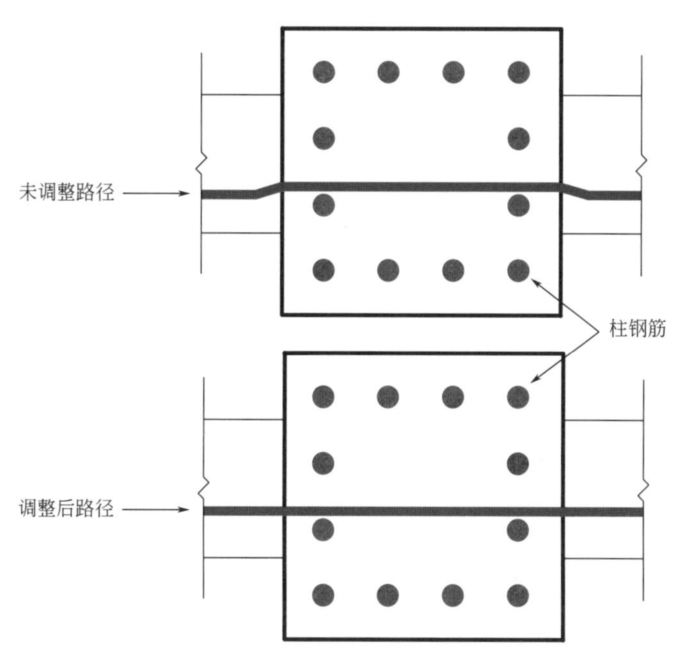

图 4.8-14 钢筋形状调整

改进的人工势场法的参数设置 表 4.8-1

参数	取值	定义
k	1	引力系数
η	100	斥力系数
ρ_0	1	障碍物影响范围
β	10000	系数

在人工势场法的引导下，节点中所有的智能体均可成功到达各自的目标点。基于智能体路径得到无碰撞钢筋的智能排布可视化模拟结果如图 4.8-15 所示。从图中可以看出，所有梁纵向钢筋均可绕过柱纵向钢筋；钢筋间距和混凝土保护层厚度均满足设计规范要求，从而避免钢筋堵塞。

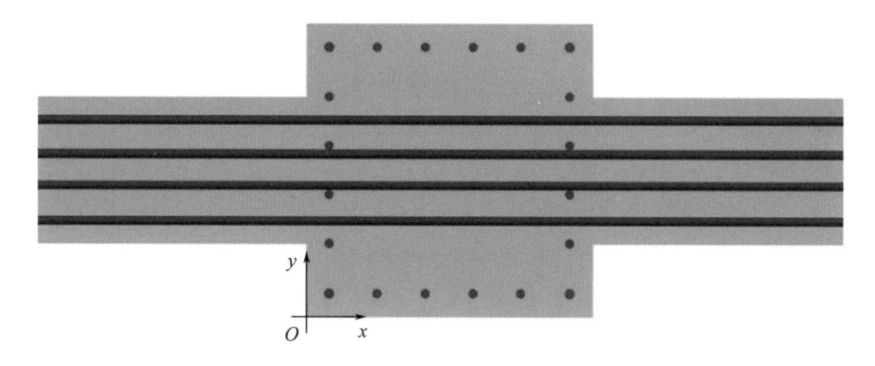

图 4.8-15 钢筋智能排布模拟结果

采用人工势场法对节点中的各钢筋的平均排布时间为 1.7～2.1s；可见，人工势场法具有计算效率高，速度快的特点，适合钢筋根数较多条件下的智能排布。

4.9 线性规划

线性规划是数学规划的一个重要组成部分，它起源于工业生产组织管理的决策问题。数学上常用线性规划来确定多变量线性函数在各变量满足线性约束条件下的最优值[17]。

4.9.1 线性规划问题的定义

先通过一个例子了解什么是线性规划问题。

例 4.9.1 某构件加工厂计划生产 M_1、M_2 两种钢-混凝土混合结构节点，需要 HRB400 钢筋、C30 混凝土、C40 混凝土三种原材料。生产一个 M_1 节点需要使用 1tHRB400 钢筋和 $3m^3$ C30 混凝土；生产一个 M_2 节点需要使用 2tHRB400 钢筋和 $4m^3$ C40 混凝土。HRB400 钢筋、C30 混凝土、C40 混凝土三种原材料每天各限量供应 6t、$12m^3$ 以及 $8m^3$。每生产一个 M_1 节点能盈利 2 万元，M_2 节点能盈利 1 万元，那么应该如何安排生产计划使该工厂获得最大利润？

解 用 x_1 和 x_2 分别表示每天 M_1、M_2 两种节点的生产数量，则每天的获利 z 可表示为 $z=2x_1+x_2$。HRB400 钢筋每天的用量不能超过 6t，所以有 $x_1+2x_2\leqslant 6$；同理，C30 混凝土和 C40 混凝土每天只能分别供应 $12m^3$ 和 $8m^3$，所以 x_1 和 x_2 需满足 $3x_1\leqslant 12$ 且 $4x_2\leqslant 8$；产量不可能为负数，所以 $x_1\geqslant 0$ 且 $x_2\geqslant 0$。综上，该问题的数学模型为：

$$\text{目标函数}\quad \max z=2x_1+x_2$$

$$\text{约束条件}\begin{cases}x_1+2x_2\leqslant 6\\ 3x_1\leqslant 12\\ 4x_2\leqslant 8\\ x_1,\ x_2\geqslant 0\end{cases} \tag{4.9-1}$$

诸如此类的优化问题即为线性规划问题，它们具有以下特征[18]：

（1）可以使用一组决策变量（x_1，x_2，…，x_n）表示某一方案，不同的值代表不同的方案，一般决策变量的取值为非负且连续；

（2）存在一些约束条件，可表达为决策变量的线性等式或线性不等式；

（3）存在一个要达到的目标，可表示为决策变量的线性函数，这个线性函数称为目标函数。按问题的不同，要求目标函数的值实现最大化或最小化。

线性规划问题数学模型的一般形式为

$$\text{目标函数}\quad \max(\min)z=c_1x_1+c_2x_2+\cdots+c_nx_n$$

$$\text{约束条件}\begin{cases}a_{11}x_1+a_{12}x_2+\cdots+a_{1n}x_n\leqslant(=,\ \geqslant)b_1\\ a_{21}x_1+a_{22}x_2+\cdots+a_{2n}x_n\leqslant(=,\ \geqslant)b_2\\ \cdots\\ a_{m1}x_1+a_{m2}x_2+\cdots+a_{mn}x_n\leqslant(=,\ \geqslant)b_m\\ x_1,\ x_2,\ \cdots,\ x_n\geqslant 0\end{cases} \tag{4.9-2}$$

其中，n 表示决策变量（自变量）的数量，m 表示约束方程的数量，目标函数中的系数 c_i 称为价值系数，约束条件中的右端项 b_i 称为限额系数。以下公式表达中，将“目标函数”和“约束条件”八个字省略，默认第一行为目标函数，大括号中的内容为约束条件。

从公式（4.9-2）中可以看出，线性规划问题的形式较为多变，目标函数可能是求解最大值，也可能是求解最小值；约束条件可能是“⩾”或“⩽”，也可能是“＝”。这种情况不利于给出一个统一的求解方法。不过，所有形式的线性规划问题都能通过相关方法转化为以下的标准形式，寻找最优解的方法（如 4.9.3 节中的单纯形法）也多是针对标准形式给出，所以一般会将问题的数学模型转换为标准形式之后再求解。

线性规划问题数学模型的标准形式定义为

$$\max z = c_1x_1 + c_2x_2 + \cdots + c_nx_n$$

$$\begin{cases} a_{11}x_1 + a_{12}x_2 + \cdots + a_{1n}x_n = b_1 \\ a_{21}x_1 + a_{22}x_2 + \cdots + a_{2n}x_n = b_2 \\ \cdots \\ a_{m1}x_1 + a_{m2}x_2 + \cdots + a_{mn}x_n = b_m \\ x_1,\ x_2,\ \cdots,\ x_n \geqslant 0 \end{cases} \tag{4.9-3}$$

其中，目标函数需要求解最大值（生产中一般都是求利润或产量的最大值），约束条件中全部为等式，右端项 $b_i > 0$（当某一个 $b_i = 0$ 时，表示出现退化，这种情况不在本书的讨论范围）。将诸如式（4.9-1）中的非标准形式转换成标准形式需要用到后面所叙述的“加负号法”和“松弛变量法”。

式（4.9-3）可用向量和矩阵表示为：

$$\max z = \boldsymbol{cx}$$

$$\begin{cases} \boldsymbol{A}\boldsymbol{x} = \sum_{j=1}^{n} \boldsymbol{p}_j x_j = \boldsymbol{b} \\ x_j \geqslant 0 \end{cases} \tag{4.9-4}$$

上式中 z 为目标函数，$\boldsymbol{c} = (c_1,\ c_2,\ \cdots,\ c_n)$ 为 n 维价值向量，$\boldsymbol{x} = (x_1,\ x_2,\ \cdots,\ x_n)^{\mathrm{T}}$ 为 n 维决策变量向量，$\boldsymbol{b} = (b_1,\ b_2,\ \cdots,\ b_m)^{\mathrm{T}}$ 为 m 维资源向量，$\boldsymbol{A}$ 为 $m \times n$ 的系数矩阵：

$$\begin{bmatrix} a_{11} & \cdots & a_{1n} \\ \vdots & & \vdots \\ a_{m1} & \cdots & a_{mn} \end{bmatrix} = [\boldsymbol{p}_1,\ \boldsymbol{p}_2,\ \cdots,\ \boldsymbol{p}_n]$$

其中，$\boldsymbol{p}_j = (a_{1j},\ a_{2j},\ \cdots,\ a_{mj})^{\mathrm{T}}$ 为 m 维系数向量。

将非标准形式转换成标准形式时，可能会遇到以下三种情况：

（1）需要求解目标函数最小值，即 $\min z = \boldsymbol{cx}$，这时令 $z' = -z$，则目标函数就变成 $\max z' = -\boldsymbol{cx}$；

（2）约束条件为不等式：若约束方程为“⩽”不等式，则需要在左侧加上一个非负的松弛变量，从而使不等式变为等式；同理，若约束方程为“⩾”不等式，则需要在左侧减去一个非负的松弛变量；这种方法实际上是通过增加一个或多个决策变量而使得不等式变为等式；

（3）决策变量的取值无约束：若决策变量 x_k 取值无约束，可令 $x_k=x_k'-x_k''$，其中 x_k'，$x_k''\geqslant 0$，使用 x_k' 和 x_k'' 代替 x_k（任何实数都可通过两正数相减得到）；

（4）右端项为负数，即 $b_i<0$，可在等式两边同时乘以“-1”。

下面以例 4.9.2 说明如何将线性规划数学模型的非标准形式转换成标准形式。

例 4.9.2 将以下的线性规划问题转换成标准形式。

$$\min z=x_1+2x_2-x_3$$
$$\begin{cases}x_1+x_2\leqslant 5\\x_2+x_3\geqslant 3\\x_1,\ x_2\geqslant 0\end{cases}$$

解 （1）由约束条件可见 x_3 无约束；令 x_4，$x_5\geqslant 0$，再令 $x_3=x_4-x_5$ 并在方程组中用 x_4-x_5 代替 x_3，这就在方程组中消除了 x_3，也解决了 x_3 没有约束的问题；

（2）在第一个约束条件左侧加上松弛变量 x_6，实际上是令 $x_6=5-(x_1+x_2)$，则第一个约束条件就转换成了等式约束 $x_1+x_2+x_6=5$；

（3）在第二个约束条件左侧减去松弛变量 x_7，实际上是令 $x_7=x_2+x_3-3$，再将 $x_3=x_4-x_5$ 代入，则第二个约束条件就转换成了等式约束 $x_2+x_4-x_5-x_7=3$；

（4）令 $z'=-z$，将 $\min z$ 变成 $\max z'$。综上，得到如下标准形式：

$$\max z'=-x_1-2x_2+x_4-x_5+0x_6+0x_7$$
$$\begin{cases}x_1+x_2+x_6=5\\x_2+x_4-x_5-x_7=3\\x_1,\ x_2,\ x_4,\ x_5,\ x_6,\ x_7\geqslant 0\end{cases}$$

4.9.2 线性规划问题的解

在约束方程的系数矩阵 $\boldsymbol{A}_{m\times n}$ 中，一般 $m<n$，即决策变量的个数大于约束方程的个数，这就意味着如果线性方程 $\boldsymbol{Ax}=\boldsymbol{b}$ 有解，必然是无穷多解。我们需要从这些解中找到能使目标函数取得最大值的决策变量值。在介绍如何求解之前，我们先结合例 4.9.1，利用图解法了解线性规划问题解的一些概念。

将式（4.9-1）中的约束条件绘出，如图 4.9-1（a）所示；其中约束条件 x_1，$x_2\geqslant 0$ 是第一象限的范围，约束条件 $3x_1\leqslant 12$ 是 $x_1\leqslant 4$ 的区域范围，$4x_2\leqslant 8$ 是 $x_2\leqslant 2$ 的区域范围；$x_1+2x_2\leqslant 6$ 是连接点（0，3）与（6，0）的直线以下区域范围。四个约束条件的交集即为图 4.9-1（a）中的阴影区域，阴影区域内的每个点都是可行的生产方案；这个阴影区域称为例 4.9.1 中线性规划问题的可行域，里面的每一个点都称为可行解。线性规划就是要找到使目标函数取得最大值的可行解，此可行解称为最优解。

针对例 4.9.1，可采用图解法求最优解，见图 4.9-1（b）。先将目标函数表示为 x_2 关于 x_1 的线性函数：

$$x_2=-2x_1+z$$

这是斜率为-2、截距为 z 的直线，当 z 值不停改变时即形成图 4.9-1（b）中所示的一组平行线；z 由小变大过程中，直线 $x_2=-2x_1+z$ 沿其法线方向向右上方移动，移动过程中到达 Q_2 点时，z 在可行域范围内取得最大值（最大截距），即最优解是 $\boldsymbol{x}=(4,\ 1)^{\mathrm{T}}$，从而得到目标函数的最大值为 9。

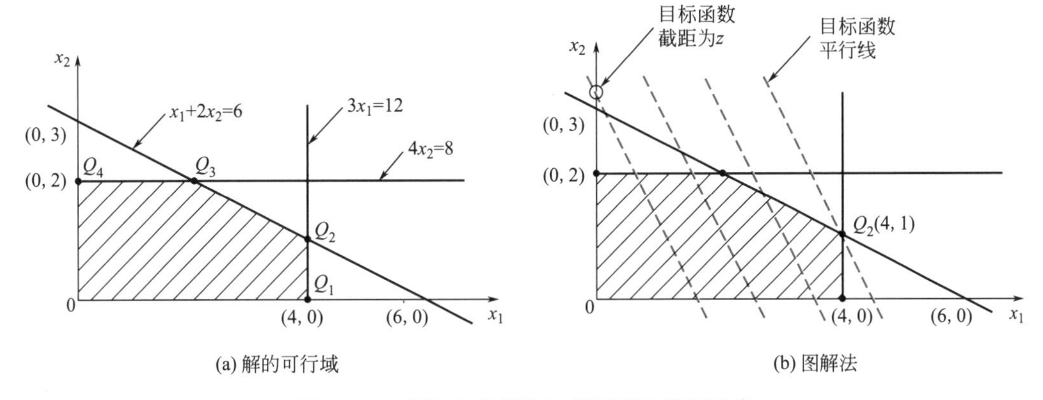

图 4.9-1　图解法找线性规划问题最优解示意

以上是能够在可行域中找到唯一最优解的情况，但在实际应用中还会遇到以下三种情况[18]：

（1）多重最优解：假设例 4.9.1 中的目标函数为 $\max z=2x_1+4x_2$，则目标函数可表示为斜率为 $-1/2$、截距为 $z/4$ 的直线：

$$x_2=-\frac{1}{2}x_1+\frac{1}{4}z$$

如图 4.9-2（a）所示，此时目标函数与直线 $x_1+2x_2=6$ 平行，则该直线上位于 Q_2 和 Q_3 之间的点均能使目标函数取得相同的最大值，可见此线性规划问题有多重最优解。

（2）无界解：对于下式的线性规划问题，

$$\max z=x_1+2x_2$$

$$\begin{cases}-x_1+2x_2\leqslant 1\\4x_2\leqslant 8\\x_1,\ x_2\geqslant 0\end{cases}$$

其约束条件形成的可行域如图 4.9-2（b）所示，其可行域无界。目标函数可表示为斜率为 $-1/2$、截距为 $z/2$ 的直线：

$$x_2=-\frac{1}{2}x_1+\frac{1}{2}z$$

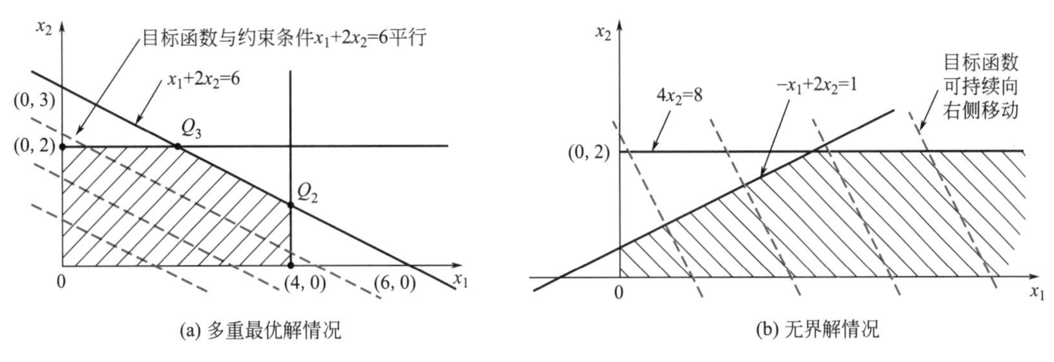

图 4.9-2　多重最优解和无界解的情况

随着直线向右侧移动，z 逐渐增加，但此时可行域无界，也就是目标函数可持续向右侧移动，所以 z 的最大值为无穷大，这种情况称为无界解。

（3）无可行解：如果线性规划的可行域为空集，则不存在可行解，也就不存在最优解。

当出现第（2）、（3）种情况时，说明线性规划问题的数学模型有误，前者缺乏必要的约束条件，后者存在矛盾的约束条件。当数学模型建立正确，线性规划问题的可行域为凸集，并且含有有限个顶点，如图 4.9-1（a）中的点 0、Q_1、Q_2、Q_3 以及 Q_4。例 4.9.1 中的最优解在可行域的顶点取到，这一结论可推广到一般情况，即线性规划问题若存在最优解，则一定在可行域的某个顶点取到；若在两个顶点上同时得到最优解，则它们连线上的任意一点都是最优解，即有多重最优解；这样就将最优解的范围从整个可行域缩小到可行域的顶点，将每个顶点代入目标函数并对目标函数值进行对比，就能找到最优解。但当 m、n 较大时，这种方法效率过低，这时可以使用单纯形法求解。

4.9.3 单纯形法

在式（4.9-4）中，如果线性方程组 $\boldsymbol{Ax}=\boldsymbol{b}$ 有解，必然是无穷多解，这些解组成了可行域，而最优解会在可行域的顶点上取到；图 4.9-1（a）中原点及 $Q_1\sim Q_4$ 点均为顶点，也就是一个凸集的凸点。基于此，单纯形法求解线性规划问题的基本思路是：先找出可行域的一个顶点，根据一定的规则判断其是否是最优解；如果不是最优解则转换到与之相邻的某顶点（多维问题中相邻顶点很多），此相邻顶点可通过一定方法进行选择，从而使目标函数值更大，则经过有限步迭代，就可求出最优解[17]。单纯形法中，基与基转换是重要的工具。

1. 线性规划的基向量与基变量

在线性规划问题的标准形式（4.9-4）中，应保证 $\boldsymbol{A}_{m\times n}$ 的秩为 m，且应保证方程组 $\boldsymbol{Ax}=\boldsymbol{b}$ 有解；这需要在建立方程组时就进行验证。如果 $\boldsymbol{A}_{m\times n}$ 的秩小于 m，则说明条件中有重复部分，就需要将方程组的重复条件去除，可通过矩阵的初等行变换进行去除；此时矩阵的行数将减少。判断方程组 $\boldsymbol{Ax}=\boldsymbol{b}$ 是否有解，也可采用行初等变换等方法进行。

保证 $\boldsymbol{A}_{m\times n}$ 的秩为 m 且 $\boldsymbol{Ax}=\boldsymbol{b}$ 有解的前提下，可将 $\boldsymbol{A}_{m\times n}$ 的 m 个线性无关列向量组成一个 m 阶方阵 $\boldsymbol{B}$，则称方阵 $\boldsymbol{B}$ 的所有列向量为线性规划方程 $\boldsymbol{Ax}=\boldsymbol{b}$ 的一个基，简称为线性规划的基；$\boldsymbol{A}$ 中的 n 个列向量中可能会有不止一个基。此处为方便表示，将 $\boldsymbol{A}$ 中 m 个线性无关列向量排在前 m 列，并调整对应的 x_i 在 $\boldsymbol{x}$ 中的分量顺序，从而使得 $\boldsymbol{B}$ 的列向量是 $\boldsymbol{A}$ 的前 m 个列向量，即

$$\boldsymbol{B}=\begin{bmatrix} a_{11} & a_{12} & \cdots & a_{1m} \\ a_{21} & a_{22} & \cdots & a_{2m} \\ \vdots & \vdots & & \vdots \\ a_{m1} & a_{m2} & \cdots & a_{mm} \end{bmatrix}=[\boldsymbol{p}_1, \boldsymbol{p}_2, \cdots, \boldsymbol{p}_m] \tag{4.9-5}$$

则式（4.9-4）可进一步表示为

$$\begin{bmatrix} a_{11} \\ a_{21} \\ \vdots \\ a_{m1} \end{bmatrix} x_1 + \begin{bmatrix} a_{12} \\ a_{22} \\ \vdots \\ a_{m2} \end{bmatrix} x_2 + \cdots + \begin{bmatrix} a_{1m} \\ a_{2m} \\ \vdots \\ a_{mm} \end{bmatrix} x_m = \begin{bmatrix} b_1 \\ b_2 \\ \vdots \\ b_m \end{bmatrix} - \begin{bmatrix} a_{1,m+1} \\ a_{2,m+1} \\ \vdots \\ a_{m,m+1} \end{bmatrix} x_{m+1} - \cdots - \begin{bmatrix} a_{1n} \\ a_{2n} \\ \vdots \\ a_{mn} \end{bmatrix} x_n$$

$$\boldsymbol{p}_1 x_1 + \boldsymbol{p}_2 x_2 + \cdots + \boldsymbol{p}_m x_m = \begin{bmatrix} b_1 \\ b_2 \\ \vdots \\ b_m \end{bmatrix} - \begin{bmatrix} a_{1,m+1} \\ a_{2,m+1} \\ \vdots \\ a_{m,m+1} \end{bmatrix} x_{m+1} - \cdots - \begin{bmatrix} a_{1n} \\ a_{2n} \\ \vdots \\ a_{mn} \end{bmatrix} x_n$$

称与基向量 $\boldsymbol{p}_j(j=1, 2, \cdots, m)$ 对应的变量 $x_j(j=1, 2, \cdots, m)$ 为基变量，其他变量为非基变量。令上式中的非基变量为 0，这时方程个数等于变量个数，且系数矩阵的行列式不等于零，则可求出一个唯一解 $\boldsymbol{x}=(x_1, x_2, \cdots, x_m, 0, \cdots, 0)^{\mathrm{T}}$，称为基解，$\boldsymbol{x}$ 为 n 维向量。这样做的目的是求得约束条件所代表超平面的交点，解释如下：

$$\begin{bmatrix} a_{1,1} & \cdots & a_{1,m} & a_{1,m+1} & \cdots & a_{1,n} \\ \vdots & & \vdots & \vdots & & \vdots \\ a_{m,1} & \cdots & a_{m,m} & a_{m,m+1} & \cdots & a_{m,n} \end{bmatrix} \begin{bmatrix} x_1 \\ \vdots \\ x_m \\ x_{m+1} \\ \vdots \\ x_n \end{bmatrix} = \begin{bmatrix} b_1 \\ \vdots \\ b_m \end{bmatrix}$$

上式中 $x_1 \sim x_m$ 为基变量，其他变量均为非基变量；将非基变量 $x_{m+1} \sim x_n$ 设为零，相当于仅用矩阵 $\boldsymbol{A}$ 中的前 m 个基向量线性组合出向量 $\boldsymbol{b}$，从而得到

$$\begin{bmatrix} a_{1,1} & \cdots & a_{1,m} \\ \vdots & & \vdots \\ a_{m,1} & \cdots & a_{m,m} \end{bmatrix} \begin{bmatrix} x_1 \\ \vdots \\ x_m \end{bmatrix} = \begin{bmatrix} b_1 \\ \vdots \\ b_m \end{bmatrix}$$

上式代表 m 个方程，即 $a_{i,1}x_1+\cdots+a_{i,m}x_m=b_i$，$i=1, 2, \cdots, m$，每个方程都是一个超平面，则求解出的唯一解 $\boldsymbol{x}=[x_1, x_2, \cdots, x_m]^{\mathrm{T}}$ 就是这些超平面的唯一共同交点，这个唯一解就称为一个基解（与 $\boldsymbol{B}$ 对应）。通过 $\boldsymbol{A}$ 中不同的基，可得到不同的超平面共同交点；这些交点中就包括可行域的各个顶点。仍以图 4.9-1（a）为例，图中原点、$Q_1 \sim Q_4$ 点等顶点均为超平面的交点（二维空间中的超平面为直线）。通过计算可知，将非基变量 $x_{m+1} \sim x_n$ 设为零的原因是，在这些交点处这些非基变量必然为零；这可利用图 4.9-1（a）的情况进行验证。

由于要求 $x_i \geqslant 0$，若基解中的所有分量均非负，则称该基解为基可行解。与基可行解对应的基，称为可行基。可行解、基解与基可行解之间的关系如图 4.9-3 所示。以图 4.9-1（a）为例，可行解是位于阴影区域（即可行域）之内的所有点，基解是图中的原点、$Q_1 \sim Q_4$ 点以及各条线的两两交点[18]，基可行解对应于可行域的顶点，即图中的原点、$Q_1 \sim Q_4$ 点。

2. 单纯形法的求解

线性规划问题的最优解在可行域的某顶点上取到；在顶点处，非基变量的值为 0，基变量的值不小于 0。不同的顶点对应不同的基变量/非基变量组合，且一一对应（因为 $\boldsymbol{B}$

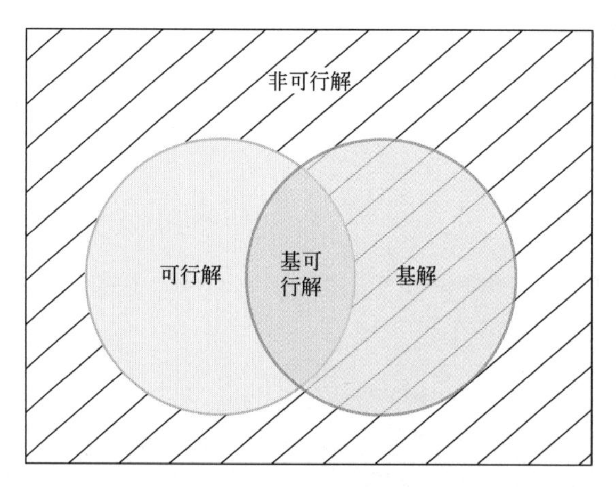

图 4.9-3　可行解、基解与基可行解之间的关系[18]

满秩）。可见，寻找使目标函数取得最大值的顶点就等同于寻找该顶点对应的基变量/非基变量组合。求解中，可先找到一个顶点，根据其对应的非基变量，采用一定的方法判断该顶点是否是最优解；若不是，则采用一定的方法跳到与之相邻的另一顶点，直到最终寻找到最优解对应的顶点；与顶点历遍计算的方法相比，采用这种方法，可加快计算的收敛，减少迭代步骤。

如 4.9.1 节中所述，可通过松弛变量法或其他方法将诸如式（4.9-1）的非标准形式处理成标准形式（式（4.9-3）和式（4.9-4）），并将标准形式系数矩阵 $\boldsymbol{A}$ 中的 m 个线性无关列向量排在前 m 列（如式（4.9-5）的处理方式），然后可通过初等行变换进一步处理成如下形式：

$$
\max z = c_1x_1 + c_2x_2 + \cdots + c_nx_n
$$
$$
\begin{cases}
x_1 + a'_{1,m+1}x_{m+1} + \cdots + a'_{1n}x_n = b'_1 \\
x_2 + a'_{2,m+1}x_{m+1} + \cdots + a'_{2n}x_n = b'_2 \\
\vdots \\
x_m + a'_{m,m+1}x_{m+1} + \cdots + a'_{mn}x_n = b'_m \\
x_1, x_2, \cdots, x_n \geqslant 0 \\
b'_1, b'_2, \cdots, b'_m > 0
\end{cases}
\tag{4.9-6}
$$

上式中，等式约束方程的系数矩阵是 $\boldsymbol{A}$ 的处理后形式 $\boldsymbol{A}'$，即：

$$
\boldsymbol{A}'\boldsymbol{x} = \begin{bmatrix} 1 & 0 & \cdots & 0 & a'_{1,m+1} & \cdots & a'_{1n} \\ 0 & 1 & \cdots & 0 & a'_{2,m+1} & \cdots & a'_{2n} \\ \vdots & \vdots & & \vdots & \vdots & & \vdots \\ 0 & 0 & \cdots & 1 & a'_{m,m+1} & \cdots & a'_{mn} \end{bmatrix} \begin{bmatrix} x_1 \\ x_2 \\ \vdots \\ x_n \end{bmatrix} = \begin{bmatrix} b'_1 \\ b'_2 \\ \vdots \\ b'_m \end{bmatrix} = \boldsymbol{b}' \tag{4.9-7}
$$

由上式可见，x_1 到 x_m 的系数列向量组线性无关，因此可选择 x_1 到 x_m 为基变量，称为初始基变量，其余变量为非基变量。令 $\boldsymbol{A}' = [\boldsymbol{p}'_1, \cdots, \boldsymbol{p}'_m, \boldsymbol{p}'_{m+1}, \cdots, \boldsymbol{p}'_n]$，则 x_1 到 x_m 对应的系数列向量 $\boldsymbol{p}'_1$ 与 $\boldsymbol{p}'_m$ 称为初始可行基。在上式中，令所有非基变量为 0，即得到初始基可行解 $\boldsymbol{x}^{(0)} = (b'_1, b'_2, \cdots, b'_m, 0, \cdots, 0)^{\mathrm{T}}$，从而找到了第一个顶点。

进行变换时须保证式（4.9-6）中 b'_1，b'_2，…，$b'_m > 0$，这是有可行解的前提；如果这个约束条件不能满足，则相当于找不到任何一个初始基可行解，也就找不到任何最优解。对所有约束条件是“≤”形式的不等式，一般从标准式中能直接观察到一组初始可行基；因为这种形式的不等式，需要利用松弛变量法在不等式的左端加上一个松弛变量，自然可形成一组初始可行基。对所有约束条件是“≥”形式的不等式或者等式约束情况，可采用穷举法求解初始可行基，此外还可采用人造基方法[18]。

找到第一个顶点后，需要判断这个顶点对应的基可行解是否是最优解，这相当于判断当前的非基变量组合（实际也是基变量/非基变量组合）是否与最优解对应。将目标函数用非基变量表示，即将式（4.9-6）中的非基变量部分移项至等号右侧，得到用非基变量表示基变量的表达式：

$$x_i = b'_i - \sum_{j=m+1}^{n} a'_{i,j} x_j (i=1, 2, \cdots, m) \tag{4.9-8}$$

注意，上式是由式（4.9-6）移项得到，与 x_j 是否为0无关。将上式代入式（4.9-6）的目标函数中，即得到用非基变量表示目标函数的表达式：

$$\begin{aligned} z &= c_1 x_1 + \cdots + c_m x_m + c_{m+1} x_{m+1} + \cdots + c_n x_n \\ &= c_1 \Big(b'_1 - \sum_{j=m+1}^{n} a'_{1,j} x_j\Big) + \cdots + c_m \Big(b'_m - \sum_{j=m+1}^{n} a'_{m,j} x_j\Big) + c_{m+1} x_{m+1} + \cdots + c_n x_n \\ &= (c_1 b'_1 - c_1 a'_{1,m+1} x_{m+1} - \cdots - c_1 a'_{1,n} x_n) + \cdots + (c_m b'_m - c_m a'_{m,m+1} x_{m+1} - \cdots - c_m a'_{m,n} x_n) \\ &\quad + c_{m+1} x_{m+1} + \cdots + c_n x_n \\ &= (c_1 b'_1 + \cdots + c_m b'_m) + (c_{m+1} - c_1 a'_{1,m+1} - \cdots - c_m a'_{m,m+1}) x_{m+1} + \cdots \\ &\quad + (c_n - c_1 a'_{1,n} - \cdots - c_m a'_{m,n}) x_n \\ &= \sum_{i=1}^{m} c_i b'_i + \sum_{j=m+1}^{n} \Big(c_j - \sum_{i=1}^{m} c_i a'_{i,j}\Big) x_j \end{aligned}$$

令上式中的 $z_0 = \sum_{i=1}^{m} c_i b'_i$，$\sigma_j = c_j - \sum_{i=1}^{m} c_i a'_{i,j}$，$(j=m+1, m+2, \cdots, n)$，可得：

$$z = z_0 + \sum_{j=m+1}^{n} \sigma_j x_j \tag{4.9-9}$$

上式中，σ_j 称为非基变量 x_j 的检验数。

若当前非基变量组合与最优解对应，则在上式中，非基变量为0这种设定应能使目标函数取得最大值；与之相对应，非基变量的检验数应小于等于0。反之，式（4.9-9）中，如果某些非基变量的检验数大于0，则在这些非基变量的取值范围均为非负前提下（标准形式的规定），增大这些非基变量的值会使目标函数值进一步增大，因此得到的目标函数值并非最大值，即非基变量取值为零时目标函数并未取得最大值，则当前非基变量组合不与最优解相对应，该顶点不是最优解。可见，判断当前顶点为最优解的依据是：所有的 σ_j 均小于等于0。

当存在 σ_j 大于零的情况时，当前顶点就不是最优解。进一步寻找最优解需要把检验数为正数的非基变量转换成基变量，而由于基变量的个数固定（m 个），把某个非基变量变成基变量时，也要把某个基变量变成非基变量。把将要转换成基变量的非基变量称为“换入变量”，将要转换成非基变量的基变量称为“换出变量”。

当前顶点不是最优解时，需开展迭代计算，将某个检验数为正的非基变量变成基变量，此时一般选择检验数最大的那个非基变量。设该换入变量为 x_k，换出变量用 x_l（其中 $l \leqslant m$，$k > m$）表示。前面已令 $\boldsymbol{A}' = [\boldsymbol{p}'_1, \cdots, \boldsymbol{p}'_m, \boldsymbol{p}'_{m+1}, \cdots, \boldsymbol{p}'_n]$；在确定 x_l 时，需保证 $\boldsymbol{p}'_k$ 与 $\boldsymbol{p}'_i$（$i=1, 2, \cdots, m$；$i \neq l$）组成的向量组线性无关，且求出的基解为基可行解。在单纯形法中，x_l 按照"θ 规则"确定：

将初始基可行解 $\boldsymbol{x}^{(0)} = (b'_1, b'_2, \cdots, b'_m, 0, \cdots, 0)^{\mathrm{T}}$ 代入 $\boldsymbol{A}'\boldsymbol{x}^{(0)} = \boldsymbol{b}'$（式（4.9-7）），可得：

$$\sum_{i=1}^{m} b'_i \boldsymbol{p}'_i = \boldsymbol{b}' \tag{4.9-10}$$

又因为 $\boldsymbol{p}'_1 \sim \boldsymbol{p}'_m$ 为 m 维空间的一组基向量，且均为单位向量，则 $\boldsymbol{p}'_k$ 必定能被 $\boldsymbol{p}'_1 \sim \boldsymbol{p}'_m$ 线性表示；即由 $\boldsymbol{A}'$ 的特点（前 m 列组成单位矩阵）可得：

$$\boldsymbol{p}'_k = a'_{1,k}\boldsymbol{p}'_1 + \cdots + a'_{l,k}\boldsymbol{p}'_l + \cdots + a'_{m,k}\boldsymbol{p}'_m = \sum_{i=1}^{m} a'_{i,k}\boldsymbol{p}'_i$$

将等号右侧项移到等号左侧，有：

$$\boldsymbol{p}'_k - \sum_{i=1}^{m} a'_{i,k}\boldsymbol{p}'_i = 0 \tag{4.9-11}$$

在上式左右两侧同时乘以一个正数 θ，再将其加到式（4.9-10）上，可得：

$$\begin{aligned}
\boldsymbol{b}' &= \sum_{i=1}^{m} b'_i \boldsymbol{p}'_i + \theta\boldsymbol{p}'_k - \theta\sum_{i=1}^{m} a'_{i,k}\boldsymbol{p}'_i \\
&= (b'_1\boldsymbol{p}'_1 + \cdots + b'_m\boldsymbol{p}'_m) + \theta\boldsymbol{p}'_k - (\theta a'_{1,k}\boldsymbol{p}'_1 + \cdots + \theta a'_{m,k}\boldsymbol{p}'_m) \\
&= \theta\boldsymbol{p}'_k + (b'_1 - \theta a'_{1,k})\boldsymbol{p}'_1 + \cdots + (b'_m - \theta a'_{m,k})\boldsymbol{p}'_m \\
&= \theta\boldsymbol{p}'_k + \sum_{i=1}^{m} (b'_i - \theta a'_{i,k})\boldsymbol{p}'_i
\end{aligned} \tag{4.9-12}$$

目前要解决的问题是：我们有了一个换入变量 x_k 及其对应的列向量 $\boldsymbol{p}'_k$，如何找到一个基变量 x_l 作为换出变量，使得基于 $\boldsymbol{p}'_k$ 与 $\boldsymbol{p}'_i$（$i=1, 2, \cdots, m$；$i \neq l$）得到的基解为基可行解？上式得到的结果为 $\theta\boldsymbol{p}'_k + \sum_{i=1}^{m}(b'_i - \theta a'_{i,k})\boldsymbol{p}'_i = \boldsymbol{b}'$，这是由式（4.9-7）中的 $\sum_{j=1}^{n} \boldsymbol{p}_j x_j = \boldsymbol{b}'$ 而得到（令除 x_k 外的非基变量为 0），即：

$$\begin{aligned}
&\theta\boldsymbol{p}'_k + \sum_{i=1}^{m}(b'_i - \theta a'_{i,k})\boldsymbol{p}'_i = \boldsymbol{b}' \\
&= \sum_{j=1}^{n} \boldsymbol{p}'_j x_j = (\boldsymbol{p}'_1, \cdots, \boldsymbol{p}'_m, \boldsymbol{p}'_{m+1}, \cdots, \boldsymbol{p}'_k, \cdots, \boldsymbol{p}'_n)(x_1, \cdots, x_m, x_{m+1}, \cdots, x_k, \cdots, x_n)^{\mathrm{T}}
\end{aligned}$$

即得

$$\theta\boldsymbol{p}'_k + \sum_{i=1}^{m}(b'_i - \theta a'_{i,k})\boldsymbol{p}'_i = (\boldsymbol{p}'_1, \cdots, \boldsymbol{p}'_m, \boldsymbol{p}'_{m+1}, \cdots, \boldsymbol{p}'_k, \cdots, \boldsymbol{p}'_n)(x_1, \cdots, x_m, x_{m+1}, \cdots, x_k, \cdots, x_n)^{\mathrm{T}}$$

上式为两个列向量的相等关系，则根据列向量组合系数的一一对应关系，由式（4.9-12）确定的解 $\boldsymbol{x}^{(0')}$ 为

$$\boldsymbol{x}^{(0')} = (b'_1 - \theta a'_{1,k}, \cdots, b'_m - \theta a'_{m,k}, 0, \cdots, \theta, \cdots, 0)^{\mathrm{T}}$$

由上式可见，求新的基可行解的问题就转化成了求 θ 的问题。另外，需要注意的是，

解 $\boldsymbol{x}^{(0')}$ 并非基可行解，因为在基可行解中，解向量的所有分量（变量）应为非负，且非零分量（基变量）的数量不应大于 m 个。若要使 $\boldsymbol{x}^{(0')}$ 成为基可行解，须首先保证 $\boldsymbol{x}^{(0')}$ 的每个分量都不小于 0（θ 已规定为大于零），也就是须

$$b'_i-\theta a'_{i,k}\geqslant 0,\ i=1,\ 2,\ \cdots,\ m;$$

上式中，b'_i 和 θ 均不小于 0（前面已规定），若 $a'_{i,k}\leqslant 0$，则上式恒成立；若 $a'_{i,k}>0$，则须

$$\theta\leqslant\frac{b'_i}{a'_{i,k}},\ i=1,\ 2,\ \cdots,\ m;$$

其次应保证 $\boldsymbol{x}^{(0')}$ 的非零分量的个数不应大于 m 个，而此时 $\boldsymbol{x}^{(0')}$ 的非零分量的个数为 $m+1$ 个，所以应令 $\boldsymbol{x}^{(0')}$ 的前 m 个分量中最小的分量为 0，从而才可保证前 m 个分量中其他 $m-1$ 个分量大于 0，即：

$$令\ \min(b'_i-\theta a'_{i,k})=0,\ i=1,\ 2,\ \cdots,\ m$$

综上，θ 的取值应为

$$\theta=\min\frac{b'_i}{a'_{i,k}},\ i=1,\ 2,\ \cdots,\ m$$

这个最小的分量即为换出变量 x_l，从而得到

$$l=\underset{i}{\operatorname{argmin}}\left(\theta=\frac{b'_i}{a'_{i,k}}\middle|\, a'_{i,k}>0,\ i=1,\ 2,\ \cdots,\ m\right)\tag{4.9-13}$$

确定了换出变量 x_l 后，将 θ 代入 $\boldsymbol{x}^{(0')}$ 中，此时 $x_l=0$ 而 $\theta>0$，则 $\boldsymbol{x}^{(0')}$ 被变为一个非零分量个数不大于 m 且其他分量均为 0 的向量，这是新的一个基可行解 $\boldsymbol{x}^{(1)}$：

$$\boldsymbol{x}^{(1)}=(b'_1-\theta a'_{1,k},\ \cdots,\ b'_{l-1}-\theta a'_{l-1,k},\ 0,\ b'_{l+1}-\theta a'_{l+1,k},\ \cdots,\ b'_m-\theta a'_{m,k},\ 0,\ \cdots,\ \theta,\ \cdots,\ 0)^{\mathrm{T}}$$

上述寻找换出变量 x_l 的过程是一个理论推导过程，其前提条件是基变量为前 m 个变量，也就是在求解之前先将系数矩阵 $\boldsymbol{A}$ 的 m 个线性无关列向量排在前 m 列（方程为 $\boldsymbol{Ax}=\boldsymbol{b}$，系数矩阵 $\boldsymbol{A}$ 为 $m\times n$ 矩阵，且 $m<n$），同时还要调整对应各变量的顺序；这一过程操作复杂。实际计算中，使用 θ 规则计算换出变量时，可不调整列向量和变量的顺序，采用一种等价的方法寻找换出变量。由上述过程可见，得到 $\boldsymbol{x}^{(0')}$ 的过程中，是令 x_k 不为 0 且除 x_k 之外的所有非基变量为 0（见 $\boldsymbol{x}^{(0')}$ 的表达式），则相当于式（4.9-8）变为：

$$x_i=b'_i-a'_{i,k}x_k\ (i=1,\ 2,\ \cdots,\ m)$$

则根据前述基可行解的要求（所有分量非负且非零分量个数不大于 m 个），应保证

$$x_i=b'_i-a'_{i,k}x_k\geqslant 0\ (i=1,\ 2,\ \cdots,\ m)$$

然后再令 x_i（$i=1,\ 2,\ \cdots,\ m$）中数值最小的那个分量为 0，这个分量也就是换出变量 x_l。

寻找 x_l 的下角标编号 l，也可通过用 $\boldsymbol{p}'_k$ 逐次替换 $\boldsymbol{p}'_i$（$i\leqslant m$）并计算行列式是否为零的方式搜索得到，这样可能会得到多个 l 的值（可能有多种行列式非零的情况），而且求出的基解不一定是基可行解；这是一种穷尽搜索方法。

确定换入变量和换出变量后，就需要使用新的基变量重新求解新的基可行解。式（4.9-6）对应的增广矩阵为

$$
\begin{array}{c} \\ [\mathbf{A}'\mid\boldsymbol{b}']^{(0)}= \end{array}
\begin{array}{c}
\begin{matrix} x_1 & \cdots & x_l & \cdots & x_m & x_{m+1} & \cdots & x_k & \cdots & x_n & \boldsymbol{b}' \end{matrix} \\
\begin{bmatrix}
1 & \cdots & 0 & \cdots & 0 & a'_{1,m+1} & \cdots & a'_{1,k} & \cdots & a'_{1,n} & b'_1 \\
\vdots & & \vdots & & \vdots & \vdots & & \vdots & & \vdots & \vdots \\
0 & \cdots & 1 & \cdots & 0 & a'_{l,m+1} & \cdots & a'_{l,k} & \cdots & a'_{l,n} & b'_l \\
\vdots & & \vdots & & \vdots & \vdots & & \vdots & & \vdots & \vdots \\
0 & \cdots & 0 & \cdots & 1 & a'_{m,m+1} & \cdots & a'_{m,k} & \cdots & a'_{m,n} & b'_m
\end{bmatrix}
\end{array}
\tag{4.9-14}
$$

通过初等行变换，将上式增广矩阵第 k 列的 $a'_{l,k}$ 变换为 1，而此列中的其他分量变换为 0；则变换后的增广矩阵为

$$
\begin{array}{c} \\ [\mathbf{A}'\mid\boldsymbol{b}']^{(1)}= \end{array}
\begin{array}{c}
\begin{matrix} x_1 & \cdots & x_l & \cdots & x_m & x_{m+1} & \cdots & x_k & \cdots & x_n & \boldsymbol{b}' \end{matrix} \\
\begin{bmatrix}
1 & \cdots & -\dfrac{a'_{1,k}}{a'_{l,k}} & \cdots & 0 & a'_{1,m+1}-\dfrac{a'_{l,m+1}}{a'_{l,k}}a'_{1,k} & \cdots & 0 & \cdots & a'_{1,n}-\dfrac{a'_{l,n}}{a'_{l,k}}a'_{1,k} & b'_1-\dfrac{b'_l}{a'_{l,k}}a'_{1,k} \\
\vdots & & \vdots & & \vdots & \vdots & & \vdots & & \vdots & \vdots \\
0 & \cdots & \dfrac{1}{a'_{l,k}} & \cdots & 0 & \dfrac{a'_{l,m+1}}{a'_{l,k}} & \cdots & 1 & \cdots & \dfrac{a'_{l,n}}{a'_{l,k}} & \dfrac{b'_l}{a'_{l,k}} \\
\vdots & & \vdots & & \vdots & \vdots & & \vdots & & \vdots & \vdots \\
0 & \cdots & -\dfrac{a'_{m,k}}{a'_{l,k}} & \cdots & 1 & a'_{m,m+1}-\dfrac{a'_{l,m+1}}{a'_{l,k}}a'_{m,k} & \cdots & 0 & \cdots & a'_{m,n}-\dfrac{a'_{l,n}}{a'_{l,k}}a'_{m,k} & b'_m-\dfrac{b'_l}{a'_{l,k}}a'_{m,k}
\end{bmatrix}
\end{array}
\tag{4.9-15}
$$

据此得到新的基可行解为

$$
\begin{aligned}
\boldsymbol{x}^{(1)}=\Bigg(&b'_1-\frac{b'_l}{a'_{l,k}}a'_{1,k},\ \cdots,\ b'_{l-1}-\frac{b'_l}{a'_{l,k}}a'_{l-1,k},\ 0,\ b'_{l+1}-\frac{b'_l}{a'_{l,k}}a'_{l+1,k},\ \cdots,\\
&b'_m-\frac{b'_l}{a'_{l,k}}a'_{m,k},\ 0,\ \cdots,\ \frac{b'_l}{a'_{l,k}},\ \cdots,\ 0\Bigg)^{\mathrm{T}}
\end{aligned}
\tag{4.9-16}
$$

上述过程中，利用换入变量寻找新的基可行解的过程称为线性规划的基转换。同样，将式（4.9-15）对应方程组的非基变量部分移项至等号右侧，可得到用非基变量表示基变量的表达式：

$$
\begin{aligned}
&x_i=b'_i-\frac{b'_l}{a'_{l,k}}a'_{i,k}+\frac{a'_{i,k}}{a'_{l,k}}x_l-\sum_{j=m+1}^{k-1}\left(a'_{i,j}-\frac{a'_{l,j}}{a'_{l,k}}a'_{i,k}\right)x_j-\sum_{j=k+1}^{n}\left(a'_{i,j}-\frac{a'_{l,j}}{a'_{l,k}}a'_{i,k}\right)x_j\\
&\text{其中 } i=1,\ \cdots,\ l-1,\ l+1,\ \cdots,\ m\\
&x_k=\frac{b'_l}{a'_{l,k}}-\frac{1}{a'_{l,k}}x_l-\sum_{j=m+1}^{k-1}\frac{a'_{l,j}}{a'_{l,k}}x_j-\sum_{j=k+1}^{n}\frac{a'_{l,j}}{a'_{l,k}}x_j
\end{aligned}
\tag{4.9-17}
$$

再将上式代入目标函数中，可得到非基变量表示的目标函数表达式以及各个非基变量的检验数。这就是使用单纯形法求解线性规划问题过程中，进行一次迭代计算的过程；计算中应不停迭代，直到所有非基变量的检验数均不大于 0，即求得了最优解。

实际计算中，若所有非基变量的检验数均小于 0，则得到的基可行解为唯一最优解；否则得到的是多重最优解中的某个解；也可能遇到无界解的情况，迭代计算无法收敛。解的判定准则及其证明随后介绍。

3. 解的判定准则

在单纯形法的迭代过程中，得到基可行解之后须判断其是否为最优解。最优解的判定

准则为：在非基变量表示的目标函数表达式（4.9-9）中，若所有非基变量的检验数均不大于0，则该基可行解为最优解。

（1）最优解情况存在的证明

已知条件：针对式（4.9-7）表示的约束方程，以 $x_1 \sim x_m$ 为基变量，$x_{m+1} \sim x_n$ 为非基变量，求得基可行解 $\boldsymbol{x}^{(0)}=(b_1', b_2', \cdots, b_m', 0, \cdots, 0)^{\mathrm{T}}$，非基变量表示的目标函数表达式见式（4.9-9），若 $\sigma_j \leqslant 0$（$j=m+1, \cdots, n$），此时目标函数的最大值为 $z_0=\sum_{i=1}^{m} c_i b_i'$。

证　采用反证法

假设存在另一组非基向量组合，使得目标函数能取得更大值。从非基变量中任选一个变量 x_k 设为换入变量，并按照"θ 规则"，即式（4.9-13）确定换出变量 x_l，则增广矩阵由式（4.9-14）变换成式（4.9-15），得到的基可行解 $x^{(1)}$ 为式（4.9-16），用非基变量表示基变量的表达式见式（4.9-17）。将式（4.9-17）带入目标函数计算非基变量的检验数以及目标函数值，由于此处主要关注 x_l 的检验数 σ_l' 以及目标函数值 z_0'，而 σ_l' 只与式（4.9-17）中 x_l 所乘系数相关，z_0' 只与式（4.9-17）中的常数项相关，故此处可省略非基变量 $x_{m+1} \sim x_n$ 项，将式（4.9-17）进一步简化为：

$$x_i=b_i'-\frac{b_l'}{a_{l,k}'}a_{i,k}'+\frac{a_{i,k}'}{a_{l,k}'}x_l$$

其中 $i=1, \cdots, l-1, l+1, \cdots, m$

$$x_k=\frac{b_l'}{a_{l,k}'}-\frac{1}{a_{l,k}'}x_l$$

将上式代入式（4.9-6）中的目标方程，可得：

$$\begin{aligned}
z&=c_1x_1+\cdots+c_lx_l+\cdots+c_mx_m+c_kx_k\\
&=c_1\left(b_1'-\frac{b_l'}{a_{l,k}'}a_{1,k}'+\frac{a_{1,k}'}{a_{l,k}'}x_l\right)+\cdots+c_lx_l+\cdots+c_m\left(b_m'-\frac{b_l'}{a_{l,k}'}a_{m,k}'+\frac{a_{m,k}'}{a_{l,k}'}x_l\right)+\\
&\quad c_k\left(\frac{b_l'}{a_{l,k}'}-\frac{1}{a_{l,k}'}x_l\right)\\
&=c_1\left(b_1'-\frac{b_l'}{a_{l,k}'}a_{1,k}'+\frac{a_{1,k}'}{a_{l,k}'}x_l\right)+\cdots+c_l\left(b_l'-\frac{b_l'}{a_{l,k}'}a_{l,k}'+\frac{a_{l,k}'}{a_{l,k}'}x_l\right)+\cdots+\\
&\quad c_m\left(b_m'-\frac{b_l'}{a_{l,k}'}a_{m,k}'+\frac{a_{m,k}'}{a_{l,k}'}x_l\right)+c_k\left(\frac{b_l'}{a_{l,k}'}-\frac{1}{a_{l,k}'}x_l\right)\\
&=c_1\left(b_1'-\frac{b_l'}{a_{l,k}'}a_{1,k}'\right)+\cdots+c_l\left(b_l'-\frac{b_l'}{a_{l,k}'}a_{l,k}'\right)+\cdots+c_m\left(b_m'-\frac{b_l'}{a_{l,k}'}a_{m,k}'\right)+\\
&\quad c_k\left(\frac{b_l'}{a_{l,k}'}\right)+c_1\left(\frac{a_{1,k}'}{a_{l,k}'}x_l\right)+\cdots+c_l\left(\frac{a_{l,k}'}{a_{l,k}'}x_l\right)+\cdots+c_m\left(\frac{a_{m,k}'}{a_{l,k}'}x_l\right)-c_k\left(\frac{1}{a_{l,k}'}x_l\right)\\
&=\left(\sum_{i=1}^{m}c_ib_i'-\sum_{i=1}^{m}\frac{b_l'}{a_{l,k}'}c_ia_{i,k}'+c_k\frac{b_l'}{a_{l,k}'}\right)+\frac{x_l}{a_{l,k}'}\sum_{i=1}^{m}c_ia_{i,k}'-\frac{x_l}{a_{l,k}'}c_k\\
&=\left(\sum_{i=1}^{m}c_ib_i'+\frac{b_l'}{a_{l,k}'}\left(c_k-\sum_{i=1}^{m}c_ia_{i,k}'\right)\right)+\frac{1}{a_{l,k}'}\left(\sum_{i=1}^{m}c_ia_{i,k}'-c_k\right)x_l
\end{aligned}\tag{4.9-18}$$

即非基变量 x_l 的检验数为：

$$\sigma'_l=\frac{1}{a'_{l,k}}\left(\sum_{i=1}^{m}c_ia'_{i,k}-c_k\right)=-\frac{1}{a'_{l,k}}\sigma_k\geqslant 0$$

目标函数值为：

$$z'_0=\sum_{i=1}^{m}c_ib'_i+\frac{b'_l}{a'_{l,k}}\left(c_k-\sum_{i=1}^{m}c_ia'_{i,k}\right)=z_0+\frac{b'_l}{a'_{l,k}}\sigma_k\leqslant z_0$$

目标函数值小于等于 z_0，说明不能找到能够使目标函数值进一步增大的非基向量组合，与假设不符。

(2) 多重最优解情况存在的证明

最优解的情况包括唯一最优解和多重最优解两种。多重最优解的判定准则为：在非基变量表示的目标函数表达式（4.9-9）中，若所有非基变量的检验数均不大于 0，但某一个非基变量的检验数等于 0，则该线性规划问题有多重最优解。

证

针对式（4.9-7）表示的约束方程，以 $x_1\sim x_m$ 为基变量，$x_{m+1}\sim x_n$ 为非基变量，求得基可行解 $\boldsymbol{x}^{(0)}=(b'_1,\ b'_2,\ \cdots,\ b'_m,\ 0,\ \cdots,\ 0)^{\mathrm{T}}$，非基变量表示的目标函数表达式见式（4.9-9）。假设在式（4.9-9）中，非基变量 x_k 的检验数 σ_k 为 0，即 $\sigma_k=c_k-\sum_{i=1}^{m}c_ia'_{i,k}=0(k>m)$，且其余非基变量的检验数均小于 0。根据最优解判别准则，此时得到的目标函数值 $z_0=\sum_{i=1}^{m}c_ib'_i$ 为最大值，$\boldsymbol{x}^{(0)}$ 为最优解。将 x_k 设为换入变量，并按照“θ 规则”确定换出变量 x_l；与最优解判别准则证明中的情况类似，用置换之后的非基变量表示的目标函数为式（4.9-18），则非基变量 x_l 的检验数为

$$\sigma'_l=\frac{1}{a'_{l,k}}\left(\sum_{i=1}^{m}c_ia'_{i,k}-c_k\right)=-\frac{1}{a'_{l,k}}\sigma_k=0$$

目标函数值为：

$$z'_0=\sum_{i=1}^{m}c_ib'_i+\frac{b'_l}{a'_{l,k}}\left(c_k-\sum_{i=1}^{m}c_ia'_{i,k}\right)=z_0+\frac{b'_l}{a'_{l,k}}\sigma_k=z_0$$

说明求出的基可行解 $\boldsymbol{x}^{(1)}$ 也能使得目标函数取得最大值，$\boldsymbol{x}^{(1)}$ 也是最优解，该目标函数有多重最优解。

与多重最优解对应，唯一最优解的判定准则为：在非基变量表示的目标函数表达式（4.9-9）中，若所有非基变量的检验数均小于 0，则该线性规划问题有唯一最优解。证明过程与上述过程一致。

(3) 无界解情况存在的证明

无界解的判定准则为：若在所有检验数大于 0 的非基变量中，某个非基变量对应系数列向量的各分量均不大于 0，则此线性规划问题无界（可行域无明确边界，见图 4.9-2（b）），停止计算。

证

针对式（4.9-7）表示的约束方程，以 $x_1\sim x_m$ 为基变量，$x_{m+1}\sim x_n$ 为非基变量，求得基可行解 $\boldsymbol{x}^{(0)}=(b'_1,\ b'_2,\ \cdots,\ b'_m,\ 0,\ \cdots,\ 0)^{\mathrm{T}}$，非基变量表示的目标函数表达式见式

(4.9-9)。假设在式(4.9-9)中，非基变量 x_k 的检验数 σ_k 大于零，即 $\sigma_k = c_k - \sum_{i=1}^{m} c_i a'_{i,k} > 0(k > m)$，且其系数列向量的各个分量均不大于0，即 $a'_{i,k} \leqslant 0(i=1,2,\cdots,m)$，此时的目标函数值为 $z_0 = \sum_{i=1}^{m} c_i b'_i$。将 x_k 设为换入变量，由于 $a'_{i,k} \leqslant 0$，则换出变量 x_l 可取任意对应列向量分量不为0的基变量（$a'_{l,k} \neq 0$）；与最优解判别准则证明中的情况类似，用置换之后的非基变量表示的目标函数为式（4.9-18），则非基变量 x_l 的检验数为

$$\sigma'_l = \frac{1}{a'_{l,k}}\left(\sum_{i=1}^{m} c_i a'_{i,k} - c_k\right) = -\frac{1}{a'_{l,k}}\sigma_k > 0$$

目标函数值为：

$$z'_0 = \sum_{i=1}^{m} c_i b'_i + \frac{b'_l}{a'_{l,k}}\left(c_k - \sum_{i=1}^{m} c_i a'_{i,k}\right) = z_0 + \frac{b'_l}{a'_{l,k}}\sigma_k \geqslant z_0$$

从式（4.9-15）中可见，x_l 的系数列向量 $\boldsymbol{p}''_l$ 为

$$\boldsymbol{p}''_l = \left[-\frac{a'_{1,k}}{a'_{l,k}}, -\frac{a'_{2,k}}{a'_{l,k}}, \cdots, \frac{1}{a'_{l,k}}, \cdots, -\frac{a'_{m,k}}{a'_{l,k}}\right]^{\mathrm{T}}$$

由于 $a'_{i,k} \leqslant 0(i=1,2,\cdots,m)$，所以 $\boldsymbol{p}''_l$ 的任意分量均不大于0。进行了一次迭代之后，换出变量 x_l 的检验数仍然为正数，系数列向量的各个分量均不大于0，即 x_l 的情况与 x_k 类似，说明继续迭代也无法使非基变量的检验数变为负数，且目标函数值有可能进一步增大，因此无法找到最大值，此线性规划问题无界。

综上所述，单纯形法求解线性规划问题的完整步骤为：

（1）找出初始可行基，求出初始基可行解；

（2）用非基变量表示基变量，代入目标函数，求出各非基变量的检验数；

（3）判断得到的基可行解是否为最优解（唯一或多重），若是，则停止计算；否则进入下一步；

（4）判断该问题是否无界，若是，则停止计算；否则进入下一步；

（5）选择检验数较大的一个非基变量作为换入变量，按照"θ 规则"确定换出变量；

（6）把换入变量的系数列向量变换成换出变量的系数列向量的形式（式（4.9-14）～式（4.9-15）），得到新的约束方程系数矩阵，重复步骤（2）～（6），直到找到最优解，或发现无界情况而停止计算。

例 4.9.3 使用单纯形法求解例4.9.1中的线性规划问题。

解 首先将例4.9.1中的数学模型变为标准形式，即

$$\max z = 2x_1 + x_2 + 0x_3 + 0x_4 + 0x_5$$

$$\begin{cases} x_1 + 2x_2 + x_3 = 6 \\ 3x_1 + x_4 = 12 \\ 4x_2 + x_5 = 8 \end{cases} \tag{4.9-19}$$

约束条件的系数矩阵 **A** 的增广矩阵为

$$[\boldsymbol{A} | \boldsymbol{b}]^{(0)} = \begin{bmatrix} 1 & 2 & 1 & 0 & 0 & 6 \\ 3 & 0 & 0 & 1 & 0 & 12 \\ 0 & 4 & 0 & 0 & 1 & 8 \end{bmatrix} = [\boldsymbol{p}_1, \boldsymbol{p}_2, \boldsymbol{p}_3, \boldsymbol{p}_4, \boldsymbol{p}_5 | \boldsymbol{b}]$$

变量 x_3、x_4 和 x_5 的系数列向量 $\boldsymbol{p}_3$、$\boldsymbol{p}_4$ 和 $\boldsymbol{p}_5$ 线性无关，可构成 $\boldsymbol{A}$ 的初始可行基，为

$$\boldsymbol{B}=\begin{bmatrix}1&0&0\\0&1&0\\0&0&1\end{bmatrix}=[\boldsymbol{p}_3, \boldsymbol{p}_4, \boldsymbol{p}_5]$$

此时，x_3、x_4 和 x_5 为基变量，x_1 和 x_2 为非基变量，有

$$\begin{cases}x_3=6-x_1-2x_2\\x_4=12-3x_1\\x_5=8-4x_2\end{cases}\tag{4.9-20}$$

将式（4.9-20）代入目标方程，可得

$$z=2x_1+x_2$$

令式（4.9-20）中的非基变量为 0，得到一个初始基可行解 $\boldsymbol{x}^{(0)}=(0, 0, 6, 12, 8)^{\mathrm{T}}$。上式中，$x_1$ 和 x_2 的检验数均为正数，且 x_1 的检验数大于 x_2 的检验数，因此选择 x_1 为换入变量。换出变量基于“θ 规则”确定：即在式（4.9-20）中，令非基变量 x_2 为 0，仅使用 x_1 表示基变量，并保证这些变量均非负，即

$$\begin{cases}x_3=6-x_1\geqslant 0\\x_4=12-3x_1\geqslant 0\\x_5=8\geqslant 0\end{cases}$$

则 $x_1=4$ 时，上式成立，所以换出变量选择 x_4。将 x_1 的系数列向量 $\boldsymbol{p}_1^{(0)}=(1, 3, 0)^{\mathrm{T}}$ 转换为 $\boldsymbol{p}_4^{(0)}=(0, 1, 0)^{\mathrm{T}}$ 的形式，即将第 2 个分量变为 1，其余分量为 0，则 $\boldsymbol{A}$ 的增广矩阵变为

$$[\boldsymbol{A}|\boldsymbol{b}]^{(1)}=\begin{bmatrix}0&2&1&-\frac{1}{3}&0&2\\1&0&0&\frac{1}{3}&0&4\\0&4&0&0&1&8\end{bmatrix}\tag{4.9-21}$$

此时有

$$\begin{cases}x_1=4-x_4/3\\x_3=2-2x_2+x_4/3\\x_5=8-4x_2\end{cases}$$

令非基变量等于 0，得到一个基可行解为 $\boldsymbol{x}^{(1)}=(4, 0, 2, 0, 8)^{\mathrm{T}}$。将上式代入式（4.9-19）的目标函数中，有

$$z=8+x_2-2x_4/3$$

非基变量 x_2 的检验数为 1（大于 0），故以 x_2 为换入变量，同样按照“θ 规则”确定 x_3 为换出变量。从式（4.9-21）中可以看出，x_2 的系数列向量为 $\boldsymbol{p}_1^{(1)}=(2, 0, 4)^{\mathrm{T}}$，需要将其转换成 $\boldsymbol{p}_3^{(1)}=(1, 0, 0)^{\mathrm{T}}$，则 $\boldsymbol{A}$ 的增广矩阵进一步变为

$$[\boldsymbol{A}|\boldsymbol{b}]^{(2)}=\begin{bmatrix}0 & 1 & \frac{1}{2} & -\frac{1}{6} & 0 & 1\\ 1 & 0 & 0 & \frac{1}{3} & 0 & 4\\ 0 & 0 & -2 & \frac{2}{3} & 1 & 4\end{bmatrix}$$

得到的基可行解为 $\boldsymbol{x}^{(2)}=(4,1,0,0,4)^{\mathrm{T}}$，目标函数为

$$z=9-x_3/2-x_4/2$$

此时所有非基变量的检验数均为负数，所以此时的基解 $\boldsymbol{x}^{(2)}=(4,1,0,0,4)^{\mathrm{T}}$ 为唯一最优解，即 $x_1=4$、$x_2=1$，用单纯形法得到的结果与图解法一致。初始基可行解 $\boldsymbol{x}^{(0)}=(0,0,6,12,8)^{\mathrm{T}}$ 与图 4.9-1 (a) 中的原点对应，迭代一次之后得到的基可行解 $\boldsymbol{x}^{(1)}=(4,0,2,0,8)^{\mathrm{T}}$ 与 Q_1 点对应，迭代两次之后的基可行解 $\boldsymbol{x}^{(2)}=(4,1,0,0,4)^{\mathrm{T}}$ 与 Q_2 对应。说明此例中，单纯形法寻找最优解的路径是从原点出发，经过 Q_1，最终找到 Q_2。

4.10　动态规划

动态规划和线性规划均是运筹学的重要分支，线性规划适用于解决目标函数和约束条件均可建模为线性函数的问题，且要求自变量为连续变量；而动态规划则用于解决多阶段决策过程的最优化问题，并用于寻找多个决策的最优组合。为了对多阶段问题有直观的理解，我们先看一个典型案例——最短路线问题。

例 4.10.1　如图 4.10-1 所示的线路网络，两点之间连线上数字表示两点间的距离（或路费），试求一条由 A 到 E 的距离最短路线（或路费最少路线）[19]。

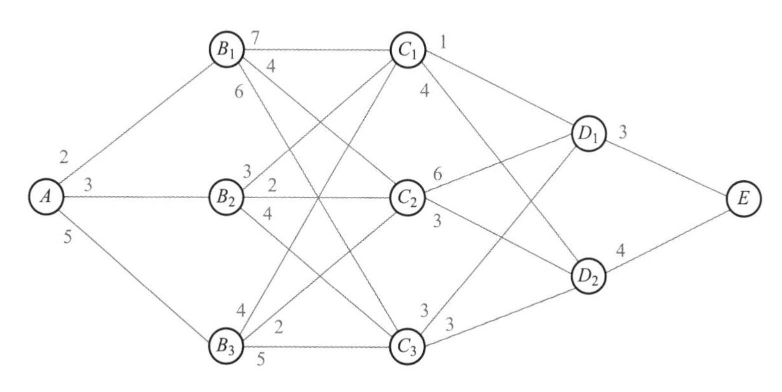

图 4.10-1　最短路线问题

该路线最短问题即为多阶段决策的最优化问题，这类问题有如下特点：

(1) 该问题可被划分成几个阶段：起点为 A，终点为 E 的路线可分为 4 个阶段，即第一阶段为 A 到 B_i，第二阶段为 B_i 到 C_i，第三阶段为 C_i 到 D_i，第四阶段为 D_i 到 E；

(2) 每一阶段都需要作出选择（选择走哪一条路线），这些选择之间互相联系，求解的目标是寻找这些选择的最优组合（最优解）；

(3) 前面阶段作出的选择会影响后续阶段的起点，进而影响整个路线的行进方向和路线长度；

（4）满足无后效性（具体定义见 4.10.1 小节）；

（5）目标是寻找整个问题的全局最优解，不完全等于局部最优解。

此例中，全局最优解不等于局部最优解，所以不能用贪心的思想进行求解，即不能在每一个阶段开始时均选择最短的路径，否则这样得到的最优路径为 $A \to B_1 \to C_2 \to D_2 \to E$，总距离为 13；而我们可以找到一条更短的路径 $A \to B_2 \to C_2 \to D_2 \to E$，总距离为 12。解决这个问题最简单的办法是穷举法，一共有 $3 \times 3 \times 2 = 18$ 种路线，逐个计算可得到最短路线为 $A \to B_2 \to C_1 \to D_1 \to E$；但当阶段数很多时，穷举法的计算量会相当大，而动态规划提供了一个更加高效的解决方法。

4.10.1 动态规划基本概念

阶段、状态、决策是动态规划的三要素，能使用动态规划进行求解的前提是明晰这三个要素在具体问题中的明确意义。

1. 阶段

把所要求解的问题恰当地分成若干个相互联系的阶段，以便能按一定的次序去求解；一般根据时间和空间的特征进行划分[18]。描述阶段的变量称为阶段变量，用 k 表示。例 4.10.1 是根据路线的空间特征分成 4 个阶段，阶段变量取值为 1，2，3，4。

2. 状态

状态表示每个阶段开始时可能处于的实际状况，可能不止一个，用状态变量 s_k 描述阶段 k 的状态。例 4.10.1 中的状态即为每个阶段的起点，第二阶段的起点有三个，即状态变量 s_k 的可能取值有 B_1、B_2、B_3。

动态规划中，状态的选取须满足无后效性：如果某阶段的状态给定，则在这阶段以后过程的发展不受这阶段以前各段状态的影响[18]。例 4.10.1 中，若第 3 阶段的状态为 C_1，则怎么从 A 到 C_1 对第 3、4 阶段所作的选择均没有影响。可见在动态规划中，过程的过去历史只能通过当前的状态去影响它未来的发展，当前的状态是以往历史的一个总结[18]。

为了加深对无后效性的理解，我们对例 4.10.1 进行改写：现要求中间阶段状态的下标不能重复，比如若第二阶段状态的下标为 1（即 $s_2 = B_1$），则第 3、4 阶段的状态的下标不能再为 1；此时各阶段的状态不再满足无后效性，因为若第 3 阶段的状态为 C_3，则第 4 阶段的状态会受到第 2 阶段状态的影响。

3. 决策

当过程处于某一阶段的某个状态时，可以作出不同的决定或选择，从而确定下一阶段的状态，这种决定称为决策[18]。决策用决策变量进行描述，决策与状态相关，用 $x_k(s_k)$ 表示第 k 阶段状态为 s_k 时的决策变量。决策变量的取值往往限制在一定的范围之内，此范围称为允许决策集合，用 $\boldsymbol{D}_k(s_k)$ 表示第 k 阶段状态为 s_k 时的允许决策集合。在例 4.10.1 中，若第 2 阶段的状态 $s_k = B_1$，则可作出三种决策，即 C_1、C_2、C_3，即允许决策集合 $\boldsymbol{D}_2(B_1) = \{C_1, C_2, C_3\}$，若决策 $x_2(B_1) = C_1$，则下一阶段的状态 $s_3 = C_1$。当给定 k 阶段的状态 s_k 时，确定该阶段的决策 $x_k(s_k)$ 后，下一阶段的状态 s_{k+1} 随之确定，即发生了状态转移，用状态转移函数 T_k 进行描述，则状态转移方程为

$$s_{k+1} = T_k(s_k, x_k) \tag{4.10-1}$$

T_k 可能是一个具体的数学表达式，也可能是一种规则；例如在最短路线问题中，下

一阶段的状态即为上一阶段的决策，即状态转移方程为 $s_{k+1}=x_k$，此时的 T_k 就是一种规则：选择上一阶段的决策。

可使用动态规划求解例 4.10.1。最短路线问题有一个重要特性：如果由起点 A 经过 P 点和 H 点到达终点 G 是一条最短路线，则由 P 点出发经过 H 到达终点 G 的这条子路线，对于从 P 点出发到达终点 G 的所有路线而言，必定也是最短路线[18]；这一特性用反证法很容易证明。根据这一特性，本例寻找最短路线的方法就是从最后一个阶段开始，用由后向前逐步递推的方法；过程中需求出各阶段起点到终点 G 的最短路线，最后求得由 A 点到 G 点的最短路线[18]；所以，求解该问题可以从终点开始考虑，即采用反向（逆序）求解的思路。需要注意，反向求解中，在某阶段 k，可找到某个状态 s_i，其中 s_i 到终点的最短路径（每个状态都有其到终点的最短路径）在阶段 k 的所有状态中最小，但不能据此将 s_i 定为 k 阶段的全局最短路径状态；即对于 k 阶段的一个具体状态可以有其最短路线（最优选择），但不能将 k 阶段的某个具体状态作为该阶段的最佳状态。也就是最短路径是针对某个具体状态而言，而非针对某个阶段；某个阶段的各状态中，不进行最佳状态的选择，否则就变成了一种反向贪心的求解思路。

例 4.10.1 的动态规划求解过程如下所述。

第 4 阶段（$k=4$）：状态 s_4 的取值可能是 D_1 或 D_2（图 4.10-1），决策的取值只有一个，即 E。用 $f_4(s_4)$ 表示在状态 s_4 下的最短路径（f_4 的下角标为阶段编号，s_4 表示第 4 阶段的某个状态），则 $f_4(D_1)=3$，$f_4(D_2)=4$；注意，此时不能由于 $f_4(D_1)<f_4(D_2)$ 而将 D_1 定为该阶段的最优状态而使第 3 阶段的决策均为 D_1，因为有可能把 A 到 D_i 的距离与 D_i 到 E 的距离累加之后，A 经过 D_1 到 E 的总距离可能会大于 A 经过 D_2 到 E 的总距离。换言之，此时不对第 4 阶段进行最佳状态的选择，仅计算出从状态 D_1 出发到 E 的最短距离为 3，且从状态 D_2 出发到 E 的最短距离为 4。

第 3 阶段（$k=3$）：状态 s_3 的取值可能是 C_1、C_2、C_3，每一种状态下的允许决策集合均为 $D_3(s_3)=\{D_1, D_2\}$。当 $s_3=C_1$ 时，可选路径有两个，即 $C_1\to D_1\to E$ 和 $C_1\to D_2\to E$，路径 $C_1\to D_1\to E$ 的总距离为 4，路径 $C_1\to D_2\to E$ 的总距离为 8，所以从 C_1 出发到 E 的最短路径为 $C_1\to D_1\to E$，即 $f_3(C_1)=4$ 且 $x_3(C_1)=D_1$。同理，从 C_2 出发的最短路径为 $C_2\to D_2\to E$，总距离为 7，即 $f_3(C_2)=7$ 且 $x_3(C_2)=D_2$；从 C_3 出发的最短路径为 $C_3\to D_1\to E$，总距离为 6，即 $f_3(C_3)=6$ 且 $x_3(C_3)=D_1$。此时路径图可描述为图 4.10-2，图中方框内文字为从当前状态到终点的最短距离。同样，此时不能由于 $f_3(C_1)<f_3(C_2)$ 且 $f_3(C_1)<f_3(C_3)$ 而将 C_1 定为第 3 阶段的最优状态，而仅可计算出从 C_1 状态出发时，最短路径是 $C_1\to D_1\to E$ 而非 $C_1\to D_2\to E$（C_2 和 C_3 亦然）；换言之，不管前面阶段的选择如何，当第 3 阶段的状态为 C_i 时，从 C_i 出发只会选择该最短路径，而与前面的状态和决策无关（即无后效性）。

第 2 阶段（$k=2$）：状态 s_2 的取值可能是 B_1、B_2、B_3，每一种状态下的允许决策集合均为 $D_2(s_2)=\{C_1, C_2, C_3\}$。引入一个变量 $d(a, b)$，表示 a 点与 b 点之间的距离。当状态 $s_2=B_1$ 时，若决策 $x_2=C_1$，从 B_1 出发经过 C_1 到达 E 的最短距离为 $d(B_1, C_1)+f_3(C_1)$，则从 B_1 到 E 的最短距离 $f_2(B_1)=\min\{d(B_1, x_2)+f_3(x_2)\}$，即

$$f_2(B_1)=\min\begin{cases} d(B_1, C_1)+f_3(C_1) \\ d(B_1, C_2)+f_3(C_2) \\ d(B_1, C_3)+f_3(C_3) \end{cases}=\min\begin{cases} 7+4 \\ 4+7=11 \\ 6+6 \end{cases}$$

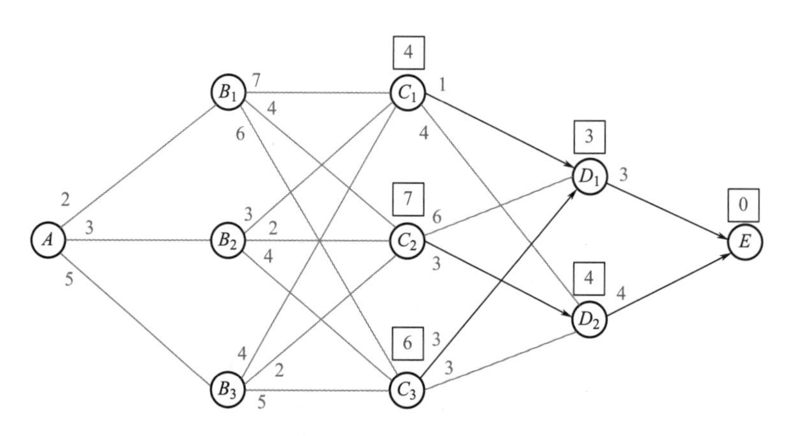

图 4.10-2　第 3 阶段最短路径已知的路线图

即从 B_1 到终点 E 的最短路径为 $B_1 \to C_1 \to D_1 \to E$ 或 $B_1 \to C_2 \to D_2 \to E$。同理，有

$$f_2(B_2)=\min\begin{cases}d(B_2,\ C_1)+f_3(C_1)\\ d(B_2,\ C_2)+f_3(C_2)\\ d(B_2,\ C_3)+f_3(C_3)\end{cases}=\min\begin{cases}3+4\\ 2+7=7\\ 4+6\end{cases}$$

$$f_2(B_3)=\min\begin{cases}d(B_3,\ C_1)+f_3(C_1)\\ d(B_3,\ C_2)+f_3(C_2)\\ d(B_3,\ C_3)+f_3(C_3)\end{cases}=\min\begin{cases}4+4\\ 2+7=8\\ 5+6\end{cases}$$

即从 B_2 到终点 E 的最短路径为 $B_2 \to C_1 \to D_1 \to E$，从 B_3 到终点 E 的最短路径为 $B_3 \to C_1 \to D_1 \to E$。此时路径图可描述为图 4.10-3。

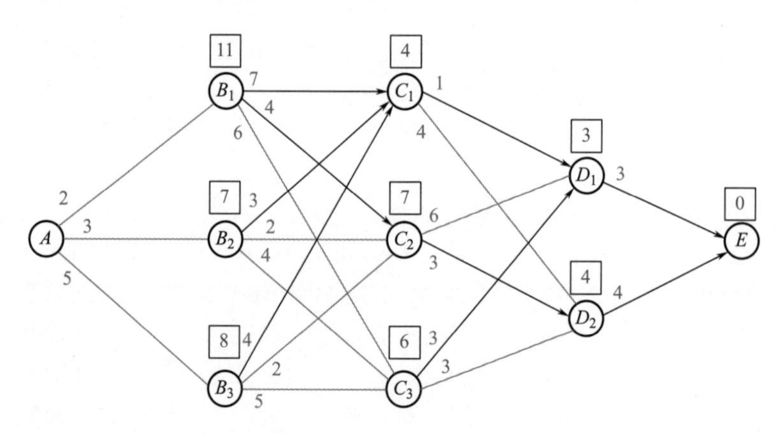

图 4.10-3　第 2 阶段最短路径已知的路线图

第 1 阶段（$k=1$）：状态 s_1 的取值只有一个即出发点 A，其允许决策集合为 $D_1(s_1)=\{B_1,\ B_2,\ B_3\}$。与阶段 2 类似，从 A 出发到 E 的最短路径 $f_1(A)=\min\{d(A,\ x_1)+f_2(x_1)\}$，即

$$f_1(A)=\min\begin{cases}d(A,\ B_1)+f_2(B_1)\\ d(A,\ B_2)+f_2(B_2)\\ d(A,\ B_3)+f_2(B_3)\end{cases}=\min\begin{cases}2+11\\ 3+7\ =10\\ 5+8\end{cases}$$

即从起点A到终点E的最短路径为$A \to B_2 \to C_1 \to D_1 \to E$，如图4.10-4所示。

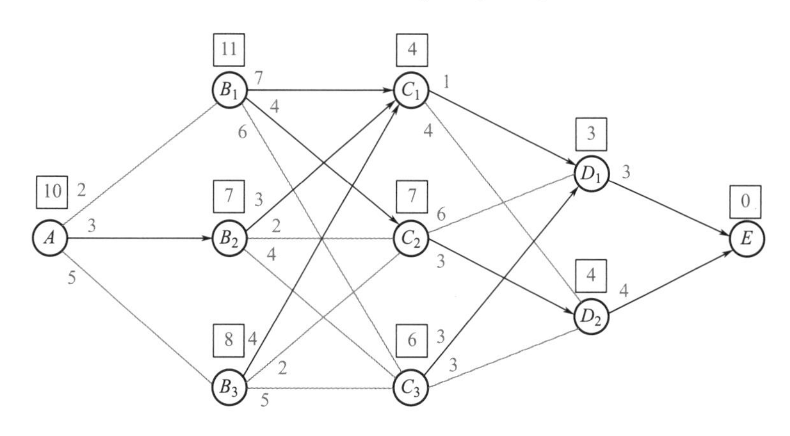

图4.10-4　最短路径的路线图

由上述计算过程可见，采用动态规划求解时，会得到某阶段各个状态下的最优路径，而无需与前一阶段的决策进行穷举组合，比穷举法的计算量小。当面对更复杂的问题时，跟穷举法相比，动态规划的优势会更明显。

从求解过程中可以看出，求解最短路径的关键步骤是利用递推关系式将k阶段各个状态的最短路径与$k+1$阶段各个状态的最短路径进行联系，即

$$f_k(s_k)=\min\{d(s_k,\ x_k(s_k))+f_{k+1}(s_{k+1})\} \tag{4.10-2}$$

上式是针对最短路径问题给出，其中$s_{k+1}=x_k$；不同的实际问题具有不同的递推关系式形式，须根据具体问题进行具体分析。尽管无法给出递推关系式的通用表达式，但诸如式（4.10-2）的递推关系式是利用动态规划进行求解的关键工具，是动态规划的基本方程。

动态规划首先将问题分成不同的阶段并分析每一个阶段可能处在的不同状态，然后通过求解各个状态下的最优解，进而得到整个问题的最优解；即动态规划把复杂的原问题分解为相对简单的子问题，通过求解子问题的最优解进而得到整个问题的最优解。动态规划是解决问题的一种途径或思路，而不是一种特殊的算法，因而它不像线性规划那样有标准的数学表达式，而须对具体问题进行具体分析；用动态规划解决一个实际问题时，必须做到下面5点[18]：

（1）将问题的过程划分成恰当的阶段；

（2）选择状态变量并保证其满足无后效性；

（3）确定决策变量及允许决策集合；

（4）建立状态转移方程；

（5）建立递推关系式。

4.10.2　动态规划应用

动态规划应用范围较广，可用于解决背包问题、资源分配问题、生产调度问题、排序问题、设备更新问题等，本节以背包问题和资源分配为例说明动态规划求解问题的方法。

1. 背包问题

例4.10.2[18]　有一个人需要带背包上山，背包的质量限度为10kg。现共有3种物品

可以携带，分别编号为1，2，3。单个物品的质量及其在山上的使用价值见表4.10-1。这个人应该如何选择物品的种类和数量使得它们在山上的总使用价值最大？

单个物品质量及使用价值　　表4.10-1

物品编号	单体质量(kg)	单个物品的使用价值
1	3	4
2	4	5
3	5	6

用 n 表示物品的种类数量，w_i 表示第 i 种物品的单体质量，x_i 表示第 i 种物品的装入件数，$c_i(x_i)$ 表示 x_i 件第 i 种物品的使用价值和，a 表示背包的质量限度，则背包问题的数学模型为

$$\text{目标函数} \max f = \sum_{i=1}^{n} c_i(x_i)$$

$$\text{约束条件}\begin{cases} \sum_{i=1}^{n} w_i x_i \leqslant a \\ x_i \geqslant 0 \text{ 且为整数}(i=1, 2, \cdots, n) \end{cases}$$

当 $c_i(x_i)$ 为线性函数时，虽然目标函数和约束条件均为线性函数，但背包问题不能视为线性规划问题，因为此处变量的取值只能为整数（物品的数量必须为整数），而线性规划要求变量的取值要连续。背包问题常用动态规划求解，本例的求解方法如下所述。

将参数的值代入上式，可得

$$\max f = 4x_1 + 5x_2 + 6x_3$$

$$\begin{cases} 3x_1 + 4x_2 + 5x_3 \leqslant 10 \\ x_i \geqslant 0 \text{ 且为整数}(i=1, 2, 3) \end{cases}$$

使用动态规划进行求解前，需要完成下面5个准备工作。

（1）将问题的过程划分成恰当的阶段

按可装入物品的 n 个种类分成 n 个阶段，本例 $n=3$。

（2）选择状态变量并保证其满足无后效性

状态变量 s_i 表示在第 i 个阶段，完成第 i 种物品的装入后，包内物品总质量的上限值；s_i 满足无后效性。注意，本例中 s_i 的允许取值是一个集合，即某个阶段的 s_i 可能有多个，例如此处 s_1 的取值非唯一（0～10之间多种值），详见后面的具体求解过程。

（3）确定决策变量及允许决策集合

决策变量为第 i 阶段第 i 种物品的装入数量 x_i，允许决策集合（装入数量 x_i 的取值范围）为

$$D_i(s_i) = \left\{ x_i \,\middle|\, 0 \leqslant x_i \leqslant \left[\frac{s_i}{w_i} \right] \right\}$$

其中［·］为下取整符号，$[s_i / w_i]$ 表示完成第 i 种物品的装入后，此时背包内可能容纳的第 i 种物品数量的最大值。

（4）建立状态转移方程

阶段 i 的某状态 s_i 减去该阶段第 i 种物品的装入质量，就可得到 $i-1$ 阶段的某些状态 s_{i-1}（s_i 和 x_i 均有多种取值可能），即

$$s_{i-1}=s_i-w_i x_i$$

上式的应用方法，详见后面的具体求解过程。

（5）建立递推关系式

函数 $f_i(s_i)$ 表示第 i 阶段的状态为 s_i 时，背包内当前已装入物品的最大使用价值。可写出 $f_i(s_i)$ 的递推关系式为

$$f_i(s_i)=\max_{x_i\leqslant\left[\frac{s_i}{w_i}\right]}\{c_i(x_i)+f_{i-1}(s_{i-1})\}\text{，}i=2\text{，}3$$

$$f_1(s_1)=\max_{x_1\leqslant\left[\frac{s_1}{w_1}\right]}c_1(x_1)$$

注意，上式中 s_1 并非某单一值，其取值为一个集合；则表示 $f_1(s_{i-1})$ 也并非某单一值，而是一个集合。

具体求解过程如下所述。

此处使用动态规划求解该背包问题时采用逆序求解，首先从阶段 3 分析。

阶段 3：要取得最大价值，就要充分利用背包的剩余容量，则对于阶段 3 应尽量使得背包内质量达到 10，因此 s_3 取值为 10。

阶段 3 是要装入物品 3；单个物品 3 的使用价值为 6，单体质量为 5，则可得

$$\begin{aligned}f_3(10)&=\max_{x_3\leqslant\left[\frac{10}{5}\right]}\{6x_3+f_2(s_2)\}=\max_{x_3\leqslant\left[\frac{10}{5}\right]}\{6x_3+f_2(s_3-5x_3)\}\\&=\max_{x_3=0,1,2}\{6x_3+f_2(10-5x_3)\}\\&=\max\begin{cases}0+f_2(10)\text{，}x_3=0\\6+f_2(5)\text{，}x_3=1\\12+f_2(0)\text{，}x_3=2\end{cases}\end{aligned}$$

由上式可见，得到 $f_3(10)$ 需要求解 $f_2(10)$、$f_2(5)$、$f_2(0)$，其中 $f_2(0)=0$。上式中，$0+f_2(10)$ 表示当第 3 种物品（第 3 阶段）一个都不装入时（此阶段决策为：$x_3=0$），则其提供的价值为 0，这种情况下可装入物品的总价值最大值由第 2 和第 1 种物品（第 2 和第 1 阶段）决定，且这两种物品的允许装入总质量为 10；$f_2(10)$ 就表示第二阶段的允许装入总质量为 10 的条件下的最大价值，而这个最大价值是由第 2 和第 1 两种物品决定。注意，此时 $f_2(10)$ 并非定值，还需继续反向计算。$6+f_2(5)$（$x_3=1$）表示当第 3 种物品（第 3 阶段）装入 1 个时，则其提供的价值为 6 且质量为 5，则这种情况下第 2 种和第 1 种物品（第 2 和第 1 阶段）的允许装入总质量为 5，$f_2(5)$ 即表示在这种情况下第 2 和第 1 种物品能够提供的最大价值，且 $f_2(5)$ 也非定值，需继续反向计算。同理，$12+f_2(0)$（$x_3=2$）表示当第 3 种物品（第 3 阶段）装入 2 个时，则其提供的价值为 12，这种情况下总质量已经达到 10，因此第 2 种和第 1 种物品（第 2 和第 1 阶段）的允许装入总质量为 0，所以这两种物品提供的总价值 $f_2(0)=0$。

阶段 2：单个物品 2 的使用价值为 5，单体质量为 4；当 s_2 为 10 时，有

$$f_2(10)=\max_{x_2\leqslant\left[\frac{10}{4}\right]}\{5x_2+f_1(s_1)\}=\max_{x_2\leqslant\left[\frac{10}{4}\right]}\{5x_2+f_1(s_2-4x_2)\}$$
$$=\max_{x_2=0,1,2}\{5x_2+f_1(10-4x_2)\}$$
$$=\max\begin{cases}0+f_1(10),\ x_2=0\\5+f_1(6),\ x_2=1\\10+f_1(2),\ x_2=2\end{cases}$$

当 s_2 为 5 时，有

$$f_2(5)=\max_{x_2\leqslant\left[\frac{5}{4}\right]}\{5x_2+f_1(s_1)\}=\max_{x_2\leqslant\left[\frac{5}{4}\right]}\{5x_2+f_1(s_2-4x_2)\}$$
$$=\max_{x_2=0,\ 1}\{5x_2+f_1(5-4x_2)\}$$
$$=\max\begin{cases}0+f_1(5),\ x_2=0\\5+f_1(1),\ x_2=1\end{cases}$$

得到 $f_2(10)$ 和 $f_2(5)$ 需要求解 $f_1(10)$、$f_1(6)$、$f_1(5)$、$f_1(2)$ 和 $f_1(1)$。

阶段 1：单个物品 1 的使用价值为 4，单体质量为 3；当 s_1 为 10、6、5、2、1 时，分别有

$$f_1(10)=\max_{x_1\leqslant\left[\frac{10}{3}\right]}\{4x_1\}=\max_{x_1=0,1,2,3}\{4x_1\}=12,\ x_1=3$$
$$f_1(6)=\max_{x_1\leqslant\left[\frac{6}{3}\right]}\{4x_1\}=\max_{x_1=0,1,2}\{4x_1\}=8,\ x_1=2$$
$$f_1(5)=\max_{x_1\leqslant\left[\frac{5}{3}\right]}\{4x_1\}=\max_{x_1=0,1}\{4x_1\}=4,\ x_1=1$$
$$f_1(2)=\max_{x_1\leqslant\left[\frac{2}{3}\right]}\{4x_1\}=\max_{x_1=0}\{4x_1\}=0,\ x_1=0$$
$$f_1(1)=\max_{x_1\leqslant\left[\frac{1}{3}\right]}\{4x_1\}=\max_{x_1=0}\{4x_1\}=0,\ x_1=0$$

将上式求得的 $f_1(10)\sim f_1(1)$ 代入阶段 2，求得 $f_2(10)$ 和 $f_2(5)$，进而再代入阶段 3 求得 f_3（10），这就得到了问题的最优解。代入计算过程如下：

$$f_2(10)=\max\left.\begin{cases}0+f_1(10)=0+12=12 & x_2=0,\ x_1=3\\5+f_1(6)=5+8=13 & x_2=1,\ x_1=2\\10+f_1(2)=10+0=10 & x_2=2,\ x_1=0\end{cases}\right\}=13(x_2=1,\ x_1=2)$$

$$f_2(5)=\max\left.\begin{cases}0+f_1(5)=0+4=4 & x_2=0,\ x_1=1\\5+f_1(1)=5+0=5 & x_2=1,\ x_1=0\end{cases}\right\}=5(x_2=1,\ x_1=0)$$

$$f_3(10)=\max\left.\begin{cases}0+f_2(10)=0+13=13 & x_3=0,\ x_2=1,\ x_1=2\\6+f_2(5)=6+5=11 & x_3=1,\ x_2=1,\ x_1=0\\12+f_2(0)=12+0=0 & x_3=2,\ x_2=0,\ x_1=0\end{cases}\right\}=13(x_3=0,\ x_2=1,\ x_1=2)$$

2. 资源分配问题

例 4.10.3 某公司现有混凝土运输车 5 辆，可以分配给下属 A、B、C 三个工厂用于运输混凝土，各个工厂获得运输车之后，可以给公司带来的盈利见表 4.10-2，那么如何分配这 5 辆运输车才能使该公司获得最大收益？

运输车的数量与公司收益之间的关系　　表 4.10-2

收益 工厂 运输车数量	A	B	C
0	0	0	0
1	45	25	55
2	75	40	70
3	95	80	85
4	110	115	110
5	125	150	130

用 a 表示资源的总量（运输车总数量），n 表示工厂的数量，x_i 表示分配给第 i 个工厂的运输车数量（$i=1, 2, \cdots, n$），$g_i(x_i)$ 表示分配给第 i 个工厂 x_i 辆运输车时所带来的收益，f 表示总收益。则该类资源分配问题的数学模型为

$$\text{目标函数 } \max f = \sum_{i=1}^{n} g_i(x_i)$$

$$\text{约束条件}\begin{cases}\sum_{i=1}^{n} x_i = a \\ x_i \geqslant 0 \text{ 且为整数}(i=1, 2, \cdots, n)\end{cases}$$

线性规划也能解决资源分配问题（如例 4.9.1），但是该例题不能用线性规划解决，因为目标函数不是线性函数。将有限的资源分配给多个工厂，各个工厂之间相互独立，且最终盈利与分配顺序无关，但分配给各个工厂的资源数量互相关联，它们的总数量不超过一定的限度，该类资源分配问题适合用动态规划求解。

将本例的参数代入上式，可得该问题的数学模型为

$$\max f = g_1(x_1) + g_2(x_2) + g_3(x_3)$$

$$\begin{cases}x_1 + x_2 + x_3 = 5 \\ x_1, x_2, x_3 \geqslant 0 \text{ 且为整数}\end{cases}$$

使用动态规划进行求解前，需要完成下面 5 个准备工作。

（1）划分阶段

资源分配时，可依次对各个工厂进行分配，因此可按给工厂分配的次序划分为 3 个阶段，将给 A、B、C 工厂的资源分配分别划分成第 1、2、3 阶段；即阶段 1 是给工厂 A 分配资源，阶段 2 是给工厂 B 分配资源，阶段 3 是给工厂 C 分配资源。

（2）选择状态变量并保证其满足无后效性

状态变量 s_i 表示在第 i 阶段已经分配给第 1 个工厂至第 i 个工厂的车辆总数，即 s_1 表示已分配给 A 工厂的车辆数，s_2 表示已分配给 A 工厂和 B 工厂的车辆总数，s_3 表示已分配给 A 工厂、B 工厂和 C 工厂的车辆总数。其中 s_1 和 s_2 的可能取值均为 0～5，而 $s_3=5$，因为由表 4.10-2 可见，各工厂带来的盈利均随车辆数量的增加而提高，所以把 5 辆车都分配出去会得到最大盈利。

（3）确定决策变量及允许决策集合

决策变量为分配给工厂 i 的运输车数量 x_i。s_1 表示在阶段 1 中可分配给工厂 A 的车辆数；在阶段 1 的计算过程中，s_1 本身的可能取值为 0～5，将 s_1 都分配给 A 工厂才能获得最大盈利，这也符合将运输车全部分配出去才能获得最大盈利的原则，从而可令 $x_1=s_1$。在阶段 2 和阶段 3，x_i 的取值范围为 $0\sim s_i$。则允许决策集合为

$$\begin{cases}D_1(s_1)=\{s_1\}\\ D_i(s_i)=\{0,\ 1,\ 2,\ \cdots,\ s_i\}\ i=2,\ 3\end{cases}$$

（4）建立状态转移方程

阶段 i 的某状态 s_i 减去该阶段分配给工厂 i 的车辆数 x_i，就可得到 $i-1$ 阶段的某状态 s_{i-1}，即

$$s_{i-1}=s_i-x_i$$

（5）建立递推关系式

当阶段 i 的状态为 s_i 时，总收益 f_i（s_i）的递推关系式如下。

$$f_i(s_i)=\max_{x_i\in D_i(s_i)}\{g_i(x_i)+f_{i-1}(s_{i-1})\},\ i=2,\ 3$$

$$f_1(s_1)=\max_{x_1\in D_1(s_1)}g_1(x_1)$$

从上式中可以看出，$f_3(s_3)$ 与 $f_2(s_2)$ 相关，而 $f_2(s_2)$ 与 $f_1(s_1)$ 相关，s_1 和 x_1 的取值（可能性）已知（$x_1=s_1$ 而 $s_1=\{0,1,2,3,4,5\}$），因此可从阶段 1 开始计算，即采用顺序解法。

动态规划中可采用逆序解法或顺序解法，关键是根据这两种解法的特点确定递推关系式。一般情况下，当初始状态确定时用逆序解法比较方便，而当终止状态确定时用顺序解法比较方便[18]。例 4.10.2 的背包问题属于初始状态非常明确的情况，因此采用了逆序解法；而本例给出的资源分配问题属于初始状态和终止状态都确定的情况，采用顺序和逆序解法均可求解；此处借助此例介绍顺序解法。

具体求解过程如下所述。

阶段 1：分配给工厂 A 的设备数量 $x_1=s_1$，而 $s_1=\{0,1,2,3,4,5\}$，所以 $f_1(s_1)$ 的取值见表 4.10-3。

$f_1(s_1)$ 取值　　**表 4.10-3**

x_1 / s_1	$g_1(x_1)$						$f_1(s_1)$	x_1
	0	1	2	3	4	5		
0	0						0	0
1		45					45	1
2			75				75	2
3				95			95	3
4					110		110	4
5						125	125	5

阶段2：分配给工厂B的设备数量$x_2=\{0, 1, 2, \cdots, s_2\}$，而$s_2=\{0, 1, 2, 3, 4, 5\}$，故$f_2(s_2)$的取值见表4.10-4。

$f_2(s_2)$ 取值　　表4.10-4

x_2 \ s_2	$g_2(x_2)+f_1(s_2-x_2)$						$f_2(s_2)$	x_2
	0	1	2	3	4	5		
0	0						0	0
1	0+45	25+0					45	0
2	0+75	25+45	40+0				75	0
3	0+95	25+75	40+45	80+0			100	1
4	0+110	25+95	40+75	80+45	115+0		125	3
5	0+125	25+110	40+95	80+75	115+45	150+0	160	4

阶段3：分配给工厂C的设备数量$x_3=\{0, 1, 2, \cdots, s_3\}$，而$s_3=5$，故$f_3(s_3)$的取值见表4.10-5。

$f_3(s_3)$ 取值　　表4.10-5

x_3 \ s_3	$g_3(x_3)+f_2(s_3-x_3)$						$f_3(s_3)$	x_3
	0	1	2	3	4	5		
5	0+160	55+125	70+100	85+75	110+45	130+0	175	1

可见，最佳分配方案为$x_3=1$，$x_2=3$，$x_1=1$。

课后习题

1. 已知a，b，$c\in R^+$，$a+b+c=2$，利用拉格朗日乘数法求解$\frac{1}{a}+\frac{3}{b}+\frac{10}{c}$的最小值。

2. 证明以下问题是凸规划，并求解其KKT点：

$$\begin{aligned}&\min(x_1-1)^2+(x_2-1)^2\\&\text{s.t. } x_1-x_2=-1\\&\quad x_1+x_2\leqslant 2\\&\quad x_1,\ x_2\geqslant 0\end{aligned}$$

3. 二维坐标中存在五个数据点（5，20）、（10，33）、（15，45）、（20，47）、（25，40），采用最小二乘法求解一条距离此5点最短的直线。

4. 采用梯度下降法求解

$\min f(x_1, x_2)=x_1-5x_2+2x_1^2+3x_1x_2+x_2^2$ 给定初始点 $X^{(1)}=(0, 0)^T$

5. 采用牛顿法求解

$$\min f(x, y)=2x^2+5y^2+5xy+3x-7y$$

6. 采用蒙特卡洛方法计算函数$y=x^3$在区间［−1，1］区间的积分。

7. 下图为尺寸为 200mm×200mm×200mm 的三维智能体工作空间。沿 Z 轴方向的柱钢筋底端放置在点（100，50，0）处，沿 X 轴方向的梁钢筋左端放置在点（0，150，100）处。两根钢筋的长度都是 200mm，直径是 20mm。假定一个智能体表示直径为 20mm 的钢筋。它的起点和目标点分别为（100，0，100）和（100，200，100）。

（1）采用传统的人工势场法实现智能体的路径规划；

（2）采用改进的人工势场法实现智能体的路径规划；

（3）对比两种方法路径规划结果，讨论两种方法的路径规划性能。

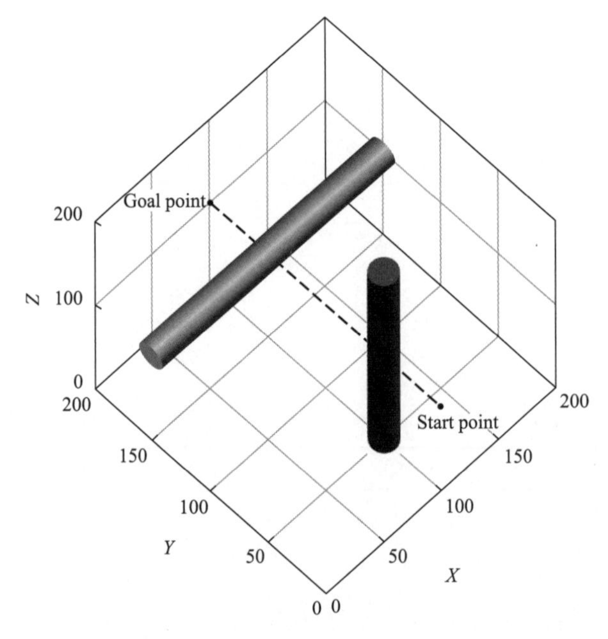

路径规划工作空间

8. 某预制混凝土构件加工厂计划生产 A、B 两种楼梯，各需要混凝土 $2m^3$ 和 $4m^3$，所需的工时分别为 4 个和 2 个。现在可用的混凝土为 $100m^3$，工时为 120 个。每生产一个 A 楼梯可获利 2000 元，生产一个 B 楼梯可获利 1500 元。那么应当安排 A、B 各多少个才能获得最大利润？

（1）列出该问题的数学模型；

（2）用图解法解出最优解；

（3）用单纯形法解出最优解。

参考文献

[1] 同济大学数学系．高等数学［M］．北京：高等教育出版社，2014.

[2] 雷明．机器学习原理、算法与应用［M］．北京：清华大学出版社，2019.

[3] 曹连江．电子信息测量及其误差分析校正的研究［M］．长春：东北师范大学出版社，2017.

[4] 朱秀昌，唐贵进．现代数字图像处理［M］．北京：人民邮电出版社，2020.

[5] 康崇禄．蒙特卡罗方法理论和应用 [M]. 北京：科学出版社，2020.
[6] SUTTON，R，BARTO，A. 强化学习 [M]. 俞凯等，译．北京：电子工业出版社，2019.
[7] SINGH S P，SUTTON R. Reinforcement learning with replacing eligibility traces [J]. Machine learning，1996，22 (1)：123-158.
[8] KHATIB O. Real-time obstacle avoidance for manipulators and mobile robots [M] // Autonomous robot vehicles. Springer，New York，NY，1986：396-404.
[9] GE S，CUI Y. New potential functions for mobile robot path planning [J]. IEEE Transactions on robotics and automation，2000，16 (5)：615-620.
[10] KROGH B. A generalized potential field approach to obstacle avoidance control [C] //Proc. SME Conf. on Robotics Research：The Next Five Years and Beyond，Bethlehem，PA，1984. 1984：11-22.
[11] SFEIR J，SAAD M，SALIAH-HASSANE H. An improved artificial potential field approach to real-time mobile robot path planning in an unknown environment [C] //2011 IEEE international symposium on robotic and sensors environments (ROSE). IEEE，2011：208-213.
[12] KOREN Y，BORENSTEIN J. Potential field methods and their inherent limitations for mobile robot navigation [C] //ICRA. 1991，2：1398-1404.
[13] YUN X，TAN K. A wall-following method for escaping local minima in potential field based motion planning [C] //1997 8th International Conference on Advanced Robotics. Proceedings. ICAR'97. IEEE，1997：421-426.
[14] LEE M，PARK M. Artificial potential field based path planning for mobile robots using a virtual obstacle concept [C] //Proceedings 2003 IEEE/ASME International Conference on Advanced Intelligent Mechatronics (AIM 2003). IEEE，2003，2：735-740.
[15] LI Q，WANG L，CHEN B，et al. An improved artificial potential field method for solving local minimum problem [C] //2011 2nd International Conference on Intelligent Control and Information Processing. IEEE，2011，1：420-424.
[16] RAVANKAR A，RAVANKAR A，KOBAYASHI Y，et al. Path smoothing extension for various robot path planners [C] //2016 16th international conference on control，automation and systems (ICCAS). IEEE，2016：263-268.
[17] 许建强，李俊玲．数学建模及其应用 [M]. 上海：上海交通大学出版社，2018.
[18] 甘应爱，田丰，李维铮，等．运筹学 [M]. 3 版．北京：清华大学出版社，2005.
[19] HILLIER F，LIEBERMAN G. Introduction to operations research (Eleventh edition) [M]. 北京：清华大学出版社，2021.

第5章　智能优化算法

在现代信息技术不断进步的过程中出现很多复杂的组合优化问题，如工程结构设计优化问题，其中包含大量的参数组合，导致“组合爆炸”，优化计算工作量巨大。采用牛顿法等传统优化方法对这类“组合爆炸”问题进行最优解搜索时，需要遍历整个搜索空间，优化效率极低甚至根本不可能进行优化计算。因此数学家和计算机科学家们探索了更高效的优化算法。受生物进化和生物群体智能行为的启发，科学家们提出了很多启发式优化算法，包括模仿生物进化的遗传算法（进化算法）、模拟鸟群群体行为的粒子群优化算法（群体智能算法）、基于退火原理的模拟退火算法（搜索算法）等；这些算法目前常被统称为智能优化算法。本章对几个常用的智能优化算法进行了介绍，并将部分算法在工程结构智能设计中的应用方法进行了介绍。

5.1　遗传算法

5.1.1　算法的生物学基础

通过模拟达尔文生物进化论的自然选择和遗传学机理，学者们提出了多种生物进化的计算模型以搜索复杂问题的最优解。其中，遗传算法（Genetic Algorithm，GA）最早由Holland教授于20世纪60年代提出[1]。20世纪70年代De Jong基于遗传算法的思想在计算机上进行了大量的纯数值函数优化计算实验[2]。在一系列研究工作的基础上，20世纪80年代Goldberg提出了遗传算法的基本框架[3]。遗传算法已在工业制造、农业生产、经济预测、人工智能等领域有着广泛应用。

遗传算法受生物进化理论和遗传学启发而提出。生命的基本特征包括生长、繁殖、新陈代谢、遗传和变异[4]；此处以豌豆为例解释基本的生物进化和遗传学知识。在遗传过程中，个体特征常由一对基因控制，即显性基因和隐性基因。当且仅当两个基因同时为隐性基因时，生物才会呈现隐性性状。对于豌豆，F为高茎基因，f为矮茎基因。考虑有3种豌豆苗 A、B、C：A 豌豆苗有两个高茎基因（记为FF），B 豌豆苗有一个高茎基因一个矮茎基因（记为Ff），C 豌豆苗有两个矮茎基因（记为ff），则它们的表现为：

A:FF	B:Ff	C:ff
高茎	高茎	矮茎

现有 A、B、C 三种基因型的豌豆苗共60株，其中高茎30株（A、B 各15株），矮茎30株。若在某种环境下，高茎个体比矮茎个体更容易存活，高茎个体存活概率为80%，矮茎存活概率为40%；只有存活下来的个体才能繁殖后代。豌豆的繁殖方式为自交，即每一个体自我繁殖（不与其他株交配繁殖），每株豌豆苗可繁殖出四株子代豌豆苗。自交过

程中，亲代的两个相同基因交叉，见图5.1-1；四株子代的基因型分别为该亲代所有可能的四种基因型，这四种为一个全排列，如亲代为 Ff，则繁殖中为两个 Ff 基因的交叉组合：

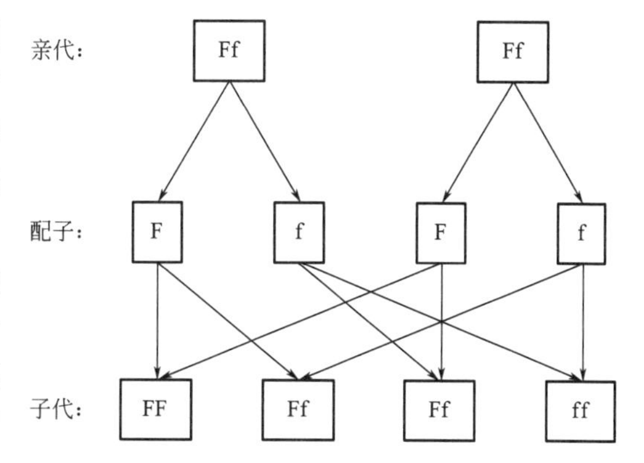

图 5.1-1　两个 Ff 基因的交叉组合

每代繁殖后的个体作为下一代的亲代个体。通过模拟内部繁殖过程，后代存活情况见表 5.1-1。第一代，豌豆苗中高茎数量占 50%，在经过第一次“存活考验”后，高茎（FF 和 Ff）分别存活 15×0.8=12 株，矮茎（ff）豌豆存活 30×0.4=12 株。第一代完成繁殖后，基因型为 FF 的个体数量变成了 12×4+12=60 株（基因型为 FF 的每个个体繁殖后变成 4 株 FF 基因型个体，且每个基因为 Ff 的个体繁殖后产生 1 株 FF 基因型个体）；同理，繁殖后，基因型为 Ff 的个体数量为 12×2=24 株，而基因型为 ff 的个体数量为 12×4+12=60 株。可见，第一代繁殖后，高茎共有 60+24=84 株，矮茎共有 60 株，高茎占比为$\frac{84}{84+60}\times 100\%=58.3\%$；即第一次繁殖后，高茎个体占比上升。第一代繁殖后的所有个体变成了第二代的亲代个体。在第二代完成繁殖后，高茎个体的占比继续上升，且种群中，纯种高茎（即 FF）个体的占比更高。在豌豆种群中，高茎个体数增加，矮茎个体数减少，这个过程就是自然选择或者适者生存。生物进化中可能产生基因的变异，在第三代的繁殖过程中发生了基因变异，其中基因型本为 Ff 的个体，有 20 个变异为 FF，另有 10 个变异为 ff，使得基因型 FF 的个体数量从 706 变为 726，基因型 Ff 的个体数量从 60 变为 30，基因型 ff 的个体数量从 214 变为 224。由于生物惊人的复原力和冗余性，变异对后代的影响较小，而对提高生物自身适应性具有重要作用；变异可能对个体有害，但对整个种群有益。伴随着自然选择的变异有助于改进物种的生存能力，无任何变异的物种会停止进化。

豌豆进化过程　　表 5.1-1

代数	初始情况			存活情况			繁殖后			高茎占比
	FF	Ff	ff	FF	Ff	ff	FF	Ff	ff	
第一代	15	15	30	12	12	12	60	24	60	58.3%
第二代	60	24	60	48	19	24	211	38	115	68.4%
第三代	211	38	115	169	30	46	706→726	60→30	214→224	77.1%

5.1.2　遗传算法示例

遗传算法是模拟生物的遗传和进化过程而形成的全局随机搜索算法。下面是遗传算法的相关专业术语。

个体：待优化的基本对象

种群：个体的集合

种群规模：种群中个体的个数

染色体：个体的编码，表示个体并反映个体的特征

基因：组成染色体的元素

个体基因型：个体的基因组成形式（如某豌豆个体的基因型为 Ff）

个体表现型：由个体基因决定的个体具体表现形式（如某豌豆个体为高茎）

编码：将问题参数映射为个体基因结构

解码：将个体基因结构映射为问题参数

适应度：个体适应环境的能力

适应度函数：个体与适应度之间的对应关系

遗传算子：将父代特征遗传给子代的操作方法，包括选择、交叉和变异算子等

选择算子：从种群中选择若干个体的操作方法

交叉算子：染色体上基因交换的操作方法

变异算子：染色体上某个基因值发生变化的操作方法

下面通过求解函数极值，理解专业术语和算法应用过程，以搜索函数最大值的优化问题为例。

例 5.1.1 求下面一元函数的最大值：

$$f(x)=10\sin(5x)+7\cos(4x)$$

其中，$0\leqslant x\leqslant 3$。该函数图像如图 5.1-2 所示，$f(x)$ 在区间 $[0, 3]$ 可微。

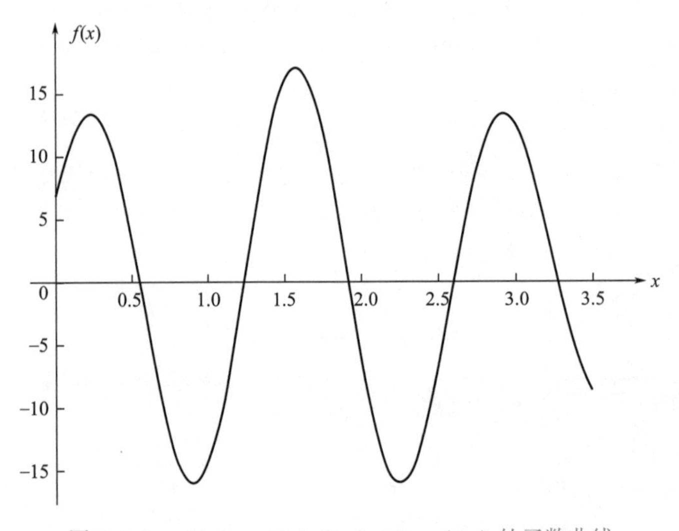

图 5.1-2 $f(x)=10\sin(5x)+7\cos(4x)$ 的函数曲线

采用遗传算法解决上述函数的最优化问题，函数的可行解为 x；可通过四个编号为 1～4 的个体去搜索最优解，每个个体在搜索时的每一步都表示一个自变量 x 的取值，这四个个体就形成了一个种群。将多峰函数的函数值 $f(x)$ 作为个体的适应度 F，并规定当函数值 $f(x)<0$ 时，$F=0$；可见此处 F 越大则表示个体适应环境的能力越强，得到的结果也越接近最大值。对四个个体进行编码作为个体的基因；以适应度为标准不断筛选个体；通过遗传算子（包括选择、交叉、变异）的操作不断产生下一代种群。如此不断循环迭代，完成进化。最终，根据设定的迭代次数，可得到最后一代种群，选择种群中适应度

最高的个体作为问题的解。表 5.1-2 为本例的遗传算法计算过程。

(1) 个体编码。每个个体采用一种统一的符号格式进行表示，则每个个体的编码形式为一个符号串，这个符号串就是遗传算法的具体运算对象。本例中解 x 的取值范围为 0～3 之间的小数，精度取为小数点后两位。根据 x 的取值要求，可规定本例中的个体表现型与个体基因型相同，如某个个体的表现型为 1.52，则此个体的基因型就是 1.52，即 1.52 这个字符串就是此个体的基因型，字符串中包含 1、5、2 三个元素；对于某个个体的基因，可变化的元素就是其中的 3 个数字。实际应用中，个体表现型和基因型不一定相同，不相同时可通过编码和解码方法相互转换。在解决实际问题时，有可能需采用更加复杂的表示方法及解码方法。

(2) 初始种群的产生。遗传算法进化操作的对象是种群，初始种群的信息包括所有个体的起始搜索点。本例中，种群规模大小为 4，每个个体的编号分别为 1～4；每个个体的基因型可通过随机方法产生，即通过随机方法在 0～3 范围内选择四个数（精度为小数点后两位)。表 5.1-2 第②栏表示一个随机产生的初始种群。本例的遗传算法计算过程中，种群规模和个体编号保持不变（常用做法)，但个体的基因型不断变化，即种群由初始种群逐渐进化为后代种群。

遗传算法计算过程 表 5.1-2

① 个体编号 i	② 初始种群 $P(0)$	③ 表现型	④ 目标函数值 f_i	⑤ 适应度 F_i	⑥ $F_i/\sum F_i$	⑦ 选择次数	⑧ 选择结果
1	1.52	1.52	16.54	16.54	0.47	2	1.52
2	0.35	0.35	11.03	11.03	0.31	1	0.35
3	2.72	2.72	7.78	7.78	0.22	1	1.52
4	2.13	2.13	−13.73	0	0	0	2.72
⑨ 配对情况	⑩ 交叉参数	⑪ 交叉结果	⑫ 是否变异	⑬ 变异结果	⑭ 第一代种群 $P(1)$	⑮ 目标函数值 f_i	⑯ 适应度 F_i
		1.17	否	1.17	1.17	−4.42	0
1-2	0.7	0.70	是	0.55	0.55	−0.30	0
3-4	0.3	1.88	否	1.88	1.88	2.54	2.54
		2.36	是	1.62	1.62	16.56	16.56

(3) 适应度计算。遗传算法通过个体适应度的大小评定各个体的优劣程度，从而决定遗传机会的大小。本例中，优化目标为求解函数最大值，可直接将目标函数值作为个体的适应度。为计算目标函数值，需先对个体基因型 X 进行解码（此处表现型与基因型一样，解码就是取相等)，得到个体的具体表现型，例如表 5.1-2 第③栏表示初始种群中各个体的解码后得到的表现型；第④栏所示为各个体所对应的目标函数值。为满足适应度为非负的要求，当函数值为正时，函数值即为个体的适应度；当函数值为负时，将个体的适应度调整为 0，从而得到第⑤栏中的个体适应度 F_i。

(4) 选择运算。选择运算是将当前种群中某些个体按某种规则遗传到下一代种群中；

通常适应度较高的个体将有更多的遗传机会。本例中，采用与适应度成正比的概率来确定各个体复制到下一代种群中的数量。选择计算具体过程是：先计算出群体中所有个体的适应度的总和 $\sum F_i$；然后计算各个体适应度的占比，即表 5.1-2 第⑥栏中的 $F_i/\sum F_i$，此占比就表示每个个体被遗传到下一代种群中的概率，全部概率值之和为 1。根据各个体的适应度占比，进行四次随机抽取，得到每个个体选中的次数（适应度占比越大的个体，被选中的概率越高）；本次抽取结果见第⑦栏，可见个体 1 被选中了 2 次，个体 2 和 3 分别被选中了 1 次，而个体 4 一次也未被选中。第⑧栏为四次抽取的选择结果，可见第一次和第三次抽取选择了个体 1，其基因型为 1.52；第二次和第四次抽取则分别选择了个体 2 和 3，其基因型分别为 0.35 和 2.72；选择计算后，编号 1～4 的四个个体的基因型就分别变成了 1.52、0.35、1.52、2.72。

(5) 交叉运算。交叉运算是遗传算法中个体产生新基因的主要操作过程，交叉操作是以某一概率相互交换某两个个体之间的基因元素。本例采用线性交叉的方法，其具体操作过程为：先对种群中的个体进行随机两两配对，表 5.1-2 第⑨栏为随机配对情况；然后随机设置交叉参数（表 5.1-2 第⑩栏）；交叉参数表示对于两个个体分别乘以交叉系数并相加。例如，对于 1 号和 2 号个体它们分别乘以交叉系数，再分别相加：

个体 1：1.52 ⟶ 1.52×0.7+0.35×0.3=1.17

个体 2：0.35 　　 1.52×0.3+0.35×0.7=0.70

由上述计算可见，两个个体两两配对并交叉后，形成两个基因型变化了的个体，而非两个个体合并成一个个体。交叉计算后，编号 1～4 的四个个体的基因型就分别变成了 1.17、0.70、1.88、2.36，见表 5.1-2 第⑪栏。

(6) 变异运算。变异运算是对个体上的基因值按某一较小的概率进行改变，也是产生个体新基因的一种操作方法。本例中，采用随机方法进行变异运算，其具体操作过程为：首先确定某个体是否需要变异，对于需要变异的个体，采用随机生成的一个在区间 [0, 3] 内的数作为变异后的个体基因型（代替个体原基因型）。表 5.1-2 第⑫栏为个体是否变异的情况，第⑬栏为变异后种群中各个体的基因型；变异后，初始种群 $P(0)$ 就变成了第一代种群 $P(1)$，见表 5.1-2 第⑭栏；而 $P(1)$ 中的个体对应的函数值和适应度也分别随之变换，见表 5.1-2 第⑮和⑯栏。

由上述过程可见，对群体 $P(t)$ 进行一轮选择、交叉、变异运算之后可得到新一代的群体 $P(t+1)$。从表 5.1-2 中可以看出，种群经过一代进化之后，其适应度的最大值得到了改进。

5.1.3 标准遗传算法

由前面的论述可见，标准遗传算法可提供一种求解优化问题的通用框架，不依赖于问题的领域和种类。对需要进行优化计算的实际应用问题，一般可按下述步骤构造遗传算法进行求解[4]：

(1) 确定变量和约束条件，即确定个体的表现型和问题的解空间。

(2) 建立优化模型，即确定目标函数的类型、数学描述形式或量化方法。

(3) 确定可行解的染色体编码方法，即确定个体的基因型及相应的搜索空间。

(4) 确定解码方法，即确定由个体基因型到个体表现型的对应关系或转换方法。

（5）确定个体适应度的量化评价方法，即确定由目标函数值到个体适应度的转换规则。

（6）设计遗传算子，即设计选择运算、交叉运算、变异运算的具体操作方法。

（7）设置遗传算法的有关运行参数，包括种群大小、交叉概率、变异概率等参数。

可见，可行解的编码形式和遗传算子的设计方法是应用基本遗传算法时需要考虑的两个主要问题；对不同的优化问题需要使用不同的编码形式和遗传操作方法。此处将对编码和遗传算子进行详细介绍。

1. 编码

编码是进行交叉、变异等操作的基础，可将一个问题的可行解从其解空间转换到遗传算法所能处理的搜索空间；编码方式是连接优化问题与算法的桥梁，决定了遗传算法的求解速度和搜索效果。目前的编码方式主要有二进制编码、实数编码和符号编码等。

二进制编码中，采用二值符号集{0，1}组成的字符串对个体进行编码；例如，0011010011 可表示一个染色体长度为 10 的个体。二进制编码具有编码与解码过程简单，便于交叉和变异操作等优点；缺点是不能兼顾计算的精度和效率，当二进制编码长度增加时能够提高计算精度，但是要牺牲计算的效率，反之亦然。

实数编码，即染色体上每一位基因值都用实数进行表示。实数编码适用于对精度要求高、搜索空间较大的优化问题；但在初始化、交叉和变异的过程中，要保证实数的基因值在合理的范围内。

符号编码是指基因值取自一个符号集，如$\{A, B, C, \cdots\}$，符号编码的优点在于能利用其符号自身的含义，且能将离散与连续变量统一表示，便于算法操作。

遗传算法的关键是充分了解求解的问题，在此基础上设计一套合理的编码方案，能在染色体上实现高效的遗传操作，提高算法的运行效率。

对于 5.1.2 节中求解函数最大值的优化问题，可采用另一种求解方式。在例 5.1.1 中，变量 x 作为实数，可视为遗传算法的表现型；采用二进制编码形式，将变量 x 代表的个体表示为一个{0，1}二进制字符串，长度取决于精度。若求解精度精确到 6 位小数，由于区间长度为 $3-0=3$，则需要将区间 [0，3] 平均分为 3×10^6 等份；由于 $2^{21}\leqslant3\times10^6\leqslant2^{22}$，因此编码的二进制字符串至少需要 22 位。

将一个二进制字符串（$b_{21}b_{20}\cdots b_0$）转换为区间 [0，3] 内对应的实数值很简单，二进制串（$b_{21}b_{20}\cdots b_0$）代表的二进制数化为十进制数 x'：

$$x'=(b_{21}b_{20}\cdots b_0)_2=\left(\sum_{t=0}^{21}b_t\times2^t\right)_{10}$$

x'对应 [0，3] 内的实数：

$$x=0+x'\cdot\frac{3-0}{2^{22}-1}$$

例如，一个二进制串 $s=\langle 1000101110110101000111\rangle$ 表示实数值 1.637197。

计算过程如下：

$$x'=(1000101110110101000111)_2=2288967$$

$$x=0+2288967\,\frac{3-0}{2^{22}-1}=1.637197$$

二进制串〈0000000000000000000000〉和〈1111111111111111111111〉则分别表示区间的两个端点值 0 和 3。

2. 初始化种群

在遗传算法中，首先需要随机产生一些个体作为种群。初始化种群的方式有两种：一是完全随机地产生初始种群，适合对于解没有任何先验知识的优化问题；二是利用相关先验知识，先生成一组可能满足要求的解，再从这些解中随机抽取个体作为初始种群，从而提高寻优速度。种群规模是求解效率的关键参数之一；种群规模越大，找到最优解的概率也会变大，但计算效率会降低；种群规模过小，基因的多样性降低，个体对应的解难以覆盖问题的可行域，找到可行解的概率就会变小。

尽管已经有理论模型可以用来确定种群规模，但对实际问题很难作出估计，难以应用。因此，在面对实际问题时，可在试算中通过参数调整的手段确定种群规模；一般将种群规模设置在 20～1000 之间。在上述的函数优化问题示例中，采用二进制编码时，个体由随机产生的长度为 22 的二进制串组成染色体的基因值，种群规模为 100。

3. 适应度与适应度函数

遗传算法中的适应度用来表示种群中每个个体适应环境的程度。适应度较高的个体拥有较高的概率将基因传递给下一代；适应度较小个体的基因传递到下一代的概率相对较小；适应度的大小由适应度函数来衡量。适应度函数一般为单值、连续、非负函数，且形式简洁，计算成本低。适应度函数 $F(X)$ 通常是由目标函数 $f(x)$ 变换而得到，主要有以下两种变换形式：

（1）将目标函数 $f(x)$ 直接转换为适应度函数 $F(X)$：

对于最大化问题：$F(X)=f(x)$

对于最小化问题：$F(X)=-f(x)$

然而，在实际优化问题中，目标函数值有正有负，优化目标也有搜索最大或最小值问题，显然上面两式不能保证所有情况下个体的适应度都为非负的要求，所以必须寻求出一种通用且有效的转换关系。

为满足适应度取非负值的要求，基本遗传算法一般采用下面的方法将目标函数 $f(x)$ 变换为个体的适应度函数 $F(X)$。

（2）非负的适应度函数

对于求解目标函数最小值的优化问题，适应度函数设定为：

$$F(x)=\begin{cases} c_{\max}-f(x), & f(x)<c_{\max} \\ 0, & \text{其他} \end{cases} \tag{5.1-1}$$

对于求解目标函数最大值的优化问题，则：

$$F(x)=\begin{cases} f(x)-c_{\min}, & f(x)>c_{\min} \\ 0, & \text{其他} \end{cases} \tag{5.1-2}$$

其中，$c_{\max}$ 和 $c_{\min}$ 分别为 $f(x)$ 的最大值估计和最小值估计（通过先验知识等估计）。

在例 5.1.1 的优化问题中，采用式（5.1-2）计算适应度，目标函数在区间 [0，3] 的最小值估计为－20。例如，有三个个体的二进制串为：

$$s_1=\langle 1000101110110101000111\rangle$$

$$s_2=\langle 0000001110000000010000\rangle$$

$$s_3 = \langle 1110000000111111000101 \rangle$$

分别对应于变量值 $x_1 = 1.637197$，$x_2 = 0.041027$，$x_3 = 2.627888$。个体适应度计算如下：

$$F(s_1) = f(x_1) - c_{\min} = 16.208450 - (-20) = 36.208450$$

$$F(s_2) = f(x_2) - c_{\min} = 8.942948 - (-20) = 28.942948$$

$$F(s_3) = f(x_3) - c_{\min} = 2.164741 - (-20) = 22.164741$$

可以看出，s_1 的适应度最大，为三个个体中的最佳个体。

4. 选择算子

选择算子用于淘汰适应度较低的个体，将适应度较高的个体保留并用于产生后代。常见的选择算子包括比例选择、随机竞争选择和最佳保留策略。

（1）比例选择

比例选择的基本思想是个体被选中的概率与个体在总体中所占比例成正比（图 5.1-3）。设种群规模为 N，个体 i 的适应度为 F_i，则 i 被选择的概率为：

$$P_i = \frac{F_i}{\sum_{k=1}^{N} F_k} \tag{5.1-3}$$

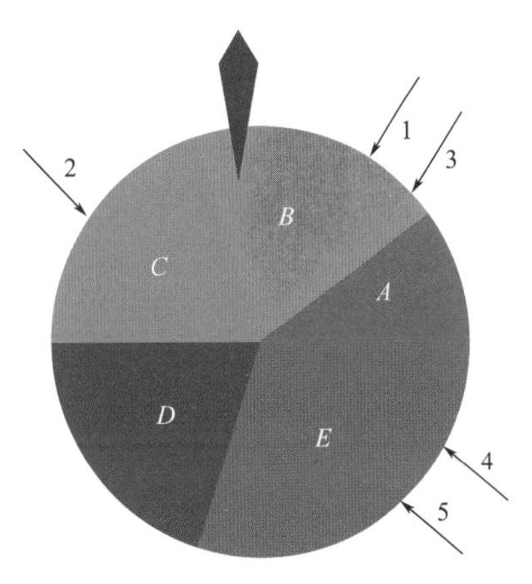

图 5.1-3　比例选择

比例选择采用的是轮盘赌的方法，需要用到累积概率 Q_i 的概念：

$$Q_i = \sum_{j=1}^{i} P_j \tag{5.1-4}$$

上式中，i 为个体编号，j 代表累积概率计算过程中所需遍历个体的编号。

个体选择时，随机生成 $r \in [0,1]$，若 $Q_{i-1} < r < Q_i$，则选择个体 i。例如：现有种群 $I = [A, B, C, D, E]$，适应度为 $F = [1, 2, 2, 2, 3]$。根据式 5.1-3，可得 $P = [0.1, 0.2, 0.2, 0.2, 0.3]$；根据式（5.1-4），计算累计概率 $Q = [0.1, 0.3, 0.5, 0.7, 1]$。因为种群规模为 5，则生成 5 个随机数 r，$r_1 = 0.15$，$r_2 = 0.36$，$r_3 = 0.19$，$r_4 = 0.95$，$r_5 = 0.85$；每次从种群中选择一个个体，由于 $Q_1 < r_1 < Q_2$，则第二个个体 B 被选中；而 $Q_2 < r_2 < Q_3$，则第三个个体 C 被选中；以此类推，得到新的种群 $I' = [B, C, B, E, E]$。图 5.1-3 中的小箭头即表示每次选择的结果。

（2）随机竞争选择

随机竞争选择是比例选择的一种改进方法，其基本思想是每次按比例选择的方法，选出一对个体，然后将两个个体进行竞争，选择优势的个体，重复此过程直到达到种群规模为止。在上述的比例选择示例中，如采用随机竞争选择，则需进行五轮选择（每轮两次选择，采用上述比例选择方法）；每轮选择都进行一次竞争，即对比两个个体的适应度，并保留适应度高的个体，最终得到 5 个个体。

（3）最佳保留策略

当前种群中适应度最高的个体不再参加后面的交叉变异运算，并可代替本代种群中经过交叉、变异等操作后适应度最低的个体，从而使得适应度最高的个体数量增加。

此外，其他常见的选择方式有均匀排序、无放回约束随机选择、随机联赛选择等。

5. 交叉算子

交叉算子的作用过程类似于有性繁殖。在繁殖过程中，父代与母代的基因重组，形成新的染色体传递给子代。在交叉过程中，根据预先设定好的交叉概率选择两个个体，交换两个个体中染色体上的部分基因，从而产生两个新的个体。交叉概率是根据问题特点设定的个体发生交叉的概率，也经常通过试算得到。交叉算子是遗传算法中产生新个体的主要方法，新个体继承了上一代的基因，促进种群逼近最优解。目前，交叉算子主要有以下三种：

（1）单点交叉

选择两个父代 X_1 和 X_2，在染色体的基因序列中随机选择一个交叉位置，以此点为起点，X_1 和 X_2 在此起点后的所有染色体互换基因，形成两个新的个体 X'_1 和 X'_2。例如，X_1 和 X_2 的编码方式为整数编码，编码长度为 8，随机选择其交叉点位为 6，则交叉过程如图 5.1-4 所示。

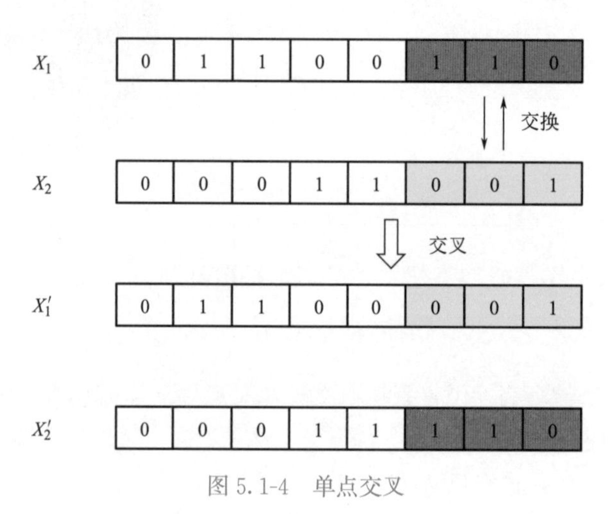

图 5.1-4　单点交叉

（2）两点或多点交叉

两点随机交叉是在个体中随机选择两个交叉点，然后交换两个交叉点之间的基因。例如 X_1 和 X_2 的编码方式为整数编码，编码长度为 10，随机选择其交叉点位为 6 和 8，则其交叉过程如图 5.1-5 所示。多点交叉是在个体中随机选择多个交叉点，然后进行多段基因的交换。可见，两点或多点交叉，不是单点之间的基因交换，而是单点之间的整段交换。

（3）均匀交叉

均匀交叉也称一致交叉，运算过程是通过随机生成一个屏蔽字来决定子代个体如何从父代个体获得基因。图 5.1-6 中给出了一个屏蔽字的实例，图中的屏蔽字长度与个体基因串长度相同，均由 0 和 1 生成。若屏蔽字的第一位数是 0，那么第一个子代个体基因串的第一位基因便继承父代个体 X_1，第二个子代个体基因串的第一位基因便继承父代个体 X_2；如果屏蔽字的第一位数是 1，那么第一个子代个体基因串的第一位基因便继承父代个体 X_2，第二个子代个体基因串的第一位基因便继承父代个体 X_1。例如，X_1 和 X_2 的编码方式为整数编码，编码长度为 8，随机生成一段屏蔽字，则交叉过程如图 5.1-5 所示。

在优化初期，均匀交叉可快速发现新的较优基因模式；在优化收敛时，可防止陷入局

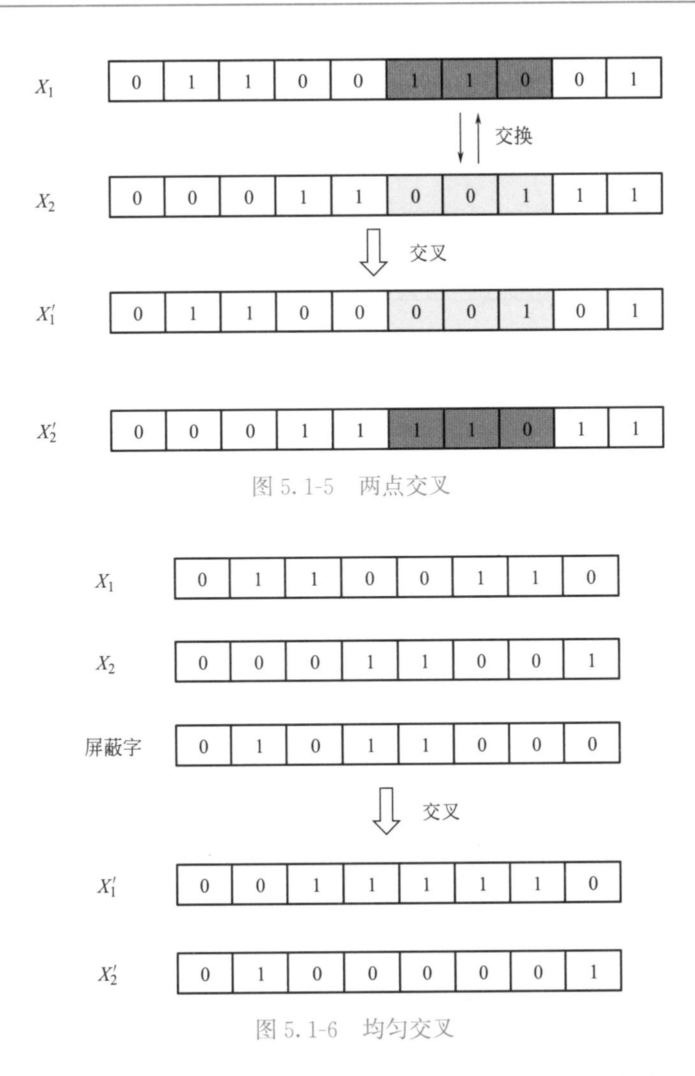

图 5.1-5　两点交叉

图 5.1-6　均匀交叉

部极值点。相较于经典交叉方法，均匀交叉具有更好的重组能力，但容易破坏较优的基因模式，因此在应用中可将均匀交叉与其他交叉方法相结合。

其他常见的交叉算子还包括匹配交叉、顺序交叉、循环交叉、洗牌交叉等。

在例 5.1.1 的优化问题中，可采用单点交叉方式。

$$s_1 = \langle 1000101110 \mid 110101000111 \rangle$$

$$s_2 = \langle 0000001110 \mid 000000010000 \rangle$$

随机选择一个交叉点，例如第 10 位和第 11 位之间的位置，交叉后产生新的个体：

$$s_1' = \langle 1000101110 \mid 000000010000 \rangle$$

$$s_2' = \langle 0000001110 \mid 110101000111 \rangle$$

子个体的适应度分别为：

$$F(s_1') = f(1.634777) - c_{\min} = 16.264658 - (-20) = 36.264658$$

$$F(s_2') = f(0.043446) - c_{\min} = 9.049852 - (-20) = 29.049852$$

通过交叉计算可得到两个新的子个体 s_1'、s_2'，并且两个子个体的适应度均比两个父代个体适应度高。

6. 变异算子

变异算子是模仿生物进化过程中的基因突变现象。在遗传算法中，变异算子作用在个体的染色体上，将染色体上的一个或多个基因用其他等位基因（相同基因位置的其他基因形式）替换，造成染色体的变化，从而产生新个体。变异算子也是产生新个体的重要手段，能够保持个体之间的差异的同时增加个体基因的扰动，使遗传算法具有局部搜索能力，防止过早收敛于局部最优解。计算过程中，交叉算子主要功能是全局搜索，而变异算子的主要功能是局部搜索，两种算子综合作用下，算法能够更好地解决优化问题。

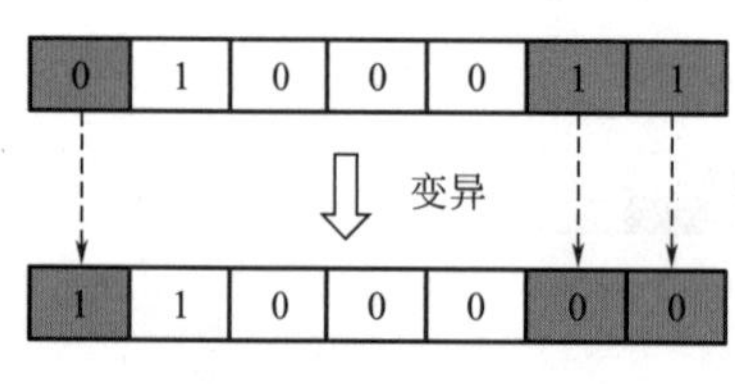

图 5.1-7　基本位变异

常见的变异算子为基本位变异，即在个体染色体中按照变异概率随机指定某一位或某几位基因位置上的值作变异运算，如图 5.1-7 所示。变异概率也是根据问题特点设定的个体发生变异的概率，也经常通过试算得到。

在例 5.1.1 的优化问题中，假设以某小概率选择了 $s_3=\langle 1110000000111111000101\rangle$ 的第 6 位变异，遗传因子由 0 变为 1，产生的新个体为 $s'_3=\langle 1110010000111111000101\rangle$，计算该个体的适应度：$F(s'_3)=f(2.674763)-c_{\min}=25.179862$，新个体的适应度相较父代变高；若选择第 1 位变异，产生的新个体为 $s'_3=\langle 0110000000111111000101\rangle$，计算该个体的适应度 $F(s'_3)=f(1.12887)-c_{\min}=-7.398396-(-20)=12.601604$，新个体的适应度比父代降低；对比结果展示了变异操作的“扰动”作用。

采用上述的标准遗传算法求解例 5.1.1 中的最大值问题，设定种群大小为 50，进化代数为 500，交叉概率 $p_c=0.6$，变异概率 $p_m=0.01$；优化结束后，得到最优个体：

$$s_{\max}=\langle 1111100000000001100001\rangle$$

$$x_{\max}=1.570747,\ f(x_{\max})=17.000000$$

图 5.1-8 为各代种群中最优个体适应度演变情况；采用遗传算法搜索得到的最优个体，其适应度与函数最大值解析解相等，即通过遗传算法可得到最优解。

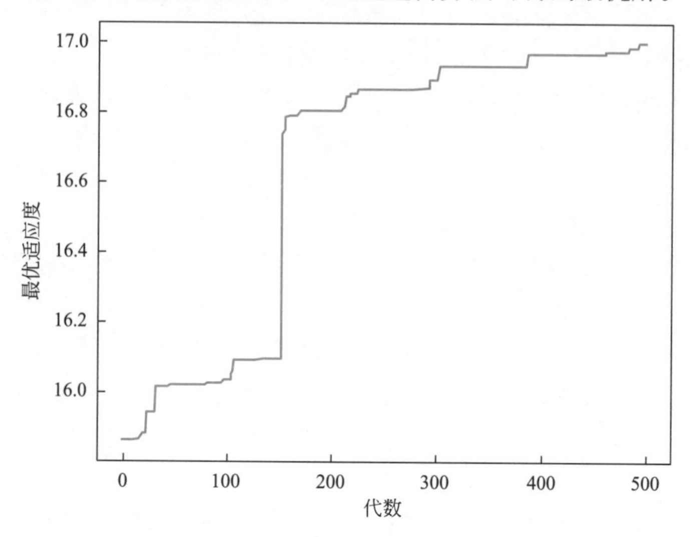

图 5.1-8　各代种群中最优个体适应度演变

5.1.4 改进的遗传算法

遗传算法提出以来，众多学者致力于推动遗传算法的发展，对编码方式、控制参数确定方法、遗传算子等进行了深入研究，引入动态策略和自适应策略以改善遗传算法的性能。改进的遗传算法主要包括两种：自适应遗传算法和跨世代异物种重组大变异遗传算法。

1. 自适应遗传算法

遗传算法中，交叉概率 p_c 和变异概率 p_m 是影响遗传算法性能的关键，对算法的收敛性有直接影响。p_c 取值越大，新个体产生的速度就越快，但 p_c 过大时遗传模式被破坏的可能性也越大；而若 p_c 取值过小，搜索过程将放缓甚至停滞不前。p_m 过小，不易产生新的染色体，而若 p_m 取值过大，则遗传算法就更接近纯粹的随机搜索算法。针对不同的优化问题，一般需要通过反复试算来确定 p_c 和 p_m，而且很难找到适应于任意优化问题的最佳值。针对这个问题，Srinvivas 等[5] 提出自适应遗传算法（Adaptive Genetic Algorithm，AGA），计算过程中使得 p_c 和 p_m 能够随适应度自动改变；当种群中个体适应度趋于一致或者局部最优时，将 p_c 和 p_m 增大，而当群体适应度比较分散时，将 p_c 和 p_m 减小。同时，对于适应度高于群体平均适应度的个体，将其 p_c 和 p_m 取值变小，从而使得这些个体能够更多地保留至下一代；而适应度低于平均值的个体，增大其 p_c 和 p_m，使得这些个体被逐渐从种群中淘汰。当某个体适应度越接近当代种群中的最大适应度时，交叉概率和变异概率就越小；当某个体适应度等于最大适应度值时，交叉概率和变异概率的值为零。可见，自适应遗传算法能够提供个体的最佳 p_c 和 p_m，这就能在保持群体多样性的同时，保证遗传算法更快收敛。在自适应遗传算法中，p_c 和 p_m 按下式取值：

$$p_c=\begin{cases}\dfrac{k_1(F_{\max}-F')}{F_{\max}-F_{\text{avg}}}, & F\geqslant F_{\text{avg}}\\ k_2, & F<F_{\text{avg}}\end{cases} \tag{5.1-5}$$

$$p_m=\begin{cases}\dfrac{k_3(F_{\max}-F')}{F_{\max}-F_{\text{avg}}}, & F\geqslant F_{\text{avg}}\\ k_4, & F<F_{\text{avg}}\end{cases} \tag{5.1-6}$$

式中：k_1，k_2，k_3，k_4——参数，取值范围为（0，1）；

$F_{\max}$——当代种群中的个体最大适应度；

F_{avg}——当代种群中的个体平均适应度；

F'——需要交叉的两个个体中的较大适应度；

F——需要变异个体的适应度。

2. 跨世代异物种重组大变异遗传算法

跨世代异物种重组大变异遗传算法（Cross generational Heterogeneous recombination Cataclysmic mutation，CHC）[6] 是一种改进的遗传算法，其中第一个 C 代表跨世代精英选择策略（Cross generational elitist selection），H 代表异物种重组（Heterogeneous recombination），第二个 C 代表大变异（Cataclysmic mutation）。与标准遗传算法相比，CHC 遗传算法更强调保留优良个体，从而得到更好的遗传效果。以下为 CHC 遗传算法的改进之处：

（1）在CHC算法中，上一代种群与通过交叉产生的当代种群混合起来，形成一个混合种群，然后按一定概率从混合种群中选择较优的个体，这种选择称为跨世代精英选择。此方法具有明显的特点：①稳定性好：当交叉操作产生较劣个体偏多时，原种群大多数个体不会被淘汰，因此不会引起所有个体的平均适应度降低；②遗传多样性好：多种群操作能更好保持进化过程中的遗传多样性；③排序方法更合理：种群个体按适应度进行排序，选择概率取决于个体在种群中的序位而非适应度占比，从而克服按适应度占比计算选择概率的尺度问题；这样选择的目的是让适应度极低的个体也有可能被选中，因为这些个体中也有可能存在良好的基因。

（2）CHC算法采用的交叉算子是对均匀交叉的一种改进。对于均匀交叉，当两个父代个体各基因位置上的基因不同位数为 m 时，一般从中随机选取 $m/2$ 个位置，实行两个父代个体基因值的互换。显然，交叉操作对染色体具有很强的破坏性；因此，选定一个阈值，当个体间的海明距离（二进制数中不同取值的位数）低于阈值时，不进行交叉操作，并且在收敛的过程中逐渐减小阈值。

（3）CHC算法在进化初期不采取变异操作；此时若相邻世代的种群差异较小，则从优秀个体中选择一部分个体进行初始化。初始化的方法是选择一定比例的基因位，随机决定它们的基因；这个比例称为扩散率，一般可取0.35。

5.1.5 遗传算法实例及土木工程应用

1. 带约束的三元函数最小值求解

例 5.1.2 现有函数：

$$f(x, y, z)=x^3+y^3+z^3$$

求解当 $0\leqslant x\leqslant 9$，$1\leqslant y\leqslant 7$，$2\leqslant z\leqslant 6$ 时，$f(x, y, z)$ 的最小值。

求解思路：

（1）适应度函数：$F(x, y, z)=c_{\max}-f(x, y, z)=1300-f(x, y, z)$

其中，$c_{\max}$ 为函数的最大值估计，本例中，函数的最大值估计为1300。

（2）编码方式：二进制编码，精度设置为7位小数；对于每个变量，均需要26位二进制数字来表示；对于3个变量组合成的个体，则需要 $3\times26=78$ 位基因的染色体。

（3）遗传算子：选择算子采用随机竞争选择算子，交叉算子采用两点交叉算子，变异方式采用简单变异算子。

（4）参数设置：

参数	数值
进化代数	200
种群规模	100
交叉概率	1.0
变异概率	0.001

（5）终止条件：最大迭代次数为200，优化结束后输出适应度函数最高的个体。

编写遗传算法程序，最终的运行结果为：

$$x = 2.34693291e-06$$

$$y = 1.00000018e+00$$

$$z = 2.00000000e+0$$

$\min f(x, y, z)$：9.00000054，即函数 $f(x, y, z)$ 的最小值为 9。

图 5.1-9（a）表示每一代种群个体适应度的分布情况，横轴表示代数，纵轴表示每一代中每个个体的适应度。在进化初期，个体的适应度分布在［0，1000］区间内，随着进化的推进，个体的适应度分布在向上偏移，开始集中在适应度较高的区域。图 5.1-9（b）横轴表示代数，纵轴表示每一代种群中最优个体的适应度，该图表示每一代适应度最大值的变化情况，随着进化的推进，最优个体的适应度在逐渐增加，表示进化在向着期望的方向进行。

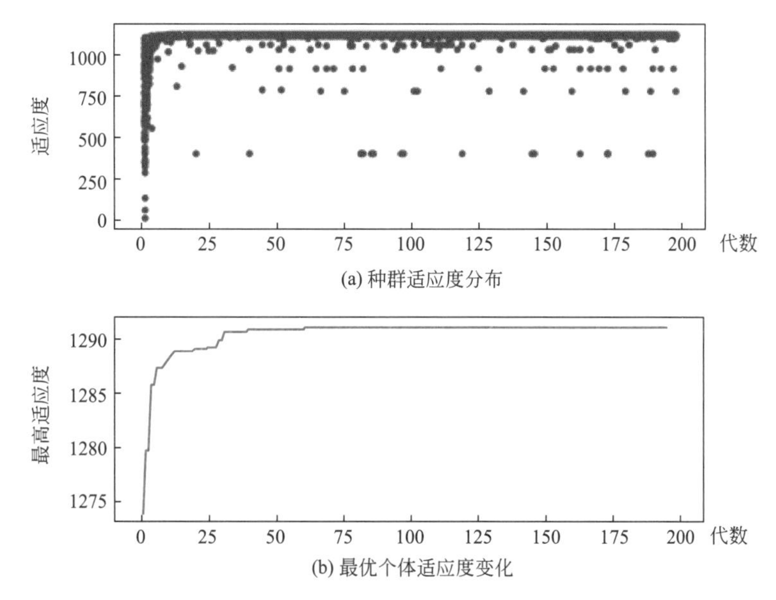

图 5.1-9　最小值优化问题中种群适应度分布和最优个体适应度变化过程

2. 砌块排布问题

砌块自动排布是指输入拟砌墙体的高度和长度，给定所用砌块的几何尺寸，然后自动给出符合规则要求的布置结果。图 5.1-10 为一个完整的排布结果，在墙中，1、3、5…奇数层的排列方式相同，2、4、6…偶数层的排列方式相同；以奇数层为例，说明遗传算法在砌块排布优化中的应用。

对于奇数层的砌块组合方式，需满足以下要求：（1）砌块之间由灰缝连接，灰缝厚度在 8～12mm 之间；（2）砌块尺寸包括两种：190mm×90mm×53mm（图中丁式摆放，两块叠放，正视图中长度为 90mm）和 190mm×200mm×115mm（图中顺式摆放，正视图中长度为 200mm）砌块，优先选择长度为 200mm 的砌块；（3）所有砌块的长度和灰缝的厚度相加等于墙体的长度。

求解思路：本题的难度在于如何构造适应度函数，能够体现砌块排布的目标与约束。本问题求解中，采用“罚函数”构造适应度函数；根据约束的特点，构造罚函数，然后将罚函数引入目标函数中，这就将约束问题转化为一系列的无约束问题。无约束问题求解过

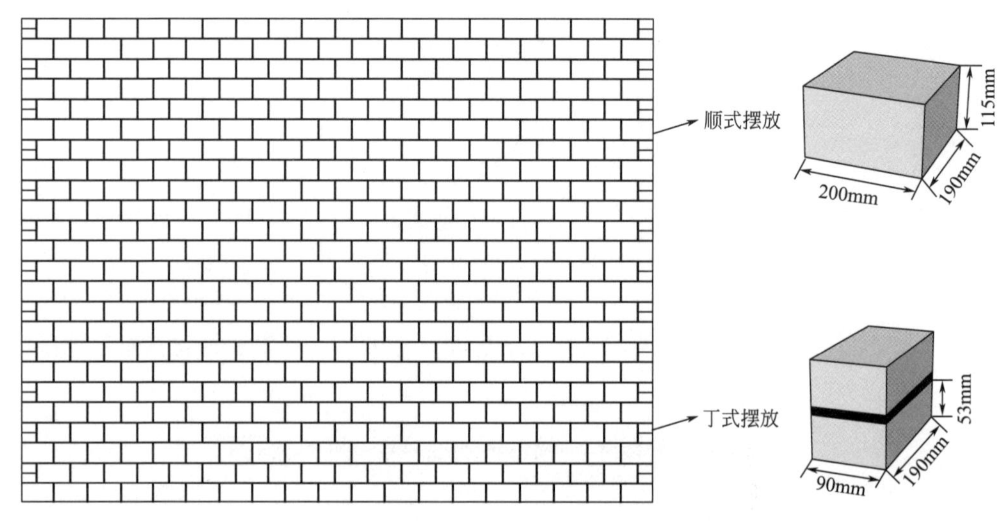

图 5.1-10　砌体自动排布预期结果

程中，“惩罚策略”是对企图违反约束条件的个体给予惩罚。

（1）构造适应度函数：

罚函数的初始值设为 1，即 $Fit_I=1$。设对一个长度为 1250mm 的砌体墙的奇数层进行排布优化。随机生成一个个体 $I=[90, 200, 200, 200, 200, 90, 90]$，每个变量表示砌块的长度，即从左向右的砌块长度分别为 90mm，200mm，200mm，200mm，200mm，90mm，90mm。此时个体 I 的适应度函数为 $Fit_I=1$。

a. 约束 1：在一排砌块中，灰缝宽度是均匀的，即每条灰缝宽度都是相同的。根据墙体长度和每块砌体的长度可计算出本层砌块之间的灰缝宽度。若灰缝宽度小于 8mm 或大于 12mm（工艺要求灰缝厚度介于 8mm 到 12mm 之间），就在适应度函数中引入一个惩罚值 Pa_1。本问题的求解中，令 $Pa_1=-100$，计算 I 的灰缝宽度为 $(1250-90\times3-200\times4)/6=30$mm；显然，灰缝宽度大于 12mm，在适应度函数中引入惩罚值 Pa_1；个体 I 的适应度为 $Fit_I=1-100=-99$。

b. 约束 2：优先使用长度为 200mm 的砌块。当组合中出现长度 200mm 的砌块时，在适应度函数引入一个奖励值 Re_2；当组合中出现长度 90mm 的砌块时，在适应度函数引入一个惩罚值 Pa_2。本题中，$Re_2=10$，$Pa_2=-25$；个体 I 的适应度函数为 $Fit_I=-99+10\times4-25\times3=-134$。

c. 约束 3：所有砌块的长度和灰缝的厚度相加等于墙体的长度。在计算灰缝宽度时，其实已经隐式地满足了约束条件 3；个体 I 的适应度函数为 $Fit_I=-134$。

（2）编码方式：现有两种砌块供选择，可采用二进制数编码表示不同类型的砌块。用 0 表示尺寸为 190×200×115 砌块（1 表示尺寸为 190×90×53 的砌块）。那么染色体 [1，0，0，0，1，1] 表示这个墙体中，使用的砌块长度组合为 [90，200，200，200，90，90]。

（3）遗传算子：选择算子为比例选择，交叉算子为单点交叉，变异算子为简单变异。

（4）参数设置：

参数	数值
进化代数	150
种群规模	12
交叉概率	0.5
变异概率	0.06

(5) 算法终止条件：最大迭代次数为150，优化结束后输出适应度函数最高的个体。

最终结果：最优染色体为 [0，0，0，0，0，0]，解码为砌块组合：[200，200，200，200，200，200]，最优砌块组合的适应度 Fit_{best}，初始化为 $Fit_{\text{best}}=-134$；灰缝宽度为 $(1250-200\times6)/5=10\text{mm}$，惩罚值 $Pa_1=0$，考虑砌块类型后，适应度为 $Fit_{\text{best}}=1+10\times6=61$。

图5.1-11展示遗传算法的进化过程；图5.1-11 (a) 表示每一代种群个体适应度的分布情况，横轴表示代数，纵轴表示每一代中每个个体的适应度。在进化初期，个体的适应度分布在 [−100，−10] 区间内，随着进化的推进，个体的适应度分布在向上偏移，开始集中在适应度较高的区域。与上例不同的是，由于砌块排布优化问题是一个离散问题且适应度函数引入罚函数，适应度值也是离散的。图5.1-11 (b) 中横轴表示代数，纵轴表示每一代种群中最优个体的适应度，此图表示每一代适应度最大值的变化情况；随着进化的进行，最优个体的适应度在逐渐增加，表示进化在向着期望的方向进行。

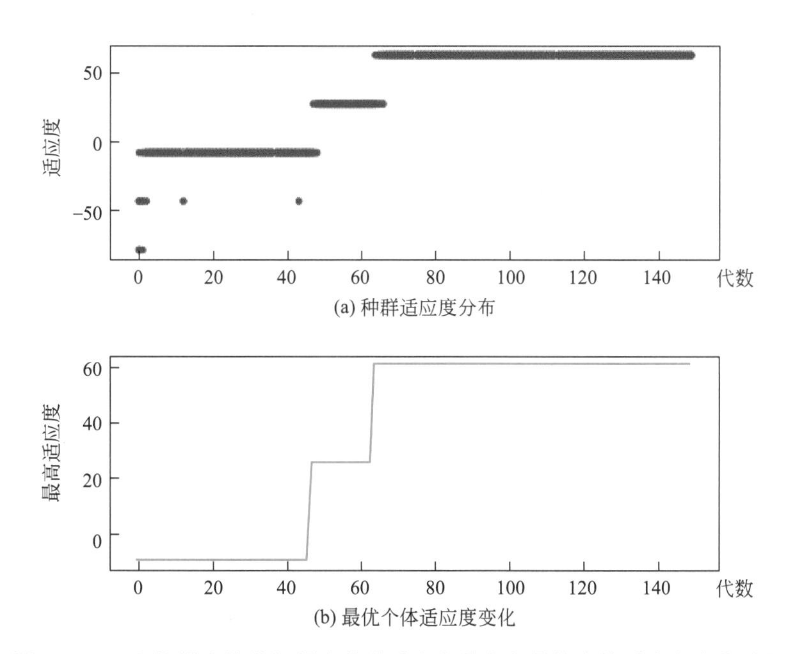

图5.1-11　砌块排布优化问题中种群适应度分布和最优个体适应度变化过程

5.2　粒子群优化算法

粒子群优化 (Particle Swarm Optimization，PSO) 算法是对鸟群、鱼群觅食行为的仿真[7,8]。不同于遗传算法，粒子群优化算法不存在选择、交叉、变异等复杂操作，而是通过粒子（搜索空间的一个潜在解）之间的协作和信息共享实现解决优化问题的目标。粒子群优化算法是一种基于种群迭代的优化算法[9]，随着算法过程的推进，在搜索空间中移动的所有粒子收敛到一个全局最优解或达到其他收敛条件。在搜索过程中，每个粒子会记录自己当前的位置以及自己的历史最优解，同时种群也会记录种群的历史最优解；通过记录两个历史最优解，粒子达到相互协作和信息共享的目的。为描述粒子群的寻优行为，每个粒子都用速度和位置两个特征进行描述；通过更新粒子的速度和位置，种群得以迭代进化，最终找到全局最优解。粒子群优化算法具有易实现、无需梯度信息、参数少等优点，广泛应用于连续和离散优化问题，包括非线性连续函数优化、神经网络训练、约束优化问题、多目标优化问题、动态优化问题等；粒子群优化算法在数据分类、数据聚类、模式识别、信号处理、机器人控制等方面也都表现出良好的应用效果和前景[10]。

5.2.1 基本原理

1. 标准粒子群优化算法

设想一个场景：在一片空地中分布着若干大大小小的食物源（此处用体积表征食物的大小）；在此片空地中，一群鸟正在觅食，希望找到最大的食物源。每只鸟都能记录自己当前位置和已发现过的最大食物源所处位置。开始时，鸟群随机分布在空地中并随机搜索食物源，每只鸟在发现食物源后都会把食物源的大小和坐标信息共享给其他同伴。假设鸟群中有 4 只鸟 A、B、C、D，每只鸟经过五次觅食后，找到的食物大小分别为：

$$A=\{1\text{cm}^3, 5\text{cm}^3, 9\text{cm}^3, 18\text{cm}^3, 12\text{cm}^3\}$$
$$B=\{18\text{cm}^3, 9\text{cm}^3, 3\text{cm}^3, 9\text{cm}^3, 17\text{cm}^3\}$$
$$C=\{10\text{cm}^3, 18\text{cm}^3, 3\text{cm}^3, 8\text{cm}^3, 14\text{cm}^3\}$$
$$D=\{19\text{cm}^3, 6\text{cm}^3, 4\text{cm}^3, 6\text{cm}^3, 14\text{cm}^3\}$$

每只鸟记录自己当前所处坐标和已发现过的最大食物源的坐标，分别为 A：$\{12\text{cm}^3, 18\text{cm}^3\}$，$B$：$\{17\text{cm}^3, 18\text{cm}^3\}$，$C$：$\{14\text{cm}^3, 18\text{cm}^3\}$，$D$：$\{14\text{cm}^3, 19\text{cm}^3\}$ 的食物源所对应的坐标；其中 A：$\{12\text{cm}^3, 18\text{cm}^3\}$ 表示鸟 A 当前所处位置为食物源体积为 12cm^3 的位置，且鸟 A 找到的最大食物源的坐标是一个体积为 18cm^3 的食物源坐标。在寻找过程中，每只鸟每找到一个食物源后，都记录自己找到的当前食物源坐标和自己已发现的最大食物源坐标；因此每只鸟完成 5 次寻找后，记录的都是自己第五次寻找到的食物源坐标和自己曾经找到的最大食物源坐标。寻找过程中，每只鸟都会实时将自己记录的信息共享给其他同伴，同时也接收其他同伴的信息；通过信息共享，每只鸟都知道了鸟群找到的最大食物源坐标；本例中，每只鸟都知道，所有鸟经过 5 次寻找后，发现的最大食物源体积为 19cm^3，其坐标也已知。在最大食物源坐标和自身经验的影响下，每只鸟都调整自己的行为方式，逐渐向最大食物源的位置靠拢，但靠拢过程中仍可不断搜索新的食物源。例如，鸟 A 在食物大小为 19cm^3（所有鸟发现的最大食物源）和 18cm^3（鸟 A 自己发现的最大食物源，代表鸟 A 自己的经验）的影响下向最大食物源靠拢；在靠拢的过程中继续进行搜索，不断更新自己和共享到的信息并实时调节自己的行为方式。随着搜索过程的进行，鸟群会逐渐靠拢到鸟群曾经发现的最大食物源周围；当鸟群规模越大或搜索方法越有效时，鸟群就越有可能最终靠拢到空地的最大食物源周围。粒子群优化算法就是对这种鸟群觅食行为的仿真，使用粒子代表鸟，粒子群即鸟群；且算法中利用速度描述鸟的行为方式，用位置代表鸟在空地中的坐标。

对于多维优化问题（单个粒子维度不小于2），粒子群随机分布在搜索空间中，粒子的位置和速度分别用 $\boldsymbol{x}$ 和 $\boldsymbol{v}$ 表示。为达到优化目的，粒子在搜索空间中根据自身和种群经验，即粒子自身的历史最优解 $\boldsymbol{xp}$ 和种群历史最优解 $\boldsymbol{xg}$，不断调整位置和速度；随着迭代过程的进行，最终找到最优解。搜索的数学过程可表述为：在一个 D 维的搜索空间中，由 m 个粒子（依据问题设定，通常 $10 \leqslant m \leqslant 100$）[7] 组成的种群 $\boldsymbol{X}=(\boldsymbol{x}_1, \boldsymbol{x}_2, \cdots, \boldsymbol{x}_m)$ 随机分布于搜索空间中，粒子表示为 $\boldsymbol{x}_i=(x_{i,1}, x_{i,2}, \cdots, x_{i,D})$，$i=1, 2, \cdots, m$；在自身历史最优解 $\boldsymbol{xp}_i=(xp_{i,1}, xp_{i,2}, \cdots, xp_{i,D})$ 和种群历史最优解 $\boldsymbol{xg}=(xg_1, xg_2, \cdots, xg_D)$ 的影响下，单个粒子都按以下计算公式不断调整自己的速度和位置，最终收敛到最优解：

$$v_{i,j}^{t+1}=\omega v_{i,j}^{t}+c_1 \times r_1 \times (xp_{i,j}-x_{i,j}^{t})+c_2 \times r_2 \times (xg_j-x_{i,j}^{t}) \tag{5.2-1}$$

$$x_{i,j}^{t+1}=x_{i,j}^{t}+v_{i,j}^{t+1} \tag{5.2-2}$$

式中：t——上角标，代表迭代次数序号；

$j=1, 2, \cdots, D$——下角标，表示粒子位置和速度在第 j 维上的分量；

$v_{i,j}^{t}$——t 时刻粒子 i 在第 j 维上的速度，此处的速度只是表达粒子位置的每次改变量，并非物理学中的速度定义；

ω——惯性权重，起平衡全局和局部搜索能力的作用[11,12]；

c_1、c_2——大于零的学习因子，用于调整粒子向 xp 和 xg 移动的步长[13]；

r_1、r_2——闭区间 [0，1] 中的随机数，用于增加种群多样性；

xg_j——种群历史最优解在第 j 维上的分量，这个分量不再设下角标 i。

通常，粒子的位置将被限制在 $[x_{\min}, x_{\max}]$ 内，确保粒子在搜索过程中不会超出搜索空间；同时速度也应限定在 $[-v_{\max}, v_{\max}]$ 之间，以防止粒子运动速度过快而陷入局部最优；$x_{\min}$、$x_{\max}$、$v_{\max}$ 的取值一般根据实际问题确定，常需进行试算。

速度更新公式（5.2-1）体现了粒子间的协作和信息共享[14]，其中右侧第一部分是“记忆”项，表示粒子前一个时刻的速度，为粒子探索和开发搜索空间提供必要的初始动力[15]，起平衡全局和局部搜索能力的作用；第二部分是“自身认知”项，表示粒子对自己的“思考”，使得粒子拥有向自己历史最优解移动的趋势，体现粒子的局部搜索能力，使得粒子群的探索能力更强；第三部分是“群体认知”项，表示单个粒子向整个群体学习的能力，使得粒子拥有向群体最优解移动的趋势。

在智能优化问题中，可给出所追求的某些特定目标；这些目标由自变量决定，通常可表示成自变量的函数，即目标函数。在粒子群优化算法中，可采用适应度函数评价粒子位置的优劣程度；适应度函数通常可由目标函数转化得到，某些情况下也可直接将目标函数作为适应度函数，如最小化问题中可将目标函数直接作为适应度函数，此时适应度小的粒子优于适应度大的粒子。为保证粒子满足约束条件，可在目标函数中引入一个罚函数，作为惩罚项，即对超出可行解空间的粒子施加惩罚，使适应度远离最优值，没有超出可行解区域的惩罚项为0，不影响适应度的取值；目标函数中引入罚函数，就形成了一种适应度函数。

2. 二进制粒子群优化算法

粒子群优化算法最初是为解决连续优化问题而提出，适用于在连续空间中搜索最优值；为解决离散优化问题，二进制粒子群优化算法（Binary Particle Swarm Optimization，BPSO）应运而生[16]，将离散空间映射到连续空间。在二进制粒子群优化算法中，粒子 i 的位置表示为：$\boldsymbol{x}_i=(x_{i,1}, x_{i,2}, \cdots, x_{i,D})$，$x_{i,j}\in\{0, 1\}$（二值问题，依据问题可具体设置），粒子的各维度在状态空间的取值和变化只限于 0 和 1；速度和位置的更新表示方法与标准粒子群优化算法保持一致。例如，在经典的背包问题（Knapsack problem）中，给定一组物品，第 i 件物品的体积是 $v(i)$，价值是 $w(i)$；求解将哪些物品放入背包可使物品的体积总和不超过背包的容量，且价值总和最大。假设一组物品数量为 10，背包的容量为 300，每件物品的体积为［95，75，23，73，50，22，6，57，89，98］，物品对应的价值为［89，59，19，43，100，72，44，16，7，64］。采用二进制数表示物品是否放入背包，其中 0 表示不放入背包，1 表示放入背包，即为二值问题。采用二进制粒子群优化算法进行优化，可得到最优解［1 0 1 0 1 1 1 0 0 1］，表示放入背包中的物品编号为 1，3，5，6，7，10；最优解对应的体积 294，价值 388。在钢筋优化问题中，钢筋直径作为优化变量也可采用二进制数进行表示，将 10mm，12mm，14mm，16mm，18mm，20mm，22mm，25mm 的八种钢筋直径分别采用 000～111 的三维二进制数表示，每一维只在 0 和 1 中取值。例如，六维二进制数［1 0 1 1 0 1］表示两根直径 20mm 的钢筋。

为确保粒子的位置在更新后仍能满足 $x_{i,j}\in\{0, 1\}$，引入逻辑转移函数 $S(v_{i,j})$；通常选择 S 型函数，如 sigmoid 函数作为逻辑转移函数，函数值表示 $x_{i,j}$ 在 0 和 1 之间转换的概率。

$$S(v_{i,j})=\frac{1}{1+\mathrm{e}^{-v_{i,j}}} \tag{5.2-3}$$

位置更新满足下式：

$$x_{i,j}=\begin{cases}1, & \text{if } rand()<S(v_{i,j})\\ 0, & \text{其他}\end{cases} \tag{5.2-4}$$

式中：*rand*（）——闭区间［0，1］中的随机数，引入目的是增加种群多样性。

二进制粒子群优化算法和标准粒子群优化算法不同点仅表现在位置更新上。研究发现，S 型转移函数容易使粒子陷入局部最优而非全局最优，而 V 型函数（如双曲正切函数的绝对值 $|\tanh(v_{i,j})|$）可以很大程度上提高二进制粒子群优化算法的性能[17,18]。

$$\tanh(v_{i,j})=\frac{\mathrm{e}^{v_{i,j}}-\mathrm{e}^{-v_{i,j}}}{\mathrm{e}^{v_{i,j}}+\mathrm{e}^{-v_{i,j}}} \tag{5.2-5}$$

$$S(v_{i,j})=|\tanh(v_{i,j})| \tag{5.2-6}$$

5.2.2 粒子群优化算法的关键参数

1. 种群规模 m

种群中粒子个数对粒子群优化算法的稳定性和计算成本有很大的影响。当 m 设置较小时，算法收敛速度快，容易陷入局部最优解；当 m 设置较大时，计算成本显著增加，收敛速度显著降低[19]。m 越大搜索的稳定性和精度就越好，但当 m 超过一定阈值时，不但计算结果的提升不大，还将严重降低算法的运行速度。m 的选取应在精度、稳定性和计算时间之间作权衡[20]。

2. 惯性权重

惯性权重 ω 是对粒子群优化算法全局搜索能力和局部搜索能力的权衡，一个合适的惯性权重值（常取值 0.8～1.2 之间）可在平衡全局搜索和局部搜索能力的同时，以最少的迭代次数和最大的可能性收敛到全局最优解。较大的惯性权重可以增加粒子群优化算法的全局搜索能力，具体表现为粒子拥有更大的速度，能加大对搜索空间的探索从而发现更好的解。较小的惯性权重可以增加粒子群优化算法的局部开发能力，使得粒子速度被限制在很小的范围，从而使粒子尽可能靠近全局最优解。惯性权重包括两种：常数权重和时变权重。对于具体的问题，固定权重通常需要大量试算确定；而时变权重通常采用线性递减策略来实现，并根据实际问题设置惯性权重的取值范围 $[\omega_{min}, \omega_{max}]$[21,22]：

$$\omega^t = \omega_{max} - t\frac{\omega_{max} - \omega_{min}}{t_{max}} \tag{5.2-7}$$

式中：ω^t——第 t 次迭代时的惯性权重；

ω_{max}——最大惯性权重；

ω_{min}——最小惯性权重；

t_{max}——最大迭代次数。

上式中，ω 随着迭代次数的增加而线性递减，ω 的线性变换使得算法在前期具有较快的收敛速度，而后期又有较强的局部搜索能力。ω 的引入使粒子群优化算法的性能有显著提高，且通过调整 ω 可拓展粒子群优化算法的运用场景。

3. 粒子参数值的约束

v_{max} 是粒子速度的一个约束参数。若 v_{max} 较小，则无论惯性权重如何取值，粒子的全局搜索能力都将被限制而局部搜索能力得到加强；而若 v_{max} 较大，则可通过调整惯性权重以提高粒子群优化算法的全局搜索能力[19]。x_{min}，x_{max} 是对搜索空间的约束，保证粒子在有效的空间中进行搜索。通常对粒子的速度和位置作如下约束处理：

$$x_{i,j} = \begin{cases} x_{max}, & x_{i,j} \geqslant x_{max} \\ x_{min}, & x_{i,j} \leqslant x_{min} \end{cases} \tag{5.2-8}$$

$$v_{i,j} = \begin{cases} v_{max}, & v_{i,j} \geqslant v_{max} \\ -v_{max}, & v_{i,j} \leqslant -v_{max} \end{cases} \tag{5.2-9}$$

4. 学习因子

由式（5.2-1）可知，学习因子 c_1、c_2 对粒子群找到全局最优解有显著影响，分别表示粒子的自我总结和向种群学习的能力。当 c_1 大于 c_2 时，粒子在局部空间来回游荡的趋势将增加；而当 c_2 高于 c_1 时，粒子群早熟的趋势增加，更容易导致陷入局部最优解[14]。通常，学习因子的取值为 $c_1 = c_2 = 2$，也可采用其他的取值和策略[13,23]。

5.2.3　粒子群优化算法流程

（1）初始化：对种群进行随机初始化，种群规模为 m，其中 $rand()$ 表示区间 $[0, 1]$ 内的随机数，也可根据具体问题设计特别的初始化方法；种群中各粒子的初始位置和初始速度设定见式（5.2-10）和式（5.2-11）。

$$x_{i,j} = rand() \times (x_{max} - x_{min}) + x_{min} \tag{5.2-10}$$

$$v_{i,j}=(2\times rand()-1)\times v_{\max} \tag{5.2-11}$$

需要注意的是，粒子应尽可能地占据搜索空间，即粒子应在搜索空间内均匀分布，以提高算法的收敛速度。初始化时，可设 $\boldsymbol{xp}_i=[0,\cdots,0]_{1\times D}$，$f(\boldsymbol{xp}_i)=\infty$，$\boldsymbol{xg}=[0,\cdots,0]_{1\times D}$，$f(\boldsymbol{xg})=\infty$，并需设置惯性权重 ω 策略、学习因子 c_1、c_2 和终止条件（如最大迭代次数）等参数。

（2）速度更新：根据速度更新公式（5.2-1）和速度约束公式（5.2-9）对粒子的速度进行更新。

（3）位置更新：根据位置更新公式（5.2-2）和位置约束公式（5.2-8）对粒子的位置进行更新。

（4）评估：根据目标函数（适应度函数）对粒子的优劣进行评估，选择更优的粒子对粒子的自身历史最优解和种群历史最优解进行更新。比较粒子 $\boldsymbol{x}_i$ 和 $\boldsymbol{xp}_i$ 的适应度，当 $\boldsymbol{x}_i$ 的适应度优于 $\boldsymbol{xp}_i$ 的适应度时，用当前 $\boldsymbol{x}_i$ 代替 $\boldsymbol{xp}_i$，否则 $\boldsymbol{xp}_i$ 保持不变；比较 $\boldsymbol{xp}_i$ 与 $\boldsymbol{xg}$ 的适应度，当 $\boldsymbol{xp}_i$ 的适应度值优于 $\boldsymbol{xg}$ 的适应度时，用当前 $\boldsymbol{xp}_i$ 代替 $\boldsymbol{xg}$，否则 $\boldsymbol{xg}$ 保持不变。针对最小化问题，通过下列公式更新 $\boldsymbol{xp}_i$ 和 $\boldsymbol{xg}$：

$$\boldsymbol{xp}_i^{t+1}=\begin{cases}\boldsymbol{x}_i^{t+1}, & f(\boldsymbol{x}_i^{t+1})<f(\boldsymbol{xp}_i^{t+1})\\ \boldsymbol{xp}_i^{t+1}, & \text{其他}\end{cases} \tag{5.2-12}$$

$$\boldsymbol{xg}^{t+1}=\begin{cases}\boldsymbol{xp}_i^{t+1}, & f(\boldsymbol{xp}_i^{t+1})<f(\boldsymbol{xg}^{t})\\ \boldsymbol{xg}^{t}, & \text{其他}\end{cases} \tag{5.2-13}$$

（5）终止：若满足终止条件则退出迭代，输出最优值；否则回到第（2）步进行重复迭代。

粒子群优化算法流程如图 5.2-1 所示。

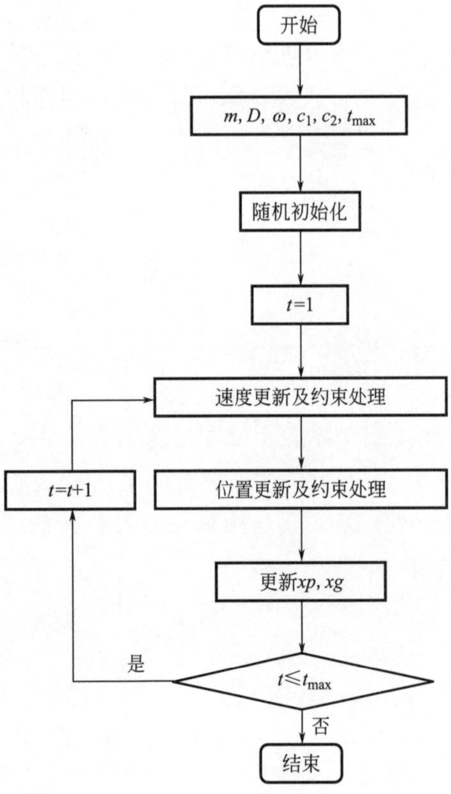

图 5.2-1　粒子群优化算法流程图

例 5.2.1　求解二次函数 $f(x)=x^2$ 的最小值。

如图 5.2-2 所示，通过解析方法可见，函数 $f(x)$ 的最小值在 $x=0$ 处取得。此处采用粒子群优化算法求解，设种群规模 $m=3$，粒子维度 $D=1$；惯性权重采用线性递减策略（式 5.2-7），ω 的取值范围为 $[0.4, 0.9]$；设 $c_1=c_2=2$，$v_{\max}=2$，$x_{\min}=-2.5$，$x_{\max}=2.5$，最大迭代次数为 100。

（1）初始化

由式（5.2-10）和式（5.2-11）可得初始化种群和速度，见图 5.2-2 中的三角形图标：

$$x_1^0=1.83,\ x_2^0=2.36,\ x_3^0=-2.14$$

$$v_1^0=-0.72,\ v_2^0=0.27,\ v_3^0=1.54$$

$$xp_1^0=0,\ xp_2^0=0,\ xp_3^0=0$$

$$f(xp_1^0)=\infty,\ f(xp_2^0)=\infty,\ f(xp_3^0)=\infty$$

$$xg^0 = 0$$

$$f(xg^0) = \infty$$

（2）计算惯性权重：

$$\omega^1 = 0.9 - 1 \times \frac{0.9 - 0.4}{100} = 0.895$$

（3）速度更新及约束处理：

a. 生成随机数：

$$r_{1,1} = 0.432,\ r_{1,2} = 0.663$$

$$r_{2,1} = 0.891,\ r_{2,2} = 0.649$$

$$r_{3,1} = 0.853,\ r_{3,2} = 0.186$$

b. 速度更新：

$$\begin{aligned} v_1^1 &= \omega^1 v_1^0 + c_1 r_{1,1}(xp_1^0 - x_1^0) + c_2 r_{1,2}(xg^0 - x_1^0) \\ &= 0.895 \times (-0.72) + 2 \times 0.432 \times (0 - 1.83) + 2 \times 0.663 \times (0 - 1.83) \\ &= -4.6521 \text{ 同理} v_2^1 = -0.7027,\ v_3^1 = 5.8252 \end{aligned}$$

c. 约束处理：由于 $v_1^1 = -4.6521$，$-v_{\max} = -2$，满足 $v_1^1 < -v_{\max}$，根据式（5.2-9）用 $-v_{\max}$ 替换 v_1^1 的值，即 $v_1^1 = -2$，同理，$v_2^1 = -2$，$v_3^1 = 2$。

（4）位置更新及约束处理：

a. 位置更新：

$$x_1^1 = v_1^1 + x_1^0 = -2 + 1.83 = -0.17$$

$$x_2^1 = v_2^1 + x_2^0 = -2 + 2.36 = 0.36$$

$$x_3^1 = v_3^1 + x_3^0 = -2 + (-2.14) = -0.14$$

b. 约束处理：比较各粒子同 $x_{\min}$ 与 $x_{\max}$ 的大小关系并按式（5.2-8）进行更新，经过约束处理后各粒子的位置更新为：$x_1^1 = -0.17$，$x_2^1 = 0.36$，$x_3^1 = -0.14$。

（5）评估：

a. 计算适应度值：

$$f(x_1^1) = (x_1^1)^2 = (-0.17)^2 = 0.0289$$

$$f(x_2^1) = (x_2^1)^2 = (0.36)^2 = 0.1296$$

$$f(x_3^1) = (x_3^1)^2 = (-0.14)^2 = 0.0196$$

b. 更新粒子历史最优解：

$$0.0289 = f(x_1^1) < f(xp_1^1) = \infty \Rightarrow xp_1^1 = x_1^1 = -0.17$$

$$f(xp_1^1) = f(x_1^1) = 0.0289$$

同理：$xp_2^1 = 0.36$，$f(xp_2^1) = 0.1296$；$xp_3^1 = -0.14$，$f(xp_3^1) = 0.0196$。

c. 更新种群历史最优解：

$$0.0289 = f(x_1^1) < f(xg^0) = \infty \Rightarrow xg^1 = xp_1^1 = -0.17$$

$$f(xg^1) = f(xp_1^1) = 0.0289$$

同理可得种群历史最优解及其适应度值：$xg^1 = -0.14$，$f(xg^1) = 0.0196$。

（6）判断终止条件：因为 1<100，迭代条件不满足，继续第二次迭代。

根据上述算法流程，粒子群在经过 100 次迭代后，粒子的位置和适应度值分别为：

$$x_1^{100} = 8.061 \times 10^{-10},\ x_2^{100} = 1.3261 \times 10^{-9},\ x_3^{100} = -4.8063 \times 10^{-8}$$

$$f(x_1^{100})=6.498\times10^{-19},\ f(x_2^{100})=1.7587\times10^{-18},\ f(x_3^{100})=3.4344\times10^{-15}$$

粒子收敛于 0 处，适应度值约等于 0，见图 5.2-2 中的圆形图标。

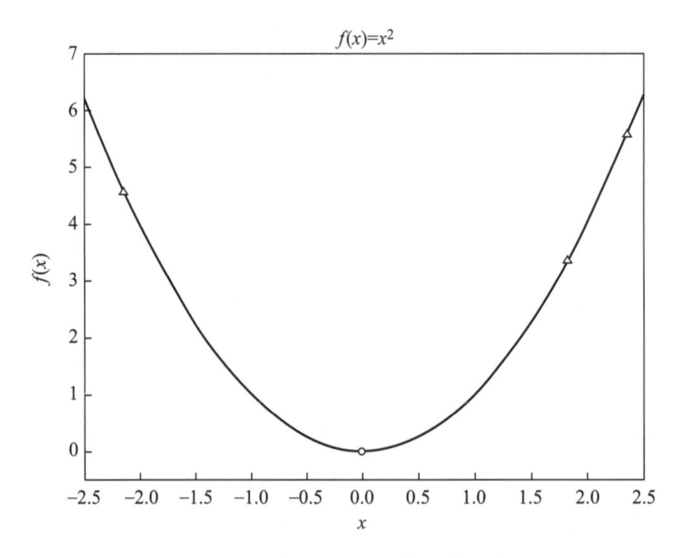

图 5.2-2　函数 $f(x)=x^2$ 极值点优化

5.2.4　粒子群优化算法的土木工程应用

在钢筋混凝土结构深化设计中，钢筋智能排布技术对提高设计效率和精度有着重要意义。在深化设计计算中，可将钢筋排布问题视为路径规划问题，采用智能优化算法进行求解，从而避免钢筋碰撞问题。在进行钢筋智能排布时，采用钢筋中心线代表钢筋，每根钢筋的最前端点作为一个单独的智能体，具有在空间中移动的能力；智能体的移动路径，经过规则化处理后就是钢筋形状及其布置位置。

1. 预处理

如图 5.2-3 所示，在梁柱节点俯视图中，以方形柱左下顶点为原点，过原点的两个柱边为坐标轴建立二维直角坐标系；确定梁柱边界信息，确保钢筋在排布时不超出边界；将柱钢筋作为障碍物，记录柱钢筋坐标信息，便于后续计算中的碰撞检测；将梁钢筋作为智能体，按照均匀分布的形式确定智能体的起点和目标点。

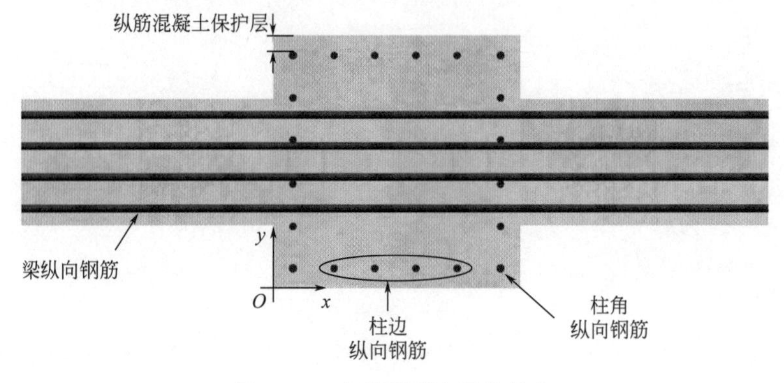

图 5.2-3　钢筋混凝土梁柱节点

2. 编码

如图 5.2-4 所示，将钢筋智能体所在的二维空间划分成矩形栅格，本问题中将每个栅格设定为边长为 20mm 的正方形（可根据实际问题确定栅格大小）。钢筋智能体的路径总是从栅格的节点到节点，则由图 5.2-4 可见，钢筋智能体在空间中有 9 种行为方式，即 0→0，0→1，0→2，0→3，0→4，0→5，0→6，0→7 和 0→8。对钢筋智能体在空间中的行为进行二进制编码，见表 5.2-1。

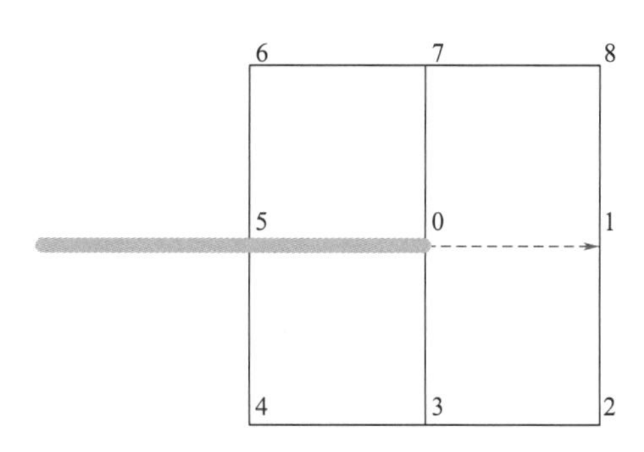

图 5.2-4 钢筋智能体在直角坐标系中的行为方式

钢筋智能体编码表 表 5.2-1

行为	编码	行为	编码
0→0	0000	0→5	0101
0→1	0001	0→6	0110
0→2	0010	0→7	0111
0→3	0011	0→8	1000
0→4	0100		

3. 适应度函数

在优化问题中，目标函数和约束条件的选择对于优化的成功与否至关重要。

设钢筋的起点为 $p_s=(x_s, y_s)$，目标点为 $p_e=(x_e, y_e)$，经过优化得到的终点为 $p_h=(x_h, y_h)$；需要注意的是，智能体不一定能够到达目标点，而到达的是终点，但是终点距离目标点越近越好。另外，对于钢筋智能体，到达终点后，还要根据钢筋形状的具体要求进行路径调整。

在智能体路径规划中，智能体的移动距离越短越好，并且终点 p_h 应尽可能地接近目标点 p_e，则目标函数可设为：

$$\min f(u)=q_1 d_1+q_2 d_2 \tag{5.2-14}$$

式中：u——决策变量（自变量）；

q_1, q_2——权重，$0<q_1$，$q_2<1$；

d_1——起点到终点的距离；

d_2——终点到目标点的距离：

$$d_1=\sqrt{(x_h-x_s)^2+(y_h-y_s)^2} \tag{5.2-15}$$

$$d_2=\sqrt{(x_h-x_e)^2+(y_h-y_e)^2} \tag{5.2-16}$$

考虑钢筋设计标准和构造要求，给出一组约束条件如下。

约束 1：智能体和梁柱混凝土边界保持一定的距离，确保满足混凝土保护层厚度要求。

约束 2：智能体与同一方向的钢筋保持一定的距离，确保满足钢筋间距要求。

约束 3：智能体应避免与钢筋（柱钢筋、梁钢筋、钢筋自身）发生碰撞。

根据三个约束条件，建立惩罚函数 s；当满足约束条件时，罚函数取值为 0；当不满足约束条件时，罚函数取值为无穷大。

$$s_i=\begin{cases}0\text{，满足约束条件 } i\\+\infty\text{，不满足约束条件 } i\end{cases}\text{，}i=1\text{，}2\text{，}3 \tag{5.2-17}$$

将惩罚函数引入到目标函数中，可得到适应度函数 $f'(u)$，从而建立钢筋排布优化模型。

$$\min f'(u)=q_1d_1+q_2d_2+s_1+s_2+s_3 \tag{5.2-18}$$

4. 算法实施流程

在钢筋排布优化中，若排布长度为 1000mm，且智能体每次前进 20mm，则钢筋智能体至少需要 50 步才能从起点移动至目标点；钢筋智能体的每个行为方式均采用 4 维二进制数进行编码，则此变量维度为 $D\geqslant 4\times 50$。为避免维度过大引起的“维度灾难”问题，可将一根钢筋的排布分成若干段，进行若干次路径规划，反复调用粒子群优化算法进行求解，得到钢筋智能体的分段路径。图 5.2-5 描述了钢筋排布分步优化中的分段示意；假设钢筋智能体从起点 p_0 移动到目标点 p_3 的过程分为三段，即三个子任务，见图中红、黄、绿三段；注意，智能体从起点到终点分为几段，并非人为规定，而是计算得出，也就是在优化计算结束后才能知道最终分为了几段。在智能体的移动过程中，共调用三次粒子群优化算法依次求解三个钢筋排布子任务；在任务开始时，智能体从红色部分的点 p_0 出发，移动到点 p_1 结束；在第二个子任务中，智能体以点 p_1 为起点，以点 p_2 为终点；在最后一个子任务中，智能体起点为点 p_2，终点为点 p_3。在钢筋排布优化的一个子任务中，若钢筋智能体前进 h 步（远小于整体优化的前进步数），则变量维度为 $4h$。

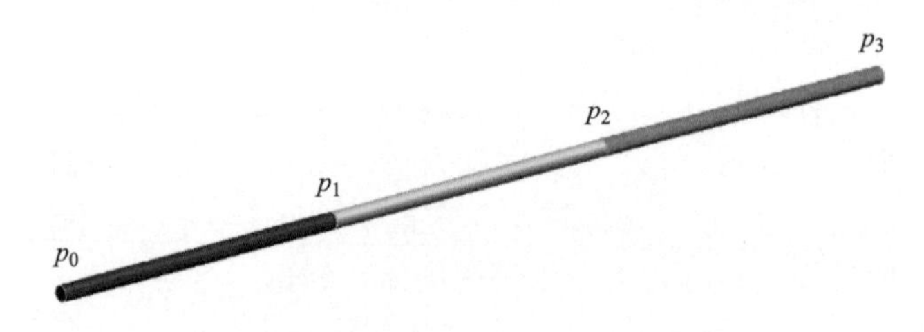

图 5.2-5 钢筋排布分步优化方法示意图

例如，从第一个钢筋排布优化子任务（第一段）开始，规定每个子任务的移动步数为 h，调用一次粒子群优化算法（每个子任务都调用一次）；算法中，每个粒子的变量维度为 $4h$。令种群规模为 m，则一次粒子群优化算法计算中是由 m 个粒子分别不断探索一条子任务的路径，每条路径包括 h 步；每个粒子在这次算法调用中都要迭代多次（需预先设定迭代次数），每次迭代都是一次探索。每次调用算法后，算法都找到了 m 条子任务的路径，然后根据式（5.2-18）对每条路径进行评价，也就是对每个粒子的优劣进行评价，选择最优粒子表示的路径作为子任务的最优路径。钢筋智能体按照最优路径从起点移动至此段路径的终点，此终点也是下一个钢筋排布优化子任务（第二段）的起点；依照上述流程，经过若干次的排布优化，生成若干段路径规划结果，钢筋智能体沿分段路径到达整个路径的终点；整个路径的终点与目标点越近，优化结果就越好。可见，此处钢筋排布分段优化的思路是，由于每个子任务采用的适应度函数与整体优化的适应度函数一致，则每个子任务中都找到最优路径后，最终将所有子任务最优路径合并，就可作为整体路径的最优解。

例 5.2.2 图 5.2-3 中柱截面为边长为 600mm 的正方形，柱角筋为 4 根 20mm 的钢筋而柱边筋为 16 根 20mm 的钢筋；梁截面为 300mm（宽）×500mm（高）的矩形，梁顶部和底部纵筋均为 4 根 20mm 的钢筋，梁和柱的混凝土保护层厚度均设置为 40mm（梁柱纵筋保护层厚度）。本例采用粒子群优化算法对梁钢筋进行钢筋排布。

（1）预处理：在需要进行钢筋排布的梁柱节点中建立坐标系；将节点边界和柱钢筋进行离散化处理，且将其作为障碍物信息并存储相应坐标。确定需要排布的钢筋数量 $N=4$，并确定 4 个钢筋智能体的起点分别为（0，200）、（0，266）、（0，334）和（0，400）；确定目标点坐标分别为（600，200）、（600，266）、（600，334）和（600，400）。采用粒子群优化算法求解钢筋排布优化子任务，每个子任务中钢筋智能体的移动步数为 $h=3$；设定种群规模为 $m=20$，最大迭代次数 $t_{\max}=100$；按式（5.2-7）设置线性策略惯性权重，此处设置 ω 的取值范围为 [0.4，0.9]；学习因子取为 $c_1=c_2=2$，最大速度取为 $v_{\max}=2$，适应度函数中权重因子 $q_1=q_2=0.5$。对每个梁钢筋依次进行钢筋排布分步优化，采用粒子群优化算法求解第一根钢筋的第一个钢筋排布优化子任务。

（2）二进制种群初始化：随机生成规模为 20 的粒子群，每个粒子的变量维度为 12（子任务分 3 步，变量维度为 4），每个变量维度位置上的取值 $x_{i,j}\in\{0,1\}$，$i=1,2,\cdots,20$；$j=1,2,\cdots,12$；初始化粒子和种群各自的历史最优解，可令 $xp_i=[0,\cdots,0]_{1\times12}$，$xg=[0,\cdots,0]_{1\times12}$，并令历史最优解对应的适应度 $f'(xp_i)=\infty$，$f'(xg)=\infty$。

（3）计算惯性权重：

$$\omega^1=0.9-1\times\frac{0.9-0.4}{100}=0.895$$

（4）速度更新和约束处理：

已知 $\omega^1=0.895$，$c_1=c_2=2$。取初始化生成的某个粒子，其编号为 I 且行为编码为 $x_{\mathrm{I}}^0=[011100010011]$，此编码代表此粒子的 3 步移动方向依次为向上、向右和向下（根据图 5.2-4）；此编码为随机生成，代表粒子的随机探索。设粒子 I 的初始速度 $v_{\mathrm{I}}^0=[000000000000]_{1\times12}$，即速度各维数上的分量均为 $v_{\mathrm{I},j}^0=0$，$j=1,2,\cdots,12$。

（a）生成随机数：

$$r_{\mathrm{I},1}=0.318,\ r_{\mathrm{I},2}=0.705$$

（b）速度更新：

$$\begin{aligned}v_{\mathrm{I}}^1&=\omega^1v_{\mathrm{I}}^0+c_1r_{\mathrm{I},1}(xp_{\mathrm{I}}^0-x_{\mathrm{I}}^0)+c_2r_{\mathrm{I},2}(xg^0-x_{\mathrm{I}}^0)\\&=0.895\times[000000000000]_{1\times12}+2\times0.318\times([000000000000]_{1\times12}-[011100010011]_{1\times12})\\&\quad+2\times0.705\times([000000000000]_{1\times12}-[011100010011]_{1\times12})\\&=[0-2.046-2.046-2.046000-2.04600-2.046-2.046]_{1\times12}\end{aligned}$$

上式中，用 xp_{I}^0 代表粒子 I 的初始自身历史最优解，用 xg^0 代表种群的初始历史最优解；根据步骤（2）中的设定，xp_{I}^0 和 xg^0 的各分量均为 0。

（c）约束处理：由于 $v_{\mathrm{I}}^1=[0-2.046-2.046-2.046000-2.04600-2.046-2.046]$，$-v_{\max}=-2$；当 $j=2,3,4,8,11,12$ 时，满足 $v_{\mathrm{I},j}^1<-v_{\max}$，根据式（5.2-9）用

$-v_{max}$ 替换 $v_{\mathrm{I},j}^{1}$ 的值，即 $v_{\mathrm{I}}^{1}=[0-2-2-2000-200-2-2]_{1\times12}$。

(5) 位置更新：按式（5.2-3）计算粒子在每个维度上由 0（1）变为 1（0）或保持第 j 维变量不变的概率，按式（5.2-4）对粒子位置进行更新。

(a) 按式（5.2-3）计算 0-1 转换概率

$$S(v_{\mathrm{I}}^{1})=\frac{1}{1+\mathrm{e}^{-v_{\mathrm{I}}^{1}}}=[0.5\quad 0.88\quad 0.88\quad 0.88\quad 0.5\quad 0.5\quad 0.5\quad 0.88\quad 0.5\quad 0.5\quad 0.88\quad 0.88]_{1\times12}$$

(b) 生成随机数组：

$$r=[0.59\quad 0.21\quad 0.55\quad 0.77\quad 0.15\quad 0.62\quad 0.92\quad 0.51\quad 0.09\quad 0.46\quad 0.72\quad 0.81]_{1\times12}$$

(c) 按式（5.2-4）更新位置：

$$x_{\mathrm{I}}^{1}=[011110010111]_{1\times12}$$

(6) 位置约束处理：粒子的每 4 个二进制变量都表示一种智能体可能的行为方式（见表 5.2-1）。如图 5.2-6 所示，对任意一个粒子 x_i 以 4 个二进制变量为一组进行分组，确保每一组二进制变量满足表 5.2-1；对于非法变量组（变量值不满足表 5.2-1 的二进制变量组），从表 5.2-1 中随机选择一个变量组进行替换。约束处理后，$x_{\mathrm{I}}^{1}=[011100010111]_{1\times12}$。

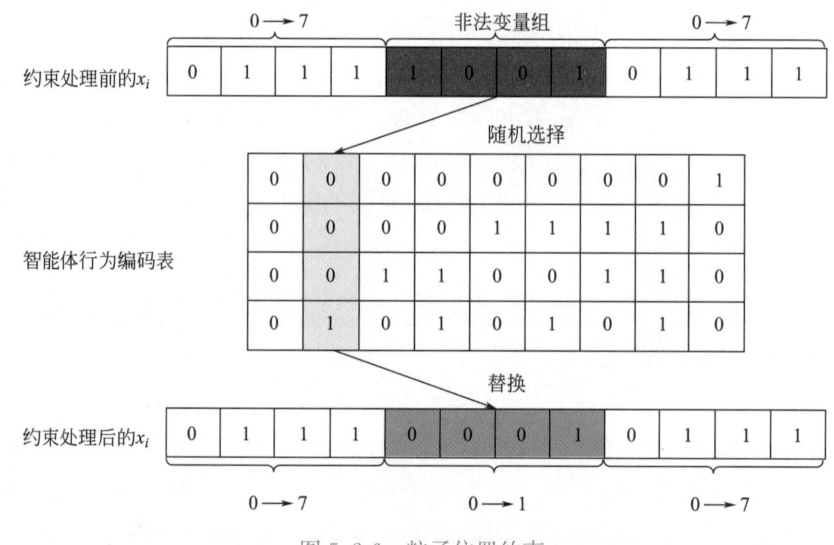

图 5.2-6　粒子位置约束

(7) $x_{\mathrm{I}}^{1}=[011100010111]_{1\times12}$ 代表此粒子的 3 步移动方向依次为向上、向右和向上（根据图 5.2-4），计算智能体的三个路径坐标依次为（0，220），（20，220），（20，240）；将坐标值代入适应度函数（5.2-18）中，计算适应度粒子 I 的适应度 $f'(x_{\mathrm{I}}^{1})=313.05$。

步骤（4）～(7) 是一个粒子的一次迭代过程。粒子群中所有粒子均需按步骤（4）～(7) 进行位置更新，并按表 5.2-1 确定智能体的行为（解码）。根据解码结果，计算智能体的路径坐标；基于式（5.2-18），计算每个粒子的适应度值并按式（5.2-12）和式（5.2-13）更新粒子历史最优位置和种群最优位置。

至此，种群的一次迭代完成。

(8) 判断终止条件：是否满足最大迭代次数，若满足则转到步骤（8），否则回到步骤(3)。

针对此例，种群完成了 100 次迭代，其中每个粒子也均完成了 100 次迭代。每个粒子完成一次迭代后，都是通过式（5.2-18）进行适应度计算，并再通过式（5.2-12）进行自身历史最优位置更新，从而最终确定粒子自身探索出来的最佳路径；粒子的每次迭代中也并非随机探索，而是根据自身和种群经验进行探索，这种经验借鉴是在速度更新计算公式中体现。种群完成一次迭代后，各粒子已经确定了自身的最佳路径，将各粒子的最佳路径适应度值进行对比，选出适应度值最好的粒子最佳路径，这就是本次迭代中种群的最优路径；这个选择的过程其实就是采用式（5.2-13）的粒子种群最优位置更新过程。

（9）对粒子群中的最优个体进行解码操作以确定钢筋智能体行为，记录钢筋智能体的路径点坐标。

（10）判断当前钢筋智能体是否达到目标点，若到达目标点，则开始下一根钢筋的排布；否则更新当前钢筋智能体的起点，即上一次优化的终点，回到步骤（2）。

（11）判断钢筋排布是否全部完成，若完成则输出钢筋中轴线坐标，否则开始下一根钢筋的排布优化，并重复步骤（2）～（10）。

由上述步骤（1）～（11）可见，整个算法流程中包括三个层次的迭代，第一个层次是种群中的每个粒子在每个子任务中的迭代，第二个层次是种群在每个子任务中的迭代，第三个层次就是子任务的迭代；其中每个子任务的迭代都是将上一个子任务的计算结果作为自己的初始迭代起点。

图 5.2-7 为二进制粒子群优化算法进行钢筋排布的流程图。

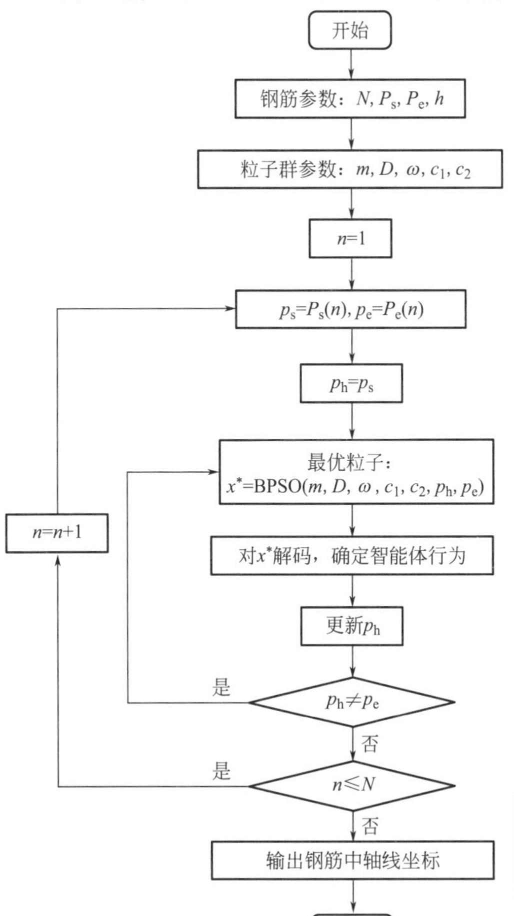

图 5.2-7　BPSO 钢筋优化流程

5. 实验结果

图 5.2-8 为钢筋排布优化效果图，优化结果表明采用粒子群优化算法能够实现智能体的无碰撞路径优化；由图中可见，沿 y 轴方向排布的梁钢筋在其前进方向上遇到障碍物（此处为柱钢筋）时会自动绕开，实现无碰撞的钢筋排布优化；实际的钢筋深化设计中，对于图中情况，梁纵筋不需弯折，而直接沿可避障的路线取为直线即可。

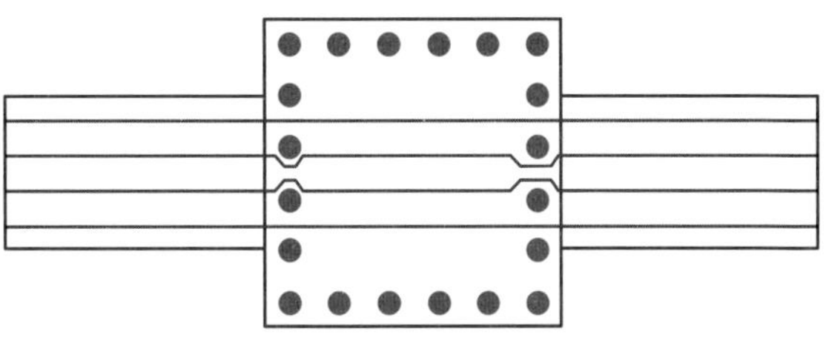

图 5.2-8　钢筋中心线轴测图

5.3 模拟退火算法

20 世纪 80 年代，科学家在研究集成电路布局[24] 和旅行商[25] 问题时，受固体退火过程的启发提出模拟退火算法，即将目标函数模拟为物质内能，利用温度的变化控制求解的迭代过程。本节将介绍模拟退火算法的相关原理、算法过程及其在土木工程中的应用案例。

5.3.1 模拟退火原理

自然界中组成物质的粒子通常有固定的排列结构，其中一种常见的结构是晶格体结构，常出现在石英、冰、盐等物质中；晶格体结构的降温过程可视为一个天然的优化过程。如图 5.3-1 所示，在高温时，晶格状结构物质的能量急剧增大而导致物质中的粒子运动加剧，物质的微观结构通常表现为无序的状态；当温度逐渐降低时，物质中粒子的活跃程度下降，且物质最终将进入稳定有序的晶格状态[26]。

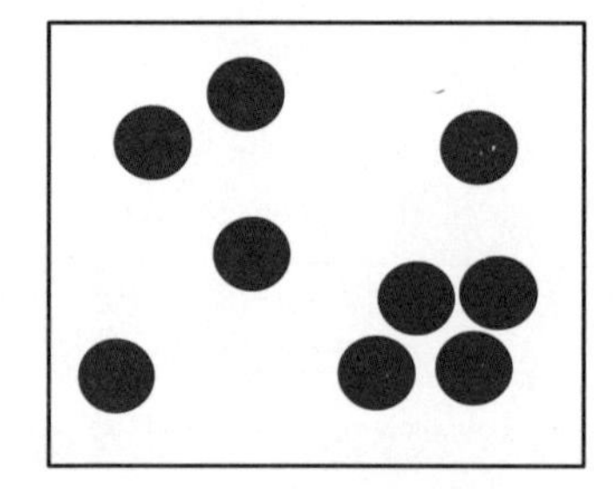

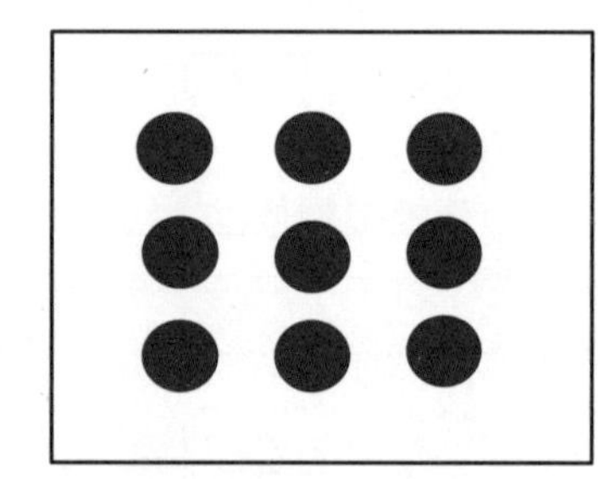

图 5.3-1 晶格体退火过程示意

物质在稳定有序的晶格状态下，粒子处于能量最均衡的状态；物质向其他状态转变时，粒子状态也随之转变。若粒子当前状态为 s，能量为 $E(s)$， 下一个候选状态 r 的能量为 $E(r)$， 则粒子由当前状态 s 转变为下一个状态 r 的概率 $P(r \mid s)$ 满足 Metropolis 准则[27]：

$$P(r \mid s)=\begin{cases}1, & E(r)<E(s)\\ \exp\left[\dfrac{E(s)-E(r)}{kT}\right], & E(r)\geqslant E(s)\end{cases} \tag{5.3-1}$$

式中：k——Boltamznn 常数；

T——粒子处于 r 状态时（r 状态也是一个均衡状态），对应的物质温度。

若粒子当前状态的能量 $E(s)$ 大于候选状态的能量 $E(r)$ 时，粒子状态会自然地从高能量状态向低能量状态转移，因此这种状态的转移概率取值为 1；若粒子当前状态的能量 $E(s)$ 小于候选状态的能量 $E(r)$ 时，则由当前状态向更高能量状态转移的概率小于 1，此情况下，两个状态的能量差越大，转移概率越小。

5.3.2 模拟退火算法流程

模拟退火算法以晶格体的降温过程为指导思想，简单直观地求解问题。

例 5.3.1 为更好地理解模拟退火算法，结合简单的二元函数极小值求解问题介绍模拟退火算法的迭代过程：

$$f(x, y)=x^2+y^2$$

针对上式的模拟退火算法迭代过程见表5.3-1。

模拟退火迭代过程　　表5.3-1

迭代步	(x,y)	$f(x,y)$	Δf	T_k
0	(0.1,0.1)	$2e^{-2}$	—	100
1	(0.05,0.1)	$1.25e^{-2}$	$-7.5e^{-3}$	80
2	(0.05,0.005)	$2.525e^{-3}$	$-9.975e^{-3}$	64
3	(0.06,0.005)	$3.625e^{-3}$	$1.1e^{-3}$	51.2
4	(0.001,0.002)	$5e^{-6}$	$-3.62e^{-3}$	40
5	(0.0,0.0003)	$9e^{-8}$	$-4.991e^{-6}$	32

注：表中Δf为函数值的变化值，T_k为第k个迭代步的温度。

结合表5.3-1，算法的具体流程如下所述（图5.3-2）。

（1）设置参数

设置初始温度T_0、终止温度T_t、冷却函数$\alpha(T)$及最大迭代次数。

此处设初始温度为100，终止温度为35；注意，此处设定的温度与求解的函数无任何直接联系，只是用于模拟物质退火的降温过程，是独立于解的另外一个系统；温度一般根据经验确定。算法进行中一般包括探索和开发两部分：其中探索针对的是求解过程中的未知信息，一般是针对全局搜索能力的提高；而开发是针对求解过程中的已有信息，一般是针对局部搜索能力的提高；探索和开发的平衡，才能保证全局和局部搜索的效果。初始温度为模拟退火算法的探索和开发性能提供了一个上界；若初始解的“温度过高”，则算法的探索性将会变高，同时也意味着算法求解需要的时间会很长；反之，若算法收敛速度过快，但可能无法充分探索，导致无法得到理想的目标解。

常采用线性冷却和指数冷却等作为冷却函数；此处采用指数冷却，设T_k为第k步的温度：$T_k=\alpha T_{k-1}=\alpha^k T_0$，$\alpha=0.8$。设最大迭代次数为10；迭代过程中可采用最大迭代次数和最低温度双重控制。

（2）生成初始解

根据变量的取值范围，随机生成初始解$\boldsymbol{x}_0$，并计算目标函数值$f(\boldsymbol{x}_0)$。一个良好的初始解能加速算法收敛；此处设定初始解为（0.1，0.1）。

（3）开始迭代

基于冷却函数进行“温度冷却”，更新温度值。对当前解$\boldsymbol{x}$施加扰动，即在当前解附近随机生成一个候选解（还未被接受的解），令生成的候选解为$\boldsymbol{x}^*$，并计算对应的目标函数值$f(\boldsymbol{x}^*)$，且计算目标函数值增量$\Delta f=f(\boldsymbol{x}^*)-f(\boldsymbol{x})$，然后根据式（5.3-1）计算候选解被接受的概率$P$；随机生成一个0到1之间的小数，此随机小数小于概率P时，候选解被接受，从而成为一个新解。

由式（5.3-1）可知，退火温度与接受候选解的概率成反比；因此，温度的冷却策略直接影响搜索的结果和速度。如果冷却的收敛速度过快，算法可能会收敛到高温度的混乱状态，无法求解；反之，冷却的收敛速度太缓慢，则会导致求解效率过低。

候选解的产生策略会显著影响模拟退火算法的性能，若能得到更好的候选解，则可有效提高算法的性能。显然，若在可行搜索空间内随机产生候选解，无法保证候选解优于当前解。通常，可由当前解（第一次迭代时为初始解）出发产生一个候选解，常用策略是构造一个与温度相关的概率分布（如高斯分布，柯西分布等），然后在当前解的基础上生成候选解。本例中，第 k 次迭代生成候选解的方式，可采用以 $\boldsymbol{x}_k$ 为中心且以 T_k（当前温度）为方差的高斯分布随机数：

$$\boldsymbol{x}_{k+1}=\boldsymbol{x}_k+N(0,\ T_k)$$

其中，$N(0,\ T_k)$ 为期望为 0 且方差为 T_k 的高斯分布随机数。通过构造与温度相关的概率分布，可以保证算法初期生成的候选解远离当前解，提高算法的探索性；随着温度下降，新生成的候选解会逐渐靠近当前解，提高算法的开发性。

本例中，第一次迭代时，温度为 $T_1=\alpha T_0=0.8\times100=80$；通过随机方法产生一个初始解附近的候选解（0.05，0.1）；候选解的函数值小于原始解的函数值，即 $\Delta f<0$，算法接受候选解，并实现解的状态转移。而在第三次迭代时，由于随机扰动产生的候选解并未满足 $\Delta f<0$ 的条件，因此根据式（5.3-1）确定是否接受此候选解作为新解。

（4）根据迭代次数决定是否终止算法，否则转步骤（5）。

（5）根据当前温度决定是否终止算法，否则转步骤（3）。本例中，最后一次迭代时，此时函数的最优值为 $9e^{-9}$，温度已经冷却至 32，迭代结束。

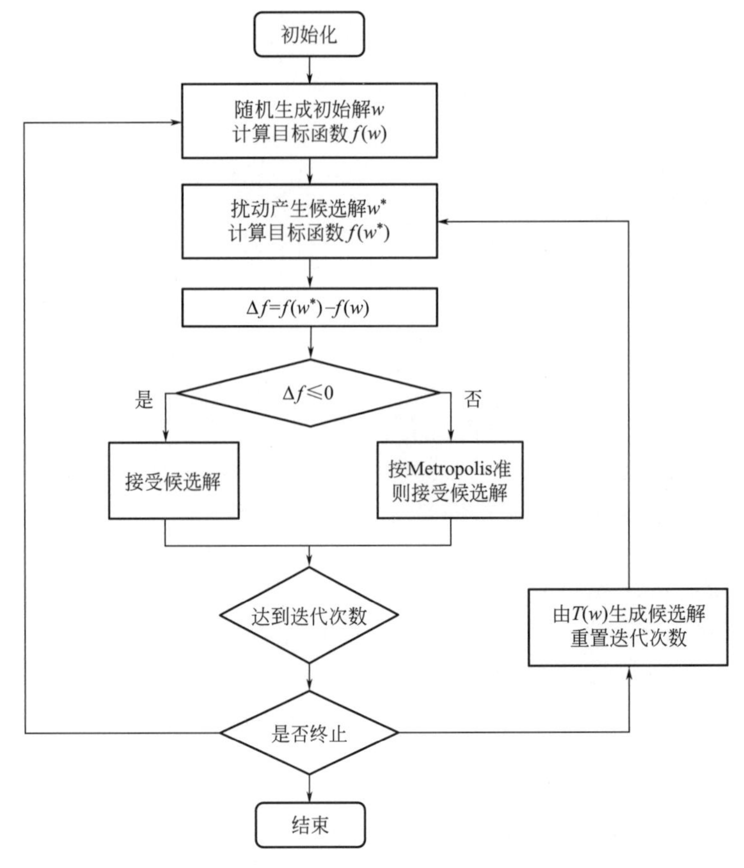

图 5.3-2　模拟退火算法流程图

5.3.3　模拟退火算法改进

为改进模拟退火算法，可对初始解设置及冷却策略进行改进，也可采取一些其他改进措施提高算法的性能。初始解的设置常依赖于优化问题的背景，需具体问题具体分析。此处将介绍冷却策略的改进和其他改进措施。

1. 改进的冷却策略

设 T_k 为第 k 次迭代时的温度，常用的冷却策略包括以下几种：

线性冷却：
$$T_k = T_0 - \xi k,\ \xi < \frac{T_0}{k}$$

逆线性冷却：
$$T_k = \frac{T_0}{k}$$

对数冷却：
$$T_k = \frac{c}{\ln(k+1)},\ c\text{ 是一个常数}$$

指数冷却：
$$T_k = \alpha T_{k-1},\ \alpha \in (0.8,\ 1)$$

如图 5.3-3 所示，逆线性冷却[28] 和对数冷却[29] 均表现出温度先快速下降再缓慢下降的趋势；采用这两种冷却策略，算法的收敛性通常较差，仅针对某些特定的问题才有较好的计算效果。在实际问题中，冷却策略采用指数冷却方法一般效果较好。

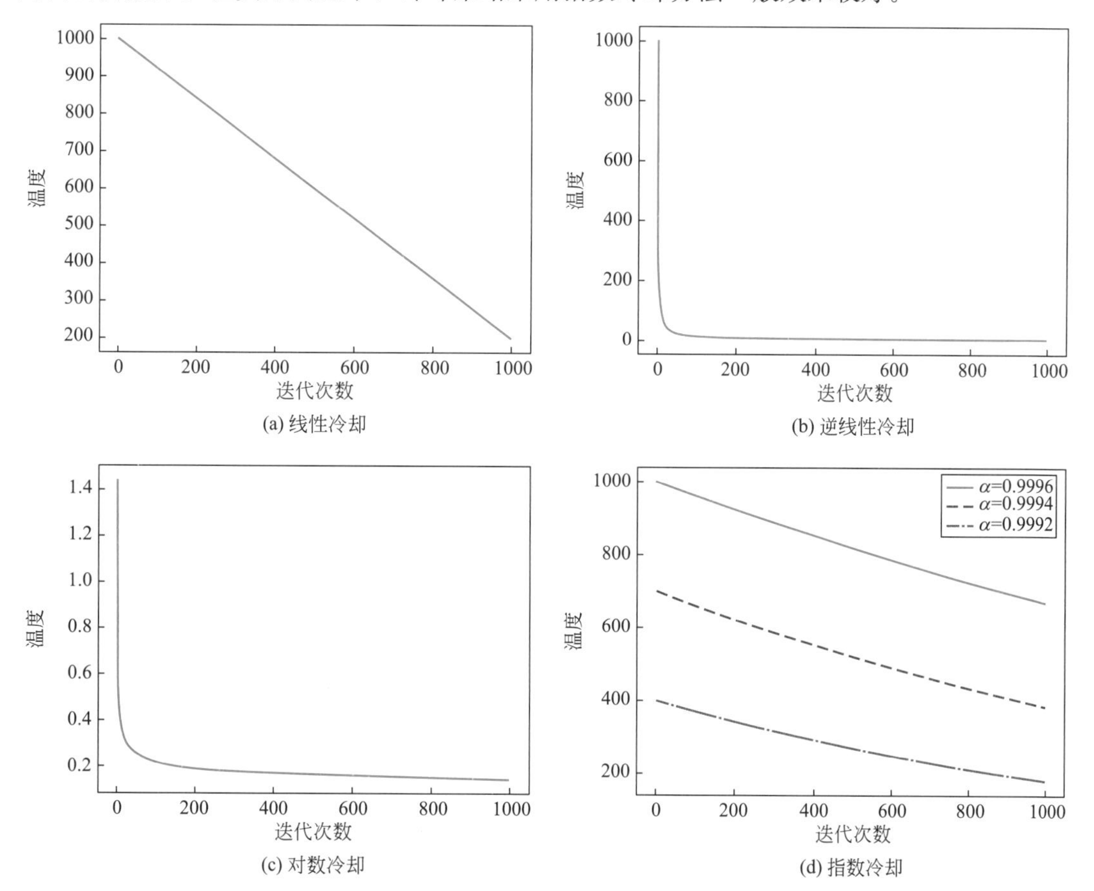

图 5.3-3　常用冷却策略

2. 其他改进措施

在解决实际问题中往往难以通过标准算法进行求解，因此需要在算法实施过程中因地制宜地进行改进，一般可采用如下手段：

（1）“升温”或者重新初始化。在求解初期，算法应多探索未知搜索空间，少开发已知区域；在后期，侧重点则相反。因此，计算过程中，可对解的改进情况进行监测，进行“升温”或者重新初始化。

（2）增加记忆功能。为提高算法的寻优能力，必须容忍产生的新解比当前解更差的情况，但也会遗失当前最优解；因此可增加记录最优解的功能，将之前出现的最优解进行存储。

（3）补充搜索的过程。在实际计算中，可将上次搜索的最优解作为初始值重新进行搜索。

（4）结合其他搜索算法。为更有效地求解问题，可联合遗传算法、混沌搜索算法等进行联合搜索。

5.3.4 模拟退火算法实例及土木工程应用

1. 数值计算实例

给定如下函数：

$$f(x, y)=(1-x)^2+100(y-x^2)^2$$

其约束设置为 $-4\leqslant x\leqslant 4$，$-4\leqslant y\leqslant 4$，求该函数的最小值。

参照图 5.3-2 所示的算法流程编写程序，相关的算法参数设置如下：

迭代步	初始温度	终止温度
300	1	$1e^{-3}$

图 5.3-4 中分别表示在迭代求解过程中，解的取值和目标函数值的变化过程；解的初始位置设为（−2.11，1.55），随后迅速变为（1.21，1.25），并开始向最优解靠近；在第 20 次迭代时，得到最优解（1.01，1.05）及相应的目标函数值 $4.7e^{-5}$。

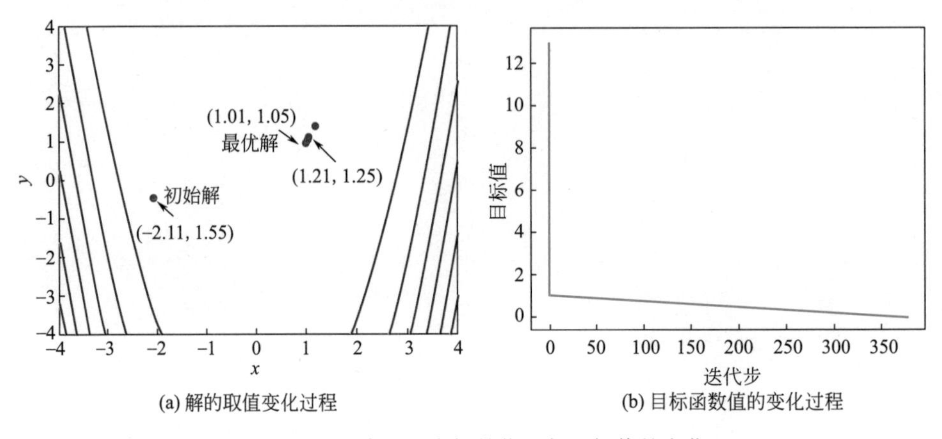

图 5.3-4　迭代过程中解的位置与目标值的变化

2. 钢筋排布优化问题

为更加清楚地说明模拟退火算法的特性，仍以5.2.4节中的梁柱节点钢筋排布优化问题为例，采用模拟退火算法对钢筋排布优化模型进行求解。按照5.2.4节的介绍对梁柱节点进行预处理操作，对图5.2-4中钢筋智能体在空间中9种行为方式进行整数编码。解 $\boldsymbol{x}$ 中不同维度位置的取值分别代表着钢筋运动过程中可能的运动行为，具体的整数编码见表5.3-2，解 $\boldsymbol{x}$ 的各维度表示为 $\boldsymbol{x}_j$，$j=1\cdots h$，h 代表变量维度，变量取值为编码表中的整数值。

钢筋智能体的编码表　　表5.3-2

行为	整数编码	变量范围	行为	整数编码	变量范围
0→0	0	[−0.49,0.49]	0→5	5	[4.50,5.49]
0→1	1	[0.50,1.49]	0→6	6	[5.50,6.49]
0→2	2	[1.50,2.49]	0→7	7	[6.50,7.49]
0→3	3	[2.50,3.49]	0→8	8	[7.50,8.49]
0→4	4	[3.50,4.49]			

模拟退火算法实施细节如下所述。

(1) 按照5.2.4节的介绍对梁柱节点进行预处理操作，确定智能体的起点和目标点坐标；设定钢筋智能体前进的步数 $h=3$，则解的维度设置为3；设置迭代次数为 $t_{\max}$，冷却策略为指数冷却。

(2) 初始化解。设解中各维度变量的上下边界分别为 xu，xl。为更快找到最优解，采用如下方式对候选解进行初始化：

$$rand \cdot (xu - xl) + xl$$

其中 $rand$ 为区间 [0，1] 内的随机数。由表5.3-2可知 $xu=8.49$，$xl=-0.49$，对候选解对应的值进行记录，并设置为历史最优值。

(3) 在第 $k+1$ 步迭代中，基于柯西分布产生候选解：

$$x_{k+1} = sign(u) \cdot T_k \cdot \left(\left(1+\frac{1}{T_k}\right)^{|u|} - 1\right), \ u \in U[0, 1]$$

其中 $U[0, 1]$ 表示均匀分布；$sign(\cdot)$ 表示符号函数。对每次产生的新解进行评估之后，依照Metropolis准则对当前的候选解和历史最优值进行更新。

(4) 为保证新解的质量，记录产生相近最优新解的次数，直到达到指定次数，则判定已经达到求解精度。

相比于粒子群优化算法，模拟退火算法只依靠对单个的解进行扰动，实现对最优解的搜索。每次搜索前，对还未进行编码的粒子进行置乱操作；由于随机置乱没有其他粒子的指导，导致新生成的候选解可能比当前解更差，从而需要更多的运行时间。在进行钢筋排布时，由于随机置乱产生的扰动容易偏离正确方向，则智能体容易失去最优的前进方向；为尽快搜索到合适的候选解，保留每次搜索的最优解，并使用指数冷却策略。图5.3-5显示了钢筋排布结果；相较于粒子群优化算法，模拟退火算法的优化速度较快。

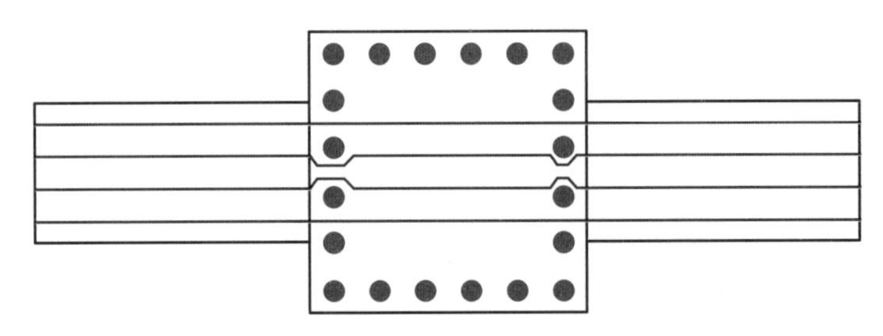

图 5.3-5 采用模拟退火算法生成的钢筋排布图

5.4 近邻域优化算法

本节将介绍一种新的智能优化算法——近邻域优化（Neighborhood Field Optimization，NFO）算法[30]。与粒子群优化算法类似，近邻域优化算法也是受生物种群进化的启发而提出的一种群体智能算法，在多峰值优化问题中性能优越，避免算法收敛于局部峰值点。

5.4.1 近邻域优化算法原理

近邻域算法基于邻域模型（Neighborhood Field Model，NFM）[31] 而提出。与粒子群优化算法中个体受到种群中最优个体和全部个体的影响不同，NFO 算法更强调个体只受邻居的影响。在邻域模型中，个体通常会受到两个邻居的影响：优质邻居的积极影响和劣质邻居的消极影响；若个体为种群中的最优个体，则只受劣质邻居的消极影响；反之，若个体为种群中的最劣个体，则只受优质邻居的积极影响。邻域模型中个体受邻居的影响与人工势能场模型中智能体受力情况相似，因此可通过势能场模型[32] 更形象地阐述邻域模型的原理。

在势能场模型中，智能体通常会受到来自目标点的吸引力以及障碍物的排斥力，从而无碰撞地到达目标点；机器人的最终运动状态则由斥力与引力的合力所决定。类似地，在邻域模型中，个体受到来自优质邻居（目标点）的积极影响（吸引力）及劣质邻居（障碍物）的消极影响（排斥力）；邻域模型中的个体 $\boldsymbol{x}_i$ 受单个目标与单个障碍物的影响为：

$$NF_i = \Phi(\boldsymbol{xc}_i - \boldsymbol{x}_i) - \Phi(\boldsymbol{xw}_i - \boldsymbol{x}_i) \tag{5.4-1}$$

式中：NF_i——个体 $\boldsymbol{x}_i$ 所受的合力；

$\boldsymbol{xc}_i$——个体 $\boldsymbol{x}_i$ 的优势邻居；

$\boldsymbol{xw}_i$——个体 $\boldsymbol{x}_i$ 的劣势邻居；

$\Phi()$——与个体位置相关的动力函数；

$\Phi(\boldsymbol{xc}_i - \boldsymbol{x}_i)$——个体受其优势邻居的吸引力（根据需求规定）；

$\Phi(\boldsymbol{xw}_i - \boldsymbol{x}_i)$——个体受其劣势邻居的排斥力（根据需求规定）。

5.4.2 近邻域优化算法流程

以最小化问题为例说明 NFO 算法流程，主要包括以下 6 个步骤：

（1）初始化：设定种群规模为 m；在初始化阶段，基于个体每个维度的取值变化范围，随机生成初代种群的个体，使所有个体均匀地分布于搜索空间中。

（2）定位：对于第G代（算法的迭代次数）种群的每一个体$\boldsymbol{x}_{i,G}$，找到与之对应的优势邻居$\boldsymbol{xc}_{i,G}$和劣势邻居$\boldsymbol{xw}_{i,G}$。在最小化问题中：$\boldsymbol{xc}_{i,G}$表示适应度函数值小于$\boldsymbol{x}_{i,G}$的个体集合中$(f(\boldsymbol{x}_{k,G})<f(\boldsymbol{x}_{i,G}))$，距离$\boldsymbol{x}_{i,G}$最近的优质邻居个体；$\boldsymbol{x}_{k,G}(k=1, 2, \cdots, m)$表示满足该函数关系的个体集合；若$\boldsymbol{x}_{i,G}$是群体中最优个体，则将$\boldsymbol{x}_{i,G}$自身定义为$\boldsymbol{xc}_{i,G}$。$\boldsymbol{xw}_{i,G}$是所有适应度函数值大于$\boldsymbol{x}_{i,G}$的个体集合中$(f(\boldsymbol{x}_{k,G})\geqslant f(\boldsymbol{x}_{i,G}))$，距离$\boldsymbol{x}_{i,G}$最近的劣质邻居个体，若$\boldsymbol{x}_{i,G}$是群体中最差个体，则$\boldsymbol{x}_{i,G}$自身即为$\boldsymbol{xw}_{i,G}$。$\boldsymbol{xc}_{i,G}$和$\boldsymbol{xw}_{i,G}$可按下式进行定位：

$$\begin{cases}\boldsymbol{xc}_{i,G}=\arg\min\limits_{f(\boldsymbol{x}_{k,G})<f(\boldsymbol{x}_{i,G})}\|\boldsymbol{x}_{k,G}-\boldsymbol{x}_{i,G}\| \\ \boldsymbol{xw}_{i,G}=\arg\min\limits_{f(\boldsymbol{x}_{k,G})\geqslant f(\boldsymbol{x}_{i,G})}\|\boldsymbol{x}_{k,G}-\boldsymbol{x}_{i,G}\|\end{cases} \tag{5.4-2}$$

$\|\boldsymbol{x}_{k,G}-\boldsymbol{x}_{i,G}\|$表示两个体之间的欧氏距离。

（3）变异：变异操作能够扰动个体的原本值，使算法具有一定局部随机搜索能力。变异对个体$\boldsymbol{x}_{i,G}$的影响为：

$$\boldsymbol{v}_{i,G}=\boldsymbol{x}_{i,G}+\alpha\cdot rand\cdot(\boldsymbol{xc}_{i,G}-\boldsymbol{x}_{i,G})+\alpha\cdot rand\cdot(\boldsymbol{xc}_{i,G}-\boldsymbol{xw}_{i,G}) \tag{5.4-3}$$

式中：$rand$——分量介于［0，1］之间的随机向量；

α——学习率；

$\boldsymbol{v}_{i,G}$——个体发生变异后得到的新个体（突变载体）。

（4）交叉：将目标个体$\boldsymbol{x}_{i,G}$与变异个体$\boldsymbol{v}_{i,G}$进行随机的重组，得到交叉个体$\boldsymbol{u}_{i,G}$。

$$u_{i,j,G}=\begin{cases}v_{i,j,G}，若\ rand(0, 1)\leqslant Cr\ 或\ j=j_{\text{rand}} \\ x_{i,j,G}，其他\end{cases} \tag{5.4-4}$$

式中：$j=1, 2, \cdots, D$——个体的维度；

Cr——交叉的概率；

$rand(0, 1)$——均匀分布在［0，1］中的随机数；

j_{rand}——随机的某个维度。

在交叉操作中，当$rand(0, 1)$值小于交叉概率Cr或者个体维度$j=j_{\text{rand}}$时，个体进行交叉重组。交叉操作为个体成为新的突变载体$\boldsymbol{v}_{i,G}$提供可能性，使得个体值有时会不同于$\boldsymbol{x}_{i,G}$，从而增强了整个算法的局部随机搜索能力。

（5）选择：在下一代种群中，在$\boldsymbol{x}_{i,G}$和$\boldsymbol{u}_{i,G}$之间选择具有更优的个体作为第i个个体$\boldsymbol{x}_{i,G+1}$。

$$\boldsymbol{x}_{i,G+1}=\begin{cases}\boldsymbol{u}_{i,G}，f(\boldsymbol{u}_{i,G})\leqslant f(\boldsymbol{x}_{i,G}) \\ \boldsymbol{x}_{i,G}，f(\boldsymbol{u}_{i,G})>f(\boldsymbol{x}_{i,G})\end{cases} \tag{5.4-5}$$

（6）迭代：若未满足终止条件（如最大迭代次数），跳转到步骤2重复执行；否则算法结束。

通过求解函数$f(x, y)=x^2+y^2$在x，y区间［0，1］范围内的最小值问题，阐述NFO算法原理和优化过程。函数$f(x, y)=x^2+y^2$自变量的不同取值(x_1, y_1)，(x_2, y_2)，…，(x_n, y_n)构成算法的初代种群，种群规模为m。个体(x_i, y_i)的独立决策变量为x和y，独立变量个数表示个体的维度，此例中个体维度为2。

步骤①：设置种群数量为$m=5$，并且随机初始化所有种群个体值如下：

个体	个体值
A	(0.1,0.7)
B	(0.3,0.5)
C	(0.7,0.2)
D	(0.9,0.8)
E	(0.8,0.1)

步骤②：针对个体 C，找到该个体的优质邻居与劣质邻居。首先，各个个体对应的适应度函数值如下：

个体	适应度函数值
A	0.50
B	0.34
C	0.53
D	1.45
E	0.65

比较个体的适应度函数值，找到个体 C 的优质邻居 A、B 和劣质邻居为 D、E；计算个体 C 与“邻居”个体间的欧式距离，找到距离个体 C 最近的优质邻居和劣质邻居分别为 B、E。

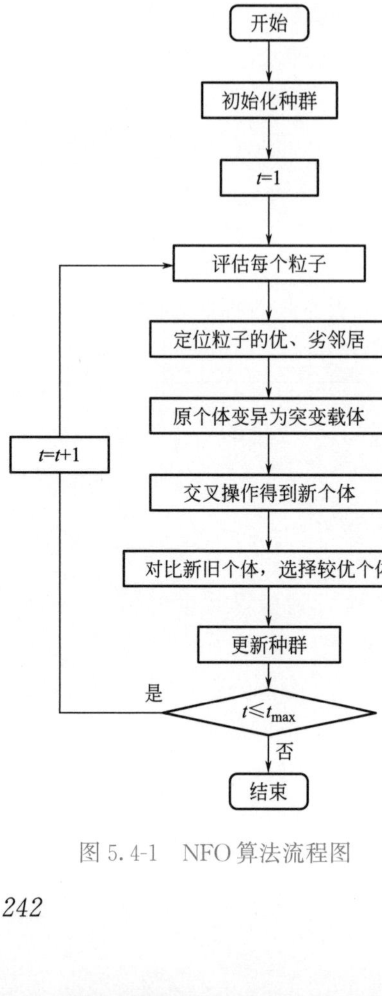

步骤③：变异操作。设置算法学习率 α 为 0.7，计算得到变异个体 $\boldsymbol{v}_{i,\mathrm{G}}$ 对应决策变量值为（0.35，0.45）。

步骤④：交叉。设置算法突变率 Cr 为 0.7，由于生成的随机数 $rand$（0，1）小于突变率 Cr，交叉个体 $\boldsymbol{u}_{i,\mathrm{G}}$ 等于 $\boldsymbol{v}_{i,\mathrm{G}}$，即（0.35，0.45）。

步骤⑤：选择。比较个体 C 与对应的交叉个体 $\boldsymbol{u}_{i,\mathrm{G}}$ 的函数值；$f(\boldsymbol{u}_{i,\mathrm{G}})=0.32<f(C)=0.53$，因此，选取交叉个体 $\boldsymbol{u}_{i,\mathrm{G}}$ 作为下一代种群中的个体 C。

步骤⑥：采用上述方法将每一代个体进行更新至下一代种群，直至满足算法的终止条件。

随着算法迭代次数增加，全部个体逐渐趋近函数的全局最优解（0，0）；并且随着种群的每一次迭代，新种群个体的函数值相较于前一代个体更优，体现近邻域优化算法向邻居不断学习、更新的原理。

算法的流程图与伪代码分别见图 5.4-1 和算法 5.4-1。

开始
初始化种群
t=1
评估每个粒子
定位粒子的优、劣邻居
原个体变异为突变载体
交叉操作得到新个体
对比新旧个体，选择较优个体
更新种群
$t\leqslant t_{\max}$
是
否
t=t+1
结束

图 5.4-1 NFO 算法流程图

NFO 算法		算法 5.4-1
输入：	种群数量 m、迭代次数 G_m、维度 j、学习率 α 及变异率 Cr	
输出：	最优解	
1：	令 $G=1$	
2：	for $i=1$ to m do	
3：	初始化生成种群中第 i 个个体 $\boldsymbol{x}_i$	
4：	计算个体 x_i 的适应度值 $f(\boldsymbol{x}_i)$	
5：	end for	
6：	while $G \leqslant G_m$ do	
7：	for $i=1$ to m do	
8：	$\begin{cases} \boldsymbol{xc}_{i,G} = \arg \min\limits_{f(\boldsymbol{x}_{k,G}) < f(\boldsymbol{x}_{i,G})} \Vert \boldsymbol{x}_{k,G} - \boldsymbol{x}_{i,G} \Vert \\ \boldsymbol{xw}_{i,G} = \arg \min\limits_{f(\boldsymbol{x}_{k,G}) \geqslant f(\boldsymbol{x}_{i,G})} \Vert \boldsymbol{x}_{k,G} - \boldsymbol{x}_{i,G} \Vert \end{cases}$	//定位
9：	$\boldsymbol{v}_{i,G} = \boldsymbol{x}_{i,G} + \alpha \cdot rand \cdot (\boldsymbol{xc}_{i,G} - \boldsymbol{x}_{i,G}) + \alpha \cdot rand \cdot (\boldsymbol{xc}_{i,G} - \boldsymbol{xw}_{i,G})$	//变异
10：	for $j=1$ to D do	
11：	$u_{i,j,G} = \begin{cases} v_{i,j,G}, 若\ rand(0,1) \leqslant Cr\ 或\ j = j_{rand} \\ x_{i,j,G}, 其他 \end{cases}$	//交叉
12：	end for	
13：	$\boldsymbol{x}_{i,G+1} = \begin{cases} \boldsymbol{u}_{i,G}, f(\boldsymbol{u}_{i,G}) \leqslant f(\boldsymbol{x}_{i,G}) \\ \boldsymbol{x}_{i,G}, f(\boldsymbol{u}_{i,G}) > f(\boldsymbol{x}_{i,G}) \end{cases}$	//选择
14：	end for	
15：	$G=G+1$	
16：	end while	

5.4.3　二进制近邻域优化算法

为解决现实应用中一些离散优化问题，对标准 NFO 算法加以改进，提出二进制近邻域优化（Binary Neighborhood Field Optimization，BNFO）算法。在 BNFO 算法中，种群个体被重新编码为二进制字符串个体 i 的位置表示为：$\boldsymbol{x}_i = [x_{i,1}, x_{i,2}, \cdots, x_{i,m}]$，$x_{i,j} \in \{0, 1\}$。因编码方式不同，定位和变异操作也有相应修改[33]。在定位操作中，采用汉明距离代替欧式距离（汉明距离：两字符串对应位置不同字符的个数）定义个体之间的距离。在变异步骤中，变异个体采用下式计算：

$$\boldsymbol{v}_{i,G} = \boldsymbol{x}_{i,G} \odot [a_{r1} \otimes (\boldsymbol{xc}_{i,G} \odot \boldsymbol{x}_{i,G}) \oplus a_{r2} \otimes (\boldsymbol{xc}_{i,G} \odot \boldsymbol{xw}_{i,G})] \tag{5.4-6}$$

式中：$\odot$——逻辑异或运算；

$\otimes$——逻辑与运算；

$\oplus$——逻辑或运算。

参数 a_{r1} 与 a_{r2} 表示随机的二进制向量，其取值可由下式确定。

$$\begin{cases} a_{r1} = rand_1 < \alpha \\ a_{r2} = rand_2 < \alpha \end{cases} \tag{5.4-7}$$

式中：$rand_1$，$rand_2$——介于［0，1］之间的随机向量；

α——学习率。

BNFO算法的其他步骤与标准NFO算法相同，BNFO算法的伪代码见算法5.4-2。

BNFO算法 **算法5.4-2**

输入：	种群数量 m、迭代次数 G_m、维度 j、学习率 α 及变异率 Cr
输出：	最优解
1：	令 $G=1$
2：	for i = 1 to m do
3：	初始化生成种群中第 i 个个体 $\boldsymbol{x}_i$
4：	计算个体 $\boldsymbol{x}_i$ 的适应度值 $f(\boldsymbol{x}_i)$
5：	end for
6：	while $G \leqslant G_m$ do
7：	for i=1 to m do
8：	$\begin{cases} \boldsymbol{xc}_{i,G} = \arg \min\limits_{f(\boldsymbol{x}_{k,G}) < f(\boldsymbol{x}_{i,G})} \Vert \boldsymbol{x}_{k,G} - \boldsymbol{x}_{i,G} \Vert \\ \boldsymbol{xw}_{i,G} = \arg \min\limits_{f(\boldsymbol{x}_{k,G}) \geqslant f(\boldsymbol{x}_{i,G})} \Vert \boldsymbol{x}_{k,G} - \boldsymbol{x}_{i,G} \Vert \end{cases}$ //定位
9：	$a_{r1} = rand_1 < \alpha$
10：	$a_{r2} = rand_1 < \alpha$
11：	$\boldsymbol{v}_{i,G} = \boldsymbol{x}_{i,G} \odot [a_{r1} \otimes (\boldsymbol{xc}_{i,G} \odot \boldsymbol{x}_{i,G}) \oplus a_{r2} \otimes (\boldsymbol{xc}_{i,G} \odot \boldsymbol{xw}_{i,G})]$ //变异
12：	for j =1 to D do
13：	$u_{i,j,G} = \begin{cases} v_{i,j,G}, 若\ rand(0,1) \leqslant Cr\ 或\ j = j_{\text{rand}} \\ x_{i,j,G}, 其他 \end{cases}$ //交叉
14：	end for
15：	$\boldsymbol{x}_{i,G+1} = \begin{cases} \boldsymbol{u}_{i,G}, f(\boldsymbol{u}_{i,G}) \leqslant f(\boldsymbol{x}_{i,G}) \\ \boldsymbol{x}_{i,G}, f(\boldsymbol{u}_{i,G}) > f(\boldsymbol{x}_{i,G}) \end{cases}$ //选择
16：	end for
17：	$G=G+1$
18：	end while

5.4.4 近邻域优化算法实例及土木工程应用

1. 数值计算实例

为测试标准NFO算法的优化性能，采用NFO算法求解Ackley函数的最小值。Ackley函数是广泛应用于测试优化算法性能的函数，Ackley函数形式如下：

$$f(\boldsymbol{x}) = -a \cdot \exp\left(-b\sqrt{\frac{1}{d}\sum_{i=1}^{d} x_i^2}\right) - \exp\left(\frac{1}{d}\sum_{i=1}^{d}\cos(cx_i)\right) + a + \exp(1) \tag{5.4-8}$$

Ackley 函数参数选取：$a=20$，$b=0.1$，$c=2\pi$。若变量 $\boldsymbol{x}$ 的维度 d 为 2，取值区间为 $x_i\in[-5, 5]$ 时，函数图像如图 5.4-2 所示；函数形状如同一座倒垂的山峰，在最小化问题优化中，"山顶"代表全局最优值，即 Ackley 函数的全局最小值，通过图像可以看到函数的最优值为 $f(\boldsymbol{x})=0$，$x_i\in[-5, 5]$，$i=1, 2$ 时。个体在通往"山顶"的路途中存在着许多"凹坑"，"凹坑"的中心点对应的函数值 $f(\boldsymbol{x})$ 小于其周围点，"凹坑"称为最小化问题中局部最小值（局部最优）。如何通过种群的不断迭代，使随机均匀分布在搜索空间中的初代种群个体，在摆脱途中局部最小值干扰的同时，快速顺利地到达"山顶"，便是优化算法需要解决的问题。

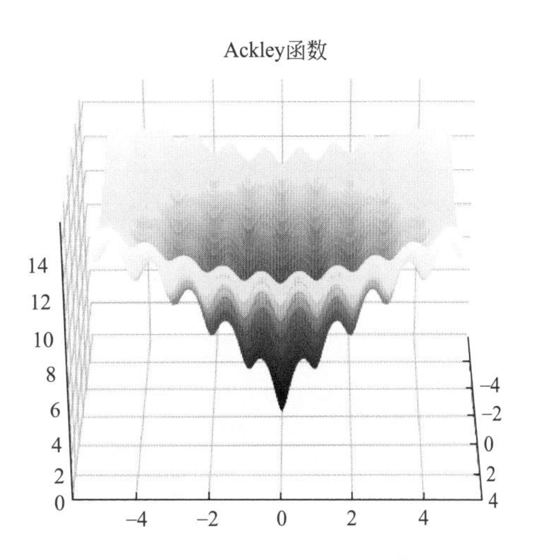

图 5.4-2 Ackley 函数图像

采用 Ackley 函数测试 NFO 算法的性能时，随机选取初代种群中的一个个体 $\boldsymbol{x}_r$，观察其随着种群迭代次数的增加不断地"向邻居学习"的过程，体现在该个体函数值不断地朝着最优值 $f(\boldsymbol{x}_r)=0$ 靠近。图 5.4-3 给出个体函数值随迭代变化曲线，纵坐标代表个体 $\boldsymbol{x}_r$ 对应的 Ackley 函数值，横坐标代表种群迭代的次数。可以看到，随着迭代次数的增加，$\boldsymbol{x}_r$ 的函数值逐渐趋近于全局最优；在迭代次数为 30 次左右时，该个体便达到全局最小值，说明 NFO 算法求解 Ackley 函数最小值问题具有较好的效果。

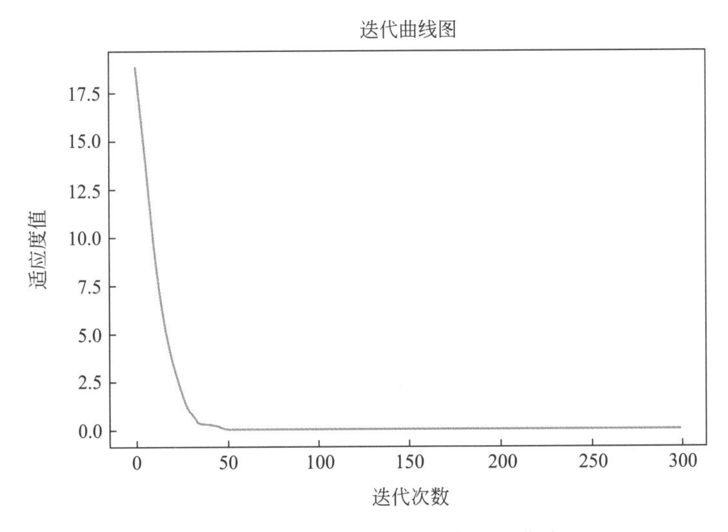

图 5.4-3 个体函数值随迭代变化曲线

2. 钢筋智能排布问题

对于土木工程中一些优化问题，也可利用 NFO 算法寻找最优解。仍以 5.2.4 节中的梁柱节点钢筋智能排布问题为例，采用近邻域优化算法求解钢筋排布优化任务。按照 5.2.4 节的介绍对梁柱节点进行预处理操作，对图 5.2-4 中钢筋智能体在空间中 9 种行为方式进行整数编码（表 5.3-2）。NFO 算法的参数设置为：学习率 $\alpha=0.3$，突变概率 $Cr=$

0.1。在钢筋智能排布优化模型中，种群可表示为：$X=[\boldsymbol{x}_1, \boldsymbol{x}_2, \cdots, \boldsymbol{x}_m]^{\mathrm{T}}$，其中，$m$ 表示种群规模，设 $m=30$。种群中的每一个体 $\boldsymbol{x}_i$，可表示为 $\boldsymbol{x}_i=[x_{i,1}, x_{i,2}, \cdots, x_{i,j}]$，其中 $x_{i,j}$ 为编码表 5.3-2 中的整数值，j 代表变量维度。

相较于其他优化算法，NFO 算法是基于局部信息的全局搜索算法，利用邻域内优质和劣质个体的信息有利于算法跳出局部极值和加快收敛速率。定位操作获得的优质个体和劣质个体也许并不是邻域内最具代表性的局部信息，因此，优质个体和劣质个体的选择至关重要。经过 NFO 算法的优化，得到节点中钢筋智能排布的最终方案如图 5.4-4 所示；相较于其他优化算法，近邻域优化算法的优化速度较快。

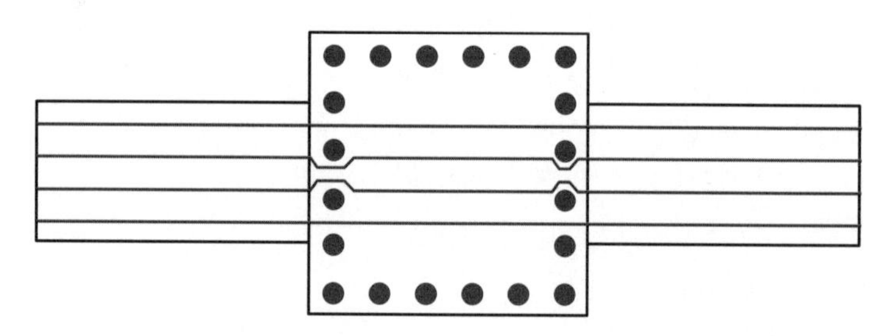

图 5.4-4　钢筋中心线轴测图

5.5　多目标优化算法

在实际问题中，优化过程往往需要同时考虑不止一个目标；如桁架结构设计中，在一定的荷载作用下，如何确定各杆件的横截面，使得结构的重量最轻且变形最小；此问题即为包含两个目标（重量和变形）的最优化问题。当优化的目标函数有两个或两个以上时，称为多目标优化问题（Multi-objective Optimization Problem，MOP），这类问题通常有多个最优解。

5.5.1　多目标优化理论

为求解多目标优化问题，需要根据实际情况建立数学模型：确定问题中的已知量，并根据未知量设置适当的优化变量，灵活考虑影响优化结果的主要因素，寻找所要求的优化目标和变量需满足的约束条件。在实际问题中，优化目标可能追求最大化，也可能追求最小化，而最大化与最小化可相互转化；约束条件可能包含等式约束，也可能包含不等式约束。不同于单目标优化，多目标优化通常有多个最优解，究竟哪个是我们最想找出的解是需要解决的主要问题。

下面给出了有关多目标优化问题的一般描述。

设某优化问题中有 m 个优化目标，各优化目标可能相互冲突，则多目标优化可表示为：

$$\boldsymbol{f}(\boldsymbol{x})=(f_1(\boldsymbol{x}), f_2(\boldsymbol{x}), \cdots, f_m(\boldsymbol{x})) \tag{5.5-1}$$

其中，$f_1(\boldsymbol{x})$，$f_2(\boldsymbol{x})$，$\cdots$，$f_m(\boldsymbol{x})$ 为 m 个子目标，$\boldsymbol{x}=(x_1, x_2, \cdots, x_n)^{\mathrm{T}} \in \boldsymbol{X} \subset \boldsymbol{R}^n$ 为 n 维决策变量（自变量），$\boldsymbol{X}$ 为 n 维决策空间，且 $\boldsymbol{x}$ 需满足下列约束：

$$g_i(\boldsymbol{x}) \geqslant 0 (i=1, 2, \cdots, k) \tag{5.5-2a}$$

$$h_i(\boldsymbol{x})=0(i=1, 2, \cdots, l) \tag{5.5-2b}$$

在多目标优化中，一般需要对具有不同优化目标（最大化或最小化）的子目标优化函数转换为统一的表示形式，如将最大化 $\max f(\boldsymbol{x})$ 转化为最小化 $\min -f(\boldsymbol{x})$；同样，不等式约束 $g_i(\boldsymbol{x}) \leqslant 0(i=1, 2, \cdots, k)$ 也可转化为 $-g_i(\boldsymbol{x}) \geqslant 0(i=1, 2, \cdots, k)$；则多目标优化问题的总优化目标可统一表示为：

$$\min \boldsymbol{y}=\min \boldsymbol{f}(\boldsymbol{x})=(\min f_1(\boldsymbol{x}), \min f_2(\boldsymbol{x}), \cdots, \min f_m(\boldsymbol{x})) \tag{5.5-3}$$

上式中，$\boldsymbol{y}=(\boldsymbol{y}_1, \boldsymbol{y}_2, \cdots, \boldsymbol{y}_m)^{\mathrm{T}} \in \boldsymbol{Y} \subset R^m$ 为 m 维目标变量，$\boldsymbol{Y}$ 为 m 维目标空间。求得 $\boldsymbol{x}^*=(\boldsymbol{x}_1^*, \boldsymbol{x}_2^*, \cdots, \boldsymbol{x}_n^*)$，使 $\boldsymbol{f}(\boldsymbol{x}^*)$ 在满足约束式（5.5-2a）和式（5.5-2b）的同时所有子目标达到最优[34]，就将 $\boldsymbol{x}^*$ 称为多目标优化问题的最优解（此处为理想解）。对于某个 $\boldsymbol{x} \in \boldsymbol{X}$，若 $\boldsymbol{x}$ 满足约束式（5.5-2a）和式（5.5-2b），则称 $\boldsymbol{x}$ 为可行解。由 $\boldsymbol{x}$ 中所有可行解组成的集合称为可行解集，记为：

$$\boldsymbol{\Omega}=\{\boldsymbol{x} \in \boldsymbol{X} \mid g_i(\boldsymbol{x}) \geqslant 0(i=1, 2, \cdots, k);\ h_i(\boldsymbol{x})=0(i=1, 2, \cdots, l)\} \tag{5.5-4}$$

例如，在桁架结构多目标优化设计中，将 n 杆桁架（n 根杆件组成的桁架）作为研究对象，优化任务是找出所有杆件的最优截面面积，目标是尽量减轻结构重量的同时尽可能减小结构的变形，则多目标优化数学模型可表示为：

寻求 $\boldsymbol{x}=(x_1, x_2, \cdots, x_n)^{\mathrm{T}}$；

目标函数：

$$\begin{pmatrix} \min y_1=\min f_1(\boldsymbol{x})=\min \sum_{i=1}^{n} \rho_i x_i l_i=\min W \\ \min y_2=\min f_2(\boldsymbol{x})=\min u_{lk} \end{pmatrix}$$

约束条件：

$$\text{s.t.}\ \{\sigma_i \leqslant [\sigma_i]\ (i=1, 2, \cdots, n)\}$$

上式中，$\boldsymbol{x}=(x_1, x_2, \cdots, x_n)^{\mathrm{T}}$ 为设计变量，n 为杆件数量；W 是结构质量；ρ_i、x_i 和 l_i 分别为第 i 根杆件的密度、截面积和长度；u_{lk} 为 k 节点在 l 方向上的位移（优化前应对节点进行编号，并规定好节点的位移方向）；σ_i 和 $[\sigma_i]$ 分别为第 i 根杆件的最不利应力值和允许应力值；x_i 的取值空间为杆件截面积变量集合 $\boldsymbol{A}$，即 $\boldsymbol{x} \in \boldsymbol{X}=[A_1, A_2, \cdots, A_n]$，其中 $A_i \in \boldsymbol{A}$，$(i=1, 2, \cdots, n)$。

在单目标优化中，对于最小化问题（目标函数为 $f(\boldsymbol{x})$），评价两个解（$\boldsymbol{x}^1$ 和 $\boldsymbol{x}^2$）孰优孰劣时，可直接对比目标函数值 $f(\boldsymbol{x}^1)$ 和 $f(\boldsymbol{x}^2)$（无约束条件时，可将目标函数直接作为评价函数）的大小，包括三种关系：$f(\boldsymbol{x}^1)<f(\boldsymbol{x}^2)$（$\boldsymbol{x}^1$ 优于 $\boldsymbol{x}^2$），$f(\boldsymbol{x}^1)=f(\boldsymbol{x}^2)$（$\boldsymbol{x}^1$ 与 $\boldsymbol{x}^2$ 一样好）和 $f(\boldsymbol{x}^1)>f(\boldsymbol{x}^2)$（$\boldsymbol{x}^2$ 优于 $\boldsymbol{x}^1$）。在多目标优化中，由于目标空间是多维度的，无法利用解对应目标函数值之间的简单大小关系而进行优劣评价（例如 2 目标优化问题中，可能出现 $f_1(\boldsymbol{x}^1)<f_1(\boldsymbol{x}^2)$ 而 $f_2(\boldsymbol{x}^1)>f_2(\boldsymbol{x}^2)$ 的情况），而需通过引入支配关系才能对解的优劣进行评价。

设 $\boldsymbol{p}$ 和 $\boldsymbol{q}$ 是可行解集 $\boldsymbol{\Omega}$ 中的任意两个不同解，若 $\boldsymbol{p}$ 和 $\boldsymbol{q}$ 对应的目标函数满足下列两个条件：

① 对所有的子目标，$\boldsymbol{p}$ 都不比 $\boldsymbol{q}$ 差，即 $f_j(\boldsymbol{p}) \leqslant f_j(\boldsymbol{q})(j=1, 2, \cdots, m)$；

② 至少存在一个子目标，使 $\boldsymbol{p}$ 比 $\boldsymbol{q}$ 好，即 $\exists r \in \{1, 2, \cdots, m\}$，使 $f_r(\boldsymbol{p})<$

$f_r(\boldsymbol{q})$；

则称 $\boldsymbol{p}$ 为非支配的（Non-dominated）；$\boldsymbol{q}$ 为被支配的（Dominated），表示为 $\boldsymbol{p} \succ \boldsymbol{q}$；$\succ$ 表示支配关系。

多目标优化的最优解通常称为 Pareto 解[35]；对于 $\boldsymbol{x}^* \in \boldsymbol{\Omega}$，若决策空间中不存在其他解 $\boldsymbol{x} \in \boldsymbol{\Omega}$，使得 $\boldsymbol{x} \succ \boldsymbol{x}^*$，则称 $\boldsymbol{x}^*$ 为多目标优化问题的 Pareto 最优解。从 Pareto 最优解的定义中可以看出，满足 Pareto 最优解条件的解通常不止一个，而是一个最优解集合（Pareto optimal set），可表示为：

$$\{\boldsymbol{x}^*\} = \{\boldsymbol{x} \in \boldsymbol{\Omega} \mid \nexists \boldsymbol{x}' \in \boldsymbol{\Omega},\ \boldsymbol{x}' \succ \boldsymbol{x}^*\} \tag{5.5-5}$$

不同解之间的支配关系也有程度上的差异。若不存在其他解 $\boldsymbol{x} \in \boldsymbol{\Omega}$，既使得 $f_j(\boldsymbol{x}) \leqslant f_j(\boldsymbol{x}^*)(j=1,2,\cdots,m)$ 成立，且同时针对 $\boldsymbol{x}$ 又至少有一个对应的子目标 $r \in \{1,2,\cdots,m\}$，使 $f_r(\boldsymbol{x}) < f_r(\boldsymbol{x}^*)$，则称 $\boldsymbol{x}^* \in \boldsymbol{\Omega}$ 为非支配解（Pareto 最优解）；若不存在其他解 $\boldsymbol{x} \in \boldsymbol{\Omega}$，使得 $f_j(\boldsymbol{x}) < f_j(\boldsymbol{x}^*)(j=1,2,\cdots,m)$ 成立，则称 $\boldsymbol{x}^* \in \boldsymbol{\Omega}$ 为弱非支配解（弱 Pareto 最优解）[35]。弱非支配解不是真正的非支配解，是将非支配解的条件进行了放松，因为弱支配解也会被某些解支配，但这某些解的范围相对较小。此处为非支配解与弱非支配解的严格数学描述，其形象化解释如下所述。

某 2 维目标空间如图 5.5-1 所示，图中给出某参考解 $\boldsymbol{x}_a$ 对应目标在目标空间中的位置 $\boldsymbol{f}(\boldsymbol{x}_a)$，则此 2 维目标空间可被划分为三种不同的区域（白色、浅灰色和深灰色），并可利用四条边界线（B1、B2、B3 和 B4）分隔。图 5.5-2 存在 5 种不同的情况。

① 解 $\boldsymbol{x}$ 对应的目标 $\boldsymbol{f}(\boldsymbol{x})$ 位于深灰色区域时（如 $\boldsymbol{f}(\boldsymbol{x}_b)$），$f_j(\boldsymbol{x}_a) < f_j(\boldsymbol{x})(j=1,2)$，此时 $\boldsymbol{x}_a \succ \boldsymbol{x}$。

② 解 $\boldsymbol{x}$ 对应的目标 $\boldsymbol{f}(\boldsymbol{x})$ 位于边界 B1 和 B2 上时（如 $\boldsymbol{f}(\boldsymbol{x}_c)$ 和 $\boldsymbol{f}(\boldsymbol{x}_d)$），$f_j(\boldsymbol{x}_a) \leqslant f_j(\boldsymbol{x})(j=1,2)$，且 $\exists r \in \{1,2\}$，使 $f_r(\boldsymbol{x}_a) < f_r(\boldsymbol{x})$，此时 $\boldsymbol{x}_a \succ \boldsymbol{x}$；例如，对于 $\boldsymbol{f}(\boldsymbol{x}_c)$，$f_1(\boldsymbol{x}_a) = f_1(\boldsymbol{x}_c)$，$f_2(\boldsymbol{x}_a) < f_2(\boldsymbol{x}_c)$。

③ 解 $\boldsymbol{x}$ 对应的目标 $\boldsymbol{f}(\boldsymbol{x})$ 位于浅灰色区域时（如 $\boldsymbol{f}(\boldsymbol{x}_e)$ 和 $\boldsymbol{f}(\boldsymbol{x}_f)$），与 $\boldsymbol{f}(\boldsymbol{x}_a)$ 相比，$\boldsymbol{f}(\boldsymbol{x})$ 的两个分量（子目标）中，总有一个分量 $f_r(\boldsymbol{x})$ 大于 $f_r(\boldsymbol{x}_a)$，而另外一个分量 $f_s(\boldsymbol{x})$ 小于 $f_s(\boldsymbol{x}_a)$，r，$s \in \{1,2\}$ 且 $r \neq s$。当目标空间为 m 维时（$m \geqslant 3$），这种情况对应的是：与 $\boldsymbol{f}(\boldsymbol{x}_a)$ 相比，$\boldsymbol{f}(\boldsymbol{x})$ 的 m 个分量（子目标）中，总有一个分量 $f_r(\boldsymbol{x})$ 大于 $f_r(\boldsymbol{x}_a)$，而另外一个分量 $f_s(\boldsymbol{x})$ 小于 $f_s(\boldsymbol{x}_a)$，且其他分量之间关系任意，r，$s \in \{1,2,\cdots,m\}$ 且 $r \neq s$。此时 $\boldsymbol{x}_a$ 与 $\boldsymbol{x}$ 为非支配关系。

④ 解 $\boldsymbol{x}$ 对应的目标 $\boldsymbol{f}(\boldsymbol{x})$ 位于边界 B3 和 B4 上时（如 $\boldsymbol{f}(\boldsymbol{x}_g)$ 和 $\boldsymbol{f}(\boldsymbol{x}_h)$），$f_j(\boldsymbol{x}) \leqslant f_j(\boldsymbol{x}_a)(j=1,2)$，且 $\exists r \in \{1,2\}$，使 $f_r(\boldsymbol{x}) < f_r(\boldsymbol{x}_a)$，此时 $\boldsymbol{x} \succ \boldsymbol{x}_a$；例如，对于 $\boldsymbol{f}(\boldsymbol{x}_h)$，$f_2(\boldsymbol{x}_h) = f_2(\boldsymbol{x}_a)$，$f_1(\boldsymbol{x}_h) < f_1(\boldsymbol{x}_a)$。

⑤ 解 $\boldsymbol{x}$ 对应的目标 $\boldsymbol{f}(\boldsymbol{x})$ 位于白色区域时（如 $\boldsymbol{f}(\boldsymbol{x}_k)$），$f_j(\boldsymbol{x}) < f_j(\boldsymbol{x}_a)(j=1,2)$，此时 $\boldsymbol{x} \succ \boldsymbol{x}_a$。

由上述解释可见，图 5.5-1 中的白色区域加边界线 B3 和 B4，就形成了一个目标空间中的区域，此区域对应的解均可支配解 $\boldsymbol{x}_a$，可将此区域对应的解集命名为 $\boldsymbol{\Omega}_{x \succ x_a}$。对于解 $\boldsymbol{x}_a$，若 $\boldsymbol{\Omega}_{x \succ x_a}$ 内均不存在任何其他解 $\boldsymbol{x} \in \boldsymbol{\Omega}$ 对应的子目标，则 $\boldsymbol{x}_a$ 满足非支配解条件，为非支配解；若仅白色区域内不存在其他解 $\boldsymbol{x} \in \boldsymbol{\Omega}$ 对应的子目标，而边界 B3 和 B4 上存在其他解 $\boldsymbol{x} \in \boldsymbol{\Omega}$ 对应的子目标，则 $\boldsymbol{x}_a$ 满足弱非支配解条件，为弱非支配解。可见，对于

解 $\boldsymbol{x}_a$，若要使得 $\boldsymbol{x}_a$ 为非支配解，则需整个 $\boldsymbol{\Omega}_{x>x_a}$ 中（含边界线B3和B4）不存在任何对应的解能够支配 $\boldsymbol{x}_a$；而若要仅使得 $\boldsymbol{x}_a$ 为弱非支配解，则可允许 $\boldsymbol{\Omega}_{x>x_a}$ 上的边界线B3和B4上存在对应的解能够支配 $\boldsymbol{x}_a$；可见与非支配解相比，弱非支配解的条件放松了。

对于2维目标空间的情况，图5.5-2给出可行解 $\boldsymbol{x} \in \boldsymbol{\Omega}$ 对应的目标 $\boldsymbol{f}(\boldsymbol{x})$ 在目标空间中的目标集合（由虚粗弧线、实粗弧线和实粗直线围成的区域），并给出了两个具体解 $\boldsymbol{x}_a$ 和 $\boldsymbol{x}_b$ 对应目标在目标空间中的位置 $\boldsymbol{f}(\boldsymbol{x}_a)$ 和 $\boldsymbol{f}(\boldsymbol{x}_b)$，$\boldsymbol{f}(\boldsymbol{x}_a)$ 和 $\boldsymbol{f}(\boldsymbol{x}_b)$ 分别位于实粗弧线和实粗直线上。借鉴图5.5-1中的表达方式，图5.5-2中还给出了 $\boldsymbol{f}(\boldsymbol{x}_a)$ 和 $\boldsymbol{f}(\boldsymbol{x}_b)$ 对目标空间的区域分割情况。图5.5-2中，根据 $\boldsymbol{f}(\boldsymbol{x}_a)$ 对空间进行划分的区域中，白色区域及其两个边界与目标集合均没有重叠，则 $\boldsymbol{x}_a$ 为非支配解；类似地，目标位于实粗弧线上的其余解均符合此情况，可见实粗弧线即代表所有非支配解对应的目标。根据 $\boldsymbol{f}(\boldsymbol{x}_b)$ 对空间进行划分的区域中，白色区域与目标集合在实粗直线上有重叠，则 $\boldsymbol{x}_b$ 为弱非支配解；类似地，目标位于实粗弧线上的其余解均符合此情况，可见实粗直线即代表所有弱非支配解对应的目标。

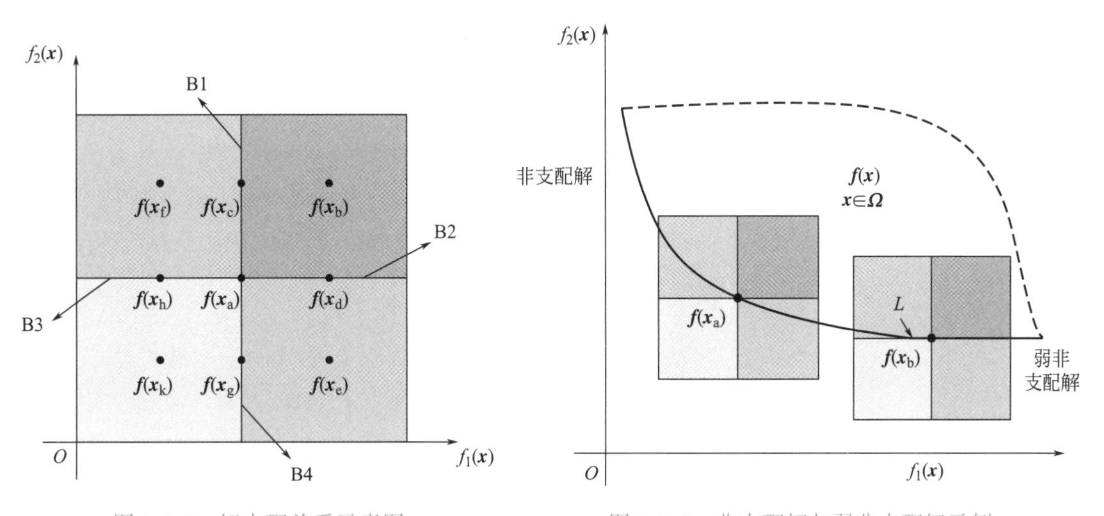

图5.5-1 解支配关系示意图　　图5.5-2 非支配解与弱非支配解示例

在图5.5-2中，$\boldsymbol{f}(\boldsymbol{x}_b)$ 对应的解 $\boldsymbol{x}_b$ 为弱非支配解，解 $\boldsymbol{x}$ 对应的目标 $\boldsymbol{f}(\boldsymbol{x})$ 位于其左侧线段 L 上时，有 $f_2(\boldsymbol{x})=f_2(\boldsymbol{x}_b)$，$f_1(\boldsymbol{x})<f_1(\boldsymbol{x}_b)$，则 $\boldsymbol{x} \succ \boldsymbol{x}_b$；可见 $\boldsymbol{x}_b$ 并不是非支配解；但由图中可看出，能够支配弱非支配解 $\boldsymbol{x}_b$ 的解并不多，因此在难以找到非支配解的情况下，弱非支配解是一种退而求其次的优化结果。

Pareto最优解集 $\{\boldsymbol{x}^*\}$ 包含的Pareto最优解对应的目标函数值的集合称为Pareto前沿（Pareto front），表示为：

$$\boldsymbol{PF}=\{\boldsymbol{f}(\boldsymbol{x})=(f_1(\boldsymbol{x}),\ f_2(\boldsymbol{x}),\ \cdots,\ f_m(\boldsymbol{x}))\mid \boldsymbol{x}\in\{\boldsymbol{x}^*\}\} \tag{5.5-6}$$

注意，Pareto最优解集和Pareto前沿的区别与联系是：Pareto最优解集是决策空间（解空间）的一个子集，Pareto前沿是目标空间的一个子集；多目标优化问题对应于从决策空间到目标空间的一个映射，Pareto前沿为Pareto最优解集的映射结果。Pareto最优解集在决策空间中常为凸集或凹集。

5.5.2 经典多目标优化方法

在多目标优化问题中，一个方案的好坏难以用一个目标（实践中为某具体可计算的指标）来判断，而需要多个目标来比较，且需要在多个目标中作权衡取舍。经典多目标优化方法的基本思想均为通过数学原理上的变换，把多目标问题中的多个子目标转化为单目标，然后运用解决单目标问题的技术手段进行多个目标的优化，主要方法有：评价函数法和分层序列法[36]。

1. 评价函数法

评价函数法是将多目标优化问题转化为单目标优化问题进行求解的方法。对于多目标优化问题，若可根据决策者的偏好信息和目标函数 $\boldsymbol{f}(\boldsymbol{x})$ 构造一个函数，此函数是关于 $\boldsymbol{f}(\boldsymbol{x})$ 的函数，统一写为 $\boldsymbol{U}(\boldsymbol{x})=u(\boldsymbol{f}(\boldsymbol{x}))$ 的形式，则称 $u(\boldsymbol{f}(\boldsymbol{x}))$ 为评价函数。将评价函数为目标函数的单目标优化问题的最优解作为原多目标优化问题的一个决策者满意解。构造评价函数的方法称为评价函数法；评价函数一般根据问题的背景和意义构造，同时需尽量保证构造的单目标优化问题的最优解接近原多目标优化问题的 Pareto 最优解。评价函数法主要包括线性加权和法、理想点法和主要目标法。

- 线性加权和法

线性加权和法的基本思想是按照 m 个目标 $f_i(\boldsymbol{x})(i=1, 2, \cdots, m)$ 的重要程度，分别乘以一组权重系数 $\boldsymbol{w}=w_i(i=1, 2, \cdots, m)$，然后将带有权重的单目标相加作为一个总目标函数，再对此目标函数在约束集合 $\boldsymbol{\Omega}$ 上求最优解。采用线性加权和法构造的总目标函数表示为：

$$\min \boldsymbol{U}(\boldsymbol{x})=\min \sum_{i=1}^{m} w_i f_i(\boldsymbol{x})=\min \boldsymbol{w}^{\mathrm{T}} \boldsymbol{f}(\boldsymbol{x}) \tag{5.5-7}$$

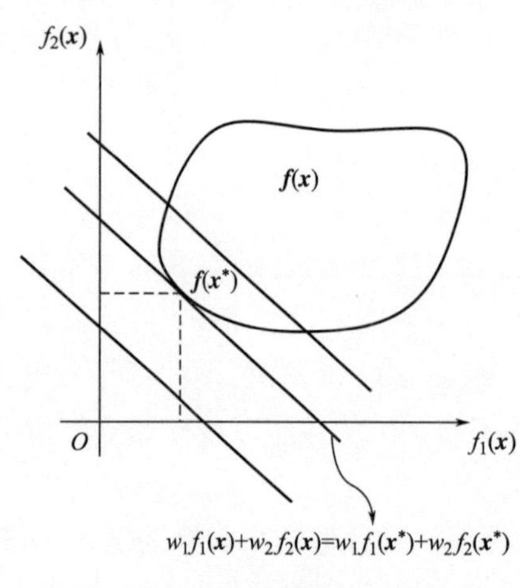

图 5.5-3 线性加权和法的几何意义

上式中，$\boldsymbol{w}$ 表示权重系数向量。线性加权和法原理简单易懂，应用广泛；缺点是只能逼近帕累托前沿为凸集的情况。多目标优化的 Pareto 最优解 $\boldsymbol{x}^*$ 的目标函数值 $\boldsymbol{f}(\boldsymbol{x}^*)$ 是 $\boldsymbol{f}(\boldsymbol{x})$ 的边界点。如图 5.5-3 所示，若 $n=1$，$m=2$ 时，设权重系数为 w_1 和 w_2，在目标空间上给出一簇斜率为 $-\frac{w_1}{w_2}$ 直线，这簇直线中与 $\boldsymbol{f}(\boldsymbol{x})$ 相切的直线 $w_1 f_1(\boldsymbol{x})+w_2 f_2(\boldsymbol{x})=w_1 f_1(\boldsymbol{x}^*)+w_2 f_2(\boldsymbol{x}^*)$ 的切点所对应的 $\boldsymbol{x}$ 即为 Pareto 最优解；图中是假设 $\boldsymbol{x}^*$ 已知，则 $w_1 f_1(\boldsymbol{x}^*)+w_2 f_2(\boldsymbol{x}^*)$ 为常数项，代表直线的截距。

- 理想点法

理想点法的基本思想：已知 m 个子目标函数 $f_i(\boldsymbol{x})(i=1, 2, \cdots, m)$ 的最小值 $\boldsymbol{f}^0=(f_1^0, f_2^0, \cdots, f_m^0)^{\mathrm{T}}$，即满足 $f_i^0 \leqslant \min\limits_{\boldsymbol{x}\in\boldsymbol{\Omega}} f_i(\boldsymbol{x})(i=1, 2, \cdots, m)$，则解的理想目标（理想点）即为 $\boldsymbol{f}^0$；特别地，如能求出 $f_i^0=\min\limits_{\boldsymbol{x}\in\boldsymbol{\Omega}} f_i(\boldsymbol{x})(i=1, 2, \cdots, m)$，则 $\boldsymbol{f}^0$ 为最理想点。由图 5.5-4 可见，$\boldsymbol{f}^0$ 很有可能在可行解对应的目标区域之外，即 $\boldsymbol{f}^0$ 对应的解很可能不

在可行解范围内；因此即便知道 $\boldsymbol{f}^0$， 也不能将其对应的解作为最优解。为寻求帕累托最优解，当已知理想点 $\boldsymbol{f}^0$ 时，在目标空间中，可考虑目标函数 $\boldsymbol{f}(\boldsymbol{x})$ 与 $\boldsymbol{f}^0$ 之间的最小距离（通常可取为欧拉距离），构造总目标函数：

$$\min \boldsymbol{U}(\boldsymbol{x})=\sqrt{\sum_{i=1}^{m}\left|f_i(\boldsymbol{x})-f_i^0\right|^2} \tag{5.5-8}$$

如图 5.5-4 所示，在二维目标空间中，假定理想点为 $\boldsymbol{f}^0=(f_1^0, f_2^0)^{\mathrm{T}}$， 对任意 $\boldsymbol{x}\in\boldsymbol{\Omega}$， 有 $f_1(\boldsymbol{x}^0)=f_1^0\leqslant f_1(\boldsymbol{x})$，$f_2(\boldsymbol{x}^0)=f_2^0\leqslant f_2(\boldsymbol{x})$。$\boldsymbol{f}(\boldsymbol{x})$ 与 $\boldsymbol{f}^0$ 距离最近的点所对应的 $\boldsymbol{x}^*$ 即为 Pareto 最优解。理想点法简单易行，应用广泛；但各子目标值往往并不能预先给定。

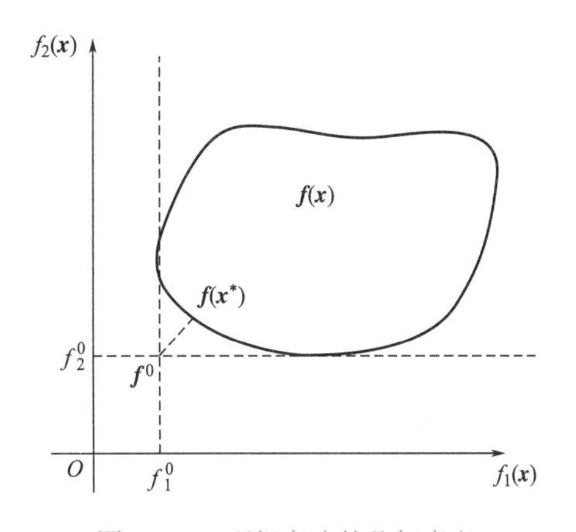

图 5.5-4　理想点法的几何意义

- 主要目标法

主要目标法的基本思想是根据多目标优化问题实际情况，确定一个目标为主要目标，而将其余目标作为次要目标，并根据先验知识设定限制值；主要目标作为优化问题的目标，次要目标作为问题的约束条件，从而将原多目标优化问题，转化为单目标优化问题。

假设 $f_1(\boldsymbol{x})$ 为主要目标，其余 $m-1$ 个目标 $f_i(\boldsymbol{x})(i=2, 3, \cdots, m)$ 作为约束条件，并根据实际问题对每个约束条件预先设置一组限制值 $\alpha_i(i=2, 3, \cdots, m)$， 构造总目标函数：

$$\min \boldsymbol{U}(\boldsymbol{x})=\min f_1(\boldsymbol{x})$$
$$\text{s.t.}\begin{cases}\boldsymbol{x}\in\boldsymbol{\Omega}\\ f_i(\boldsymbol{x})\leqslant\alpha_i(i=2, 3, \cdots, m)\end{cases} \tag{5.5-9}$$

主要目标法能够保证在其他子目标取值允许的条件下，求出主要目标尽可能好的目标值；然而由次要目标转化得到的约束条件，可能导致可行解集为空集。

2. 分层序列法

分层序列法的主要思想是根据 m 个子目标的重要程度进行排序，设排列次序为 $f_1(\boldsymbol{x})$，$f_2(\boldsymbol{x})$，$\cdots$，$f_m(\boldsymbol{x})$， 依次作为单目标优化的目标函数；先求第一个目标函数 $f_1(\boldsymbol{x})$ 在 $\boldsymbol{\Omega}$ 上的最优值，即 $\min\limits_{\boldsymbol{x}\in\boldsymbol{\Omega}} f_1(\boldsymbol{x})=f_1^*$， 最优解集为 $\boldsymbol{x}^{*1}=\{\boldsymbol{x}\in\boldsymbol{\Omega}\mid f_1(\boldsymbol{x})=f_1^*\}$；然后求解第二个目标函数 $f_2(\boldsymbol{x})$ 的最优值，可行解空间为第一个单目标优化问题的最优解集 $\boldsymbol{x}^{*1}$， 即每次优化都在前一优化问题的最优解集中，寻找本次优化的最优解集；依次类推，在第 $m-1$ 个目标函数的最优解集 $\boldsymbol{x}^{*m-1}$ 中，寻找第 m 个单目标优化问题的最优值，最优解集为 $\boldsymbol{x}^{*m}=\{\boldsymbol{x}\in\boldsymbol{x}^{*m-1}\mid f_m(\boldsymbol{x})=f_m^*\}=\{\boldsymbol{x}\in\boldsymbol{\Omega}\mid f_i(\boldsymbol{x})=f_i^*(i=1, 2, \cdots, m)\}$，$\boldsymbol{x}^{*m}$ 为最终求出的多目标优化最优解。由此可见，在完全分层法的求解过程中，每次求解的都是一个单目标优化问题。

图 5.5-5 给出了采用分层序列法求解多目标优化问题（$n=1$，$m=2$）的解 $\boldsymbol{x}^{*1}$ 和 $\boldsymbol{x}^{*2}$ 示意。根据 2 个子目标函数的重要程度不同，设排列次序为 $f_1(\boldsymbol{x})$，$f_2(\boldsymbol{x})$。先求第一个目

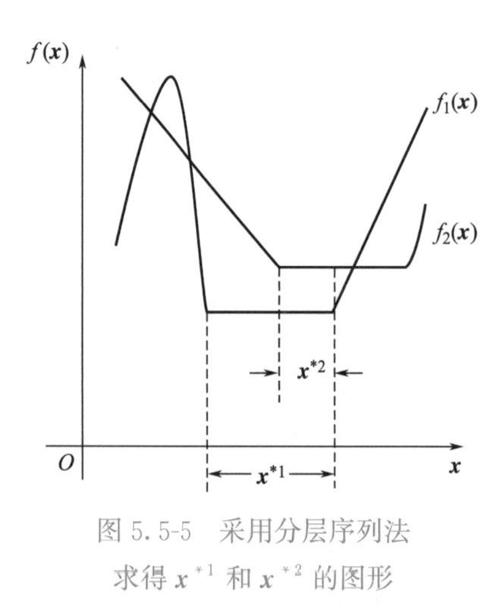

图 5.5-5 采用分层序列法求得 x^{*1} 和 x^{*2} 的图形

标函数 $f_1(\boldsymbol{x})$ 在 $\boldsymbol{\Omega}$ 上的最优值，即 $\min\limits_{x\in\boldsymbol{\Omega}} f_1(\boldsymbol{x})=f_1^*$，最优解集为 $\boldsymbol{x}^{*1}=\{\boldsymbol{x}=\boldsymbol{\Omega}\mid f_1(\boldsymbol{x})=f_1^*\}$，这就先确定了图中的 $\boldsymbol{x}^{*1}$ 范围；然后求第二个目标函数 $f_2(\boldsymbol{x})$ 在 $\boldsymbol{x}^{*1}$ 上的最优值，即 $\min\limits_{x\in x^{*1}} f_2(\boldsymbol{x})=f_2^*$，最优解集为 $\boldsymbol{x}^{*2}=\{\boldsymbol{x}\in\boldsymbol{x}^{*1}\mid f_2(\boldsymbol{x})=f_2^*\}=\{\boldsymbol{x}\in\boldsymbol{\Omega}\mid f_i(\boldsymbol{x})=f_i^*(i=1,2)\}$；$\boldsymbol{x}^{*2}$ 即为多目标优化的最优解集，这就最终确定了图中的 $\boldsymbol{x}^{*2}$ 范围。

5.5.3 多目标进化算法

经典多目标优化方法主要基于单目标优化原理，对多个目标进行合并，需要较多问题相关的先验知识，实用性往往不强。为解决多目标优化问题，以进化算法为基础的多目标进化算法（Multi-Objective Evolution Algorithm，MOEA）应运而生，并得到深入研究。

多目标进化算法的进化机制主要是利用基于 Pareto 最优解的适应度分配策略，从当前进化种群中找出所有非支配个体。多目标进化算法的基本流程见图 5.5-6，其流程为：①基于实际问题的背景确定种群 $\boldsymbol{P}$ 并进行初始化，种群规模设为 N；②选择适当的进化算法（如遗传算法、粒子群优化算法等），执行种群 $\boldsymbol{P}$ 的进化（如选择、交叉、突变等），从而得到新的种群 $\boldsymbol{Q}$；③合并种群 $\boldsymbol{P}$ 和 $\boldsymbol{Q}$ 为种群 $\boldsymbol{R}$；④采用给定策略对种群 $\boldsymbol{R}$ 进行非支配排序，并构造非支配集 $\boldsymbol{ND}$；⑤判断算法终止条件是否已经被满足（通常以迭代次数作为

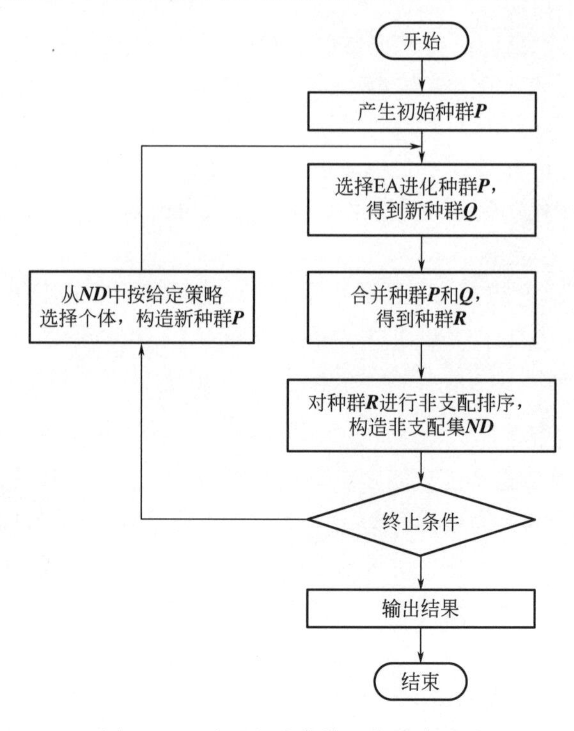

图 5.5-6 多目标进化算法的基本流程

终止条件），满足则结束；不满足条件则将原种群 $\boldsymbol{P}$ 中的所有个体替代为 $\boldsymbol{ND}$ 中的所有个体，并继续下一轮的进化。特别地，非支配集 $\boldsymbol{ND}$ 需满足种群规模 N 的限制，当 $\boldsymbol{ND}$ 规模超过限值 N 时需进行调整；$\boldsymbol{ND}$ 也需要满足种群分布性要求[37]：$\boldsymbol{ND}$ 中的个体充满并均匀分布在整个 Pareto 前沿集合中。

非支配排序遗传算法-Ⅱ（Non-dominated Sorting in Genetic Algorithm-Ⅱ，NSGA-Ⅱ）[38] 是目前较为流行的多目标进化算法之一，具有复杂度低，运行速度快，收敛性好的优点，成为其他多目标进化算法的对比基准。在 NSGA-Ⅱ中，根据变量范围随机生成初始种群，个体尽量均匀地分布在可行解空间中，将初始种群与经过种群进化的种群合并为进化种群；将进化种群按照支配关系分为包含若干层的非支配集 $\boldsymbol{ND}$；首先根据个体之间的支配关系找到所有非支配个体，放入第一层非支配个体集合（此时第一层非支配个体并不一定是 Pareto 前沿上的个体，但其余个体均无法支配第一层中的个体）；然后将种群去除第一层的个体组成剩余种群，并根据个体支配关系找到剩余种群中的所有非支配个体，放入第二层非支配个体集合，以此类推，最终建立非支配集 $\boldsymbol{ND}$。如图 5.5-7 所示，在构建新种群时，首先考虑第一层非支配集，选取非支配个体；若不满足种群规模，继续从第二层非支配集中选取非支配个体，以此类推，直到满足种群规模大小的要求；为保证种群的分布性较好（均匀），对同层个体按照个体的聚集距离（与邻近个体之间的距离）构建偏序集（将种群个体按部分要素（如个体属性）计算出的指标进行排序），按偏序关系优先选择聚集距离大（相互距离）的个体进入新种群。NSGA-Ⅱ算法中的基本步骤如下所述。

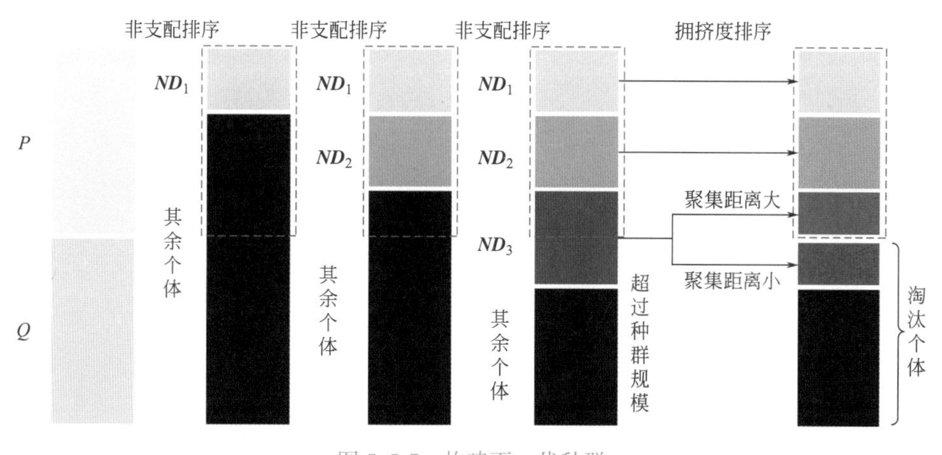

图 5.5-7　构建下一代种群

（1）初始化：设置迭代次数 M 和种群规模 N，对种群 $\boldsymbol{P}$ 依据个体各维度取值范围进行随机初始化。

（2）种群进化：采用遗传算法对种群 $\boldsymbol{P}$ 进行选择、交叉和变异等进化操作，生成种群 $\boldsymbol{Q}$，将种群 $\boldsymbol{P}$ 和 $\boldsymbol{Q}$ 合并为种群 $\boldsymbol{R}$，种群规模为 $2N$。

（3）快速非支配排序：计算种群 $\boldsymbol{R}$ 中每个个体 p 被支配的次数 n_p 和被个体 p 支配的个体集合 S_p，即：

$$n_p = NUM(\{q \mid q \succ p, \ p, \ q \in \boldsymbol{R}\}) \tag{5.5-10}$$

$$S_p = \{q \mid p \succ q, \ p, \ q \in \boldsymbol{R}\} \tag{5.5-11}$$

上式中，q 表示种群 $\boldsymbol{R}$ 中的个体，$NUM(\cdot)$ 表示满足条件的个体 q 的数量。将 $\boldsymbol{ND}_1 =$

$\{p \mid n_p=0, p \in \boldsymbol{R}\}$ 作为非支配集；依据 $\boldsymbol{ND}_k=\{q \mid n_q-k+1=0, q \in \boldsymbol{R}\}$，构建 $\boldsymbol{ND}_2$，$\boldsymbol{ND}_3$，…，从而将种群 $\boldsymbol{R}$ 快速非支配排序为 $\boldsymbol{ND}$，其中包含若干个分类子集 $\boldsymbol{ND}_1$，$\boldsymbol{ND}_2$，…。

（4）构造新种群：对非支配排序集合 $\boldsymbol{ND}$ 中的个体按照偏序关系进行排序。为保证种群的分布性和精英性，当两个个体属于不同的分类排序子集时，优先考虑序号小的个体；当两个个体处于同一分类子集时，优先考虑聚集距离大的个体。个体 p 的分类序号为 p_{rank}，当且仅当 $p \in \boldsymbol{ND}_k$，$p_{\text{rank}}=k$；个体 p 的聚集距离为 $\boldsymbol{ND}[p]_{\text{distance}}$。当有 m 个子目标时，位于同一分类子集 $\boldsymbol{ND}_k$ 所有个体的聚集距离为

$$\boldsymbol{ND}[p]_{\text{distance}}=\sum_{i=1}^{m}(|\boldsymbol{f}_i^{p+1}-\boldsymbol{f}_i^{p-1}|) \tag{5.5-12}$$

上式中，$\boldsymbol{f}_i^{p+1}$ 和 $\boldsymbol{f}_i^{p-1}$ 分别表示个体 $p+1$ 和 $p-1$ 的第 i 个目标函数值。在构建下一代种群时，先按照序号从小到大的顺序，将各分类了集中的个体并入新种群中，直到新种群加入第 k 个分类子集后，个体数量超过种群规模 N 时，计算 $\boldsymbol{ND}_k$ 个体的聚集距离，按聚集距离从大到小的顺序选择个体，直至达到规定的种群规模 N。

（5）终止迭代：若满足终止条件则退出迭代，输出非支配解集中的全部个体；否则回到步骤（2）进行重复迭代。

5.5.4 多目标优化算法实例及土木工程应用

1. 数值计算实例

给定如下函数组：

$$\min \boldsymbol{f}(x)=\begin{cases} f_1(x)=x^2 \\ f_2(x)=(x-2)^2 \end{cases}$$

变量 x 的维度为 1，子目标数量为 2，x 取值范围为 $[-5, 5]$，求函数的最小值。采用 5.5.3 节中的 NSGA-Ⅱ算法，编写程序，相关参数设置如下：

迭代步	种群规模	GA 交叉概率	GA 变异概率
300	10	0.5	0.01

求解过程：

(1)种群初始化：根据变量的取值范围随机生成初始种群 $\boldsymbol{P}$：

个体序号	1	2	3	4	5	6	7	8	9	10
$\boldsymbol{P}$	4.27	3.34	−0.46	−0.15	−0.13	−3.10	−3.64	0.28	−3.95	−0.07

（2）采用遗传算法，基于种群 $\boldsymbol{P}$ 进行进化，生成种群 $\boldsymbol{Q}$，再将 $\boldsymbol{P}$ 和 $\boldsymbol{Q}$ 合并为种群 $\boldsymbol{R}$：

个体序号		1	2	3	4	5	6	7	8	9	10
$\boldsymbol{R}$	$\boldsymbol{P}$	4.27	3.34	−0.46	−0.15	−0.13	−3.10	−3.64	0.28	−3.95	−0.07
	$\boldsymbol{Q}$	4.81	2.95	3.94	−4.27	0.96	3.61	−0.78	0.60	4.85	−1.43

（3）对种群 $\boldsymbol{R}$ 进行非支配排序：

个体序号		1	2	3	4	5
ND	$\boldsymbol{ND}_1$	0.28	−0.07	2.95	0.96	0.60
	$\boldsymbol{ND}_2$	−0.13	3.34			
	$\boldsymbol{ND}_3$	−0.15	3.61			
	$\boldsymbol{ND}_4$	−0.46	3.94			
	$\boldsymbol{ND}_5$	−0.78	4.27			
	$\boldsymbol{ND}_6$	−1.43	4.81			
	$\boldsymbol{ND}_7$	−3.10	4.85			
	$\boldsymbol{ND}_8$	−3.64				
	$\boldsymbol{ND}_9$	−3.95				
	$\boldsymbol{ND}_{10}$	−4.27				

（4）生成下一代种群：依次将 $\boldsymbol{ND}_1$、$\boldsymbol{ND}_2$ 和 $\boldsymbol{ND}_3$ 加入下一代种群 $\boldsymbol{P}_n$ 中；若将 $\boldsymbol{ND}_4$ 直接加入 $\boldsymbol{P}_n$，则将超过种群规模的限制；对 $\boldsymbol{ND}_4$ 的个体计算聚集距离，并按照从大到小进行排序，依次加入下一代种群中；此处，$\boldsymbol{ND}_4$ 中只包含两个个体，从而直接随机选择一个个体加入下一代种群：

个体序号	1	2	3	4	5	6	7	8	9	10
$\boldsymbol{P}_n$	0.28	−0.07	2.95	0.96	0.60	−0.13	3.34	−0.15	3.61	−0.46

（5）终止条件：最大迭代次数为 300，若不满足，则返回步骤（2），若满足，则优化结束后输出最后一代种群 $\boldsymbol{P}_l$ 的非支配集 $\boldsymbol{P}_{nd}$ 全部个体。

个体序号	1	2	3	4	5	6	7	8	9	10
$\boldsymbol{P}_{nd}$	0.47	1.54	−0.04	1.32	0.81	0.85	0.83	1.45	0.63	0.22

Pareto 前沿的函数图像见图 5.5-8。

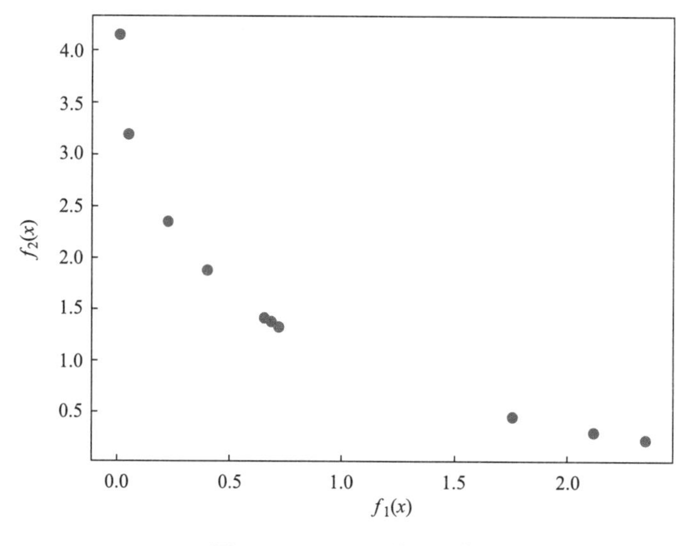

图 5.5-8　Pareto 前沿图像

2. 桁架多目标优化设计

图 5.5-9 给出一个包含 10 个杆件的桁架结构示意图。根据 5.5.1 节中的描述，桁架结构多目标优化设计是找出 10 个杆件的最优截面面积，使各杆件在满足应力安全条件下，结构重量 y_1 和节点位移 y_2 都尽量小。多目标优化数学模型表示为：

寻求 $\boldsymbol{x}=(x_1, x_2, \cdots, x_{10})^{\mathrm{T}}$；

目标函数：

$$\min\begin{pmatrix} y_1=f_1(\boldsymbol{x})=\sum_{i=1}^{10}\rho_i x_i l_i \\ y_2=f_2(\boldsymbol{x})=u_k \end{pmatrix}$$

约束条件：

$$\text{s.t.}\ \{\sigma_i \leqslant [\sigma_i](i=1, 2, \cdots, 10)\}$$

式中，$\boldsymbol{x}=(x_1, x_2, \cdots, x_{10})^{\mathrm{T}}$ 为设计变量；ρ_i、x_i 和 l_i 分别为第 i 组杆件的密度、截面积和长度；u_k 为 k 节点在竖向位移；σ_i 和 $[\sigma_i]$ 分别为第 i 组杆件不同工况下最不利应力值和应力允许值；对于所有的 x_i 均从杆件截面积变量集中 $\mathbf{A}$ 取出，即 $\boldsymbol{x}=[A_1, A_2, \cdots, A_n]$，$A_i \in \mathbf{A}$，$(i=1, 2, \cdots, n)$。本例中，材料的弹性模量为 20GPa，材料密度 ρ_i 为 0.1kg/mm³，杆件截面尺寸取值范围为 $\mathbf{A}=(2\text{mm}^2, 30\text{mm}^2)$，每个杆件的最大允许应力 $[\sigma_i]$ 均为 20MPa。

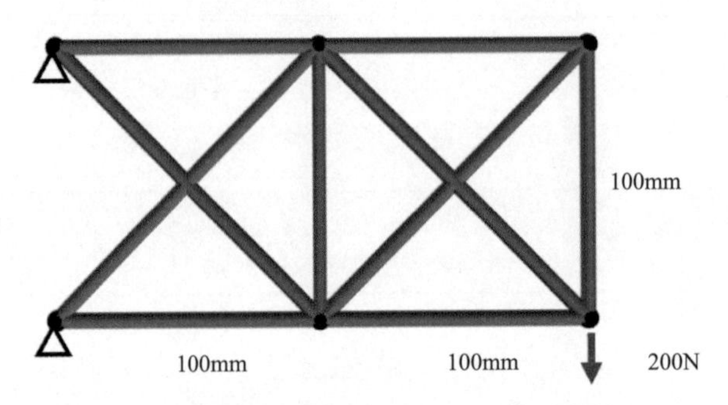

图 5.5-9　10 杆桁架结构形状、荷载和边界条件

- 线性加权和法

采用线性加权和法对两个优化目标施加权重系数 $\alpha \in [0, 1]$，将多目标优化问题转化为单目标优化问题。当 $\alpha=0$ 或者 $\alpha=1$ 时，优化问题分别为桁架节点位移最小和重量最小的单目标优化问题。通过对权重比例系数 α 的调整，可以得到多种情况下的多目标优化结果。

$$\min \boldsymbol{y}=\alpha y_1+(1-\alpha)y_2$$

$$\text{s.t.}\ \{\sigma_i \leqslant [\sigma_i]\ (i=1, 2, \cdots, 10)\}$$

考虑两种特例，$\alpha=0$（位移最小化）和 $\alpha=1$（重量最小化），优化结果见图 5.5-10。当 $\alpha=0$ 时，此时优化桁架的质量为 3496.59kg（杆件截面达到最大限值），结构位移为 0.268mm。当 $\alpha=1$ 时，优化桁架的质量为 1052.47kg，此时结构位移为 0.759mm。

通过变化权重系数 α 联合考虑两个优化目标，得到的优化桁架结果见图 5.5-11 和图 5.5-12，对应的优化截面尺寸见图 5.5-13。在权重系数 $\alpha<0.5$ 时，优化后的桁架结构相似，此时为重量最小化控制，杆件最大应力接近限值。在权重系数 $\alpha \geqslant 0.5$ 时，优化后的桁架结

构形态发生了变化，逐渐由位移最小化控制，杆件截面不断增加，结构总量随之增加。

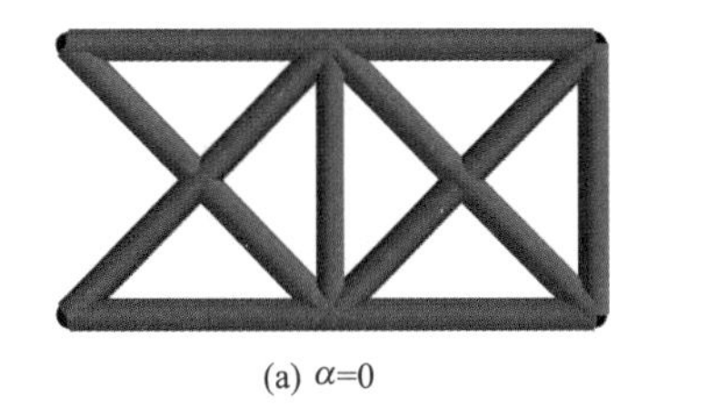

(a) α=0

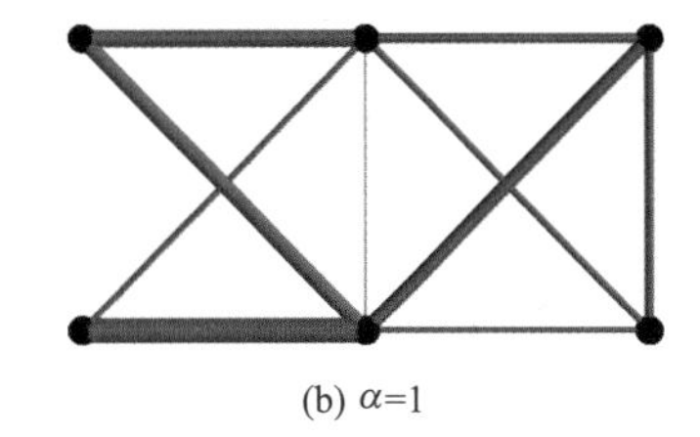

(b) α=1

图 5.5-10　两种特例优化结果

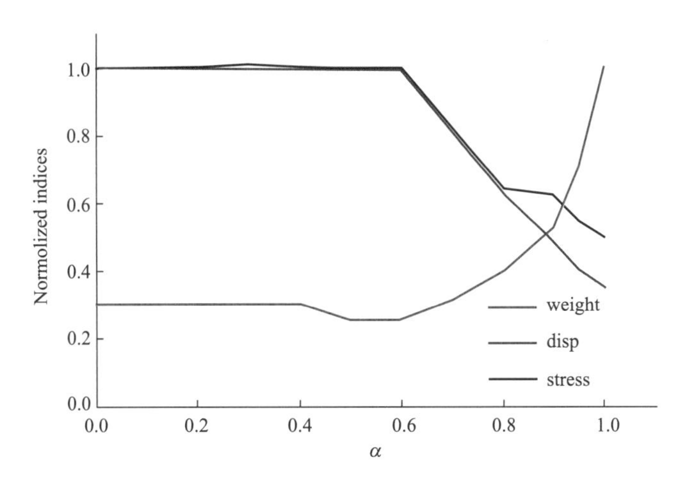

图 5.5-11　不同权重系数 α 的优化桁架结构性能

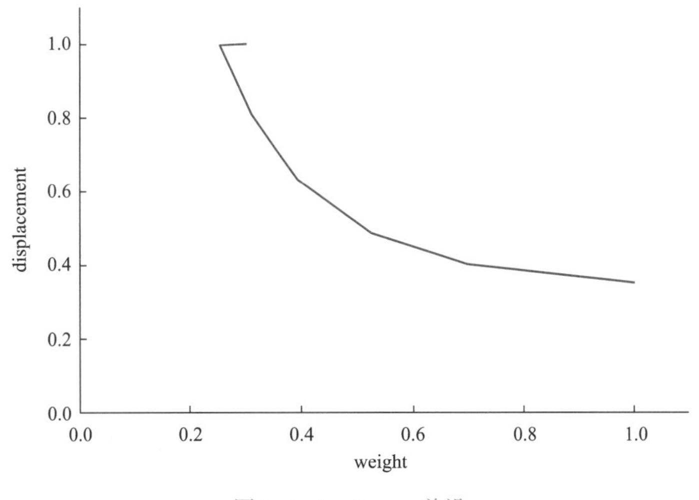

图 5.5-12　Pareto 前沿

对于多目标优化问题，线性加权和法难以人为确定合适的权重系数来确定优化结构的转变形态，过于细致的权重取值将导致优化计算耗费较大，方法难以实际应用。此外，对于复杂多目标优化问题，权重系数取值的微小变化，可能将对优化结果影响显著。

- 多目标进化算法

采用 NSGA-Ⅱ求解 10 杆桁架多目标优化设计问题，个体的染色体为杆件的截面大

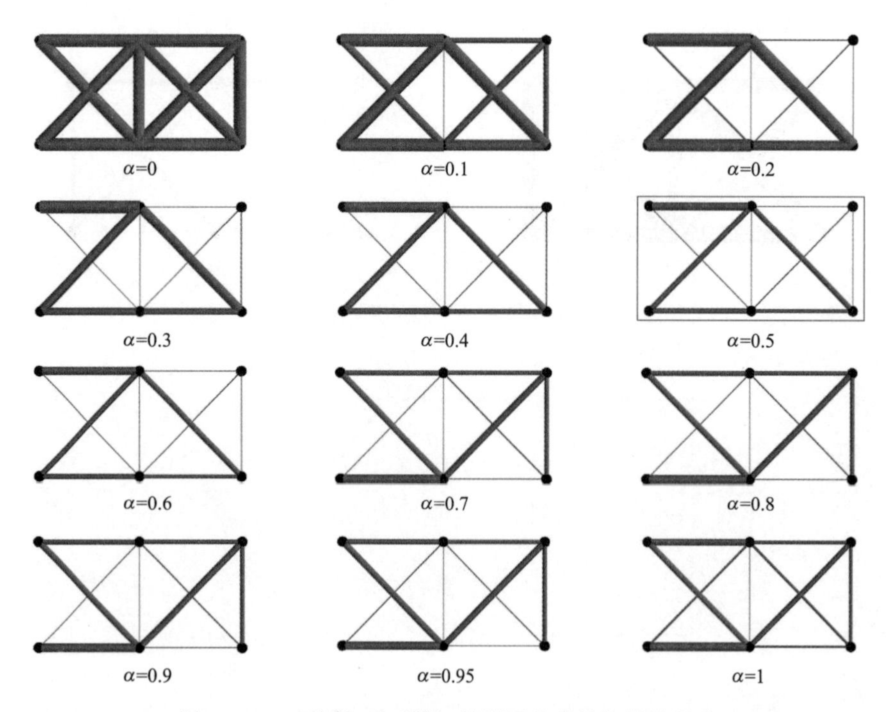

图 5.5-13　不同权重系数 α 情况下优化桁架结构尺寸

小，种群数量设定为 100，优化步数为 200 步，优化结果如图 5.5-14 所示。与线性加权和法的优化结果相比，NSGA-Ⅱ得到与之相似的帕累托前沿与优化截面尺寸，同时避免了权重系数的确定问题，方法鲁棒性更好。但是，随着种群数量的增大，计算消耗指数化上升。

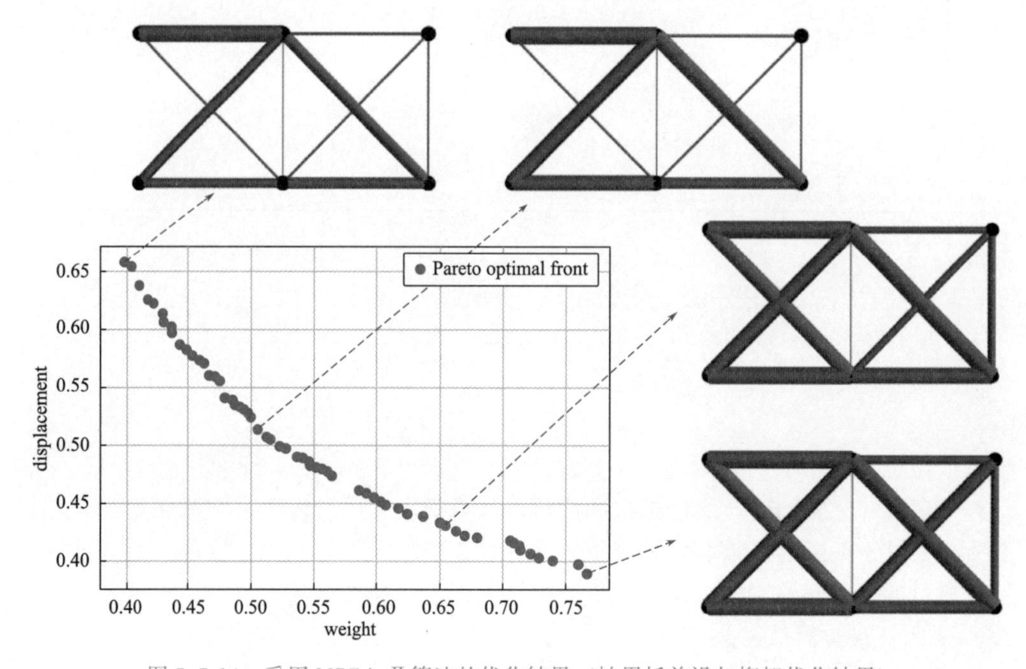

图 5.5-14　采用 NSGA-Ⅱ算法的优化结果（帕累托前沿与桁架优化结果）

课后习题

1. 采用遗传算法求解钢筋混凝土梁配筋优化问题。已知某钢筋混凝土简支梁长度为 6000mm，横截面为 300mm（宽）×600mm（高）的矩形，混凝土强度等级 C30。在不同的荷载条件下，梁底部所需的纵向钢筋截面如下表所示。可用钢筋直径为：6mm，8mm，10mm，12mm，14mm，16mm，18mm，20mm，22mm，25mm。请根据上述条件，建立配筋优化数学模型，确定设计变量和适应度函数，选择合适的编码方式、交叉策略、变异策略和选择策略。

（1）采用遗传算法求出最优的钢筋组合，使得钢筋组合中所有钢筋面积之和最小，但不小于所需钢筋截面积。

荷载条件	所需钢筋截面积(mm^2)
活载 10kN/m，恒载 10kN/m	816.93
活载 15kN/m，恒载 15kN/m	1199.96
活载 15kN/m，恒载 39kN/m	2390.79
活载 15kN/m，恒载 60kN/m	3195.66

（2）根据上述条件，尝试采用粒子群优化算法、模拟退火算法和近邻域优化算法求解建立的配筋优化数学模型。

2. 如图（b）所示，组成“+”型节点的梁 A 和梁 B 都满足图（a）的截面要求且处于相同标高，其中 $w=200$mm，$h=350$mm，保护层 $c=15$mm，梁 A、B 的长度都等于 1000mm。设在梁 B 底部有一根水平排布的钢筋（直径自定义），如图（a）中红点所示。请根据上述条件，确定编码方式，建立目标方程，在满足保护层的要求下实现梁 A 底部钢筋（1 根，直径自定义）的无碰撞排布。

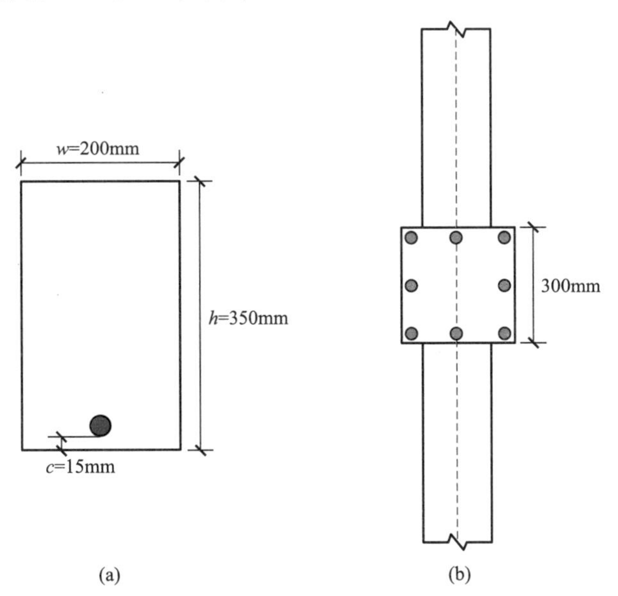

(a)　　(b)

参考文献

[1] HOLLAND J. Adaptation in natural and artificial systems: an introductory analysis with applications to biology, control, and artificial intelligence [M]. London: MIT Press, 1975.

[2] DE JONG K. An analysis of the behavior of a class of genetic adaptive systems [D]. University of Michigan, 1975.

[3] GOLBERG D. Genetic algorithms in search, optimization, and machine learning [M]. Boston: Addison-Wesley Longman Publishing Co., 1989.

[4] 王小平，曹立明．遗传算法——理论、应用与软件实现 [M]. 西安：西安交通大学出版社，2002.

[5] SRINIVAS M, PATNAIK L. Adaptive probabilities of crossover and mutation in genetic algorithms [J]. IEEE Transactions on Systems, Man, and Cybernetics, 1994, 24 (4): 656-667.

[6] ESHELMAN L. The CHC adaptive search algorithm: How to have safe search when engaging in nontraditional genetic recombination [J]. Foundations of genetic algorithms, 1991, 1: 265-283.

[7] KENNEDY J, EBERHART R. Particle Swarm Optimization [C] // Proceedings of ICNN' 95-International Conference on Neural Networks. 1995, 4: 1942-1948.

[8] EBERHART R, KENNEDY J. A new optimizer using particle swarm theory [C] // Proceedings of the Sixth International Symposium on Micro Machine & Human Science. IEEE, 1995: 39-43.

[9] 刘建华．粒子群算法的基本理论及其改进研究 [D]. 长沙：中南大学，2009.

[10] 汪定伟．智能优化方法 [M]. 北京：高等教育出版社，2007.

[11] SHI Y, EBERHART R. A modified particle swarm optimizer [C] // IEEE international conference on evolutionary computation proceedings, 1998: 69-73.

[12] SHI Y, EBERHART R. Parameter selection in particle swarm optimization [C] // International Conference on Evolutionary Programming. Springer, Berlin, Heidelberg, 1998: 591-600.

[13] BAO G, MAO K. Particle swarm optimization algorithm with asymmetric time varying acceleration coefficients [C] //2009 IEEE International Conference on Robotics and Biomimetics (ROBIO). IEEE, 2009: 2134-2139.

[14] KENNEDY J. The particle swarm: social adaptation of knowledge [C] //Proceedings of 1997 IEEE International Conference on Evolutionary Computation (ICEC' 97). IEEE, 1997: 303-308.

[15] RATNAWEERA A, HALGAMUGE S, WATSON H. Self-organizing hierarchical particle swarm optimizer with time-varying acceleration coefficients [J]. IEEE Transactions on evolutionary computation, 2004, 8 (3): 240-255.

[16] KENNEDY J, EBERHART R. A discrete binary version of the particle swarm algorithm [C] //1997 IEEE International Conference on Systems, Man, and Cybernetics. Computational Cybernetics and Simulation. IEEE, 1997, 5: 4104-4108.
[17] RASHEDI E, NEZAMABADI-POUR H, SARYAZDI S. BGSA: binary gravitational search algorithm [J]. Natural Computing, 2010, 9 (3): 727-745.
[18] MIRJALILI S, LEWIS A. S-shaped versus V-shaped transfer functions for binary particle swarm optimization [J]. Swarm and Evolutionary Computation, 2013, 9: 1-14.
[19] CHEN D, ZHAO C. Particle swarm optimization with adaptive population size and its application [J]. Applied Soft Computing, 2009, 9 (1): 39-48.
[20] 张雯雾，王刚，朱朝晖，等．粒子群优化算法种群规模的选择 [J]．计算机系统应用，2010，19 (5)：125-128.
[21] TRELEA I. The particle swarm optimization algorithm: convergence analysis and parameter selection [J]. Information processing letters, 2003, 85 (6): 317-325.
[22] SHI Y, EBERHART R. Empirical study of particle swarm optimization [C] // Proceedings of the 1999 congress on evolutionary computation-CEC99 (Cat. No. 99TH8406). IEEE, 1999, 3: 1945-1950.
[23] OZCAN E, MOHAN C. Particle swarm optimization: surfing the waves [C] // Proceedings of the 1999 Congress on Evolutionary Computation-CEC99 (Cat. No. 99TH8406). IEEE, 1999, 3: 1939-1944.
[24] KIRKPATRICK S, GELATT C, VECCHI M. Optimization by simulated annealing [J]. Science, 1983, 220 (4598): 671-680.
[25] ČERNÝ V. Thermodynamical approach to the traveling salesman problem: An efficient simulation algorithm [J]. Journal of Optimization Theory & Applications, 1985, 45 (1): 41-51.
[26] SIMON D. Evolutionary optimization algorithms [M]. Hoboken: John Wiley & Sons, 2013.
[27] METROPOLIS N, ROSENBLUTH A, ROSENBLUTH M, et al. Equation of state calculations by fast computing machines [J]. Journal of Chemical Physics, 1953, 21 (6): 1087-1092.
[28] SZU H, HARTLEY R. Fast simulated annealing [J]. Physics letters A, 1987, 122 (3-4): 157-162.
[29] NOURANI Y, ANDRESEN B. A comparison of simulated annealing cooling strategies [J]. Journal of Physics A: Mathematical and General, 1998, 31 (41): 8373.
[30] WU Z, CHOW T. Neighborhood field for cooperative optimization [J]. Soft Computing, 2013, 17 (5): 819-834.
[31] WU Z, CHOW T. A local multiobjective optimization algorithm using neighborhood field [J]. Structural and Multidisciplinary Optimization, 2012, 46 (6): 853-870.
[32] LEE J, NAM Y, HONG S, et al. New potential functions with random force algo-

rithms using potential field method [J]. Journal of Intelligent & Robotic Systems, 2012, 66 (3): 303-319.
[33] WU Z, CHOW T. Binary neighbourhood field optimisation for unit commitment problems [J]. IET Generation, Transmission & Distribution, 2013, 7 (3): 298-308.
[34] 郑金华．多目标进化算法及其应用 [M]. 北京：科学出版社，2007.
[35] RABINOVICH Y. Universal procedure for constructing a Pareto set [J]. Computational Mathematics & Mathematical Physics, 2017, 57 (1): 45-63.
[36] 贺莉，刘庆怀．多目标优化理论与连续化方法 [M]. 北京：科学出版社，2015.
[37] ZITZLER E. Evolutionary algorithms for multiobjective optimization: Methods and applications [M]. Ithaca: Shaker, 1999.
[38] DEB K, PRATAP A, AGARWAL S, et al. A fast and elitist multiobjective genetic algorithm: NSGA-Ⅱ [J]. IEEE Transactions on Evolutionary Computation, 2002, 6 (2): 182-197.

第6章　聚类算法

聚类算法是按照数据的特征，将具有相似特征的数据划分到同一类别下的算法。划分目的是使单个类别中的数据之间互相相似，不同类别中的数据互不相似。聚类是一种“无监督”的机器学习方法，所谓“无监督”是指它是在训练样本未标记（样本的所属类别未知）的情况下，自动地学习训练样本数据以揭示其内在性质和规律[1]。除了用于数据类别划分，聚类算法也常作为其他学习任务的预处理[2]。

6.1　聚类的基本思想

聚类是将数据集中的样本划分成若干个互不相交的子集，划分后的子集被称为“簇”或“类”。例如将结构构件按照功能属性划分为一些具体类别，如矩形截面梁、圆柱、楼梯、剪力墙等；聚类开始前，这些类别概念未知，因此聚类过程是自动形成簇结构的过程。假定样本集合为$\boldsymbol{\Omega}=\{\boldsymbol{x}_1, \boldsymbol{x}_2, \cdots, \boldsymbol{x}_m\}$，其中每个样本$\boldsymbol{x}_i=(x_{i1}, x_{i2}, \cdots, x_{in})$都是一个$n$维向量，则聚类过程将样本集合$\boldsymbol{\Omega}$划分成$k$个簇$\{C_l \mid l=1, 2, \cdots, k\}$，并满足以下条件[1]：

$$C_{l_1} \cap C_{l_2}=\varnothing，(l_1 \neq l_2)，且\ \boldsymbol{\Omega}=\sum_{l=1}^{k} C_l \tag{6.1-1}$$

上式表示：样本集划分完成后，任意两个簇之间的交集都是空集，每个样本只能属于一个簇。

聚类是采用量化指标衡量样本的相似程度并进行分类，相似程度在聚类算法中一般采用一些广义距离；这些广义距离函数$dist(\boldsymbol{x}_i, \boldsymbol{x}_j\}$需要满足一些性质[1]：

$$非负性：dist(\boldsymbol{x}_i, \boldsymbol{x}_j\} \geqslant 0 \tag{6.1-2}$$

$$同一性：dist(\boldsymbol{x}_i, \boldsymbol{x}_j\}=0，当且仅当\ \boldsymbol{x}_i=\boldsymbol{x}_j \tag{6.1-3}$$

$$对称性：dist(\boldsymbol{x}_i, \boldsymbol{x}_j)=dist(\boldsymbol{x}_j, \boldsymbol{x}_i) \tag{6.1-4}$$

$$直递性：dist(\boldsymbol{x}_i, \boldsymbol{x}_j) \leqslant dist(\boldsymbol{x}_i, \boldsymbol{x}_k)+dist(\boldsymbol{x}_k, \boldsymbol{x}_j) \tag{6.1-5}$$

广义距离函数的定义见第2章，它们都满足式（6.1-2）~式（6.1-5）的条件。广义距离一般就是数学中定义的范数，其中以欧氏距离（L_2范数）最为常用。

6.2　k均值聚类

6.2.1　基本原理

k均值（k-means）算法，是一种根据样本到簇中心距离的大小决定样本所属类别的经典聚类算法，也是一种最简单的聚类算法。其计算步骤为：对于给定的样本集合$\boldsymbol{\Omega}=$

$\{\boldsymbol{x}_1, \boldsymbol{x}_2, \cdots, \boldsymbol{x}_m\}$，首先设定 k 个簇中心（簇中心随簇中样本的增加而不停变化），并逐个计算每个样本与 k 个簇中心之间的距离，然后将样本划分到距离其最近的簇中心所属的类中，从而将样本集划分为 k 个簇（类）。其中参数 k 一般由人工设定，k 通常远小于样本数量 m。

给定样本集合 $\boldsymbol{\Omega}=\{\boldsymbol{x}_1, \boldsymbol{x}_2, \cdots, \boldsymbol{x}_m\}$，首先需要确定各个类的中心（均值向量）$\{\boldsymbol{c}_1, \boldsymbol{c}_2, \cdots, \boldsymbol{c}_k\}$，其中 $\boldsymbol{c}_i$ 是簇 S_i 的均值向量，其计算公式为[2]：

$$\boldsymbol{c}_i=\frac{1}{|S_i|}\sum_{x\in S_i}\boldsymbol{x} \tag{6.2-1}$$

其中 $|S_i|$ 表示第 i 个类中的样本个数。然后计算每个样本 $\boldsymbol{x}_i=(x_{i1}, x_{i2}, \cdots, x_{in})$ 到各个簇中心 $\boldsymbol{c}_j=(c_{j1}, c_{j2}, \cdots, c_{jn})$ 的距离，以欧氏距离为例，计算公式如下：

$$d_n(\boldsymbol{x}_i, \boldsymbol{c}_j)=\sqrt{\sum_{t=1}^{n}(x_{it}-c_{jt})^2} \tag{6.2-2}$$

根据计算的距离，将样本划分到距离它最近的簇中心所属类别中，得到簇划分 $S=\{S_1, S_2, \cdots, S_k\}$。评价 k 均值算法分类结果的优劣所采用的指标是平均误差 E，其计算公式为：

$$E=\sum_{i=1}^{k}\sum_{x\in S_i}\|\boldsymbol{x}-\boldsymbol{c}_i\|_2^2 \tag{6.2-3}$$

其中 $\|\boldsymbol{x}-\boldsymbol{c}_i\|_2^2$ 表示样本 $\boldsymbol{x}$ 与均值向量 $\boldsymbol{c}_i$ 之差的 L_2 范数的平方。平均误差 E 衡量的是类中样本围绕簇中心的紧密程度，E 越小代表簇内样本的相似程度越高[3]，因此最小的平均误差 E 对应最佳分类方案，于是寻找最佳的分类方案就变成了求平均误差 E 的最小值。但最小化式（6.2-3）是组合优化问题，在样本量很大时很难求得全局最优解。

观察上述算法原理可发现，计算过程存在循环：簇中心通过簇内样本的数据进行计算，样本所属类别的判断又基于样本与簇中心的距离；因此可采用迭代的方法求解。需要注意的是，迭代法求的是近似解，且只能保证收敛到局部最优解。

6.2.2 算法流程

式（6.2-3）是不同向量的组合优化问题，属于一个 NP 难题（多项式复杂程度的非确定性问题，Non-deterministic Polynomial-time hardness 问题），很难求得最优解，一般需要迭代求解[1]。k 均值算法就是采用一个迭代的方式优化该问题，算法具体流程如下：

（1）初始化

给定簇的数量 k，随机从样本集中选择 k 个样本作为簇中心。

（2）划分阶段

逐个计算每个样本与 k 个簇中心的距离，将每个样本划分到距离其最近的簇中心所属类别中，形成 k 个类。

（3）更新阶段

重新计算每个类的簇中心，即计算每个类中所有样本的均值向量作为新的簇中心。

（4）迭代结束判断

当各个类的当前簇中心与上一次迭代的簇中心之间距离均小于设定的阈值时，则迭代终止，输出分类结果；否则重复步骤（2）到（4）。

算法流程的具体实施方法见算法 6.2-1。

k 均值算法流程[1]　　　　算法 6.2-1

输入：	样本集合 $\boldsymbol{\Omega}=\{\boldsymbol{x}_1,\boldsymbol{x}_2,\cdots,\boldsymbol{x}_m\}$ 聚类簇数 k 设定阈值 ε
输出：	簇划分 $S=\{S_1,S_2,\cdots,S_k\}$
1:	从 $\boldsymbol{\Omega}$ 中随机选择 k 个样本作为初始簇中心 $\mu=\{\boldsymbol{\mu}_1,\boldsymbol{\mu}_2,\cdots,\boldsymbol{\mu}_k\}$
2:	Repeat
3:	初始化 $S_i=\varnothing(i=1,2,\cdots,k)$
4:	for $i=1,2,\cdots,m$ do:
5:	for $j=1,2,\cdots,k$ do:
6:	计算样本 $\boldsymbol{x}_i$ 与聚类中心的欧氏距离：$d_{ij}=\Vert\boldsymbol{x}_i-\boldsymbol{\mu}_j\Vert$
7:	end for
8:	将样本 $\boldsymbol{x}_i$ 的簇类别标记为：$\lambda_j=\arg\min\limits_{j\in\{1,2,\cdots,k\}} d_{ij}$
9:	将样本 $\boldsymbol{x}_i$ 划入相应的簇类别：$S_{\lambda_j}=S_{\lambda_j}\cup\{\boldsymbol{x}_j\}$
10:	end for
11:	for $j=1,2,\cdots,k$ do:
12:	计算每个簇新的簇中心：$\boldsymbol{\mu}'_i=\frac{1}{\vert S_i\vert}\sum\limits_{\boldsymbol{x}\in S_i}\boldsymbol{x}$；
13:	if $\vert\boldsymbol{\mu}_i-\boldsymbol{\mu}'_i\vert>\varepsilon$ then
14:	更新的簇中心为 $\boldsymbol{\mu}'_i$
15:	else
16:	保持当前的簇中心不变；
17:	end if
18:	end for
19:	until 当前所有簇中心未更新

上面的算法流程中，初始簇中心是随机选取的 k 个样本。实际应用中，还可以将所有样本随机分配到 k 个类中，按照随机形成的类计算各个簇中心作为初始簇中心。

6.2.3 算法应用

1. 简单二维数据聚类

图 6.2-1 为一个包含 25 个 2 维向量的样本集，通过 k 均值算法进行聚类，分为 2 类，计算框图见图 6.2-2，迭代过程见图 6.2-3。

2. 三维激光扫描点云数据聚类

下面以图 6.2-4 中所示的钢构件点云数据说明 k 均值算法的聚类结果。点云数据包含被扫描对象的三维坐标信息，可由三维激光扫描仪采集得到。图中的钢构件从左到右依次是箱型钢、槽钢、工字钢、角钢；注意，在对箱型钢构件进行数据采集时未扫描钢构件的底面，但仍可基于形状进行区分。

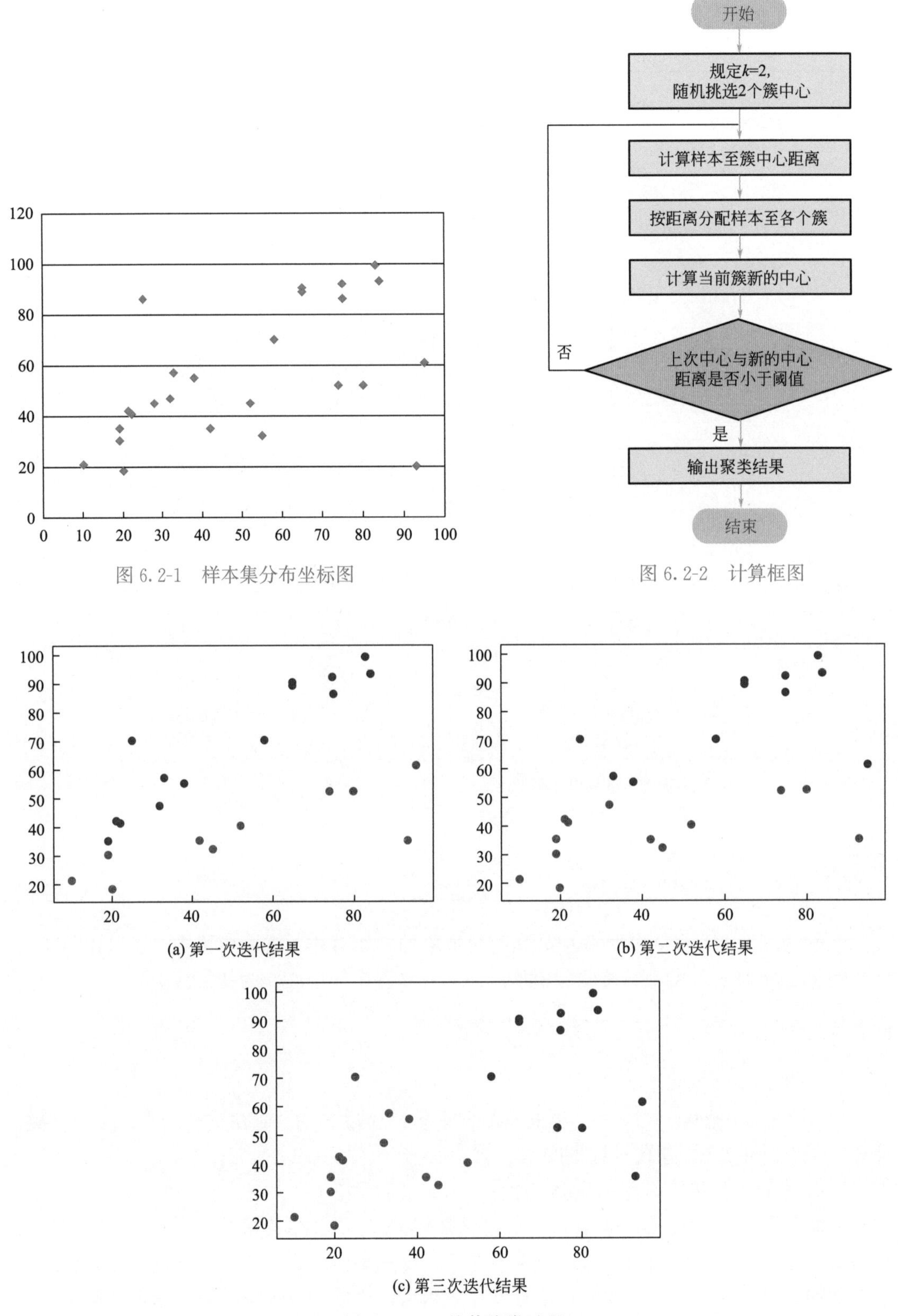

图 6.2-1　样本集分布坐标图

图 6.2-2　计算框图

图 6.2-3　k 均值聚类过程

图 6.2-4　四种钢构件的扫描点云图像

对于图中的四种类型钢构件点云数据，设定类的数量 $k=4$。将聚类得到的四个类别的点云数据分别以不同的颜色进行展示，结果如图 6.2-5 所示。由于 k 均值算法是基于样本与簇中心的距离进行分类的聚类算法，因此对非球状点云数据的聚类效果并不好。

图 6.2-5　基于 k 均值算法的钢构件点云分类结果

6.3 密度聚类

6.3.1 密度聚类的思想

k 均值算法是基于样本与簇中心之间的距离进行分类的聚类算法，其聚类结果是球状的簇，因此对于图 6.3-1 所示的球状簇有较好的分类效果；而当数据集为图 6.3-2 所示的非球状结构的数据集时，k 均值算法不能达到理想的聚类效果[4]。本节介绍的算法是基于密度的聚类算法（Density-based Clustering），包括 DBSCAN（Density-Based Spatial

Clustering of Applications with Noise）算法和均值漂移（Mean Shift）算法。密度聚类方法在聚类时考虑样本的密度信息，且有的密度聚类算法中不需预先指定类的数。密度聚类算法能够较好地处理非球状数据，有较强的通用性。

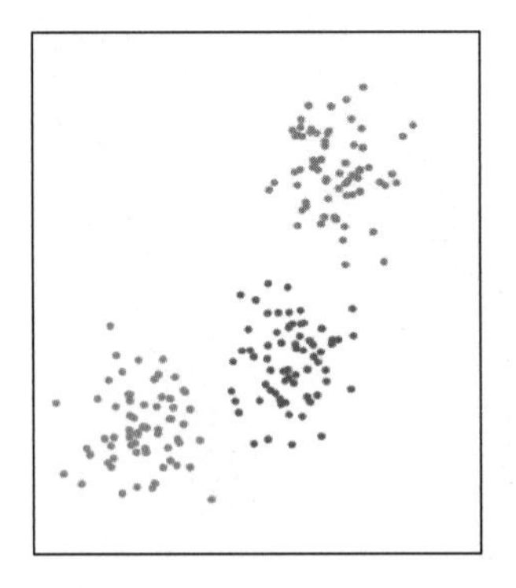
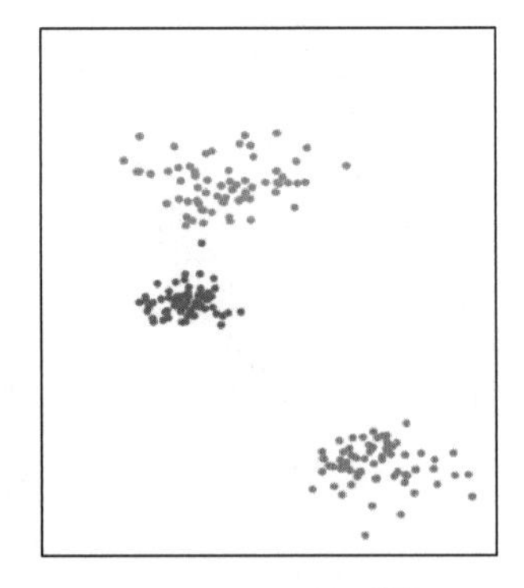

图 6.3-1　k 均值算法对球状结构数据的聚类结果[4]

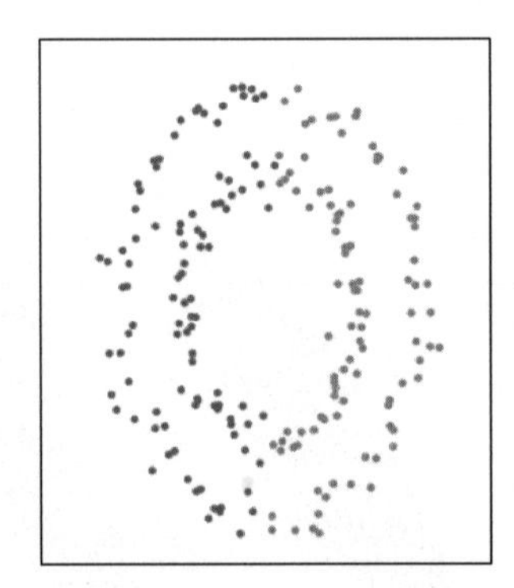
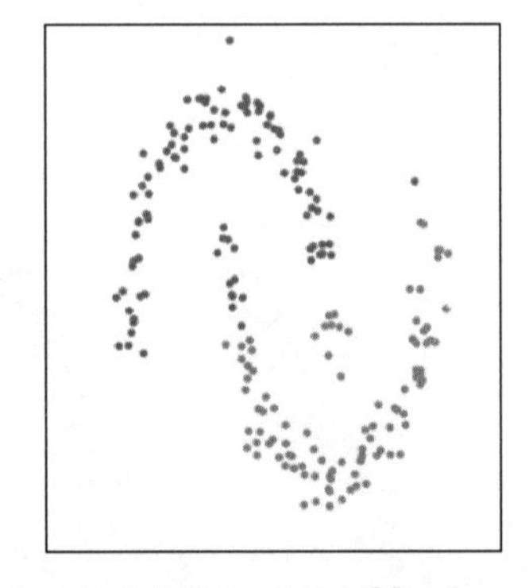

图 6.3-2　k 均值算法对非球状数据的聚类结果[4]

6.3.2　DBSCAN 算法

DBSCAN（Density-Based Spatial Clustering of Applications with Noise）算法根据样本的密度分布进行聚类，其核心思想是，样本点某一邻域内的邻居点数量定义了该样本的密度。它将簇定义为与密度相关联的点的集合，能够把具有足够高密度的区域划分为簇，并可在有噪声的空间数据集中发现任意形状的数据[5]。DBSCAN 算法不仅能用于数据的聚类，而且还可用于过滤噪声。

DBSCAN 从样本密度的角度出发，考查样本之间的可连接性，并基于可连接样本不断扩展聚类簇[1]。算法从任意一个种子样本点开始，然后持续向样本点分布密集的区域搜索，直至达到目标。算法需人工设定邻域半径 ε 和定义核心点的样本数量阈值 $MinPts$（Minimum Points），以刻画样本分布的紧密程度。给定数据集 $D=\{\boldsymbol{x}_1, \boldsymbol{x}_2, \cdots, \boldsymbol{x}_m\}$，DBSCAN 算法中的几个概念[1] 定义如下所述。

- ε 邻域：表示在数据集 D 中与某样本点 $\boldsymbol{x}_i$ 距离不超过 ε 的区域，邻域表示为 $N_\varepsilon(\boldsymbol{x}_i)=\{\boldsymbol{x}_j \in D \mid dist(\boldsymbol{x}_i, \boldsymbol{x}_j) \leqslant \varepsilon\}$，见图 6.3-3。
- 样本密度 $\rho(\boldsymbol{x}_i)$：样本点 $\boldsymbol{x}_i$ 的 ε 邻域内的样本数，即 $\rho(\boldsymbol{x}_i)=|N_\varepsilon(\boldsymbol{x}_i)|$。

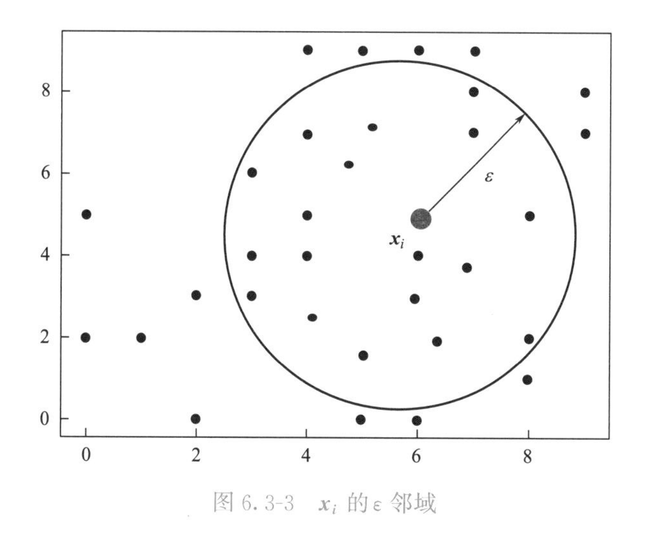

图 6.3-3　x_i 的ε邻域

• 核心对象（Core Points）：邻域内样本密度大于指定阈值 $MinPts$ 的样本点；若样本 x_i 邻域内至少包含了 $MinPts$ 个样本，即 $|N_\varepsilon(x_i)|>MinPts$，那么 x_i 是一个核心对象（核心点），见图 6.3-4。

• 边界点（Border Points）：若样本点 x_i 的ε邻域内包含的样本点数小于 $MinPts$，但它在某一核心点的邻域内，则称样本点 x_i 为边界点。边界点是密集区域的边界，见图 6.3-4。

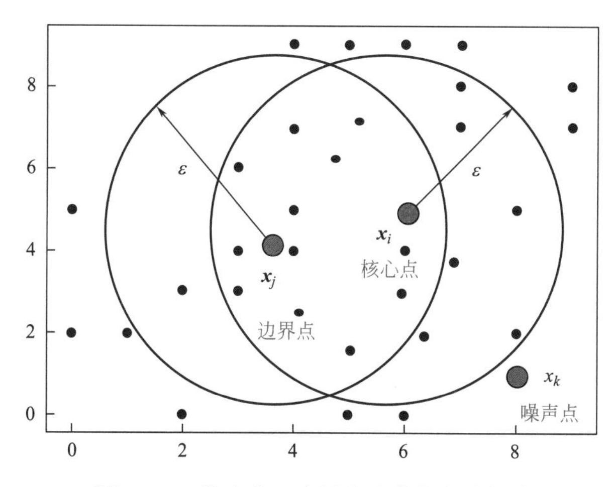

图 6.3-4　核心点、边界点及噪声点示意图

• 噪声点（Noise）：既不是核心点也不是边界点的样本点；噪声点所在区域是样本稀疏的区域，见图 6.3-4。

• 密度直达（Directly Density-reachable）：如图 6.3-5 所示，若样本点 x_j 在核心对象 x_i 的ε邻域内，则称 x_j 由 x_i 直接密度可达，即密度直达；

• 密度可达（Density-reachable）：对于样本点 x_j 和 x_i，若样本集合中存在一组样本序列 x_1，x_2，…，x_n，其中 $x_i=x_1$，$x_j=x_n$，且 x_m 与 x_{m+1}（$m=1$，2，…，$n-1$）密度直达，则称 x_j 由 x_i 密度可达。密度可达是密度直达的推广；以图 6.3-5 为例，样本点

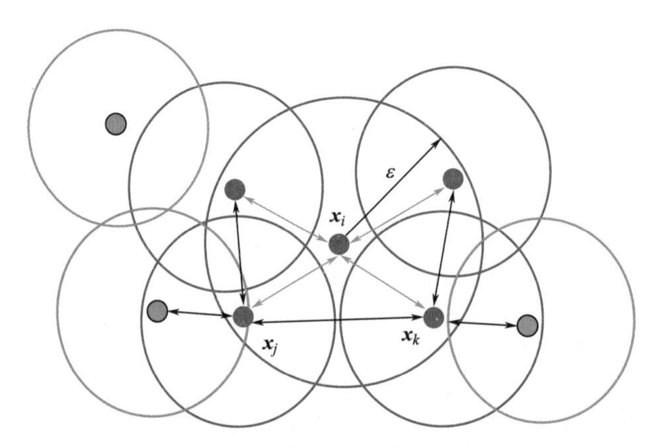

图 6.3-5　密度直达与密度可达

x_j 和 x_k 均在核心点 x_i 的 ε 邻域内，那么样本点 x_j 和 x_k 均由核心点 x_i 密度直达，而样本点 x_j 由 x_k 不是密度直达，而是密度可达；

- 密度相连（Density-connected）：对样本集合中的样本点 x_j 和 x_i，如果 x_j 和 x_i 都从 x_k 密度可达，则称它们是密度相连的，密度相连具有对称性。

DBSCAN 算法从某一核心点出发，不断向密度可达的区域扩张，寻找被低密度区域分离的高密度区域，将高密度区域定义为一个簇。基于上述概念，DBSCAN 将聚类簇定义为：由密度可达关系导出的最大密度连接样本的集合。具体而言，给定邻域参数（ε，$MinPts$），形成的聚类簇 C 需满足以下性质[1]：

- 连接性：任意两个样本点 x_i 和 x_j，$x_i \in C$，$x_j \in C$，$\Rightarrow x_i$ 与 x_j 密度相连；
- 最大性：任意两个样本点 x_i 和 x_j，$x_i \in C$，x_j 由 x_i 密度可达，$\Rightarrow x_j \in C$。

根据以上性质，可以构造出 DBSCAN 算法的步骤，具体做法是从一个核心对象出发，不断向密度可达的区域扩张，找到包含核心点和边界点的最大区域。假设 x 为核心对象，那么由 x 密度可达的所有样本组成的集合记为 $\boldsymbol{X}=\{x' \in D \mid x'$ 由 x 密度可达$\}$，则集合 $\boldsymbol{X}$ 是满足最大性和连接性的簇[1]。

设有样本集合 $D=\{x_1, x_2, \cdots, x_m\}$，DBSCAN 算法将这些样本划分成 k 个簇和噪声点的集合，k 由算法自行确定。算法从样本集合中任选一个核心对象，由此出发确定相应的聚类簇。对于每一个样本点，要么它是聚类簇中的一个元素，要么它是噪声点。定义变量 m_i 为样本 x_i 所属的类别，如果它属于第 j 个簇，即有 $m_i=j$，否则其为噪声点，即有 $m_i=-1$；m_i 即为聚类算法的返回结果。用变量 k 表示当前的簇号，每发现一个新的簇，k 值加 1。算法流程见算法 6.3-1。

DBSCAN 算法流程　　　**算法 6.3-1**

输入：	样本集合 $D=\{x_1, x_2, \cdots, x_m\}$ 邻域参数（ε，$MinPts$）
输出：	簇划分 $C=\{C_1, C_2, \cdots, C_k\}$
1：	初始化核心集合 $\boldsymbol{\Omega}=\varnothing$
2：	for $i=1,2,3,\cdots,m$ do

续表

3:	初始化 $\boldsymbol{x}_i$ 的ε 邻域 $N_\varepsilon(\boldsymbol{x}_i)=\varnothing$
4:	for $j=1,2,\cdots,m(j\neq i)$ do
5:	计算样本 $\boldsymbol{x}_i$ 与 $\boldsymbol{x}_j$ 的距离 $dist(\boldsymbol{x}_i,\boldsymbol{x}_j)$
6:	if $dist(\boldsymbol{x}_i,\boldsymbol{x}_j)\leqslant\varepsilon$ then
7:	将样本 $\boldsymbol{x}_j$ 加入 $\boldsymbol{x}_i$ 的ε 邻域中 $N_\varepsilon(\boldsymbol{x}_i)=N_\varepsilon(\boldsymbol{x}_i)\cup\{\boldsymbol{x}_j\}$
8:	end if
9:	end for
10:	if $\lvert N_\varepsilon(\boldsymbol{x}_i)\rvert\geqslant MinPts$ then
11:	将样本 $\boldsymbol{x}_i$ 加入核心对象集合中 $\boldsymbol{\Omega}=\boldsymbol{\Omega}\cup\{\boldsymbol{x}_i\}$
12:	end if
13:	end for
14:	初始化当前簇类别 $k=1$ 和样本所属类别 $m_i=0(i=1,2,\cdots,m)$
15:	While 存在所属类别为 0 的样本点 do
16:	随机选择一个类别为 0 的样本点 $\boldsymbol{x}_i$
17:	if $\boldsymbol{x}_i\notin\boldsymbol{\Omega}$ then
18:	暂时标记为噪声点：$m_i=-1$
19:	进行下一个循环
20:	else if $\boldsymbol{x}_i\in\boldsymbol{\Omega}$ then
21:	将当前簇编号赋予该样本：$m_i=k$
22:	初始化集合 $T=N_\varepsilon(\boldsymbol{x}_i)$
23:	while $T\neq\varnothing$ do
24:	随机选取一个样本 $j\in T$，并从该集合中删除：$T=T\backslash\{j\}$
25:	if 样本 j 的所属类别 $m_j=0$ 或 $m_j=-1$ then
26:	令 $m_j=k$
27:	end if
28:	if 样本 $j\in\boldsymbol{\Omega}$ then
29:	将 j 的邻域集合加入集合 T 中：$T=T\cup N_\varepsilon(j)$
30:	end if
31:	end while
32:	end if
33:	$k=k+1$
34:	end while

算法的核心步骤是先找出所有核心对象的集合，再从任一核心对象出发，找到密度可达的所有样本点生成一个聚类簇，直到所有核心对象访问完毕为止。

DBSCAN 算法无须指定聚类簇的数量，可以发现任意形状的簇，并且可以剔除噪声，但其缺点是当数据维数过高时，将面临维数灾难的问题[4]。此外，算法的实现过程中还需要解决两个关键问题：一是如何快速找到一个点的邻域内所有点，二是参数 ε 和 $MinPts$ 如何确定。ε 的取值对聚类结果影响很大；$MinPts$ 值的选择有一个指导性的原则，如果样本向量是 n 维的，那么 $MinPts$ 的值至少为 $n+1$[3]。

6.3.3 均值漂移算法

均值漂移（Mean Shift）算法的核心思想是根据任意一点邻域内样本点的密度变大方向，寻找样本点局部密度最大区域。

算法的具体思路见图 6.3-6。由图中可见，算法开始时任选一点作为起始中心点，并设定一个球形邻域的半径，寻找此邻域范围内的样本点密度的最快变大方向，然后将中心点不停地向样本点密度的最快变大方向漂移，直到找到一个局部最大密度区域。由图 6.3-6（a）和图 6.3-6（b）可见，迭代过程中，中心点逐渐向点密度更大的方向漂移，最终找到一个局部密度最大的区域及其中心点，见图 6.3-6（c）。不停迭代，就可以找到多个局部最大密度区域，从而确定多个簇，见图 6.3-6（d）中三种不同颜色的簇样本。聚类完成后，有的样本点没有归到任何一个簇中，这些点就是噪点，见图 6.3-6（d）。算法中，点密度的最快变大方向是一个均值漂移向量的方向，因此将这种算法称为均值漂移算法。与 DBSCAN 算法相比，均值漂移算法能够更快地找到样本集中的所有密度相连点集合，因为 DBSCAN 算法没有明确的计算方向且重复搜索多，而均值漂移算法的搜索方向明确且重复搜索少。另外，均值漂移算法划分出的簇数量也与设定的球形邻域半径相关，当邻域半径很大时，将划分出较少的簇，聚类效果不明显；而当邻域半径过小时，划分出的簇可能太多，因此邻域半径常需通过试算确定。

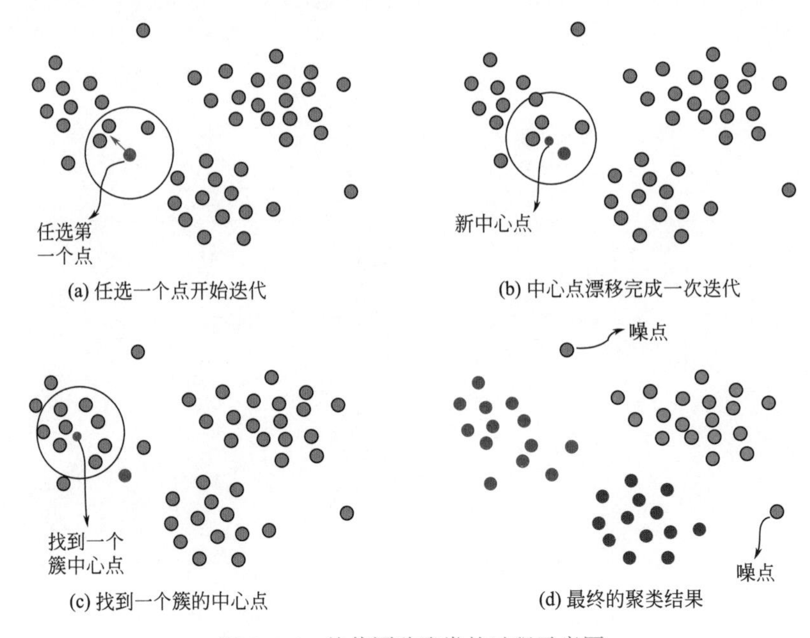

图 6.3-6　均值漂移聚类的过程示意图

1. 均值漂移向量的基本形式

给定 n 维空间 $\boldsymbol{R}^n$，其中包含 m 个数据点的样本集 $\boldsymbol{X}=\{\boldsymbol{x}_i\}$，$(i=1, 2, \cdots, m)$，则对于 $\boldsymbol{X}$ 中的任意样本点 $\boldsymbol{x}$，其均值漂移向量基本形式可表示为[4]

$$\boldsymbol{M}_h=\frac{1}{k}\sum_{\boldsymbol{x}_i\in S_h}(\boldsymbol{x}_i-\boldsymbol{x}) \tag{6.3-1}$$

$\boldsymbol{M}_h$ 是一个均值向量，但 $\boldsymbol{M}_h$ 的方向不一定是样本点的密度最快变大方向，因此 $\boldsymbol{M}_h$ 只是均值漂移向量的基本形式，需在此基本形式的基础上寻找密度最快变大方向。上式中 S_h 表示一个半径为 h 的邻域，为一个球形区域；$\boldsymbol{x}$ 为球形区域的球心，k 为邻域内除球心 $\boldsymbol{x}$ 外的其他样本点数量。球形区域可用公式表示如下：

$$S_h(\boldsymbol{x})=\{\boldsymbol{x}_i \mid \|\boldsymbol{x}_i-\boldsymbol{x}\|_2^2\leqslant h^2\} \tag{6.3-2}$$

所谓的漂移就是通过计算球形区域 S_h 中每一个样本点相对于球心 $\boldsymbol{x}$ 的偏移量 $\boldsymbol{x}_i-\boldsymbol{x}$，求解所有偏移量的平均值从而得到 $\boldsymbol{M}_h$；然后基于 $\boldsymbol{M}_h$ 这一基本形式求出均值漂移向量 $\boldsymbol{m}_h$，并更新球心 $\boldsymbol{x}$ 的位置：

$$\boldsymbol{x}+\boldsymbol{m}_h\rightarrow\boldsymbol{x} \tag{6.3-3}$$

$\boldsymbol{M}_h$ 之所以称为均值向量的基本形式，是因为在式（6.3-1）中，每一个样本点 $\boldsymbol{x}_i$ 对 $\boldsymbol{M}_h$ 的贡献权重均相同，则求出的 $\boldsymbol{M}_h$ 方向不一定是样本点的密度最快变大方向，需要引入核函数来重新定义样本点的贡献权重。

2. 核函数

核函数的定义如下[6]：

设 $\wp$ 是一个特征空间，对于输入空间 $\boldsymbol{X}$（欧式空间 $\boldsymbol{R}^n$ 的子集或离散集合），若存在一个映射：

$$\phi(\boldsymbol{x}):\boldsymbol{X}\rightarrow\wp \tag{6.3-4}$$

使得所有的 $\boldsymbol{x}_1$，$\boldsymbol{x}_2\in\boldsymbol{X}$，都存在函数

$$K(\boldsymbol{x}_1, \boldsymbol{x}_2)=\phi(\boldsymbol{x}_1)\cdot\phi(\boldsymbol{x}_2) \tag{6.3-5}$$

则称 $K(\boldsymbol{x}_1, \boldsymbol{x}_2)$ 为核函数，$\phi(\boldsymbol{x})$ 是映射函数，$\phi(\boldsymbol{x}_1)\cdot\phi(\boldsymbol{x}_2)$ 是 $\phi(\boldsymbol{x}_1)$ 和 $\phi(\boldsymbol{x}_2)$ 的内积。可见，核函数是一个向量值函数，其自变量为向量，其函数值为标量。

3. 核密度估计

在聚类任务中，均值漂移算法是要通过寻找样本分布最密集的位置，不断地将簇中心向高密度区域进行漂移。为了寻找样本分布最密集的位置，每次迭代计算所得均值漂移向量 $\boldsymbol{m}_h$ 的方向应是样本点的密度最快变大方向。实际上，球形区域 $S_h(\boldsymbol{x})$ 中的每个点 $\boldsymbol{x}_i$ 对 $\boldsymbol{m}_h$ 的贡献权重与球形区域 $S_h(\boldsymbol{x})$ 的概率密度函数 $p(\boldsymbol{x})$ 相关，$p(\boldsymbol{x})$ 是样本点在 $S_h(\boldsymbol{x})$ 球形区域中的位置分布概率密度函数；$p(\boldsymbol{x})$ 衡量了每个点 $\boldsymbol{x}_i$ 出现在球形区域 $S_h(\boldsymbol{x})$ 中某个位置 i 的概率大小；$p(\boldsymbol{x})$ 在位置 i 处的函数值越大，说明此处样本分布的密度就越大，漂移均值向量 $\boldsymbol{m}_h$ 通过式（6.3-3）使得中心点 $\boldsymbol{x}$ 向位置 i 处移动的概率也越大，即 $\boldsymbol{x}_i$ 对于 $\boldsymbol{m}_h$ 的贡献权重越大。计算 $\boldsymbol{m}_h$ 过程中，确定 $\boldsymbol{x}_i$ 对 $\boldsymbol{m}_h$ 的贡献权重时需要使用位置 i 处的概率密度函数值，但在实际应用中往往不能获得概率密度函数的具体形式；对于一组已知样本数据，可以采用核密度估计方法来估计样本分布的概率密度函数。

首先假设半径为 h 的球形区域内有 k 个样本点 $\boldsymbol{x}_i(i=1, \cdots, k)\in S_h(\boldsymbol{x})$，由核函数 K 与半径 h 定义的核密度估计函数为[5]：

$$p(\boldsymbol{x})=\frac{1}{kh^{d}}\sum_{i=1}^{k}K(\boldsymbol{x},\boldsymbol{x}_i) \tag{6.3-6}$$

上式中，d 为向量的维数，$\boldsymbol{x}$ 为球形区域的当前中心点。当半径 h 一定时，样本点之间距离越近，代表样本分布越密集，核函数值应该越大；因此应该寻找符合这种规律的核函数形式。

均值漂移算法常用的核函数形式为高斯核：

$$K(\boldsymbol{x},\boldsymbol{x}_i)=\frac{1}{\sqrt{2\pi}h}\exp\left(-\frac{\|\boldsymbol{x}-\boldsymbol{x}_i\|^2}{2h^2}\right) \tag{6.3-7}$$

由上式可见，高斯核函数的函数值非负，且其在负无穷到正无穷区间内的积分为 1，是一个正态分布的概率密度函数。在均值漂移中引入核函数的概念，计算出的点 $\boldsymbol{x}_i$ 的权值为 $K(\boldsymbol{x},\boldsymbol{x}_i)$，$K(\boldsymbol{x},\boldsymbol{x}_i)$ 的特性为：$\boldsymbol{x}_i$ 与 $\boldsymbol{x}$ 的距离越小，$K(\boldsymbol{x},\boldsymbol{x}_i)$ 值越大。

为了使均值漂移向量求解的推导过程表达简便，核函数可以写成剖面函数的形式，此函数关于 $\boldsymbol{x}$ 点对称：

$$K(\boldsymbol{x},\boldsymbol{x}_i)=cl\left(\left\|\frac{\boldsymbol{x}-\boldsymbol{x}_i}{h}\right\|^2\right) \tag{6.3-8}$$

上式，$c=\frac{1}{\sqrt{2\pi}h}$ 为常数；$l\left(\left\|\frac{\boldsymbol{x}-\boldsymbol{x}_i}{h}\right\|^2\right)=\exp\left(-\frac{\|\boldsymbol{x}-\boldsymbol{x}_i\|^2}{2h^2}\right)$ 为剖面函数，函数值随 $\boldsymbol{x}_i$ 与当前中心点 $\boldsymbol{x}$ 的距离增大而单调递减。

4. 引入核函数的均值漂移向量

在均值漂移算法中，要保证中心点不断向密度更大的样本点区域移动，需要通过均值漂移向量更新当前中心点 $\boldsymbol{x}$，逐步迭代直至寻找到概率密度函数的极大值点。在均值漂移过程中，可以用核函数作为样本分布概率密度函数，寻找局部最优解，这等价于寻找核函数的极大值点，可以采用梯度上升法迭代求解。

梯度上升法求解过程如下。

结合式（6.3-7），将式（6.3-6）改写为

$$p(\boldsymbol{x})=\frac{1}{kh^{d}}\sum_{i=1}^{k}cl\left(\left\|\frac{\boldsymbol{x}-\boldsymbol{x}_i}{h}\right\|^2\right) \tag{6.3-9}$$

上式对 $\boldsymbol{x}$ 求导有

$$\begin{aligned}\nabla p(\boldsymbol{x})&=\frac{c}{kh^{d}}\sum_{i=1}^{k}\left(\left\|\frac{\boldsymbol{x}-\boldsymbol{x}_i}{h}\right\|^2\right)'\times l'\left(\left\|\frac{\boldsymbol{x}-\boldsymbol{x}_i}{h}\right\|^2\right)\\&=\frac{c}{kh^{d}}\sum_{i=1}^{k}\left(\frac{2}{h}\times\left(\frac{\boldsymbol{x}-\boldsymbol{x}_i}{h}\right)\times l'\left(\left\|\frac{\boldsymbol{x}-\boldsymbol{x}_i}{h}\right\|^2\right)\right)\\&=\frac{2c}{kh^{d+2}}\sum_{i=1}^{k}(\boldsymbol{x}-\boldsymbol{x}_i)l'\left(\left\|\frac{\boldsymbol{x}-\boldsymbol{x}_i}{h}\right\|^2\right)\end{aligned} \tag{6.3-10}$$

令 $g\left(\left\|\frac{\boldsymbol{x}-\boldsymbol{x}_i}{h}\right\|^2\right)=-l'\left(\left\|\frac{\boldsymbol{x}-\boldsymbol{x}_i}{h}\right\|^2\right)$，并将 $(\boldsymbol{x}-\boldsymbol{x}_i)$ 用 $(\boldsymbol{x}_i-\boldsymbol{x})$ 代替，则有：

$$\begin{aligned}\nabla p(\boldsymbol{x})&=\frac{2c}{kh^{d+2}}\sum_{i=1}^{k}g\left(\left\|\frac{\boldsymbol{x}-\boldsymbol{x}_i}{h}\right\|^2\right)(\boldsymbol{x}_i-\boldsymbol{x})\\&=\frac{2c}{kh^{d+2}}\sum_{i=1}^{k}\left(g\left(\left\|\frac{\boldsymbol{x}-\boldsymbol{x}_i}{h}\right\|^2\right)\boldsymbol{x}_i\right)-\frac{2c}{kh^{d+2}}\sum_{i=1}^{k}\left(g\left(\left\|\frac{\boldsymbol{x}-\boldsymbol{x}_i}{h}\right\|^2\right)\boldsymbol{x}\right)\end{aligned}$$

$$=\frac{2c}{kh^{d+2}}\left(\sum_{i=1}^{k}\left(g\left(\left\|\frac{\boldsymbol{x}-\boldsymbol{x}_i}{h}\right\|^2\right)\frac{\sum_{j=1}^{k}g\left(\left\|\frac{\boldsymbol{x}-\boldsymbol{x}_j}{h}\right\|^2\right)}{\sum_{j=1}^{k}g\left(\left\|\frac{\boldsymbol{x}-\boldsymbol{x}_j}{h}\right\|^2\right)}\boldsymbol{x}_i\right)-\left(\sum_{i=1}^{k}g\left(\left\|\frac{\boldsymbol{x}-\boldsymbol{x}_i}{h}\right\|^2\right)\right)\boldsymbol{x}\right)$$

$$=\frac{2c}{kh^{d+2}}\left(\left(\sum_{i=1}^{k}g\left(\left\|\frac{\boldsymbol{x}-\boldsymbol{x}_i}{h}\right\|^2\right)\right)\frac{\sum_{j=1}^{k}\boldsymbol{x}_j g\left(\left\|\frac{\boldsymbol{x}-\boldsymbol{x}_j}{h}\right\|^2\right)}{\sum_{j=1}^{k}g\left(\left\|\frac{\boldsymbol{x}-\boldsymbol{x}_j}{h}\right\|^2\right)}-\left(\sum_{i=1}^{k}g\left(\left\|\frac{\boldsymbol{x}-\boldsymbol{x}_i}{h}\right\|^2\right)\right)\boldsymbol{x}\right)$$

$$=\frac{2c}{kh^{d+2}}\left[\sum_{i=1}^{k}g\left(\left\|\frac{\boldsymbol{x}-\boldsymbol{x}_i}{h}\right\|^2\right)\right]\left[\frac{\sum_{j=1}^{k}\boldsymbol{x}_j g\left(\left\|\frac{\boldsymbol{x}-\boldsymbol{x}_j}{h}\right\|^2\right)}{\sum_{j=1}^{k}g\left(\left\|\frac{\boldsymbol{x}-\boldsymbol{x}_j}{h}\right\|^2\right)}-\boldsymbol{x}\right] \tag{6.3-11}$$

上式中，$\frac{2c}{kh^{d+2}}\left[\sum_{i=1}^{k}g\left(\left\|\frac{\boldsymbol{x}-\boldsymbol{x}_i}{h}\right\|^2\right)\right]$ 是一个值为正的标量，因为 $g\left(\left\|\frac{\boldsymbol{x}-\boldsymbol{x}_i}{h}\right\|^2\right)=-l'\left(\left\|\frac{\boldsymbol{x}-\boldsymbol{x}_i}{h}\right\|^2\right)=-\left(\exp\left(-\frac{\|\boldsymbol{x}-\boldsymbol{x}_i\|^2}{2h^2}\right)\right)'=\exp\left(-\frac{\|\boldsymbol{x}-\boldsymbol{x}_i\|^2}{2h^2}\right)$。需要说明的是，对 $l\left(\left\|\frac{\boldsymbol{x}-\boldsymbol{x}_i}{h}\right\|^2\right)$ 进行求导时，它的自变量是 $\left\|\frac{\boldsymbol{x}-\boldsymbol{x}_i}{h}\right\|^2$（见式（6.3-10）第一行），因此计算时候需把 $-\left(\exp\left(-\frac{\|\boldsymbol{x}-\boldsymbol{x}_i\|^2}{2h^2}\right)\right)$ 中的 $\left\|\frac{\boldsymbol{x}-\boldsymbol{x}_i}{h}\right\|^2$ 当作一个整体进行求导。值为正的标量对梯度方向没有影响，因此实际迭代中可不考虑 $\frac{2c}{kh^{d+2}}\left[\sum_{i=1}^{k}g\left(\left\|\frac{\boldsymbol{x}-\boldsymbol{x}_i}{h}\right\|^2\right)\right]$，而直接用 $\left[\frac{\sum_{j=1}^{k}\boldsymbol{x}_j g\left(\left\|\frac{\boldsymbol{x}-\boldsymbol{x}_j}{h}\right\|^2\right)}{\sum_{j=1}^{k}g\left(\left\|\frac{\boldsymbol{x}-\boldsymbol{x}_j}{h}\right\|^2\right)}-\boldsymbol{x}\right]$ 部分作为 $\nabla p(\boldsymbol{x})$，$\nabla p(\boldsymbol{x})$ 的方向就是均值漂移向量的方向。根据均值漂移向量的基本形式（6.3-1）和 $\nabla p(\boldsymbol{x})$，可得到均值漂移向量的计算公式如下：

$$\boldsymbol{m}_h=\frac{\sum_{i=1}^{k}G(\boldsymbol{x}-\boldsymbol{x}_i)\boldsymbol{x}_i}{\sum_{i=1}^{k}G(\boldsymbol{x}-\boldsymbol{x}_i)}-\boldsymbol{x} \tag{6.3-12}$$

上式中，$G(\boldsymbol{x}-\boldsymbol{x}_i)=\frac{1}{2}\left[\exp\left(-\frac{\|\boldsymbol{x}-\boldsymbol{x}_i\|^2}{2h^2}\right)\right]$。由上式可见，均值漂移向量与核函数 $K(\boldsymbol{x})$ 的梯度成正比，因此均值漂移向量总是指向样本的分布概率密度增加的方向。每次迭代中，根据均值漂移向量更新中心点位置：

$$\boldsymbol{x}_t+\boldsymbol{m}_t\rightarrow\boldsymbol{x}_{t+1} \tag{6.3-13}$$

上式中，t 为当前迭代序数，$\boldsymbol{x}_t$ 和 $\boldsymbol{m}_t$ 分别对应于式（6.3-12）中 $\boldsymbol{x}$ 的和 $\boldsymbol{m}_h$。均值漂移算法最终会收敛到局部极大值点，其伪代码见算法 6.3-2。

均值漂移算法流程　　算法 6.3-2

输入：	样本集合 $\boldsymbol{\Omega}=\{\boldsymbol{x}_1,\boldsymbol{x}_2,\cdots,\boldsymbol{x}_m\}$ 精度 ε 球区域的半径 h
输出：	簇划分 $S=\{S_1,S_2,\cdots,S_{k-1}\}$
1：	令当前类别序号 $r=1$，并令 $\boldsymbol{m}_h(\boldsymbol{x})=1$(各分量均为 1)
2：	Repeat
3：	从 $\boldsymbol{\Omega}$ 中随机选择一个样本作为起始中心点 $\boldsymbol{x}$
4：	$\boldsymbol{\Omega}=\boldsymbol{\Omega}\backslash\{\boldsymbol{x}\}$（从样本集合中删除 $\boldsymbol{x}$）
5：	初始化所有样本点的被访问次数 $\lambda_i=0(i=1,2,\cdots,m)$
6：	While $\lVert\boldsymbol{m}_h(\boldsymbol{x})\rVert\geqslant\varepsilon$ then：
7：	for $i=1,2,\cdots,m$ do：
8：	计算样本 $\boldsymbol{x}_i$ 与起始中心点 $\boldsymbol{x}$ 的欧氏距离：$d_i=\lVert\boldsymbol{x}_i-\boldsymbol{x}\rVert$
9：	初始化当前中心点的球区域集合 $B=\varnothing$
10：	if $d_i\leqslant h$ then：
11：	将样本 $\boldsymbol{x}_i$ 划入相应的球区域集合中：$B=B\cup\{\boldsymbol{x}_i\}$
12：	将被访问的样本从样本集合中删除：$\boldsymbol{\Omega}=\boldsymbol{\Omega}\backslash\{\boldsymbol{x}_i\}$
13：	更新样本的被访问次数 $\lambda_i=\lambda_i+1$
14：	end if
15：	end for
16：	计算当前中心点 $\boldsymbol{x}$ 的均值漂移向量：$\boldsymbol{m}_h=\dfrac{\sum_{i=1}^{n}G(\boldsymbol{x}-\boldsymbol{x}_i)\boldsymbol{x}_i}{\sum_{i=1}^{n}G(\boldsymbol{x}-\boldsymbol{x}_i)}-\boldsymbol{x}$（其中 n 是集合 B 中的样本个数）
17：	$\boldsymbol{x}+\boldsymbol{m}_h(\boldsymbol{x})\rightarrow\boldsymbol{x}$
18：	end while
19：	记录当前中心 $\boldsymbol{x}$(此循环最终确定了一个中心点)，记录类别簇中样本访问次数 $\lambda_r=(\lambda_1,\lambda_2,\cdots,\lambda_d)$（此聚类簇中访问了 d 个样本点，相当于找到了 d 个密度相连点）
20：	$r=r+1$
21：	until 所有样本点都被访问
22：	计算每个样本点所属类别，初始化 $S_j=\varnothing(j=1,2,\cdots,r-1)$
23：	for $i=1,2,\cdots,m$ do：
24：	统计 $\boldsymbol{\Omega}$ 中每个样本在每次 6～19 循环中的被访问次数，然后划分其所属的簇类别：$j=\underset{j}{\operatorname{argmax}}(\lambda_{ji})$
25：	记录样本点所属类别 $l_i=j$
26：	把样本点归纳到所属簇类别中 $S_j=S_j\cup\{\boldsymbol{x}_i\}$；即样本点在哪次循环的被访问次数最多，就被划分到哪个相应的簇中；未被划分到任何簇的点为噪点
27：	end for

与 k 均值算法相似，均值漂移算法也是基于簇中心的算法，但均值漂移算法中无需事先指定簇的个数，最后根据球形区域半径自动划分出各个簇。与 DBSCAN 算法相比，均值漂移算法中有两点改进：一是定义了核函数，二是增加了权重系数。均值漂移算法中用

核函数来定义样本点对漂移方向的权重，当搜索半径确定后，样本点之间距离越近，核函数值越大，从而保证球心漂移的方向为数据密度大的方向，这样可降低噪点对结果的干扰。权重系数的加入使得不同样本的权重不同，从而避免聚类时只考虑距离度量属性而忽视密度度量属性的问题。

6.3.4　密度聚类算法应用

1. DBSCAN 算法应用

以 6.2 节中的钢构件点云数据为例，邻域 $(\varepsilon, MinPts)=(0.5, 5)$，将聚类得到的四个类的点云数据分别以不同的颜色进行展示，得到钢构件的聚类结果见图 6.3-7。与 k 均值算法相比，采用 DBSCAN 算法可得到更好的聚类效果。

图 6.3-7　基于 DBSCAN 算法的钢构件点云分类结果

2. 均值漂移算法应用

同样以 6.2 节的钢构件点云数据为例，输入样本集合 $\boldsymbol{\Omega}=\{\boldsymbol{x}_1, \boldsymbol{x}_2, \cdots, \boldsymbol{x}_m\}$、精度 ε 及球区域的半径 h。当搜索半径 $h=0.5$ 时，钢构件点云数据被分为两类，结果如图 6.3-8 所示。当搜索半径 $h=0.25$ 时，钢构件点云被分为六类，结果如图 6.3-9 所示。均值漂移算法会将同一钢构件点云分割开，说明均值漂移算法在处理非球状数据时结果不太理想。

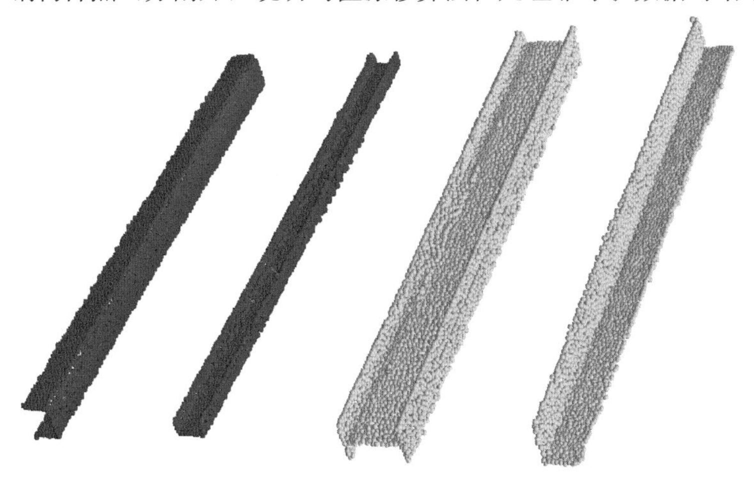

图 6.3-8　基于均值漂移算法的钢构件点云分类结果（搜索半径 $h=0.5$）

图 6.3-9　基于均值漂移算法的钢构件点云分类结果（搜索半径 $h=0.25$）

6.4　高斯混合聚类

6.4.1　高斯混合聚类的思想

高斯混合聚类是一种基于概率模型的聚类方法，这种方法采用一种假设：样本集中属于不同类别的样本数据符合不同的高斯分布。聚类目的是找出具有相同分布的样本，并将其归到同一类中。

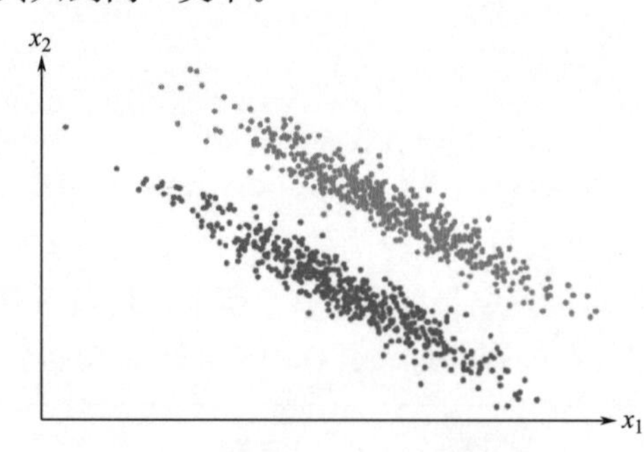

图 6.4-1　二维数据示例

可采用一组二维数据的示例简单说明高斯混合聚类。图 6.4-1 为两组数据，蓝色数据的分布符合均值向量为 $\boldsymbol{\mu}_1$、协方差矩阵为 $\boldsymbol{\Sigma}_1$ 的二元高斯分布，橘色数据的分布符合均值向量为 $\boldsymbol{\mu}_2$、协方差矩阵为 $\boldsymbol{\Sigma}_2$ 的二元高斯分布，其概率密度函数为

$$p(\boldsymbol{x}|\boldsymbol{\mu}_i,\ \boldsymbol{\Sigma}_i)=\frac{1}{2\pi|\boldsymbol{\Sigma}_i|^{1/2}}\mathrm{e}^{-\frac{1}{2}(\boldsymbol{x}-\boldsymbol{\mu}_i)^{\mathrm{T}}\boldsymbol{\Sigma}_i^{-1}(\boldsymbol{x}-\boldsymbol{\mu}_i)},\quad i=\{1,\ 2\} \tag{6.4-1}$$

此处数据的维度为 2，所以变量 $\boldsymbol{x}$ 和均值向量均为二维向量，协方差矩阵为 2×2 的矩阵，$|\boldsymbol{\Sigma}|$ 为协方差矩阵的行列式，$\boldsymbol{\Sigma}^{-1}$ 是 $\boldsymbol{\Sigma}$ 的逆矩阵。假设在所有数据中，蓝色数据所占比例为 α_1，橘色数据所占比例为 α_2，显然 $\alpha_1+\alpha_2=1$，则可定义由这两组数据组成的高斯混合分布为

$$pm(\boldsymbol{x})=\alpha_1 p(\boldsymbol{x}|\boldsymbol{\mu}_1,\ \boldsymbol{\Sigma}_1)+\alpha_2 p(\boldsymbol{x}|\boldsymbol{\mu}_2,\ \boldsymbol{\Sigma}_2)=\sum_{i=1}^{2}\alpha_i p(\boldsymbol{x}|\boldsymbol{\mu}_i,\ \boldsymbol{\Sigma}_i) \tag{6.4-2}$$

式（6.4-2）实际上是全概率公式，表达的含义是从所有数据中随机抽取一个样本的概率等于从第一类中抽到该样本的概率 $\alpha_1 p(\boldsymbol{x}|\boldsymbol{\mu}_1,\ \boldsymbol{\Sigma}_1)$ 与从第二类中抽到该样本的概率 $\alpha_2 p(\boldsymbol{x}|\boldsymbol{\mu}_2,\ \boldsymbol{\Sigma}_2)$ 之和。

如果我们已经从所有样本中抽出了一个样本 $\boldsymbol{x}_j$，那么该如何判断这个样本属于哪一

类？根据贝叶斯定理，$\boldsymbol{x}_j$ 由第 i 个（$i=1$，2）高斯分布生成的概率为

$$pm(z_j=i\,|\,\boldsymbol{x}_j)=\frac{p(z_j=i)\cdot pm(\boldsymbol{x}_j\,|\,z_j=i)}{pm(\boldsymbol{x}_j)}=\frac{\alpha_i p(\boldsymbol{x}_j\,|\,\boldsymbol{\mu}_i,\ \boldsymbol{\Sigma}_i)}{\sum_{l=1}^{2}\alpha_l p(\boldsymbol{x}_j\,|\,\boldsymbol{\mu}_l,\ \boldsymbol{\Sigma}_l)}=\gamma_{ji} \tag{6.4-3}$$

上式中，$p(z_j=i)$ 对应于 $\alpha_i(i=1,\ 2)$，z_j 为 $\boldsymbol{x}_j$ 的类别标签，γ_{ji} 表示 $\boldsymbol{x}_j$ 属于第 i 类的可能性。根据极大似然的思想，如果一件事情已经发生，那么就可以假设这个事情发生的几率本来就很大，所以抽出来的这个样本很有可能来自占比 α 较大的那类数据，且很可能位于数据的平均值附近[7]；具体属于哪一类则需要根据式（6.4-3），把抽中的样本 $\boldsymbol{x}_j$ 分别代入到两类数据的概率密度函数中，哪个密度函数的计算结果大，则推测样本 $\boldsymbol{x}_j$ 来自哪一类。

上述推测样本所属类别方法的前提条件是每类数据的占比 α、均值向量 $\boldsymbol{\mu}$ 和协方差矩阵 $\boldsymbol{\Sigma}$ 已知，但在实际情况中，我们的已知条件只有样本数据。所以如果要用上述方法求解样本的类别，我们需要先推测出 α，$\boldsymbol{\mu}$，$\boldsymbol{\Sigma}$ 的取值；换言之，我们需要根据样本数据推测出样本的分布规律[7]。将所有的样本看成是从自然存在的样本中随机抽样的结果，根据极大似然法的思想，能够抽中这些样本，说明最终得到这些样本的概率最大。因此，可以利用式（6.4-2）计算抽中每个样本的概率，并将所有样本的抽中概率相乘

$$\prod_{j=1}^{N} pm(\boldsymbol{x}_j) \tag{6.4-4}$$

上式中，N 为样本数量。根据极大似然估计法，令式（6.4-4）取得极大值时（先取对数再令偏导数为 0），即可求出密度函数的参数，进而得到样本的分布规律。

算法进行中，需首先设定数据分类的数量 k（分为 k 类），然后随机生成每一类数据在样本集中的初始比例（α）及每一类的高斯分布初始参数（均值向量和协方差矩阵），然后进行迭代，不停更新 α、均值向量和协方差矩阵，直到满足要求。所以，在使用高斯混合聚类将样本集分类时，已知条件是 n 维样本数据和类的数量 k，然后先根据极大似然法估计出样本的分布规律，即求出 α、$\boldsymbol{\mu}$ 和 $\boldsymbol{\Sigma}$；最后基于得到的分布规律，利用贝叶斯公式计算出每个样本属于每个类别的概率，并将样本归入到概率最大的那一类中。

6.4.2 高斯混合分布

将二维空间扩展到 n 维空间。若 n 维随机向量 $\boldsymbol{x}$ 服从多元高斯分布，其概率密度函数为

$$p(\boldsymbol{x}\,|\,\boldsymbol{\mu},\ \boldsymbol{\Sigma})=\frac{1}{(2\pi)^{n/2}\,|\boldsymbol{\Sigma}|^{1/2}}\mathrm{e}^{-\frac{1}{2}(\boldsymbol{x}-\boldsymbol{\mu})^{\mathrm{T}}\boldsymbol{\Sigma}^{-1}(\boldsymbol{x}-\boldsymbol{\mu})} \tag{6.4-5}$$

上式中，$\boldsymbol{\mu}$ 是 n 维均值向量，$\boldsymbol{\Sigma}$ 是 $n\times n$ 的协方差矩阵，$|\boldsymbol{\Sigma}|$ 为矩阵 $\boldsymbol{\Sigma}$ 的行列式，$\boldsymbol{\Sigma}^{-1}$ 是矩阵 $\boldsymbol{\Sigma}$ 的逆矩阵。定义一组 n 维样本的高斯混合分布为：

$$pm(\boldsymbol{x})=\sum_{i=1}^{k}\alpha_i\cdot p(\boldsymbol{x}\,|\,\boldsymbol{\mu}_i,\ \boldsymbol{\Sigma}_i) \tag{6.4-6}$$

上式中，k 为设定的分类的数量，α_i 为每一类的混合系数（每类占比），$\alpha_i>0$ 且 $\sum_{i=1}^{k}\alpha_i=1$。根据贝叶斯公式，样本 $\boldsymbol{x}_j$ 由第 i 个（$i=1$，2，…，k）高斯分布生成的概率为

$$pm(z_j=i|\boldsymbol{x}_j)=\frac{\alpha_i p(\boldsymbol{x}_j|\boldsymbol{\mu}_i,\boldsymbol{\Sigma}_i)}{\sum_{l=1}^{k}\alpha_l p(\boldsymbol{x}_j|\boldsymbol{\mu}_l,\boldsymbol{\Sigma}_l)}=\gamma_{ji} \tag{6.4-7}$$

已知样本集 $\boldsymbol{D}=\{\boldsymbol{x}_1, \boldsymbol{x}_2, \cdots, \boldsymbol{x}_N\}$，推测 k 个类的 α、$\boldsymbol{\mu}$ 和 $\boldsymbol{\Sigma}$ 需要最大化所有样本的极大似然函数，即最大化式（6.4-4）。计算中需要先将极大似然函数取对数，即最大化（对数）似然：

$$\begin{aligned}LL(D)&=\ln\left(\prod_{j=1}^{N}pm(\boldsymbol{x}_j)\right)\\&=\sum_{j=1}^{N}\ln(pm(\boldsymbol{x}_j))\\&=\sum_{j=1}^{N}\ln\left(\sum_{i=1}^{k}\alpha_i\cdot p(\boldsymbol{x}_j\mid\boldsymbol{\mu}_i,\boldsymbol{\Sigma}_i)\right)\end{aligned} \tag{6.4-8}$$

6.4.3 EM算法

公式（6.4-8）的求解可采用EM（Expectation-Maximization）算法。若要让式（6.4-8）取得极值，则需函数对参数 $\{(\alpha_i, \boldsymbol{\mu}_i, \boldsymbol{\Sigma}_i)\mid 1\leqslant i\leqslant k\}$ 的偏导数为0；首先可令 $\partial LL(D)/\partial\boldsymbol{\mu}_i=0$，即

$$\begin{aligned}\partial LL(D)/\partial\boldsymbol{\mu}_i&=\frac{\partial}{\partial\boldsymbol{\mu}_i}\sum_{j=1}^{N}\ln\left(\sum_{i=1}^{k}\alpha_i\cdot p(\boldsymbol{x}_j\mid\boldsymbol{\mu}_i,\boldsymbol{\Sigma}_i)\right)\\&=\sum_{j=1}^{N}\frac{\frac{\partial}{\partial\boldsymbol{\mu}_i}(\alpha_i\cdot p(\boldsymbol{x}_j\mid\boldsymbol{\mu}_i,\boldsymbol{\Sigma}_i))}{\sum_{t=1}^{k}\alpha_t\cdot p(\boldsymbol{x}_j\mid\boldsymbol{\mu}_t,\boldsymbol{\Sigma}_t)}\\&=\sum_{j=1}^{N}\frac{\frac{\partial}{\partial\boldsymbol{\mu}_i}\left(\alpha_i\cdot\frac{1}{(2\pi)^{n/2}|\boldsymbol{\Sigma}_i|^{1/2}}e^{-\frac{1}{2}(\boldsymbol{x}_j-\boldsymbol{\mu}_i)^{\mathrm{T}}\boldsymbol{\Sigma}^{-1}(\boldsymbol{x}_j-\boldsymbol{\mu}_i)}\right)}{\sum_{t=1}^{k}\alpha_t\cdot p(\boldsymbol{x}_j\mid\boldsymbol{\mu}_t,\boldsymbol{\Sigma}_t)}\\&=\sum_{j=1}^{N}\frac{\alpha_i\cdot\frac{1}{(2\pi)^{n/2}|\boldsymbol{\Sigma}_i|^{1/2}}e^{-\frac{1}{2}(\boldsymbol{x}_j-\boldsymbol{\mu}_i)^{\mathrm{T}}\boldsymbol{\Sigma}_i^{-1}(\boldsymbol{x}_j-\boldsymbol{\mu}_i)}}{\sum_{t=1}^{k}\alpha_t\cdot p(\boldsymbol{x}_j\mid\boldsymbol{\mu}_t,\boldsymbol{\Sigma}_t)}\frac{\partial}{\partial\boldsymbol{\mu}_i}\left(-\frac{1}{2}(\boldsymbol{x}_j-\boldsymbol{\mu}_i)^{\mathrm{T}}\boldsymbol{\Sigma}_i^{-1}(\boldsymbol{x}_j-\boldsymbol{\mu}_i)\right)\end{aligned} \tag{6.4-9}$$

根据矩阵求偏导法则，若 $\boldsymbol{a}$ 为向量，$\boldsymbol{A}$ 为矩阵，则 $\frac{\partial\boldsymbol{a}^{\mathrm{T}}\boldsymbol{A}\boldsymbol{a}}{\partial\boldsymbol{a}}=2\boldsymbol{A}\boldsymbol{a}$，上式中，$(\boldsymbol{x}_j-\boldsymbol{\mu}_i)$ 是向量，$\boldsymbol{\Sigma}_i^{-1}$ 是矩阵，故上式可化简为

$$\begin{aligned}\partial LL(D)/\partial\boldsymbol{\mu}_i&=\sum_{j=1}^{N}\frac{\alpha_i\cdot\frac{1}{(2\pi)^{n/2}|\boldsymbol{\Sigma}_i|^{1/2}}e^{-\frac{1}{2}(\boldsymbol{x}_j-\boldsymbol{\mu}_i)^{\mathrm{T}}\boldsymbol{\Sigma}_i^{-1}(\boldsymbol{x}_j-\boldsymbol{\mu}_i)}}{\sum_{t=1}^{k}\alpha_t\cdot p(\boldsymbol{x}_j\mid\boldsymbol{\mu}_t,\boldsymbol{\Sigma}_t)}\frac{\partial}{\partial\boldsymbol{\mu}_i}\left(-\frac{1}{2}(\boldsymbol{x}_j-\boldsymbol{\mu}_i)^{\mathrm{T}}\boldsymbol{\Sigma}_i^{-1}(\boldsymbol{x}_j-\boldsymbol{\mu}_i)\right)\\&=\sum_{j=1}^{N}\frac{\alpha_i\cdot p(\boldsymbol{x}_j\mid\boldsymbol{\mu}_i,\boldsymbol{\Sigma}_i)}{\sum_{t=1}^{k}\alpha_t\cdot p(\boldsymbol{x}_j\mid\boldsymbol{\mu}_t,\boldsymbol{\Sigma}_t)}\cdot-\frac{1}{2}\cdot(-2)\boldsymbol{\Sigma}_i^{-1}(\boldsymbol{x}_j-\boldsymbol{\mu}_i)\end{aligned}$$

$$=\sum_{j=1}^{N}\frac{\alpha_i\cdot p(\boldsymbol{x}_j\mid\boldsymbol{\mu}_i,\boldsymbol{\Sigma}_i)}{\sum_{t=1}^{k}\alpha_t\cdot p(\boldsymbol{x}_j\mid\boldsymbol{\mu}_t,\boldsymbol{\Sigma}_t)}\boldsymbol{\Sigma}_i^{-1}(\boldsymbol{x}_j-\boldsymbol{\mu}_i)\tag{6.4-10}$$

$$=0$$

将上式两端同乘 $\boldsymbol{\Sigma}_i$ 可得

$$\sum_{j=1}^{N}\frac{\alpha_i\cdot p(\boldsymbol{x}_j\mid\boldsymbol{\mu}_i,\boldsymbol{\Sigma}_i)}{\sum_{t=1}^{k}\alpha_t\cdot p(\boldsymbol{x}_j\mid\boldsymbol{\mu}_t,\boldsymbol{\Sigma}_t)}(\boldsymbol{x}_j-\boldsymbol{\mu}_i)=0\tag{6.4-11}$$

由式(6.4-7)，将 γ_{ji} 代入式(6.4-11)可得

$$\sum_{j=1}^{N}\gamma_{ji}(\boldsymbol{x}_j-\boldsymbol{\mu}_i)=0\tag{6.4-12}$$

进而得到

$$\boldsymbol{\mu}_i=\frac{\sum_{j=1}^{N}\gamma_{ji}\boldsymbol{x}_j}{\sum_{j=1}^{N}\gamma_{ji}}\tag{6.4-13}$$

由上式可见，高斯混合分布中的各个类的当前均值可通过样本加权平均来估计，样本权重 γ_{ji} 是样本 $\boldsymbol{x}_j$ 由第 i 个($i=1,2,\cdots,k$)高斯分布生成的概率，这是一个后验概率。

类似地，可进一步求出方差值，即令 $\partial LL(D)/\partial\boldsymbol{\Sigma}_i=0$ 可得

$$\partial LL(D)/\partial\boldsymbol{\Sigma}_i=\frac{\partial}{\partial\boldsymbol{\Sigma}_i}\sum_{j=1}^{N}\ln\Big(\sum_{i=1}^{k}\alpha_i\cdot p(\boldsymbol{x}_j\mid\boldsymbol{\mu}_i,\boldsymbol{\Sigma}_i)\Big)$$

$$=\sum_{j=1}^{N}\frac{\frac{\partial}{\partial\boldsymbol{\Sigma}_i}(\alpha_i\cdot p(\boldsymbol{x}_j\mid\boldsymbol{\mu}_i,\boldsymbol{\Sigma}_i))}{\sum_{t=1}^{k}\alpha_t\cdot p(\boldsymbol{x}_j\mid\boldsymbol{\mu}_t,\boldsymbol{\Sigma}_t)}$$

$$=\sum_{j=1}^{N}\frac{\alpha_i}{\sum_{t=1}^{k}\alpha_t\cdot p(\boldsymbol{x}_j\mid\boldsymbol{\mu}_t,\boldsymbol{\Sigma}_t)}\cdot\frac{\partial}{\partial\boldsymbol{\Sigma}_i}(p(\boldsymbol{x}_j\mid\boldsymbol{\mu}_i,\boldsymbol{\Sigma}_i))$$

$$=\sum_{j=1}^{N}\frac{\alpha_i}{\sum_{t=1}^{k}\alpha_t\cdot p(\boldsymbol{x}_j\mid\boldsymbol{\mu}_t,\boldsymbol{\Sigma}_t)}\cdot\frac{\partial}{\partial\boldsymbol{\Sigma}_i}\left(\frac{1}{(2\pi)^{n/2}\mid\boldsymbol{\Sigma}_i\mid^{1/2}}\mathrm{e}^{-\frac{1}{2}(\boldsymbol{x}_j-\boldsymbol{\mu}_i)^{\mathrm{T}}\boldsymbol{\Sigma}_i^{-1}(\boldsymbol{x}_j-\boldsymbol{\mu}_i)}\right)$$

$$=\sum_{j=1}^{N}\frac{\alpha_i}{\sum_{t=1}^{k}\alpha_t\cdot p(\boldsymbol{x}_j\mid\boldsymbol{\mu}_t,\boldsymbol{\Sigma}_t)}\cdot\frac{\partial}{\partial\boldsymbol{\Sigma}_i}\left[\exp\left(\ln\left(\frac{1}{(2\pi)^{n/2}\mid\boldsymbol{\Sigma}_i\mid^{1/2}}\mathrm{e}^{-\frac{1}{2}(\boldsymbol{x}_j-\boldsymbol{\mu}_i)^{\mathrm{T}}\boldsymbol{\Sigma}_i^{-1}(\boldsymbol{x}_j-\boldsymbol{\mu}_i)}\right)\right)\right]$$

$$=\sum_{j=1}^{N}\frac{\alpha_i\cdot\frac{1}{(2\pi)^{n/2}\mid\boldsymbol{\Sigma}_i\mid^{1/2}}\cdot\mathrm{e}^{-\frac{1}{2}(\boldsymbol{x}_j-\boldsymbol{\mu}_i)^{\mathrm{T}}\boldsymbol{\Sigma}_i^{-1}(\boldsymbol{x}_j-\boldsymbol{\mu}_i)}}{\sum_{t=1}^{k}\alpha_t\cdot p(\boldsymbol{x}_j\mid\boldsymbol{\mu}_t,\boldsymbol{\Sigma}_t)}\cdot$$

$$\frac{\partial}{\partial\boldsymbol{\Sigma}_i}\left(\ln\left(\frac{1}{(2\pi)^{n/2}\mid\boldsymbol{\Sigma}_i\mid^{1/2}}\mathrm{e}^{-\frac{1}{2}(\boldsymbol{x}_j-\boldsymbol{\mu}_i)^{\mathrm{T}}\boldsymbol{\Sigma}_i^{-1}(\boldsymbol{x}_j-\boldsymbol{\mu}_i)}\right)\right)$$

$$=\sum_{j=1}^{N}\gamma_{ji}\cdot\frac{\partial}{\partial\boldsymbol{\Sigma}_i}\left[\ln\frac{1}{(2\pi)^{n/2}}-\frac{1}{2}\ln|\boldsymbol{\Sigma}_i|-\frac{1}{2}(\boldsymbol{x}_j-\boldsymbol{\mu}_i)^{\mathrm{T}}\boldsymbol{\Sigma}_i^{-1}(\boldsymbol{x}_j-\boldsymbol{\mu}_i)\right]$$

$$= \sum_{j=1}^{N}\gamma_{ji} \cdot \left[-\frac{1}{2}\frac{\partial(\ln|\boldsymbol{\Sigma}_i|)}{\partial\boldsymbol{\Sigma}_i} - \frac{1}{2}\frac{\partial[(\boldsymbol{x}_j-\boldsymbol{\mu}_i)^{\mathrm{T}}\boldsymbol{\Sigma}_i^{-1}(\boldsymbol{x}_j-\boldsymbol{\mu}_i)]}{\partial\boldsymbol{\Sigma}_i}\right] \quad (6.4\text{-}14)$$

根据矩阵求偏导法则，$\frac{\partial|\boldsymbol{X}|}{\partial\boldsymbol{X}} = |\boldsymbol{X}| \cdot (\boldsymbol{X}^{-1})^{\mathrm{T}}$，$\frac{\partial\boldsymbol{a}^{T}\boldsymbol{X}^{-1}\boldsymbol{b}}{\partial\boldsymbol{X}} = -(\boldsymbol{X}^{-1})^{\mathrm{T}}\boldsymbol{ab}^{\mathrm{T}}(\boldsymbol{X}^{-1})^{\mathrm{T}}$，其中 $\boldsymbol{X}$ 为矩阵，$\boldsymbol{a}$ 和 $\boldsymbol{b}$ 为向量；则上式可化简为

$$\begin{aligned}\partial LL(D)/\partial\boldsymbol{\Sigma}_i &= \sum_{j=1}^{N}\gamma_{ji} \cdot \left[-\frac{1}{2}\frac{1}{|\boldsymbol{\Sigma}_i|}|\boldsymbol{\Sigma}_i|(\boldsymbol{\Sigma}_i^{-1})^{\mathrm{T}} + \frac{1}{2}(\boldsymbol{\Sigma}_i^{-1})^{\mathrm{T}}(\boldsymbol{x}_j-\boldsymbol{\mu}_i)(\boldsymbol{x}_j-\boldsymbol{\mu}_i)^{\mathrm{T}}(\boldsymbol{\Sigma}_i^{-1})^{\mathrm{T}}\right] \\ &= \sum_{j=1}^{N}\gamma_{ji} \cdot \left[-\frac{1}{2}(\boldsymbol{\Sigma}_i^{-1})^{\mathrm{T}} + \frac{1}{2}(\boldsymbol{\Sigma}_i^{-1})^{\mathrm{T}}(\boldsymbol{x}_j-\boldsymbol{\mu}_i)(\boldsymbol{x}_j-\boldsymbol{\mu}_i)^{\mathrm{T}}(\boldsymbol{\Sigma}_i^{-1})^{\mathrm{T}}\right] \\ &= 0\end{aligned} \quad (6.4\text{-}15)$$

根据矩阵与矩阵转置相乘的基本性质，将式（6.4-15）等号两侧均左乘 $2(\boldsymbol{\Sigma}_i)^{\mathrm{T}}$ 并移项，有

$$\sum_{j=1}^{N}\gamma_{ji} \cdot (-\boldsymbol{I} + (\boldsymbol{x}_j-\boldsymbol{\mu}_i)(\boldsymbol{x}_j-\boldsymbol{\mu}_i)^{\mathrm{T}}(\boldsymbol{\Sigma}_i^{-1})^{\mathrm{T}}) = 0 \quad (6.4\text{-}16)$$

$$\sum_{j=1}^{N}\gamma_{ji}(\boldsymbol{x}_j-\boldsymbol{\mu}_i)(\boldsymbol{x}_j-\boldsymbol{\mu}_i)^{\mathrm{T}}(\boldsymbol{\Sigma}_i^{-1})^{\mathrm{T}} = \sum_{j=1}^{N}\gamma_{ji}\boldsymbol{I} \quad (6.4\text{-}17)$$

其中，$\boldsymbol{I} = (\boldsymbol{\Sigma}_i)^{\mathrm{T}}(\boldsymbol{\Sigma}_i^{-1})^{\mathrm{T}} = (\boldsymbol{\Sigma}_i^{-1}\boldsymbol{\Sigma}_i)^{\mathrm{T}}$ 是单位矩阵。将等号两侧右乘 $(\boldsymbol{\Sigma}_i)^{\mathrm{T}}$，有

$$\sum_{j=1}^{N}\gamma_{ji}(\boldsymbol{x}_j-\boldsymbol{\mu}_i)(\boldsymbol{x}_j-\boldsymbol{\mu}_i)^{\mathrm{T}} = \sum_{j=1}^{N}\gamma_{ji}(\boldsymbol{\Sigma}_i)^{\mathrm{T}} \quad (6.4\text{-}18)$$

将上式等号两侧同时取转置并移项

$$\begin{aligned}\boldsymbol{\Sigma}_i &= \frac{\sum_{j=1}^{N}\gamma_{ji}}{\sum_{j=1}^{N}\gamma_{ji}}((\boldsymbol{x}_j-\boldsymbol{\mu}_i)(\boldsymbol{x}_j-\boldsymbol{\mu}_i)^{\mathrm{T}})^{\mathrm{T}} \\ &= \frac{\sum_{j=1}^{N}\gamma_{ji}(\boldsymbol{x}_j-\boldsymbol{\mu}_i)(\boldsymbol{x}_j-\boldsymbol{\mu}_i)^{\mathrm{T}}}{\sum_{j=1}^{N}\gamma_{ji}}\end{aligned} \quad (6.4\text{-}19)$$

对于混合系数 α_i，除了要最大化 LL（D），还需满足 $\alpha_i \geqslant 0$，$\sum_{i=1}^{k}\alpha_i = 1$。考虑 LL（D）的拉格朗日函数形式

$$L(\boldsymbol{x}) = LL(D) + \lambda\left(\sum_{i=1}^{k}\alpha_i - 1\right) \quad (6.4\text{-}20)$$

其中 λ 为拉格朗日乘子。用上述方式对 α_i 求导并令导数为 0，有

$$\sum_{j=1}^{N}\frac{p(\boldsymbol{x}_j \mid \boldsymbol{\mu}_i, \boldsymbol{\Sigma}_i)}{\sum_{t=1}^{k}\alpha_t \cdot p(\boldsymbol{x}_j \mid \boldsymbol{\mu}_t, \boldsymbol{\Sigma}_t)} + \lambda = 0 \quad (6.4\text{-}21)$$

上式两边同乘 α_i 有

$$\sum_{j=1}^{N}\frac{\alpha_i p(\boldsymbol{x}_j \mid \boldsymbol{\mu}_i, \boldsymbol{\Sigma}_i)}{\sum_{t=1}^{k}\alpha_t \cdot p(\boldsymbol{x}_j \mid \boldsymbol{\mu}_t, \boldsymbol{\Sigma}_t)} + \alpha_i\lambda = \sum_{j=1}^{N}\gamma_{ji} + \alpha_i\lambda = 0 \quad (6.4\text{-}22)$$

上式中，i 取任意值时均有 $\sum_{j=1}^{N}\gamma_{ji}+\alpha_i\lambda=0$，则有

$$\sum_{i=1}^{N}(\sum_{j=1}^{N}\gamma_{ji}+\alpha_i\lambda)=\sum_{j=1}^{N}(\sum_{i=1}^{N}\gamma_{ji})+(\sum_{i=1}^{N}\alpha_i)\lambda=0 \tag{6.4-23}$$

显然 $\sum_{i=1}^{N}\gamma_{ji}=1$，$\sum_{i=1}^{N}\alpha_i=1$，代入式（6.4-23）中可得

$$\lambda=-N \tag{6.4-24}$$

再将上式代入式（6.4-22）可得

$$\alpha_i=\frac{1}{N}\sum_{j=1}^{N}\gamma_{ji} \tag{6.4-25}$$

即每个高斯成分的混合系数由样本属于该成分的平均后验概率确定[1]。

由此可将 EM 算法的步骤归纳为：

（1）E 步骤：在每次迭代中，根据当前参数来计算每个样本属于每个高斯成分的后验概率 γ_{ji}。

（2）M 步骤：根据计算 E 步计算出的 γ_{ji}，更新模型参数 $\{(\alpha_i, \boldsymbol{\mu}_i, \boldsymbol{\Sigma}_i) \mid i=1, 2, \cdots, k\}$。

重复迭代两个步骤直至满足条件（达到预设的迭代次数），该算法保证迭代过程内的参数总会收敛到一个局部最优解。

注意，迭代开始前要初始化：随机生成参数 α_i，$\boldsymbol{\mu}_i$，$\boldsymbol{\Sigma}_i$，并设定拟划分类别的数量 k。

通过 EM 算法计算出满足条件的 α_i，$\boldsymbol{\mu}_i$，$\boldsymbol{\Sigma}_i$，即确定了高斯混合分布函数以及每个样本属于每个类别的概率 γ_{ji}，最后需将每个样本归入到 γ_{ji} 最大的那一类中。将样本集 $\boldsymbol{D}$ 划分为 k 个簇 $\boldsymbol{C}=\{c_1, c_2, \cdots, c_k\}$，每个样本 $\boldsymbol{x}_j$ 的簇标记 λ_j 为

$$\lambda_j=\underset{i\in\{1, 2, \cdots, k\}}{\operatorname{argmax}}\ \gamma_{ji} \tag{6.4-26}$$

算法的详细过程见算法 6.4-1。

高斯混合聚类算法[1]　　　　算法 6.4-1

输入：	样本集合 $\boldsymbol{D}=\{\boldsymbol{x}_1,\boldsymbol{x}_2,\cdots,\boldsymbol{x}_N\}$ 高斯混合成分个数 k
输出：	簇划分 $\boldsymbol{C}=\{c_1,c_2,\cdots,c_k\}$
1：	初始化高斯混合分布的模型参数 $\{(\alpha_i,\boldsymbol{\mu}_i,\boldsymbol{\Sigma}_i) \mid i=1,2,\cdots,k\}$
2：	repeat
3：	for $j=1,2,\cdots,N$ do
4：	根据式(6.4-7)计算 $\boldsymbol{x}_j$ 由各混合成分生成的后验概率，即 $\gamma_{ji}=pm(z_j=i \mid \boldsymbol{x}_j)(i=1,2,\cdots,k)$
5：	end for
6：	for $i=1,2,\cdots,k$ do
7：	更新均值向量：$\boldsymbol{\mu}'_i=\dfrac{\sum_{j=1}^{N}\gamma_{ji}\boldsymbol{x}_j}{\sum_{j=1}^{N}\gamma_{ji}}$

续表

8：	更新协方差矩阵：$\boldsymbol{\Sigma}'_i=\dfrac{\sum_{j=1}^{N}\gamma_{ji}(\boldsymbol{x}_j-\boldsymbol{\mu}'_i)(\boldsymbol{x}_j-\boldsymbol{\mu}'_j)^{\mathrm{T}}}{\sum_{j=1}^{N}\gamma_{ji}}$
9：	更新混合系数：$\alpha'_i=\dfrac{1}{N}\sum_{j=1}^{N}\gamma_{ji}$
10：	end for
11：	将模型参数 $\{(\alpha_i,\boldsymbol{\mu}_i,\boldsymbol{\Sigma}_i)\mid i=1,2,\cdots,k\}$ 更新为 $\{(\alpha'_i,\boldsymbol{\mu}'_i,\boldsymbol{\Sigma}'_i)\mid i=1,2,\cdots,k\}$
12：	until 满足条件停止
13：	$\boldsymbol{C}_i=\varnothing(i=1,2,\cdots,k)$
14：	for $j=1,2,\cdots,N$ do
15：	根据式(6.4-26)确定 $\boldsymbol{x}_j$ 的簇标记λ_j
16：	将 $\boldsymbol{x}_j$ 并入对应的簇：$\boldsymbol{C}_{\lambda_j}=\boldsymbol{C}_{\lambda_j}\cup\{\boldsymbol{x}_j\}$
17：	end for

6.4.4 高斯混合聚类算法应用

仍以图 6.2-4 中的钢构件点云数据为例，高斯混合聚类的处理方式与 k 均值聚类处理方法类似。将点云数据分为四类，即设置 $k=4$，初始化模型参数。经过迭代得到收敛后的 α_i，$\boldsymbol{\mu}_i$，$\boldsymbol{\Sigma}_i$ 并计算出每个点的簇标记。聚类结果是最终得到四个簇划分 C_1，C_2，C_3，C_4，并且按照簇标记将点云分到四个簇中。按照将划分得到的四个簇类别的点云数据分别以不同的颜色进行显示，得到钢构件的高斯混合聚类的结果见图 6.4-2。

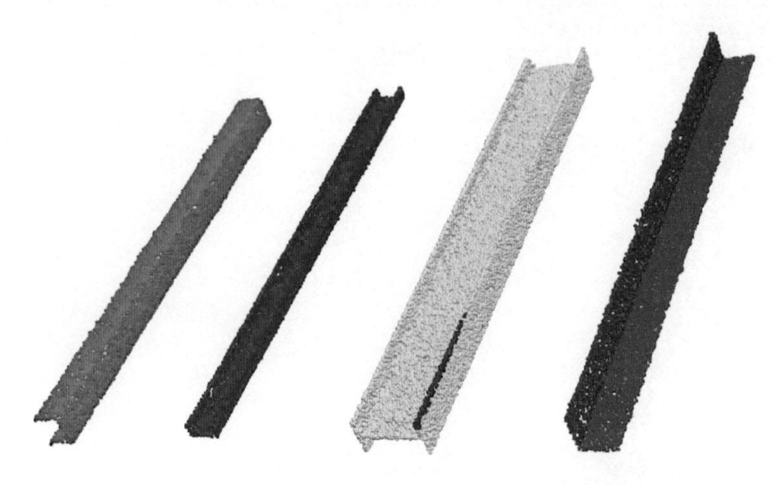

图 6.4-2　基于高斯混合聚类的钢构件点云分类结果

6.5 层次聚类

6.5.1 层次聚类算法原理

层次聚类（Hierarchical Clustering）算法是基于样本之间的相似性，生成一个树状图，从而将样本聚集到层次化的类中。层次聚类中，首先也要设定拟划分出的类别数量。层次聚类分为自下而上的聚合聚类（Agglomerative Nesting，AGNES）以及自上而下的分裂聚类（Divisive Analysis，DIANA）两种。聚合聚类开始时将每一个样本各看成一个类，然后将距离最近的两个类合并；不断重复该过程直到类的数量达到预设值[1]。分裂聚类开始时将所有的样本作为一个类，然后将该类中距离最远两个点中的一个分离出，形成一个新的类，接着将旧类中距离新类更近的样本放进新类，这样就将一个类分裂成两个类；不断重复该过程直到类的数量达到预设值[8-9]。实际应用中，分裂聚类较少使用，本节只介绍聚合聚类。

图 6.5-1[8] 为一个聚合聚类的过程示意图，样本集中共有 7 个样本（$A \sim G$），要将其划分为 3 个类。聚类过程中，首先将 7 个样本作为 7 个类，然后计算类间距离，找出其中距离最小的两个类进行合并，使得 7 个类变成了 6 个类；由图 6.5-1（a）可见，本例中第①次合并是样本 B 与 C 所构成的两个类合并；因还未达到划分成 3 个类的目标，需继续计算。计算当前 6 个类的类间距离，并找出距离最小的两个类进行合并；由图 6.5-1（a）可见，本例中的第②次合并是样本 D 与 E 所构成的两个类合并；合并后类的数量变成了 5 个，仍需继续计算。依次类推，第③次合并是样本 F 与 G 所构成的两个类合并，合并后类的数量变成了 4 个；而第④次合并是样本 A 所构成的类与样本 B、C 所构成的类进行合并，合并后类的数量变成了 3 个，聚类任务完成。图 6.5-1（a）可见，经过 6 次合并，所有样本点都被划分到 1 个类中，最终可以形成一个完整的聚合聚类树状图；图中的水平虚线与三条竖线相交，表示在这个层次上进行分割可得到 3 个类，也就是样本集被划分成为三个簇，见图 6.5-1（b）。

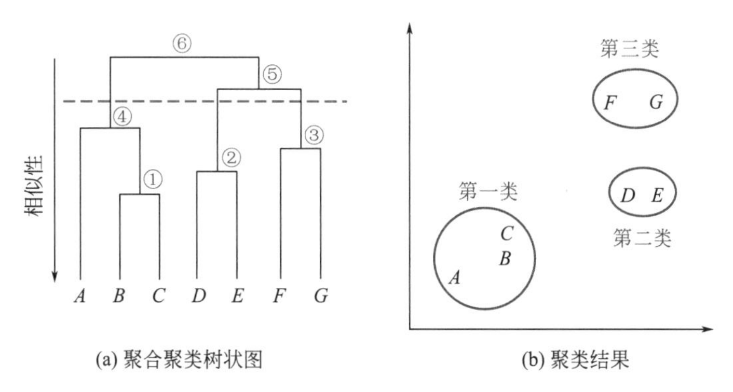

图 6.5-1 聚合聚类的树状图

聚合聚类算法的关键是类间距离的计算，计算方法的选择直接影响聚类的结果，因此需要根据不同的问题选择合适的计算方法。样本之间的距离常用闵可夫斯基距离；此处闵可夫斯基距离是指两个样本之间的距离，而非类间距离。类间距离有多种计算方法，常用的有最小距离（Single Linkage）、最长距离（Complete Linkage）、平均距离（Average Linkage）。

（1）最小距离

对给定的两个类$\boldsymbol{C}_i$和$\boldsymbol{C}_j$，其最小距离$d_{\min}(\boldsymbol{C}_i, \boldsymbol{C}_j)$是指两个类中的最近样本之间的距离，即

$$d_{\min}(\boldsymbol{C}_i, \boldsymbol{C}_j)=\min\{dist(\boldsymbol{x}, \boldsymbol{z}) \mid \boldsymbol{x} \in \boldsymbol{C}_i, \boldsymbol{z} \in \boldsymbol{C}_j\} \tag{6.5-1}$$

采用最小距离作为类间距离计算方法的聚合聚类算法可处理非球状聚类簇，但是对数据中的噪点和异常值较为敏感。

（2）最大距离

最大距离$d_{\max}(\boldsymbol{C}_i, \boldsymbol{C}_j)$是指两个类中的最远样本之间的距离，即

$$d_{\max}(\boldsymbol{C}_i, \boldsymbol{C}_j)=\max\{dist(\boldsymbol{x}, \boldsymbol{z}) \mid \boldsymbol{x} \in \boldsymbol{C}_i, \boldsymbol{z} \in \boldsymbol{C}_j\} \tag{6.5-2}$$

采用最大距离作为类间距离计算方法的聚合聚类算法不容易受到噪点和异常值的影响，但是容易破坏较大的聚类簇且倾向于形成球状聚类簇。

（3）平均距离

平均距离$d_{\mathrm{avg}}(\boldsymbol{C}_i, \boldsymbol{C}_j)$是指两个类中所有样本之间距离的平均值，即

$$d_{\mathrm{avg}}(\boldsymbol{C}_i, \boldsymbol{C}_j)=\frac{1}{|\boldsymbol{C}_i|\,|\boldsymbol{C}_j|}\sum_{\boldsymbol{x}\in\boldsymbol{C}_i}\sum_{\boldsymbol{z}\in\boldsymbol{C}_j} dist(\boldsymbol{x}, \boldsymbol{z}) \tag{6.5-3}$$

上式中，$|\boldsymbol{C}_i|$、$|\boldsymbol{C}_j|$分别代表$\boldsymbol{C}_i$和$\boldsymbol{C}_j$中的样本数量。采用平均距离作为类间距离计算方法的聚合聚类算法也不容易受到噪点和异常值的影响，但是倾向于形成球状聚类簇。

分别使用三种类间距离将图 6.5-2（a）中的数据[4] 进行分类，采用最小距离、最大距离、平均距离的分类结果分别如图 6.5-2（b）～（d）所示；从分类结果可见，只有最小距离达到了预期的分类效果，最大距离和平均距离均倾向于将数据分成球状簇。

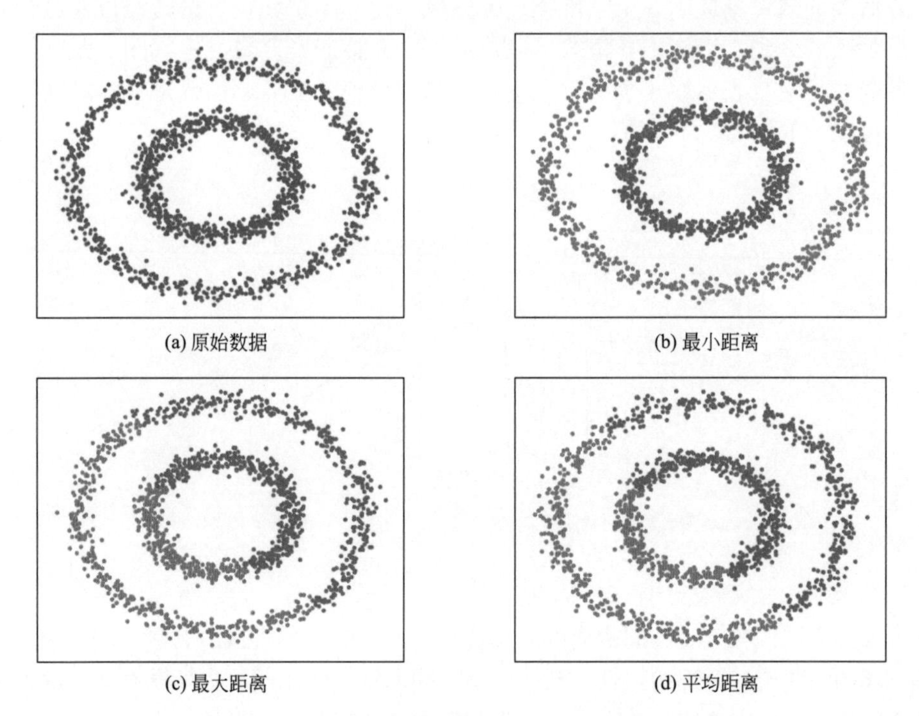

图 6.5-2　基于不同类间距离计算方法的聚合聚类算法分类结果

聚合聚类的算法流程见算法6.5-1。在第1、2行，算法初始化样本类，将每一个样本依次赋值给样本类；在第3～9行，算法针对初始化的样本类计算距离矩阵；第11～23行，算法不断合并距离最近的类，并重新计算距离矩阵，不断重复该过程直到达到预设的类的数量。

聚合聚类　　**算法6.5-1**

输入：样本集 $\boldsymbol{D}=\{\boldsymbol{x}_1,\boldsymbol{x}_2,\cdots,\boldsymbol{x}_m\}$
类间距离计算函数 $dist$
预设类的数量 k

输出：划分的类 $\boldsymbol{C}=\{\boldsymbol{C}_1,\boldsymbol{C}_2,\cdots,\boldsymbol{C}_k\}$

```
1:  for i=1 to m do
2:      将样本 x_j 依次赋给 C_j
3:  end for
4:  for i=1 to m do
5:    for j=i+1 to m do
6:      D(i,j)=dist(C_i,C_j)
7:      D(j,i)=D(i,j)
8:    end for
9:  end for
10: q=m
11: while q>k do
12:   找出距离最近的两个聚类簇 C_x,C_y
13:   将 C_y 放进 C_x 中
14:   从当前类中删除 C_y
15:   初始化距离矩阵 D
16:   for i=1 to q-1 do
17:     for j=i+1 to q-1 do
18:       D(i,j)=dist(C_i,C_j)
19:       D(j,i)=D(i,j)
20:     end for
21:   end for
22:   q=q-1
23: end while
```

6.5.2　层次聚类算法应用

层次聚类可用于从扫描的点云数据中分割出不同的构件。以图6.2-4的钢构件点云数据为例，采用欧氏距离计算样本点之间的距离，最小距离作为类间距离。算法的分类结果见图6.5-3，不同的类用不同的颜色表示，可见聚合聚类算法能够按照预期的方式将各个构件分割出。

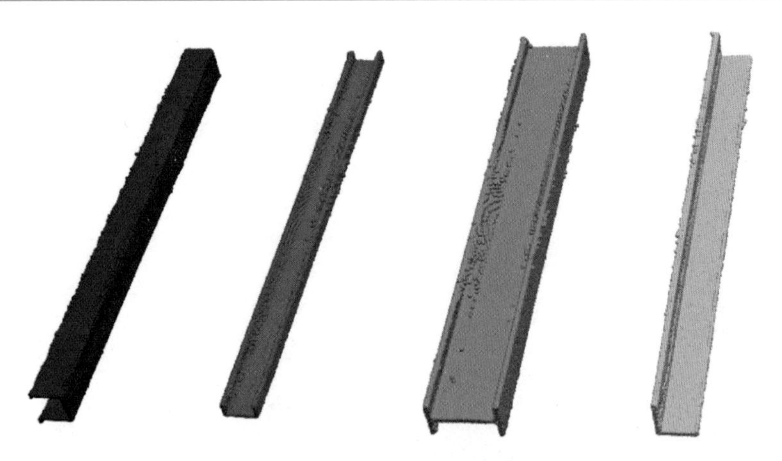

图 6.5-3 采用聚合聚类分割点云数据的结果

6.6 谱聚类

k 均值算法的分类效果经常较差，因为它只能找到球状聚类簇；而谱聚类通过拉普拉斯矩阵对原数据进行变换，使得变换后的数据更容易划分成不同的类别。与以 k 均值算法为代表的传统聚类方法相比，谱聚类在多数情况下的性能都较为优越，是最经常使用的聚类方法之一。

6.6.1 加权无向图

谱聚类（Spectral Clustering）是一种借鉴图论（Graph Theory）思想的聚类方法。图论是应用数学的一部分，它以图为研究对象，用 $\boldsymbol{G}$ 表示图，且图是由若干给定的点及连接两点的边所构成的图形；用 $\boldsymbol{V}$ 表示图 $\boldsymbol{G}$ 中点的集合，$\boldsymbol{E}$ 表示边的集合，则图为 $\boldsymbol{G}(\boldsymbol{V},\boldsymbol{E})$。按照边有无方向，图可分为有向图和无向图；按照边有无权重值，图可分为加权图和无权图[10]。

谱聚类中常用加权无向图，以图 6.6-1 为例，将所有样本 $\boldsymbol{x}_1$，$\boldsymbol{x}_2$，…，$\boldsymbol{x}_n$ 看作加权无向图中的点，采用一个标量 s_{ij} 描述点 $\boldsymbol{x}_i$ 与点 $\boldsymbol{x}_j$ 之间的相似性，并基于 s_{ij} 得到边的权重值 w_{ij}（标量）。距离较远的两个点之间的边权重值较低，距离较近的两个点之间的边权重值较高。对数据进行聚类的目的，是将样本点分成若干个簇，使得单个簇内的样本点相

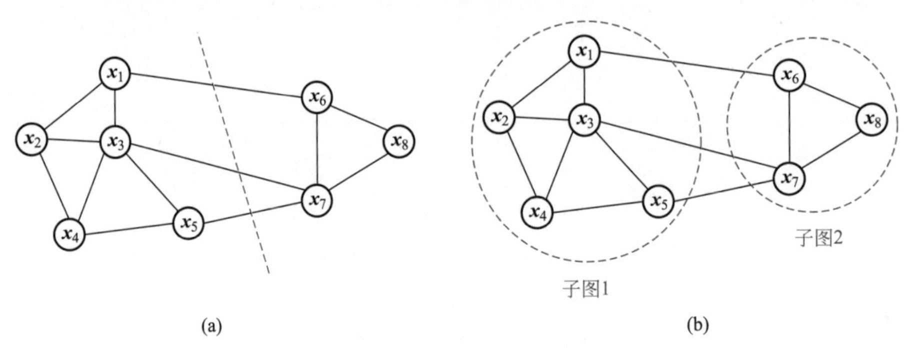

图 6.6-1 谱聚类的切图示意

似性高，不同簇内的样本点相似性低。用加权无向图的概念重新阐述聚类目的：将样本集视为一个图，通过对所有样本点组成的图进行切图，使得切图完成后形成不同的子图，子图之间的样本点连线就是子图之间的边，聚类中要使得子图之间的边权重和尽可能低，子图内的边权重和尽可能高[11]。图 6.6-1（a）为样本集代表的图，切图的含义是用红色虚线将一个图切成图 6.6-1（b）所示的两个子图，也就是将样本集划分成两类。谱聚类计算前，也需预先设定要将样本集划分成几个类别，也就是几个子集。

样本点 $\boldsymbol{x}_i$ 与 $\boldsymbol{x}_j$ 之间的权重值 w_{ij} 存储在 $n\times n$ 阶的邻接矩阵 $\boldsymbol{W}$ 中，即

$$\boldsymbol{W}=\begin{pmatrix} w_{11} & w_{12} & \cdots & w_{1n} \\ w_{21} & w_{22} & \cdots & w_{2n} \\ \vdots & \vdots & & \vdots \\ w_{n1} & w_{n2} & \cdots & w_{nn} \end{pmatrix} \tag{6.6-1}$$

其中 n 为样本集中样本点的数量。如果两点之间有边连接，则权重 w_{ij} 大于 0，如果两点之间没有边连接，则权重 w_{ij} 等于 0。在加权无向图中，$w_{ij}=w_{ji}$，所以邻接矩阵 $\boldsymbol{W}$ 为对称矩阵。对于任意一个点 $\boldsymbol{x}_i$，将与它相连的所有边的权重和定义为度 d_i：

$$d_i=\sum_{j=1}^{n} w_{ij} \tag{6.6-2}$$

将所有样本点的度存储在 $n\times n$ 阶的度矩阵 $\boldsymbol{D}$ 中（设计出的矩阵），它是一个对角矩阵：

$$\boldsymbol{D}=\begin{pmatrix} d_1 & 0 & \cdots & 0 \\ 0 & d_2 & \cdots & 0 \\ \vdots & \vdots & & \vdots \\ 0 & 0 & \cdots & d_n \end{pmatrix} \tag{6.6-3}$$

邻接矩阵 $\boldsymbol{W}$ 一般通过一个性质相近的矩阵 $\boldsymbol{S}$ 计算，简称为相近矩阵，其构建方式主要有三种：ε-近邻法、k 近邻法以及全连接法[11]。

（1）ε-近邻法

计算任意两点之间的距离，并设定一个距离阈值 ε。当两点之间的距离小于阈值 ε 时，将两点之间用边连接。由于所有用边连接的点之间的距离均不超过阈值 ε，因此这些边的权重相对接近。因此，一般认为 ε-近邻法得到的图可视为无权图[11]。

（2）k 近邻法

对每个样本点，依次计算它与其他样本点之间的距离，取距离它最近的 k 个样本点作为它的近邻。每个样本与其 k 个近邻点之间的权重值 w_{ij} 大于 0，与其他点的权重值 w_{ij} 等于 0。但是这种方法会使邻接矩阵为非对称矩阵，如图 6.6-2 所示，若令 k 等于 2，则其邻接矩阵 $\boldsymbol{W}$ 为

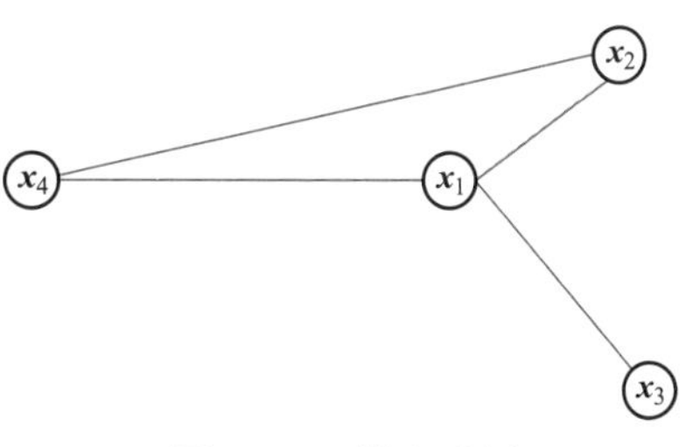

图 6.6-2　样本示例

$$\boldsymbol{W}=\begin{pmatrix} w_{11} & w_{12} & w_{13} & 0 \\ w_{21} & w_{22} & w_{23} & 0 \\ w_{31} & w_{32} & w_{33} & 0 \\ w_{41} & w_{42} & 0 & w_{44} \end{pmatrix}=\begin{pmatrix} w_{11} & w_{12} & w_{13} & 0 \\ w_{12} & w_{22} & w_{23} & 0 \\ w_{13} & w_{23} & w_{33} & 0 \\ w_{41} & w_{42} & 0 & w_{44} \end{pmatrix}$$

此时 $\boldsymbol{W}$ 是非对称矩阵，因为 $\boldsymbol{x}_1$ 的近邻为 $\boldsymbol{x}_2$ 和 $\boldsymbol{x}_3$，则 $\boldsymbol{x}_1$ 与 $\boldsymbol{x}_4$ 之间的权重值 w_{14} 等于 0。而 $\boldsymbol{x}_4$ 的近邻为 $\boldsymbol{x}_1$ 和 $\boldsymbol{x}_2$，$\boldsymbol{x}_4$ 与 $\boldsymbol{x}_1$ 之间的权重值 w_{41} 大于 0，即 $w_{14} \neq w_{41}$。

在谱聚类算法中，邻接矩阵需对称，则一般有两种方法可以使邻接矩阵成为对称矩阵。

第一种方法是只要一个点在另一个点的 k 近邻中，则保留 s_{ij}；即只要一个点 $\boldsymbol{x}$ 是另外一个点 $\boldsymbol{y}$ 的近邻，则令此两点互为近邻，即使 $\boldsymbol{y}$ 不是 $\boldsymbol{x}$ 的 k 个近邻点之一，可见此情况下有的样本点的近邻多于 k 个；这样得到的图称为 k 近邻图[11]。此时邻接矩阵为

$$w_{ij}=w_{ji}=\begin{cases}0 & \boldsymbol{x}_i \notin KNN(\boldsymbol{x}_j) \text{ and } \boldsymbol{x}_j \notin KNN(\boldsymbol{x}_i) \\ s_{ij} & \boldsymbol{x}_i \in KNN(\boldsymbol{x}_j) \text{ or } \boldsymbol{x}_j \in KNN(\boldsymbol{x}_i)\end{cases} \tag{6.6-4}$$

其中 $KNN(\boldsymbol{x}_i)$ 表示样本点 $\boldsymbol{x}_i$ 的 k 近邻，即距离 $\boldsymbol{x}_i$ 最近的 k 个样本点。将图 6.6-2 表示成 k 近邻图，则对应的邻接矩阵 $\boldsymbol{W}$ 为

$$\boldsymbol{W}=\begin{pmatrix} w_{11} & w_{12} & w_{13} & w_{14} \\ w_{21} & w_{22} & w_{23} & w_{24} \\ w_{31} & w_{32} & w_{33} & 0 \\ w_{41} & w_{42} & 0 & w_{44} \end{pmatrix}=\begin{pmatrix} w_{11} & w_{12} & w_{13} & w_{14} \\ w_{12} & w_{22} & w_{23} & w_{24} \\ w_{13} & w_{23} & w_{33} & 0 \\ w_{14} & w_{24} & 0 & w_{44} \end{pmatrix}$$

第二种方法是只有两个点互为 k 近邻时才保留 s_{ij}，这样得到的图称为相互的 k 近邻图[11]。此时邻接矩阵为

$$w_{ij}=w_{ji}=\begin{cases}0 & \boldsymbol{x}_i \notin KNN(\boldsymbol{x}_j) \text{ or } \boldsymbol{x}_j \notin KNN(\boldsymbol{x}_i) \\ s_{ij} & \boldsymbol{x}_i \in KNN(\boldsymbol{x}_j) \text{ and } \boldsymbol{x}_j \in KNN(\boldsymbol{x}_i)\end{cases} \tag{6.6-5}$$

将图 6.6-2 表示成相互的 k 近邻图，则对应的邻接矩阵 $\boldsymbol{W}$ 为

$$\boldsymbol{W}=\begin{pmatrix} w_{11} & w_{12} & w_{13} & 0 \\ w_{21} & w_{22} & w_{23} & 0 \\ w_{31} & w_{32} & w_{33} & 0 \\ 0 & 0 & 0 & w_{44} \end{pmatrix}=\begin{pmatrix} w_{11} & w_{12} & w_{13} & 0 \\ w_{12} & w_{22} & w_{23} & 0 \\ w_{13} & w_{23} & w_{33} & 0 \\ 0 & 0 & 0 & w_{44} \end{pmatrix}$$

（3）全连接法

全连接方法是最常用的构建邻接矩阵 $\boldsymbol{W}$ 的方法。在全连接法中，所有点之间的权重值均大于 0。权重值的计算方法有多种，常用高斯核函数（Radial Basis Function，RBF），此时相近矩阵 $\boldsymbol{S}$ 与邻接矩阵相同，均为对称矩阵，即

$$w_{ji}=w_{ij}=s_{ij}=\mathrm{e}^{(-\|\boldsymbol{x}_i-\boldsymbol{x}_j\|_2^2)/2\sigma^2} \tag{6.6-6}$$

6.6.2 拉普拉斯矩阵

拉普拉斯矩阵（Graph Laplacian）是谱聚类的重要工具，可由邻接矩阵 $\boldsymbol{W}$ 和度矩阵 $\boldsymbol{D}$ 得到。拉普拉斯矩阵可分为未归一化的拉普拉斯矩阵和归一化的拉普拉斯矩阵两种[11]。

（1）未归一化的拉普拉斯矩阵

未归一化的拉普拉斯矩阵 $\boldsymbol{L}$ 定义为

$$\boldsymbol{L}=\boldsymbol{D}-\boldsymbol{W} \tag{6.6-7}$$

$\boldsymbol{L}$ 有一些重要性质：

① $\boldsymbol{L}$ 是对称矩阵，因为邻接矩阵 $\boldsymbol{W}$ 和度矩阵 $\boldsymbol{D}$ 均为对称矩阵。

② 对于任意 n 维向量 $\boldsymbol{f}$，有

$$\begin{aligned}\boldsymbol{f}^{\mathrm{T}}\boldsymbol{L}\boldsymbol{f} &= \boldsymbol{f}^{\mathrm{T}}\boldsymbol{D}\boldsymbol{f} - \boldsymbol{f}^{\mathrm{T}}\boldsymbol{W}\boldsymbol{f} = \sum_{i=1}^{n} d_i f_i^2 - \sum_{i=1}^{n}\sum_{j=1}^{n} w_{ij} f_i f_j \\ &= \frac{1}{2}\left(\sum_{i=1}^{n} d_i f_i^2 - 2\sum_{i=1}^{n}\sum_{j=1}^{n} w_{ij} f_i f_j + \sum_{j=1}^{n} d_j f_j^2\right) \\ &= \frac{1}{2}\left(\sum_{i=1}^{n}\sum_{j=1}^{n} w_{ij} f_i^2 - 2\sum_{i=1}^{n}\sum_{j=1}^{n} w_{ij} f_i f_j + \sum_{j=1}^{n}\sum_{i=1}^{n} w_{ji} f_j^2\right) \\ &= \frac{1}{2}\sum_{i=1}^{n}\sum_{j=1}^{n} w_{ij}(f_i^2 - 2f_i f_j + f_j^2) \\ &= \frac{1}{2}\sum_{i=1}^{n}\sum_{j=1}^{n} w_{ij}(f_i - f_j)^2\end{aligned} \tag{6.6-8}$$

③ $\boldsymbol{L}$ 为半正定，其对应的 n 个实数特征值均大于或者等于 0，且最小的特征值为 0。

(2) 归一化的拉普拉斯矩阵

归一化的拉普拉斯矩阵 $\boldsymbol{L}_{\mathrm{sym}}$ 定义为

$$\begin{aligned}\boldsymbol{L}_{\mathrm{sym}} &= \boldsymbol{D}^{-1/2}\boldsymbol{L}\boldsymbol{D}^{-1/2} = \boldsymbol{D}^{-1/2}(\boldsymbol{D} - \boldsymbol{W})\boldsymbol{D}^{-1/2} \\ &= \boldsymbol{D}^{-1/2}\boldsymbol{D}\boldsymbol{D}^{-1/2} - \boldsymbol{D}^{-1/2}\boldsymbol{W}\boldsymbol{D}^{-1/2} \\ &= \boldsymbol{I} - \boldsymbol{D}^{-1/2}\boldsymbol{W}\boldsymbol{D}^{-1/2}\end{aligned} \tag{6.6-9}$$

其中

$$\boldsymbol{D}^{-1/2} = \begin{pmatrix} d_1^{-1/2} & 0 & \cdots & 0 \\ 0 & d_2^{-1/2} & \cdots & 0 \\ \vdots & \vdots & & \vdots \\ 0 & 0 & \cdots & d_n^{-1/2} \end{pmatrix}$$

$\boldsymbol{L}_{\mathrm{sym}}$ 也有一些重要性质：

① $\boldsymbol{L}_{\mathrm{sym}}$ 是对称矩阵，因为 $\boldsymbol{W}$ 和 $\boldsymbol{D}$ 均为对称矩阵。

② 对于任意 n 维向量 $\boldsymbol{f}$，有

$$\begin{aligned}\boldsymbol{f}^{\mathrm{T}}\boldsymbol{L}_{\mathrm{sym}}\boldsymbol{f} &= \boldsymbol{f}^{\mathrm{T}}\boldsymbol{D}^{-1/2}\boldsymbol{D}\boldsymbol{D}^{-1/2}\boldsymbol{f} - \boldsymbol{f}^{\mathrm{T}}\boldsymbol{D}^{-1/2}\boldsymbol{W}\boldsymbol{D}^{-1/2}\boldsymbol{f} \\ &= \sum_{i=1}^{n} d_i \frac{f_i^2}{d_i} - \sum_{i=1}^{n}\sum_{j=1}^{n} w_{ij} \frac{f_i}{\sqrt{d_i}} \frac{f_j}{\sqrt{d_j}} \\ &= \frac{1}{2}\left(\sum_{i=1}^{n} d_i \frac{f_i^2}{d_i} - 2\sum_{i=1}^{n}\sum_{j=1}^{n} w_{ij} \frac{f_i}{\sqrt{d_i}} \frac{f_j}{\sqrt{d_j}} + \sum_{j=1}^{n} d_j \frac{f_j^2}{d_j}\right) \\ &= \frac{1}{2}\left(\sum_{i=1}^{n}\sum_{j=1}^{n} w_{ij} \frac{f_i^2}{d_i} - 2\sum_{i=1}^{n}\sum_{j=1}^{n} w_{ij} \frac{f_i}{\sqrt{d_i}} \frac{f_j}{\sqrt{d_j}} + \sum_{j=1}^{n}\sum_{i=1}^{n} w_{ji} \frac{f_j^2}{d_j}\right) \\ &= \frac{1}{2}\sum_{i=1}^{n}\sum_{j=1}^{n} w_{ij}\left(\frac{f_i^2}{d_i} - 2\frac{f_i}{\sqrt{d_i}} \frac{f_j}{\sqrt{d_j}} + \frac{f_j^2}{d_j}\right) \\ &= \frac{1}{2}\sum_{i=1}^{n}\sum_{j=1}^{n} w_{ij}\left(\frac{f_i}{\sqrt{d_i}} - \frac{f_j}{\sqrt{d_j}}\right)^2\end{aligned} \tag{6.6-10}$$

③ $\boldsymbol{L}_{\mathrm{sym}}$ 是半正定的，对应的 n 个实数特征值均大于或者等于 0，且最小的特征值为 0。

6.6.3 切图方法

谱聚类目的是将图 $\boldsymbol{G}$ 切成 m 个互不相交的子集 $\boldsymbol{A}_i$（m 值预先设定），使子集之间边的权重和尽可能低，子集内边的权重和尽可能高。任意两个子集 $\boldsymbol{A}_i$ 与 $\boldsymbol{A}_j$ 之间满足 $\boldsymbol{A}_i \cap \boldsymbol{A}_j = \varnothing$，$m$ 个子集之间满足 $\boldsymbol{A}_1 \cup \boldsymbol{A}_2 \cdots \cup \boldsymbol{A}_m = \boldsymbol{G}$。

将两个子集 $\boldsymbol{A}$ 与 $\boldsymbol{B}$ 之间的切图权重 $cut(\boldsymbol{A},\boldsymbol{B})$ 定义为

$$cut(\boldsymbol{A},\boldsymbol{B}) = \sum_{\boldsymbol{x}_i \in \boldsymbol{A}} \sum_{\boldsymbol{x}_j \in \boldsymbol{B}} w_{ij} \tag{6.6-11}$$

将 m 个子集的切图 cut 定义为各个子集 $\boldsymbol{A}_i$ 与其补集 $\overline{\boldsymbol{A}_i}$ 的切图权重之和，即

$$cut(\boldsymbol{A}_1,\boldsymbol{A}_2,\cdots,\boldsymbol{A}_m) = \sum_{i=1}^{m} cut(\boldsymbol{A}_i,\overline{\boldsymbol{A}}_i) \tag{6.6-12}$$

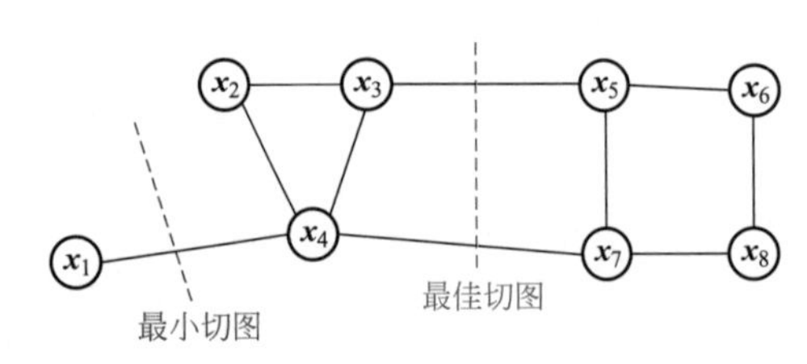

图 6.6-3 最佳切图与最小切图的对比[11]

当采用了合适的切图方法，计算得到的切图 cut 较小。但是仅考虑最小化切图 cut 不能得到最优化的切图。以图 6.6-3 为例，单独把样本 $\boldsymbol{x}_1$ 当作一类会得到最小的切图 cut，但很明显此时不是最佳切图，这是因为切图 cut 只考虑了最小化子集之间边的权重，没有考虑最大化子集之内边的权重[11]。

谱聚类中采用的切图方式主要有两种，即 RatioCut 切图和 NCut 切图[11]。

（1）RatioCut 切图

RatioCut 切图考虑在最小化切图 cut 的同时，最大化每个子集内的样本数，即

$$RatioCut(\boldsymbol{A}_1,\boldsymbol{A}_2,\cdots,\boldsymbol{A}_m) = \sum_{i=1}^{m} \frac{cut(\boldsymbol{A}_i,\overline{\boldsymbol{A}}_i)}{|\boldsymbol{A}_i|} \tag{6.6-13}$$

上式中，$|\boldsymbol{A}_i|$ 为子集 $\boldsymbol{A}_i$ 中样本点的个数；求上式的最小值，就要求子集之间的权重和越小越好，而子集内的样本数量越多越好。

定义 n 维指示向量 $\boldsymbol{h}_j \in \boldsymbol{H}$，$\boldsymbol{H}$ 为指示矩阵，$\boldsymbol{H} = \{\boldsymbol{h}_1,\boldsymbol{h}_2,\cdots,\boldsymbol{h}_m\}$，其中 n 是样本集中的样本数量，m 是划分的子集数量；$\boldsymbol{h}_j$ 分量的计算方法如下：

$$h_{ji} = \begin{cases} 0, & \boldsymbol{x}_i \notin \boldsymbol{A}_j \\ \dfrac{1}{\sqrt{|\boldsymbol{A}_j|}}, & \boldsymbol{x}_i \in \boldsymbol{A}_j \end{cases} \tag{6.6-14}$$

上式中，h_{ji} 为指示向量 $\boldsymbol{h}_j$ 的第 i 个分量（与第 i 个样本点 $\boldsymbol{x}_i$ 对应，$i=1,2,\cdots,n$），$\boldsymbol{A}_j$ 为拟划分出的第 j 个子集，$|\boldsymbol{A}_j|$ 为子集 $\boldsymbol{A}_j$ 中样本点的个数。h_{ji} 用于表示样本 $\boldsymbol{x}_i$ 的归属；以图 6.6-4 中的 5 个样本点为例（$n=5$），完成划分后，有两个子集（$m=2$），左侧的样本点 $\boldsymbol{x}_1 \sim \boldsymbol{x}_3$ 组成子集 1，右侧的样本点 $\boldsymbol{x}_4 \sim \boldsymbol{x}_5$ 组成子集 2，则指示向量 $\boldsymbol{h}_1 = [\frac{1}{\sqrt{3}} \quad \frac{1}{\sqrt{3}} \quad \frac{1}{\sqrt{3}} \quad 0 \quad 0]^{\mathrm{T}}$；其中 $h_{11} \sim h_{13}$ 的值均为 $\frac{1}{\sqrt{3}}$，是因为样本点 $\boldsymbol{x}_1 \sim \boldsymbol{x}_3$ 被划分到子集 1 中，即 $\boldsymbol{x}_1 \sim \boldsymbol{x}_3 \in \boldsymbol{A}_1$，且子集 1 中样本点个数为 3；而 $h_{14} \sim h_{15}$ 的值均为 0，是因为 $\boldsymbol{x}_4 \sim \boldsymbol{x}_5 \notin \boldsymbol{A}_1$；同理，$\boldsymbol{h}_2 = [0 \quad 0 \quad 0 \quad \frac{1}{\sqrt{2}} \quad \frac{1}{\sqrt{2}}]^{\mathrm{T}}$。此例中，$\boldsymbol{h}_j$ 为一个列向量，而指示矩阵 $\boldsymbol{H}$ 为一

个由 $\boldsymbol{h}_1$ 和 $\boldsymbol{h}_2$ 组成的 5×2 阶矩阵。可见，$\boldsymbol{H}$ 的列数为拟划分的子集数量 m，而 $\boldsymbol{H}$ 的行数为样本点总数量，$\boldsymbol{H}$ 中的每一个行向量都唯一对应于一个样本点。

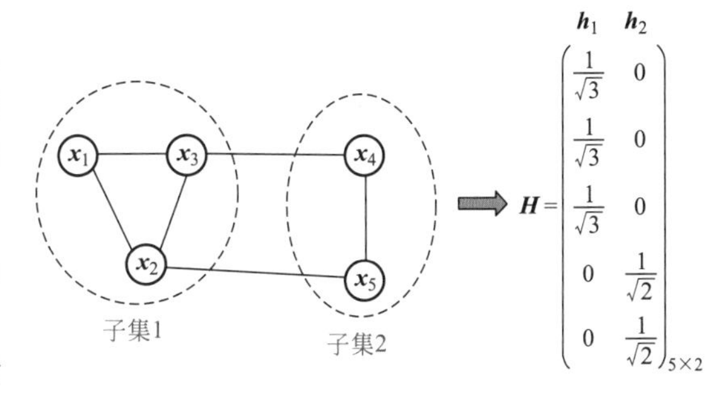

图 6.6-4 指示向量示例

指示向量 $\boldsymbol{h}_j$ 用于表示样本的归属，它有两个重要的性质：

① 每一个指示向量 $\boldsymbol{h}_j$ 均为单位向量且两两正交，即 $\boldsymbol{H}^{\mathrm{T}}\boldsymbol{H}=\boldsymbol{I}$；

② 对于任意一个指示向量 $\boldsymbol{h}_j$，由未归一化的拉普拉斯矩阵第二个性质（式 6.6-8），有

$$
\begin{aligned}
\boldsymbol{h}_j^{\mathrm{T}}\boldsymbol{L}\boldsymbol{h}_j &= \frac{1}{2}\sum_{p=1}^{n}\sum_{q=1}^{n} w_{pq}(h_{jp}-h_{jq})^2 \\
&= \frac{1}{2}\left(\sum_{\boldsymbol{x}_p\in\boldsymbol{A}_j,\ \boldsymbol{x}_q\notin\boldsymbol{A}_j} w_{pq}\left(\frac{1}{\sqrt{|\boldsymbol{A}_j|}}-0\right)^2 + \sum_{\boldsymbol{x}_p\notin\boldsymbol{A}_j,\ \boldsymbol{x}_q\in\boldsymbol{A}_j} w_{pq}\left(0-\frac{1}{\sqrt{|\boldsymbol{A}_j|}}\right)^2\right) \\
&\quad + \frac{1}{2}\left(\sum_{\boldsymbol{x}_p\notin\boldsymbol{A}_j,\ \boldsymbol{x}_q\notin\boldsymbol{A}_j} w_{pq}(0-0)^2 + \sum_{\boldsymbol{x}_p\in\boldsymbol{A}_j,\ \boldsymbol{x}_q\in\boldsymbol{A}_j} w_{pq}\left(\frac{1}{\sqrt{|\boldsymbol{A}_j|}}-\frac{1}{\sqrt{|\boldsymbol{A}_j|}}\right)^2\right) \\
&= \frac{1}{2}\left(\sum_{\boldsymbol{x}_p\in\boldsymbol{A}_j,\ \boldsymbol{x}_q\notin\boldsymbol{A}_j} w_{pq}\frac{1}{|\boldsymbol{A}_j|} + \sum_{\boldsymbol{x}_p\notin\boldsymbol{A}_j,\ \boldsymbol{x}_q\in\boldsymbol{A}_j} w_{pq}\frac{1}{|\boldsymbol{A}_j|}\right) \qquad (6.6\text{-}15) \\
&= \frac{1}{2}\left(cut(\boldsymbol{A}_j,\ \overline{\boldsymbol{A}}_j)\frac{1}{|\boldsymbol{A}_j|} + cut(\overline{\boldsymbol{A}}_j,\ \boldsymbol{A}_j)\frac{1}{|\boldsymbol{A}_j|}\right) \\
&= \frac{cut(\boldsymbol{A}_j,\ \overline{\boldsymbol{A}}_j)}{|\boldsymbol{A}_j|}
\end{aligned}
$$

将上式结果代入式（6.6-13）可得：

$$
RatioCut(\boldsymbol{A}_1,\ \boldsymbol{A}_2,\ \cdots,\ \boldsymbol{A}_m)=\sum_{j=1}^{m}\frac{cut(\boldsymbol{A}_j,\ \overline{\boldsymbol{A}}_j)}{|\boldsymbol{A}_j|}=\sum_{j=1}^{m}\boldsymbol{h}_j^{\mathrm{T}}\boldsymbol{L}\boldsymbol{h}_j
$$

又因为

$$
\boldsymbol{H}^{\mathrm{T}}\boldsymbol{L}\boldsymbol{H}=\begin{pmatrix}\boldsymbol{h}_1^{\mathrm{T}}\\ \boldsymbol{h}_2^{\mathrm{T}}\\ \vdots\\ \boldsymbol{h}_m^{\mathrm{T}}\end{pmatrix}\boldsymbol{L}(\boldsymbol{h}_1\quad \boldsymbol{h}_2\quad \cdots\quad \boldsymbol{h}_m)=\begin{pmatrix}\boldsymbol{h}_1^{\mathrm{T}}\boldsymbol{L}\\ \boldsymbol{h}_2^{\mathrm{T}}\boldsymbol{L}\\ \vdots\\ \boldsymbol{h}_m^{\mathrm{T}}\boldsymbol{L}\end{pmatrix}(\boldsymbol{h}_1\quad \boldsymbol{h}_2\quad \cdots\quad \boldsymbol{h}_m)
$$

$$
=\begin{pmatrix}\boldsymbol{h}_1^{\mathrm{T}}\boldsymbol{L}\boldsymbol{h}_1 & \boldsymbol{h}_1^{\mathrm{T}}\boldsymbol{L}\boldsymbol{h}_2 & \cdots & \boldsymbol{h}_1^{\mathrm{T}}\boldsymbol{L}\boldsymbol{h}_m\\ \boldsymbol{h}_2^{\mathrm{T}}\boldsymbol{L}\boldsymbol{h}_1 & \boldsymbol{h}_2^{\mathrm{T}}\boldsymbol{L}\boldsymbol{h}_2 & \cdots & \boldsymbol{h}_2^{\mathrm{T}}\boldsymbol{L}\boldsymbol{h}_m\\ \vdots & \vdots & & \vdots\\ \boldsymbol{h}_m^{\mathrm{T}}\boldsymbol{L}\boldsymbol{h}_1 & \boldsymbol{h}_m^{\mathrm{T}}\boldsymbol{L}\boldsymbol{h}_2 & \cdots & \boldsymbol{h}_m^{\mathrm{T}}\boldsymbol{L}\boldsymbol{h}_m\end{pmatrix}
$$

故有

$$RatioCut(\boldsymbol{A}_1, \boldsymbol{A}_2, \cdots, \boldsymbol{A}_m) = \sum_{j=1}^{m} \frac{cut(\boldsymbol{A}_j, \overline{\boldsymbol{A}}_j)}{|\boldsymbol{A}_j|} = \sum_{j=1}^{m} \boldsymbol{h}_j^{\mathrm{T}} \boldsymbol{L} \boldsymbol{h}_j$$
$$= \sum_{j=1}^{m} (\boldsymbol{H}^{\mathrm{T}} \boldsymbol{L} \boldsymbol{H})_{jj} = \mathrm{tr}(\boldsymbol{H}^{\mathrm{T}} \boldsymbol{L} \boldsymbol{H}) \tag{6.6-16}$$

上式中，$\mathrm{tr}(\boldsymbol{H}^{\mathrm{T}}\boldsymbol{L}\boldsymbol{H})$ 为矩阵的迹，也等于矩阵 $\boldsymbol{H}^{\mathrm{T}}\boldsymbol{L}\boldsymbol{H}$ 的特征值之和（$\boldsymbol{H}^{\mathrm{T}}\boldsymbol{L}\boldsymbol{H}$ 为实对称阵）。所以，最小化 RatioCut 切图等价于找到某个矩阵 $\boldsymbol{H}$，使得 $\mathrm{tr}(\boldsymbol{H}^{\mathrm{T}}\boldsymbol{L}\boldsymbol{H})$ 取得最小值，即

$$\underset{\boldsymbol{H} \in R^{n \times m}}{\operatorname{argmin}} \ \mathrm{tr}(\boldsymbol{H}^{\mathrm{T}} \boldsymbol{L} \boldsymbol{H}) \quad \text{s. t.} \quad \boldsymbol{H}^{\mathrm{T}} \boldsymbol{H} = \boldsymbol{I} \tag{6.6-17}$$

其中 $\boldsymbol{H}$ 中的元素需满足式（6.6-14）。指示向量 $\boldsymbol{h}_j$ 中每个分量的取值有两种可能性（0 或 $\frac{1}{\sqrt{|\boldsymbol{A}_j|}}$），则单个指示向量 $\boldsymbol{h}_j$ 共有 2^n 种取值可能性；当样本集很大时，我们不可能穷尽各种可能性去找到这个问题的最优解。

可以换一种思路解决这个问题，先令 $\boldsymbol{H}$ 为任意满足 $\boldsymbol{H}^{\mathrm{T}}\boldsymbol{H}=\boldsymbol{I}$ 的矩阵；为了与指示矩阵区分，此处先将 $\boldsymbol{H}$ 记为 $\boldsymbol{F}$，则最小化 RatioCut 切图问题被转化为

$$\underset{\boldsymbol{F} \in R^{n \times m}}{\operatorname{argmin}} \sum_{j=1}^{m} \boldsymbol{f}_j^{\mathrm{T}} \boldsymbol{L} \boldsymbol{f}_j = \mathrm{tr}(\boldsymbol{F}^{\mathrm{T}} \boldsymbol{L} \boldsymbol{F}) \quad \text{s. t.} \quad \boldsymbol{F}^{\mathrm{T}} \boldsymbol{F} = \boldsymbol{I} \tag{6.6-18}$$

其中 $\boldsymbol{f}_j$ 为 $\boldsymbol{F}$ 的第 j 个列向量。$\boldsymbol{F}$ 可使用 Rayleigh-Ritz 定理求解[12]。

Rayleigh-Ritz 定理[12]：设 $\boldsymbol{A}$ 为 $n \times n$ 的 Hermitian 矩阵，则定义 Rayleigh 商为：

$$R(\boldsymbol{x}, \boldsymbol{A}) = \frac{\boldsymbol{x}^{\mathrm{H}} \boldsymbol{A} \boldsymbol{x}}{\boldsymbol{x}^{\mathrm{H}} \boldsymbol{x}} \tag{6.6-19}$$

其中 $\boldsymbol{x}$ 为任意非零向量。令 $\boldsymbol{A}$ 的特征值按递增次序排列，即

$$\lambda_{\min} = \lambda_1 \leqslant \lambda_2 \leqslant \cdots \leqslant \lambda_{n-1} \leqslant \lambda_n = \lambda_{\max}$$

则有

$$\max_{\boldsymbol{x} \neq 0} \frac{\boldsymbol{x}^{\mathrm{H}} \boldsymbol{A} \boldsymbol{x}}{\boldsymbol{x}^{\mathrm{H}} \boldsymbol{x}} = \max_{\boldsymbol{x}^{\mathrm{H}} \boldsymbol{x} = 1} \frac{\boldsymbol{x}^{\mathrm{H}} \boldsymbol{A} \boldsymbol{x}}{\boldsymbol{x}^{\mathrm{H}} \boldsymbol{x}} = \lambda_{\max}, \text{若 } \boldsymbol{A}\boldsymbol{x} = \lambda_{\max} \boldsymbol{x} \tag{6.6-20}$$

$$\min_{\boldsymbol{x} \neq 0} \frac{\boldsymbol{x}^{\mathrm{H}} \boldsymbol{A} \boldsymbol{x}}{\boldsymbol{x}^{\mathrm{H}} \boldsymbol{x}} = \min_{\boldsymbol{x}^{\mathrm{H}} \boldsymbol{x} = 1} \frac{\boldsymbol{x}^{\mathrm{H}} \boldsymbol{A} \boldsymbol{x}}{\boldsymbol{x}^{\mathrm{H}} \boldsymbol{x}} = \lambda_{\min}, \text{若 } \boldsymbol{A}\boldsymbol{x} = \lambda_{\min} \boldsymbol{x} \tag{6.6-21}$$

即 Rayleigh 商的最大值为矩阵 $\boldsymbol{A}$ 最大的特征值，此时 $\boldsymbol{x}$ 是 $\boldsymbol{A}$ 的最大特征值 $\lambda_{\max}$ 对应的特征向量，满足 $\boldsymbol{x}^{\mathrm{H}}\boldsymbol{x}=\boldsymbol{1}$；最小值为 $\boldsymbol{A}$ 最小的特征值，此时 $\boldsymbol{x}$ 是 $\boldsymbol{A}$ 的最小特征值 $\lambda_{\min}$ 对应的特征向量，同样满足 $\boldsymbol{x}^{\mathrm{H}}\boldsymbol{x}=\boldsymbol{1}$。

因为 $\boldsymbol{L}$ 为 Hermitian 矩阵（实对称阵）且 $\boldsymbol{f}_j \neq 0$，故由式（6.6-18）和 Rayleigh-Ritz 定理可得

$$\min \sum_{j=1}^{m} \boldsymbol{f}_j^{\mathrm{T}} \boldsymbol{L} \boldsymbol{f}_j = \min \sum_{j=1}^{m} \frac{\boldsymbol{f}_j^{\mathrm{T}} \boldsymbol{L} \boldsymbol{f}_j}{1} = \min \sum_{j=1}^{m} \frac{\boldsymbol{f}_j^{\mathrm{T}} \boldsymbol{L} \boldsymbol{f}_j}{\boldsymbol{f}_j^{\mathrm{T}} \boldsymbol{f}_j} = \min \sum_{j=1}^{m} \lambda_i$$

则 $\lambda_1 \sim \lambda_{\mathrm{m}}$ 应取 $\boldsymbol{L}$ 的前 m 个最小特征值，$\boldsymbol{F}$ 为前 m 个最小特征值对应的特征向量 $\boldsymbol{f}_1 \sim \boldsymbol{f}_m$ 组成的矩阵。因此寻找 RatioCut 切图的最小值问题就变成了寻找 $\boldsymbol{L}$ 的前 m 个最小特征值及其特征向量的问题。但是这样得到的 $\boldsymbol{F}$ 不能指示每个样本的归属（$\boldsymbol{H}$ 能指示样本归属，但 $\boldsymbol{F} \neq \boldsymbol{H}$），需要再对 $\boldsymbol{F}$ 做一次聚类，如 k 均值等。

以图 6.5-2（a）所示样本集为例（样本点数量 $n=1500$），聚类后的预期结果为图

6.5-2（b）。令直径较大的圆环（橙色样本点）为子集 $\boldsymbol{A}_1$，直径较小的圆环（蓝色样本点）为子集 $\boldsymbol{A}_2$，则指示矩阵 $\boldsymbol{H}_{1500\times 2}$ 的第 i 行（与样本点 $\boldsymbol{x}_i$ 对应）为：

$$
\begin{array}{cc}
\boldsymbol{h}_1 & \boldsymbol{h}_2
\end{array}
$$

$$
\begin{cases}
\left[\dfrac{1}{\sqrt{|\boldsymbol{A}_1|}} \quad 0\right] & \text{if } \boldsymbol{x}_i \in \boldsymbol{A}_1 \\[2ex]
\left[0 \quad \dfrac{1}{\sqrt{|\boldsymbol{A}_2|}}\right] & \text{if } \boldsymbol{x}_i \in \boldsymbol{A}_2
\end{cases}
$$

假定聚类已完成，已知子集 $\boldsymbol{A}_1$、$\boldsymbol{A}_2$ 的样本数量均为 750，即 $|\boldsymbol{A}_1|=750$ 且 $|\boldsymbol{A}_2|=750$，则指示矩阵 $\boldsymbol{H}$ 中有 750 行的值为 $\left[\dfrac{1}{\sqrt{750}} \quad 0\right]$，另外 750 行的值为 $\left[0 \quad \dfrac{1}{\sqrt{750}}\right]$。由于指示矩阵 $\boldsymbol{H}$ 的各个行向量与样本点一一对应，所以可将 $\boldsymbol{H}$ 视为样本集的转换后形式，即将 h_{i1} 视为转换后样本点 $\boldsymbol{x}_i$ 的 x 坐标，h_{i2} 视为 y 坐标；$\boldsymbol{H}$ 中的每个行向量都是一个二维的点；据此将 $\boldsymbol{H}$ 绘出，见图 6.6-5（a），图中只显示出 2 个点，是因为两个子集 $\boldsymbol{A}_1$ 和 $\boldsymbol{A}_2$ 中的各自 750 个点的坐标相同。但是 $\boldsymbol{H}$ 无法直接求出，图 6.6-5（a）的结果是根据预期的聚类结果反向推理得到的。接着，采用前面定义的拉普拉斯矩阵和 RatioCut 切图来求解矩阵 $\boldsymbol{F}$：用 k 近邻法（$k=15$）构建邻接矩阵 $\boldsymbol{W}$，并求得度矩阵 $\boldsymbol{D}$，然后由式（6.6-7）得到未归一化的拉普拉斯矩阵 $\boldsymbol{L}$，再求得 $\boldsymbol{L}$ 的前 m 个最小特征值及其对应的特征向量，这 m 个特征向量 $\boldsymbol{f}_1\sim\boldsymbol{f}_m$ 就组成了矩阵 $\boldsymbol{F}$；此处拟将样本分为 2 类，则 $m=2$，从而最终计算得到一个 $\boldsymbol{F}_{1500\times 2}$。由于 $\boldsymbol{F}$ 的各个行向量也与样本点一一对应，所以同样可将 $\boldsymbol{F}$ 视为样本集的转换后形式，其第一列为转换后样本点的 x 坐标，第二列为 y 坐标，将 $\boldsymbol{F}$ 绘出见图 6.6-5（b）。从图中可见，$\boldsymbol{F}$ 与 $\boldsymbol{H}$ 较为类似但不等同，对于 $\boldsymbol{H}$ 而言，进一步得到最终的聚类结果只需要做一个简单的筛选，例如筛选出位于 $\boldsymbol{x}$ 轴上的点所对应的原样本点即组成了第 1 个子集，筛选出位于 $\boldsymbol{y}$ 轴上的点所对应的原样本点即组成了第 2 个子集。但是由于 $\boldsymbol{F}$ 与 $\boldsymbol{H}$ 的形式不同，$\boldsymbol{F}$ 的点没有聚集在坐标轴上，所以这种简单的筛选方法应用在 $\boldsymbol{F}$ 上无法得到聚类结果。要得到最终的聚类结果，可基于 k 均值算法等聚类算法对 $\boldsymbol{F}$ 中的行向量进一步聚类；由于 $\boldsymbol{F}$ 的行向量与原样本集中的样本点一一对应，因此针对 $\boldsymbol{F}$ 中的行向量的聚类结果可直接对应到原样本集中。

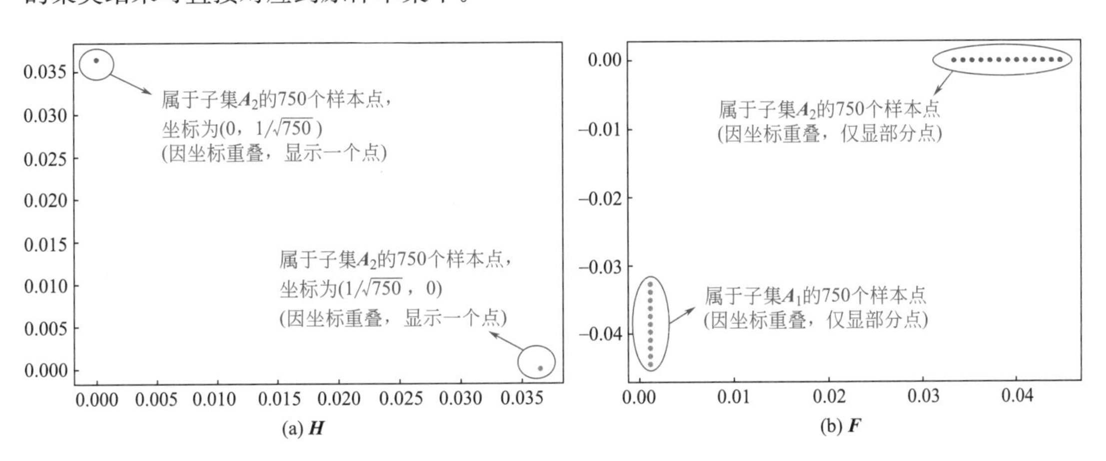

图 6.6-5　$\boldsymbol{H}$ 与 $\boldsymbol{F}$ 的对比

从图 6.5-2（a）这个例子中可以看出，直接对原样本集使用 k 均值算法聚类无法得到预期结果（图 6.3-2），而将拉普拉斯变换与 k 均值聚类相结合就可以得到预期结果。原因是拉普拉斯矩阵的变换增强了数据中的集群属性[11]，从而将不易聚类的数据形式转换成容易聚类的数据形式。可见谱聚类就是将拉普拉斯变换与 k 均值聚类等简单聚类算法相结合的一种算法。

（2）NCut 切图

NCut 切图考虑在最小化切图 cut 的同时，最大化每个子集内的边权重和。与 RatioCut 切图相比，NCut 切图更加符合谱聚类的目标。

$$NCut(\mathbf{A}_1, \mathbf{A}_2, \cdots, \mathbf{A}_m)=\sum_{j=1}^{m}\frac{cut(\mathbf{A}_j, \overline{\mathbf{A}}_j)}{vol(\mathbf{A}_j)} \tag{6.6-22}$$

$$vol(\mathbf{A}_j)=\sum_{\boldsymbol{x}_i\in\mathbf{A}_j}d_i \tag{6.6-23}$$

使用子集内边的权重和来定义指示向量 $\boldsymbol{h}_j\in\boldsymbol{H}=\{\boldsymbol{h}_1, \boldsymbol{h}_2, \cdots, \boldsymbol{h}_m\}$

$$h_{ji}=\begin{cases}0, & \boldsymbol{x}_i\notin\mathbf{A}_j\\ \dfrac{1}{\sqrt{vol(\mathbf{A}_j)}}, & \boldsymbol{x}_i\in\mathbf{A}_j\end{cases} \tag{6.6-24}$$

上式中，h_{ji}、$\mathbf{A}_j$ 以及 $\boldsymbol{x}_i$ 的含义与 RatioCut 切图相同；此处的指示向量也有两个重要的性质：

① 对任意一个指示向量 $\boldsymbol{h}_j$，有

$$\begin{aligned}\boldsymbol{h}_j^{\mathrm{T}}\boldsymbol{D}\boldsymbol{h}_j&=(h_{j1}d_1\quad h_{j2}d_2\quad\cdots\quad h_{jn}d_n)\begin{pmatrix}h_{j1}\\h_{j2}\\\vdots\\h_{jn}\end{pmatrix}=\sum_{i=1}^{n}h_{ji}^2d_i\\&=\sum_{\boldsymbol{x}_i\in\mathbf{A}_j}h_{ji}^2d_i=\frac{\sum\limits_{\boldsymbol{x}_i\in\mathbf{A}_j}d_j}{vol(\mathbf{A}_j)}=\frac{vol(\mathbf{A}_j)}{vol(\mathbf{A}_j)}=1\end{aligned} \tag{6.6-25}$$

故有 $\boldsymbol{H}^{\mathrm{T}}\boldsymbol{D}\boldsymbol{H}=\boldsymbol{I}$。

② 对于任意一个指示向量 $\boldsymbol{h}_j$，由归一化的拉普拉斯矩阵的第二个性质（式 6.6-10）有

$$\begin{aligned}\boldsymbol{h}_j^{\mathrm{T}}\boldsymbol{L}\boldsymbol{h}_j&=\frac{1}{2}\sum_{p=1}^{n}\sum_{q=1}^{n}w_{pq}(h_{jp}-h_{jq})^2\\&=\frac{1}{2}\left(\sum_{\boldsymbol{x}_p\in\mathbf{A}_j, \boldsymbol{x}_q\notin\mathbf{A}_j}w_{pq}\left(\frac{1}{\sqrt{vol(\mathbf{A}_j)}}-0\right)^2+\sum_{\boldsymbol{x}_p\notin\mathbf{A}_j, \boldsymbol{x}_q\in\mathbf{A}_j}w_{pq}\left(0-\frac{1}{\sqrt{vol(\mathbf{A}_j)}}\right)^2\right)+\\&\quad\frac{1}{2}\left(\sum_{\boldsymbol{x}_p\notin\mathbf{A}_j, \boldsymbol{x}_q\notin\mathbf{A}_j}w_{pq}(0-0)^2+\sum_{\boldsymbol{x}_p\in\mathbf{A}_j, \boldsymbol{x}_q\in\mathbf{A}_j}w_{pq}\left(\frac{1}{\sqrt{vol(\mathbf{A}_j)}}-\frac{1}{\sqrt{vol(\mathbf{A}_j)}}\right)^2\right)\\&=\frac{1}{2}\left(\sum_{\boldsymbol{x}_p\in\mathbf{A}_j, \boldsymbol{x}_q\notin\mathbf{A}_j}w_{pq}\frac{1}{vol(\mathbf{A}_j)}+\sum_{\boldsymbol{x}_p\notin\mathbf{A}_j, \boldsymbol{x}_q\in\mathbf{A}_j}w_{pq}\frac{1}{vol(\mathbf{A}_j)}\right)\\&=\frac{1}{2}\left(cut(\mathbf{A}_j, \overline{\mathbf{A}}_j)\frac{1}{vol(\mathbf{A}_j)}+cut(\overline{\mathbf{A}}_j, \mathbf{A}_j)\frac{1}{vol(\mathbf{A}_j)}\right)\\&=\frac{cut(\mathbf{A}_j, \overline{\mathbf{A}}_j)}{vol(\mathbf{A}_j)}\end{aligned} \tag{6.6-26}$$

将上式结果代入式（6.6-24）可得

$$NCut(\boldsymbol{A}_1, \boldsymbol{A}_2, \cdots, \boldsymbol{A}_m) = \sum_{j=1}^{m} \frac{cut(\boldsymbol{A}_j, \overline{\boldsymbol{A}}_j)}{vol(\boldsymbol{A}_j)} = \sum_{j=1}^{m} \boldsymbol{h}_j^{\mathrm{T}} \boldsymbol{L} \boldsymbol{h}_j = \sum_{j=1}^{m} (\boldsymbol{H}^{\mathrm{T}} \boldsymbol{L} \boldsymbol{H})_{jj} = \mathrm{tr}(\boldsymbol{H}^{\mathrm{T}} \boldsymbol{L} \boldsymbol{H}) \tag{6.6-27}$$

根据 NCut 切图对 $\boldsymbol{H}$ 的定义（式 6.6-24），此处不再有 $\boldsymbol{H}^{\mathrm{T}}\boldsymbol{H} \neq \boldsymbol{I}$，所以此时不能直接采用类似于 RatioCut 切图的处理方式，而需要做一个变换。令 $\boldsymbol{H} = \boldsymbol{D}^{-1/2}\boldsymbol{F}$，即 $\boldsymbol{H}$ 与 $\boldsymbol{F}$ 可相互直接计算得到，则有

$$\boldsymbol{H}^{\mathrm{T}} \boldsymbol{D} \boldsymbol{H} = \boldsymbol{F}^{\mathrm{T}} \boldsymbol{F} = \boldsymbol{I} \tag{6.6-28}$$

$$\boldsymbol{H}^{\mathrm{T}} \boldsymbol{L} \boldsymbol{H} = \boldsymbol{F}^{\mathrm{T}} \boldsymbol{D}^{-1/2} \boldsymbol{L} \boldsymbol{D}^{-1/2} \boldsymbol{F} \tag{6.6-29}$$

将上式代入式（6.6-22），则 NCut 函数可以表示为

$$NCut(\boldsymbol{A}_1, \boldsymbol{A}_2, \cdots, \boldsymbol{A}_m) = \sum_{j=1}^{m} \boldsymbol{f}_j^{\mathrm{T}} \boldsymbol{D}^{-1/2} \boldsymbol{L} \boldsymbol{D}^{-1/2} \boldsymbol{f}_j = \sum_{j=1}^{m} \boldsymbol{f}_j^{\mathrm{T}} \boldsymbol{L}_{sym} \boldsymbol{f}_j = \sum_{j=1}^{m} (\boldsymbol{F}^{\mathrm{T}} \boldsymbol{L}_{sym} \boldsymbol{F})_{jj} = \mathrm{tr}(\boldsymbol{F}^{\mathrm{T}} \boldsymbol{L}_{sym} \boldsymbol{F}) \tag{6.6-30}$$

因此最小化 NCut 切图等价于

$$\underset{\boldsymbol{F} \in R^{n \times m}}{\arg\min}\ \mathrm{tr}(\boldsymbol{F}^{\mathrm{T}} \boldsymbol{L}_{sym} \boldsymbol{F}) \quad \text{s. t.} \quad \boldsymbol{F}^{\mathrm{T}} \boldsymbol{F} = \boldsymbol{I} \tag{6.6-31}$$

上式中，$\boldsymbol{H} = \boldsymbol{D}^{-1/2}\boldsymbol{F}$，$\boldsymbol{H}$ 见式（6.6-24）。类似于 RatioCut 切图的解决方式，满足上式的 $\boldsymbol{F}$ 为 $\boldsymbol{L}_{\mathrm{sym}}$ 的前 m 个最小特征值对应的特征向量组成的 $n \times m$ 阶矩阵，因此最小化 NCut 切图就变成了找到 $\boldsymbol{L}_{\mathrm{sym}}$ 的前 m 个最小特征值及其对应的特征向量。对 $\boldsymbol{F}$ 再做一次传统的聚类方法就可以得到分类结果。

采用全连接法以及归一化的拉普拉斯矩阵（NCut 切图）的谱聚类的伪代码见算法 6.6-1。在第 1～6 行，算法先按照给定的函数计算相近矩阵，并赋值给邻接矩阵，在第 7、8 行，算法计算拉普拉斯矩阵，并将其归一化；在第 9、10 行，算法计算归一化的拉普拉斯矩阵的前 m 个最小特征值，将其对应的特征向量赋值给矩阵 $\boldsymbol{F}$；在第 11 行，算法利用 k 均值算法对 $\boldsymbol{F}$ 矩阵进行聚类，然后输出聚类结果。

谱聚类　　　　算法 6.6-1

输入：	样本集 $\boldsymbol{D} = \{\boldsymbol{x}_1, \boldsymbol{x}_2, \cdots, \boldsymbol{x}_n\}$ 计算相似矩阵的函数 预设类的数量 m
输出：	划分的类 $\boldsymbol{A} = \{\boldsymbol{A}_1, \boldsymbol{A}_2, \cdots, \boldsymbol{A}_k\}$
1：	for $i=1$ to n do
2：	for $j=1$ to n do
3：	按照给定的函数计算 s_{ij}
4：	end for
5：	end for
6：	$\boldsymbol{W} = \boldsymbol{S}$
7：	$\boldsymbol{L} = \boldsymbol{D} - \boldsymbol{W}$

续表

8：	$L_{sym}=D^{-1/2}LD^{-1/2}$
9：	计算 L_{sym} 的特征值和特征向量
10：	令 F 矩阵为最小的 m 个特征值对应的特征向量组成的 $n\times m$ 阶矩阵
11：	对 F 矩阵按行做标准化，即 $f_{ij}=f_{ij}/(\sum_{m} f_{im}^{2})^{1/2}$
12：	使用 k 均值算法对 F 矩阵聚类

6.6.4 谱聚类算法应用

用谱聚类算法分割图 6.2-4 所示的钢构件点云数据，相近矩阵的计算方法选用高斯核函数，邻接矩阵的生成方式选用 k 近邻法，选择归一化的拉普拉斯矩阵作为工具，预设类的数量为 4 个，最后采用 k 均值算法对归一化拉普拉斯矩阵的特征向量重新聚类。算法的分类结果见图 6.6-6，每种颜色代表不同的分类结果，可见谱聚类能够将各个构件完整地分割出。

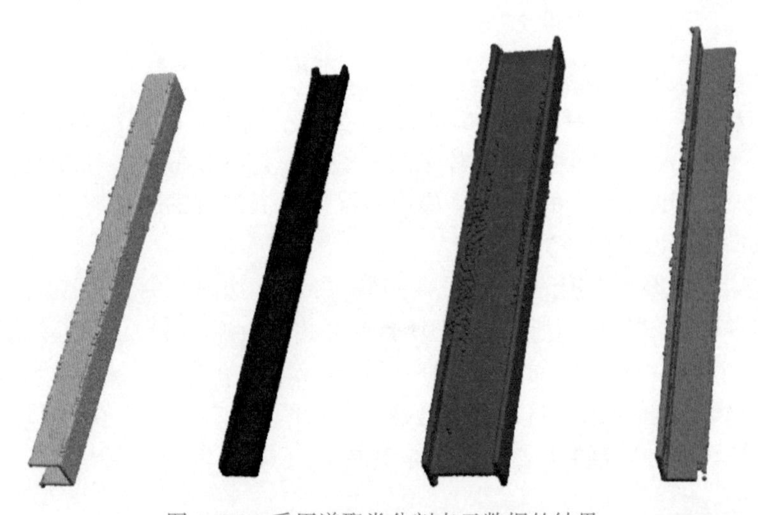

图 6.6-6　采用谱聚类分割点云数据的结果

课后习题

1. 用 k 均值算法将图 6.2-4 中的钢构件点云数据分为 4 类。

2. 用 6.3 节中的两种密度聚类算法分别将图 6.2-4 中的钢构件点云数据聚类。

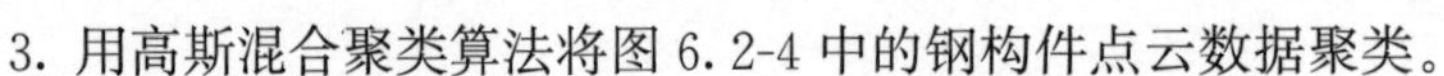

3. 用高斯混合聚类算法将图 6.2-4 中的钢构件点云数据聚类。

4. 用聚合聚类算法将图 6.2-4 中的钢构件点云数据聚类。

5. 用谱聚类算法将图 6.2-4 中的钢构件点云数据聚类。

参考文献

[1] 周志华．机器学习［M］．北京：清华大学出版社，2016.
[2] 思绪无限．Kmeans 聚类算法详解［EB/OL］．(2018-05-16)［2023-04-24］．https://blog.csdn.net/qq_32892383/article/details/80107795.
[3] 赵志勇．Python 机器学习算法［M］．北京：电子工业出版社，2017.
[4] SKLEARN. Clustering［EB/OL］．［2023-04-24］．https://scikit-learn.org/stable/modules/clustering.html#clustering.
[5] 雷明．机器学习原理、算法与应用［M］．北京：清华大学出版社，2019.
[6] RASMUSSEN，C，WILLIAMS，C. Gaussian processes in machine learning［M］．MIT Press，2006：79-102.
[7] LOTUSNG.［机器学习笔记］通俗易懂解释高斯混合聚类原理［EB/OL］．(2018-04-18)［2023-04-24］．https://blog.csdn.net/lotusng/article/details/79990724.
[8] JAIN A，MURTY M，FLYNN P. Data clustering：a review［J］．ACM computing surveys (CSUR)，1999，31 (3)：264-323.
[9] 李航．统计学习方法［M］．北京：清华大学出版社，2012.
[10] 刘建平 Pinard．谱聚类（spectral clustering）原理总结［EB/OL］．(2016-12-29)［2023-04-24］．https://www.cnblogs.com/pinard/p/6221564.html.
[11] VON L. A tutorial on spectral clustering［J］．Statistics and computing，2007，17 (4)：395-416.
[12] 张贤达．矩阵分析与应用［M］．2 版．清华大学出版社，2013.

第 7 章　分类算法

当前人工智能算法最广泛的应用就是分类，例如图像识别就是一种典型的人工智能分类应用场景。在深度学习未出现之前，神经元感知器、支持向量机和贝叶斯分类器等经典分类算法就得到了广泛的应用，而且神经元感知器等经典分类算法的思想和数学原理也是深度学习的基础。神经元感知器等经典分类算法结构简单，数学过程严密，算法流程也比较简洁。本章对神经元感知器等经典分类算法的构成、数学计算过程、数学原理、训练流程等进行了详细的剖析。通过本章的学习，读者也将为系统学习前馈神经网络和卷积神经网络等深度学习算法奠定良好的基础。

7.1　神经元感知器

7.1.1　感知器的构成与工作流程

20 世纪 50 年代，科学家受神经元启发而发明了神经元感知器模型，之后这种模型被广泛运用于图像和数据处理领域。神经元感知器是一种监督学习的二分类学习算法，它是一个典型的线性分类器，其输入数据为某个向量 $\boldsymbol{x}$，输出结果是将 $\boldsymbol{x}$ 分为两类中的哪一类。神经元感知器算法简单且易于实现，是支持向量机和多层人工神经网络等机器学习算法的基础。

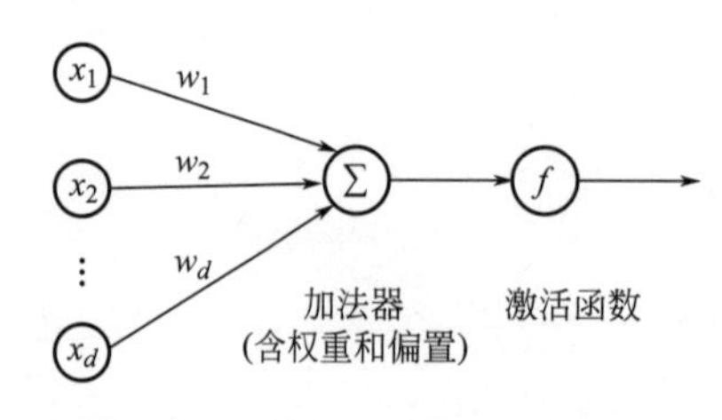

图 7.1-1　神经元感知器的构成图

神经元感知器是最简单的人工神经网络，是将生物部件进行简单的数学抽象后而形成。图 7.1-1 为神经元感知器的构成图，图中的每个圆圈都可以视为一个神经元；其中最左侧一排神经元代表一个输入向量 $\boldsymbol{x}$，每个神经元内都包含一个向量的分量，即这一排神经元的数量等于输入向量的维度。图中，中间的一个神经元是加法器，其中包括一个权重向量 $\boldsymbol{w}$ 和一个偏置标量 b，权重向量 $\boldsymbol{w}$ 的维度与输入向量 $\boldsymbol{x}$ 的维度相同；加法器的功能是将权重向量的转置 $\boldsymbol{w}^{\mathrm{T}}$ 与输入向量 $\boldsymbol{x}$ 相乘后，再与偏置标量 b 相加，得到一个加权和 z。图中最右侧的一个神经元中包含一个激活函数，这个激活函数以 z 为变量，计算出一个激活值，激活值的计算结果只能是 $+1$ 或 -1，代表这个感知器可以将输入向量分为两类，也就是将计算结果为 $+1$ 的样本分为一个类，而将计算结果为 -1 的样本分为另外一个类。

图 7.1-1 中，加法器神经元与最左边一排输入向量神经元之间的连线，可视为神经元的突触，每个突触上都有一个权重向量的分量，这些分量分别与输入神经元中的向量分量相乘后再相加，然后再加上加法器中的偏置，就得到加权和 z。例如，给定某单个输入向

量 $\boldsymbol{x}=(\boldsymbol{x}_1, \cdots, \boldsymbol{x}_d)^{\mathrm{T}}$，$d$ 为输入向量的维数，则神经元感知器的分类计算公式为：

$$z=\boldsymbol{w}^{\mathrm{T}}\boldsymbol{x}+b \tag{7.1-1}$$

$$t=sign(z) \tag{7.1-2}$$

上式中，z 为加权和，$\boldsymbol{w}\in\boldsymbol{R}^d$ 为权重向量，$b\in\boldsymbol{R}$ 为偏置标量；t 为计算结果，其值为 $+1$ 或 -1，即 $t\in\{1, -1\}$；$sign$ 为激活函数，公式如下：

$$sign(z)=\begin{cases}+1, & z\geqslant 0\\ -1, & z<0\end{cases} \tag{7.1-3}$$

上式中，激活值 t 计算结果为 $+1$ 或 -1，其实就是为输入的向量打上一个 $+1$ 或 -1 的分类标签。

由图 7.1-1 及式（7.1-1）和式（7.1-2）可见，神经元感知器模型包括输入数据、一个加法器、一个激活函数三部分；神经元感知器可不停读入单个样本数据并进行二分类处理。

神经元感知器的工作流程如下：

（1）确定一个需要分类的样本集 $T=\{\boldsymbol{x}_1, \cdots, \boldsymbol{x}_n\}$，$\boldsymbol{x}_i$ 为多维向量且 $\boldsymbol{x}_i\in\boldsymbol{R}^d$；

（2）神经元感知器读取第一个样本 $\boldsymbol{x}_1$（循环开始后读取当前样本 $\boldsymbol{x}_i$），然后根据式（7.1-1），将加法器中包含的权重向量与 $\boldsymbol{x}_1$（循环开始后读取当前样本 $\boldsymbol{x}_i$）相乘后再与偏置标量 b 相加，得到当前样本的加权和 z；

（3）将 z 代入激活函数（式（7.1-3））中，计算出 $\boldsymbol{x}_1$ 的分类标签 t_1，完成 $\boldsymbol{x}_1$ 的分类，为方便记录，常将 $\boldsymbol{x}_1$ 增广为 $(\boldsymbol{x}_1, t_1)$，即为样本向量 $\boldsymbol{x}_1$ 增加一个分量；

（4）循环，回到步骤（2），继续读取下一个样本，直至完成所有样本的分类计算，得到一个完成分类的样本集 $\hat{T}=\{(\boldsymbol{x}_1, t_1), \cdots, (\boldsymbol{x}_N, t_N)\}$，$t_i\in\{+1, -1\}$。

例如，考虑待分类的样本 $\boldsymbol{x}=(1, 2)^{\mathrm{T}}$，利用神经元感知器，可以通过判断感知器的输出结果来鉴别样本的种类；假设感知器权重向量 $\boldsymbol{w}=(1, -1)^{\mathrm{T}}$，偏置 $b=-1$，则 $\boldsymbol{w}^{\mathrm{T}}\boldsymbol{x}+b=(1, -1)(1, 2)^{\mathrm{T}}-1=-2$，则 $sign(-2)=-1$，那么可以判断出样本实例 $\boldsymbol{x}$ 的类型为 -1。

7.1.2　感知器的学习过程

上一小节中介绍的是一个神经元感知器的构成，以及感知器分类过程中的工作步骤；这个过程中假定权重向量 $\boldsymbol{w}$ 和偏置标量 b 为已知参数。以图 7.1-2 中的二维情况为例，平面中存在一些样本点，其中已知一条直线将所有样本点划分为两类，直线的方程为：

$$\boldsymbol{w}^{\mathrm{T}}\boldsymbol{x}+b=0 \tag{7.1-4}$$

上式直线方程中的参数向量 $\boldsymbol{w}^{\mathrm{T}}$ 和标量 b，就是式（7.1-1）中的权重向量和偏置标量；对于样本点是二维的情况，权重向量为二维，划分样本点的是一条直线；对于样本点是三维的情况，权重向量为三维，划分样本点的是一个平面；对于样本点是四维及以上的情况，划分样本点的不能再用直线或平面描述，则统称其为超平面。

任意给定一组多维向量样本集 $\boldsymbol{T}=\{\boldsymbol{x}_1, \cdots, \boldsymbol{x}_n\}$，样本集中的样本分为两类。如果存在一个超平面，使得 $\boldsymbol{T}$ 中所有的同一类样本点均仅在超平面的上方或下方，则称 $\boldsymbol{T}$ 是线性可分的；即超平面可将样本集划分为两类，超平面的方程就是式（7.1-4）。将 $\boldsymbol{T}$ 中的样本点 $\boldsymbol{x}_i$ 逐一代入超平面方程式（7.1-4）中，当 $\boldsymbol{w}^{\mathrm{T}}\boldsymbol{x}_i+b>0$ 时，点在超平面上方，由激

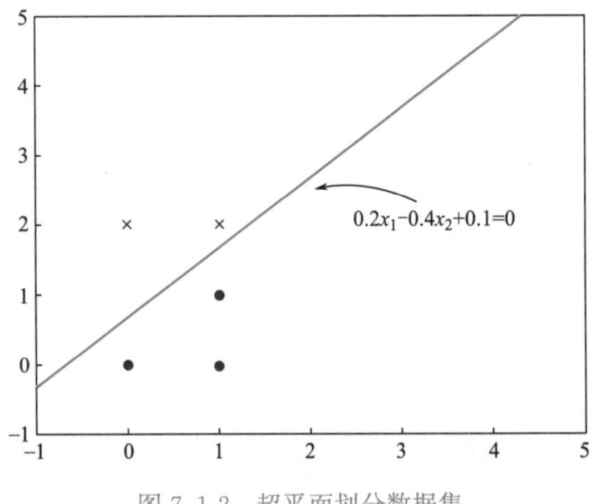

图 7.1-2　超平面划分数据集

活函数计算得到分类标签 $t_i=+1$；当 $\boldsymbol{w}^{\mathrm{T}}\boldsymbol{x}_i+b<0$ 时，点在超平面下方，由激活函数计算得到分类标签 $t_i=-1$；最终完成所有样本点的分类计算。

在给定一组数据样本时，我们并不知道这组样本是否线性可分，也就是不知道是否存在一个可以将样本分为两类的超平面。但我们可以根据样本的类别先给每个给定样本打上一个分类标签+1 或−1；我们希望神经元感知器进行自主学习，从这组给定样本及其标签中学习到一个超平面的方程，也就是通过学习得到超平面方程（7.1-4）中的权重 $\boldsymbol{w}$ 和偏置 b，这样以后再遇到此类新的样本数据时，就可以采用这个学习到的超平面对新样本数据进行分类，且分类的结果规律也趋向于已经打上标签的样本数据。

感知器学习时，初始状态下可先任意给定一个超平面 $\boldsymbol{w}^{*\mathrm{T}}\boldsymbol{x}+b=0$，并依据这个超平面对数据集中的样本进行分类，则对数据集 $\boldsymbol{T}$ 的任意一个被错误分类的样本 $\boldsymbol{x}_i$，其到超平面的距离为 $\dfrac{|\boldsymbol{w}^{*\mathrm{T}}\boldsymbol{x}_i+b|}{\|\boldsymbol{w}^*\|}$（点到平面的距离公式，对于三维空间为 $\dfrac{|Ax_0+By_0+Cz_0+D|}{\sqrt{A^2+B^2+C^2}}$），其中 $\|\boldsymbol{w}^*\|=\left(\sum_{i=1}^{d}w_i^{*2}\right)^{\frac{1}{2}}$，则其标签 t_i 与到给定超平面距离的乘积总是满足：

$$\frac{-t_i}{\|\boldsymbol{w}^*\|}(\boldsymbol{w}^{*\mathrm{T}}\boldsymbol{x}_i+b)>0 \tag{7.1-5a}$$

式（7.1-5a）成立的原因是，对于任意标签 $t_i=-1$ 的样本（每个样本的标签均已固定），与 t_i 对应的样本为 $\boldsymbol{x}_i$，如果 $\boldsymbol{w}^{*\mathrm{T}}x+b=0$ 这个给定的超平面准确（准确的含义是指此时超平面不会对任何样本误分类），则将 $\boldsymbol{x}_i$ 代入 $\boldsymbol{w}^{*\mathrm{T}}\boldsymbol{x}_i+b$ 中应得到 $\boldsymbol{w}^{*\mathrm{T}}\boldsymbol{x}_i+b<0$ 这一结果，则可计算出 $\dfrac{-t_i}{\|\boldsymbol{w}^*\|}(\boldsymbol{w}^{*\mathrm{T}}\boldsymbol{x}_i+b)<0$；但如果 $\boldsymbol{w}^{*\mathrm{T}}\boldsymbol{x}+b=0$ 这个给定的超平面不够准确，对 $\boldsymbol{x}_i$ 误分类后，虽然 $t_i=-1$，但将 $\boldsymbol{x}_i$ 代入 $\boldsymbol{w}^{*\mathrm{T}}\boldsymbol{x}_i+b$ 中得到的计算结果是 $\boldsymbol{w}^{*\mathrm{T}}\boldsymbol{x}_i+b>0$，则可进一步计算出 $\dfrac{-t_i}{\|\boldsymbol{w}^*\|}(\boldsymbol{w}^{*\mathrm{T}}\boldsymbol{x}_i+b)>0$。反之，对于任意 $t_i=+1$ 的误分类样本，也可推导出式（7.1-5a）的结果。如果任意给定的超平面恰好可准确分类所有已经打上标签的样本，则找不到满足式（7.1-5a）的任何误分类样本，此时也不需要对权重和偏

置参数进行学习了，因为任意给定的超平面已经恰好满足要求了；但这种情况在实践应用中基本不会出现，因为实际应用中样本的数量一般比较大，样本向量的维数也比较多，很难出现这种任意给定一个超平面就能把所有已打上标签样本正确分类的情况。

由于式（7.1-5a）的计算结果大于 0，从而也可写为：

$$\frac{-t_i}{\|\boldsymbol{w}^*\|}(\boldsymbol{w}^{*\mathrm{T}}\boldsymbol{x}_i+b)=\frac{|\boldsymbol{w}^{*\mathrm{T}}\boldsymbol{x}_i+b|}{\|\boldsymbol{w}^*\|} \tag{7.1-5b}$$

所以，数据集中所有误分类点到所求超平面的距离之和 $D(\boldsymbol{w}, b)$ 为

$$\begin{aligned} D(\boldsymbol{w}, b) &= \frac{1}{\|\boldsymbol{w}^*\|}\sum_{\boldsymbol{x}_i\in\boldsymbol{M}}|\boldsymbol{w}^{*\mathrm{T}}\boldsymbol{x}_i+b| \\ &= -\frac{1}{\|\boldsymbol{w}^*\|}\sum_{\boldsymbol{x}_i\in\boldsymbol{M}}t_i(\boldsymbol{w}^{*\mathrm{T}}\boldsymbol{x}_i+b) \end{aligned} \tag{7.1-6}$$

上式中，$\boldsymbol{M}$ 为误分类的样本点集。

可见，神经元感知器输出的分类结果标签用＋1 和－1，而非＋1 和 0，是因为感知器在学习中，也就是在训练中，还要用这个标签进行计算并判断是否进行了误分类；如果用 0 作为分类标签，则无法通过计算进行判断，因此这是一个人为的设计。

实际应用中，已有样本的数据量往往很大，样本向量的维数也可能比较多，一般找不到可以将样本数据严格划分的超平面；此时求取数据集的划分超平面问题，就可视为一个优化问题，即优化的目标是找到一个超平面，虽然这个超平面不一定能将样本数据严格划分，但可使得所有误分类样本点到超平面的距离之和最小。因此，优化目标函数（也可称为“损失函数”）只需保证在分类过程中，随着误分类样本的减少，目标函数值也相应地减小。根据相关研究，优化过程中可不考虑式（7.1-6）中的 $\frac{1}{\|\boldsymbol{w}^*\|}$，则目标函数可定为：

$$L(\boldsymbol{w}, \boldsymbol{b})=-\sum_{\boldsymbol{x}_i\in\boldsymbol{M}}t_i(\boldsymbol{w}^{*\mathrm{T}}\boldsymbol{x}_i+b) \tag{7.1-7}$$

针对式（7.1-7）的目标函数，求解中常采用随机梯度下降法。随机梯度下降法不同于梯度下降法（沿负梯度方向搜索极小值），在更新过程中，采用单个误分类样本的梯度代替所有误分类样本的平均梯度进行更新，这样避免了梯度下降法在大样本量时，整体更新误分类样本梯度时计算量过大的缺陷（整体更新计算量大，是因为每次都要把所有误分类点都找到）。求解过程中，总是随机选择一个误分类点对其进行梯度下降计算，并不断循环直至所有误分类点均被正确分类或损失不再减小。目标函数式（7.1-7）的求解目标是得到 $\boldsymbol{w}^*$ 和 $\boldsymbol{b}$，则梯度计算公式如下：

$$\frac{\partial L(\boldsymbol{w}^*, b)}{\partial \boldsymbol{w}^*}=-\sum_{\boldsymbol{x}_i\in\boldsymbol{M}}t_i\boldsymbol{x}_i \tag{7.1-8a}$$

$$\frac{\partial L(\boldsymbol{w}^*, b)}{\partial b}=-\sum_{\boldsymbol{x}_i\in\boldsymbol{M}}t_i \tag{7.1-8b}$$

因此，按照随机梯度下降法，随机选择一个误分类样本 $(\boldsymbol{x}_i, t_i)$ 进行梯度更新的公式如下：

$$\boldsymbol{w}^{*\mathrm{T}} \leftarrow \boldsymbol{w}^{*\mathrm{T}}+\eta t_i\boldsymbol{x}_i$$

$$b \leftarrow b+\eta t_i$$

上式的赋值符号，就是将当前的 $\boldsymbol{w}^*$ 和 b 沿负梯度方向进行迭代以求得损失函数最小值；式中 η 定义为学习率，实际上就是一个比例系数，能够反映迭代步长的大小，一般可取值为 0.01～0.1，并需根据计算进行调整；$\eta t_i \boldsymbol{x}_i$ 和 ηt_i 均为迭代步长；上式的作用是将迭代后结果重新赋值给当前的 $\boldsymbol{w}^*$ 和 b。选择误分类样本之后，不断根据 $\boldsymbol{w}^*$ 和 b 的负梯度方向修正划分超平面的位置，最后得到可以划分数据集的超平面。算法模型的训练过程中，迭代流程如下：

（1）先分别将 $\boldsymbol{w}^{*\mathrm{T}}$ 和 b 初始化为 $\boldsymbol{w}_0^{*\mathrm{T}}$ 和 b_0，其中 $\boldsymbol{w}_0^{*\mathrm{T}}$ 和 b_0 可取任意值，并确定 η；

（2）随机选择一个 $\boldsymbol{x}_i$，然后将 $\boldsymbol{x}_i$、$\boldsymbol{w}_0^{*\mathrm{T}}$ 和 b_0 代入公式（7.1-5a）中并判断不等式是否成立，如果不成立，则再随机选择一个 $\boldsymbol{x}_j$（$i \neq j$），直到搜索出一个样本 $\boldsymbol{x}_k$ 使得不等式成立；若历遍所有数据样本都没有找到使得不等式成立的 $\boldsymbol{x}_k$，则说明 $\boldsymbol{w}_0^{*\mathrm{T}}$ 和 b_0 已满足条件，算法结束；否则转入下一步；

（3）将 $\boldsymbol{x}_k$、$\boldsymbol{w}_0^{*\mathrm{T}}$ 和 b_0 代入式（7.1-8a）和（7.1-8b）中进行迭代，求得 $\boldsymbol{w}^{*\mathrm{T}}$ 和 b 新的当前值；计算 $D(\boldsymbol{w}, b)$；

（4）循环步骤（2）到步骤（3），直到 $D(\boldsymbol{w}, b)$ 达到容许误差。

算法模型的学习流程和学习过程，见图 7.1-3 和算法 7.1-1。算法模型训练完成后，对于以后新的样本，感知器模型就按照训练好的超平面进行分类。

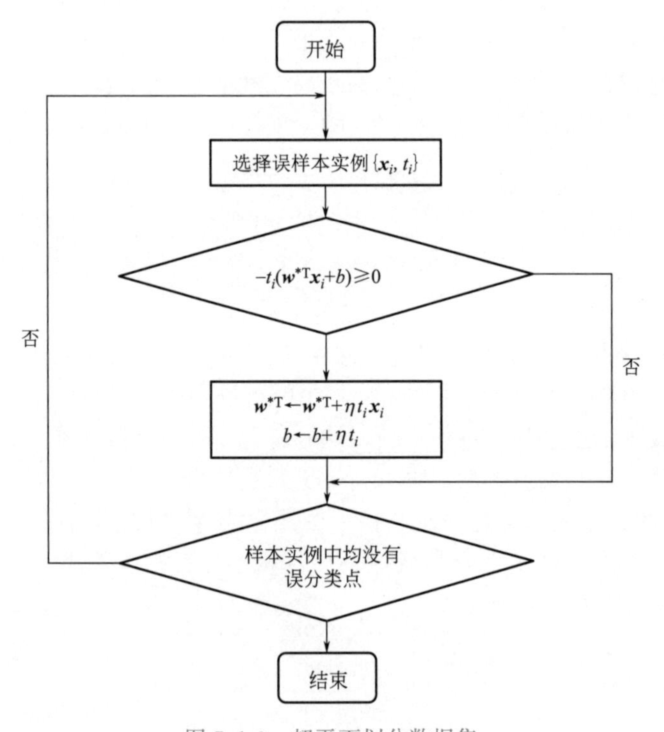

图 7.1-3　超平面划分数据集

神经元感知器学习	算法 7.1-1
输入：	训练数据集 T，学习率 η，迭代次数为 N，样本实例个数为 K
输出：	感知器模型参数 $\boldsymbol{w}, b$
1：	初始化：$\boldsymbol{w}^{*\mathrm{T}} \leftarrow \boldsymbol{w}_0^{*\mathrm{T}}, b \leftarrow b_0$, flag=false；

续表

2:　　for $i \leftarrow 1$ to N do
3:　　　选取误样本实例 $\{\boldsymbol{x}_i, t_i\}$;
4:　　　$flag = false$;
5:　　　if $-t_i(\boldsymbol{w}^{*\mathrm{T}}\boldsymbol{x}_i + b) \geqslant 0$ then
6:　　　　$\boldsymbol{w}^{*\mathrm{T}} \leftarrow \boldsymbol{w}^{*\mathrm{T}} + \eta t_i \boldsymbol{x}_i$;
7:　　　　$b \leftarrow b + \eta t_i$;
8:　　　end if
9:　　　for $j \leftarrow 1$ to K do
10:　　　　若 $\{\boldsymbol{x}_j, t_j\}$ 均不是误分类点, $flag = true$;
11:　　　end for
12:　　　if flag then
13:　　　　break
14:　　　end if
15:　　end for

例 7.1.1　如图 7.1-2 所示，给定两类样本 $\boldsymbol{X}_1 = \{(0,\ 0)^{\mathrm{T}},\ (1,\ 0)^{\mathrm{T}},\ (1,\ 1)^{\mathrm{T}}\}$，$\boldsymbol{X}_2 = \{(0,\ 2)^{\mathrm{T}},\ (1,\ 2)^{\mathrm{T}}\}$，其标签分别为 $t_1 = +1$ 和 $t_2 = -1$，确定数据的标签后，即可开始进行感知器的训练。需求解最终由感知器模型确定的划分直线。

解　为便于在计算时将整个算法向量化，首先将训练样本进行增广处理：

$$\begin{aligned}\hat{\boldsymbol{X}} &= \{\hat{\boldsymbol{x}}_0,\ \hat{\boldsymbol{x}}_1,\ \hat{\boldsymbol{x}}_2,\ \hat{\boldsymbol{x}}_3,\ \hat{\boldsymbol{x}}_4\} \\ &= \{(0,\ 0,\ 1)^{\mathrm{T}},\ (1,\ 0,\ 1)^{\mathrm{T}},\ (1,\ 1,\ 1)^{\mathrm{T}},\ (0,\ 2,\ 1)^{\mathrm{T}},\ (1,\ 2,\ 1)^{\mathrm{T}}\}\end{aligned}$$

此处对向量进行增广处理，将向量增加一个维度，增加的向量分量均为 1；这样做的目的，是因为后面要将权重向量也进行增广处理，将权重向量增加一个维度，新增加的向量分量就是偏置 b。权重向量增广后的形式如下：

$$\hat{\boldsymbol{w}} = (\boldsymbol{w}^{\mathrm{T}},\ b)^{\mathrm{T}}$$

取 $\hat{\boldsymbol{w}}$ 的初始值为 $(0.1,\ 0.2,\ 0.2)^{\mathrm{T}}$ 且 $\eta = 0.1$，迭代次数设为 1000，依据算法 7.1-1 进行计算，整个迭代过程结果见表 7.1-1。

神经元感知器迭代算例　　表 7.1-1

迭代次数	误分类点 $\hat{\boldsymbol{x}}$	$-t\hat{\boldsymbol{w}}^{\mathrm{T}}\hat{\boldsymbol{x}}$	$\hat{\boldsymbol{w}}^{\mathrm{T}}$	误分类点损失和
0			(0.1,0.2,0.2)	1.3
1	$\hat{\boldsymbol{x}}_3$	0.6	(0.1,0,0.1)	0.3
2	$\hat{\boldsymbol{x}}_3$	0.1	(0.1,−0.2,0)	0.1
3	$\hat{\boldsymbol{x}}_2$	0.1	(0.2,−0.1,0.1)	0.1
4	$\hat{\boldsymbol{x}}_4$	0.1	(0.1,−0.3,0)	0.2
5	$\hat{\boldsymbol{x}}_2$	0.2	(0.2,−0.2,0.1)	0

由表 7.1-1 的误分类点损失和计算结果可见，计算结果并非严格下降，但总体呈逐渐

下降趋势。因为随机梯度下降法是根据某单个样本实例计算得到的梯度进行搜索，无法保证损失函数整体在每一步迭代都比上一步迭代得到的结果小，但整体趋势是逐渐收敛于极小值。

7.1.3 学习算法的收敛性

证明感知器学习算法的收敛性[1]，就是要证明算法经过有限次迭代之后能在线性可分的训练集上得到一个划分数据的超平面。为方便推导，对数据向量 $\boldsymbol{x}$ 和权重向量 $\boldsymbol{w}^{\mathrm{T}}$ 进行增广处理量：

$$\begin{aligned}\hat{\boldsymbol{x}}&=(\boldsymbol{x}^{\mathrm{T}},\ 1)^{\mathrm{T}}\\ \hat{\boldsymbol{w}}&=(\boldsymbol{w}^{\mathrm{T}},\ b)^{\mathrm{T}}\end{aligned}\tag{7.1-9}$$

则可得：$\hat{\boldsymbol{w}}^{\mathrm{T}}\hat{\boldsymbol{x}}=\boldsymbol{w}^{\mathrm{T}}\boldsymbol{x}+b$，$\hat{\boldsymbol{w}}^{\mathrm{T}}\in\boldsymbol{R}^{d+1}$，$\hat{\boldsymbol{x}}\in\boldsymbol{R}^{d+1}$

令 $\hat{\boldsymbol{w}}_{k-1}^{\mathrm{T}}$ 为第 $k-1$ 次误分类实例的权重增广向量，则有 $t_i\hat{\boldsymbol{w}}_{k-1}^{\mathrm{T}}\hat{\boldsymbol{x}}_i<\boldsymbol{0}$，且满足：

$$\hat{\boldsymbol{w}}_k^{\mathrm{T}}=\hat{\boldsymbol{w}}_{k-1}^{\mathrm{T}}+\eta t_i\hat{\boldsymbol{x}}_i\tag{7.1-10}$$

令 R 为训练集中最大的数据向量模：

$$R=\max_{1\leqslant i\leqslant N}\|\hat{\boldsymbol{x}}_i\|\tag{7.1-11}$$

则可得增广权重向量的上界：

$$\begin{aligned}\|\hat{\boldsymbol{w}}_k^{\mathrm{T}}\|^2&=\|\hat{\boldsymbol{w}}_{k-1}^{\mathrm{T}}+\eta t_i\hat{\boldsymbol{x}}_i\|^2\\&=\|\hat{\boldsymbol{w}}_{k-1}^{\mathrm{T}}\|^2+\|\eta t_i\hat{\boldsymbol{x}}_i\|^2+2\eta t_i\hat{\boldsymbol{w}}_{k-1}^{\mathrm{T}}\hat{\boldsymbol{x}}_i\\&\leqslant\|\hat{\boldsymbol{w}}_{k-1}^{\mathrm{T}}\|^2+\eta^2R^2(\text{误分类点：}t_i\hat{\boldsymbol{w}}_{k-1}^{\mathrm{T}}\hat{\boldsymbol{x}}_i<0)\\&\leqslant\|\hat{\boldsymbol{w}}_{k-2}^{\mathrm{T}}\|^2+2\eta^2R^2\\&\cdots\\&\leqslant k\eta^2R^2\end{aligned}\tag{7.1-12}$$

为得到所求划分超平面的下界，一般存在某个超平面能正确划分数据集，记作 $\hat{\boldsymbol{w}}^*\hat{\boldsymbol{x}}=0$，且因为这是齐次线性方程，权重系数单位化后方程仍成立，单位化后 $\|\hat{\boldsymbol{w}}^*\|=1$，这样 $\forall\boldsymbol{x}_i\in T$，均有 $t_i(\hat{\boldsymbol{w}}^{*\mathrm{T}}\cdot\hat{\boldsymbol{x}}_i)>0$；从而必定存在 $\gamma=\min\limits_{\{1\leqslant i\leqslant n\}}\{t_i(\hat{\boldsymbol{w}}^{*\mathrm{T}}\cdot\hat{\boldsymbol{x}}_i)\}>0$，使得对于所有 $\hat{\boldsymbol{x}}_i$，$t_i(\hat{\boldsymbol{w}}^{*\mathrm{T}}\cdot\hat{\boldsymbol{x}}_i)\geqslant\gamma$ 均成立，则有：

$$\begin{aligned}\hat{\boldsymbol{w}}_k^{\mathrm{T}}\cdot\hat{\boldsymbol{w}}^{*\mathrm{T}}&=\hat{\boldsymbol{w}}_{k-1}^{\mathrm{T}}\cdot\hat{\boldsymbol{w}}^{*\mathrm{T}}+\eta t_i\hat{\boldsymbol{w}}^{*\mathrm{T}}\cdot\hat{\boldsymbol{x}}_i\\&\geqslant\hat{\boldsymbol{w}}_{k-1}^{\mathrm{T}}\cdot\hat{\boldsymbol{w}}^{*\mathrm{T}}+\eta\gamma=\hat{\boldsymbol{w}}_{k-2}^{\mathrm{T}}\cdot\hat{\boldsymbol{w}}^{*\mathrm{T}}+\eta t_i\hat{\boldsymbol{w}}^{*\mathrm{T}}\cdot\hat{\boldsymbol{x}}_i+\eta\gamma\\&\geqslant\hat{\boldsymbol{w}}_{k-2}^{\mathrm{T}}\cdot\hat{\boldsymbol{w}}^{*\mathrm{T}}+2\eta\gamma\\&\cdots\\&\geqslant k\eta\gamma\end{aligned}\tag{7.1-13}$$

综合式（7.1-10）和式（7.1-11）可得 $k\eta\gamma\leqslant\hat{\boldsymbol{w}}_k{}^{\mathrm{T}}\cdot\hat{\boldsymbol{w}}^{*\mathrm{T}}\leqslant\|\hat{\boldsymbol{w}}_k^{\mathrm{T}}\|\|\hat{\boldsymbol{w}}^{*\mathrm{T}}\|\leqslant\sqrt{k}\eta R$，于是可进一步得到：

$$k\leqslant\left(\frac{R}{\gamma}\right)^2\tag{7.1-14}$$

因此，在线性可分的训练集上经过有限次迭代之后可以得到目标模型。

7.2 支持向量机

支持向量机（Support Vector Machine，SVM）是采用监督学习方式对数据进行二元分类的简单分类器。对于线性可分的数据，常采用硬间隔和软间隔最大化方法进行分类；对于线性不可分数据，则通过核方法进行分类。SVM 的泛化能力强，计算效率高，计算原理清晰；但 SVM 对参数或核函数敏感，一般仅用于数据的二分类情况[2]。支持向量机适用的数据类型为数值型或标称型数据，数值型数据在无限的数据集中取具体数值，标称型数据在有限的数据集中取“真”或“假”两种值。

7.2.1 支持向量机的思想

支持向量机的总体思想：针对一个样本集，找到一个可将样本集划分成两类的超平面，这个超平面与两类数据（划分后）的最近点距离和越大越好。

图 7.2-1 为一个二维数据样本集及其划分示意图。由图中可见，样本集可用很多根直线（高维空间中的超平面）进行划分，l，l_1 和 l_2 是其中的三条划分直线；这三条直线中，我们凭直觉一般会认为直线 l 的划分效果最好，而实际情况也是如此。我们训练一个分类模型是为了将来有新的数据产生时，采用训练好的分类模型进行分类时准确率很高，也就是模型的稳健性很好。

如图 7.2-2 所示，图中紫色方形点和红色三角形点为新产生的数据点，其中紫色方形点距离第 1 类更近，应该被分到第 1 类中，而红色三角形点应该被分到第 2 类中；但如果采用直线 l_1 进行划分，紫色方形点将被划分到第 2 类中，而如果采用直线 l_2 进行划分，则红色三角形点将被划分到第 1 类中，显然划分得都不好，也就是模型的稳健性不好；如果采用直线 l 进行划分，则新产生的两个数据都能够被正确划分，因此模型的稳健性更好，对新数据的适应性更好。图 7.2-3 为最佳划分直线 l 到两个类的最近距离图，其中 d_1 为 l 到第 1 类的最近距离（l 到第一类中最近点的距离），d_2 为 l 到第 2 类的最近距离；直线 l 的划分效果最好，是因为 l 到两类数据的最近点距离和（d_1+d_2）最大，且直线 l 居中，即 $d_1=d_2$。将直线 l 分别沿自己的垂直方向平移 d_1 或 d_2 距离后，就得到了直线 l' 和 l''，而 l' 和 l'' 上的点（向量），也就是那些距离 l 最近的点，就被称为支持向量（Support Vector），这就是支持向量机名称的由来。支持向量机的目的，是找到一条划分直线，

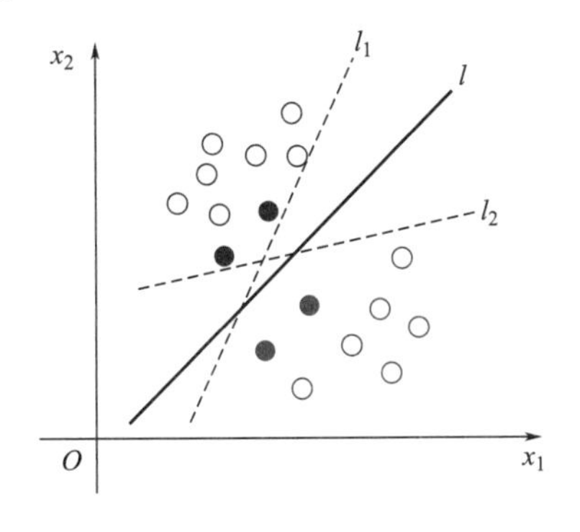

图 7.2-1　一个二维样本集的划分

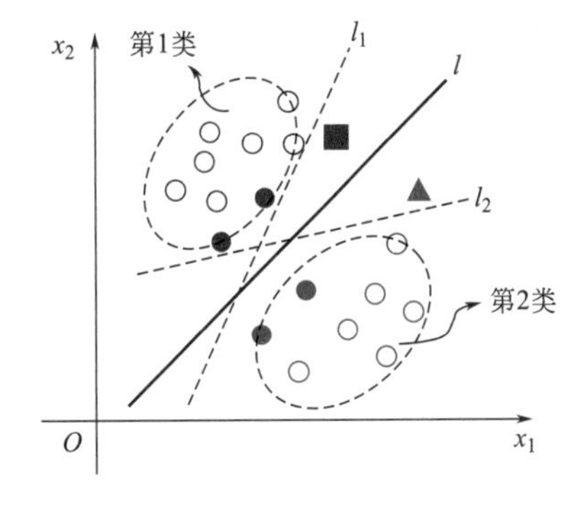

图 7.2-2　各划分直线对新数据的适应性

使得 d_1+d_2 最大，可见这其实是一个求极值的问题。

图 7.2-3 中，直线 l' 和 l'' 之间的距离，称为间隔（Margin），且分别称 l' 和 l'' 为上界和下界。以图 7.2-4 为例，图中的间隔 c 比间隔 c_1 大，说明采用直线 l'、l'' 上的点作为支持向量比采用 l'_1、l''_1 上的点作为支持向量更好；可见支持向量机的模型训练过程其实也是寻找最大间隔的过程。由图 7.2-3 还可见，最终对最佳划分超平面起决定作用的是支持向量，非支持向量对最佳划分超平面的寻找不起作用；例如在图 7.2-3 中，寻找超平面过程中，通过平移直线 l 来寻找上界和下界，一旦 l 碰到了最近的点（支持向量），就是找到了上界或下界，寻找即可停止，可见其他非支持向量没有起到作用。

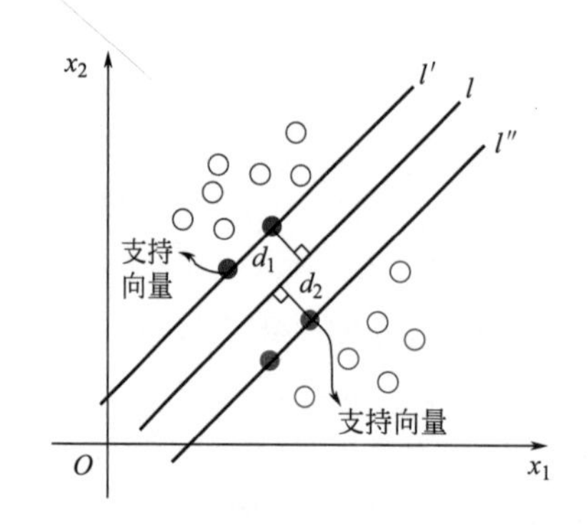

图 7.2-3　最佳划分线到各类的最近距离

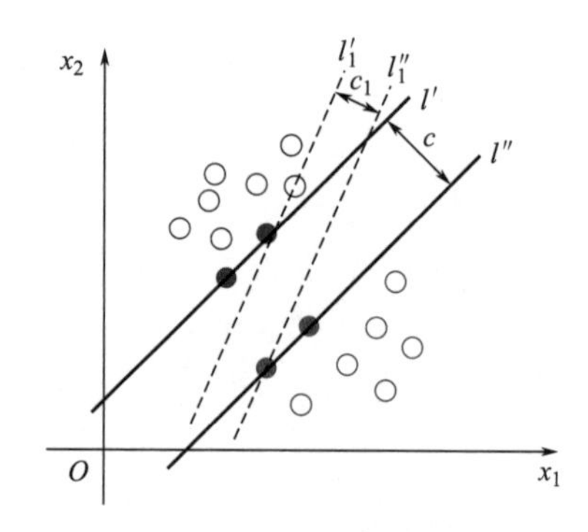

图 7.2-4　不同划分的间隔对比

7.2.2　划分超平面的求解

对于任意给定的一个线性可分的训练样本集 $\boldsymbol{D}=\{\boldsymbol{x}_i\}$，$i=1, 2, \cdots, m$，$\boldsymbol{x}_i$ 为 n 维向量，样本集中含有 m 个样本点；将该样本集划分为两组的超平面可采用如下线性方程表示

$$(\boldsymbol{w}')^{\mathrm{T}}\boldsymbol{x}+b'=0 \tag{7.2-1}$$

上式中，$\boldsymbol{w}'$ 为超平面的法向量，决定了超平面的方向，b' 为常数项（截距，标量），决定了超平面与原点之间的距离。根据点到平面的距离公式，任意样本点到超平面的距离为

$$r=\frac{|(\boldsymbol{w}')^{\mathrm{T}}\boldsymbol{x}_i+b'|}{\|\boldsymbol{w}'\|} \tag{7.2-2}$$

上式中，$\|\boldsymbol{w}'\|$ 为法向量的二范数。

为了数学处理方便，分类标签 y_i 采用 $+1$ 和 -1，即 $y_i\in\{-1, +1\}$；SVM 为监督学习算法，在训练阶段，每个样本点 $\boldsymbol{x}_i$ 对应的标签 y_i 已知。设超平面（$\boldsymbol{w}'$，b'）可将训练样本正确分类，见图 7.2-5，图中超平面将样本点划分为超平面的上方和下方两类；对于任意样本点 $\boldsymbol{x}_i$，当样本点位于超平面上方时，$(\boldsymbol{w}')^{\mathrm{T}}\boldsymbol{x}_i+b'>0$，设其标签为 $y_i=+1$，当样本点位于超平面下方时，$(\boldsymbol{w}')^{\mathrm{T}}\boldsymbol{x}_i+b'<0$，设其标签为 $y_i=-1$，则无论 $\boldsymbol{x}_i$ 位于超平面的上方还是下方，均有

$$((\boldsymbol{w}')^{\mathrm{T}}\boldsymbol{x}_i+b')y_i>0 \tag{7.2-3}$$

用 l 代表划分超平面，并采用二维情况进行说明，见图 7.2-5。由图 7.2-5（a）可见，上界 l' 在 l 的上方，而下界 l'' 在 l 的下方，则 l' 和 l'' 可分别用如下方程表示

$$l':\ (\boldsymbol{w}')^{\mathrm{T}}\boldsymbol{x}_i+b'=d$$

$$l'':(\boldsymbol{w}')^{\mathrm{T}}\boldsymbol{x}_i+b'=-d$$

上式中，d 为一个正数。将上式两个超平面方程的等号左右分别除以正数 d，则方程代表的超平面并不发生变化；除以 d 后可得

$$l':\frac{(\boldsymbol{w}')^{\mathrm{T}}}{d}\boldsymbol{x}_i+\frac{b'}{d}=1$$

$$l'':\frac{(\boldsymbol{w}')^{\mathrm{T}}}{d}\boldsymbol{x}_i+\frac{b'}{d}=-1$$

将划分超平面 l 方程（式 7.2-1）的等号左右分别除以正数 d 后，方程代表的超平面也仍为 l：

$$l:\frac{(\boldsymbol{w}')^{\mathrm{T}}}{d}\boldsymbol{x}_i+\frac{b'}{d}=0$$

令 $\boldsymbol{w}=\frac{(\boldsymbol{w}')^{\mathrm{T}}}{d}$，$b=\frac{b'}{d}$，可得

$$\begin{aligned}&l:\boldsymbol{w}^{\mathrm{T}}\boldsymbol{x}_i+b=0\\&l':\boldsymbol{w}^{\mathrm{T}}\boldsymbol{x}_i+b=1\\&l'':\boldsymbol{w}^{\mathrm{T}}\boldsymbol{x}_i+b=-1\end{aligned}\tag{7.2-4}$$

可见，可用上式来分别表示划分超平面、上界和下界，见图 7.2-5（b）；以下均采用上式来表示超平面、上界和下界。找到划分超平面、上界和下界后，样本集中所有点的分布均应在上界及以上，或在下界及以下，在上界或下界上的点都是支持向量；这样就产生了一个约束条件：

$$y_i(\boldsymbol{w}^{\mathrm{T}}\boldsymbol{x}_i+b)\geqslant 1\tag{7.2-5}$$

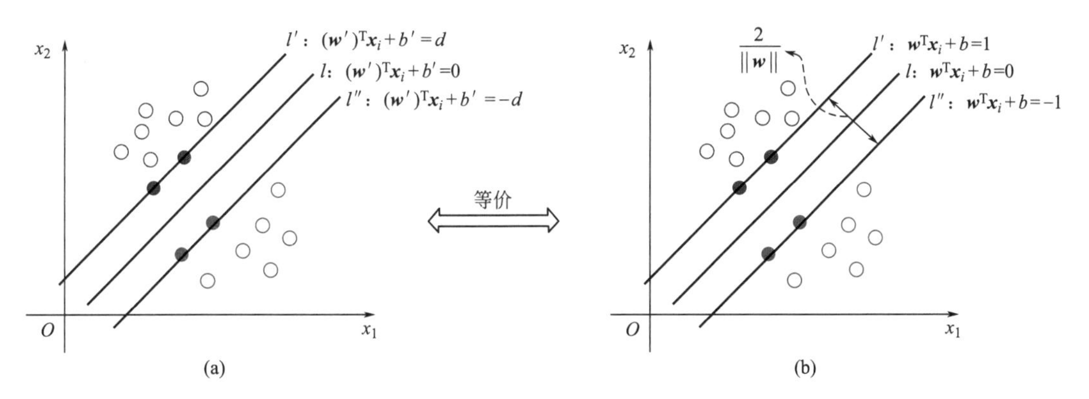

图 7.2-5　间隔计算方法示意

确定了上界和下界的方程，就可以求得间隔，也就是上界和下界之间的距离。在上界 l' 上任取一个点 $\boldsymbol{x}_j=\left(\frac{1-b}{w_1},0,\cdots,0\right)$，$w_1$ 为法向量的第一个分量，则此点到下界的距离就是间隔，计算过程如下：

$$\gamma=\frac{|\boldsymbol{w}^{\mathrm{T}}\boldsymbol{x}_j+b+1|}{\|\boldsymbol{w}\|}=\frac{\left|w_1\frac{1-b}{w_1}+b+1\right|}{\|\boldsymbol{w}\|}=\frac{2}{\|\boldsymbol{w}\|}\tag{7.2-6}$$

上式是点到超平面距离的计算过程，其中分子部分是将上界 l' 上任取的一个点 $\boldsymbol{x}_j$ 代入

下界 l'' 的方程式中并取绝对值；γ 即为间隔，在此线性划分情况下，此间隔被称为硬间隔[3]。

SVM 的目的是寻找一个划分超平面，使得间隔最大，从而将寻找超平面的问题转化为求间隔最大值的问题。

但这个最大值还需满足式（7.2-5）这一约束条件，从而得到如下方程组：

$$\begin{aligned} &\max_{\boldsymbol{w},b} \frac{2}{\|\boldsymbol{w}\|} \\ &\text{s.t.} \quad y_i(\boldsymbol{w}^{\mathrm{T}}\boldsymbol{x}_i+b)\geqslant 1,\ i=1,\ 2,\ \cdots,\ m \end{aligned} \tag{7.2-7}$$

上式为一个约束优化问题，需采用拉格朗日乘子法及 KKT 条件进行求解，详见下一小节内容。

7.2.3 对偶问题与 SMO 算法

对于式（7.2-7）中的最大值求解问题，采用拉格朗日方法时一般转化为求解最小值问题，则可将式（7.2-7）转化为如下方程：

$$\begin{aligned} &\min_{\boldsymbol{w},b} \frac{1}{2}\|\boldsymbol{w}\|^2 \\ &\text{s.t.} \quad y_i(\boldsymbol{w}^{\mathrm{T}}\boldsymbol{x}_i+b)\geqslant 1,\ i=1,\ 2,\ \cdots,\ m \end{aligned} \tag{7.2-8}$$

求解上式的最小值问题，等价于求解式（7.2-7）中的最大值问题，其中范数取平方是为了求导方便（避免根号求导），而设置系数$\frac{1}{2}$是为了在对 $\|\boldsymbol{w}\|^2$ 求导后消掉常系数。

对式（7.2-8）列拉格朗日方程：

$$L(\boldsymbol{w},\ b,\ \boldsymbol{\mu})=\frac{1}{2}\|\boldsymbol{w}\|^2+\sum_{i=1}^{m}\mu_i(1-y_i(\boldsymbol{w}^{\mathrm{T}}\boldsymbol{x}_i+b)) \tag{7.2-9}$$

上式中，$\boldsymbol{\mu}=(\mu_1,\ \mu_2,\ \cdots,\ \mu_m)$，$\mu_i$ 是向量 $\boldsymbol{\mu}$ 的分量，也是与 $\boldsymbol{x}_i$ 相对应的拉格朗日乘子，m 为样本数量。

对上式进行求导，并考虑约束条件（7.2-5），则根据 KKT 条件的最优解要求（式（4.2-3））可得：

$$\begin{cases} \dfrac{\partial L}{\partial \boldsymbol{w}}=\boldsymbol{w}-\displaystyle\sum_{i=1}^{m}\mu_i y_i \boldsymbol{x}_i=0 \\ \dfrac{\partial L}{\partial b}=-\displaystyle\sum_{i=1}^{m}\mu_i y_i=0 \\ \mu_i(y_i(\boldsymbol{w}^{\mathrm{T}}\boldsymbol{x}_i+b)-1)=0 \\ \mu_i\geqslant 0 \\ 1-y_i(\boldsymbol{w}^{\mathrm{T}}\boldsymbol{x}_i+b)\leqslant 0 \end{cases} \tag{7.2-10}$$

式（7.2-8）中优化问题的目标是求 $\frac{1}{2}\|\boldsymbol{w}\|^2$ 最小时的参数 $\boldsymbol{w}$ 和 b，而由上式方程组最后两个不等式可知，$\sum_{i=1}^{m}\mu_i(1-y_i(\boldsymbol{w}^{\mathrm{T}}\boldsymbol{x}_i+b))\leqslant 0$，则 $L(\boldsymbol{w},\ b,\ \boldsymbol{\mu})$ 的最大可能取值为 $\frac{1}{2}\|\boldsymbol{w}\|^2$。拉格朗日方法的思想，是将有约束的原目标函数转化为新构造的无约束目标函

数 L，且新目标函数 L 与原目标函数越接近越好；针对式（7.2-9）这一新目标函数，当 $\sum_{i=1}^{m}\mu_i(1-y_i(\boldsymbol{w}^{\mathrm{T}}\boldsymbol{x}_i+b))$ 取得最大可能值0时，新目标函数与原目标函数完全一致，而 $\sum_{i=1}^{m}\mu_i(1-y_i(\boldsymbol{w}^{\mathrm{T}}\boldsymbol{x}_i+b))$ 的取值越大（越接近0）则 L 越接近原目标函数；求解的思路就变成要先让 $\sum_{i=1}^{m}\mu_i(1-y_i(\boldsymbol{w}^{\mathrm{T}}\boldsymbol{x}_i+b))$ 取得最大值，也就是先让 L 取得最大值，从而根据 L 取最大值这一要求而求得 $\boldsymbol{\mu}$；$\boldsymbol{\mu}$ 确定后，L 就最大程度地接近了原目标函数，然后再对新目标函数 L 求最小值；可见，优化问题转换为[4]

$$\min_{\boldsymbol{w},b}\ \max_{\boldsymbol{\mu}} L(\boldsymbol{w},\ b,\ \boldsymbol{\mu}) \tag{7.2-11}$$

为简化计算，根据拉格朗日函数的强对偶性，上式可转换为

$$\max_{\boldsymbol{\mu}}\ \min_{\boldsymbol{w},b} L(\boldsymbol{w},\ b,\ \boldsymbol{\mu}) \tag{7.2-12}$$

由式（7.2-10）方程组的前两个等式可得：

$$\boldsymbol{w}=\sum_{i=1}^{m}\mu_i y_i \boldsymbol{x}_i \tag{7.2-13}$$

$$\sum_{i=1}^{m}\mu_i y_i=0 \tag{7.2-14}$$

首先根据拉格朗日方法求极值点的步骤，将式（7.2-13）和式（7.2-14）代入式（7.2-9），从而计算出 $\min_{\boldsymbol{w},b} L(\boldsymbol{w},\ b,\ \boldsymbol{\mu})$，有

$$\begin{aligned}\min_{\boldsymbol{w},b} L(\boldsymbol{w},\ b,\ \boldsymbol{\mu}) &=\frac{1}{2}\boldsymbol{w}^{\mathrm{T}}\boldsymbol{w}+\sum_{i=1}^{m}\mu_i-\sum_{i=1}^{m}\mu_i y_i \boldsymbol{w}^{\mathrm{T}}\boldsymbol{x}_i-b\sum_{i=1}^{m}\mu_i y_i\\ &=\sum_{i=1}^{m}\mu_i+\frac{1}{2}\boldsymbol{w}^{\mathrm{T}}\sum_{i=1}^{m}\mu_i y_i\boldsymbol{x}_i-\boldsymbol{w}^{\mathrm{T}}\sum_{i=1}^{m}\mu_i y_i\boldsymbol{x}_i\\ &=\sum_{i=1}^{m}\mu_i-\frac{1}{2}\boldsymbol{w}^{\mathrm{T}}\sum_{i=1}^{m}\mu_i y_i\boldsymbol{x}_i\\ &=\sum_{i=1}^{m}\mu_i-\frac{1}{2}\Big(\sum_{i=1}^{m}\mu_i y_i\boldsymbol{x}_i\Big)^{\mathrm{T}}\sum_{i=1}^{m}\mu_i y_i\boldsymbol{x}_i\\ &=\sum_{i=1}^{m}\mu_i-\frac{1}{2}\sum_{i=1}^{m}\mu_i y_i\boldsymbol{x}_i^{\mathrm{T}}\sum_{i=1}^{m}\mu_i y_i\boldsymbol{x}_i\\ &=\sum_{i=1}^{m}\mu_i-\frac{1}{2}\sum_{i=1}^{m}\sum_{j=1}^{m}\mu_i\mu_j y_i y_j\boldsymbol{x}_i^{\mathrm{T}}\boldsymbol{x}_j\end{aligned} \tag{7.2-15}$$

注意，上式展开过程中的最后两行，两个求和相乘合并成双重累加求和，则需将第二个求和符号的下标由 i 变为 j。

将上式结果代入式（7.2-12），则此优化问题可表示为

$$\max_{\boldsymbol{\mu}}\sum_{i=1}^{m}\mu_i-\frac{1}{2}\sum_{i=1}^{m}\sum_{j=1}^{m}\mu_i\mu_j y_i y_j\boldsymbol{x}_i^{\mathrm{T}}\boldsymbol{x}_j$$

上式中，未知参数 $\boldsymbol{\mu}$ 还有限制条件，包括式（7.2-10）中的 $\mu_i\geqslant 0$ 和式（7.2-14），其中式（7.2-14）这一 $\boldsymbol{\mu}$ 的限制条件也是由（7.2-10）推导而得；从而约束优化问题变成了如下方程组

$$\max_{\mu} \sum_{i=1}^{m} \mu_i - \frac{1}{2} \sum_{i=1}^{m} \sum_{j=1}^{m} \mu_i \mu_j y_i y_j \boldsymbol{x}_i^{\mathrm{T}} \boldsymbol{x}_j$$
$$\text{s.t.} \quad \sum_{i=1}^{m} \mu_i y_i = 0;\ \mu_i \geqslant 0,\ i = 1, 2, \cdots, m \tag{7.2-16}$$

上式中，$\boldsymbol{x}_i$ 和 y_i 均已知（训练集已被标注）。理论上，由上式可求得 $\boldsymbol{\mu}$，从而可进一步由式（7.2-13）求得 $\boldsymbol{w}$；但在实际计算中，$\boldsymbol{\mu}$ 包含很多个分量，此问题也属于多变量优化问题，当样本的数量很大或维数很高时，同时求出 $\boldsymbol{\mu}$ 的各个分量非常困难。

对于上式这种多自变量（m 个 μ_i）的优化问题，可用 SMO（Sequential Minimal Optimization）算法[5] 求解。

SMO 算法的基本思路是进行多轮迭代，每轮迭代只优化两个参数 μ_i 和 μ_j（$\boldsymbol{\mu}$ 的两个分量），其他参数暂时看作常量，仅将 μ_i 和μ_j 作为两个变量求式（7.2-16）的极值，这就将一个复杂的多变量优化问题简化成了多次二变量优化问题。

在算法实现过程中，使用 SMO 运算前需要先给 $\boldsymbol{\mu}$ 赋初值，由于赋值是随机的，此时 $\boldsymbol{\mu}$ 中的分量并不一定都满足 KKT 条件。SMO 算法每轮迭代只选择两个参数 μ_i 和 μ_j 作为变量，迭代更新直至更新后的 μ_i 和 μ_j 均满足 KKT 条件，然后再选择两个别的参数进行函数值更新，直到 $\boldsymbol{\mu}$ 中参数（分量）均满足约束条件。

在算法实现过程中，我们希望每一轮计算都能尽可能使不满足约束条件的参数更新成满足约束条件的参数，并且希望每一轮更新都对目标函数值造成尽可能明显的影响。因此，两个参数的选择一般遵循的原则为：先选择一个严重违反 KKT 条件的参数 μ_i，再选择一个与 μ_i 对应的样本 $\boldsymbol{x}_i$ 距离最远的样本 $\boldsymbol{x}_j$ 对应的参数 μ_j（这样的两个参数一般差距较大，需要迭代多次才能满足约束条件，对它们进行更新会给目标函数值带来更大变化）。

每次更新的具体过程如下所述。

将除 μ_i 和 μ_j 之外的参数都视为常量，并令 $k_{ij} = \boldsymbol{x}_i^{\mathrm{T}} \boldsymbol{x}_j$，则可将式（7.2-16）中的目标优化函数简化为

$$\max_{\mu_i, \mu_j} \sum_{k=1}^{m} \mu_k - \frac{1}{2} \sum_{k=1}^{m} \sum_{l=1}^{m} \mu_k \mu_l y_k y_l \boldsymbol{x}_k^{\mathrm{T}} \boldsymbol{x}_l$$

$$= \sum_{k \neq i, j}^{m} \mu_k + \mu_i + \mu_j - \frac{1}{2} \sum_{k=1}^{m} \left(\mu_k \mu_i y_k y_i k_{ki} + \mu_k \mu_j y_k y_j k_{kj} + \sum_{l \neq i, j}^{m} \mu_k \mu_l y_k y_l k_{kl} \right)$$

$$= \sum_{k \neq i, j}^{m} \mu_k + \mu_i + \mu_j - \frac{1}{2} \left(\mu_i y_i \sum_{k=1}^{m} \mu_k y_k k_{ki} + \mu_j y_j \sum_{k=1}^{m} \mu_k y_k k_{kj} + \sum_{k=1}^{m} \sum_{l \neq i, j}^{m} \mu_k \mu_l y_k y_l k_{kl} \right)$$

$$= \sum_{k \neq i, j}^{m} \mu_k + \mu_i + \mu_j - \frac{1}{2} \begin{pmatrix} \mu_i y_i \left(\mu_i y_i k_{ii} + \mu_j y_j k_{ji} + \sum_{k \neq i, j}^{m} \mu_k y_k k_{ki} \right) + \\ \mu_j y_j \left(\mu_i y_i k_{ij} + \mu_j y_j k_{jj} + \sum_{k \neq i, j}^{m} \mu_k y_k k_{kj} \right) + \\ \sum_{l \neq i, j}^{m} \left(\mu_i \mu_l y_i y_l k_{il} + \mu_j \mu_l y_j y_l k_{jl} + \sum_{k \neq i, j}^{m} \mu_k \mu_l y_k y_l k_{kl} \right) \end{pmatrix}$$

$$
= \sum_{k \neq i, j}^{m} \mu_k + \mu_i + \mu_j - \frac{1}{2} \left(\begin{array}{l} \mu_i^2 k_{ii} + \mu_i \mu_j y_i y_j k_{ji} + \mu_i y_i \sum_{k \neq i, j}^{m} \mu_k y_k k_{ki} \\ + \mu_j^2 k_{jj} + \mu_i \mu_j y_i y_j k_{ij} + \mu_j y_j \sum_{k \neq i, j}^{m} \mu_k y_k k_{kj} \\ + \mu_i y_i \sum_{l \neq i, j}^{m} \mu_l y_l k_{il} + \mu_j y_j \sum_{l \neq i, j}^{m} \mu_l y_l k_{jl} \\ + \sum_{l \neq i, j}^{m} \sum_{k \neq i, j}^{m} \mu_k \mu_l y_k y_l k_{kl}) \end{array} \right) \tag{7.2-17}
$$

$$
\begin{aligned} &= \mu_i + \mu_j - \frac{1}{2} \mu_i^2 k_{ii} - \frac{1}{2} \mu_j^2 k_{jj} \\ &\quad - \mu_i \mu_j y_i y_j k_{ij} - \mu_i y_i \sum_{l \neq i, j}^{m} \mu_l y_l k_{il} - \mu_j y_j \sum_{k \neq i, j}^{m} \mu_k y_k k_{jk} + constant \end{aligned}
$$

其中，$constant = \sum_{k \neq i, j}^{m} \mu_k - \frac{1}{2} \sum_{k \neq i, j}^{m} \sum_{l \neq i, j}^{m} \mu_k \mu_l y_k y_l k_{kl}$，表示所有常数项的和。

由于只有 μ_i 和 μ_j 两个变量，式（7.2-16）中的约束条件变为

$$
\text{s.t.}\ \mu_i y_i + \mu_j y_j + \sum_{k \neq i, j}^{m} \mu_k y_k = 0,\ \mu_i \geqslant 0,\ \mu_j \geqslant 0 \tag{7.2-18}
$$

令

$$
\mu_i y_i + \mu_j y_j = -\sum_{k \neq i, j}^{m} \mu_k y_k = \zeta \tag{7.2-19}
$$

将上式两边同时乘以 y_j（$y_j^2 = 1$）并移项，可得

$$
\mu_j = \zeta y_j - \mu_i y_i y_j \tag{7.2-20}
$$

将式（7.2-20）代入式（7.2-17），消掉变量 μ_j，得到关于 μ_i 的单变量优化问题

$$
\begin{aligned} \max_{\mu_i} (\mu_i + \zeta y_j - \mu_i y_i y_j) &- \frac{1}{2} \mu_i^2 k_{ii} - \frac{1}{2} (\zeta - \mu_i y_i) 2 k_{jj} \\ &- \mu_i (\zeta - \mu_i y_i) y_i k_{ij} - \mu_i y_i \sum_{l \neq i, j}^{m} \mu_l y_l k_{il} \\ &- (\zeta - \mu_i y_i) \sum_{k \neq i, j}^{m} \mu_k y_k k_{jk} + constant \\ \text{s.t.}\quad & \mu_i \geqslant 0 \end{aligned} \tag{7.2-21}
$$

求解该单变量优化问题，只需要对 μ_i 求导并令导数为 0。将上式中的目标函数命名为 $ff(\mu_i)$，则有

$$
\begin{aligned} \frac{\partial ff(\mu_i)}{\partial \mu_i} &= 1 - y_i y_j - \mu_i k_{ii} + \zeta y_i k_{jj} - \mu_i k_{jj} - \zeta y_i k_{ij} \\ &\quad + 2 \mu_i k_{ij} - y_i \sum_{l \neq i, j}^{m} \mu_l y_l k_{il} + y_i \sum_{k \neq i, j}^{m} \mu_k y_k k_{jk} \\ &= 0 \end{aligned} \tag{7.2-22}
$$

由上式可解出

$$
\mu_i = \frac{1 - y_i y_j + \zeta y_i k_{jj} - \zeta y_i k_{ij} - y_i \sum_{l \neq i, j}^{m} \mu_l y_l k_{il} + y_i \sum_{k \neq i, j}^{m} \mu_k y_k k_{jk}}{(k_{ii} + k_{jj} - 2 k_{ij})} \tag{7.2-23}
$$

将上式代入(7.2-20)，可求出 μ_j

$$\begin{aligned}\mu_j &= \zeta y_j - \frac{1-y_iy_j+\zeta y_ik_{jj}-\zeta y_ik_{ij}-y_i\sum_{l\neq i,j}^{m}\mu_ly_lk_{il}+y_i\sum_{k\neq i,j}^{m}\mu_ky_kk_{jk}}{(k_{ii}+k_{jj}-2k_{ij})}y_iy_j \\ &= \frac{\zeta(k_{ii}+k_{jj}-2k_{ij})-\left(y_i-y_j+\zeta k_{jj}-\zeta k_{ij}-\sum_{l\neq i,j}^{m}\mu_ly_lk_{il}+\sum_{k\neq i,j}^{m}\mu_ky_kk_{jk}\right)}{(k_{ii}+k_{jj}-2k_{ij})}y_j \\ &= \frac{\zeta y_jk_{ii}-\zeta y_jk_{ij}-y_iy_j+1+y_j\sum_{l\neq i,j}^{m}\mu_ly_lk_{il}-y_j\sum_{k\neq i,j}^{m}\mu_ky_kk_{jk}}{(k_{ii}+k_{jj}-2k_{ij})}\end{aligned} \tag{7.2-24}$$

算法开始时，要对 $\boldsymbol{\mu}$ 进行初始赋值，循环过程中，每一轮对 $\boldsymbol{\mu}$ 进行更新。每一轮目标函数值计算中，还要进行多次迭代，即每次迭代求出 $\boldsymbol{\mu}$ 的两个分量，多次迭代后就求得当前轮的 $\boldsymbol{\mu}$，进而由 $\boldsymbol{\mu}$ 和式(7.2-13)求得对应的 $\boldsymbol{w}$。由 KKT 条件(式(7.2-10)的第 3、4 行)可知，当 $\mu_i>0$ 时，$y_i(\boldsymbol{w}^{\mathrm{T}}\boldsymbol{x}_i+b)-1=0$，则 $y_i(\boldsymbol{w}^{\mathrm{T}}\boldsymbol{x}_i+b)-1=0$ 所对应的点都是支持向量。随机选择一个支持向量($\boldsymbol{x}_s$，y_s)代入 $y_s(\boldsymbol{w}^{\mathrm{T}}\boldsymbol{x}_s+b)-1=0$，即可求出 b。但实际计算中，为了使训练出的划分超平面模型具有更好的稳健性，一般先求得所有支持向量所对应的常数项 b，然后对这些常数项取均值 $\bar{b}$，用 $\bar{b}$ 作为最终的常数项：

$$\bar{b}=\frac{1}{|\boldsymbol{S}|}\sum_{s\in \boldsymbol{S}}(1/y_s-\sum_{s\in \boldsymbol{S}}\mu_iy_i\boldsymbol{x}_i^{\mathrm{T}}\boldsymbol{x}_s) \tag{7.2-25}$$

其中 $\boldsymbol{S}=\{i\mid \mu_i>0, i=1,2,\cdots,m\}$ 为所有支持向量的下标集，$|\boldsymbol{S}|$ 表示集合 $\boldsymbol{S}$ 中的元素数量。

支持向量机的伪代码见算法 7.2-1。

支持向量机　　　　算法 7.2-1

输入：	训练数据集 $T=\{(\boldsymbol{x}_i, y_i)\mid i=1,2,\cdots,m\}$，其中 $y_i=\pm1$
输出：	$\boldsymbol{\mu}, \boldsymbol{w}, \bar{b}$
1：	初始化系数向量 $\boldsymbol{\mu}$
2：	while $\boldsymbol{\mu}$ 中存在不满足 KKT 条件的参数
3：	选择严重违反 KKT 条件的参数 μ_i 作为变量(每个样本不重复选择)
4：	选择距离 $\boldsymbol{x}_i$ 最远的样本 $\boldsymbol{x}_j$ 对应的参数 μ_j 作为变量
5：	while μ_i 或 μ_j 不满足 KKT 条件
6：	根据公式(7.2-23)更新 μ_i $\mu_i=\frac{1-y_iy_j+\zeta y_ik_{jj}-\zeta y_ik_{ij}-y_i\sum_{l\neq i,j}^{m}\mu_ly_lk_{il}+y_i\sum_{k\neq i,j}^{m}\mu_ky_kk_{jk}}{(k_{ii}+k_{jj}-2k_{ij})}$
7：	根据公式(7.2-24)更新 μ_j $\mu_j=\frac{\zeta y_jk_{ii}-\zeta y_jk_{ij}-y_iy_j+1+y_j\sum_{l\neq i,j}^{m}\mu_ly_lk_{il}-y_j\sum_{k\neq i,j}^{m}\mu_ky_kk_{jk}}{(k_{ii}+k_{jj}-2k_{ij})}$

续表

8：	end while
9：	得到更新了两个参数后的 $\boldsymbol{\mu}$
10：	end while
11：	由 $\boldsymbol{\mu}$ 和式(7.2-13)求得对应的 $\boldsymbol{w}$
12：	求所有支持向量所对应的常数项 b，然后对这些常数项取均值 $\bar{b}$ $\bar{b}=\frac{1}{\lvert \boldsymbol{S} \rvert}\sum_{s\in S}(1/y_s-\sum_{s\in S}\mu_i y_i \boldsymbol{x}_i^{\mathrm{T}}\boldsymbol{x}_s)$
13：	输出 $\boldsymbol{\mu}, \boldsymbol{w}, \bar{b}$

7.2.4　软间隔 SVM

1. 软间隔

在支持向量机中采用硬间隔的方式，是假定样本都是严格线性可分的，但现实任务中的样本往往并非严格线性可分，而是近似于线性可分；这些情况下用支持向量机时，需要允许一些样本在分类时出错，但应尽可能少出错，为此需引进软间隔的概念。

图 7.2-6 为软间隔示意图，图中样本集已经被标记为实心圆点和空心圆点两类，而这两类数据无法通过任何一条直线进行严格划分，但可以找到一条直线将两类数据近似划分，假设这条划分直线存在一个硬间隔，则硬间隔对应的上界和下界内将存在一些点，因此这个硬间隔并非真正的硬间隔；可见这种情况下其实不存在真正的硬间隔，而存在软间隔；软间隔上下界之间允许存在一些数据点，但这些数据点越少越好。

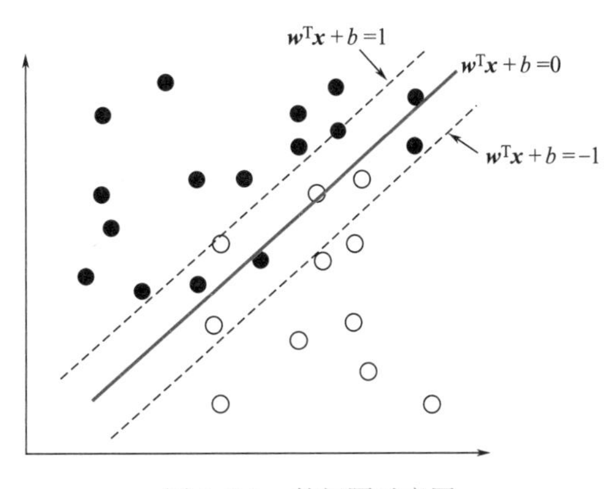

图 7.2-6　软间隔示意图

由上述内容可知，采用软间隔时，允许某些样本不满足式（7.2-5）中的约束条件，但不满足的样本应尽可能地少。软间隔 SVM 为训练集里面每个样本（$\boldsymbol{x}_i$，y_i）引入一个松弛变量 $\xi_i \geqslant 0$，使得此时的约束条件比式（7.2-5）中硬间隔的约束条件更宽松；针对某一个样本 $\boldsymbol{x}_i$，软间隔 SVM 约束条件如下：

$$y_i(\boldsymbol{w}^{\mathrm{T}}\boldsymbol{x}_i+b)\geqslant 1-\xi_i \tag{7.2-26}$$

支持向量机实际上是求最大间隔，每添加一个松弛变量，都会对求间隔的过程产生影响，使得式（7.2-8）产生一定的误差，则 m 个样本点一共会产生 m 个误差；将软间隔 SVM 的目标函数设计为一个新的函数，并加上新的约束条件（式 7.2-26），可得

$$\begin{aligned}&\min_{w,b,\xi_i}\frac{1}{2}\|\boldsymbol{w}\|^2+C\sum_{i=1}^{m}\xi_i\\&\text{s. t.}\quad y_i(\boldsymbol{w}^{\mathrm{T}}\boldsymbol{x}_i+b)\geqslant 1-\xi_i,\ \xi_i\geqslant 0(i=1,\ 2,\ \cdots,\ m)\end{aligned} \tag{7.2-27}$$

上式中，引入了一个常数 $C>0$，C 是一个事先指定的常数（在算法实现过程中需要

通过调参来选择），一般称为惩罚参数，C 越大，对错误分类的惩罚越大，也就是松弛变量产生的误差和 $\sum_{i=1}^{m}\xi_i$ 对优化目标造成的影响越大。

松弛变量 ξ_i 的一般形式设计如下

$$\xi_i = \ell(y_i(\boldsymbol{w}^{\mathrm{T}}\boldsymbol{x}_i + b) - 1) \tag{7.2-28}$$

其中，ℓ为“损失函数”，表示当某样本不满足式（7.2-5）中硬间隔约束条件时，优化目标函数产生的损失（拟求目标函数最小值，但目标函数加上了一个非负数，因此产生了损失）；以 $\ell_{0/1}$（即“0/1 损失函数”）为例：

$$\ell_{0/1}(z) = \begin{cases} 1, & \text{if } z < 0; \\ 0, & \text{otherwise} \end{cases} \tag{7.2-29}$$

此时松弛变量可表示为 $\xi_i = \ell_{0/1}(y_i(\boldsymbol{w}^{\mathrm{T}}\boldsymbol{x}_i + b) - 1)$。若样本（$\boldsymbol{x}_i$，$y_i$）满足式（7.2-5）中硬间隔约束条件，则 $y_i(\boldsymbol{w}^{\mathrm{T}}\boldsymbol{x}_i + b) - 1 \geqslant 0$，此时 $\ell_{0/1} = 0$，即不产生误差；反之，$y_i(\boldsymbol{w}^{\mathrm{T}}\boldsymbol{x}_i + b) - 1 < 0$，此时 $\ell_{0/1} = 1$，即每个不满足条件的样本产生的误差为 1。

然而，$\ell_{0/1}$ 是非凸、非连续的函数，并不适合作为损失函数。为方便后续计算，一般选用符合计算需求的函数作为损失函数。常用的三种损失函数如下：

$$hinge \text{ 损失：} \ell_{\mathrm{hinge}}(z) = \max(0,\ 1 - z) \tag{7.2-30}$$

$$\text{指数损失：} \ell_{\exp}(z) = \exp(-z) \tag{7.2-31}$$

$$\text{对率损失：} \ell_{\log}(z) = \log(1 + \exp(-z)) \tag{7.2-32}$$

求解（7.2-27）中软间隔 *SVM* 的目标函数的方式与硬间隔时类似，首先将带约束的优化问题转化为无约束的拉格朗日函数，如下：

$$\begin{aligned} L(\boldsymbol{w},\ b,\ \boldsymbol{\mu},\ \boldsymbol{\xi},\ \boldsymbol{\gamma}) = & \frac{1}{2}\|\boldsymbol{w}\|^2 + C\sum_{i=1}^{m}\xi_i \\ & + \sum_{i=1}^{m}\mu_i(1 - \xi_i - y_i(\boldsymbol{w}^{\mathrm{T}}\boldsymbol{x}_i + b)) - \sum_{i=1}^{m}\gamma_i\xi_i \end{aligned} \tag{7.2-33}$$

上式中 $\mu_i \geqslant 0$，$\gamma_i \geqslant 0$ 是拉格朗日乘子；与式（7.2-9）相比，上式最后多了一项 $-\sum_{i=1}^{m}\gamma_i\xi_i$，原因是式（7.2-27）中多了一个约束条件 $\xi_i \geqslant 0$。

令 $L(\boldsymbol{w},\ b,\ \boldsymbol{\mu},\ \boldsymbol{\xi},\ \boldsymbol{\gamma})$ 对 $\boldsymbol{w}$，b，ξ_i 的偏导为零可得

$$\boldsymbol{w} = \sum_{i=1}^{m}\mu_i y_i \boldsymbol{x}_i \tag{7.2-34}$$

$$\sum_{i=1}^{m}\mu_i y_i = 0 \tag{7.2-35}$$

$$C = \mu_i + \gamma_i \tag{7.2-36}$$

参照硬间隔时的计算过程，将式（7.2-34）～式（7.2-36）代入式（7.2-33），并求 $\max\limits_{\boldsymbol{\mu},\boldsymbol{\gamma}}\ \min\limits_{\boldsymbol{w},b,\boldsymbol{\xi}} L(\boldsymbol{w},\ b,\ \boldsymbol{\mu},\ \boldsymbol{\xi},\ \boldsymbol{\gamma})$，再根据式（7.2-36）消去 γ_i，则此优化问题可表示为

$$\begin{aligned} & \max_{\mu}\sum_{i=1}^{m}\mu_i - \frac{1}{2}\sum_{i=1}^{m}\sum_{j=1}^{m}\mu_i\mu_j y_i y_j \boldsymbol{x}_i^{\mathrm{T}}\boldsymbol{x}_j \\ & \text{s. t.} \quad \sum_{i=1}^{m}\mu_i y_i = 0;\ 0 \leqslant \mu_i \leqslant C,\ i = 1,\ 2,\ \cdots,\ m \end{aligned} \tag{7.2-37}$$

将式（7.2-37）与硬间隔下的对偶问题（式（7.2-16））对比可看出，两者唯一的区别

在于：前者的约束条件是 $0 \leqslant \mu_i \leqslant C$，后者是 $0 \leqslant \mu_i$，因此同样可采用 7.2.2 小节中的迭代方式来求解式（7.2-37）。

与式（7.2-10）类似，软间隔支持向量机的 KKT 条件的最优解要求如下

$$
\begin{cases}
\dfrac{\partial L}{\partial \boldsymbol{w}} = \boldsymbol{w} - \sum\limits_{i=1}^{m} \mu_i y_i \boldsymbol{x}_i = 0 \\
\dfrac{\partial L}{\partial b} = -\sum\limits_{i=1}^{m} \mu_i y_i = 0 \\
\dfrac{\partial L}{\partial \xi_i} = C - \mu_i - \gamma_i = 0 \\
\mu_i (y_i (\boldsymbol{w}^{\mathrm{T}} \boldsymbol{x}_i + b) - 1 + \xi_i) = 0 \\
\gamma_i \xi_i = 0 \\
\mu_i \geqslant 0, \gamma_i \geqslant 0, \xi_i \geqslant 0 \\
1 - \xi_i - y_i (\boldsymbol{w}^{\mathrm{T}} \boldsymbol{x}_i + b) \leqslant 0
\end{cases}
\tag{7.2-38}
$$

对于任意的训练样本（$\boldsymbol{x}_i$，y_i），总有 $\mu_i = 0$ 或者 $y_i(\boldsymbol{w}^{\mathrm{T}}\boldsymbol{x}_i + b) - 1 + \xi_i = 0$。若 $\mu_i = 0$，则该样本不会对目标函数产生任何影响；而若 $\mu_i \neq 0$，则 $0 < \mu_i \leqslant C$，此时必有 $y_i(\boldsymbol{w}^{\mathrm{T}}\boldsymbol{x}_i + b) - 1 + \xi_i = 0$，即 $y_i(\boldsymbol{w}^{\mathrm{T}}\boldsymbol{x}_i + b) = 1 - \xi_i$，此时需要讨论 ξ_i：

（1）若 $0 \leqslant \xi_i < 1$，则该样本分类正确，是软间隔支持向量，如图 7.2-7 中的样本 1；

（2）若 $\xi_i = 1$，则样本在划分超平面上，无法正确分类，训练时若出现这种样本，将该样本划到任意一类，如图 7.2-7 中的样本 2；

（3）若 $\xi_i > 1$，那么该样本已经越过划分超平面，在训练时会被错误分类；如图 7.2-7 中的样本 3，本应被划分为实心点这一类，但是现在被划分为空心点这一类中，产生了错误分类。

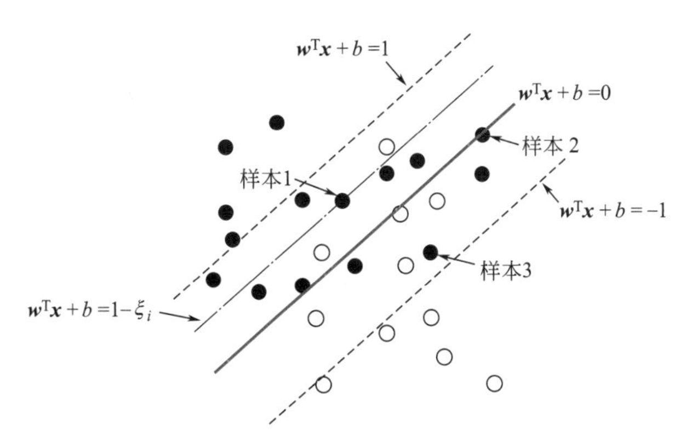

图 7.2-7　软间隔典型支持向量

上述（2）和（3）中的情况，可能会使软间隔 SVM 训练的误差增大，因此需要根据计算需求选择合适的损失函数ℓ，尽可能使所有样本对应的 ξ_i 满足 $0 \leqslant \xi_i < 1$，但可能无法完全满足。

软间隔条件下优化函数的求解过程与硬间隔时相同。需要注意的是，软间隔支持向量机的约束条件发生了变化，详见下述内容。

2. 软间隔条件下的 SMO 算法

软间隔条件下的约束条件为 $0 \leqslant \mu_i \leqslant C$，此时 SMO 算法的约束条件需要作出调整。

SMO 算法将一个复杂的优化算法简化为二变量优化问题，则式（7.2-18）、式（7.2-19）重写为

$$\begin{aligned} \text{s.t.}\quad & \mu_i y_i + \mu_j y_j = -\sum_{k \neq i,\ j}^{m} \mu_k y_k = \zeta \\ & 0 \leqslant \mu_i \leqslant C,\ 0 \leqslant \mu_j \leqslant C \end{aligned} \tag{7.2-39}$$

上式可形象地表述为一次函数的约束问题

$$\begin{aligned} & \mu_i = -y_i y_j \mu_j + \zeta y_i \\ & 0 \leqslant \mu_i \leqslant C,\ 0 \leqslant \mu_j \leqslant C \end{aligned} \tag{7.2-40}$$

设 $y_i = 1$，则上式的图形化表达见图 7.2-8。若 $y_i \neq y_j$，则 $\mu_i = \mu_j + \zeta$，此时可能存在两种情况：当情况如图 7.2-8（a）所示时，$\zeta > 0$；当情况如图 7.2-8（b）所示时，$\zeta < 0$。若 $y_i = y_j$，则 $\mu_i = -\mu_j + \zeta$，此时也有两种情况：当情况如图 7.2-8（c）所示时，$0 < \zeta < C$；当情况如图 7.2-8（d）所示时，$\zeta > C$。

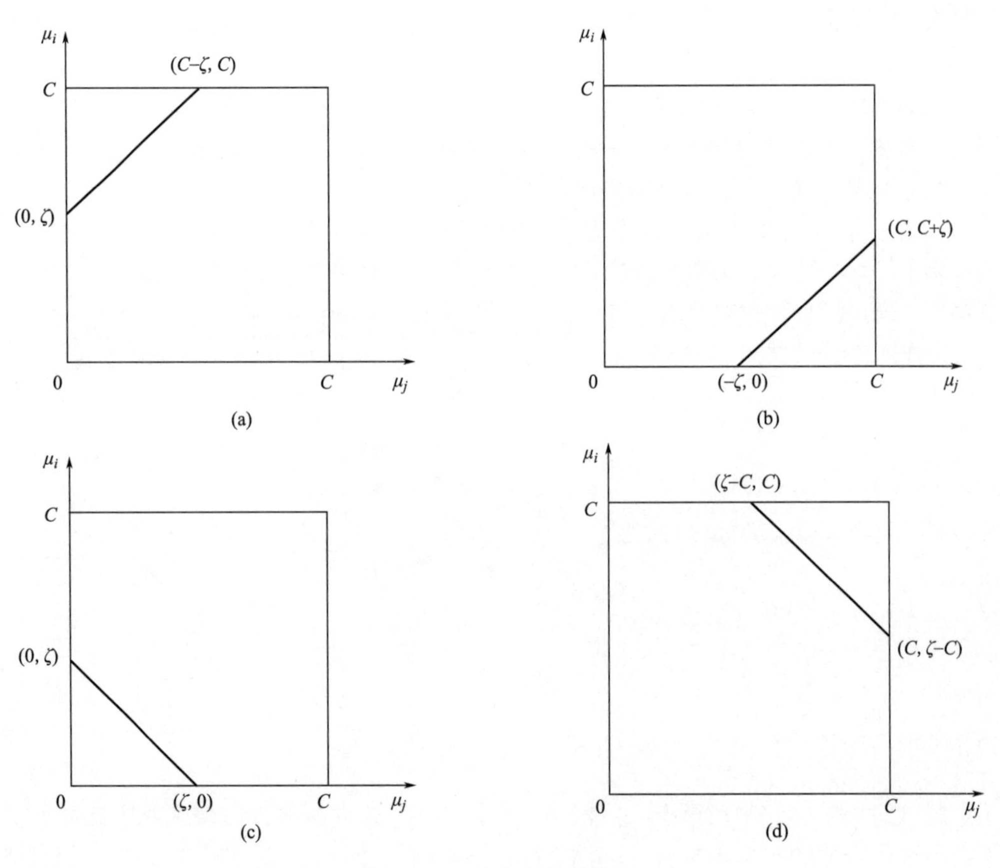

图 7.2-8　约束条件示意图

可将二变量优化问题进一步简化为对单变量 μ_i 的优化。由图 7.2-8 可见，μ_i 和 μ_j 的关系被限制在方框内的一条线段上，更新后的 μ_i 必须满足方框内的线段约束。假设 L 和 H 分别是图中 μ_i 所在线段的边界，则

$$L \leqslant \mu_i \leqslant H \tag{7.2-41}$$

对于 L 和 H，若限制条件如图 7.2-8（a）和（b）所示，即 $y_i \neq y_j$，$\zeta = \mu_i - \mu_j$，则

$$\begin{aligned} L &= \max(0,\ \mu_i - \mu_j) \\ H &= \min(C,\ C + \mu_i - \mu_j) \end{aligned} \tag{7.2-42}$$

若限制条件如图 7.2-8（c）和（d）所示，即 $y_i = y_j$，$\zeta = \mu_i + \mu_j$，则

$$\begin{aligned} L &= \max(0,\ \mu_i + \mu_j - C) \\ H &= \min(C,\ \mu_i + \mu_j) \end{aligned} \tag{7.2-43}$$

接着使用 $\mu_i y_i + \mu_j y_j = \zeta$ 消去变量 μ_j，则得到一个关于 μ_i 的单变量优化问题[6]。可见，与硬间隔 SMO 算法相比，软间隔 SMO 算法的约束条件由 $\mu_i \geqslant 0$ 变为了 $L \leqslant \mu_i \leqslant H$。

7.2.5 核函数

对于实际问题，并不一定存在能将原始样本空间正确划分为两类的超平面。如图 7.2-9（a）所示，圆点和三角形点在二维平面内随机散乱分布，无法像前文那样找到一条将两类图形严格划分或近似划分的直线，只能通过曲线将两类图形划分开。

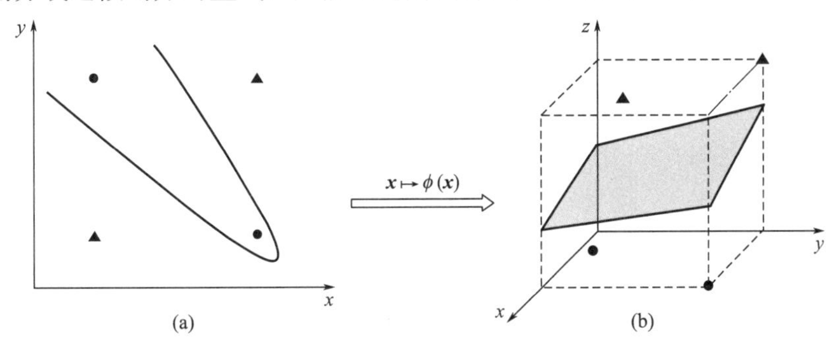

图 7.2-9　二维向三维映射示意图

对于这种问题，可使用核函数将训练样本从原始空间映射到一个更高维的空间，该高维空间称为特征空间。样本在特征空间中可以寻找到新的有明显差异的维度特征，根据这个新的维度特征可将样本划分成两类。如图 7.2-9（b）所示，将原始的二维空间映射到三维空间，假设圆点的 z 轴坐标均为 0，三角形点的 z 轴坐标均为 1，那么就可以在 $0<z<1$ 内找到一个划分超平面（灰色平面），将圆点和三角形点分成两类。使用核函数处理样本数据，实际上就是将数据从某个很难处理的形式转换为较容易处理的形式。

令 $\boldsymbol{\phi}$ 为 $\boldsymbol{x}$ 由原始空间到高维特征空间的映射，并令 $\boldsymbol{\phi}(\boldsymbol{x})$ 表示将 $\boldsymbol{x}$ 映射后的特征向量，在映射后的特征空间中，划分超平面的线性方程可表示为：

$$\boldsymbol{w}^{\mathrm{T}} \boldsymbol{\phi}(\boldsymbol{x}) + b = 0 \tag{7.2-44}$$

其中 $\boldsymbol{w}$ 和 b 是模型参数。此时，式（7.2-8）可以表示为

$$\begin{aligned} &\min_{\boldsymbol{w},b} \frac{1}{2} \| \boldsymbol{w} \|^2 \\ &\text{s.t.} \quad y_i(\boldsymbol{w}^{\mathrm{T}} \boldsymbol{\phi}(\boldsymbol{x}) + b) \geqslant 1,\ i = 1,\ 2,\ \cdots,\ m \end{aligned} \tag{7.2-45}$$

优化问题也由式（7.2-16）变化为

$$\max_{\mu}\sum_{i=1}^{m}\mu_i-\frac{1}{2}\sum_{i=1}^{m}\sum_{j=1}^{m}\mu_i\mu_j y_i y_j\boldsymbol{\phi}(\boldsymbol{x}_i)^{\mathrm{T}}\boldsymbol{\phi}(\boldsymbol{x}_j)$$
$$\text{s.t.}\quad \sum_{i=1}^{m}\mu_i y_i=0,\ \mu_i\geqslant 0,\ i=1,2,\cdots,m \tag{7.2-46}$$

上式中 $\boldsymbol{\phi}(\boldsymbol{x}_i)^{\mathrm{T}}\boldsymbol{\phi}(\boldsymbol{x}_j)$ 是样本 $\boldsymbol{x}_i$ 与 $\boldsymbol{x}_j$ 映射到特征空间后得到的向量的内积。特征空间的维度可能很高，甚至可能为无穷维，因为可能需要将样本的维度增加很多才能进行划分，这将导致直接计算变得非常困难。为了避开这个问题，可假设存在一个核函数 $\kappa(\boldsymbol{x}_i,\boldsymbol{x}_j)$，该函数使得 $\boldsymbol{x}_i$ 和 $\boldsymbol{x}_j$ 在特征空间中对应的高维向量 $\boldsymbol{\phi}(\boldsymbol{x}_i)$ 和 $\boldsymbol{\phi}(\boldsymbol{x}_j)$ 的内积等于 $\boldsymbol{x}_i$ 和 $\boldsymbol{x}_j$ 在原始样本空间中通过 $\kappa(\boldsymbol{x}_i,\boldsymbol{x}_j)$ 计算的结果，即

$$\kappa(\boldsymbol{x}_i,\boldsymbol{x}_j)=\langle\boldsymbol{\phi}(\boldsymbol{x}_i),\boldsymbol{\phi}(\boldsymbol{x}_j)\rangle=\boldsymbol{\phi}(\boldsymbol{x}_i)^{\mathrm{T}}\boldsymbol{\phi}(\boldsymbol{x}_j) \tag{7.2-47}$$

举例说明上式：令 $\boldsymbol{x}=(a,b,c)$，令 $\boldsymbol{\phi}(\boldsymbol{x})=(aa,ab,ac,ba,bb,bc,ca,cb,cc)$（注意，映射 $\boldsymbol{\phi}$ 并非简单地增加变量 $\boldsymbol{x}$ 的分量数量且保持原分量不变），令核函数 $\kappa(\boldsymbol{x},\boldsymbol{y})=(\langle\boldsymbol{x},\boldsymbol{y}\rangle)^2$（$\langle\boldsymbol{x},\boldsymbol{y}\rangle$ 表示向量 $\boldsymbol{x}$ 和向量 $\boldsymbol{y}$ 的内积），此核函数满足式（7.2-47）的要求。若 $\boldsymbol{x}_i=(1,2,3)$，$\boldsymbol{x}_j=(4,5,6)$，则 $\boldsymbol{\phi}(\boldsymbol{x}_i)=(1,2,3,2,4,6,3,6,9)$，$\boldsymbol{\phi}(\boldsymbol{x}_j)=(16,20,24,20,25,30,24,30,36)$；直接计算 $\boldsymbol{x}_i$ 和 $\boldsymbol{x}_j$ 在特征空间中对应的高维向量 $\boldsymbol{\phi}(\boldsymbol{x}_i)$ 和 $\boldsymbol{\phi}(\boldsymbol{x}_j)$ 的内积可得 $\langle\boldsymbol{\phi}(\boldsymbol{x}_i),\boldsymbol{\phi}(\boldsymbol{x}_j)\rangle=1024$；$\boldsymbol{x}_i$ 和 $\boldsymbol{x}_j$ 在原始样本空间中通过 $\kappa(\boldsymbol{x}_i,\boldsymbol{x}_j)$ 计算的结果为 $\kappa(\boldsymbol{x}_i,\boldsymbol{x}_j)=(\langle\boldsymbol{x}_i,\boldsymbol{x}_j\rangle)^2=(1\times4+2\times5+3\times6)^2=1024$；$\kappa(\boldsymbol{x}_i,\boldsymbol{x}_j)=\langle\boldsymbol{\phi}(\boldsymbol{x}_i),\boldsymbol{\phi}(\boldsymbol{x}_j)\rangle$。可见采用核函数的方法后，虽然向量的维度提升了很多，但是计算量的增加很少。

引入核函数后，式（7.2-46）可以重写为

$$\max_{\mu}\ \sum_{i=1}^{m}\mu_i-\frac{1}{2}\sum_{i=1}^{m}\sum_{j=1}^{m}\mu_i\mu_j y_i y_j\kappa(\boldsymbol{x}_i,\boldsymbol{x}_j)$$
$$\text{s.t.}\sum_{i=1}^{m}\mu_i y_i=0,\ \mu_i\geqslant 0,\ i=1,2,\cdots,m \tag{7.2-48}$$

上式的求解与 7.2.2 小节中使用 SMO 算法求解式（7.2-16）过程相同。

并非所有的函数都能够满足式（7.2-47）的要求，能够作为核函数的函数必须满足以下定理[7]：

定理 7.2.1（核函数） 令 $\boldsymbol{\chi}$ 表示输入空间，$\kappa(.,.)$ 是定义在 $\boldsymbol{\chi}\times\boldsymbol{\chi}$ 上的对称函数，则 κ 是核函数当且仅当对任意数据 $\boldsymbol{D}=\{\boldsymbol{x}_1,\boldsymbol{x}_2,\cdots,\boldsymbol{x}_m\}$，核矩阵 $\boldsymbol{K}$ 总是半正定的：

$$\boldsymbol{K}=\begin{bmatrix}\kappa(\boldsymbol{x}_1,\boldsymbol{x}_1)\cdots\kappa(\boldsymbol{x}_1,\boldsymbol{x}_j)\cdots\kappa(\boldsymbol{x}_1,\boldsymbol{x}_m)\\ \vdots\qquad\qquad\vdots\qquad\qquad\vdots\\ \kappa(\boldsymbol{x}_i,\boldsymbol{x}_1)\cdots\kappa(\boldsymbol{x}_i,\boldsymbol{x}_j)\cdots\kappa(\boldsymbol{x}_i,\boldsymbol{x}_m)\\ \vdots\qquad\qquad\vdots\qquad\qquad\vdots\\ \kappa(\boldsymbol{x}_m,\boldsymbol{x}_1)\cdots\kappa(\boldsymbol{x}_m,\boldsymbol{x}_j)\cdots\kappa(\boldsymbol{x}_m,\boldsymbol{x}_m)\end{bmatrix} \tag{7.2-49}$$

即对于任意维度的向量 $\boldsymbol{x}$，$\boldsymbol{x}^{\mathrm{T}}\boldsymbol{K}\boldsymbol{x}\geqslant 0$ 恒成立。

定理 7.2.1 表明，只要一个对称函数所对应的核矩阵半正定，就能作为核函数使用。事实上，对于一个半正定核矩阵，总能找到一个与之对应的映射 $\boldsymbol{\phi}$，换言之，任何一个核函数都隐式地定义了一个特征空间。

常见的核函数见表 7.2-1，此外核函数还可以通过具体形式的核函数进行组合而得到。

常用核函数　表 7.2-1

名称	表达式	参数要求
线性核	$\kappa(\boldsymbol{x}_i,\boldsymbol{x}_j)=\boldsymbol{x}_i^{\mathrm{T}}\boldsymbol{x}_j$	
多项式核	$\kappa(\boldsymbol{x}_i,\boldsymbol{x}_j)=(\boldsymbol{x}_i^{\mathrm{T}}\boldsymbol{x}_j)^d$	$d\geqslant 1$ 为多项式的次数
高斯核	$\kappa(\boldsymbol{x}_i,\boldsymbol{x}_j)=\exp\left(-\frac{\Vert\boldsymbol{x}_i-\boldsymbol{x}_j\Vert^2}{2\sigma^2}\right)$	$\sigma\geqslant 0$ 为高斯核的带宽
拉普拉斯核	$\kappa(\boldsymbol{x}_i,\boldsymbol{x}_j)=\exp\left(-\frac{\Vert\boldsymbol{x}_i-\boldsymbol{x}_j\Vert}{\sigma}\right)$	$\sigma\geqslant 0$
Sigmoid 核	$\kappa(\boldsymbol{x}_i,\boldsymbol{x}_j)=\tanh(\beta\boldsymbol{x}_i^{\mathrm{T}}\boldsymbol{x}_j+\theta)$	tanh 为双曲正切函数，$\beta>0,\theta<0$

7.3　逻辑回归

7.3.1　算法原理

逻辑回归也称为对数几率回归，是一种经典的有监督分类算法，其基本思想是通过类别已知的数据回归出一个分类边界，利用此边界将未来产生的新数据分成两类。

以图 7.3-1 所示的已有二维数据为例，数据的标签（即数据的类别）已知，用 y^* 表示已有数据的标签；图中圆形数据标签为 0，三角形数据标签为 1。算法的处理目标是找到能够将数据分到两边的一个边界（此处为直线）$z=w_1x_1+w_2x_2+b=\boldsymbol{W}^{\mathrm{T}}X=0$；将标签为 1 的数据代入边界方程，方程输出值大于 0，反之则小于 0。将直线 $z=w_1x_1+w_2x_2+b=0$ 用 $\boldsymbol{W}^{\mathrm{T}}X=0$ 表示，是将直线的系数向量由 $\boldsymbol{w}=(w_1,\ w_2)^{\mathrm{T}}$ 增广为 $\boldsymbol{W}=(w_1,\ w_2,\ b)^{\mathrm{T}}$，即将常数项 b 也作为系数向量的一个分量；对应地，将样本点 $\boldsymbol{x}=(x_1,\ x_2)^{\mathrm{T}}$ 增广为 $\boldsymbol{X}=(x_1,\ x_2,\ 1)^{\mathrm{T}}$。寻找边界的过程，就是求解系数向量 $\boldsymbol{W}$ 的过程。如图 7.3-1 所示，当样本点位于待求边界的上方时，$z>0$，$y^*=1$，反之则 $z<0$，$C=0$。

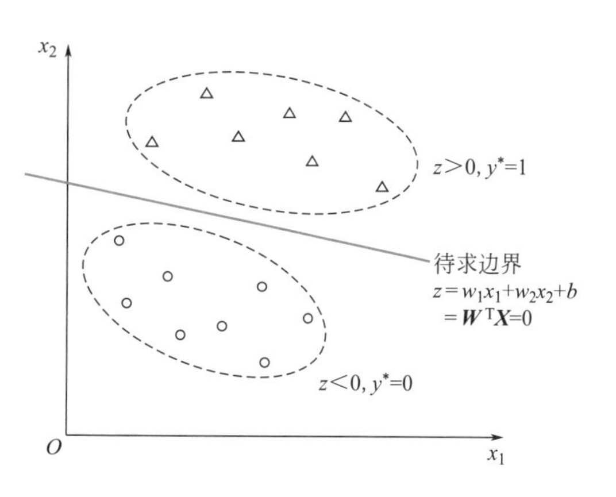

图 7.3-1　二维数据的分类

采用边界模型进行分类时，使用 y 表示计算后的输出标签值，则有

$$y=\begin{cases}0 & z<0\\ 0.5 & z=0\\ 1 & z>0\end{cases}\tag{7.3-1}$$

上式称为“单位阶跃函数”[7]，其值域不连续，所以 y 不可微，但后续求解直线方程时的迭代优化过程（如使用梯度下降法求解）需对 y 求导，因此上式不能满足要求。逻辑回归中，采用逻辑函数代替上式：

$$y=\frac{1}{1+\mathrm{e}^{-z}}\tag{7.3-2}$$

逻辑函数是最常用的 Sigmoid 函数，将 z 值转化成介于 0 到 1 之间的数，并且在 $z=0$ 附近变化剧烈[7]。概率的取值也位于 0 到 1 之间，所以可将逻辑函数计算得到的 y 值看成概率；采用边界模型进行样本点分类时，以 0.5 为界，将数据分为正例和反例，$y>0.5$ 时为正例，$y<0.5$ 时为反例；在进行边界模型训练中，应尽量使得正例概率趋近于 1，而反例概率趋近于 0。因此可以将式（7.3-2）的计算结果 y 看成某样本 $\boldsymbol{x}$ 为正例的概率 $P(y^*=1\mid\boldsymbol{X})$，$1-y$ 则视为此样本为反例的概率，即

$$y=P(y^*=1\mid\boldsymbol{x})=\frac{1}{1+\mathrm{e}^{-z}}=\frac{\mathrm{e}^z}{1+\mathrm{e}^z}=\frac{\mathrm{e}^{\boldsymbol{W}^{\mathrm{T}}\boldsymbol{x}}}{1+\mathrm{e}^{\boldsymbol{W}^{\mathrm{T}}\boldsymbol{x}}}\tag{7.3-3}$$

$$1-y=P(y^*=0\mid\boldsymbol{x})=1-P(y^*=1\mid\boldsymbol{x})=\frac{1}{1+\mathrm{e}^{\boldsymbol{W}^{\mathrm{T}}\boldsymbol{x}}}\tag{7.3-4}$$

完成计算后，根据计算结果将数据归到概率值较大的那一类。这样处理的好处是不仅能得到某一个数据的所属类别，还能得到该数据属于该类别的概率，这对于一些利用概率辅助决策的任务很有用[7]。

7.3.2 损失函数

为进行直线方程的求解，需要利用给定标签的数据进行训练，找到一个适合的系数向量 $\boldsymbol{W}$，使边界模型及逻辑函数对正例做出高概率估算（y 接近 1），对反例做出低概率估算（y 接近 0）[8]。设某给定的训练数据集为 $\boldsymbol{T}=\{(\boldsymbol{x}_1, y_1^*)^{\mathrm{T}}, (\boldsymbol{x}_2, y_2^*)^{\mathrm{T}}, \cdots, (\boldsymbol{x}_N, y_N^*)^{\mathrm{T}}\}$，其中 $y_i^*\in\{0, 1\}$，N 为样本数量；针对训练过程，对于单个实例（已标注标签），可设计一个损失函数为[8]

$$c(\boldsymbol{W})=\begin{cases}-\log(y), & y^*=1\\-\log(1-y), & y^*=0\end{cases}\tag{7.3-5}$$

上式中，y 由式（7.3-2）求得。其中，log 的底数可以设置为任意大于 1 的值，因为对于任何对数函数均可根据换底公式（$\log_a b=\log_c b/\log_c a$）乘上一个常数进行转换，并不影响对损失函数梯度的计算。由上式可见，边界模型训练中，对于某实例为正例（$y^*=1$）的情况，当边界模型 $z=\boldsymbol{W}^{\mathrm{T}}\boldsymbol{X}=0$ 对此实例进行正确分类时，由式（7.3-2）计算出的概率 y 接近于 1，则由式（7.3-5）计算出的损失函数值接近于 0；反之，当边界模型对此实例进行错误分类时，由（7.3-2）计算出的概率 y 接近于 0，则由式（7.3-5）计算出的损失函数值非常大。可见，此处的损失函数也是一个罚函数。训练的目标是要找到一个最优的边界模型，使得所有样本点的损失和最小。

可将式（7.3-5）中的两个方程整合成一个方程：

$$c(\boldsymbol{W})=-y^*\log(y)-(1-y^*)\log(1-y)\tag{7.3-6}$$

式（7.3-5）可整合成上式的原因：y^* 只能取 1 和 0 这两个数值，而上式中右侧的两项中也必然有一项为 0；上式与式（7.3-5）等价。

整个训练集的损失函数为所有样本损失值的平均值：

$$J(\boldsymbol{W})=-\frac{1}{N}\sum_{i=1}^{N}\left[y_i^*\log(y_i)+(1-y_i^*)\log(1-y_i)\right]\tag{7.3-7}$$

上式称为 log 损失函数（以 e 为底的对数），为凸函数，可通过梯度下降等方法找到全

局最小值[8]。损失函数对系数向量 $\boldsymbol{W}$ 的分量 w_j 求偏导：

$$\begin{aligned}\frac{\partial J(\boldsymbol{W})}{\partial w_j}&=\partial\left\{-\frac{1}{N}\sum_{i=1}^{N}\left[y_i^*\log(y_i)+(1-y_i^*)\log(1-y_i)\right]\right\}\Big/\partial w_j\\&=\partial\left\{-\frac{1}{N}\sum_{i=1}^{N}\left[y_i^*\log\left(\frac{y_i}{1-y_i}\right)+\log(1-y_i)\right]\right\}\Big/\partial w_j\\&=\partial\left\{-\frac{1}{N}\sum_{i=1}^{N}\left[y_i^*\log(e^{\boldsymbol{W}^{\mathrm{T}}\boldsymbol{X}_i})+\log\left(\frac{1}{1+\mathrm{e}^{\boldsymbol{W}^{\mathrm{T}}\boldsymbol{X}_i}}\right)\right]\right\}\Big/\partial w_j\\&=\partial\left\{-\frac{1}{N}\sum_{i=1}^{N}\left[y_i^*\boldsymbol{W}^{\mathrm{T}}\boldsymbol{X}_i-\log(1+\mathrm{e}^{\boldsymbol{W}^{\mathrm{T}}\boldsymbol{X}_i})\right]\right\}\Big/\partial w_j\\&=-\frac{1}{N}\sum_{i=1}^{N}\left[y_i^*x_i^j-\frac{\mathrm{e}^{\boldsymbol{W}^{\mathrm{T}}\boldsymbol{X}_i}}{1+\mathrm{e}^{\boldsymbol{W}^{\mathrm{T}}\boldsymbol{X}_i}}x_i^j\right]\\&=\frac{1}{N}\sum_{i=1}^{N}\left[(y_i-y_i^*)x_i^j\right]\end{aligned}\tag{7.3-8}$$

其中，x_i^j 为第 i 个样本 $\boldsymbol{X}_i$ 中与 w_j 相乘的第 j 个分量。根据梯度下降法，第 $k+1$ 次迭代的系数向量分量 w_j^{k+1} 为

$$w_j^{k+1}=w_j{}^k-\alpha\frac{\partial J(\boldsymbol{W})}{\partial w_j{}^k}\tag{7.3-9}$$

其中 α 为学习率，根据经验或调参确定。

逻辑回归用于二分类的训练步骤如下：

(1) 将已知标签的样本数据维度增加一位，用 1 填充，形成增广后的样本向量集 $\boldsymbol{X}$，并将系数向量 $\boldsymbol{W}$ 进行初始赋值；

(2) 对每一个样本 $\boldsymbol{X}_i$，使用公式（7.3-2）计算 y_i；

(3) 根据公式（7.3-7）计算总的损失 J（$\boldsymbol{W}$）；

(4) 根据公式（7.3-8）计算损失 J（$\boldsymbol{W}$）对 $\boldsymbol{W}$ 每个分量 w_j 的偏导数，并根据公式（7.3-9）更新 $\boldsymbol{W}$；

(5) 重复步骤（2）到步骤（4），直到总的损失的变化小于设定的阈值 ε。

逻辑回归用于二分类任务　　　　**算法 7.3-1**

输入：	训练数据集 T，样本点数量 N，学习率 α，阈值 ε，最大迭代次数 M
输出：	系数矩阵 $\boldsymbol{W}$
1：	初始化系数矩阵
2：	for $m=0$ to M do
3：	for $i=1$ to N do
4：	$z=w_1x_1+w_2x_2+b=\boldsymbol{W}^{\mathrm{T}}\boldsymbol{X}_i$
5：	$y=\dfrac{1}{1+\mathrm{e}^{-z}}$
6：	end for
7：	基于公式(7.3-7)计算总的损失 $J_m(\boldsymbol{W})$
8：	基于公式(7.3-8)计算每一个参数的偏导数

续表

9：	基于公式(7.3-9)更新每一个参数
10：	if $\mid J_m(\boldsymbol{W})-J_{m-1}(\boldsymbol{W})\mid<\varepsilon$
11：	退出循环
12：	else
13：	基于公式(7.3-8)计算每一个参数的偏导数
14：	基于公式(7.3-9)更新每一个参数
15：	end if
16：	输出系数矩阵 $\boldsymbol{W}$

例 7.3.1 同样以图 7.1-2 中的数据为例，即给定的两组样本分别是 $\boldsymbol{X}_1=\{(0,0)^{\mathrm{T}},(1,0)^{\mathrm{T}},(1,1)^{\mathrm{T}}\}$，$\boldsymbol{X}_2=\{(0,2)^{\mathrm{T}},(1,2)^{\mathrm{T}}\}$，其标签分别为 $t_1=1$ 和 $t_2=0$。使用逻辑回归算法求解决策边界。

解 首先将训练样本进行增广处理：

$$\begin{aligned}\hat{X}&=\{\hat{\boldsymbol{x}}_0,\hat{\boldsymbol{x}}_1,\hat{\boldsymbol{x}}_2,\hat{\boldsymbol{x}}_3,\hat{\boldsymbol{x}}_4\}\\&=\{(0,0,1)^{\mathrm{T}},(1,0,1)^{\mathrm{T}},(1,1,1)^{\mathrm{T}},(0,2,1)^{\mathrm{T}},(1,2,1)^{\mathrm{T}}\}\end{aligned}$$

取 $\boldsymbol{W}$ 的初始值为 $(0,0,0)^{\mathrm{T}}$ 且学习率 $\alpha=1$，最大迭代次数设为 1000，阈值为 0.02，依据算法 7.3-1 进行计算，整个迭代过程结果见表 7.3-1。

逻辑回归二分类的迭代算例　　表 7.3-1

迭代次数	W	总的损失	迭代一次总体损失的变化值	梯度向量
0	(0,0,0)	0.69	—	(−0.1,0.3,−0.1)
1	(0.1,−0.3,0.1)	0.59	0.098	(−0.11,0.21,−0.13)
2	(0.21,−0.51,0.23)	0.53	0.069	(−0.11,0.17,−0.13)
3	(0.32,−0.67,0.37)	0.47	0.055	(−0.10,0.15,−0.12)
4	(0.42,−0.82,0.49)	0.43	0.044	(−0.09,0.13,−0.12)
5	(0.51,−0.95,0.61)	0.39	0.036	(−0.08,0.12,−0.11)
6	(0.59,−1.07,0.71)	0.36	0.030	(−0.07,0.11,−0.10)
7	(0.66,−1.18,0.81)	0.33	0.026	(−0.06,0.10,−0.09)
8	(0.72,−1.28,0.90)	0.31	0.022	(−0.06,0.09,−0.09)
9	(0.78,−1.38,0.99)	0.29	0.019	(−0.05,0.09,−0.08)

采用所有的数据计算梯度可知，总的损失在逐步下降。若采用更小的阈值，可以使损失进一步下降。

7.3.3 多元逻辑回归

逻辑回归是一个二元分类器，将其推广到多分类的情况，就得到了 Softmax 回归（也称为多元逻辑回归）。Softmax 回归的分类思路与逻辑回归相似，首先经过利用标签已知的数据得到每个类别的系数向量，接着利用系数向量分别计算出样本属于每个类别的概率，再将样本归到概率最大的类别。

对于一个样本 $\boldsymbol{X}_i$，其属于第 k 个类别的概率为[8]

$$y_i^k = \mathrm{e}^{s_k(\boldsymbol{X}_i)} \Big/ \sum_{j=1}^{K} \mathrm{e}^{s_j(\boldsymbol{X}_i)} \tag{7.3-10}$$

上式中，K 为类别的数量，$s_k(\boldsymbol{X}_i)$ 称为样本 $\boldsymbol{X}_i$ 对于类别 k 的 Softmax 分数：

$$s_k(\boldsymbol{X}_i) = \boldsymbol{W}^k \boldsymbol{X}_i \tag{7.3-11}$$

上式中，$\boldsymbol{W}^k$ 为与类别 k 对应的系数向量。在 Softmax 回归中，每个类别的系数向量作为行向量存储在系数矩阵 $\boldsymbol{W}$ 中[8]。对于包含 N 个样本的训练集，Softmax 回归的损失函数为

$$J(\boldsymbol{W}) = -\frac{1}{N} \sum_{i=1}^{N} \sum_{k=1}^{K} y_i^{k*} \log(y_i^k) \tag{7.3-12}$$

此时样本 $\boldsymbol{X}_i$ 的标签 $\boldsymbol{y}_i^*$ 是一个 K 维向量，而 $\boldsymbol{y}_i^{k*}$ 为 $\boldsymbol{y}_i^*$ 的第 k 个分量，表示样本是否属于第 k 类；若属于，则 $\boldsymbol{y}_i^{k*}=1$，同时 $\boldsymbol{y}_i^*$ 的其他分量等于0。该损失函数也被称为交叉熵，是机器学习领域常用的损失函数类型之一。当 $K=2$ 时，式（7.3-12）即退化为式（7.3-7）。式（7.3-12）的求解可使用梯度下降法或者其他优化算法。

7.4　k 近邻算法

7.4.1　算法原理

k 近邻算法（k Nearest Neighbor，简称 kNN）是最常用的简单监督学习分类算法，这个算法不需要进行模型训练，只需要对已有样本进行分类即可。算法的基本思想：某个样本 $\boldsymbol{x}_i$ 的类别由距离其最近的 k 个邻近样本的类别及数量决定，这 k 个邻近样本中，哪一类的数量最多，则 $\boldsymbol{x}_i$ 就被分到哪一类中[1]。下面以一个二维数据的例子简单说明。

如图 7.4-1（a）所示，已知三角形实例的类别为 1，圆形实例的类别为 2，设 k 为 5，则待求的菱形样本的类别由距离其最近的 5 个实例决定。如图 7.4-1（b）所示，5 个邻近实例中，有 2 个属于 1 类，有 3 个属于 2 类，5 个实例中的大多数属于 2 类，所以菱形样本属于 2 类。

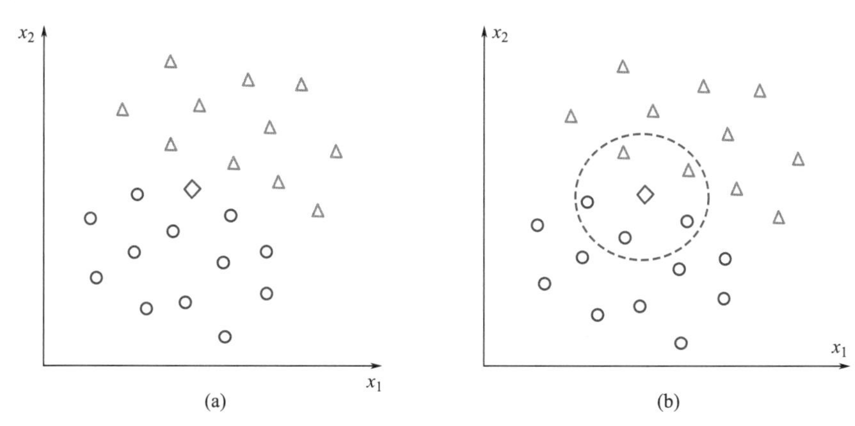

图 7.4-1　k 近邻算法的分类示例

k 近邻算法的步骤如下：

（1）输入一组类别已知的数据集 $\boldsymbol{T}$ 以及类别待求的样本 $\boldsymbol{x}$；

（2）根据给定的距离度量公式和邻近实例的数量 k，在训练集中找到与待求样本 $\boldsymbol{x}$ 最近的 k 个实例；

（3）统计 k 个邻近实例的类别并找到多数实例的所属类别 y，将 $\boldsymbol{x}$ 归到类别 y 中。

常用的距离度量方法是欧式距离，也可以是其他距离，如切比雪夫距离、曼哈顿距离等。k 近邻算法中，k 的取值会对结果产生较大影响。若 k 取值过小，则预测结果会对邻近的样本很敏感，易受噪声影响；若 k 取值过大，则与待求样本距离较远的样本也会对预测结果有影响，使预测结果发生错误[1]。因此需根据不同的情况选择合适的 k 值。当 $k=1$ 时，k 近邻算法又称为最近邻算法。

例 7.4.1 给定的两组样本分别是 $\boldsymbol{X}_1=\{(1,0)^{\mathrm{T}},(1,1)^{\mathrm{T}},(1,2)^{\mathrm{T}},(3,0)^{\mathrm{T}},(2,1)^{\mathrm{T}}\}$，$\boldsymbol{X}_2=\{(3,2)^{\mathrm{T}},(4,3)^{\mathrm{T}},(5,2)^{\mathrm{T}},(4,1)^{\mathrm{T}}\}$，其标签分别为 $t_1=1$ 和 $t_2=2$，分别是图 7.4-2 中的×形数据和三角形数据。使用 k 近邻算法求样本 $\boldsymbol{a}=\{(2,2)^{\mathrm{T}}\}$ 的标签，即图 7.4-2 中的圆形数据。

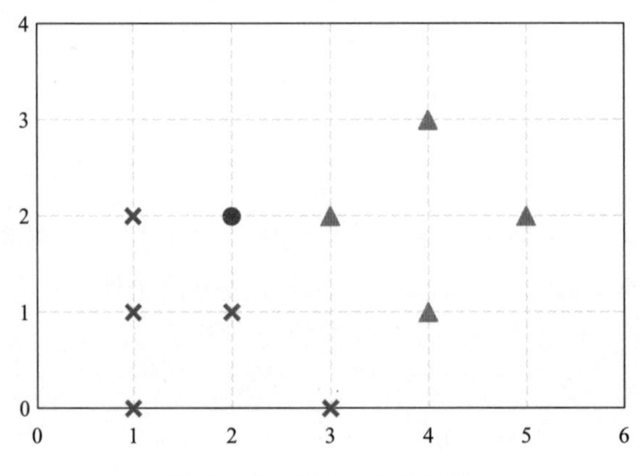

图 7.4-2　例 7.4.1 的数据

解　令 $k=3$，逐个计算样本 $\boldsymbol{a}$ 与 $\boldsymbol{X}_1$ 和 $\boldsymbol{X}_2$ 中每个样本之间的欧氏距离，结果见表 7.4-1。选择最小的三个距离所对应的样本点，样本 $\boldsymbol{a}$ 的 3 个最近邻分别是 $\{(1,2)^{\mathrm{T}},(2,1)^{\mathrm{T}},(3,2)^{\mathrm{T}}\}$，$(1,2)^{\mathrm{T}}$ 和 $(2,1)^{\mathrm{T}}$ 的标签为 1，$(3,2)^{\mathrm{T}}$ 的标签为 2，所以样本 $\boldsymbol{a}$ 的标签也为 1。

k 近邻分类的算例　　　　**表 7.4-1**

欧氏距离	$(1,0)^{\mathrm{T}}$	$(1,1)^{\mathrm{T}}$	$(1,2)^{\mathrm{T}}$	$(3,0)^{\mathrm{T}}$	$(2,1)^{\mathrm{T}}$
$\boldsymbol{a}=\{(2,2)^{\mathrm{T}}\}$	2.236	1.414	1.0	2.236	1.0
欧氏距离	$(3,2)^{\mathrm{T}}$	$(4,3)^{\mathrm{T}}$	$(5,2)^{\mathrm{T}}$	$(4,1)^{\mathrm{T}}$	3 近邻
$\boldsymbol{a}=\{(2,2)^{\mathrm{T}}\}$	1.0	2.236	3.0	2.236	$(1,2)^{\mathrm{T}},(2,1)^{\mathrm{T}},(3,2)^{\mathrm{T}}$

本例中，在寻找待求样本的 k 个邻近样本时，采用的方法是逐个计算待求样本与数据集中每个实例的距离，并排序取最小的 k 个值所对应的实例。这种方法简单直接，但数据集很大时，这种方法的计算负荷较大，因此实际计算中常用 kd 树或 ball 树等方法寻找邻近样本。

7.4.2　kd 树

kd 树（k-dimensional Tree，此处 k 为空间维度）将数据以树形结构进行存储，以实现快速检索。当数据量较大时，在 k 近邻等需要检索邻近点的算法中使用 kd 树可大幅度提升计算效率。

（1）kd 树的构建

kd 树实际上是对 k 维空间的一个划分，构造 kd 树相当于不断用垂直于坐标轴的平面将空间一分为二[1]。下面以图 7.4-3 所示的例子说明如何通过切分空间创建一个 2d 树。

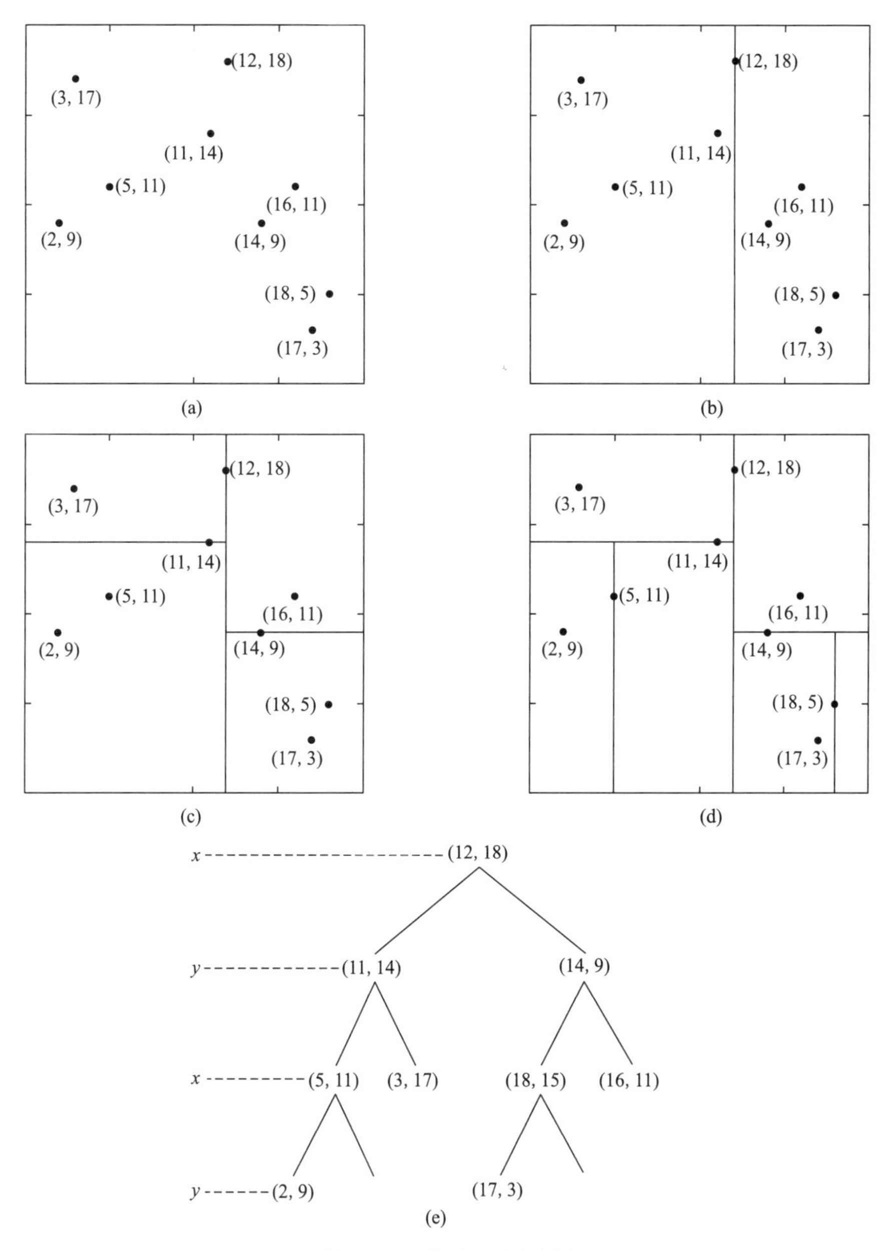

图 7.4-3　构建 2d 树示例

例 7.4.2 图 7.4-3（a）所示的二维空间数据集 $\boldsymbol{A}$ 是

$$\boldsymbol{A}=\left\{\begin{array}{l}(2,9)^{\mathrm{T}},(5,11)^{\mathrm{T}},(3,17)^{\mathrm{T}},(11,14)^{\mathrm{T}},(12,18)^{\mathrm{T}}, \\ (14,9)^{\mathrm{T}},(16,11)^{\mathrm{T}},(17,3)^{\mathrm{T}},(18,5)^{\mathrm{T}}\end{array}\right\}$$

利用 $\boldsymbol{A}$ 创建一个 2d 树。

解 首先选择 x 轴为切分坐标轴，$\boldsymbol{A}$ 中所有数据点的 x 坐标的中位数是 12，用 $x=12$ 的平面将空间分为左右两个矩形，x 坐标小于 12 的数据点｛$(2,9)^{\mathrm{T}}$，$(5,11)^{\mathrm{T}}$，$(3,17)^{\mathrm{T}}$，$(11,14)^{\mathrm{T}}$｝落在左边的矩形内，大于 12 的数据点｛$(14,9)^{\mathrm{T}}$，$(16,11)^{\mathrm{T}}$，$(17,3)^{\mathrm{T}}$，$(18,5)^{\mathrm{T}}$｝落在右边的矩形内，如图 7.4-3（b）所示。

接着选择 y 轴为切分坐标轴，左矩形中所有数据点的 y 坐标的中位数是 14，用 $y=14$ 的平面将左矩形分为上下两个矩形，y 坐标小于 14 的数据点落在下矩形中，大于 14 的数据点落在上矩形中。同理，用 $y=9$ 的平面将右矩形分为上下两个矩形。划分之后的结果如图 7.4-3（c）所示。

然后再选择 x 轴为切分轴，左上角和右上角的矩形中只有一个点，不再切分；左下角的矩形使用 $x=5$ 分为左右两个矩形，右下角的矩形使用 $x=18$ 分为左右两个矩形，最终的划分结果如图 7.4-3（d）所示。

图 7.4-3（e）为根据切分过程建立的 2d 树，每个数据都是 2d 树上的一个结点，并分别对应一个矩形区域[1]。结点 $(12,18)^{\mathrm{T}}$ 称为根结点，其深度为 0，对应图 7.4-3（a）中包含 $\boldsymbol{A}$ 中所有数据点的矩形区域。结点 $(11,14)^{\mathrm{T}}$ 和 $(14,9)^{\mathrm{T}}$ 的深度为 1，分别对应图 7.4-3（b）中的左右两个矩形区域，以此类推。其中，结点 $(2,9)^{\mathrm{T}}$、$(17,3)^{\mathrm{T}}$、$(3,17)^{\mathrm{T}}$ 和 $(16,11)^{\mathrm{T}}$ 没有子结点，称为叶结点。以上就是建立 2d 树的过程，高维的情况与 2 维类似。

kd 树是二叉树，构建 kd 树的过程就是不断地用垂直于坐标轴的平面将空间划分为两个子空间，称作左子树和右子树，位于平面左侧的区域由左子树表示，位于平面右侧的区域由右子树表示[9]。kd 树中最先访问的结点称为根结点，上一级结点称作下一级结点的父结点，下一级结点称作上一级结点的子结点，比如图 7.4-3（e）中的结点 $(11,14)^{\mathrm{T}}$ 为 $(5,11)^{\mathrm{T}}$ 和 $(3,17)^{\mathrm{T}}$ 的父结点，$(5,11)^{\mathrm{T}}$ 和 $(3,17)^{\mathrm{T}}$ 是 $(11,14)^{\mathrm{T}}$ 的子结点。一个结点只能有一个父结点，且子结点的数目不能大于 2。没有子结点的结点称为叶结点。

对于一个 k 维空间的数据集 $\boldsymbol{A}=\{\boldsymbol{x}_1, \boldsymbol{x}_2, \cdots, \boldsymbol{x}_N\}$，其中 $\boldsymbol{x}_i=(x_i^{(1)}, x_i^{(2)}, \cdots, x_i^{(k)})^{\mathrm{T}}$，$i=1, 2, \cdots, N$，构建 kd 树的步骤如下：

① 构造根结点：选择 $x^{(1)}$ 为切分坐标轴，计算所有数据的 $x^{(1)}$ 坐标的中位数作为切分点，用垂直于 $x^{(1)}$ 坐标轴且经过切分点的平面将 k 维空间分成左右两个子区域，生成深度为 1 的左右两个子结点，左子结点对应 $x^{(1)}$ 坐标小于切分点的子区域，右子结点对应 $x^{(1)}$ 坐标大于切分点的子区域；

② 循环，基于 j 级结点构造 $j+1$ 级结点：对深度为 j 的结点，选择 $x^{(l)}$ 为切分轴，其中 $l=j(\bmod k)+1$（mod 为取余运算符），以该结点对应区域中所有数据的中位数为切分点，将该区域分为左右两个子区域，生成深度为 $j+1$ 的左右两个子结点[1]；

③ 循环终止条件：当结点没有子结点时，循环终止。

（2）kd 树的检索

以图 7.4-3 中的 2d 树为例，说明如何在数据集 $\boldsymbol{A}$ 的 2d 树中快速检索数据点 $\boldsymbol{a}=(3,$

13)^{T} 和 $\boldsymbol{b}=$（13，14)^{T} 的最近邻点。

例 7.4.3　在数据集 $\boldsymbol{A}$ 的 2d 树中快速找到数据点 $\boldsymbol{a}=$（3，13)^{T} 的最近邻。

解　首先从根结点开始访问，寻找数据点 $\boldsymbol{a}$ 所在子空间。$\boldsymbol{a}$ 的 x 坐标 3 小于根结点的切分面 $x=12$，所以需要访问左子结点（11，14)^{T}。$\boldsymbol{a}$ 的 y 坐标 13 小于结点（11，14)^{T} 的切分面 $y=14$，所以需要访问左子结点（5，11)^{T}。结点（5，11)^{T} 只有一个子结点（2，9)^{T}，所以 $\boldsymbol{a}$ 所在子空间为包含叶结点（2，9)^{T} 的子空间。根据访问过程形成的回溯路径为

$$\langle(12,18)^{T},(11,14)^{T},(5,11)^{T},(2,9)^{T}\rangle$$

将叶结点（2，9)^{T} 作为当前最近邻，二者之间的距离（如欧氏距离）d_0 为

$$d_0=\sqrt{(3-2)^2+(13-9)^2}=4.12$$

以 $\boldsymbol{a}$ 为圆心且 d_0 为半径画圆，如图 7.4-4（a）所示，$\boldsymbol{a}$ 真正的最近邻一定位于圆内。访问回溯路径中的上一个结点（5，11)^{T}，此结点与 $\boldsymbol{a}$ 之间的距离为 2.83，小于 d_0，将当前最近邻更新为结点（5，11)^{T}，d_0 更新为 2.83，并再次以 $\boldsymbol{a}$ 为圆心且 d_0 为半径画圆，如图 7.4-4（b）所示。访问回溯路径中的上一级结点（11，14)^{T}，此结点与 $\boldsymbol{a}$ 之间的距离为 8.06，大于 d_0。但 $y=14$ 平面与圆交割（需计算判断），说明在（11，14)^{T} 的另一子结点内（3，17)^{T} 有可能存在更近的点。将（3，17)^{T} 加入回溯路径，此时回溯路径中未访问过的结点有〈（12，18)^{T}，（3，17)^{T}〉。继续访问结点（3，17)^{T}，其与 $\boldsymbol{a}$ 的距离为 4，大于 d_0。继续访问回溯路径中的上一级结点，即根结点（12，18)^{T}，与 $\boldsymbol{a}$ 的距离是 6.08，大于 d_0；且 $x=11$ 平面与圆不交割，所以在根结点的另一子结点内不可能存在更近点。检索完毕，当前最近邻（5，11)^{T} 即为真正的最近邻点，过程中共计算了 5 次距离，与遍历计算相比，计算量显著降低。

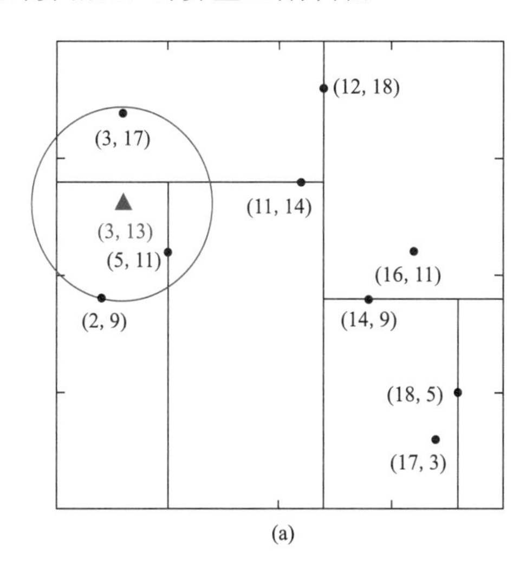

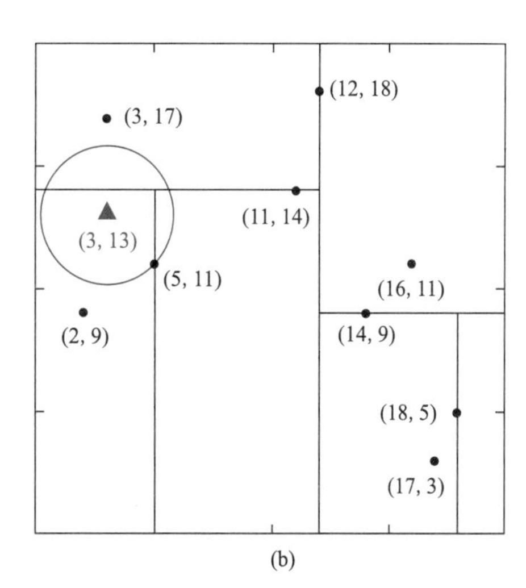

图 7.4-4　检索（3，13)^{T} 的最近邻

例 7.4.4　在数据集 $\boldsymbol{A}$ 的 2d 树中快速找到数据点 $\boldsymbol{b}=$（13，14)^{T} 的最近邻。

解　首先从根结点开始访问，寻找 $\boldsymbol{b}$ 所在的子空间。过程与 $\boldsymbol{a}$ 类似，形成的回溯路径为

$$\langle(12,18)^{T},(14,9)^{T},(16,11)^{T}\rangle$$

将叶结点 $(16, 11)^T$ 作为当前最近邻，二者之间的距离 d_0 为 3.6。以 $\boldsymbol{b}$ 为圆心且 d_0 为半径画圆，如图 7.4-5（a）所示，$\boldsymbol{b}$ 真正的最近邻一定位于圆内。访问回溯路径中的上一个结点 $(14, 9)^T$，此结点与 $\boldsymbol{b}$ 之间的距离为 5.1，大于 d_0。$y=9$ 平面与圆不交割，不需要访问 $(14, 9)^T$ 的另一子结点。返回上一级结点 $(12, 18)^T$，此结点与 $\boldsymbol{b}$ 之间的距离为 4.12，大于 d_0。$x=12$ 的平面与圆交割，需要查看 $(12, 18)^T$ 的另一子结点 $(11, 14)^T$ 内是否有更近的点，将结点 $(11, 14)^T$ 加入回溯路径。访问结点 $(11, 14)^T$，此结点与 $\boldsymbol{b}$ 之间的距离为 2，小于 d_0，将当前最近邻更新为 $(11, 14)^T$，d_0 更新为 2，再次以 $\boldsymbol{b}$ 为圆心且 d_0 为半径画圆，如图 7.4-5（b）所示。$y=14$ 平面与圆交割，继续访问下一级结点，将 $(5, 11)^T$ 和 $(3, 17)^T$ 加入回溯路径。子结点 $(5, 11)^T$ 与 $\boldsymbol{b}$ 之间的距离是 8.5，大于 d_0 且 $x=5$ 与圆不交割，不需再向下访问。子结点 $(3, 17)^T$ 与 $\boldsymbol{b}$ 之间的距离是 10.5，大于 d_0。检索完毕，当前最近邻 $(11, 14)^T$ 即为真正的最近邻点，过程中共计算了 6 次距离。

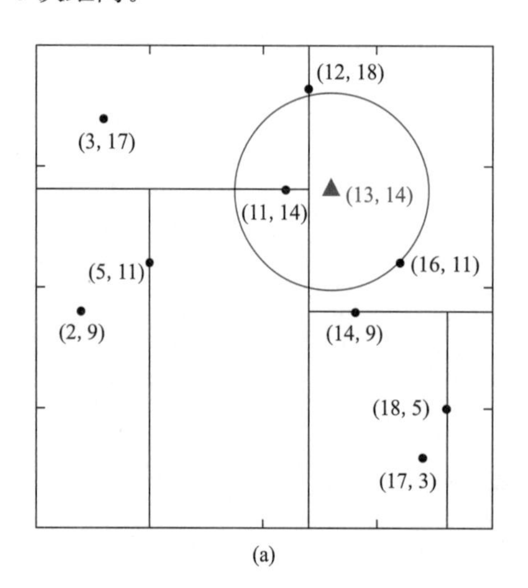

(a)

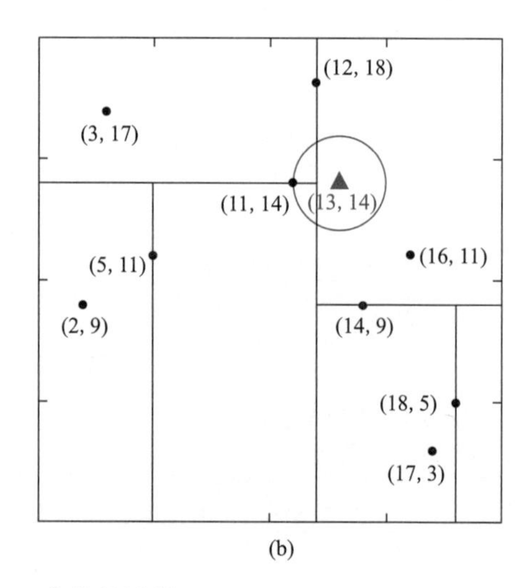

(b)

图 7.4-5　检索 $(13, 14)^T$ 的最近邻

如果逐个计算 $\boldsymbol{a}$ 或 $\boldsymbol{b}$ 与 $\boldsymbol{A}$ 中每个数据点之间的距离，则找到 $\boldsymbol{a}$ 和 $\boldsymbol{b}$ 的最近邻需要计算 $2\times9=18$ 次距离，而使用 2d 树只需计算 $5+6=11$ 次距离。在数据量较大时，会大幅度减少计算时间。

在一个 kd 树中找目标点 x 的最近邻的步骤如下：

（1）从根结点向下访问，生成回溯路径：从 kd 树的根结点出发，依次访问下一级子结点，直到子结点为叶结点为止。判断目标点 x 的坐标值与切分点的大小，若小于切分点，则移动到子结点，反之，则移动到右结点。依次记录访问过的每一个结点，形成回溯路径。

（2）根据回溯路径，从叶结点向上访问：

a. 以叶结点为当前最近邻，以目标点为球心，过当前最近邻绘制超球体，则真正的最近邻一定在该超球体所囊括的空间内；

b. 循环，访问回溯路径中的上一个结点，首先判断其是否比当前最近邻距离目标点更近；若是，则将当前最近邻更新为该结点，并重新以目标点为球心，过当前最近邻绘制超球体；若不是，则不更新；然后判断该结点的另一子结点是否与超球体相交，若相交，则需要将该子结点加入到回溯路径中，反之结束对该结点的访问，继续访问回溯路径中的上一个结点；

c. 终止条件：当将回溯路径中的结点访问完毕时，搜索结束，此时的当前最近邻即为真正的最近邻点。

下面用一个例子说明如何利用 kd 树进行多近邻的搜索。

例 7.4.5　在数据集 $\boldsymbol{A}$ 的 2d 树中快速找到数据点 $\boldsymbol{b}=(13,14)^{\mathrm{T}}$ 的 2 近邻。

解　首先从根结点开始访问，寻找 $\boldsymbol{b}$ 所在的子空间，形成的回溯路径为

$$\langle(12,18)^{\mathrm{T}},(14,9)^{\mathrm{T}},(16,11)^{\mathrm{T}}\rangle$$

分别计算 $\boldsymbol{b}$ 与回溯路径最后两个结点之间的距离，与结点 $(16,11)^{\mathrm{T}}$ 之间的距离是 3.6，并且小于 $\boldsymbol{b}$ 与结点 $(14,9)^{\mathrm{T}}$ 之间的距离 5.1。所以以结点 $(16,11)^{\mathrm{T}}$ 为当前最近邻，以结点 $(14,9)^{\mathrm{T}}$ 为 2 近邻。以 $\boldsymbol{b}$ 为圆心且 5.1 为半径画圆（圆经过结点 $(14,9)^{\mathrm{T}}$），如图 7.4-6（a）所示，则真正的 2 近邻一定位于该圆的范围之内。该圆与 $y=9$ 平面交割，将结点 $(14,9)^{\mathrm{T}}$ 的另一子结点 $(18,5)^{\mathrm{T}}$ 加入回溯路径。结点 $(18,5)^{\mathrm{T}}$ 与 $\boldsymbol{b}$ 的距离是 10.3，大于 5.1 且 $x=18$ 平面与圆不交割。继续访问回溯路径中的上一个结点 $(12,18)^{\mathrm{T}}$，其与 $\boldsymbol{b}$ 之间的距离是 4.1，小于 5.1 且大于 3.6，故将 2 近邻更新为 $(12,18)^{\mathrm{T}}$，并重新以 4.1 为半径画圆（圆经过结点 $(12,18)^{\mathrm{T}}$），如图 7.4-6（b）所示。该圆形与 $x=12$ 平面交割，故将结点 $(12,18)^{\mathrm{T}}$ 的另一子结点 $(11,14)^{\mathrm{T}}$ 加入回溯路径。$\boldsymbol{b}$ 与 $(11,14)^{\mathrm{T}}$ 之间的距离是 2，小于 3.6，故将最近邻更新为 $(11,14)^{\mathrm{T}}$，2 近邻更新为 $(16,11)^{\mathrm{T}}$，并重新过结点 $(16,11)^{\mathrm{T}}$ 绘制圆形，如图 7.4-6（c）所示。该圆与 $y=14$ 平面交割，将 $(5,11)^{\mathrm{T}}$ 和 $(3,17)^{\mathrm{T}}$ 加入回溯路径。子结点 $(5,11)^{\mathrm{T}}$ 与 $\boldsymbol{b}$ 之间的距离是 8.5，大于 3.6 且 $x=5$ 与圆不交割，不需再向下访问。子结点 $(3,17)^{\mathrm{T}}$ 与 $\boldsymbol{b}$ 之间的距离是 10.5，大于 3.6。检索完毕，$\boldsymbol{b}$ 的最近邻为结点 $(11,14)^{\mathrm{T}}$，2 近邻点为结点 $(12,18)^{\mathrm{T}}$。

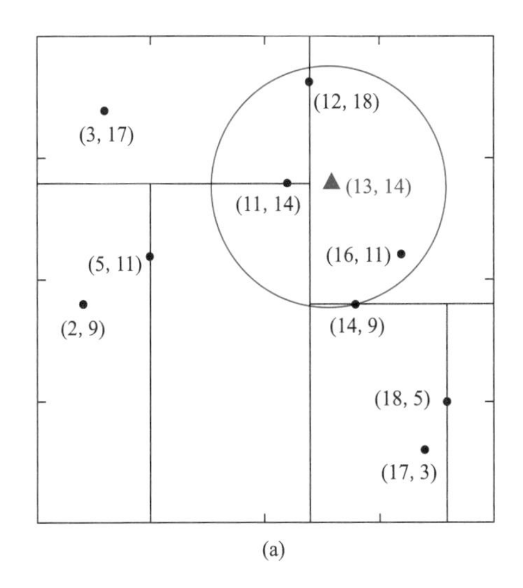

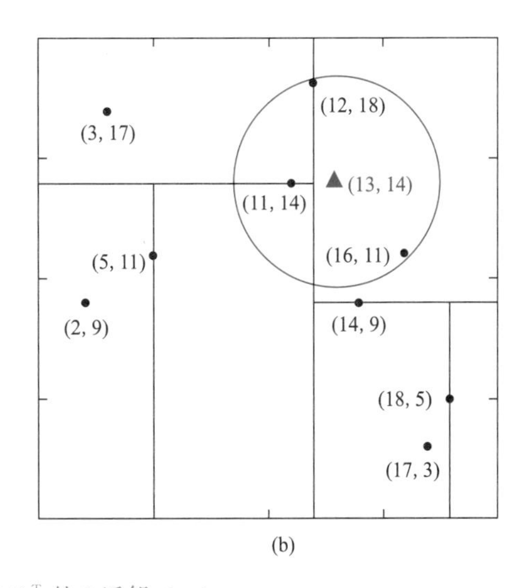

图 7.4-6　检索 $(13,14)^{\mathrm{T}}$ 的 2 近邻（一）

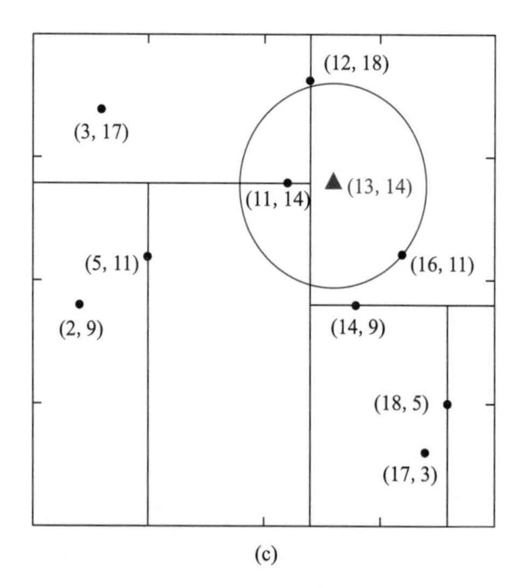

图 7.4-6　检索（13，14）^{T} 的 2 近邻（二）

7.5　贝叶斯分类器

贝叶斯分类器是一种以贝叶斯定理为基础解决分类问题的监督学习算法。其分类原理是利用样本特征向量的先验概率（根据以往记录反映其属于某一类的概率），采用贝叶斯定理计算样本特征向量的后验概率（即其属于某一类的条件概率），将最大后验概率的类视为该样本所属的类。贝叶斯分类器是各种分类器中分类错误概率最小或者在预先给定代价的情况下平均风险最小的分类器[4]。

7.5.1　贝叶斯决策

先验知识是以往经验的积累，基于先验概率只能作出同样的预测。若先验概率是均匀的，那么预测效果一般不佳，且基于先验概率的预测无法利用更多的现有信息来提高预测的准确率。贝叶斯分类器[10] 就是一种为克服上述问题而提出的充分利用现有信息的分类方法，它利用贝叶斯定理计算样本属于某一类的条件概率值，属于哪一类的条件概率值最大，就将样本划分到哪一类。

在分类问题中，样本的特征向量 $\boldsymbol{x}$ 与样本所属类别 y（标签值）并非相互独立，而是常存在一定的因果关系：因为样本属于类型 y，所以一般会有特征值 $\boldsymbol{x}$。例如要区分人的性别 y（男性和女性），特征向量 $\boldsymbol{x}$ 可选为 2 维向量（脚的尺寸、身高）；一般情况下女性的脚比男性的小，身高更矮一点，因为某一个人是女性，通常具有此类的特征。而贝叶斯分类器需要完成的任务则反向进行，要在已知样本特征向量为 $\boldsymbol{x}$（脚的尺寸、身高）的条件下判定样本所属的类（性别）。根据贝叶斯公式有：

$$p(y|\boldsymbol{x})=\frac{p(\boldsymbol{x}|y)p(y)}{p(\boldsymbol{x})} \tag{7.5-1}$$

若事先已知样本集特征向量的概率分布 $p(\boldsymbol{x})$（脚的尺寸、身高的概率分布）、先验概

率 $p(y)$（样本中男性、女性的占比）和每一类样本的条件概率 $p(\boldsymbol{x}|y)$（性别已知情况下，脚的尺寸和身高的概率），即可计算出样本的后验概率 $p(y|\boldsymbol{x})$。注意，在分类问题中，对于给定样本的特征向量 $\boldsymbol{x}$，它的概率 $p(\boldsymbol{x})$ 与类别 y 无关，我们只需要预测类别，找出样本属于哪一类的后验概率值最大即可，因此可忽略式（7.5-1）中确定的样本常量概率 $p(\boldsymbol{x})$，则分类器的判别函数可简化为：

$$\underset{y}{\operatorname{argmax}}\ p(\boldsymbol{x}|y)p(y) \tag{7.5-2}$$

因为贝叶斯分类器需事先已知每类样本特征向量的概率分布，而实际问题中很多随机变量都近似服从正态分布，因此常用正态分布来表示特征向量的概率分布[4]。

7.5.2　朴素贝叶斯分类器

朴素贝叶斯分类器[11]是假设特征向量的分量之间相互独立条件下，运用贝叶斯定理为基础的一系列概率分类器，采用此假设可以简化式（7.5-2）中条件概率 $p(\boldsymbol{x}|y)$ 的计算，从而降低求解难度。根据贝叶斯定理，若某样本特征向量为 $\boldsymbol{x}$，此样本属于某一类 c_i 的概率为：

$$p(y=c_i|\boldsymbol{x})=\frac{p(\boldsymbol{x}|y=c_i)p(y=c_i)}{p(\boldsymbol{x})} \tag{7.5-3}$$

上式中 $p(y=c_i)$ 为类概率。根据朴素贝叶斯的基本假定可得 $p(\boldsymbol{x}|y=c_i)=\prod_{j=1}^{n}p(x_j|y=c_i)$（特征向量的分量之间相互独立，$n$ 为 $\boldsymbol{x}$ 的维度），为此（7.5-3）可改写为：

$$p(y=c_i|\boldsymbol{x})=\frac{p(y=c_i)\prod_{j=1}^{n}p(x_j|y=c_i)}{Z} \tag{7.5-4}$$

上式中，$Z=p(\boldsymbol{x})=\prod_{j=1}^{n}p(x_j)$ 为归一化因子。

类概率 $p(y=c_i)$ 既可设置为每一类相等，也可设置为训练样本中每类样本所占的比重；例如，在训练样本中第一类样本（男性）和第二类样本（女性）所占比例分别为40%和60%，则可设置第一类（男性）和第二类（女性）的概率分别为0.4和0.6。下面将分离散型与连续型变量两种情况，分别讨论类条件概率值 $p(x_j|y=c_i)$。

（1）离散型

若特征向量的分量为离散型随机变量，可根据训练样本直接计算类条件概率：

$$p(x_j=v|y=c_i)=\frac{N_{x_j=v,y=c_i}}{N_{y=c_i}} \tag{7.5-5}$$

其中 $N_{y=c_i}$ 为训练集中第 c_i 类样本的数量；$N_{x_j=v,y=c_i}$ 为第 c_i 类样本中第 j 个特征值的取值为 v 的样本数量。因此离散型朴素贝叶斯分类器的判别函数为：

$$\underset{y}{\operatorname{argmax}}\ p(y=c_i)\prod_{j=1}^{n}p(x_j=v|y=c_i) \tag{7.5-6}$$

设 N 为训练样本总数，则上式中 $p(y=c_i)=N_{y=c_i}/N$ 为第 c_i 类样本在整个训练样本集中出现的概率，即类概率。

若特征分量的某个取值在某一类训练样本中一次都不出现，即 $N_{x_j=v,y=c_i}=0$，则可能会导致整个预测函数值为0；为避免上述问题发生，可同时给分子和分母加上一个正数。若特征分量的取值有 k 种情况，则分母加上 k，每一类的分子加上 1，这样可保证所有类的条件概率之和仍为 1，具体公式如下：

$$p(x_j=v|y=c_i)=\frac{N_{x_j=v,y=c_i}+1}{N_{y=c_i}+k} \tag{7.5-7}$$

下面以垃圾邮件的判断为例，简要介绍离散型朴素贝叶斯分类器。

例 7.5.1 一个简单的邮件二分类问题，即 $c\in$｛垃圾邮件，正常邮件｝。假设 c_0为垃圾邮件类别，c_1为正常邮件类别，根据以往数据统计出结果为 $p(c_0)=0.2$ 和 $p(c_1)=0.8$。现收到一封邮件包含一些关键词：中奖、笔记本电脑、投稿、论文。根据以往大量的邮件数据可以统计出这些词出现的频数，除以类别中所有词的总频数得到其出现的后验概率。在垃圾邮件中：p(中奖$|c_0$)=0.7，p(笔记本电脑$|c_0$)=0.5，p(投稿$|c_0$)=0.3，p(论文$|c_0$)=0.4。在正常邮件中：p(中奖$|c_1$)=0.1，p(笔记本电脑$|c_1$)=0.2，p(投稿$|c_1$)=0.1，p(论文$|c_1$)=0.2。

由此可计算得到：

$$p(c_0)\cdot\prod_{i=1}^{4}p(x_i|c_0)=0.2\times0.7\times0.5\times0.3\times0.4=0.0084$$

$$p(c_1)\cdot\prod_{i=1}^{4}p(x_i|c_1)=0.8\times0.1\times0.2\times0.1\times0.2=0.00032$$

$c=c_0$时的判别函数远大于 $c=c_1$时的概率值，所以可判断此邮件类别为垃圾邮件。

（2）连续型

若特征向量的分量为连续型随机变量，可假设每个分量服从一维正态分布，称为正态朴素贝叶斯分类器。采用最大似然估计方法计算出训练样本集的均值与方差（详见算例分析），即可得到样本特征向量中每个分量的概率密度函数：

$$f(x_j=x|y=c)=\frac{1}{\sqrt{2\pi}\sigma_j}e^{-\frac{(x-\mu_j)^2}{2\sigma_j{}^2}} \tag{7.5-8}$$

上式中，μ_j 和σ_j 分别为特征向量分量x_j 的均值和标准差。根据式（7.5-2）和式（7.5-4），用概率密度函数值替代概率值，可得连续型朴素贝叶斯分类器的判别函数为：

$$\underset{y}{\operatorname{argmax}}\, p(y=c_i)\prod_{j=1}^{n}f(x_j|y=c_i) \tag{7.5-9}$$

对于二分类问题，上述判别函数可进一步简化。假设正负样本的类别标签分别为+1和−1，特征分量属于负样本的概率为：

$$p(y=-1|\boldsymbol{x})=p(y=-1)\frac{1}{Z}\prod_{j=1}^{n}\frac{1}{\sqrt{2\pi}\sigma_j}e^{-\frac{(x_j-\mu_j)^2}{2\sigma_j^2}} \tag{7.5-10}$$

上式中，$Z=p(\boldsymbol{x})$。对上式左右两边取对数，可得：

$$\ln p(y=-1|\boldsymbol{x})=\ln\frac{p(y=-1)}{Z}-\sum_{j=1}^{n}\ln\left(\frac{1}{\sqrt{2\pi}\sigma_j}\right)\frac{(x_j-\mu_j)^2}{2\sigma_j^2} \tag{7.5-11}$$

根据上式，同样可得到样本属于正样本的概率。分类时，仅需比较这两个概率对数值的大小，若：

$$\ln p(y=-1|\boldsymbol{x})>\ln p(y=+1|\boldsymbol{x}) \tag{7.5-12}$$

则将样本判定为负样本，反之为正样本。

下面举例介绍连续性朴素贝叶斯分类器。

例 7.5.2　假设表 7.5-1 为一组人类身体特征统计资料。

人类身体特征统计表　　表 7.5-1

性别	身高(英尺)	体重(磅)	脚掌(英寸)
男	6	180	12
男	5.92	190	11
男	5.58	170	12
男	5.92	165	10
女	5	100	6
女	5.5	150	8
女	5.42	130	7
女	5.75	150	9

现已知某人 a 身高 6 英尺、体重 130 磅，脚掌 8 英寸，试问此人性别?

根据朴素贝叶斯分类器公式（7.5-9），需计算如下公式具体值。

$$p(\text{身高}\mid\text{性别})\times p(\text{体重}\mid\text{性别})\times p(\text{脚掌}\mid\text{性别})\times p(\text{性别}) \tag{7.5-13}$$

由于身高、体重、脚掌均为连续变量，不能采用离散型变量的方法计算概率，且由于样本太少，所以也无法分成区间计算。解决这个问题，可假设男性和女性的身高、体重、脚掌均服从正态分布，通过已知样本计算出均值和方差，即可得到正态分布的密度函数。若已知密度函数，便可算出某一点的密度函数值。例如，由表 7.5-1 可计算出男性身高均值 $\mu_{\text{男}}$ 和方差 $\sigma^2_{\text{男}}$：

$$\mu_{\text{男}}=(6+5.92+5.58+5.92)/4=5.855$$

$$\sigma^2_{\text{男}}=\frac{1}{3}[(6-5.855)^2+(5.92-5.855)^2+(5.58-5.855)^2+(5.92-5.855)^2]=0.035$$

将 $\mu_{\text{男}}$ 和 $\sigma^2_{\text{男}}$ 值代入式(7.5-8)，可计算出男性身高为 6 英尺的概率密度函数值为 1.5789（密度函数值可能大于 1，值大小反映出类别可能性的相对大小）：

$$p(\text{身高}=6\mid\text{男})=\frac{1}{\sqrt{2\pi}\sigma}e^{\frac{-(6-\mu)^2}{2\sigma^2}}\approx 1.5789$$

根据已知样本，还可计算出 $\mu_{\text{女}}$ 和 $\sigma^2_{\text{女}}$，进而计算出式（7.5-13）中的所有项，从而可得到性别的分类结果：

$$\ln[p(\text{身高}=6\mid\text{男})\times p(\text{体重}=130\mid\text{男})\times p(\text{脚掌}\mid\text{男})\times p(\text{男})]=-18.90$$

$$\ln[p(\text{身高}=6\mid\text{女})\times p(\text{体重}=130\mid\text{女})\times p(\text{脚掌}\mid\text{女})\times p(\text{女})]=-7.52$$

由此可以看出，某人 a 为女性的概率远大于为男性的概率，可将 a 分类为女性。

7.5.3　半朴素贝叶斯分类器

朴素贝叶斯分类器采用了“属性条件独立性假设”，即样本特征向量的分量之间相互独立，但此假设不太符合实际问题中的很多情况，因为实际问题中属性之间常存在各种相关关系；于是人们尝试对此假设进行一定程度的放松，由此产生了“半朴素贝叶斯分类器”。

半朴素贝叶斯分类器的基本思路是适当考虑一部分属性间的相互依赖关系，从而既不需要进行完全联合概率计算，又不至于彻底忽略较强的属性依赖关系。独依赖估计是半朴素贝叶斯分类器最常用的一种策略，它假设每个属性在类别之外最多依赖一个其他属性，即

$$p(c|\boldsymbol{x}) \propto p(c)\prod_{i=1}^{d} p(x_i|c,pa_i) \tag{7.5-14}$$

上式中，pa_i 为属性 x_i 所依赖的属性，称为 x_i 的父属性。此时，若已知每个属性 x_i 的父属性 pa_i，则可采用拉普拉斯修正方式来（详见式（7.5-17）和式（7.5-18））估计概率值 $p(x_i|c,pa_i)$。于是，问题的关键转变为如何确定每个属性 x_i 的父属性，不同的做法可产生不同的独依赖分类器。

最直接的方法是假设所有属性都依赖于同一个属性，称为“超父”，然后通过交叉验证模型选择方法来确定超父属性，由此形成了 SPODE（Super-Parent One-Dependent Estimator）方法；例如，图 7.5-1（a）中 x_1 是超父属性。TAN（Tree Augmented Naive Bayes）则是在最大带权生成树算法的基础上，通过以下步骤将属性间依赖关系简化为图 7.5-1（b）所示的树形结构：

（1）计算任意两个属性间的条件互信息：

$$I(x_i,x_j|y)=\sum_{x_i,x_j;c\in y} p(x_i,x_j|c)\ln\frac{p(x_i,x_j|c)}{p(x_i|c)p(x_j|c)} \tag{7.5-15}$$

（2）以属性为结点构建完全图，任意两个结点间的权重设为 $I(x_i,\ x_j|y)$；

（3）构建此完全图的最大带权生成树，挑选根变量，将边置为有向；

（4）加入类别结点 y，增加从 y 到每个属性的有向边。

图 7.5-1　半朴素贝叶斯分类器类型

容易看出，条件互信息 $I(x_i,\ x_j|y)$ 刻画了属性 x_i 和 x_j 在已知类别情况下的相关性，因此通过最大生成树算法，TAN 实际上仅保留了强相关属性之间的依赖性。

AODE（Averaged One-Dependent Estimator）是一种基于集成学习机制的更为强大的独依赖分类器。与 SPODE 通过交叉验证模型选择确定超父属性不同，AODE 尝试将每个属性作为超父来构建 SPODE，然后将那些具有足够训练数据支撑的 SPODE 集成作为最终结果，即

$$p(c|\boldsymbol{x}) \propto \sum_{\substack{i=1 \\ |D_{x_i}| \geqslant m'}}^{d} p(c, x_i) \prod_{j=1}^{d} p(x_j | c, x_i) \tag{7.5-16}$$

上式中，D_{x_i} 是在第 i 个属性上取值为 x_i 的样本的集合，$|\cdot|$ 表示集合中的元素个数，m' 为阈值常数。显然，AODE 需要估计 $p(c, x_i)$ 和 $p(x_j|c, x_i)$。于是，根据拉普拉斯修正方式有

$$\hat{p}(c, x_i) = \frac{|D_{c,x_i}| + 1}{|D| + N_c \times N_i} \tag{7.5-17}$$

$$\hat{p}(x_j | c, x_i) = \frac{|D_{c,x_i,x_j}| + 1}{|D_{c,x_i}| + N_j} \tag{7.5-18}$$

其中 N_c 是 D 中分类的类别个数，N_i 是第 i 个属性可能的取值数，D_{c,x_i} 是类别为 c 且在第 i 个属性上取值为 x_i 的样本集合，D_{c,x_i,x_j} 是类别为 c 且在第 i 个和第 j 个属性上取值为 x_i 和 x_j 的样本集合。

以苹果品质贴标签分类为例（好的贴标签，一般的不贴标签），简要介绍如何使用半朴素贝叶斯分类器。

例 7.5.3 假设观察到一组苹果品质分类的原始数据如下：

序号	大小	颜色	形状	标签
1	小	青色	非规则	否
2	大	红色	非规则	是
3	大	红色	圆形	是
4	大	青色	圆形	否
5	大	青色	非规则	否
6	小	红色	圆形	是
7	大	青色	非规则	否
8	小	红色	非规则	否
9	小	青色	圆形	否
10	大	红色	圆形	是

现需预测如下样本是否需要贴标签

序号	大小	颜色	形状	标签
11	大	青色	圆形	?

样本属性的依赖关系定义如下：

- 大小的依赖属性为形状，且属性取值为大时依赖形状为圆形；
- 颜色不存在依赖属性；
- 形状的依赖属性为大小，且属性取值为圆形时依赖大小为大。

因为本问题中依赖关系确定，因此可直接根据式（7.5-14）进行计算，则先验概率 $p(c)$ 根据拉普拉斯修正后的计算结果为：

$$p(c=\text{好果})=\frac{4+1}{10+2}=\frac{5}{12} \tag{7.5-19}$$

$$p(c=\text{一般})=\frac{6+1}{10+2}=\frac{7}{12} \tag{7.5-20}$$

带有依赖属性的类条件概率为：

$$p(\text{大小}=\text{大}\mid c=\text{好果},\text{形状}=\text{圆形})=\frac{2+1}{3+2}=\frac{3}{5} \tag{7.5-21}$$

$$p(\text{颜色}=\text{青色}\mid c=\text{好果})=\frac{0+1}{4+2}=\frac{1}{6} \tag{7.5-22}$$

$$p(\text{形状}=\text{圆形}\mid c=\text{好果},\text{大小}=\text{大})=\frac{2+1}{3+2}=\frac{3}{5} \tag{7.5-23}$$

$$p(\text{大小}=\text{大}\mid c=\text{一般},\text{形状}=\text{圆形})=\frac{1+1}{2+2}=\frac{2}{4} \tag{7.5-24}$$

$$p(\text{颜色}=\text{青色}\mid c=\text{一般})=\frac{5+1}{6+2}=\frac{6}{8} \tag{7.5-25}$$

$$p(\text{形状}=\text{圆形}\mid c=\text{一般},\text{大小}=\text{大})=\frac{1+1}{3+2}=\frac{2}{5} \tag{7.5-26}$$

因此：

$$\begin{aligned}&p(c=\text{好果})\times p(\text{大小}=\text{大}\mid c=\text{好果},\text{形状}=\text{圆形})\times\\&p(\text{颜色}=\text{青色}\mid c=\text{好果})\times p(\text{形状}=\text{圆形}\mid c=\text{好果},\text{大小}=\text{大})\\&=\frac{5}{12}\times\frac{3}{5}\times\frac{1}{6}\times\frac{3}{5}=0.025\end{aligned} \tag{7.5-27}$$

$$\begin{aligned}&p(c=\text{一般})\times p(\text{大小}=\text{大}\mid c=\text{一般},\text{形状}=\text{圆形})\times\\&p(\text{颜色}=\text{青色}\mid c=\text{一般})\times p(\text{形状}=\text{圆形}\mid c=\text{一般},\text{大小}=\text{大})\\&=\frac{7}{12}\times\frac{2}{4}\times\frac{6}{8}\times\frac{2}{5}=0.0875\end{aligned} \tag{7.5-28}$$

因此可判定此样本为一般的果，不需要贴标签。

课后习题

1. 给定两组二维数据，$X_1=\{(6.0,\ 1.6)^T,\ (5.0,\ 1.4)^T,\ (5.5,\ 1.5)^T,\ (4.8,\ 1.0)^T\}$，$X_2=\{(5.1,\ 1.8)^T,\ (4.8,\ 2.0)^T,\ (5.4,\ 2.2)^T\}$ 完成以下任务：

(1) X_1 和 X_2 的标签分别为 $t_1=+1$ 和 $t_2=-1$，训练一个神经元感知器，求解出由感知器模型确定的划分直线；

(2) X_1 和 X_2 的标签分别为 $t_1=1$ 和 $t_2=0$。利用逻辑回归算法求解决策边界。

2. 鸢尾花数据集是一个著名的数据集，常用于练习分类任务。该数据集共包含 150 朵鸢尾花的数据，分别来自三个不同的品种：Setosa 鸢尾花、Versicolor 鸢尾花和 Virginica 鸢尾花，数据里包含花的萼片以及花瓣的长度和宽度。鸢尾花数据集可以从 sklearn 数据库里下载[12]，利用该数据完成以下任务：

(1) 利用神经元感知器训练一个二分类器来检测 Virginica 鸢尾花；

(2) 利用逻辑回归算法训练一个二分类器来检测 Virginica 鸢尾花；

（3）利用支持向量机训练一个二分类器来检测 Virginica 鸢尾花。

提示：①鸢尾花数据集里面有三种花，检测 Virginica 鸢尾花就是把花分成“是 Virginica 鸢尾花”和“不是 Virginica 鸢尾花”；②训练分类器可以使用一部分特征，而不是全部特征；③计算量较大，建议编程计算。

3. 给定两组二维数据，$A=\{(2,3)^T,(7,2)^T,(4,8)^T,(5,4)^T\}$，$B=\{(8,1)^T,(9,5)^T,(10,4)^T\}$。其中数据 A 的标签为 0，数据 B 的标签为 1。据此完成以下任务。

（1）利用两组数据构建一个 2d 树；

（2）利用（1）中建立的 2d 树找到样本 $a=(4,5)^T$ 的最近邻；

（3）根据最近邻算法求解样本 a 的标签。

扫码下载
本章习题答案

参考文献

[1] 李航．统计学习方法［M］．北京：清华大学出版社，2012.

[2] 我是管小亮．《机器学习实战》学习笔记 总目录［EB/OL］（2019-08-18）［2023-04-24］．https：//blog. csdn. net/TeFuirnever/article/details/99701256.

[3] YIN L. 支持向量机（SVM）入门理解与推导［EB/OL］（2018-03-28）［2023-04-24］．https：//blog. csdn. net/sinat _ 20177327/article/details/79729551.

[4] 雷明．机器学习原理、算法和应用［M］．北京：清华大学出版社，2019.

[5] PLATT J. Sequential minimal optimization：A fast algorithm for training support vector machines［J/OL］．Microsoft（1998-04）．https：//www. microsoft. com/en-us/research/publication/sequential-minimal-optimization-a-fast-algorithm-for-training-support-vector-machines/.

[6] 刘建平 Pinard. 支持向量机原理（四）SMO 算法原理［EB/OL］（2016-11-29）［2023-04-24］．https：//www. cnblogs. com/pinard/p/6111471. html.

[7] 周志华．机器学习［M］．北京：清华大学出版社，2016.

[8] AURÉLIEN G. 机器学习实战：基于 Scikit-Learn 和 TensorFlow［M］．王静源，贾玮，边蕤等．北京：机械工业出版社，2018.

[9] MOORE A. An introductory tutorial on kd-trees［C］// IEEE Colloquium on Quantum Computing：Theory，Applications & Implications. IET，1991.

[10] CHOW C. An optimum character recognition system using decisionfunctions［J］．IRE Transactions on Electronic Computers，1957（4）：247-254.

[11] Rish I. An empirical study of the Nave Bayes classifier［J］．IJCAI Workshop on Empirical Methods in Artificial Intelligence，2011.

[12] SKLEARN. The Iris Dataset［EB/OL］［2023-04-24］．https：//scikit-learn. org/stable/auto _ examples/datasets/plot _ iris _ dataset. html? highlight=iris.

第8章 深度学习

深度学习是在神经元感知器的基础上发展起来的一种复杂机器学习算法。经典的神经元感知器只能处理线性分类问题，功能有限；而1986年辛顿（Geoffrey Hinton）等将反向传播算法（BP算法）和Sigmoid函数引入多层神经网络中，有效解决了非线性分类和学习的问题，同时在2006年辛顿等又提出了深层网络训练中梯度消失问题的解决方案，从而掀起了深度学习的应用热潮。2012年以来，深度学习的应用日益广泛，具体包括计算机视觉、语音识别、自然语言处理等。深度学习算法的种类很多，应用范围也各不相同；本章将对目前最为常用的前馈神经网络、卷积神经网络、循环神经网络和生成对抗神经网络这四种深度学习算法进行讲解，详细剖析算法的特点、构成、工作过程、学习过程、数学原理等，为读者系统了解深度学习算法及其在智能建造技术中的应用奠定基础。需要说明的是，深度学习目前还处于发展阶段，在理论上还有很多问题需要解决，而在工程建造等实际应用中的方法也需要进一步深入研究。

8.1 前馈神经网络

8.1.1 多层神经网络的特点

在神经元感知器模型基础上，如果在输入层和输出层之间再加上一层或多层的神经元，构成两层及以上的隐含层，则形成多层神经网络，即深度学习模型，其特点是中间层至少由两层神经元层组成隐含层，且每个隐含层中的神经元数量为一个或多个，见图8.1-1。多层神经网络的输入数据仍然是向量，例如在图片识别中输入的是由图片的像素数据组成的向量。但多层神经网络的输出结果一般不再是1或−1这种二分类结果，而一般是几个分类的概率，也就是输出层不再仅包含一个神经元，而是可能包含很多个神经元。以图8.1-1为例，如果要识别一个图片中的动物是“猫”还是“狗”，图中的最右边两个绿色神经元就分别输出分类的结果，第一个神经元输出的结果是图片中动物为“猫”的概率，第二个神经元输出的结果是图片中动物为“狗”的概率；也就是说，如果你设计了神经网络，那么你认为你输入的数据中能够包含多少个类，那么输出层就要对应包含多少个神经元，每个神经元都相应输出图片中的动物是这个类的概率。目前深度学习模型最主要的功能之一就是分类（即识别）。如果多层神经网络模型中某一层的所有神经元与前一层的所

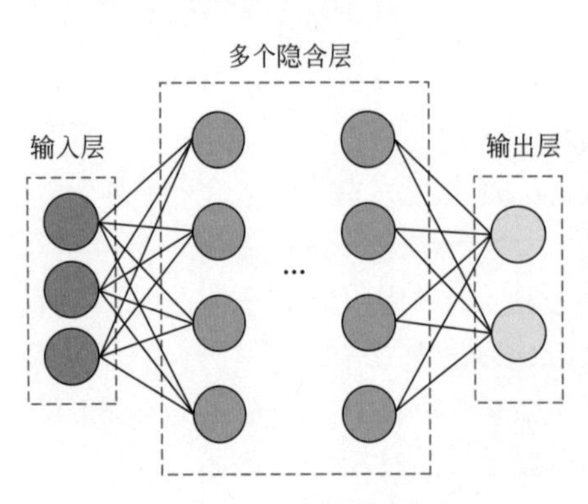

图8.1-1 多层神经网络模型

有神经元都有连接，则称这种连接为全连接；而如果某一层的每个神经元只与前一层的部分神经元有连接，则这种连接就不是全连接。本章后面介绍的一种前馈神经网络，就是每一层之间都是全连接的情况，但卷积神经网络一般不是每层之间都为全连接。

8.1.2 前馈神经网络的构成

本章以手写数字图片的识别为例介绍前馈神经网络（Feedforward Neural Network，FNN）的架构、工作流程和学习流程。图 8.1-2 是一个手写数字黑白照片的像素数据，这张照片的像素为 28×28＝784。图片的像素定义为：将一张图片划分成多少个小方格进行显示，则小方格的数量就是这张图片的像素。图 8.1-2 中的黑白照片被划分成 784 个小方格进行显示，则照片的像素就是 784，同时每个小方格内都设定一个区间为 [0，1] 的灰度数值。照片显示时，灰度为 0 则表示纯黑（无任何亮度），灰度为 1 则表示纯白（亮度最大），灰度在 0 到 1 之间时，则表示亮度介于纯黑和纯白之间；一个小方格的灰度越大，显示的时候就越亮。对于一张固定尺寸的黑白图片，像素决定了图像的清晰程度，像素越大图片就越清晰；而所有小方格的不同灰度设定决定了一张图片显示的内容与其他图片的差异，也就是不同灰度设定确定了图片的内容。

图 8.1-2 手写数字黑白照片的像素数据

本节介绍的前馈神经网络模型，见图 8.1-3，是一个识别图 8.1-2 中像素类别数字图片的前馈神经网络，共包括 4 层：第 1 层为输入层，即图中的蓝色神经元；第 2 层和第 3 层为隐含层，即图中的黄色神经元；第 4 层为输出层，即图中的绿色神经元。其实让计算机识别手写数字，是一件非常困难的事情，这就相当于给计算机一个 28×28 的表格，表格中填写 784 个 0～1 之间的数字，然后让计算机识别出一个 0～9 之间的整数；识别的结果一般是给出要识别对象分别为 0～9 这 10 个数字的概率。表格中的灰度值数字布置方式，根本不能用数字公式来表示，也不能用一些明确的规则来描述。表格中的每个数字都有很多种取值方法（跟灰度值的精度有关，一般取精度为 0.1，则有 10 种取值方法），就导致灰度值在表格中的分布组合种类极多，属于“组合爆炸”情况，计算机的计算量过大。而前馈神经网络的识别方法是，输入一张图片的像素和灰度分布数据，通过隐含层和输出层的计算，判断出这张图片中分别是 0～9 这 10 个数字的概率。例如，一个训练好的前馈神经网络，读入图 8.1-2 中的图片数据后，会输出 10 个识别结果，也就是 10 个概率值，这 10 个概率值中，图片内容是 3 的概率为最高（可能超过 90%），而图片内容为其他 9 个数字的概率就很低（如 0 的概率为 5%，1 的概率为 2%，8 的概率为 15%等）。

1. 输入层

本节介绍的前馈神经网络，其输入层的神经元数量为 784 个，这个数量就是图片的像素值；而输入层每个神经元里面，都包含一个灰度值，所有灰度值按照一定规则排成一个列向量（按像素方格的行或列顺序排列），就形成了一张图片的输入向量，也就是形成了

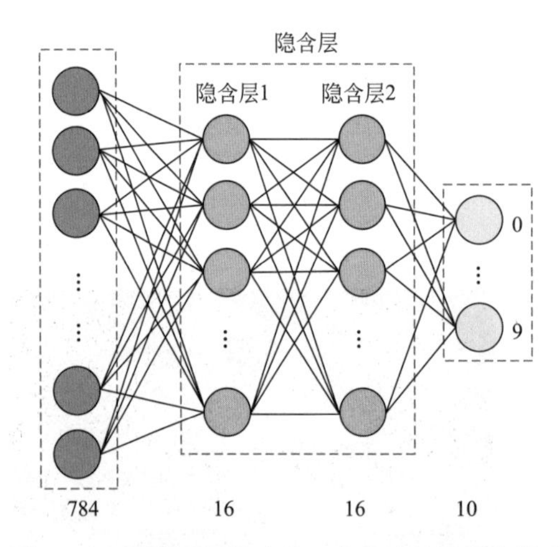

图 8.1-3　识别手写数字的一个前馈神经网络模型

一个样本数据的输入向量，这个输入向量一般采用列向量形式，以方便采用矩阵进行线性变换。这个神经网络模型的输入层中，每个神经元都可被理解为一个容器，里面装着一个灰度值。可见，这个神经网络模型的输入向量 $\boldsymbol{a}$，完全由图片的数据决定；$\boldsymbol{a}$ 的维数就是图片的像素值，$\boldsymbol{a}$ 的每个分量 a_i 就是对应小方格的灰度值；$\boldsymbol{a}$ 是一个 784 维的列向量。前馈神经网络的"前馈"是指，整个网络在对输入数据的识别计算过程中没有反馈，信号（数据向量）从输入层向输出层单向传播，整个网络模型图就是一个有向无环图，见图 8.1-3。

2. 隐含层

本节介绍的前馈神经网络，包含两个隐含层，每个隐含层都含有一定数量的神经元。每个隐含层的神经元数量并不固定，可由神经网络模型的设计者自行确定；一般情况下，隐含层的神经元数量越多，神经网络的功能就越强大。隐含层的每个神经元中都包含一个权重向量 $\boldsymbol{w}$ 和偏置标量 b，权重向量的维数与前一层神经元的数量相等，这样隐含层每个神经元都有很多个突触（网络中的连接线），突触的数量就是神经元中权重向量 $\boldsymbol{w}$ 的维数，隐含层通过这些突触与前一层的每个神经元进行连接，然后进行求和计算。以图 8.1-3 中神经网络模型的隐含层 1 为例，求和算式为：

$$\boldsymbol{w}^{\mathrm{T}}\boldsymbol{a}+b=w_1a_1+w_2a_2+\cdots+w_na_n+b, n=784 \tag{a}$$

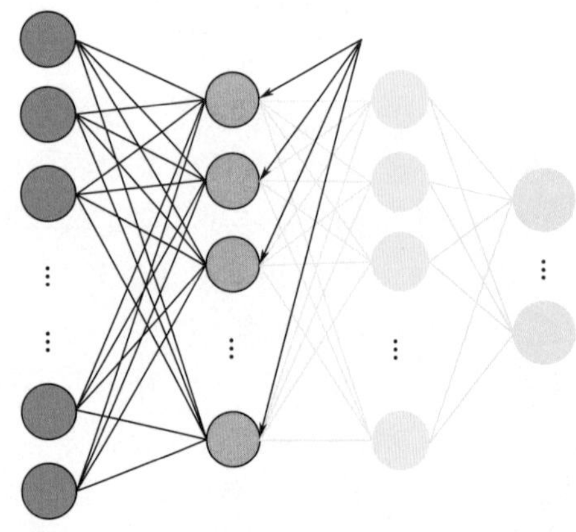

图 8.1-4　隐含层神经元的偏置示意图

其中 w_i 就是 784 维权重向量 $\boldsymbol{w}$ 的各分量，b 是每个神经元中各自的偏置标量，上式其实也是两个向量 $\boldsymbol{w}$ 与 $\boldsymbol{a}$ 点积后再与偏置标量 b 相加，得到一个标量。对于一个训练好的神经网络，w_i 和 b 都是固定的；而一个神经网络训练的过程，其实就是根据已有的训练数据回归得到所有隐含层中的权重向量和偏置标量，也就是要训练得到的神经网络参数就是权重向量和偏置标量。对于本节介绍的神经网络，两个隐含层都各自分别包含 16 个神经元，这些神经元里面都包含一个权重向量和一个偏置向量。隐含层 1 中共有 16 个神经元，每个神经元包含的权重向量都是 784 维向量（与输入向量的维数相同，否则无法进行向量相乘），而且每个神经元中都还包含一个偏置标量 b（此处 b 泛指偏置标量，每个神经元的具体偏置一般不同，见图 8.1-4），则隐含层 1 中的参数总数量为：$16\times(784+1)=12560$。隐含层 2 中也含有 16 个神经元，这些神经元里面包含的权重向量都是 16 维向量，因为这些权重向量的维数要与前一层神经元的数量相等，当然这些神经元里面也都还包含

一个偏置标量 b；则隐含层 2 中的参数总量为：16×(16+1)=272。

隐含层的每个神经元根据算式（a）进行求和后，还需要在这个神经元内部通过一个激活函数进行激活计算。在本书第 7 章介绍的神经元感知器中，激活函数是一个 sign 函数，得到一个 1 或 −1 的结果；但在前馈神经网络中，激活函数经常采用一个 Sigmoid 函数[1]

$$\theta(\boldsymbol{x})=\frac{1}{1+\exp(-\boldsymbol{x})} \tag{8.1-1}$$

图 8.1-5 为 Sigmoid 函数曲线，可见这个函数可将输入的任意大小实数，都压缩在 0 到 1 之间；当输入的数据很大甚至接近正无穷时，函数值逐渐收敛于 1，而当输入的数据很小甚至接近负无穷时，函数值逐渐收敛于 0。采用这个激活函数有三个优点：(1) 这个函数实际上是根据统计推断得到的一个概率值计算公式，其计算结果是一个概率；(2) 这是一个连续并可导的函数，有利于网络训练中的误差反向传播，也就是要反向求导数，本节后面介绍；(3) 这个函数是非线性函数，能够处理非线性问题，解决了经典神经元感知器只能处理线性问题的问题。

图 8.1-6 为隐含层 1 的单个神经元激活计算过程示意图。这个神经元根据求和算式（a）得到一个数值，然后把这个数值输入激活函数中，得到一个激活函数值，这个激活函数值就被称为这个神经元的"激活值"。激活值是隐含层神经元的激活计算结果，也是本层神经元输入神经网络下一层的数据；神经网络中的每个神经元都会计算得到一个激活值，而对于输入层，每个神经元的激活值就是输入向量的对应分量。对于一个训练好的神经网络，神经元的激活计算过程中，权重向量和偏置标量已知，因此激活值能够直接计算得到。

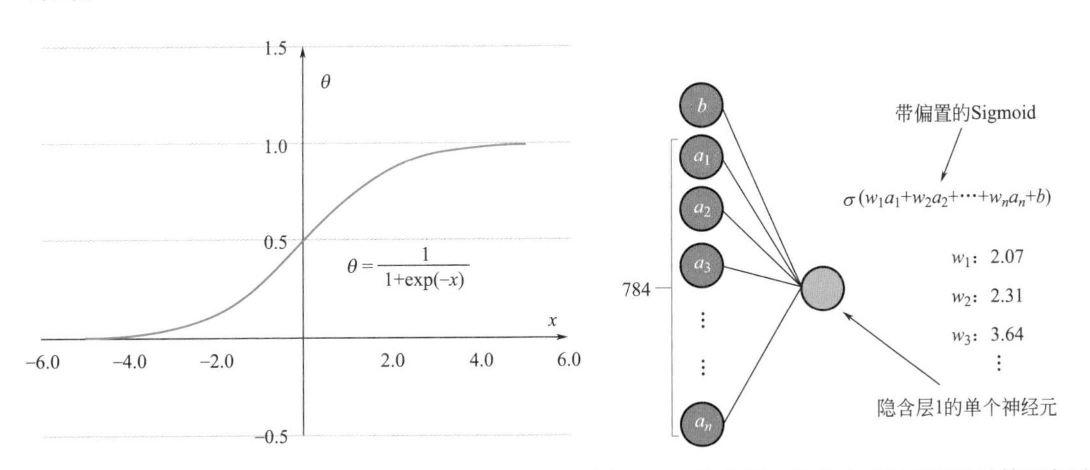

图 8.1-5　Sigmoid 函数图　　图 8.1-6　隐含层 1 的单个神经元激活计算示意图

隐含层 2 的神经元激活值计算过程与隐含层 1 相同，只是隐含层 2 的输入数据是隐含层 1 中神经元的激活值，是一个维度为 16 的向量。

3. 输出层

图 8.1-7 显示了一个前馈神经网络的完整计算过程。经过前面两个隐含层的计算后，计算环节到达了输出层。输出层的激活值计算与隐含层相同，其输入的数据是最后一个隐

含层的计算结果，是由最后这个隐含层中各神经元激活值组成的向量，向量维数就是最后这个隐含层中的神经元个数。输出层的每个神经元中也分别包含一个自己的权重向量和偏置标量，通过前述的求和算式（a）得到一个数值，然后把这个数值输入激活函数中，就得到了每个神经元的激活值，也就是输出层每个神经元的输出值；本例中的 10 个输出值，就分别为输入图片是 0 到 9 中哪个数字的概率。输出层中含有 10 个神经元，这些神经元里面包含的权重向量都是 16 维向量，因为这些权重向量的维数要与前一层神经元的数量相等，当然这些神经元里面也都还包含一个偏置标量 b；则输出层中的参数总量为：10×(16+1)=170。

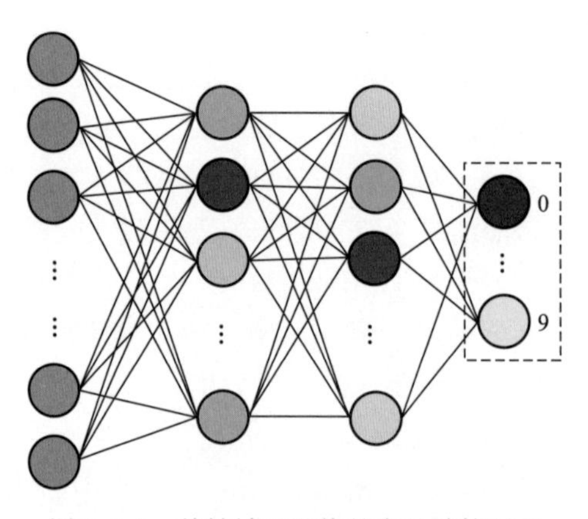

图 8.1-7　前馈神经网络的完整计算过程

多层神经网络的复杂，其中一个表现形式就是参数很多；本例中进行简单的黑白照片识别，而且照片像素仅为 784，网络的隐含层只有两层，其参数就达到了 13002(12560+272+170)。训练一个前馈神经网络，其实就是根据已有的数据样本回归得到这个网络的所有参数值，也就是所有隐含层和输出层的权重向量和偏置标量。本节的前馈神经网络参数为 13002 个，就可以理解为这个神经网络模型中有 13002 个旋钮供我们调整；如果是我们自己挨个调整，则工作量巨大，根本不可能完成；而神经网络训练的过程中，所有这些参数是根据训练数据进行自动调整，调整的方法就是本节后面要介绍的将梯度下降法和误差反向传播法相结合的方法。对于前馈神经网络，其从已有样本数据中学习的过程，就是这个神经网络的训练过程；神经网络从已有样本数据中学习到所有的参数，然后我们就可以应用这个神经网络进行工作，如图像识别等。多层神经网络的训练过程往往需要耗费大量的计算资源，如现在的一些功能强大的深度学习模型，其参数已达几十亿，训练难度很大，训练时间也很长。

8.1.3　前馈神经网络的工作流程

一个前馈神经网络包括设计、训练和应用三个阶段。在设计阶段，设计者先设计出一个神经网络模型，主要是确定网络层数、每层神经元个数、激活函数、连接类型等；其中每层神经元个数和网络层数等需要网络设计者确定的参数，称为超参数。神经网络模型设计完后，就需要根据训练集（用于训练的样本数据集）训练出模型的参数，然后用测试集（用于测试神经网络精度的样本数据集）进行测量；测试通过后，就可以进入应用阶段，用神经网络进行识别等工作。为便于理解，此处先结合神经网络的构成和数学运算方法介绍神经网络的工作流程，也就是神经网络的计算流程。此处仍以图 8.1-3 的黑白照片识别 4 层神经网络模型为例，逐层介绍神经网络的工作流程。

1. 第 1 层的工作

第 1 层是输入层，首先就要将数据输入。本例中，先要将类似图 8.1-2 中的手写数字照片数据向量化；因为照片像素为 784，每个像素方格中都有一个灰度值，则 784 个灰度值就可按一定顺序组成一个列向量，也就是将一个 28×28 的灰度值矩阵列向量化。神经网络第一层的工作就是读入这样的列向量即可，每个列向量都是一张照片的数据，也就是一个样本数据。本例中神经网络的工作，就是读入一个新的样本数据，然后进行运算，输出这个样本数据的识别结果。

2. 第 2 层的工作

第 2 层是隐含层。这一层的工作是每个神经元分别通过突触（连线）与第 1 层的每个神经元连接，然后用自己的权重向量转置后与第一层的输入向量相乘，再加上自己的偏置标量，得到一个标量和，最后将标量和输入激活函数计算，得到一个激活值。因为第 2 层神经元很多，如果都用函数逐一列出的方式表达，则形式非常繁琐且不便于编程实现，也难以直观理解；采用矩阵线性变换的方式表达，则直观很多，见图 8.1-8。

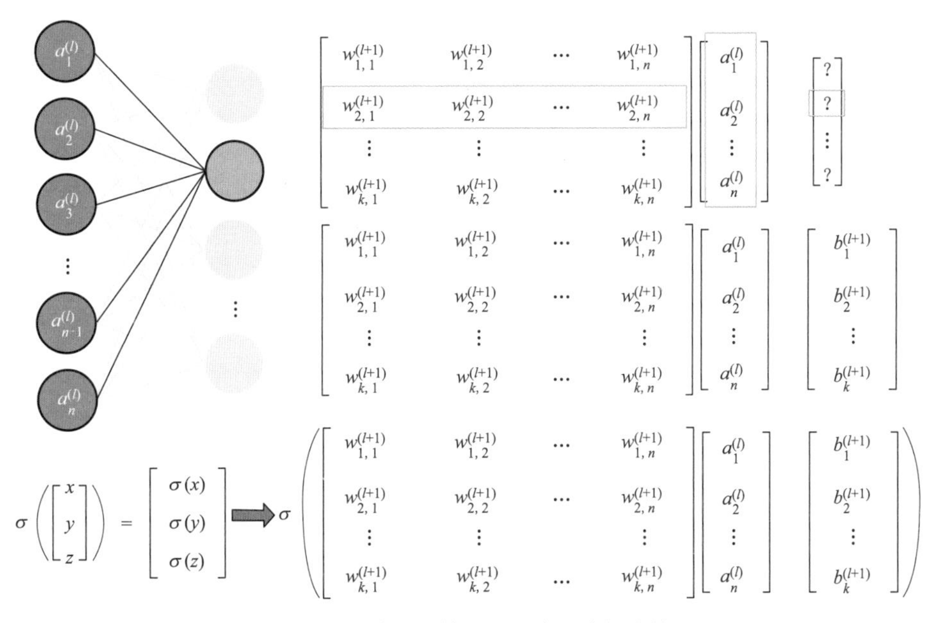

图 8.1-8　隐含层神经元的求和线性变换

图 8.1-8 为两个层之间的线性变换示意图，这两个层可以是任意前后两个相邻层，即蓝色神经元所在层可以是输入层或隐含层，而黄色神经元所在层可以是隐含层或输出层。蓝色神经元的 $a_i^{(l)}$ 为第 l 层激活值向量的分量，其上角标 l 代表神经元所在的层数（本例中 l 取值为 1，2，…，4），其下角标 i 代表输入列向量的第 i 个分量（i 取值为 1，2，…，n，n 为第 l 层神经元的数量）。在本节中，上角标均代表某个变量是第几层的变量。图中，由元素 $w_{1,1}^{(l+1)}$ 等组成的矩阵 $\boldsymbol{W}_{k\times n}^{(l+1)}$， 是第 $l+1$ 层所有神经元权重系数组成的矩阵；

$\boldsymbol{W}_{k\times n}^{(l+1)}$ 的行数是 k，表明第 $l+1$ 层有 k 个神经元，而 $\boldsymbol{W}_{k\times n}^{(l+1)}$ 的列数是 n，则表明第 $l+1$ 层的每个神经元包含 n 个权重值（与上一层激活值数量相同）。图中，矩阵 $\boldsymbol{W}_{k\times n}^{(l+1)}$ 的第二行，是一个 n 维行向量 $\boldsymbol{w}_{2,j}^{(l+1)}$，这个行向量是 $l+1$ 层中第二个神经元的权重向量，它是 n 维的原因是第 l 层的激活值向量 $\boldsymbol{a}^{(l)}$ 维数为 n。由图中可见，$\boldsymbol{W}_{k\times n}^{(l+1)}$ 的第二行与第 l 层的激活值向量相乘后，得到了一个结果列向量的第二个分量；而第 $l+1$ 层有 k 个神经元，就形成了 k 个权重行向量，每个行向量又包括 n 个权重分量，从而形成了一个第 $l+1$ 层的 $k\times n$ 的权重系数矩阵 $\boldsymbol{W}_{k\times n}^{(l+1)}$。第 $l+1$ 层中的每个神经元中都还各包括一个偏置标量 $b_i^{(l+1)}$，因为第 $l+1$ 层中有 k 个神经元，则本层中一共有 k 个偏置标量，即 i 的取值为 1，2，…，k，这 k 个偏置就组成一个第 $l+1$ 层的 k 维偏置向量 $\boldsymbol{b}^{(l+1)}$。用矩阵 $\boldsymbol{W}_{k\times n}^{(l+1)}$ 对 $\boldsymbol{a}^{(l)}$ 进行变换得到一个向量，然后与偏置向量 $\boldsymbol{b}^{(l+1)}$ 相加得到一个结果向量；将这个结果向量输入激活函数，就得到了第 $l+1$ 层的激活值向量 $\boldsymbol{a}^{(l+1)}$，这就完成了第 $l+1$ 层的计算工作。这个计算过程，可用一个简单的公式表达：

$$\boldsymbol{a}^{(l+1)}=\sigma(\boldsymbol{W}_{k\times n}^{(l+1)}\boldsymbol{a}^{(l)}+\boldsymbol{b}^{(l+1)}) \tag{8.1-2}$$

对于本例神经网络的第 2 层，其工作首先就是读入第 1 层的激活值 $\boldsymbol{a}^{(1)}$（第 1 层的激活值就是样本数据的输入值，不是通过激活函数计算得到），然后用第 2 层的权重矩阵 $\boldsymbol{W}_{16\times 784}^{(2)}$ 对 $\boldsymbol{a}^{(1)}$ 进行线性变换后，再与第 2 层偏置向量 $\boldsymbol{b}^{(2)}$ 相加得到一个 16 维的结果向量，将这个结果向量输入激活函数进行运算，就得到了第 2 层的一个 16 维激活值向量 $\boldsymbol{a}^{(2)}$，从而完成第 2 层的所有工作。

3. 第 3 层的工作

对于本例神经网络的第 3 层，其工作首先就是读入第 2 层的激活值 $\boldsymbol{a}^{(2)}$（16 维列向量），然后用第 3 层的权重矩阵 $\boldsymbol{W}_{16\times 16}^{(3)}$ 对 $\boldsymbol{a}^{(2)}$ 进行线性变换后，再与第 3 层偏置向量 $\boldsymbol{b}^{(3)}$ 相加得到一个 16 维的结果向量，将这个结果向量输入激活函数进行运算，就得到了第 3 层的一个 16 维激活值向量 $\boldsymbol{a}^{(3)}$，从而完成第 3 层的所有工作。

4. 第 4 层的工作

对于本例神经网络的第 4 层，也就是输出层，其工作首先就是读入第 3 层的激活值 $\boldsymbol{a}^{(3)}$（16 维列向量），然后用第 4 层的权重矩阵 $\boldsymbol{W}_{10\times 16}^{(4)}$ 对 $\boldsymbol{a}^{(3)}$ 进行线性变换后，再与第 4 层偏置向量 $\boldsymbol{b}^{(4)}$ 相加得到一个 10 维的结果向量；将这个结果向量输入激活函数进行运算，就得到了第 4 层的一个 10 维激活值向量 $\boldsymbol{a}^{(4)}$，从而完成第 4 层的所有工作。这个 10 维激活值向量的各分量，分别就是被识别照片中数字为 0，1，…，9 的概率。

8.1.4 前馈神经网络的学习过程

前馈神经网络的学习过程，就是通过已有的样本数据集对神经网络进行训练，也就是回归神经网络模型中的所有权重和偏置参数。我们设计好一个神经网络模型后，首要的工作就是要对这个模型进行训练。为便于理解，本小节先介绍参数训练的步骤，然后再详细介绍每个步骤中的数学处理过程。此处仍以图 8.1-3 的 4 层前馈神经网络为例，识别的对象仍为手写数字黑白照片，并假定共有 1000 个样本数据（照片）供我们训练，且这 1000 个数据已经人工做好了标签，也就是已经通过人工准确地标记了每个照片中写的是 0～9 这 10 个数字中的哪一个。

1. 参数训练的步骤

(1) 训练集与测试集划分

将已有的 1000 个样本数据分为训练集和测试集，其中训练集数据为 700 个，测试集数据为 300 个。

(2) 初始赋值

对本例神经网络模型中的所有 13002 个权重和偏置参数进行初始赋值；理论上初始赋值可任意，但在一些复杂神经网络训练中，为加快神经网络的训练过程，初始赋值一般都有相应的方法。

(3) 结果评价

读入训练集第一个样本数据，得到一个输出层的 10 维激活值向量，也就是 10 个概率值。但由于所有参数采用的是任意初始赋值，不可能得到好的识别结果；这个结果需要一个评价方法以评价结果的优劣，因此在训练过程中需要在最后一层再设置一个评价措施，本例中的评价措施见图 8.1-9。

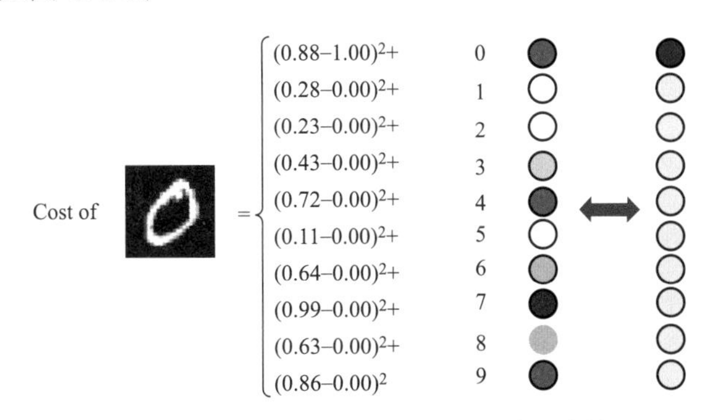

图 8.1-9　前馈神经网络的平方和代价计算

由图 8.1-9 可见，本例中前馈神经网络的结果评价措施，是采用一个平方和函数的计算结果进行评价，即将最后一层每个激活值的分量（概率值）与对应的真实值相减，得到 10 个差值，然后将这 10 个差值均取平方后再求和，得到一个平方和。这个平方和的值就被称为训练单个样本的“代价”(Cost)，这个平方和函数就是本例前馈网络模型的代价函数 C，此例中 $C=\sum_{i=1}^{10}(\boldsymbol{a}_i^{(4)}-\boldsymbol{a}_i^{(4)'})^2$，其中 $\boldsymbol{a}_i^{(4)}$ 为第 4 层的第 i 个概率（激活向量的第 i 个分量），$\boldsymbol{a}_i^{(4)'}$ 为 $\boldsymbol{a}_i^{(4)}$ 对应的真实值。以图 8.1-9 中的单个样本训练为例，输入的样本是数字 0，但是输出的 10 个概率值中，数字为 0 的概率为 0.88，而其对应的真实值是 1（输入的数字就是 0，准确模型的输出结果应为 1）；数字为 1 的概率为 0.28，但是其对应的真实值是 0，依次类推。不难发现，对于一个训练好的神经网络模型，代价函数值越小，模型的识别准确率越高；理想情况下，代价函数值应为 0。

(4) 参数调整

根据第一个样本数据得到的代价函数值一般都比较大，不能满足精度要求，说明对模型参数的初始赋值不合理，需要进行调整。由于参数很多，不可能人工调整，就采用梯度下降法进行整体调整，即采用代价函数对模型中的所有权重和偏置参数求偏导，共得到 13002 个 $\frac{\partial C}{\partial \boldsymbol{w}(l)}$ 和 $\frac{\partial C}{\partial \boldsymbol{b}(l)}$ 的值，然后将这 13002 个值组成一个向量，就是整个网络的参数梯度向量；按照这个梯度向量的负方向对 13002 个参数进行等比例调整，就完成了参数的第一次整体调整。用代价函数 C 不但可以对最后一层的权重和偏置求偏导得到 $\frac{\partial C}{\partial \boldsymbol{w}^{(4)}}$ 和 $\frac{\partial C}{\partial \boldsymbol{b}^{(4)}}$，而且可以通过第 3 层的激活函数求得 C 对第 3 层参数的偏导 $\frac{\partial C}{\partial \boldsymbol{w}^{(3)}}$ 和 $\frac{\partial C}{\partial \boldsymbol{b}^{(3)}}$，并进一步求得 $\frac{\partial C}{\partial \boldsymbol{w}^{(2)}}$ 和 $\frac{\partial C}{\partial \boldsymbol{b}^{(2)}}$。可见，用代价函数可层层反向求得代价函数对每层参数的偏导数，这就是误差反向传播法。本小节后面将详细介绍梯度下降法和误差反向传播法的数学实现过程。

基于第一个样本数据进行参数调整后，继续读入下一个样本数据并调整参数，直至历遍训练样本集，代价函数值达到阈值，完成模型训练阶段。在采用梯度下降法进行参数调整时，可采用以下路径：①训练集中的样本仅历遍一轮，但在每个样本都进行多次梯度下降计算，直到本样本的代价函数值达到阈值，再读入下一个样本；②训练集中的样本历遍多轮，每轮中针对单个样本仅进行一次梯度下降计算，此轮中所有样本都进行一次梯度下降后，计算所有样本在此轮梯度下降计算后的代价函数值；如果代价函数值未达到既定阈值（网络设计者确定），则进行下一轮历遍并调整参数，直至代价函数值达到阈值；③采用随机梯度下降法，详见本节后述内容。

（5）模型测试

将训练完的模型采用训练集进行测试。用训练完的模型对测试集的 300 个样本数据进行识别计算，并分别计算出针对 300 个测试样本的代价函数值，然后取这 300 个代价函数值的平均值，就得到模型总体的代价函数值，当其小于设定阈值时，则模型可进行应用，否则需回到训练阶段，继续训练模型，甚至有可能需要调整模型的整个结构。

2. 随机梯度下降法

前面已介绍，本例模型中的 13002 个参数调整时，每次都需通过梯度下降法进行整体调整；将 13002 个参数排成一个列向量，并用代价函数对此向量进行求导，就得到代价函数的梯度：

$$\nabla C(\mathbf{W})=\left[\frac{\partial C}{\partial w_1},\frac{\partial C}{\partial w_2},\cdots,\frac{\partial C}{\partial w_n}\right]^{\mathrm{T}} \tag{8.1-3}$$

上式中，∇ 为微分算子；本例中对所有参数求偏导就得到一个 13002 维的梯度向量，即 n 为 13002；上式中的 w_i 泛指所有参数，包括偏置参数，而非仅指权重参数。梯度方向是函数值增加最快的方向，而负梯度的方向就是函数值减小最快的方向。梯度下降法，就是让模型的参数向量沿梯度的负方向进行调整，这样代价函数值就会以最快的速度下降，尽快达到阈值。

以二元函数 $C(x,y)$ 为例，函数代表一个空间曲面，见图 8.1-10。一个人要从山上的某个位置下到一个谷底，可有很多条路径，但是沿着自己当前位置的负梯度方向走，他就会最快达到谷底。这个人首先要根据自己当前在 x-y 轴平面上的位置（x_0，y_0）和函数 $C(x,y)$，求得当前位置的梯度$\left(\frac{\partial C}{\partial x_0},\ \frac{\partial C}{\partial y_0}\right)$，然后前进一小段距离，则前进后的位置变为$\left(x_0-\eta\frac{\partial C}{\partial x_0},\ y_0-\eta\frac{\partial C}{\partial y_0}\right)$，其中 η 为介于 0 和 1 之间的步长系数，详见本书第 7

章。如果此时未达到谷底，也就是代价函数值未达到阈值，则继续重复上一个工作，求当前梯度，然后沿负梯度方向继续走，直至到达谷底。但在神经网络的实际训练中，如果梯度下降的每一步都把所有训练样本都计算一遍，则计算量太大，因为有的神经网络参数达几十亿。这时可把训练集分成很多组样本，每次随机挑选出一组进行梯度下降，虽然这不是代价函数真正的当前位置梯度，所以也不是人下山的最快方向，但一般会给出不错的近似路径，最后的路径可能会曲折一点，但是整个过程中的计算量会明显下降。这种随机挑选出部分样本点进行梯度下降的方法，就是随机梯度下降法。

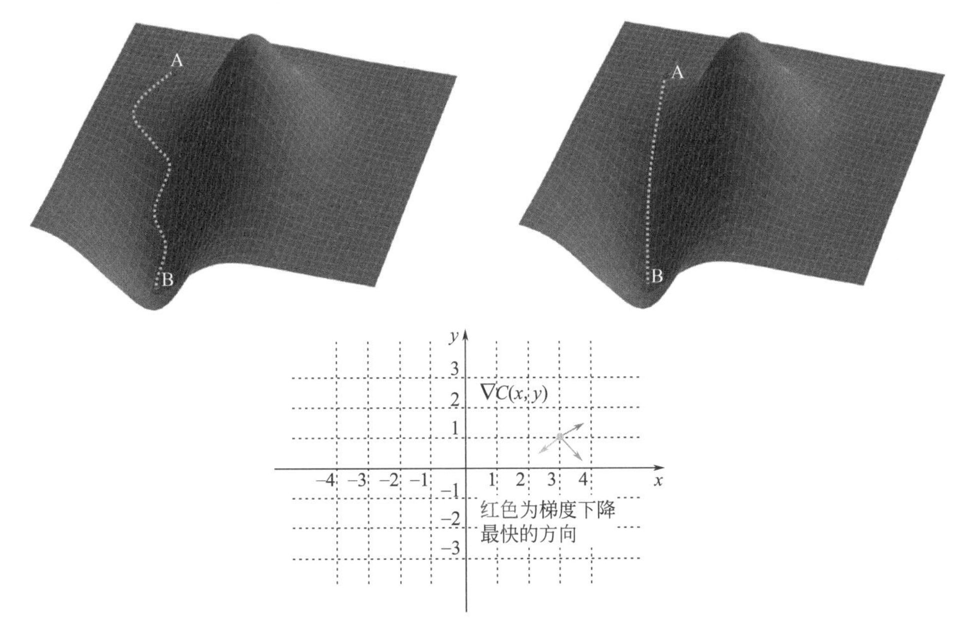

图 8.1-10　二元函数梯度下降示意图

3. 误差反向传播法

由前馈神经网络最后一层的评价函数反向逐层计算每层的评价函数梯度，也就是反向逐层计算评价函数对权重和偏置参数的偏导，这个计算过程被称为误差反向传播法（Back Propagation，BP）；误差反向传播法是前馈神经网络的核心方法。此处将分别对反向传播的过程和数学原理进行详细介绍。

（1）反向传播的过程

仍以图 8.1-3 的 4 层神经网络识别手写数字为例，并采用一个手写数字“0”的样本为具体例子，见图 8.1-11。对于一个尚未训练好的网络，输出层的激活值一般比较随机，如输入的样本数据是数字“0”的照片，对应的 0 处神经元激活值仅为 0.22，但是对应数字为 7 的神经元激活值却高达 0.99，也就是这个未训练好的认为这张照片里面的数字是 7 的可能性高达 0.99，而数字是 0 的可能性仅为 0.22；可见这个网络还需要继续训练。要提高这个网络的识别能力，不可能直接通过修改最后一层的激活值来完成，需要修改网络的所有权重和偏置参数。但我们需要记住输出层需要怎样的改变；针对这个样本点，我们希望 0 处的激活值变大，而其他 9 个激活值变小，因为我们希望网络对这个样本照片的分类结果是 0。

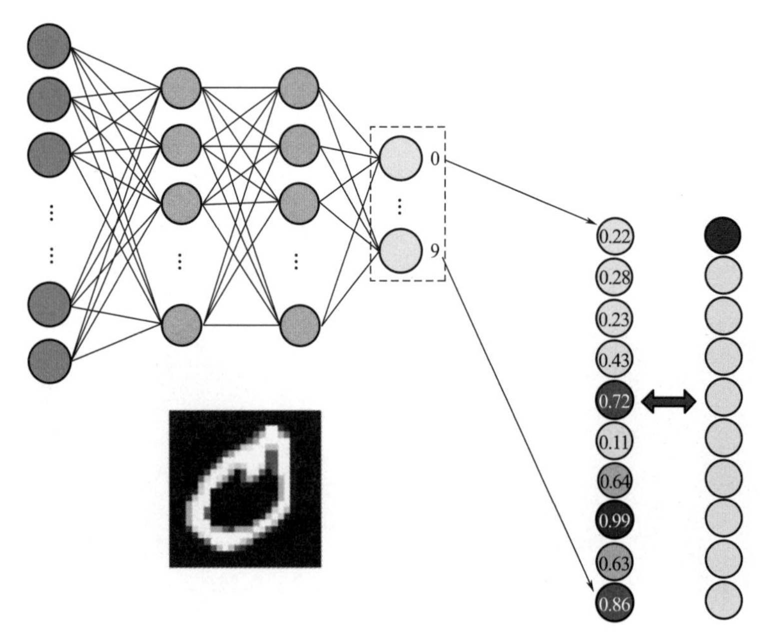

图 8.1-11　网络未训练好时的识别结果

图 8.1-12 是最后一层识别结果为 0 的神经元激活值计算过程。针对手写数字为“0”的这个照片样本，根据 Sigmoid 激活函数的单调递增性质，要增加这个激活值，有三种方式：增大偏置、改变权重、改变上一层的激活值。增大偏置就可直接导致激活值增大，而增大权重或上一层的激活值就不一定导致激活值增大，因为这两个变量的乘积增大才会直接导致激活值增大。各权重的影响力不同，其中连接前一层激活值最大（图中颜色最深）神经元的几个权重，其影响也最大；所以对于这个样本，调整这几个权重对代价函数值的影响比其他权重更大。也就是我们进行参数调整时，并不只看每个参数应该增大还是减小，还要看哪个参数修改后的性价比最高。调整上一层的激活值时，与某激活值相乘的权重值为正数时需增大此激活值，反之则需减小此激活值。我们想整体使代价函数值更小，就要根据最后一层的权重值对上一层的激活值整体作出相应比例的调整，也就是最后一层的权重值向量和倒数第二层的激活向量整体调整；但我们不能直接修改倒数第二层的激活值，只能再修改倒数第二层的权重值和再前一层（倒数第三层）的激活值，就这样层层向前修改，直至网络的第二层（第一层的激活值就是输入值，不能修改），这个层层反向修改参数的过程，也是反向传播的一种体现。这个使得激活值增大的过程，只是最后一层第一个神经元（对应数字 0）所希望的变化（自己激发变强），但要使得代价函数值进一步降低，还需要最后一层的其他 9 个神经元激活值变小（激发变弱）。以最后一层神经元对本层参数（权重和偏置）和上一层激活值的调整要求为例，第一个神经元（对应数字 0）会发出调整的指令（指令内容包括增大还是减小、调整幅度），但其他 9 个神经元也会发出调整的指令；那么我们就可以把这一层所有神经元的指令都加起来，得到一个整体指令，也就是得到一组对本层参数和上一层激活值的所有调整要求；上一层激活值要改变，则需要向其再前一层发出调整指令，就这样层层向前发指令，进行反向传播。

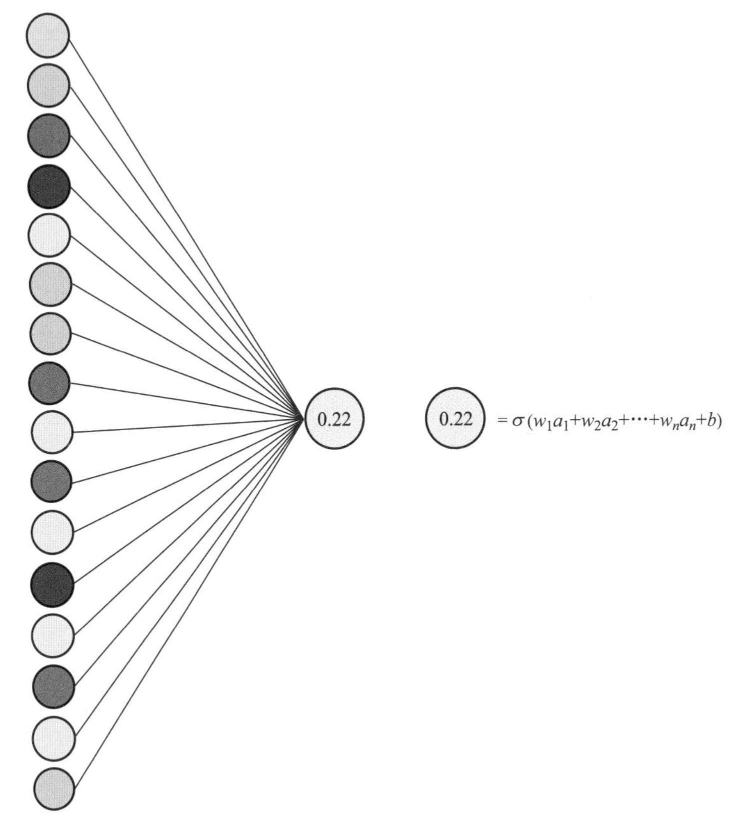

图 8.1-12　最后一层单个神经元的激活值计算

由上述可见，误差反向传播的过程可描述为：代价函数对最后层的激活值提出调整需求，则最后层的激活值把需求反向传播给本层的参数（权重和偏置）和前一层的激活值，前一层的激活值再反向传播给本层参数和再前一层的激活值；这样层层反向传播回去，直到网络的第二层。

上面讨论的是单个训练样本对所有权重和偏置的影响，但如果我们只关注这个“0”的识别要求，这个网络模型会把所有图像都分类为“0”，因为它没见过别的数字，不知道还有别的情况。所以在网络训练中，我们要对其他所有的训练样本都进行一遍反向传播，记录下每个样本都想如何修改参数，最后取平均值。图 8.1-13 为多个样本对模型参数的修改要求，以对第一个参数 w_0 的修改要求为例，第一个样本“2”要求 w_0 增加 −0.08，第二个样本“6”要求 w_0 增加 0.02，…；最后把所有这些要求的增加值取平均，就得到了 w_0 的最终增加值。但实际训练中，采用随机梯度下降法时，并不是把所有训练样本都计算一遍，而是把训练集分成很多组，每次随机取一组进行梯度下降。

（2）反向传播的数学原理

此处先以最简单的多层神经网络为例，网络一共四层，每层只有一个神经元，则网络总共只有 3 个权重和 3 个偏置，见图 8.1-14；网络的工作目标仍为识别手写数字黑白照片。此网络的 6 个参数分别为 $w^{(2)}$，$b^{(2)}$，$w^{(3)}$，$b^{(3)}$，$w^{(4)}$，$b^{(4)}$，其中 w 代表权重，b 代表偏置，而上角标代表某参数属于哪一层；最后一层中还含有代价函数，用 C 表示。

	2	5	0	4	1	9		平均值
w_0	−0.08	+0.02	−0.02	+0.11	−0.05	−0.14	…	
w_1	−0.11	+0.11	+0.07	+0.02	+0.09	+0.05	…	+0.12
⋮	⋮	⋮	⋮	⋮	⋮	⋮	⋮	⋮
w_{13001}	+0.13	+0.08	−0.06	−0.09	−0.02	+0.04	…	+0.04

图 8.1-13　训练样本对参数的修改要求示意图

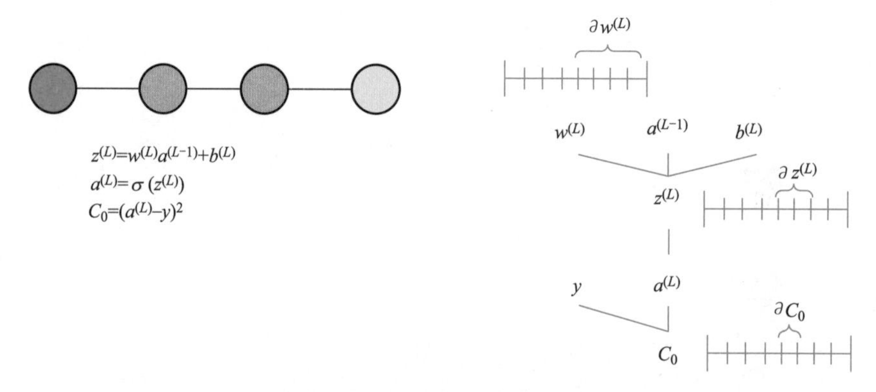

图 8.1-14　简单四层神经网络

先关注最后两个神经元，见图 8.1-14。图中 $a^{(L)}$ 和 $a^{(L-1)}$ 分别为第 L 层和第 $L-1$ 层的激活值，L 为总层数。在本书介绍的深度学习中，变量的带括号上角标代表这个变量属于神经网络的层数，上角标括号内的数字是多少，就代表这个变量处于神经网络的第多少层。给定一个训练样本，并让网络进行计算，得到最后一层的激活值；训练中，我们希望最后一层计算的激活值要接近相应的目标，这个目标记为 y，此处 y 取值为 0 或 1（训练前，每个样本都已经做好了标签，将其目标值标记为 0 或 1）。这个简单网络对于当前这个给定训练样本的代价为 $(a^{(L)}-y)^2$，此处 $L=4$；对于此给定样本，把代价函数值记为 C_0，即

$$C_0=(a^{(L)}-y)^2 \tag{8.1-4}$$

最后一层的激活值计算式为

$$a^{(L)}=\sigma(w^{(L)}a^{(L-1)}+b^{(L)}) \tag{8.1-5}$$

上式中，对于最后一层，$L=4$；令

$$z^{(L)}=w^{(L)}a^{(L-1)}+b^{(L)} \tag{8.1-6}$$

上式中 $z^{(L)}$ 就是一个加权和；则由式（8.1-5）和式（8.1-6）可得

$$a^{(L)}=\sigma(z^{(L)}) \tag{8.1-5-a}$$

C_0 的计算步骤为：①利用最后一层的权重和偏置，以及前一层的激活值，计算出 $z^{(L)}$；②接着计算出 $a^{(L)}$；③然后再结合 y 计算出代价 C_0。结合图 8.1-13 中的各变量数轴可见，每个量都是数轴上的变量，而我们要理解 $w^{(L)}$ 的变化对 C_0 的影响，就可以用代

价函数对 $w^{(L)}$ 求导数；图中 $\partial w^{(L)}$ 就是 $w^{(L)}$ 的微调值，而 ∂C_0 就是微调 $w^{(L)}$ 对 C_0 的值造成的变化。$w^{(L)}$ 的微调造成 $z^{(L)}$ 的变化，然后导致 $a^{(L)}$ 发生变化，最终影响到代价 C_0。

求 C_0 对 $w^{(L)}$ 的导数，是复合函数求导，因为 C_0 的计算公式（8.1-4）中没有 $w^{(L)}$ 这一项，但由式（8.1-5）～式（8.1-6）可见，C_0 是 $w^{(L)}$ 的复合函数，因此可利用"链式法则"，并根据式（8.1-4）～式（8.1-6）的复合函数关系，得到如下导数：

$$\frac{\partial C_0}{\partial w^{(L)}}=\frac{\partial C_0}{\partial a^{(L)}}\frac{\partial a^{(L)}}{\partial z^{(L)}}\frac{\partial z^{(L)}}{\partial w^{(L)}}=\frac{\partial z^{(L)}}{\partial w^{(L)}}\frac{\partial a^{(L)}}{\partial z^{(L)}}\frac{\partial C_0}{\partial a^{(L)}} \tag{8.1-7}$$

上式中最后一个等号右边，将链式法则的求导过程反向表达，也是为了从前往后看起来更直观。由式（8.1-4）～式（8.1-6），式中的三个导数的求导结果分别为：

$$\frac{\partial C_0}{\partial a^{(L)}}=2(a^{(L)}-y) \tag{8.1-8}$$

$$\frac{\partial a^{(L)}}{\partial z^{(L)}}=\sigma'(z^{(L)}) \tag{8.1-9}$$

$$\frac{\partial z^{(L)}}{\partial w^{(L)}}=a^{(L-1)} \tag{8.1-10}$$

则代价函数对第 L 层权重的导数公式为：

$$\frac{\partial C_0}{\partial w^{(L)}}=a^{(L-1)}\cdot\sigma'(z(L))\cdot 2(a(L)-y) \tag{8.1-11}$$

上式求出的还只是一个训练样本的代价对 $w^{(L)}$ 的导数，而总代价是很多训练样本代价的平均值，则代价函数对 $w^{(L)}$ 的导数也是一个平均值：

$$\frac{\partial C_0}{\partial w^{(L)}}=\frac{1}{n}\sum_{i=0}^{n-1}\frac{\partial C_i}{\partial w^{(L)}} \tag{8.1-12}$$

式中，n 为本次参加训练样本的数量。

在此四层简单神经网络中，求出了 $\frac{\partial C_0}{\partial w^{(L)}}$ 只是得到了一个梯度向量 ∇C_0 的分量，而此网络的 ∇C_0 是一个 6 维的向量，因为网络共有 6 个参数。要得到 ∇C_0，需要求出代价函数对所有参数的导数，包括 C_0 对偏置的导数；仍可根据链式法则和式（8.1-4）～式（8.1-6）推导出 C_0 对第四层偏置 $b^{(L)}$ 的导数公式：

$$\frac{\partial C_0}{\partial b^{(L)}}=\frac{\partial z^{(L)}}{\partial b^{(L)}}\frac{\partial a^{(L)}}{\partial z^{(L)}}\frac{\partial C_0}{\partial a^{(L)}}=1\cdot\sigma'(z(L))\cdot 2(a(L)-y) \tag{8.1-13}$$

式（8.1-7）～式（8.1-13）求出了代价函数对最后一层神经元的权重和偏置的导数，还需要计算出代价函数对倒数第二层及倒数第三层的导数，但前面这些层的参数并没有用于直接求代价函数值，因此不能直接求导得到，需要间接求出。由式（8.1-7），可得到代价函数对第 $L-1$ 层（倒数第二层）的权重导数计算式为：

$$\frac{\partial C_0}{\partial w^{(L-1)}}=\frac{\partial z^{(L-1)}}{\partial w^{(L-1)}}\frac{\partial a^{(L-1)}}{\partial z^{(L-1)}}\frac{\partial C_0}{\partial a^{(L-1)}} \tag{a}$$

上式中的右边三项偏导数，均可由式（8.1-4）～式（8.1-6）求得。由式（8.1-6），当层数为 $L-1$ 时，可得：

$$z^{(L-1)}=w^{(L-1)}a^{(L-2)}+b^{(L-1)} \tag{b}$$

则由上式可得式（a）中右侧第一项偏导数：

$$\frac{\partial z^{(L-1)}}{\partial w^{(L-1)}}=a^{(L-2)} \tag{c}$$

由式（8.1-5）和（8.1-5-a），当层数为 $L-1$ 时，可得：

$$a^{(L-1)}=\sigma(z^{(L-1)})=\sigma(w^{(L-1)}a^{(L-2)}+b^{(L-1)}) \tag{d}$$

则由上式可得式（a）中右侧第二项偏导数：

$$\frac{\partial a^{(L-1)}}{\partial z^{(L-1)}}=\sigma'(z(L-1)) \tag{e}$$

式（8.1-4）是 C_0 的计算公式，可见公式中右边项的自变量只有最后一层的激活值 $a^{(L)}$和 y，并没有最后一层之前任何层的激活值、权重和偏置变量，则式（a）中的右侧第三项导数 $\frac{\partial C_0}{\partial a^{(L-1)}}$ 无法直接求得；但由式（8.1-4）～式（8.1-6），C_0 是 $a^{(L)}$ 的函数，$a^{(L)}$ 又是 $z^{(L)}$ 和 $a^{(L-1)}$ 的函数，则 C_0 是 $a^{(L-1)}$ 的复合函数，仍可通过链式法则求得 C_0 对 $a^{(L-1)}$ 的导数：

$$\frac{\partial C_0}{\partial a^{(L-1)}}=\frac{\partial C_0}{\partial a^{(L)}}\frac{\partial a^{(L)}}{\partial z^{(L)}}\frac{\partial z^{(L)}}{\partial a^{(L-1)}} \tag{8.1-14}$$

将式（8.1-4）～式（8.1-6）代入上式可得：

$$\frac{\partial C_0}{\partial a^{(L-1)}}=2(a(L)-y)\cdot\sigma'(z(L))\cdot w^{(L)} \tag{8.1-15}$$

将（8.1-14）式的形式代入式（a）可得：

$$\frac{\partial C_0}{\partial w^{(L-1)}}=\frac{\partial z^{(L-1)}}{\partial w^{(L-1)}}\frac{\partial a^{(L-1)}}{\partial z^{(L-1)}}\cdot\frac{\partial C_0}{\partial a^{(L)}}\frac{\partial a^{(L)}}{\partial z^{(L)}}\frac{\partial z^{(L)}}{\partial a^{(L-1)}} \tag{8.1-16}$$

同理，可推导出 C_0 对 $b^{(L-1)}$ 的导数：

$$\frac{\partial C_0}{\partial b^{(L-1)}}=\frac{\partial z^{(L-1)}}{\partial b^{(L-1)}}\frac{\partial a^{(L-1)}}{\partial z^{(L-1)}}\frac{\partial C_0}{\partial a^{(L-1)}} \tag{f}$$

将式（8.1-14）代入上式，即得到 C_0 对倒数第二层偏置的偏导数公式：

$$\frac{\partial C_0}{\partial b^{(L-1)}}=\frac{\partial z^{(L-1)}}{\partial b^{(L-1)}}\frac{\partial a^{(L-1)}}{\partial z^{(L-1)}}\cdot\frac{\partial C_0}{\partial a^{(L)}}\frac{\partial a^{(L)}}{\partial z^{(L)}}\frac{\partial z^{(L)}}{\partial a^{(L-1)}} \tag{8.1-17}$$

进一步，可求得代价函数对第 $L-2$ 层（倒数第三层）的权重和偏置导数计算式为：

$$\frac{\partial C_0}{\partial w^{(L-2)}}=\left(\frac{\partial z^{(L-2)}}{\partial w^{(L-2)}}\frac{\partial a^{(L-2)}}{\partial z^{(L-2)}}\right)\cdot\left(\frac{\partial z^{(L-1)}}{\partial a^{(L-2)}}\frac{\partial a^{(L-1)}}{\partial z^{(L-1)}}\right)\cdot\left(\frac{\partial z^{(L)}}{\partial a^{(L-1)}}\frac{\partial a^{(L)}}{\partial z^{(L)}}\frac{\partial C_0}{\partial a^{(L)}}\right) \tag{8.1-18}$$

$$\frac{\partial C_0}{\partial b^{(L-2)}}=\left(\frac{\partial z^{(L-2)}}{\partial b^{(L-2)}}\frac{\partial a^{(L-2)}}{\partial z^{(L-2)}}\right)\cdot\left(\frac{\partial z^{(L-1)}}{\partial a^{(L-2)}}\frac{\partial a^{(L-1)}}{\partial z^{(L-1)}}\right)\cdot\left(\frac{\partial z^{(L)}}{\partial a^{(L-1)}}\frac{\partial a^{(L)}}{\partial z^{(L)}}\frac{\partial C_0}{\partial a^{(L)}}\right) \tag{8.1-19}$$

式（8.1-18）～式（8.1-19）中，对于本例神经网络，层数 $L=4$，则倒数第三层就是网络的第二层；因为第一层是输入层，不包含任何权重和偏置参数，因此不需要求代价函数对参数的偏导数，可见反向求偏导时只求到网络的第二层。当网络层数很多时，求代价函数对第 i 层权重和偏置的偏导数时，可根据式（8.1-18）～式（8.1-19）推导出如下结果：

$$\frac{\partial C_0}{\partial w^{(i)}}=\left(\frac{\partial z^{(i)}}{\partial w^{(i)}}\frac{\partial a^{(i)}}{\partial z^{(i)}}\right)\cdot\left(\frac{\partial z^{(i+1)}}{\partial a^{(i)}}\frac{\partial a^{(i+1)}}{\partial z^{(i+1)}}\right)\cdot\cdots\cdot\left(\frac{\partial z^{(L-1)}}{\partial a^{(L-2)}}\frac{\partial a^{(L-1)}}{\partial z^{(L-1)}}\right)\cdot \left(\frac{\partial z^{(L)}}{\partial a^{(L-1)}}\frac{\partial a^{(L)}}{\partial z^{(L)}}\frac{\partial C_0}{\partial a^{(L)}}\right),i=2,3,\cdots,L-1 \tag{8.1-20}$$

$$\frac{\partial C_0}{\partial b^{(i)}}=\left(\frac{\partial z^{(i)}}{\partial b^{(i)}}\frac{\partial a^{(i)}}{\partial z^{(i)}}\right)\cdot\left(\frac{\partial z^{(i+1)}}{\partial a^{(i)}}\frac{\partial a^{(i+1)}}{\partial z^{(i+1)}}\right)\cdot\cdots\cdot\left(\frac{\partial z^{(L-1)}}{\partial a^{(L-2)}}\frac{\partial a^{(L-1)}}{\partial z^{(L-1)}}\right)\cdot \left(\frac{\partial z^{(L)}}{\partial a^{(L-1)}}\frac{\partial a^{(L)}}{\partial z^{(L)}}\frac{\partial C_0}{\partial a^{(L)}}\right),i=2,3,\cdots,L-1 \tag{8.1-21}$$

上式中，i 取值从 2 开始，因为第一层不需要求代价函数对参数的偏导；i 取值到 $L-1$，因为代价函数对第 L 层参数的偏导可采用式（8.1-7）和式（8.1-13）直接求出。

由式（8.1-16）～式（8.1-21）及其推导过程可见，代价函数对倒数第二层权重和偏置的偏导数，是通过代价函数对倒数第一层激活值 $a^{(L)}$ 的求导得到，而 $a^{(L)}$ 又是前面一层激活值的函数；这样层层反向求复合函数的偏导数，就能得到代价函数对每一层权重和偏置的偏导数。代价函数对每一层权重和偏置求偏导数，都要从后往前逐层采用链式法则反向求导，这就是反向传播的数学过程。由式（8.1-20）和式（8.1-21）可见，层数每增加一层，表达式的长度都会相应增加；所以当神经网络的层数很多时，前面一些层的反向求导公式很长，计算量也较大。

求得代价函数对所有层的权重和偏置参数的偏导数后，将这些偏导数组合成一个梯度向量，就可采用随机梯度下降法进行参数调整。

（3）每层多个神经元时的反向传播计算

上面部分介绍的是每层只有一个神经元的简单四层前馈神经网络的反向传播计算原理。每层多个神经元的情况，反向传播计算过程也相同，但每层有多个神经元时，则需要将每层的变量和参数中加入下标以区分，例如：用 $a_k^{(l-1)}$ 表示第 $l-1$ 层的第 k 个激活值（即第 k 个神经元的激活值），用 $w_{j,k}^{(l)}$ 表示第 l 层的第 j 个神经元连接前一层第 k 个激活值的权重。$w_{j,k}^{(l)}$ 这个上下角标的表示方法，就是图 8.1-8 中的变换矩阵中各元素上下角标的表示方法。需要注意的是，上角标中的 L 是代表总层数；对于一个结构确定的神经网络，L 是一个确定值，而上角标中的 l 是某个变量所处的层数，是一个变化值。

最后一层的神经元也是多个，如 8.1.2 节中介绍的手写数字黑白照片识别模型，最后一层的神经元共 10 个；最后一层多个神经元情况时，其代价函数的计算公式为：

$$C_0=\sum_{j=1}^{n_L}(a_j^{(L)}-y_j)2 \tag{8.1-22}$$

式中，C_0 是当前样本值的代价函数值，n_L 是第 L 层也就是最后一层的神经元数量，$a_j^{(L)}$ 是第 L 层的第 j 个激活值，y_j 是当前样本对于 j 个神经元的目标值（训练前已经做好标记）。

第 l 层的第 j 个激活值计算公式为：

$$a_j^{(l)}=\sigma(z_j^{(l)}) \tag{8.1-23}$$

式中，$z_j^{(l)}$ 为第 l 层中用于计算第 j 个激活值的加权和，公式如下：

$$z_j^{(l)}=w_{j,1}^{(l)}a_1^{(l-1)}+\cdots+w_{j,k}^{(l)}a_k^{(l-1)}+\cdots+w_{j,n_l}^{(l)}a_{n_l}^{(l-1)}+b_j^{(l)} \tag{8.1-24}$$

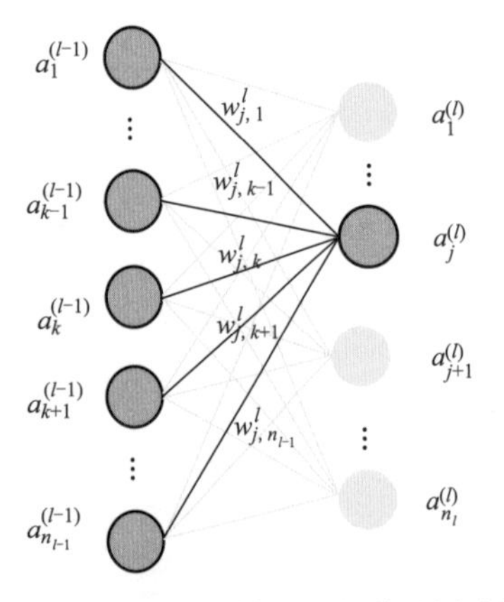

图 8.1-15　每层多个神经元的前后层连接图

上式中，n_l 为第 l 层的神经元数量；第 l 层权重与前一层激活值的对应关系见图 8.1-15。

由式（8.1-22）～式（8.1-24）可见，每层多个神经元的代价函数、激活值和权重和计算公式，与前面的每层仅一个神经元的计算公式（8.1-4）～式（8.1-6）本质上相同，只是多了下标部分。

由式（8.1-22）可见，对应最后一层，由于神经元数量不止一个，则代价函数是每个神经元各自代价函数的和，则代价函数对最后一层激活值的求导是得到一个导数的和：

$$\frac{\partial C_0}{\partial a^{(L)}}=\sum_{j=1}^{n_L}2(a_j^{(L)}-y_j) \tag{8.1-25}$$

上式中 n_L 为最后一层的神经元数量。由上式可见，某一层神经元数量不止一个时，代价函数对激活值的导数实际上是一个求导结果的和；由式（8.1-14）的每层单个神经元情况，可进一步推导出每层不止一个神经元时代价函数对某层激活值的导数：

$$\frac{\partial C_0}{\partial a_k^{(l-1)}}=\sum_{j=1}^{n_l}\frac{\partial z_j^{(l)}}{\partial a_k^{(l-1)}}\frac{\partial a_j^{(l)}}{\partial z_j^{(l)}}\frac{\partial C_0}{\partial a_j^{(l)}} \tag{8.1-26}$$

上式中 n_l 为第 l 层的神经元数量，也就是激活值数量。上式的意义也很明显：代价函数对第 $l-1$ 层激活值的导数是第 $l-1$ 层链式法则求导结果的和，因为 $l-1$ 层的每个激活值都同时影响 l 层的每个激活值，从而最后相当于 $l-1$ 层的每个激活值都通过很多个路径影响最终的代价函数值。这也可以表达为，对于某一层，其中的每个激活值都会影响最终的代价函数值，需要将所有这些影响加起来。

由式（8.1-7）和式（8.1-13），考虑每层神经元数量多于一个时需要加上下标，即可得到此种情况下代价函数对权重与偏置的导数：

$$\frac{\partial C_0}{\partial w_{j,k}^{(l)}}=\frac{\partial z_j^{(l)}}{\partial w_{j,k}^{(l)}}\frac{\partial a_j^{(l)}}{\partial z_j^{(l)}}\frac{\partial C_0}{\partial a_j^{(l)}} \tag{8.1-27}$$

$$\frac{\partial C_0}{\partial b_{j,k}^{(l)}}=\frac{\partial z_j^{(l)}}{\partial b_{j,k}^{(l)}}\frac{\partial a_j^{(l)}}{\partial z_j^{(l)}}\frac{\partial C_0}{\partial a_j^{(l)}} \tag{8.1-28}$$

综上所述，前馈神经网络的训练算法过程见算法 8.1-1：

前馈神经网络训练算法　　　　**算法 8.1-1**

输入：	训练数据集 T_1，学习率 η，验证集 V
输出：	训练模型
1：	对定义的神经网络模型进行参数初始化；
2：	repeat
3：	对训练集 T_1 重排序
4：	for $i\leftarrow 1$ to N do
5：	选取样本实例 $\{x_i,y_i\}$；

续表

6：	对每层神经网络，计算并保留 $\boldsymbol{a}^{(l)}, \boldsymbol{z}^{(l)}$；
7：	反向计算每一层的误差项和导数项；
8：	$\boldsymbol{w}^{(l)} \leftarrow \boldsymbol{w}^{(l)} - \eta \dfrac{\partial C_0}{\partial \boldsymbol{w}^{(l)}}$；
9：	$\boldsymbol{b}^{(l)} \leftarrow \boldsymbol{b}^{(l)} - \eta \dfrac{\partial c_0}{\partial \boldsymbol{b}^{(l)}}$；
10：	end for
11：	until 神经网络在验证集 V 上的错误率不再下降

4. 激活与损失函数的类型

激活函数常为非线性函数，为前馈神经网络提供强大的表示和学习能力。同时，为保证神经网络的训练过程，还需要激活函数连续、可导、易于计算。最后，反向传播的过程对激活函数的导函数也提出要求，其导函数也必须尽可能简单，并且其应有良好数值稳定性，避免影响模型的训练效率和稳定性。

在前面已经对 Sigmoid 函数进行过描述，实际上，在激活函数中存在许多图像与 Sigmoid 函数类似的函数，如 tanh 函数（双曲正切函数）等，这些函数统称为 S 型函数。同 Sigmoid 函数类似，这些函数会将输入值限制在一个范围之内。输入值在 0 附近时，S 型函数接近于线性函数；反之，输入值变大时，其输出值会受到抑制。

由于 S 型函数的导数通常在原点处呈现出单峰的形状，如图 8.1-16 所示，并且其值通常小于 1，这样在反向传播过程中，无论是大的还是小的输入值，均会导致一个比较小的值。在网络层数变多时，会导致梯度变得很小甚至消失，无法引起参数改变；这种现象被称为梯度消失。许多措施被提出来应对梯度消失，其中一种方法为改变激活函数。常用的激活函数为 ReLU[2] 函数（Rectified Linear Unit，ReLU），又称修正线性单元。ReLU 函数为一个斜坡函数，定义为：

$$\mathrm{ReLU}(x)=\begin{cases}x, x \geqslant 0 \\ 0, x<0\end{cases}=\max\{0, x\} \tag{8.1-29}$$

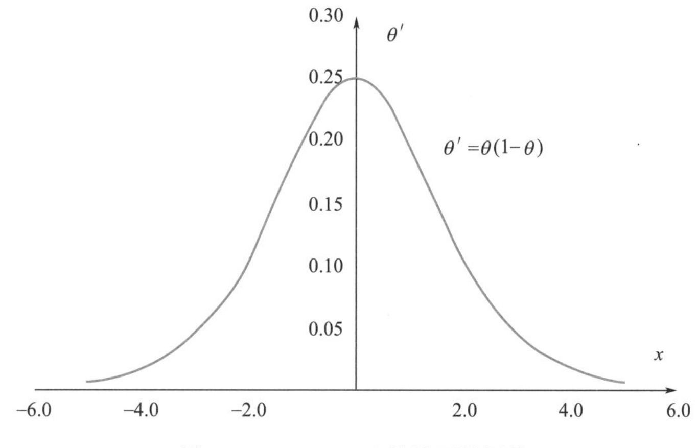

图 8.1-16　Sigmoid 导数函数图像

相对于S型函数，ReLU型函数在网络训练过程中能为网络带来更多稀疏性，并且在$x \geqslant 0$时导数为1，能在一定程度上缓解神经网络的梯度消失问题，加快模型的训练效率。但由于ReLU函数在$x<0$时导数等于0，在训练过程中一旦导数为0导致训练数据无法激活，引起死亡ReLU问题；为此许多ReLU函数的变种，如Leakyrelu[3]，Prelu[4] 等，被提出并得到广泛应用。

一般而言，损失函数根据其任务类型进行定义。在实践中，常见的任务为分类和回归。在分类任务中，常假设数据样本服从多项式分布，根据广义线性模型理论[1]，样本的概率可用softmax函数对网络最后一层的函数值输出$\boldsymbol{a}^{(L)}$进行预测：

$$\mathrm{softmax}(\boldsymbol{x})=\frac{\exp(x)}{\mathbf{1}^{\mathrm{T}}\exp(x)} \tag{8.1-30}$$

上式中**1**代表一个元素全为1的向量。

为对算法的分类效果进行度量，常用交叉熵函数作为损失函数：

$$L(\boldsymbol{y},\boldsymbol{y}')=-\boldsymbol{y}^{\mathrm{T}}\log(\boldsymbol{y}') \tag{8.1-31}$$

这里$\boldsymbol{y}'$为softmax函数的输出值；$\boldsymbol{y}$为onehot标签，即为一个只有一个元素为1而其他元素均为0的向量，表示值为1的元素所在的向量索引对应的类别。交叉熵函数表征在预测的多项式分布模型与样本真实标签之间的差异。

在回归任务中，损失函数可直接通过均方误差函数进行表示：

$$\mathrm{mse}(\boldsymbol{y},\boldsymbol{a}^{(L)})=\frac{1}{N}\sum_{i=1}^{N}(\boldsymbol{y}_i-\boldsymbol{a}_i^{(L)})2 \tag{8.1-32}$$

这里N为数据集中样本的数量。

5. 前馈神经网络的不足

前馈神经网络具备强大学习和表示能力，但仍然存在诸多未解决的问题。

前馈神经网络的结构直接影响网络的学习能力，然而如何设置神经网络中隐藏层的数量及其神经元个数仍是个未知问题。在实际应用中，试错法和模型自动搜索为常用的方法。

前馈神经网络在训练过程中，网络过拟合问题的解决同样依赖于个人的经验。常用的策略主要包括正则化、交叉验证、优化训练过程等。正则化的基本思想在于为损失函数增加一项用于描述网络复杂度的部分，通过超参数的方法对网络的误差与复杂度进行平衡。交叉验证能防止网络过拟合。K-折验证是一种标准的交叉验证方法，即将数据分成k个子集，用其中一个子集进行验证，其他子集用于训练算法。神经网络的训练过程同样值得关注。在神经网络的训练中，增加数据样本，增强关注的数据特征、去除过多的不必要特征通常能显著改变模型的表示能力。采用早停机制能提前发现模型的训练状况；对模型进行迭代训练时，可度量每次迭代的性能，在验证损失开始增加时，应该提前停止训练，阻止模型过拟合。随机禁用神经网络单元可以增加模型的稀疏性，进而使网络表示能力增强。

神经网络的训练过程可视为在参数空间中，搜索一组最优参数使得训练集在经验化结构函数上，误差不断变小的过程。在优化过程中，常常讨论全局最优和局部最优两种概念。全局最优一般为当前选定的参数组所决定的误差小于参数空间中所有参数组的误差值；反之局部最优则为当前选定的参数组所决定的误差仅仅小于参数组所在的邻域范围内的所有参数组的误差值。

目前，基于梯度的搜索方法是前馈神经网络使用最广泛的搜索方式。这类方法通常通过随机初始化初始解，然后从这个初始解出发，开始迭代求解最小值。在每次迭代中，先计算当前点的梯度，之后通过梯度确定接下来的搜索方向。如果搜索到局部极小点，此时的梯度值为零，参数将不会继续更新，若误差函数只有一个局部最小值，则意味着局部最小也是全局最小。但对于有多个最小值的误差函数来说，则可能因为陷入局部最小而停止搜索，显然与搜索全局最小的目标相悖。在实践中通常可以采用模拟退火，多次运行取最小，采用更先进的梯度更新算法等策略进行搜索，以跳出局部最小的工况。

上述用于训练的手写数字数据集，通过收集包含数字的手写图片，再将收集的数字图片进行预处理。预处理包含图片二值化操作，图片裁剪至仅包含一个数字且图片像素调整至统一大小，保证调整后的图片中的数字占据较大数量的像素点位置。预处理后手写数字数据集中的图片仅包含一个数字，按照图片中的数字内容分别存放至不同的文件夹中完成图片的标记，其中文件夹的名称可为数字对应的类别。

8.2 卷积神经网络

卷积神经网络（Convolutional Neural Network，CNN）目前已应用在多种场景中，包括图像分类、目标检测、语音识别、自然语言处理和医学图像分析等方面[5-8]。卷积神经网络在计算机视觉领域有多种应用，包括自动驾驶汽车和机器人技术等。CNN 的主要概念是，获得来自较高层输入（通常是图像）的局部特征，并将它们在较低层组合以使其具有更复杂的功能。由于 CNN 为多层体系结构，计算量很大，并且需要在大型数据集上训练，通常需要花费较长时间，因此通常在 GPU 上进行训练。卷积神经网络在视觉任务上功能强大，其准确率一般也远超出其他神经网络模型。

8.2.1 卷积计算

1. 卷积定义

卷积是数学分析中一种重要的运算。卷积又称叠积（convolution）、褶积或旋积，是通过两个在二维平面上的函数 f 和 g 生成一个新函数的一种数学算子，其运算过程为：设 $f(\tau)$ 和 $g(\tau)$ 是平面函数，平面的坐标轴为竖向和水平两个方向；将函数 g 绕竖向坐标轴水平对称翻转，则函数 $g(\tau)$ 变为 $g(-\tau)$，再将翻转后的函数向右平移一段距离 t 则形成函数 $g(t-\tau)$，最后将 $f(\tau)$ 与 $g(t-\tau)$ 相乘后积分，完成卷积计算。“卷积”这个术语可理解为两阶段操作的叠加：第一阶段是将函数 g 翻转并平移，然后再与函数 f 相乘得到一个新的函数 h，即“卷”的过程；第二阶段是将新函数 h 积分，即“积”的过程[9]。

设 $f(x)$、$g(x)$ 是实数域 $\boldsymbol{R}$ 上的两个可积函数，则卷积表达式为：

$$\int_{-\infty}^{\infty} f(\tau)g(t-\tau)\mathrm{d}\tau \tag{8.2-1}$$

上式中，随着 t 的不同取值，这个积分就定义了一个新函数 $h(t)$，称为函数 f 与 g 的卷积，记为 $h(t)=(f \cdot g)(t)$。数学上可以验证：$(f \cdot g)(t)=(g \cdot f)(t)$，即 f 和 g 哪

个进行翻转平移，不改变卷积结果。这里假设 f，$g \in \boldsymbol{R}$ 是为了方便理解，但实际上卷积只是运算符号，理论上并不需要对函数 f 与 g 有特别的限制。

连续函数卷积定义：函数 f，g 是定义在实数域 $\boldsymbol{R}$ 上的可测函数，将其中一个函数翻转并平移后，与另一个函数相乘，然后对乘积进行积分得到一个积分函数，这个积分函数称为 f 与 g 的卷积，记作 $f \cdot g$，其公式为：

$$(f \cdot g)(\tau) = \int_{-\infty}^{\infty} f(\tau) g(t-\tau) \mathrm{d}\tau \tag{8.2-2}$$

连续函数卷积的详细运算过程，可用图形来表述。图 8.2-1 为函数 $f(\tau)$ 和 $g(\tau)$ 的曲线。将函数 $g(\tau)$ 沿纵轴水平翻转，得到函数 $g(-\tau)$，再将 $g(-\tau)$ 向右平移 t 个单位得到 $g(t-\tau)$，见图 8.2-2。

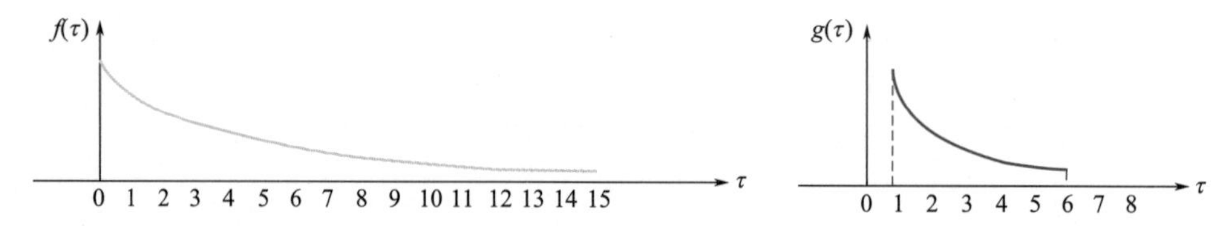

图 8.2-1　函数 $f(\tau)$ 和 $g(\tau)$ 的曲线

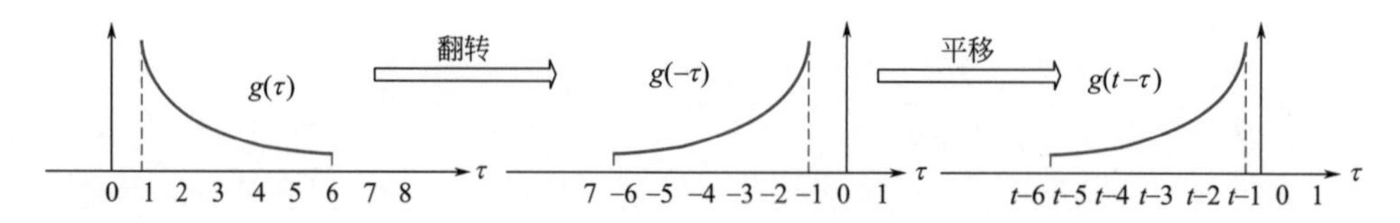

图 8.2-2　函数 $g(\tau)$ 的翻转和平移

由于 t 为变量，实际应用中一般是时间变量并简称为"时移"，当时移取不同值时，$g(t-\tau)$ 能沿着 τ 轴"滑动"。由图 8.2-3 可见，$g(t-\tau)$ 向右滑动过程中将与 $f(\tau)$ 交会，则可计算交会范围内两函数乘积的积分值；这个过程实际是在计算一个滑动的加权总和（weighted-sum），也就是将 $g(t-\tau)$ 作为加权函数，来对 f（τ）取加权值，见图 8.2-4。

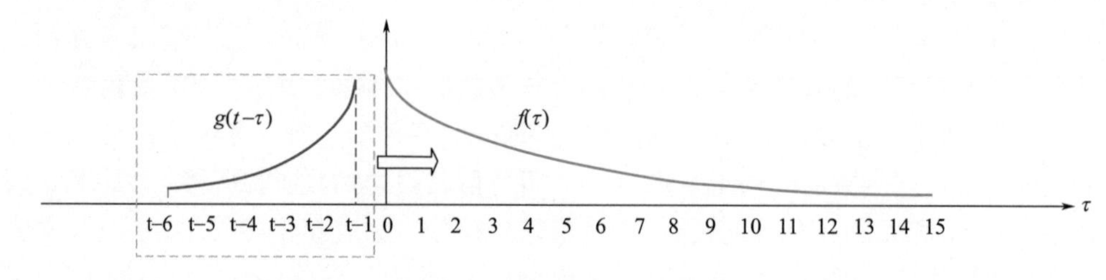

图 8.2-3　函数沿着 τ 轴平移

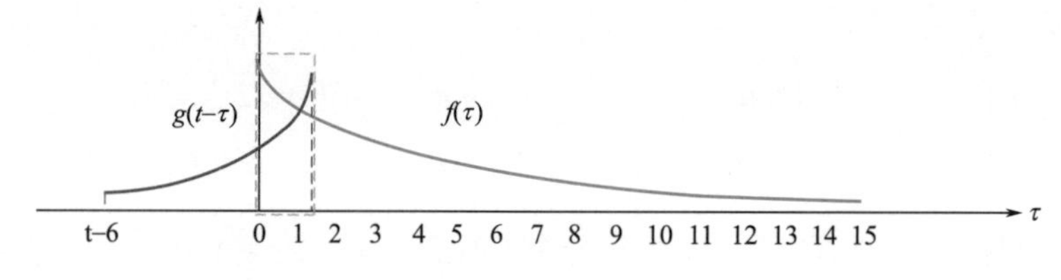

图 8.2-4　$g(t-\tau)$ 向右滑动并与 $f(\tau)$ 交会

离散函数卷积定义：函数 $f(\tau)$ 和 $g(\tau)$ 是定义在整数域 $\mathbf{Z}$ 上的离散函数，将其中一个函数翻转并平移后，然后再将其离散的函数点与另一个函数相应的点相乘后，最后再将所有的乘积相加就得到离散函数的卷积值，其公式为：

$$(f * g)(T) = \sum_{\tau=-\infty}^{\infty} f(\tau)g(T-\tau) \tag{8.2-3}$$

以离散信号为例，见图 8.2-5，其中输入信号函数为 $f(\tau)$，f 是随时间 τ 变化的函数，τ 为 $\mathbf{Z}$ 内的离散变量（时间单位，如“秒”）。一个信号发出方一般都是按很短的时间间隔发出信号，如每 1 秒钟发一个信号，也就是发信号的频率是 1；但信号接收系统接收信号的时间间隔一般都比较长，如每 10 秒钟接收一次信号，也就是接收信号的频率是 0.1。可见，对于一个信号接收系统，其输入信号为每秒钟 1 个，但其每 10 秒钟才集中接收一次信号，因此其接收信号的行为滞后（除了第 10 秒钟的那个信号）。但对于已经发出的某个信号（也就是输入信号），如果不能马上接收，此信号的强度将衰减，衰减这一反应称为接收系统的响应，也是时间 τ 的函数 g；将 f 与 g 相乘，就是接收系统实际接收到的此信号值。相应函数 g 的值一般是随时间 τ 指数下降，其物理过程可表述为：如果在 $\tau=0$ 的时刻信号发出方发出信号，也就是信号接收系统开始有了输入信号，但接收系统在 T 时刻才一次性将 $\tau=0$ 和 $\tau=T$ 时刻之间的所有信号集中接收，则 $\tau=0$ 时刻的输入信号 $f(0)$ 在 $\tau=T$ 时刻被接收，但输入信号的强度衰减为 $f(0)$ $g(T)$，也就是接收系统接收到的实际信号是 $f(0)$ $g(T)$，这里 T 实际上是第一个信号 $f(0)$ 发出时与 $f(0)$ 被接收时的时间间隔；而 $\tau=T$ 时刻的输入信号 $f(T)$ 还没来得及衰减就马上被接收了，此刻时间间隔为 0，则接收系统接收到的实际信号是 $f(T)$ $g(0)$。由物理过程可见，衰减函数 g 的自变量并非为时刻 τ，而是某信号发出时刻 τ 与此信号集中接收时刻 T 之间的差，即 g 的函数形式为 $g(T-\tau)$。

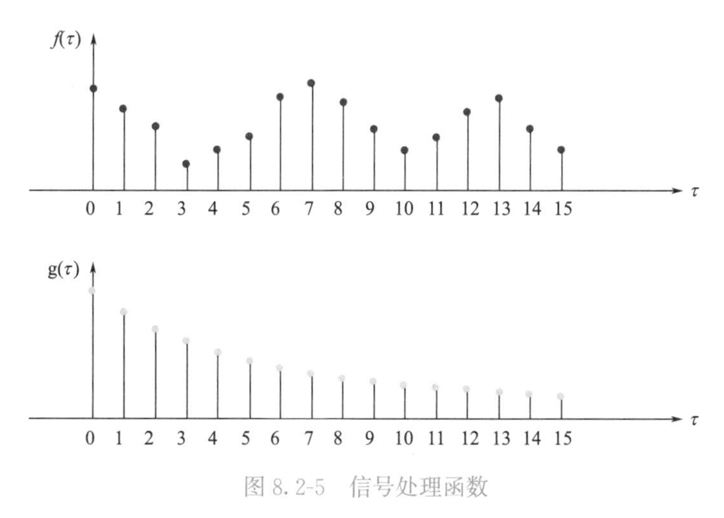

图 8.2-5　信号处理函数

考虑到信号是连续输入的，也就是每个时刻都有新的信号进来，所以最终接收的是所有之前输入信号的累积效果。如图 8.2-6 所示，在 $T=10$ 时刻，输出结果跟图中阴影区整体有关。其中 $f(10)$ 为刚输入的信号，没有任何衰减，所以其接收结果是 $f(10)$ $g(0)$；而时刻 $\tau=9$ 的输入 $f(9)$，只经过了 1 个时间单位的衰减，所以接收到的值是 $f(9)$ $g(1)$；以此类推就是图中虚线所描述的一一对应关系，这些对应点相乘然后累加，就是

$T=10$ 时刻系统接收到信号的累积值，这个结果也是 f 和 g 两个离散函数在 0～10 时刻之间的卷积值。

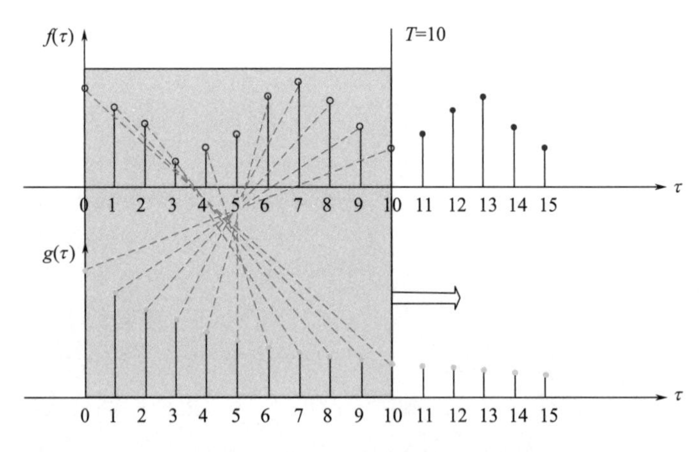

图 8.2-6　信号累计接收结果示意图

图 8.2-6 中，各个函数点的对应关系并没有表达出卷积计算的详细过程；进行卷积运算时，先将函数 $g(\tau)$ 进行翻转（图 8.2-7），则函数点对应关系会更加明确。把 $g(\tau)$ 函数翻转之后变为 $g(-\tau)$，再进一步向右平移 T 个单位就变为 $g(T-\tau)$，见图 8.2-8；这就是离散卷积定义的一种图形表达。

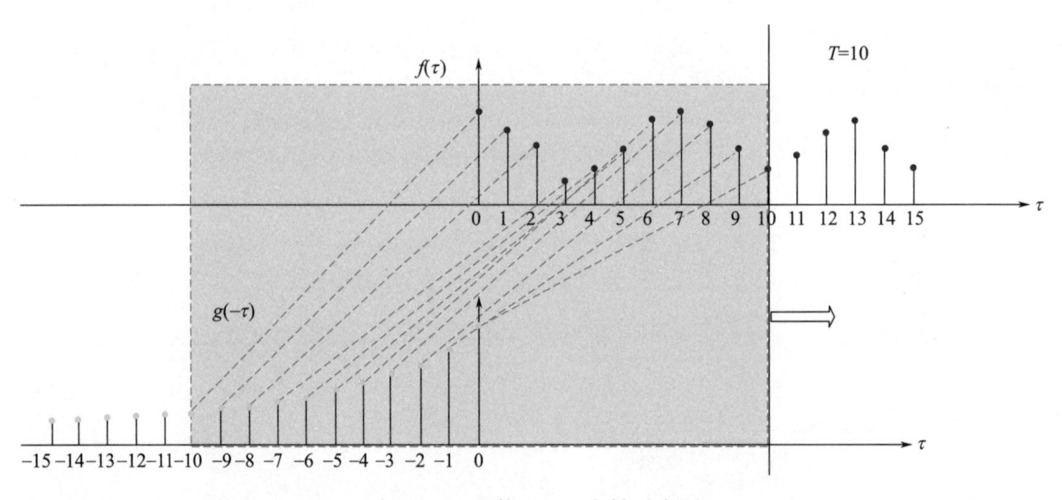

图 8.2-7　函数 $g(\tau)$ 翻转示意图

对卷积这个名词的理解：所谓两个函数的卷积，本质上就是先将一个函数翻转，然后进行滑动叠加。在连续情况下，叠加指的是对两个函数的乘积求积分，在离散情况下就是加权求和，为简单起见可统一称为叠加。

整个过程为：翻转—>滑动—>叠加—>滑动—>叠加……多次滑动可得到变化的叠加值，这就构成了卷积函数。即对于公式（8.2-3），T 为某一个值时，则公式计算结果就是一个卷积计算值；而 T 为变量时，则公式计算结果就是一个卷积函数。

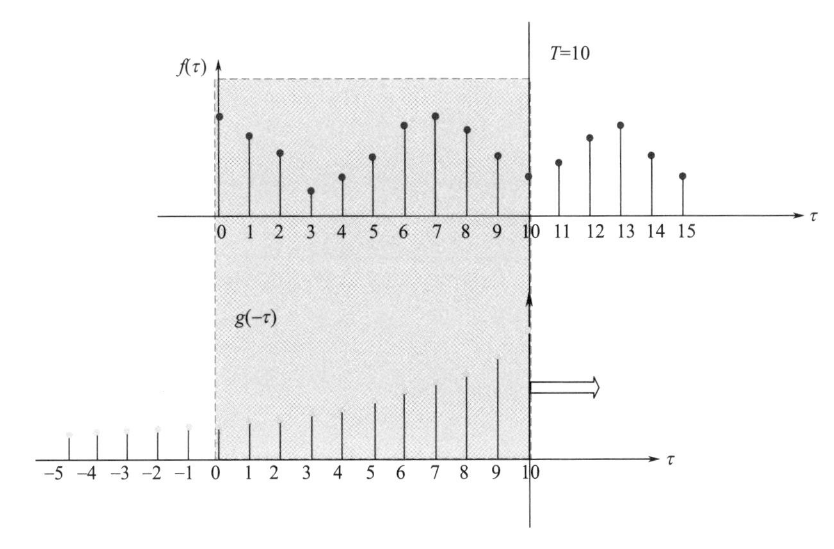

图 8.2-8 离散卷积的计算示意图

2. 一维卷积应用

一维卷积经常用在信号处理中，用于计算信号的延迟累积；此处只考虑离散卷积情况。假设一个信号发生器每个时刻 t 产生一个信号 x_t，其信息的衰减率为 w_k，即在 $k-1$ 个时间步长后，信息为原来的 w_k 倍；w_k 不一定是定值，即不同的步长对应于不同的衰减率。假设 $w_1=1$，$w_2=1/2$，$w_3=1/4$，那么在时刻 t 收到的信号 y_t 为当前时刻产生的信息和以前时刻延迟信息的叠加：

$$y_t=1x_t+\frac{1}{2}x_{t-1}+\frac{1}{4}x_{t-2}=w_1x_t+w_2x_{t-1}+w_3x_{t-2}=\sum_{k=1}^{3}w_kx_{t-k+1} \quad (8.2\text{-}4)$$

在信号处理中，一般把一组数 w_1，w_2，…称为滤波器（Filter）或卷积核（Convolution Kernel），这可视为一个滤波器向量。假设滤波器长度为 m，则此滤波器和一个信号序列 x_1，x_2，…的卷积为：

$$y_t=\sum_{k=1}^{m}w_kx_{t-k+1} \quad (8.2\text{-}5)$$

信号序列 $\boldsymbol{x}$ 和滤波器 $\boldsymbol{w}$ 的卷积公式定义为：

$$y=\boldsymbol{w}*\boldsymbol{x} \quad (8.2\text{-}6)$$

一般情况下，滤波器的长度 m 远小于信号序列长度 n。信号序列长度为 n，则此信号可视为一个 n 维向量，即信号向量。图 8.2-9 为一个一维卷积示例，图中采用的滤波器为 [0，1，2]，下面一行数字为输入的信号序列，上面一行数字为卷积结果，连接边为滤波器的权重，分别是 0（红线）、1（蓝线）、2（黑线）。由图 8.2-9 可见，对一个信号通过滤波器进行卷积操作后，生成的信号中包含的数据个数减少了，也就是相当于输入一个信号向量后，通过卷积计算，向量的维度被降低了，信号向量被降维；本例中，信号向量的维度由 8 降低到 6，降低后的信号向量维数，就是信号向量维数与滤波器向量维数的差再加 1。

3. 二维卷积应用

卷积也经常用在图像处理中。因为图像是一个二维结构，也就是一个矩阵，需要将一

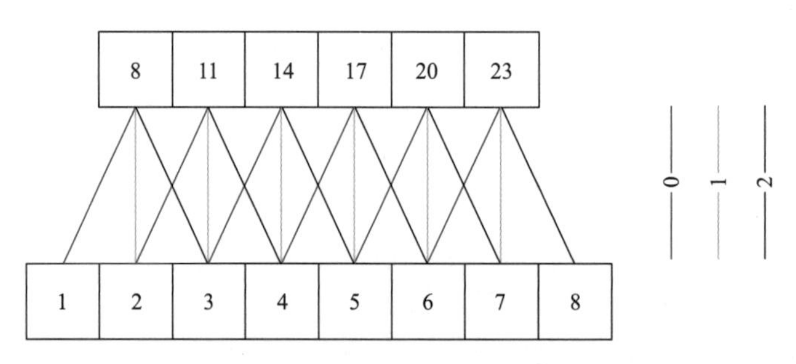

图 8.2-9　一维卷积实例

维卷积扩展为二维卷积；也就是输入信号由一组数（可视为一个向量）变成了多组数（可视为一个矩阵），滤波器也由一组数（可视为一个向量）变成了多组数（可视为一个矩阵）。给定一个灰度图像 $\boldsymbol{X}$，就是给定了一个代表这个图像的矩阵 $\boldsymbol{X} \in \boldsymbol{R}^{M \times N}$；要进行卷积操作，就要给定一个卷积核，也就是要给定一个矩阵 $\boldsymbol{W} \in \boldsymbol{R}^{U \times V}$。一般 $U \ll M$ 且 $V \ll N$，远小于目的是保证卷积之后数据维度不会变得太小，则其卷积公式为：

$$y_{ij}=\sum_{u=1}^{U}\sum_{v=1}^{V}w_{uv}x_{i-u+1,j-v+1} \tag{8.2-7}$$

如图 8.2-10 所示，将卷积核（中间绿色边框 3×3 矩阵）分别沿水平和竖向翻转后得到翻转矩阵（左侧红色阴影中的下角标 3×3 矩阵），则输入矩阵中红色边框部分的卷积计算为：$1\times(-3)+2\times0+1\times0+1\times0+0\times2+1\times0+(-1)\times0+1\times0+1\times1=-2$，这就是结果矩阵的第一行第一列元素；将卷积运算继续向右滑动进行，每次滑动一个方格，就依次得到结果矩阵的第一行后面的元素。实际的卷积运算过程中，也可每次滑动两个甚至更多个方格，每次滑动的方格数量，称为“步长”；卷积运算中，除非特别说明，一般默认步长为 1。将图 8.2-10 中的卷积运算由左上角竖直向下一个方格，就得到结果矩阵的第二行第一列元素−1，其计算为：

$$1\times(-3)+0\times0+1\times0+(-1)\times0+1\times2+1\times0+1\times0+0\times0+0\times1=-1$$

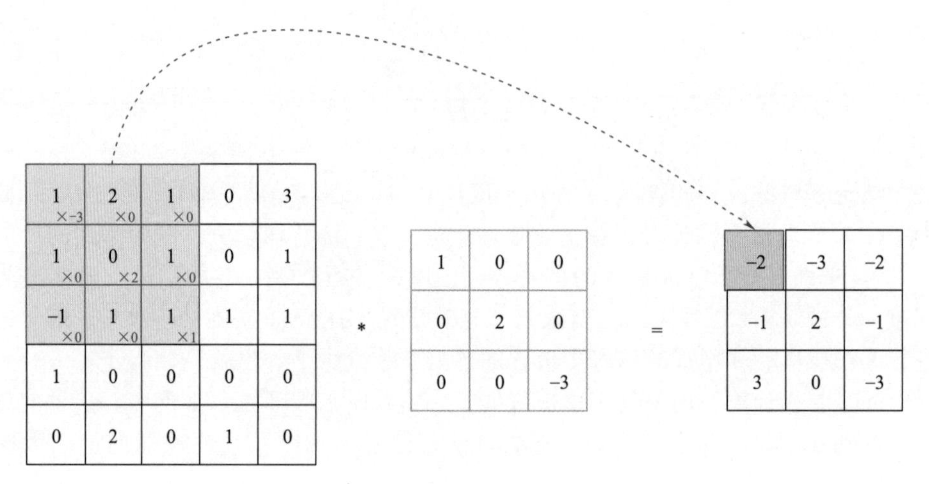

图 8.2-10　二维卷积示例

将卷积运算沿这个方格继续向右进行，每次滑动一个方格，就依次得到结果矩阵第二行后面的元素。将卷积运算沿水平和竖向滑动卷积完毕，就得到了一个完整的结果矩阵。注意，滑动过程中，翻转后的卷积核（图中左侧矩阵中的红色方框）不能滑出图像矩阵的范围。卷积计算后得到的结果矩阵，其行向量维数，为图像矩阵行向量维数与卷积核行向量维数的差再加 1；结果矩阵的列向量维数，为图像矩阵列向量维数与卷积核列向量维数的差再加 1。一般情况下，卷积核取为方阵以方便翻转，而图像矩阵可为方阵或非方阵。图像处理中的这种卷积运算，是一种数值处理方法，没有明确的物理或数学意义。

在图像处理中，卷积经常作为特征提取的有效方法。一幅图像在经过卷积操作后得到的结果称为特征映射（Feature Map）。图像与不同卷积核的卷积可以用于执行边缘检测、锐化和模糊等操作，见表 8.2-1。

（1）当卷积核是 $\begin{bmatrix} 0 & 0 & 0 \\ 0 & 1 & 0 \\ 0 & 0 & 0 \end{bmatrix}$ 时，卷积操作后，结果图像与原始图像几乎相同，因为卷积核只滤出了图像最外侧矩形框的像素值，而内部像素点保持原始数值不变。

（2）当卷积核是 $\begin{bmatrix} 1 & 2 & 1 \\ 2 & 4 & 2 \\ 1 & 2 & 1 \end{bmatrix} \times \frac{1}{16}$ 时，进行卷积操作称为对图像的高斯模糊处理，其中卷积核内的元素数值是由高斯正态分布函数近似计算得到。“模糊”处理的算法有很多种，其中典型的一种就是高斯模糊（Gaussian Blur），是将正态分布用于图像处理。高斯模糊常用于除噪，而噪声一般符合正态分布。二维标准正态分布函数的表达式为：

$$G(x, y) = \frac{1}{2\pi\sigma^2} e^{-\frac{x^2+y^2}{2\sigma^2}} \tag{8.2-8}$$

上式为连续变量的标准正态分布函数。离散的高斯卷积核 $\boldsymbol{G}$ 为 $(2k+1)\times(2k+1)$ 维，其元素计算方法为：

$$G_{i,j} = \frac{1}{2\pi\sigma^2} e^{-\frac{(i-k-1)^2+(j-k-1)^2}{2\sigma^2}} \tag{8.2-9}$$

为得到三维卷积核，令 $k=1$ 得：

$$\boldsymbol{G} = \begin{bmatrix} \frac{1}{2\pi}e^{-1} & \frac{1}{2\pi}e^{-0.5} & \frac{1}{2\pi}e^{-1} \\ \frac{1}{2\pi}e^{-0.5} & \frac{1}{2\pi} & \frac{1}{2\pi}e^{-0.5} \\ \frac{1}{2\pi}e^{-1} & \frac{1}{2\pi}e^{-0.5} & \frac{1}{2\pi}e^{-1} \end{bmatrix} = \begin{bmatrix} 0.0585 & 0.0965 & 0.0585 \\ 0.0965 & 0.1529 & 0.0965 \\ 0.0585 & 0.0965 & 0.0585 \end{bmatrix}$$

此时矩阵中的 9 个点的权重总和不为 1，为计算这 9 个点的加权平均，必须使得权重之和等于 1；将矩阵除以矩阵所有元素之和，就可保证矩阵内所有元素之和为 1：

$$\begin{aligned} \boldsymbol{G} &= \begin{bmatrix} 0.0585 & 0.0965 & 0.0585 \\ 0.0965 & 0.1529 & 0.0965 \\ 0.0585 & 0.0965 & 0.0585 \end{bmatrix} \div (0.0585\times4+0.0965\times4+0.1529) \\ &= \begin{bmatrix} 0.0751 & 0.1238 & 0.0751 \\ 0.1238 & 0.2043 & 0.1238 \\ 0.0751 & 0.1238 & 0.0751 \end{bmatrix} \end{aligned}$$

一般习惯用矩阵 $\begin{bmatrix}1 & 2 & 1\\2 & 4 & 2\\1 & 2 & 1\end{bmatrix}\times\frac{1}{16}$ 代替上面的矩阵 $\boldsymbol{G}$，两者的每个元素数值接近，且所有元素之和为 1。

采用高斯卷积核进行图像处理，是一种图像平滑技术，使得图像每个像素点的数值与相邻像素点相比变化更慢，图像的像素变化相对更加平滑。

（3）当卷积核为 $\begin{bmatrix}1 & 1 & 1\\1 & -8 & 1\\1 & 1 & 1\end{bmatrix}$ 时，进行卷积操作就是进行图像边缘检测。对于黑白图片，边缘附近像素点的灰度变化较大，可用导数衡量变化率大小。把图片的每一部分区域，依次带入二阶导数时，对于灰度变化较小或均匀变化的区域，会得到一个接近 0 的值，而对于灰度变化大的区域，则会得到一个较大的值，从而识别出图片的边缘。

图 8.2-11 中，原信号代表原图像灰度的变化，第二行和第三行分别是对灰度的近似一阶导数和二阶导数。对比一阶导数和二阶导数可见，相比于一阶导数，二阶导数对边缘有更好的响应。因为对于灰度渐变区域，二阶导数可识别出图像渐变区域的边缘。在实际应用中，可以根据实际情况确定采用一阶导数还是二阶导数；此处用二阶导数举例说明，见图 8.2-12。

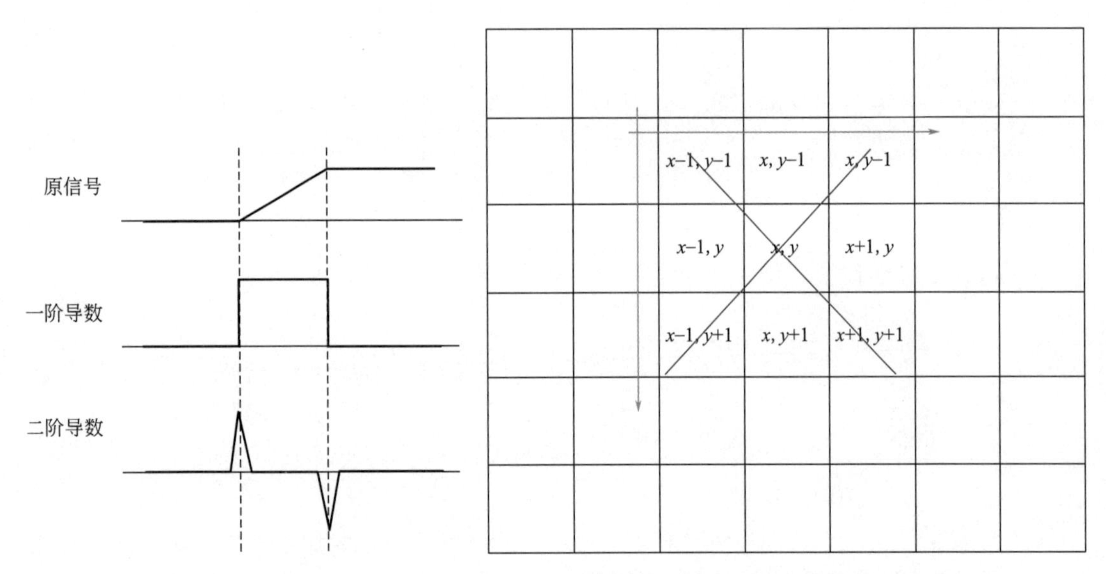

8.2-11　边缘灰度变化导数

图 8.2-12　像素点及其邻近元素

由图 8.2-12，可求出函数 f 在（x，y）点的水平方向一阶导数近似值：

$$\frac{\partial f(x,y)}{\partial x}=f(x+1,y)-f(x,y)\tag{8.2-10}$$

上式成立的原因是 x 的增幅为 1（每次滑动一个方格），则 $\partial x=1$，且 $\partial f(x，y)=f(x+1，y)-f(x，y)$，从而得到公式右侧部分。

同理，函数 f 在（x，y）点的水平方向二阶导数近似值为：

$$\begin{aligned}\frac{\partial f(x,y)^2}{\partial x^2}&=\frac{\partial(f(x+1,y)-f(x,y))}{x}\\&=\frac{\partial(f(x+1,y)/\partial x-\partial f(x,y)/\partial x}{1}\\&=\partial(f(x+1,y)/\partial x-\partial f(x,y)/\partial x\\&=\frac{f(x+1,y)-f(x,y)}{1}-\left(\frac{f(x,y)-f(x-1,y)}{1}\right)\\&=f(x+1,y)+f(x-1,y)-2f(x,y)\end{aligned}\tag{8.2-11}$$

同理，竖直方向的二阶导数近似值为：

$$\frac{\partial f(x,y)^2}{\partial y^2}=f(x,y+1)+f(x,y-1)-2f(x,y)\tag{8.2-12}$$

此时得到的水平方向卷积核为 $\begin{bmatrix}0&0&0\\1&-2&1\\0&0&0\end{bmatrix}$，见图 8.2-12 中的蓝色线条方向；竖直方向的卷积核为 $\begin{bmatrix}0&1&0\\0&-2&0\\0&1&0\end{bmatrix}$，见图 8.2-12 中的绿色线条方向。

将水平和竖直方向的卷积和叠加就得到一个叠加卷积核：

$$\text{叠加卷积核}=f(x+1,y)+f(x-1,y)+f(x,y+1)+f(x,y-1)-4f(x,y)\tag{8.2-13}$$

则得到的叠加卷积核为 $\begin{bmatrix}0&1&0\\1&-4&1\\0&1&0\end{bmatrix}$，用此卷积核进行卷积操作后，得到的图像被称作是拉普拉斯图像；同理，将导数计算扩展到斜对角方向，可得到一个叠加卷积核 $\begin{bmatrix}1&1&1\\1&-8&1\\1&1&1\end{bmatrix}$，此卷积核具有更好的边缘检测性能。

（4）当卷积核为 $\begin{bmatrix}0&-1&0\\-1&5&-1\\0&-1&0\end{bmatrix}$ 时，卷积操作后的效果是图像锐化。图像锐化是为了突出图像上地物的边缘、轮廓或某些线性目标要素的特征。将原图像和拉普拉斯图像叠加到一起，便可以得到锐化图像。因为拉普拉斯算子中心为负，则原图像数据矩阵减拉普拉斯图像数据矩阵后，就得到锐化图像，其卷积核计算式为：

$$\begin{bmatrix}0&0&0\\0&1&0\\0&0&0\end{bmatrix}-\begin{bmatrix}0&1&0\\1&-4&1\\0&1&0\end{bmatrix}=\begin{bmatrix}0&-1&0\\-1&5&-1\\0&-1&0\end{bmatrix}$$

表 8.2-1 为不同卷积核对同一钢筋照片图像的卷积操作结果。由表中可见，采用不同的卷积核，会得到完全不同的图像处理结果。

不同卷积核的作用效果　　表 8.2-1

卷积核	卷积核图像	卷积作用
$\begin{bmatrix} 0 & 0 & 0 \\ 0 & 1 & 0 \\ 0 & 0 & 0 \end{bmatrix}$		几乎为原始图像
$\begin{bmatrix} 1 & 2 & 1 \\ 2 & 4 & 2 \\ 1 & 2 & 1 \end{bmatrix} \times \frac{1}{16}$		高斯模糊
$\begin{bmatrix} 1 & 1 & 1 \\ 1 & -8 & 1 \\ 1 & 1 & 1 \end{bmatrix}$	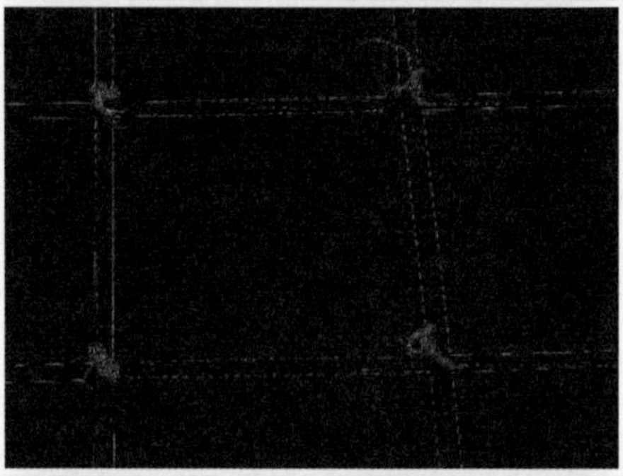	边缘检测
$\begin{bmatrix} 0 & -1 & 0 \\ -1 & 5 & -1 \\ 0 & -1 & 0 \end{bmatrix}$		图像锐化

4. 互相关

在机器学习和图像处理领域，卷积的主要功能是在一个图像（或某种特征）上滑动一个卷积核（即滤波器），通过卷积操作得到一组新的特征。在计算卷积的过程中，需要进行卷积核翻转，此步骤运算时需要将卷积核从两个维度（从上到下、从左到右）颠倒次序，即旋转 180°，带来计算不便。在具体实现上，一般会以“互相关”操作来代替卷积，从而减少操作。互相关（Cross-Correlation）是衡量两个序列相关性的函数，通常是用滑动窗口的点积计算来实现。给定一个图像 $\boldsymbol{X} \in \boldsymbol{R}^{\mathrm{M} \times \mathrm{N}}$ 和卷积核 $\boldsymbol{W} \in \boldsymbol{R}^{\mathrm{U} \times \mathrm{V}}$，它们的互相关为：

$$y_{ij} = \sum_{u=1}^{m} \sum_{v=1}^{n} w_{uv} \cdot x_{i+u-1, j+v-1} \tag{8.2-14}$$

互相关和卷积的区别仅在于卷积核是否进行翻转。因此互相关也可以称为不翻转卷积。互相关的运算符号一般表达为⊗。

在神经网络中使用卷积是为了进行特征抽取，卷积和互相关在能力上是等价的。因此，为了实现上（或描述上）方便，经常用互相关来代替卷积。很多深度学习工具中卷积操作其实都是互相关操作。

本章以下针对图片处理的卷积操作多为互相关操作，同时也采用 * 表示互相关操作。

8.2.2　卷积神经网络的构成

前面介绍的前馈神经网络中，神经元在不同层之间完全连接；当隐含层较多且隐含层神经元较多时，计算量太大，训练难度也很大。对于像素较大的图像，目前的首选方法是采用卷积神经网络（CNN）进行处理。卷积神经网络隐含层可由多层卷积层、汇聚层（池化层）以及全连接层组成。图 8.2-13 为一个 4 层卷积神经网络模型图，该卷积神经网络模型分别由输入层、输出层和两个隐含层构成。为方便理解，本章中把一个卷积层及其相邻的下一个汇聚层组合而成一个隐含层；但需要注意，隐含层并不一定要有汇聚层，汇聚层的作用主要是通过固定规则把本隐含层的激活值数量减少，从而减少下一卷积层的神经元数量。与前馈神经网络模型图相比（图 8.1-3），卷积神经网络隐含层中的卷积层和汇聚层的神经元与前一层的神经元连接一般为非全连接。

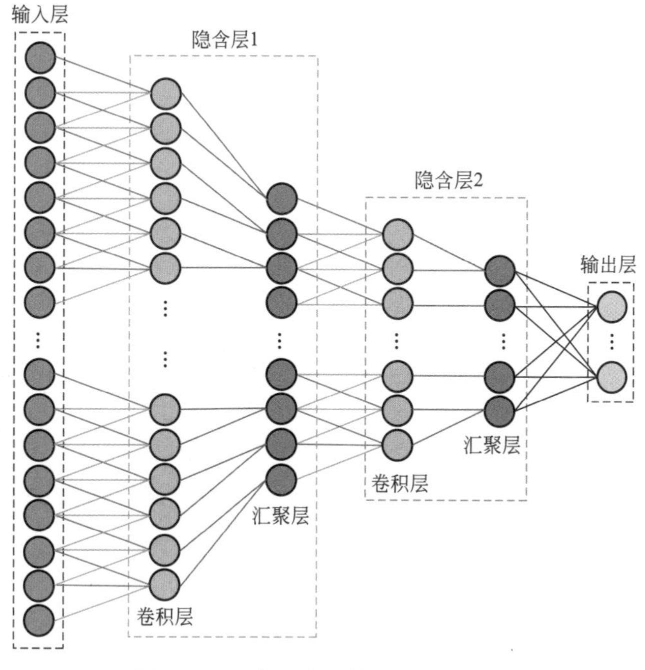

图 8.2-13　典型卷积神经网络构成图

本节将结合 RGB 彩色图片及黑白图片的识别，介绍卷积神经网络。本章前面已经介绍，对于一个固定像素的黑白照片，每个像素小方格里面只含有一个灰度值信息；而彩色图片的每个像素小方格里面同时含有红（R）、绿（G）、蓝（B）三种颜色的强度值。RGB 模式是一种工业界的色彩标准，是通过对红、绿、蓝三个颜色强度的变化及它们强度值之间的相互叠加得到各种颜色；通过 RGB 标准产生的颜色，几乎包括了人类视力所能感知的所有颜色。RGB 标准将每个颜色的强度值分为了 256 个等级，每个颜色的强度等级均为 0～255 中的整数值；某颜色的强度等级为 0 时，小方格中不显示这种颜色，某颜色的强度等级为 255 时，小方格中这种颜色的亮度达到最大值。彩色图片的每个像素小方格中，同时包含红、绿、蓝三种颜色，每种颜色都有一个确定的强度值，三种颜色的强度值叠加后就得到此小方格的整体颜色。由于每种颜色都有 256 个强度值，则每个像素小方格的颜色种类都有 256×256×256＝16777216 个。一个屏幕在显示图片时，通过三个颜色通道分别投射出三种颜色的强度，最终三种颜色的强度混合而成了一张彩色图片。图 8.2-14 给出了红、绿、蓝三种颜色对应的通道灰度图，这里的灰度就是每种颜色分量的强度，图像中越白的区域表示该色光在该区域的强度越强。只有当三个颜色通道同时存在且有值时才显示为正常彩色（图 8.2-14d），对单一颜色通道之外的其他两个通道的颜色强度全部赋值为 0，得到彩色通道图（图 8.2-15）。

图 8.2-14　三个通道灰度图显示

(a) (b) (c) (d)

图 8.2-15　三个通道彩色图显示

仍以本章前馈神经网络部分介绍的 28×28 像素图片的识别为例。识别黑白照片时，多层神经网络的输入层读取一个 28×28 矩阵中的灰度值数据，然后将这个矩阵列向量化，形成一个输入向量即可（也可不列向量化，直接形成输入矩阵）。但对于彩色照片，神经网络的输入层要分别读取红、绿、蓝三种颜色的强度值矩阵，这三个矩阵组成了一个空间矩阵，也就是一个计算机图像处理领域常用的术语-张量，见图 8.2-16。需要注意的是，此处的张量与力学中的张量定义不同，此处的张量就是三个平面数据矩阵组成的空间数据矩阵。识别一张彩色图片时，神经网络的输入层需要将三种颜色的三个矩阵分别列向量化，形成三个输入向量，这三个列向量也可以构成一个矩阵。

与前馈神经网络相比，卷积神经网络在经过隐含层的卷积运算和激活后，还要进行一次汇聚操作，汇聚的目的是减少下一层神经元的数量。本章介绍的前馈神经网络，层与层之间为全连接，隐含层的神经元数量可任意设定，可每层设定比较少的神经元以保证训练效率和计算效率。而卷积神经网络的隐含层采用卷积运算并激活，运算后其激活值个数只比上一层激活值个数少很少几个，因此将导致每个隐含层的神经元数量都很多，训练效率和计算效率很低。

由图 8.2-13 可见，卷积神经网络采用非全连接，但是无法直观地看到每一层神经元如何与前一层进行连接。为更直观了解卷积神经网络和前馈神经网络的区别，这里仍以手写数字黑白照片为例，分别采用前馈神经网络和卷积神经网络进行识别，将输入层进行矩

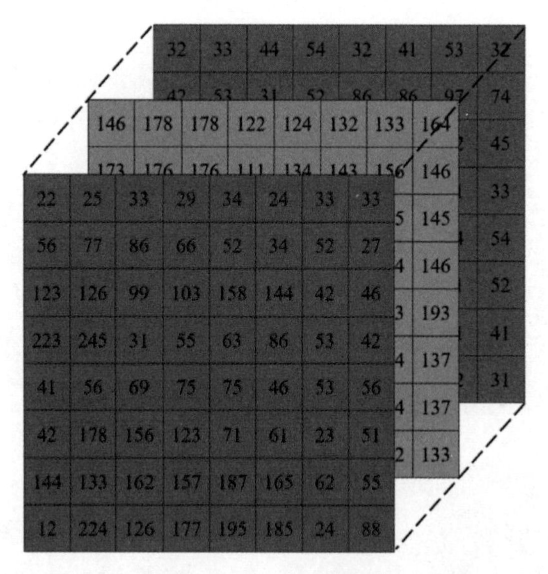

图 8.2-16　RGB图片的数据张量示意图

阵化输入；两种神经网络的模型分别见图 8.2-17 和图 8.2-18，其中输入层每个神经元分别存储矩阵的一个元素。由于输入层神经元没有进行任何运算，图中直接给出了神经元的个数，每一个神经元中储存图片像素矩阵中的一个灰度值。由图 8.2-17 可见，对于前馈神经网络，隐含层 1 中每一个神经元都处理图像中的所有像素点的数值，处理的范围为图中蓝色区域，也就是隐含层中的每一个神经元与前一层所有的神经元连接。而由图 8.2-18 可见，对于卷积神经网络，卷积层中每个神经元只处理图像中的一小部分像素点的数值，也就是卷积层中的每一个神经元只连接上一层神经元的一小部分区域，此区域的大小取决于卷积核的大小，且汇聚层同样只与前一层的局部区域神经元连接。

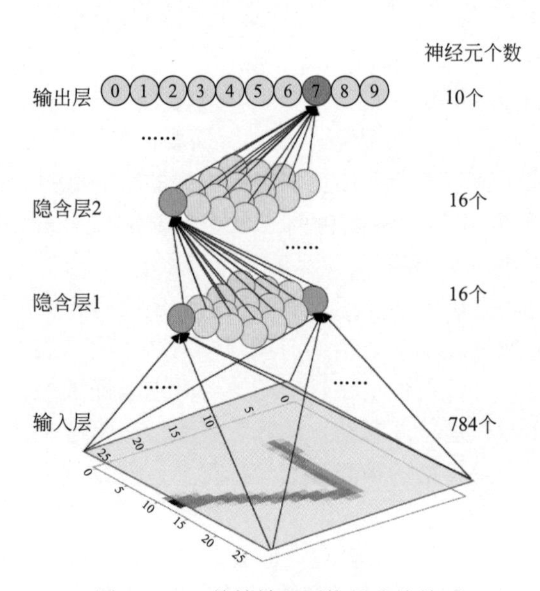

图 8.2-17　前馈神经网络的连接关系

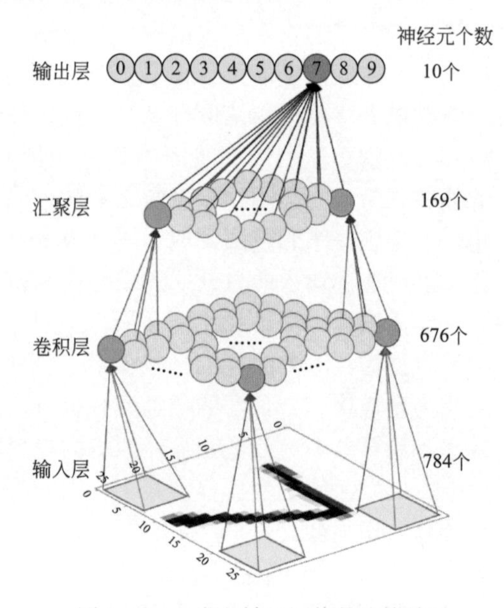

图 8.2-18　卷积神经网络的连接关系

1. 输入层

卷积神经网络的输入层与前馈网络的输入层相同。当输入的图片为灰度图像时，输入层神经元的数量为图片的像素点个数，所以图 8.2-18 中卷积神经网络的输入层神经元个数为 28×28=784 个。当输入为 RGB 图片时，因为彩色图片的每个像素小方格里面同时含有红（R）、绿（G）、蓝（B）三种颜色的强度值，则输入层神经元的数量等于图片像素点的数量乘以 3；卷积网络运算过程中，实际上是对 R、G、B 三种颜色对应的矩阵（或向量）数据分别读取，即读取三次。

2. 卷积层

与前馈神经网络相同，卷积神经网络也具有网络设计者可以进行超参数调整的隐含层，隐含层一般由卷积层和汇聚层（池化层）组成。

卷积层是卷积神经网络的核心模块，卷积运算与前馈神经网络中的运算完全不同：前馈神经网络中，两层之间全连接（此两层分为前一层和后一层），采用一个代表全连接的后一层权重矩阵与前一层的激活值向量相乘，然后再与后一层的偏置向量相加，得到后一层的一个求和向量 $\boldsymbol{z}$；而卷积神经网络中，两层之间不是采用全连接，后一层没有一个整体的权重矩阵与前一层的激活值向量相乘，而是后一层每个神经元的卷积核向量与前一层对应的部分神经元相乘，再与后一层中每个神经元中的偏置标量相加，得到后一层中每个神经元的求和值，这些求和值再组成一个向量，就是卷积层的求和向量 $\boldsymbol{z}$。

在全连接前馈神经网络中，如果第 l 层有 $n^{(l)}$ 个神经元，第 $l-1$ 层有 $n^{(l-1)}$ 个神经元，则连接边有 $n^{(l)}\times n^{(l-1)}$ 个，也就是第 l 层的权重矩阵有 $n^{(l)}\times n^{(l-1)}$ 个参数；每个神经元都连接到每个前一层中的神经元，权重矩阵的参数非常多，训练的效率会很低。

在卷积神经网络中，采用卷积计算代替全连接计算，第 l 层未输入激活函数的计算值 $\boldsymbol{z}^{(l)}$ 为第 $l-1$ 层激活值 $\boldsymbol{a}^{(l-1)}$ 和滤波器 $\boldsymbol{w}^{(l)}$（一个权重向量）的卷积，计算公式为：

$$\boldsymbol{z}^{(l)}=\boldsymbol{w}^{(l)}*\boldsymbol{a}^{(l-1)}+\boldsymbol{b}^{(l)} \tag{8.2-15}$$

其中滤波器 $\boldsymbol{w}^{(l)}$ 为可学习的权重向量，$\boldsymbol{b}^{(l)}$ 为可学习的偏置向量（每个元素均为偏置 b 的向量）。

第 l 层卷积层卷积计算得到的 $\boldsymbol{z}^{(l)}$ 再经过激活函数 σ 运算得到第 l 层神经元激活值 $\boldsymbol{a}^{(l)}$，计算公式为：

$$\boldsymbol{a}^{(l)}=\sigma(\boldsymbol{z}^{(l)})$$

卷积层使用的激活函数为线性整流函数或称为修正线性单元（ReLU，Rectified Linear Unit）[10]，其定义为：

$$\begin{aligned}\mathrm{ReLU}(x)&=\begin{cases}x & x\geqslant 0\\ 0 & x<0\end{cases}\\ &=\max(0,x)\end{aligned}$$

卷积层同样可以使用 Sigmoid 型激活函数，但是 Sigmoid 型函数具有较复杂的运算（幂运算），且当网络层数很深时，反向传播时 Sigmoid 型函数的导数在［0，1］内变化，只有 0 点导数为 1，其余点都小于 1，导致误差经过每一层传递都会不断衰减，梯度就会不停衰减，甚至消失，使得整个网络很难训练。因此在卷积神经网络中多采用 ReLU 作为激活函数。

激活函数需要连续并可导（允许少数点上不可导），因为需要反向传播完成训练，反向传播中需要对激活函数进行求导。ReLU 仅在 0 点无法求导，为了完成反向传播，一般规定 ReLU 在 0 点的导数为 0。

因为卷积层采用了卷积的一种非全连接方式，根据卷积的定义，卷积层有局部连接和权重共享两个性质。

局部连接：卷积层（假设为第 l 层）中的每一个神经元都只和上一层（第 $l-1$ 层）中某个局部窗口内的神经元相连，构成一个局部连接网络，见图 8.2-19，图中显示了三个神经元对应的 3 个局部连接区域（蓝色方框区域）。

权重共享：由公式（8.2-15）可见，$\boldsymbol{w}^{(l)}$ 和 $\boldsymbol{b}^{(l)}$ 没有下标，也就是第 l 层中所有神经元的卷积核都为 $\boldsymbol{w}^{(l)}$，偏置也都为 $b^{(l)}$；所以图 8.2-19 中所有相同颜色连接上的权重相同，图中 $\boldsymbol{w}_1^{(l)}=\boldsymbol{w}_2^{(l)}=\boldsymbol{w}_3^{(l)}$，因为三个权重相同，就没必要再用下标进行区分。

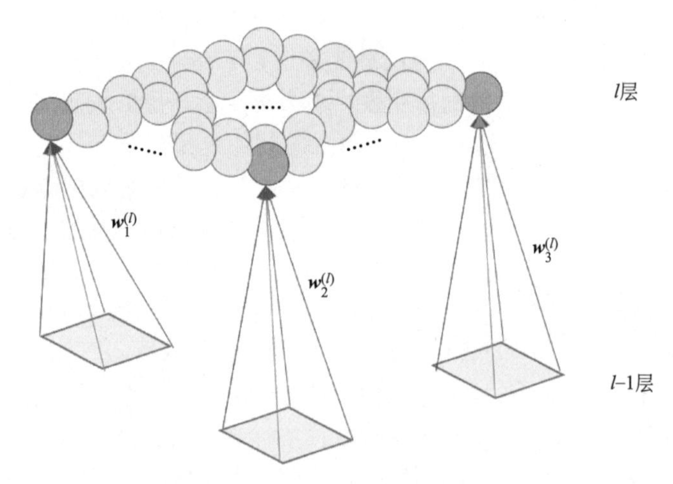

图 8.2-19　局部连接和权重共享

对于图 8.2-18 中卷积神经网络的卷积层与输入层的 28×28=784 个神经元连接（黑白图片识别），该网络采用 3×3 的卷积，卷积层的神经元个数等于 28×28 矩阵经过卷积核卷积后输出的元素个数，即（28－3＋1)×(28－3＋1)＝676 个神经元。

3. 汇聚层

汇聚层或池化层（Pooling Layer）也叫子采样层（Subsampling Layer），其作用是进行特征选择，降低特征维度，并从而减少参数数量。

与前馈神经网络相比，卷积神经网络在经过隐含层的卷积运算和激活后，还要进行一次汇聚操作，汇聚的目的是减少下一层神经元的数量。卷积层虽然可以显著减少网络中连接的数量，但每层神经元个数并没有显著减少，每层数据输入维数依然很高，容易出现过拟合。

卷积网络中汇聚层只完成采样的操作，汇聚层神经元按照汇聚函数在各连接的区域中提取上一层的激活值。由于汇聚函数的参数固定，则汇聚层的作用就是按照固定规则对前一层的激活值进行下采样，所以汇聚层没有需要用于训练的参数。下采样是指从多个数字中采样其中部分数量的数字，而对应的上采样是指将较少个数的数字扩充为更多个数的数字。

4. 输出层

由于数字识别的类别仍然为10类，图8.2-18中的卷积网络输出层与多层前馈神经网络相同，输出层神经元的个数也为10个，输出层的神经元与前一层的神经元进行全连接。前一层的神经元为汇聚层，有169个神经元，则该层需要训练的参数数量为10×(169+1)=1700个参数。

8.2.3 卷积神经网络的工作流程

本节均先以手写数字黑白照片识别为例，描述一个样本数据在卷积神经网络中的识别过程，然后再将其推广到RGB彩色图片识别过程。此处介绍的是图8.2-18中的卷积神经网络的工作流程，这个神经网络模型包括四层，其中第一层为输入层，第二层为卷积层，第三层为汇聚层，第四层为输出层。

1. 第一层的工作

卷积网络的第一层为输入层，完成28×28的手写数字黑白照片矩阵的输入，输入层每一个神经元读入对应手写照片的像素方格中一个灰度值。卷积网络也可用列向量的形式输入，采用矩阵输入和列向量输入仅在表达形式上不同，不影响数学运算。输入为手写数字灰度图像时，输入数据的形式为一个二维平面矩阵，每个输入层神经元都对应输入矩阵中的一个像素值。以图8.2-20为例，此时输入层的深度$D=1$（平面矩阵），神经元的数量为28×28。当输入的为RGB图片时，输入层的深度为$D=3$（三层空间矩阵），可以用三层的张量进行表示；图片的像素为$m\times n$时，输入层神经元的个数为$3\times m\times n$个，见图8.2-21。

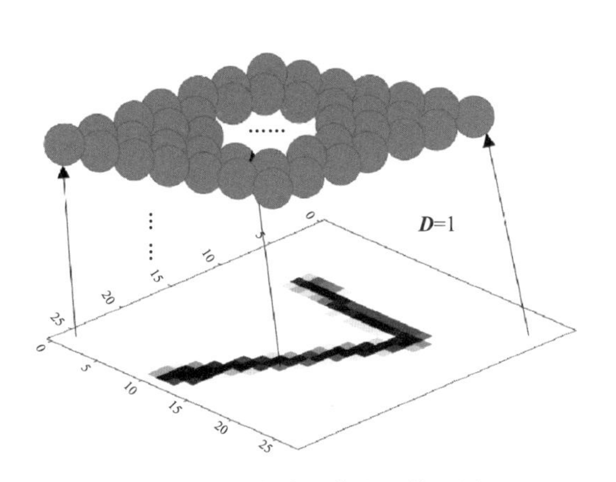

图8.2-20 灰度图像卷积输入层

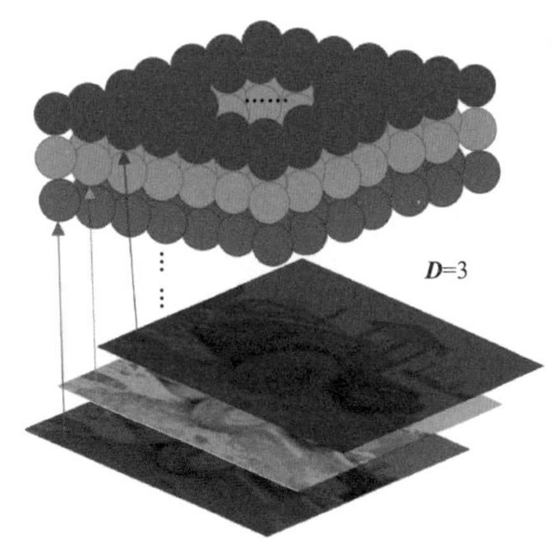

图8.2-21 RGB图像卷积输入层

2. 第二层的工作

识别手写数字黑白照片的卷积网络，第二层为卷积层，卷积核的尺寸为3×3，在卷积层中参数权重共享，则该层通过训练不断修正的参数包括卷积核9个参数和1个偏置参数，共10个参数。

手写数字像素值的输入矩阵可定义为$\boldsymbol{X}$，在本层的卷积运算中，用卷积核矩阵$\boldsymbol{W}$依次对$\boldsymbol{X}$进行卷积，每次卷积计算后得到的向量都加上一个偏置向量（元素均为偏置b），然后得到卷积层的激活函数输入矩阵 $\boldsymbol{Z}$，再对 $\boldsymbol{Z}$ 进行激活计算，得到本层的激活值矩阵；此计算过程可用公式表达如下：

$$\boldsymbol{Z}=\boldsymbol{W}*\boldsymbol{X}+\boldsymbol{b} \tag{8.2-16}$$

$$\boldsymbol{A}=\sigma(\boldsymbol{Z}) \tag{8.2-17}$$

输入的图片是 RGB 格式时，卷积层输入的矩阵变成了三维空间矩阵，也就是一个张量矩阵，其中每个切片都是一个平面矩阵 $\boldsymbol{X}^d$，d 为切片的编号，$d=1，2，\cdots，D$，此处 $D=3$。为与输入层的张量矩阵匹配，卷积层的神经元也是一个张量矩阵，卷积核的深度也是 3，即卷积核为一个三维张量，每个深度的卷积核只对前一层对应深度的切片矩阵进行卷积。需要注意的是，卷积核的三个切片矩阵，理论上可不同也可相同，但实际操作中一般不同。

图 8.2-22 是卷积核为三维张量时的卷积运算示意图。图中，左侧第一排的红、绿、蓝边框矩阵分别代表红、绿、蓝三种颜色的强度值矩阵（输入值），中间一排的红、绿、蓝边框矩阵分别代表三种颜色的卷积运算所用滤波器（此处一个滤波器就是一个平面矩阵），三个滤波器组成了一个三维张量卷积核，也就是此处一个三维张量卷积核包括了三个平面矩阵。需要注意的是，三维张量卷积核中包括的滤波器（平面矩阵）数量与输入三维张量数据的深度 D 相等。图中的卷积运算中，红色滤波器 $\boldsymbol{W}_1$ 对红色强度值矩阵 $\boldsymbol{X}_1$ 进行卷积运算，得到的运算结果矩阵为 $\boldsymbol{Z}_1$；同理可得到绿色和蓝色强度值矩阵的卷积计算结果矩阵 $\boldsymbol{Z}_2$ 和 $\boldsymbol{Z}_3$。将 $\boldsymbol{Z}_1$、$\boldsymbol{Z}_2$、$\boldsymbol{Z}_3$ 三个结果矩阵相加，相加后再将矩阵中的每个元素加上偏置标量 b，就得到总体的卷积计算结果矩阵 $\boldsymbol{Z}$；然后将 $\boldsymbol{Z}$ 进行激活计算，得到卷积层

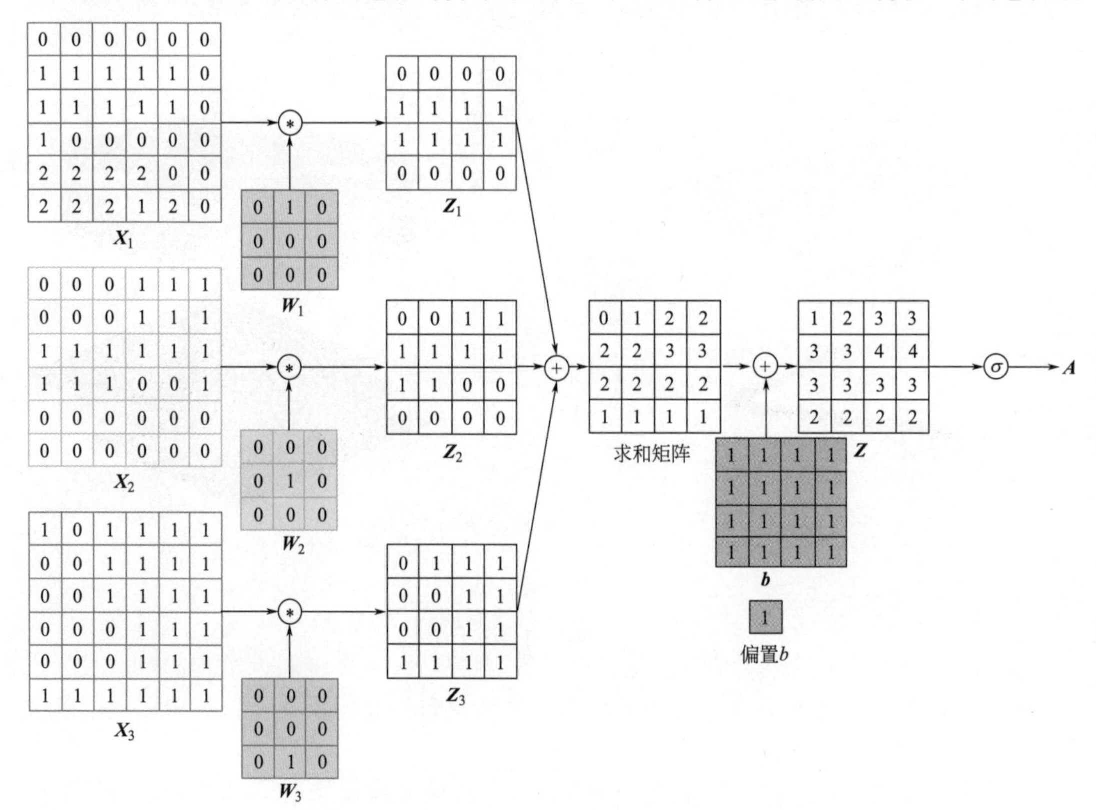

图 8.2-22　卷积核为三维张量时的卷积运算示意图

的激活值矩阵 $\boldsymbol{A}$。整个计算过程的数学表达式如下：

$$\boldsymbol{Z}_1=\boldsymbol{W}_1\cdot\boldsymbol{X}_1,\boldsymbol{Z}_2=\boldsymbol{W}_2\cdot\boldsymbol{X}_2,\boldsymbol{Z}_3=\boldsymbol{W}_3\cdot\boldsymbol{X}_3 \quad \text{(a)}$$

$$\boldsymbol{Z}=\boldsymbol{Z}_1+\boldsymbol{Z}_2+\boldsymbol{Z}_3+\boldsymbol{b} \quad \text{(b)}$$

$$\boldsymbol{A}=\boldsymbol{\sigma}(\boldsymbol{Z}) \quad \text{(c)}$$

注意，上式中 $\boldsymbol{b}$ 为一个所有元素均为偏置标量 b 的矩阵。

为增加提取特征的多样性，卷积层经常使用多个不同的三维卷积核，相当于将卷积核又增加了三维卷积核的个数这个新的维度（用 P 表示），此时每个卷积层的卷积核都变成了四维张量，见图 8.2-23 和图 8.2-24。图 8.2-23 为一个四维卷积核的空间示意图；图中，一个四维卷积核是一个四维张量，其中包括两个三维卷积核（三维张量）；每个三维卷积核又包括三个滤波器，每个滤波器就是一个平面矩阵（二维），可视为三维张量中的一个切片；每个滤波器中又包括一定数量的列向量/行向量（一维），而每个列向量/行向量中则包含一定数量的标量数值（零维）。一个卷积核四维张量中包含的三维张量卷积核个数，由神经网络设计者根据需求设定；同理，三维张量卷积核中的二维平面矩阵滤波器个数、二维平面矩阵中的行向量/列向量个数、行向量/列向量中的标量个数，均由神经网络设计者根据需求设定。

图 8.2-24 为卷积核为四维张量时的卷积过程示意图；从图中可见，与图 8.2-22 中的卷积过程相比，三维卷积核由一个变成了两个，每个卷积核又分别包括三个滤波器。图中 $\boldsymbol{W}_{1,1}$、$\boldsymbol{W}_{2,1}$、$\boldsymbol{W}_{3,1}$ 是第一个卷积核的三个滤波器（平面矩阵），每个滤波器都用 $\boldsymbol{W}_{d,p}$ 表示，$\boldsymbol{W}_{d,p}$ 中第一个下角标字母 d 代表当前三维卷积核中的滤波器编号（此处 $d=1$，2，3）；第二个下角标字母 p 代表三维卷积核的编号（此处 $p=1$，2），因为图中的四维卷积核中包含两个三维卷积核。实际运算中，虽然四维卷积核可表达为一个卷积核整体，但其中的每个三维卷积核张量单独运算，相互之间没有联系；而每个三维卷积核张量的 3 个切片矩阵也单独运算，相互之间没有联系。则卷积核为四维张量时，卷积层的数学运算过程如下：

$$\boldsymbol{Z}_{1,1}=\boldsymbol{W}_{1,1}*\boldsymbol{X}_{1,1},\ \boldsymbol{Z}_{2,1}=\boldsymbol{W}_{2,1}*\boldsymbol{X}_{2,1},\ \boldsymbol{Z}_{3,1}=\boldsymbol{W}_{3,1}*\boldsymbol{X}_{3,1} \quad \text{(d)}$$

$$\boldsymbol{Z}_{1,2}=\boldsymbol{W}_{1,2}*\boldsymbol{X}_{1,2},\ \boldsymbol{Z}_{2,2}=\boldsymbol{W}_{2,2}*\boldsymbol{X}_{2,2},\ \boldsymbol{Z}_{3,2}=\boldsymbol{W}_{3,2}*\boldsymbol{X}_{3,2} \quad \text{(e)}$$

$$\sum_{d=1}^{3}\boldsymbol{Z}_{d,1}=\boldsymbol{Z}_{1,1}+\boldsymbol{Z}_{2,1}+\boldsymbol{Z}_{3,1}+\boldsymbol{b}_1 \quad \text{(f)}$$

$$\sum_{d=1}^{3}\boldsymbol{Z}_{d,2}=\boldsymbol{Z}_{1,2}+\boldsymbol{Z}_{2,2}+\boldsymbol{Z}_{3,2}+\boldsymbol{b}_2 \quad \text{(g)}$$

$$\boldsymbol{A}_1=\boldsymbol{\sigma}\left(\sum_{d=1}^{3}\boldsymbol{Z}_{d,1}\right) \quad \text{(h)}$$

$$\boldsymbol{A}_2=\boldsymbol{\sigma}\left(\sum_{d=1}^{3}\boldsymbol{Z}_{d,2}\right) \quad \text{(i)}$$

由上面的数学运算过程并结合图 8.2-24 可见，当卷积核为四维张量时，经过卷积计算，得到的是两个求和结果矩阵（f）和（g），然后通过激活计算得到此卷积层的两个激活值矩阵（h）和（i）。

训练参数数量：假设一个卷积层中的卷积核为四维，其中每个滤波器的大小为 $m\times n$，三维卷积核的深度为 D，四维卷积核中包含的三维卷积核个数为 P，则此卷积层中共包含 $P\times D\times(m\times n)+P$ 个参数需要训练；其中最后加一个 P 是因为每个三维卷积核进行计算后，都要加上一个偏置（元素均为 b 的矩阵），则 P 个三维卷积核就对应 P 个偏置，见式（f）和（g）。图 8.2-24 中，滤波器的大小为 3×3，深度 D 为 3，四维卷积核中包含的三维卷积核个数 P 为 2，则本卷积层总的训练参数为：2×3×3×3+2=56 个参数。

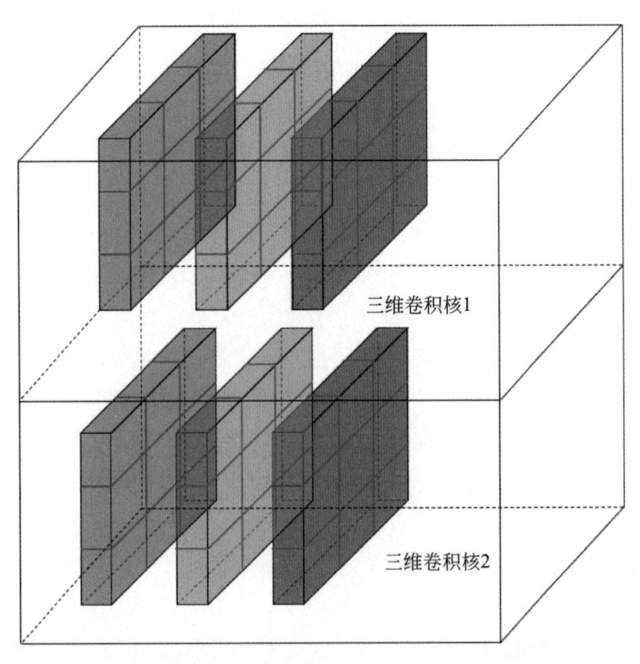

图 8.2-23　一个由两个三维卷积核组成的四维卷积核示意图

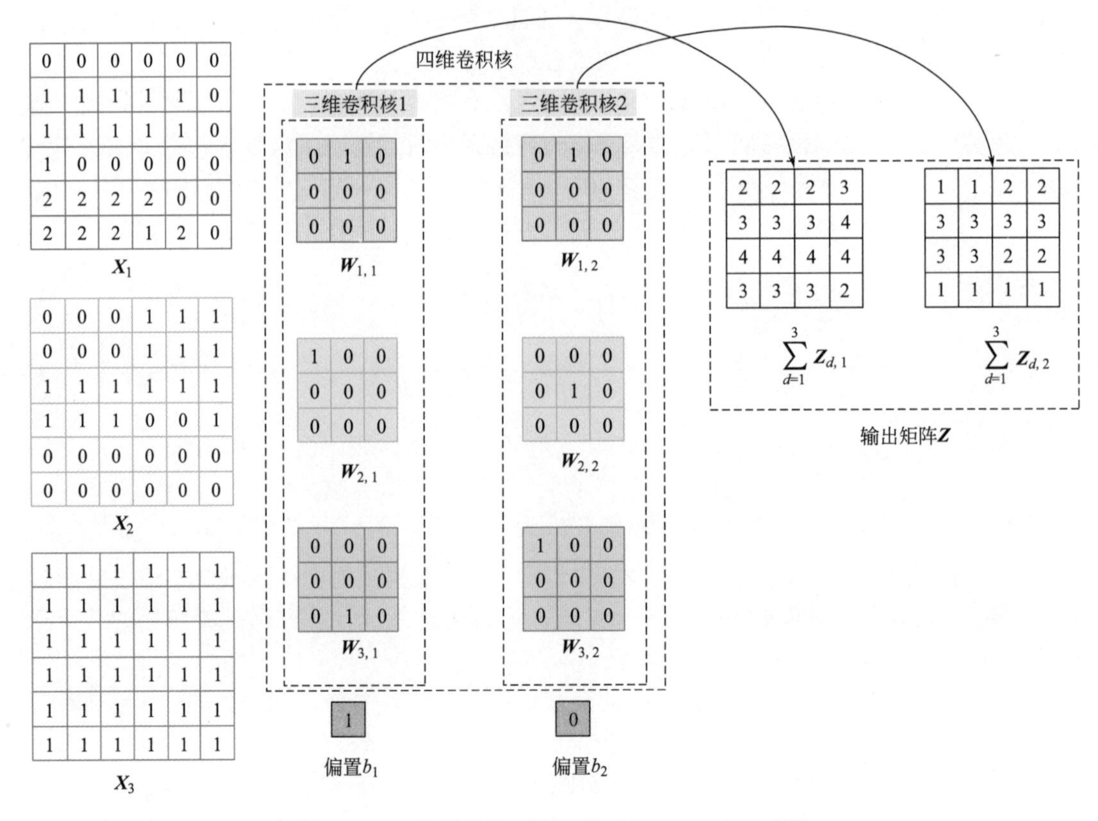

图 8.2-24　卷积核为四维张量时的卷积过程示意图

3. 第三层的工作

第三层是汇聚层（见图 8.2-18），其作用是降低网络神经元的数量，降低数据维度，减少运算量。

汇聚层与前一卷积层神经元为非全连接，见图 8.2-25；其中汇聚层采用 2×2 的汇聚器进行计算，汇聚器沿卷积层激活值矩阵两个方向的滑动步长均设为 2，就将前一卷积层中的 4 个神经元激活值汇聚为 1 个神经元汇聚值；也就是，汇聚层中任意神经元与前一层神经元的连接区域，是前一层 4 个神经元构成的 2×2 区域，则在滑动步长为 2 时，汇聚层神经元数量是上一层神经元数量的 1/4。采用一个 2×2 的汇聚器对一个 $n \times n$ 的矩阵进行汇聚计算时，当汇聚器的滑动步长为 1 时，汇聚计算后得到的神经元矩阵为 $(n-1) \times (n-1)$，可见并未有效减少神经元的数量；汇聚器的大小和滑动步长都会影响汇聚层的神经元数量。在一些卷积神经网络的应用中，网络设计者也经常不设置汇聚层，而仅通过增加卷积层的滤波器矩阵大小和滑动步长来减少卷积运算后得到的神经元个数。

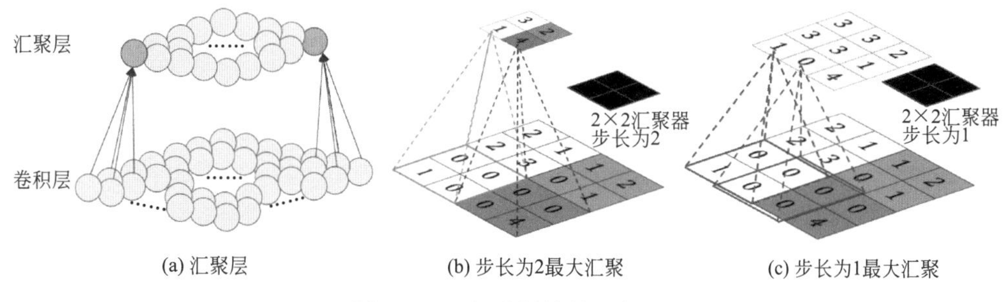

图 8.2-25　汇聚层计算示意图

对于灰度图，汇聚层的输入为平面矩阵 $\boldsymbol{X}$，输出为矩阵 $\boldsymbol{A}$；对于 RGB 图片，汇聚层的输入为空间矩阵，其中每个切片平面矩阵为 $\boldsymbol{X}_d$，则输出也是三维张量，每个切片矩阵表示为 $\boldsymbol{A}_d$。

汇聚器常用最大汇聚和平均汇聚这两种函数。最大汇聚函数为：

$$a_{m,n} = \max(x_i, \cdots, x_{i+r}) \tag{8.2-18}$$

上式中，$a_{m,n}$ 为汇聚层输出矩阵中的元素，x_i，…，x_{i+r} 为上一卷积层中被汇聚区域内的元素。

平均汇聚函数为：

$$a_{m,n} = \frac{\sum(x_i, \cdots, x_{r+i})}{r+1} \tag{8.2-19}$$

上式中，$r+1$ 为被汇聚区域内的元素数量。

4. 第四层的工作

第四层是输出层（见图 8.2-18），其工作首先是将上一层的汇聚结果矩阵 $\boldsymbol{A}$（$\boldsymbol{A}$ 为 13×13 阶矩阵）转换为 169 维列向量 $\boldsymbol{a}^{(3)}$，然后用第 4 层的权重矩阵 $\boldsymbol{W}^{(4)}_{10\times169}$ 对 $\boldsymbol{a}^{(3)}$ 进行线性变换后，再与第 4 层偏置向量 $\boldsymbol{b}^{(4)}$ 相加得到一个 10 维的结果向量 $\boldsymbol{z}^{(4)}$；将 $\boldsymbol{z}^{(4)}$ 输入激活函数进行运算，就得到了第 4 层的一个 10 维激活值向量 $\boldsymbol{a}^{(4)}$，从而完成输出层的所有工作。这个 10 维激活值向量 $\boldsymbol{a}^{(4)}$，分别就是被识别照片中数字为 0，1，…，9 的概率。

当卷积层的卷积核为图 8.2-24 中的四维张量时，经过汇聚层形成了两个汇聚结果矩阵，则将两个汇聚结果矩阵转化为一个列向量；转化时，一般可将两个矩阵分别列向量化，再将两个列向量合并为一个列向量；合并后的列向量元素数量为两个列向量元素数量之和。转化后，再用输出层的权重矩阵对此列向量进行线性变换，再加上偏置后输入激活函数就可得到最终的10维结果向量。

8.2.4 卷积神经网络的学习过程

与前馈网络相同，卷积神经网络的学习过程也是通过已有的样本数据集对神经网络进行训练，不断修正所有权重和偏置参数。

在实际训练中，卷积神经网络也是采用随机梯度下降法，随机挑选出部分样本点进行梯度下降，这一部分已在前馈神经网络部分进行了详细阐述。

卷积神经网络的隐含层中包含卷积层和汇聚层；汇聚层没有权重参数和偏置参数，不需要训练；卷积层的参数为卷积核张量矩阵的元素，还有相应的偏置，因此训练中需要计算张量矩阵元素和偏置的梯度。卷积神经网络的全连接输出层梯度计算过程与前馈网络中相同，此处仅介绍卷积神经网络的隐含层梯度计算和反向传播计算方法。

卷积网络的训练

与全连接神经网络相比，卷积神经网络的训练更复杂，但其基本原理相同：利用链式法则计算损失函数对每个参数的偏导数，然后通过梯度下降对参数进行更新。训练算法依然是反向传播算法。

与前馈网络类似，卷积网络的反向传播算法也可主要分为以下三个步骤：

（1）输入一个做好标签的训练样本，前向计算网络中每个神经元的激活值 a_i；

（2）反向计算每个神经元的误差项 δ_i，δ_i 定义为 $\delta_i=\dfrac{\partial C}{\partial z_i}=\dfrac{\partial a_i}{\partial z_i}\dfrac{\partial C}{\partial a_i}$，其中 C 为代价函数；此公式加上带括号的上角标后，就代表是上角标编号那一层的参数和运算；

（3）计算每个代价函数对权重 w 的偏导数，$\dfrac{\partial C}{\partial w_i^{(l)}}=\dfrac{\partial z_i^{(l)}}{\partial w_i^{(l)}}\delta_i^{(l)}=a_i^{(l-1)}\delta_i^{(l)}$；此处是以求权重 w 的偏导数为例进行介绍，求偏置 b 的思路也相同。

1. 卷积层训练：卷积层误差项的传递

对于卷积神经网络，由于涉及局部连接、下采样以及权重共享，导致其反向传播的具体计算方法与前馈网络有所不同[11]。

代价函数仍记为 C；设当前为 $l-1$ 层（一般为汇聚层，不设置汇聚层时则为卷积层），下一层 l 为卷积层，卷积层神经元经过激活函数前的求和矩阵为 $\boldsymbol{Z}^{(l)}$，然后设置一个当前层的误差项矩阵 $\boldsymbol{\delta}^{(l-1)}$，两个矩阵的计算公式如下：

$$\boldsymbol{Z}^{(l)}=\boldsymbol{W}^{(l)}\cdot\boldsymbol{A}^{(l-1)}+\boldsymbol{b}^{(l)} \tag{8.2-20}$$

$$\boldsymbol{\delta}^{(l-1)}=\frac{\partial C}{\partial \boldsymbol{Z}^{(l-1)}}=\frac{\partial \boldsymbol{A}^{(l-1)}}{\partial \boldsymbol{Z}^{(l-1)}}\frac{\partial C}{\partial \boldsymbol{A}^{(l-1)}} \tag{8.2-21}$$

上式中，$\boldsymbol{A}^{(l-1)}$ 为第 $l-1$ 层的激活值矩阵，$\boldsymbol{W}^{(l)}$ 为第 l 层的权重矩阵，$\boldsymbol{b}^{(l)}$ 为第 l 层的偏置矩阵（所有元素均为 b 的矩阵）。

以图8.2-26的情况为例介绍 l 层到 $l-1$ 层的误差反向传播示意图，此处 l 层的滤波器为 2×2 矩阵，滤波器滑动步长为1；采用误差反向传播计算求解 $\boldsymbol{\delta}^{(l-1)}$ 时，l 层的误差

项矩阵 $\boldsymbol{\delta}^{(l)}$ 已经求出，则根据链式法则：

$$\boldsymbol{\delta}_{i,j}^{(l-1)}=\frac{\partial C}{\partial \boldsymbol{Z}^{(l-1)}}=\frac{\partial C}{\partial a_{i,j}^{(l-1)}}\frac{\partial a_{i,j}^{(l-1)}}{\partial z_{i,j}^{(l-1)}}$$

上式中，下标 i，j 表示矩阵中元素的位置。

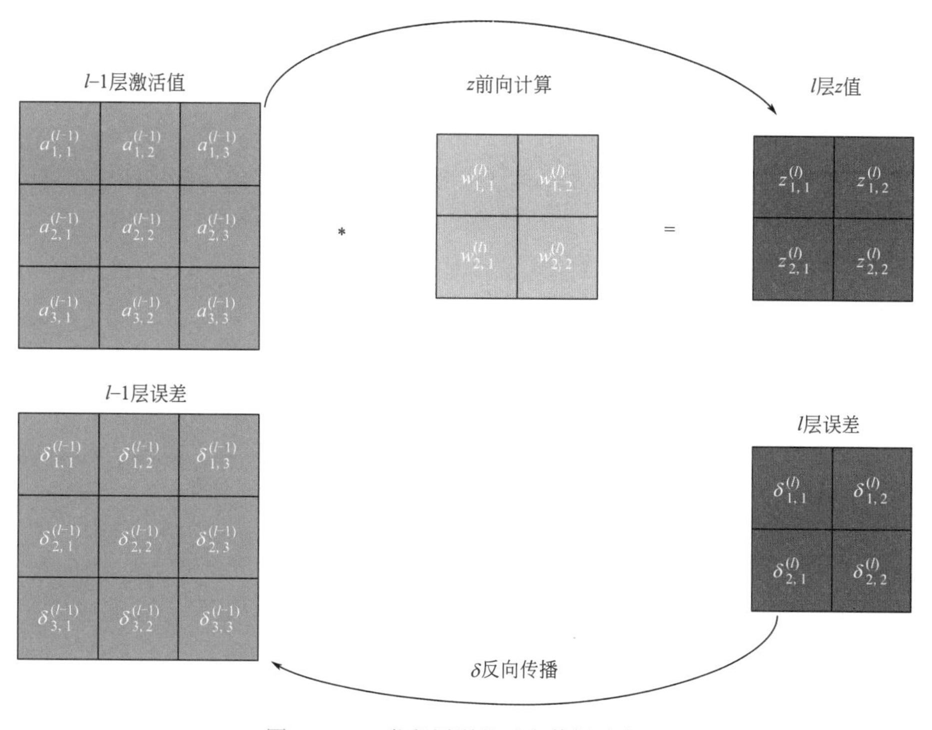

图 8.2-26　卷积层误差反向传播示意图

(1) 首先计算式 $\delta_{i,j}^{(l-1)}=\frac{\partial C}{\partial \boldsymbol{Z}^{(l-1)}}=\frac{\partial C}{\partial a_{i,j}^{(l-1)}}\frac{\partial a_{i,j}^{(l-1)}}{\partial z_{i,j}^{(l-1)}}$ 中的 $\frac{\partial C}{\partial a_{i,j}^{(l-1)}}$；

(a) 先以 $\frac{\partial C}{\partial a_{1,1}^{(l-1)}}$ 的求解为例：

C 没有通过 $a_{i,j}^{(l-1)}$ 直接求出，则 $\frac{\partial C}{\partial a_{1,1}^{(l-1)}}$ 需间接求出：

$$\frac{\partial C}{\partial a_{1,1}^{(l-1)}}=\frac{\partial C}{\partial z_{1,1}^{(l)}}\frac{\partial z_{1,1}^{(l)}}{\partial a_{1,1}^{(l-1)}}=\delta_{1,1}^{(l)}w_{1,1}^{(l)} \tag{j}$$

上式中，$\delta_{1,1}^{(l)}=\frac{\partial C}{\partial z_{1,1}^{(l)}}$ 为已知项，因为当前是反向传播至 $l-1$ 层，则 $\delta_{1,1}^{(l)}$ 应该已在 l 层求出。

根据图 8.2-26 中的 z 前向计算步骤可见，$\boldsymbol{Z}^{(l)}$ 中只有 $z_{1,1}^{(l)}$ 这一项的计算中用到了 $a_{1,1}^{(l-1)}$ 这一项，即

$$z_{1,1}^{(l)}=w_{1,1}^{(l)}a_{1,1}^{(l-1)}+w_{1,2}^{(l)}a_{1,2}^{(l-1)}+w_{2,1}^{(l)}a_{2,1}^{(l-1)}+w_{2,2}^{(l)}a_{2,2}^{(l-1)}+b^{(l)} \tag{k}$$

则可得 $\frac{\partial z_{1,1}^{(l)}}{\partial a_{1,1}^{(l-1)}}=w_{1,1}^{(l)}$

由式 (j) 和 (k) 可见，在计算 $\boldsymbol{Z}^{(L)}$ 时，$a_{1,1}^{(l-1)}$ 是一个直接输入变量，而且 $a_{1,1}^{(l-1)}$ 只是

$z_{1,1}^{(l)}$ 的变量，与 $\boldsymbol{Z}^{(l)}$ 中的其他任何 $z_{i,j}^{(l)}$ 无关；则求 $\frac{\partial z^{(l)}}{a^{(l-1)}}$ 时只考虑 $z_{1,1}^{(l)}$ 这一项即可，因为通过卷积运算求别的 $z_{i,j}^{(l)}$ 算式中，没有 $a_{1,1}^{(l-1)}$ 这一项，求出的导数为 0；也就是在 l 层的卷积计算中，只有求 $z_{1,1}^{(l)}$ 这一个元素是用了一次 $a_{1,1}^{(l-1)}$。

（b）再以 $\frac{\partial C}{\partial a_{1,2}^{(l-1)}}$ 的求解为例：

$$\frac{\partial C}{\partial a_{1,2}^{(l-1)}}=\frac{\partial C}{\partial \boldsymbol{Z}^{(l)}}\frac{\partial \boldsymbol{Z}^{(l)}}{\partial a_{1,2}^{(l-1)}} \tag{l}$$

上式的 $\boldsymbol{Z}^{(l)}$ 中各元素，只有 $z_{1,1}^{(l)}$ 和 $z_{1,2}^{(l)}$ 这两项的计算中用到了 $a_{1,2}^{(l-1)}$ 这一项，其中 $z_{1,2}^{(l)}$ 的计算公式为：

$$z_{1,2}^{(l)}=w_{1,1}^{(l)}a_{1,2}^{(l-1)}+w_{1,2}^{(l)}a_{1,3}^{(l-1)}+w_{2,1}^{(l)}a_{2,2}^{(l-1)}+w_{2,2}^{(l)}a_{2,3}^{(l-1)}+b \tag{m}$$

则由式（k）和（m）可求出 $\frac{\partial C}{\partial a_{1,2}^{(l-1)}}$：

$$\frac{\partial C}{\partial a_{1,2}^{(l-1)}}=\frac{\partial C}{\partial z_{1,1}^{(l)}}\frac{\partial z_{1,1}^{(l)}}{\partial a_{1,2}^{(l-1)}}+\frac{\partial C}{\partial z_{1,2}^{(l)}}\frac{\partial z_{1,2}^{(l)}}{\partial a_{1,2}^{(l-1)}}=\delta_{1,1}^{(l)}w_{1,2}^{(l)}+\delta_{1,2}^{(l)}w_{1,1}^{(l)} \tag{n}$$

由上述过程也可见，在计算 $\boldsymbol{Z}^{(l)}$ 时，$a_{1,2}^{(l-1)}$ 是一个直接输入变量，而且 $a_{1,2}^{(l-1)}$ 既是 $z_{1,1}^{(l)}$ 的变量，也是 $z_{1,2}^{(l)}$ 的变量；则求 $\frac{\partial z^{(l)}}{a^{(l-1)}}$ 时需同时考虑 $z_{1,1}^{(l)}$ 和 $z_{1,2}^{(l)}$。

对于直接变量的对应关系，上述已求得 $\frac{\partial C}{\partial a_{1,1}^{(l-1)}}$ 和 $\frac{\partial C}{\partial a_{1,2}^{(l-1)}}$ 与 $\delta^{(l)}$ 元素的对应关系；由上面的计算过程进一步扩展计算，可发现一个规律，见图 8.2-27：对于 $\frac{\partial C}{\partial a_{i,j}^{(l-1)}}$ 计算，实际上是将 l 层的 $\boldsymbol{\delta}$ 矩阵进行一次全零填充（周边加一圈 0）得到一个 4×4 矩阵，这个矩阵与翻转后的权重矩阵再进行互相关计算（此计算过程为实质性卷积，而非简单互相关）。一次全零填充，就是在矩阵周边增加一圈 0 元素；n 次全零填充就是在矩阵周边增加 n 圈 0 元素。

从图 8.2-27 中可直接得到：$\frac{\partial C}{\partial a_{1,1}^{(l-1)}}$ 和 $\frac{\partial C}{\partial a_{1,2}^{(l-1)}}$ 的计算结果分别为 $\delta_{1,1}^{(l)}w_{1,1}^{(l)}$ 和 $(\delta_{1,1}^{(l)}w_{1,2}^{(l)}+\delta_{1,2}^{(l)}w_{1,1}^{(l)})$。

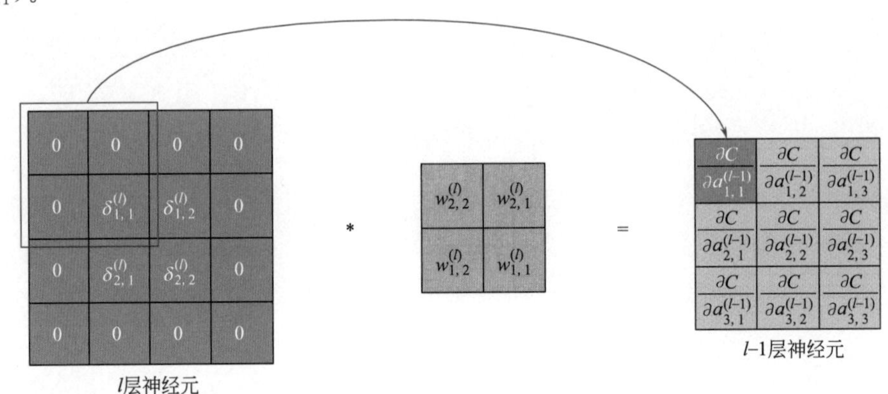

图 8.2-27 卷积层误差反向传播计算示意图

尝试更换滤波器矩阵的大小，可发现对于 3×3 的滤波器矩阵，图 8.2-27 中需对 $\boldsymbol{\delta}^{(l)}$ 矩阵进行 2 次全零填充；对于 $n\times n$ 则需要（$n-1$）次全零填充。全零填充得到的矩阵与翻转后的权重矩阵求互相关，可得代价函数对 $l-1$ 层所有激活值的偏导数 $\frac{\partial C}{\partial a_{i,j}^{(l-1)}}$。

（2）再求解 $\delta_{i,j}^{l-1}=\frac{\partial C}{\partial \mathbf{Z}^{(l-1)}}=\frac{\partial C}{\partial a_{i,j}^{(l-1)}}\frac{\partial a_{i,j}^{(l-1)}}{\partial z_{i,j}^{(l-1)}}$ 式中的 $\frac{\partial a_{i,j}^{(l-1)}}{\partial z_{i,j}^{(l-1)}}$

由于 $a_{i,j}^{(l-1)}=\sigma(z_{i,j}^{(l-1)})$，则：

$$\frac{\partial a_{i,j}^{(l-1)}}{\partial z_{i,j}^{(l-1)}}=\sigma'(z_{i,j}^{(l-1)}) \tag{o}$$

由计算步骤（1）～（2），可求得 $\delta_{i,j}^{(l-1)}=\frac{\partial C}{\partial \mathbf{Z}^{(l-1)}}=\frac{\partial C}{\partial a_{i,j}^{(l-1)}}\frac{\partial a_{i,j}^{(l-1)}}{\partial z_{i,j}^{(l-1)}}$，从而可继续求得 $\frac{\partial C}{\partial w_{i,j}^{(l)}}$，见下述内容。

2. 卷积层训练：参数偏导数计算

（1）计算 $\frac{\partial C}{\partial w_{1,1}^{(l)}}$

$$z_{1,1}^{(l)}=w_{1,1}^{(l)}a_{1,1}^{(l-1)}+w_{1,2}^{(l)}a_{1,2}^{(l-1)}+w_{2,1}^{(l)}a_{2,1}^{(l-1)}+w_{2,2}^{(l)}a_{2,2}^{(l-1)}+b \tag{p}$$

$$z_{1,2}^{(l)}=w_{1,1}^{(l)}a_{1,2}^{(l-1)}+w_{1,2}^{(l)}a_{1,3}^{(l-1)}+w_{2,1}^{(l)}a_{2,2}^{(l-1)}+w_{2,2}^{(l)}a_{2,3}^{(l-1)}+b \tag{q}$$

$$z_{2,1}^{(l)}=w_{1,1}^{(l)}a_{2,1}^{(l-1)}+w_{1,2}^{(l)}a_{2,2}^{(l-1)}+w_{2,1}^{(l)}a_{3,1}^{(l-1)}+w_{2,2}^{(l)}a_{3,2}^{(l-1)}+b \tag{r}$$

$$z_{2,2}^{(l)}=w_{1,1}^{(l)}a_{2,2}^{(l-1)}+w_{1,2}^{(l)}a_{2,3}^{(l-1)}+w_{2,1}^{(l)}a_{3,2}^{(l-1)}+w_{2,2}^{(l)}a_{3,3}^{(l-1)}+b \tag{s}$$

与前馈神经网络不同，卷积网络中因为权重共享，则 $z_{1,1}^{(l)}$、$z_{1,2}^{(l)}$、$z_{2,1}^{(l)}$、$z_{2,2}^{(l)}$ 的计算公式中都有 $w_{1,1}$，根据全导数公式可得：

$$\begin{aligned}\frac{\partial C}{\partial w_{1,1}^{(l)}}&=\frac{\partial C}{\partial z_{1,1}^{(l)}}\frac{\partial z_{1,1}^{(l)}}{\partial w_{1,1}^{(l)}}+\frac{\partial C}{\partial z_{1,2}^{(l)}}\frac{\partial z_{1,2}^{(l)}}{\partial w_{1,1}^{(l)}}+\frac{\partial C}{\partial z_{2,1}^{(l)}}\frac{\partial z_{2,1}^{(l)}}{\partial w_{1,1}^{(l)}}+\frac{\partial C}{\partial z_{2,2}^{(l)}}\frac{\partial z_{2,2}^{(l)}}{\partial w_{1,1}^{(l)}}\\&=\delta_{1,1}^{(l)}a_{1,1}^{(l-1)}+\delta_{1,2}^{(l)}a_{1,2}^{(l-1)}+\delta_{2,1}^{(l)}a_{2,1}^{(l-1)}+\delta_{2,2}^{(l)}a_{2,2}^{(l-1)}\end{aligned} \tag{t}$$

计算 $\frac{\partial C}{\partial w_{1,2}^{(l)}}$，同理可得：

$$\frac{\partial C}{\partial w_{1,2}^{(l)}}=\delta_{1,1}^{(l)}a_{1,2}^{(l-1)}+\delta_{1,2}^{(l)}a_{1,3}^{(l-1)}+\delta_{2,1}^{(l)}a_{2,2}^{(l-1)}+\delta_{2,2}^{(l)}a_{2,3}^{(l-1)} \tag{u}$$

推广计算，可发现以下规律：

$$\frac{\partial C}{\partial w_{i,j}^{(l)}}=\sum_{u=1}^{m}\sum_{v=1}^{n}\delta_{u,v}^{(l)}\cdot w_{i+u-1,j+v-1}^{(l)} \tag{v}$$

也就是上述 $\frac{\partial C}{\partial w_{i,j}^{(l)}}$ 的计算为 $l-1$ 层激活矩阵 $\mathbf{A}^{(l-1)}$ 与 l 层的 δ 矩阵互相关计算，见图 8.2-28；可以直接求得 $\frac{\partial C}{\partial w_{1,1}^{(l)}}$ 和 $\frac{\partial C}{\partial w_{1,2}^{(l)}}$ 分别为 $\delta_{1,1}^{(l)}a_{1,1}^{(l-1)}+\delta_{1,2}^{(l)}a_{1,2}^{(l-1)}+\delta_{2,1}^{(l)}a_{2,1}^{(l-1)}+\delta_{2,2}^{(l)}a_{2,2}^{(l-1)}$ 和 $\delta_{1,1}^{(l)}a_{1,2}^{(l-1)}+\delta_{1,2}^{(l)}a_{1,3}^{(l-1)}+\delta_{2,1}^{(l)}a_{2,2}^{(l-1)}+\delta_{2,2}^{(l)}a_{2,3}^{(l-1)}$。

（2）计算 $\frac{\partial C}{\partial b}$

通过前面的公式，可以得到：

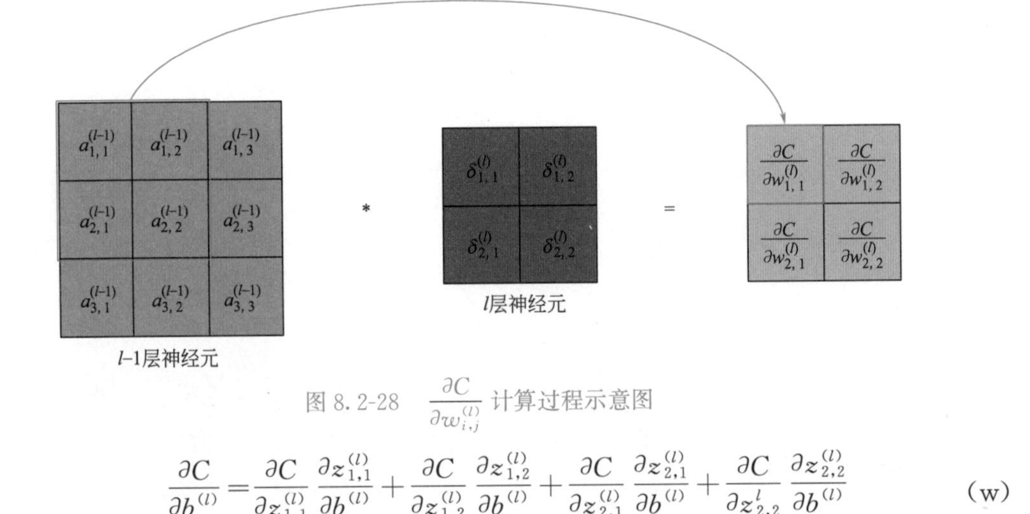

图 8.2-28　$\frac{\partial C}{\partial w^{(l)}_{i,j}}$ 计算过程示意图

$$\begin{aligned}\frac{\partial C}{\partial b^{(l)}}&=\frac{\partial C}{\partial z^{(l)}_{1,1}}\frac{\partial z^{(l)}_{1,1}}{\partial b^{(l)}}+\frac{\partial C}{\partial z^{(l)}_{1,2}}\frac{\partial z^{(l)}_{1,2}}{\partial b^{(l)}}+\frac{\partial C}{\partial z^{(l)}_{2,1}}\frac{\partial z^{(l)}_{2,1}}{\partial b^{(l)}}+\frac{\partial C}{\partial z^{l}_{2,2}}\frac{\partial z^{(l)}_{2,2}}{\partial b^{(l)}}\\&=\delta^{(l)}_{1,1}+\delta^{(l)}_{1,2}+\delta^{(l)}_{2,1}+\delta^{(l)}_{2,2}\end{aligned}\tag{w}$$

3. 汇聚层的误差反向传播计算

无论是最大汇聚还是平均汇聚的计算中，都没有需要学习的参数。因此，在卷积神经网络的训练中，汇聚层需要做的仅仅是将误差项传递到上一层，不需要进行偏导计算。

（1）采用最大汇聚时的反向传播过程

首先设当前层为 $l-1$ 层（一般为卷积层，也可为汇聚层），下一层 l 为汇聚层。若 $l-1$ 层为卷积层，则 $l-1$ 层神经元经过激活函数前的求和矩阵为 $\mathbf{Z}^{(l-1)}$，$\mathbf{A}^{(l-1)}=\sigma(\mathbf{Z}^{(l-1)})$，其中 $\mathbf{A}^{(l-1)}$ 为 $l-1$ 层神经元的输出矩阵，σ 为卷积层激活函数；若 $l-1$ 为汇聚层，因汇聚层无激活函数，则直接使得 $\mathbf{Z}^{(l-1)}=\mathbf{A}^{(l-1)}$，其中 $\mathbf{A}^{(l-1)}$ 为 $l-1$ 层神经元的输出矩阵。

图 8.2-29 为 l 层到 $l-1$ 层的误差反向传播图，l 层汇聚操作的汇聚器大小为 2×2，汇聚步长为 2，则 $l-1$ 层中 $\mathbf{A}^{(l-1)}$ 为 4×4，l 层中 $\mathbf{A}^{(l)}$ 为 2×2。

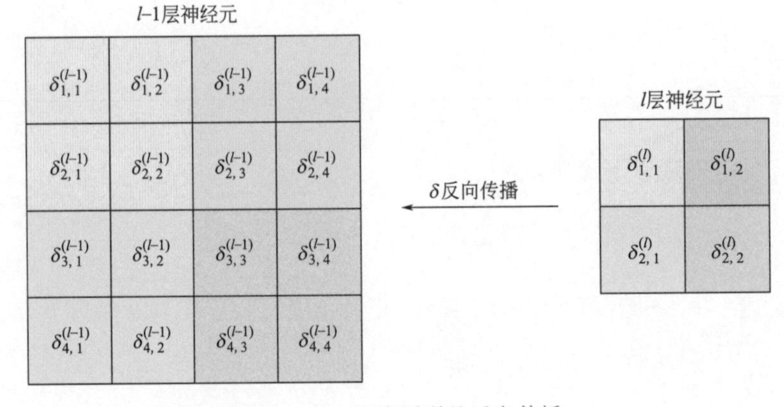

图 8.2-29　汇聚层误差反向传播

（a）$l-1$ 层为卷积层时

最大汇聚正向计算 $z^{(l)}_{1,1}$ 为：$z^{(l)}_{1,1}=\max[\sigma(z^{(l-1)}_{1,1}),\sigma(z^{(l-1)}_{1,2}),\sigma(z^{(l-1)}_{2,1}),\sigma(z^{(l-1)}_{2,2})]$

上式中，因为 l 层是汇聚层，不进行激活计算，仅通过汇聚器计算出 $z^{(l)}_{i,j}$ 即可。因为

卷积层的激活函数 σ 为单调性增函数（$z_{i,j}$ 取最大值时 $a_{i,j}$ 最大，反之亦然），则假定 $a_{1,1}^{(l-1)}$ 最大且 $a_{1,1}^{(l-1)}$ 不为0时（也可假定其他任意一个 $a_{i,j}^{(l-1)}$ 最大，因为总有一个最大值），上式变为 $z_{1,1}^{(l)}=\sigma(z_{1,1}^{(l-1)})$。

则偏导数为：$\dfrac{\partial z_{1,1}^{(l)}}{\partial z_{1,1}^{(l-1)}}=\dfrac{\partial z_{1,1}^{(l)}}{\partial\sigma(z_{1,1}^{l-1})}\dfrac{\partial\sigma(z_{1,1}^{l-1})}{\partial z_{1,1}^{(l-1)}}=1\times\dfrac{\partial\sigma(z_{1,1}^{l-1})}{\partial z_{1,1}^{(l-1)}}=\sigma'=1$

而 $\dfrac{\partial z_{1,1}^{(l)}}{\partial z_{1,2}^{(l-1)}}=0$，$\dfrac{\partial z_{1,1}^{(l)}}{\partial z_{2,1}^{(l-1)}}=0$，$\dfrac{\partial z_{1,1}^{(l)}}{\partial z_{2,2}^{(l-1)}}=0$

上两行式中，$\sigma'=1$ 的原因是激活函数为线性整流函数，而后面三项导数为0的原因是计算 $z_{1,1}^{(l)}$ 时没有用到 $z_{1,2}^{(l-1)}$、$z_{2,1}^{(l-1)}$ 和 $z_{2,2}^{(l-1)}$。

则采用上面求出的四个偏导数 $\left(\dfrac{\partial z_{1,1}^{(l)}}{\partial z_{1,1}^{(l-1)}}\sim\dfrac{\partial z_{1,1}^{(l)}}{\partial z_{2,2}^{(l-1)}}\right)$，可求得 $\delta_{1,1}^{(l-1)}$，$\delta_{1,2}^{(l-1)}$，$\delta_{2,1}^{(l-1)}$，$\delta_{2,2}^{(l-1)}$ 分别为：

$\delta_{1,1}^{(l-1)}=\dfrac{\partial C}{\partial z_{1,1}^{l}}\dfrac{\partial z_{1,1}^{l}}{\partial z_{1,1}^{l-1}}=\dfrac{\partial C}{\partial z_{1,1}^{l}}\times1=\delta_{1,1}^{(l)}$，$\delta_{1,2}^{(l-1)}=\dfrac{\partial C}{\partial z_{1,1}^{(l)}}\dfrac{\partial z_{1,1}^{(l)}}{\partial z_{1,2}^{(l-1)}}=\dfrac{\partial C}{\partial z_{1,1}^{(l)}}\times0=0$，

$\delta_{2,1}^{(l-1)}=\dfrac{\partial C}{\partial z_{1,1}^{(l)}}\dfrac{\partial z_{1,1}^{(l)}}{\partial z_{2,1}^{(l-1)}}=\dfrac{\partial C}{\partial z_{1,1}^{(l)}}\times0=0$，$\delta_{2,2}^{(l-1)}=\dfrac{\partial C}{\partial z_{1,1}^{(l)}}\dfrac{\partial z_{1,1}^{(l)}}{\partial z_{2,2}^{(l-1)}}=\dfrac{\partial C}{\partial z_{1,1}^{(l)}}\times0=0$。

同理，当任意一项 $a_{i,j}^{(l-1)}$ 为最大时，均可求得 $\delta_{i,j}^{(l-1)}=\delta_{i,j}^{(l)}$，而其他 δ 项均为0。

(b) $l-1$ 层为汇聚层时

此时 $z_{i,j}^{(l-1)}$ 不进行激活计算，则最大汇聚正向计算 $z_{1,1}^{(l)}$ 为：$z_{1,1}^{(l)}=\max(z_{1,1}^{(l-1)},z_{1,2}^{(l-1)},z_{2,1}^{(l-1)},z_{2,2}^{(l-1)})$。

上式表明，$l-1$ 层汇聚区域中最大的值才会对 $z_{1,1}^{(l)}$ 产生影响，假定 $a_{1,1}^{(l-1)}$ 最大且 $a_{1,1}^{l-1}$ 不为0，则上式变为 $z_{1,1}^{(l)}=z_{1,1}^{(l-1)}$；注意，此时 $z_{i,j}^{(l-1)}=a_{i,j}^{(l-1)}$。

则偏导数为：$\dfrac{\partial z_{1,1}^{(l)}}{\partial z_{1,1}^{(l-1)}}=1$，$\dfrac{\partial z_{1,1}^{(l)}}{\partial z_{1,2}^{(l-1)}}=0$，$\dfrac{\partial z_{1,1}^{(l)}}{\partial_{2,1}^{(l-1)}}=0$，$\dfrac{\partial z_{1,1}^{(l)}}{\partial z_{2,2}^{(l-1)}}=0$。

从而可以求得 $\delta_{1,1}^{(l-1)}$，$\delta_{1,2}^{(l-1)}$，$\delta_{2,1}^{(l-1)}$，$\delta_{2,2}^{(l-1)}$ 分别为：

$\delta_{1,1}^{(l-1)}=\dfrac{\partial C}{\partial z_{1,1}^{(l)}}\dfrac{\partial z_{1,1}^{(l)}}{\partial z_{1,1}^{(l-1)}}=\dfrac{\partial C}{\partial z_{1,1}^{(l)}}\times1=\delta_{1,1}^{(l)}$，$\delta_{1,2}^{(l-1)}=\dfrac{\partial C}{\partial z_{1,1}^{(l)}}\dfrac{\partial z_{1,1}^{(l)}}{\partial z_{1,2}^{(l-1)}}=\dfrac{\partial C}{\partial z_{1,1}^{(l)}}\times0=0$，

$\delta_{2,1}^{(l-1)}=\dfrac{\partial C}{\partial z_{1,1}^{(l)}}\dfrac{\partial z_{1,1}^{(l)}}{\partial z_{2,1}^{(l-1)}}=\dfrac{\partial C}{\partial z_{1,1}^{(l)}}\times0=0$，$\delta_{2,2}^{(l-1)}=\dfrac{\partial C}{\partial z_{1,1}^{(l)}}\dfrac{\partial z_{1,1}^{(l)}}{\partial z_{2,2}^{(l-1)}}=\dfrac{\partial C}{\partial z_{1,1}^{(l)}}\times0=0$。

同理，当任意一项 $a_{i,j}^{(l-1)}$ 最大时，均可求得 $\delta_{i,j}^{(l-1)}=\delta_{i,j}^{(l)}$，而其他 δ 项均为0。

对于上述(a)或(b)计算过程，当最大值 $a_{1,1}^{(l-1)}$ 为0时，表明 $l-1$ 层的汇聚区域内其他元素也为零（因为激活值的最小值为0），汇聚正向计算时会从 $l-1$ 层该汇聚区域内的全0元素中选出一个神经元激活值传递到 l 层，则 l 层需记住选出的神经元编号；则反向传播时 l 层也会将 δ 传递给此编号的神经元，而其余神经元的 δ 直接设置为0。这是一种特殊情况。

上述的(a)或(b)计算过程可用图8.2-30简单说明：当 $l-1$ 层四个汇聚区域的最大值分别为 $a_{1,1}^{(l-1)}$，$a_{1,4}^{(l-1)}$，$a_{4,1}^{(l-1)}$，$a_{4,4}^{(l-1)}$ 时，对于最大汇聚操作，l 层的误差项会直接传递到 $l-1$ 层对应汇聚区域中的最大值所对应的神经元，而其他神经元的误差项都直接设为0。

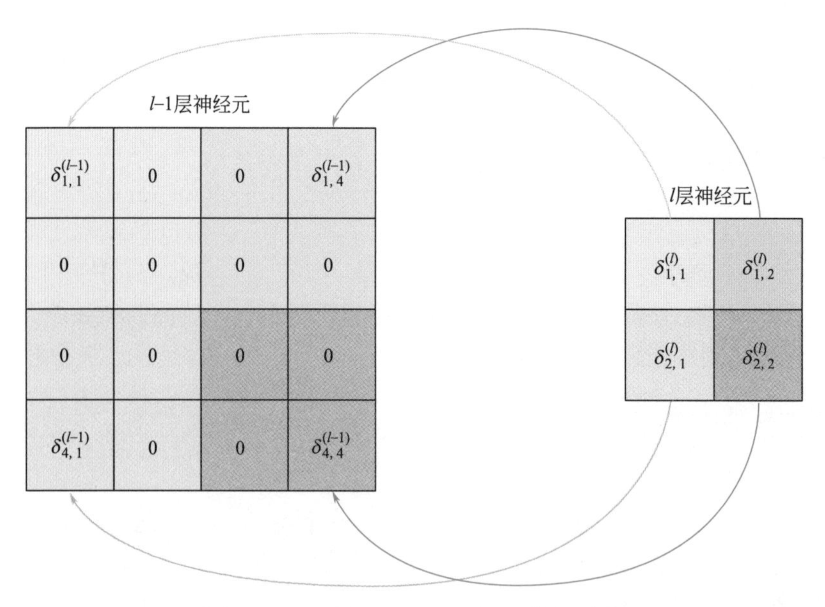

图 8.2-30　最大汇聚层误差反向传播计算

（2）采用平均汇聚层时的反向传播过程

同样考虑 $\delta_{i,j}^{(l-1)}$ 的计算。

（a）$l-1$ 层为卷积层时：

平均汇聚正向计算 $z_{1,1}^{(l)}$ 为：$z_{1,1}^{(l)}=\frac{1}{4}(\sigma(z_{1,1}^{(l-1)})+\sigma(z_{1,2}^{(l-1)})+\sigma(z_{2,1}^{(l-1)})+\sigma(z_{2,2}^{(l-1)}))$　（x）

$z_{i,j}^{(l-1)}$ 不为 0 时，可以求得：$\frac{\partial z_{1,1}^{(l)}}{\partial z_{1,1}^{(l-1)}}=\frac{1}{4}$，$\frac{\partial z_{1,1}^{(l)}}{\partial z_{1,2}^{(l-1)}}=\frac{1}{4}$，$\frac{\partial z_{1,1}^{(l)}}{\partial z_{2,1}^{(l-1)}}=\frac{1}{4}$，$\frac{\partial z_{1,1}^{(l)}}{\partial z_{2,2}^{(l-1)}}=\frac{1}{4}$。

则 $l-1$ 层的 $\delta_{1,1}^{(l-1)}$ 为：$\delta_{1,1}^{(l-1)}=\frac{\partial C}{\partial z_{i,j}^{(l)}}\frac{\partial z_{i,j}^{(l)}}{\partial z_{i,j}^{(l-1)}}=\frac{1}{4}\delta_{1,1}^{(l)}$，$\delta_{1,2}^{(l-1)}=\frac{\partial C}{\partial z_{1,1}^{(l)}}\frac{\partial z_{1,1}^{(l)}}{\partial z_{1,2}^{(l-1)}}=\frac{1}{4}\delta_{1,1}^{(l)}$，

$\delta_{2,1}^{(l-1)}=\frac{\partial C}{\partial z_{1,1}^{(l)}}\frac{\partial z_{1,1}^{(l)}}{\partial z_{2,1}^{(l-1)}}=\frac{1}{4}\delta_{1,1}^{(l)}$，$\delta_{2,2}^{(l-1)}=\frac{\partial C}{\partial z_{1,1}^{(l)}}\frac{\partial z_{1,1}^{(l)}}{\partial z_{2,2}^{(l-1)}}=\frac{1}{4}\delta_{1,1}^{(l)}$。

（b）当 $l-1$ 层为汇聚层时：

平均汇聚正向计算 $z_{1,1}^{(l)}$ 为：$z_{1,1}^{(l)}=\frac{1}{4}(z_{1,1}^{(l-1)}+z_{1,2}^{(l-1)}+z_{2,1}^{(l-1)}+z_{2,2}^{(l-1)})$　（y）

则可进一步得到的 $l-1$ 层误差项，与计算过程（a）的结果相同。

上述的（a）或（b）计算过程可用图 8.2-31 简单说明：对于平均汇聚层，l 层的误差项会平均分配到 $l-1$ 层对应汇聚区域中的所有神经元。

上述（a）或（b）计算过程中，当有的 $z_{i,j}^{(l-1)}$ 为 0 时，$\frac{\partial z_{i,j}^{(l)}}{\partial z_{i,j}^{(l-1)}}$ 无数学意义，但这个过程实际上是一个便于直观理解的数学推导中间过程，实际反向传播计算中并不采用 $\frac{\partial z_{i,j}^{(l)}}{\partial z_{i,j}^{(l-1)}}$ 这个解析形式进行计算，而是根据（x）和（y）的结果进行简单相加，所以 $z_{i,j}^{(l-1)}=0$ 这种情况并不影响反向传播过程。

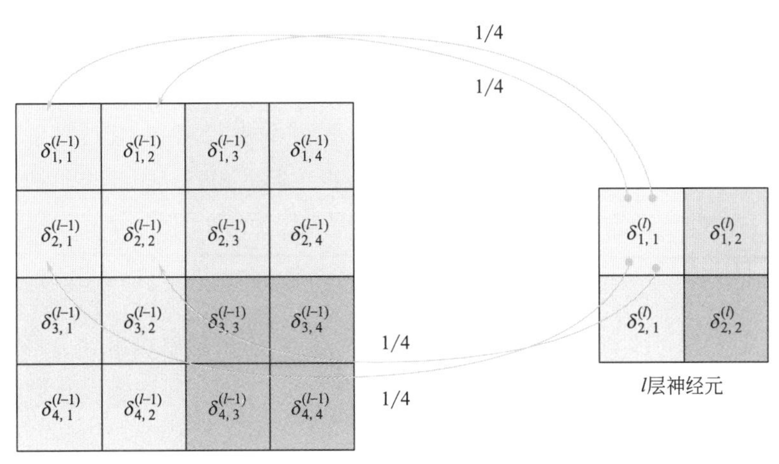

图 8.2-31　平均汇聚层误差反向传播计算

4. 卷积求导的理论总结

上述过程是对训练过程的详细剖析；训练过程中的卷积求导理论总结如下所述[12]。

假设 $\boldsymbol{A}=\boldsymbol{W}\otimes\boldsymbol{X}$，其中 $\boldsymbol{X}\in\boldsymbol{R}^{M\times N}$，$\boldsymbol{A}\in\boldsymbol{R}^{U\times V}$，$\boldsymbol{A}\in\boldsymbol{R}^{(M-U+1)\times(N-V+1)}$，函数 $f(\boldsymbol{A})\in\boldsymbol{R}$ 为一个标量函数，则：

$$a_{ij}=\sum_{u=1}^{U}\sum_{v=1}^{V}w_{uv}x_{i+u-1,j+v-1} \tag{8.2-22}$$

$$\begin{aligned}\frac{\partial f(\mathbf{A})}{\partial w_{uv}}&=\sum_{i=1}^{M-U+1}\sum_{j=1}^{N-V+1}\frac{\partial a_{ij}}{\partial w_{uv}}\frac{\partial f(\mathbf{A})}{\partial a_{ij}}\\&=\sum_{i=1}^{M-U+1}\sum_{j=1}^{N-V+1}x_{i+u-1,j+v-1}\frac{\partial f(\mathbf{A})}{\partial a_{ij}}\\&=\sum_{i=1}^{M-U+1}\sum_{j=1}^{N-V+1}\frac{\partial f(\mathbf{A})}{\partial a_{ij}}x_{u+i-1,v+j-1}\end{aligned} \tag{8.2-23}$$

上式中 $a_{ij}=\sum_{u=1}^{U}\sum_{v=1}^{V}w_{uv}x_{i+u-1,\ j+v-1}$，且可得函数 $f(\mathbf{A})$ 对 $\boldsymbol{W}$ 的偏导数为 $\boldsymbol{X}$ 和 $\frac{\partial f(\mathbf{A})}{\partial \mathbf{A}}$ 的卷积：

$$\frac{\partial f(\mathbf{A})}{\partial \boldsymbol{W}}=\frac{\partial f(\mathbf{A})}{\partial \mathbf{A}}*\boldsymbol{X} \tag{8.2-24}$$

同理可得函数 $f(\mathbf{A})$ 对 $\boldsymbol{X}$ 的偏导为：

$$\begin{aligned}\frac{\partial f(\mathbf{A})}{\partial x_{st}}&=\sum_{i=1}^{M-U+1}\sum_{j=1}^{N-V+1}\frac{\partial a_{ij}}{\partial x_{st}}\frac{\partial f(\mathbf{A})}{\partial a_{ij}}\\&=\sum_{i=1}^{M-U+1}\sum_{j=1}^{N-V+1}w_{s-i+1,t-j+1}\frac{\partial f(\mathbf{A})}{\partial a_{ij}}\end{aligned} \tag{8.2-25}$$

在全连接前馈神经网络中，梯度主要通过每一层的误差项进行反向传播，并进一步计算每层参数的梯度。而在卷积神经网络中，主要有两种不同功能的神经层：卷积层和汇聚层，其参数为卷积核中的权重和偏置，因此只需要计算卷积层中参数的梯度。

设第 l 层为卷积层，其未输入激活函数的输出值 $\boldsymbol{Z}^{(l)}$ 为：

$$\mathbf{Z}^{(l,p)}=\sum_{d=1}^{D}\mathbf{W}^{(l,p,d)}*\mathbf{X}^{(l,d)}+b^{(l,p)}=\sum_{d=1}^{D}\mathbf{W}^{(l,p,d)}*\mathbf{A}^{(l-1,d)}+b^{(l,p)} \tag{8.2-26}$$

上式中，l 为网络的层编号，p 为卷积核或偏置个数编号，上式计算中，l 和 p 已确定；D 为卷积核深度或滤波器的个数，d 为卷积核深度或者是滤波器的个数的编号，$\mathbf{W}^{(l,p,d)}$ 和 $b^{(l,p)}$ 为卷积核和偏置。当三维卷积核为多个时，需采用式（8.2-26）对不同的三维卷积核分别计算；计算时，不同三维卷积核之间互不影响。第 l 层中卷积核权重参数和偏置，可以分别使用链式法则来计算其梯度。

$$\mathbf{A}^{(l,p)}=\delta(\mathbf{Z}^{(l,p)}) \tag{8.2-27}$$

代价函数 C 在第 l 层对卷积核 $\mathbf{W}^{(l,p,d)}$ 的偏导数，可根据卷积求导公式求得：

$$\frac{\partial C}{\partial \mathbf{W}^{(l,p,d)}}=\frac{\partial C}{\partial \mathbf{Z}^{(l,p)}}*\mathbf{A}^{(l-1,d)}=\left(\frac{\partial \mathbf{A}^{(l,p)}}{\partial \mathbf{Z}^{(l,p)}}\frac{\partial C}{\partial \mathbf{A}^{(l,p)}}\right)*\mathbf{A}^{(l-1,d)} \tag{8.2-28}$$

同理可得代价函数关于第 l 层的第 p 个偏置 $b^{(l,p)}$ 的偏导数为：

$$\frac{\partial C}{\partial b^{(l,p)}}=\frac{\partial C}{\partial \mathbf{Z}^{(l,p)}}\frac{\partial \mathbf{Z}^{(l,p)}}{\partial b^{(l,p)}}=\frac{\partial \mathbf{A}^{(l,p)}}{\partial \mathbf{Z}^{(l,p)}}\frac{\partial C}{\partial \mathbf{A}^{(l,p)}}\times 1 \tag{8.2-29}$$

上面两式中的 $\frac{\partial \mathbf{A}^{(l,p)}}{\partial \mathbf{Z}^{(l,p)}}$ 可以由激活函数求得，而 $\frac{\partial C}{\partial \mathbf{A}^{(l,p)}}$ 则与前馈神经网络相同，需通过链式法则求导：

$$\frac{\partial C}{\partial \mathbf{A}^{(l,p)}}=\frac{\partial \mathbf{Z}^{(l+1,p)}}{\partial \mathbf{A}^{(l,p)}}\frac{\partial \mathbf{A}^{(l+1,p)}}{\partial \mathbf{Z}^{(l+1,p)}}\frac{\partial C}{\partial \mathbf{A}^{(l+1,p)}} \tag{8.2-30}$$

上式中 $\frac{\partial C}{\partial \mathbf{A}^{(l+1,p)}}$ 为更加靠近输出层的神经网络层链式求导所得，$\frac{\partial \mathbf{A}^{(l+1,p)}}{\partial \mathbf{Z}^{(l+1,p)}}$ 可通过激活函数求导获得。因此求得 $\frac{\partial \mathbf{Z}^{(l+1,p)}}{\partial \mathbf{A}^{(l,p)}}$ 即可得到 $\frac{\partial C}{\partial \mathbf{A}^{(l,p)}}$，进而求得 $\frac{\partial C}{\partial \mathbf{W}^{(l,p,d)}}$ 和 $\frac{\partial C}{\partial b^{(l,p)}}$。

这里需要分两种情况，一种是两个卷积层之间的反向传播计算，也就是卷积层之后（$l+1$ 层）为卷积层，另一种为后一层为汇聚层的反向传播。

① 后一层为卷积层时的求解：

$$\mathbf{Z}^{(l+1,p)}=\sum_{d=1}^{D}\mathbf{W}^{(l+1,p,d)}\cdot\mathbf{A}^{(l,d)}+b^{(l+1,p)} \tag{8.2-31}$$

$$\frac{\partial \mathbf{Z}^{(l+1,p)}}{\partial \mathbf{A}^{(l,p)}}=\sum_{d=1}^{D}\mathbf{W}^{(l,p,d)} \tag{8.2-32}$$

② 后一层为汇聚层时的求解：

当后一层为汇聚层时，后一层（$l+1$）层的每个神经元的误差项 δ 对应于第 l 层的相应特征映射的一个区域，如果下采样是最大汇聚，误差项 $\delta^{(l+1,p)}$ 中每个值会直接传递到上一层对应区域中的最大值所对应的神经元，该区域中其他神经元的误差项都设为 0。如果下采样是平均汇聚，误差项 $\delta^{(l+1,p)}$ 中每个值会被平均分配到上一层对应区域中的所有神经元。

8.2.5 卷积神经网络的实际训练与工作流程

卷积神经网络模型的实际训练与工作模式类型很多，此处介绍滑动窗口和固定网格划分两种方式。

1. 滑动窗口

卷积网络的实际工作模式为滑动窗口时，训练的彩色图片数据集制作，与前面论述的手写数字图片数据集的制作方式相似，同样需要对图片预处理，再进行训练。可利用搜索引擎、实际拍摄等方式获取原始彩色照片。预处理过程中，仍需将训练图片的分辨率大小进行统一，并标注其类别。这种模式一般应用于简单的目标检测与分类任务，如车牌检测和图片检索等；其中车牌检测是目标检测任务，需要检测到车牌的位置和尺寸，而图片检索为分类任务，需要将图片进行分类（如分为猫、狗和其他）。

此处以目标检测任务为例，介绍滑动窗口模式的卷积网络工作流程。滑动窗口是一个矩形边界框（图 8.2-32），矩形边界框沿图片上下左右按一定步长滑动进行目标检测，形成滑动窗口的工作模式。矩形边界框范围内的图片内容，就是卷积网络的工作输入内容，因此不管矩形边界框的尺寸多大或像素多大，都要在输入网络之前按一定规则将矩形边界框的像素大小处理成跟训练图片的像素大小相同，也就是要保证矩形边界框内的图像参数满足卷积网络的输入参数要求。检测同一类目标时，由于目标可能在图片中的大小相差很大，因此可采用不同大小的边界框进行多次检测。

图 8.2-32 为使用滑动窗口进行目标检测工作的示意：指定矩形边界框的大小（尺寸或像素），如图中的黑色边框；从左上角开始工作，判断矩形边界框内目标存在的概率，然后以一定步长向右滑动，到达图片右侧边界后再继续向下和向左滑动，直至滑满整张图片。整个滑动过程中，目标存在的概率大小不停变化，滑满整张图后选择概率最大的那次检测作为本次检测中的目标检测结果。采用这种方法检测图像中的目标，可能要采用很多种大小不同的矩形边界框进行多次滑动检测，因此一张照片中的计算次数可能就达上千次，计算成本很高。为降低计算量，可选择更大的滑动步幅，减少输入到卷积网络的图片数量，但这样可能降低检测精度。图 8.2-32 中，黑色和红色矩形框均为滑动窗口。例如，采用的黑色矩形框为滑动窗口时，滑动区域不断使用卷积网络进行分类检测，进而得到图中工人及其位置信息；完成黑色窗口的滑动后，更换红色边框，再进行滑动和检测，找寻滑动窗口中存在的对象和位置信息，如通过滑动找寻到塔吊的类别和位置。

图 8.2-32　滑动窗口示意图

2. 固定网格划分

采用滑动窗口的主要目的，是为了确定检测出的目标在图片中的具体位置，因为前面介绍的网络模型输出向量中，只有类别信息（概率），没有位置信息（定位）。但采用滑动窗口进行目标检测时，一张照片可能会被分成上千甚至几千张照片去进行判断（通过很多种不同大小的边框进行滑动），识别出图片中所有包含对象的类别和位置，计算量大，效率低。

当前的目标检测方法尝试使用卷积神经网络直接输出待检测对象的位置和类别信息。在识别类别时，前面所述方法是使用 onehot 标签（向量 $\boldsymbol{y}$）表示对象的类别标签，使用训练好的网络模型可计算出对象的类别。为使得网络得到对象的位置信息（图 8.2-33），需增加位置标签，即对向量 $\boldsymbol{y}$ 扩充，增加向量元素 p_c、b_x、b_y、b_h、b_w，其中 b_x、b_y 表示对象中心框的位置，b_h、b_w 表示对象检测框与整体图片的长和宽之比（边界框高与图片高的比值，边界框宽与图片宽的比值），p_c 表示当前图片存在待检测对象的概率。用扩充的标签（向量 $\boldsymbol{y}$）对网络进行训练，使用训练完成的网络可以直接输出图片中对象的位置和类别信息，这样即可完成图片中只存在一个对象时的目标检测任务。这种情况下，进行目标检测工作时，要先将待输入网络图片的像素进行处理，使像素满足卷积网络的输入参数要求。

图 8.2-33　在类别标签基础上增加位置标签

当一张照片中存在多个检测目标时，例如同一照片中可能存在两种检测目标（例：猫和狗）或同一类多个目标（例：多只猫），上述检测方法存在问题，因为这种情况下只能检测出一个目标。例如，同一个图片中存在一只猫和一只狗时，能够计算出猫和狗的存在概率分别是 99％和 99.5％，但此时网络只能检测出存在一只狗，从而使得目标检测效果不理想，因为我们经常需要在一次图片处理的计算过程中，同时将猫也检测出来。这种情况下，当然可以采用滑动窗口方法进行多个目标的检测，但这需要进行更多次的计算和窗口大小变化，计算量很大，在复杂任务中的应用受限。

提高多目标检测任务的效率，可以采用一种固定网格划分方法。以 YOLO 目标检测卷积神经网络模型为例，其通过划分图片为小网格区域进行标签标记和训练，见图 8.2-34。网络训练时，标注人的标签制作及模型训练过程为：

（1）采用标注工具（软件）进行人工标注。常用的标注工具为 LabelImg，见图 8.2-34，图中包含两个需要识别的对象，挖掘机和运输车，需框选相应的对象位置，并标识对象的类别，完成标注；被标注的图片中可能存在多个目标，则都需框选标注出来。此阶段对图像和标注框的大小及像素没有要求。

图 8.2-34　LabelImg 标注工具

（2）将标注好的图像划分成 9 个网格（YOLO 实际使用时划分的格子数更多，需确保格子足够小），见图 8.2-35。然后根据对象（已框选出）中心点位置（框中心），将这个对象分配给包含对象中心点的格子（图中的两个绿色格子，实际为 9 个网格中的两个），此时标签更为复杂，需要根据每个格子是否包含中心点制作标签。对于划分的 9 个格子，包含对象中心点的绿色格子标签中的 p_c 为 1（见图 8.2-35）；剩下的 7 个格子不包含任何对象的中心点，则其标签中的 p_c 为 0，其他元素为“?”（表示无意义的参数）。因为划分的格子数为 3×3，所以标签向量 $\boldsymbol{y}$ 的维度为 3×3×8，则网络计算输出的维度也为 3×3×8；可见这种网络的标签向量中所含元素数量显著增加。

图 8.2-35　YOLO 模型的标注

（3）标注完所有图片后，统计标记框所占的像素大小，删除标记框所占像素过小的对象框，因为像素过小无法提取特征；统计各类别对象所在图片数量，进一步增删图片，保证样本的均衡性（不同类别对象所在的图片数量接近，如都是1000张左右）。

（4）开始模型训练，将训练图片的像素处理至满足网络输入要求，对网络参数进行训练，得到训练好的卷积网络模型。该模型可直接对输入的图片进行处理，识别出图片中的各类目标及其位置。

8.3 循环神经网络

前面介绍的前馈神经网络和卷积神经网络可以看作是一个复杂的函数，每次输入均为独立，即网络的输出只依赖于当前的输入；也就是上述网络只能单独地处理一个个的输入，前一个输入和后一个输入完全没有关系，比如手写数据识别，只需完成识别当前输入图片的数字，无需依赖上一张输入的图片。但是在很多现实任务中，网络的输出不仅和本次输入相关，也和其过去一段时间的其他输入相关，此时每次输入的数据之间并非独立关系。以语音识别、动作识别等任务为例，此类任务具有时间连续性；一句话和一个动作不是瞬时完成的，神经网络模型需要结合之前的输入进行判断计算并输出结果；这类输入数据就是序列数据，即处理这类输入数据时要利用输入数据之间的相互关系。循环神经网络（Recurrent Neural Network，RNN）就是一类用于处理序列数据的神经网络[13]。卷积神经网络是专门用于处理网格化数据 $\boldsymbol{X}$（如一个图像构成的矩阵数据）的神经网络，而循环神经网络专门处理序列数据。序列数据为数据 $\boldsymbol{x}_1$，$\boldsymbol{x}_2$，…，$\boldsymbol{x}_t$，…，$\boldsymbol{x}_T$，其中 t 表示序列中单个数据向量的索引（编号），T 表示序列的长度；如视频数据由多个连续的图像帧组成，形成连续的矩阵序列或向量序列。例如，在视频数据中，我们可以将1秒钟内的24张图片视为一个序列，则序列长度 $T=24$，也可以将2秒甚至更多秒内的图片数量视为一个序列。

对集合中的元素赋予排序规则，便组成了序列；例如视频数据中已经按录制时间对图片进行了排序。给定一些数据，如视频数据（图8.3-1），将视频切割成连续的帧（按时间段划分的视频片段），每一帧都是按录制时间在时间上进行排序的序列数据。类似地，把一个句子的每个字分别进行编码表示，每个字的编码按照该字在句子中的顺序排序得到的编码数据也是序列数据。可见，这种具有前后顺序关系的数据称为序列数据，一个序列数据就是一串数据。序列数据中的常用形式为时间序列数据，也称为时间戳数据，是按时间顺序索引的数据点序列，这些数据点通常在一段时间内对同一对象进行连续记录，用于描述数据随时间的变化；例如，某地温度随时间变化的数据，就是一种时间序列数据。

对于序列数据，前馈和卷积神经网络难以处理，如完成图8.3-1中视频中运动员跳水动作的评分，需要对一段时间的视频片段打分，而不仅仅对某张图片打分，为此设计出循环神经网络（Recurrent Neural Network，RNN）。Recurrent Neural Network 有时也被翻译为递归神经网络，为区分接下来本节最后介绍的另外一种递归神经网络（Recursive Neural Network，RvNN），本书将 Recurrent Neural Network 称为循环神经网络。

8.3.1 标准循环神经网络结构

循环神经网络种类繁多，此处仅介绍标准循环神经网络。图8.3-2为前馈神经网络结

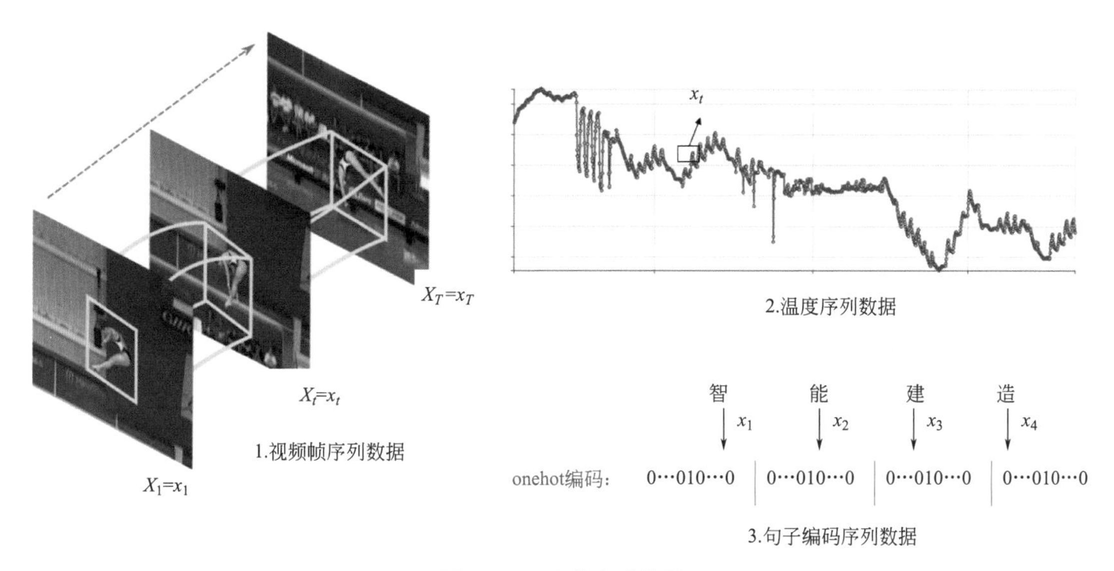

图 8.3-1　几种序列数据

构，图中蓝色矩形框表示输入层，橘黄色矩形框表示隐藏层（隐含层），绿色输出框表示输出层，黑色箭头表示全连接结构。图 8.3-3 为最基本的循环神经网络结构，与前馈神经网络相比可见，网络中多了循环结构，多出的右侧灰色方块表示一个时刻的延迟，相当于灰色方块中记录着上一个计算时刻的隐藏层计算结果；以图片处理为例，一个计算时刻是指网络处理一张图片的过程。通过循环结构和时间延迟，实现输出层的输出不仅与输入层的输入有关，还与前一时刻的隐藏层输出有关。

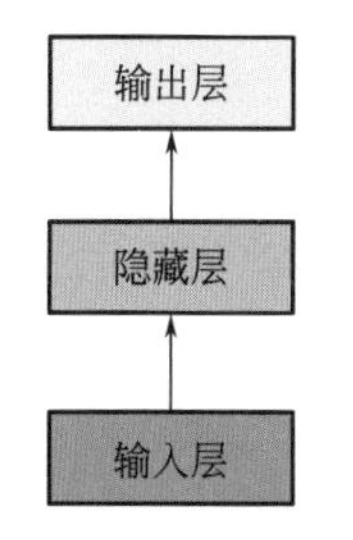

图 8.3-2　前馈神经网络结构图

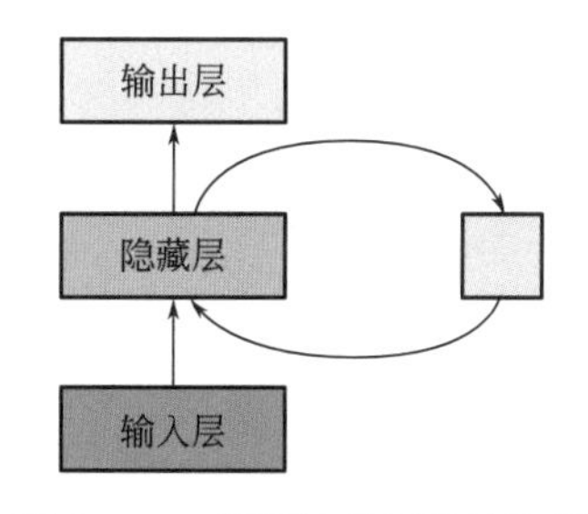

图 8.3-3　循环神经网络结构图

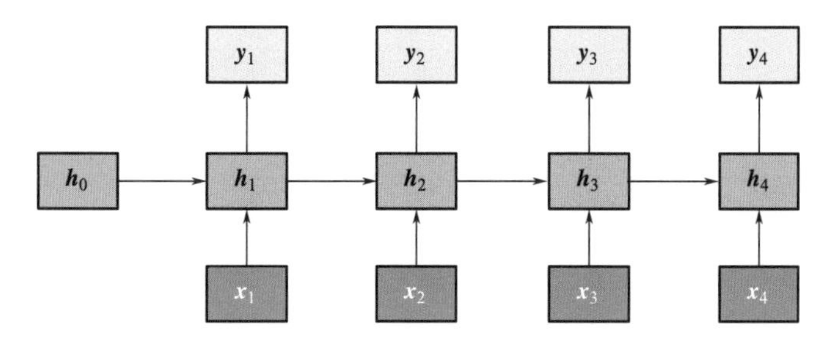

图 8.3-4　按时间展开的循环神经网络

本例中，设时间序列的长度为 $\boldsymbol{x}_1$、$\boldsymbol{x}_2$、$\boldsymbol{x}_3$、$\boldsymbol{x}_4$（$\boldsymbol{x}_i$ 表示单个样本向量），将循环神经

网络结构图按时间展开，见图 8.3-4。图中蓝色矩形框同样表示输入层（$\boldsymbol{x}_i$），橘黄色矩形框表示隐藏层（$\boldsymbol{h}_i$），绿色输出框表示输出层（$\boldsymbol{y}_i$），黑色箭头表示全连接结构。$\boldsymbol{x}_1$、$\boldsymbol{x}_2$、$\boldsymbol{x}_3$、$\boldsymbol{x}_4$ 表示各个时刻输入层的输入向量，$\boldsymbol{h}_1$、$\boldsymbol{h}_2$、$\boldsymbol{h}_3$、$\boldsymbol{h}_4$ 为各个时刻隐藏层的输出值；$\boldsymbol{y}_1$、$\boldsymbol{y}_2$、$\boldsymbol{y}_3$、$\boldsymbol{y}_4$ 表示各个时刻输出层的输出向量，是由隐藏层输出值进行激活而得到。由图中可见，在各个时刻，隐藏层的计算过程中，计算的输入不但包括输入数据 $\boldsymbol{x}_i$，还包括前一时刻的隐藏层计算结果 $\boldsymbol{h}_{i-1}$；而对于 $\boldsymbol{h}_1$ 的计算，其没有前一时刻，因此在网络中设一个 $\boldsymbol{h}_0$ 参数，$\boldsymbol{h}_0$ 一般可初始赋值为 0。

由 8.1 节内容，用隐含层神经元的线性变换描述各个层的工作过程。这里假设输入的列向量 $\boldsymbol{x}_t$ 的维度 m，输出向量 $\boldsymbol{h}_t$ 的维度为 n。图 8.3-4 中各个层之间的权重矩阵分别表示为：当前时刻隐藏层与前一时刻隐藏层计算结果之间为 $\boldsymbol{W}_{hh}$，输入层与隐藏层之间为 $\boldsymbol{W}_{xh}$，隐藏层与输出层之间 $\boldsymbol{W}_{hy}$。

本例的循环神经网络中，$\boldsymbol{h}_1$ 和 $\boldsymbol{y}_1$ 的计算过程表示为：

$$\boldsymbol{h}_1 = \tanh(\boldsymbol{W}_{hh}\boldsymbol{h}_0 + \boldsymbol{W}_{xh}\boldsymbol{x}_1 + \boldsymbol{b}) \tag{8.3-1}$$

$$\boldsymbol{y}_1 = \boldsymbol{W}_{hy}\boldsymbol{h}_1 \tag{8.3-2}$$

由于在每一个时间步上，每一层网络都共享参数。因此对于任意时刻 t 的输入 $\boldsymbol{x}_t$，循环神经网络对应的隐含层输出 $\boldsymbol{h}_t$ 和输出层输出 $\boldsymbol{y}_t$ 分别为：

$$\boldsymbol{h}_t = \tanh(\boldsymbol{W}_{hh}\boldsymbol{h}_{t-1} + \boldsymbol{W}_{xh}\boldsymbol{x}_t + \boldsymbol{b}) \tag{8.3-3}$$

$$\boldsymbol{y}_t = \boldsymbol{W}_{hy}\boldsymbol{h}_t \tag{8.3-4}$$

式（8.3-1）～式（8.3-4）的计算过程为标准循环神经网络模型针对一个序列数据的处理工作流程；这是最简单的循环神经网络模型。在 RNN 工作过程中，在不同时刻循环神经网络采用同一个参数，只是每一时间步上的输入不同。此处介绍的 RNN，其输入和输出序列长度相同；RNN 的输入与输出之间的关系还可以包括：输出与输入一对多、输入与输出多对一、输入与输出多对多这三种情况。

（1）Vector-to-sequence 结构（输入与输出一对多）

图 8.3-5 为 Vector-to-sequence 结构，其应用场景为：由图像生成语音或音乐。将图像特征向量作为输入，其中图像的特征可以是卷积提取的图像特征向量，而输出的结果是语音或音乐的数字表示（音频数据用于训练时，需将音频数据转换为向量化描述的形式）[14]。这个过程中，输入的只是一个样本向量（一张图片），但输出的是序列数据中的多个数据向量；如语音序列数据中的连续几个语音符向量，这几个语音符向量形成的序列代表一个词或一句话等。

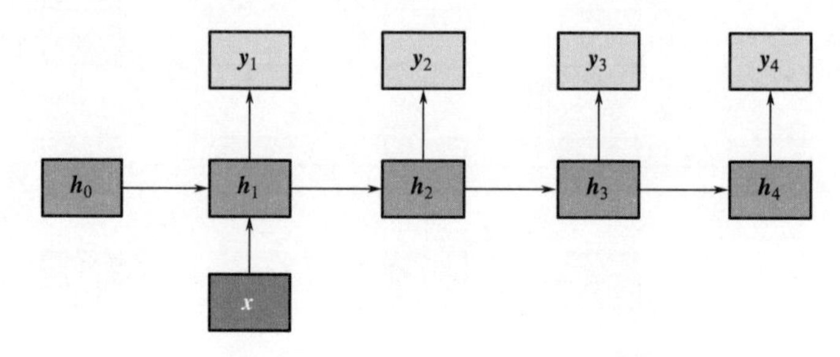

图 8.3-5　Vector-to-sequence 结构

（2）Sequence-to-vector 结构（输入与输出多对一）

图 8.3-6 为 Sequence-to-vector 结构，其应用场景为动作识别。动作是连续发生的，一段视频可能只描述一个动作。视频由多帧的图片构成，RNN 识别工作过程中，每一帧作为一个序列数据输入，而输出结果是动作的类别或动作完成度的评分，如跳水运动员的动作评分。

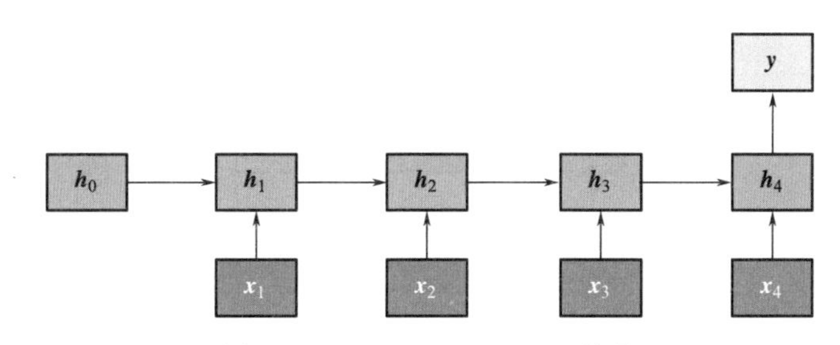

图 8.3-6　Sequence-to-vector 结构

（3）Encoder-Decoder 结构（输入与输出多对多）

图 8.3-7 为 Encoder-Decoder 结构，应用场景为机器翻译。原始的 Sequence-to-sequence 结构的 RNN 要求序列等长，然而实际问题的序列都是不等长的；而在机器翻译中，原始语言和译出语言的句子长度往往并不相同。Encoder-Decoder 结构中，可以理解为先将输入数据编码成一个向量 $\boldsymbol{c}$，再将 $\boldsymbol{c}$ 作为接下来输入层的输入进行数据处理或训练。

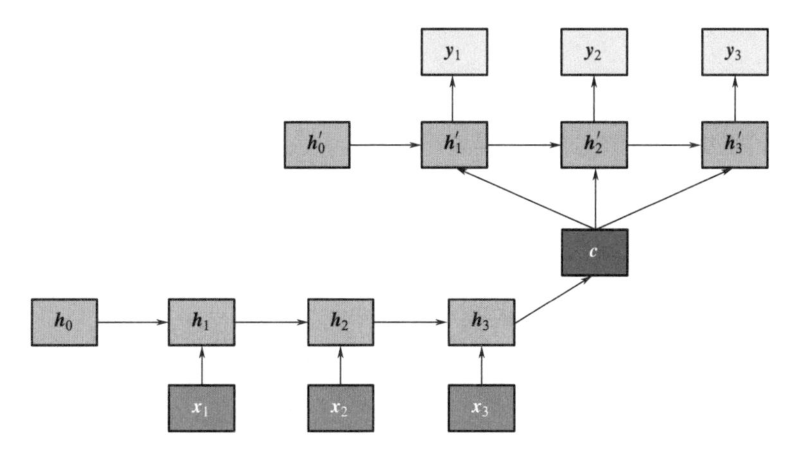

图 8.3-7　Encoder-Decoder 结构

8.3.2　标准循环神经网络工作和学习过程

循环神经网络同样采用反向传播完成参数的训练。RNN 的反向传播，称为基于时间的反向传播算法（Back Propagation Through Time，BPTT），其本质还是 BP 算法，只不过 RNN 处理时间序列数据，所以要基于时间进行反向传播。BPTT 的中心思想和 BP 算法相同，沿着需要优化的参数的负梯度方向不断寻找更优的点直至收敛，求各个参数的梯度便成了此算法的核心。对所有参数求损失函数的偏导，并不断调整这些参数使得损失函数变得尽可能小，进而完成网络的训练。

在图 8.3-4 中对于一个时间长度为 4 的多输入多输出循环神经网络，各个层之间的权重矩阵分别表示为：隐藏层与隐藏层之间为 $\boldsymbol{W}_{hh}$，输入层与隐藏层之间为 $\boldsymbol{W}_{xh}$，隐藏层与输出层之间 $\boldsymbol{W}_{hy}$。为下文表述方便，令 $\boldsymbol{W}_{hh}$ 为 $\boldsymbol{W}$，$\boldsymbol{W}_{xh}$ 为 $\boldsymbol{U}$，$\boldsymbol{W}_{hy}$ 为 $\boldsymbol{V}$，见图 8.3-8。

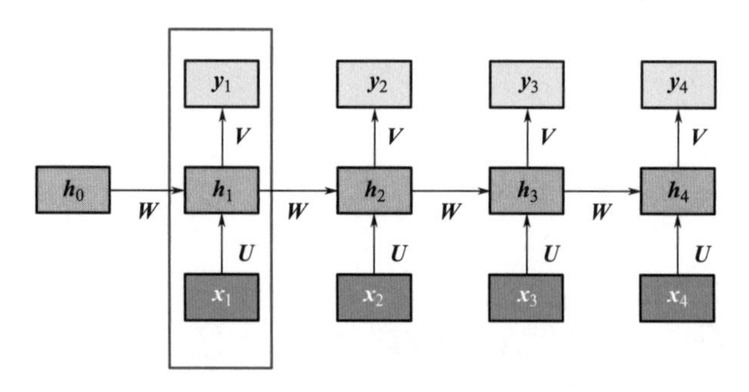

图 8.3-8　标准循环网络权重网络示意图

与前馈神经网络相比，循环神经网络中多了循环结构，以记录上一个计算时刻的隐藏层运算的结果，实现输出层的输出不仅与输入层的输入有关，还与前一时刻的隐藏层输出有关。这里将上述的结构展开以进一步了解循环神经网络的结构，更加清楚地了解循环神经网络的工作和训练过程。

图 8.3-8 中红框的部分其实就是一个前馈神经网络，网络的输入为向量 $\boldsymbol{x}_1$，输出为 $\boldsymbol{y}_1$；将该前馈神经网络进行展开，见图 8.3-9。与本章前馈神经网络部分的内容一样，图中的每个圆圈为一个神经元，黑线连接部分为权重参数，分别用权重矩阵 $\boldsymbol{V}$ 和权重矩阵 $\boldsymbol{U}$ 表示。

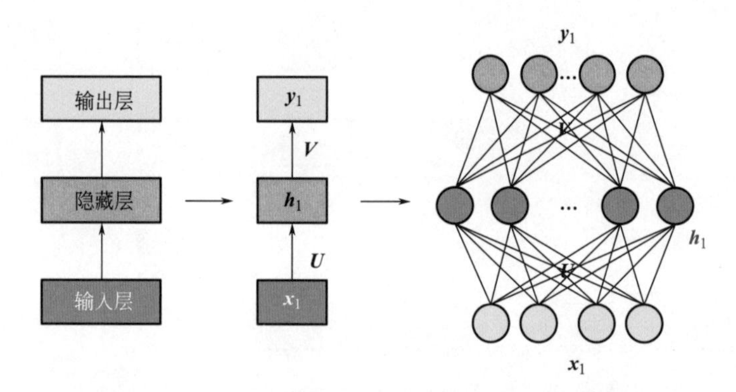

图 8.3-9　前馈神经网络展开图

为了更清楚了解这个时间长度为 4 的多输入多输出循环神经网络，按照同样的方式将其展开，见图 8.3-10；这样可更清楚地观察到隐藏层之间建立了网络连接，各个时刻隐含层之间建立了按照输入序列的先后关联，可以理解为后面网络进行特征提取时需考虑到先前网络输入的一些数据的特征，即实现了特征沿时间方向传播。图中红色虚线连接的权重矩阵 $\boldsymbol{W}$ 为沿时间方向隐含层之间连接的权重矩阵，所以了解该权重如何进行反向传播有利于理解循环网络的训练过程。

理解时间反向传播的过程可以结合前馈神经网络的过程，在前馈神经网络中利用链式法则完成反向传播算法过程中梯度的求解，循环神经网络中的偏导同样需要依赖链式法则进行求解。此处暂不介绍偏置项 $\boldsymbol{b}$ 的梯度求解，只介绍对权重梯度矩阵的求解，因为求解方式相似。

另外，RNN 的损失也是会随着时间累加的，所以不能只关注某一时刻的损失。RNN

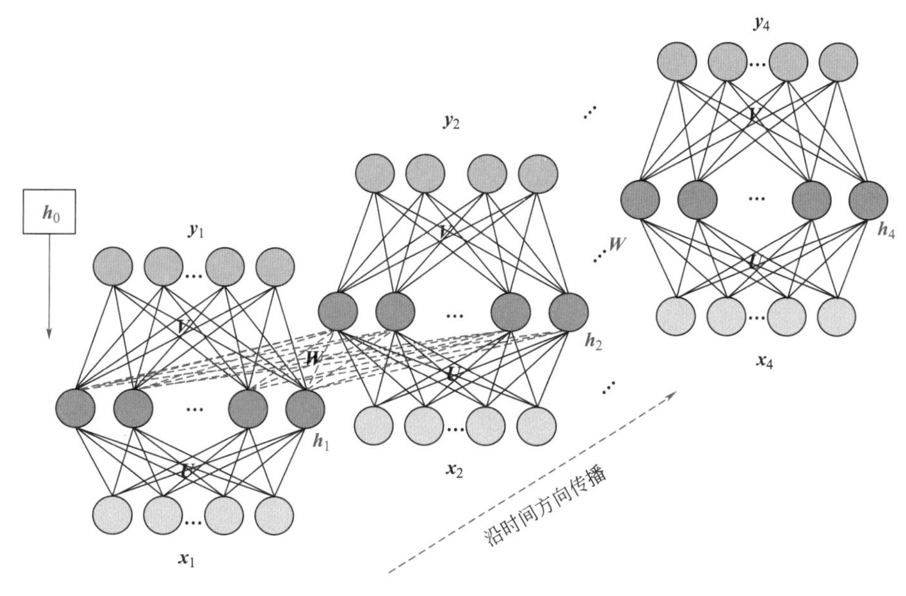

图 8.3-10　循环神经网络展开图

在不同的时刻都存在输出，见图 8.3-11。对于第 1 时刻，其代价函数为 C_1，依次类推，可以求得 4 个时刻的损失。对于分类任务，代价函数可以采用交叉熵损失函数，因为有多个时刻，所以循环神经网络的总损失函数为所有时刻的损失函数之和。

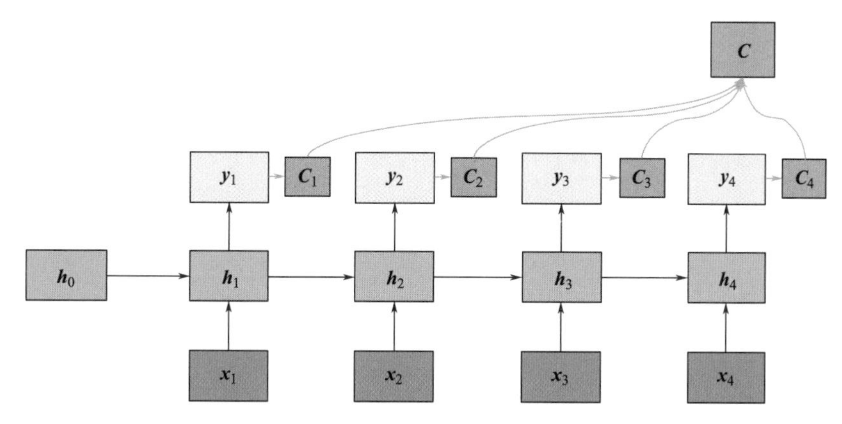

图 8.3-11　循环神经网络损失函数计算

BPTT 算法是针对循环层的训练算法，它的基本原理和 BP 算法是一样的，也包含同样的三个步骤：

步骤一：前向计算每个神经元的输出值；

步骤二：与卷积网络或前馈网络不同，循环神经网络需要反向计算每个时刻误差项 $\boldsymbol{\delta}_t$ 值，它是误差函数 C 对加权输入 $\boldsymbol{z}_t$（经激活函数前的输入）的偏导数，其中 $\boldsymbol{z}_t=\boldsymbol{W}h_{t-1}+\boldsymbol{U}\boldsymbol{x}_t$。计算过程为沿时间方向反向计算每个时刻的误差项。

步骤三：计算每个权重的梯度 $\nabla_W C$、$\nabla_U C$、$\nabla_V C$，最后用随机梯度下降法更新每个权重。

1. 前向计算

在 t 时刻，对循环层进行前向计算：

$$\boldsymbol{h}_t = f(\boldsymbol{W}\boldsymbol{h}_{t-1} + \boldsymbol{U}\boldsymbol{x}_t) \tag{8.3-5}$$

上式中 $\boldsymbol{h}_t$ 和 $\boldsymbol{x}_t$ 都是向量，$\boldsymbol{W}$ 和 $\boldsymbol{U}$ 都是矩阵，f 为激活函数，循环神经网络一般采用 tanh 函数为激活函数。

假设输入的向量 $\boldsymbol{x}_t \in R^{m\times 1}$ 是 m 维向量，输出向量 $\boldsymbol{h}_t \in R^{n\times 1}$ 为 n 维向量，此时矩阵 $\boldsymbol{U}$ 的维度为 $n\times m$ 维，矩阵 $\boldsymbol{W}$ 的维度为 $n\times n$ 维，将公式（8.3-5）展开：

$$\boldsymbol{h}^t = \begin{bmatrix} h_1^t \\ h_2^t \\ \vdots \\ h_n^t \end{bmatrix} = f\left(\begin{bmatrix} u_{1,1} & u_{1,2} & \cdots & u_{1,m} \\ u_{2,1} & u_{2,2} & \cdots & u_{2,m} \\ \vdots & \vdots & & \vdots \\ u_{n,1} & u_{n,2} & \cdots & u_{n,m} \end{bmatrix} \begin{bmatrix} x_1^t \\ x_2^t \\ \vdots \\ x_m^t \end{bmatrix} + \begin{bmatrix} w_{1,1} & w_{1,2} & \cdots & w_{1,n} \\ w_{2,1} & w_{2,2} & \cdots & w_{2,n} \\ \vdots & \vdots & & \vdots \\ w_{n,1} & w_{n,2} & \cdots & w_{n,n} \end{bmatrix} \begin{bmatrix} h_1^{t-1} \\ h_2^{t-1} \\ \vdots \\ h_n^{t-1} \end{bmatrix}\right) \tag{8.3-6}$$

上述过程表示 t 时刻循环层中的前向计算过程。

2. δ_t 的计算

BTPP 算法将 t 时刻的误差项 $\boldsymbol{\delta}_t$ 将其沿时间线传递到初始 $t=1$ 的时刻，得到 $\boldsymbol{\delta}_1$，这部分只和权重矩阵 $\boldsymbol{W}$ 有关。

用向量 $\boldsymbol{z}_t$ 表示神经元在 t 时刻的加权输入，此时上式表示为：

$$\begin{aligned} \boldsymbol{z}_t &= \begin{bmatrix} z_1^t \\ z_2^t \\ \vdots \\ z_n^t \end{bmatrix} \\ &= \boldsymbol{W}\boldsymbol{h}_{t-1} + \boldsymbol{U}\boldsymbol{x}_t \\ &= \begin{bmatrix} w_{1,1} & w_{1,2} & \cdots & w_{1,n} \\ w_{2,1} & w_{2,2} & \cdots & w_{2,n} \\ \vdots & \vdots & & \vdots \\ w_{n,1} & w_{n,2} & \cdots & w_{n,n} \end{bmatrix} \begin{bmatrix} h_1^{t-1} \\ h_2^{t-1} \\ \vdots \\ h_n^{t-1} \end{bmatrix} + \begin{bmatrix} u_{1,1} & u_{1,2} & \cdots & u_{1,m} \\ u_{2,1} & u_{2,2} & \cdots & u_{2,m} \\ \vdots & \vdots & & \vdots \\ u_{n,1} & u_{n,2} & \cdots & u_{n,m} \end{bmatrix} \begin{bmatrix} x_1^t \\ x_2^t \\ \vdots \\ x_m^t \end{bmatrix} \end{aligned} \tag{8.3-7}$$

此时式（8.3-6）表示为：

$$\boldsymbol{h}_{t-1} = f(\boldsymbol{z}_{t-1}) = \begin{bmatrix} f(z_1^{t-1}) \\ f(z_2^{t-1}) \\ \vdots \\ f(z_n^{t-1}) \end{bmatrix} \tag{8.3-8}$$

而 $\dfrac{\partial \boldsymbol{z}_t}{\partial \boldsymbol{z}_{t-1}}$ 为：

$$\frac{\partial \boldsymbol{z}_t}{\partial \boldsymbol{z}_{t-1}} = \frac{\partial \boldsymbol{z}_t}{\partial \boldsymbol{h}_{t-1}} \frac{\partial \boldsymbol{h}_{t-1}}{\partial \boldsymbol{z}_{t-1}} \tag{8.3-9}$$

上式的第一项 $\dfrac{\partial \boldsymbol{z}_t}{\partial \boldsymbol{h}_{t-1}}$ 是向量函数对向量求导，其结果为 Jacobian 矩阵，求导的结果就是矩阵 $\boldsymbol{W}$：

$$\frac{\partial \boldsymbol{z}_t}{\partial \boldsymbol{h}_{t-1}}=\begin{bmatrix}\frac{\partial z_1^t}{\partial h_1^{t-1}} & \frac{\partial z_1^t}{\partial h_2^{t-1}} & \cdots & \frac{\partial z_1^t}{\partial h_n^{t-1}}\\ \frac{\partial z_2^t}{\partial h_1^{t-1}} & \frac{\partial z_2^t}{\partial h_2^{t-1}} & \cdots & \frac{\partial z_2^t}{\partial h_n^{t-1}}\\ \vdots & \vdots & & \vdots\\ \frac{\partial z_n^t}{\partial h_1^{t-1}} & \frac{\partial z_n^t}{\partial h_2^{t-1}} & \cdots & \frac{\partial z_n^t}{\partial h_n^{t-1}}\end{bmatrix}=\begin{bmatrix}w_{1,1} & w_{1,2} & \cdots & w_{1,n}\\ w_{2,1} & w_{2,2} & \cdots & w_{2,n}\\ \vdots & \vdots & & \vdots\\ w_{n,1} & w_{n,2} & \cdots & w_{n,n}\end{bmatrix}=\boldsymbol{W} \tag{8.3-10}$$

同理，式（8.3-9）中第二项 $\frac{\partial \boldsymbol{h}_{t-1}}{\partial \boldsymbol{z}_{t-1}}$ 也是一个 Jacobian 矩阵，观察公式 $\boldsymbol{h}_{t-1}=f(\boldsymbol{z}_{t-1})$ 可发现矩阵中只有对角线上的元素有相关性：

$$\frac{\partial \boldsymbol{h}_{t-1}}{\partial \boldsymbol{z}_{t-1}}=\begin{bmatrix}\frac{\partial h_1^{t-1}}{\partial z_1^{t-1}} & \frac{\partial h_1^{t-1}}{\partial z_2^{t-1}} & \cdots & \frac{\partial h_1^{t-1}}{\partial z_n^{t-1}}\\ \frac{\partial h_2^{t-1}}{\partial z_1^{t-1}} & \frac{\partial h_2^{t-1}}{\partial z_2^{t-1}} & \cdots & \frac{\partial h_2^{t-1}}{\partial z_n^{t-1}}\\ \vdots & \vdots & & \vdots\\ \frac{\partial h_n^{t-1}}{\partial z_1^{t-1}} & \frac{\partial h_n^{t-1}}{\partial z_2^{t-1}} & \cdots & \frac{\partial h_n^{t-1}}{\partial z_n^{t-1}}\end{bmatrix}=\begin{bmatrix}f'(z_1^{t-1}) & 0 & \cdots & 0\\ 0 & f'(z_2^{t-1}) & \cdots & 0\\ \vdots & \vdots & & 0\\ 0 & 0 & 0 & f'(z_n^{t-1})\end{bmatrix}$$

$$=\mathrm{diag}[f'(\boldsymbol{z}_{t-1})] \tag{8.3-11}$$

其中 $\mathrm{diag}[f'(\boldsymbol{z}_{t-1})]$ 表示以向量 $f'(\boldsymbol{z}_{t-1})$ 为对角向量的对角矩阵。

最后，将 $\frac{\partial \boldsymbol{z}_t}{\partial \boldsymbol{h}_{t-1}}$，$\frac{\partial \boldsymbol{h}_{t-1}}{\partial \boldsymbol{z}_{t-1}}$ 这合并，可得：

$$\begin{aligned}\frac{\partial \boldsymbol{z}_t}{\partial \boldsymbol{z}_{t-1}}&=\frac{\partial \boldsymbol{z}_t}{\partial \boldsymbol{h}_{t-1}}\frac{\partial \boldsymbol{h}_{t-1}}{\partial \boldsymbol{z}_{t-1}}\\ &=\boldsymbol{W}\times\mathrm{diag}[f'(\boldsymbol{z}_{t-1})]\\ &=\begin{bmatrix}w_{1,1}f'(z_1^{t-1}) & w_{1,2}f'(z_2^{t-1}) & \cdots & w_{1,n}f'(z_n^{t-1})\\ w_{2,1}f'(z_1^{t-1}) & w_{2,2}f'(z_2^{t-1}) & \cdots & w_{2,n}f'(z_n^{t-1})\\ \vdots & \vdots & & \vdots\\ w_{n,1}f'(z_1^{t-1}) & w_{n,2}f'(z_2^{t-1}) & \cdots & w_{n,n}f'(z_n^{t-1})\end{bmatrix}\end{aligned} \tag{8.3-12}$$

计算完成 $\frac{\partial \boldsymbol{z}_t}{\partial \boldsymbol{z}_{t-1}}$ 后，则 $t-1$ 时刻的误差项为：

$$(\boldsymbol{\delta}_{t-1})^{\mathrm{T}}=\frac{\partial C}{\partial \boldsymbol{z}_{t-1}}=\frac{\partial C}{\partial \boldsymbol{z}_t}\frac{\partial \boldsymbol{z}_t}{\partial \boldsymbol{z}_{t-1}}=(\boldsymbol{\delta}_t)^{\mathrm{T}}\times\boldsymbol{W}\times\mathrm{diag}[f'(\boldsymbol{z}_{t-1})] \tag{8.3-13}$$

求 $t-k$ 时刻的误差项为：

上式中 $(\boldsymbol{\delta}_{t-1})^{\mathrm{T}}$ 和 $(\boldsymbol{\delta}_t)^{\mathrm{T}}$ 表示行向量，即 $(\boldsymbol{\delta}_{t-1})^{\mathrm{T}}\in R^{1\times n}$，$(\boldsymbol{\delta}_{t-1})^{\mathrm{T}}\in R^{1\times n}$。

$$(\boldsymbol{\delta}_{t-k})^{\mathrm{T}}=\frac{\partial C}{\partial \boldsymbol{z}_{t-k}}=\frac{\partial C}{\partial \boldsymbol{z}_t}\frac{\partial \boldsymbol{z}_t}{\partial \boldsymbol{z}_{t-1}}\frac{\partial \boldsymbol{z}_{t-1}}{\partial \boldsymbol{z}_{t-2}}\cdots\frac{\partial \boldsymbol{z}_{k+1}}{\partial \boldsymbol{z}_{t-k}}=(\boldsymbol{\delta}_t)^{\mathrm{T}}\prod_{i=t-k}^{t-1}\boldsymbol{W}\mathrm{diag}[f'(\boldsymbol{z}_i)] \tag{8.3-14}$$

上式为误差项沿时间方向传播的算法，$(\boldsymbol{\delta}_{t-k})^{\mathrm{T}}\in R^{1\times n}$。

3. 权重梯度的计算

上述两个步骤为前向计算和误差项计算，得到每个时刻循环层输出值 $\boldsymbol{h}_t$，以及误差项

$\boldsymbol{\delta}_t$。接下来依次计算权重矩阵$\boldsymbol{W}$、$\boldsymbol{U}$、$\boldsymbol{V}$的梯度计算。

（1）权重矩阵$\boldsymbol{W}$的梯度计算：

已知：

$$\begin{aligned}
\boldsymbol{z}_t &= \begin{bmatrix} z_1^t \\ z_2^t \\ \vdots \\ z_n^t \end{bmatrix} \\
&= \boldsymbol{W}\boldsymbol{h}_{t-1} + \boldsymbol{U}\boldsymbol{x}_t \\
&= \boldsymbol{U}\boldsymbol{x}_t + \begin{bmatrix} w_{1,1} & w_{1,2} & \cdots & w_{1,n} \\ w_{2,1} & w_{2,2} & \cdots & w_{2,n} \\ \vdots & \vdots & & \vdots \\ w_{n,1} & w_{n,2} & \cdots & w_{n,n} \end{bmatrix} \begin{bmatrix} h_1^{t-1} \\ h_2^{t-1} \\ \vdots \\ h_n^{t-1} \end{bmatrix} \\
&= \boldsymbol{U}\boldsymbol{x}_t + \begin{bmatrix} w_{1,1}h_1^{t-1} + w_{1,2}h_2^{t-1} \cdots w_{1,n}h_n^{t-1} \\ w_{2,1}s_1^{t-1} + w_{2,2}s_2^{t-1} \cdots w_{2,n}h_n^{t-1} \\ \vdots \\ w_{n,1}h_1^{t-1} + w_{n,2}h_2^{t-1} \cdots w_{n,n}h_n^{t-1} \end{bmatrix}
\end{aligned} \tag{8.3-15}$$

因为对$\boldsymbol{W}$求导与$\boldsymbol{U}\boldsymbol{x}_t$无关，因此不再考虑。现在考虑对任意权重项$w_{j,i}$求导。通过观察上式可知，任意权重项$w_{j,i}$只与$z_j^t$有关，所以在$t$时刻损失函数$C$关于权重矩阵元素$w_{j,i}$的导数为：

$$\frac{\partial C}{\partial w_{j,i}} = \frac{\partial C}{\partial z_j^t}\frac{\partial z_j^t}{\partial w_{j,i}} = \delta_j^t h_i^{t-1} \tag{8.3-16}$$

求得任意一个时刻的误差项$\boldsymbol{\delta}_t$，以及上一个时刻循环层的输出值$\boldsymbol{h}_t$，就可以按照下面的公式求出权重矩阵在t时刻的梯度$\nabla_{W_t}C$为：

$$\nabla_{W_t}C = \begin{bmatrix} \delta_1^t h_1^{t-1} & \delta_1^t h_2^{t-1} & \cdots & \delta_1^t h_n^{t-1} \\ \delta_2^t h_1^{t-1} & \delta_2^t h_2^{t-1} & \cdots & \delta_2^t h_n^{t-1} \\ \vdots & \vdots & & \vdots \\ \delta_n^t h_1^{t-1} & \delta_n^t h_2^{t-1} & \cdots & \delta_n^t h_n^{t-1} \end{bmatrix} \tag{8.3-17}$$

求得权重矩阵$\boldsymbol{W}$在t时刻的梯度$\nabla_{W_t}C$之后，最终的梯度$\nabla_{\boldsymbol{W}}C$是各个时刻的梯度之和：

$$\begin{aligned}
\nabla_{\boldsymbol{W}}C &= \sum_{i=1}^{t} \nabla_{W_i}C \\
&= \begin{bmatrix} \delta_1^t h_1^{t-1} & \delta_1^t h_2^{t-1} & \cdots & \delta_1^t h_n^{t-1} \\ \delta_2^t h_1^{t-1} & \delta_2^t h_2^{t-1} & \cdots & \delta_2^t h_n^{t-1} \\ \vdots & \vdots & & \vdots \\ \delta_n^t h_1^{t-1} & \delta_n^t h_2^{t-1} & \cdots & \delta_n^t h_n^{t-1} \end{bmatrix} + \cdots + \begin{bmatrix} \delta_1^1 h_1^0 & \delta_1^1 h_2^0 & \cdots & \delta_1^1 h_n^0 \\ \delta_2^1 h_1^0 & \delta_2^1 h_2^0 & \cdots & \delta_2^1 h_n^0 \\ \vdots & \vdots & & \vdots \\ \delta_n^1 h_1^0 & \delta_n^1 h_2^0 & \cdots & \delta_n^1 h_n^0 \end{bmatrix}
\end{aligned} \tag{8.3-18}$$

上式就是计算循环层权重矩阵$\boldsymbol{W}$的梯度公式，下面讲解上述公式的推导过程。

对于公式$\boldsymbol{z}_t = \boldsymbol{W}f(\boldsymbol{z}_{t-1}) + \boldsymbol{U}\boldsymbol{x}_t$，因为$\boldsymbol{U}\boldsymbol{x}_t$与$\boldsymbol{W}$完全无关，可以把它看作常量。现在考虑式子加号右边的部分，因为$\boldsymbol{W}$和$f(\boldsymbol{z}_{t-1})$都是$\boldsymbol{W}$的函数，因此要用到导数乘法运算：

$$(uv)' = u'v + uv' \tag{8.3-19}$$

因此上式可以写成：

$$\frac{\partial \boldsymbol{z}_t}{\partial \boldsymbol{W}} = \frac{\partial \boldsymbol{W}}{\partial \boldsymbol{W}} f(\boldsymbol{z}_{t-1}) + \boldsymbol{W} \frac{\partial f(\boldsymbol{z}_{t-1})}{\partial \boldsymbol{W}} \tag{8.3-20}$$

权重矩阵 $\boldsymbol{W}$ 关于误差函数 C 的偏导数为：

$$\nabla_W C = \frac{\partial C}{\partial \boldsymbol{W}} = \frac{\partial C}{\partial \boldsymbol{z}_t} \frac{\partial \boldsymbol{z}_t}{\partial \boldsymbol{W}} = \boldsymbol{\delta}_t^{\mathrm{T}} \frac{\partial \boldsymbol{W}}{\partial \boldsymbol{W}} f(\boldsymbol{z}_{t-1}) + \boldsymbol{\delta}_t^{\mathrm{T}} \boldsymbol{W} \frac{\partial f(\boldsymbol{z}_{t-1})}{\partial \boldsymbol{W}} \tag{8.3-21}$$

首先计算上述等式（8.3-21）中左边的一项 $\boldsymbol{\delta}_t^{\mathrm{T}} \frac{\partial \boldsymbol{W}}{\partial \boldsymbol{W}} f(\boldsymbol{z}_{t-1})$，其中 $\frac{\partial \boldsymbol{W}}{\partial \boldsymbol{W}}$ 是矩阵对矩阵求导，其结果是一个四维张量，如下所示：

$$\frac{\partial \boldsymbol{W}}{\partial \boldsymbol{W}} = \begin{bmatrix} \frac{\partial w_{1,1}}{\partial W} & \frac{\partial w_{1,2}}{\partial W} & \cdots & \frac{\partial w_{1,n}}{\partial W} \\ \frac{\partial w_{2,1}}{\partial W} & \frac{\partial w_{2,2}}{\partial W} & \cdots & \frac{\partial w_{2,n}}{\partial W} \\ \vdots & \vdots & & \vdots \\ \frac{\partial w_{n,1}}{\partial W} & \frac{\partial w_{n,2}}{\partial W} & \cdots & \frac{\partial w_{n,n}}{\partial W} \end{bmatrix}$$

$$= \begin{bmatrix}
\begin{bmatrix} \frac{\partial w_{1,1}}{\partial w_{1,1}} & \frac{\partial w_{1,1}}{\partial w_{1,2}} & \cdots & \frac{\partial w_{1,1}}{\partial w_{1,n}} \\ \frac{\partial w_{1,1}}{\partial w_{2,1}} & \frac{\partial w_{1,1}}{\partial w_{2,2}} & \cdots & \frac{\partial w_{1,1}}{\partial w_{2,n}} \\ \vdots & \vdots & & \vdots \\ \frac{\partial w_{1,1}}{\partial w_{n,1}} & \frac{\partial w_{1,1}}{\partial w_{n,2}} & \cdots & \frac{\partial w_{1,1}}{\partial w_{n,n}} \end{bmatrix} &
\begin{bmatrix} \frac{\partial w_{1,2}}{\partial w_{1,1}} & \frac{\partial w_{1,2}}{\partial w_{1,2}} & \cdots & \frac{\partial w_{1,2}}{\partial w_{1,n}} \\ \frac{\partial w_{1,2}}{\partial w_{2,1}} & \frac{\partial w_{1,2}}{\partial w_{2,2}} & \cdots & \frac{\partial w_{1,2}}{\partial w_{2,n}} \\ \vdots & \vdots & & \vdots \\ \frac{\partial w_{1,2}}{\partial w_{n,1}} & \frac{\partial w_{1,2}}{\partial w_{n,2}} & \cdots & \frac{\partial w_{1,2}}{\partial w_{n,n}} \end{bmatrix} & \cdots &
\begin{bmatrix} \frac{\partial w_{1,n}}{\partial w_{1,1}} & \frac{\partial w_{1,n}}{\partial w_{1,2}} & \cdots & \frac{\partial w_{1,n}}{\partial w_{1,n}} \\ \frac{\partial w_{1,n}}{\partial w_{2,1}} & \frac{\partial w_{1,n}}{\partial w_{2,2}} & \cdots & \frac{\partial w_{1,n}}{\partial w_{2,n}} \\ \vdots & \vdots & & \vdots \\ \frac{\partial w_{1,n}}{\partial w_{n,1}} & \frac{\partial w_{1,n}}{\partial w_{n,2}} & \cdots & \frac{\partial w_{1,n}}{\partial w_{n,n}} \end{bmatrix} \\
\begin{bmatrix} \frac{\partial w_{2,1}}{\partial w_{1,1}} & \frac{\partial w_{2,1}}{\partial w_{1,2}} & \cdots & \frac{\partial w_{2,1}}{\partial w_{1,n}} \\ \frac{\partial w_{2,1}}{\partial w_{2,1}} & \frac{\partial w_{2,1}}{\partial w_{2,2}} & \cdots & \frac{\partial w_{2,1}}{\partial w_{2,n}} \\ \vdots & \vdots & & \vdots \\ \frac{\partial w_{2,1}}{\partial w_{n,1}} & \frac{\partial w_{2,1}}{\partial w_{n,2}} & \cdots & \frac{\partial w_{2,1}}{\partial w_{n,n}} \end{bmatrix} &
\begin{bmatrix} \frac{\partial w_{2,2}}{\partial w_{1,1}} & \frac{\partial w_{2,2}}{\partial w_{1,2}} & \cdots & \frac{\partial w_{2,2}}{\partial w_{1,n}} \\ \frac{\partial w_{2,2}}{\partial w_{2,1}} & \frac{\partial w_{2,2}}{\partial w_{2,2}} & \cdots & \frac{\partial w_{2,2}}{\partial w_{2,n}} \\ \vdots & \vdots & & \vdots \\ \frac{\partial w_{2,2}}{\partial w_{n,1}} & \frac{\partial w_{2,2}}{\partial w_{n,2}} & \cdots & \frac{\partial w_{2,2}}{\partial w_{n,n}} \end{bmatrix} & \cdots &
\begin{bmatrix} \frac{\partial w_{2,n}}{\partial w_{1,1}} & \frac{\partial w_{2,n}}{\partial w_{1,2}} & \cdots & \frac{\partial w_{2,n}}{\partial w_{1,n}} \\ \frac{\partial w_{2,n}}{\partial w_{2,1}} & \frac{\partial w_{2,n}}{\partial w_{2,2}} & \cdots & \frac{\partial w_{2,n}}{\partial w_{2,n}} \\ \vdots & \vdots & & \vdots \\ \frac{\partial w_{2,n}}{\partial w_{n,1}} & \frac{\partial w_{2,n}}{\partial w_{n,2}} & \cdots & \frac{\partial w_{2,n}}{\partial w_{n,n}} \end{bmatrix} \\
\vdots & \vdots & & \vdots \\
\begin{bmatrix} \frac{\partial w_{n,1}}{\partial w_{1,1}} & \frac{\partial w_{n,1}}{\partial w_{1,2}} & \cdots & \frac{\partial w_{n,1}}{\partial w_{1,n}} \\ \frac{\partial w_{n,1}}{\partial w_{2,1}} & \frac{\partial w_{n,1}}{\partial w_{2,2}} & \cdots & \frac{\partial w_{n,1}}{\partial w_{2,n}} \\ \vdots & \vdots & & \vdots \\ \frac{\partial w_{n,1}}{\partial w_{n,1}} & \frac{\partial w_{n,1}}{\partial w_{n,2}} & \cdots & \frac{\partial w_{n,1}}{\partial w_{n,n}} \end{bmatrix} &
\begin{bmatrix} \frac{\partial w_{n,2}}{\partial w_{1,1}} & \frac{\partial w_{n,2}}{\partial w_{1,2}} & \cdots & \frac{\partial w_{n,2}}{\partial w_{1,n}} \\ \frac{\partial w_{n,2}}{\partial w_{2,1}} & \frac{\partial w_{n,2}}{\partial w_{2,2}} & \cdots & \frac{\partial w_{n,2}}{\partial w_{2,n}} \\ \vdots & \vdots & & \vdots \\ \frac{\partial w_{n,2}}{\partial w_{n,1}} & \frac{\partial w_{n,2}}{\partial w_{n,2}} & \cdots & \frac{\partial w_{n,2}}{\partial w_{n,n}} \end{bmatrix} & \cdots &
\begin{bmatrix} \frac{\partial w_{n,n}}{\partial w_{1,1}} & \frac{\partial w_{n,n}}{\partial w_{1,2}} & \cdots & \frac{\partial w_{n,n}}{\partial w_{1,n}} \\ \frac{\partial w_{n,n}}{\partial w_{2,1}} & \frac{\partial w_{n,n}}{\partial w_{2,2}} & \cdots & \frac{\partial w_{n,n}}{\partial w_{2,n}} \\ \vdots & \vdots & & \vdots \\ \frac{\partial w_{n,n}}{\partial w_{n,1}} & \frac{\partial w_{n,n}}{\partial w_{n,2}} & \cdots & \frac{\partial w_{n,n}}{\partial w_{n,n}} \end{bmatrix}
\end{bmatrix}$$

求得的矩阵结果为：

$$\frac{\partial \boldsymbol{W}}{\partial \boldsymbol{W}}=\begin{bmatrix}\begin{bmatrix}1&0&\cdots&0\\0&0&\cdots&0\\\vdots&\vdots&&\vdots\\0&0&\cdots&0\end{bmatrix}&\begin{bmatrix}0&1&\cdots&0\\0&0&\cdots&0\\\vdots&\vdots&&\vdots\\0&0&\cdots&0\end{bmatrix}&\cdots&\begin{bmatrix}0&0&\cdots&1\\0&0&\cdots&0\\\vdots&\vdots&&\vdots\\0&0&\cdots&0\end{bmatrix}\\\begin{bmatrix}0&0&\cdots&0\\1&0&\cdots&0\\\vdots&\vdots&&\vdots\\0&0&\cdots&0\end{bmatrix}&\begin{bmatrix}0&0&\cdots&0\\0&1&\cdots&0\\\vdots&\vdots&&\vdots\\0&0&\cdots&0\end{bmatrix}&\cdots&\begin{bmatrix}0&0&\cdots&0\\0&0&\cdots&1\\\vdots&\vdots&&\vdots\\0&0&\cdots&0\end{bmatrix}\\\vdots&\vdots&&\vdots\\\begin{bmatrix}0&0&\cdots&0\\0&0&\cdots&0\\\vdots&\vdots&&\vdots\\1&0&\cdots&0\end{bmatrix}&\begin{bmatrix}0&0&\cdots&0\\0&0&\cdots&0\\\vdots&\vdots&&\vdots\\0&1&\cdots&0\end{bmatrix}&\cdots&\begin{bmatrix}0&0&\cdots&0\\0&0&\cdots&0\\\vdots&\vdots&&\vdots\\0&0&\cdots&1\end{bmatrix}\end{bmatrix}$$

因为 $f(\boldsymbol{z}_{t-1})$ 是一个列向量，让上面的四维张量与这个向量相乘，得到了一个三维张量，再左乘行向量 $\boldsymbol{\delta}_t^{\mathrm{T}}$，$\boldsymbol{\delta}_t^{\mathrm{T}}\dfrac{\partial \boldsymbol{W}}{\partial \boldsymbol{W}}f(\boldsymbol{z}_{t-1})$ 的计算过程为：

$$\begin{aligned}(\boldsymbol{\delta}_t)^{\mathrm{T}}\frac{\partial \boldsymbol{W}}{\partial \boldsymbol{W}}f(\boldsymbol{z}_{t-1})&=\boldsymbol{\delta}_t^{\mathrm{T}}\frac{\partial \boldsymbol{W}}{\partial \boldsymbol{W}}\boldsymbol{h}_{t-1}\\&=(\boldsymbol{\delta}_t)^{\mathrm{T}}\begin{bmatrix}\begin{bmatrix}1&0&\cdots&0\\0&0&\cdots&0\\\vdots&\vdots&&\vdots\\0&0&\cdots&0\end{bmatrix}&\begin{bmatrix}0&1&\cdots&0\\0&0&\cdots&0\\\vdots&\vdots&&\vdots\\0&0&\cdots&0\end{bmatrix}&\cdots&\begin{bmatrix}0&0&\cdots&1\\0&0&\cdots&0\\\vdots&\vdots&&\vdots\\0&0&\cdots&0\end{bmatrix}\\\begin{bmatrix}0&0&\cdots&0\\1&0&\cdots&0\\\vdots&\vdots&&\vdots\\0&0&\cdots&0\end{bmatrix}&\begin{bmatrix}0&0&\cdots&0\\0&1&\cdots&0\\\vdots&\vdots&&\vdots\\0&0&\cdots&0\end{bmatrix}&\cdots&\begin{bmatrix}0&0&\cdots&0\\0&0&\cdots&1\\\vdots&\vdots&&\vdots\\0&0&\cdots&0\end{bmatrix}\\\vdots&\vdots&&\vdots\\\begin{bmatrix}0&0&\cdots&0\\0&0&\cdots&0\\\vdots&\vdots&&\vdots\\1&0&\cdots&0\end{bmatrix}&\begin{bmatrix}0&0&\cdots&0\\0&0&\cdots&0\\\vdots&\vdots&&\vdots\\0&1&\cdots&0\end{bmatrix}&\cdots&\begin{bmatrix}0&0&\cdots&0\\0&0&\cdots&0\\\vdots&\vdots&&\vdots\\0&0&\cdots&1\end{bmatrix}\end{bmatrix}\times\begin{bmatrix}h_1^{t-1}\\h_2^{t-1}\\\vdots\\h_n^{t-1}\end{bmatrix}\end{aligned}$$

$$
=\begin{bmatrix}\delta_1^t & \delta_2^t & \cdots & \delta_n^t\end{bmatrix}\times\begin{bmatrix}\begin{bmatrix}h_1^{t-1}\\0\\\vdots\\0\end{bmatrix} & \begin{bmatrix}h_2^{t-1}\\0\\\vdots\\0\end{bmatrix} & \cdots & \begin{bmatrix}h_n^{t-1}\\0\\\vdots\\0\end{bmatrix}\\ \begin{bmatrix}0\\h_1^{t-1}\\\vdots\\0\end{bmatrix} & \begin{bmatrix}0\\h_2^{t-1}\\\vdots\\0\end{bmatrix} & \cdots & \begin{bmatrix}0\\h_n^{t-1}\\\vdots\\0\end{bmatrix}\\ \vdots & \vdots & & \vdots\\ \begin{bmatrix}0\\0\\\vdots\\h_1^{t-1}\end{bmatrix} & \begin{bmatrix}0\\0\\\vdots\\h_2^{t-1}\end{bmatrix} & \cdots & \begin{bmatrix}0\\0\\\vdots\\h_n^{t-1}\end{bmatrix}\end{bmatrix}
$$

$$
=\begin{bmatrix}\delta_1^t h_1^{t-1} & \delta_1^t h_2^{t-1} & \cdots & \delta_1^t h_n^{t-1}\\ \delta_2^t h_1^{t-1} & \delta_2^t h_2^{t-1} & \cdots & \delta_2^t h_n^{t-1}\\ \vdots & \vdots & & \vdots\\ \delta_n^t h_1^{t-1} & \delta_n^t h_2^{t-1} & \cdots & \delta_n^t h_n^{t-1}\end{bmatrix}
$$

$$
=\nabla_{\boldsymbol{W}_t} C
$$

上面计算过程完成等式 $(\boldsymbol{\delta}_t)^{\mathrm{T}}\dfrac{\partial \boldsymbol{W}}{\partial \boldsymbol{W}}f(\boldsymbol{z}_{t-1})$ 的计算，接着计算式（8.3-21）右边的一项，即 $(\boldsymbol{\delta}_t)^{\mathrm{T}}\boldsymbol{W}\dfrac{\partial f(\boldsymbol{z}_{t-1})}{\partial \boldsymbol{W}}$ 的计算为：

$$
\begin{aligned}
(\boldsymbol{\delta}_t)^{\mathrm{T}}\boldsymbol{W}\frac{\partial f(\boldsymbol{z}_{t-1})}{\partial \boldsymbol{W}} &= (\boldsymbol{\delta}_t)^{\mathrm{T}}\boldsymbol{W}\frac{\partial f(\boldsymbol{z}_{t-1})}{\partial \boldsymbol{z}_{t-1}}\frac{\partial \boldsymbol{z}_{t-1}}{\partial \boldsymbol{W}}\\
&= (\boldsymbol{\delta}_t)^{\mathrm{T}}\boldsymbol{W}f'(\boldsymbol{z}_{t-1})\frac{\partial \boldsymbol{z}_{t-1}}{\partial \boldsymbol{W}}\\
&= (\boldsymbol{\delta}_{t-1})^{\mathrm{T}}\frac{\partial \boldsymbol{z}_{t-1}}{\partial \boldsymbol{W}}
\end{aligned}
\tag{8.3-22}
$$

因此，综合上述公式，可得到误差函数 C 关于 $\boldsymbol{W}$ 的递推公式，求解过程为：

$$
\begin{aligned}
\nabla_{\boldsymbol{W}} C &= \frac{\partial C}{\partial \boldsymbol{W}}\\
&= \frac{\partial C}{\partial \boldsymbol{z}_t}\frac{\partial \boldsymbol{z}_t}{\partial \boldsymbol{W}}\\
&= \nabla_{\boldsymbol{W}_t} C + (\boldsymbol{\delta}_{t-1})^{\mathrm{T}}\frac{\partial \boldsymbol{z}_{t-1}}{\partial \boldsymbol{W}}\\
&= \nabla_{\boldsymbol{W}_t} C + \nabla_{\boldsymbol{W}_{t-1}} C + (\boldsymbol{\delta}_{t-2})^{\mathrm{T}}\frac{\partial \boldsymbol{z}_{t-2}}{\partial \boldsymbol{W}}\\
&= \nabla_{\boldsymbol{W}_t} C + \nabla_{\boldsymbol{W}_{t-1}} C + \cdots + \nabla_{\boldsymbol{W}_1} C\\
&= \sum_{k=1}^{t} \nabla_{\boldsymbol{W}_k} C
\end{aligned}
\tag{8.3-23}
$$

（2）权重矩阵$\boldsymbol{U}$梯度的计算：

上面计算过程证明了最终的梯度$\nabla_W C$是各个时刻的梯度之和。权重矩阵$\boldsymbol{U}$的计算方法与权重矩阵$\boldsymbol{W}$类似，其在t时刻的梯度计算为：

$$\nabla_{U_t} C=\begin{bmatrix}\delta_1^t x_1^{t-1} & \delta_1^t x_2^{t-1} & \cdots & \delta_1^t x_n^{t-1}\\ \delta_2^t x_1^{t-1} & \delta_2^t x_2^{t-1} & \cdots & \delta_2^t x_n^{t-1}\\ \vdots & \vdots & & \vdots\\ \delta_n^t x_1^{t-1} & \delta_n^t x_2^{t-1} & \cdots & \delta_n^t x_n^{t-1}\end{bmatrix} \tag{8.3-24}$$

和权重矩阵$\boldsymbol{W}$一样，最终的梯度也是各个时刻的梯度之和，推导过程与上述推导过程类似：

$$\begin{aligned}\nabla_U C&=\frac{\partial C}{\partial \boldsymbol{U}}\\ &=\frac{\partial C}{\partial \boldsymbol{z}_t}\frac{\partial \boldsymbol{z}_t}{\partial \boldsymbol{U}}\\ &=(\boldsymbol{\delta}_t)^{\mathrm{T}}\frac{\partial \boldsymbol{U}}{\partial \boldsymbol{U}}\boldsymbol{x}_t+(\boldsymbol{\delta}_t)^{\mathrm{T}}\boldsymbol{W}\frac{\partial f(\boldsymbol{z}_{t-1})}{\partial \boldsymbol{U}}\\ &=(\boldsymbol{\delta}_t)^{\mathrm{T}}\frac{\partial \boldsymbol{U}}{\partial \boldsymbol{U}}\boldsymbol{x}_t+(\boldsymbol{\delta}_t)^{\mathrm{T}}\boldsymbol{W}\frac{\partial f(\boldsymbol{z}_{t-1})}{\partial \boldsymbol{z}_{t-1}}\frac{\partial \boldsymbol{z}_{t-1}}{\partial \boldsymbol{U}}\end{aligned} \tag{8.3-25}$$

与前面$\boldsymbol{W}$梯度求解证明过程相似，式（8.3-25）左边一项$(\boldsymbol{\delta}_t)^{\mathrm{T}}\dfrac{\partial \boldsymbol{U}}{\partial \boldsymbol{U}}\boldsymbol{x}_t$计算的结果为：

$$(\boldsymbol{\delta}_t)^{\mathrm{T}}\frac{\partial \boldsymbol{U}}{\partial \boldsymbol{U}}\boldsymbol{x}_t=(\boldsymbol{\delta}_t)^{\mathrm{T}}\begin{bmatrix}\begin{bmatrix}1&0&\cdots&0\\0&0&\cdots&0\\\vdots&\vdots&&\vdots\\0&0&\cdots&0\end{bmatrix} & \begin{bmatrix}0&1&\cdots&0\\0&0&\cdots&0\\\vdots&\vdots&&\vdots\\0&0&\cdots&0\end{bmatrix} & \cdots & \begin{bmatrix}0&0&\cdots&1\\0&0&\cdots&0\\\vdots&\vdots&&\vdots\\0&0&\cdots&0\end{bmatrix}\\ \begin{bmatrix}0&0&\cdots&0\\1&0&\cdots&0\\\vdots&\vdots&&\vdots\\0&0&\cdots&0\end{bmatrix} & \begin{bmatrix}0&0&\cdots&0\\0&1&\cdots&0\\\vdots&\vdots&&\vdots\\0&0&\cdots&0\end{bmatrix} & \cdots & \begin{bmatrix}0&0&\cdots&0\\0&0&\cdots&1\\\vdots&\vdots&&\vdots\\0&0&\cdots&0\end{bmatrix}\\ \vdots & \vdots & & \vdots\\ \begin{bmatrix}0&0&\cdots&0\\0&0&\cdots&0\\\vdots&\vdots&&\vdots\\1&0&\cdots&0\end{bmatrix} & \begin{bmatrix}0&0&\cdots&0\\0&0&\cdots&0\\\vdots&\vdots&&\vdots\\0&1&\cdots&0\end{bmatrix} & \cdots & \begin{bmatrix}0&0&\cdots&0\\0&0&\cdots&0\\\vdots&\vdots&&\vdots\\0&0&\cdots&1\end{bmatrix}\end{bmatrix}\times\begin{bmatrix}x_1^t\\x_2^t\\\vdots\\x_n^t\end{bmatrix}$$

$$
=\begin{bmatrix}\delta_1^t & \delta_2^t & \cdots & \delta_n^t\end{bmatrix}\times\begin{bmatrix}\begin{bmatrix}x_1^t\\0\\\vdots\\0\end{bmatrix} & \begin{bmatrix}x_2^t\\0\\\vdots\\0\end{bmatrix} & \cdots & \begin{bmatrix}x_n^t\\0\\\vdots\\0\end{bmatrix}\\ \begin{bmatrix}0\\x_1^t\\\vdots\\0\end{bmatrix} & \begin{bmatrix}0\\x_2^t\\\vdots\\0\end{bmatrix} & \cdots & \begin{bmatrix}0\\x_n^t\\\vdots\\0\end{bmatrix}\\ \vdots & \vdots & & \vdots\\ \begin{bmatrix}0\\0\\\vdots\\x_1^t\end{bmatrix} & \begin{bmatrix}0\\0\\\vdots\\x_2^t\end{bmatrix} & \cdots & \begin{bmatrix}0\\0\\\vdots\\x_n^t\end{bmatrix}\end{bmatrix}
$$

$$
=\begin{bmatrix}\delta_1^t x_1^t & \delta_1^t x_2^t & \cdots & \delta_1^t x_n^t\\ \delta_2^t x_1^t & \delta_2^t x_2^t & \cdots & \delta_2^t x_n^t\\ \vdots & \vdots & & \vdots\\ \delta_n^t x_1^t & \delta_n^t x_2^t & \cdots & \delta_n^t x_n^t\end{bmatrix}
$$

$$
=\nabla_{U_t}C
$$

接着计算右边一项 $(\boldsymbol{\delta}_t)^{\mathrm{T}}\boldsymbol{W}\frac{\partial f(\boldsymbol{z}_{t-1})}{\partial \boldsymbol{z}_{t-1}}\frac{\partial \boldsymbol{z}_{t-1}}{\partial \boldsymbol{U}}$，计算结果为：

$$
\begin{aligned}
(\boldsymbol{\delta}_t)^{\mathrm{T}}W\frac{\partial f(\boldsymbol{z}_{t-1})}{\partial \boldsymbol{z}_{t-1}}\frac{\partial \boldsymbol{z}_{t-1}}{\partial \boldsymbol{U}} &= (\boldsymbol{\delta}_t)^{\mathrm{T}}\boldsymbol{W}\frac{\partial f(\boldsymbol{z}_{t-1})}{\partial \boldsymbol{z}_{t-1}}\frac{\partial \boldsymbol{z}_{t-1}}{\partial \boldsymbol{U}}\\
&= (\boldsymbol{\delta}_t)^{\mathrm{T}}\boldsymbol{W}f'(\boldsymbol{z}_{t-1})\frac{\partial \boldsymbol{z}_{t-1}}{\partial \boldsymbol{U}}\\
&= (\boldsymbol{\delta}_{t-1})^{\mathrm{T}}\frac{\partial \boldsymbol{z}_{t-1}}{\partial \boldsymbol{U}}
\end{aligned}
\tag{8.3-26}
$$

于是可得到权重矩阵 $\boldsymbol{U}$ 梯度的递推公式，其梯度也为各个时刻的梯度之和，求解过程为：

$$
\begin{aligned}
\nabla_{\boldsymbol{U}}C &= \frac{\partial C}{\partial \boldsymbol{U}}\\
&= \frac{\partial C}{\partial \boldsymbol{z}_t}\frac{\partial \boldsymbol{z}_t}{\partial \boldsymbol{U}}\\
&= \nabla_{\boldsymbol{U}_t}C + (\boldsymbol{\delta}_{t-1})^{\mathrm{T}}\frac{\partial \boldsymbol{z}_{t-1}}{\partial \boldsymbol{U}}\\
&= \nabla_{\boldsymbol{U}_t}C + \nabla_{\boldsymbol{U}_{t-1}}C + (\boldsymbol{\delta}_{t-2})^{\mathrm{T}}\frac{\partial \boldsymbol{z}_{t-2}}{\partial \boldsymbol{U}}\\
&= \nabla_{\boldsymbol{U}_t}C + \nabla_{\boldsymbol{U}_{t-1}}C + \cdots + \nabla_{\boldsymbol{U}_1}C\\
&= \sum_{k=1}^{t}\nabla_{\boldsymbol{U}_k}C
\end{aligned}
\tag{8.3-27}
$$

（3）权重矩阵 **V** 梯度的计算：

求解权重矩阵 **V** 梯度即为求解输出层的权重矩阵的梯度。其求解过程相对简单，只需关注当前的状态。对于循环神经网络的总损失函数为所有时刻的损失函数之和为：

$$C=\sum_{t=1}^{N}C_t \tag{8.3-28}$$

其中 t 为对应的时刻，N 为循环神经网络的长度。

t 时刻，求解代价函数对 **V** 的梯度：

$$\frac{\partial C_t}{\partial \mathbf{V}}=\frac{\partial C_t}{\partial y_t}\cdot\frac{\partial y_t}{\partial \mathbf{V}} \tag{8.3-29}$$

由式（8.3-28）得损失函数 C 在权重矩阵 **V** 上的梯度为上面各个时刻梯度的和，即：

$$\frac{\partial C}{\partial \mathbf{V}}=\sum_{t=1}^{N}\frac{\partial C_t}{\partial \mathbf{y}_t}\cdot\frac{\partial \mathbf{y}_t}{\partial \mathbf{V}} \tag{8.3-30}$$

至此完成各个权重矩阵梯度的求解，与前馈神经网络一样，基于求得的梯度就可更新参数，公式如下：

$$\mathbf{W}=\mathbf{W}-\alpha\frac{\partial C}{\partial \mathbf{W}} \tag{8.3-31}$$

其中 α 为学习率，其他权重矩阵参数更新的方式与上式相同。

8.3.3 循环神经网络实现工人动作识别

在卷积神经网络讲述了计算机视觉中目标检测的任务，通过卷积神经网络可以完成待检测对象的中心点和边界框的提取，实现图像或视频中对象类别和位置的检测。动作识别也为计算机视觉中的研究方向之一，其任务通常利用视频数据完成人员动作分类。

不考虑前面的视频帧进行逐帧识别或识别一个单张图片中的工人的动作，有时难以区分。比如弯腰放置板材和弯腰拿起板材，可能中间存在相似的工作过程，如果只是简单的一帧视频或一张照片可能无法判断，但是一段视频考虑视频前后的关联就可以判断出这个动作的类别。比如图 8.3-12 中红框中的工人时刻 t 的动作类别就不太容易去判断，因为动作是连续发生的，具有前后的关联性，因此仅仅依赖于前馈神经网络或者卷积神经网络很难完成动作类别的划分。

图 8.3-12 工人施工现场监控图

通过回看视频前面的一些视频帧则更容易完成此时动作的类别，从图 8.3-13 中可以推测出工人是在弯腰去拾取另一块板材，即工人当前为弯腰拾取的动作。

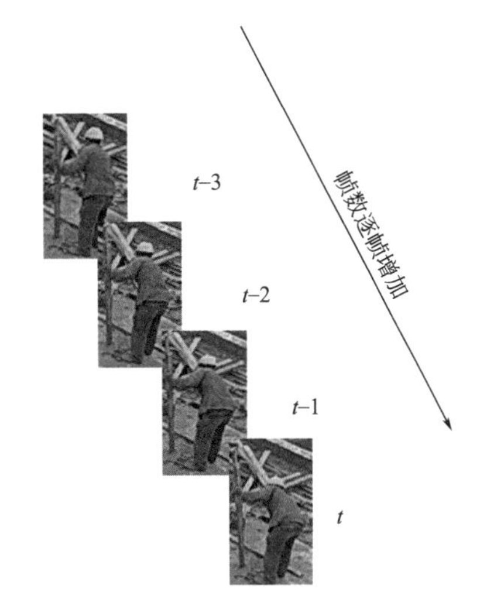

图 8.3-13 提取工人位置的前几帧视频片段

本书讲解基于循环神经网络完成工人动作的识别，对于循环神经网络输入的数据为时间序列，视频数据可进行逐帧划分，因此每帧视频数据就是一个时间序列。为了保证输入到循环神经网络的数据尽可能小，也就是仅将只有工人边界框的图像数据输入到网络，可利用卷积神经网络的目标检测算法去抠取只有工人边界框所包含的图像。由于目标检测时不能保证边界框大小始终不变，为了使得循环神经网络的输入层数据维度保持一致，目标检测网络输出的边界框的大小需要进一步调整到固定大小的尺寸。提取的边界框经过处理截取的框的大小为 30×50 固定的边界框，检测框中的像素对应的 RGB 数值为一个时间序列中单个数据向量，表示为 x_t，该数据向量的维度为 4500。

对于循环神经网络需要输出动作的类别，与图像分类任务相同，类别也用 onehot 编码进行表示。这里假设一个有 3 个动作类别，分别是拿起板材（编码为 100）、放置板材（编码为 010）和行走（编码为 001），与分类网络相同每一个标签编码用一个向量表示。这里动作的类别的种类可以进行扩充，当有 n 个动作类别时，编码的向量长度就为 n。对于动作识别任务可以使用对多等输入等输出网络和多对一不定长输入循环神经网络进行分类，下面分别进行讲解，并比较其中的区别。

（1）多对多等输入等输出网络

使用多对多等输入等输出循环神经网络完成动作分类任务，此时网络输入的是连续的工人每帧的序列像素对应的 RGB 数据，输出的为每个时刻输入序列的对应的动作类别，输出层采用 softmax 函数作为激活函数。图 8.3-14 为设计的循环网络，共由四个时间长度的循环神经网络组成，该网络每次只允许输入长度为 4 的序列数据输入，即 x_1、x_2、x_3、x_4。网络的每个输出向量 $\boldsymbol{y}$ 都是由 softmax 函数激活，可以得到三个动作各自的概率值。网络在推断 x_4 的类别时会考虑先前的历史信息 h_1、h_2、h_3，不仅仅依赖于 x_4 的输入，可以起到图 8.3-13 中回看视频的作用，提高识别的准确率。上述网络的序列长度可以调整，长度大于 4 时，网络会考虑更多先前的历史信息。

对于多对多等输入等输出网络训练过程和模型测试过程如下：

步骤一：使用目标检测网络提取视频中待检测工人中心点坐标，输出并保存为固定大小的连续帧图片数据，得到固定尺寸连续边界框大小的图像 RGB 数据。

步骤二：利用视频图片前后帧的连续性，完成视频逐帧标注，标注方式为 onehot 编码，完成数据集的制作，此时视频帧每一帧都有标记。

步骤三：将抠取的工人边界框内的图像数据序列批量输入到循环神经网络，输入的序列长度为 4，利用实际标签信息完成损失函数的计算，通过时间反向传播完成网络权重的

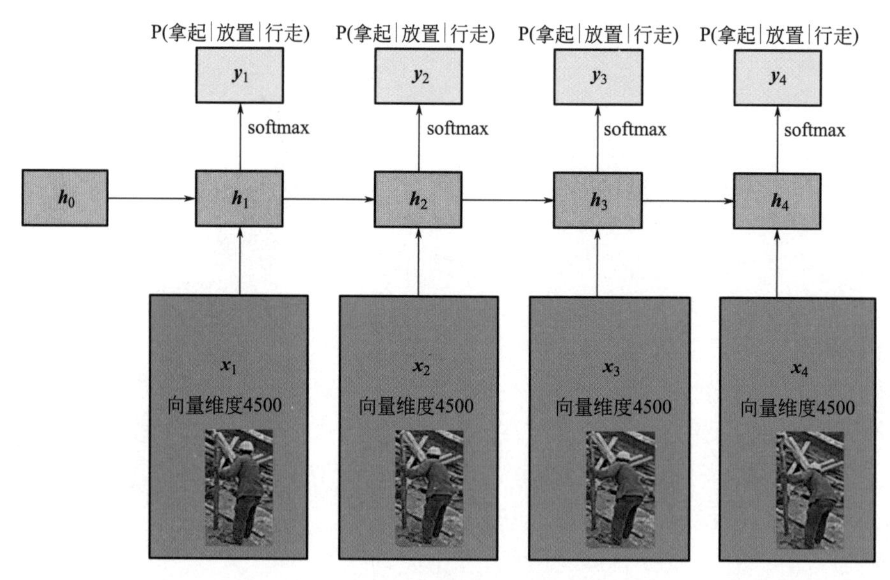

图 8.3-14　多对多动作识别网络

更新，将损失降至期望大小，并稳定后完成模型训练。

步骤四：测试网络模型时，序列输入长度也为 4。检测 x_t 帧工人的动作类别时，将其前面三帧数据构成时间序列输入至网络，可以得到四个帧各自的动作类别。检测第 x_{t+1} 帧的动作类别时，同样将其与前面三帧的向量构成时间序列输入至网络，得到依赖前面三帧历史信息得到的第四帧动作识别结果。

（2）多对一不定长输入网络

上述讲解了多对多等输入网络进行工人动作识别，网络的输入输出都为长度为 4 的时间序列。上述网络展示了考虑历史信息进行工人动作分类的案例，但没有体现循环神经网络可以处理不定长数据的特性。

对于工人的动作识别任务，可以将一段比较长的视频看作一个整体，再将视频分割成时间很多小于 3s 的视频片段。此时视频片段可能有时长为 1s 的时间片段，可能有 2s 的时间片段。视频的长度最大被限制在 3s，当视频的拍摄帧率为 30fps 时，最长的视频片段序列长度为 90。视频片段的长度有长有短，但有最大长度限制，与多对多网络将每个视频帧划分为一个动作类别不同，这里将每个视频小片段作为一个整体划分为一个动作类别。例如上述过程可以将某个 1s 的小视频片段分为工人拿起材料的类别，将另一个 2s 的视频片段分为工人行走的动作类别。此时变成了不定长时间序列进行分类的问题，每次输入到网络的序列的长度可能不同，因为视频片段有长有短。

对于上述任务设置序列长度为 90 的循环神经网络，见图 8.3-15。网络的输入由 90 个长度的视频帧序列构成，构成的向量的维度为 4500。输入的长度此时不被限制在固定长度，对于 t 时刻需要输入的向量 x_t，如果视频序列对应位置没有视频帧，则进行补 0 操作，得到长度为 4500 的全零向量作为输入。网络输出的序列长度为 1，表示这个视频片段的动作类别，网络对连续的视频帧进行分析，可以得出视频小片段的动作类别。上述的网络长度 90 也可以进行调整，可以根据划分的视频片段的最大长度选定为网络的长度，可保证所有视频片段都可以完整的输入到网络完成视频片段的动作分类。

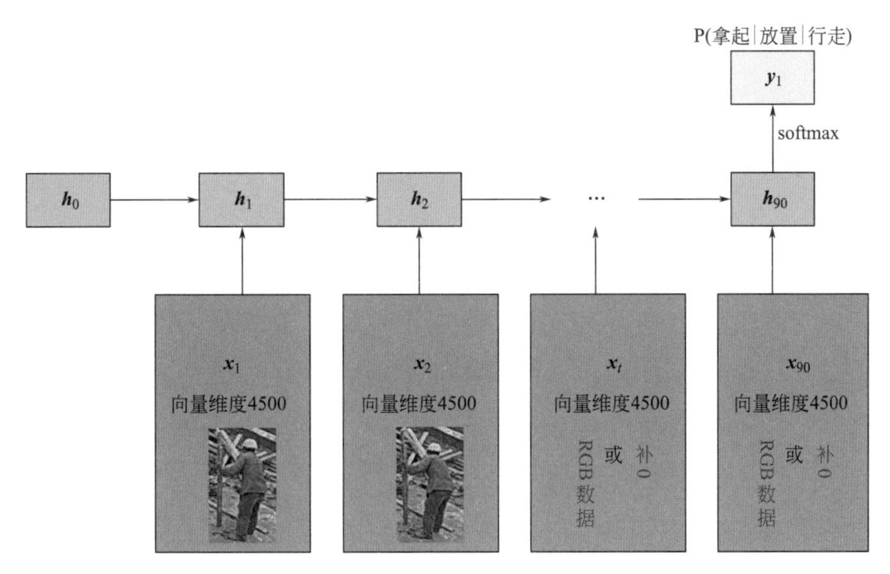

图 8.3-15　多对一动作识别网络

对于多对一不定长输入网络训练过程和模型测试过程如下：

步骤一：使用目标检测网络提取每个视频片段中待检测工人中心点坐标，输出并保存为固定大小的连续帧图片数据，得到固定尺寸连续边界框大小的图像 RGB 数据，拼接成新的视频片段，如果视频片段长度小于 90，则后续的每个 4500 维向量用 0 进行补充，保证序列的长度为 90。

步骤二：利用视频图片前后帧的连续性，对新拼接成的视频片段标注，标注方式为 onehot 编码，每个视频片段对应一个编码。

步骤三：将每个拼接和补 0 的长度为 90 的序列输入到循环神经网络，利用序列实际标签信息完成损失函数的计算，通过时间反向传播完成网络权重的更新，将损失降至期望大小，并稳定后完成模型训练。

步骤四：测试网络模型时，输入的视频片段长度可以是不大于 90 的任意长度序列，对于不大于 90 的序列后面的向量需要用逐个用 0 补充到 4500 得到新的长度为 90 的序列。新的序列输入至网络，可以得到当前视频片段的动作识别结果。

8.3.4　LSTM 神经网络

长短期记忆网络（Long Short-Term Memory Network，LSTM）是标准循环神经网络的一种改进形式，可以有效地解决标准循环神经网络的梯度爆炸或消失问题。相较于标准循环神经网络，LSTM 更改了隐藏层的计算，内部结构更加复杂，具有更强的表现能力[14]。

由式（8.3-3），可得标准循环神经网络隐藏层的计算过程为：

$$\begin{aligned}\boldsymbol{h}_t &= \tanh(\boldsymbol{W}_{hh}\boldsymbol{h}_{t-1} + \boldsymbol{W}_{xh}\boldsymbol{x}_t + \boldsymbol{b}) \\ &= \tanh\left((\boldsymbol{W}_{hh} \quad \boldsymbol{W}_{hx})\begin{pmatrix}\boldsymbol{h}_{t-1} \\ \boldsymbol{x}_t\end{pmatrix} + \boldsymbol{b}\right) \\ &= \tanh\left(\boldsymbol{W}\begin{pmatrix}\boldsymbol{h}_{t-1} \\ \boldsymbol{x}_t\end{pmatrix} + \boldsymbol{b}\right)\end{aligned} \tag{8.3-32}$$

而 LSTM 神经网络隐藏层的计算过程为：

$$\begin{bmatrix}\tilde{\boldsymbol{c}}_t\\\boldsymbol{o}_t\\\boldsymbol{i}_t\\\boldsymbol{f}_t\end{bmatrix}=\begin{bmatrix}\tanh\left(\boldsymbol{W}_1\begin{bmatrix}\boldsymbol{x}_t\\\boldsymbol{h}_{t-1}\end{bmatrix}+\boldsymbol{b}\right)\\\sigma\left(\boldsymbol{W}_2\begin{bmatrix}\boldsymbol{x}_t\\\boldsymbol{h}_{t-1}\end{bmatrix}+\boldsymbol{b}\right)\\\sigma\left(\boldsymbol{W}_3\begin{bmatrix}\boldsymbol{x}_t\\\boldsymbol{h}_{t-1}\end{bmatrix}+\boldsymbol{b}\right)\\\sigma\left(\boldsymbol{W}_4\begin{bmatrix}\boldsymbol{x}_t\\\boldsymbol{h}_{t-1}\end{bmatrix}+\boldsymbol{b}\right)\end{bmatrix} \tag{8.3-33}$$

$$\boldsymbol{c}_t=\boldsymbol{f}_t\odot\boldsymbol{c}_{t-1}+\boldsymbol{i}_t\odot\tilde{\boldsymbol{c}}_t \tag{8.3-34}$$

$$\boldsymbol{h}_t=\boldsymbol{o}_t\odot\tanh(\boldsymbol{c}_t) \tag{8.3-35}$$

相较于标准 RNN，LSTM 内部循环的隐藏层计算更加复杂，LSTM 引入了新的内部状态 $\boldsymbol{c}_t$ 以及加入门控机制。$\tilde{\boldsymbol{c}}_t$ 表示经过非线性函数得到的候选状态，$\odot$ 为向量元素乘积（两个向量对应元素相乘，得到结果仍为一个向量），σ 为 Sigmoid 激活函数。LSTM 拥有三个门，分别是遗忘门 $\boldsymbol{f}_t$、输入门 $\boldsymbol{i}_t$ 和输出门 $\boldsymbol{o}_t$。

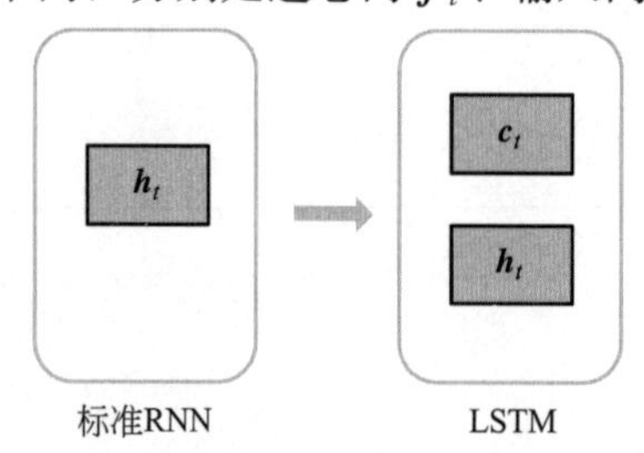

图 8.3-16 LSTM 隐藏层引入新内部状态

新的内部状态

标准 RNN 隐藏层只有一个状态 h，这种情况只对邻近输入数据之间的关系敏感；LSTM 通过引入一个状态 c，就使得网络对时间相隔较远输入数据之间的关系敏感，见图 8.3-16。

门控机制

为控制长期状态 c，LSTM 引入了门控机制。在数字电路中，门（Gate）为一个二值变量 {0，1}，0 代表关闭状态，不许任何信息通过；1 代表开放状态，允许所有信息通过。LSTM 网络引入门控机制（Gating Mechanism）来控制信息传递的路径。在隐藏层中，门实际上就是一层全连接层，输入是一个向量，输出是一个分类为 0 到 1 之间的向量。

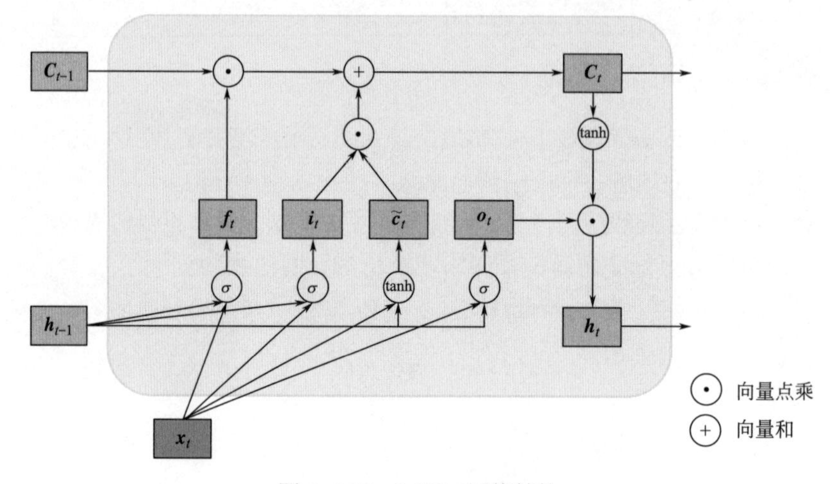

图 8.3-17 LSTM 网络结构

门是一种让信息选择式通过的方法，LSTM 的遗忘门 $\boldsymbol{f}_t$、输入门 $\boldsymbol{i}_t$ 和输出门 $\boldsymbol{o}_t$ 中，都包含一个由 Sigmoid 函数构成的网络层和一个点乘操作。图 8.3-17 为 LSTM 网络结构，其中每个循环层中的计算过程如下：

遗忘门计算：

$$\boldsymbol{f}_t=\sigma(\boldsymbol{W}_{xf}\boldsymbol{x}_t+W_{hf}\boldsymbol{h}_{t-1}+\boldsymbol{b}_f) \tag{8.3-36}$$

输入门计算：

$$\boldsymbol{i}_t=\sigma(\boldsymbol{W}_{xi}\boldsymbol{x}_t+\boldsymbol{W}_{hi}\boldsymbol{h}_{t-1}+\boldsymbol{b}_i) \tag{8.3-37}$$

输出门计算：

$$\boldsymbol{o}_t=\sigma(\boldsymbol{W}_{xo}\boldsymbol{x}_t+W_{ho}\boldsymbol{h}_{t-1}+\boldsymbol{b}_f) \tag{8.3-38}$$

上式中，σ 为 Sigmoid 函数，其输出区间为（0，1），$\boldsymbol{x}_t$ 为当前时刻 t 的输入向量，$\boldsymbol{h}_{t-1}$ 为上一时刻的隐藏层状态向量。$\boldsymbol{W}$ 与标准 RNN 的表示相同，公式中 $\boldsymbol{W}$ 的下标表示神经层之间的全连接权重矩阵。

当前输入的单元候选状态 $\widetilde{\boldsymbol{c}}_t$，其计算公式为：

$$\widetilde{\boldsymbol{c}}_t=\tanh(\boldsymbol{W}_{xc}\boldsymbol{x}_t+W_{hc}\boldsymbol{h}_{t-1}+\boldsymbol{b}_c) \tag{8.3-39}$$

上述过程即为 LSTM 的计算工作流程。

8.3.5　递归神经网络

如果将循环神经网络按时间展开，每个时刻的隐藏层状态 $\boldsymbol{h}_t$ 看作一个节点，那么这些节点就构成一个链式结构，每个节点 t 都收到其父节点的消息（Message）且更新自己的状态，并传递给其子节点。而链式结构是一种特殊的图结构，将这种消息传递（Message Passing）的思想扩展到任意的图结构上，使得原始的数据具有某种图的结构，则神经网络可构造成图结构进行图结构数据处理。

递归神经网络（RvNNs）是循环神经网络在处理有向无环图（一类图结构数据）方面的扩展。递归神经网络的一般结构为树状的层次结构，如图 8.3-18 所示。

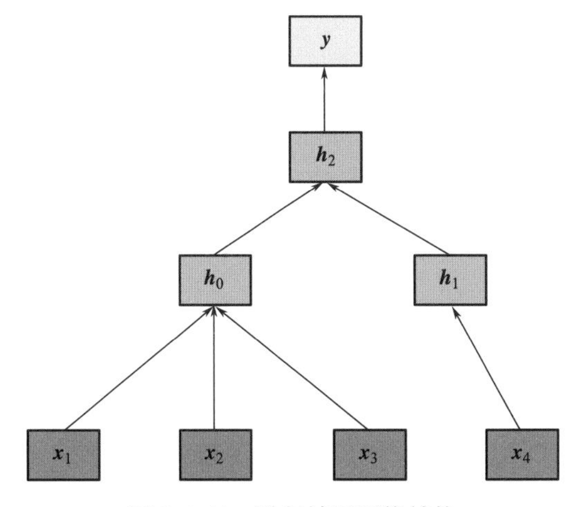

图 8.3-18　递归神经网络结构

递归神经网络具有更为强大的表示能力，但是在实际应用中并不多，其中一个主要原因是，递归神经网络的输入是树或其他图结构，而这种数据结构需要花费很多人力进行标注。例如，在自然语言处理中，一般的循环神经网络处理一句话时，可以直接把这句话作为输入；而用递归神经网络处理这句话，就必须把这句话标注为语法解析树的形式。

8.4 特征与深度学习

机器学习的核心功能之一是从数据中自动分析获得规律，并利用规律对未知数据进行预测，如本章介绍的卷积神经网络可预测（识别）出新输入图片中的物品类别。然而，学习数据的规律首先要定义数据的特征，例如图像数据多利用像素作为特征，而文本数据则多利用词频作为特征。机器学习算法对数据的规律学习都是基于其定义的数据特征完成的。机器学习的数据处理流程一般如图 8.4-1 所示，图中的特征处理一般需要人工干预完成，利用专家的经验及领域知识来选取好的特征；特征处理对于机器学习算法的学习性能至关重要。

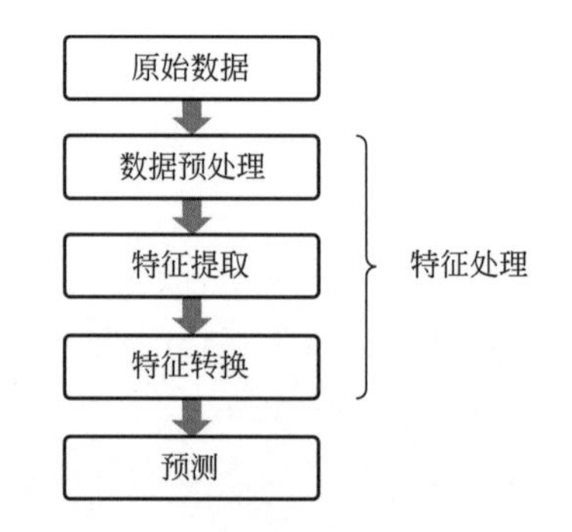

图 8.4-1 传统机器学习的数据处理流程

实际问题中，数据类型的多样性决定了特征的多样性。基于向量在数学上的高度可解释性和应用广泛性，我们重点关注可用向量表示的特征。图像数据和文本数据是两个典型的使用向量来表示其特征的例子。

图像：一幅图像可以定义为一个二元函数 $f(x, y)$，其中 x 和 y 是二维坐标，而在任何一对空间坐标（x，y）处的幅值 f 称为图像在该点处的强度或灰度。如果图像大小为 $M \times N$，则该图像的特征可以表示为一个 $M \times N$ 维的特征向量，向量中每一个分量的值对应像素的灰度值。为提高模型准确率，特征向量中也会经常加入一些额外的特征，如直方图、宽高比、纹理特征、边缘特征等。如果我们总共抽取了 D 个特征，这些特征可以表示为一个 D 维向量 $\boldsymbol{x} \in \boldsymbol{R}^{D}$。

文本：除了图像外，文本数据的特征也常用向量来表示。假设文本中的词来自于一个词表 V，大小为 $|V|$，则文本可以表示为一个 $|V|$ 维的向量 $\boldsymbol{x} \in \boldsymbol{R}^{|V|}$。向量 $\boldsymbol{x}$ 中第 i 维的值表示词表中的第 i 个词是否在 $\boldsymbol{x}$ 中出现；如果出现，值为 1，否则为 0。

深度学习的主要目的是让机器学习算法自身从已有数据中学习到好的特征（feature）表示，从而提高预测的准确性。深度学习的核心功能是特征学习，旨在通过分层网络获取分层次的特征信息，从而解决以往需要人工设计特征的难题。深度学习要将数据进行非线性特征转换从而获得高级语义特征，其中“深度”一词也表明这种转换的次数多；且深度学习是一种让模型自主完成这种转换的机器学习方法。

在机器学习的众多研究方向中，特征学习（又称表示学习或表征学习）关注如何自动找出表示数据的合适特征，以便更好地实现对数据规律的学习；而深度学习是具有多级表示的特征学习方法。在每一级数据表示（从原始数据开始），深度学习通过简单的传递函数将该层级的表示转换为更高层级的表示。因此，深度学习模型也可以看作由许多传递函数复合而成的复合函数。当这些复合的函数足够多时，深度学习模型就可以表示非常复杂的变换，学习更为抽象的数据特征表达。

由于深度学习基于多层神经网络结构，深度学习可以根据网络层数递增表示越来越抽象的概念或模式。以图像识别为例，输入数据是一组原始像素值，而在深度学习算法中，图像则可能逐级表示为特定位置和角度的轮廓、由轮廓组合得出的纹路、由多种纹路进一步汇合得到的特定部位的模式等。最终，模型能够较容易根据更高层级的表示完成给定的识别任务，如识别图像中的物体、人、动物等。

深度学习提供了一种端到端的学习（End-to-end Learning）范式，整个学习的过程并不进行人为的子模块或子问题划分，而是完全交给深度学习算法直接学习从原始数据到期望输出的映射。因此，传统图像处理多将特征提取与机器学习算法训练分开处理，而深度学习则将两者融合，形成一个整体的学习算法。

8.5　生成对抗神经网络

8.5.1　生成对抗网络的思想

生成对抗网络（Generative Adversarial Network，GAN）是 Ian J. Goodfellow[17] 等于 2014 年提出的一个模型框架，框架中的网络模型通过对抗过程得以不断进化。GAN 中一般包括生成模型（Generative Model）和判别模型（Discriminative Model）这两个模型，并通过两个模型的互相博弈产生好的输出结果。生成模型也被称为生成器（Generator），判别模型也被称为判别器（Discriminator）。生成模型通过学习原样本数据（真实数据，也常被称为训练数据）中的概率分布来模拟产生相似的数据，这些相似的数据被称为生成数据；判别模型用于判断输入数据的类型是真实数据还是生成数据，当输入数据为样本数据时为“真”，否则为“假”。

GAN 的训练中，既要训练生成模型，又要训练判别模型。一般可先固定初始生成模型并训练判别模型，直到判别模型可轻易区分输入的数据是“真”还是“假”，此时判别模型对生成模型产生的数据判断为“假”的概率接近 100%；然后再固定判别模型并更新一次生成模型；通过不断循环训练，生成模型和判别模型的能力都越来越强，生成模型生成的数据越来越接近真实数据，而判别模型对生成模型产生的生成数据判定为“假”的概率接近 50%（无参考价值），则我们就可以通过生成模型来生成我们想要的结果。GAN 的训练数据集不需要进行大量繁琐的人工对象标记，因此它属于无监督学习方法的一种。此外，GAN 也可用于对部分标记数据的训练，所以它也可以实现在复杂分布上的半监督学习。

生成对抗网络提出的目的，是人类为了让机器产生符合人类兴趣的成果。训练生成对抗网络的最终目的，是得到一个令人满意的生成器，从而可以产生以假乱真的数据。例如在文字处理领域，可以让机器模仿古人作诗，写出优美的句子和文章；在图像处理领域，可以让机器模拟人类的手写笔记，产生某种类型的人脸图像或风景图像；在信号处理领域，可以让机器模拟人类的声音，产生富含感情的朗读音频。以最简单的手写数字图片生成为例，生成器的输入对象通常是一组一维向量，向量中的每个元素都属于一个特定的范围，也代表着某一种特征；通过调整输入向量中的元素值就可以产生不同的手写数字图片。

GAN 提出来时，并不要求采用神经网络，只要求模型能拟合适合的生成函数和判别函数；但目前的 GAN 研究和应用中一般采用神经网络构造生成模型和判别模型，形成了生成对抗神经网络。在建筑工程领域中，利用 GAN 可以实现对图像类数据的扩增，解决实际图像数据匮乏的问题，或者生成建筑或结构的初始方案等。

8.5.2 随机数据生成

以最简单的随机数据生成问题为例，介绍常用的随机函数及随机数据生成算法。事实上，随机数函数生成的随机数并非真正意义上的随机数，而是生成符合某种概率分布的随机数，包括均匀分布和正态分布等。

均匀分布随机数生成器让输入区间 $[0, m)$ 上每个数出现的概率相同，其中最经典的算法为线性同余法（Linear Congruential Generator，LCG），它根据上一个随机数，通过线性函数进行迭代而产生下一个随机数，迭代公式为：

$$x_{i+1}=(a \cdot x_i+b)\bmod m \tag{8.5-1}$$

其中，mod 为取余运算，即保留 $a \cdot x_i+b$ 除以 m 的余数；$m>0$ 表示模量，$a \in [0, m)$ 表示乘数，$b \in [0, m)$ 表示增量，三者为随机数产生器设定的常数，均为正整数。LCG 产生的数列取决于三个参数的取值，且对这些参数的选取非常敏感，不恰当的选择将会导致产生的随机数序列质量较差。由于 LCG 的递推过程依赖前一项的数值，因此它产生的数列最多只有 m 个可能的取值，且存在循环周期，当循环周期数等于 m 时，可以将其称为满周期的生成器。

例如，当 $a=5$，$b=1$，$m=10$ 时，若 $x_0=1$，获得的数列为（1，6，1，6，1，…），循环周期为 2。当 $m=8$ 时，若 $x_0=1$，获得的数列为（1，6，7，4，5，2，3，0，1，6，7，…），循环周期为 8，即循环周期达到最大。当 $a=7$，$b=7$，$m=10$ 时，若 $x_0=7$，获得的数列为（7，6，9，0，7，6，9，0，7，…）；若 $x_0=1$，获得的数列为（1，4，2，1，4，2，1，…）。可以发现，不同初值有可能得到不同数列，若生成器不是满周期的，那么它从任何初值出发都不是满周期的。

正态分布随机数生成算法包括 Box-Muller 算法[18] 和 Ziggurat 算法[19] 等。此处以 Box-Muller 算法为例，介绍生成正态分布 $N(0, 1)$ 的随机数方法。假设 (X, Y) 是一对相互独立且服从正态分布 $N(0, 1)$ 的随机变量，其概率密度函数可表示为

$$f_{(X,Y)}(x, y)=\frac{1}{2\pi}e^{-\frac{x^2+y^2}{2}} \tag{8.5-2}$$

令 $x=R\cos\theta$，$y=R\sin\theta$，其中 $\theta \in [0, 2\pi]$，则根据二重积分换元

$$\iint f(x,y)\mathrm{d}x\,\mathrm{d}y=\iint f(g(u,v),h(u,v))\left|\frac{\partial(x,y)}{\partial(u,v)}\right|\mathrm{d}u\,\mathrm{d}v$$

$$\begin{aligned}
f(x,y)\mathrm{d}x\,\mathrm{d}y &= f(R\cos\theta,R\sin\theta)\begin{vmatrix}\dfrac{\partial x}{\partial R} & \dfrac{\partial x}{\partial \theta}\\ \dfrac{\partial y}{\partial R} & \dfrac{\partial y}{\partial \theta}\end{vmatrix}\mathrm{d}R\,\mathrm{d}\theta\\
&= f(R\cos\theta,R\sin\theta)\begin{vmatrix}\cos\theta & -R\sin\theta\\ \sin\theta & R\cos\theta\end{vmatrix}\mathrm{d}R\,\mathrm{d}\theta\\
&= f(R\cos\theta,R\sin\theta)R\,\mathrm{d}R\,\mathrm{d}\theta
\end{aligned}$$

R 的分布函数可表示为

$$P(R<r)=\int_0^{2\pi}\int_0^r \frac{1}{2\pi}e^{-\frac{u^2}{2}}u\,du\,d\theta \tag{8.5-3}$$

上式计算可得

$$P(R<r)=\int_0^r e^{-\frac{u^2}{2}}u\,du=1-e^{-\frac{r^2}{2}} \tag{8.5-4}$$

令 $F_R(r)=1-e^{-\frac{r^2}{2}}$，则分布函数的反函数可表示为$R=\sqrt{-2\ln(1-F_R)}$。假设随机变量 U_1 服从均匀分布 U（0，1），R 可由 U_1 模拟生成，即 $R=\sqrt{-2\ln U_1}$（因为 $1-F_R$ 需大于 0 小于 1，可将 U_1 代替 F_R，此时 $1-U_1$ 也服从［0，1］上的均匀分布，又可被 U_1 代替）。$\theta=2\pi U_2$，U_2 服从均匀分布 U（0，1），则 X 与 Y 可通过随机生成的 U_1 和 U_2 由下式计算

$$X=\cos(2\pi U_1)\sqrt{-2\ln U_2} \tag{8.5-5}$$

$$Y=\sin(2\pi U_1)\sqrt{-2\ln U_2} \tag{8.5-6}$$

上式中，X 和 Y 相互独立且服从均值为 0，方差为 1 的正态分布。

上述的两种随机数生成方法都是已知要生成的数据所服从的概率分布，如均匀分布和正态分布，并且分布的参数也已知，例如正态分布的均值和方差，线性函数的各项系数等，这被称为显示建模。然而，实际应用中需要根据一些给定的样本来估计它们服从的分布，其中的概率分布通常较为复杂，无法获得精确的概率密度函数表达式，但仍需估计出概率密度函数或者直接根据一个模型生成我们想要的随机数，这种情况被称为隐式建模。例如，在手写 0～9 的阿拉伯数字问题中，对于每个类型的数字 c，假设要生成 28×28 像素的黑白数字图像，如果将图像展开成向量 $\boldsymbol{x}$ 则为 784 维的随机向量，每种数字服从某种概率分布：

$$p(\boldsymbol{x}\mid c),c=0,1,\cdots,9 \tag{8.5-7}$$

我们很难得知上式这个概率分布的具体形式，这就需要隐式建模，即需要通过机器学习的手段直接产生一个映射函数；给定输入数据，如噪声图片或随机向量，映射函数可直接生成服从此概率分布的数据。对抗生成网络就是一种隐式建模的方法。

8.5.3 生成对抗网络的结构与工作流程

生成对抗网络包含一个生成模型与一个判别模型，两个模型可以选用任意类型的神经网络来进行构造或组合，例如全连接神经网络、卷积神经网络或其他模型等。选用何种模型可取决于任务需求，生成模型和判别模型采用不同组合的构造形式丰富了生成对抗网络的自由性与趣味性。因此，学习生成对抗网络需要注重的是方法思想以及它的训练过程，而并非生成模型或判别模型的架构本身。

生成模型用于学习输入的真实样本中潜在的概率分布，并直接生成符合这种分布的数据；判别模型用于指导生成模型的训练，被用来判断一个输入数据是真实样本还是模型生成的样本。通过两个模型在训练阶段的互相竞争，可以分别提高它们的生成能力和判别能力。

如图 8.5-1 所示，生成模型可以采用简单的全连接神经网络进行构造，输入数据为一

组 $n\times1$ 维随机列向量或 $n\times m$ 维随机矩阵，输出则为生成的样本数据。判别模型也可以采用简单的全连接神经网络进行构造，它通过对输入数据进行评分来进行判别，可被视为一个二分类器。

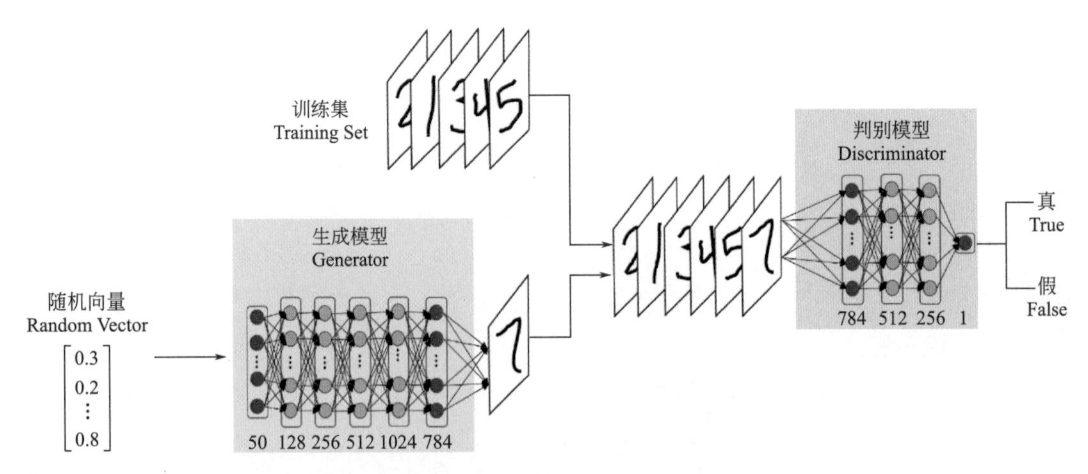

图 8.5-1　生成对抗网络基本框架

1. 生成模型

生成模型的主要任务是根据不同的输入变量来生成与之对应的图像或其他类型的样本数据，这是一种与常见的图像分类完全相反的处理任务。生成模型接收的输入是与数据类别对应的隐变量或随机噪声，输出则是与真实样本数据相似的数据。隐变量是人为设置的变量参数；例如，对于手写数字问题，我们可以用一个 2 维或 50 维的向量作为输入，向量维度就是人为认定的隐变量个数，如图 8.5-1 中的随机向量；我们可以通过调节不同维度的参数来控制生成数据的形式。随机噪声在这里是指与原样本数据（真实数据）类型相同的噪声数据；例如，一张手写数字黑白图片的像素为 28×28（真实数据），每一个像素点取值是 0～255，则一个随机噪声就表示一张随机产生的图片，其中每个像素点都是从 0～255 中随机取值。可见，生成模型的输入数据并非真实数据，而是符合某种特定分布的数据，但输入数据的类型一般与真实数据相同。输入数据的分布由人为设定，如均匀分布或高斯分布；分布越简单就越方便调整输入数据，也就越容易调整生成数据的样式，从而越容易得到我们想要的结果。注意，任何生成模型都可以用真实样本数据的同类型随机噪声作为输入数据；但以隐变量作为输入数据时，通常仅适用于容易人为归纳特征的问题，例如人脸生成问题中，不同维度的数值可能代表人的肤色、性别、发色等特征。

图 8.5-2 为生成模型的工作过程示意图。假设训练样本（真实样本数据）服从的概率分布为 p_{data}，图中的生成模型是经过充分训练后，从真实样本数据中学习到数据概率分布规律的模型。若以 $\boldsymbol{\theta}_{\mathrm{g}}$ 表示生成模型的参数，那么生成模型可被视为一个映射函数 $G(\boldsymbol{z},\boldsymbol{\theta}_{\mathrm{g}})$，它可以将服从概率分布为 $p_z(\boldsymbol{z})$（人为选择的简单概率分布）的随机噪声变量 $\boldsymbol{z}$ 由较低维度映射至一个更高维度，这些映射后的数据（生成数据）服从一个复杂概率分布 p_{g}，而 p_{g} 非常接近真实样本数据的概率分布 p_{data}。

生成对抗网络训练完成后，判别模型就不进行工作了，即判别模型仅在训练阶段起作用，而工作阶段仅通过生成模型产生新的数据。下面以图 8.5-1 中的生成模型为例，介绍手写数字问题中生成模型的工作流程；图中的生成模型表示一个每一层之间都是全连接的前馈神经网络，该网络的参数需要通过充分训练而确定。

（1）输入数据

生成模型的输入数据是一个50维的随机向量 $\boldsymbol{z}$，$\boldsymbol{z}$ 中的每个元素可设置为服从 [−1，1] 上的均匀分布。

（2）生成模型对输入数据的处理

生成模型输入层的神经元数量设置为随机向量的元素数量（此处为50），经过4层隐含层的非线性映射，输入数据被映射至1024维的高维空间（最后一个隐含层）。最后，由于真实样本数据是28×28的手写数字图像，因此生成模型的输出层神经元数量被设置为784。当所有神经元的参数用 $\boldsymbol{\theta}_g$ 表示时，整个前馈神经网络可被视为一个映射函数 $G(\boldsymbol{z}, \boldsymbol{\theta}_g)$，它将50维的输入数据 $\boldsymbol{z}$ 经过非线性映射变成了784维的输出向量。最终，将网络输出的784维向量重组成28×28的矩阵，即为最终生成的手写数字图像。

（3）数据生成

如图8.5-2所示，当生成模型经过充分训练后，若需要利用生成模型产生手写数字图片，仍然需要给生成模型输入一个50维的向量。例如要生成手写数字5，则输入向量可为（−0.4，−0.1，…，0.9）；而当第一维与第二维的数据变为正值时，生成的结果可能会变为手写数字1。因此，我们可以通过改变输入数据，来改变生成模型的输出图像结果。换而言之，生成模型是根据我们的输入数据产生对应的输出图像结果。

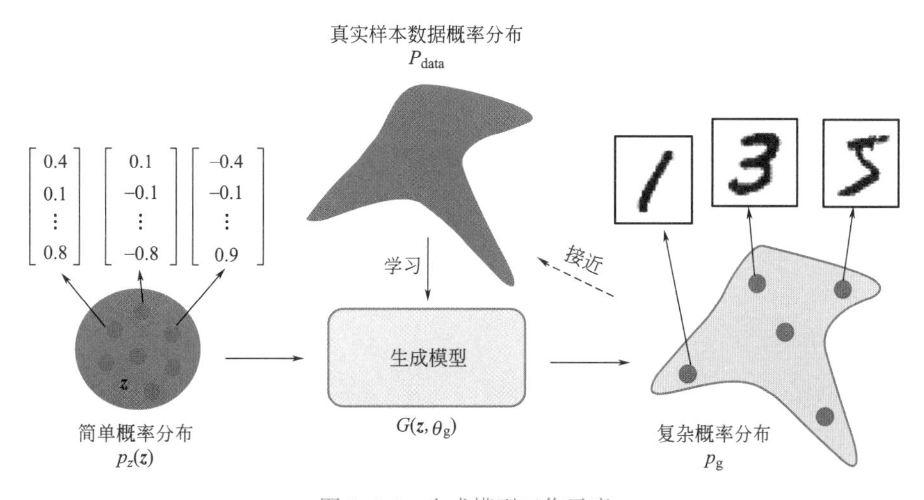

图8.5-2　生成模型工作示意

2. 判别模型

判别模型可为一个用于二分类问题的神经网络，它用于区分输入到判别模型的数据为真实数据还是由生成模型产生的生成数据。判别模型的映射函数通常记为 $D(\boldsymbol{x}, \boldsymbol{\theta}_d)$，其中 $\boldsymbol{x}$ 为判别模型的输入，为真实数据或生成数据；$\boldsymbol{\theta}_d$ 为判别模型的参数。映射函数的输出值为标量，表示分类结果。采用标量 $D(\boldsymbol{x})$ 表示 $\boldsymbol{x}$ 来自于真实数据而非生成数据的概率，可见 $D(\boldsymbol{x})$ 是 [0，1] 区间内的实数。

以图8.5-1中的判别模型为例，它表示一个每一层之间都是全连接的前馈神经网络。注意，当判别模型的输入是像素为28×28=784的手写图片时，输入层的神经元数量应设置 784。经过多层非线性映射（可自行调整），最终输出的结果是一个［0，1］区间内的实数，表示输入图片是否为真实手写数字的概率，因此输出层的神经元数量应为 1。图 8.5-3 为一个判别模型的工作示意图。

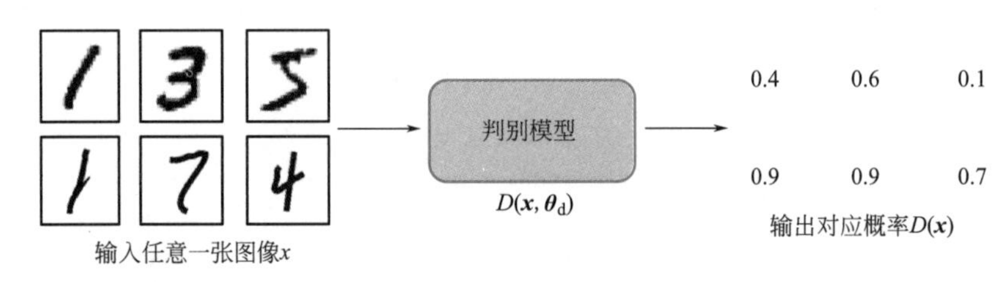

图 8.5-3　判别模型工作示意图

8.5.4　目标函数

本节将以生成手写数字图像问题为例，详细介绍生成模型与判别模型的目标函数和训练思路。

为了更容易理解生成模型的目标，可将图 8.5-2 简化，如图 8.5-4 所示。经过训练后，理想的生成模型产生的生成数据所服从的概率分布 p_g 会尽可能地接近训练样本（真实数据）的概率分布 p_{data}。因此生成模型的训练过程就是寻找最佳的生成模型 G^*，使得 p_g 与 p_{data} 的差异最小，其目标函数可表示为：

$$G^* = \underset{G}{\arg\min} Div(p_g, p_{data}) \tag{8.5-8}$$

上式中 Div 是计算 p_g 与 p_{data} 的散度，用于衡量两个分布之间的差异，例如 KL 散度或者 JS 散度等。然而，实际问题中 p_g 与 p_{data} 很难用公式进行描述，即使能够描述也很难通过积分计算出上式中的散度，更难以通过求解式（8.5-8）而获得 G^*；生成对抗网络中的判别模型就是用于解决这一问题。

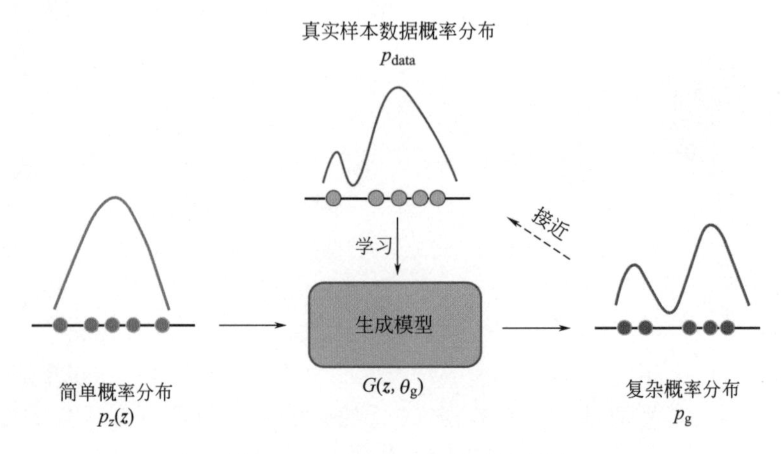

图 8.5-4　理想的生成模型示意图

对于真实数据，假定存在一个“全集”，可称为真实数据全集；从真实数据全集中提取出所有的有效信息，就可完全代表全集的概率分布；但我们一般不可能得到一个真实数据全集（即使能得到也将面临处理工作量过大的问题），只能得到一部分真实数据样本，这相当于从真实数据全集中进行了采样；如我们一般可从很多个真实样本中取一部分有典型特征的样本作为代表，进行训练。另外，生成模型可产生很多生成数据，也需要从中采样出一部分典型数据用于后续训练。理想情况下，如果采样操作做得足够好，那么从 p_g 与 p_{data} 中分别采样出的数据可以近似代表它们各自的分布。此处以图片生成为例：从 p_{data} 中采样数据表示从真实数据集中随机抽取一组图片；从 p_g 中采样数据，表示先从服从 p_z 分布的噪声变量中随机采样一组噪声 $\boldsymbol{z}$，再通过生成模型产生出对应的生成数据。

在获得可以近似代表 p_g 与 p_{data} 的两组图片后，生成对抗网络通过训练一个判别模型来衡量 p_g 与 p_{data} 两个分布之间的差异。从 p_{data} 中采样的图片是真实图片，可自动将标签赋值为 1；从 p_g 中采样的图片是生成图片，可自动将标签赋值为 0。将二者混合后可得到一组带有标签的分类图像，这组图像可以用来训练一个简单的二分类神经网络，这个网络就是最初的判别模型，它的目标函数可以按照一般的二分类问题表示如下：

$$D^* = \underset{D}{\arg\max} V(G,D) \tag{8.5-9}$$

$$V(G,D) = E_{\boldsymbol{x}\sim p_{data}}[\log D(\boldsymbol{x})] + E_{\boldsymbol{x}\sim p_g}[\log(1-D(\boldsymbol{x}))] \tag{8.5-10}$$

上式中，G 表示生成模型的映射函数，D 表示判别模型的映射函数；$E_{\boldsymbol{x}\sim p_{data}}[\log D(\boldsymbol{x})]$ 表示对服从 pdata 分布的 $\boldsymbol{x}$ 求 $\log D(\boldsymbol{x})$ 的期望，$E_{\boldsymbol{x}\sim p_{data}}[\log D(\boldsymbol{x})]$ 越大就代表判别模型对真实样本数据的识别准确率越高；$E_{\boldsymbol{x}\sim p_g}[\log(1-D(\boldsymbol{x}))]$ 表示对服从 p_g 分布的 $\boldsymbol{x}$ 求 $\log(1-D(\boldsymbol{x}))$ 的期望，$E_{\boldsymbol{x}\sim p_g}[\log(1-D(\boldsymbol{x}))]$ 越大则代表判别模型对生成数据的识别准确率越高，因为对于生成数据，好的判别模型 $D(\boldsymbol{x})$ 的计算结果需接近 0，即 $1-D(\boldsymbol{x})$ 接近于 1。在实际训练过程中，输入判别模型的数据已被标记，因此进行式（8.5-10）计算时，可直接按照输入数据所对应分布的公式进行相应计算。另外，此处对数函数的底可以取任意值，因为可采用换底公式将目标函数中的对数函数替换为任意底数，且不影响优化问题的求解。

上两式的含义可以这样理解：为了训练一个判别模型，先固定生成模型 G 中的参数。从 p_{data} 中采样一组数据 $\{\boldsymbol{x}\}\ p_{data}$，也从 p_g 中采样另一组数据 $\{\boldsymbol{x}\}\ p_g$；将 p_{data} 中采样的数据输入判别模型后，需要让这组数据对应的期望值 $E_{\boldsymbol{x}\sim p_{data}}[\log D(\boldsymbol{x})]$ 越大越好，而将 p_g 中采样的数据输入判别模型后，需要让这组数据的期望值越小越好，即 $E_{\boldsymbol{x}\sim p_g}[\log(1-D(\boldsymbol{x}))]$ 越大越好；这样的结果才会更符合训练过程中对两组数据的标签定义。求解式（8.5-9）表示找到一个最佳的判别模型 D^*，使得它能够最大化 $V(G, D)$。需要注意的是，$V(G, D)$ 的最大值与 JS 散度相关，以下将给出证明。

首先介绍 KL 散度与 JS 散度的计算公式，二者均为衡量两个分布 p 与 q 之间差异的指标。对于 KL 散度，两个分布的相似性越高，KL 散度越小。对于 JS 散度，其值域为 [0, 1]，两个分布完全相同时 JS 散度值为 0，没有任何相同之处时值为 1。KL 散度与 JS 散度的计算公式分别如下：

$$KL(p\|q) = \int_x p(\boldsymbol{x})\log\frac{p(\boldsymbol{x})}{q(\boldsymbol{x})}\mathrm{d}\boldsymbol{x} \tag{8.5-11}$$

$$JSD(p\|q) = \frac{1}{2}KL\left(p\middle\|\frac{p+q}{2}\right) + \frac{1}{2}KL\left(q\middle\|\frac{p+q}{2}\right) \tag{8.5-12}$$

在式（8.5-10）的计算时，G 被固定，仅需考虑 D，此时式（8.5-10）可表示如下：

$$
\begin{aligned}
V(G,D) &= E_{x\sim p_{\text{data}}}[\log D(\boldsymbol{x})] + E_{x\sim p_{\text{g}}}[\log(1-D(\boldsymbol{x}))] \\
&= \int_x p_{\text{data}}(\boldsymbol{x})\log D(\boldsymbol{x})\mathrm{d}\boldsymbol{x} + \int_x p_{\text{g}}(\boldsymbol{x})\log(1-D(\boldsymbol{x}))\mathrm{d}\boldsymbol{x} \\
&= \int_x [p_{\text{data}}(\boldsymbol{x})\log D(\boldsymbol{x}) + p_{\text{g}}(\boldsymbol{x})\log(1-D(\boldsymbol{x}))]\mathrm{d}\boldsymbol{x}
\end{aligned}
\tag{8.5-13}
$$

上式中，两个积分可以合并，因为 $\boldsymbol{x}$ 可以是任意数据；例如对于 $p_{\text{data}}(\boldsymbol{x})\log D(\boldsymbol{x})$ 这一项，如果 $\boldsymbol{x}$ 不符合 p_{data} 这一分布，则 $p_{\text{data}}(\boldsymbol{x})$ 的值趋近于 0，对积分基本无影响；同理，对于 $p_{\text{g}}(\boldsymbol{x})\log(1-D(\boldsymbol{x}))$ 也是如此。

令积分内式子为 $v(D)=p_{\text{data}}(\boldsymbol{x})\log D(\boldsymbol{x})+p_{\text{g}}(\boldsymbol{x})\log(1-D(\boldsymbol{x}))$，如图 8.5-5 所示，假设判别模型 D 可以模拟任意函数，对式（8.5-13）中的积分求最大值表示：对积分内的式子代入所有的数据 x，并针对每一个 x 都找到一个最优的 D，让积分内的式子获得最大值，再将所有的最大值求和即为式（8.5-13）的最大值。相应地再让 D 模拟一个函数，针对每个 $\boldsymbol{x}$，这个函数都能使得 $v(D)$ 取得最大值，这个函数就是最优判别模型 D^*。因此对式（8.5-13）求最大值等价于对式中的积分项求最大值。计算时，由于采样数据已确定，采样数据的概率分布 $p_{\text{g}}(\boldsymbol{x})$ 与 $p_{\text{data}}(\boldsymbol{x})$ 也已固定，即采样已经完成，则 $p_{\text{g}}(\boldsymbol{x})$ 与 $p_{\text{data}}(\boldsymbol{x})$ 可被视为常数。对式（8.5-13）中被积分项进行关于 $D(\boldsymbol{x})$ 的求导并令导数为 0，可以视为对构造函数 $a\log D+b\log(1-D)$ 求极值。

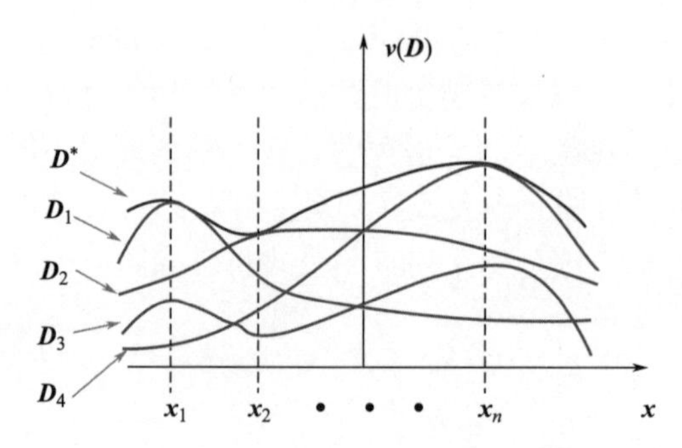

图 8.5-5　最优判别模型示意图

假设 log 以 c 为底，将构造函数 $a\log D+b\log(1-D)$ 对 D 求导并令导数为 0，可得 $\frac{1}{\ln c}\left(\frac{a}{D}-\frac{b}{1-D}\right)=0$，此时 $D=\frac{a}{a+b}$，这就是求出了 D^*；将 $a=p_{\text{data}}(\boldsymbol{x})$ 与 $b=p_{\text{g}}(\boldsymbol{x})$ 代入 $D^*=\frac{a}{a+b}$ 可得：

$$
D^*=\frac{p_{\text{data}}(\boldsymbol{x})}{p_{\text{data}}(\boldsymbol{x})+p_{\text{g}}(\boldsymbol{x})}
\tag{8.5-14}
$$

将式（8.5-14）代入式（8.5-13）可得：

$$
\begin{aligned}
\max_D V(G,D) &= V(G,D^*) \\
&= \int_x p_{\text{data}}(\boldsymbol{x})\log\frac{p_{\text{data}}(\boldsymbol{x})}{p_{\text{data}}(\boldsymbol{x})+p_{\text{g}}(\boldsymbol{x})}\mathrm{d}\boldsymbol{x} \\
&\quad + \int_x p_{\text{g}}(\boldsymbol{x})\log\frac{p_{\text{g}}(\boldsymbol{x})}{p_{\text{data}}(\boldsymbol{x})+p_{\text{g}}(\boldsymbol{x})}\mathrm{d}\boldsymbol{x}
\end{aligned}
$$

$$=\int_{x} p_{\text{data}}(\boldsymbol{x})\log\frac{p_{\text{data}}(\boldsymbol{x})/2}{(p_{\text{data}}(\boldsymbol{x})+p_{\text{g}}(\boldsymbol{x}))/2}\mathrm{d}\boldsymbol{x}$$

$$+\int_{x} p_{\text{g}}(\boldsymbol{x})\log\frac{p_{\text{g}}(\boldsymbol{x})/2}{(p_{\text{data}}(\boldsymbol{x})+p_{\text{g}}(\boldsymbol{x}))/2}\mathrm{d}\boldsymbol{x}$$

$$=-2\log 2+\int_{x} p_{\text{data}}(\boldsymbol{x})\log\frac{p_{\text{data}}(\boldsymbol{x})}{(p_{\text{data}}(\boldsymbol{x})+p_{\text{g}}(\boldsymbol{x}))/2}\mathrm{d}\boldsymbol{x}$$

$$+\int_{x} p_{\text{g}}(\boldsymbol{x})\log\frac{p_{\text{g}}(\boldsymbol{x})/2}{(p_{\text{data}}(\boldsymbol{x})+p_{\text{g}}(\boldsymbol{x}))/2}\mathrm{d}\boldsymbol{x}$$

$$=-2\log 2+KL\left(p_{\text{data}}\,\|\,\frac{p_{\text{data}}+p_{\text{g}}}{2}\right)+KL\left(p_{\text{g}}\,\|\,\frac{p_{\text{data}}+p_{\text{g}}}{2}\right)$$

$$=-2\log 2+2JSD(p_{\text{data}}\,\|\,p_{\text{g}}) \tag{8.5-15}$$

由上式可知，D^*使得式（8.5-13）取得最大值，且这个最大值反映出p_{data}与p_{g}之间的差异。当二者完全相同时，$V(G, D^*)$为$-2\log 2$。同样，通过更改目标函数，可以构造出不同的散度来衡量p_{data}与p_{g}之间的差异[20]，只是针对式（8.5-9）的目标函数形式，经过推导可以采用JS散度来进行衡量。由上述推导可知，寻找到D^*可以用来衡量散度$Div(p_{\text{g}}, p_{\text{data}})$，当采用JS散度对$p_{\text{data}}$与$p_{\text{g}}$进行衡量时，$Div(p_{\text{g}}, p_{\text{data}})=JSD(p_{\text{data}}\|p_{\text{g}})$，因此式（8.5-15）的含义为：

$$\max_{D} V(G,D)=V(G,D^*)=-2\log 2+2Div(p_{\text{g}},p_{\text{data}})$$

对上式进行最优生成模型求解，可改写为：

$$\arg\min_{G}\max_{D} V(G,D)=\arg\min_{G}(-2\log 2+2Div(p_{\text{g}},p_{\text{data}}))$$

上式等价于式（8.5-8），因此式（8.5-8）中的目标函数可进一步表示为：

$$G*=\arg\min_{G}\max_{D} V(G,D) \tag{8.5-16}$$

可以通过图8.5-6中的三个生成模型更直观地理解式（8.5-16）的含义。假设仅有三个不同的生成模型G_1、G_2、G_3，它们与不同的判别模型D所构成的$V(G, D)$可以简单用不同的曲线进行表示（注意，G与D是高维空间中的复杂非线性表示，此处用曲线表示只是为了便于理解），通过改变D能获得不同的$V(G, D)$。根据式（8.5-16）可知，首先需要在各条曲线中找到使得$V(G, D)$取得最大值的D^*，图中的红点即表示对于G_1、G_2、G_3，此时的D^*使得$V(G, D)$取得最大值。然后，需对比$V(G_1, D_1^*)$、$V(G_2, D_2^*)$、$V(G_3, D_3^*)$，找到三者中最小值所对应的生成模型。显然，综合比较$V(G_1, D_1^*)$、$V(G_2, D_2^*)$、$V(G_3, D_3^*)$，$V(G_2, D_2^*)$的值最小，因此G_2即为最优的生成模型。

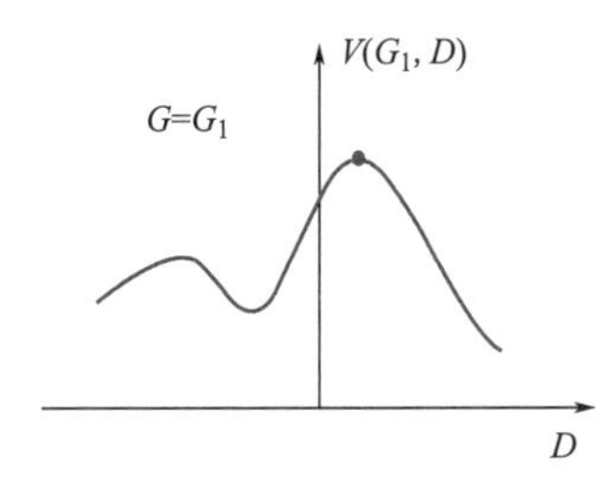

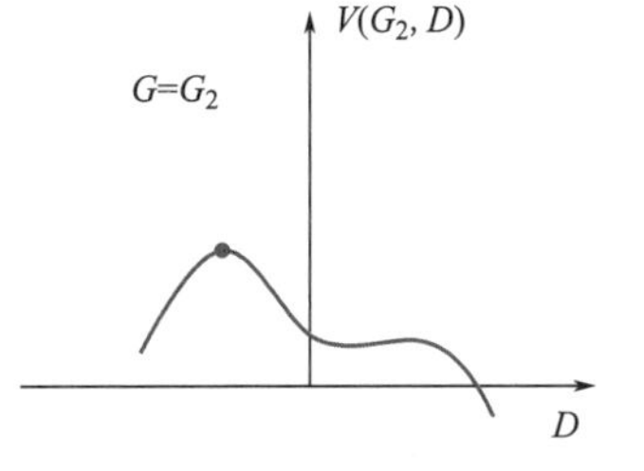

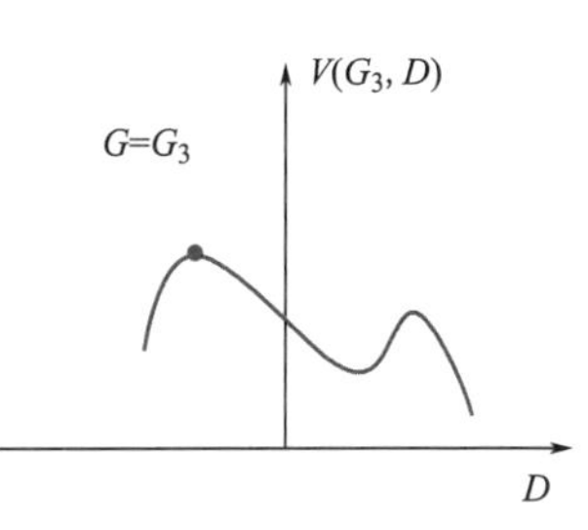

图8.5-6　生成模型优化的直观理解

8.5.5 算法训练过程

理解生成对抗网络中目标函数的意义后，训练生成对抗网络就是针对目标函数进行求解。生成对抗网络的训练过程可以概括为一个多轮优化过程，每一轮又分为两阶段：每一轮中，第一阶段固定生成模型，训练多次判别模型；第二阶段固定判别模型，更新一次生成模型；多轮优化过程，就是重复二阶段训练过程直至判别模型难以区分真实数据图片和生成图片，或将达到预设的训练轮数作为停止迭代条件。下面将详细介绍为何采用二阶段交替训练算法来训练生成对抗网络。

从目标函数的形式进行分析，式（8.5-16）的内层优化是寻找最优的 D^* 使得里层的 $V(G, D)$ 最大，此时的生成模型是一个初始化模型，可表示为 G_0。整个问题的第一步即为在给定一个 G_0 的情况下（此时即为固定生成模型），找到使得 $V(G_0, D)$ 最大的 D_0^*。该问题需最大化目标函数，所以可以采用梯度上升方法来更新 D_0 的参数 $\boldsymbol{\theta}_{\mathrm{d}}$，直到达到 $\boldsymbol{\theta}_{\mathrm{d}}^*$：

$$\boldsymbol{\theta}_{\mathrm{d}} \leftarrow \boldsymbol{\theta}_{\mathrm{d}} + \eta \partial V(G_0, D)/\partial D \tag{8.5-17}$$

在获得 D_0^* 后，D 可固定为 D_0^*，式（8.5-16）的外层优化目标函数 $V(G, D_0^*)$ 可视为只与 G 有关的函数。因目标函数是最小化问题，G 的参数 $\boldsymbol{\theta}_{\mathrm{g}}$ 可采用梯度下降方法进行更新：

$$\boldsymbol{\theta}_{\mathrm{g}} \leftarrow \boldsymbol{\theta}_{\mathrm{g}} - \eta \partial V(G, D_0^*)/\partial G \tag{8.5-18}$$

当 G_0 采用式（8.5-18）更新为 G_1 后，若 G_1 要继续更新，又必须获得 D_1^*，所以直观的想法是，通过交替进行上述两个更新过程最终可获得最优的生成模型 G^*。

那么是否通过交替优化的方式就能实现对生成对抗网络的训练？事实上，在交替更新 G 的过程中需保证 p_{g} 与 p_{data} 的 JS 散度不断减小。如图 8.5-7 所示，G_0 表示初始生成模型，它与不同判别模型 D 所构成的 $V(G_0, D)$ 可用中间子图的曲线简单表示。当 G_0 更新为 G_1 时，若 G_0 到 G_1 的参数变化较大，$V(G_1, D)$ 所表示的曲线可能会有较大的改变（右图），全局最优点从更新前的左侧波峰转移至更新后的右侧波峰处；此时，$V(G_1, D_0^*)$ 不能表示 p_{g} 与 p_{data} 的 JS 散度，必须要将判别模型 D 重新训练足够多次，保证 D 达到 D_1^*，$V(G_1, D)$ 达到新的最大值 $V(G_1, D_1^*)$ 后（右图中右侧红点），才可表示 p_{data} 与 p_{g} 的 JS 散度。但右图中的 $V(G_1, D_1^*)$ 大于中间子图的 $V(G_0, D_0^*)$，意味着生成模型更新后 p_{g} 与 p_{data} 的 JS 散度增大，这违背了生成模型训练的目标，导致训练效果变得不佳。因此，在生成对抗网络的训练过程中若要保证 $V(G_1, D)$ 的曲线与 $V(G_0, D)$ 的曲线变化不大（左图），并保证 $D_0^* \approx D_1^*$，就必须保证 G 在进行参数更新时不宜过大，这可以通过取较小的学习率 η 以及在每一轮训练中取较少的生成模型更新次数（可取一次）进行控制；而 D 需要充分训练达到最优，可以通过设置较大的训练次数来实现。具体的训练算法见算法 8.5-1。

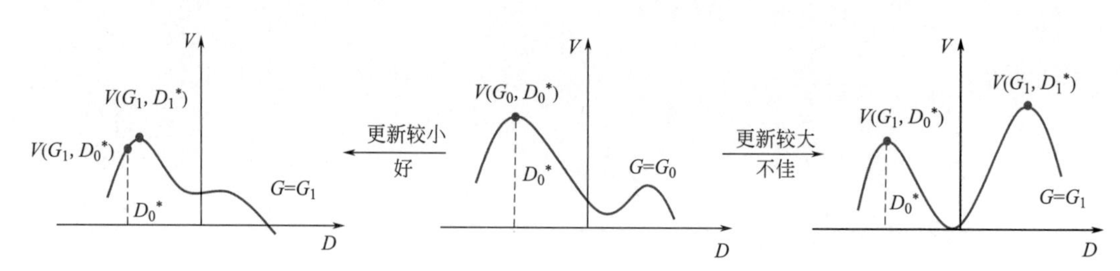

图 8.5-7 生成模型参数更新

观察算法 8.5-1 可对生成对抗网络的训练过程有一个初步的概念：生成对抗网络共训练 *iters* 轮（次），在每一轮训练中有一个二阶段训练过程。第一阶段中，首先固定生成模型，将判别模型训练 k 次（判别模型的参数更新 k 次）；在第二阶段中，固定判别模型，将生成模型的参数更新一次。

对于生成对抗网络的具体训练过程，可以如下理解：

在第一轮训练的第一阶段中，生成模型的参数是随机的，它是一个初始化的模型，也就是此时固定了生成模型。在接收到从 $p_z(z)$ 分布中采样的 m 个噪声数据后，生成模型根据这些输入的噪声数据生成 m 张图片。此处的 m 可视为训练过程中的批量。将这 m 张生成图片与另一组服从 $p_{\text{data}}(x)$ 分布的真实图片数据集中采样的 m 个样本混合后，输入至判别模型中进行评分。判别模型的评分结果可以根据图片的实际类别来进行评估，从而计算判别模型的参数梯度。由于判别模型的目标函数需要最大化，因此采用梯度上升法更新判别模型的参数。判别模型对于真实图片的评分需要尽可能接近 1，而对于生成图片的评分需要尽可能接近 0。当进行 k 次判别模型训练后（判别模型的参数利用梯度上升法更新 k 次），固定判别模型的参数。

随后，进入第一轮训练的第二阶段中，重新采样 m 个噪声数据（与第一阶段的 m 个噪声数据已经不同），输入至生成模型，并产生 m 张生成图片。将这组生成图片输入至判别模型中进行评分，再根据评分结果进行评估，并计算生成模型的参数梯度。由于生成模型的目标函数需要最小化，因此采用梯度下降法更新生成模型的参数一次。

可见，在每一轮的训练中，第一阶段都是要将判别模型训练到最优，也就是判别模型经过训练后可能变化相对较大，达到当前最优，而第二阶段是仅将生成模型微调（仅梯度下降一次且学习率 η 较小）；生成模型是在一轮轮的训练中逐轮微调而逐渐逼近最优模型。

经过 *iters* 轮交替训练后，判别模型的分类错误率达到 0.5，系统达到平衡，整体训练结束。根据两个阶段所采用的训练数据可知，判别模型训练时需使用生成样本与真实样本计算损失函数，而生成模型训练时需使用判别模型计算损失函数与梯度值。

训练完成后，判别模型将被舍弃，而生成模型可用于生成所需要的目标数据。此外，通过调整生成模型输入端的随机噪声可以按照需求生成不同的数据。

生成对抗网络及其后续的改进网络常用于一些实际问题中，例如图像或声音数据生成，或图片图像翻译等，图 8.5-8 给出了基于生成对抗网络及其改进网络中的一些应用示例。

生成对抗网络训练算法　　　　**算法 8.5-1**

输入：	整体训练轮数 *iters*，判别模型训练次数 k，样本批量大小 m，噪声服从的概率分布 $p_z(\boldsymbol{z})$，真实数据样本服从的概率分布 $p_{\text{data}}(\boldsymbol{x})$
输出：	生成模型
1：	for $i \leftarrow 1$ to *iters* do
2：	for $j \leftarrow 1$ to k do
3：	根据 $p_z(\boldsymbol{z})$ 采样 m 个噪声数据 $z_1, z_2, \cdots, z_m$；
4：	根据 $p_{\text{data}}(\boldsymbol{x})$ 采样 m 个真实样本数据 $x_1, x_2, \cdots, x_m$；
5：	计算判别模型目标函数值 $\widetilde{V} = \frac{1}{m}\sum_{i=1}^{m}[\log D(x_i) + \log(1 - D(G(z_i)))]$；

续表

6：	计算目标函数梯度并采用梯度上升更新判别模型 $\boldsymbol{\theta}_{\mathrm{d}} \leftarrow \boldsymbol{\theta}_{\mathrm{d}} + \eta \nabla \widetilde{V}(\boldsymbol{\theta}_{\mathrm{d}})$
7：	end for
8：	根据 $p_z(\boldsymbol{z})$ 采样 m 个噪声数据 $z_1, z_2, \cdots, z_m$；
9：	计算生成模型目标函数值 $\widetilde{V} = \frac{1}{m}\sum_{i=1}^{m}\log(1 - D(G(z_i)))$；
10：	计算目标函数梯度并采用梯度下降更新生成模型 $\boldsymbol{\theta}_{\mathrm{g}} \leftarrow \boldsymbol{\theta}_{\mathrm{g}} - \eta \nabla \widetilde{V}(\boldsymbol{\theta}_{\mathrm{g}})$
11：	end for

8.5.6 算法应用实例

1. 基于 Pix2Pix 网络的预制混凝土外墙板初始钢筋生成

生成对抗网络在图像匹配和生成、自然语言和语音处理等领域具有巨大的应用前景[24]。在建筑专业设计领域中，运用生成对抗网络进行建筑设计图纸的识别和生成已有一定的研究[25]，而且在工程结构设计领域也有较好的应用前景。

2017 年 Isola[22] 等基于生成对抗网络的基础架构提出 Pix2Pix 网络，利用成对图片进行图像翻译，即输入为一种风格的单张图片，输出为同一张图像的另一种风格。Pix2Pix 网络可用于图像风格的迁移，如图 8.5-8（c）所示，将一张灰度图转换为一张彩色图，将一张素描图转换为一张实物图。在 Pix2Pix 网络中，判别模型 D 的输入是成对的图片而不是一张图片，判别模型 D 的任务是对成对的图像进行判别，判别它们是否为真实图像。在训练完成之后，通过 Pix2Pix 网络即可完成高质量图像的翻译。

为验证 Pix2Pix 网络用于结构设计的可能性，本节考虑将 Pix2Pix 识别方法应用于结构设计中的钢筋排布深化设计。如图 8.5-9 所示，首先针对异形混凝土外墙板中复杂且难以总结规则的钢筋排布，尝试对已有混凝土外墙板 AutoCAD 图纸中的不同结构组成部分进行不同的颜色标记，并将无钢筋的设计图像和有钢筋的设计图像合并作为训练图像对。其次将无钢筋的设计图像作为生成模型 G 的输入，并生成真假难辨的生成图像，即有钢筋的设计图像；而判别模型 D 则用于判断训练样本来自生成的设计图像还是真实的设计图像；通过两个模型网络之间的不断互相博弈，生成模型 G 则得以最大化生成真假难辨的生成样本，而判别模型 D 则得以最小化判别错误的概率；最终 Pix2Pix 通过学习 AutoCAD 图纸中钢筋设计经验，生成符合设计规则的钢筋排布设计图片。在获得生成的钢筋排布设计图片后，将图片中钢筋路径的坐标信息（包括钢筋的起点、终点和相应路径）依次提取，并与外墙板 BIM 模型相比对，以确定栅格环境中钢筋的排布。

2. 图像标记规则

为了使 Pix2Pix 网络更好地识别设计图像中的各个构件，需要对装配式外墙板的 Autocad 图纸进行统一的颜色标记，以代表不同组成部分，如图 8.5-10 所示。为了最大程度区分外墙板内的不同组成部分，本节中使用基于红绿蓝（Red，Green，Blue，RGB）的颜色标记方式，共有 4 种不同的 RGB 组合以代表不同的组成部分。R：0，G：0，B：0 代表保温材料 A；R：255，G：0，B：255 代表保温材料 B；R：128，G：128，B：128 代表混凝土；R：0，G：255，B：255 代表钢筋。外墙板的已有 AutoCAD 图纸数量并不多，经颜色标记和尺寸统一后，共有 75 张设计图像用于 Pix2pix 生成式对抗网络的训练。

(a) GAN生成的手写数字[17]

(b) DCGAN生成的卧室图片[21]

(c) Pix2Pix图像转换[22]

(d) BigGAN生成的简单与复杂图像[23]

图 8.5-8　生成对抗网络及其改进网络的研究示例

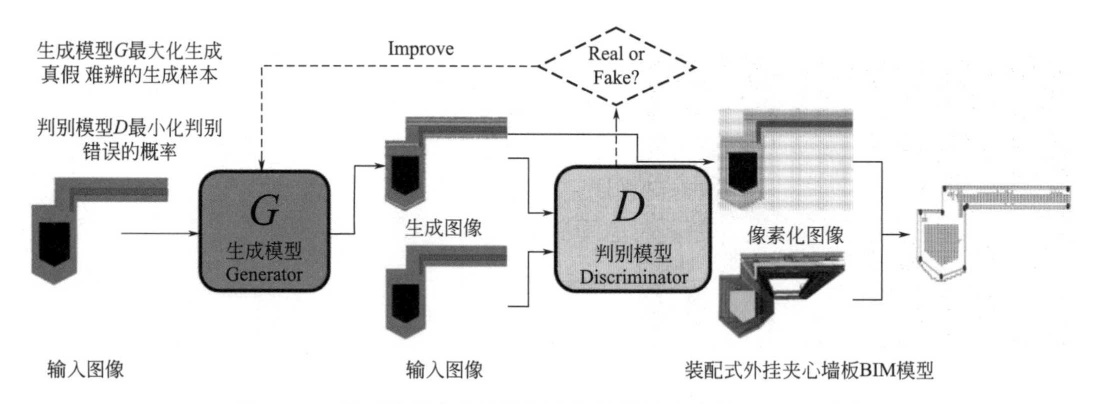

图 8.5-9　用于装配式外挂墙板内钢筋设计生成的 Pix2Pix 流程

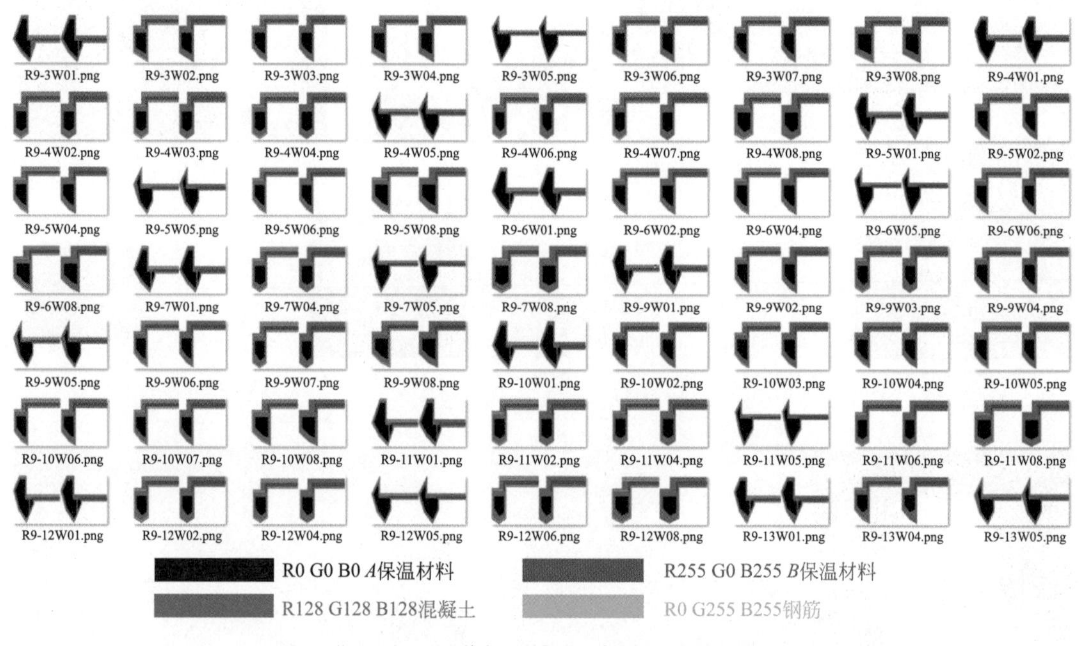

图 8.5-10　图像标记规则和部分训练数据集

3. 图像生成

获得全部标记的设计图像后，将无钢筋的设计图像和有钢筋的设计图像合并为训练图像对，Pix2Pix 的输入（Input）为无钢筋设计的图像，目标（Target）为真实的钢筋设计图像，输出（Output）为生成的钢筋设计图像。Pix2pix 学习 AutoCAD 图纸中钢筋设计经验并生成符合设计规则的钢筋排布图片，最终结果如图 8.5-11 所示。由于生成的钢筋设计图像过多，此处仅展示部分结果。可以看出 Pix2Pix 根据外墙板的形状、保温层形状、混凝土层和保温层的相互关系，准确生成了钢筋排布图像，包括钢筋的准确定位和形状。

本节采用的预制装配式外墙板的平面形状和空间形状均很复杂，工程师在此墙板结构的深化设计过程，既要遵循很多的固定设计规则，又需要针对不同的情况进行灵活处理；而采用生成对抗网络得到的结果基本满足这种复杂外墙板的所有设计要求。由此可见，生

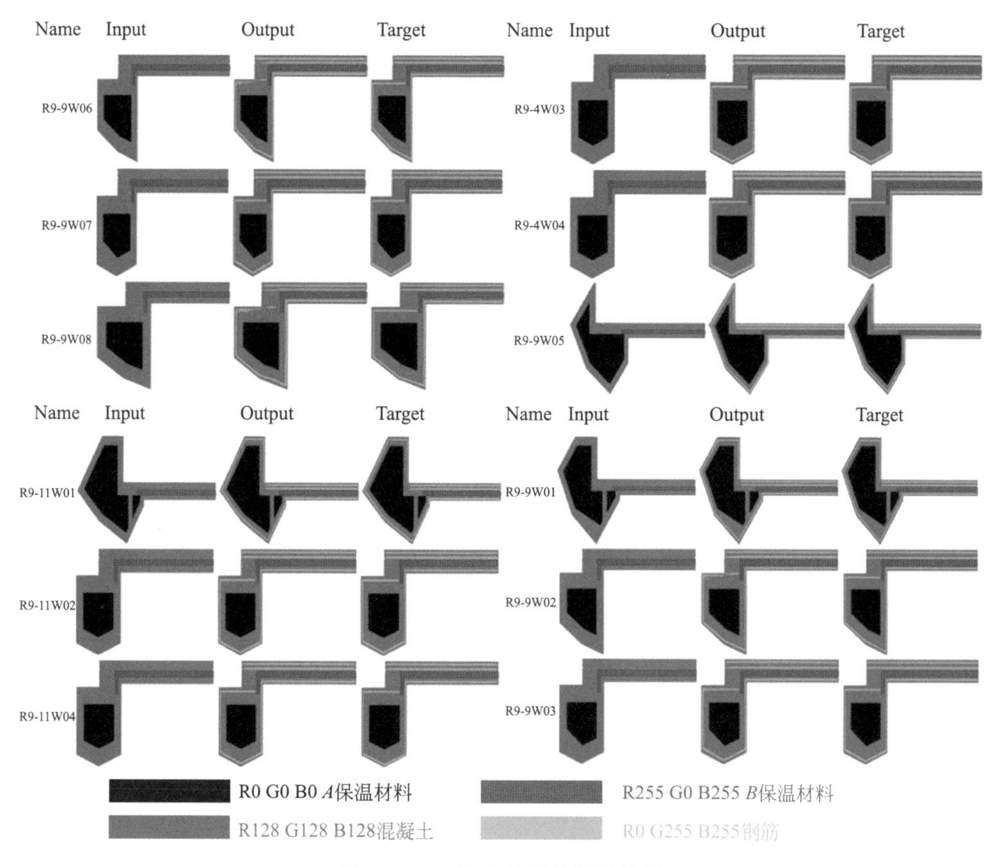

图 8.5-11　生成的钢筋设计结果

成对抗网络有学习复杂设计规则和思路，并生成合理结构设计成果的潜力。

课后习题

1. 考虑分类任务，全连接神经网络结构如下所示，其中隐含层 1 包含 100 个神经元，激活函数为 ReLU 函数；隐含层 2 包含 100 个神经元，其后为一个 softmax 函数，损失函数的类型是交叉熵函数[16]。

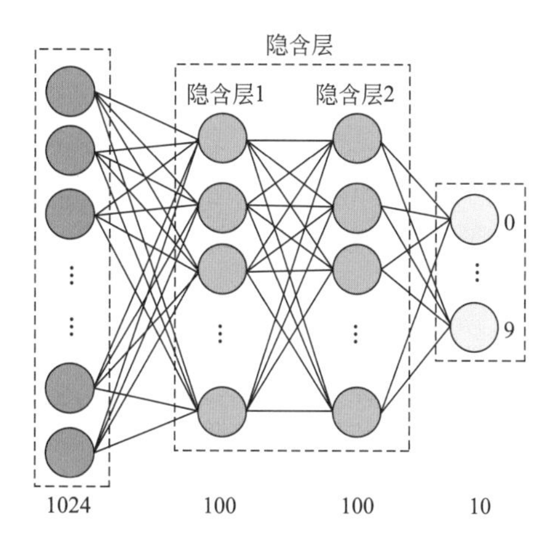

请基于施工车辆数据集，完成以下任务：请根据全连接神经网络的基本原理，推导出softmax 函数与交叉熵损失函数的前向传播和反向传播过程。

a. 在具体的神经网络中，常将隐含层的实现分为仿射变换层（Affine layer）与激活函数，分别推导出仿射变换层与激活函数的前向传播和反向传播函数。

b. 结合文中所述原理以及相关代码，请完成对如图所示网络模型的训练过程。

2. CNN 的第一个突破产生于 2012 年 ImageNet 大规模视觉识别竞赛（ILSVRC）上，这个 CNN 模型被命名为 AlexNet，显著优于其他传统方法[16]。下图为 AlexNet 卷积神经网络的一个分支，包括 5 个卷积层、3 个汇聚层和 3 个全连接层（其中最后一个全连接层是使用 Softmax 函数的输出层）。下图中从左向右的 6 个透明立方体表示网络计算过程中的输入与输出的三维特征矩阵，从左向右最后面的 3 个透明立方体则为特征向量，为全连接层输出，图中的红色立方体表示三维卷积核。

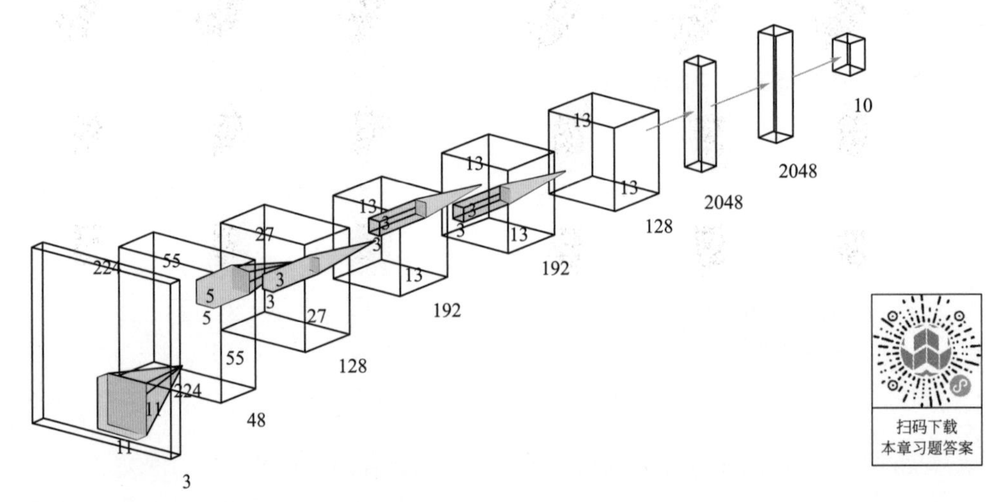

a. 请根据输入输出三维矩阵尺寸以及滤波器尺寸求出每层卷积层用到的三维卷积核个数、每层滤波器的步长、每层输入数据零填充的个数（可在矩阵上下左右周围分别进行填充）。

b. 图中一共有三个卷积层，请根据输入输出矩阵尺寸找寻哪些卷积层后连接汇聚层，并求出对应汇聚层汇聚器的大小、汇聚器的步长和零填充的个数。

c. 结合数据集下载网站所提供的代码和数据集，完成上述卷积网络的搭建以及训练；进一步调节网络超参数如网络层数、卷积核大小和个数、汇聚层参数等以及图像输入大小，调节之后尝试网络的训练与分类结果测试。

参考文献

［1］CYBENKO G. Approximation by superpositions of a sigmoidal function［J］. Mathematics of Control，Signals and Systems，1989，2（4）：303-314.

［2］NAIR V，HINTON G E. Rectified linear units improve restricted boltzmann machines［C］// Proceedings of the International Conference on Machine Learning，2010：807-814.

［3］MAAS A，HANNUN A，Ng A. Rectifier nonlinearities improve neural network acoustic models [C] //Proceedings of the International Conference on Machine Learning，2013：30-35.

[4] HE K，ZHANG X，REN S， et al. Delving deep into rectifiers：surpassing human-level performance on imagenet classification [C] //Proceedings of the IEEE International Conference on Computer Vision，2015：1026-1034.

[5] REN S，HE K，GIRSHICK R，et al. Faster r-cnn：Towards real-time object detection with region proposal networks. Advances in neural information processing systems，2015，28，91-99.

[6] HE K，ZHANG X，REN S， et al. Deep residual learning for image recognition [C] //Proceedings of the IEEE Conference on Computer Vision and Pattern Recognition. 2016：770-778.

[7] SIMONYAN K，ZISSERMAN A. Very deep convolutional networks for large-scale image recognition [J/OL]. arXiv preprint arXiv：1409. 1556，2014. [2014-11-04]. https：//arxiv. org/abs/1409. 1556.

[8] RONNEBERGER O，FISCHER P，BROX T. U-net：Convolutional networks for biomedical image segmentation [C] //International Conference on Medical Image Computing and Computer-assisted Intervention，2015：234-241.

[9] 东东~. 对卷积的定义和意义的通俗解释 [EB/OL]. （2019-03-31）. [2021-07-26]. https：//blog. csdn. net/palet/article/details/88862647.

[10] HE K，ZHANG X，REN S， et al. Delving deep into rectifiers：Surpassing human-level performance on imagenet classification [C] //Proceedings of the IEEE International Conference on Computer Vision. 2015：1026-1034.

[11] HANBINGTAO. 零基础入门深度学习 [EB/OL]. （2017-10-17）[2021-07-26]. https：//www. zybuluo. com/hanbingtao/note/476663.

[12] 邱锡鹏. 神经网络与深度学习 [M]. 北京：机械工业出版社，2020.

[13] ELMAN J. Finding structure in time [J]. Cognitive Science，1990，14（2）：179-211.

[14] HOCHREITER S，SCHMIDHUBER J. Long short-term memory [J]. Neural Computation，1997，9（8）：1735-1780.

[15] KRIZHEVSKY A，SUTSKEVER I，HINTON G. 2012 AlexNet [J]. Adv. Neural Inf. Process. Syst，2012：1-9.

[16] CS231n. Convolutional Neural Networks for Visual Recognition [EB/OL]. [2021-07-26]. http：//cs231n. stanford. edu/.

[17] GOODFELLOW I，POUGET-ABADIE J，MIRZA M，et al. Generative adversarial nets [C]. Proceedings of the 27th International Conference on Neural Information Processing Systems - Volume 2，2014：2672-2680.

[18] BOX G，MULLER M. A Note on the Generation of Random NormalDeviates [J]. Ann. Math. Statist.，1958，29（2）：610-611.

[19] MARSAGLIA G，TSANG W. The Ziggurat Method for Generating RandomVari-

ables [J]. Journal of Statistical Software, Vol 1, Issue 8 (2000), 2000.

[20] NOWOZIN S, CSEKE B, TOMIOKA R. f-GAN: Training generative neural samplers using variational divergence minimization [J]. Advances in neural information processing systems, 2016, 29.

[21] RADFORD A, METZ L, CHINTALA S. Unsupervised Representation Learning with Deep Convolutional Generative Adversarial Networks [C]. CoRR, abs/1511.06434, 2016.

[22] ISOLA P, ZHU J, ZHOU T, et al. Image-to-Image Translation with Conditional Adversarial Networks [C]. 2017 IEEE Conference on Computer Vision and Pattern Recognition (CVPR), 2017: 5967-5976.

[23] BROCK A, DONAHUE J, SIMONYAN K. Large Scale GAN Training for High Fidelity Natural Image Synthesis [C]. ArXiv, abs/1809.11096, 2019.

[24] 王坤峰，苟超，段艳杰，等. 生成式对抗网络 GAN 的研究进展与展望 [J]. 自动化学报，2017，43 (3)：321-332.

[25] HUANG W, ZHENG H. Architectural drawings recognition and generation through machine learning [C]. Proceedings of the Proceedings of the 38th Annual Conference of the Association for Computer Aided Design in Architecture, Mexico City, Mexico, 2018.

第 9 章　强化学习

人类生活中大部分的学习都是通过与环境产生互动进行，从而习得经验。当婴儿玩耍、挥动手臂或环顾四周时，他没有明确的知识指导，但却对周围环境有直接的感知，这种感知会产生因果关系、行动后果，如碰到硬东西会疼，碰到热东西会烫等结果反馈，这些反馈就会变成婴儿的经验和知识，从而形成一个人为实现目标而应采取的行动等知识。在我们的生活中，此类互动无疑是我们对有关环境认知的主要知识来源，这类互动总结起来就是不停地探索和试错，然后得到以后相关行为的决策经验。这就是一种强化学习。与监督学习不同，强化学习不使用标签数据进行训练，智能体是在与环境的交互中不停探索和试错，逐渐获得知识经验（环境反馈），并最终形成自己在环境中的执行策略，从而得到一个训练好的强化学习模型。监督学习算法的主要功能是分类、识别及预测等；而强化学习算法则是在训练中通过探索和试错最终得到最优或近似最优的行为执行决策。近些年来，为了进一步提升强化学习的学习性能，出现了将深度学习与强化学习相结合所形成的深度强化学习。

本章将介绍这种基于探索和试错的机器学习方法，即强化学习。强化学习算法在高新智能产业已得到较为广泛的应用，如网页推荐、广告投放、智能交通、机器人控制等方面；强化学习在智能建造中也有很好的应用前景，如建筑深化设计中的管道智能避障、钢筋智能避障以及智能建造机器人等。

9.1　强化学习概览

强化学习（Reinforcement Learning）是一类模仿生物与自然环境交互的机器学习方法，其本质是互动学习，即让智能体与外界环境进行交互。智能体根据自己有限的视野来选择相应的动作，然后通过观测该动作所造成的结果（获得奖惩反馈）来调整动作选择机制，最终让智能体达到外界环境最优或近似最优的响应，从而尽可能获得最大的环境奖励。

下面通过几个例子[1] 来帮助理解强化学习的思想。

（1）一位象棋选手在移动棋子。选手需要预测对手的回应、主观上对特定位置的判断及这一动作的可取性。

（2）使用自适应控制器调整石油炼油厂操作的参数。控制器需要在规定的边际成本的基础上根据实时环境条件找到产量、成本、质量的平衡点，而不是一直按照工程师最初的设定执行。

（3）移动机器人选择应该进入一个新的房间收集更多垃圾还是找到其返回电池充电站的路径。机器人需要根据电池的电流电压水平以及过去的充电速度作出相应的动作选择。

这些例子中有一个共同的特点：都涉及一个主动决策的智能体与其环境之间的交互，

并通过反馈调整自己的行为。不论环境如何，智能体的目的在于获得正向的决策反馈（即环境奖励），从而实现预定目标。智能体的行为能够影响未来的环境状态（例如：对弈中的棋局形势、炼油厂的库存水平、机器人的下一个位置与其电池的未来电量），从而使智能体能获得环境的反馈。

可以看出，强化学习是学习一个从情境到动作的映射，目标是最大限度地提高所获得的奖励。学习者并没有被告知要采取的行动，而是通过尝试来发现执行哪些行动能得到最大奖励。试错搜索和环境奖励这两个特征是强化学习的两个重要特点。

强化学习与有监督学习完全不同。有监督学习需要监督者（算法训练者）提供标注好的训练样本集；每个标注的样本都是针对某一种情况，监督者通过标注数据指导智能体在这种情况下应该如何进行决策，则下次遇到相近情况时智能体能作出比较好的决策；如图片识别（本质是图片分类），就是通过大量标注数据训练模型，则模型就会有比较好的泛化能力，识别能力较好。而强化学习的训练中，不需要任何标注好的样本集，智能体自己在环境中探索并逐渐积累经验，获得奖励，最终学习到一个能够获得最大长期累积奖励的行动策略。可见，与监督学习不同，强化学习不需要任何监督，也就是不需要标注数据。

但强化学习又与机器学习领域中的无监督学习完全不同。无监督学习主要包括各种聚类和降维等算法，这类算法不需要任何标注数据，其主要作用是寻找所有数据中的各种隐含结构，如哪些数据点距离最近或哪个区域数据点密度最大等隐含结构。虽然强化学习也不需要标注数据，但其作用并不是寻找数据的隐含结构，而是要找到获得最大累积奖励的行动策略；可见强化学习又与无监督学习完全不同。

与监督学习和无监督学习相比，强化学习的一个关键特征是智能体与环境进行交互，通过交互能够获得奖励（或者惩罚，也就是负的奖励），然后智能体获得经验知识，找到长期累积奖励最大的行动策略。可见，与环境的交互、奖励、策略，是强化学习区分于监督学习和无监督学习的关键词。

为了更好地理解强化学习，我们先了解一些强化学习中的基本概念及其符号：

智能体：Agent，进行探索的计算机控制程序、机器人等；在下棋过程中，智能体就是控制程序，在石油冶炼中，智能体就是控制器，核心也是控制程序。

环境：智能体所处的真实空间或虚拟空间的统称，包括空间中的物体和空间的边界；如下棋过程中，棋盘就是智能体所处的环境。

状态 S：State，智能体当前所处环境及其自身情况（如位置）的描述，也反映了智能体对当前环境和自己境遇的一种观察（Observation）；在下棋过程中，己方当前的落子情况和对手的落子情况，结合棋盘网格和边界，就形成了智能体的当前状态；所有状态形成一个集合，因为智能体可以有很多种状态，则用 $\{s_i\}$ 表示状态集合。

动作 A：Action，智能体做出的动作，如下棋过程中落子在哪里，施工机器人搬运、行走还是静止等；所有动作形成一个集合，因为智能体可以做出很多类动作，则用 $\{a_i\}$ 表示动作集合。

奖励 R：Reward，环境对于智能体动作执行后的反馈，奖励可能为负（即惩罚）；奖励是一个标量。

时刻 t：智能体所处的时间步，智能体在每个时刻都有其对应的状态、动作和奖励等。

策略 π：Policy，是智能体所处当前环境、状态到智能体选择动作的映射；策略的表现形式一般是一个概率，例如在当前环境和状态下，智能体可选择下一个动作可能为 a_1、a_2、a_3，则智能体“50%概率选择 a_1、30%概率选择 a_2、20%概率选择 a_3”就是一个当前环境和状态下的策略；用 $\pi_t(a)$ 表示智能体在 t 时刻选择动作 a 的概率。

基于以上概念，强化学习问题可以定义为：一个智能体和环境进行交互，在每一个时间步 t，环境和智能体的当前情况确定了状态 S，根据这个状态，智能体作出决策并执行动作 A，之后会得到相应的奖励 R；强化学习算法的目标就是让智能体在和环境交互的过程中，通过收集到的经验，迭代学习自己的策略 π，使得自己在接下来的交互过程中能得到的累积奖励最大化。

一般的强化学习流程如图 9.1-1 所示。

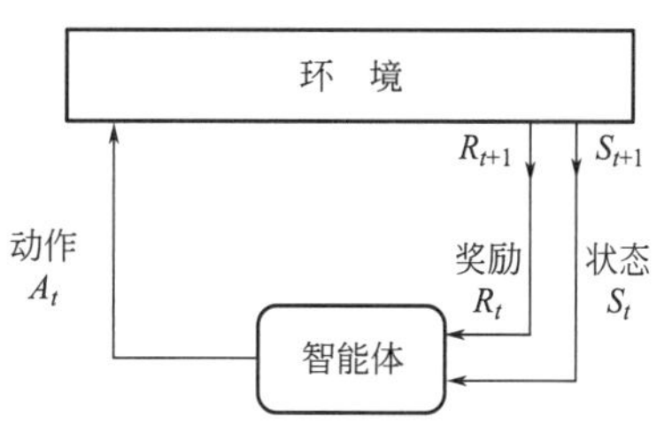

图 9.1-1　强化学习示意图

图 9.1-1 中，智能体在环境中处于一个当前状态 S_t，在这个状态之前，智能体因为上一个动作 A_{t-1} 的完成而得到了一个奖励 R_t。A_{t-1} 完成后，智能体进入下一个状态才能得到相应的奖励，其相应的奖励下标为下一个状态的下标，即 R_t。智能体在当前状态 S_t 下执行一个动作 A_t 后，继续进入下一个状态 S_{t+1}，并得到一个相应的奖励 R_{t+1}；如此循环一直到终止。终止条件可以是学习收敛，或者是固定的训练次数。

在本书的表达中，对状态、动作、奖励等的通用表达用大写字母表示，但对这些量的实例表达则用小写字母表示；例如用 A 表示动作，但是用 a、a_i 等表示某个具体的动作。

需要注意的是，本书中用 R_{t+1} 来表示 t 时刻执行动作 A_t 而导致的一次奖励，而非用 R_t 来表示，是要强调智能体在当前状态 S_t 下选择了一个动作 A_t 后，智能体在与环境的交互中进入了下一个状态 S_{t+1}，然后才得到一个相应的奖励；即强调执行动作后进入下一状态，然后才得到奖励。而有的文献中也用 R_t 来表示 t 时刻执行动作 A_t 导致的一次奖励。

现有强化学习算法一般可以分为有模型（model-based）的强化学习与无模型（model-free）的强化学习两类。这两类强化学习最大的区别在于是否对环境中状态的转移及反馈等进行建模。具体来说，基于模型的强化学习会对环境进行建模，无模型的强化学习算法不会对环境进行建模。本章 9.4 节中将结合具体实例详细介绍有模型和无模型强化学习的区别。

9.2　马尔可夫过程

9.2.1　离散马尔可夫链

学习具体的强化学习算法前，需先理解强化学习的数学过程。强化学习中，在没有学习的情况下智能体的状态随机变化，由其执行的动作所决定。若用变量来表示智能体的状态，则此变量是一个随机变量。对于一个随机变量，通常有一个具体的概率分布，随着时间的变化，它的概率分布也会出现变化；研究概率分布的变化所导致的这个随机变量性质产生的改变，就是随机过程的研究内容。

随机过程是研究“过程”的，因此很强调在一个过程中“从一个状态到下一个状态”会如何演变；离散马尔可夫链就是最为简单、理想的一种情况。

离散马尔可夫链（Discrete Markov Chain）：考虑一个描述智能体状态的随机变量序列 $\{X_n\}$，若 $\forall i, j, i_{n-1}, \cdots, i_0 \in \{X_n\}$（$i, j, i_{n-1}, \cdots, i_0$ 均为智能体的状态），智能体由状态 i 转移为状态 j 的概率为 $p(i, j)$，若

$$p(i,j)=P(X_{n+1}=j \mid X_n=i, X_{n-1}=i_{n-1}, \cdots, X_0=i_0) \tag{9.2-1}$$

则称上式描述的随机过程为马尔可夫链。上式中，$p(i, j)$ 为智能体由状态 i 转移为状态 j 的概率，称其为状态转移概率，这是一个条件概率。

状态转移概率矩阵（State Transition Probability Matrix）：在离散马尔可夫链中，智能体所有状态向其他状态转移的概率可以组成一个状态转移概率矩阵 $\boldsymbol{P}$，简称转移矩阵，$P_{i,j}=p(i, j)$。

这里的“离散”是指这些过程状态（states）是离散的，或可数的（countable）。如果不满足这个条件，会导致研究转移概率函数时出现问题。一般情况下，马尔可夫链默认为离散情况。

根据式（9.2-1），离散马尔可夫链定义中的条件概率，若仅用 $p(i, j)$ 即可描述这个条件概率，说明状态 X_n 之前的状态与 X_{n+1} 无关，由此可以继续改写为：

$$p(i,j)=P(X_{n+1}=j \mid X_n=i) \tag{9.2-2}$$

上式表示，当前的状态只与上一个状态有关，而与以前经历过的状态无关，这一性质称为马尔可夫性（或无后效性、无记忆性），是由马尔可夫链的定义所确定。

下面用一个具体的例子来解释离散马尔可夫链、转移概率及转移矩阵的概念。

例 9.2.1 在一个游戏中，玩家（可视为智能体）每一轮有 0.4 的概率赢 1 分，有 0.6 的概率输 1 分。设赢得 5 分或输到 0 分时结束。

设 X_n 为第 n 次游戏后的分数（分数就是智能体的状态），$X_n=i$，$i \in \{0, \cdots, 5\}$。

转移概率为：$p(i, i+1)=0.4$，$p(i, i-1)=0.6$，当 $0<i<5$

$p(0, 0)=1$，$p(5, 5)=1$；因为当 $i=0$ 或 $i=5$ 时，游戏结束，智能体不能再到达其他状态，只能继续保持当前状态，即其向当前自身状态的转移概率为 1。

所有状态的转移概率可写为一个转移矩阵 $\boldsymbol{P}$：

	0	**1**	**2**	**3**	**4**	**5**
0	1.0	0	0	0	0	0
1	0.6	0	0.4	0	0	0
2	0	0.6	0	0.4	0	0
3	0	0	0.6	0	0.4	0
4	0	0	0	0.6	0	0.4
5	0	0	0	0	0	1.0

上面的矩阵中，括号外的竖向行号分别表示智能体所处的当前状态，括号外的水平列号分别表示智能体转移后的状态，矩阵中的元素 p_{ij} 表示智能体由状态 i 转移为状态 j 的概率。矩阵中每一行元素之和为 1，代表智能体从任意状态出发，转移到其他所有状态的概率和为 1。例如，对于第 2 行，其当前状态为 $i=1$，则智能体向 $i=0$ 的状态转移概率为

0.6，向 $i=2$ 的状态转移概率为 0.4，向其他状态（包括当前状态）转移的概率为 0；向所有状态转移的概率和为 1。可见，转移矩阵并非是数学意义上的线性变换矩阵，而是一种记录转移概率的表格。

上面的矩阵也可画为图 9.2-1 中的离散马尔可夫链：

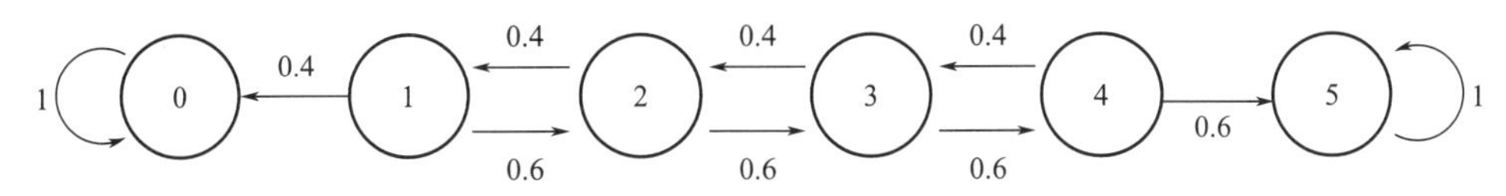

图 9.2-1 离散马尔可夫链

需要说明的是，图 9.2-1 中是一种只有相邻状态（值相邻）才可能发生状态转移的情况，但在别的马尔可夫链中，不相邻状态之间也可能发生转移，但仍需保证智能体从任意状态出发，转移到其他所有状态的概率和为 1。

9.2.2 强化学习中的马尔可夫过程

强化学习中，将智能体与环境的交互过程视为一个马尔可夫过程。根据强化学习的奖励反馈机制，我们可以得到一个马尔可夫决策过程（Markov Decision Processes），其序列为：S_0，A_0，R_1，S_1，A_1，R_2，S_2，A_2，R_3，⋯，其中 S_0，A_0 为初始状态及其对应的动作。智能体的状态转移示意见图 9.2-2。

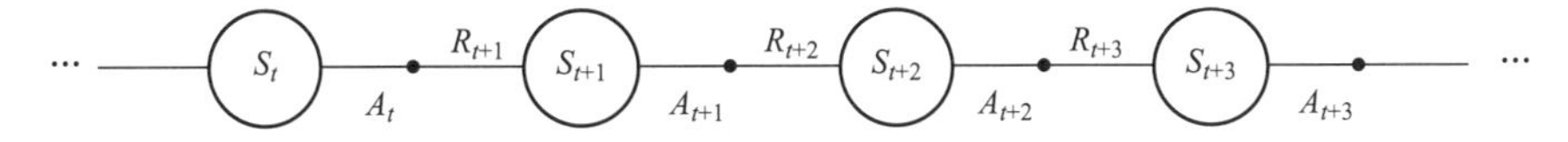

图 9.2-2 状态转移示意图

下面思考一个实例。图 9.2-3 展示了一个学生某天含 6 种状态的马尔可夫链，其中状态 S 的状态空间为 $\{S_1$ = 起床，S_2 = 上课，S_3 = 自习，S_4 = 运动，S_5 = 测验，S_6 = 睡觉$\}$，每种状态之间的转移概率如图中所示。则该生从起床开始一天可能的状态序列为：

起床-上课-自习-运动

起床-上课-上课-睡觉

……

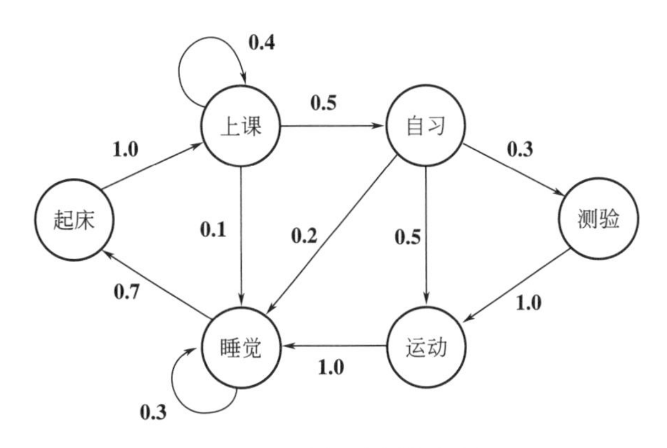

图 9.2-3 马尔可夫链示意图

图 9.2-3 和我们学习的马尔可夫链相同，接着继续代入强化学习的状态、动作、奖励概念，重画这个马尔可夫链（图 9.2-4）。

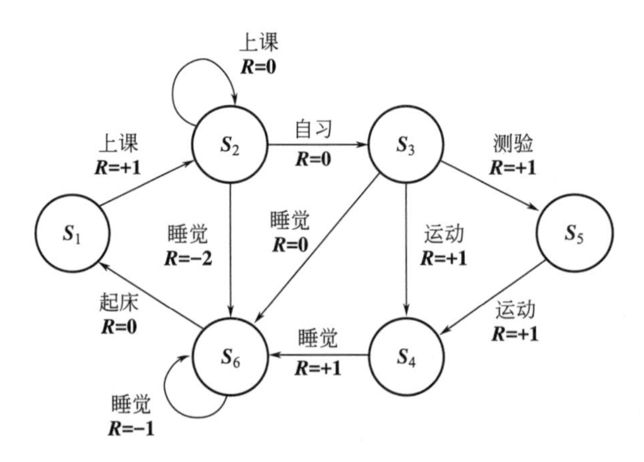

图 9.2-4 状态转移示意图

其中空心圆表示状态，每一个有向箭头上标注的内容表示其执行的动作以及相应的奖惩反馈，这样就得到了强化学习中状态转移的马尔可夫链，并可直接应用强化学习方法进行求解。

从前面的介绍可以看出，强化学习过程可以看作是求解信息不完全的马尔可夫决策过程的最优解。其中信息不完全指的是在每一次进行更新学习时，不能够获得此马尔可夫决策过程全部的信息（过去加未来的信息），可见的信息只有一部分，即该智能体经历过的状态及执行动作后达到的状态，而未来任何信息都不可见，所以只能利用可见的过去信息进行更新、预测。

基于以上介绍，强化学习的目标可以理解为学习一个最优策略，从而在不同的状态下，给出最优的动作决策（用 π_* 表示），最终获得最多的环境反馈累积奖励。累积奖励可通过计算得到，即计算当前状态以后智能体所获所有奖励的数学期望。智能体当前状态以后的累积奖励，可定义为回报 G，如 G_t 表示 t 时刻状态以后智能体所能获得的累积奖励。

为评估强化学习中最优策略 π_* 的期望回报，常需定义两个价值函数：状态价值函数和动作价值函数，这两个函数经常被统称为值函数。

状态价值函数 V：Value，经过计算的长期累积奖励期望值，即回报期望值；一般用 V_π（S）表示在策略 π 下，在状态 S 处的回报期望值；状态价值函数一般简称为状态值函数。

动作价值函数 Q：Q-value，与状态值函数相似，但函数中多一个动作参数 A；一般用 Q_π（S，A）表示在策略 π 下，智能体处于当前状态 S 并执行动作 A 时，回报的期望值。动作价值函数有时也被称为状态-动作价值函数，因为智能体做动作时，必须处于某种状态下。动作价值函数一般简称为动作值函数。

状态值函数是估计某个状态的价值，而动作值函数是估计某状态下一个具体动作的价值。

基于马尔可夫决策过程，状态值函数可定义为：

$$\nu_{\pi}(s)=E_{\pi}\left[r_{t+1}+\gamma r_{t+2}+\gamma^{2}r_{t+3}+\cdots+\gamma^{k}r_{t+1+k}\mid s=s_{t}\right]$$
$$=E_{\pi}\left[\sum_{k=0}^{\infty}\gamma^{k}r_{t+1+k}\mid s=s_{t}\right] \tag{9.2-3}$$

上式中，$E_{\pi}[\cdot]$ 为给定策略 π 时一个随机变量的期望值；r 为奖励（对于具体的值，一般采用小写字母表达）；$r_{t+1}+\gamma r_{t+2}+\gamma^{2}r_{t+3}+\cdots+\gamma^{k}r_{t+k+1}$ 为当前状态后的累积奖励，即回报；$\mid s=s_{t}$ 表示在已知当前状态为 s_t 时的条件。γ 为折扣率，$0\leqslant\gamma\leqslant1$；当 $\gamma=0$ 时，表明智能体只考虑当前即时奖励，不考虑长期收益，当 $\gamma=1$ 时，智能体可能会过于关注长期收益，降低了对即时奖励的关注，容易导致学习不准确；因此一般将 γ 取值为 0 到 1 之间。状态值函数 $v_{\pi}(s)$ 是回报的期望，表示在某一状态 s 下，执行由策略 π 决定的动作到最终状态所能够得到的回报（累积奖励）；该回报与策略 π 相对应，因为策略 π 决定了回报的状态分布。

与状态值函数类似，动作值函数表示在状态 s 的情况下执行动作 a 所能得到的期望总回报，其具体形式可定义为：

$$q_{\pi}(s,a)=E_{\pi}\left[\sum_{k=0}^{\infty}\gamma^{k}R_{t+1+k}\mid s=s_{t},a=a_{t}\right] \tag{9.2-4}$$

式中，动作值函数 $q_{\pi}(s, a)$ 是在策略 π 和当前状态 s 下，智能体执行动作 a 后，能够得到回报的期望。可以看出，对于动作的价值衡量，动作值函数的思想是：执行完动作 a 后，再一直执行策略 π 到最终状态，并采用最终的累积回报来量化价值。

由状态值函数展开，可以得到：

$$\begin{aligned}\nu_{\pi}(s)&=E_{\pi}\left[\sum_{k=0}^{\infty}\gamma^{k}r_{t+1+k}\mid s=s_{t}\right]\\&=E_{\pi}\left[r_{t+1}+\gamma r_{t+2}+\cdots\mid s=s_{t}\right]\\&=E_{\pi}\left[r_{t+1}+\gamma(r_{t+2}+\gamma r_{t+3}+\cdots)\mid s=s_{t}\right]\\&=E_{\pi}\left[r_{t+1}+\gamma\sum_{k=0}^{\infty}\gamma^{k}r_{t+1+k+1}\mid s=s_{t}\right]\\&=E_{\pi}\left[r_{t+1}+\gamma\nu_{\pi}(s_{t+1})\mid s=s_{t}\right]\end{aligned} \tag{9.2-5}$$

上式最后一行也被称作贝尔曼方程，表示当前的状态值函数可以分解为两个部分，即立即获得的奖励 r_{t+1} 和下一个状态的值函数折扣值。

同理，将动作值函数展开，也可得到动作值函数的贝尔曼方程：

$$q_{\pi}(s,a)=E_{\pi}\left[r_{t+1}+\gamma q_{\pi}(s_{t+1},a_{t+1})\mid s=s_{t},a=a_{t}\right] \tag{9.2-6}$$

可结合图 9.2-5 解释贝尔曼方程，图中空心节点代表了状态，实心节点代表了动作。图中的过程描述了智能体从状态 s 出发，根据策略 π 选择动作 a，然后环境会对动作 a 作出反馈，则智能体就以概率 p 达到下一个状态 s' 并获得对应的奖励 r。图中，根据策略选择动作时存在一个选择概率，而动

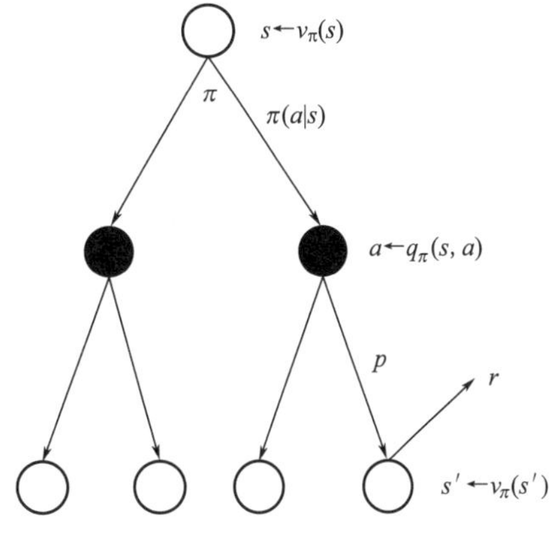

图 9.2-5　状态值函数与状态-动作值函数关系

作完成后智能体会根据环境的反馈以某种概率进入一个新的状态；这两个概率值的乘积就是两个状态之间的转移概率。每一个节点都有其值函数，如空心节点有其对应的状态值函数，而实心节点则有其对应的动作值函数。贝尔曼方程表明，当前节点的值函数依赖于下一个节点的值函数及其反馈。

强化学习过程中，一般就是让智能体进行探索，学习在每个状态的状态值函数，或者学习到智能体在每个状态下执行每个动作的动作值函数。在学习开始时，赋予值函数初始值（经常取为0），智能体通过学习，不停地更新值函数的值，直至结果收敛（值函数的值趋于稳定）或达到规定的学习次数（训练次数）。

式（9.2-3）至式（9.2-6）是理论公式，介绍这些公式，目的是加强对强化学习基础理论的理解。实际的强化学习应用过程中，不会采用这些理论直接进行计算，而需要对贝尔曼方程的解进行迭代计算；目前应用最广泛的迭代计算方法是时序差分算法，其中包括SARSA 算法和 Q 学习算法等。

9.3 时序差分学习

9.3.1 时序差分的思想

时序差分学习（Temporal-Difference Learning）是经典的预测学习算法之一。许多经典的无模型（model-free）强化学习算法，如 Q 学习算法、SARSA 算法等都是基于时序差分学习。本节首先对时序差分学习的思想进行介绍。

强化学习算法的学习过程中，一般要经历智能体从初始状态到终止状态的多轮学习，以期学习到全局最优策略。而在每一轮的学习过程中，对于无模型的强化学习，目前多采用时序差分方法进行迭代，即在每一个（或几个）状态转移完成后，都更新一遍值函数的估计值（因为未最终收敛，所以统称为估计值）。一轮的学习，也常称为一幕（Episode）学习。

在具体计算中，给定策略 π 后，时序差分法会针对出现的当前状态 S_t 更新值函数 V，包括状态值函数和动作值函数。在某一轮学习中，智能体到达任何一个状态 S_t，都可以对值函数 V 进行更新。在 t 时刻，智能体状态为 S_t，然后智能体根据策略做一个动作后可进入下一个状态 S_{t+1}，并得到一个环境反馈奖励 R_{t+1}；在学习过程中，对任意一个状态 S_{t+1}，都有一个与其对应的 $V(S_{t+1})$，当学习刚开始时，可对所有状态的 $V(S)$ 初始化任意赋值，一般赋值为0。对于智能体的 S_t 状态，可使用 R_{t+1} 和 $V(S_{t+1})$ 对 S_t 状态的值函数（本轮学习）进行更新：

$$V(S_t) \leftarrow V(S_t) + \alpha[R_{t+1} + \gamma V(S_{t+1}) - V(S_t)] \tag{9.3-1}$$

上式是强化学习领域对时序差分算法的更新方法进行的一种规定。上式中，$R_{t+1} + \gamma V(S_{t+1})$ 对应于式（9.2.5）中的 $r_{t+1} + \gamma V_\pi(s_{t+1})$ 部分，其中 R_{t+1} 是本轮的一个奖励，而上式右侧的 $V(S_t)$ 和 $V(S_{t+1})$ 是上一轮学习的值函数估计值（本轮的 $V(S_{t+1})$ 还未求得）。如果追求公式的严密性，上式左侧和右侧的 $V(S_t)$ 应分别表达为 $V(S_t)^i$ 和 $V(S_t)^{i-1}$，且上式的 $V(S_{t+1})$ 应表达为 $V(S_{t+1})^{i-1}$，其中 i 为当前轮学习的编号，$i-1$ 为上一轮学习的编号；但在更新公式（9.3-1）中，一般将轮数角标省略。式（9.3-1）是一个用箭头表示赋值的更新公式，可省略轮数编号，但如果采用等式，则公式中不能省略轮数编号。$R_{t+1}+\gamma V(S_{t+1})-V(S_t)$ 是当前轮值函数估计值与上一轮的差值，再将此差值乘以一个小于1的学习率 α 并加到上一轮的 $V(S_t)$ 上，得到一个和，然后将这个和赋值给当前轮的 $V(S_t)$；这就是值函数每一个状态都进行更新的过程。实际计算中，学习率 α 取值一般较小，例如取0.05左右，以避免计算中产生过大扰动，影响收敛。

由上述可见，时序差分更新的手段是：在某一轮学习中，当前状态 S_t 的值函数估计值 $V(S_t)$ 更新，是利用其下一状态 S_{t+1} 的环境反馈奖励 R_{t+1} 和值函数估计值 $V(S_{t+1})$；其中 R_{t+1} 是当前轮学习中环境交互反馈的即时奖励，而 $V(S_{t+1})$ 是上一轮学习的状态 S_{t+1} 值函数估计值；$V(S_{t+1})$ 就是到目前学习阶段为止的针对状态 S_{t+1} 的值函数估计值。

例如，对于 S_t 状态的值函数更新，是利用 S_{t+1} 状态中的 $R_{t+1}+\gamma V(S_{t+1})$ 进行更新；这种时序差分方法称为单步时序差分，可记为TD（0），是时序差分方法的一种。算法9.3-1为TD（0）的算法流程。

TD（0）算法更新流程　　　　**算法9.3-1**

输入：策略 π，步长 $\alpha\in(0,1]$，学习轮数episode，折扣率 γ

输出：v_π

1：对所有 $S\in\mathbf{S}$ 初始化 $V(S)$；$V(\text{terminal})=0$
2：for $i\leftarrow 1$ to episode do
3：　　初始化 S
4：　　while S ！ =terminal
5：　　　　在状态 S，根据策略 π 选择动作 A
6：　　　　执行动作 A，观测奖惩 R、获得新状态 S'
7：　　　　$V(S)\leftarrow V(S)+\alpha[R+\gamma V(S')-V(S)]$
8：　　　　$S\leftarrow S'$
9：　　end while
10：end for

因为TD(0)的更新部分基于当前状态已有的 V 值估计，所以它被称为一种自举方法（无需等待完整学习训练的结果）。

简单强化学习一般仅针对一个问题或任务进行学习，智能体在学习过程中一般先建立一个动作值函数的表格（编程过程中可通过各种方式记录以实现表格功能），表格中的每个格子都对应一个动作值函数的值（常将值函数的值简称为值函数）。在强化学习过程中，就是不停更新这些值函数，直至值函数收敛（每次更新后变化很小），从而最终形成一个最优策略。这个最优策略就是每当智能体处于一种状态时，都去查询值函数表格，然后都选择当前状态下动作值函数最大的动作执行；一种状态可能对应很多个动作，每个动作都对应一个值函数。解决一个问题或任务时，应进行次数足够多的学习，以保证值函数收敛或趋于稳定；学习次数可根据经验确定，也可结合阶段性学习结果确定。

强化学习的结果，一般只能解决本次学习的问题或任务；当问题或任务发生改变时，环境也会发生改变，因此需要重新学习。

9.3.2 时序差分学习的误差

TD（0）更新表示 S_t 的估计 V 值与其另一估计值 $R_{t+1}+\gamma V(S_{t+1})$ 之间的差异，此差异被称为时序差分误差（TD error），在强化学习中，其表现形式为：

$$\delta_t = R_{t+1} + \gamma V(S_{t+1}) - V(S_t) \tag{9.3-2}$$

时序差分误差是每个时刻所作估计的误差。由于 TD 误差取决于接下来的状态和奖励，因此直到下一个时刻步才得以计算出；也就是说，δ_t 是 $V(S_t)$ 的估计误差，在时间 $t+1$ 时刻处计算。需要注意，如果估计 V 值在一个训练周期内（指一段时间内，此时值已稳定）不发生变化，则时序差分误差的总和可以写成蒙特卡洛误差形式：

$$\begin{aligned} G_t - V(S_t) &= R_{t+1} + \gamma G_{t+1} - V(S_t) + \gamma V(S_{t+1}) - \gamma V(S_{t+1}) \\ &= \delta_t + \gamma(G_{t+1} - V(S_{t+1})) \\ &= \delta_t + \gamma\delta_{t+1} + \gamma^2(G_{t+2} - V(S_{t+2})) \\ &= \delta_t + \gamma\delta_{t+1} + \gamma^2\delta_{t+2} + \cdots + \gamma^{T-t-1}\delta_{T-1} + \gamma^{T-t}(G_T - V(S_T)) \\ &= \delta_t + \gamma\delta_{t+1} + \gamma^2\delta_{t+2} + \cdots + \gamma^{T-t-1}\delta_{T-1} + \gamma^{T-t}(0-0) \\ &= \sum_{k=t}^{T-1} \gamma^{k-t}\delta_k \end{aligned} \tag{9.3-3}$$

上式中，G_t 为该状态的理想累积回报（真实值）。

如果在一个训练周期内中有更新 V 值，则上述等式并不精确，但如果步长较小，它仍可以保持近似；此误差在时序差分学习的理论和算法中起着重要作用。

9.3.3 SARSA 算法

SARSA 算法是将时序差分预测方法用于控制问题的强化学习经典算法之一。遵循广义策略迭代模式（即值函数估计与策略的学习是交替进行，而非同步进行），使用时序差分方法进行评估或预测的方法可分为两大类：同步策略（on-policy）方法和异步策略（off-policy）方法。同步策略方法中的目标策略和行为策略是同一个策略，可以直接利用数据优化其策略。目标策略是指在更新中预测下一个状态对应动作的策略，行为策略是指智能体进入下一状态后实际选择动作的策略。在异步策略中，对于当前状态 S_t 的值函数估计值 $V(S_t)$，采用一个目标策略来预测 S_{t+1} 与 A_{t+1}，然后根据预测的 S_{t+1} 和 A_{t+1} 更新 $V(S_t)$；但智能体实际发生状态转移后，采用一个行为策略来选择 A_{t+1}；这样就导致预测的 A_{t+1}（用于更新）和实际的 A_{t+1}（状态真正转移后）可能完全不同。而在同步策略中，目标策略与行为策略一样，即用于预测的 A_{t+1} 就是状态真正转移后的实际 A_{t+1}。本节介绍的 SARSA 是一种同步策略的时序差分学习方法，而后面要介绍的 Q 学习则是一种异步策略的时序差分学习方法。

在 SARSA 算法的具体实施中，第一步是将式（9.3-1）中的状态值函数 $V(S_t)$ 替换为动作值函数 $Q(S_t, A_t)$。我们必须估计基于当前策略 π 的值函数 $Q_\pi(S, A)$。这里可以使用与上一节估计状态值函数 V_π 相同的时序差分方法来完成动作值函数的估计。前面已提到，每轮学习都由状态和“状态－动作”对的交替序列组成，见图 9.2-2。

前面我们考虑了从状态到状态的转移，并已了解状态的价值函数。现在需考虑从一组“状态－动作”到下一组“状态－动作”的过渡，并学习“状态－动作”的价值。这些步骤在形式上完全相同：它们都可以表达为具有奖励反馈过程的马尔可夫链。因此，由时序差分算法估计状态值函数的公式（9.3-1）可以得出动作值函数的更新公式，具体如下：

$$Q(S_t,A_t) \leftarrow Q(S_t,A_t) + \alpha[R_{t+1} + \gamma Q(S_{t+1},A_{t+1}) - Q(S_t,A_t)] \quad (9.3\text{-}4)$$

在非终止状态 S_t 的每次状态转换之后，完成此公式更新；如果 S_{t+1} 是终止状态，则将 $Q(S_{t+1}, A_{t+1})$ 定义为零。该规则使用到了一次状态转移的五元组中的每个元素即（S_t，A_t，R_{t+1}，S_{t+1}，A_{t+1}），这些元素构成了从一个“状态－动作”到下一个“状态－动作”的过渡。依据这个五元组，该算法被命名为 SARSA。SARSA 的算法流程见算法 9.3-2。由 SARSA 的算法流程可见，Q 值更新时预测 S' 状态下的动作为 A'（算法第 8 行），而智能体状态转移到 S' 之后，实际选择的动作也是 A'（算法第 9 行），也就是行为策略和目标更新策略相同，因此 SARSA 属于同步策略方法。

SARSA **算法 9.3-2**

输入：	步长 $\alpha \in (0,1]$，$\varepsilon > 0$，学习轮数 episode，学习率 γ
输出：	Q^*
1：	对所有 $S \in \mathbf{S}$、$A \in \mathbf{A}$，初始化 $Q(S,A)$；$Q(\text{terminal}, \cdot)=0$
2：	for $i \leftarrow 1$ to episode do
3：	初始化 S
4：	在状态 S，根据策略选择动作 A
5：	while S ！= terminal
6：	执行动作 A，观测奖惩 R、新状态 S'
7：	在状态 S'，根据策略选择动作 A'
8：	$Q(S,A) \leftarrow Q(S,A) + \alpha[R + \gamma Q(S',A') - Q(S,A)]$
9：	$S \leftarrow S'$；$A \leftarrow A'$
10：	end while
11：	end for

9.3.4 *Q* 学习算法

Q 学习算法是另外一个将时序差分预测方法用于控制问题的强化学习经典算法。与 SARSA 算法不同，Q 学习算法是异步（off-policy）策略的时序差分算法。同步策略的优点是其目标策略和行为策略相同，可以直接利用数据对策略进行优化；但这样处理容易导致学习到一个局部最优解，因为同步策略仅利用已学最优策略进行选择，无法高效地探索未知信息从而求得最优解。异步策略将目标策略和行为策略分开，可以高效地保持探索，促进策略收敛到全局最优。

Q 学习算法的动作值函数更新定义如下：

$$Q(S_t,A_t) \leftarrow Q(S_t,A_t) + \alpha[R_{t+1} + \gamma \max_a Q(S_{t+1},a) - Q(S_t,A_t)] \quad (9.3\text{-}5)$$

由上式可看出，与 SARSA 算法的不同在于，Q 学习算法学习的动作值函数 Q 直接与最优动作值函数 Q^*（$\max_a Q(S_{t+1}, a)$）近似（计算收敛后，$\max_a Q(S_{t+1}, a)$ 才逼近最优动作值函数），与遵循的行为策略（选择动作的策略）无关，即更新之后智能体实际选择的动作不一定是 arg $\max\limits_{a} Q(S_{t+1}, a)$ 这个动作，而选择别的动作进行探索；因此，Q 学习是一种异步策略的时序差分控制算法。Q 学习算法的流程见算法 9.3-3；由算法流程可见，完成 $Q(S, A)$ 的更新后（算法第 7 行），智能体进入了下一个状态 S'，但是并未明确选择 arg $\max\limits_{a} Q(S_{t+1}, a)$ 这个动作，而是根据策略选择一个动作，即目标策略与行为策略不一致，这与 SARSA 算法完全不同（算法 9.3-2）。

Q 学习　　　　**算法 9.3-3**

输入：	步长 $\alpha \in (0,1]$，$\varepsilon > 0$，学习次数 episode，学习率 γ
输出：	Q^*
1：	对所有 $S \in \mathbf{S}$、$A \in \mathbf{A}$，初始化 $Q(S,A)$；$Q(\text{terminal}, \cdot)=0$
2：	for $i \leftarrow 1$ to episode do
3：	初始化 S
4：	while S！= terminal
5：	在状态 S，根据策略选择动作 A
6：	执行动作 A，观测奖惩 R、新状态 S'
7：	$Q(S,A) \leftarrow Q(S,A) + \alpha[R + \gamma \max\limits_{a} Q(S_{t+1},a) - Q(S,A)]$
8：	$S \leftarrow S'$
9：	end while
10：	end for

9.4　三类方法的应用实例

对于值函数的估计，除了时序差分这一类方法，常见方法还有蒙特卡洛和动态规划这两类。本节将结合一个应用实例，对蒙特卡洛、动态规划、时序差分的具体应用方法及其区别进行详细介绍。

9.4.1　蒙特卡洛方法应用

采用蒙特卡洛法进行估计时，不通过迭代的方式实时更新值函数，即不在一次状态转移后马上更新值函数，而是从初始状态到终止状态后再更新值函数；且最后的更新是采用多次状态转移序列的平均值（即先平均再更新）。一个序列就是指智能体一次从初始状态到终止状态的历程。因此，采用蒙特卡洛方法进行估计时，需进行多次采样计算，（例如规定采样 100 次），然后对计算结果进行加权平均。

图 9.4-1 是一个智能体探索最优路径时所面临的状态与障碍示意图。图中 3×3 格子中，圆形标记是智能体的出发起点，小旗标记是智能体拟到达的终点，且格子中还有障碍物。智能体的动作 A 包括右行（right）、下行（down），智能体位于每个格子中时，都是处于一种状态，也就是将每个格子的编号都作为某一种状态的编号。智能体学习的目标是找到一条最优路径，使得智能体从起点行至终点过程中不发生碰撞。智能体抵达终点奖励记+5，碰撞到障碍物奖励记−2（实际是惩罚），出界奖励记−1，其他状态奖励记为 0。智能体的状态集和动作集分别如下：

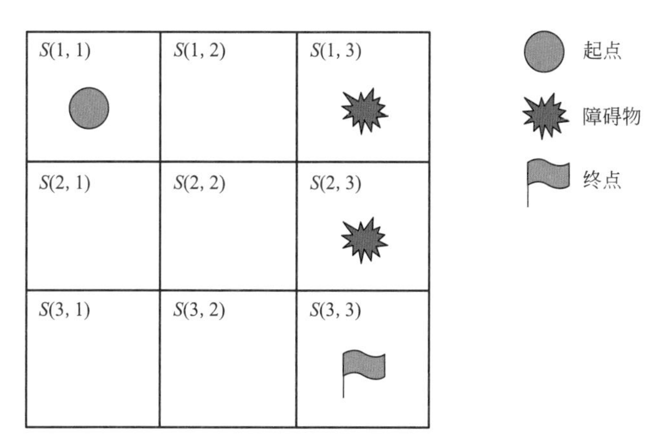

图 9.4-1　智能体状态与障碍示意图

S＝{(1,1),(1,2),(1,3),(2,1),(2,2),(2,3),(3,1),(3,2),(3,3)}

A＝{right,down}

采用蒙特卡洛方法进行学习时，智能体从起点出发，到终止状态即完成一次（或一幕）学习，每次学习过程独立；需要进行多次学习。每次学习的终止状态包括随机完成 5 次状态转移、出界（未完成 5 次状态转移之前）、抵达终点（未完成 5 次状态转移之前，或恰好完成 5 次状态转移而抵达终点）三种。每次学习过程中，智能体选择动作的策略为随机策略，实际编程过程中可采用相关随机算法。

学习 3 次进行采样：

1. 第 1 次学习

第 1 步：$s_0=S(1,\ 1)$，$a_0=$right，$r_1=0$，$G=0$

第 2 步：$s_1=S(1,\ 2)$，$a_1=$right，$r_2=-2$，$G=-2$

第 3 步：$s_2=S(1,\ 3)$，$a_2=$down，$r_3=-2$，$G=-4$

第 4 步：$s_3=S(2,\ 3)$，$a_3=$right，$r_4=-1$，$G=-5$

第 5 步：出界，停止

上面的学习过程中，第 1 步是智能体在 $s_0=S(1,\ 1)$ 状态根据随机策略选择了动作 $a_0=$right，然后智能体进入了状态 $s_1=S(1,\ 2)$，且环境给了一个反馈奖励 $r_1=0$。第 1 步完成后，得到了回报 $G=0$，但此时这个回报没有意义（只起记录作用），因为蒙特卡洛方法的特点是不在一次学习的过程中进行任何更新，都是在完成一次完整的学习后再进行更新。第 1 次学习的后面几步，实施规则与第 1 步相同。

这次学习的历程形成了一个序列：$S(1,\ 1)\rightarrow S(1,\ 2)\rightarrow S(1,\ 3)\rightarrow S(2,\ 3)\rightarrow$出界，见图 9.4-2；对这个序列中的每个状态都可用算式 $Q_1=-5/4=-1.25$ 进行评估（即取值）。每次学习的历程都会形成一个独立的序列。

2. 第 2 次学习

第 1 步：$s_0=S(1,\ 1)$，$a_0=$down，$r_1=0$，$G=0$

第 2 步：$s_1=S(2,\ 1)$，$a_1=$right，$r_2=0$，$G=0$

第 3 步：$s_2=S(2,\ 2)$，$a_2=$down，$r_3=0$，$G=0$

第 4 步：$s_3=S(3,\ 2)$，$a_3=$down，$r_4=-1$，$G=-1$

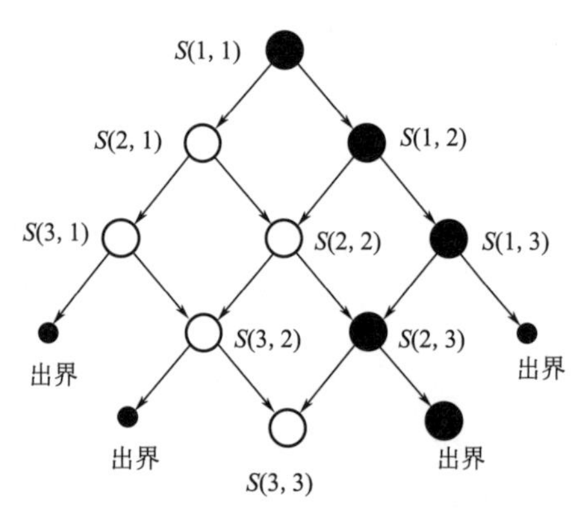

图 9.4-2　蒙特卡洛方法第 1 次学习的序列

第 5 步：出界，停止

第 2 次学习形成的序列见图 9.4-3，对这个序列中的每个状态都可用算式 $Q_2=-1/4=-0.25$ 进行评估。

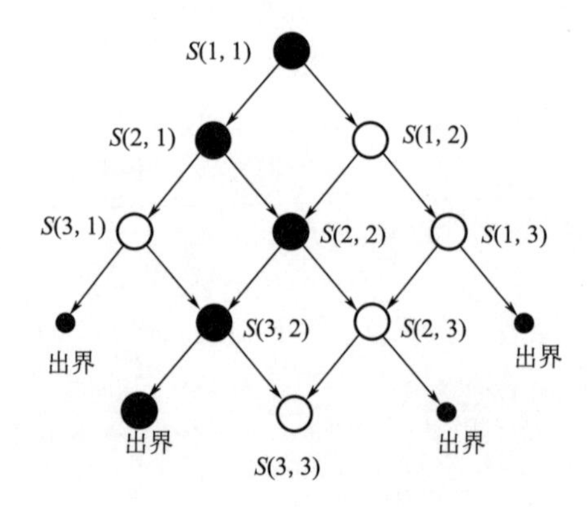

图 9.4-3　蒙特卡洛方法第 2 次学习的序列

3. 第 3 次学习

第 1 步：$s_0=S(1,1)$，$a_0=\text{right}$，$r_1=0$，$G=0$

第 2 步：$s_1=S(1,2)$，$a_1=\text{down}$，$r_2=0$，$G=0$

第 3 步：$s_2=S(2,2)$，$a_2=\text{down}$，$r_3=0$，$G=0$

第 4 步：$s_3=S(3,2)$，$a_3=\text{right}$，$r_4=5$，$G=5$

第 5 步：$s_4=S(3,3)$，抵达终点，停止

第 3 次学习形成的序列见图 9.4-4，对这个序列中的每个状态都可用算式 $Q_3=5/5=1$ 进行评估。

采用蒙特卡洛方法时，可进行多次学习，即进行多次采样。对于上面的例子，完成采样后，对每个状态在所有序列中出现的次数进行统计，然后求每个状态的 Q 值平均值 $\frac{\sum_{j=1}^{n} Q_{s_j}}{n}$，其中 n 为某状态 s 在所有序列中出现的次数，j 代表某状态第 j 次出现，s_j 代表某状态 s 第 j 次出现，Q_{s_j} 是状态 s_j 的 Q 值。由本例的蒙特卡洛方法可见，这种方法都是

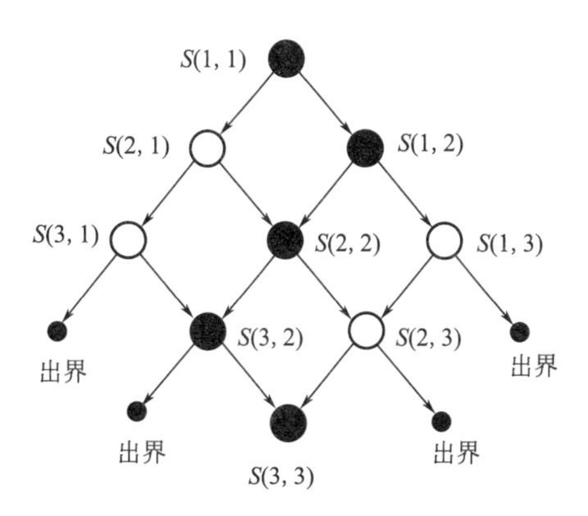

图 9.4-4 蒙特卡洛方法第 3 次学习的序列

在完成所有采样后，对采样过程中出现的每种状态的值函数取平均值；而在任何一个采样过程中，都不进行过程中的值函数更新。

由上述的每次采样并求每个序列 Q 值的过程可见，在每个序列中，任何已出现状态最终的 Q 值均相同，这样就导致在一个序列中，前面和后面不同状态的 Q 值相同，因此在一个序列中的 Q 值不合理。但经过很多次采样后，每个状态都会得到多个序列的信息，从而随着采样次数的增多而逐渐消除单次采样的偶然性；多次采样后并取每个序列的结果进行平均，可以让每个状态的值函数得到更全面的信息。以图 9.4-4 中的状态 $S(1，2)$ 和 $S(3，2)$ 为例，理论上 $S(3，2)$ 的值函数应该高于 $S(1，2)$，因为处于状态 $S(3，2)$ 时更容易很快到达终点 $S(3，3)$；但在此序列中 $S(1，2)$ 和 $S(3，2)$ 的值函数均为 $Q_3=5/5=1$，而这只是这一次学习的结果；随着学习次数的增多，最终 $S(3，2)$ 的值函数平均值将逐渐高于 $S(1，2)$。算法 9.4-1 为一种采用蒙特卡洛方法时的算法更新流程；需要注意的是，对于本节的应用实例，算法流程中第 6 行更新公式 $G\leftarrow \gamma G+R_{t+1}$ 中的 γ 取值为 1。算法 9.4-1 中是针对一次学习中单个状态最多出现一次的情况，属于一种首次访问型的蒙特卡洛方法；对于多次访问型蒙特卡洛方法，还需修改算法流程。

采用蒙特卡洛的算法更新流程 **算法 9.4-1**

输入：	策略 π，学习轮数 episode，学习率 γ
输出：	v_π
1：	对所有 $s\in \boldsymbol{S}$ 初始化 $V(s)$
2：	for $i\leftarrow 1$ to episode do
3：	初始化 G
4：	根据 π 生成序列：$S_0,A_0,R_1,S_1,A_1,R_2,\cdots,R_T$
5：	for $t\leftarrow 0$ to $T-1$ do
6：	$G\leftarrow \gamma G+R_{t+1}$
7：	end for
8：	$V(S_t)\leftarrow \text{average}(G)$
9：	end for
10：	$V(S_t)\leftarrow \text{average}(V(S_t))$

9.4.2 动态规划方法应用

动态规划（Dynamic Programming，DP）是一类优化方法，这种方法需要对环境建立一个完备的模型。强化学习算法一般可分为有模型的强化学习和无模型的强化学习，两类的区别在于是否对环境中的状态及反馈奖励等进行建模。

采用动态规划的强化学习是有模型的强化学习，而采用蒙特卡洛和时序差分的强化学习则是无模型的强化学习。所谓对环境建模，一般是指由环境搭建者基于实际情况，对环境进行了抽象简化处理；这样的环境一般需满足几个条件：①智能体处于任何状态时，都能预测出其下一状态可能是哪几种状态；②智能体能够对任何可能的下一状态进行明确计算，得到下一状态所对应的即时反馈奖励 R；③理论上，智能体在开始状态时，就能够根据环境模型逐步计算出到所有终止状态所能够得到的累积回报 G。

而无模型的强化学习不会对环境进行建模，智能体是执行了一个动作并与环境进行了交互后，进入到下一个状态，此时智能体只能收获一个即时奖励 R，而不能得到累积回报 G 的预测值，且即时奖励也在当前状态不能确定，进入下一状态才能确定；这与有模型的情况完全不同。即无模型的强化学习中，智能体直接根据和环境交互过程中产生的经验，即状态、动作及反馈奖励，来迭代算法，更新其策略，从而达到学习目的。采用蒙特卡洛和时序差分的方法，就是无模型的强化学习。例如在图 9.4-2～图 9.4-4 的蒙特卡洛方法中，智能体处于任意当前状态时，并不预测其下一状态可能是什么且能够得到多少奖励，而是随机做一个动作，然后跟环境进行交互后，进入下一个状态，并得到一个相应的反馈奖励；即智能体在当前状态并不预测其下一状态及对应奖励。

此处仍以图 9.4-1 的强化学习问题为例，说明动态规划在强化学习中的应用。采用动态规划进行强化学习时，只学习一次。因为是有模型的学习，则对于每个状态都已经设定了即时反馈奖励 R 和后续累积回报 G；R 一般是在环境建模中直接确定的一个定值，而 G 一般是一个描述后续累积回报的量，可采用数学期望等形式。

1. 第 1 次状态转移

图 9.4-5 为采用动态规划的强化学习初始状态及其后续状态选择的示意图。图 9.4-5（a）中，智能体处于初始状态 $S(1,1)$，但智能体能够预测到其后续的状态包括 $S(2,1)$ 和 $S(1,2)$ 两种，见图 9.4-5（b）；且智能体能够预测到状态 $S(2,1)$ 对应的未来回报（$R+G$）大于另外一种状态，因此选择进入状态 $S(2,1)$，这就完成了第 1 次状态转移，见图 9.4-5（c）。

2. 第 2 次状态转移

智能体处于状态 $S(2,1)$ 后，能够预测到其后续的状态包括 $S(3,1)$ 和 $S(2,2)$ 两种，见图 9.4-6（a）；且智能体能够预测到状态 $S(3,1)$ 对应的未来回报大于另外一种状态，因此选择进入状态 $S(3,1)$，这就完成了第 2 次状态转移，见图 9.4-6（b）。

3. 第 3 次状态转移

智能体处于状态 $S(3,1)$ 后，能够预测到其后续的状态包括出界和 $S(3,2)$ 两种，见图 9.4-7（a）；且智能体能够预测到状态 $S(3,3)$ 对应的未来回报大于另外一种状态，因此选择进入状态 $S(3,3)$，这就完成了第 3 次状态转移，见图 9.4-7（b）。

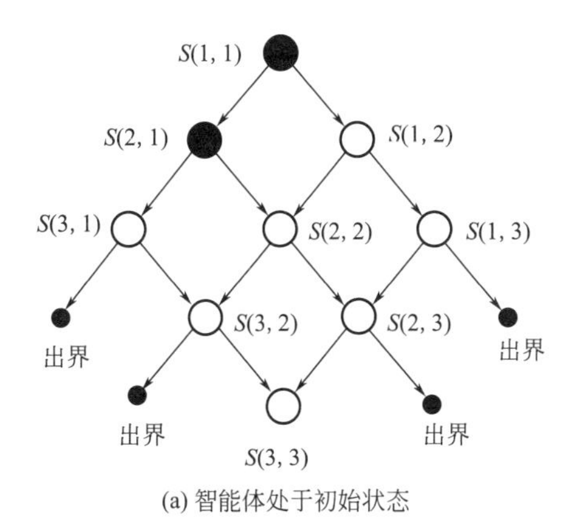

(a) 智能体处于初始状态

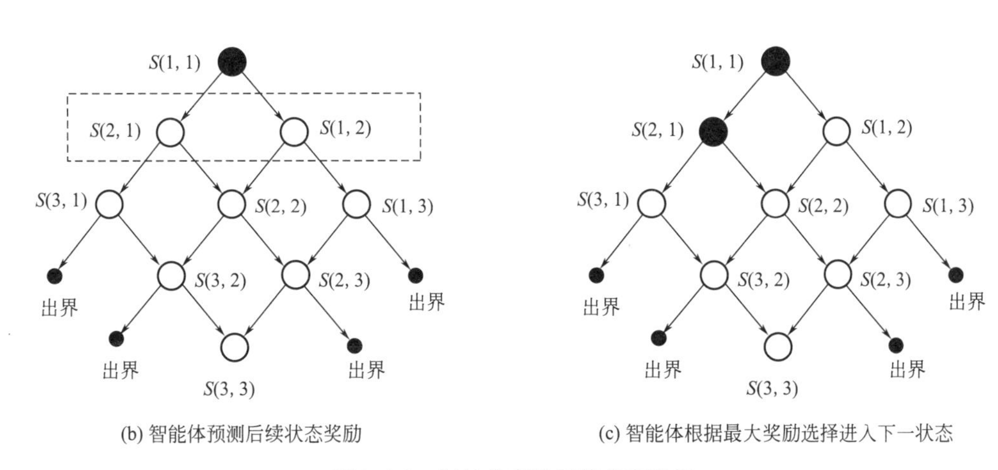

(b) 智能体预测后续状态奖励　　(c) 智能体根据最大奖励选择进入下一状态

图 9.4-5　初始状态及后续状态选择

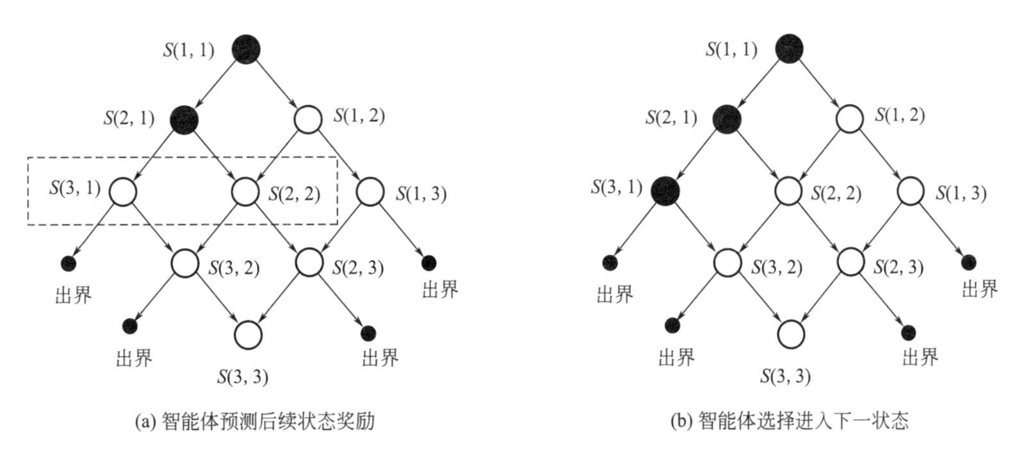

(a) 智能体预测后续状态奖励　　(b) 智能体选择进入下一状态

图 9.4-6　智能体第 2 次状态转移示意图

4. 第 4 次状态转移并到达终点

智能体处于状态 S(3，2) 后，能够预测到其后续的状态包括出界和 S(3，3) 两种，且智能体能够预测到状态 S(3，3) 就是终点，因此选择进入状态 S(3，3)，这就完成了第 4 次状态转移，到达了终点，见图 9.4-8。

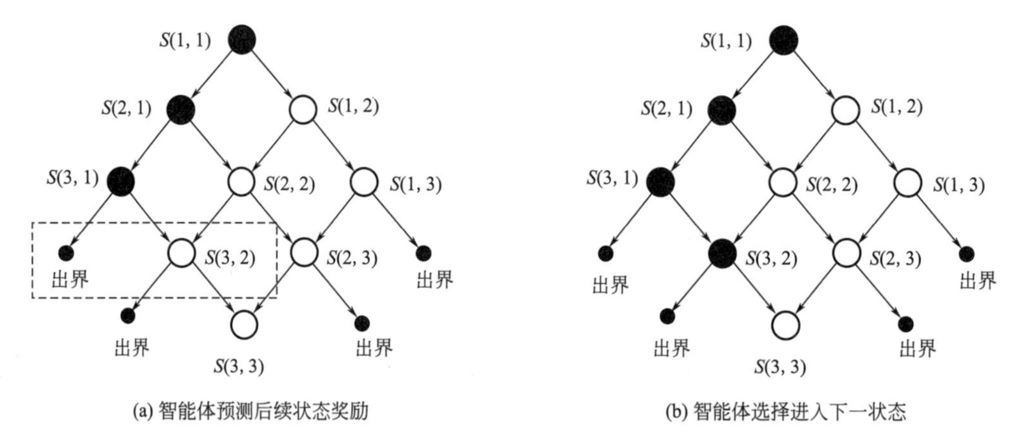

图 9.4-7　智能体第 3 次状态转移示意图

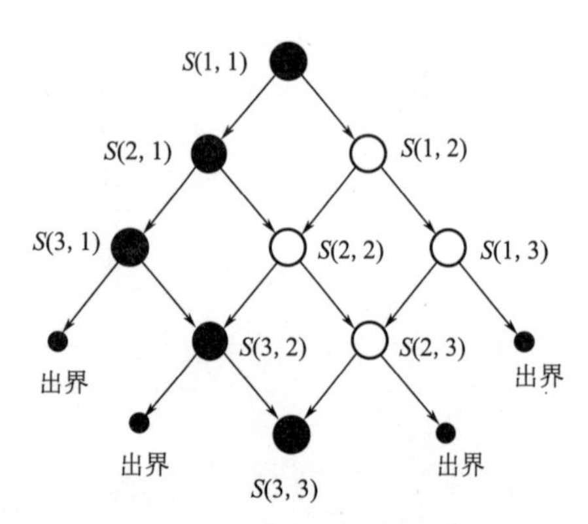

图 9.4-8　智能体第 4 次状态转移并到达终点

由上面实例可见，采用动态规划的强化学习并不进行多次采样，在确定一个初始状态后，每一次状态转移都是经过明确的计算，没有任何试错过程，也不进行多次学习。这与蒙特卡洛方法需要经过多轮（或称多幕）学习的情况完全不同；采用动态规划的强化学习，只进行一次学习，得到一个状态序列。

动态规划方法的优点是不需要进行多轮学习，且理论基础明确。但动态规划一般不适合特别复杂或状态工况很多的应用；例如在下围棋的案例中，如果要采用动态规划的强化学习算法，则需要对环境建模，但围棋对弈中的状态极多（多于宇宙中基本粒子的总量），环境建模可能性很小，且计算量过大，难以实施。因此动态规划方法在强化学习中应用时，一般还需结合其他方法。

9.4.3　时序差分方法应用

此处仍以图 9.4-1 的强化学习问题为例，说明时序差分在强化学习中的应用。采用时序差分进行强化学习时，需进行多次学习；但与蒙特卡洛方法不同的是，每次学习的过程并非独立，而是要不停地在上一轮（幕）学习结果的基础上进行更新。每轮学习，智能体从起点出发，到终止状态；终止状态包括完成 5 次状态转移、出界（未完成 5 次状态转移之前）、抵达终点（未完成 5 次状态转移之前，或恰好完成 5 次状态转移而抵达终点）三种。智能体在当前状态选择最优动作的概率为 p（动作选择策略）；学习中，折扣率为 γ，学习率为 α。在学习之前，将所有状态的 Q 值（式（9.3-4））初始化为 0。Q 值采用表格进行记录。

通过 2 次学习进行更新：

1. 第 1 次学习

第 1 步：$s_0=S(1,\ 1)$，$a_0=\text{right}$，$r_1=0$，更新 $Q(1,\ 1,\ r)$

第2步：$s_1=S(1, 2)$，$a_1=\text{down}$，$r_2=0$，更新$Q(1, 2, d)$

第3步：$s_2=S(2, 2)$，$a_2=\text{right}$，$r_3=-2$，更新$Q(2, 2, r)$

第4步：$s_3=S(2, 3)$，$a_3=\text{right}$，$r_4=-1$，更新$Q(2, 3, r)$

第5步：出界，停止

第1次学习的过程，见图9.4-9。第1步是智能体在$s_0=S(1, 1)$状态根据策略选择动作$a_0=\text{right}$，然后智能体进入了状态$s_1=S(1, 2)$，且环境给了一个反馈奖励$r_1=0$；此时根据环境奖励反馈和更新公式，更新状态$S(1, 1)$对应的动作right的Q值$Q(1, 1, r)$，见表9.4-1；根据智能体可能进入的状态s_1及可能获得的奖励，然后再去更新上一个状态s_0对应的Q值，这就是时序差分的基本手段，可视为一种“反向更新”。第2～5步，实施规则与第1步相同，其中分别经过了状态$S(2, 2)$、$S(2, 2)$、$S(2, 3)$，直至出界；过程中对状态$S(1, 2)$、$S(2, 2)$、$S(2, 3)$相对应的Q值进行了更新，见表9.4-1中的灰色方格。注意，这里并没有进行真正的数值计算并更新表格中的Q值，而是用$Q(1, 1, r)$这类符号代替，主要是说明更新的方法；在实际计算中，需要采用SARSA或Q学习进行数值计算并更新。

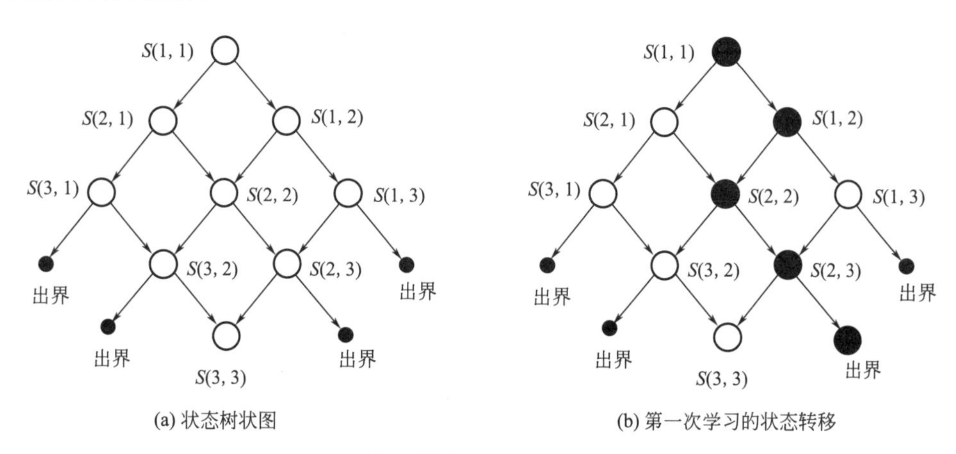

图9.4-9　智能体第1次学习的状态转移图

第1次学习后的Q值函数表　　**表9.4-1**

状态＼动作	right	down
S(1,1)	$Q(1,1,r)$	0
S(1,2)	0	$Q(1,2,d)$
S(1,3)	0	0
S(2,1)	0	0
S(2,2)	$Q(2,2,r)$	0
S(2,3)	$Q(2,3,r)$	0
S(3,1)	0	0
S(3,2)	0	0
S(3,3)	0	0

2. 第 2 次学习

第 1 步：s_0=S(1，1)，a_0=down，r_1=0，更新 $Q(1, 1, d)$

第 2 步：s_1=S(2，1)，a_1=right，r_2=0，更新 $Q(2, 1, r)$

第 3 步：s_2=S(2，2)，a_2=down，r_3=0，更新 $Q(2, 2, d)$

第 4 步：s_3=S(3，2)，a_3=right，r_4=5，更新 $Q(3, 2, r)$

第 5 步：s_4=S(3，3)，抵达终点，停止

第 2 次学习的过程，见图 9.4-10，其更新后的 Q 值表格，见表 9.4-2。需要注意的是，第 2 次学习过程中的更新，是在第 1 次学习后的 Q 值表格基础上进行更新，也就是在第 1 次学习的成果基础上进行更新，而非从初始值均为 0 的 Q 值表格基础上进行更新。时序差分方法中，每次学习都是在以前学习成果的基础上进行更新，每次的学习成果不独立；而蒙特卡洛方法中每次学习的成果独立，可见两种方法的更新方式完全不同。

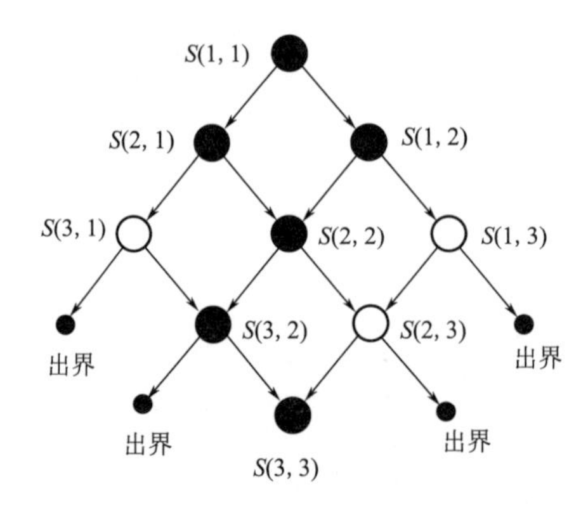

图 9.4-10　智能体第 2 次学习的状态转移图

第 2 次学习后的 Q 值函数表　　　　表 9.4-2

状态 \ 动作	right	down
S(1,1)	$Q(1,1,r)$	$Q(1,1,d)$
S(1,2)	0	$Q(1,2,d)$
S(1,3)	0	0
S(2,1)	$Q(2,1,r)$	0
S(2,2)	$Q(2,2,r)$	$Q(2,2,d)$
S(2,3)	$Q(2,3,r)$	0
S(3,1)	0	0
S(3,2)	$Q(3,2,r)$	0
S(3,3)	0	0

本节的时序差分应用实例仅进行了 2 次学习，但解决实际问题时一般都需要进行很多次学习，甚至需要成千上万乃至上亿次的学习。完成学习后，就得到一个最优策略，也就是每当智能体处于一种状态时，都去查 Q 值函数表格，然后都选择当前状态下 Q 值最大的动作执行。

与蒙特卡洛方法相比，时序差分不需要完整采样，可以实现单步更新，效率高。与动态规划法相比，时序差分无需完整的环境建模，可解决更广泛的问题。

9.5　深度强化学习

根据 Q 学习算法可知，我们可以使用 Q 表格表示 Q 函数来映射不同状态下不同动作的价值。但 Q 表格的方法通常只适用于状态和动作有限的问题，而在实际应用场景中很多问题的状态为高维，如图像和文本数据；这些高维数据若直接作为状态的输入，其状态数量将十分庞大，难以通过 Q 表格进行学习。

目前，解决上述问题可采取两种方法，一种方法是从原始的高维数据中提取出离散的特征数据，作为状态的输入，然后用强化学习建模，但这种做法依赖于人工设计的特征提取方法，存在明显局限性；另外一种方法是使用函数来逼近 Q 函数，即函数的输入是原始的状态数据，函数的输出则是 Q 函数的逼近值。神经网络常被用来拟合函数，因此可使用神经网络来拟合强化学习中的 Q 函数，即采用神经网络代替 Q 表格；神经网络的输入为某一个状态，输出为此状态下不同动作对应的 Q 值。如图 9.5-1 所示，在训练和工作流程中，Q 学习都是采用表格记录不同状态对应的 Q 值，即在强化学习模型的工作流程中，每当输入一个状态，就可通过查表获得此状态对应的 Q 值；而在深度学习模型中，每当输入一个状态，是通过神经网络计算出此状态对应的 Q 值。这就是深度 Q 学习网络（Deep Q-Network，简称 DQN）的基本思想。

状态＼动作	right	down
$S(1,1)$	$Q(1,1,r)$	$Q(1,1,d)$
$S(1,2)$	0	$Q(1,2,d)$
$S(1,3)$	0	0
$S(2,1)$	$Q(2,1,r)$	0
$S(2,2)$	$Q(2,2,r)$	$Q(2,2,d)$
$S(2,3)$	$Q(2,3,r)$	0
$S(3,1)$	0	0
$S(3,2)$	$Q(3,2,r)$	0
$S(3,3)$	0	0

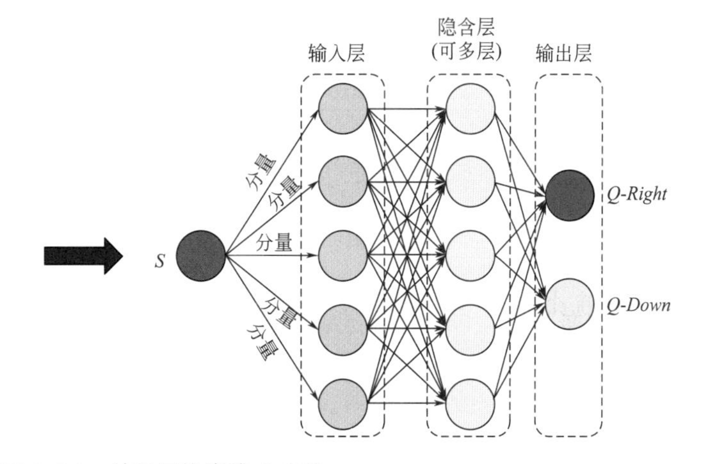

图 9.5-1　神经网络代替 Q 表格

神经网络可采用全连接、卷积和循环等结构，其隐含层参数需通过训练得到。网络设计中，需针对不同的问题选用不同的网络结构，如处理图片问题时一般采用卷积神经网络。

为了在连续的状态和动作空间中计算动作值函数 $Q_\pi(s, a)$，可用一个函数 $Q_\phi(s, a)$ 来表示其近似函数，称为动作值函数近似（Value Function Approximation），即 $Q_\phi(s, a) \approx Q_\pi(s, a)$。在 DQN 中，函数 $Q_\phi(s, a)$ 是参数（用 ϕ 统称）化的多层神经网络，即深度 Q 学习网络（Q-network）。如果动作是有限离散的 M 个动作 a_1，…，a_M，

则可以让 Q 网络输出一个 M 维向量，其中输出的第 m 维为 $Q_\phi(s, a_m)$，表示在 Q 网络的参数为 ϕ 时，智能体处于状态 s 时采取动作 a_m 时所能获得的价值。与一般神经网络训练类似，此处的神经网络也通过损失函数（Loss Function）和反向传播方法，不断迭代神经网络的参数 ϕ。类似 Q 学习，DQN 通过时序差分学习方法让 $Q_\phi(s, a)$ 逼近 $Q_\pi(s, a)$，从而使得 $Q_\phi(s, a) \approx Q_\pi(s, a)$。因此，DQN 中神经网络的损失函数可表示为：

$$L(s_t, a_t \mid \phi) = (R_{t+1} + \gamma \max_{a_{t+1}} Q_\phi(s_{t+1}, a_{t+1}) - Q_\phi(s_t, a_t))^2 \tag{9.5-1}$$

上式中，R_{t+1} 是本轮训练中得到的奖励，而 $\max Q_\phi$ 和 Q_ϕ 是神经网络的当前计算结果。由式（9.5-1）可见，DQN 中的神经网络的训练不使用标签，而是使用动作价值 Q 以及动作奖励 R 来构造损失函数进行反向传播。

深度神经网络的结构可根据问题的类型以及先验知识确定。此外，针对神经网络的训练，采取和 Q 学习同样的方法，即通过执行动作来生成样本。具体为：给定一个状态，用当前的神经网络进行预测，得到此状态对应所有动作的 Q 函数值，然后按照策略选择一个动作执行，得到下一个状态以及回报值，以此构造训练样本。

然而，这个训练过程存在两个问题：

（1）智能体与环境交互过程中，会产生一个状态到另一个状态的转移（Transition）数据 $(s_t, a_t, r_{t+1}, s_{t+1})$，此状态转移数据为一个训练样本。神经网络的训练要求样本为独立同分布，然而此处样本之间有很强的序列相关性。

（2）由于存在最大化算子 MAX 的操作以及存在环境、非稳态、函数近似等其他原因的噪声，从而造成过估计的情况。

为了解决上述两个问题，可对应采取两个措施：

（1）采取经验回放（Experience Replay），可以形象地理解为在记忆中学习。即构建一个经验池（Replay Buffer），经验池中存放最近训练所产生的样本，然后通过在经验池中随机采样小批量样本进行网络参数的更新，以此来打破相邻数据的序列相关性，减小参数的震荡，提高样本的利用效率；

（2）通过使用当前网络和目标网络来解耦目标 Q 值动作的选择和目标 Q 值的计算，以此消除过度估计的问题。即使用当前网络找出最大 Q 值对应的动作，然后在目标网络中计算此动作对应的 Q 值，通过此 Q 值来更新当前神经网络的参数。目标网络则在一定代数的冻结（Freezing Target Networks）后使用当前神经网络权重来更新自身权重参数，即在一个时间段内固定目标网络中的参数，来稳定学习目标，即 Double-DQN。可见，当前网络和目标网络其实是同一个网络，但是网络参数是不同训练阶段所得结果。

带经验回放的 Double-DQN 算法见算法 9.5-1。

带经验回放的 Double-DQN 算法　　　**算法 9.5-1**

输入：	状态空间 $\boldsymbol{S}$，动作空间 $\boldsymbol{A}$，折扣率 γ，学习率 α，参数更新间隔 C
输出：	$Q_\phi(s, a)$
1：	初始化经验池 D，容量为 N
2：	随机初始化 Q 值函数权重 θ
3：	初始化目标 Q 值函数权重 $\theta^- = \theta$

续表

4:	for $i \leftarrow 1$ to episode do
5:	初始化 $s_1=\{x_1\}$，$\phi_1=\phi(s_1)$
6:	for $t \leftarrow 1$ to T do
7:	在状态 s_t，根据策略选择动作 a_t
8:	执行动作 a_t，得到奖惩 r_t 及下一时刻的状态相关信息 x_{t+1}
9:	$s_{t+1}=s_t,a_t,x_{t+1}$，$\phi_{t+1}=\phi(s_{t+1})$
10:	将 $(\phi_t,a_t,r_t,\phi_{t+1})$ 放入 D 中
11:	从 D 中采样 $(\phi_j,a_j,r_j,\phi_{j+1})$
12:	若在 $j+1$ 步结束 episode，$y_j=r_j$；否则 $y_j=r_j+\gamma\max\limits_{a'}\hat{Q}(\phi_{j+1},a';\theta^-)$
13:	使用损失函数 $(y_j-Q(\phi_j,a_j;\theta))^2$ 做梯度下降更新学习
14:	每隔 C 步，$\hat{Q}=Q$
15:	end for
16:	end for

此外，对 DQN 常用的改进还有将 Q 值分解为状态价值和优势函数的 Dueling-DQN，以及增强模型探索能力的 NoisyNet 等措施。2017 年 DeepMind 提出了将六种改进措施融合的 Rainbow 模型，并在游戏领域取得了较好的效果。

9.6　Q 学习在结构深化设计中的应用

基于本章对强化学习算法的介绍，本节将具体介绍如何利用强化学习算法进行结构设计。此处以结构设计中的钢筋混凝土结构节点钢筋深化设计为例，介绍如何利用 Q 学习算法实现钢筋的自动避障与排布。

钢筋混凝土结构中钢筋的设计在建筑施工项目中极为重要。由于每个设计规范中存在大量复杂的钢筋排列准则，设计人员要使用计算机软件手动或部分自动化地避免所有冲突。为了实现钢筋的自动排列和弯曲来避免碰撞，我们针对无碰撞钢筋设计的碰撞检测和避障解决方案，将该问题建模为多智能体的路径规划问题，在复杂钢筋混凝土结构框架节点中，识别并避免钢筋的空间冲突。每个智能体负责一根钢筋，并通过强化学习自动排布钢筋，最终的钢筋 3 维坐标信息则可通过收集智能体的轨迹获得。

算法具体实施中，我们将每一根钢筋看作智能体的移动轨迹，智能体的任务是顺利穿过梁柱节点区到达指定目标点。在排布钢筋过程中已生成的钢筋也标记为障碍。在这项任务中，动作包括上移、下移、前移、左移、右移。智能体的任务是在规定的时间内通过节点成功到达目的地，且不碰到任何障碍物（见图 9.6-1）。

由问题定义我们可以看出，该任务可被建模为一个强化学习任务，每一个智能体都是一个独立的强化学习智能体，在其不同的状态下，需要预测相应的动作执行，实现钢筋排布，并避免与障碍物的碰撞。因此，智能体的结构由 3 个模块组成：状态、动作、奖励（见图 9.6-2）。

针对该问题，我们制定了具体的奖惩策略，见表 9.6-1。

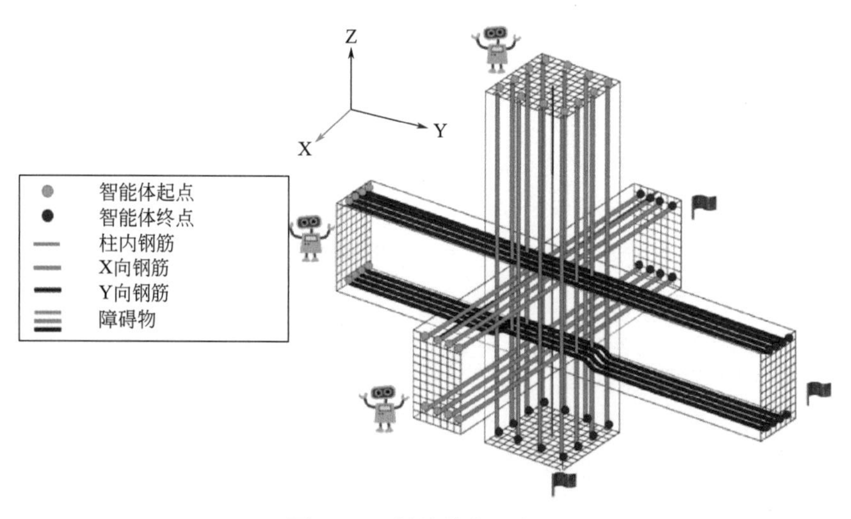

图 9.6-1　梁柱节点示意图

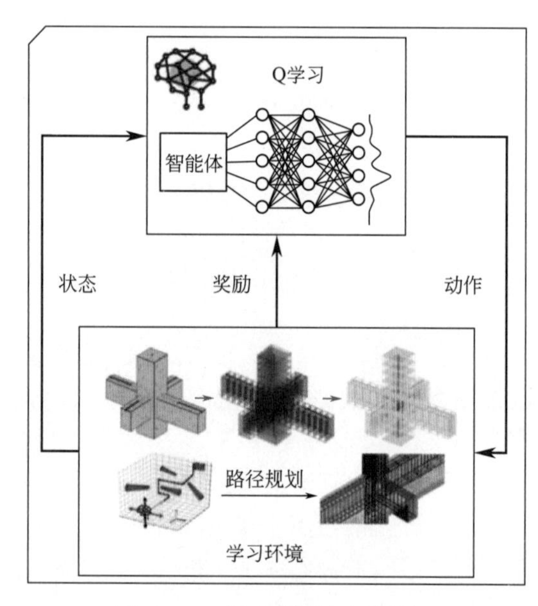

图 9.6-2　无碰撞设计方法框架

Q 学习结构设定　　**表 9.6-1**

状态信息	{坐标，障碍信息，其他智能体信息，终点信息}	
动作集合	{上移，下移，前移，左移，右移}	
奖惩策略	无碰撞到达终点	+1.0
	距目标点距离减小	+0.4
	与其他智能体路径碰撞	−1.0
	与其他智能体碰撞	−1.0
	超时	−1.0
	转向	−0.5
	直行	0

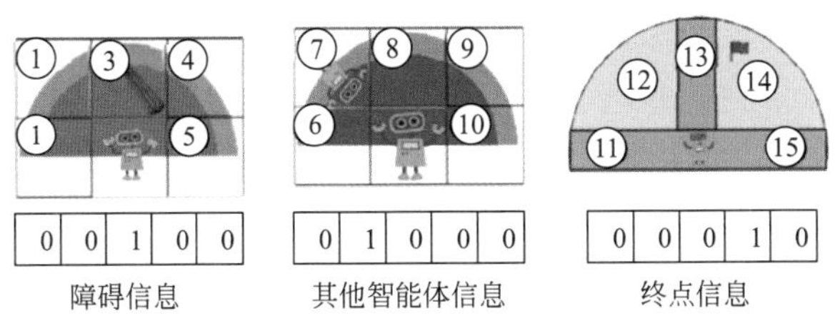

图 9.6-3　状态设定示意图

图 9.6-3 是智能体状态空间具体表示的一个例子，利用简单 01 编码实现了智能体的状态输入。在本节的智能钢筋排布示例中，Q 学习算法的参数设定总结见表 9.6-2。在 Q 学习算法中，我们采用 ε-greedy 策略，即以 1-ε 为概率执行贪婪策略选择执行动作。随着学习次数的增加，ε 值逐渐减小，这样可以在刚学习时保持较大的可能性探索未知，在积累一定知识后专注于探索已知的较好的解。

Q 学习参数设定　　表 9.6-2

时序差分学习率 α	0.05
折减学习率 γ	0.7
初始 Q 值	0
初始 ε 值	0.6
ε 衰减率	0.006

设定好这些参数就可以开始计算。以一个智能体为例（此状态由坐标、终点方位、终点距离组成），计算过程见表 9.6-3；注意，表中 q_{s1} 表示具体 s_1 的 Q 值，若下一次更新时 s_1 不同，则此 q_{s1} 也不同。

钢筋智能避障计算步骤　　表 9.6-3

起点:[2,15,0],终点:[2,5,0]	
第 1 次学习:	s_1=[2,15,0,0,−10,0,10] random=0.6589935485442684>0.6 (随机数>ε,取最优动作;Q 值最大为 0,随机取 Q 值为 0 的动作) a_1=[0,0,1] r_2=−0.5(动作转弯) $q_{s1}=q_{s1}+\alpha(r_2+\gamma\max_a q'_{s2}-q_{s1})=0+0.05(-0.5+0.7*0-0)=-0.025$
	s_2=[2,15,1,0,−10,−1,10.04987562] random=0.4385124511278255<0.6(随机数<ε,随机选择动作) a_2=[1,0,0] r_3=−0.5(动作转弯) $q_{s2}=q_{s2}+\alpha(r_3+\gamma\max_a q'_{s3}-q_{s2})=0+0.05(-0.5+0.7*0-0)=-0.025$
	s_3=[3,15,1,−1,−10,−1,10.09950494] random=0.1025553655489612<0.6(随机数<ε,随机选择动作) a_3=[0,0,−1] r_4=−0.5 $q_{s3}=q_{s3}+\alpha(r_4+\gamma\max_a q'_{s4}-q_{s3})=0+0.05(-0.5+0.7*0-0)=-0.025$
……	……

续表

第 50 次学习：	s_1=[2,15,0,0,−10,0,10] random=0.7843198098282312>0.3059999999999997 （随机数>ε，取最优动作；Q 值最大为 0.4361924222187683，取 Q 值为 0.4361924222187683 的动作） a_1=[0,−1,0] r_2=0.4（到终点距离减小） $q_{s1}=q_{s1}+\alpha(r_2+\gamma\max_a q'_{s2}-q_{s1})$ = 0.4361924222187683 + 0.05 (0.4 + 0.7 * 0.32365074288856416−0.4361924222187683)=0.44571057710892964 （做完动作 a_1 后，观测到新状态，此状态最大 Q 值为 0.32365074288856416，代入更新公式）
	s_2=[2,15,1,0,−10,−1,10.04987562] random=0.34494360222643505>0.3059999999999997 （随机数>ε，取最优动作；Q 值最大为 0.32365074288856416，取 Q 值为 0.32365074288856416 的动作） a_2=[0,−1,0] r_3=0.4（到终点距离减小） $q_{s2}=q_{s2}+\alpha(r_3+\gamma\max_a q'_{s3}-q_{s2})$ = 0.32365074288856416 + 0.05 (0.4 + 0.7 * 0.2352842803411388−0.32365074288856416)=0.3357031555560758 （做完动作 a_2 后，观测到新状态，此状态最大 Q 值为 0.2352842803411388，代入更新公式）
	s_3=[2,13,0,0,−8,0,8] random=0.040565586558057753<0.3059999999999997（随机数<ε，随机选择动作） a_3=[0,−1,0] r_4=0.4（到终点距离减小） $q_{s3}=q_{s3}+\alpha(r_4+\gamma\max_a q'_{s4}-q_{s3})$ = 0.2352842803411388 + 0.05 (0.4 + 0.7 * 0.16737127055464845−0.2352842803411388)=0.24937806079349456 （做完动作 a_3 后，观测到新状态，此状态最大 Q 值为 0.16737127055464845，代入更新公式）
……	……

如图 9.6-4 所示，在任务的初始阶段，鼓励智能体去探索新的可能性，尝试在不碰障

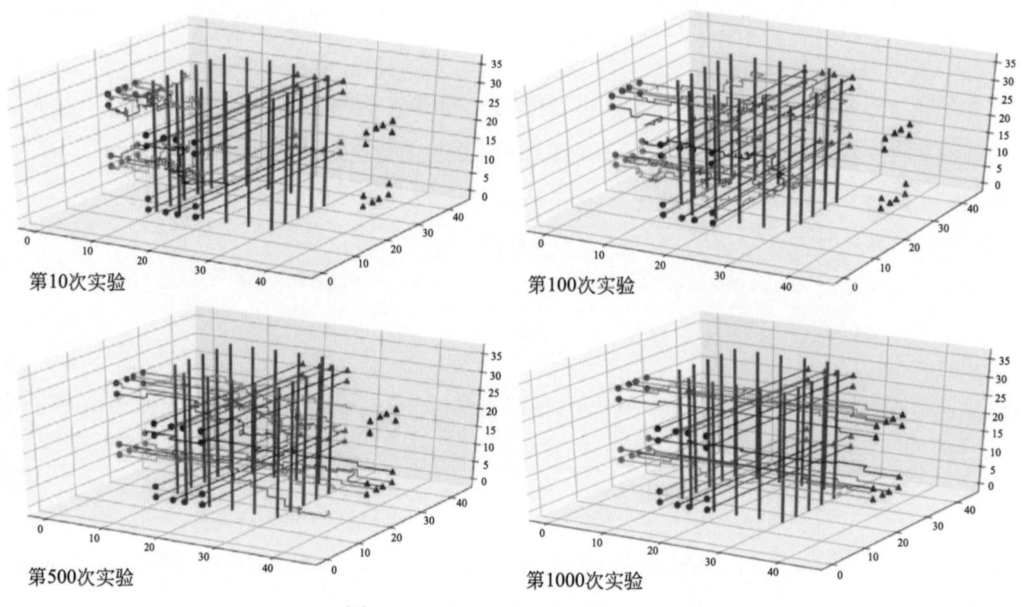

图 9.6-4　梁-柱节点的训练过程

碍物不超时的情况下到达目的地。因此，在第10次实验和第100次实验中，智能体的路径看上去很杂乱。在任务的后期，如第500次实验和第1000次实验中，智能体逐渐收敛到较优策略，为无碰撞钢筋设计找到了优化路径。智能体的收敛优化路径会在最后汇总生成无碰撞钢筋排布设计。

使用BIM（Building Information Modeling）进行智能钢筋排布模拟，部分计算结果展示见图9.6-5。

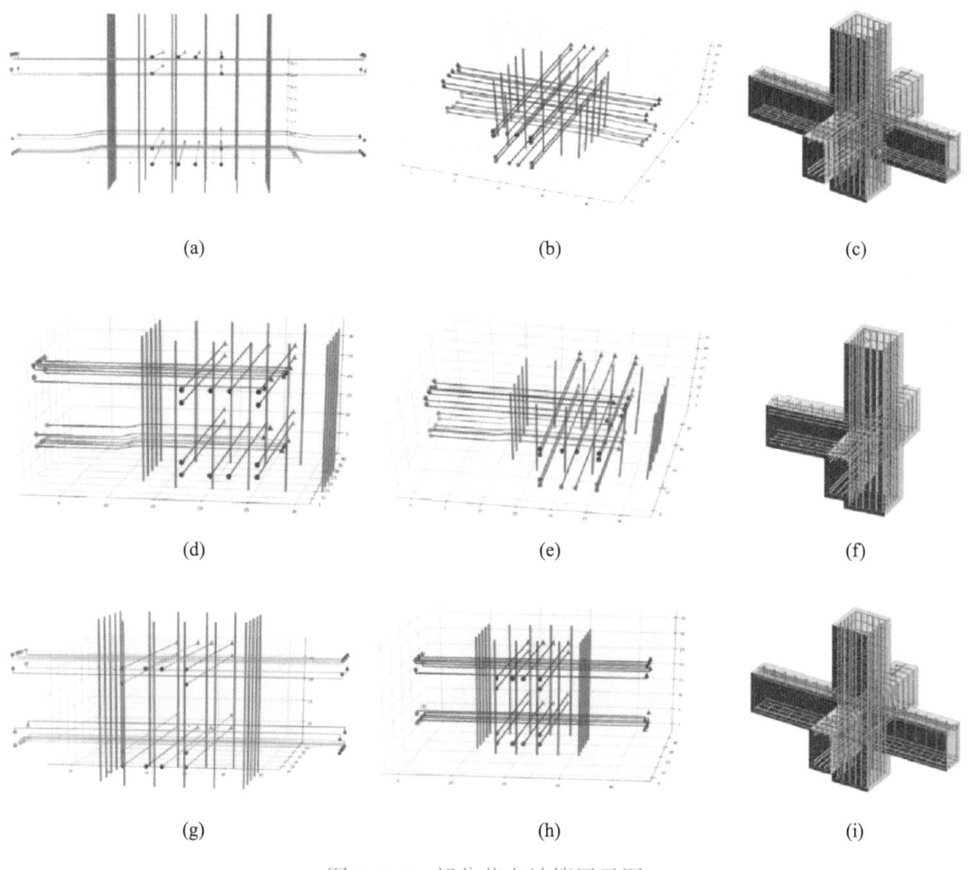

图9.6-5 部分节点计算展示图

9.7 DQN在结构优化设计中的应用

基于本章对深度强化学习算法的介绍，本节将以高层住宅混凝土剪力墙结构为例，具体介绍如何利用DQN进行结构智能优化。

1. 目标函数

高层结构优化是在层间位移角、轴压比、构件承载力等结构设计指标满足规范要求的情况下实现成本降低、施工便捷、功能提升等目标。以高层住宅混凝土剪力墙结构为例，优化目标可设为材料成本最低，其材料成本 C_m 可表示为：

$$C_m = \sum_{p=1}^{s} (L_{p1} + L_{p2})$$

上式中，s 表示剪力墙数量；L_{p1} 和 L_{p2} 分别为剪力墙 p 的左肢和右肢的长度。在结构方案初设时，结构性能指标主要包括层间位移角 $1/\delta$、扭转比 r_d 以及周期比 r_p。针对优化过程中可能面临结构设计指标不满足规范要求的情况，引入罚函数，具体形式如下：

$$C_{\delta x}=\begin{cases}0 & (1/\delta_x-1/1000\leqslant 0)\\ 100\times(1000-\delta_x) & (1/\delta_x-1/1000>0)\end{cases}$$

$$C_{\delta y}=\begin{cases}0 & (1/\delta_y-1/1000\leqslant 0)\\ 100\times(1000-\delta_y) & (1/\delta_y-1/1000>0)\end{cases}$$

$$C_{rp}=\begin{cases}0 & (r_p-0.9\leqslant 0)\\ 1000\times(r_p-0.9) & (r_p-0.9>0)\end{cases}$$

$$C_{rdx}=\begin{cases}0 & (r_{dx}-1.4\leqslant 0)\\ 1000\times(r_{dx}-1.4) & (r_{dx}-1.4>0)\end{cases}$$

$$C_{rdy}=\begin{cases}0 & (r_{dy}-1.4\leqslant 0)\\ 1000\times(r_{dy}-1.4) & (r_{dy}-1.4>0)\end{cases}$$

上式中，$C_{\delta x}$ 和 $C_{\delta y}$ 分别表示 x 和 y 方向层间位移角引起的罚函数；C_{rdx} 和 C_{rdy} 分别表示 x 和 y 方向扭转比引起的罚函数；C_{rp} 表示周期比引起的罚函数；罚函数的单位均为 mm。因此，无约束的目标函数 C 可按下式计算：

$$C=C_m+C_{\delta x}+C_{\delta y}+C_{rp}+C_{rdx}+C_{rdy}$$

2. DQN 设计优化流程

图 9.7-1 给出了基于深度强化学习的高层结构智能优化算法，其中的多层神经网络包括三个卷积层和一个全连接层；算法的具体流程如下：（1）输入自动生成的高层结构平面布置图，智能体通过卷积层和全连接层得到参数调整指令并反馈给环境；（2）环境根据参数调整指令生成新的平面布置图并按新的平面布置图进行参数化建模和结构分析；（3）环境根据结构性能指标计算目标函数并将目标函数的改变量作为奖惩返回给智能体，同时环境还需要将新的平面布置图反馈给智能体。智能体需要重复上述步骤（1）～(3)，直至达到收敛条件。智能体通过学习一系列的｛平面布置图，参数调整指令，新平面布置图，目标函数改变量｝得到结构的最优调整策略，从而实现智能优化目标。

3. 实际工程案例

以某高层住宅剪力墙结构为例，对所提的智能建模与优化方法进行验证。图 9.7-2 为一栋 33 层住宅的建筑平面图，平面尺寸为 19.5m×35.1m，层高为 2.9m，抗震烈度为 6 度，剪力墙混凝土的强度等级为 C40。荷载信息如下：梁的线荷载取值 3kN/m；普通板面的恒载和活载分别取值 1.5kN/m^2 和 2.0kN/m^2；楼梯间用零厚度板进行导荷，零厚度板的恒载和活载分别取值 7.0kN/m^2 和 3.5kN/m^2。

采用深度强化学习对算例的结构分析模型进行智能优化，目标函数的收敛曲线见图 9.7-3，从图中可以看出，目标函数总体呈下降趋势且均最终稳定在 100m 附近，说明优化方法收敛性好。此外，最终的目标函数值较小，无罚函数引起的突变，说明设计结果符合规范的要求。

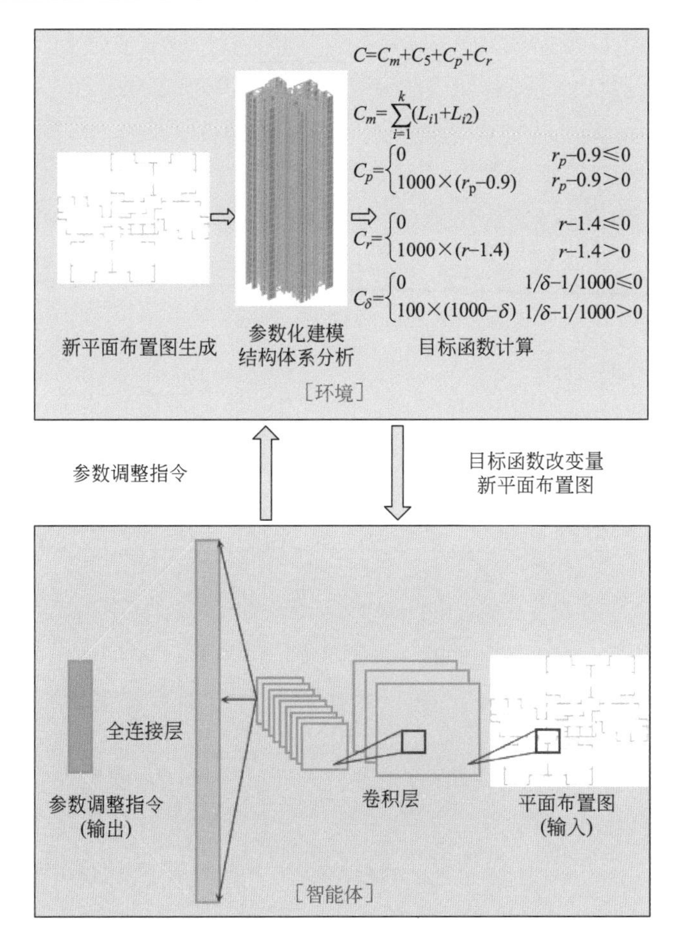

图 9.7-1　基于深度强化学习的智能优化流程

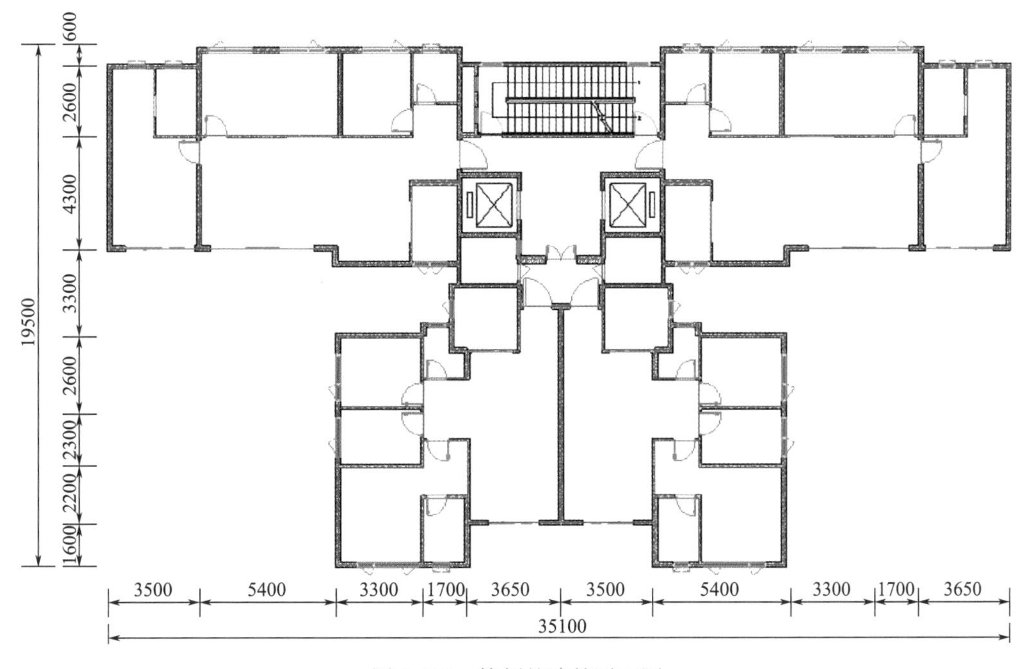

图 9.7-2　算例的建筑平面图

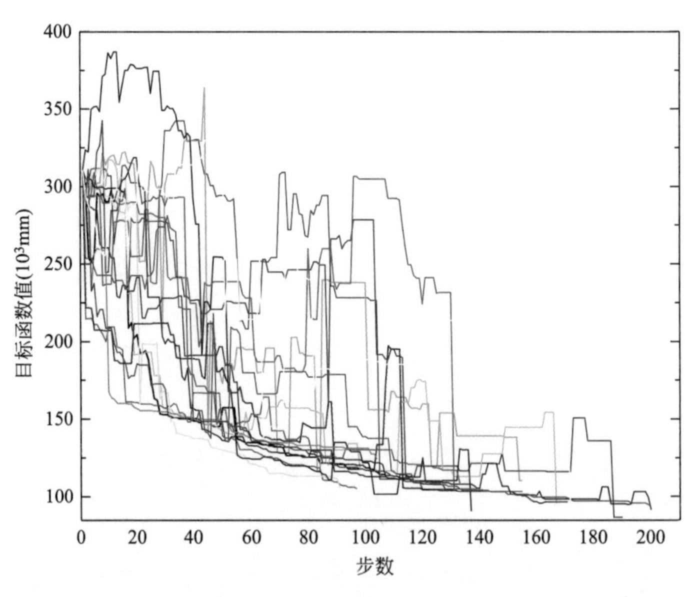

图 9.7-3　目标函数的收敛曲线

图 9.7-4 为智能设计与结构工程师设计得到的剪力墙布置图的对比，从图中可以看出，两剪力墙布置图高度相似。结构工程师设计的材料成本为 118036mm，而智能设计的材料成本为 91500mm，材料成本降低了 22.4%。对于一栋 30 层左右的剪力墙结构，结构工程师通常需要花费 300h 进行模型调整与优化，而智能建模与优化仅仅需要约 10h，优化周期缩短了 96.7%。此外，训练后的深度强化模型可进一步指导相似建筑的智能优化。

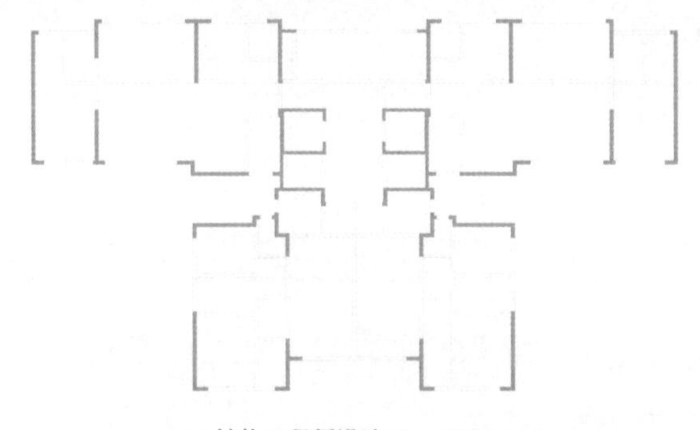

(a) 结构工程师设计(C=118036mm)

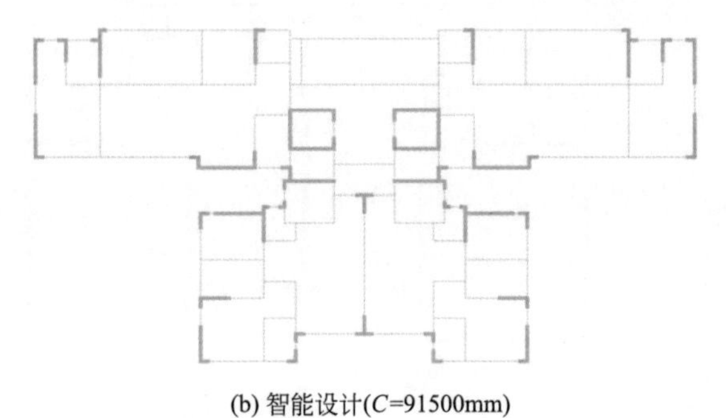

(b) 智能设计(C=91500mm)

图 9.7-4　剪力墙布置图的对比

可见，基于DQN的剪力墙结构智能设计方法具有效率高、周期短和人力投入少等优点。

课后习题

1. 扔一颗骰子，若前n次扔出的点数的最大值为j，记$X_n=j$，试问$X_n=j$是否为马尔可夫链？求转移概率矩阵。

2. 在某个游戏中仅包含两个状态$\{A, B\}$，在每个状态智能体均可执行两个动作$\{u, d\}$分别代表上下。假设智能体的动作选择服从某种策略，得到了下列序列：

t	s_t	a_t	s_{t+1}	r_t
0	A	d	B	2
1	B	d	B	−4
2	B	u	B	0
3	B	u	A	3
4	A	u	A	−1

（1）画出含奖励的马尔可夫状态转移链；

（2）设折扣率$\gamma=0.5$，学习率$\alpha=0.5$，Q值初始化为0，求第一个不为0的$Q(A, d)$和$Q(B, u)$。

3. 第9.7节中使用Q学习求解了钢筋节点区设计问题，请编程实现SARSA求解相同问题，并比较Q学习与SARSA的差异。初始化数据可参考下表：

环境范围：

x	13
y	13
z	18

柱内钢筋xy坐标为：{(2，2)，(2，5)，(2，8)，(2，11)，(5，2)，(5，11)，(8，2)，(8，11)，(11，2)，(11，5)，(11，8)，(11，11)}。

梁内钢筋计算起终点为：

起点	终点
(6,0,2)	(6,12,2)
(7,0,2)	(7,12,2)
(6,0,4)	(6,12,4)
(7,0,4)	(7,12,4)
(6,0,16)	(6,12,16)
(7,0,16)	(7,12,16)
(6,0,14)	(6,12,14)
(7,0,14)	(7,12,14)

续表

起点	终点
(0,6,2)	(12,6,2)
(0,7,2)	(12,7,2)
(0,6,4)	(12,6,4)
(0,7,4)	(12,7,4)
(0,6,15)	(12,6,15)
(0,7,15)	(12,7,15)
(0,6,13)	(12,6,13)
(0,7,13)	(12,7,13)

扫码下载
本章习题答案

参考文献

[1] SUTTON R.，BARTO A.，强化学习［M］. 俞凯等译 . 北京：中国工信出版社，电子工业出版社，2020.

[2] 周志华 . 机器学习［M］. 北京：清华大学出版社，2016.

[3] LIU J，LIU P，FENG L，et al. Towards automated clash resolution for reinforcement steel design in concrete frames via Q-learning and building information modeling ［J］. Automation in Construction，2020，112：103062.

[4] LIU J，LIU P，FENG L，et al. Automated Clash Resolution of Rebar Design in RC Joints using Multi-Agent Reinforcement Learning and BIM［C］//ISARC. Proceedings of the International Symposium on Automation and Robotics in Construction. IAARC Publications，2019，36：921-928.

[5] SUTTON R，BARTO A. Reinforcement learning：An introduction［M］. MIT press，2018.

[6] HUANG K. Introduction to Various Reinforcement Learning Algorithms. Part I（Q-Learning，SARSA，DQN，DDPG）［EB/OL］.（2018-01-12）［2023-04-24］. https：//towardsdatascience. com/introduction-to-various-reinforcement-learning-algorithms-i-q-learning-sarsa-dqn-ddpg-72a5e0cb6287.

[7] CS 188. Introduction to Artificial Intelligence［EB/OL］.（2018-8）［2023-04-24］. https：//inst. eecs. berkeley. edu/～cs188/fa18/.

[8] WATKINS C. Learning from delayed rewards［J/OL］. 1989.［2023-04-24］. http：//www. cs. rhul. ac. uk/～chrisw/new _ thesis. pdf.

[9] DURRETT R. Probability：theory and examples［M］. Cambridge university press，2019.

[10] DURRETT R，Durrett R. Essentials of stochastic processes［M］. New York：Springer，1999.

[11] MACGLASHAN J. What is the difference between model-based and model-free reinforcement learning?［EB/OL］［2023-04-24］. https：//www. quora. com/What-is-

the-difference-between-model-based-and-model-free-reinforcement-learning.
[12] 郭宪，方勇纯．深入浅出强化学习原理入门［M］．北京：电子工业出版社，2017.
[13] 岳锡鹏．神经网络与深度学习［M］．北京：机械工业出版社，2020.
[14] RAFAEL C，Richard E. Digital Image Processing，Third Edition［M］．北京：电子工业出版社，2017.
[15] ZHANG A，Lipton Z，Li M，et al. Dive Into Deep Learning［M］．北京：人民邮电出版社，2019.
[16] MNIH V，KAVUKCUOGLU K，SILVER D，et al. Human-level control through deep reinforcement learning［J］．Nature，2015，518（7540）：529-533.

第 10 章　点云处理算法

点云数据（Point Cloud Data）是三维坐标系中大量离散点的集合，可通过三维激光扫描或图像重建获得，并作为物体表面的密集坐标点反映出物体的几何信息。目前，点云数据已成为一种新的数据类型，在智慧城市、智慧交通、智能建造等领域发挥着重要作用。点云数据因数据量大、冗余数据多、数据不均匀、无拓扑关系等特点，应用时需先进行轻量化、降噪和结构化处理。通过三维激光扫描获得点云数据时，常需进行多站扫描并将多站扫描结果拼接成一个整体数据，且扫描仪在工作中还可以拍摄全景照片；工程应用中常需要将点云数据进行拼接，并将点云数据与全景照片进行融合。可见，点云数据在应用中需进行大量的处理工作，这些工作很难通过人工完成，需要采用算法进行自动处理。本章将介绍点云处理的系列基础算法，其中涉及信号处理、图像处理、神经网络和多源异构数据融合等方法。这些基础算法与本书前面介绍的聚类、降维和分类等算法相结合，再与 BIM 等数字化技术相结合，就可形成完整的点云处理技术，并可最终形成智能化的逆向建模、质量检测、工程进度统计等智能建造关键技术。

10.1　点云数据预处理算法

点云数据中常含有噪点或离群点，这会影响点云数据局部特征的计算精度，因此在计算中一般需要进行降噪处理。点云数据本质上是空间离散点集，缺少邻域信息，导致相邻点搜索所需的计算成本高，因此经常需要将点云数据结构化，使得搜索效率更高。此外，点云数据还经常存在高冗余度、密度不均匀、局部点云缺失等问题，导致计算成本增加且计算结果稳定性差，因此需要进行采样、形态学处理、降维等，将数据轻量化。降维方法一般采用本书第 2 章的主成分分析方法，本节主要介绍降噪、结构化、形态学处理等算法。

10.1.1　采样算法

为降低计算成本，需要降低点云数据量，从中筛选出能够较好保留数据特征的点来替代原数据进行应用。筛选的过程就是下采样（降采样），其本质是将点云数据均匀化和轻量化的过程。

点云数据采样方法包括随机采样、均匀采样、体素化采样[1] 等。随机采样通过随机选择出固定数量的点实现数据下采样；这样采样速度快，但由于每个点被选到的概率相同，随机采样将进一步降低原点云的均匀性，因此适用于对点云均匀性要求较低的应用。均匀采样是把点云划分至同等大小的空间网格，选出每个网格里离网格中心最近的点代替网格内的所有点，这样采样后的点云均匀，并且仍旧是原点云中的点；若原点云分布不均匀，则进行均匀采样后将变均匀。体素化采样与均匀采样思路接近，但采样后的点云不再是原点云中的点。体素化采样方法的基本思路是对三维空间进行体素化，也就是将点云数据所占据的三维空间划分成多个立方体，每个立方体称为一个体素；以每个体素中所有点云数据的重心作为采样后的输出。体素化采样的步骤如下：

（1）给定点云数据 $\boldsymbol{D}=\{\boldsymbol{p}_i \mid i=1, \cdots, m\}$，设定体素的立方体边长 d_t，并按下式获取 $\boldsymbol{D}$ 的坐标极值 $x_{\max}$、$x_{\min}$、$y_{\max}$、$y_{\min}$、$z_{\max}$、$z_{\min}$：

$$x_{\max}=\max\{x_1, x_2, \cdots, x_m\} \tag{10.1-1}$$

$$x_{\min}=\min\{x_1, x_2, \cdots, x_m\} \tag{10.1-2}$$

$$y_{\max}=\max\{y_1, y_2, \cdots, y_m\} \tag{10.1-3}$$

$$y_{\min}=\min\{y_1, y_2, \cdots, y_m\} \tag{10.1-4}$$

$$z_{\max}=\max\{z_1, z_2, \cdots, z_m\} \tag{10.1-5}$$

$$z_{\min}=\min\{z_1, z_2, \cdots, z_m\} \tag{10.1-6}$$

上式中，(x_i, y_i, z_i) 为点 $\boldsymbol{p}_i$ 的坐标。

（2）根据坐标极值，得到 $\boldsymbol{D}$ 的轴对齐包围盒。根据设定的体素尺寸 d_t 对包围盒进行体素化，体素的总数量为 $D_x \times D_y \times D_z$，$D_x$，$D_y$，$D_z$ 按下式计算：

$$D_x=(x_{\max}-x_{\min})/d_t \tag{10.1-7}$$

$$D_y=(y_{\max}-y_{\min})/d_t \tag{10.1-8}$$

$$D_z=(z_{\max}-z_{\min})/d_t \tag{10.1-9}$$

上式中，D_x，D_y，D_z 需向上取整。

（3）遍历点云数据 $\boldsymbol{D}$，按下式计算所有点的索引值 h_i：

$$h_{ix}=\lfloor(x_i-x_{\min})/d_t\rfloor \tag{10.1-10}$$

$$h_{iy}=\lfloor(y_i-y_{\min})/d_t\rfloor \tag{10.1-11}$$

$$h_{iz}=\lfloor(z_i-z_{\min})/d_t\rfloor \tag{10.1-12}$$

$$h_i=h_{ix}+h_{iy}D_x+h_{iz}\times D_x\times D_y \tag{10.1-13}$$

上式中，$\lfloor\ \rfloor$ 代表向下取整运算，例如采用式（10.1-10）计算结果为 3.23 时，向下取整为 3。h_i 表示数据点的索引值，即点所在体素的指标序号。

（4）按照索引值对点云数据 $\boldsymbol{D}$ 进行分类，分类后的 $\boldsymbol{D}$ 表示为：

$$\boldsymbol{D}=\{\boldsymbol{q}_{k1}^1, \boldsymbol{q}_{k1}^2, \cdots, \boldsymbol{q}_{kn}^1, \boldsymbol{q}_{kn}^2, \cdots\} \tag{10.1-14}$$

上式中，$\boldsymbol{q}_{k1}^j$ 表示索引值为 $k1$ 的第 j 个点。

（5）索引值相同的点集用其重心进行代替，从而得到体素化采样后的点云数据 $\boldsymbol{D}^s$。

$$\boldsymbol{D}^s=\{\boldsymbol{q}_{k1}, \cdots, \boldsymbol{q}_{kn}\} \tag{10.1-15}$$

上式中，$\boldsymbol{q}_{k1}$ 代表索引值为 $k1$ 的点集重心，按下式求得：

$$\boldsymbol{q}_{k1}=\frac{1}{t}\sum_{j=1}^{t}\boldsymbol{q}_{k1}^j \tag{10.1-16}$$

上式中，t 表示索引值为 $k1$ 的点的数量。

体素化采样的简单示例见图 10.1-1。根据上述步骤对某复杂钢构件的点云数据进行体素化采样，设置体素尺寸为 $d_t=30$mm；采样结果见图 10.1-2：点云数据的点数从 11178899 降至 69103，采样后的点分布也比较均匀。

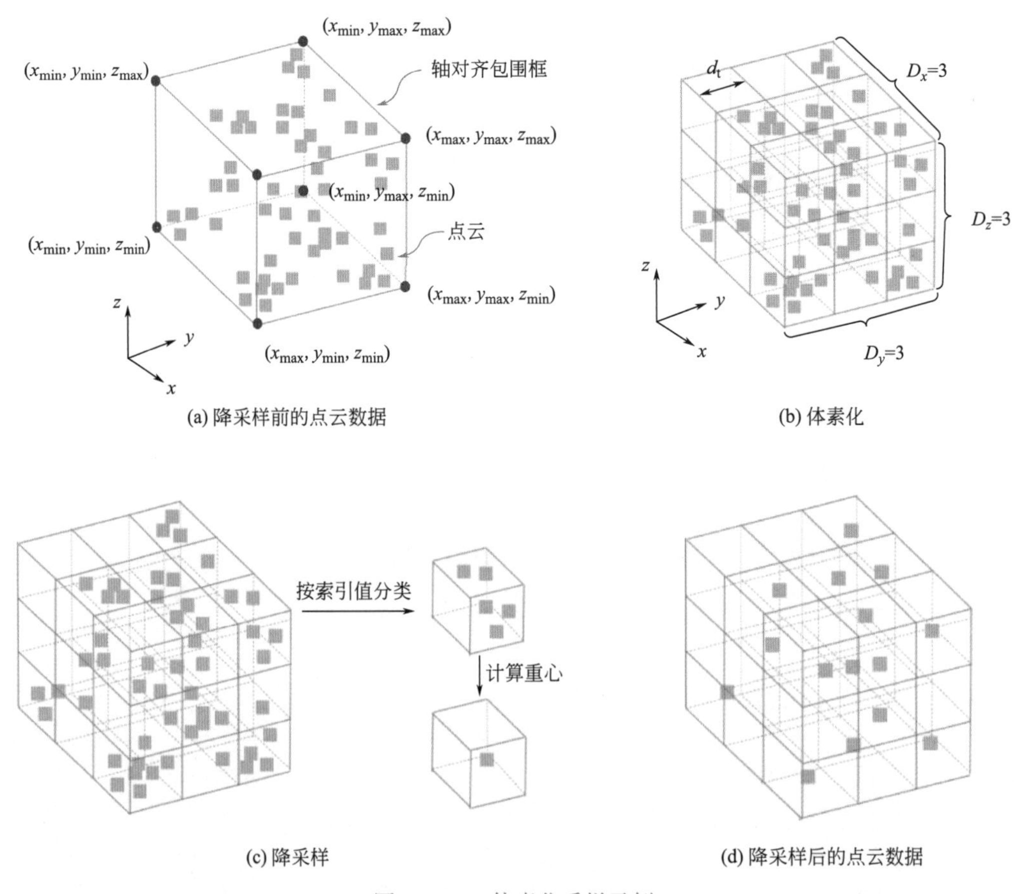

(a) 降采样前的点云数据

(b) 体素化

(c) 降采样

(d) 降采样后的点云数据

图 10.1-1　体素化采样示例

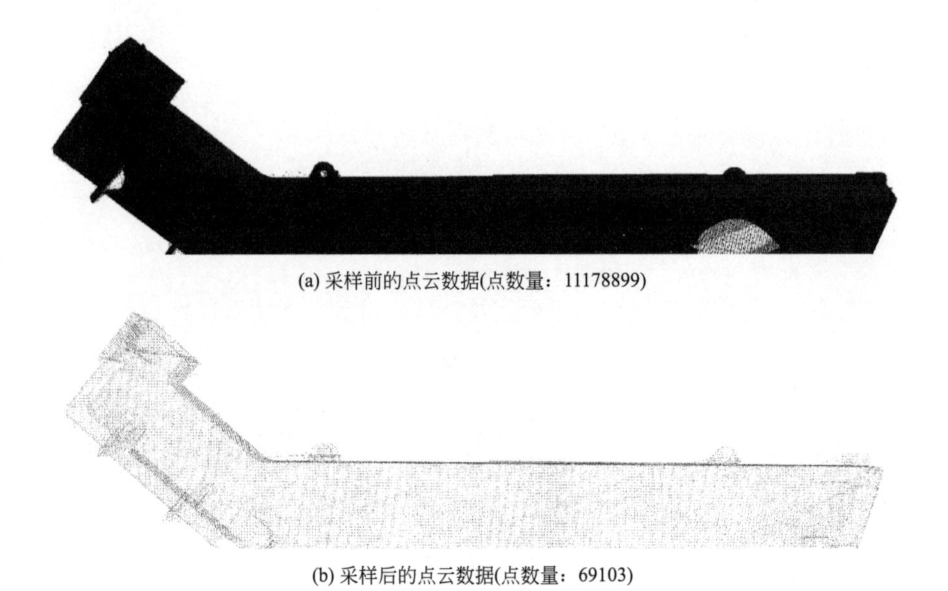

(a) 采样前的点云数据(点数量：11178899)

(b) 采样后的点云数据(点数量：69103)

图 10.1-2　复杂钢构件点云数据的体素化采样

10.1.2　滤波算法

点云数据中常包含噪点或离群点，例如图 10.1-3（a）中，构件的拐角处有明显的噪点；可采用滤波算法（滤波器）将这些噪点剔除。常用的滤波器包括 Statistical Outlier Removal（统计离群点剔除）滤波器和 Radius Outlier Removal（半径离群点剔除）滤波器。此外，点云数据可进行图像二值化处理来降低降噪的计算量，即将点云数据投影到平面上，形成像素点值为 0 或 1 的图像；此时常采用图像滤波器，包括高斯滤波、导向滤波和边窗滤波等。

1. Statistical Outlier Removal 滤波器

Statistical Outlier Removal 滤波器的基本原理是通过统计每个点与其 k 个最近邻点的平均距离 d 来判别离群点[2]。Statistical Outlier Removal 滤波器假设所有点的 d 满足均值为 μ 且标准差为 σ 的高斯分布，距离阈值 d_{limt} 可经验性地设置为均值 μ 与 1～3 倍 σ 之和。若点 $\boldsymbol{p}$ 与其 k 最近邻点的平均距离 d 大于距离阈值 d_{limt}，则点 $\boldsymbol{p}$ 判别为离群点。Statistical Outlier Removal 滤波的步骤如下：

（1）给定点云数据 $\boldsymbol{D}=\{\boldsymbol{p}_1, \boldsymbol{p}_2, \cdots, \boldsymbol{p}_m\}$，计算每个点与其 k 个最近邻点的平均距离 d，得到点云数据 $\boldsymbol{D}$ 对应的平均距离集合 $\boldsymbol{S}=\{d_1, d_2, \cdots, d_m\}$；

（2）根据集合 $\boldsymbol{S}$，计算平均距离的均值 μ 和标准差 σ，得到距离阈值 d_{limt}；

（3）遍历点云数据 $\boldsymbol{D}$，将当前点的 d 与 d_{limt} 对比：$d>d_{\text{limt}}$，删除当前点；$d\leqslant d_{\text{limt}}$，保留当前点。

根据上述原理对某复杂钢构件的点云数据进行滤波，设置参数为 $k=10$ 且 $d_{\text{limt}}=\mu+\sigma$；滤波结果见图 10.1-3，可见 Statistical Outlier Removal 滤波器可以有效地剔除离群点。

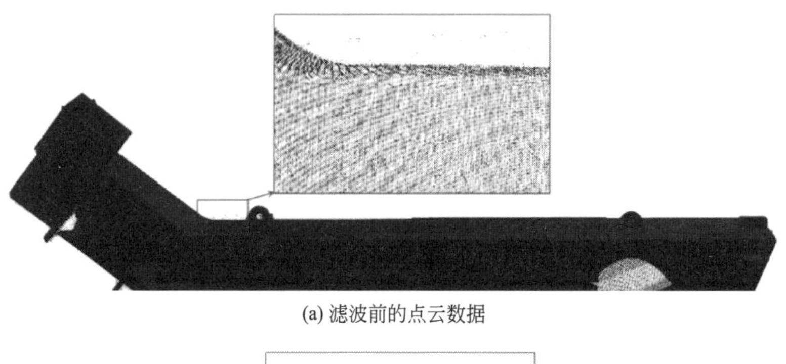

(a) 滤波前的点云数据

(b) 滤波后的点云数据

图 10.1-3　采用 Statistical Outlier Removal 滤波器对钢构件点云进行降噪

2. Radius Outlier Removal 滤波器

Radius Outlier Removal 滤波器的基本原理是通过统计每个点的 ε 邻域点数量 k 来判别离群点[3]。若点 $\boldsymbol{p}$ 的 ε 邻域点数量 k 小于预设阈值 $MinPt$（最少点的数量），则点 $\boldsymbol{p}$ 判别为离群点；(ε，$MinPt$）被称为参数对。Radius Outlier Removal 滤波的步骤如下：

（1）设定参数对（ε，$MinPt$）的取值；

（2）给定点云数据 $\boldsymbol{D}=\{\boldsymbol{p}_1,\boldsymbol{p}_2,\cdots,\boldsymbol{p}_m\}$，计算每个点的 ε 邻域点数量 k；

（3）遍历点云数据 $\boldsymbol{D}$，将当前点的 k 与 $MinPt$ 进行对比：$k>MinPt$，保留当前点；$k\leqslant MinPt$，删除当前点。

根据上述原理对一段圆钢管的侧面点云数据进行滤波，设置参数为：ε＝20mm，$MinPt=15$。滤波结果见图 10.1-4，可见 Radius Outlier Removal 滤波器可有效地降低噪点数量。

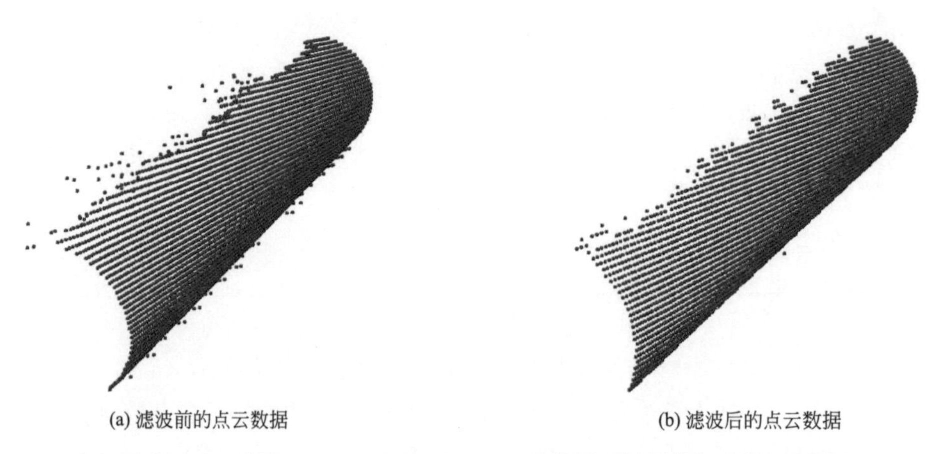

(a) 滤波前的点云数据　(b) 滤波后的点云数据

图 10.1-4　采用 Radius Outlier Removal 滤波器对圆钢管点云进行降噪

3. 导向滤波器

在图像学中，导向滤波是一种边缘保持滤波器，以输入图像和引导图像作为算法的输入数据，根据引导图像信息对输入图像的局部像素进行处理，得到新的像素，进而得到输出图像[4]。导向滤波器本质上是一个线性滤波器；设图像滤波前的某像素点为 p_i，滤波后 p_i 的对应像素点为 q_i，则 p_i 和 q_i 的关系如下：

$$q_i=\sum_{j\in W_i} w_{ij}(I_g)\cdot p_j \tag{10.1-17}$$

上式中，W_i 表示以滤波前像素点 p_i 为中心的滑动窗口（一个权重因子组成的矩阵式窗口），见图 10.1-5；$w_{ij}(I_g)$ 是 W_i 中的元素，是由引导图像 I_g 确定的权重因子，在 W_i 这个窗口内，导向滤波器的 $w_{ij}(I_g)$ 值是根据引导图像 I 的特征所得，且 $w_{ij}(I_g)$ 随窗口的滑动而不停变化，变化规则可按实际需求确定。引导图像 I 的像素大小及像素点排列（行与列的排布）应与输入图像相同。滑动窗口 W_i 中的权重值 $w_{ij}(I_g)$ 是根据引导图像 I_g 计算得到，因此 W_i 能够反映 I_g 的像素分布规律；将 W_i 作用于输入图像（滑动计算），就相当于将 I_g 的像素分布规律作用到输入图像中，使得输入图像的像素分布规律趋向于引导图像 I_g。

注意，在 $w_{ij}(I_g)$ 的下角标中，i 为窗口中心点覆盖的输入图像像素点编号，j 为窗口内的权重因子序号。以图 10.1-5 为例，W_i 是一个 3×3 的矩阵式窗口（图 10.1-5（a）），$w_{ij}(I_g)$ 是这个窗口内的权重因子，j 的取值为 1～9；输入图像是一个像素为 10×10 的图片，则 i 的取值为 1～100，见图 10.1-5（b）。滤波过程中，W_i 在输入图像上滑动，每次滑动后就对每个像素点进行加权计算，得到每个像素点新的像素值；每滑动一次，只与引导图像有关的 $w_{ij}(I_g)$ 就变化一次，使得输入图像的每个像素点的变化方式不一致，这体现了输出图像与导向图之间的局部线性关系；滑动时窗口内的 $w_{ij}(I_g)$ 编号见图 10.1-5（c）。注意，进行滤波时，若要处理图像边缘像素，通常需要对图像进行像素扩充（即按需求在图像周围补充一定数量的 0 像素）；若不进行像素扩充操作，则只能处理滑动窗口能够达到的像素。如图 10.1-5（c），滑动窗口正在对像素 p_3 进行处理，w_{31}、w_{32}、w_{33} 覆盖处没有输入图像的像素点，此情况时默认提前对输入图像进行了像素扩充，w_{31}、w_{32}、w_{33} 覆盖处对应于填充的 0 像素点。

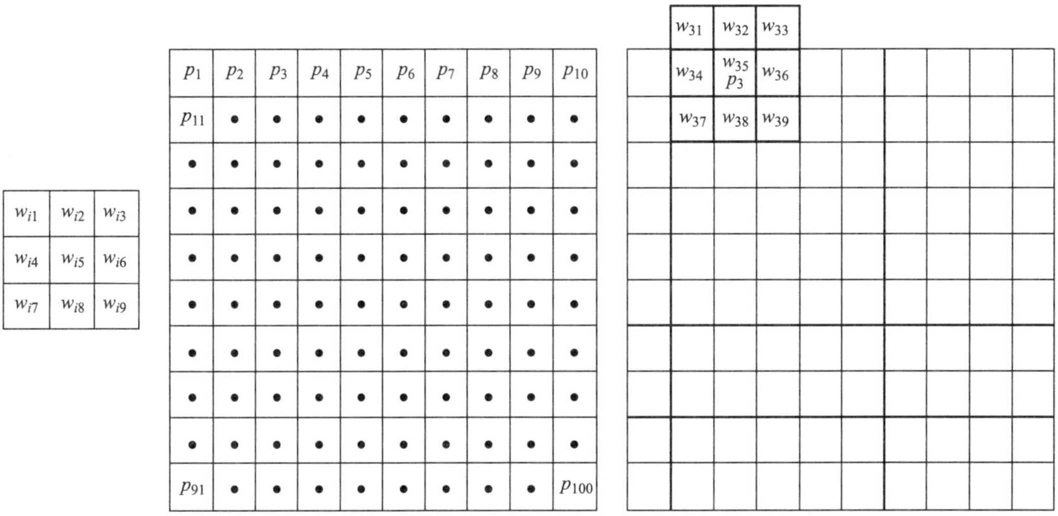

(a) W_i窗口　　(b) 10×10输入图像P　　(c) $w_{ij}(I_g)$编号示意

图 10.1-5　滑动窗口示意图

引导图像可以是任意图像，也可以是输入图像本身；当引导图像就是输入图像本身时，该滤波器对输入图像有良好的保边性，并能有效避免梯度反转（反向）产生的图像局部失真。

对点云数据进行导向滤波时，常采用输入点云 $\boldsymbol{P}$ 本身作为引导点云 $\boldsymbol{I}_g$，即 $\boldsymbol{P}=\boldsymbol{I}_g$。这样既可以使输出点云 $\boldsymbol{Q}$ 比输入点云 $\boldsymbol{P}$ 光滑，又保留了输入点云的边缘信息。图像导向滤波算法中有一个重要的假设：输出图像和引导图像在滤波窗口上存在局部线性关系。输出图像像素点由引导图像局部像素线性变换得到，即 $q_j=a_iI_j+b_i$，$j\in W_i$。同理，点云导向滤波假设输出点云与输入点云（点云导向滤波将输入点云作为引导点云）之间具有局部线性关系：

$$\boldsymbol{q}_j=\boldsymbol{A}_k\boldsymbol{p}_j+\boldsymbol{b}_k,\boldsymbol{p}_j\in\boldsymbol{N}(\boldsymbol{p}_i) \tag{10.1-18}$$

上式中，$\boldsymbol{p}_i$ 为输入点云 $\boldsymbol{P}$ 中的任意点，$\boldsymbol{N}(\boldsymbol{p}_i)$ 是以点 $\boldsymbol{p}_i$ 为中心且半径为 r 的邻域点集，$\boldsymbol{N}(\boldsymbol{p}_i)$ 包括 $\boldsymbol{p}_i$ 本身；$\boldsymbol{p}_j$ 为输入点云中的数据点且 $\boldsymbol{p}_j\in\boldsymbol{N}(\boldsymbol{p}_i)$；$\boldsymbol{q}_j$ 为滤波后的数据点，

与 $\boldsymbol{p}_j$ 相对应；$\boldsymbol{A}_k$ 为仿射变换矩阵，$\boldsymbol{b}_k$ 为平移矩阵（向量），$(\boldsymbol{A}_k, \boldsymbol{b}_k)$ 就组成了一个滤波器。对于每一个点 $\boldsymbol{p}_i$ 的邻域点集 $\boldsymbol{N}(\boldsymbol{p}_i)$，$(\boldsymbol{A}_k, \boldsymbol{b}_k)$ 唯一存在且需求出，即对于输入点云中的每个点，都要求得其对应的 $(\boldsymbol{A}_k, \boldsymbol{b}_k)$；可见每个邻域都是一个局部区域，都对应一个自己独有的线性变换矩阵对 $(\boldsymbol{A}_k, \boldsymbol{b}_k)$，这就体现了一种局部线性关系。对式（10.1-18）两侧求梯度，可得 $\nabla \boldsymbol{q}_j = \boldsymbol{A}_k \nabla \boldsymbol{p}_j$，可见滤波前后，所有点的梯度变化趋势一致，从而使得这种滤波方法具有良好的保边性，因为边缘点的梯度显著大于非边缘区域点的梯度。另外，$\boldsymbol{p}_j$ 可能在多个不同的 $\boldsymbol{p}_i$ 邻域内，则对于同一个 $\boldsymbol{p}_j$，可能求出多个对应的 $\boldsymbol{q}_j$，需将这多个对应的 $\boldsymbol{q}_j$ 进行平均而得到最终的 $\boldsymbol{q}_j$。

滤波的目的是去除数据中的噪声，则对于点云数据，可先假定原始数据是由真实数据和噪声叠加构成：

$$\boldsymbol{p}_j = \boldsymbol{q}_j + \boldsymbol{n}_k, \boldsymbol{p}_j \in \boldsymbol{N}(\boldsymbol{p}_i) \tag{10.1-19}$$

上式中的 $\boldsymbol{n}_k$ 即为点云噪声。工程应用中通过滤波去除噪声的同时，又希望能够尽可能保留点云的真实信息，因此导向滤波的最终目标是寻找合适的 $\boldsymbol{A}_k$ 和 $\boldsymbol{b}_k$，使得输出点云数据的任意一点与原点云数据对应点的距离最小，这样得到的输出数据与原数据的差别就最小。求解中，可采用带有正则项的岭回归函数作为损失函数 $E(\boldsymbol{A}_k, \boldsymbol{b}_k)$，得到使损失函数达到最小值时的 $\boldsymbol{A}_k$ 和 $\boldsymbol{b}_k$：

$$\underset{A_k, b_k}{\operatorname{argmin}} E(\boldsymbol{A}_k, \boldsymbol{b}_k) = \underset{\boldsymbol{A}_k, \boldsymbol{b}_k}{\operatorname{argmin}} \sum_{\boldsymbol{p}_j \in \boldsymbol{N}(\boldsymbol{p}_i)} (\| \boldsymbol{A}_k \boldsymbol{p}_j + \boldsymbol{b}_k - \boldsymbol{p}_j \|^2 + \lambda \| \boldsymbol{A}_k \|_{\mathrm{F}}^2) \tag{10.1-20}$$

上式中，$\boldsymbol{N}(\boldsymbol{p}_i)$ 是点 $\boldsymbol{p}_i$ 的邻域点集，点云邻域点集通常采用 k 最近邻构造；λ 为岭系数，$\| \boldsymbol{A}_k \|_{\mathrm{F}}$ 为 Frobenius 范数，$\| \boldsymbol{A}_k \|_{\mathrm{F}} = \sqrt{\operatorname{tr}(\boldsymbol{A}_k^{\mathrm{T}} \boldsymbol{A}_k)}$。该损失函数（岭回归函数）是一种改进的最小二乘估计，在最小二乘估计的基础上，加入人为设定的正则化参数 λ 以防止 $\| \boldsymbol{A}_k \|_{\mathrm{F}}$ 过大。对式（10.1-20）中的岭回归函数求极小值，需将其分别对 $\boldsymbol{A}_k$ 和 $\boldsymbol{b}_k$ 进行求导并令导数为 0，计算过程如下：

$$\begin{aligned}
\frac{\partial E}{\partial \boldsymbol{A}_k} &= \frac{\partial \sum\limits_{\boldsymbol{p}_j \in \boldsymbol{N}(\boldsymbol{p}_i)} (\| \boldsymbol{A}_i \boldsymbol{p}_j + \boldsymbol{b}_k - \boldsymbol{p}_j \|^2 + \lambda \| \boldsymbol{A}_k \|_{\mathrm{F}}^2)}{\partial \boldsymbol{A}_k} \\
&= \frac{\partial \sum\limits_{\boldsymbol{p}_j \in \boldsymbol{N}(\boldsymbol{p}_i)} ((\boldsymbol{A}_k \boldsymbol{p}_j + \boldsymbol{b}_k - \boldsymbol{p}_j)^{\mathrm{T}} (\boldsymbol{A}_k \boldsymbol{p}_j + \boldsymbol{b}_k - \boldsymbol{p}_j) + \lambda \| \boldsymbol{A}_k \|_{\mathrm{F}}^2)}{\partial \boldsymbol{A}_k} \\
&= \frac{\partial \sum\limits_{\boldsymbol{p}_j \in \boldsymbol{N}(\boldsymbol{p}_i)} (\boldsymbol{p}_j^{\mathrm{T}} \boldsymbol{A}_k^{\mathrm{T}} \boldsymbol{A}_k \boldsymbol{p}_j + \boldsymbol{p}_j^{\mathrm{T}} \boldsymbol{A}_k^{\mathrm{T}} \boldsymbol{b}_k - \boldsymbol{p}_j^{\mathrm{T}} \boldsymbol{A}_k^{\mathrm{T}} \boldsymbol{p}_j + \boldsymbol{b}_k^{\mathrm{T}} \boldsymbol{A}_k \boldsymbol{p}_j + \boldsymbol{b}_k^{\mathrm{T}} \boldsymbol{b}_k - \boldsymbol{b}_k^{\mathrm{T}} \boldsymbol{p}_j - \boldsymbol{p}_j^{\mathrm{T}} \boldsymbol{A}_k \boldsymbol{p}_j - \boldsymbol{p}_j^{\mathrm{T}} \boldsymbol{b}_k + \boldsymbol{p}_j^{\mathrm{T}} \boldsymbol{p}_j + \lambda \operatorname{tr}(\boldsymbol{A}_k^{\mathrm{T}} \boldsymbol{A}_k))}{\partial \boldsymbol{A}_k} \\
&= \sum_{j \in \boldsymbol{N}(\boldsymbol{p}_i)} (2\boldsymbol{A}_k \boldsymbol{p}_j \boldsymbol{p}_j^{\mathrm{T}} + \boldsymbol{b}_k \boldsymbol{p}_j^{\mathrm{T}} - \boldsymbol{p}_j \boldsymbol{p}_j^{\mathrm{T}} + \boldsymbol{b}_k \boldsymbol{p}_j^{\mathrm{T}} - \boldsymbol{p}_j \boldsymbol{p}_j^{\mathrm{T}} + 2\lambda \boldsymbol{A}_k) \\
&= 2\boldsymbol{A}_k \sum_{\boldsymbol{p}_j \in \boldsymbol{N}(\boldsymbol{p}_i)} (\boldsymbol{p}_j \boldsymbol{p}_j^{\mathrm{T}} + \lambda \boldsymbol{I}) + 2\boldsymbol{b}_k \sum_{\boldsymbol{p}_j \in \boldsymbol{N}(\boldsymbol{p}_i)} \boldsymbol{p}_j^{\mathrm{T}} - 2 \sum_{\boldsymbol{p}_j \in \boldsymbol{N}(\boldsymbol{p}_i)} \boldsymbol{p}_j \boldsymbol{p}_j^{\mathrm{T}} = 0
\end{aligned} \tag{10.1-21}$$

整理得到：

$$\boldsymbol{A}_k \sum_{\boldsymbol{p}_j \in \boldsymbol{N}(\boldsymbol{p}_i)} (\boldsymbol{p}_j \boldsymbol{p}_j^{\mathrm{T}} + \lambda \boldsymbol{I}) + \boldsymbol{b}_k \sum_{\boldsymbol{p}_j \in \boldsymbol{N}(\boldsymbol{p}_i)} \boldsymbol{p}_j^{\mathrm{T}} - \sum_{\boldsymbol{p}_j \in \boldsymbol{N}(\boldsymbol{p}_i)} \boldsymbol{p}_j \boldsymbol{p}_j^{\mathrm{T}} = 0 \tag{10.1-22}$$

$$\frac{\partial E}{\partial \boldsymbol{b}_k}=\frac{\partial \sum_{\boldsymbol{p}_j \in \mathrm{N}(\boldsymbol{p}_i)}\left(\|\boldsymbol{A}_k \boldsymbol{p}_j+\boldsymbol{b}_k-\boldsymbol{p}_j\|^2+\lambda\|\boldsymbol{A}_k\|_{\mathrm{F}}^2\right)}{\partial \boldsymbol{b}_k}$$

$$=\frac{\partial \sum_{\boldsymbol{p}_j \in \boldsymbol{N}(\boldsymbol{p}_i)}\left((\boldsymbol{A}_k \boldsymbol{p}_j+\boldsymbol{b}_k-\boldsymbol{p}_j)^{\mathrm{T}}(\boldsymbol{A}_k \boldsymbol{p}_j+\boldsymbol{b}_k-\boldsymbol{p}_j)+\lambda\|\boldsymbol{A}_k\|_{\mathrm{F}}^2\right)}{\partial \boldsymbol{b}_k}$$

$$=\frac{\partial \sum_{\boldsymbol{p}_j \in \boldsymbol{N}(\boldsymbol{p}_i)}\left(\boldsymbol{p}_j^{\mathrm{T}}\boldsymbol{A}_k^{\mathrm{T}}\boldsymbol{A}_k\boldsymbol{p}_j+\boldsymbol{p}_j^{\mathrm{T}}\boldsymbol{A}_k^{\mathrm{T}}\boldsymbol{b}_k-\boldsymbol{p}_j^{\mathrm{T}}\boldsymbol{A}_k^{\mathrm{T}}\boldsymbol{p}_j+\boldsymbol{b}_k^{\mathrm{T}}\boldsymbol{A}_k\boldsymbol{p}_j+\boldsymbol{b}_k^{\mathrm{T}}\boldsymbol{b}_k-\boldsymbol{b}_k^{\mathrm{T}}\boldsymbol{p}_j-\boldsymbol{p}_j^{\mathrm{T}}\boldsymbol{A}_k\boldsymbol{p}_j-\boldsymbol{p}_j^{\mathrm{T}}\boldsymbol{b}_k+\boldsymbol{p}_j^{\mathrm{T}}\boldsymbol{p}_j+\lambda\,\mathrm{tr}(\boldsymbol{A}_k^{\mathrm{T}}\boldsymbol{A}_k)\right)}{\partial \boldsymbol{b}_k}$$

$$=\sum_{\boldsymbol{p}_j \in \boldsymbol{N}(\boldsymbol{p}_i)}(\boldsymbol{A}_k\boldsymbol{p}_j+\boldsymbol{A}_k\boldsymbol{p}_j+2\boldsymbol{b}_k-\boldsymbol{p}_j-\boldsymbol{p}_j)$$

$$=\sum_{\boldsymbol{p}_j \in \boldsymbol{N}(\boldsymbol{p}_i)}(2\boldsymbol{A}_k\boldsymbol{p}_j+2\boldsymbol{b}_k-2\boldsymbol{p}_j)=0 \tag{10.1-23}$$

整理得到：

$$\boldsymbol{b}_k=\frac{1}{n}\sum_{\boldsymbol{p}_j \in \boldsymbol{N}(\boldsymbol{p}_i)}\boldsymbol{p}_j-\frac{1}{n}\sum_{\boldsymbol{p}_j \in \boldsymbol{N}(\boldsymbol{p}_i)}\boldsymbol{A}_k\boldsymbol{p}_j=\boldsymbol{\mu}_i-\boldsymbol{A}_k\boldsymbol{\mu}_i \tag{10.1-24}$$

上式中，$\boldsymbol{\mu}_i$ 为 $\boldsymbol{N}(\boldsymbol{p}_i)$ 内所有点的均值，n 为邻域 $\boldsymbol{N}(\boldsymbol{p}_i)$ 中点的数量。将式（10.1-24）代入式（10.1-22），可得：

$$\boldsymbol{A}_k=\boldsymbol{\Sigma}_i(\boldsymbol{\Sigma}_i+\lambda\boldsymbol{I})^{-1} \tag{10.1-25}$$

上式中，$\boldsymbol{\Sigma}_i$ 为 $\boldsymbol{N}(\boldsymbol{p}_i)$ 内所有点的协方差矩阵；$\boldsymbol{I}$ 为单位矩阵。

上述过程即完成了每个点领域 $\boldsymbol{N}(\boldsymbol{p}_i)$ 对应（$\boldsymbol{A}_k$，$\boldsymbol{b}_k$）的求解。

导向滤波的具体步骤如下：

（1）给定点云数据 $\boldsymbol{D}=\{\boldsymbol{p}_1,\boldsymbol{p}_2,\cdots,\boldsymbol{p}_m\}$，获取某一点 $\boldsymbol{p}_i$ 的邻域点集 $\boldsymbol{N}(\boldsymbol{p}_i)$，常采用距离约束 k 最近邻构造邻域点集；

（2）根据邻域点集 $\boldsymbol{N}(\boldsymbol{p}_i)$，按式（10.1-24）和式（10.1-25）计算变换矩阵 $\boldsymbol{A}_k$ 和 $\boldsymbol{b}_k$；

（3）根据变换矩阵 $\boldsymbol{A}_k$ 和 $\boldsymbol{b}_k$，按式（10.1-18）计算 $\boldsymbol{p}_j$ 滤波后的坐标 $\boldsymbol{q}_j$；

（4）重复步骤（1）～(3)，直至所有点均被遍历；注意，最终的 $\boldsymbol{q}_i$ 应取平均值。

根据上述原理对一段圆钢管的侧面点云数据进行滤波，结果见图 10.1-6，可见导向滤波在点云数据降噪中表现出良好的保边性。

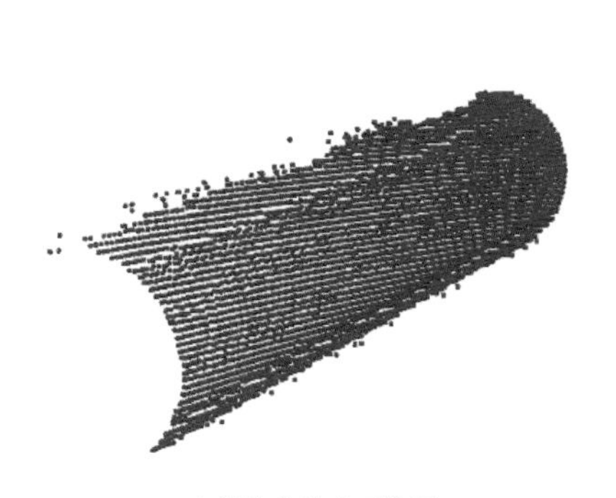
(a) 滤波前的点云数据

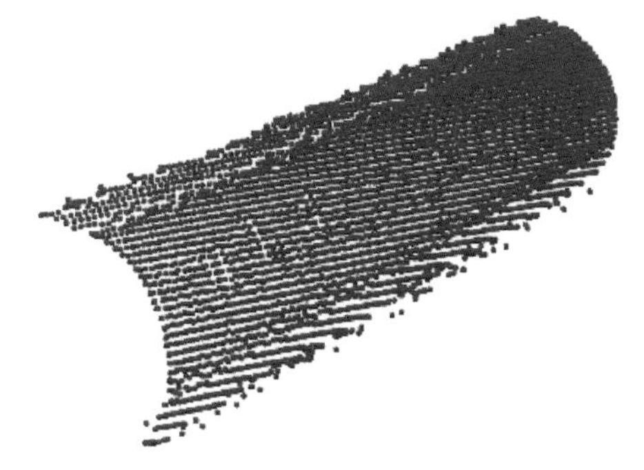
(b) 滤波后的点云数据

图 10.1-6　采用导向滤波器对圆钢管的点云数据降噪

4. 高斯滤波器

高斯滤波的本质是对图像像素点进行加权平均[5]。此处介绍的高斯滤波适用于灰度图像滤波，滤波前图像的某像素点 p_i 和滤波后 p_i 的对应像素点 q_i 存在如下关系：

$$q_i = \sum_{j \in W_i} w_{ij} \cdot p_j \tag{10.1-26}$$

上式中，w_{ij} 为权重因子，服从二维高斯分布，根据高斯分布的参数不同，权重因子也不同；p_j 代表以 p_i 为中心的窗口 W_i 内的像素点，窗口 W_i 为一个像素点组成的矩阵区域。二维高斯分布为：

$$G(x, y) = \frac{1}{2\pi\sigma^2}\exp\left(\frac{x^2 + y^2}{2\sigma^2}\right) \tag{10.1-27}$$

上式中，x，y 分别代表像素点 p_i 与像素中心点 p_j 的坐标差（相差几个像素点格子），σ 为标准差，可根据需要设定，σ 越大则 w_{ij} 的离散程度越高。当窗口 W_i 的尺寸为 5×5 时，权重因子 w_{ij} 的一种分布见图 10.1-7，其中 $\sum w_{ij} = 1$。高斯滤波的步骤如下：

$\frac{1}{273}$ ×

1	4	7	4	1
4	16	26	16	4
7	26	41	26	7
4	16	26	16	4
1	4	7	4	1

图 10.1-7　高斯滤波器的权重因子

（1）设定窗口尺寸和标准差 σ，按式（10.1-27）计算权重因子；

（2）遍历图像的每个像素点，按式（10.1-26）更新像素点的灰度值。

由上述步骤可见，对于每个像素点都是结合周围像素点的灰度值进行加权平均计算，相当于对整个图像进行平滑处理。根据上述原理对某钢拱肋侧面点云数据的灰度图像进行滤波，设置窗口尺寸为 5×5，并设标准差 $\sigma = 1.5$；滤波结果见图 10.1-8，可见滤波后钢拱肋侧面点云变得平滑，圆圈中的噪声也被滤除，即高斯滤波器可有效地克服斑点。

5. 边窗滤波器

高斯滤波属于各向同性滤波，对噪点和纹理（像素值突变区域）采用同样的处理方式，这将导致纹理信息下降。若要实现图像降噪同时还能保留纹理，可采用边窗滤波器[6]。边窗滤波器中，滤波前像素点 p_i 和滤波后对应像素点 q_i 的关系仍采用式（10.1-26），但权重因子的分布形式不再是高斯分布。边窗滤波器通过合理设置权重因子的分布实现待处理像素点放在窗口边缘的效果，权重因子分布形式见图 10.1-9。图中 8 类权重因子分布形式模拟了 8 种边缘模型，滤波时用这 8 种模型分别与待处理像素点进行计算，获取 8 个候选像素值，并选择 8 个中最接近原像素值的那个作为新的像素值；这样可保证选取的边缘模型与原图像中局部区块边缘形状最相似（图 10.1-10（a）），从而使得滤波器对于边缘处的像素弱化最小，实现保边效果。

边窗滤波的步骤如下：

（1）对于任意的一个像素点 p_i，根据图 10.1-9 中的 8 种边窗滤波器权重因子和式（10.1-26）得到像素点的 8 个候选灰度值；

（2）从 8 个候选灰度值中选出与原像素灰度值偏差最小的灰度值 q_i，用 q_i 替代 p_i；

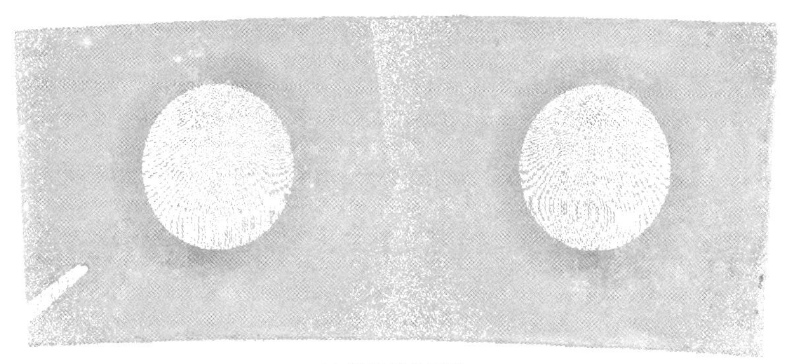

(a) 滤波前的图像

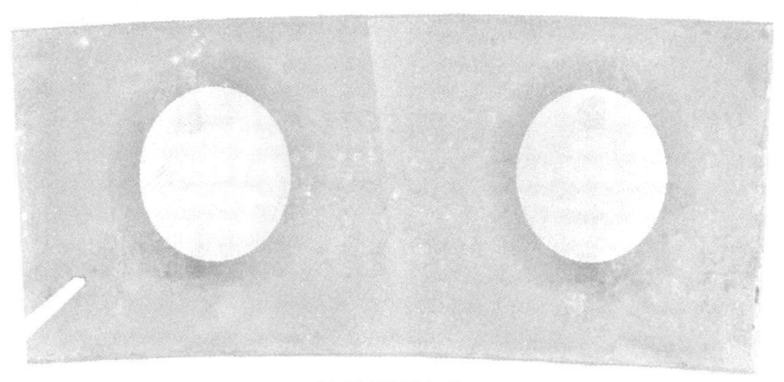

(b) 滤波后的图像

图 10.1-8　基于高斯滤波器的图像降噪

$$\frac{1}{4}\begin{bmatrix}1 & 1 & 0\\1 & 1 & 0\\0 & 0 & 0\end{bmatrix}$$

(a) 左上

$$\frac{1}{4}\begin{bmatrix}0 & 1 & 1\\0 & 1 & 1\\0 & 0 & 0\end{bmatrix}$$

(b) 右上

$$\frac{1}{4}\begin{bmatrix}0 & 0 & 0\\1 & 1 & 0\\1 & 1 & 0\end{bmatrix}$$

(c) 左下

$$\frac{1}{4}\begin{bmatrix}0 & 0 & 0\\0 & 1 & 1\\0 & 1 & 1\end{bmatrix}$$

(d) 右下

$$\frac{1}{6}\begin{bmatrix}1 & 1 & 1\\1 & 1 & 1\\0 & 0 & 0\end{bmatrix}$$

(e) 上

$$\frac{1}{6}\begin{bmatrix}0 & 0 & 0\\1 & 1 & 1\\1 & 1 & 1\end{bmatrix}$$

(f) 下

$$\frac{1}{6}\begin{bmatrix}1 & 1 & 0\\1 & 1 & 0\\1 & 1 & 0\end{bmatrix}$$

(g) 左

$$\frac{1}{6}\begin{bmatrix}0 & 1 & 1\\0 & 1 & 1\\0 & 1 & 1\end{bmatrix}$$

(h) 右

图 10.1-9　边窗滤波器权重因子

（3）重复步骤（1）、（2），直至所有像素点均被遍历。

根据上述步骤对一个纸标靶点云数据的二值化图像进行滤波，结果见图 10.1-10，可见边窗滤波器在图像平滑的过程中具有良好的保边性。

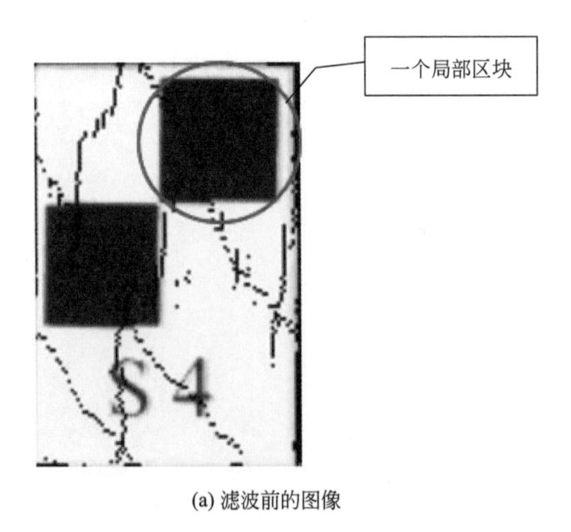

(a) 滤波前的图像　　(b) 滤波后的图像

图 10.1-10　基于边窗滤波器的图像降噪

10.1.3　形态学处理算法

由于点云数据常面临局部点云缺失、噪点干扰等问题，导致由点云数据生成的二值化图像常常掺杂孔洞或斑点（图 10.1-11），则后续处理难度大，因此常需对二值化图像进行形态学处理。

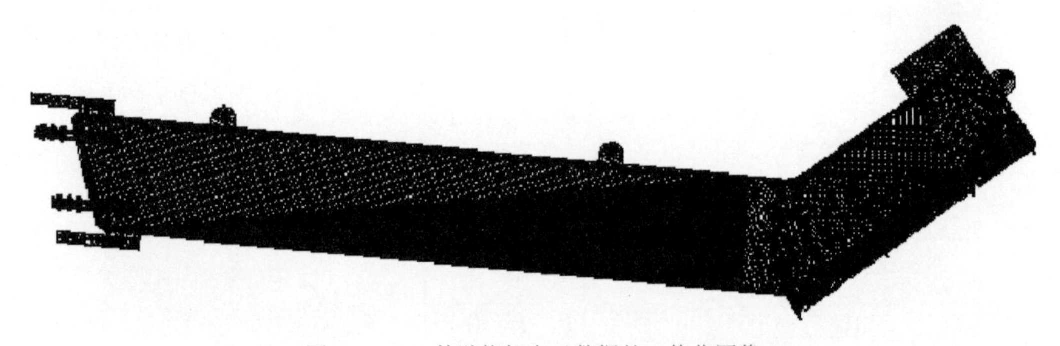

图 10.1-11　伸臂桁架点云数据的二值化图像

形态学处理是图像处理中应用最为广泛的方法之一，其基本思想是利用一种特殊的结构元来测量或提取图像中相应的形状或特征[7]。结构元是定义的一种特殊邻域结构，其本质也是一个滑动窗口矩阵，矩阵的元素值是 0 或 1，见图 10.1-12。结构元有一个锚点 O，锚点 O 一般为结构元的中心，也可以根据图像处理需求而确定锚点在结构元中的位置。两种常用的结构元形式为十字形和矩形，见图 10.1-12；十字形结构元中，值为 1 的元素呈十字形布置。

形态学的基本运算包括膨胀运算、腐蚀运算、开运算和闭运算四种。

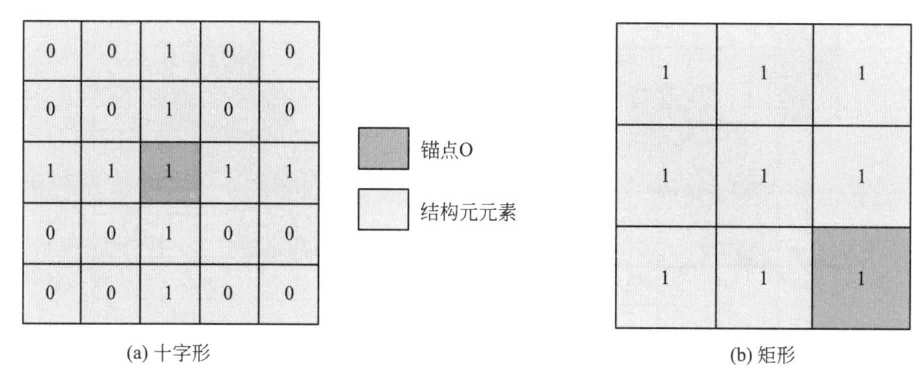

(a) 十字形　　(b) 矩形

图 10.1-12　结构元的形式

（1）膨胀运算：将结构元 S 在图像 f 上以单个像素点为步长依次滑动，对应于每个滑动步长，锚点都会锚定一个像素点 p_i 并使 p_i 的灰度值随之发生变化：此时结构元中灰度值为 1 的元素（含锚点）会覆盖图像 f 的几个像素点，而 p_i 的灰度值变更为这几个像素点中的灰度最大值。这是一个膨胀运算过程。图 10.1-13 为一个膨胀计算的示例，为了便于观察，假设每个方格为一个像素，深色方格灰度值设为 1，浅色方格灰度值设为 0。图 10.1-14 为膨胀计算的详细过程；用结构元 S 对图像 f 进行膨胀处理时，第一步将结构元锚点 O 锚定图像左上角第一个像素 p_1，此时结构元中灰度值为 1 的元素覆盖图像 f 的像素点 p_2 和 p_9，这三个像素的灰度值相同，则 p_1 灰度值不变。第四步中，锚点 O 锚定图像像素 p_4，此时结构元中灰度值为 1 的元素覆盖图像 f 的像素点 p_3、p_4、p_5 和 p_{12}（图 10.1-14（e）），这四个像素中的 p_{12} 灰度值最大，则 p_4 的灰度值就变化为 p_{12} 的灰度值，即设为 1（图 10.1-14（f））。结构元依次遍历图像每个像素，最终得到的图像是一个像素点值为 1 的区域膨胀后的图像，见图 10.1-14（j）。

（2）腐蚀运算：与膨胀运算相反，在滑动过程中，将 p_i 的灰度值变成相应的最小值，这会把图像 f 上的一部分像素点的灰度值由 1 变为 0，相当于对图像进行了腐蚀缩小，见图 10.1-15。

(a) 原图像　　(b) 膨胀使用的结构元　　(c) 膨胀后的图像

图 10.1-13　膨胀运算

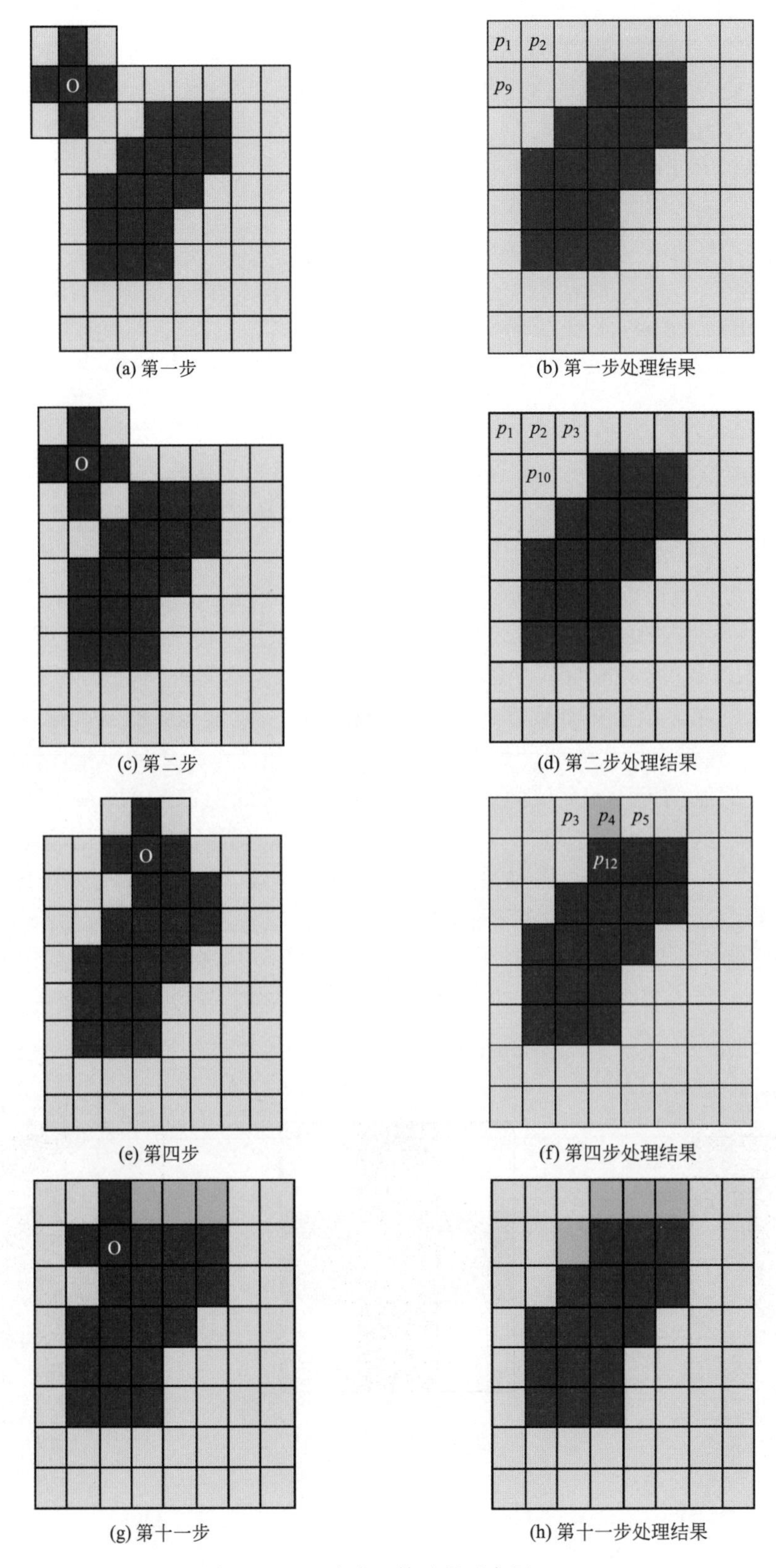

图 10.1-14　膨胀运算过程示意图（一）

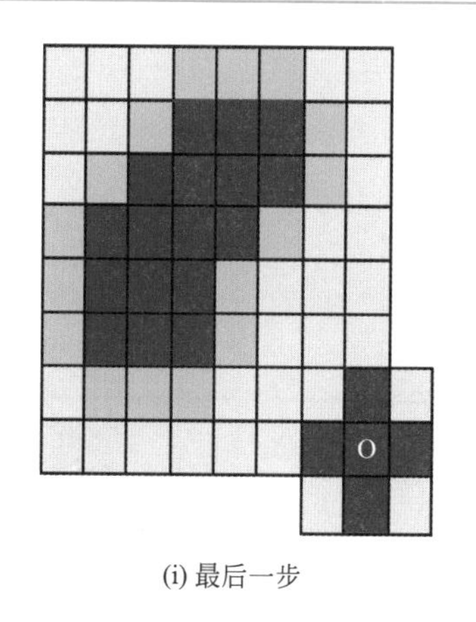

(i) 最后一步

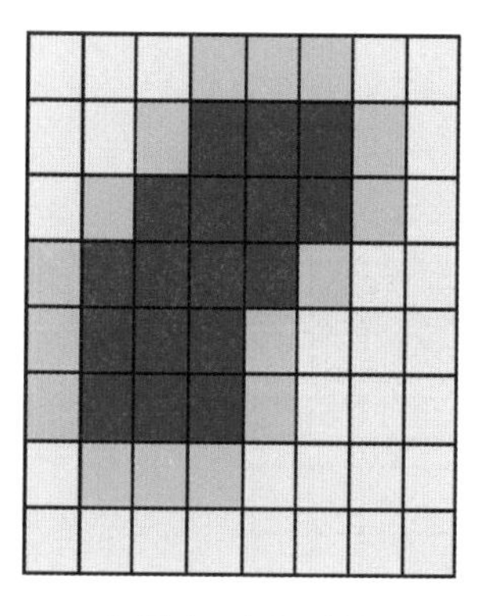

(j) 最后一步处理结果

图 10.1-14　膨胀运算过程示意图（二）

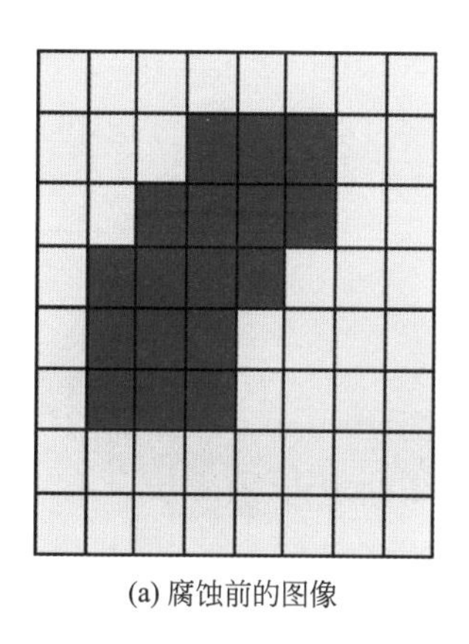

(a) 腐蚀前的图像

(b) 腐蚀使用的结构元

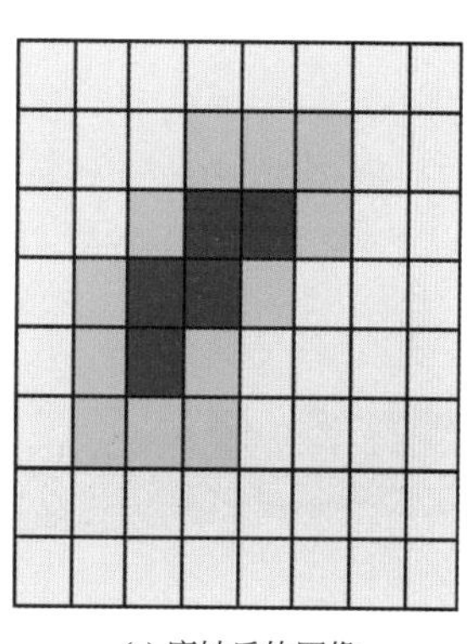

(c) 腐蚀后的图像

图 10.1-15　腐蚀运算

（3）开运算：将结构元 S 在图像 f 上滑动，先腐蚀再膨胀，即可实现开运算，见图 10.1-16。开运算可能会将一个完整图形分成几部分。开运算实际效果相当于利用腐蚀运算对局部像素求最小值，消除物体边界点及小于结构元的噪声点（细小噪声）；再利用膨胀操作对腐蚀后的像素求局部最大值，将与物体接触的所有背景点合并到物体中，恢复边界点；可见，开运算具有消除细小物体（噪声），在纤细处分离物体和平滑较大物体边界的作用。

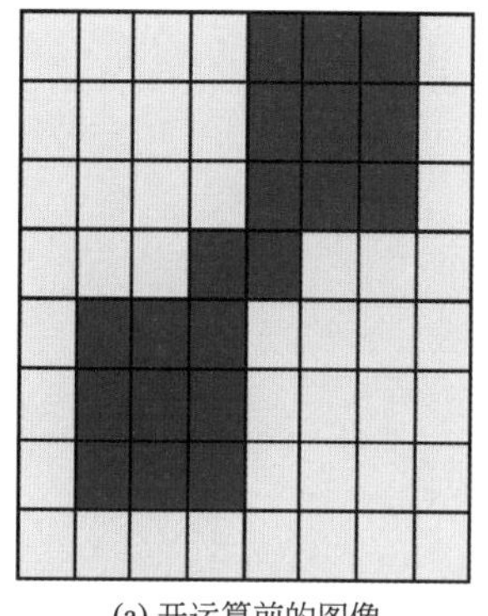

(a) 开运算前的图像

(b) 开运算使用的结构元

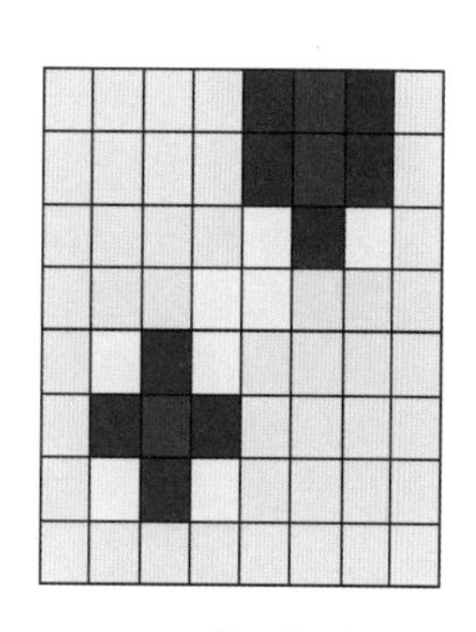

(c) 开运算后的图像

图 10.1-16　开运算

（4）闭运算：将结构元 S 在图像 f 滑动，先膨胀再腐蚀，即可实现闭运算，见图 10.1-17。闭运算具有填充物体内细小空洞，连接邻近物体和平滑边界的作用。

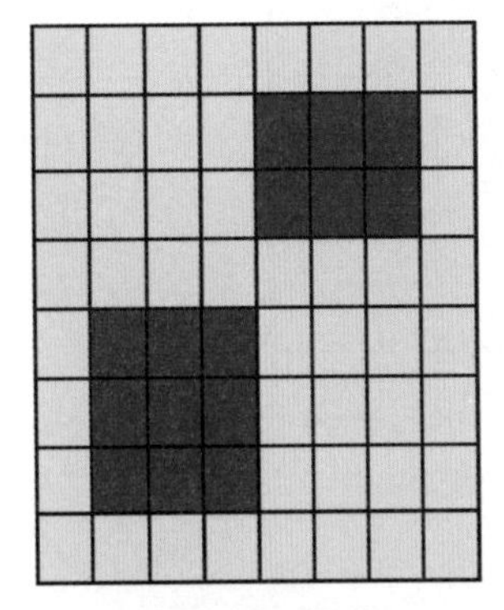

(a) 闭运算前的图像

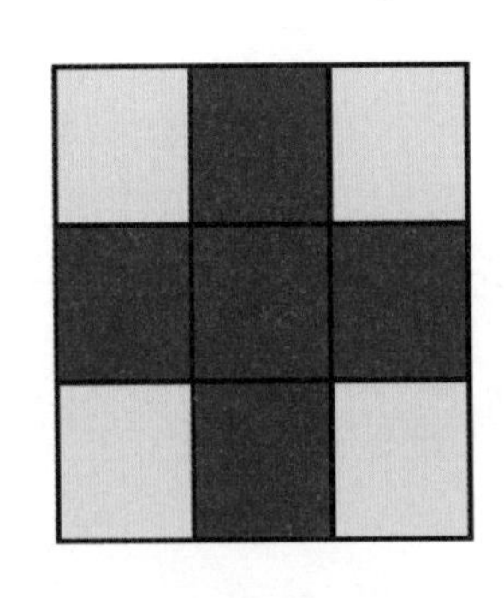

(b) 闭运算使用的结构元

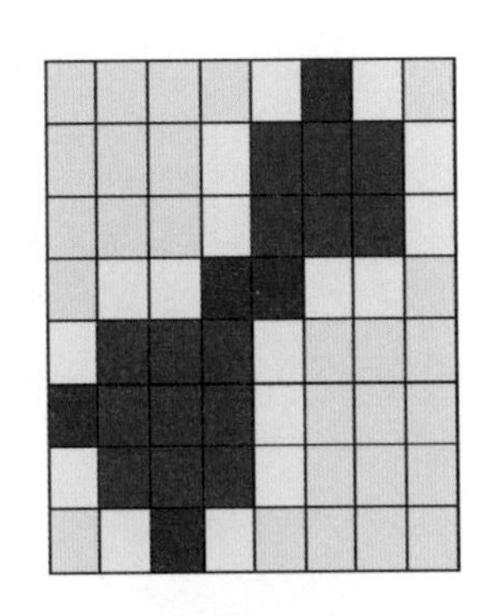

(c) 闭运算后的图像

图 10.1-17　闭运算

根据上述原理对某复杂钢构件点云数据映射的二值化图像进行开运算，结果见图 10.1-18，可见开运算可以较好地填充图像斑点处的像素。

(a) 开运算前的图像　　(b) 开运算后的图像

图 10.1-18　基于开运算的图像斑点去除

10.1.4　数据结构化算法

点云数据具有明显的无序性，即点与点之间无任何拓扑关系，这给点云数据的具体点搜寻带来较大困难。为加快点云数据的搜寻速度，需要对点云数据进行结构化。目前，常用的点云数据结构包括 kd 树和八叉树，kd 树和八叉树均是按照一定的划分规则把三维空间划分成了多个子空间。本书第 7 章中对 kd 树进行了介绍，此处介绍八叉树。

八叉树是一种用于描述三维空间的树状数据结构，每一个节点表示一个正方体的体积元素，每个节点有八个子节点，八个子节点所表示的体积元素加在一起就等于父节点的体积[8]。八叉数划分的规则：递归地将空间划分为八等份，给每个子空间分配点云数据，直至达到最大递归深度。

八叉树建立的具体步骤如下：

（1）设定最大递归深度；

（2）给定点云数据 $\boldsymbol{D}=\{\boldsymbol{p}_1,\boldsymbol{p}_2,\cdots,\boldsymbol{p}_m\}$，确定 $\boldsymbol{D}$ 的轴对齐包围盒 B_a；

（3）将空间网格 B_a 划分为八等份，给每个子空间分配点云数据；

（4）若子空间的点云数量和父空间的点云数量相等，停止该子空间的划分；否则，分别按步骤（3）对子空间进行处理，直至达到最大递归深度。

图 10.1-19 给出了八叉树建立的示例。

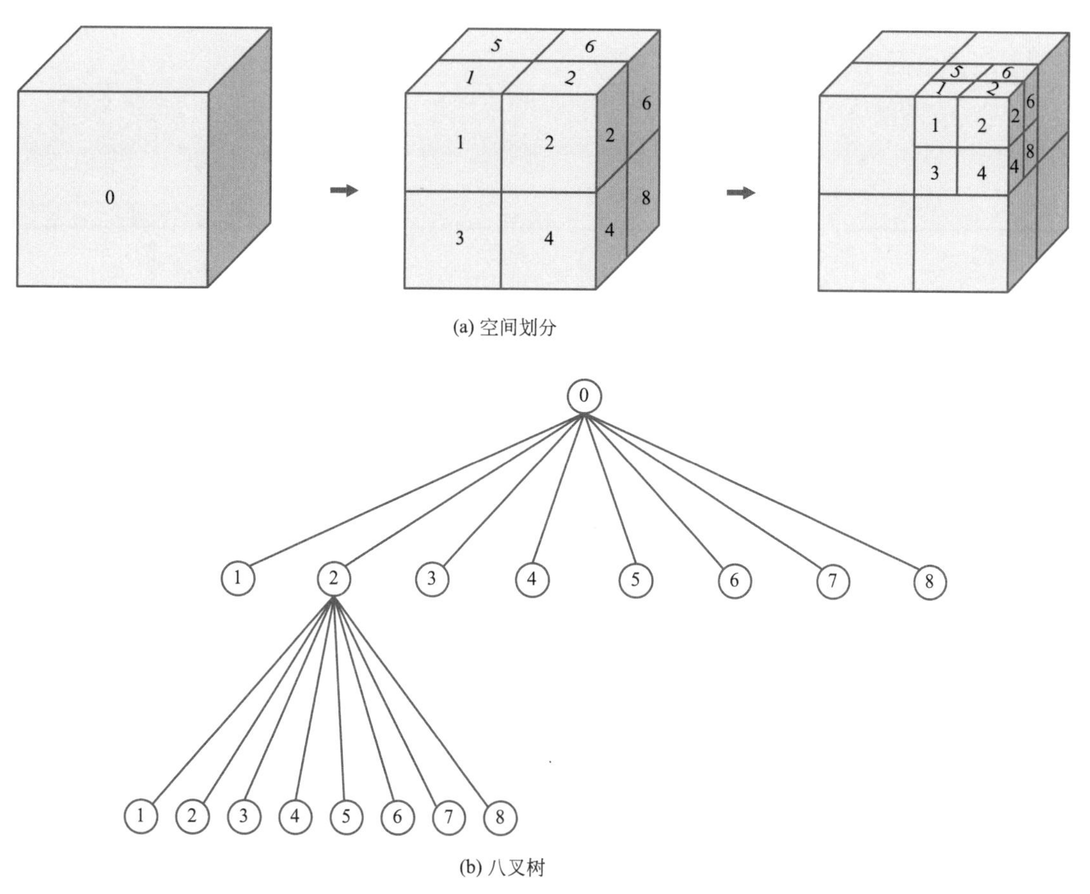

图 10.1-19　八叉树建立的示例

10.2　点云数据检测算法

采用点云数据可进行结构或构件的数字化尺寸检测和预拼装，其中结构或构件的拼接控制点、螺栓孔中心、中心轴、角点、轮廓线等部位均为重要特征，需要采用特征检测算法对这些部位进行定位。此外，球标靶和纸标靶是点云数据配准的常用基准点，也需要通过点云数据检测算法进行定位。本节将对这些点云数据检测算法进行介绍。

10.2.1　随机采样一致性算法

随机采样一致性算法（Random Sample Consensus，RANSAC）是一种随机参数估计算法，可以从含有噪点的点云数据中检测出直线、圆、平面和球等特征。随机采样一致性算法的基本原理是：确定要估计的参数模型类型（直线、圆、平面和球等），随机从样本集 $\boldsymbol{\Omega}$ 中采集样本子集 $\boldsymbol{\omega}$ 进行模型参数的估计，通过多次计算，将样本集中的所有点分为符合模型的数据点（内点）和不符合模型的异常数据点（外点）[9]。图 10.2-1 为不同迭代步数拟合的直线模型，蓝色点表示在阈值范围内满足直线模型的点（当前迭代步），即直线模型的内点，红色点则统称为异常点。随机采样一致性算法选取所有迭代中内点数量最多的模型作为目标模型（所求模型），如图 10.2-1（b）所示。

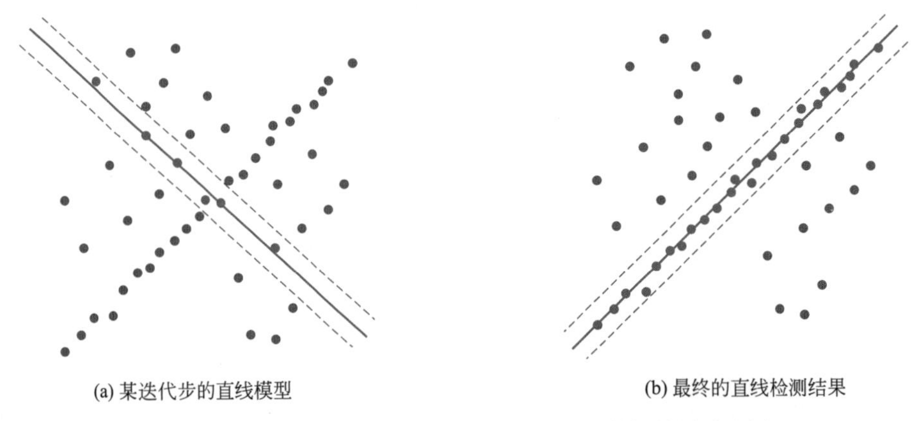

图 10.2-1 基于随机采样一致性算法的点云数据检测示意图

随机采样一致性算法的可靠性由足够多的采样次数来保证，每次采样出一个样本子集 $\boldsymbol{\omega}$，然后进行模型拟合并统计此模型的内点数量。设 γ 为目标模型（待求模型）的任一内点从样本集 $\boldsymbol{\Omega}$ 中被选中的概率，η 为 k 次采样中至少有一次成功检测出目标模型的概率，s 为样本子集 $\boldsymbol{\omega}$ 中样本点的数量。从 $\boldsymbol{\Omega}$ 中随机采集一个样本子集 $\boldsymbol{\omega}_i$，则 $\boldsymbol{\omega}_i$ 中的 s 个点均为内点（即采样成功）的概率为 γ^s，s 个点中至少有一个外点（即采样失败）的概率为 $1-\gamma^s$；则 k 次采样全部失败的概率为 $(1-\gamma^s)^k$，k 次采样中至少有一次成功的概率为 $\eta=1-(1-\gamma^s)^k$，将此式进行移项操作得到 $(1-\gamma^s)^k=1-\eta$，再对两侧取对数，即可得到迭代次数 k 的计算公式（10.2-1）。利用式（10.2-1）计算得到的次数 k 进行 k 次计算，一定能够估计出目标模型的参数，保证了模型参数估计的可靠性。

$$k=\ln(1-\eta)/\ln(1-\gamma^s) \tag{10.2-1}$$

上式中，γ 与 η 一般依据数据特征设定（一般根据所需拟合的形状并结合经验而确定）；点云处理中，η 一般设为 0.99；γ 一般根据预估的目标模型内点数量与所有点数量之比确定，点云处理中常取 0.3～0.7。

对于某个样本集 $\boldsymbol{\Omega}$，随机采样一致性算法的具体步骤如下：

（1）确定检测目标的数学模型（直线、圆、平面和球的方程），设置参数 γ 和 η，并设置每次采样出的样本子集 $\boldsymbol{\omega}_i$ 中的样本数量 s，按式（10.2-1）计算迭代次数 k。

直线的数学模型为：

$$x=x_0+m\times t \tag{10.2-2}$$

$$y=y_0+n\times t \tag{10.2-3}$$

$$z=z_0+p\times t \tag{10.2-4}$$

上式中，(x_0, y_0, z_0) 为直线上的某一点；(m, n, p) 为直线的方向向量，t 为可变量。

圆的数学模型为：

$$(x-x_c)^2+(y-y_c)^2=r_c^2 \tag{10.2-5}$$

上式中，(x_c, y_c) 为圆心坐标；r_c 为圆的半径。

平面的数学模型为：

$$Ax+By+Cz+D=0 \tag{10.2-6}$$

上式中，A、B、C 和 D 均为平面参数。

球的数学模型为：

$$(x-x_{\mathrm{p}})^2+(y-y_{\mathrm{p}})^2+(z-z_{\mathrm{p}})^2=r_{\mathrm{p}}^2 \tag{10.2-7}$$

上式中，(x_{p}，y_{p}，z_{p}) 为球心坐标；r_{p} 为球的半径。

(2) 从样本集 $\boldsymbol{\Omega}$ 中随机抽取一个含有 s 个点的样本子集，通常 s 的值取为求解模型需要的最小点数，如平面拟合至少需要三个点，则采用随机拟合一致性算法进行平面检测时，s 可取值为 3；利用样本子集中的点拟合模型，获取模型参数。

(3) 根据本次迭代确定的模型参数，计算样本集 $\boldsymbol{\Omega}$ 中所有点到此模型的距离，距离小于预设阈值的点为内点，反之为外点，记录当前迭代步的内点数量 N。

(4) 重复步骤 (2) 和 (3)，直至迭代次数达到预设阈值 k。

(5) 找到内点数量 N 最大值对应的模型，并用内点对模型参数再次进行估计，得到最终的参数模型。

根据上述步骤对不同类型点云数据进行检测，设置参数为 $\gamma=0.5$，$s=3$；检测结果见图 10.2-2，可见随机采样一致性算法可较为精准地检测出各目标模型。

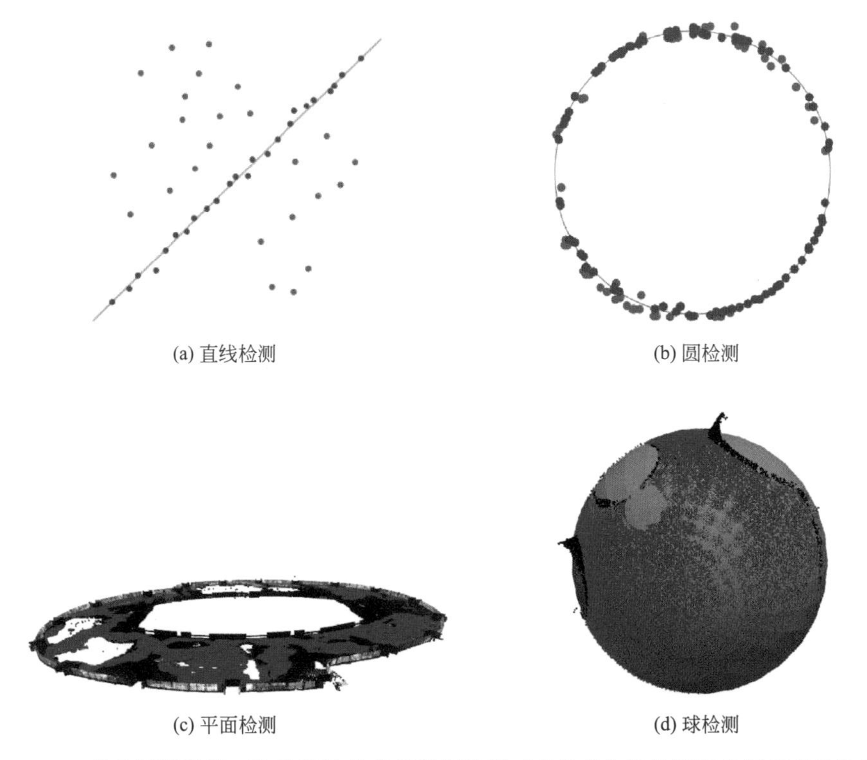

图 10.2-2　基于随机采样一致性算法的点云数据检测（蓝色点为被检测出的目标点云数据）

10.2.2　霍夫变换算法

霍夫变换也是一种可检测出直线、圆、平面等特征的算法，但霍夫变换所需的内存较大，因此常被用于小样本数据的特征检测。霍夫变换检测直线算法的基本原理是：利用点与线的对偶性，将原始空间的一条直线转化为参数空间的一个点，进而将原始空间的直线检测问题转化参数空间的峰值点检测问题[10]。

在二维空间（笛卡尔坐标系）中，经过点（x_i，y_i）的直线可以表示为：

$$y_i = k_0 x_i + b_0 \tag{10.2-8}$$

上式中，这条直线的斜率 k_0 和截距 b_0 为确定值，则（k_0，b_0）是参数空间（k，b）中的一个确定点，参数空间（k，b）也称为霍夫空间；即笛卡尔坐标系中的一条直线对应于霍夫空间中的一个点，见图 10.2-3。注意，这里直线与点的对应关系并非是线性变换关系（即不是投影关系），而仅是一种映射关系。

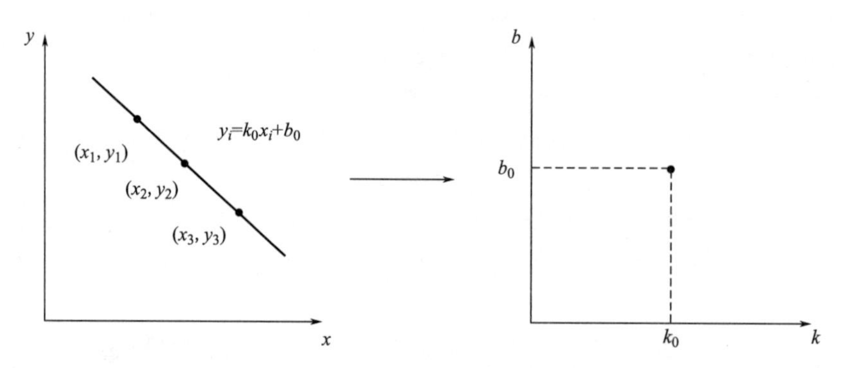

图 10.2-3　笛卡尔系坐标中一条直线对应于（k，b）参数空间中的一个点

同理，（k，b）参数空间中的一条直线也对应于笛卡尔坐标系中的一个点，见图 10.2-4：在参数空间中的一条直线，也有其确定的斜率和截距（x_0，y_0），而（x_0，y_0）就是笛卡尔坐标系中的一个确定点，这也是一种映射关系而非投影关系。

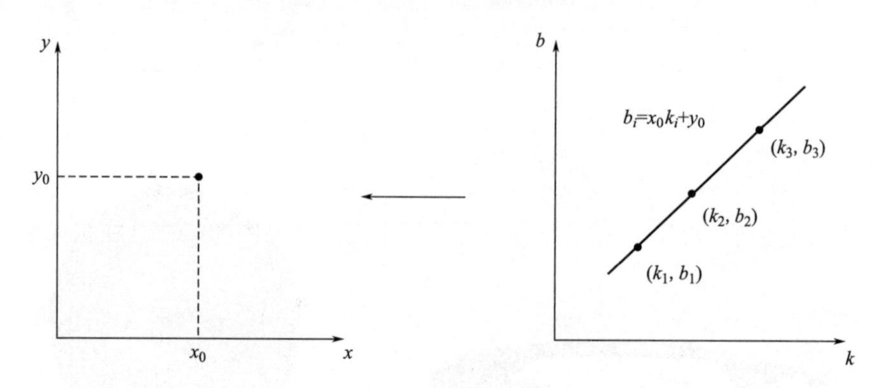

图 10.2-4　参数空间中的一条直线对应于笛卡尔系坐标中的一个点

在笛卡尔坐标系中，经过点（x_0，y_0）的直线方程为 $y_0 = kx_0 + b$，此方程可改为

$$b = -x_0 k + y_0 \tag{10.2-9}$$

上式即为笛卡尔坐标系中的一个点（x_0，y_0）对应的霍夫空间中的一条直线。

笛卡尔坐标系中的任意两个横坐标不同的点 A 和 B，对应于霍夫空间中的两条直线，且此两条直线必相交，见图 10.2-5；因为 A 和 B 在笛卡尔坐标系中一定会确定一条唯一的直线，且此直线有确定的斜率 k_0 和截距 b_0，此时霍夫空间中与 A 和 B 对应的两条直线都经过（k_0，b_0）点，即相交于一点。笛卡尔坐标系中共线的三点 A、B、C（横坐标不同），在霍夫空间中对应于三条直线，且三条直线相交于一点，见图 10.2-6；可见在笛卡尔坐标系中 A、B、C 所在直线的斜率为 1 且截距为 0，则对应于霍夫空间中的三条直线均经过（1，0）点，即三条直线相交于一点。在笛卡尔坐标系中共线的所有点，其在霍夫空间对应的直线均相交于一点。

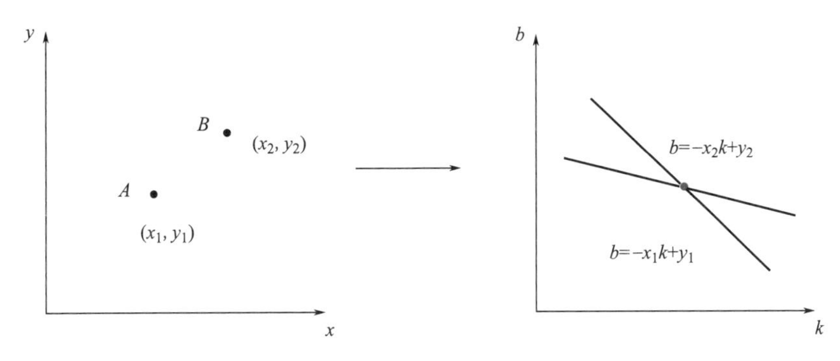

图 10.2-5　笛卡尔坐标系中任意两个点对应霍夫空间的两条直线

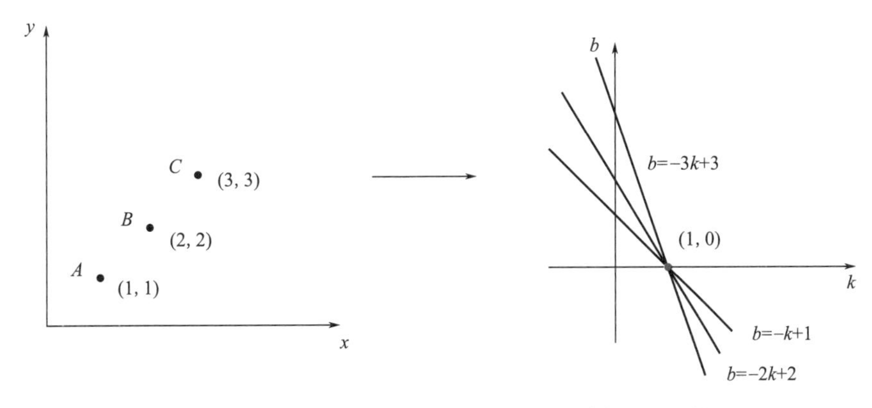

图 10.2-6　笛卡尔坐标系中共线的三点在霍夫空间的情形

在笛卡尔坐标系中的多个不共线点，其在霍夫空间中对应于多条直线，且这些对应的多条直线不会相交于一点，即霍夫空间中会有多个交点，见图 10.2-7。在霍夫空间中选择

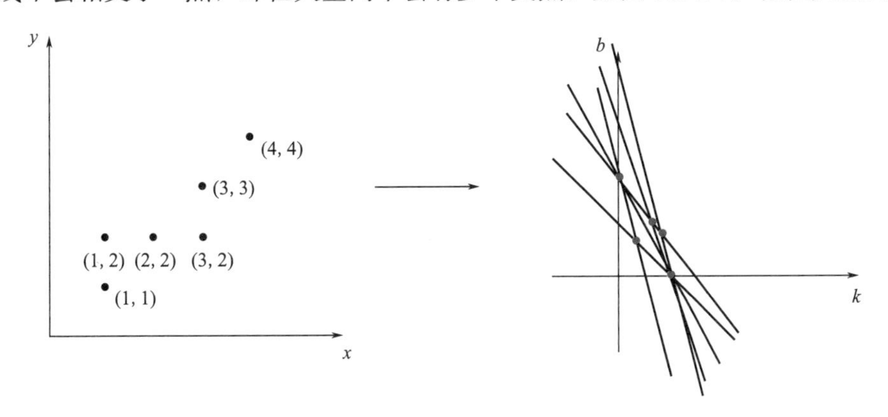

图 10.2-7　笛卡尔坐标系中可以汇聚成多条线的多个点在霍夫空间的情形

由尽可能多直线相交而得的点，在此点所相交的所有直线对应的笛卡尔坐标系中的点，在笛卡尔坐标系中共线。如图 10.2-8 所示，在霍夫空间中选取了四条直线的交点（1，0），而不选取由三条之间汇成的点（0，2）以及其余由两条直线汇成的点，则从霍夫空间中选取的（1，0）这一点，对应笛卡尔坐标系中四个点所在直线。

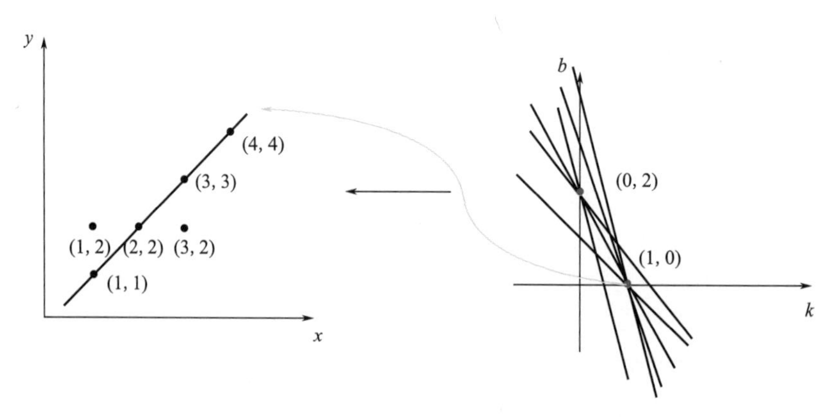

图 10.2-8　笛卡尔坐标系中可以汇聚成多条线的多个点在霍夫空间的情形

通过上述方法，可以利用点与线的对偶性建立笛卡尔坐标系与霍夫空间的对应关系；但当斜率 $k=\infty$ 时，无法确定对应的霍夫空间，因此可采用极坐标系代替笛卡尔坐标系（图 10.2-9）。在极坐标系中，经过点（x_0，y_0）的直线可表达为：

$$\rho=x_0\cos(\theta)+y_0\sin(\theta) \tag{10.2-10}$$

上式中，ρ 为坐标原点到直线的距离；θ 为 x 轴到直线垂线的角度，取值范围为 $\pm 90°$。在极坐标系下，霍夫变换思路与上述方法一致：将极坐标中的一个点（x_0，y_0）对应为霍夫空间（（ρ，θ）参数空间）的一条曲线，霍夫空间中曲线的每一个交点记为一个参数对（ρ，θ），输出最高频数的参数对所对应的直线。

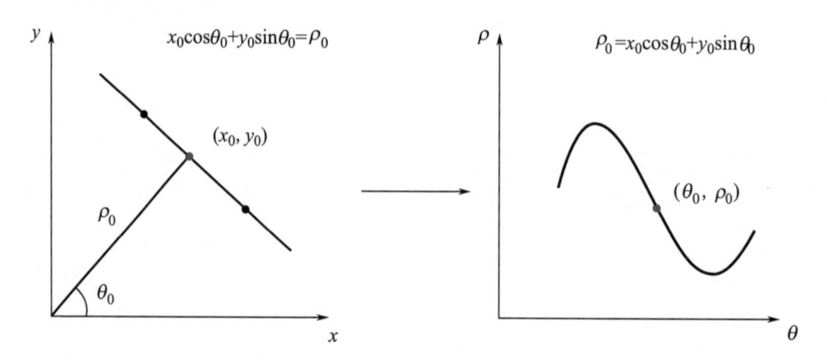

图 10.2-9　极坐标与霍夫空间的对应关系

采用极坐标系的霍夫变换算法检测直线的具体步骤如下：

（1）给定点云数据 $\boldsymbol{D}=\{\boldsymbol{p}_1,\boldsymbol{p}_2,\cdots,\boldsymbol{p}_{\mathrm{m}}\}$，遍历每一个点，按式（10.2-10）计算每个点在霍夫空间中的直线方程，记录曲线交点的参数对；

（2）统计参数对的频数，选取最高频数的参数对作为输出。

图 10.2-10（a）为一组角点邻域点云数据的边缘点，采用霍夫变换进行直线检测的结果见图 10.2-10（b），可见两条直线被较为准确地检测出来。

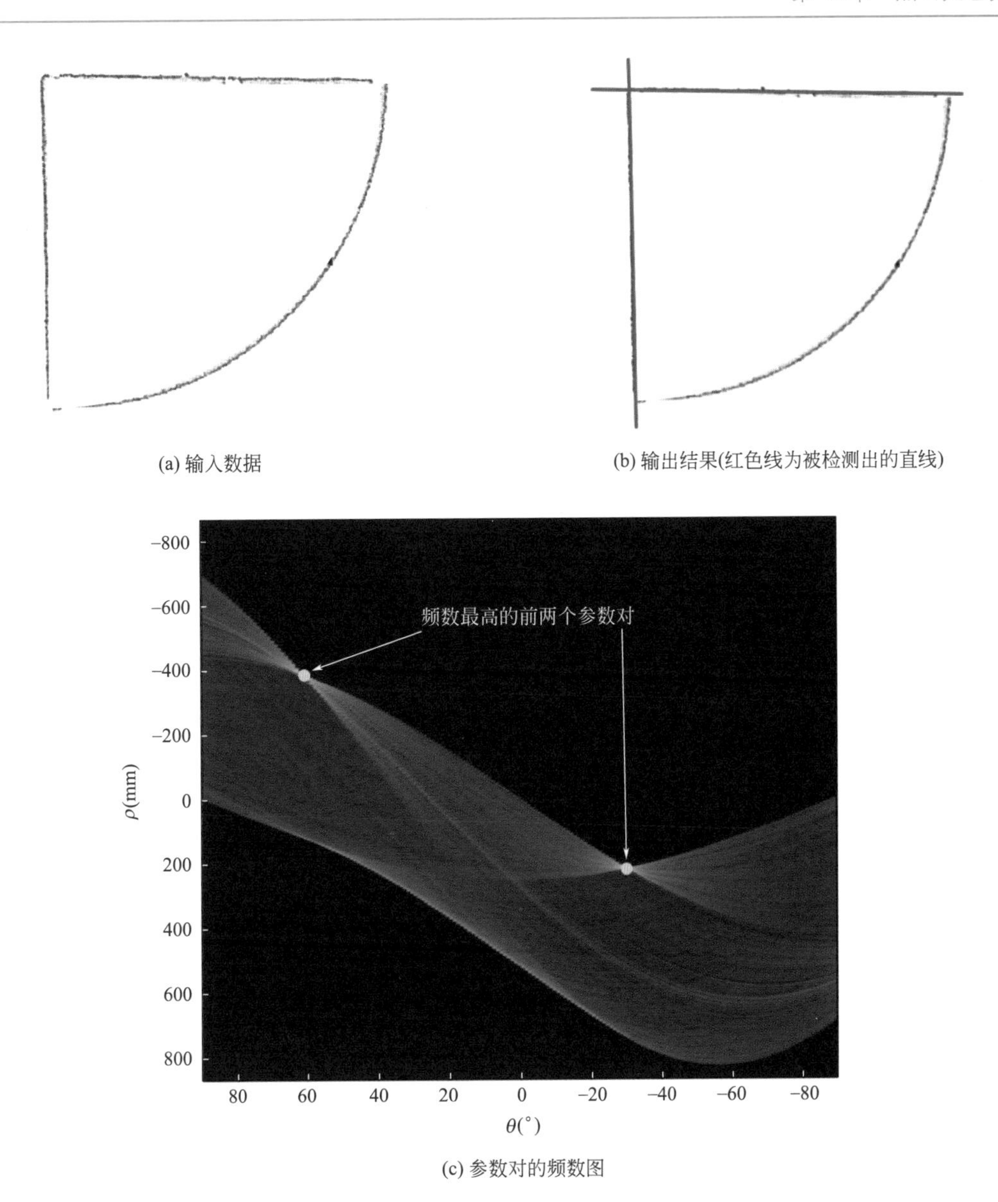

(a) 输入数据　　(b) 输出结果(红色线为被检测出的直线)

(c) 参数对的频数图

图 10.2-10　基于霍夫变换算法的直线检测

10.2.3　角点检测算法

角点检测算法分为直接法和间接法，其中 Harris 是最常用的角点检测算法，属于直接法，而道格拉斯-普克算法和有向包围框法属于间接法。

1. Harris 算法

角点是多条边缘的交点，其灰度与任何方向上的邻域像素点灰度差值较大，是图像局部梯度突变的点，即角点的灰度梯度是局部最大值。Harris 算法是根据这一性质，利用一个固定寸尺的窗口在图像上沿任意方向滑动，通过滑动前后窗口中像素灰度的变化程度来检测角点。滑动窗口在图像各区域沿任意方向滑动灰度值变化特点见图 10.2-11。

Harris 算法采用自相关函数 E（u，v）来描述窗口中的像素灰度变化[11]：

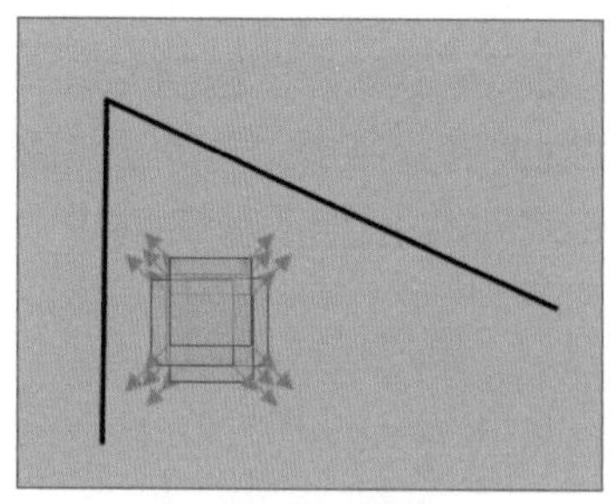

(a) 平坦区域：沿各方向移动，无明显灰度变化

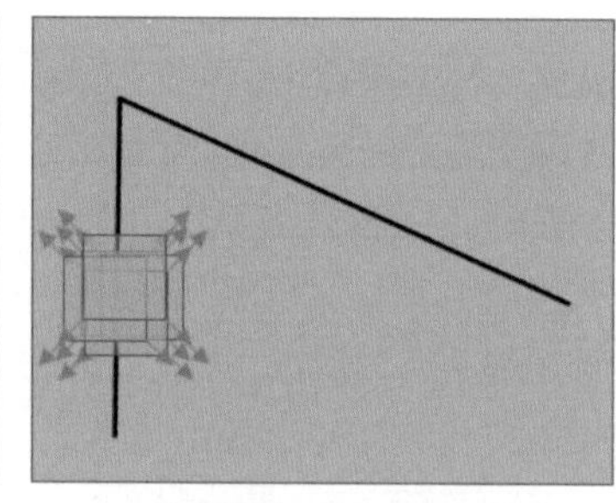

(b) 边缘区域：沿边缘方向移动，无明显灰度变化

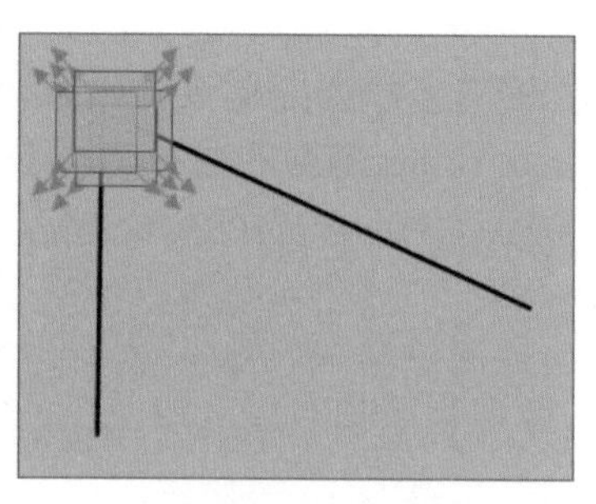

(c) 角点区域：沿各方向移动，灰度值均有明显变化

图 10.2-11　固定窗口沿任意方向滑动灰度变化特性

$$E(u,v)=\sum_{x,y\in A}w(x,y)[I(x+u,y+v)-I(x,y)]^2 \tag{10.2-11}$$

上式中，$(u,\ v)$ 表示窗口的移动量；$(x,\ y)$ 表示窗口对应的图像像素点坐标；A 表示滑动窗口覆盖的范围；$I(x,\ y)$ 表示像素点 $(x,\ y)$ 的灰度值；$w(x,\ y)$ 表示窗口函数，最简单的窗口函数是窗口内所有像素对应的权重系数均为 1，有时也会采用复杂的窗口函数，例如权重系数 $w(x,\ y)$ 满足以窗口中心为原点的二元正态分布；上式中，$[I(x,\ y)]^2$ 的平方是指对某个像素点值取平方。利用二元函数泰勒展开公式对 $I(x+u,\ y+v)$ 展开，即可得 $I(x+u,\ y+v)\cong I(x,\ y)+uI_x+vI_y$，$I_x$，$I_y$ 分别指在 x 方向和 y 方向的灰度梯度，则 $E(u,\ v)$ 可演化为：

$$\begin{aligned}E(u,v)&=\sum_{x,y\in A}w(x,y)[I(x+u,y+v)-I(x,y)]^2\\&\cong\sum_{x,y\in A}w(x,y)[I(x,y)+uI_x+vI_y-I(x,y)]^2\\&=\sum_{x,y\in A}w(x,y)(uI_x+vI_y)^2\\&=\sum_{x,y\in A}w(x,y)(u^2I_x^2+2uvI_xI_y+v^2I_y^2)\\&=\sum_{x,y\in A}w(x,y)\begin{bmatrix}u & v\end{bmatrix}\begin{bmatrix}I_x^2 & I_xI_y\\ I_xI_y & I_y^2\end{bmatrix}\begin{bmatrix}u\\ v\end{bmatrix}\\&=\begin{bmatrix}u & v\end{bmatrix}\left(\sum_{x,y\in A}w(x,y)\begin{bmatrix}I_x^2 & I_xI_y\\ I_xI_y & I_y^2\end{bmatrix}\right)\begin{bmatrix}u\\ v\end{bmatrix}\\&=\begin{bmatrix}u & v\end{bmatrix}\boldsymbol{M}\begin{bmatrix}u\\ v\end{bmatrix}\end{aligned} \tag{10.2-12}$$

上式中：

$$\boldsymbol{M}=\begin{bmatrix}m_1 & m_3\\ m_3 & m_2\end{bmatrix}=\sum_{x,y\in A}w(x,y)\begin{bmatrix}I_x^2 & I_xI_y\\ I_xI_y & I_y^2\end{bmatrix} \tag{10.2-13}$$

上式中，m_1、m_2、m_3 为矩阵 $\boldsymbol{M}$ 的元素，称矩阵 $\boldsymbol{M}$ 为 Harris 矩阵。Harris 矩阵是实对称矩阵，可对角化，因此存在正交矩阵 $\boldsymbol{R}$，使得：

$$\boldsymbol{M}=\boldsymbol{R}^{-1}\begin{bmatrix}\lambda_1 & 0\\ 0 & \lambda_2\end{bmatrix}\boldsymbol{R}=\boldsymbol{R}^{\mathrm{T}}\begin{bmatrix}\lambda_1 & 0\\ 0 & \lambda_2\end{bmatrix}\boldsymbol{R} \tag{10.2-14}$$

经对角化处理后，就得到 Harris 矩阵 $\boldsymbol{M}$ 的特征值 λ_1 和 λ_2。此时，将式（10.2-14）代入式（10.2-12），自相关函数 E（u，v）就改写为一个标准二次项函数：

$$
\begin{aligned}
E(u,v) &= [u \quad v]\boldsymbol{M}\begin{bmatrix} u \\ v \end{bmatrix} \\
&= [u \quad v]\left(\boldsymbol{R}^{\mathrm{T}}\begin{bmatrix} \lambda_1 & 0 \\ 0 & \lambda_2 \end{bmatrix}\boldsymbol{R}\right)\begin{bmatrix} u \\ v \end{bmatrix} \\
&= ([u \quad v]\boldsymbol{R}^{\mathrm{T}})\begin{bmatrix} \lambda_1 & 0 \\ 0 & \lambda_2 \end{bmatrix}\left(\boldsymbol{R}\begin{bmatrix} u \\ v \end{bmatrix}\right) \\
&= \left(\boldsymbol{R}\begin{bmatrix} u \\ v \end{bmatrix}\right)^{\mathrm{T}}\begin{bmatrix} \lambda_1 & 0 \\ 0 & \lambda_2 \end{bmatrix}\left(\boldsymbol{R}\begin{bmatrix} u \\ v \end{bmatrix}\right) \\
&= [u' \quad v']\begin{bmatrix} \lambda_1 & 0 \\ 0 & \lambda_2 \end{bmatrix}\begin{bmatrix} u' \\ v' \end{bmatrix}
\end{aligned}
\tag{10.2-15}
$$

即 $E(u, v)$ 可变换为 $E(u', v')$：

$$
E(u',v') = [u' \quad v']\begin{bmatrix} \lambda_1 & \\ & \lambda_2 \end{bmatrix}\begin{bmatrix} u' \\ v' \end{bmatrix} \tag{10.2-16}
$$

其中 $\begin{bmatrix} u' \\ v' \end{bmatrix} = \boldsymbol{R}\begin{bmatrix} u \\ v \end{bmatrix}$

$E(u', v')$ 可以视为一个（非标准）椭圆方程；一个标准的椭圆方程为：

$$
\frac{x^2}{a^2} + \frac{y^2}{b^2} = 1 \tag{10.2-17}
$$

上式可改写为矩阵形式：

$$
[x \quad y]\begin{bmatrix} \frac{1}{a^2} & \\ & \frac{1}{b^2} \end{bmatrix}\begin{bmatrix} x \\ y \end{bmatrix} = 1 \tag{10.2-18}
$$

不难看出，$\boldsymbol{M}$ 的特征值 λ_1、λ_2 与椭圆 E（u'，v'）的半轴 a、b 成反比：

$$
\begin{cases} \lambda_1 = \dfrac{1}{a^2} \\ \lambda_2 = \dfrac{1}{b^2} \end{cases} \tag{10.2-19}
$$

由此，可以得到如下结论：

（1）若 $\boldsymbol{M}$ 的特征值 λ_1 和 λ_2 相差很大，即 $\lambda_1 \gg \lambda_2$ 或者 $\lambda_2 \gg \lambda_1$；则 E（u，v）在某一个方向上取值整体偏大，在其他方向上小；此时，滑动窗口处于边缘区域。

（2）若 $\boldsymbol{M}$ 的特征值 λ_1 和 λ_2 都很小，均接近于 0，则 $E(u, v)$ 的值在各个方向上都很小；此时，滑动窗口处于平坦区域。

（3）若 $\boldsymbol{M}$ 的特征值 λ_1 和 λ_2 都很大，则 $E(u, v)$ 的值在各个方向上都很大；此时，滑动窗口处于角点区域。

特征值分析一般计算量较大；为简化计算，算法中设计了一个响应函数 R_t 代替 E 对窗口中的像素灰度变化进行度量：

$$R_t = \det\boldsymbol{M} - k_t \mathrm{tr}(\boldsymbol{M})^2 \tag{10.2-20}$$

$$\det\boldsymbol{M} = \lambda_1\lambda_2 = m_1 m_2 - m_3^2 \tag{10.2-21}$$

$$\mathrm{tr}(\boldsymbol{M}) = \lambda_1 + \lambda_2 = m_1 + m_2 \tag{10.2-22}$$

上式中，k_t 为常量，取值 0.04～0.06；λ_1 和 λ_2 分别表示矩阵 $\boldsymbol{M}$ 的特征值。该响应函数不仅计算更简单，同时也巧妙地将通过特征值进行判断的问题，转换为通过响应函数值进行判断的问题，从而实现对像素区域的判断：

（1）若 λ_1 和 λ_2 相差很大，则响应函数 R_t 取值为较大的负数，对应区域为边缘区域；

（2）若 λ_1 和 λ_2 都很小，则响应函数趋近于 0，对应区域为平坦区域；

（3）若 λ_1 和 λ_2 都很大，则响应函数取值为较大的正数，对应区域为角点区域。

实际操作中，若某像素点的响应函数值 R_t 大于预设的阈值，则将该像素点作为候选角点。针对得到的候选角点集（像素点集合），采用非极大值抑制处理方法：在一个局部区域，保留最大的响应函数值 $R_{t\max}$ 对应的候选角点，同时将其周围候选角点的响应函数值 R_t 抑制为 0。

采用 Harris 算法检测角点的具体步骤如下：

（1）设定 R_t 的阈值；

（2）计算图像每个像素点（x，y）在 x 和 y 两个方向的灰度梯度 I_x 和 I_y：

$$I_x = \frac{\partial I}{\partial x} = S_x \otimes A \tag{10.2-23}$$

$$I_y = \frac{\partial I}{\partial y} = S_y \otimes A \tag{10.2-24}$$

上式中，$\otimes$ 表示卷积（互相关）计算，A 表示以计算像素点为中心的 3×3 窗口，S_x、S_y 是用于计算梯度的梯度算子，通常采用 3×3 的索贝尔算子（10.2.4 节）、Prewitt 算子等。

（3）计算每个像素点的灰度梯度的乘积：

$$I_x^2 = I_x \cdot I_x \tag{10.2-25}$$

$$I_y^2 = I_y \cdot I_y \tag{10.2-26}$$

$$I_{xy} = I_x \cdot I_y \tag{10.2-27}$$

（4）对图像中的每一个像素点，在以该像素点为中心的 3×3 窗口 A 中，使用窗口函数 w 对窗口内每个点的 I_x 、I_y 和 I_{xy} 进行加权，从而得到矩阵 $\boldsymbol{M}$ 的元素值：

$$\sum_{x,y\in A} w(x,y)\begin{bmatrix} I_x^2 & I_x I_y \\ I_x I_y & I_y^2 \end{bmatrix} = \begin{bmatrix} \sum\limits_{x,y\in A} w(x,y) I_x^2 & \sum\limits_{x,y\in A} w(x,y) I_x I_y \\ \sum\limits_{x,y\in A} w(x,y) I_x I_y & \sum\limits_{x,y\in A} w(x,y) I_y^2 \end{bmatrix} \tag{10.2-28}$$

（5）按式（10.2-20）计算每个像素点的 R_t，判断角点是否为候选角点；

（6）对候选角点集进行局部极大值抑制处理。

采用 Harris 算法对一个钢构件侧面点云数据映射的二值化图像进行检测，设置参数为：R_t 的阈值=0.2$R_{t\max}$，$R_{t\max}$ 表示当前图像 R_t 的最大值；检测结果见图 10.2-12，可见算法能正确地检测出构件角点。

2. 道格拉斯-普克算法

道格拉斯-普克算法是一种对含有大量冗余信息的数据进行压缩以提取主要数据点的算法。算法的基本思想为：首先将一条原始曲线的首尾两点用一条直线连接，并计算曲线

图 10.2-12　基于 Harris 算法的角点检测（红色点为被检测出的角点）

上其余各点到该直线的距离；比较最大距离与预设阈值的大小，若最大距离小于预设阈值，则将直线两端点间各点全部舍去；若最大距离大于或等于预设阈值，则将距离最大值对应点作为新的端点，并将此新端点分别连接原始曲线首尾两点，从而将原始曲线变为两部分新曲线[12]。这个算法可保证被处理曲线的总体形状不变，但构成曲线的点数量明显减少，降低后续计算量。对每部分新曲线再次进行上述过程，直至无法进一步压缩为止。基于道格拉斯-普克算法进行数据压缩的过程，如图 10.2-13 所示。

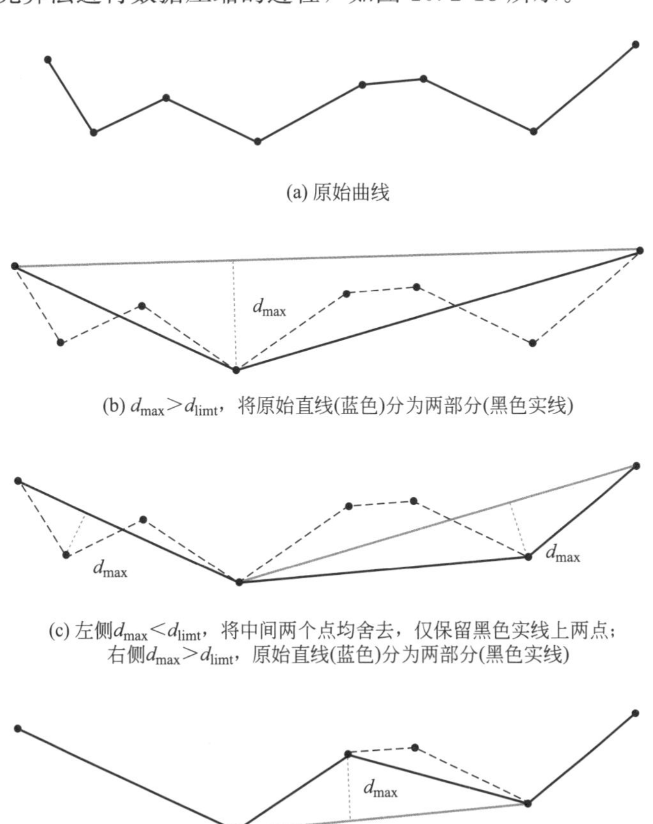

图 10.2-13　道格拉斯-普克算法数据压缩过程示意图（一）

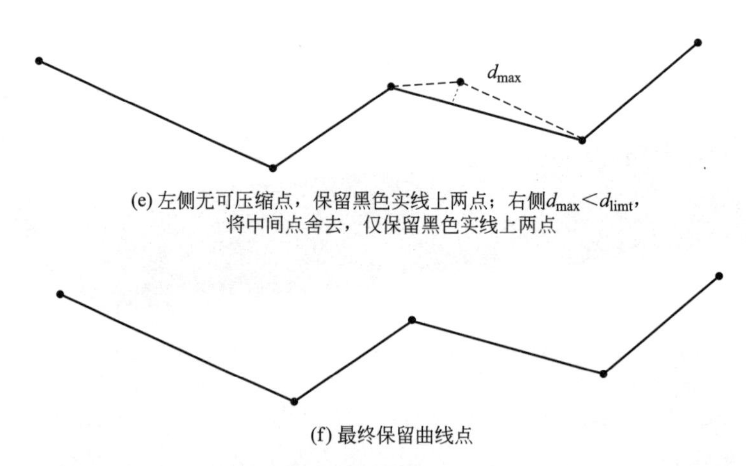

图 10.2-13　道格拉斯-普克算法数据压缩过程示意图（二）

采用道格拉斯-普克算法进行角点检测的具体步骤如下：

（1）设定距离阈值 d_{limt}；

（2）给定点云数据 $\boldsymbol{D}=\{\boldsymbol{p}_1,\boldsymbol{p}_2,\cdots,\boldsymbol{p}_m\}$，将点云数据投影至二维平面，形成平面数据集；连接距离最大的两点构造出直线 l；

（3）计算每一个点到直线 l 的距离 d，记录点到直线距离的最大值 d_{max}；

（4）若 $d_{max}<d_{limt}$，则直线 l 之间的点均剔除；若 $d_{max}\geqslant d_{limt}$，则以 d_{max} 对应的点将直线 l 分成两部分，得到直线 l_r 和 l_1；

（5）按步骤（3）和（4）对直线 l_r 和 l_1 进行处理，直至无多余点可剔除。

根据上述原理对某钢拱肋侧面点云数据的边缘点进行处理，设置参数 $d_{limt}=1\text{m}$，结果见图 10.2-14，可见通过道格拉斯-普克算法获得了此拱肋的四条曲线边构成的近似轮廓，四条曲线的交点即为构件的粗略角点（曲线端点之间距离很小处）。

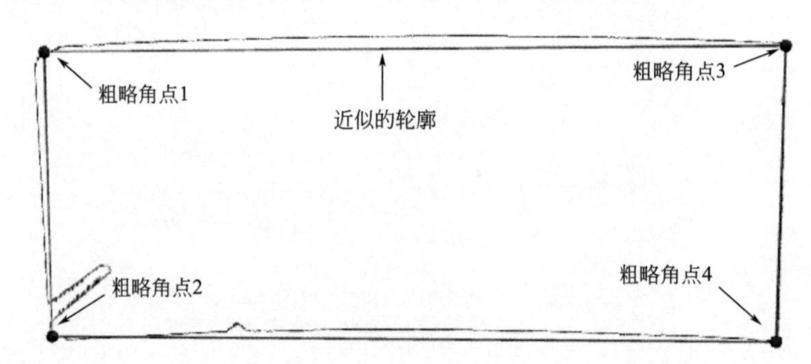

图 10.2-14　基于道格拉斯-普克算法的角点检测（红色点为被检测出的角点）

3. 有向包围盒法

有向包围盒是包围目标对象的最小盒子，被广泛地应用于碰撞检测中，也可以间接地用于目标粗略角点的检测。基于有向包围盒法提取点云数据粗略角点的基本思想为：首先对目标点云数据进行主成分分析，获取点云数据的主轴方向；再对点云数据进行旋转变换，获取点云数据在主轴构成的坐标系（正交）下的坐标，获取坐标极值，并构造点云数据（所有数据点集合）的有向包围盒角点矩阵，此角点矩阵是一个 8 个坐标点组成的 3×8

矩阵；再将主轴坐标系下的有向包围盒旋转变换回原坐标系，获取目标点云在原坐标系中的有向包围盒角点矩阵；最后，利用最近邻算法获得点云数据中与有向包围盒角点最近的点作为点云数据的粗略角点[13]。轴对齐包围盒与有向包围盒示意图见图 10.2-15，可见与原坐标系下的轴对齐包围盒相比，有向包围盒明显更小且形状更贴合于点云数据外轮廓，从而更有利于检测出角点。

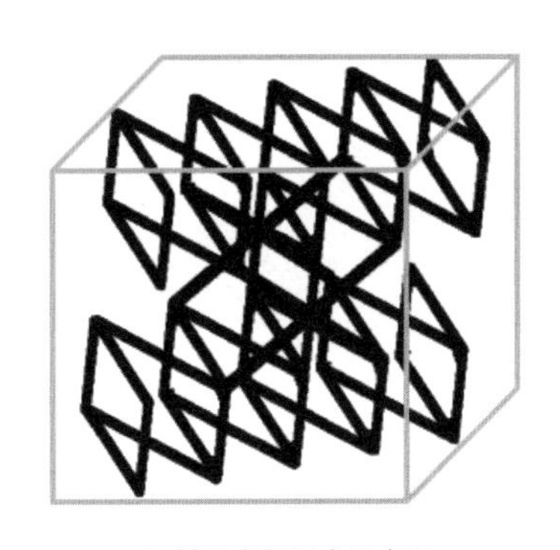

(a) 轴对齐包围盒示意图

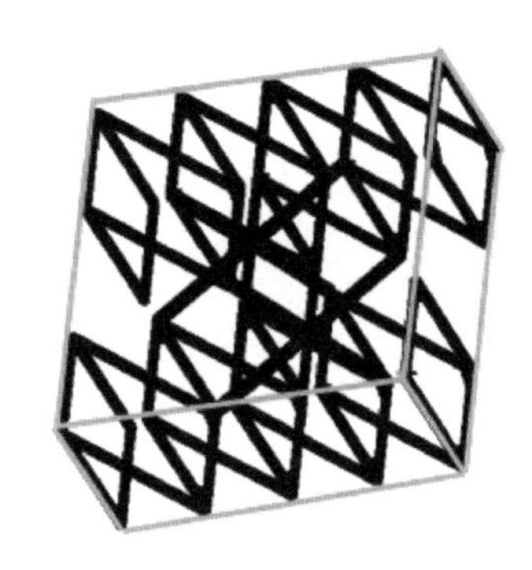

(b) 有向包围盒示意图

图 10.2-15　轴对齐包围盒与有向包围盒示意图

采用有向包围盒法检测角点的具体步骤如下：

（1）给定点云数据 $\boldsymbol{D}=\{\boldsymbol{p}_1,\boldsymbol{p}_2,\cdots,\boldsymbol{p}_m\}$，用 $3\times m$ 的矩阵 $\boldsymbol{X}$ 表示点云数据的三维坐标，并对矩阵 $\boldsymbol{X}$ 进行去中心化处理：

$$x'_{ij}=x_{ij}-\frac{1}{m}\sum_{j=1}^{m}x_{ij} \tag{10.2-29}$$

上式中，x_{ij} 为矩阵 $\boldsymbol{X}$ 的第 i 行第 j 列的元素。

（2）计算协方差矩阵 $\boldsymbol{C}$：

$$\boldsymbol{C}=\frac{1}{m}\boldsymbol{X}'\boldsymbol{X}'^{\mathrm{T}} \tag{10.2-30}$$

（3）对协方差矩阵 $\boldsymbol{C}$ 进行特征值分解：

$$\boldsymbol{C}=\boldsymbol{U\Sigma V}^{\mathrm{T}} \tag{10.2-31}$$

$$\boldsymbol{\Sigma}=\begin{bmatrix}\lambda_1 & & \\ & \lambda_2 & \\ & & \lambda_3\end{bmatrix} \tag{10.2-32}$$

$$\boldsymbol{U}=\boldsymbol{V}=[\boldsymbol{w}_1\quad \boldsymbol{w}_2\quad \boldsymbol{w}_3] \tag{10.2-33}$$

上式中，对角矩阵 $\boldsymbol{\Sigma}$、左奇异向量 $\boldsymbol{U}$、右奇异向量 $\boldsymbol{V}$ 均由矩阵 $\boldsymbol{C}$ 奇异值分解得到；λ_1、λ_2、λ_3 分别为特征值；$\boldsymbol{w}_1$、$\boldsymbol{w}_2$、$\boldsymbol{w}_3$ 分别为特征向量。

（4）将 $\boldsymbol{D}$ 在新的三维空间表达为 $\boldsymbol{Y}$：

$$\boldsymbol{Y}=\boldsymbol{U}^{\mathrm{T}}\boldsymbol{X} \tag{10.2-34}$$

（5）计算新三维空间的坐标极值 $X_{\max}$，$Y_{\max}$，$Z_{\max}$，$X_{\min}$，$Y_{\min}$，$Z_{\min}$，则新三维空间下有向包围盒角点矩阵 $\boldsymbol{B}$：

$$\boldsymbol{B}=\begin{bmatrix}X_{\max} & X_{\max} & X_{\max} & X_{\max} & X_{\min} & X_{\min} & X_{\min} & X_{\min}\\ Y_{\max} & Y_{\min} & Y_{\max} & Y_{\min} & Y_{\max} & Y_{\min} & Y_{\max} & Y_{\min}\\ Z_{\max} & Z_{\max} & Z_{\min} & Z_{\min} & Z_{\max} & Z_{\max} & Z_{\min} & Z_{\min}\end{bmatrix} \tag{10.2-35}$$

（6）将角点矩阵 $\boldsymbol{B}$ 变换回原三维空间，可得有向包围盒角点矩阵 $\boldsymbol{A}$：

$$\boldsymbol{A}=(\boldsymbol{U}^{\mathrm{T}})^{-1}\boldsymbol{B} \tag{10.2-36}$$

（7）遍历矩阵 $\boldsymbol{A}$ 的每一个元素，采用最近邻算法从 $\boldsymbol{D}$ 中提取邻域点，从而得到 $\boldsymbol{D}$ 的角点集。

根据上述原理对一个钢桁架腹杆点云数据进行检测，结果见图 10.2-16，可见有向包围盒法能有效地检测出构件角点。

图 10.2-16　基于有向包围盒法的角点检测（红色点为被检测出的角点）

10.2.4　边缘检测算法

Canny 算法是一种非常流行的边缘检测算法，是一个多阶段算法，包括高斯平滑滤波、梯度计算、非极大值抑制、双阈值检测和抑制孤立低阈值点等五个步骤[14]。Canny 算法是一种综合算法，力求在抗噪声干扰和精确定位之间寻求最佳方案；算法一般使用高斯平滑滤波（10.1.2 节）去除图像噪声，避免后续处理中将噪声信息误识别为边缘（滤波窗口矩阵不宜太大以免将边缘信息平滑掉）；再基于图像梯度进行一系列处理，实现稳健的边缘检测。

1. 基于索贝尔算子计算图像像素点的梯度

寻找灰度图像的边缘，就是寻找灰度变化最大的位置，即梯度最大的位置。Canny 算法采用离散微分算子-索贝尔算子计算图像的近似梯度。

索贝尔算子的计算用到了笛卡尔网格和向前差分的概念[15]，涉及 4 个方向上的梯度加权，并涉及城市距离（也称曼哈顿距离，为两点间横坐标距离加纵坐标距离）。图 10.2-17 为图像笛卡尔网格和城市距离的示意，其中图 10.2-17（b）中的 4 个向量方向邻域点对分别为：135°向量 $\overrightarrow{(-1,\ 1)}$ 方向上邻域点对（p_1，p_9），90°向量 $\overrightarrow{(0,\ 1)}$ 方向上邻域点对（p_2，p_8），45°向量 $\overrightarrow{(1,\ 1)}$ 方向上邻域点对（p_3，p_7），180°向量 $\overrightarrow{(1,\ 0)}$ 方向上邻域点对（p_6，p_4）。

沿着 4 个向量方向进行向前差分，并利用城市距离加权计算，可以给出当前像素 p_5 的平均梯度估计，见式（10.2-37）。其中，第一项是沿着 $\overrightarrow{(-1,\ 1)}$ 方向，利用该方向上邻域点对（p_1，p_9）向前差分，即 $(p_1-p_9)\overrightarrow{(-1,\ 1)}$，再除以邻域点对（$p_1$，$p_9$）之间的城市距离 4，得到 $\dfrac{(p_1-p_9)}{4}\overrightarrow{(-1,\ 1)}$，其中 $\overrightarrow{(-1,\ 1)}$ 表示差分方向而非直接相乘；第二项是沿着 $\overrightarrow{(0,\ 1)}$ 方向，利用该方向上邻域点对（p_2，p_8）向前差分，即 $(p_2-p_8)\overrightarrow{(0,\ 1)}$，再除以邻域点对（$p_2$，$p_8$）之间的城市距离 2，得到 $\dfrac{(p_2-p_8)}{2}\overrightarrow{(0,\ 1)}$；按照此计算规则，分别沿四个方向，将每个方向上的邻域点对进行差分加权计算，即可得到当前

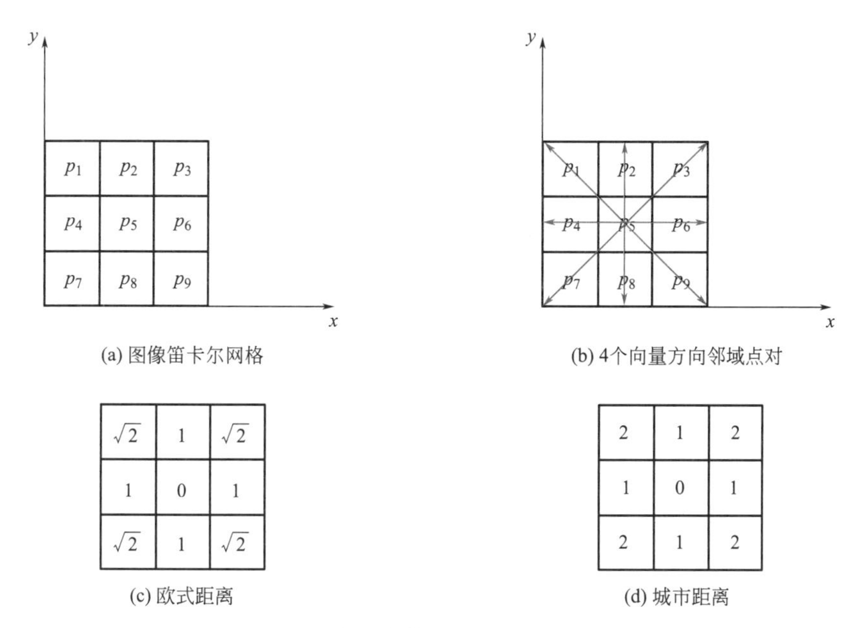

(a) 图像笛卡尔网格　(b) 4个向量方向邻域点对

(c) 欧式距离　(d) 城市距离

图 10.2-17　索贝尔算子推导基本原理示意图

像素的梯度估计 G：

$$G=\frac{(p_1-p_9)}{4}\overrightarrow{(-1,1)}+\frac{(p_2-p_8)}{2}\overrightarrow{(0,1)}+\frac{(p_3-p_7)}{4}\overrightarrow{(1,1)}+\frac{(p_6-p_4)}{2}\overrightarrow{(1,0)} \tag{10.2-37}$$

将上式展开可得：

$$G=\left(\frac{p_3-p_7-p_1+p_9}{4}+\frac{p_6-p_4}{2},\frac{p_3-p_7+p_1-p_9}{4}+\frac{p_2-p_8}{2}\right) \tag{10.2-38}$$

理论上，为了保证数字上的精确度，上式需要除以 4 得到平均梯度值。但为避免使用除法运算导致低阶重要字节的丢失，索贝尔算子将上式乘 4 以保留低阶字节，从而方便计算机计算；因此，索贝尔算子估计的梯度值 G' 是平均梯度值的 16 倍：

$$G'=4G=(p_3-p_7-p_1+p_9+2(p_6-p_4),p_3-p_7+p_1-p_9+2(p_2-p_8)) \tag{10.2-39}$$

则垂直方向与水平方向的梯度可以分别写为：

$$G'_x=p_3+2p_6+p_9-(p_1+2p_4+p_7) \tag{10.2-40}$$

$$G'_y=p_1+2p_2+p_3-(p_7+2p_8+p_9) \tag{10.2-41}$$

将 x 和 y 方向的索贝尔算子记作 S_x 和 S_y，见图 10.2-18。

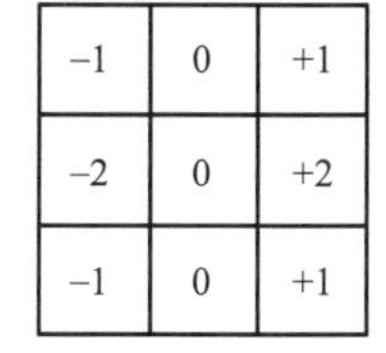

−1	0	+1
−2	0	+2
−1	0	+1

(a) x方向的索贝尔算子

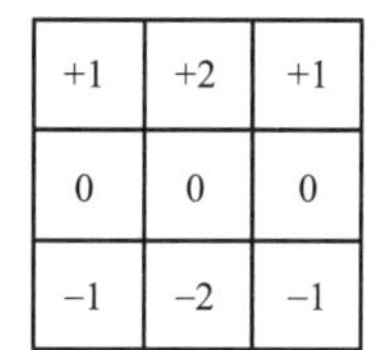

+1	+2	+1
0	0	0
−1	−2	−1

(b) y方向的索贝尔算子

图 10.2-18　索贝尔算子

则垂直方向与水平方向的梯度可以分别写为：

$$G'_x = S_x \otimes A \tag{10.2-42}$$

$$G'_y = S_y \otimes A \tag{10.2-43}$$

上式中，$\otimes$ 表示卷积（互相关）计算，A 表示以计算像素点为中心的 3×3 窗口；于是可以计算出图像每个点的梯度强度 G''和梯度方向 θ：

$$G'' = |G'| = \sqrt{{G'_x}^2 + {G'_y}^2} \tag{10.2-44}$$

$$\theta = \arctan(G'_y / G'_x) \tag{10.2-45}$$

2. 非极大值抑制（Non-Maximum Suppression）

基于梯度值提取的边缘可能存在边缘描绘过宽和噪声等问题，需要采用非极大值抑制进行边缘稀疏化。非极大值抑制的基本思路是将当前像素梯度强度与梯度正负方向的相邻像素梯度强度进行比较，若当前像素梯度强度是局部最大梯度值，则保留该像素作为边缘点，反之则将其梯度值抑制为 0。为了更精确计算，通常在沿梯度正负方向的两个相邻像素之间使用线性插值，从而得到要参与比较的像素梯度。

如图 10.2-19 所示，可将像素的邻接情况划分为 4 个区域，其中每个区域包含上下两部分。若中心像素点梯度强度为 $G''(x, y)$，x 方向梯度强度为 $G''_x(x, y)$，y 方向梯度强度为 $G''_y(x, y)$，则根据 $G''_x(x, y)$ 和 $G''_y(x, y)$ 的正负和大小可判断出其梯度方向所属区域，进而根据其像素梯度方向以及相邻点像素梯度线性插值得到正负梯度方向的梯度强度 $G''_{\mathrm{up}}(x, y)$ 和 $G''_{\mathrm{down}}(x, y)$，计算公式如下：

$$G''_{\mathrm{up}}(x,y) = (1-t)G''(x+1,y) + tG''(x+1,y-1) \tag{10.2-46}$$

$$G''_{\mathrm{down}}(x,y) = (1-t)G''(x-1,y) + tG''(x-1,y+1) \tag{10.2-47}$$

上式中，t 为插值系数。其他三个区域的计算方法类似。注意，当 $G''_x(x, y) = G''_y(x, y) = 0$ 时，说明像素点无突变，该像素点为非边缘点。

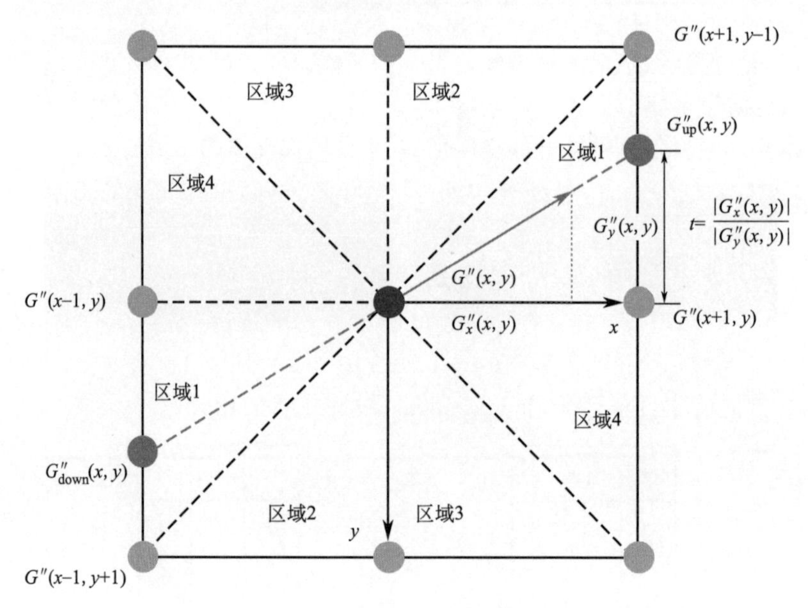

图 10.2-19　像素梯度方向线性插值示意图

3. 双阈值检测与孤立弱边缘抑制

为了进一步克服噪声或颜色变化等不利影响，可通过高低阈值对边缘像素进行分类：边缘像素的梯度强度高于高阈值，则被标记为强边缘像素；边缘像素的梯度强度小于高阈值且大于低阈值，则被标记为弱边缘像素；边缘像素的梯度强度小于低阈值，则被抑制。强边缘像素被确定为边缘，弱边缘像素需要进一步判别。

基于弱边缘通常与强边缘像素相连的先验知识，查看弱边缘像素邻域的 8 个像素是否存在强边缘像素，存在则保留弱边缘像素，不存在则抑制弱边缘像素。

Canny 算法检测边缘的具体步骤如下：

（1）对输入图像 $\boldsymbol{I}$ 进行高斯平滑滤波（10.1.2 节），滑动窗口 w 的尺寸取 5×5 或 3×3；

（2）按式（10.2-42）～式（10.2-45）对高斯平滑滤波后的图像 $\boldsymbol{I}_l$ 进行梯度计算，得到梯度图像 $\boldsymbol{I}_{\mathrm{t}}$（由梯度强度值代替像素值而形成的图像）；

（3）采用非极大抑制算法对 $\boldsymbol{I}_{\mathrm{t}}$ 进行处理，得到图像 $\boldsymbol{I}_{\mathrm{tg}}$；

（4）采用双阈值检测算法对 $\boldsymbol{I}_{\mathrm{tg}}$ 进行处理，得到图像 $\boldsymbol{I}_{\mathrm{tgs}}$；

（5）抑制图像 $\boldsymbol{I}_{\mathrm{tgs}}$ 的孤立弱边缘像素点，输出最终图像 $\boldsymbol{I}_{\mathrm{f}}$。

采用上述算法流程对钢拱肋图像进行边缘检测，结果见图 10.2-20，可见 Canny 算法能够正确地检测出图像边缘。

(a) 原图$\boldsymbol{I}$

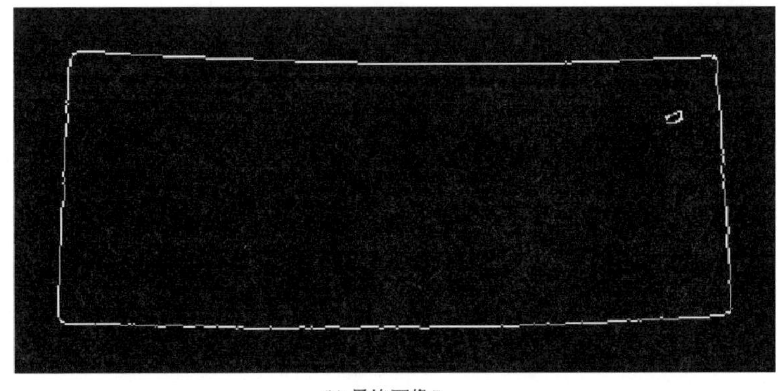

(b) 最终图像$\boldsymbol{I}_{\mathrm{f}}$

图 10.2-20　基于 Canny 算法的边缘检测

10.2.5 中心轴线检测算法

中心轴和管道截面半径是曲管（弯曲圆管）的两个重要参数。中心轴检测算法用于检测曲管的中心轴，基于检测的中心轴可以确定曲管每一位置处的截面半径，从而估计曲管的几何参数。骨架收缩算法和滚球法被用于检测管道中心轴，基于这两种算法本书开发了更高效准确的中心轴检测算法-混合法。

1. 拉普拉斯算法

拉普拉斯算法是一种骨架收缩算法；对于一个弯曲管道，使用拉普拉斯算法可以得到它的中心骨架，即中心轴线。此算法包括点云数据单环邻域构造、点云数据拉普拉斯矩阵生成和点云数据收缩三个方面[16]。

点云数据单环邻域构造的具体步骤为：(1) 对于任意一点 $\boldsymbol{p}_i$，按 k 最近邻算法得到 k 最近邻点集 $\boldsymbol{N}_k(\boldsymbol{p}_i)$，按降维算法（PCA 算法）对 $\boldsymbol{N}_k(\boldsymbol{p}_i)$ 进行降维，形成一个二维平面邻域，见图 10.2-21；(2) 对降维后的 $\boldsymbol{N}_k(\boldsymbol{p}_i)$ 进行 Delaunay 三角剖分，三角剖分记为 Γ_i，这就形成了 $\boldsymbol{p}_i$ 的单环邻域，见图 10.2-21 (b)。基于每个点的单环邻域，可采用余切权 L_{ij} 建立点云数据的拉普拉斯矩阵 $\boldsymbol{L}$：

$$L_{ij}=\begin{cases} w_{ij}=\cot\alpha_{ij}+\cot\beta_{ij} & i\neq j \text{ 且}(i,j)\in\Gamma_i \\ \sum\limits_{m\in N(p_i)}-w_{im} & i=j \\ 0 & \text{其他} \end{cases} \tag{10.2-48}$$

上式中，i 和 j 为整个点云数据中的样本点编号，α_{ij} 和 β_{ij} 是单环邻域中 $\boldsymbol{p}_i$ 和 $\boldsymbol{p}_j$ 构成的边所属两个三角形的对角，见图 10.2-21 (b)。

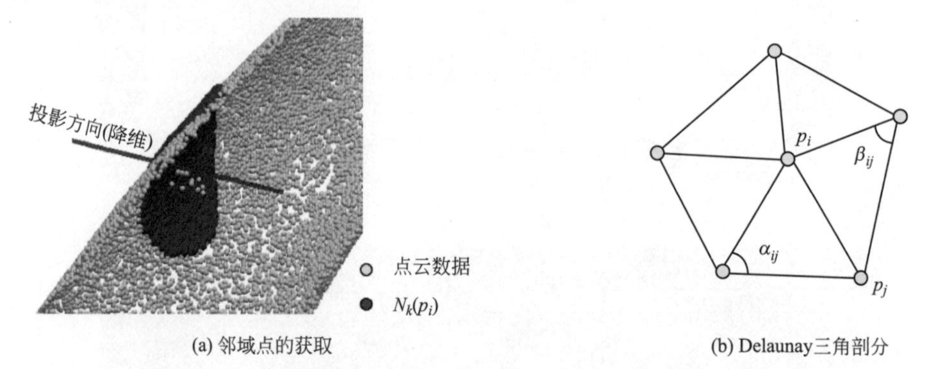

图 10.2-21 点云数据的单环邻域构造

点云数据可采用矩阵 $\boldsymbol{P}$ 表示，通过余切权重，将拉普拉斯坐标记为 $\boldsymbol{\delta}=\boldsymbol{LP}=[\boldsymbol{\delta}_1^{\mathrm{T}},\boldsymbol{\delta}_2^{\mathrm{T}},\boldsymbol{\delta}_3^{\mathrm{T}},\cdots,\boldsymbol{\delta}_n^{\mathrm{T}}]$，每个点 $\boldsymbol{p}_i$ 与 $\boldsymbol{L}$ 相乘得近似于曲率流法线 $\delta_i=-4A_ik_i\boldsymbol{n}_i$，其中 A_i、k_i 和 $\boldsymbol{n}_i$ 分别是在第 i 个样本点 $\boldsymbol{p}_i$ 处构造的一环邻域的面积、近似局部平均曲率以及顶点的近似外法向量。所以拉普拉斯坐标蕴含了三维点云模型中的细节信息。如果此顶点邻域内的点处的法线都相同，那么就证明局部点云收缩到了一条线或者一个点上，即证明该顶点不能再被收缩，收缩系统将此作为收缩的目标即可。对于曲管，这就是将原始点云收缩到了中心线上。原始点云可采用 $\boldsymbol{P}$ 表示，进行一次收缩后的点云数据用 $\boldsymbol{P}'$ 表示，那么 $\boldsymbol{LP}'=\boldsymbol{0}$ 就意味着移除每点法线方向上的某些分量使得邻域内的点的法线相同，来达到收缩整个点云几何体的目的。同时为了保证收缩后的点云能够保证原来较好的形状，例如为了能让曲管上的点云都按照相同程度向曲管的中心轴上收缩，这里需要使用一个保持原有位置的权重矩阵$\boldsymbol{W}_{\mathrm{H}}$ 来控制收缩形状，即将所有的顶点约束到点云当前的位置，同时增加另一个合适的权重矩阵$\boldsymbol{W}_{\mathrm{L}}$ 来控制收缩，那么就有如下收缩系统：

$$\begin{bmatrix}\boldsymbol{W}_{\mathrm{L}}\boldsymbol{L}\\ \boldsymbol{W}_{\mathrm{H}}\end{bmatrix}\boldsymbol{P}'=\begin{bmatrix}\boldsymbol{0}\\ \boldsymbol{W}_{\mathrm{H}}\boldsymbol{P}\end{bmatrix} \tag{10.2-49}$$

注意式（10.2-49）的收缩系统是过度的，即这个系统描述的是较为苛刻的收缩条件，求解这个系统需要在最小二乘的意义上求解。针对每一个点 $\boldsymbol{p}_i$ 需要使用一个保持原有位置的权重 $w_{\mathrm{H},i}$ 来控制收缩形状，同时增加适合的权重 $w_{\mathrm{L},i}$ 控制收缩。需要说明的是，$\boldsymbol{W}_{\mathrm{L}}$ 和 $\boldsymbol{W}_{\mathrm{H}}$ 是对角矩阵，其中 $\boldsymbol{W}_{\mathrm{L}}$ 控制收缩的程度，$\boldsymbol{W}_{\mathrm{H}}$ 控制保持原有位置的程度，$\boldsymbol{W}_{\mathrm{L}}$ 和 $\boldsymbol{W}_{\mathrm{H}}$ 的第 i 个对角元素分别为 $w_{\mathrm{L},i}$ 和 $w_{\mathrm{H},i}$ 。则求解点云中心骨架形状问题，可转化为求解以下二次能量函数：

$$\min_{P'}(\|\boldsymbol{W}_{\mathrm{L}}\boldsymbol{L}\boldsymbol{P}'\|^2+\sum_i w_{\mathrm{H},i}^2\|\boldsymbol{p}'_i-\boldsymbol{p}_i\|^2) \tag{10.2-50}$$

为求解上述二次能量函数的最小值，可以使用最小二乘矩阵法。根据矩阵范数的概念 $\|\boldsymbol{A}\|^2=\sum\limits_i\sum\limits_j a_{ij}^2=\mathrm{tr}(\boldsymbol{A}^{\mathrm{T}}\boldsymbol{A})$ ，其中 $\boldsymbol{A}$ 是矩阵 $\boldsymbol{A}=(a_{ij})_{m\times n}$ ，则可将二次能量函数转化成矩阵形式来构造目标函数 $J(\boldsymbol{P}')$ ：

$$\begin{aligned}J(\boldsymbol{P}')&=\|\boldsymbol{W}_{\mathrm{L}}\boldsymbol{L}\boldsymbol{P}'\|^2+\sum_i w_{\mathrm{H},i}^2\|\boldsymbol{p}'_i-\boldsymbol{p}_i\|^2\\&=\|\boldsymbol{W}_{\mathrm{L}}\boldsymbol{L}\boldsymbol{P}'\|^2+\sum_i\sum_j(w_{\mathrm{H},i}p'_{ij}-w_{\mathrm{H},i}p_{ij})^2\\&=\|\boldsymbol{W}_{\mathrm{L}}\boldsymbol{L}\boldsymbol{P}'\|^2+\|\boldsymbol{W}_{\mathrm{H}}\boldsymbol{P}'-\boldsymbol{W}_{\mathrm{H}}\boldsymbol{P}\|^2\\&=\mathrm{tr}((\boldsymbol{W}_{\mathrm{L}}\boldsymbol{L}\boldsymbol{P}')^{\mathrm{T}}\boldsymbol{W}_{\mathrm{L}}\boldsymbol{L}\boldsymbol{P}')+\mathrm{tr}((\boldsymbol{W}_{\mathrm{H}}\boldsymbol{P}'-\boldsymbol{W}_{\mathrm{H}}\boldsymbol{P})^{\mathrm{T}}(\boldsymbol{W}_{\mathrm{H}}\boldsymbol{P}'-\boldsymbol{W}_{\mathrm{H}}\boldsymbol{P}))\end{aligned} \tag{10.2-51}$$

根据矩阵求导原理 $\dfrac{\partial\mathrm{tr}(\boldsymbol{x}^{\mathrm{T}}\boldsymbol{A}\boldsymbol{x})}{\partial x}=\boldsymbol{A}\boldsymbol{x}+\boldsymbol{A}^{\mathrm{T}}\boldsymbol{x}$ ，$\dfrac{\partial\mathrm{tr}(\boldsymbol{x}^{\mathrm{T}}\boldsymbol{a})}{\partial\boldsymbol{x}}=\dfrac{\partial\mathrm{tr}(\boldsymbol{a}^{\mathrm{T}}\boldsymbol{x})}{\partial\boldsymbol{x}}=\boldsymbol{a}$ ；上式对 $\boldsymbol{P}'$ 求导并使其为 0 即有：

$$\begin{aligned}\frac{\partial J(\boldsymbol{P}')}{\partial\boldsymbol{P}'}&=\frac{\partial\left(\begin{matrix}\mathrm{tr}(\boldsymbol{P}'^{\mathrm{T}}(\boldsymbol{W}_{\mathrm{L}}\boldsymbol{L})^{\mathrm{T}}\boldsymbol{W}_{\mathrm{L}}\boldsymbol{L}\boldsymbol{P}')\\+\mathrm{tr}\begin{pmatrix}\boldsymbol{P}'^{\mathrm{T}}\boldsymbol{W}_{\mathrm{H}}^{\mathrm{T}}\boldsymbol{W}_{\mathrm{H}}\boldsymbol{P}'-\boldsymbol{P}^{\mathrm{T}}\boldsymbol{W}_{\mathrm{H}}^{\mathrm{T}}\boldsymbol{W}_{\mathrm{H}}\boldsymbol{P}'\\-\boldsymbol{P}'^{\mathrm{T}}\boldsymbol{W}_{\mathrm{H}}^{\mathrm{T}}\boldsymbol{W}_{\mathrm{H}}\boldsymbol{P}+\boldsymbol{P}^{\mathrm{T}}\boldsymbol{W}_{\mathrm{H}}^{\mathrm{T}}\boldsymbol{W}_{\mathrm{H}}\boldsymbol{P}\end{pmatrix}\end{matrix}\right)}{\partial P'}\\&=(\boldsymbol{W}_{\mathrm{L}}\boldsymbol{L})^{\mathrm{T}}\boldsymbol{W}_{\mathrm{L}}\boldsymbol{L}P'+((\boldsymbol{W}_{\mathrm{L}}\boldsymbol{L})^{\mathrm{T}}\boldsymbol{W}_{\mathrm{L}}\boldsymbol{L})^{\mathrm{T}}P'+\boldsymbol{W}_{\mathrm{H}}^{\mathrm{T}}\boldsymbol{W}_{\mathrm{H}}\boldsymbol{P}'\\&\quad+(\boldsymbol{W}_{\mathrm{H}}^{\mathrm{T}}\boldsymbol{W}_{\mathrm{H}})^{\mathrm{T}}\boldsymbol{P}'-(\boldsymbol{P}^{\mathrm{T}}\boldsymbol{W}_{\mathrm{H}}^{\mathrm{T}}\boldsymbol{W}_{\mathrm{H}})^{\mathrm{T}}-\boldsymbol{W}_{\mathrm{H}}^{\mathrm{T}}\boldsymbol{W}_{\mathrm{H}}\boldsymbol{P}\\&=2(\boldsymbol{W}_{\mathrm{L}}\boldsymbol{L})^{\mathrm{T}}\boldsymbol{W}_{\mathrm{L}}\boldsymbol{L}\boldsymbol{P}'+2\boldsymbol{W}_{\mathrm{H}}^{\mathrm{T}}\boldsymbol{W}_{\mathrm{H}}\boldsymbol{P}'-2\boldsymbol{W}_{\mathrm{H}}^{\mathrm{T}}\boldsymbol{W}_{\mathrm{H}}\boldsymbol{P}\\&=2((\boldsymbol{W}_{\mathrm{L}}\boldsymbol{L})^{\mathrm{T}}\cdot(\boldsymbol{W}_{\mathrm{L}}\boldsymbol{L})+\boldsymbol{W}_{\mathrm{H}}^{\mathrm{T}}\boldsymbol{W}_{\mathrm{H}})\boldsymbol{P}'-2\boldsymbol{W}_{\mathrm{H}}^{\mathrm{T}}\boldsymbol{W}_{\mathrm{H}}\boldsymbol{P}\\&=2((\boldsymbol{W}_{\mathrm{L}}\boldsymbol{L})^{\mathrm{T}}(\boldsymbol{W}_{\mathrm{H}})^{\mathrm{T}})\cdot\begin{pmatrix}\boldsymbol{W}_{\mathrm{L}}\boldsymbol{L}\\ \boldsymbol{W}_{\mathrm{H}}\end{pmatrix}\boldsymbol{P}'-2((\boldsymbol{W}_{\mathrm{L}}\boldsymbol{L})^{\mathrm{T}}(\boldsymbol{W}_{\mathrm{H}})^{\mathrm{T}})\cdot\begin{pmatrix}\boldsymbol{0}\\ \boldsymbol{W}_{\mathrm{H}}\boldsymbol{P}\end{pmatrix}\\&=2\begin{pmatrix}\boldsymbol{W}_{\mathrm{L}}\boldsymbol{L}\\ \boldsymbol{W}_{\mathrm{H}}\end{pmatrix}^{\mathrm{T}}\begin{pmatrix}\boldsymbol{W}_{\mathrm{L}}\boldsymbol{L}\\ \boldsymbol{W}_{\mathrm{H}}\end{pmatrix}P'-2\begin{pmatrix}\boldsymbol{W}_{\mathrm{L}}\boldsymbol{L}\\ \boldsymbol{W}_{\mathrm{H}}\end{pmatrix}^{\mathrm{T}}\cdot\begin{pmatrix}\boldsymbol{0}\\ \boldsymbol{W}_{\mathrm{H}}\boldsymbol{P}\end{pmatrix}\\&=0\end{aligned} \tag{10.2-52}$$

即可得：

$$\boldsymbol{P}'=\left(\begin{pmatrix}\boldsymbol{W}_{\mathrm{L}}\boldsymbol{L}\\ \boldsymbol{W}_{\mathrm{H}}\end{pmatrix}^{\mathrm{T}}\begin{pmatrix}\boldsymbol{W}_{\mathrm{L}}\boldsymbol{L}\\ \boldsymbol{W}_{\mathrm{H}}\end{pmatrix}\right)^{-1}\cdot\begin{pmatrix}\boldsymbol{W}_{\mathrm{L}}\boldsymbol{L}\\ \boldsymbol{W}_{\mathrm{H}}\end{pmatrix}^{\mathrm{T}}\cdot\begin{pmatrix}\boldsymbol{0}\\ \boldsymbol{W}_{\mathrm{H}}\boldsymbol{P}\end{pmatrix} \tag{10.2-53}$$

根据上述推导步骤，就可将求解收缩系统转化为求解能量函数的最小值，再使用最小二乘矩阵法求解这一最小值。因此，点云收缩的本质就是迭代求解收缩系统，即式（10.2-49）。在每次迭代中，通过更新控制收缩的矩阵$\boldsymbol{W}_{\mathrm{L}}$和控制点云原有位置的矩阵$\boldsymbol{W}_{\mathrm{H}}$来控制每次迭代的收缩力度和保持点云原有位置的力度，从而逐步逼近得到所需的点云中心骨架。$w_{\mathrm{L},i}$和$w_{\mathrm{H},i}$可根据所求问题自行设定迭代初始值，其中$w_{\mathrm{L},i}$一般设为1～2，$w_{\mathrm{H},i}$一般设为2～3。迭代过程中，$\boldsymbol{W}_{\mathrm{L}}$和$\boldsymbol{W}_{\mathrm{H}}$均通过下列公式进行更新：

$$\boldsymbol{W}_{\mathrm{L}}^{t+1}\leftarrow s_{\mathrm{L}}\boldsymbol{W}_{\mathrm{L}}^{t} \tag{10.2-54}$$

$$w_{\mathrm{H},i}^{t+1}\leftarrow w_{\mathrm{H},i}^{t}\times\sqrt{\frac{s_i^t}{s_i^0}} \tag{10.2-55}$$

上式中，s_{L}是收缩权重因子，根据所求问题自行设定，一般可设为2～3；s_i^t和s_i^0分别是点$\boldsymbol{p}_i$的当前单环邻域面积和初始单环邻域面积。

拉普拉斯算法的具体步骤如下：

（1）设定参数s_{L}，单环邻域面积变化阈值η_{limt}，初始化权重矩阵$\boldsymbol{W}_{\mathrm{H}}$和$\boldsymbol{W}_{\mathrm{L}}$；

（2）给定点云数据$\boldsymbol{D}=\{\boldsymbol{p}_1,\boldsymbol{p}_2,\cdots,\boldsymbol{p}_m\}$，按式（10.2-48）获得每个点的拉普拉斯矩阵元素值，计算点云数据的初始单环邻域面积S^0；

（3）通过式（10.2-53）得到收缩后的点云数据$\boldsymbol{P}'$；

（4）基于收缩后的点云数据$\boldsymbol{P}'$，按式（10.2-48）更新每个点的拉普拉斯矩阵元素值，计算点云数据的当前单环邻域面积S^t；

（5）按式（10.2-54）和（10.2-55）更新矩阵$\boldsymbol{W}_{\mathrm{H}}$和$\boldsymbol{W}_{\mathrm{L}}$；

（6）计算单环邻域面积的变化指标$\eta=(s^t-s^{t-1})/s^0$。若$\eta<\eta_{\mathrm{limt}}$，则重复步骤（3）～（5）；否则，则迭代停止。

根据上述原理对曲管点云数据进行检测，设置参数：$s_{\mathrm{L}}=3$；$\eta_{\mathrm{limt}}=0.01$；矩阵$\boldsymbol{W}_{\mathrm{H}}$和$\boldsymbol{W}_{\mathrm{L}}$的对角元素均取值为1，结果见图10.2-22；点云数据的缺失导致被检测出的中心轴线与真实的中心轴线存在一定的偏差，这是拉普拉斯骨架收缩算法的一个不足。

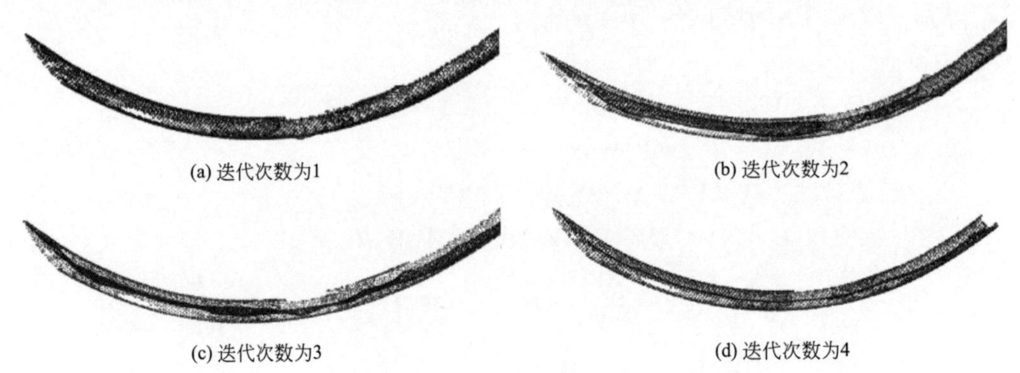

(a) 迭代次数为1　(b) 迭代次数为2　(c) 迭代次数为3　(d) 迭代次数为4

图 10.2-22　基于拉普拉斯算法的曲管中心轴线检测

（蓝色点为中线轴线点，红色点为曲管点云数据）

2. 滚球法

滚球法的基本思想是通过追踪球心实现中心轴线的检测[17]：假设有一个半径与管道半径相同的球，它在管道中进行滚动时，它的球心所留下的轨迹点集就构成了中心轴，见图 10.2-23。这些球心点集实际上可以使用随机采样一致性算法对管道点云数据某个位置处的点邻域进行球检测而得到，但为降低噪点和点云缺失等的不利影响，球心需要进一步精修。

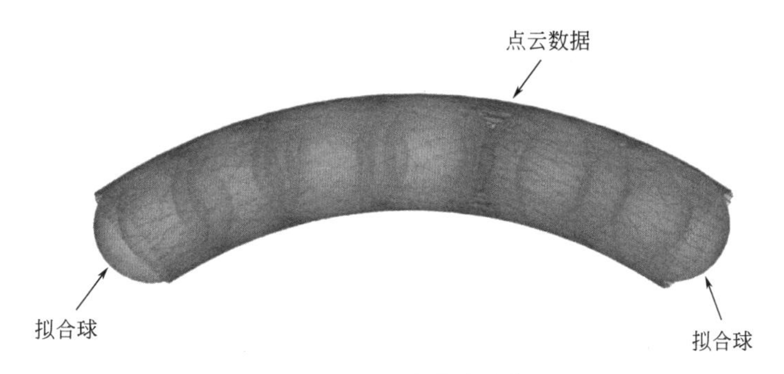

图 10.2-23　滚球法示意

滚球法检测中心轴线的具体步骤为：

(1) 给定点云数据 $\boldsymbol{D}=\{\boldsymbol{p}_1,\boldsymbol{p}_2,\cdots,\boldsymbol{p}_m\}$，按 k 最近邻算法（10.3.1 节）获得每个点的 k 最近邻点集 $\boldsymbol{N}_k(\boldsymbol{p})$。

(2) 按随机采样一致性算法（10.2.1 节）依次对 $\boldsymbol{N}_k(\boldsymbol{p})$ 进行球拟合，得到球心，初步得到球心点集 $\{\boldsymbol{s}\}$。获取球心点集中每个点的邻域点集 $\boldsymbol{N}_k(\boldsymbol{s})$，再依次对 $\boldsymbol{N}_k(\boldsymbol{s})$ 进行球检测并更新球心点集 $\{\boldsymbol{s}\}$，作为候选的中心轴线点。

(3) 按 k 最近邻算法获得每个候选中心轴点的邻域，再按照降维算法（PCA 算法）获取候选的中心轴线点的主方向。

(4) 对于每一个候选中心轴线点，从它的邻域点集中筛选出主方向与这个候选中心轴点主方向一致的点集 $\{\boldsymbol{sc}\}$，将 $\{\boldsymbol{sc}\}$ 的均值作为中心轴此位置处的新的中心轴线点。

根据上述算法流程对存在数据缺失的曲管点云数据进行检测，结果见图 10.2-24，可见检测出的中心轴线点离散性较高。这是因为点云数据的缺失会造成某些邻域点集数据的缺失，从而导致检测出的球心不准确。

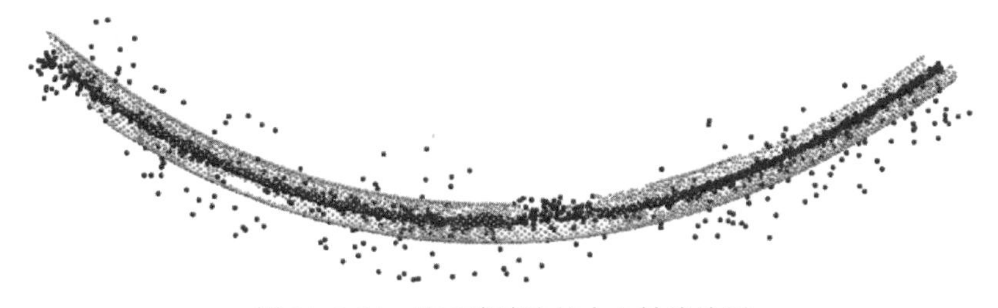

图 10.2-24　基于滚球法的中心轴线检测

（蓝色点为精修后的中心轴线点，红色点为中心轴线的离群点，黄色点为曲管点云数据）

3. 拉普拉斯-滚球混合检测算法

由于三维激光扫描很难得到复杂结构中所有杆件的完整点云数据，因此结构中很多圆管杆件点云经常面临数据不完整的问题；此时若采用拉普拉斯算法检测圆管中心轴线，则必然将产生较大偏差。对于点云数据不完整的圆管，滚球法检测出的中心轴线精度也不精确；且真实场景中的点云数据量大，滚球法所需时间成本过高。为此，本书提出拉普拉斯-滚球混合检测算法，其基本思想为：采用拉普拉斯算法快速地检测出粗略中心轴线，垂直于粗略中心轴线进行切片以获得比较完整的曲管截面点云数据，再采用滚球法对完整的曲管截面点云数据进行一次中心轴线精确检测。采用较为完整的截面点云数据，比采用曲管表面上某一处邻域点云数据能检测到更精确的球，这样通过提高球心估计的准确率可以间接提高中心轴检测的精确度。混合检测算法集成了拉普拉斯算法和滚球法的优点：(1) 拉普拉斯算法将曲管数据整体作为输入，可以较快得到曲管的中心骨架，即粗略的中心轴；(2) 只对粗略的中心轴线进行包含一次球检测的滚球处理，避免了对全部的曲管点云数据进行包含两次球检测的滚球处理，从而有效节省计算量；(3) 用于球检测的点云数据比曲管表面上邻域点云数据更加完整，这就克服了噪点和数据缺失的不利影响。混合检测算法的具体步骤如下：

(1) 给定点云数据 $\boldsymbol{D}=\{\boldsymbol{p}_1,\boldsymbol{p}_2,\cdots,\boldsymbol{p}_m\}$，采用拉普拉斯算法对 $\boldsymbol{D}$ 进行处理，获得粗略的中心轴线点集合；

(2) 按 PCA 算法确定每一个粗略中心轴线点的主方向；

(3) 对于每一个粗略的中心轴线点，垂直其主方向对点云数据进行切片，再用切片点云数据代替滚球法中的 $\boldsymbol{N}_k(\boldsymbol{p})$；

(4) 采用滚球法对切片点云数据进行处理，从而完成中心轴线的精确检测。

根据上述原理对曲管点云数据进行检测，结果见图 10.2-25，可见混合检测算法能较为精确地检出中心轴线。图 10.2-26 和图 10.2-27 给出了混合法与滚球法的对比情况，从图可以看出，混合法检测的中心轴线点更集中、噪点更少。本例曲管点云数据的点数量为 1157；混合法所需时间为 165.47s，滚球法所需时间为 208s，这也充分验证了混合检测算法的高效。

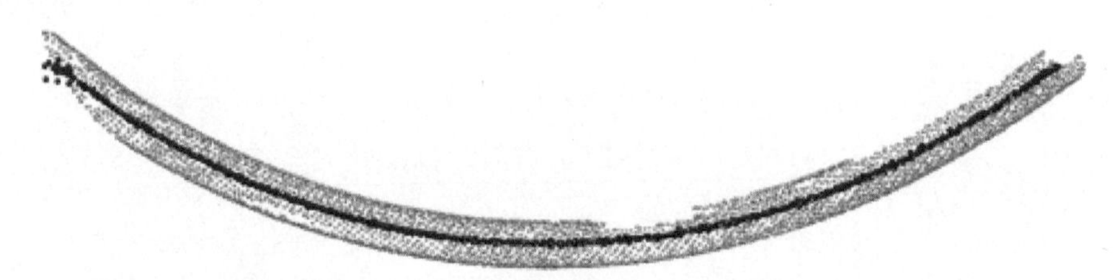

图 10.2-25　基于混合的中心轴线检测

（蓝色点为精修后的中心轴线点，红色点为中心轴线的离群点，黄色点为曲管点云数据）

10.2.6　多球并行检测算法

实际工程应用中，球标靶是最常用的配准基准点，基于多个球标靶的球心可以进一步完成各站点云数据的配准，且球标靶的球心准确度对点云数据配准的准确度影响很大。另外，大型复杂钢结构常采用网架或网壳结构，其中的焊接或螺栓球检测对于结构整体检测具有重要的作用。为了实现点云数据的智能化精确配准，需要从各站点云数据中自动且快速精准地检测出各个球。目前一般采用基于曲率的球检测算法进行检测：基于计算所得的

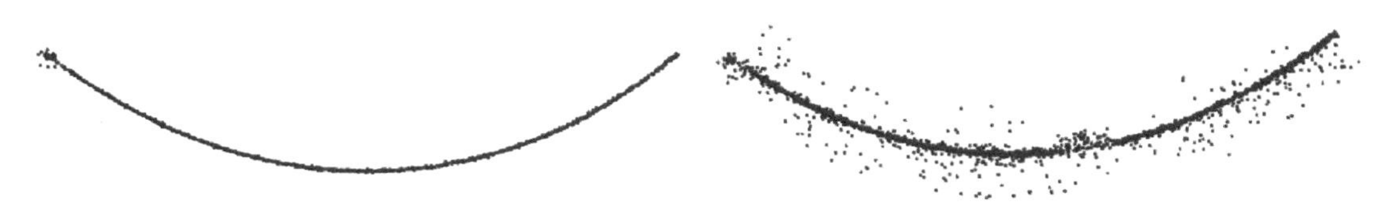

图 10.2-26　混合法和滚球法的对比

（蓝色点为精修后的中心轴线点，红色点为中心轴线的离群点）

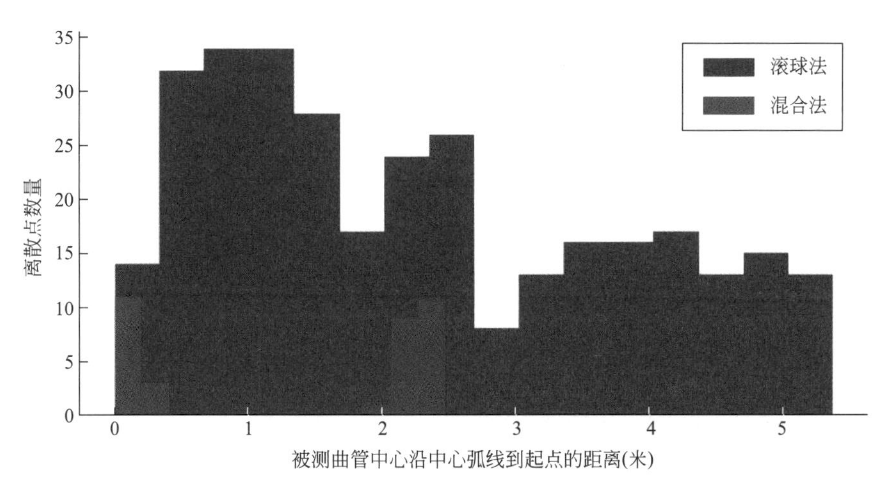

图 10.2-27　离群点的对比

点云数据表面的每一处曲率，可以根据球体的曲率特征来判断某个点是否为球体上的点，从而完成基于曲率的球体检测。但这种算法对噪点敏感，准确率较低，因为此算法检测球体依赖于点云数据表面曲率的计算，而大型复杂结构，例如网架和网壳结构等，其构件之间存在较多遮挡，因此扫描点云数据常常存在缺失，导致计算的点云数据表面曲率不准确，从而影响检测出球体的精确度。为此，本书提出了基于超大体素化、随机采样一致算法和密度聚类算法的多球并行检测算法，其基本思想是分而治之：(1) 对点云数据进行超大体素化处理；(2) 采用随机采样一致性算法对每个超大体素内的点云数据进行球检测；为了筛选出可靠的球点云数据，采用双阈值检测：半径阈值和点云数据数量阈值；(3) 最后，采用密度聚类算法对球心进行聚类，从而完成同一球心的合并。多球并行检测算法的具体步骤如下：

(1) 设定体素化参数 d_t、半径阈值（$r_{\min}$，$r_{\max}$）、点云数据数量阈值 $N_{\min}$、密度聚类算法参数对（ε，$MinPt$）、随机采样一致性算法参数 γ 和 s；

(2) 给定点云数据 $\boldsymbol{D}=\{\boldsymbol{p}_1,\boldsymbol{p}_2,\cdots,\boldsymbol{p}_m\}$，利用体素化采样算法（10.1.1 节）对 $\boldsymbol{D}$ 进行处理，得到体素化后的点云数据 $\boldsymbol{D}_t=\{\boldsymbol{D}_1,\boldsymbol{D}_2,\cdots,\boldsymbol{D}_n\}$，$\boldsymbol{D}_i$ 表示第 i 个超大体素内的点云数据；

(3) 按随机一致性采样算法（10.2.1 节）依次对 $\boldsymbol{D}_{\mathrm{t}}$ 中每个元素进行球检测，得到球点云数据的集合 $\{\boldsymbol{s}\}$；

(4) 按密度聚类算法（DBSCAN，6.3 节）对 $\{\boldsymbol{s}\}$ 进行聚类，从而完成多球的检测。

根据上述算法流程对某网架点云数据进行球检测，设置参数：$d_t=500\text{mm}$；$r_{\min}=450\text{mm}$；$r_{\max}=500\text{mm}$；$N_{\min}=60$；$(\varepsilon, MinPt)=(10\text{mm}, 1)$；检测结果见图 10.2-28，可见球点云数据均被正确地检测出。图 10.2-29 为基于曲率检测球点云数据的结果，由图中可以看出，基于曲率的球点云数据检测算法对噪点敏感，检测出的球数据含有大量的错误点。

图 10.2-28 基于超大体素化、随机采样一致算法和密度聚类算法的球点云数据检测
（蓝色点为点云数据，红色点为被检测出的球点云数据）

图 10.2-29 基于曲率的球点云数据检测
（蓝色点为点云数据，红色点为被检测出的球点云数据）

10.2.7 平面标靶检测算法

采用三维激光扫描仪进行多站扫描时，一般需要通过标靶作为标志点进行多站点云数据的配准与合并。采用的标靶可为球标靶或平面标靶，纸标靶就是一类常用的平面标靶，见图 10.2-30。通过估计纸标靶中黑与白两种图案的相交中心，并以此作为参考点，可实现对不同组扫描点云数据的配准。相对于球标靶，纸标靶携带便捷、成本低廉，被大量应用于工业场景中。纸标靶的智能检测可采用面向图像的目标检测神经网络。点云数据可映射成图像，但映射出的图像常存在质量不高及斑点多等问题，不利于纸标靶检测。三维激光扫描仪能够得到全景图像，且全景图像具有清晰、噪点少等优点，可以用于纸标靶的检测。综合考虑上述因素，本书提出了基于目标检测神经网络和全景图像的纸标靶智能检测算法，包括全景图像与点云数据配准、纸标靶点云数据提取和纸标靶中心估计三个步骤。

1. 全景图像与点云数据配准

对目标场景进行扫描时，为保证点云数据的完整性，三维激光扫描仪在水平面内的旋

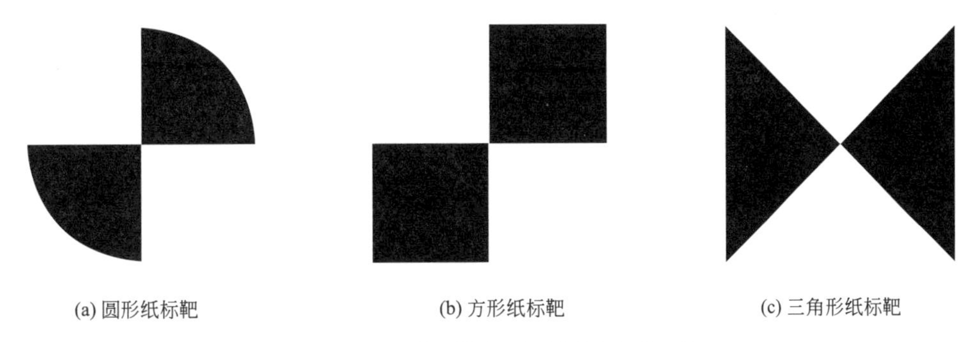

(a) 圆形纸标靶　　(b) 方形纸标靶　　(c) 三角形纸标靶

图 10.2-30　纸标靶上三种常用的标靶图案

转角度会大于 360°；因此，所采集的场景点云数据与相应的全景图像在扫描的起始位置与终止位置之间必然会存在重叠区域。如图 10.2-31 所示，黄色方框中的红色线框是全景图像中的部分重叠区域，图中点云数据的红色线框为对应的重叠点云数据。

图 10.2-31　三维激光扫描仪获得的全景图像

由于三维激光扫描仪在水平面内的实际旋转角度难以确定（大于 360°），而点云数据在水平面内仅能按照 360°进行划分，因此当点云数据按照全景图像的宽度对 360°进行划分时，划分的空间网格中必然有许多网格不含数据点；此时根据空间网格获得的点云映射图像将会被拉伸，映射图像与全景图像无法完全对应。因此，若直接基于原始全景图像进行纸标靶检测，则无法在点云数据中提取到准确的纸标靶点云数据。

为克服全景图像重叠区域这一不利影响，在进行全景图像与点云数据配准前需要对全景图像进行校正。全景图像的像素点可以用 $m \times n \times 3$ 的空间矩阵 $\boldsymbol{I}$ 进行表示，m 为全景图像的高度，n 为全景图像的宽度，3 代表像素点具有三通道值，即 RGB 值。采用模板匹配方法确定全景图像中重叠区域的起始列 ss：

$$ss = \underset{q}{\operatorname{argmin}} \left\| \frac{1}{255}(A - S^q) \right\|^2 \tag{10.2-56}$$

$$A_{ij} = I_{ij} \tag{10.2-57}$$

$$S_{ij}^q = I_{pj} \tag{10.2-58}$$

$$p = q + i \tag{10.2-59}$$

$$i = \{1, \cdots, k\} \tag{10.2-60}$$

$$j = \{1, \cdots, m\} \tag{10.2-61}$$

$$q = \{k, \cdots, n-k\} \tag{10.2-62}$$

上式中，A 为 $m \times k \times 3$ 的空间矩阵，表示一个用于检测重叠区域的模板图，m 和 k 分别为模板图的高度和宽度，式中的范数可取任意一种矩阵范数计算方法。因为全景图像的重叠区域处于图像的起始端与终止端，所以可直接采用全景图像的起始端部分作为模板图。S^q 表示与 A 的尺寸相同的空间矩阵，是模板图 A 在全景图像宽度范围内滑动遍历时，被 A 所覆盖的图像，其中 q 是模板图的第一列进行滑动遍历时在全景图像中所处的列的索引。如图 10.2-32 所示，当 $m=5$，$k=2$ 时，红色虚线框的范围即为模板图 A，q 的取值可为 2～8。将 A 从蓝色线框处逐列移动至黄色线框的过程中，可利用公式 $\left\| \frac{1}{255}(A - S^q) \right\|^2$ 计算 A 与 S^q 的均方误差（MSE）。均方误差的最小值所对应的 q，即为重叠区域的起始列 ss。根据计算的均方误差可知，图 10.2-32 中的 ss 为 8。需要说明的是，因为 RGB 值的取值范围为 0～255，因此计算均方误差可以除以 255 来标准化误差值。图 10.2-33 给出了真实场景的校正全景图像。

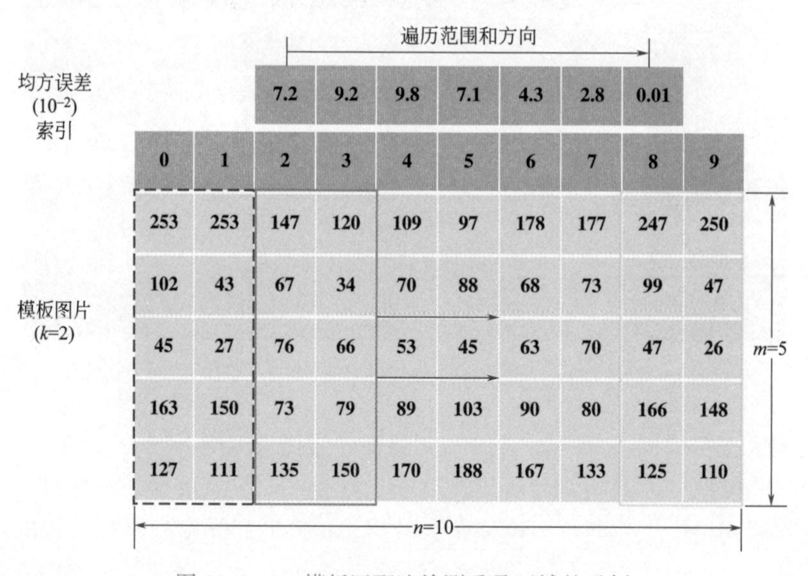

图 10.2-32　模板匹配法检测重叠区域的示例

校正后的全景图像等价于将一张球面图像沿着水平面进行 360°展开的图像，因此只需要将点云数据在球坐标系下按照全景图像的行数与列数进行空间划分，即可建立各数据点与全景图像中各像素的对应关系。

图 10.2-33　校正后的全景图像

将三维激光扫描仪获得的点云数据从笛卡尔坐标转换为球坐标系，转换公式为：

$$r=\sqrt{x^2+y^2+z^2} \tag{10.2-63}$$

$$\theta=\arccos\frac{z}{\sqrt{x^2+y^2+z^2}} \tag{10.2-64}$$

$$\varphi=\arctan(y,x) \tag{10.2-65}$$

$$\arctan(y,x)=\begin{cases}\arctan(y/x) & (x>0)\\ \arctan(y/x)+\pi & (x<0,y\geqslant 0)\\ \arctan(y/x)-\pi & (x<0,y<0)\\ \pi/2 & (x=0,y>0)\\ -\pi/2 & (x=0,y<0)\\ 0 & (x=0,y=0)\end{cases} \tag{10.2-66}$$

上式中，(x, y, z) 表示点云数据的笛卡尔坐标；(r, θ, φ) 表示点云数据的球坐标。假设校正后全景图像的行数与列数分别为 m 与$n*$，如图 10.2-34 所示，对球坐标的 (θ, φ) 按照 m 与$n*$进行网格化，每个网格的 RGB 取网格内点云数据 RGB 的均值。将这张球面图像沿着水平面进行 360°展开，就形成了点云数据的映射图像。图 10.2-35 给出了点云数据的映射图像和全景图像的对比，从图中可以看出，两张图像高度相似，且两张图像的起始和终止位置相差很小。此时，全景图像中任意行列表示的像素，均可在球坐标系的网格空间中找到对应的数据点。至此，全景图像与点云数据完成了配准，即建立了全景图像的像素点与点云数据的对应关系。

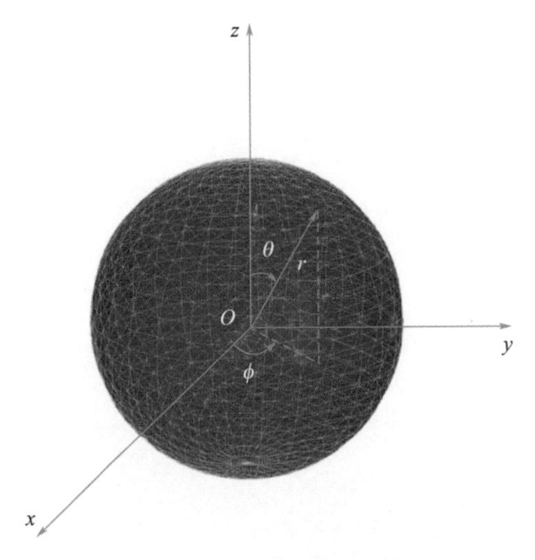

图 10.2-34　球坐标系网格化

(a) 全景图像

(b) 点云数据的映射图像

图 10.2-35　全景图像与点云数据的配准

2. 纸标靶点云数据提取

纸标靶点云数据提取的基本思路是：采用神经网络（本书采用 YOLO 神经网络）对全景图像进行处理，完成纸标靶的智能检测；基于全景图像与点云数据的对应关系，提取纸标靶点云数据。

纸标靶点云数据提取的精确性依赖于神经网络检测纸标靶的精度；三种需要检测的纸标靶见图 10.2-30。为提高神经网络的鲁棒性，纸标靶的数据集包含多角度照片、灰度照片和球面展开照片，数据集参见图 10.2-36。图 10.2-37 为真实场景的纸标靶检测，从图可以看出，纸标靶均被正确地检测出，验证了神经网络的有效性；这是一个纸标靶位置的粗提取过程。

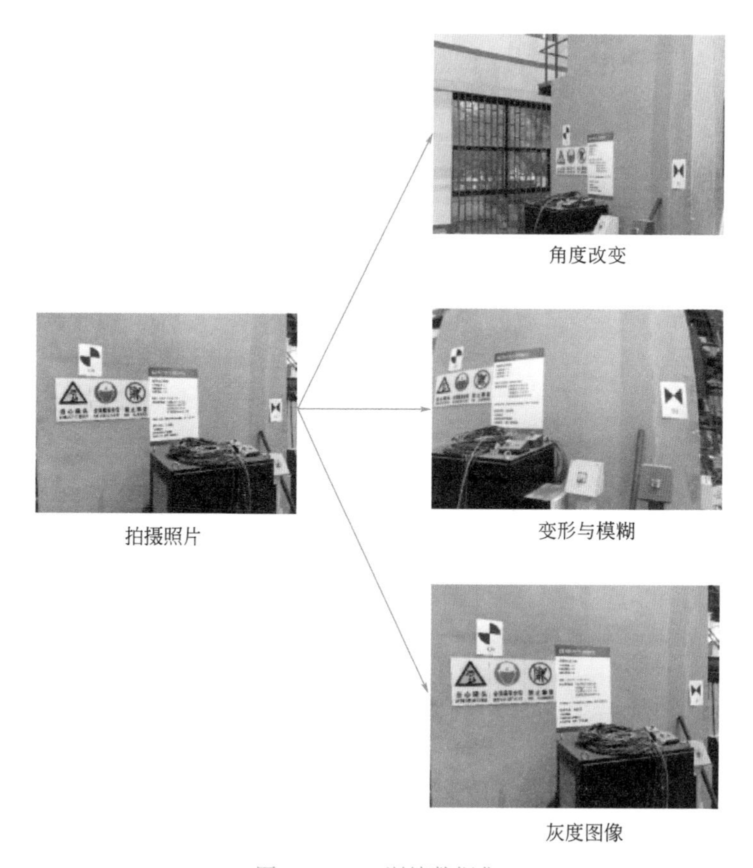

图 10.2-36　训练数据集

3. 纸标靶中心估计

图 10.2-38（a）为提取的纸标靶点云数据。为了估计纸标靶中心，需要将纸标靶点云数据进行图像化，所得的二值化图像称为目标图（图 10.2-38（b））。同样地，采用前述模板匹配方法（式 10.2-56）对标靶中心进行估计，模板图见图 10.2-30。为提高纸标靶中心估计的鲁棒性和精准性，需要对目标图进行边窗滤波（10.1.2 节）和二值化处理。图 10.2-38（e）给出了模板匹配的结果，可见模板图与目标图成功匹配。提取模板图中心像素对应的纸标靶点云数据（图 10.2-38（f）的蓝色部分），蓝色部分点云数据的中心点被确定为纸标靶的中心点（图 10.2-38（f）的红色部分）。

(a) 彩色全景图像中的纸标靶检测

(b) 灰度全景图像中的纸标靶检测

图 10.2-37　真实场景的纸标靶检测

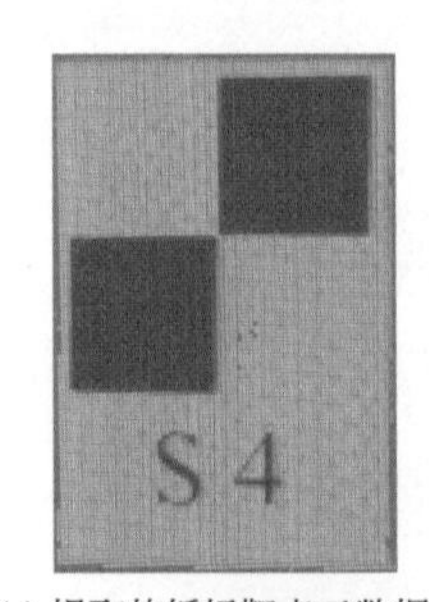

(a) 提取的纸标靶点云数据

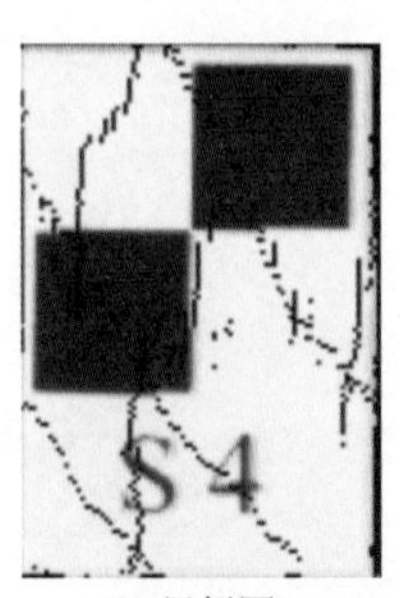

(b) 目标图

(c) 边窗滤波后的目标图

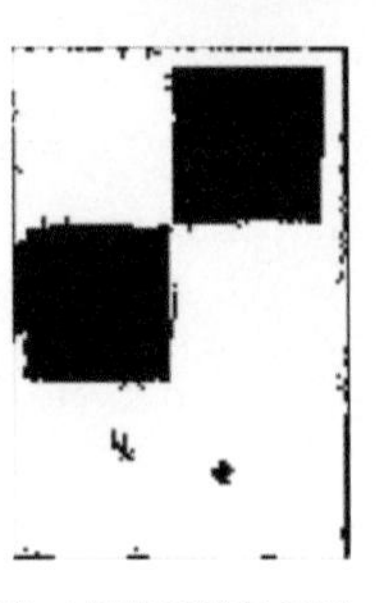

(d) 二值化后的目标图

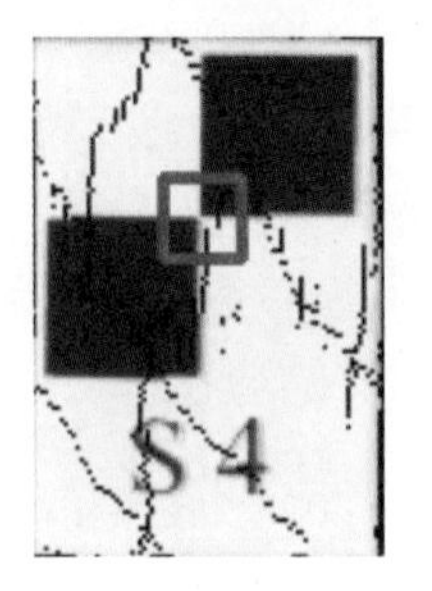

(e) 模板匹配

(f) 中心点

图 10.2-38　纸标靶中心估计

10.3　点云数据分割算法

三维激光扫描仪获取的点云数据往往包括场景内所有对象的点云数据，需要通过分割算法对目标点云数据进行提取。此外，目标点云数据可能由不同簇点云数据组成，需要进一步对目标点云数据进行分割。无监督学习算法（均值聚类、密度聚类、层次聚类和谱聚类）均可用于点云数据的分割。

10.3.1　带距离约束的最近邻算法

在点云数据处理中，k 最近邻（kNN，k-Nearest Neighbor）算法常用于提取关键点的邻域点。算法的目标是搜索距离关键点最近的 k 个点作为关键点的邻域点；然而由于点云数据的无序性，直接搜索邻域点的计算量太大，一般需要先对点云数据进行结构化，以提高邻域点搜索的速度。

参数 k 的取值与点云密度相关，经常取值困难，因此常采用带距离约束的 kNN 算法，即不仅要求邻域内的点数量不多于 k 个，同时要求邻域点的距离在距离阈值内。

带距离约束的 kNN 算法的具体步骤如下[18]：

（1）设定参数 k 或距离阈值 ε；

（2）给定点云数据 $\boldsymbol{D}=\{\boldsymbol{p}_1,\boldsymbol{p}_2,\cdots,\boldsymbol{p}_m\}$，按 kd 树或八叉树的算法对 $\boldsymbol{D}$ 进行结构化；

（3）对于 $\boldsymbol{p}_j\in\boldsymbol{D}$，遵循数据的结构依次搜寻其 k 个最近邻点；但如果这 k 个最近邻点中，有的点与 $\boldsymbol{p}_j$ 的距离大于距离阈值 ε，则这些点不能作为 $\boldsymbol{p}_j$ 的最近邻点，也就是这种情况下 $\boldsymbol{p}_j$ 的最近邻点少于 k 个。

图 10.3-1 给出了一个拱桥钢拱肋的侧面点云数据和粗略角点，需要采用 kNN 算法提取粗略角点的邻域点，以便进一步得到钢拱肋的精准角点。根据上述算法流程对钢拱肋的侧面点云数据进行处理，设置参数 $\varepsilon=200\text{mm}$；搜索见图 10.3-2，可见 kNN 算法可完成粗略角点邻域点云数据的提取。

图 10.3-1　钢拱肋的侧面点云数据和粗略角点

10.3.2　区域增长算法

区域增长算法是图像分割领域的经典算法，同样可以应用于三维点云数据的分割，其基本思想为：依据特定规则选取一个点作为种子点，从种子点出发，按一定准则将与种子

图 10.3-2 基于 kNN 算法的点云数据分割

点具有相似特征的相邻点归类为同一区域，实现区域的不断增长，直至达到停止条件[19]。

区域增长算法中包含曲率阈值 β_{th} 和平滑阈值 θ_{th} 两个参数，算法的具体步骤如下：

（1）设定曲率阈值 β_{th}、平滑阈值 θ_{th}；

（2）给定点云数据 $\boldsymbol{D}=\{\boldsymbol{p}_1, \boldsymbol{p}_2, \cdots, \boldsymbol{p}_m\}$，计算每一个点的法向量 $\boldsymbol{n}$ 和曲率 β，选取最小曲率所对应的点作为种子点；

（3）按 kNN 算法获取种子点的邻域点云数据，计算每一个邻域点的法向量与种子点法向量的夹角 θ；若 $\theta<\theta_{th}$，认为该邻域点满足平滑约束，则将当前点加入当前区域；

（4）计算每一个邻域点的曲率 β，若 $\beta<\beta_{th}$，则将当前点加入种子点集，并删除当前种子点；

（5）基于更新后的种子点集，重复步骤（3）和（4），直至所有点均被分割。

点云数据中每个点的法向量与曲率计算，需要通过每个点的邻域点形成拟合曲面，将该曲面的法向量及曲率作为这个点的法向量及曲率；实际操作中，通常采用 PCA 算法获取拟合曲面的法向量及曲率。

图 10.3-3 为弯扭型钢拱肋的点云数据，需要提取出拱肋底面的点云数据以便开展钢拱肋提升变形的智能数字化检测。根据上述算法流程对弯扭型钢拱肋的点云数据进行分割，设置参数 $\beta_{th}=0.05$ 且 $\theta_{th}=10°$；分割结果见图 10.3-4，其中最大的簇点云数据即为钢拱肋底面的点云数据。

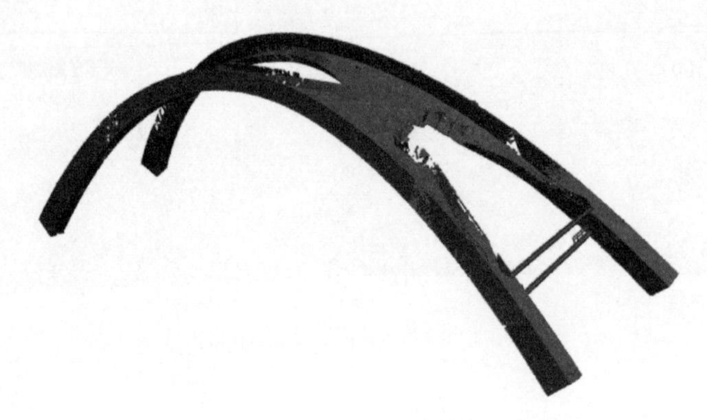

图 10.3-3 弯扭型钢拱肋的点云数据

图 10.3-4　基于区域增长算法的点云数据分割（蓝色点为钢拱肋底面的点云数据）

10.3.3　凸包点云分割算法

为得到目标物体的完整点云数据，需要将三维激光扫描仪环绕着目标物体进行扫描，目标点云数据必然在扫描站点的凸包内。凸包就是能包含目标物的最小凸多边形。可采用基于凸包的方法对点云数据进行分割，简称：凸包点云分割算法。凸包点云分割方法包括两个步骤：（1）确定扫描站点集的凸包；（2）判断点是否在凸包内。

1. 凸包的确定

给定扫描站点集 $\boldsymbol{P}=\{\boldsymbol{e}_1,\boldsymbol{e}_2,\cdots,\boldsymbol{e}_n\}$，投影到水平面后的 $\boldsymbol{P}$ 见图 10.3-5（a）。确定凸包的步骤如下：

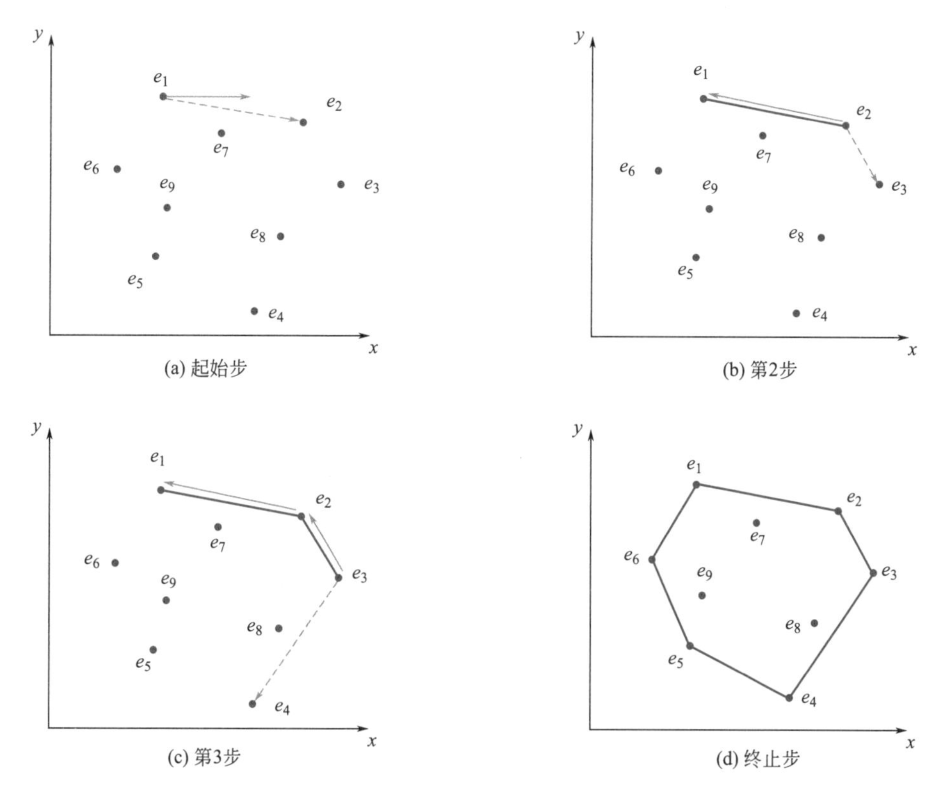

图 10.3-5　扫描站点的凸包

（1）选取 y 坐标最大的扫描站点 e_1，顺时针旋转以点 e_1 作为起点的水平正方向射线（蓝色实线），最小旋转角射线（蓝色虚线）对应的扫描站点 e_2 即为下一个射线起点。

（2）顺时针旋转以点 e_2 作为起点的射线 e_2e_1，最小旋转角射线对应的扫描站点 e_3 即为下一个射线起点。

（3）重复步骤（2）的类似操作，直至回到起始点 e_1。

图 10.3-5 给出了确定扫描站点集凸包的示例，图中红线围成的区域即为凸包。

2. 点的位置判断

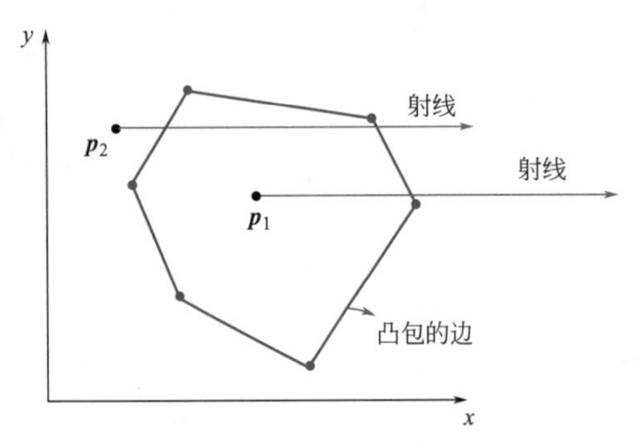

图 10.3-6　点的位置判断

采用 PNPoly 算法确定某一点是否在扫描站点的凸包内，具体步骤为：

（1）对于任意点 $\boldsymbol{p}$，确定任意一条以 $\boldsymbol{p}$ 为起点的射线 l；

（2）判断射线 l 与凸包的各边是否相交；

（3）统计与射线 l 相交的边数量 m；

（4）若 m 为奇数，则 $\boldsymbol{p}$ 为内部点；否则 $\boldsymbol{p}$ 为非内部点。

判断某点是否在凸包内的实例见图 10.3-6，图中 $\boldsymbol{p}_1$ 为内部点而 $\boldsymbol{p}_2$ 为非内部点。

凸包点云分割算法的步骤为：

（1）给定点云数据 $\boldsymbol{D}=\{\boldsymbol{p}_1,\boldsymbol{p}_2,\cdots,\boldsymbol{p}_m\}$ 和扫描站点集 $\boldsymbol{P}=\{e_1,e_2,\cdots,e_n\}$；

（2）将点云数据 $\boldsymbol{D}$ 和扫描站点集 $\boldsymbol{P}$ 投影到水平面；

（3）确定扫描站点集 $\boldsymbol{P}$ 的凸包；

（4）遍历 $\boldsymbol{D}$，采用 PNPoly 算法判断点 $\boldsymbol{p}$ 是否在凸包内；若 $\boldsymbol{p}$ 是内部点则添加到集合 $\boldsymbol{T}$ 中；

（5）输出集合 $\boldsymbol{T}$。

图 10.3-7 为一组完整的扫描点云数据，白色圆形为各扫描站点。根据算法流程对此组点云数据进行分割，结果见图 10.3-8，可见凸包点云分割算法能粗略地提取出目标点云数据。

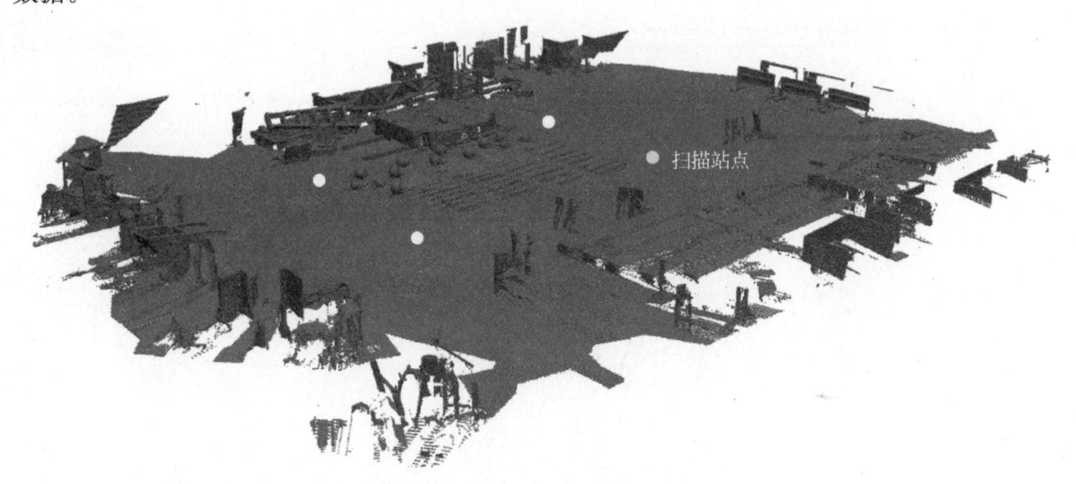

图 10.3-7　配准后的扫描点云数据

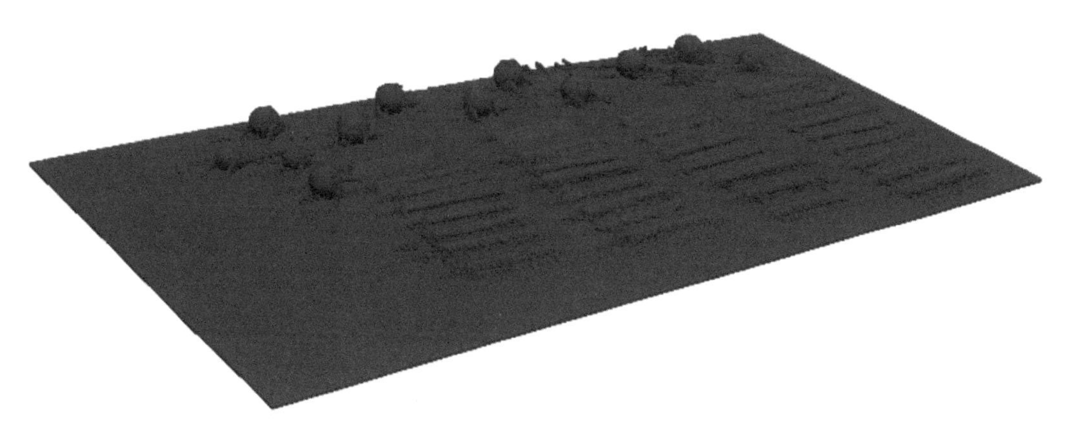

图 10.3-8　基于凸包的点云数据分割

10.4　点云数据配准算法

为得到扫描目标完整的点云数据，通常需要三维激光扫描仪从不同方位对目标进行扫描，但在不同位置得到的点云数据，其坐标原点均为扫描时的扫描仪位置。可见，从各方位获取的点云数据位于不同的坐标系，需要通过配准算法将其统一到同一坐标系中。点云数据配准就是将不同坐标系中的数据点通过坐标变换的方式统一到同一坐标系中；变换过程中，通常将保持不动的点云数据称为目标点云数据，需要进行变换的数据称为源点云数据。点云配准实际上是寻找目标点云数据与源点云数据之间的刚性变换矩阵（旋转矩阵 $\boldsymbol{R}$ 和平移矩阵 $\boldsymbol{T}$），以实现二者之间的最优匹配。

10.4.1　普氏分析算法

普氏分析算法是在配准方法中经常采用的基础算法。给定目标点云数据 $\boldsymbol{D}_{\mathrm{T}}$ 中的某子集 $\boldsymbol{Q}=\{\boldsymbol{q}_1,\boldsymbol{q}_2,\cdots,\boldsymbol{q}_m\}$ 和源点云数据 $\boldsymbol{D}_{\mathrm{S}}$ 中的某子集 $\boldsymbol{P}=\{\boldsymbol{p}_1,\boldsymbol{p}_2,\cdots,\boldsymbol{p}_m\}$，$\boldsymbol{Q}$ 与 $\boldsymbol{P}$ 的元素数量应相同，且 $\boldsymbol{Q}$ 与 $\boldsymbol{P}$ 的元素按序号一一对应（$\boldsymbol{Q}$ 与 $\boldsymbol{P}$ 的确定方法见本节后续内容）。普氏分析算法[20] 的目标使均方误差 s 达到最小：

$$s=\underset{\boldsymbol{R},\boldsymbol{T}}{\operatorname{argmin}}\sum_{i=1}^{m}\|\boldsymbol{R}\boldsymbol{p}_i+\boldsymbol{T}-\boldsymbol{q}_i\|^2 \tag{10.4-1}$$

上式中，$\boldsymbol{q}_i$ 是 $\boldsymbol{Q}$ 的第 i 个元素，$\boldsymbol{p}_i$ 是 $\boldsymbol{P}$ 中与 $\boldsymbol{q}_i$ 对应的元素，$\boldsymbol{Q}$ 与 $\boldsymbol{P}$ 的元素数量均为 m，$\boldsymbol{R}$ 和 $\boldsymbol{T}$ 分别为旋转和平移矩阵（$\boldsymbol{T}$ 实际为向量）。上式目的是求得 $\boldsymbol{R}$ 和 $\boldsymbol{T}$，使得经过变换的源点云数据与目标点云数据最接近；$\boldsymbol{R}$ 和 $\boldsymbol{T}$ 的具体求解过程如下所述。

1. 计算平移矩阵 $\boldsymbol{T}$

要优化的误差函数为：

$$F(\boldsymbol{R},\boldsymbol{T})=\sum_{i=1}^{m}\|\boldsymbol{R}\boldsymbol{p}_i+\boldsymbol{T}-\boldsymbol{q}_i\|^2 \tag{a}$$

上式中 $\boldsymbol{p}_i$ 与 $\boldsymbol{q}_i$ 均为 3 维空间中的数据点，即 3 维列向量。将 F 对 $\boldsymbol{T}$ 求偏导有

$$\frac{\partial F}{\partial \boldsymbol{T}}=\frac{\partial \sum_{i=1}^{m}\|\boldsymbol{R}\boldsymbol{p}_i+\boldsymbol{T}-\boldsymbol{q}_i\|^2}{\partial \boldsymbol{T}}=\sum_{i=1}^{m}\frac{\partial(\|\boldsymbol{R}\boldsymbol{p}_i+\boldsymbol{T}-\boldsymbol{q}_i\|^2)}{\partial \boldsymbol{T}}=\sum_{i=1}^{m}\frac{\partial((\boldsymbol{R}\boldsymbol{p}_i+\boldsymbol{T}-\boldsymbol{q}_i)^{\mathrm{T}}(\boldsymbol{R}\boldsymbol{p}_i+\boldsymbol{T}-\boldsymbol{q}_i))}{\partial \boldsymbol{T}}$$

$$=\sum_{i=1}^{m}2(\boldsymbol{R}\boldsymbol{p}_i+\boldsymbol{T}-\boldsymbol{q}_i)=2\boldsymbol{R}\left(\sum_{i=1}^{m}\boldsymbol{p}_i\right)+2m\boldsymbol{T}-2\left(\sum_{i=1}^{m}\boldsymbol{q}_i\right)$$

令上式等于 0，且令 $\overline{\boldsymbol{q}}=\frac{1}{m}\sum_{i=1}^{m}\boldsymbol{q}_i$ ，$\overline{\boldsymbol{p}}=\frac{1}{m}\sum_{i=1}^{m}\boldsymbol{p}_i$ ，得：

$$\boldsymbol{T}=\frac{\sum_{i=1}^{m}\boldsymbol{q}_i-\boldsymbol{R}\sum_{i=1}^{m}\boldsymbol{p}_i}{m}=\frac{1}{m}\sum_{i=1}^{m}\boldsymbol{q}_i-\boldsymbol{R}\cdot\frac{1}{m}\sum_{i=1}^{m}\boldsymbol{p}_i=\overline{\boldsymbol{q}}-\boldsymbol{R}\cdot\overline{\boldsymbol{p}} \tag{b}$$

2. 计算旋转矩阵 $\boldsymbol{R}$

将式（b）代入式（10.4-1）可得：

$$\sum_{i=1}^{m}\|\boldsymbol{R}\boldsymbol{p}_i+\boldsymbol{T}-\boldsymbol{q}_i\|^2=\sum_{i=1}^{m}\|\boldsymbol{R}\boldsymbol{p}_i+\overline{\boldsymbol{q}}-\boldsymbol{R}\cdot\overline{\boldsymbol{p}}-\boldsymbol{q}_i\|^2=\sum_{i=1}^{m}\|\boldsymbol{R}(\boldsymbol{p}_i-\overline{\boldsymbol{p}})-(\boldsymbol{q}_i-\overline{\boldsymbol{q}})\|^2$$

令 $\boldsymbol{x}_i=\boldsymbol{p}_i-\overline{\boldsymbol{p}}$ ，$\boldsymbol{y}_i=\boldsymbol{q}_i-\overline{\boldsymbol{q}}$ ，则式（10.4-1）转变为：

$$\boldsymbol{R}=\underset{\boldsymbol{R}}{\operatorname{argmin}}\sum_{i=1}^{m}\|\boldsymbol{R}\boldsymbol{x}_i-\boldsymbol{y}_i\|^2 \tag{c}$$

由于 $\boldsymbol{R}^{\mathrm{T}}\boldsymbol{R}=\boldsymbol{I}$ ，则对单个数据点有：

$$\begin{aligned}\|\boldsymbol{R}\boldsymbol{x}_i-\boldsymbol{y}_i\|^2&=(\boldsymbol{R}\boldsymbol{x}_i-\boldsymbol{y}_i)^{\mathrm{T}}(\boldsymbol{R}\boldsymbol{x}_i-\boldsymbol{y}_i)=(\boldsymbol{x}_i^{\mathrm{T}}\boldsymbol{R}^{\mathrm{T}}-\boldsymbol{y}_i^{\mathrm{T}})(\boldsymbol{R}\boldsymbol{x}_i-\boldsymbol{y}_i)\\&=\boldsymbol{x}_i^{\mathrm{T}}\boldsymbol{R}^{\mathrm{T}}\boldsymbol{R}\boldsymbol{x}_i-\boldsymbol{x}_i^{\mathrm{T}}\boldsymbol{R}^{\mathrm{T}}\boldsymbol{y}_i-\boldsymbol{y}_i^{\mathrm{T}}\boldsymbol{R}\boldsymbol{x}_i+\boldsymbol{y}_i^{\mathrm{T}}\boldsymbol{y}_i\\&=\boldsymbol{x}_i^{\mathrm{T}}\boldsymbol{x}_i-2\boldsymbol{y}_i^{\mathrm{T}}\boldsymbol{R}\boldsymbol{x}_i+\boldsymbol{y}_i^{\mathrm{T}}\boldsymbol{y}_i\end{aligned}$$

上式中，$\boldsymbol{x}_i^{\mathrm{T}}\boldsymbol{R}^{\mathrm{T}}\boldsymbol{y}_i$ 为标量，因此转置后的值不变，即 $\boldsymbol{x}_i^{\mathrm{T}}\boldsymbol{R}^{\mathrm{T}}\boldsymbol{y}_i=(\boldsymbol{x}_i^{\mathrm{T}}\boldsymbol{R}^{\mathrm{T}}\boldsymbol{y}_i)^{\mathrm{T}}=\boldsymbol{y}_i^{\mathrm{T}}\boldsymbol{R}\boldsymbol{x}_i$ ，从而得到上式最后一行结果。

则式（c）可进一步写为

$$\begin{aligned}\boldsymbol{R}&=\underset{\boldsymbol{R}}{\operatorname{argmin}}\sum_{i=1}^{m}\|\boldsymbol{R}\boldsymbol{x}_i-\boldsymbol{y}_i\|^2=\underset{\boldsymbol{R}}{\operatorname{argmin}}\sum_{i=1}^{m}(\boldsymbol{x}_i^{\mathrm{T}}\boldsymbol{x}_i-2\boldsymbol{y}_i^{\mathrm{T}}\boldsymbol{R}\boldsymbol{x}_i+\boldsymbol{y}_i^{\mathrm{T}}\boldsymbol{y}_i)\\&=\underset{\boldsymbol{R}}{\operatorname{argmin}}\sum_{i=1}^{m}(-2\boldsymbol{y}_i^{\mathrm{T}}\boldsymbol{R}\boldsymbol{x}_i)\\&=\underset{\boldsymbol{R}}{\operatorname{argmax}}\sum_{i=1}^{m}(\boldsymbol{y}_i^{\mathrm{T}}\boldsymbol{R}\boldsymbol{x}_i)\end{aligned}$$

上式中，$\boldsymbol{x}_i^{\mathrm{T}}\boldsymbol{x}_i$ 和 $\boldsymbol{y}_i^{\mathrm{T}}\boldsymbol{y}_i$ 均为定值，则与求极值无关，可以舍去，从而得到上式第二行结果；同时考虑 $-2\boldsymbol{y}_i^{\mathrm{T}}\boldsymbol{R}\boldsymbol{x}_i$ 这一项中的负号，就得到上式第三行结果。

令 $\boldsymbol{X}=\{\boldsymbol{x}_1,\ \boldsymbol{x}_2,\ \cdots,\ \boldsymbol{x}_m\}$，$\boldsymbol{Y}=\{\boldsymbol{y}_1,\ \boldsymbol{y}_2,\ \cdots,\ \boldsymbol{y}_m\}$，则有：

$$\boldsymbol{Y}^{\mathrm{T}}\boldsymbol{R}\boldsymbol{X}=\begin{pmatrix}\boldsymbol{y}_1^{\mathrm{T}}\\\boldsymbol{y}_2^{\mathrm{T}}\\\vdots\\\boldsymbol{y}_m^{\mathrm{T}}\end{pmatrix}\boldsymbol{R}(\boldsymbol{x}_1\ \ \boldsymbol{x}_2\ \ \cdots\ \ \boldsymbol{x}_m)=\begin{pmatrix}\boldsymbol{y}_1^{\mathrm{T}}\boldsymbol{R}\\\boldsymbol{y}_2^{\mathrm{T}}\boldsymbol{R}\\\vdots\\\boldsymbol{y}_m^{\mathrm{T}}\boldsymbol{R}\end{pmatrix}(\boldsymbol{x}_1\ \ \boldsymbol{x}_2\ \ \cdots\ \ \boldsymbol{x}_m)=\begin{pmatrix}\boldsymbol{y}_1^{\mathrm{T}}\boldsymbol{R}\boldsymbol{x}_1&\boldsymbol{y}_1^{\mathrm{T}}\boldsymbol{R}\boldsymbol{x}_2&\cdots&\boldsymbol{y}_1^{\mathrm{T}}\boldsymbol{R}\boldsymbol{x}_m\\\boldsymbol{y}_2^{\mathrm{T}}\boldsymbol{R}\boldsymbol{x}_1&\boldsymbol{y}_2^{\mathrm{T}}\boldsymbol{R}\boldsymbol{x}_2&\cdots&\boldsymbol{y}_2^{\mathrm{T}}\boldsymbol{R}\boldsymbol{x}_m\\\vdots&\vdots&&\vdots\\\boldsymbol{y}_m^{\mathrm{T}}\boldsymbol{R}\boldsymbol{x}_1&\boldsymbol{y}_m^{\mathrm{T}}\boldsymbol{R}\boldsymbol{x}_2&\cdots&\boldsymbol{y}_m^{\mathrm{T}}\boldsymbol{R}\boldsymbol{x}_m\end{pmatrix}$$

因此有：

$$\sum_{i=1}^{m}(\boldsymbol{y}_i^{\mathrm{T}}\boldsymbol{R}\boldsymbol{x}_i)=\operatorname{tr}(\boldsymbol{Y}^{\mathrm{T}}\boldsymbol{R}\boldsymbol{X})=\operatorname{tr}(\boldsymbol{R}\boldsymbol{X}\boldsymbol{Y}^{\mathrm{T}})$$

再令 $\boldsymbol{S}=\boldsymbol{X}\boldsymbol{Y}^{\mathrm{T}}$，对 $\boldsymbol{S}$ 进行奇异值分解，可得 $\boldsymbol{S}=\boldsymbol{U}\boldsymbol{\Sigma}\boldsymbol{V}^{\mathrm{T}}$，代入上式有

$$\operatorname{tr}(\boldsymbol{R}\boldsymbol{X}\boldsymbol{Y}^{\mathrm{T}})=\operatorname{tr}(\boldsymbol{R}\boldsymbol{S})=\operatorname{tr}(\boldsymbol{R}\boldsymbol{U}\boldsymbol{\Sigma}\boldsymbol{V}^{\mathrm{T}})=\operatorname{tr}(\boldsymbol{\Sigma}\boldsymbol{V}^{\mathrm{T}}\boldsymbol{R}\boldsymbol{U})=\operatorname{tr}(\boldsymbol{\Sigma}\boldsymbol{M})$$

上式中最后一步是令 $\boldsymbol{M}=\boldsymbol{V}^{\mathrm{T}}\boldsymbol{R}\boldsymbol{U}$。由于 $\boldsymbol{V}^{\mathrm{T}}$、$\boldsymbol{R}$、$\boldsymbol{U}$ 均为单位正交阵，则 $\boldsymbol{M}$ 也为单位正交阵，即有 $\boldsymbol{M}^{\mathrm{T}}\boldsymbol{M}=\boldsymbol{I}$，即 $\boldsymbol{M}$ 中每行每列的内积都是 1。设 $\boldsymbol{m}_j$ 为 $\boldsymbol{M}$ 的列向量，有

$$\boldsymbol{m}_j^{\mathrm{T}}\boldsymbol{m}_j=\sum_i m_{ij}^2=1$$

由此可推出 $m_{ij}\leqslant 1$，故有

$$\operatorname{tr}(\boldsymbol{\Sigma}\boldsymbol{M})=\operatorname{tr}\left(\begin{pmatrix}\sigma_1 & 0 & 0\\ 0 & \sigma_2 & 0\\ 0 & 0 & \sigma_3\end{pmatrix}\begin{pmatrix}m_{11} & m_{12} & m_{13}\\ m_{21} & m_{22} & m_{23}\\ m_{31} & m_{32} & m_{33}\end{pmatrix}\right)=\sigma_1 m_{11}+\sigma_2 m_{22}+\sigma_3 m_{33}\leqslant\sigma_1+\sigma_2+\sigma_3$$

所以当 $\boldsymbol{M}=\boldsymbol{I}$ 时，tr（$\boldsymbol{\Sigma}\boldsymbol{M}$）可以取得最大值，此时

$$\boldsymbol{I}=\boldsymbol{M}=\boldsymbol{V}^{\mathrm{T}}\boldsymbol{R}\boldsymbol{U}$$

$$\boldsymbol{R}=\boldsymbol{V}\boldsymbol{U}^{\mathrm{T}}$$

通过上述过程，即可求得旋转矩阵 $\boldsymbol{R}$ 和平移矩阵 $\boldsymbol{T}$，其简明求解步骤如下：

$$\boldsymbol{S}=\sum_{i=1}^{m}(\boldsymbol{q}_i-\boldsymbol{\mu}_q)(\boldsymbol{p}_i-\boldsymbol{\mu}_p)^{\mathrm{T}} \tag{10.4-2}$$

$$\boldsymbol{S}=\boldsymbol{U}\boldsymbol{\Sigma}\boldsymbol{V}^{\mathrm{T}} \tag{10.4-3}$$

$$\boldsymbol{R}=\boldsymbol{V}\boldsymbol{U}^{\mathrm{T}} \tag{10.4-4}$$

$$\boldsymbol{T}=\boldsymbol{\mu}_q-\boldsymbol{R}\boldsymbol{\mu}_p \tag{10.4-5}$$

上式中，$\boldsymbol{\mu}_p$ 和 $\boldsymbol{\mu}_q$ 分别为 $\boldsymbol{P}$ 和 $\boldsymbol{Q}$ 的坐标均值；对角矩阵 $\boldsymbol{\Sigma}$、左奇异向量矩阵 $\boldsymbol{U}$ 以及右奇异向量矩阵 $\boldsymbol{V}$ 均由矩阵 $\boldsymbol{W}$ 的奇异值分解得到。普氏分析算法的具体步骤如下：

（1）给定目标点云数据 $\boldsymbol{D}_{\mathrm{T}}$ 中的某子集 $\boldsymbol{Q}=\{\boldsymbol{q}_1, \boldsymbol{q}_2, \cdots, \boldsymbol{q}_m\}$ 和源点云数据 $\boldsymbol{D}_{\mathrm{S}}$ 中的某子集 $\boldsymbol{P}=\{\boldsymbol{p}_1, \boldsymbol{p}_2, \cdots, \boldsymbol{p}_m\}$，计算坐标均值 $\boldsymbol{\mu}_p$ 和 $\boldsymbol{\mu}_q$；

（2）按式（10.4-2）计算矩阵 $\boldsymbol{S}$，对 $\boldsymbol{S}$ 进行奇异值分析得到对角矩阵 $\boldsymbol{\Sigma}$、左奇异向量矩阵 $\boldsymbol{U}$ 以及右奇异向量矩阵 $\boldsymbol{V}$；

（3）按式（10.4-4）计算旋转矩阵 $\boldsymbol{R}$，并按式（10.4-5）获得平移矩阵 $\boldsymbol{T}$；

（4）基于 $\boldsymbol{R}$ 和 $\boldsymbol{T}$ 对源点云数据做变换，得到变换后的源点云数据 $\boldsymbol{D}'_{\mathrm{S}}$：

$$\boldsymbol{D}'_{\mathrm{S}}=\boldsymbol{R}\boldsymbol{D}_{\mathrm{S}}+\boldsymbol{T}$$

图 10.4-1 给出了两段钢拱肋的点云数据，其中角点坐标及其对应关系已通过其他方法得到。由图中可见，拱肋-1 和拱肋-2 的点云数据需要进行匹配，其中已知 1 号和 2 号点分别与 a 号和 b 号相对应。如果人工进行匹配，可将拱肋-1 点云数据进行旋转和平移，实现与拱肋-2 点云数据的拼接。采用人工进行匹配存在两个主要问题：（1）人工处理效率低，也不利于全过程自动化；（2）人工拼接可能是让 1 号点和 a 号点完全重合，2 号点与 b 号点尽量接近，但这样匹配没有明确的评价准则，很难得到最优解。本例中，可采用普氏分析算法进行匹配，从而可得到旋转和平移矩阵，实现拱肋-1 的自动化旋转和平移，计算效率高；且旋转和平移矩阵是通过目标函数的优化而求得，能够得到最优解。图 10.4-2

是采用普氏分析算法进行拱肋点云数据匹配的结果，可见匹配效果较好；匹配过程就是两段拱肋进行智能数字化预拼装的过程。

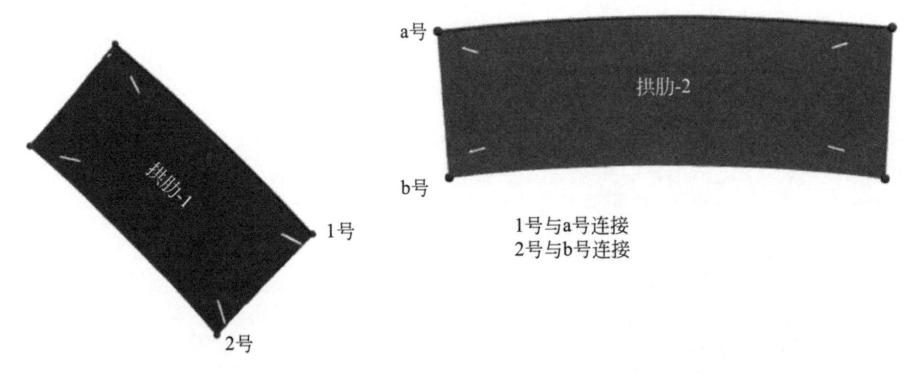

图 10.4-1　钢拱肋的点云数据、角点坐标和角点对应关系

图 10.4-2　普氏分析算法的效果

10.4.2　迭代最近邻算法

采用三维激光扫描仪扫描某个物体时，一般需要从不同角度（位置）分别扫描，然后再将所有的扫描数据进行配准及合并，形成被扫描物体的完整点云数据。配准一般分为粗匹配和精细匹配两个环节，粗匹配可实现不同角度扫描点云数据的整体匹配，但局部位置可能偏差较大，而进一步的精细匹配可消除这种局部偏差。迭代最近邻算法（Iterative Closest Point，ICP）[21] 就是一种最常用的精细匹配算法，在采用 ICP 算法进行精细匹配之前，应该先完成粗匹配，即两组点云数据的相应位姿已经比较接近最优位姿。粗匹配过程中，已经将不同站点的点云数据统一到同一坐标系中。

采用普氏分析算法的前提是找到两组点云数据之间某些点的一一对应关系，但点云数据仅是一些三维坐标点，无任何对应关系，需要采用一定的方法建立这种对应关系。对于目标点云数据 $\boldsymbol{D}_{\mathrm{T}}=\{\boldsymbol{q}_1, \boldsymbol{q}_2, \cdots, \boldsymbol{q}_m\}$ 和源点云数据 $\boldsymbol{D}_{\mathrm{S}}=\{\boldsymbol{p}_1, \boldsymbol{p}_2, \cdots, \boldsymbol{p}_n\}$，迭代最近邻算法通过最近邻搜索创建匹配点对，建立一些点之间的一一对应关系，进而可通过普氏分析得到 $\boldsymbol{D}_{\mathrm{T}}$ 和 $\boldsymbol{D}_{\mathrm{S}}$ 之间的变换矩阵。这是进行一次迭代的过程，但计算过程中仅通过一次迭代一般达不到预期目标，需重复上述过程进行多次迭代。迭代最近邻算法的目标函数为：

$$\underset{\boldsymbol{R},\boldsymbol{T}}{\operatorname{argmin}}\sum_{i=1}^{m}\|\boldsymbol{R}\boldsymbol{p}_i+\boldsymbol{T}-\boldsymbol{q}_i\|^2 \tag{10.4-6}$$

上式中，$\boldsymbol{q}_i$ 是目标点云数据 $\boldsymbol{D}_{\mathrm{T}}$ 的第 i 个元素；$\boldsymbol{p}_i$ 是 $\boldsymbol{q}_i$ 在源点云数据 $\boldsymbol{D}_{\mathrm{S}}$ 中的最近邻点（距离最近），即 $\boldsymbol{p}_i$ 和 $\boldsymbol{q}_i$ 形成了一组一一对应点；m 为 $\boldsymbol{D}_{\mathrm{T}}$ 中数据点的数量。$\boldsymbol{R}$ 和 $\boldsymbol{T}$ 通过普氏分析算法进行求解。

迭代最近邻算法的具体步骤如下：

（1）给定目标点云数据 $\boldsymbol{D}_{\mathrm{T}}=\{\boldsymbol{q}_1,\boldsymbol{q}_2,\cdots,\boldsymbol{q}_m\}$ 和源点云数据 $\boldsymbol{D}_{\mathrm{S}}=\{\boldsymbol{p}_1,\boldsymbol{p}_2,\cdots,\boldsymbol{p}_n\}$，并设定距离阈值 ε。

（2）针对 $\boldsymbol{D}_{\mathrm{T}}$ 中的每一个数据点 $\boldsymbol{q}_i$，通过最近邻算法获得其在源点云数据 $\boldsymbol{D}_{\mathrm{S}}$ 中的最近邻点 $\boldsymbol{p}_i$，若 $\boldsymbol{q}_i$ 与 $\boldsymbol{p}_i$ 之间的距离小于 ε，则得到一个对应的匹配点对（$\boldsymbol{p}_i$，$\boldsymbol{q}_i$）；遍历 $\boldsymbol{D}_{\mathrm{T}}$，则可得到 N 个匹配点对 $\{(\boldsymbol{p}_1,\boldsymbol{q}_1),(\boldsymbol{p}_2,\boldsymbol{q}_2),\cdots,(\boldsymbol{p}_N,\boldsymbol{q}_N)\}$。注意，一般 $N<m$（m 为 $\boldsymbol{D}_{\mathrm{T}}$ 中数据点的数量），因为并非所有数据点与其最近邻之间的距离均小于 ε。

（3）基于步骤（2）得到的 N 个匹配点对，采用普氏分析算法求得旋转矩阵 $\boldsymbol{R}$ 和平移矩阵 $\boldsymbol{T}$，并将源点云数据 $\boldsymbol{D}_{\mathrm{S}}$ 进行变换，得到 $\boldsymbol{D}_{\mathrm{S}}'$。

（4）用 $\boldsymbol{D}_{\mathrm{S}}'$ 代替 $\boldsymbol{D}_{\mathrm{S}}$ 并不断重复步骤（2）和（3），直至达到收敛条件。

收敛条件可采用以下规则：

（1）达到最大迭代次数；

（2）两次迭代中，N 与 m 的比值变化小于设定阈值；

（3）两次迭代中，均方误差 s 的变化小于设定阈值，s 的计算方法见式（10.4-1）。

图 10.4-3 为粗配准后的某复杂钢构件点云数据，其中蓝色点为扫描点云数据，红色点为由 BIM 模型生成的点云数据；可见两组点云数据之间整体错动明显。为实现扫描点云数据和 BIM 点云数据的精细配准，根据上述算法流程对粗配准后的构件点云数据进行处理，设定参数 $\varepsilon=10\mathrm{mm}$；计算结果见图 10.4-4，可见两组点云的错动明显减少，实现了精细配准。

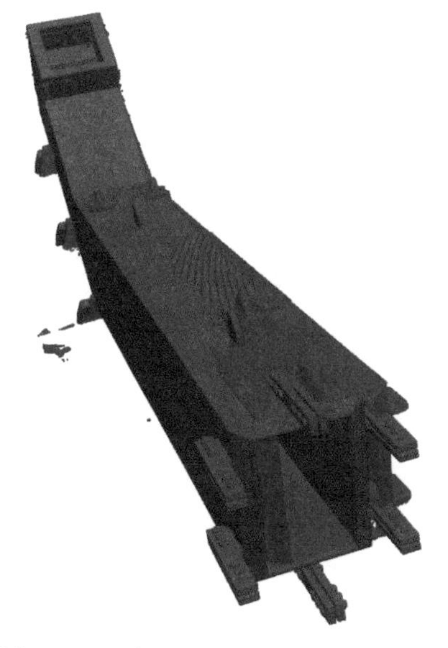

图 10.4-3　粗配准后的钢构件点云数据

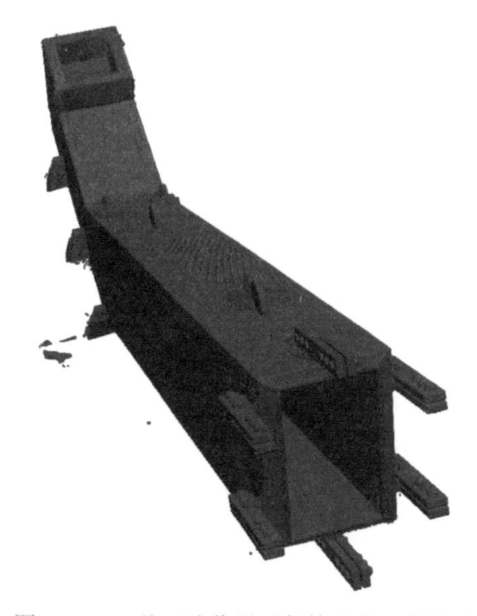

图 10.4-4　基于迭代最近邻算法的配准结果

10.4.3 基准点全排列配准算法

球标靶和纸标靶是常用的配准基准点（两站扫描之间的共同特征点），实际应用中，构部件点云数据配准所需标靶的数量通常不超过6个；针对这种基准点数量较少的情况，提出了基准点全排列配准算法，这是一种粗配准方法。假定由目标点云数据 $\boldsymbol{D}_{\mathrm{T}}$ 和源点云数据 $\boldsymbol{D}_{\mathrm{S}}$ 得到的配准基准点集合分别为 $\{\boldsymbol{q}_{\mathrm{t}}\}$ 和 $\{\boldsymbol{p}_{\mathrm{s}}\}$，分别从 $\{\boldsymbol{q}_{\mathrm{t}}\}$ 和 $\{\boldsymbol{p}_{\mathrm{s}}\}$ 中选出3个配准基准点进行全排列（三维空间中确定变换矩阵至少需要3个不共线点），可得候选组合种类数量为 $qt\times(qt-1)\times(qt-2)\times ps\times(ps-1)\times(ps-2)/6$，其中 qt 和 ps 分别为集合 $\{\boldsymbol{q}_{\mathrm{t}}\}$ 和 $\{\boldsymbol{p}_{\mathrm{s}}\}$ 的元素数量。对每一候选组合，采用普氏分析算法进行配准，配准的评价函数 g 为：

$$g=\sum_{i=1}^{qt}\sum_{j=1}^{ps}\boldsymbol{\eta} \tag{10.4-7}$$

$$\eta=\eta(\|\boldsymbol{q}_{si}-\boldsymbol{p}'_{sj}\|)=\begin{cases}0 & \|\boldsymbol{q}_{si}-\boldsymbol{p}'_{sj}\|>\varepsilon\\1 & \|\boldsymbol{q}_{si}-\boldsymbol{p}'_{sj}\|\leqslant\varepsilon\end{cases} \tag{10.4-8}$$

上式中，$\boldsymbol{p}'_{sj}$ 表示配准后 $\boldsymbol{p}_{sj}$ 的坐标点；ε 为距离阈值；η 为配准的标识，$\eta=1$ 表示 $\boldsymbol{p}'_{sj}$ 和 $\boldsymbol{q}_{si}$ 互相在对方的 ε 邻域内，$\eta=0$ 则表示互相不在邻域内。配准中，$\{\boldsymbol{q}_{\mathrm{t}}\}$ 中的某些点可能在 $\{\boldsymbol{p}_{\mathrm{s}}\}$ 中某些点的 ε 邻域内，形成 $\{\boldsymbol{q}_{\mathrm{t}}\}$ 和 $\{\boldsymbol{p}_{\mathrm{s}}\}$ 中某些点组成的互为邻域点对；这些领域点对的数量越多，就表明配准精度越高，配准效果越好，g 的值也将越大，因此最大 g 值所对应的组合即为所求组合，根据所求组合就可求出最终的配准变换矩阵。

基准点全排列配准算法具体步骤如下：

(1) 设定距离阈值 ε；

(2) 给定目标配准基准点集 $\{\boldsymbol{q}_{\mathrm{t}}\}$ 和源配准基准点集 $\{\boldsymbol{p}_{\mathrm{s}}\}$，对 $\{\boldsymbol{q}_{\mathrm{t}}\}$ 和 $\{\boldsymbol{p}_{\mathrm{s}}\}$ 进行全排列，得到 $qt\times(qt-1)\times(qt-2)\times ps\times(ps-1)\times(ps-2)/6$ 种候选组合；

(3) 对每一种候选组合，采用普氏分析算法进行配准，并计算配准后的评价函数 g 值；

(4) 输出所有候选组合中最大 g 值对应的旋转矩阵 $\boldsymbol{R}$ 和平移矩阵 $\boldsymbol{T}$；如果多种候选组合的评价函数值均为最大值，则用点云数据 $\boldsymbol{D}_{\mathrm{T}}$ 和 $\boldsymbol{D}_{\mathrm{S}}$ 代替配准基准点 $\{\boldsymbol{q}_{\mathrm{t}}\}$ 和 $\{\boldsymbol{p}_{\mathrm{s}}\}$ 计算评价函数；

(5) 采用ICP算法实现 $\boldsymbol{D}_{\mathrm{T}}$ 和 $\boldsymbol{D}_{\mathrm{S}}$ 的精细配准。

图10.4-5为一组由陆地式三维激光扫描仪和手持式三维扫描仪获得的点云数据，并已采用球标靶检测算法确定了配准基准点集。需要将两站点云数据统一到同一坐标系，可将陆地式激光三维扫描仪的数据作为目标点云数据，并将手持式三维扫描仪的数据作为源点云数据。根据上述原理对配准基准点集进行处理，设定参数 $\varepsilon=30\mathrm{mm}$，得到旋转矩阵 $\boldsymbol{R}$ 和平移矩阵 $\boldsymbol{T}$；配准结果见图10.4-6，可见基准点全排列配准算法的配准结果较好。

10.4.4 快速四点一致集算法

物体表面的法向量等几何特征在局部发生突变的点，在检测或配准中可作为特征点。但外观复杂构部件或建筑的特征点很多，采用基准点全排列配准算法将导致计算量过大的问题；一种有效的解决方法是快速四点一致集算法（Super 4-Points Congruent Sets，Su-

(a) 目标点云数据

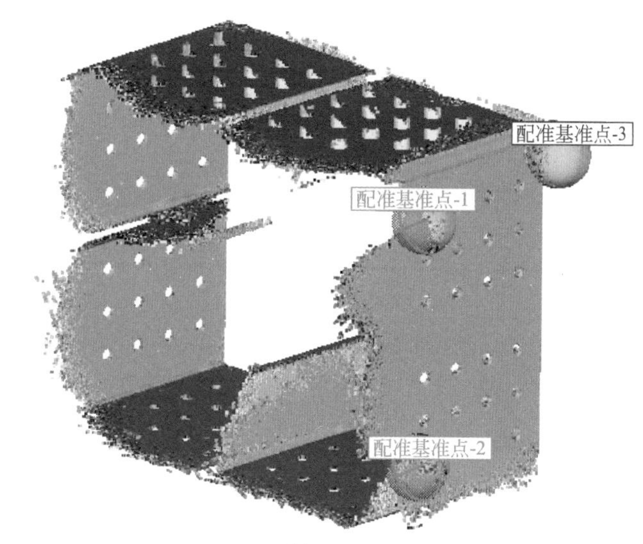

(b) 源点云数据

图 10.4-5　待配准的点云数据和配准基准点

图 10.4-6　基于配准基准点全排列的点云数据配准

per 4PCS)[22]。快速四点一致集算法的理论基础是共面四点对的仿射不变性，算法基本思想属于随机抽样一致范畴；这也是一种粗匹配算法。假定 $\boldsymbol{D}_{\mathrm{T}}=\{\boldsymbol{q}_1,\boldsymbol{q}_2,\cdots,\boldsymbol{q}_m\}$ 和$\boldsymbol{D}_{\mathrm{S}}=\{\boldsymbol{p}_1,\boldsymbol{p}_2,\cdots,\boldsymbol{p}_n\}$ 是两个待配准的点云数据（图 10.4-7），在 $\boldsymbol{D}_{\mathrm{T}}$ 中选取 4 个共面不共线的点（$\boldsymbol{q}_1,\boldsymbol{q}_2,\boldsymbol{q}_3,\boldsymbol{q}_4$）作为点基；点基的属性包括点距（$d_1$ 和 d_2）、比例因子（r_1 和 r_2）和夹角（θ），分别按下列公式计算：

$$d_1=\|\boldsymbol{q}_1-\boldsymbol{q}_3\| \tag{10.4-9}$$

$$d_2=\|\boldsymbol{q}_2-\boldsymbol{q}_4\| \tag{10.4-10}$$

$$r_1=\|\boldsymbol{q}_1-\boldsymbol{e}\|/\|\boldsymbol{q}_1-\boldsymbol{q}_3\| \tag{10.4-11}$$

$$r_2 = \| \boldsymbol{q}_2 - \boldsymbol{e} \| / \| \boldsymbol{q}_2 - \boldsymbol{q}_4 \| \tag{10.4-12}$$

$$\theta = \langle \boldsymbol{eq}_3, \boldsymbol{eq}_4 \rangle \tag{10.4-13}$$

上式中，$\boldsymbol{e}$ 为直线 $\boldsymbol{q}_1\boldsymbol{q}_3$ 与 $\boldsymbol{q}_2\boldsymbol{q}_4$ 的交点；$\langle \boldsymbol{eq}_3, \boldsymbol{eq}_4 \rangle$表示向量 $\boldsymbol{eq}_3$ 和向量 $\boldsymbol{eq}_4$ 的夹角。

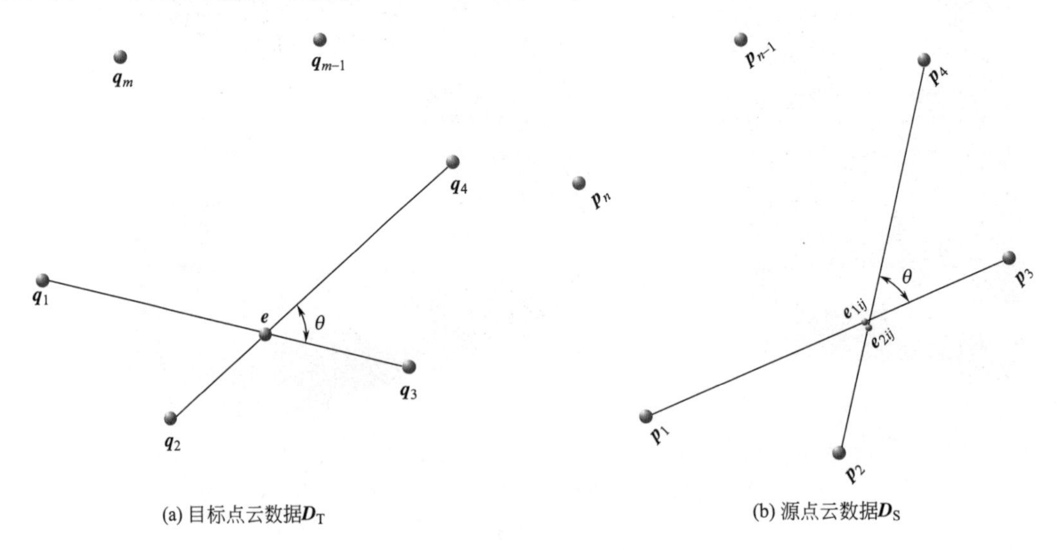

图 10.4-7　快速四点一致集算法原理示意

确定了 $\boldsymbol{D}_{\mathrm{T}}$ 的点基后，需要从 $\boldsymbol{D}_{\mathrm{S}}$ 中找到与点基属性相近的 4 个点，将这 4 个点与点基配对，形成一一对应关系，就可求得旋转和平移矩阵。以某构件的两站三维激光扫描点云数据为例，见图 10.4-8：第一站作为目标点云数据，可找到一个点基（一个平面四边形），第二站作为源点云数据，需要在其中找到与点基属性相近（形状与大小接近）的 4 个点，这 4 个点形成与点基中各点的一一对应关系。对于这个构件，两站扫描的数据中，

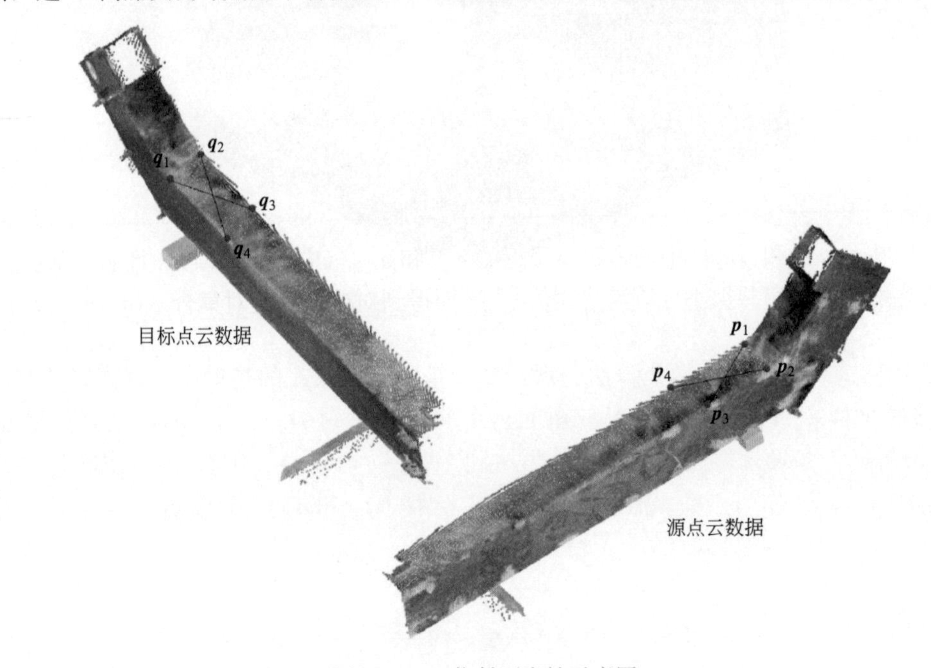

图 10.4-8　仿射不变性示意图

目标数据的点基中的 4 个点形成的四边形，与源数据中对应 4 个点形成的四边形，虽然三维坐标完全不同，但两个四边形的属性几乎相同，这就反映出一种仿射不变性。

对于 $\boldsymbol{D}_{\mathrm{S}}$ 中的每一个点 $\boldsymbol{p}_i$，计算与点 $\boldsymbol{p}_i$ 距离在 $[d_1-\varepsilon, d_1+\varepsilon]$ 范围内的点并纳入点对集 $\boldsymbol{S}_1$ 中（ε 为距离阈值），并计算与点 $\boldsymbol{p}_i$ 距离在 $[d_2-\varepsilon, d_2+\varepsilon]$ 范围内的点并纳入点对集 $\boldsymbol{S}_2$ 中；以图 10.4-7 为例，$\boldsymbol{p}_i$ 可能是其中的 $\boldsymbol{p}_1$ 或 $\boldsymbol{p}_2$，而 $\boldsymbol{p}_1$、$\boldsymbol{p}_2$ 分别与 $\boldsymbol{q}_1$、$\boldsymbol{q}_2$ 一一对应。可基于仿射不变性原理，由 $\boldsymbol{S}_1$ 和 $\boldsymbol{S}_2$ 分别确定交点坐标 $\boldsymbol{e}_{1ij}$ 和 $\boldsymbol{e}_{2im}$。假定 $\boldsymbol{p}_i$ 为 $\boldsymbol{p}_1$ 时，则可求得 $\boldsymbol{p}_1$ 与 $\boldsymbol{p}_3$ 上的交点坐标 $\boldsymbol{e}_{1ij}$ 为

$$e_{1ij}=p_i+r_1(p_j-p_i) \tag{10.4-14}$$

上式中，$\boldsymbol{p}_j$ 即为图 10.4-7 中的 $\boldsymbol{p}_3$。

假定 $\boldsymbol{p}_i$ 为 $\boldsymbol{p}_2$ 时，则可求得 $\boldsymbol{p}_2$ 与 $\boldsymbol{p}_4$ 上的交点坐标 $\boldsymbol{e}_{2im}$ 为

$$\boldsymbol{e}_{2im}=\boldsymbol{p}_i+\boldsymbol{r}_2(\boldsymbol{p}_m-\boldsymbol{p}_i) \tag{10.4-15}$$

上式中，$\boldsymbol{p}_m$ 即为图 10.4-7 中的 $\boldsymbol{p}_4$。

遍历 $\boldsymbol{D}_{\mathrm{S}}$ 中的每一个点，可分别得到多个 $\boldsymbol{e}_{1ij}$ 和 $\boldsymbol{e}_{2im}$，即得到两个点的集合 $\{\boldsymbol{e}_1\}$ 和 $\{\boldsymbol{e}_2\}$。假定具体的点 $\boldsymbol{e}_{1ij}$ 和 $\boldsymbol{e}_{2nm}$ 对应于点基中的同一个交点 $\boldsymbol{e}$，则 $\boldsymbol{e}_{1ij}$ 和 $\boldsymbol{e}_{2nm}$ 理论上应重合，且 $\boldsymbol{e}_{1ij}$ 和 $\boldsymbol{e}_{2nm}$ 对应的直线夹角理论上应为 θ，虽然实际计算中一般不可能，但应差别很小。在 $\{\boldsymbol{e}_1\}$ 和 $\{\boldsymbol{e}_2\}$ 中搜索距离很近的 $\boldsymbol{e}_{1ij}$ 和 $\boldsymbol{e}_{2nm}$（可设定距离阈值），且 $\boldsymbol{e}_{1ij}$ 和 $\boldsymbol{e}_{2nm}$ 对应直线的夹角也与 θ 相差很小（可设定阈值）；搜索结果可能为多个，这多个结果对应多个四点对。采用普氏分析算法将这多个四点对与点基进行配准，得到相应的多个变换矩阵结果（转动与平移矩阵对应组合），最后选取配准结果最好的变换矩阵对源数据点云进行变换，完成配准。

快速四点一致集算法的具体步骤为：

（1）设定距离和角度参数 {ε}、计算次数阈值 k、点距阈值 d（允许 d_1 和 d_2 相等）；

（2）给定目标点云数据 $\boldsymbol{D}_{\mathrm{T}}=\{\boldsymbol{q}_1, \boldsymbol{q}_2, \cdots, \boldsymbol{q}_m\}$，从 $\boldsymbol{D}_{\mathrm{T}}$ 中选取四个共面不共线点（$\boldsymbol{q}_1, \boldsymbol{q}_2, \boldsymbol{q}_3, \boldsymbol{q}_4$）组成点基，按式（10.4-9）～式（10.4-13）计算点基的属性，其中点距应大于点距阈值 d；

（3）给定源点云数据 $\boldsymbol{D}_{\mathrm{S}}=\{\boldsymbol{p}_1, \boldsymbol{p}_2, \cdots, \boldsymbol{p}_n\}$，计算搜索出点对集 $\boldsymbol{S}_1$ 和 $\boldsymbol{S}_2$；

（4）遍历 $\boldsymbol{S}_1$ 和 $\boldsymbol{S}_2$ 中的每一个元素，按式（10.4-14）和式（10.4-15）计算交点坐标，得到 $\{\boldsymbol{e}_1\}$ 和 $\{\boldsymbol{e}_2\}$；

（5）在 $\{\boldsymbol{e}_1\}$ 和 $\{\boldsymbol{e}_2\}$ 中搜索距离很近的 $\boldsymbol{e}_{1ij}$ 和 $\boldsymbol{e}_{2nm}$（应满足阈值），且 $\boldsymbol{e}_{1ij}$ 和 $\boldsymbol{e}_{2nm}$ 对应直线的夹角也与 θ 相差很小（应满足阈值），进而得到对应的点集对集合 $\{(\boldsymbol{q}_1, \boldsymbol{q}_2, \boldsymbol{q}_3, \boldsymbol{q}_4)\}$；

（6）采用普氏分析算法对（$\boldsymbol{p}_1, \boldsymbol{p}_2, \boldsymbol{p}_3, \boldsymbol{p}_4$）和 $\{(\boldsymbol{q}_1, \boldsymbol{q}_2, \boldsymbol{q}_3, \boldsymbol{q}_4)\}$ 进行配准，再按式（10.4-7）和式（10.4-8）计算当前配准的评价函数 g 值，并记录最大 g 值对应的旋转矩阵 $\boldsymbol{R}$ 和平移矩阵 $\boldsymbol{T}$；

（7）重复步骤（2）～（6），更换点基，计算新的 g 值；

（8）进行 k 次计算，得到 k 个 g 值，选择其中最大 g 值对应的旋转矩阵 $\boldsymbol{R}$ 和平移矩阵 $\boldsymbol{T}$，进行 $\boldsymbol{D}_{\mathrm{T}}$ 和 $\boldsymbol{D}_{\mathrm{S}}$ 的粗配准；

（9）采用 ICP 算法实现 $\boldsymbol{D}_{\mathrm{T}}$ 和 $\boldsymbol{D}_{\mathrm{S}}$ 的精细配准。

注意，算法流程中，需要从目标点云数据中选择 k 个点基进行 k 次计算，并选择 k 次计算中的 g 值最大结果，作为粗匹配变换矩阵。

图 10.4-9 为某复杂高层结构的楼层平面点云数据，针对此楼层平面的智能数字化尺寸检测时，需将竣工模型和设计模型进行配准。根据上述算法步骤对楼层平面点云数据进行处理，设定参数 $\varepsilon=0.5\text{m}$、迭代次数阈值 $k=500$、点距阈值 $d=40\text{m}$；计算结果见图 10.4-10，可见采用快速四点一致集算法可实现复杂点云数据的配准。

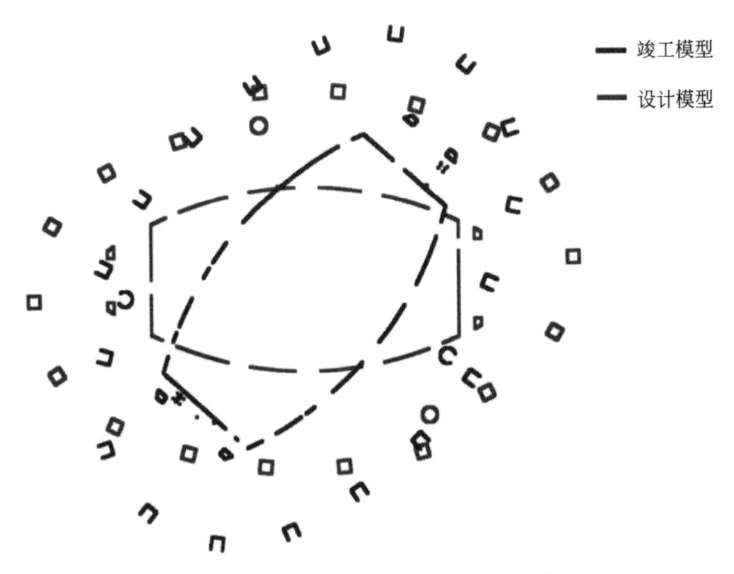

图 10.4-9　复杂高层结构的平面点云数据

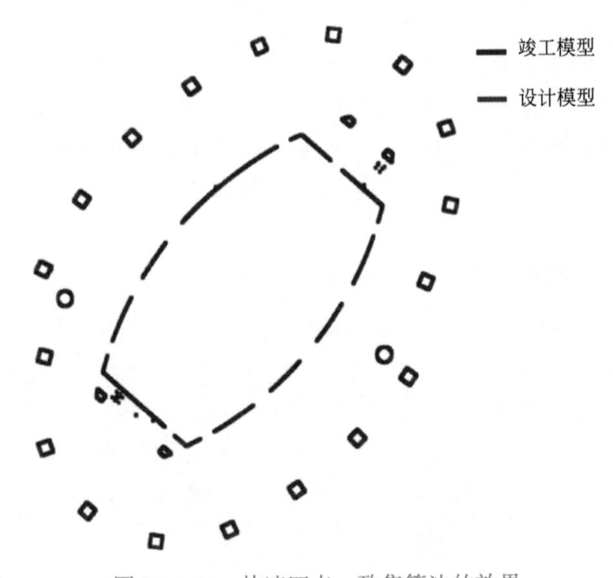

图 10.4-10　快速四点一致集算法的效果

10.4.5　全局特征配准算法

目前，点云数据配准算法一般都是基于点、线、球等局部特征进行计算，但当局部特征点数量很多时，现有配准算法面临着易陷入局部最优、鲁棒性低和计算成本高等问题。点云数据的全局信息可以先为配准提供粗定位，从而有效地克服现有配准算法的不足，这就形成了基于全局特征的点云数据配准算法，可简称为全局特征配准算法，其基本思想是利用全局特征（外观角点）实现点云数据的粗配准，进而采用迭代最近邻算法实现点云数据的精细配准。全局特征配准算法中，针对构部件侧面特征区分度低的点云数据，采用基于有向包围盒角点的点云数据配准算法；针对构部件侧面特征区分度高的点云数据，采用基于侧面角点的点云数据配准算法。

采用有向包围盒的全局特征配准算法具体步骤如下：

（1）设定参数 ε。

（2）给定目标点云数据 $\boldsymbol{D}_{\mathrm{T}}=\{\boldsymbol{q}_1,\boldsymbol{q}_2,\cdots,\boldsymbol{q}_m\}$ 和源点云数据 $\boldsymbol{D}_{\mathrm{S}}=\{\boldsymbol{p}_1,\boldsymbol{p}_2,\cdots,\boldsymbol{p}_n\}$；采用有向包围盒法（10.2.3 节）分别对 $\boldsymbol{D}_{\mathrm{T}}$ 和 $\boldsymbol{D}_{\mathrm{S}}$ 进行处理，得到角点集 $\{\boldsymbol{q}_{\mathrm{t}}\}$ 和 $\{\boldsymbol{p}_{\mathrm{s}}\}$。

（3）基于 $\boldsymbol{D}_{\mathrm{T}}$、$\boldsymbol{D}_{\mathrm{S}}$、$\{\boldsymbol{q}_{\mathrm{t}}\}$ 和 $\{\boldsymbol{p}_{\mathrm{s}}\}$，采用基准点全排列配准算法实现 $\boldsymbol{D}_{\mathrm{T}}$ 和 $\boldsymbol{D}_{\mathrm{S}}$ 的粗配准。

（4）采用 ICP 算法实现 $\boldsymbol{D}_{\mathrm{T}}$ 和 $\boldsymbol{D}_{\mathrm{S}}$ 的精细配准。

图 10.4-11 为一个钢结构箱形构件的点云数据，其中红色点为被检测出的角点，根据上述算法流程对此点云数据进行处理，设定参数 $\varepsilon=20\mathrm{mm}$；计算结果见图 10.4-12，可见采用有向包围盒的全局特征配准算法实现了点云数据的配准。

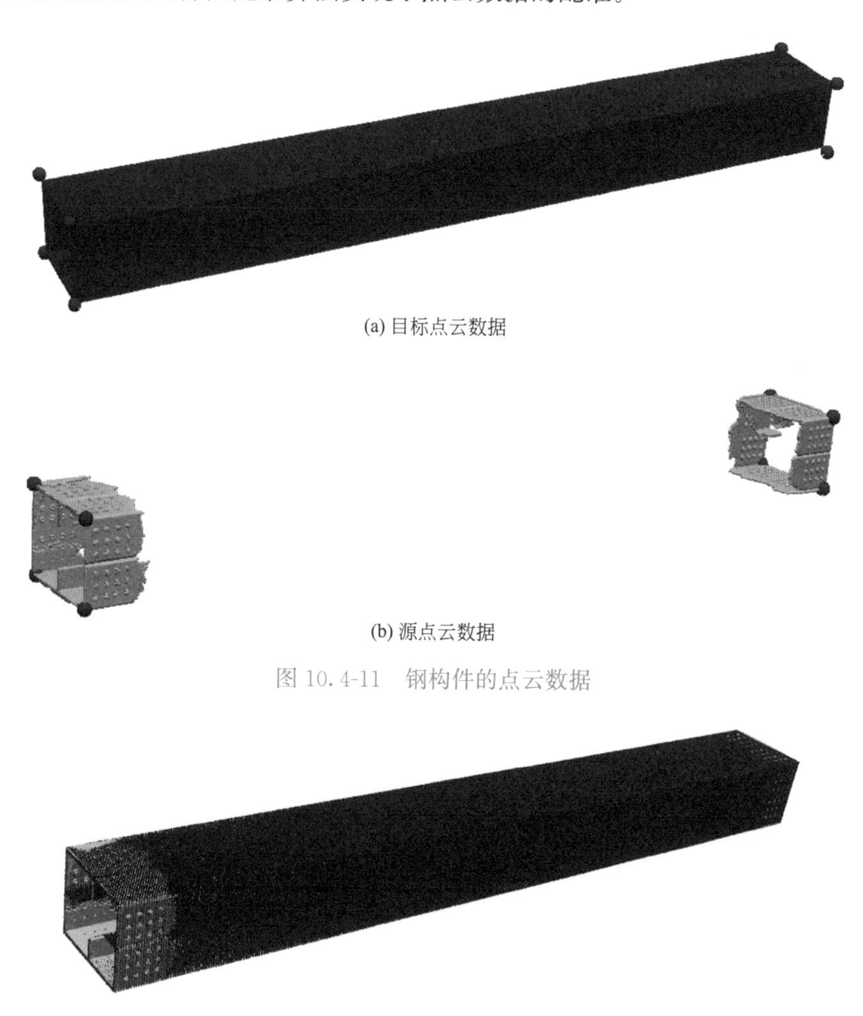

(a) 目标点云数据

(b) 源点云数据

图 10.4-11　钢构件的点云数据

图 10.4-12　基于有向包围盒的点云数据配准

采用侧面角点的全局特征配准算法具体步骤如下：

(1) 设定随机采样一致性算法参数 γ 和 s、Harris 算法参数 R_t、参数 ε、道格拉斯-普克算法 d_{limt}；

(2) 给定目标点云数据 $\boldsymbol{D}_{\mathrm{T}}=\{\boldsymbol{q}_1,\boldsymbol{q}_2,\cdots,\boldsymbol{q}_m\}$ 和源点云数据 $\boldsymbol{D}_{\mathrm{S}}=\{\boldsymbol{p}_1,\boldsymbol{p}_2,\cdots,\boldsymbol{p}_n\}$，采用随机采样一致性算法（10.2.1 节）分别对 $\boldsymbol{D}_{\mathrm{T}}$ 和 $\boldsymbol{D}_{\mathrm{S}}$ 进行处理，得到侧面点云数据；

(3) 旋转 $\boldsymbol{D}_{\mathrm{T}}$ 和 $\boldsymbol{D}_{\mathrm{S}}$，使得侧面的法向量与 Z 轴平行；

(4) 采用 Harris 算法（10.2.3 节）对侧面点云数据的二值化图像进行处理，得到粗略的侧面角点集；

(5) 采用道格拉斯-普克算法（10.2.3 节）对粗略的侧面角点集进行处理，得到精修后的侧面角点集；

(6) 采用基准点全排列配准算法（10.4.3 节）对精修后的侧面角点集进行处理，得到旋转矩阵 $\boldsymbol{R}$ 和平移矩阵 $\boldsymbol{T}=[\boldsymbol{T}_x \quad \boldsymbol{T}_y \quad \boldsymbol{T}_z]^{\mathrm{T}}$；

(7) 计算 $\boldsymbol{D}_{\mathrm{T}}$ 的 Z 轴坐标均值 D_{TZM}；计算 $\boldsymbol{D}_{\mathrm{S}}$ 的 Z 轴坐标均值 D_{SZM}；

(8) 采用旋转矩阵 $\boldsymbol{R}$ 和平移矩阵 $[\boldsymbol{T}_x \quad \boldsymbol{T}_y \quad \boldsymbol{T}_z+D_{\mathrm{TZM}}-D_{\mathrm{SZM}}]^{\mathrm{T}}$ 对 $\boldsymbol{D}_{\mathrm{S}}$ 进行坐标变换，实现 $\boldsymbol{D}_{\mathrm{T}}$ 和 $\boldsymbol{D}_{\mathrm{S}}$ 的粗配准；

(9) 采用 ICP 算法实现 $\boldsymbol{D}_{\mathrm{T}}$ 和 $\boldsymbol{D}_{\mathrm{S}}$ 的精细配准。

图 10.4-13 为一个复杂钢构件的点云数据，其中黄色点为被检测出的角点；根据上述算法流程对此点云数据进行处理，设定参数 $R_t=0.2R_{t\max}$、$\gamma=0.5$、$s=3$、$\varepsilon=30\text{mm}$、$d_{\text{limt}}=1\text{m}$；计算结果见图 10.4-14，可见采用侧面角点的全局特征配准算法可实现点云数据的配准。

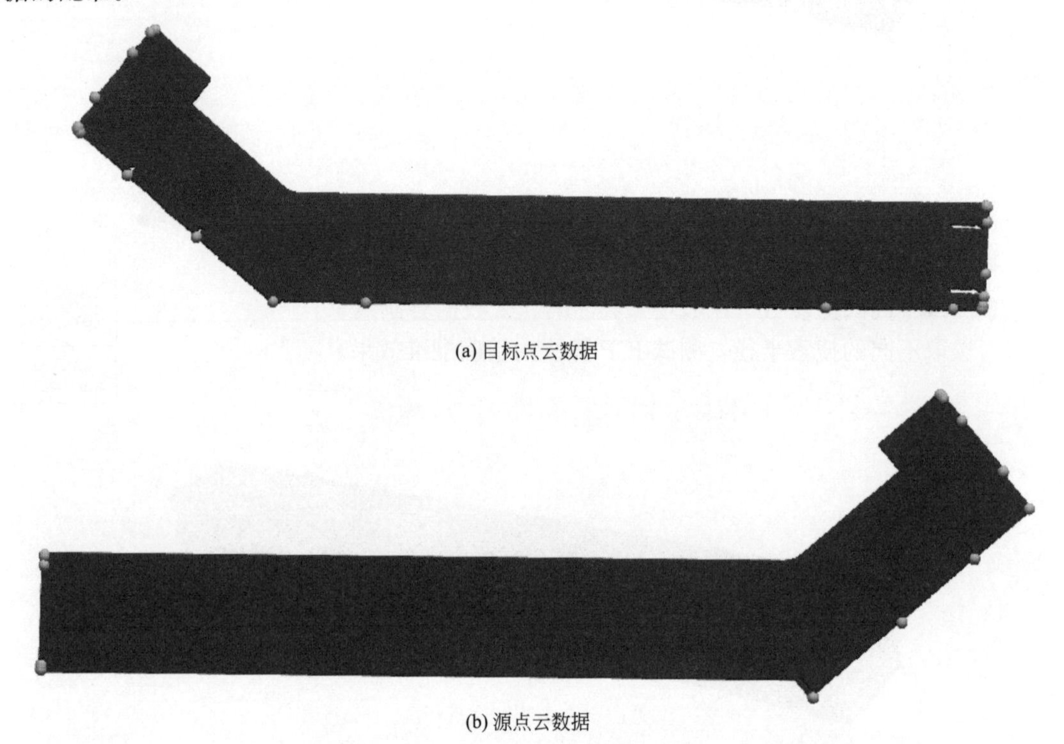

(a) 目标点云数据

(b) 源点云数据

图 10.4-13　复杂钢构件的点云数据

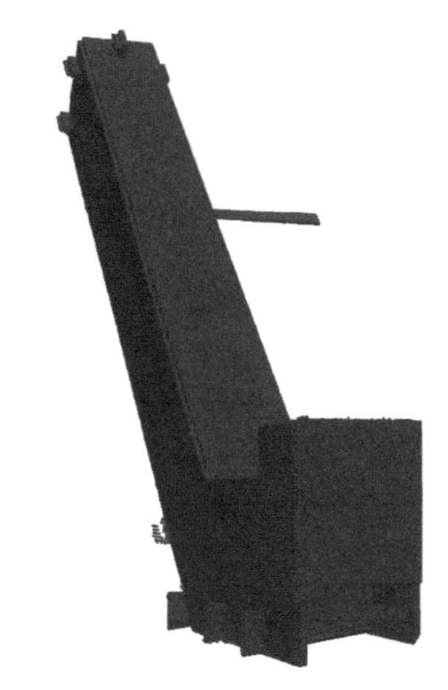

图 10.4-14　基于侧面角点的点云数据配准

课后习题

1. 分别采用 0.005mm、0.02m 及 0.04m 的网格尺寸对图 10.1-2 中的点云数据进行降采样，对比计算时长与效果。

2. 采用 Statistical Outlier Removal 对图 10.1-3 中的点云数据进行降噪，测试不同参数对降噪效果的影响。

3. 设置不同距离阈值与计算次数，对比 RANSAC 算法对图 10.2-2 中的点云数据进行平面检测的效果。

4. 对图 10.2-22 中圆形钢管点云数据进行采样，并测试拉普拉斯算法的轴线提取效果。

5. 测试不同阈值参数下区域增长算法的点云数据分割效果。

6. 选取不同的搜索半径，测试 ICP 算法的精确配准效果。

扫码下载
本章习题答案

参考文献

[1] OPEN3D. Geometry. Point cloud [EB/OL]. [2023-04-23]. http://www.open3d.org.

[2] RUSU, R. Semantic 3D Object Maps for Everyday Manipulation in Human Living Environments [J]. Künstl Intell, 2010, 24: 345-348.

[3] JIANG J, WANG X, DUAN F. An Effective Frequency-Spatial Filter Method to Restrain the Interferences for Active Sensors Gain and Phase Errors Calibration [J]. IEEE SENSORS JOURNAL, 2016, 16 (21): 7713-7719.

[4] HE K, SUN J, TANG X. Guided Image Filtering [J]. IEEE TRANSACTIONS

ON PATTERN ANALYSIS AND MACHINE INTELLIGENCE，2013，35（6）：1397-1409.

[5] DENG G，Cahill L W. An adaptive Gaussian filter for noise reduction and edge detection [C] //Proceedings of the IEEE Conference on Nuclear Science Symposium and Medical Imaging Conference，San Francisco，CA，1993，3：1615-1619.

[6] YIN H，GONG Y，QIU G. Side window filtering [C] //Proceedings of the IEEE Conference on Computer Vision and Pattern Recognition. 2019：8758-8766.

[7] GONZALEZ R，WOODS R. 数字图像处理 [M]. 3 版 . 北京：电子工业出版社，2017.

[8] MEAGHER D. Octree encoding：A new technique for the representation，manipulation and display of arbitrary 3-d objects by computer [J]. Electrical and Systems Engineering Department Rensseiaer Polytechnic Institute Image Processing Laboratory，1980.

[9] FISCHLER M，BOLLES R. Random sample consensus：a paradigm for model fitting with applications to image analysis and automated cartography [J]. Communications of the ACM，1981，24（6）：381-395.

[10] DUDA R，HART P. Use of the Hough transformation to detect lines and curves in pictures [J]. Communications of the ACM，1972，15（1）：11-15.

[11] HARRIS C，STEPHENS M. A combined corner and edge detector [C] // Proceedings of the 4th Alvey Vision Conference，1988：147-151.

[12] DOUGLAS D，PEUCKER T. Algorithms for the reduction of the number of points required to represent a digitized line or itscaricature [J]. The International Journal for Geographic Information and Geovisualization. 1973，10（2）：112-122.

[13] PROGRAMMATICAL MUSINGS. OBB generation via Principal Component Analysis [EB/OL].（2013-01-26）[2023-04-23]. https：//hewjunwei. wordpress. com/2013/01/26/obb-generation-via-principal-component-analysis/.

[14] CANNY J. A Computational Approach to EdgeDetection [J]. IEEE Transactions on Pattern Analysis and Machine Intelligence，1986，8（6）：679-698.

[15] 大熊背 . Sobel 边缘检测算子数学原理再学习 [EB/OL].（2021-06-11）[2023-04-26]. https：//blog. csdn. net/lz0499/article/details/117826519.

[16] CAO J，TAGLIASACCHI A，OLSON M，et al. Point Cloud Skeletons via Laplacian Based Contraction [C] // In Proceedings of the Shape Modeling International Conference，Aix-en-Provence，France，2010，21-23：187-197.

[17] JIN Y，LEE W. Fast Cylinder Shape Matching Using Random Sample Consensus in Large Scale Point Cloud [J]. Appl. Sci，2019，9：974.

[18] CHARMVE. 机器学习算法之——*k* 最近邻（*k*-Nearest Neighbor，*k*NN）分类算法原理讲解 [EB/OL].（2020-10-10）[2023-04-24]. https：//zhuanlan. zhihu. com/p/110913279.

[19] VO V，LINH TL，DENRE F，et al . Octree-based region growing for point

cloud segmentation [J]. ISPRS Journal of photogrammetry and remote sensing, 2015, 104: 88-100.
[20] SCHONEMANN P, CAROLL R. Fitting one matrix to another under choice of a central dilation and a rigid motion [J]. Psychometrika, 1970, 35 (2): 245-255.
[21] BESL P, MCKAY N. Method for registration of 3-D shapes [C] //Sensor fusion IV: control paradigms and data structures. Spie, 1992, 1611: 586-606.
[22] MELLADO N, AIGER D, MITRA N. Super 4PCS fast global point cloud registration via smart indexing [J]. Computer Graphics Forum, 2014, 33 (5): 205-215.